스페인 해상법

스페인 해상법

(1737년부터 2006년까지)

1737년 빌바오 상사칙령 ; 1829년 상법전
1885년 상법전 ; 2006년 항해에 관한 일반법(안)

La Ley Marítima Española

(de 1737 a 2006)

Ordenanzas de Bilbao 1737; Código de Comercio 1828; Código de Comercio 1885; Ley General de Navegación Marítima(proyecto) 2006

채이식(고려대학교 법무대학원장) 저술 및 번역
Autor y Traductor : Pro. Lee-Sik, Chai

고려대학교출판부
KOREA UNIVERSITY PRESS

서문

이 책은 필자가 집필한 1681년 프랑스 해사칙령과 1807년 나폴레옹 상법전 해상편의 연장선상에서 집필한 것이다. 해상법은 난해하여 상법을 전공하는 사람들도 이해하기 어려운 내용이 많이 있고 이것이 원인이 되어 연구를 기피하는 분야이기도 하다. 그러나 원래 상법이 해상법에서 파생되어 발전되어 왔다고 한다면 결코 소홀히 할 수 없는 분야라고 생각한다. 오랜 역사를 가진 해상법을 근본적으로 이해하려면 반드시 그 역사적인 발전과정을 이해하여야 한다고 생각하여 프랑스 해상법도 그 발전초기에 해당하는 1681년 해사칙령부터 근대 프랑스 상법전에 이르기까지 변화를 연구하고 여기에서 필자는 많은 영감을 얻은 바 있다.

이제 필자는 스페인 상법에 관심을 갖고 유사한 작업을 본서를 통해 시도하였다. 오늘날 스페인 상법의 초석이라고 할 수 있는 1737년 빌바오 상사칙령부터 번역을 시작하였다. 빌바오 상사칙령은 오늘날 스페인 해상법의 기초가 되었을 뿐만 아니라 남미 제국의 해상법의 원조 모델로 자리 잡았다. 이후 빌바오 상사칙령을 승계하여 1829년 스페인 상법이 제정되고 곧 이어서 현행 1885년 스페인 상법이 제정되기에 이르렀다. 나아가 100년이 지난 지금에 와서 형식과 내용이 전혀 다른 새로운 입법이 시도되고 있다. 이 새로운 입법인 2006년 항해에 관한 일반법의 입법 초안이 국회에 제출되어 현재 심의가 진행 중이다. 이 법이 국회를 통과한 다음에 번역하여 출판하는 것이 순리이겠지만 최근 확인 결과 국회를 통과하여 입법이 될 것이 거의 확실하고 나아가 초안 자체도 상당한 입법적인 가치를 갖는다고 생각하여 출판을 하기에 이르렀다.

이러한 과제는 스페인어 및 스페인법의 공부에 한계가 있는 필자가 수행하기에는 벅찬 작업이지만 누구인가 시작을 하여 주면 장차 더욱 발전된 번역이 나올 수 있고 비록 불충분한 번역도 전혀 없는 것보다는 연구에 도움이 될 것같아 번역과 출판을 하기에 이르렀다. 그리고 빌바오 상사칙령은 원래 상법의 형태로 존재하였고 그 내용도 오늘날 상법과 유사하여 상법의 연구에도 많은 시사점이 있지만 시간 관계상 부득이 해상법에 해당하는 부분을 발췌하여 번역을 하게 되었다. 장차 진정한 전문가가 나오면 이를 다시 개선하고 정정하여 더욱 좋은 번역본이 나올 것을 기대하면서 감히 출판을 하기로 하였다. 끝으로 어려운 환경 속에서 출판을 결정하여 준 고려대학교출판부에 감사를 드린다.

2008년 10월

채이식

해설

스페인 해상법(1737년부터 2006년까지) 소개[1]

1. 서(序)

해상법의 국제성은 여러 교과서에서 언급되고 확인된 특성이다. 해상법을 국제성이 강한 법역이라고 할 때에, 국제성이 갖는 의미는 여러 가지로 해석될 수 있다. 가장 평이하게는 국제적 규범이 가장 많이 요구되는 분야의 법이 해상법이라는 취지로 설명된다. 그리하여 국제적 규범의 가장 일반적인 존재 형식인 조약이 널리 인정되고 적용되는 분야가 바로 해상법인 것이다. 해상법에서 국제성이 강조되는 이유는 그 근저에 있는 규율 대상인 해상 영업이 강한 국제성을 갖기 때문이다. 상용에 제공된 선박은 항시 어느 국가에서 다른 국가로의 항해를 전제로 하고, 따라서 그 법률적인 규제도 서로 다른 법률에 직면하여 적용할 규범부터 확정하지 않으면 아니 된다. 그러나 아무리 국제적인 규범이 많고, 그 형식이 조약이든 관습법이든 상관없다 하더라도, 현실적으로 존재하는 국제적인 규범은 법체계 전체적인 입장에서 보면 극히 일부에 지나지 아니하고, 이에 보편적인 법 일반원리를 추가한다 하더라도, 이에 기초하여 당사자 사이의 권리와 의무를 정하는 것이 사실상 불가능하기 때문에, 결국 당사가가 그것을 선정하든 혹은 특정한 국가가 적용을 강제하든, 어느 국가의 법에 의존하지 아니하면 아니 된다. 그리하여 해상법을 해석, 적용하는 행정가는 물론, 해상법을 준수하고 이해관계를 따져봐야 하는 해상 기업가는, 여러 다른 해상법 규범을 항상 비교, 검토하지 않으면 아니 된다. 그리하여 해상법을 전문적으로 다루는 법률가, 특히 해상법을 연구하는 학자의 입장에서 보면, 여러 나라 제도를 비교 분석하는 것이 필수적 과제이다. 여기에 해상법에 있어서 다른 하나의 국제적 특성이 있는 것이다. 이러한 비교법적인 고찰을 통하여 해상법이 발전되고 개혁되어 나가는 것이기 때문에, 법률의 발전이라는 측면에서 보면, 이는

1 이는 한국해법학회지에 2007년 11월 필자가 소개한 것을 발췌하여 전재한 것임.

다른 법역에서 가질 수 없는 장점이기도 하다.

이와 같은 관점에서 필자는 스페인법의 연구를 시작하였다. 나아가 스페인법은 여러 가지 이유로 다른 나라 법률보다 우선적으로 연구할 가치가 충분히 있다고 본다. 먼저 스페인은 세계 최초로 해상 제국을 건설한 국가이다. 그 이전에는 해상 활동이 특정한 해역으로 한정되어 있고 따라서 법률도 특정한 해역으로 한정되어 있어, 예를 들면 지중해를 중심으로 독특한 해상법이 있고, 발트해를 중심으로 별도의 해상법이 존재하였다. 1492년 콜럼버스가 미주 대륙을 발견한 이래 스페인은 미주에 진출하고 필리핀까지 진출하여 세계적인 해상 제국으로서 기틀을 마련하였다. 물론 초기에는 국가의 지원을 받고 신천지를 개척하는 다소 비영업적인 동기에서 출발하였지만, 그 배후에는 항상 엘도라도(황금나라)를 발견하여 황금을 만재하고 돌아오는 일확천금의 꿈이 도사리고 있었다. 식민지를 개척하려는 국가적인 정책도 한몫 하였지만, 그것을 목적으로 재산과 목숨을 걸고 지속적인 모험을 하기에는 한계가 있고, 개인적인 이해가 뒷받침되고 영업적인 동기가 제도적으로 보장될 때에 비로소 장기적, 반복적으로 모험적인 사업을 할 수 있었다. 여기에 필연적으로 해상법의 정비가 요구되었다. 그리하여 많은 해상법 서적에는 스페인 해상법에 관한 언급이 있고,[2] 필자가 스페인 해상법에 관심을 가진 이유도 여기에 있다. 특히 많은 해상법 학자들은 근대 스페인 해상법의 발전에 많은 기여를 한 것으로 1737년 빌바오 상사칙령을 들고 있다. 필자가 최초로 스페인 해상법에 관심을 갖게 된 것은 이 1737년 빌바오 상사칙령에 관한 관심 때문이며, 이 빌바오 상사칙령이 1681년 프랑스 해사칙령과 함께 근대 대륙법의 해상법에 지대한 영향을 끼친 법원이라는 이야기를 들었기 때문이다.

스페인은, 이러한 해상법에서 차지하는 역사적인 중요성 이외에도, 오늘날에 있어서 해상활동에 있어 그 역할을 무시할 수 없다. 스페인은 오늘날 우리와 비슷한 국력을 가진 유럽 연합 내에 중급 변방 국가이다. 그러나 최근에 들어와서 그 지정학적 위치와 거대한 인구를 바탕으로 날로 향상되는 경제력의 뒷받침하에 그 국가적인 지위가 날로 향상되어 가고 있다. 나아가 중남미 20여 개 국가가 과거 스페인 식민지로서 그 언어적, 역사적인 이유로 스페인법으로부터 많은 영향을 받고 있다. 그리하여 이들 여러 나라의 해상법을 이해하기 위하여 반드시 스페인 해상법을 이해하지 않으면 아니 된다.

그리고 스페인은 대륙법을 채택하고 있고 역사적으로 프랑스 법으로부터 많은 영향을 받아왔다. 따라서 우리에게 있어 영미법에 비하여 해상법을 이해하는 데 있어서 비

2 배병태, 《주석해상법》(한국사법행정학회, 1977), 43면 ; 최기원, 《해상법》(박영사, 1993) 26면 참조. 주로 바르셀로나 칙령에 대한 언급이 있다.

교적 용이하다는 장점이 있다.

오늘날 우리나라에서 스페인법에 관한 연구는 그 분야가 무엇이든 거의 이루어지지 않고 있다. 우리 법률이 전통적으로 독일 및 프랑스 법의 연구에 치중한 것이 원인이 아닌가 생각된다. 그리고 스페인의 국력이 아직은 유럽 중요국과 경쟁하기에는 미흡하고, 특히 스페인은 그 장구한 역사와 지정학적 이점에도 불구하고 국제사회에서 남미 여러 나라를 이끄는 지도국으로 영향과 능력을 가지지 못하고 있어 그 영향력이 매우 미약하다. 우리나라와 무역 기타 경제적인 유대도 매우 미미하여 법률가 사이에서 그 활동이 많은 관심을 끌지 못하였던 것도 종래 연구 부재의 원인이라고 생각된다. 그러나 이제는 스페인도 국력이 신장되고, 남미 제국과 우리나라 사이의 경제적 유대를 강화되고 있기 때문에, 스페인 해상법도 반드시 연구의 한 분야로서 우리의 관심의 대상이 되어야 마땅하다고 생각된다. 학문적인 입장에서도 이처럼 오랜 역사와 전통을 가진 스페인 해상법은 반드시 연구의 대상이 되어야 옳다고 생각된다.

스페인 현행 해상법은 1885년에 상법의 일부로 제정되어 100년 이상 시행되어 오고 있고, 현재 대대적인 개정 작업이 진행되어 많은 진전을 보아 그 입법 초안이 현재 국회에 제출되어 있다. 그리하여 현행 스페인 해상법을 이 시점에서 소개하는 작업이 적절한지 의문이 제기될 수 있다. 1885년 제정된 스페인 상법이 1900년 전후에 제정된 일본 상법에 어느 정도 영향을 미쳤는지 필자가 알 길은 없지만, 적어도 참고는 되었지 아니할까 추측되고, 가사 전혀 참고가 되지 아니하였다 하더라도 적어도 그 당시 입법자들은 물론 실무가들 사이에 널리 통용되었던 해상법을 인식하고 접근하는 방식을 이해하는 데에는 상당한 도움이 된다고 생각된다. 이러한 의미에서 일본 해상법에 기반을 둔 우리 상법을 이해하는 데에도 도움이 될 수 있다고 생각된다. 그리하여 이 논문의 말미에 현행 스페인 상법을 번역하여 첨부하고,[3] 추후에 이전 1829년 해상법과 1737년 빌바오 상사칙령은 물론 현재 입법 중인 법률을 모두 번역, 정리하여 책으로도 출간하려고 한다. 그리고 본 논문으로는 스페인 현행 해상법이 있기까지 그 역사적 받자취와 현행법이 갖는 구조를 개략적으로 설명하는 것으로 만족하고자 한다.

2. 1737년 빌바오 상사칙령

인류 문명이 스페인에 터를 잡은 것은 우리나라보다 한참 앞선 것으로, 기원전 5천 년 내지 3천 년 사이에 벌써 농업이 시작되었다고 한다.[4] 페니키아인에 이어 그리스인이

3 불필요한 보험 부분과 모험대차를 생략한다. 다만 추후에 출판시에는 그 완결을 기하기 위하여 이를 모두 포함하려고 한다.

4 Juan Eslava Galan, *Historia de Espana*(Planeta, 2005), 32면 참조.

식민지를 건설하고 다음으로 로마제국이 기원전 200년에 식민지를 건설하기 시작하면서부터 스페인은 로마 제국 내에서 중요한 국가로 자리 잡게 되고, 이때부터 오늘날 우리가 알고 있는 로마법이 소개되고 시행되었을 것으로 추측된다. 그리고 그 영향으로 인하여 오늘날까지 스페인은 가톨릭을 국교로 하는 기독교 국가가 되었고, 스페인 언어도 라틴어에 기초한 언어로 남게 되었다. 이와 달리 법률은 이후 로마법이 계승되어 발전되지 못하고 로마 제국이 멸망과 함께 완전히 사라지고 북쪽에서 넘어온 서고트족이 서기 410년경에 로마를 몰아내고 710년까지 약 300년을 지배하고 그 통치하에서 완전히 새로운 제도와 법률이 도입되고, 나아가 서기 710년부터 1490년 사이 약 700년간을 완전히 문화가 다른 아랍의 지배를 받음으로써 새로운 아랍 계통의 법률 제도가 도입되었다.[5]

기독교 세력이 스페인 국토를 완전히 회복하고 콜럼버스가 신천지를 개척하려는 1492년에 비로소 근대 스페인 역사가 새로이 시작되었다 할 수 있다.[6] 이때부터 로마법, 게르만법에 기초한 서구 법률 제도가 도입되었다. 지금도 스페인 사람들은 아랍 세력을 물리친 것을 스페인 독립 운동으로 이해하고, 기독교 문화가 이슬람 문화를 몰아낸 것을 국권의 회복으로 이해하고 있다. 따라서 그 이전의 제도를 완전히 부정하고 새로운 질서를 설립하는 것이 국토 회복전쟁이고 그 결과로 자연히 종래 법률 제도는 전혀 계승됨이 없이 완전히 부정되고 새로운 법률 제도가 도입되었다. 이러한 관점에서 보면 스페인 해상법은 아주 최근에 형성된 법률이라고 할 수 있다. 이 도입 과정에서 자연 유럽 여러 기독교 국가의 영향을 받고, 특히 그 지정학적 위치 때문에 프랑스법의 영향을 많이 받게 된다.

그런데 이 로마법에 기초한 대륙법계 국가에서는 원래 국가는 행정 및 형사에 관한 법에 관하여 관심을 갖고 입법을 하였고, 사적인 거래 특히 상업 활동은 이를 사적 자치의 원칙에 맡기고 그 결과로 각 지역에서 특히 상공업자 사이에서 자치법의 형태로 발전되었다.[7] 그리고 국가가 사적인 영역에 관심을 갖고 입법을 시작한 것은 근대 절대 군주 국가가 완성된 17세기 말이며, 이후 18세기 말에 이르러서 비로소 그 체계를 완성하게 되었다.

그리하여 1492년 스페인이 통일되고 서구적 기독교 국가가 성립된 다음에도 스페인 전체에 효력을 가진 해상법은 존재하지 아니하였고, 각 지역에서 특히 중요 항구를

5 안영옥, 《스페인 문화의 이해》(고려대학교출판부, 2005), 52, 70면 참조.

6 위의 책, 71면 참조.

7 채이식 옮김, 《프랑스 해사칙령과 나폴레옹 상법전 해상편》(고려대학교출판부, 2005), 8면 참조.

중심으로 자치법의 형태로 해상법이 생겨났다. 그리하여 빌바오[8] 칙령도 빌바오 지역에 효력을 갖는 지역적 성격의 법령이다. 유사한 칙령은 빌바오에 한하여 있었던 것이 아니고, 스페인에서 당시 중요 해상 도시마다 칙령이 있었다. 이 칙령은 그 지역 이름을 따서 발렌시아 칙령, 바르셀로나 칙령, 세비야 칙령, 부르고 칙령이라고 부른다.[9] 그리고 칙령이란 당시 의미로 행정적인 명령의 성격을 가졌다고 한다.[10] 그리하여 그 효력도 자연 헌법이나 왕명보다는 하위의 규범으로 인식되었고[11] 이러한 점에서 프랑스 해사칙령과 그 명칭은 유사하지만 법적 성격은 완전히 다르다고 할 수 있다.[12]

그리고 오늘날 일반적으로 이해되는 규범과 다른 점은 그 속에는 그에 관한 분쟁을 처결하는 권한을 규정하고 그기에 필요한 법원의 설립을 전제로 하고 있다는 것이다. 이러한 제도적인 뒷받침 속에서 해상법이 독자적으로 발전할 수 있는 길이 열리게 되었다.[13]

그리고 빌바오 칙령도 1737년에 갑자기 제정된 것이 아니고 이전에 이미 있었던 여러 칙령을 집대성한 것에 불과하다.[14] 최초 빌바오 칙령은 1511년에 제정되고 이후 수십 개의 칙령이 공포되고 제정되었으며 이 칙령은 대부분 특정 분야나 특정 목적을 가지고 제정된 행정명령이며 1737년 빌바오 칙령 이전에도 일반적인 성격의 칙령으로 1531년 칙령과 1560년 칙령이 있었다고 한다. 1737년 빌바오 칙령은 1735년에 시작하여 약 15개월이 걸려 제정 작업을 하였다고 하며, 1681년에 제정된 프랑스 해사칙령의 영향을 많이 받았다고 한다.[15] 빌바오 칙령은 1818년 한번 일부 개정을 거치고, 1829년 스페인 상법이 공포될 때가지 시행되었다. 빌바오 칙령은 총 29장 723조로 구성된 거대한 상사법전이다. 이 중 약 16개장이 오늘날 의미로 해상법에 해당한다.[16] 그리고 그 내용으로는 우리 상법에 볼 수 있는 선장을 비롯한 운송 관련인, 해상운송계약 및 해상

---

8 빌바오는 스페인 북쪽에 있는 주요 항구이다.

9 Arroyo, *Curso de Dercho Maritimo,* 2nd(Thomson, 2005), 73면 참조

10 Arroyo, *Estudio de Derecho Maritimo* Vol 3(Bosch, 2001), 59면 참조.

11 위의 책, 60면 참조.

12 프랑스 해사칙령은 Ordannance라고 하며 스페인 칙령은 Ordonanzas라고 하여 원래 명칭 자체가 유사하나 프랑스 해사칙령은 원래 왕령으로 전국적인 효력을 갖는 것을 전제로 하였다.

13 빌바오 칙령의 스페인어 명칭 중에 Consulado라는 말이 있는데 오늘날 원래 의미는 영사를 뜻하지만 당시에는 이를 재판하는 독립된 법원을 지칭하였다고 한다. Arroyo, *Estudio de Derecho Maritimo* Vol 3, 60, 63면 참조.

14 1737년 빌바오 칙령의 제정 경우에 관하여는 Guiard 외 3인, *Las Ordenanzas del Consulado de Bilbao* (Bilbao,1931), 48면 이하 참조.

15 Arroyo, *Estudio de Derecho Maritimo* Vol 3, 67면(주11) 및 73면 참조. Guiard 외 3인, *Las Ordenanzas del Consulado de Bilbao,* 55면에도 유사한 내용이 보인다.

16 빌바오 칙령이 1681년 프랑스 해사칙령과 근본적으로 다른 점은 그기에 일부 행정법적인 요소가 없는 것은 아니지만 오로지 그 집행을 위한 행정에 한하고 해사행정 전반에 관한 규정은 하지 아니하고 있다는 것이다.

위험에 관한 부분이 있다.[17]

3. 1829년 스페인 상법전

1829년에 처음으로 스페인 상법전이 제정되었고, 여기에 해상법이 포함되었다. 형식적 의미에서 볼 때에 1829년 상법전과 1737년 빌바오 칙령은 그 성격이 완전히 다르다. 1829년 상법전이 근대 국가를 전제로 전국적인 효력을 갖는 법률의 형식을 갖춘 규범임에 반하여, 1737년 빌바오 칙령은 특정 지역에 한하여 효력을 갖고, 여러 지역에 산재한 많은 칙령 중의 하나에 지나지 않았다. 그럼에도 불구하고 1737년 빌바오 칙령이 1829년 상법전의 선조로 대접받는 것은 바로 그 내용 때문이다. 즉 1829년 상법전을 제정하면서 그 내용을 대부분[18] 빌바오 칙령에서 취사, 선택하여 제정하였다.[19] 1737년 빌바오 칙령의 기여는 그 내용도 중요하겠지만 그 형식과 체계를 근대적인 법전의 형식으로 잘 정리하여 놓은 데 있다고 할 수 있다. 나아가 1737년 빌바오 칙령은 남미 제국 특히 파라과이, 아르헨티나, 과테말라, 칠레, 쿠바, 멕시코 및 베네수엘라 등의 입법에도 지대한 공헌을 하였다.[20] 이러한 입법적인 영향 때문에 오늘날 1737년 해사칙령이 해상법의 역사적 평가에서 중요한 자료로 인정되는 것이다.

1829년에 해상법이 상법의 일부로 편입되었다는 것은 단순히 형식의 변경이 아니라 해상법의 성격에 중대한 영향을 미쳤다. 해상법을 상법의 일부로 인정하고 새로이 상법전을 편찬하는 것은 1807년 프랑스 상법전을 시작으로 하여 1833년 포르투갈 상법전, 1835년 그리스 상법전, 1838년 네덜란드 상법전, 1865년 이태리 상법전, 1867년 독일 상법전 및 1889년 루마니아 상법전 등 그 시대에는 유행처럼 번져갔다.[21] 해상법이 상법에 편입됨으로 인하여 우선 그 이전 1737년 빌바오 칙령에 있던 행정적, 공법적 요소를 가능한 한 제거하여야만 했다. 그리고 해상법은 상법전 속에서 그 논리 속에서만 존재할 수 있고, 이로 인하여 해상법은 사법적인 요소가 강화되고 대신 그 독자성을 그만큼 희석될 수밖에 없었다. 특히 해상법의 독자성을 약화시킨 원인으로 상법전화로 인하여 종래 각 지역에 있던 해사법원(Consulado)이 자연 재판권을 잃고 이 재판권이 모두 상사법원으로 이전되었으며, 상사법원에서는 해사전문가가 아니라 법률전문가가

17 빌바오 칙령의 내용에 관하여는 Arroyo, *Estudio de Derecho Maritimo* Vol 3, 77, 104면 참조.

18 일부 내용은 나폴레옹 상법전에서도 취사 선택하였다고 한다. J.L Gabaldón, *Manual de Drecho de la Navegación Marítima*(Marcial Pons, 2002), 24면 참조.

19 Arroyo, *Curso de Dercho Maritimo,* 75면 참조.

20 같은 곳 참조.

21 위의 책, 79면 참조.

재판을 하는 경향이 생겨났다는 것이다.[22]

1829년 스페인 상법전은 모두 1219조문으로 구성되어 있는데, 이 중에서 해상법은 제3장에 규정되어 있고 제583조부터 제1000조에 이르기까지 418개 조문으로 상법전의 상당 부분을 차지하고 있었다. 1829년 상법전은 오늘날 우리나라 상법전을 위시한 근대 각국 상법전과 유사한 체계를 갖고 있다. 즉 기업의 조직의 측면에서 그 물적 설비인 선박으로 시작하여 인적 설비인 선주, 선장 및 선원을 다루고, 이어서 해상기업 활동의 측면에서 운송계약 등을 다루고, 마지막으로 해상위험에 관한 각종 제도를 두고 있다. 그러나 조금 더 자세히 관찰하면 근대 해상법과 달리 기업설비의 측면에서는 선원에 관하여 그 고용 측면까지 자세히 규정하고 있고, 오늘날에는 볼 수 없는 사관으로 항해장과 장비장에 관한 규정을 두고 있고, 또 해상운송주선인과 화물관리인에 관한 규정도 두고 있다.[23] 해상활동에 관하여는 운송계약으로 오로지 용선계약에 관한 규정만 있다.[24] 이는 당시 아직도 오늘날 의미의 정기선이 생겨나지 아니하였고, 일반적인 운송 형태가 용선계약인 실정을 반영한 것이라고 생각된다. 그리고 활동편에 오늘날에는 소멸되고 저당권 제도가 그 기능을 대행하는 모험대차에 관한 규정이 있고, 또 해상보험에 관한 규정도 여기에 추가되어 있다.[25] 해상위험편에는 공동해손 등 해손에 관한 규정과 우리 상법에는 전혀 규정이 없는 위험에 처한 선박의 피난기항과 선박이 난파되었을 때에 법률관계를 정한 난파에 관한 규정이 있다. 대신 우리 상법에 있는 선박충돌이나 해난구조에 관한 규정은 없다. 그리고 마지막 제5장에 시효에 관한 규정이 보인다.

4. 1885년 스페인 상법전

1885년 상법은 현재 시행 중인 상법이다. 1885년 상법을 제정하게 된 동기는 명백하지 아니하다.[26] 1817년에 스페인에서 처음으로 동력선에 의한 정기선 영업이 생겼고, 따라서 1829년 상법이 범선을 전제로 한 번 항해를 마치면 항해가 종료되고 선박 자체도 해체 혹은 수리되는 것을 전제로 한 것이기 때문에 벌써 당시에도 시대에 맞지 아니한다는 비난이 있었다고 한다.[27] 그러나 해상법 부분에 관한 한, 그 내용을 비교 검토하면 양자 사이에 큰 차이를 발견할 수 없는 점에 비추어, 해상법의 개정을 주요 관심 사항으로

22 위의 책, 79-80면 참조

23 1829년 스페인 상법 제723조 이하 제4절 및 제5절 참조.

24 1829년 스페인 상법 제737조 이하 참조. 이는 1807년 프랑스 해상법에서도 마찬가지이다.

25 이는 오늘날 일본 상법에서도 마찬가지이다. 우리 상법에서는 보험편이 있어 여기에 편입되어 있다.

26 이를 찾기 위하여 Lorenzo Mossa, *Historia de Derecho Mercantil en los Siglos 19 & 20*(1948) 및 Francesco Galgano, *Historia de Derecho Mercantil*(1980) 등 서적을 찾아보았지만 잘 나와 있지 아니하였다.

27 J.L Gabaldón, 앞의 책, 25면 참조. 이러한 선박의 구조나 동력의 변경이 주된 동기가 아닌가 생각된다.

하여 개정 작업이 이루어진 것은 아닐 것으로 추측된다. 해상편을 검토하면 우선 조문이 제573조부터 제869조까지 그 수에 있어 1829년 법이 418개 조문인 데 반하여 1885년 법은 295조로 현저히 축소되었다. 그러나 변경된 내용을 검토하여 보면 많은 부분에서 수개 조문이 통합되어 그 수가 축소된 것임을 알 수 있고, 그 근본 구조에는 변경이 전혀 없으며, 그 사이에 시행한 결과를 토대로 약간의 수정이 이루어진 것을 알 수 있다. 물론 내용에 있어서도 기업 조직과 관련하여 운송주 선인에 관한 규정을 없애고, 이를 상법 총칙 규정에 넣어 규정하고, 기업활동과 관련하여 새로이 여객운송에 관한 규정을 추가하였으며, 또 해상위험과 관련하여 선박충돌에 관한 규정을 새로이 도입하는 등 약간의 개정이 있었다.

1885년에 제정된 상법전은 거의 개정이나 변경이 없이 오늘날까지 그대로 시행되고 있다. 그러나 그사이에 있었던 영업환경의 변화에 대응하고 국제적인 조류에 맞추어 변화를 시도하여 왔다. 부분적으로는 법률의 해석을 통하여 이를 해결하려 하였지만 그것으로는 한계가 있을 수밖에 없기 때문에 입법적인 조치가 요구되었고 그에 대한 대응 방식으로 상법 자체는 그냥 둔 채 개별 특별법을 도입하는 형태를 취하였다. 여기에 가장 중요한 역할을 한 것이 각종 조약이다. 조약은 그 자체가 바로 국내법과 동일한 효력을 갖고 바로 집행력을 갖지만[28] 이를 좀더 구체화하고 국내법의 체계를 갖추어 국내법으로 제정하기도 하였다. 그 대표적인 예가 1924년 헤이그 조약을 반영한 1949년 스페인 해상운송법이다. 기존 상법에 없는 것은 새로운 법을 제정하여 시행하기도 하였는데 1893년 상선저당법이 그 예이다.

5. 2006년 항해에 관한 일반법(초안)

1885년 상법의 일부로 해상법이 제정되고 이 법이 120년 이상 그 원형을 유지하며 시행되어 왔다. 그러나 그사이에 많은 하자를 노정하여 비판과 비난의 대상이 되었으며 이를 일부는 법률의 해석을 통하여, 일부는 조약 등 특별법을 통하여 임시방편적인 대응을 하여 왔지만, 그것으로 근본적인 문제 해결을 하기가 어렵다는 공감대가 형성되어 해상법의 개정을 시도하게 되고, 스페인 법무부 소속 법률제정위원회 상법분과위원회가 구성되어 개정 작업을 하여 2004년 최종안이 채택되고 2006년 국회에 제출되어 현재 그 입법을 기다리고 있다.

2004년 해상법 개정의 특색은 종래 해상법이 상법의 일부로 남아 있던 것을 이를 완전히 분리하여 별도 법으로 제정하고 여기에 해상에 관한 공법적 및 행정법적 요소를

28 스페인 헌법 제96조 참조.

추가하여, 그야말로 해양 관계 전반을 다루는 종합적인 법률의 제정을 시도하고 있다는 것이다. 이는 역사적인 관점에서 보면 1829년 이전으로 돌아가 1737년 빌바오 칙령과 동일한 형식을 취한 것이고, 법률 이론이라는 측면에서 보면 해상법의 사법적인 특성이 약화되고 독자성이 그만큼 강화되었다고 할 수 있다.[29] 개정 이유서를 읽어보아도 이러한 변혁을 시도한 이유는 명백하지 아니하고[30] 다만 1982년 유엔 해양법의 제정 및 기타 국제조약이 많은 영향을 미쳤다고 한다.[31] 그러나 현재 스페인에서 출판되어 널리 읽히는 중요 해상법 서적이 모두 이러한 형식으로 기술되어 있는 점에 비추어, 아마 그 이전에 이미 해상법 학자들 사이에 해상법의 개념을 이러한 형식으로 이해하는 데에 상당한 공감대가 형성되어 있었던 것이 아닌가 생각된다.[32]

개정 법률은 그 명칭이 "항해 일반법"이다. 개정안에는 해사행정에 관한 규정과 해양공법에 관한 규정이 들어 있다. 그리하여 선박의 국적, 등록, 검사 및 선급에 관한 규정은 물론, 항해의 안전과 환경오염에 관한 규정도 있다. 그리고 영해, 전관수역 및 항구의 이용 등에 관한 규정은 물론 영해의 무해통행권 등에 관한 규정도 포함되어 있다. 또 사법적인 부분의 특성으로서 종래 상법을 기초로 각종 조약과 특별법으로 분산되어 있던 규정을 하나의 법률에 집대성하고 그 사이에 개정이 요구되어 왔던 것을 일부 수용하고 있다.

먼저 해상기업조직의 측면에서 보면 선박건조계약과 선박매매계약을 위한 절을 두었고,[33] 우선특권과 저당권에 관하여 별도의 절을 두고, 종래 성질이 불분명하고 그 대상도 오해의 여지가 있던 우선특권을 명백히 했고, 또 종래 상법에 전혀 규정이 없어 특별법에 의해 규율되던 저당권도 새로운 법에 편입하였다.[34] 대신 저당권을 대신하는 제도로 인식되어 왔지만 사실상 사문화된 모험대차제도는 이를 폐지하였다. 종래 전통을 이어가서 선원에 관하여 비교적 장황한 규정을 그대로 두었고, 다만 선장에 관하여는 그 규정은 그 내용을 상당히 축소하였다. 선주책임제한제도도 새로운 항해 일반법에 편입하여 1996년 책임제한조약을 수용하여 채택하고, 대신 종래에 있던 선박위부 제도는 이를 폐지하였다.[35]

---

29 최근 캐나다에서도 유사한 입법을 한 바 있다.

30 항공운송에 관한 법과 아르헨티나 해상법이 이러한 형식이라 하니(J.L Gabaldón, 앞의 책, 51면 참조) 그에 영향을 받았다고도 할 수 있다.

31 개정제안서 85면 이하 참조. 그러나 설득력은 약하다고 생각된다.

32 이러한 입법 경향이 장차 세계적인 경향이 될 것인지 또는 이러한 접근이 바람직한 것인지 등은 본고의 목적이 아니기 때문에 추후에 다른 기회에 논의하기로 한다.

33 개정안 제169조 내지 183조 참조.

34 개정안 제184조 내지 212조 참조

35 위 제안이유서 63면 참조.

해상기업 활동에 관하여 본다면, 종래 일반원칙으로 채용되었던 것으로, 항해용선계약, 정기용선계약, 개품운송계약 및 복합운송계약을 모두 동일한 운송계약이라고 보고 그 성질이 같다고 보는 견해를 그대로 유지하고 있다. 다만 종래에는 전혀 근거가 없었던 선박임대차계약에 관한 규정을 새로이 신설하고 있다. 그리고 운송계약의 경우 종래 선주의 책임에 관하여 일반적으로 국제적인 규범으로 인식되어 왔던 헤이그 규칙을 버리고 함부르크 규칙을 채택하였다.[36] 그리고 예인계약에 관한 규정을 추가하고 운송계약에 부수한 계약으로 선박관리계약, 선박위탁계약, 수로안내계약 및 하역계약에 관한 규정을 신설하였다. 그리고 위에서 언급한 것과 이미 사실상 사문화된 제도인 모험대차에 관한 규정은 이를 폐지하였으며, 다만 종래 전통을 유지하여 해상보험에 관한 규정은 이를 그대로 유지하였다.

해상위험 부분에 있어서는 종래에 있던 선박충돌, 공동해손[37] 선박난파에 관한 규정을 그대로 유지하고, 대신 종래에 있던 피난기항에 관한 규정을 없애고 새로이 해난구조와 오염보상에 관한 규정을 추가하였다.

마지막으로 해상기업활동에 부수하여 발생하는 분쟁해결절차에 관하여 자세한 규정을 두고 있다. 이는 현행 상법의 태도와 큰 차이가 없다. 그러나 입법적으로 해사문제 전반을 다루는 새로운 법원을 설치하는 데에는 이르지 못하였다. 이러한 관점에서 개정안은 그 독립성에 있어 중요한 기능을 하였던 1737년 해사칙령에는 이르지 못하였다고 할 수 있다.

36 위 제안이유서 상 입법 취지 54면 및 제안 이유 94면 참조.

37 종래 공동해손 및 단독해손의 구별도 없앴다.

요약 차례

차례

Ordenanzas de Bilbao 1737

차례

1737년 빌바오 상사칙령

Código de Comercio 1829
Libro III. Del comercio marítimo

1829년 상법
제 3 편 해상

Código de Comercio 1885
Libro III. Del comercio marítimo

1885년 상법
제 3 편 해상

LEY GENERAL DE NAVEGACIÓN MARÍTIMA(proyecto) 2006

2006년 항해에 관한 일반법(안)

1737년 빌바오 상사칙령

Ordenanzas de Bilbao 1737

해상도 조직도

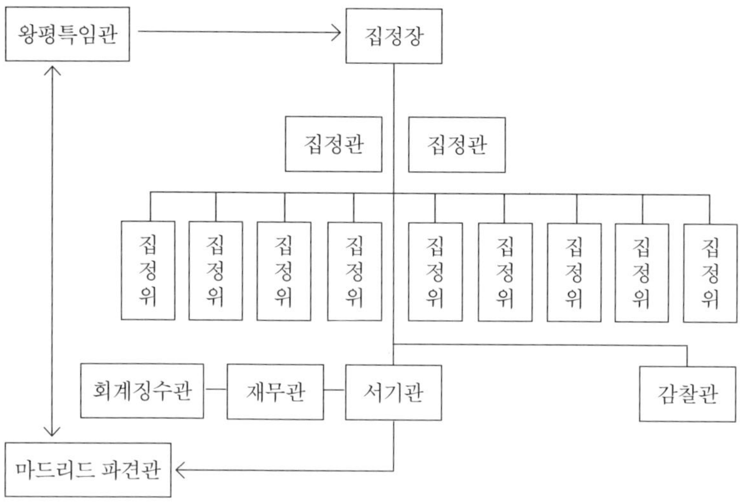

빌바오시 약도(1737년)

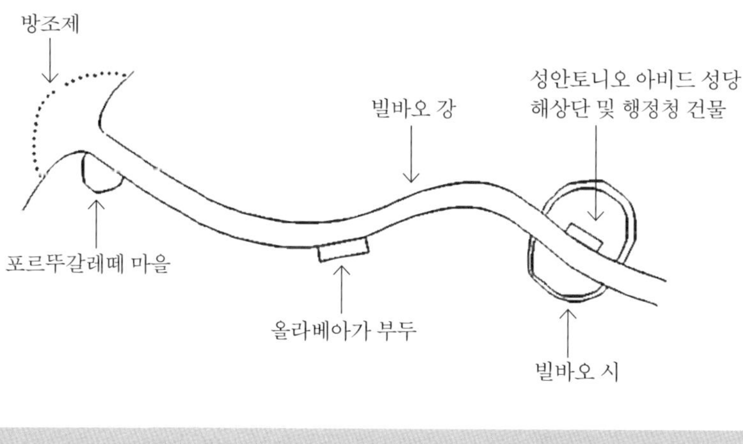

Las Ordenanzas de la Ilustre Universidad y Casa de Contraración de la Muy Noble y Muy Leal Villa de Bilbao 1737

CAPITULO PRIMERO

DE LA JURISDICCION DEL CONSULADO, SUS REALES PRIVILEGIOS, Y ORDEN DE PROCEDER, EN PRIMERA, SEGUNDA, Y TERCERA INSTANCIA

I. Lo primero, para que sea notoria la jurisdiccion que ha tenido, y tiene el Consulado de dicha Universidad, y Casa de Contratacion de esta Villa de Bilbao, en ella, y su Partido, y para los demás efectos que convengan ; nos ha parecido conducente insertar aqui (como lo están en las Ordenanzas, que quedan citadas, i andan impresas, confirmadas por el Señor Rey D. Phelipe Segundo, en quince de Diciembre del año mil quinientos y sesenta) los Reales Privilegios de que dexamos hecha mencion, cuyo tenor á la letra es este.

⟨Reales Privilegios⟩ : suprimido.

II. Y en virtud, y conformidad de dichos Reales Privilegios, ponemos por Ordenanza : Que el Prior, y Consules, usando de la jurisdiccion, que por ellos se les dá, han de conocer, como acostumbran, y han tenido, y tienen de Ordenanza, privativamente de todos los pleytos, y diferencias de entre Mercaderes, y sus Compañeros, y Factores, sobre sus negociaciones de Comercios, compras, ventas, cambios, seguros, cuentas de compañias, afletamentos de Naos, factorías, y demás expresado en dichos Privilegios, y Ley Real : Y han de tener todo cuidado en la conservacion de la Ria, Canál, y Barra de Portugalete, para que los Navios, y demás embarcaciones entren, y salgan, suban, y baxen con toda seguridad, sin riesgo, ni embarazo ; nombrando Piloto Mayor de este Puerto, y examinando, y dando titulos á los Pilotos Lemanes de estas Costes, en la forma que se contendrá en su lugar en esta Ordenanza.

III. Y para ver, y reconocer como se cumple con su obligacion por los Pilotos, asi Mayor, como Lemanes, y demás Navegantes, y el estado de la Ria, y Barra, y obras que en ella se han hecho, y hacen (mayormente al presente que se están fabricando los Muelles de la Canál de junto á dicha Barra, de cuenta, y orden de esta Universidad, y Casa) procurando, que todo se mantenga en la buena disposicion que conviene a su conservacion, y aumento de la Real Hacienda ; executarán la Visita General acostumbrada, y las demás que tuvieren por precisas, y necesarias ; y lo mismo siempre que haya naufragios de Navios, ú otro qualquiera accidente que lo requiera, asi en este Puerto, como en los demás de su Partido, y Jurisdiccion, exerciendola contra culpados ; y demás necesario segun les está concedida por dichos Privilegios, y Ley Real.

1737년 빌바오 상사칙령[1]

제1장
해상단의 권한, 그 왕립특권 및 제1심, 제2심, 제3심의 절차

제1조 먼저 빌바오 해상단이 가지고 있었고 앞으로 가지게 될 권한을 그 도시 내부, 소관 지역 및 그 효력을 명백히 하기 위해, 자주 언급되는 그 왕립특권을 여기에 삽입하여 주는 것이 유익할 것으로 판단되는바(1560년 12월 15일에 펠리페2세 왕께서 윤허하여 반포되어 사용되어 온 칙령에서도 그렇게 했듯이), 그 칙령장의 내용은 다음과 같다.

〈왕립특권〉: 생략.

제2조 위 왕립특권에 기하고 또 그 특권에 따라 이 칙령을 통하여 천명하는 바이니, 집정장과 집정관은 이 특권에 의하여 자기에게 부여된 권한을 행사하여 상사교섭, 판매, 구매, 어음, 보험, 동업계산, 선박용선, 대리 및 기타 칙령이나 법률에서 정한 사항에 관해 상인, 그 동업자 및 대리인들 사이에 발생하는 분쟁과 쟁송을 처리함에 있어 과거에도 그러하였듯이 이 칙령의 내용을 숙지하고 이미 관습이 된 바와 같이 스스로 이를 심리하여 처결하여야 한다. 그리고 상선 기타 선박이 위험 없이 안전하게 방해를 받지 아니하고 빌바오강을 출입하고 오르내릴 수 있도록 빌바오강,[2] 운하,[3] 포르뚜갈레떼의 방조제[4]의 보존을 위하여 모든 노력을 다하여야 한다. 그리고 이들은 이 칙령 중 아래의 해당 장에서 규정하는 바에 따라, 이 항구의 항만의 방조제 관리장을 임명하고, 연안의 도선사에 대해 시험을 실시하고 자격을 부여한다.

제3조 항만의 방조제 관리장, 도선사 여타 해운관계자가 의무를 성실히 이행하는지 여부와, 빌바오강과 그 입구의 방조제 및 그곳에 설치했었고 설치하는 공작물(현재는 주로 해상단의 지시와 비용으로 방조제 인근 운하에 부두를 설치하는 것인바)의 상태는 물론 이들에 대해 그 수입의 증가와 보존을 위한 적절한 조치가 취해지고 있는지 여부를 검사하고 확인하기 위하여, 집정장과 집정관은 과거 관행에 따라 통상검사를 실시하고 또 필요하고 적절한 시점에 별도로 특별검사를 실시하여야 하며, 항구 내에서는 물론 관할 구역 내에서 선

---

1 원문은 *Codigos Espanoles : Nueva Recopilacion*(Imprenta de la Publicidad, á cargo de D. M. Rivadeneyra 1851년, 12권) 빌바오 칙령을 기본 텍스트로 사용함.

2 바닷물의 영향을 받아 강물이 변하는 지역까지를 Ria라고 하고 이보다 상류지역을 Rio라고 한다고 한다. 그런데 당시 빌바오시의 범위를 조금 넘는 위 지역까지 조수의 영향을 받았기에 칙령에서는 대체로 빌바오강을 가리켜 Ria라고 부르고 있다.

3 빌바오강 입구에서 빌바오시로 올라오는 강에 외부로 벗어난 여러 줄기가 있는데 이를 대체로 운하라고 칭한다.

4 빌바오강으로 들어오기 전에 오늘날 항구라고 할 수 있는 넓은 만이 있고, 여기에서 갑자기 좁아져서 강으로 들어오면서 오른 쪽에 붙어있는 도시가 포르뚜갈레떼이다. 그 입구 양쪽에 모래가 쌓이고, 특히 포르뚜갈레떼 지역에 많이 쌓이는데, 이것이 대형 선박이 강 입구로 올라오는 것을 방해하여 수로를 관리하고 안내하는 것이 필요했고, 동시에 이러한 지형은 적이나 해적의 방어에는 유리한 측면이 있었다고도 한다. 이러한 모래 더미를 여기에서 방조제로 번역했다. 일부 선박은 강입구로 진입하여 여기에서 정박하여 있고, 소형 선박이 여기로 와서 화물을 선적하고 양하하여 빌바오시 부두까지 운송하기도 했다고 한다.

IV. Para los Pleytos, y diferencias de que han de conocer, y oír á las partes en justicia ; harán sus Audiencias (como lo tienen de costumbre) en el Salon de dicha Universidad, y Casa de Contratacion, los Martes, Jueves, y Sabado de cada semana ; empezando desde el dia de Santa Cruz de Mayo, hasta el de Santa Cruz de Septiembre, á las tres de la tarde, y desde Santa Cruz de Septiembre, hasta Santa Cruz de Mayo, á las dos.

V. Si alguno de Prior, ó Consules se hallare enfermo, ausente, ó impedido legitimamente, podrán hacer la Audiencia los otros dos, yá sea el Prior, y uno de los Consules ; ó yá los dos Consules, mientras no se llamare, y diere posesion al segundo Prior, si la ausencia, enfermedad, ó impedimento del primero fuere tal, que no se pueda esperar su concurrencia en muchos dias, como entonces se podrá hacer : Y lo mismo, si la ausencia, enfermedad, ó impedimento de los Consules, ó qualquiera de ellos fuere tambien larga, pues entonces igualmente se podrá, y deberá llamar, y dár posesion al tercero, y quarto Consules, para que asistan en lugar del primero, ó segundo, ó de ambos, si se ausentaren, ó estuvieren enfermos, ó impedidos legitimamente.

VI. Por quanto en dicho Consulado deben determinarse los pleytos, y diferencias de entre las partes, breve, y sumariamente, la verdad sabida, y la buena fé guardada por estilo de Mercaderes, sin dár lugar á dilaciones, Libelos, ni Escritos de Abogados, como, y por las razones que se previene, y manda por dichos Privilegios, y Ley Real, ni guardar la forma, y orden del Derecho : Se ordena, que siempre que qualquiera persona pareciere en dicho Consulado á intentar qualquiera accion, no se le admitan, ni puedan admitir demandas, ni peticiones algunas, por escrito, sin que ante todas cosas el Prior, y Consules hagan parecer ante sí á las partes, si buenamente pudieren ser habidas, y oyendolas verbalmente sus acciones, y excepciones, procurarán atajar entre ellos el pleyto, y diferencia que tuvieren, con la mayor brevedad ; y no lo pudiendo conseguir, les admitan sus peticiones por escrito ; con que no sean dispuestas, ordenadas, ni firmadas de Abogados, como se ha practicado, y ha sido, y es de Ordenanza. Y procurando en quanto á esto evitar malicias, si se presumiere, que la demanda , respuesta, ú otra Peticion, y Libelo fuere dispuesta de Abogado, no la admitirán hasta que baxo de juramento declare la parte no haverla hecho, ni dispuesto Abogado. Y haviendose de dár lugar al pleyto, por no haverse podido componer, ni ajustar verbalmente, se proveerá á la demanda, ó Peticion del Actor, primero que á otra alguna del Reo.

VII. Atendiendo á los fines arriba expresados, de que en los pleytos, y diferencias se haga justicia breve, y sumariamente, y solo sabida la verdad, y guardada la buena fé, para mejor conseguirlo, se ordena, que como se ha acostumbrado, y acostumbra, y ha sido, y es de Ordenanza, en los Procesos que se hicieren en el Juzgado de dicho Consulado, asi en primera instancia, como en grado de apelacion ante Corregidor, y Colegas, y Corregidor, y Re-Colegas en los Autos que se huvieren de dár, y en las sentencias que se pronunciaren, no se haya de tener, ni se tenga consideracion à nulidad de lo autuado, ineptitud de demanda, respuesta, ni otra qualquiera formalidad, ni orden de derecho, pues en qualquiera estado que se sepa la verdad, se ha de poder determinar, y sentenciar, y para ello tomar de oficio los testigos que convengan, y los juramentos de las partes, que les parezcan á los Jueces, de manera, que mejor se averigue la verdad, y puedan pasar á dár su determinacion, y sentencia.

박의 난파 혹은 다른 사고가 생긴 때에도 마찬가지로 필요한 조치를 취하고 또 책임자를 처벌하여야 하며, 그리고 위 특권과 법률이 정한 바에 따라 기타 필요한 조치도 취하여야 한다.

제4조 쟁송과 분쟁이 있어 법정에서 당사자로부터 사건을 청문하고 처결해야 하는 경우, 그 심리는 (이미 관례가 된 바대로) 매주 화요일, 목요일 및 토요일에 해상단의 회의실에서 실시하고, 5월 첫째 날로부터 9월 첫째 날까지는 오후 3시에, 9월 첫째 날부터 5월 첫째 날 사이에는 오후 2시에 각각 개정한다.

제5조 집정장과 집정관 중에 질병, 부재 기타 법적 제척사유가 있는 사람이 있는 경우, 그 사람이 집정장이든 집정관 중에 하나이든, 그 심리를 나머지 두 사람이 할 수 있다. 따라서 집정장과 집정관 한 명이 심리를 할 수도 있고, 또 경우에 따라 집정장 없이 집정관 두 명만이 심리를 할 수도 있는 바, 이는 현임 집정장이 부재, 질병 기타 배제 사유로 일시 배제되었지만, 그러한 상태가 오랫동안 지속되지 아니하여 예비 집정장이 정식 집정장으로 취임할 성질이 아니므로, 취임을 하지 아니하고 있는 동안에 그렇게 행하는 것뿐이며, 그리고 만일 집정관 두 명 중 하나 혹은 그 전부가 장기간 부재, 질병 기타 법적 제척사유가 계속되는 경우, 그 사유가 법적으로 정당한 것이라면, 제3예비집정관 혹은 제4예비집정관이 집정관으로 취임하여 현임 제1집정관, 현임 제2집정관 혹은 이들 모두를 대신하여 집정장과 함께 세 사람이 심리를 하여야 한다.

제6조 해상단에서 당사자 사이의 쟁송과 분쟁을 처결할 때에는 신속하고 단순하면서도 진실에 바탕을 두어야 하고, 상인 사이의 관행으로 성립된 신의를 바탕으로 하며, 또 위 특권과 법률에서 명령한 바에 따르고 그 취지를 살려야 하고, 절차의 지체도 없어야 하고, 또 변호사가 작성한 진술서면이나 그 요약서[5]도 허용하지 아니하며, 나아가 쟁송에 관해 법에서 정한 일반적인 형식과 순서도 따르지 아니한다. 어느 사람이 해상단에 나타나 소송을 제기하고자 하는 경우, 이는 절대 허용하지 아니하고, 어느 사람이 서면으로 청구를 하거나 청원을 한 것도 받아들이지 아니하며, 집정장과 집정관은 먼저 이들이 용이하게 출두할 수 있는 때에 이들을 출석시켜 오로지 구두로 이들의 요구 사항이나 항변사유를 듣는 것으로 그 쟁송과 분쟁이 더욱 진행되지 아니하고 신속하게 그 상태에서 종결될 수 있도록 노력하여야 하며, 이 단계에서 그러한 목적을 달성하지 못한 때에 비로소 서면으로 청원하는 것을 허락하여야 한다. 지금까지의 관행이며 또 실제 그러했고 또 이 칙령의 뜻이기도 한 것으로, 이 청원에는 변호사가 준비하고 정리하고 서명하여서는 아니된다. 변호사가 청구서, 답변서, 기타 청원서나 준비서를 준비하는 일이 있을 수 있는데, 이러한 고의적인 위반이 해상단의 쟁송과 관련하여 행해지는 것을 막기 위하여, 이러한 서류를 접수하기 전에 변호사가 이를 만들고 준비하지 않았음을 당사자가 선서하고 증언하여야 한다. 당사자 사이에 화해가 성립되지 아니하고 구두로 타협이 이루어지지도 아니하여 부득이 소송으로 진행된 경우, 먼저 원고의 청구나 청원을 듣고, 이어서 피고의 답변 기타 대응을 듣는다.

제7조 쟁송과 분쟁이 사법적인 해결은, 신속하고 단순하여야 하며, 오로지 진실에 기초를 두어야 하고, 신의 성실을 바탕으로 한다는 위에서 이미 천명한 목적을 고려하고 이를 달성하기 위해 지금까지 관행이었으며 현재에도 관행이고 또 이 칙령의 뜻이기도 한 것으로, 이 해상단 소속 법원의 절차는 제1심 절차는 물론이고 항소 단계로서 재심처의 사정과 재사정의 판정과 처벌에 있어, 당사자의 결격, 청구나 답변의 무능 및 기타 법률상 형식이나 순서를 모두 고려하지 말고 오로지 진실로 알려진 그 실상을 기초로 하여 판정하고 처벌하여야 하며, 이러한 목적을 달성하기 위하여 스스로 필요한 증인을 채택하여 증언을 듣고 법정에 출두한 당사자의 진술을 들어서 가능한 한 최선을 다하여 진실을 밝히고 그에 기해 판정하

5 변호사가 작성하는 서류로 긴 것은 Escrito라고 하고 이를 간단히 요약한 것을 Libelo라고 한다고 한다.

VIII. Y respecto de que se ha experimentado, que en los pleytos que se siguen en dicho Consulado, algunas de las partes suelen apelar para ante Corregidor, y Colegas, de Autos interlocutorios, consiguiendo inhibir á Prior, y Consules maliciosamente, solo con el fin de dilatar, y molestar á las otras partes, pervirtiendo la brevedad, y orden á que en dicho Juzgado se debe atender : Para evitar los inconvenientes, y perjuicios que de esto resultan, se ordena : que de aqui adelante, ninguna pueda apelar de Prior, y Consules, sino de sentencia difinitiva, ó Auto interlocutorio, que tenga fuerza de tal, ó que de él resulte daño irreparable ; y que la apelacion, que en contravencion de esto se interpusiere, no valga, ni el Prior, y Consules se inhiban, ni puedan ser inhibidos del conocimiento de la causa, sino que todavia conozcan de ella, hasta sentenciarla difitivamente ; como se ha acostumbrado, y acostumbra, y ha sido, y es tambien de Ordenanza.

IX. Y quando sucediere, que en un pleyto que se intentare, ó siguiere en el Consulado, fuere interesado alguno, ó algunos de Prior, ó Consules, conocerá en lugar del que asi tuviere interés, el segundo, á saber ; si fuere el Prior, el segundo Prior ; y si fuere qualquiera de los dos Consules, el tercero Consul ; y si ambos Consules, el tercero, y quarto ; y si todos los dichos Prior, y Consules fueren interesados, conocerán de la causa los tres primeros Consiliarios, ó si estos tambien lo fueren, otros tres de los que sigan por el orden con que salieron, y tuvieren sus asientos, y precedencias : Y caso de que tambien en todos haya la misma calidad, de interesados : nombrarán los primeros Consules, y Prior, seis Mercaderes que no la tengan, de los de la mayor inteligencia, y integridad de este Comercio ; yescritos sus nombres en otras tantas Cedulas, los sortearán en el cantaro, y los tres primeros que salieren conocerán en la tal causa, y pleyto, de manera que se cumpla el número de los tres Jueces, que ban de conocer, y juzgar en él, para que por respeto alguno no queden los pleytos, y dependencias, sin que las partes dexen de alcanzar justicia.

X. Siempre que pendiente el pleyto ante Prior, y Consules, se recusare á qualquiera de ellos por alguna de las partes, no se le ha de admitir la recusacion á menos que dé las causas, que para ello tuviere, ofreciendose á probarlas dentro de los tres dias primeros siguientes ; y depositando antes tres mil maravedis de pena, para que en caso de no probarlas en el termino que va señalado, quede condenado en ellos, aplicados para reparos de la Ria, como siempre se ha praticado, y ha sido, y es de Ordenanza.

XI. Y si probadas las causas que fueren bastantes, conforme á Derecho, para que el recusado, ó recusados sean removidos, y no puedan conocer ; conocerá de la causa en lugar del Prior, su segundo, y en lugar del primero, ó segundo Consules, el que del tercero, y quarto eligiere el Prior ; si fueren ambos Consules, primero, y segundo los recusados, conocerá con el tercero el quarto ; y caso que la recusacion fuere, y se debiere admitir, de todos seis priores, y Consules, conocerán de la causa tres Consiliarios, que no fueren recusados, y se eligieren por los primeros Prior, y Consules.

XII. Los Autos interlocutorios, y sentencias que se dieren, se han de firmar por todos tres, aunque alguno no se conforme ; pues el Prior, y un Consul, ó los dos Consules, que estén de conformidad, han de hacer determinacion, y sentencia, sin que el otro pueda dexar de firmarla, sin con que alguno.

고 처벌하여야 한다.

제8조 해상단에서 진행된 소송에서 일어났던 일로서, 이제 중간 판결이 내려진 것뿐인데, 이에 대하여 항소를 하면서 집정장과 집정관의 심리를 악의적으로 막으려 하고, 그 목적이 오로지 소송을 지연시키고 상대방을 괴롭히며, 이를 통해 결국 신속한 재판이 이루어지지 못하는 일이 흔히 있었던 바, 이로 인해 발생하는 피해와 불편을 제거하기 위하여 이제 여기에 규정하는 바로서, 장래에는 집정장 및 집정관의 판결에 대한 상소는, 그 판결이 최종적인 것이거나 혹은 중간판결이지만 즉시 집행력을 가지거나 회복할 수 없는 손해가 예상되는 경우에 한하여, 상소를 할 수 있다. 이에 위반하여 상소가 제기된 경우에 이는 무효로 하고, 이로 인해 집정장과 집정관의 심리가 방해받지 아니하며, 이러한 항소를 심리한 법원도 제1심의 심리를 금지할 수 없다. 즉 그 사건에 대해 아직 심리가 진행 중이고 최종적인 판정이 내려지기 이전에는 항소를 할 수 없다. 이는 지금까지의 관행이고 또 그러하였으며, 앞으로도 그러하고 그러하는 것이 이 칙령의 뜻이기도 하다.

제9조 진행 중인 쟁송이나 해상단 업무에 집정장이나 집정관이 개인적인 이해관계를 가지는 경우가 있는바, 그러면 그 사람을 대신하여 예비집정장 혹은 예비집정관이 재판한다. 다시 말하면 집정장이 이해관계를 가지면 예비집정장이 재판한다. 그리고 어느 집정관이 이해관계를 가지면 제3예비집정관이 대신하고, 만일 두 집정관이 모두 이해관계를 가지면 제3예비집정관과 제4예비집정관이 대신한다. 현임이든 예비이든 모든 집정장과 집정관이 사건에 이해관계를 가지면 선임인 3명의 집정위가 재판하며, 이들 3명도 이해관계를 가지면 먼저 취임하여 선임권을 가진 다른 3명의 집정위가 순서에 따라 대신 재판한다. 만일 모든 사람이 마찬가지로 이해관계를 가져 자격에 하자가 생기면, 집정장과 집정관은 지식이 풍부하고 인격이 고매한 상인 중에서 이해관계를 가지지 아니한 6명을 별도로 임명한다. 이들의 이름를 각각 별도 투표지에 적어 이를 봉한 함 속에 넣어 추첨을 하고 처음 선정되어 나온 3명의 사람이 그 쟁송과 분쟁을 담당한다. 이들 3명은 하나의 법원을 구성하여 심리하고 판결하며, 이러한 제도를 통하여 당사자가 판사가 없어서 재판을 받지 못하는 일이 없도록 하여야 한다.

제10조 집정장과 집정관이 심리를 진행하던 도중에, 어느 당사자가 그 중 하나에 대해 기피신청을 한 경우, 신청인은 그가 가지고 있는 이유를 제시하고 이어서 3일 내에 이를 입증할 증거를 제시하여야 한다. 그리고 그 이전에 3천 마라베디의 벌금도 예납하여야 하며, 그가 지정된 시간 내에 이를 입증하지 못하면 동액에 해당하는 벌금을 부과하고, 이를 과거 실시했던 것과 같이 또 이 칙령도 동의했고 동의하는 바에 따라, 마찬가지로 이를 빌바오강의 수리를 위해 사용한다.

제11조 만일 법에 정한 바에 따라 충분한 사유를 입증하면 기피를 당한 사람은 그 사건에서 제외되고 더 이상 그 사건을 심리하지 못하며, 집정장이 기피된 경우 예비집정장이 그 사건을 대신 재판하고, 제1집정관이나 제2집정관이 기피된 경우 집정장이 선정한 제3예비집정관 혹은 제4예비집정관이 각각 대신한다. 만일 양 집정관이 모두 기피된 경우 제3예비집정관과 제4예비집정관이 같이 대신한다. 만일 현임 및 예비 집정장, 집정관 6명이 모두 기피된 경우, 현임인 집정장과 집정관이 선정하고 기피사유가 없는 3명의 집정위가 사건을 재판한다.

제12조 내려지는 중간판결 및 최종판결에는 재판을 한 3명이 모두 서명하여야 하며, 비록 그 결정에 동의하지 아니한 사람이 있어도 이는 마찬가지이다. 집정장과 다른 한 집정관 혹은 두 명의 집정관이 찬성하면 그에 기해 판결하고 처벌할 수 있다. 그러나 다른 한 사람도 그 판결문에 서명하는 것을 거부할 수는 없다.

XIII. Quando los pleytos estén conclusos, y en estado de poderse determinar, ó en el que al Prior, y Consules les parezca, se llevarán por los Escribanos ante quienes pasaren, y harán relacion de ellos en la forma acostumbrada, y con la brevedad posible, y que tanto se desea, y conviene á los Comerciantes.

XIV. Los Autos, y sentencias que se dieren en el Consulado, no siendo apeladas, y pasandose en autoridad de cosa juzgada ; se han de executar breve, y sumariamente por medio del Ministro, Alguacil, Portero, y demas Ministros que quisieren nombrar el Prior, y Consules ; despachando para ello los mandamientos necesarios, y los Exortos á los demás Jueces, y Justicias que convengan, para que les dén el favor, y ayuda que fuere menester, como se previene, y manda por dichos Privilegios, y Ley Real, y ha sido, y es asimismo de Ordenanza, uso, y costumbre.

XV. Si de las tales sentencias, ó Autos difinitivos se apelare por alguna de las partes, haya de ser para ante Corregidor, y Colegas, y no para otro Tribunal, y se ha de otorgar la apelacion por Prior, y Consules, segun orden de Derecho.

XVI. Estando pendiente la causa en el Tribunal del Corregidor, para conocer do ella , y determinarla, no admitirá mas recusacion por Colegas, que de hasta ocho personas de cada parte ; y de las que no fueren recusadas, nombrará dos, que sean Mercaderes de buena conciencia, y experiencia ; los quales hará que acepten, y juren de cumplir con lo que deben ; y con ellos, procediendo breve, y sumariamente por estilo de entre Mercaderes, sin abrir nuevos terminos para dilatorias, ni probanzas, ni admitir Libelos, ni Escrito de Abogados, ni otro alguno que el de expresion de agravios del Apelante, y en el que se respondiere por la otra, ú otras partes (salvo solamente la verdad sabida, y la buena fe guardada, como entre Mercaderes), determinarán la causa.

XVII. Si confirmaren la sentencia de Prior, y Consules, no se admitirá mas apelacion, agravio, ni recurso, y se mandará executar realmente, y con efecto ; y que para ello se les buelva á Prior, y Consules.

XVIII. Y si la revocaren en todo, ó parte, y alguno de los Litigantes apeláre, ó suplicáre, bolverá el Corregidor á nombrar otros dos Mercaderes para Re-Colegas, en quienes concurran las mismas calidades que en los primeros ; y precedida la propria solemnidad de recusacion, y demás prevenido para el nombramiento de Colegas, lo bolverá con ellos á ver, y determinar la causa.

XIX. De la sentencia que asi diere con los segundos Mercaderes Re-Colegas (sea confirmando, ó revocando, ó enmendando en todo, ó en parte) no se admitirá mas apelacion, suplicacion, agravio, ni recurso ; y se bolverá al Prior, y Consules para su cumplimiento, y execucion ; en que igualmente procederán breve, y sumariamente, como tambien se previene, y manda en los dichos Privilegios, y Ley Real, y ha sido, y les de Ordenanza, y está mandado observar en diversas ocasiones por Cedulas Reales, Cartas Executorias, que se hallan en el Archivo del Consulado ; y ultimamente por Cedulas del Rey nuestro Señor (que Dios guarde) del dia veinte y cinco de Agosto del año pasado de mil setecientos y treinta, en que inhibió de

제13조 쟁송의 심리가 종결되고 결정할 수 있는 상태에 이르고, 집정장과 집정관이 그렇게 판단하는 경우, 기록관이 입장하고 그의 면전에서 판결이 내려지고 그에게 내용이 고지되며, 그 방법은 관습에 따라야 하고, 아주 간결하면서도 판결 요지를 잘 나타내고, 또 상인이 쉽게 이해할 수 있어야 한다.

제14조 해상단에서 판결과 처벌이 내려지고 더 이상 항소가 없고 사안이 소관 관할 내인 경우, 그 판결은 부서장, 집달관, 법원경비 및 여타 집정장과 집정관이 특별히 임명한 부서장이 간결하고 신속하게 집행한다. 이를 위하여 이들은 집행명령장도 발행한다. 또 다른 관련 판사 및 치안판사에게 전언회람을 보내 필요한 지원을 얻고 도움을 받아야 한다. 그리고 이것은 위 특권과 법률에서 규정하고 명령하고 있는 바에 의하여 이루어져야 하며, 과거의 관행, 관습 및 이 칙령에 따라 하여야 한다.

제15조 이 법원의 최종적 판결이나 처벌에 대하여 당사자가 상소를 하는 경우, 그 상소는 반드시 왕령특임관[6]과 시정관에게 하여야 하고, 다른 법원에는 할 수 없으며, 상소를 하려면 법이 정한 바에 따라 집정장 및 집정관의 허가가 있어야 한다.

제16조 왕령특임관이 있는 재심처에 사건이 계류 중이라 그 심리와 판결이 필요한 경우, 거기에서 각 당사자는 8명까지 기피를 신청할 수 있고, 기피를 당하지 아니한 사람 중에서, 상인으로 경험과 인품을 겸비한 2명을 시정관으로 임명한다. 이들은 직책을 수락하고 그 의무를 성실히 수행할 것을 서약하여야 한다. 선정된 두 명의 시정관과 왕령특임관은 상인으로서의 품위를 잃지 않으면서 신속하게 간이절차로 심리를 하여야 하며, 변론이나 입증을 위한 새로운 기간은 부여되지 아니하며, 변호사의 진술서면 및 요약서도 인정되지 아니한다. 다만 항소인의 불만 사유와 이에 대한 피항소인의 답변만이 허용되며 (오로지 진실에 기초하고 상인 사이의 신뢰에 기초하여) 사건을 처결하여야 한다.

제17조 재심처에서 집정장과 집정관의 판결에 대한 항소를 기각한 경우 당사자에게는 더 이상의 항소, 이의 및 구제가 허용되지 아니하고, 원 판결은 이제 완전한 효력을 갖고 실제로 집행에 들어간다. 이를 위해 당사자들은 다시 집정장과 집정관에게 환송되어 와야 한다.

제18조 만일 재심처가 판결의 전부 혹은 일부를 파기한 경우, 어느 당사자이든 재항소나 이의를 제기하면 왕령특임관은 다시 다른 상인 2명을 재시정관으로 임명하여야 한다. 재시정관은 원래 시정관과 동일한 자격과 요건을 갖추어야 하며, 마찬가지로 기피절차의 대상이 되고, 왕령특임관은 이 새로운 재시정관과 함께 심리와 판결을 하여야 한다

제19조 왕령특임관이 재시정관과 함께 내린 판결은(기각하는 것이든 파기하는 것이든, 전부 혹은 일부를 변경하는 것이든) 더 이상의 항소, 탄원, 이의 혹은 구제가 인정되지 아니하며, 그 이행과 집행을 위해 다시 집정장과 집정관에게 환송되어와야 한다. 이 절차도 마찬가지로 신속한 간이절차로 진행되어야 한다. 이는 위 특권과 왕령이 규정하고 명령하는 바이며, 과거에도 그러했고 또 칙령의 뜻이기도 하며, 나아가 과거 여러 경우에 해상단의 서류고에 보관중인 국왕칙서 및 집행명령에도 그 준수를 요구하고 있는 바이다. 최근에는

6 도시가 왕령 직할 특별시로 지정되면 그에 따라 왕이 보내는 대리인이 있는데 이를 Corregidor라고 하였다고 한다.

una causa, que se havia retenido en la Real Chancillería de Valladolid á los Señores Presidente, y Oídores de ella, y á su Juez Mayor de Vizcaya, y la mandó debolver al Consulado, atendiendo á los justos fines del bien, y conservacion del Comercio, y Navegacion, expresados en dichos Privîlegios, y Ley Real.

XX. En las determinaciones de Corregidor, asi con Colegas, como con Re-Colegas, harán sentenciados, yá sea el Corregidor, y uno de los Mercaderes Colegas, ó los dos Colegas en aquella instancia, y en la de Re-Colegas, el Corregidor, y uno de ellos, ó los dos juntos sin el Corregidor ; y en una, ú otra de dichas formas han de firmar todos tres ; sin con que alguno, la sentencia, ó Auto difinitivo que se diere en cada instancia, como ha sido, y es tambien costumbre, en observancia de dichos Privilegios, y Ley Real.

CAPITULO II

DE LA ELECCION DE PRIOR, CONSULES, CONSILIARIOS, Y SINDICO ; Y CALIDADES QUE DEBERÁN TENER LOS ELECTORES, Y ELEGIDOS ; Y SU POSESION

I. El dia cinco de Enero de cada año perpetuamente, se hará eleccion de un Prior, dos Consules, seis Consiliarios, y un Sindico, que sean vecinos de esta Villa, y habitantes en ella, con la solemnidad, forma, y calidades que en esta Ordenanza irán expresadas.

II. El Prior, y Consules dispondrán, que para las ocho horas de la mañana del citado dia cinco de Enero, de cada un año, se haya dado pregon en los parages acostumbrados, para que todos los que tienen voto en la eleccion concurran á ella, con señalamiento de las nueve horas de la misma mañana, para asistir en la Iglesia Parroquial del Señor San Antonio Abad, donde á esta hora se celebrará Misa del Espiritu Santo, implorando el acierto : Acabada, subirán el Prior, Consules, y Consiliarios, con el Sindico, y Secretario de la Universidad, al Salon de ella ; y con su orden, baxará el Sindico á avisar á los Electores, para que suban al mismo Salon, y en el á las diez se dará principio al sorteo, y eleccion.

III. Los vocales para poder elegir hayan de ser vecinos, y domiciliarios de esta Villa, yá Naturales, y yá Estrangeros, que estuvieren avecindados, y todos sepan leer, y escribir, sean Mercaderes actuales cargadores por Mar, que estén pagando Avería por si mismos, ó que haviendola pagado, hubieren tomado el rumbo de tratar, y negociar en Fierro, Letras de cambio, ó dando dinero á interés, ú otro semejante trato, y negociacion superior, por haver mejorado de conveniencias ; y los Capitanes, ó Maestres de Naos, que fueren interesados en las mismas Naos que mandan, y tuvieren dicha vecindad, y domicilio en esta Villa.

IV. No han de tener voto para la eleccion, los que al tiempo de ella fueren Prior, Consules, Consiliarios, y Sindico actuales, ni los demás Oficiales de la Universidad que gozaren salario de ella, si no constare que un año antes hayan renunciado el Oficio, y el salario, para que libres todos de seguir voluntad agena, voten por aquellos que Dios les dictare.

재임의 우리 국왕(하느님이 보호하시는)께서 칙서를 통해 거년인 1730년인 작년 8월 25일에 바야돌리드 행정처에 계류 중인 사건에 대해 비스까야의 법원장과 판사에게 더 이상 심리를 금하고 이를 빌바오 해상단에 이관할 것을 명하였는 바, 이는 위에서 말한 특권과 왕령에 나타난 바와 같이 상업과 해운의 보존과 발전을 도모하고자 하는 목적에서 한 것이다.

제20조 왕령특임관이 위와 같이 시정관이나 재시정관과 함께 처결을 함에 있어서는 항소심에서는 왕령특임관과 다른 하나의 시정관 혹은 왕령특임관 없이 두 명의 시정관이 동의하면 결정을 할 수 있고, 재항소심에서는 왕령특임관과 다른 하나의 재시정관 혹은 왕령특임관이 없이 두 명의 재시정관이 동의하면 결정을 할 수 있다. 그러나 어느 경우이든 판결문에는 관여한 세 사람이 모두 서명하여야 한다. 이는 위 특권과 왕령을 준수하고 과거에도 그러했으며 관행이기도 한 것으로 어느 심급이든 최종적으로 내리는 판결은 모두 마찬가지이다.

제2장
집정장, 집정관, 집정위 및 감사관, 선거인 및 피선거인 자격, 재임

제1조 항상 매년 1월 5일에 한 명의 집정장, 두 명의 집정관, 여섯 명의 집정위 및 한 명의 감사관을 선출하며, 이들은 빌바오 시에 거소를 둔 시민이어야 하며, 이 칙령에서 정한 바에 따른 자격을 갖추고 있고, 이 칙령에서 정한 형식과 절차에 따라 임명한다.

제2조 위에서 말한 1월 5일 아침 8시경이 되면, 선거권이 있는 모든 사람이 선거에 참가하도록 하기 위해, 집정장과 집정관은 관례에 의해 공지 장소로 지정된 곳에서 동일 오전 9시를 기해 선거가 실시된다는 것을 호창(呼唱)하도록 조치하여야 한다. 그래서 성안토니오 아바드 지구[7] 성당에서 이 시간에 성령 미사를 보고 응답을 기원한 다음, 미사가 끝나면 집정장, 집정관, 집정위가 감사관 및 서기관과 함께 해상단 회의실로 먼저 올라가고, 집정장 등의 지시로 감사관이 내려와 다른 선거인들에게 같은 곳으로 올라가도록 독려하여야 하며, 그 회의실에서 오전 10시를 기해 추첨과 선거를 실시한다.

제3조 이들을 선출할 수 있는 선거권자는, 본국인이든 외국인이든 상관이 없지만, 빌바오 시에 거소를 두고 있는 시민이어야 하고, 읽을 수 있고 쓸 수 있으며, 주민으로서 알려져 있어야 하며, 현재 해운 화물을 취급하는 상인으로 상인세를 납부하는 사람이거나 혹은 철광, 어음, 대부 기타 유사한 영업과 거래에 상당한 규모로 참여하고 영리 활동의 발전에 기여하며 상인세를 납부하고 있는 사람이어야 한다. 선장도 자기가 지휘하는 선박에 이해관계를 갖고 있고 마찬가지로 이 시에 거소를 둔 시민이면 선거권을 갖는다

제4조 선거를 할 당시의 현임 집정장, 집정관, 집정위 및 감사관은 선거권이 없고, 보수를 받는 해상단 직원은 적어도 1년 전에 그 직책과 보수를 포기하여 제3자의 의사로부터 자유롭고 오로지 하느님의 뜻에 따라 투표할 수 있게 되지 아니하면 마찬가지로 투표권이 없다.

7 현재 빌바오가 있는 지역은 원래 비스까야 영주가 다스리는 영지에 속했다고 한다. 이 영지는 구교회 Anteiglesia를 중심으로 나누어지는데 빌바오 지역은 베고니아 지역에 해당되었다고 한다. 그러나 빌바오 시가 상업이 발달하여 중심지역으로 변하면서 그 시민이 비스까야 영주에게 요청하고 국왕의 허가를 얻어 독립된 시가 되었다고 한다. 독립된 시가 되면 기존 전국적인 행정 조직과는 별도로 국왕의 직접적인 지시를 받는다고 한다. 이 도시의 중심 교회가 성 안토니오 아바드 성당이며 이 성당은 현재 구 빌바오시 중간이고 빌바오강 인근에 있고 이 교회에 붙어 있는 건물 3층에 시청과 시장실이 있고 2층에 해상단의 사무실이 있었다고 한다.

V. Por la misma razon tampoco tendran voto los hijos de Familia, ni los que comerciaren, como Factores de otros (á menos que unos, y otros comercien tambien por si mismos) ni los que estuvieren en actual servicio de qualquiera persona ; ni aquellos que no tuvieren casa, y vivienda sobre sí : ni Abogados, Escribanos, Procuradores, Medicos, Boticarios, Cirujanos, Barberos, Filigraneros, Plateros, Corredores de Lonjas, Cambios, y Navios, Sastres, Zapateros ; ni otros que tuvieren tales oficios, aunque estén pagando avería : entendiendose, que dexandolos de exercer por su persona, continuando en pagarla, y teniendo las demás calidades que van prevenidas, serán habiles para la voz activa.

VI. Tampoco lo serán aquellos, que por qualquier motivo, ó accidente huvieren padecido publica Quiebra, aunque hayan hecho ajuste con sus Acreedores ; á menos que les hayan satisfecho realmente todo el debito, sin quita, ó remision, y hayan vuelto á comerciar, y pagar Avería.

VII. Ni los que solamente tuvieren consignaciones postizas, y rezelandose fraude en ellas, deberán el Prior, y Consules averiguar la verdad ; y si constare de fraude, ó simulacion, ó suposicion de dichas consignaciones, quedarán inhabiles para siempre de voz, y voto activo, y pasivo, y incursos por ello en la pena de veinte mil maravedis, que se le sacarán irremisiblemente, aplicados á beneficio de la Ría, y reparos de caminos.

VIII. Podrán ser elegidos, nombrados, y sorteados para los oficios de Prior, Consules, Consiliarios, y Sindico, tan solamente los vecinos de esta Villa, que huvieren nacido en estos Reynos, y Dominios de su Magestad, y fueren Nobles, Hijos-Dalgo, limpios de toda mala raza ; de buena conciencia, y experiencia, habiles, y suficientes en las cosas de Comercio, y Navegacion ; llanos, abonados, y temerosos de Dios, de manera que se pueda esperar, que en los pleytos dependencias, y diferencias en que entendieren, procederán con la entereza, y justificacion que se requiere, y está prevenido por las Ordenanzas, asi antiguas, como modernas, que con Confirmaciones Reales tiene esta Universidad, y Casa, y quedan citadas : bien entendido, que los viven de sus Rentas, aunque no hayan pagado Avería, ni comercien, y aunque sean Caballeros de qualquiera de las Ordenes Militares, hayan de poder ser sorteados por Prior, Consules, y Consiliarios, segun se ha practicado hasta aqui, y es tambien de dichas Ordenanzas.

IX. Los que huvieren exercido los Oficios de Prior, Consules, Consiliarios, y Sindico, hasta haver pasado dos años de hueco, no han de poder ser elegidos, ni sorteados para los mismos oficios respectivé, ni los que fueren actuales Consiliarios han de poder ser elegidos para dichos Oficios de Prior, y Consules en aquella eleccion en que han de estár presentes, aunque sí en la del año siguiente, que no lo estarán, ni podrán estár.

X. Si sucediere, que alguno, ó algunos de los segundos, ó terceros de dichos Oficios de Prior, y Consules, Consiliarios, y Sindico, hayan exercido por ausencia, ó enfermedades de los primeros ; como no sea la mayor parte del año, y esta sin interpolacion ; no por esto quede comprehendido en el termino del hueco, prevenido en el antecedente, sino que antes bien pueda ser elegido, y admitido para dichos empleos, á no hallarse presente en la eleccion, que en tal caso no lo podrá ser, como queda expresado para todos los demás.

제5조 마찬가지 이유로 어느 호주의 자녀에 불과한 사람, 다른 사람을 위한 대리인으로 영업을 하는 사람(동시에 자기의 계산으로도 영업을 하는 사람은 그러하지 아니하다) 및 실제로 다른 사람 밑에서 사무를 처리하는 사람은 선거권이 없다. 집을 가지고 있으나 거기에 살고 있지 않는 사람은 마찬가지로 선거권이 없다. 변호사, 공증인, 검찰관, 일반의, 약제사, 외과의, 이발사, 세공사, 장식사, 상품 · 금전 · 선박의 중개인, 재단사 및 제화사 등은 모두 선거권이 없다. 이러한 직책을 가진 사람은 상인세를 납부하였다고 하더라도 선거권이 없다. 다만 자신이 그 직책을 포기하기는 하였지만 상인세를 계속 납부하였고 여기에 정한 다른 자격을 취득한 때에는 선거권에 관한 한 자격이 있다고 본다.

제6조 사고를 당하였던 무슨 다른 이유가 있던 불문하고 파산선고를 받은 사람은 선거권이 없다. 이는 채권자와 화해를 한 경우에도 마찬가지이며, 다만 그 화해를 통하여 면제나 감액이 없이 실제로 모든 채무를 변제한 다음 새로이 영업을 재개하고 상인세를 납부한 때에는 그러하지 아니하다.

제7조 사기가 의심되는, 오로지 허위로 거래[8]를 하는 것을 영업으로 하는 사람도 선거권이 없고, 이러한 경우 집정장과 집정관은 진실을 조사하여 밝혀야 한다. 만일 조사 결과, 판매 업무에 사기, 허위 혹은 가장이 발견되면, 그는 선거권이든 피선거권이든 영구히 참정권을 상실하며, 또 그를 2만 마라베디의 벌금형에 처하여 절대 감면 없이 이를 징수하고, 이를 빌바오강의 개선과 도로의 수리에 사용한다.

제8조 집정장, 집정관, 집정위 및 감사관으로 지명되고, 임명되고, 추첨되려면 빌바오시에 거주하는 주민이어여야 하고, 이 왕국 내이거나 왕령 영지에서 출생하여야 하며, 귀족이나 양반의 자제로서 혈통이 순수하여야 한다. 그리고 양심을 가지고, 경험을 겸비하며, 영업이나 해운에 필요한 재능과 재산이 있어야 한다. 또 인격이 솔직하고 신용할 수 있으며, 또 하느님을 경외하는 사람이어야 하며, 따라서 다툼이나 분쟁을 처리함에 있어 이 해상단이 왕의 승인을 받아 보유하고 적용하는 신, 구 여러 칙령이 정한 바에 따라 강직하고 정의롭게 절차를 진행할 것이 기대되어야 한다. 물론 지주로서 지대를 받아 살아가는 사람은, 상인세를 납부하지 아니하고 상업에 종사하지 아니하며 비록 군대에서 군인으로 근무한다 하더라도, 집정장, 집정관 및 집정위로 추첨이 될 수 있고, 이는 지금까지의 관행이기도 하며 이미 본 여러 칙령의 내용이기도 하다.

제9조 집정장, 집정관, 집정위 및 감찰관을 역임한 사람은 2년의 공백 기간이 경과하기 이전에는 동일한 직책에 다시 선출되거나 추첨될 수 없다. 집정위는 집정위로서 선거절차에 참여해야 하는 그 선거에서 집정장 혹은 집정관으로도 선출될 수 없다. 다만 집정위는 그 다음 해 선거절차에는 집정위로 참여하지도 아니하고 참여할 수도 없기 때문에 집정장과 집정관으로 선출되는 데에 아무런 문제가 없다.

제10조 집정장, 집정관, 집정위 및 감사관이 질병 혹은 부재로 인하여 예비의 집정장, 집정관, 집정위 및 감사관이 임무를 대행하는 경우, 그러면 이들이 한 해의 대부분을 근무하는 것도 아니고 또 중간에 중단이 없었던 것도 아니기 때문에, 전 조에서 규정한 필요한 공백 기간을 계산함에 있어 이는 근무한 것에 포함하지 아니하며, 따라서 공백 기간이 필요없이 바로 그 직책에 선출되고 취임할 수 있다. 다만 그 이전 직책으로 선거 당시에 선거절차에 참여하여서는 아니되며, 만일 선거절차에 참여하면 이미 직책을 수행한 것처럼 되어 새로이 선출되고 취임하는 것이 불가능하다.

---

8 이 곳에서는 거래의 내용이 없이 하는 허위거래를 지칭한다고 한다.

XI. Los que huvieren salido por Electores, en qualquiera de las quatro suertes, de que se tratará en los numeros subsequentes de este capitulo, no podrán votar por sí mismos, ni los unos por los otros, ni en suerte trocada ; ni por sus padres hijos, hermanos, primos hermanos, suegros, consuegros, ni yernos.

XII. Los que huvieren de ser Priores, y Consules no han de tener entre sí compañia, ni parentesco de afinidad, ni consanguinidad en los grados expresados en el antecedente ; y si haviendo salido la suerte de Prior, saliere en alguna de los Consules persona que tenga parentesco, ó compañia con él, quedará ahogada la suerte del tal Consul, y se pasará á sacar las demás, nombrando, ó sorteando otro en su lugar ; y lo mismo se executará en caso que se halle el parentesco, ó compañia entre los que salieren por Consules, para que assi sean independientes unos de otros : Y lo que en contrario se hiciere, sea en sí nulo, y de ningun valor, ni efecto.

XIII. Por haverse experimentado, que algunas veces concurre corto de Electores, i se necesita copia de ellos ; se establece, y ordena, que para esta nueva forma hayan de concurrir, además de Prior, Consules, Consiliarios, Sindico, y Secretario (que por ningun caso han de tener voto activo, ni pasivo en la eleccion, como queda prevenido) otras diez y seis personas habiles, y capaces para elegir ; y no haviendo este numero, saldrá el Secretario con orden, y mandato verbal de Prior, y Consules á notificar á los que encontrare, que tuvieren dichas calidades, que incontinenti acudan á dicho Salon, hasta que se complete el de personas referido : Y los que asi llamados, y requeridos no acudieren, incurran en la pena de cinquenta ducados, aplicados á beneficio de la Ría.

XIV. Siendo el Sindico á quien toca principalmente el oponer qualesquiera reparos, ó defectos que se ofrezcan en contravencion de los Reales Privilegios, Cartas executorias, Ordenanzas, buenos usos, y costumbres de dicha Universidad, y Casa de Contratacion ; deberá cumplir con esta su principal obligacion siempre que se hallaren semejantes reparos, y objetos en las elecciones, pidiendo, i requiriendo que salgan fuera del Salon los que no tuvieren voz ; ni voto, y que no se incluyan en el nombramiento, eleccion, ni sorteo las personas, en quienes no concurrieren las calidades prevenidas.

XV. Tambien podrán zelar, requerir y protestar el cumplimiento de las Ordenanzas, qualesquiera de los que legitimamente concurrieren en el Sorteo de Electores, y eleccion de Oficios.

XVI. Y si al tiempo de dicho sorteo se pusieren alguna, ó algunas objeciones sobre que haya duda, ó diferencia, han de determinarla Prior, Consules, y Consiliarios, i si ha de correr, y ser admitido, ó no el sugeto propuesto ; y caso de empatarse los votos de Consules, y Consiliarios, prevalezca la parte á que se aplicare el Prior : y lo que se resolviere, se execute inmediatamente.

XVII. Siendo yá las diez de la mañana, y estando en el Salon los Votantes en sus asientos, se leerá todo lo contenido en los numeros antecedentes de este capitulo en voz alta, para que todos tengan presente su puntual observancia : Y á cada uno se dará una boleta, en que entrará la cedula, que deberá llevar escrita con su nombre apellido, y rubrica acostumbrada ; y las de

제11조 지명인으로 선정된 4명은, 어떤 행운으로 임명이 되었던지, 이 장 뒤에서 그 절차를 보겠지만, 무조건 스스로 자신에게 투표하지 못하고, 서로가 서로에게 투표하지 못하며, 또 추첨의 대가로 투표하는 것도 금지되며. 또 부모, 자녀, 형제, 4촌, 시부모, 사돈 및 사위를 위해 투표하지 못한다.

제12조 집정장 및 집정관은 서로 간에 동업자이어서는 아니 되고, 또 전 조에 말한 촌수의 친족 및 혈족 간이어서도 아니된다. 어느 사람이 그의 이름이 추첨에서 선정되어 집정장으로 임명이 이루어진 다음, 그에 이은 집정관의 추첨에서 그와 가족관계나 동업관계에 있는 사람의 투표지가 나오면 이를 제외하여 별도로 묻어두고 다시 다른 투표지를 집어내서 그를 선정자로 하여 집정관으로 임명한다. 집정관으로 선정을 위한 추첨에서 꺼낸 투표지에 기재된 사람이 이미 선정된 집정관과 동일한 동업 혹은 가족관계에 있는 경우에도 마찬가지의 절차를 밟는다. 그리하여 이들이 모두 서로 독립된 지위를 갖도록 하여야 한다. 이에 위반하여 임명이 이루어진 때에는 그 임명은 무효로 되고, 아무런 효력이나 효과가 없다.

제13조 과거에 자주 일어난 일로서 선거에 참여하는 사람이 아주 적어서 그 수를 늘릴 필요가 생겼으며, 이 새로운 방식에 의하면 집정장, 집정관, 집정위, 감사관 및 서기관을 제외하고(이미 규정하였듯이 이들은 어떠한 경우에도 선거권 및 피선거권이 없다) 선거를 할 수 있는 능력과 자격을 가진 사람이 16명 이상 참여하여야 하는 바, 출석한 사람이 이에 미치지 못하는 경우, 서기관은 집정장과 집정관의 구두 지시를 받아 밖으로 나아가 이러한 자격을 갖춘 사람이면 누구이든 만나는 사람마다 이 숫자가 다 찰 때까지 즉시 회의장으로 달려갈 것을 요구하여야 한다. 이러한 부름과 요구를 받고도 선거장으로 달려가지 아니하면 벌금 50두까도에 처하고, 이 벌금은 빌바오강의 개선에 사용한다.

제14조 해상단이 갖는 많은 좋은 관행과 관습은 물론 왕령특권, 집행명령 및 각종 칙령에 위반하여 발생하는 잘못과 하자를 지적하고 밝히는 것이 감찰관의 주된 임무인 즉, 선거에서 참가권이나 선거권이 없는 사람은 회의장에서 나가야 한다거나, 이 규정에서 정한 자격을 갖추지 못하여 임명, 선거 및 추첨자에서 제외되어야 한다는 등의 선거절차에서 이의나 잘못이 있으면 감찰관은 그 주된 임무의 일부로서 이를 지적하고 밝혀야 한다.

제15조 감찰관은 합법적으로 지명인을 추첨하고 임원을 선임하는 데에 있어 누구에 대해서든 이 칙령의 준수 여부에 대하여 순찰하고, 요구하고 또 항의하여야 한다.

제16조 위에서 본 추첨이 이루어질 때에 어느 사람이 이의를 제기하고 거기에 의문이나 다툼이 있는 경우, 집정장, 집정관 및 집정위는 지적된 특정인이 대상으로 인정되어 참가할 수 있을지 여부를 판정한다. 집정관과 집정위의 투표가 동수인 경우, 집정장이 지시하는 안이 채택된 것으로 한다. 결정이 되면 이를 즉시 집행한다.

제17조 아침 10시가 되어 모든 투표인이 자리에 착석하면, 본장 위 여러 조항의 내용을 빠짐없이 고성으로 읽어주어야 하며, 이를 통하여 그 정확한 준수를 다짐한다. 그리고 각 투표인에게 투표봉을 배포하고 투표인은 각자 투표지에 자기의 성명을 기재하게 하고 이를 투표봉에 넣고 관례에 따라 봉인한다. 그리고 회의실 중앙에 놓인 빈 투표함에 이를 모

todos se pondrán en un cantaro, que ha de estar vacío enmedio del Salon ; y puesta la cubierta, le rebolverá el Secretario una, dos, ó mas veces á satisfaccion de todos ; y de él se sacarán por un n ño quatro de dichas boletas por su orden (con el intervalo necesario para que el Prior las pueda ir leyendo, i el Secretario asentandolas, por la misma orden que fueren saliendo). Y los que en dichas quatro boletas parecieren escritos, han de quedar por Electores para los oficios del Prior, y Consules, y Consiliarios ; lo qual executado, saldrán del Salon todos los que en él huvieren concurrido, quedando solamente los actuales Prior, Consules, y Consiliarios, y los quatro que huvieren salido en las suertes de Electores, con el Sindico, Secretario, y no otra persona alguna.

XVIII. Los quatro, que huvieren salido por Electores de Prior, Consules, y Consiliarios, jurarán por Dios nuestro Señor, y la Santa Cruz, y Evangelios (que se les pondrán presentes) de que guardarán secreto de lo que pasare en dicha eleccion, y de que nombrarán para dichos Oficios de Prior, Consules, y Consiliarios del año siguiente las personas mas idoneas, y suficientes, y en quienes concurran las calidades que van prevenidas en el número octavo de este Articulo : Y en el mismo juramento, en quarto al secreto harán los dichos Prior, Consules, y Conciliadores, Sindico, y Secretario : Y cumplida esta solemnidad, cada uno de los quatro Electores nombrará públicamente ante Prior, Consules, Consiliarios, Sindico, y Secretario (que son los que solamente han de estár presentes) un sugeto diverso, que pueda ser Prior, y otras dos personas, tambien diversas para Consules ; y luego se escriban los nombres, y apellidos de los quatro propuestos, y admitidos para dicho oficio de Prior, en otras tantas cedulas, las quales se meterán cada una en su boleta, y se pondrán dentro del cantaro, el qual, cerrado con su tapa, se rebolverá muy bien por el Secretario, á satisfaccion de todos ; y el mismo muchacho sacará dos de ellas, una en post de otra, con el tiempo necesario para abrirse por el Prior actual, y el que estuviere escrito en la primera cedula, será primer Prior, y el de la segunda segundo, para en las ausencias, y enfermedades del primero, para dicho año siguiente : Y las otras dos cedulas que quedaren en el cantaro, se sacarán de él, y se pondrán apartadas, y reservadas para lo que adelante se dirá.

XIX. Hecho asi el sorteo de primero, y segundo Prior, se escribirán los nombres, y apellidos de los ocho nombrados, y admitidos para Consules, en otras tantas cedulas, que se cerrarán cada una en su boleta ; las que se entrarán en el cantaro, y cerrado con su tapa, y meneando muy bien por el Secretario á satisfaccion de todos, se irán sacando por el dicho muchacho quatro de ellas, una á una ; y conforme fueren saliendo, se irán entregando al Prior actual, que las irá abriendo ; y el que estuviere escrito en la primera, será primer Consul, y el de la segunda segundo, al de la tercera tercero, y al de la quarta quarto ; para que sean tales Consules, el tercero, y quarto para substituir las ausencias, y enfermedades de los dos primeros, durante dicho año siguiente.

XX. Despues de hecho tambien el referido sorteo de Consules, sobre las quatro boletas que quedaren en el cantaro, de los ocho que corrieron por tales, se pondran las dos que se apartaron, y reservaron del sorteo de Priores.

XXI. Inmediatamente dichos quatro Electores continuando la eleccion, nombrarán cada uno una persona diversa para Consiliarios ; y los nombres de los quatro, que así fueren nombrados

두 투입하고, 그 위에 덮개를 덮은 다음, 그 안 내용물이 충분히 섞여질 수 있도록 서기관이 나와 투표함을 2회 이상 돌려 휘저어야 한다. 그런 다음 나이 어린아이 1인을 골라 추첨사동으로 정한 다음, 그로 하여금 4장의 투표봉을 하나 하나 차례로 꺼내게 한다(하나 하나에 약간의 시간 차이를 두고 이를 꺼내어 나오는 순서에 따라 집정장이 이를 읽어 나가고 서기가 이를 받아 적을 수 있어야 한다). 그 4개의 투표봉 속에 있는 투표지에 이름이 적힌 4명이 집정장, 집정관 및 집정위를 선정할 지명인으로 된다. 이러한 절차가 종료되면 선거에 참여한 모든 사람은 회의장에서 나가고, 오로지 현임 집정장, 집정관 및 집정위와, 지명인 추첨에서 이름이 나온 4명의 지명인만이 감찰관 및 서기관과 함께 남고, 그 외 다른 사람은 그곳에 남아 있는 것이 허용되지 아니한다.

제18조 집정장, 집정관 및 집정위의 지명인으로 추첨에서 이름이 나온 4명은 십자가와 성경을 놓고(이를 이들에게 제공한다) 하느님에 대한 선서로서, 이 선거 과정에서 발생한 사항은 여하한 것이든 절대적으로 비밀을 지킬 것이며, 다음 해에 집정장, 집정관 및 집정위의 직책을 맡을 사람으로 가장 적당하고 탁월하며, 이 장 제8조에서 정한 자격을 갖춘 사람을 지명할 것을 서약하여야 한다. 비밀 유지에 관하여는 집정장, 집정관, 집정위, 감사관 및 서기관도 동일한 서약을 하여야 한다. 이러한 절차가 끝나면 임명된 4명의 지명인은 각자 집정장, 집정관, 집정위, 감사관 및 서기관의 면전에서(오로지 이들만이 참여한다) 공개적으로 집정장이 될 후보자 1명, 집정관이 될 후보자 2명을, 서로 다른 사람으로 하여 지명한다. 그리고 집정장의 후보로 인정되어 지명된 4명의 이름을 각각 다른 투표지에 기재하여 각각 다른 투표봉에 넣어 동봉한 다음 이를 투표함에 투입하고 다시 그 투표함을 덮개를 씌워 봉한 다음 서기관이 그 투표함을 여러 번 흔들어 충분히 휘저어야 한다. 그리고 동일한 추첨사동이 나와 두 장의 투표봉을 꺼내되, 현임 집정장이 이를 읽어 나갈 수 있도록 하나를 꺼낸 다음 이어서 다른 하나를 꺼낸다. 그러면 첫 번째 투표봉 속에 있던 투표지에 기재된 사람이 그 다음 해에 재임할 현임 집정장이 되며, 두 번째 투표지에 기재된 사람은 현임 집정장이 질병 혹은 부재로 인하여 직무를 수행할 수 없을 때에 이를 대행을 하는 예비 집정장이 된다. 투표함에 남아 있던 2개의 투표봉도 꺼내서 이를 별도로 보관하고 이하에서 규정하는 바에 따라 사용하기 위하여 별도로 보관하여 두어야 한다.

제19조 이처럼 현임 집정장과 예비 집정장의 추첨이 끝나면, 이어서 집정관으로 지명되어 선정될 후보 8명의 성명을 각각 다른 투표지에 기재하여 같은 방법으로 투표봉에 넣은 다음 이를 봉하여, 이를 투표함에 넣고 그 덮개를 씌워 잘 봉한 다음 서기관이 충분히 잘 흔들어 휘저은 뒤, 위 추첨사동이 나와 4개의 투표봉을 추첨하여 선정하는 절차에 들어가되 차례로 4개를 선정한다. 선정되는 순서에 따라 이를 현임 집정장에게 건네주고 집정장이 그 투표봉을 개봉하여 나간다. 첫 번째 투표지에 기재된 사람이 제1집정관이 되고, 두 번째는 제2집정관, 세 번째는 제3집정관 및 네 번째는 제4집정관이 각각 된다. 제3집정관과 제4집정관은 예비 집정관으로 다음 해에 두 현임 집정관이 질병 혹은 부재로 인하여 그 직무를 수행할 수 없을 때에 이를 대행한다.

제20조 위에서 본 집정관의 추첨 절차를 마친 다음, 추첨에 참가했던 8개 투표봉 중에서 아직 투표함에 남아 있는 4개의 투표봉에, 집정장의 선출시에 남아서 보관하여 두었던 2개의 투표봉을 섞어서 함께 놓아둔다.

제21조 그리고 바로 원래 추첨된 4명의 지명인이 다시 선거를 계속하여, 각 지명인이 집정위 후보 한명을 지명하여야 하며, 이처럼 지명되어 후보자가 된 4인을 각각 별도로 투표

por ellos, admitidos que sean, se escribirán en otras tantas cedulas ; y cerradas cada una en su boleta, se meterán en el cantaro con las otras seis de los que corrieron para Prior, y Consules ; y todas estas diez boletas, puesta la tapa al cantaro, se rebolverán tambien, á satisfaccion de todos, por el Secretario ; y luego, dicho muchacho sacará las seis de ellas, una en post de otra ; y como se fueren entregando al Prior, las irá abriendo, y publicando, y quedarán los que estuvieren escritos en las cedulas por tales Consiliarios para dicho año siguiente, por el orden con que huvieren ido saliendo, que les servirá de gobierno para sus asientos ; de manera, que en todos serán nueve Consiliarios, á saber : los seis asi electos, y sorteados, y los otros tres, el Prior, y Consules que dexaren de serlo, los quales han de preferir en los asientos á los otros seis, como se ha practicado.

XXII. Y executado lo referido saldrán del Salon los quatro Electores, y quedarán en él solamente el Prior, Consules, y Consiliarios, Sindico, y Secretario ; y se procederá á la eleccion de nuevo Sindico para el año siguiente, en esta forma.

XXIII. Escribanse los nombres de los nueve Consiliarios, ó los de los que de ellos huvieren concurrido, y se hallaren presentes en otras tantas cedulas, que se cerrarán cada una en su boleta, las quales se entrarán en el cantaro, en que, cerrado con su tapa, se rebolverán muy bien por el Secretario, á satisfaccion de todos ; y dicho muchacho sacará tres, y los nombres de los que parecieren escritos en ellas, serán Electores de Sindico : Y precedido el juramento, que se les recibirá de que harán dicha eleccion bien, y fielmente, y en personas idoneas, y suficientes para dicho oficio ; nombrará cada uno publicamente un sugeto diverso ; y los tres que nombraren, se escribirán en otras tantas cedulas, y se entrarán cada una en su boleta, las quales pondrán en el cantaro, que cerrado con su tapa, se rebolverá con la misma publicidad por el Secretario ; y luego sacará el muchacho una de ellas, y entregará al Prior, y abierta, el sugeto que pareciere escrito en ella, será primer Sindico de dicha Universidad, y Casa para el año siguiente, y la segunda (que tambien sacará inmediatamente) la entregará asimismo á dicho Prior, y el nombre que en ella pareciere escrito, será segundo Sindico, para las ausencias, y enfermedades del primero.

XXIV. Los que huvieren salido en la nueva eleccion por Prior, Consules, Consiliarios, y Sindico, juntos con los Prior, Consules, Consiliarios, y Sindico que acabaren de serlo, y con su Secretario, el dia siete del mismo mes de Enero, á las nueve de la mañana, despues de haver asistido á la Misa, que se ha de celebrar en dicha Iglesia de San Antonio Abad, subirán á dicho Salon ; y alli los nuevamente nombrados para dichos oficios de Prior, y Consules, aceptado que lo hayan, jurarán sobre la Cruz, y Santos Evangelios (que se les pondrán presentes, y tocarán con sus manos), de que los usarán, y exercerán bien, y fielmente, por el referido tiempo, del año siguiente, guardando lo que mas bien les parezca al servicio de ambas Magestades, Divina y Humana, bien, y utilidad de esta Universidad, y Casa de Contratacion, su Comercio, y Navegacion, observando estas Ordenanzas, y los Privilegios, honores, y preeminencias de esta Comunidad, y que administrarán justicia á todas las personas, que ante ellos vinieren á pedirla, con la igualdad, y rectitud que se requiere, sin parcialidad, pasion, ni aficion ; determinando los pleytos breve, y sumariamente, y con la mayor justificacion, y que harán todo lo demás, que como buenos, y rectos Jueces son obligados : Y el mismo juramento harán los Consiliarios, y Sindico, por lo tocante á sus oficios, de que tambien cumplirán con la obligacion de ellas : Lo

지에 이름을 기재한 다음, 이를 각각 별도의 투표봉에 넣어 봉인한 후 이를 집정장과 집정관의 추첨시에 남은 6개의 투표봉과 함께 투표함에 투입하고, 이에 덮개를 씌우고 총 10개의 투표봉이 든 투표함을 그 우연성에 의문의 여지가 없도록 서기관이 충분히 흔들어 휘저어야 한다. 그리고 곧 위 추첨사동이 나와 6개 봉투를 하나하나 차례로 끄집어낸다. 끄집어내는 대로 집정장에게 넘겨주면 집정장이 이를 개봉하여 공개하고, 그 투표지에 이름이 기재되어 있는 6명은 그 다음 해의 집정위가 되며, 그 투표지가 나온 순서에 따라 순위가 정해져 그 다음 해에 집정위로 근무하며, 집정위는 이 순위를 기준으로 맡은 직책에 따라 그 분야의 업무를 총괄하며, 집정장과 집정관을 보좌한다. 결국 집정위는 총 9명이 되는 데, 이처럼 새로이 추첨되어 선정된 6명의 집정위 이외에 나머지 3명은 현임 집정장과 집정관으로 이제 더 이상 그 직책을 수행하지 아니하게 된 사람이 집정위가 되며, 이들은 과거 관행대로 그 직책을 선정하는 데에 있어 새로이 선출된 6명의 집정위보다 우선권이 주어진다.

제22조 이러한 절차가 종료되면 4명의 지명인은 회의실을 나오고 오로지 집정장, 집정관, 집정위, 감사관 및 서기관만 남는다. 그리고 다음과 같은 방법으로 다음 해의 감사관을 선임하는 절차에 들어간다.

제23조 새로이 선출된 9명의 집정위는 물론 그들과 경쟁하였지만 추첨되지 아니하여 그 이름이 아직 투표지에 남아있던 사람들의 이름을 모두 각각 다른 투표지에 적어 이를 별도의 투표봉에 넣은 다음 이를 투표함에 넣어 봉하고, 그에 이어 서기관이 충분히 투표함을 흔들어 휘저어야 한다. 그리고 추첨사동이 그 투표함 속에서 3개의 투표봉을 꺼내고 그 속에 이름이 적힌 3명이 감찰관의 지명인이 된다. 그리고 이들은 선서절차에 들어가 정직하고 성실하게 선거에 임할 것이며 그 직책에 합당하고 유능한 사람을 선출할 것을 서약하여야 한다. 그리고 각자 서로 다른 감찰관의 후보자를 1명씩을 공개로 지명한다. 후보자로 지명된 3명의 이름은 각각 투표지에 기재되고 각자 별도로 투표봉에 넣어지며 이를 다시 모두 투표함에 넣어 덮개로 봉하고 마찬가지로 공정하게 서기관이 이를 흔들어 휘저어야 한다. 그리고 즉시 추첨사동이 나와 그중 한 투표봉을 꺼내어 이를 집정장에게 주면 집정장이 이를 개봉한다. 그리고 거기에 기재된 사람이 그 다음 해에 해상단의 현임 감찰관이 된다. 그 다음에도 하나를 꺼내어(즉시 꺼낸다) 집정장에게 주어야 하며, 거기에 이름이 적혀 있는 사람은 예비 감찰관이 되고, 현임 감찰관이 질병 혹은 부재로 직무를 수행하지 못하게 되면 그가 직무를 대행한다.

제24조 새로운 선거에서 집정장, 집정관, 집정위, 감찰관으로 선임된 사람과 이제 임무를 마치게 된 집정장, 집정관, 집정위, 감찰관은 서기관과 함께 그 해 1월 7일 아침 9시에 위에서 본 성 안토니오 아바드 성당에서 미사를 마치고 해상단 회의장으로 올라가야 한다. 거기에서 새로이 집정장 및 집정관으로 임명된 사람은 수락을 한 다음 십자가와 성서를 놓고 서약하여야 한다(이런 것을 이들에게 제공하고 이들은 그 위에 손을 얹어 놓아야 한다). 이들은 다음 한 해 지정된 기간에 그 직책을 잘 수행하고 성실히 근무할 것을 서약하고, 나아가 하느님과 인간을 위하여 유익하다고 판단되는 것을 행하며, 이 해상단과 그 상업 및 해운에 유익하고 도움이 되도록 하며, 이 칙령, 이 도시의 특권, 그 사회에서의 명예와 명성을 존중할 것이며, 그에게 재판을 받으러 오는 모든 사람에게 공평과 정직에 기하고 편향, 감정 및 편애를 배제할 것이며, 모든 소송은 신속하고 간결하게 정의에 기해 재판하고 여타 올바르고 정직한 판사가 행하는 행실과 마찬가지로 행동할 것을 서약한다. 집정위와 감찰관도 그에 속하는 책무를 다할 것을 마찬가지의 방식으로 서약하여야 한다. 이러한 절차가 종료되면 새로이 임명된 사람은 그 업무를 개시하고, 관행에 따라 그에게 서류가 교부되고 해상단 인장이 건네진다.

qual executado, entrarán los nuevamente electos en posesion, y exercicio de sus empleos, y se les entregarán los papeles, y el sello de la Universidad, y Consulado á dichos Prior, y Consules nuevos, como se ha acostumbrado, y acostumbra.

CAPITULO III

DEL NOMBRAMIENTO DE CONTADOR, Y THESORERO DE AVERÍAS Y LO QUE ESTOS DERERÁN EXECUTAR

I. Estando ya en posesion de sus empleos el Prior, Consules, y Consiliarios nuevamente electos : estos, y los que acabaron de ser sus antecesores, nombrarán en la misma Junta de siete de Enero de cada año dos personas de conocida integridad, y satisfaccion, la una para Contador, y la otra para Thesorero de Averías, para todo aquel año entero ; y no conformandose todos en el nombramiento, dará cada uno sus votos ; y el que tuviere mayor para el oficio de Contador, quedará por tal ; y lo mismo se executará para el Thesorero.

II. Si se empataren los votos, se hará sorteo de cada Oficio de por sí, y separadamente, entrando cada uno sus boletas en el cantaro ; y rebolviendolas bien, aquellos que salieren en primera suerte, quedarán nombrados, y elegidos por Contador, y Tesorero respectivamente.

III. El que de una, ú de otra forma fuere elegido, y nombrado por Thesorero, antes que empiece á exercer, ha de dar fianza á satisfaccion del Prior, Consules, y Consiliarios actuales, de que dará buena cuenta, con pago de las cantidades que recibiere ; y no la dando en el termino que le señalaren, deberán los dichos Prior, Consules, y Consiliarios nombrar otro en su lugar, con la misma obligacion de afianzar.

IV. Asi Thesorero, como Contador, serán obligados, el Contador á formar cuenta dentro de ocho dias, de como el Veedor-Contador de descargas le dé razon de las que se hicieren por menor, del importe de las Averias, Navio por Navio, con cada uno de los interesadós en él ; y firmadas, las entregará al Thesorero, quien inmediatamente las pasará á manos de los interesados, para que en los ocho dias primeros, como las hubieren recibido, puedan reconocerlas, y ajustarlas.

V. Pasado este termino, en otros doce dias inmediatos siguientes, tratará el Thesorero de cobrar su importe : Y si alguno, ó algunos en el termino referido no le pagaren, estará obligado á ponerlo en noticia del Prior, y Consules ; pena de que no lo haciendo asi, ha de quedar de su cargo, y riesgo lo que estuviere por cobrar : Y á cada uno de los que fueren pagando (por menudas que sean las partidas) les ha de dár recibos firmados ; y al Contador cuenta formada de todas ellas por menor, con expresion del nombre del Navio, de la cantidad, ó cantidades, que cada uno huviere pagado.

VI. El Contador tomará la razon en su libro de las referidas partidas que el Thesorero le diere en sus cuentas, con la misma distincion : Y uno, y otro lo cumplan asi, pena de perdimiento de

제3장
재무관 및 회계징수관의 임명과 임무

제1조 집정장, 집정관 및 집정위가 새로이 선임되어 취임이 이루어지면, 이들과 임무를 마친 그의 전임자는 매년 1월 7일 열리는 동일한 회의에서 그 인격과 능력을 갖춘 2명을 선정, 그 해의 재무관, 회계징수관으로 각각 임명한다. 만일 전원이 동의하지 아니하면 각각 투표를 하여, 여기에서 가장 많은 표를 얻는 사람을 재무관으로 임명하고, 회계징수관도 마찬가지 절차로 임명한다.

제2조 투표가 동수가 되는 경우, 각각 별도로 추첨을 실시하여 각자의 투표봉을 투표함에 투입하고, 이를 잘 흔든 다음 추첨에서 먼저 나오는 사람을 재무관 혹은 회계징수관으로 각각 임명한다.

제3조 어떤 사람이 위 어느 방법이든 일단 회계징수관으로 선정되어 임명되면, 취임하여 업무를 개시하기 이전에 그가 선량하게 회계를 처리하고 수령한 금액을 모두 입금할 것을 보장하기에 충분한 담보를 현임 집정장, 집정관 및 집정위에게 제공하여야 한다. 지정된 기간 내에 이러한 담보를 제공하지 아니한 경우, 집정장, 집정관 및 집정위는 새로운 회계징수관을 임명하여야 하고, 새로운 회계징수관도 동일한 담보를 제공하여야 한다.

제4조 회계징수관은 물론 재무관도 일정한 의무가 있어서, 재무관은 8일 내에 화물검수관이 제공한 양하된 화물의 자세한 내역에 따라 관계인에게 부과할 세금 총액을 선박별로 정리하여 표시한 계산서를 작성하여야 하며, 재무관은 이에 서명을 하여 이를 회계징수관에게 건네주고, 회계징수관은 즉시 관계인에게 이를 송부하여 그에 이은 8일 이내에 통지받은 내용대로 승인하든지 이를 다시 조정하든지 하여야 한다.

제5조 이 기간이 경과한 다음 12일 이내에, 회계징수관은 그 총액을 징수하도록 하여야 한다. 이느 사람이 이 기간 내에 납부를 하지 아니하면 회계징수관은 이를 집정장 및 집정관에게 보고하여야 한다. 이를 게을리 한 회계징수관은 이를 대신 납부할 의무와 책임이 있다. 납부를 하는 사람에게는 누구이든 (금액이 적다 하더라도) 반드시 서명을 한 영수증을 발행하여 주어야 하며, 또 회계징수관은 선박의 명칭과 납부한 금액을 자세히 기재한 계산서를 작성하여 재무관에게 제출하여야 한다.

제6조 재무관은 회계징수관이 제출한 계산서에 기해 자세한 사항을 회계징수관과 마찬가지로 구별하여 항목지어 자기 장부에 기록하여 두어야 한다. 재무관이든 회계징수관이든

sus salarios.

VII. El Prior, y Consules, con la noticia que el Thesorero les huviere dado de las personas que reusaren, ó resistieren pagar, les embiarán recado de su parte con el Secretario, para que luego lo hagan ; y no lo haciendo, ni dando motivo justo, lo mandarán executar, y compeler por todos los medios, y remedios convenientes á la referida paga.

VIII. El Thesorero, y Contador serán tambien obligados á acudir de quatro en quatro meses á las Juntas ordinarias de Prior, Consules, y Consiliarios, de fin de Abril, fin de Agosto, y fin de Diciembre de cada año ; y manifestar en ellas el estado de sus cuentas, y caudales, tocantes á su Comercio, asi del recibo, como de los desembolsos ; segun, y para los efectos que se expresarán en el capitulo septimo, número quince de esta Ordenanza.

CAPITULO IV

DEL NOMBRAMIENTO DE SECRETARIO, ARCHIVERO, VEEDORCONTADOR DE DESCARGAS, ALGUACIL, PORTERO, GUARDARÍA DE OLAVEAGA, PILOTO MAYOR DE LA BARRA, BARQUERO, Y AGENTE DE MADRID

I. Por quanto esta Universidad, y Casa de Contratacion, y su Consulado ha tenido hasta aqui, y es necesario que tenga en adelante un Secretario, un Veeedor-Contador de descargas, un Alguacil, ó Alguaciles Porteros, un Guarda-Ría en Olaveaga, un Piloto Mayor de la Barra de este Puerto, un Barquero, y un Agente en la Corte de Madrid ; todos los quales oficios han continuado dos, ó mas años de voluntad del Prior, y Consules, que los han quitado, ó removido, ó reelegido, quando, ó como les ha parecido conveniente, y asi ha sido, y es estilo, y costumbre : Se pone de nuevo por Ordenanza, que lo puedan executar en adelante en la misma conformidad.

II. Y atendiendo á la mayor custodia, y conservacion del Archivo, que esta Universidad, y Casa tiene en uno de sus quartos, por lo importante de los Reales Privilegios, Cedulas, Cartas Executorias, Libros de Decretos, y Elecciones, y otros Instrumentos, y Papeles de gran consideracion que en él hay : Se pone tambien por Ordenanza, que sea Archivero en adelante el Secretario que es, y fuere del Consulado, y que se haga entrega por Inventario, luego que esta Ordenanza se empieze á practicar, al Secretario que entonces fuere, por el Sindico actual (como Archivero que ha sido, y es) de todos los referidos Reales Privilegios, Cedulas, Cartas Executorias, Libros, y demás que en él huviere, y se le entregaron quando entró á ser tal Sindico, respecto de haver sido tambien Archivero.

III. En entrando por nueva eleccion, y nombramiento de Prior, y Consules, otro Secretario, ha de tener anexo á este oficio el Archivo, y se le ha de hacer la misma entrega por inventario, y en forma, por el que dexare de serlo, ó sus herederos, con intervencion, y asistencia de Prior, y Consules, y con esta formalidad, y justificacion se ha de proceder siempre que haya nuevo

이 의무를 이행하지 아니하면 그 보수를 지급하지 아니한다.

제7조 집정장과 집정관은 회계징수관으로부터 어느 사람이 납부를 거부하거나 지체하고 있다는 보고를 받으면 자기 명의로 서기관을 통하여 그 세금을 즉시 납부할 것을 통고하는 독촉장을 보내야 한다. 그럼에도 불구하고 이를 이행하지 아니하고 기타 정당한 사유도 제시하지 못하는 경우, 회계징수관에게 이를 집행할 것을 명하고 납부를 위해 모든 합당한 수단과 방법을 다할 것을 명하여야 한다.

제8조 재무관과 회계징수관은 4개월마다 매년 4월 말, 8월 말 및 12월 말에 열리는 집정장, 집정관 및 집정위의 정기회의에 참여하여, 수입과 지출을 포함하여 그의 업무와 관련된 계산과 재산의 상태에 관해 보고하여야 한다. 이는 이 칙령 제7장 제15조의 규정에 따라 실시하여야 한다.

제4장
서기관, 사서관, 화물검수관, 집달관, 보안관, 올라베아가의 순찰관, 항만의 방조제 관리장, 소형선 관리장 및 마드리드 파견관

제1조 본 해상단은 지금까지 그렇게 해왔듯이 앞으로도 계속하여 서기관 1명, 화물검수관 1명, 집달관이나 집달보안관 1명, 올라베아가에 있을 순찰관 1명, 항만의 방조제 관리장 1명, 소형선 관리장 1명 및 마드리드 왕궁에 파견할 대표부 파견관 1명이 필요하며, 이 모든 직책은 집정장 및 집정관의 뜻에 따라 2년 혹은 그 이상 계속 수행되어 왔으며, 집정장 및 집정관의 뜻에 따라 이들이 사임, 해임 혹은 다시 선임되기도 하였고, 이것이 관행이요 관습이기도 한 바, 이 칙령으로 다시 확인하고자 하는 것은 앞으로도 마찬가지 방식으로 이를 시행하기로 한다.

제2조 해상단 내 서류고에 왕립특권, 국왕칙서, 집행명령, 규칙선집, 선거서류 및 기타 중요한 증서와 서류가 있는 바, 그 중요성에 비추어 이를 잘 관리하고 보존하는 것이 절대적으로 필요한 즉, 이제 이 규정으로 정하는 바이니 앞으로는 해상단의 서기관이 사서관을 겸하도록 하며, 이 칙령이 발효되면 당시 감찰관은(지금까지 사서관이었고 현재도 사서관인) 그가 처음 감찰관으로 취임하였을 때에 겸직하고 있던 사서관으로 그에게 인도되었던 바로 그대로, 위에서 말한 왕립특권, 국왕칙서, 집행명령, 규칙선집 및 기타 서류고의 서류를, 목록표를 작성하여, 이를 모두 서기관에게 인계하여야 한다.

제3조 선거를 통하여 새로이 집정장, 집정관 및 서기관이 임명되어 취임하면, 서류고도 이 직책에 부치되어 이전되며, 이제 그만두게 된 서기관이나 그의 상속인은, 집정장 및 집정관의 관여와 참여하에, 마찬가지의 형식으로 목록표를 작성하여 새로운 서기관에게 모든 서류를 인계하여야 하며, 이러한 절차와 방법으로 새로운 서기관이 임명되면 언제나 서류의

nombramiento de Secretario.

IV. Y para mas seguridad de dicho Archivo, se pondrán en él dos llaves, las quales pararán, una en poder del Prior, y la otra en el del Secretario Archivero ; al qual, y á cada uno en su tiempo se encargará, y recomendará repetidas veces, no solo la custodia de dicho Archivo, sino tambien el manejo, y curiosidad de sus papeles, y que, si el Sindico, ú otro de la Comunidad lo hiciere, quede en su poder recibo para apremiarle á su buelta, luego que se haya hecho lo que convenga en la dependencia para que se sacaron, de manera, que nada se extravie, ni pierda.

V. Y por razon del trabajo, que en este oficio de Archivero ha de tener cada Secretario en su tiempo, se le señalan de salario quarenta ducados de vellon al año, además del que antes tenia, y adelante se le señalará tocante á dicho oficio de tal Secretario.

CAPITULO V

DE LAS JUNTAS ORDINARIAS, Y EXTRAORDINARIAS DE PRIOR, CONSULES, Y CONSILIARIOS, Y COMO SE HA DE NOMBRAR ALGUNO DE ESTOS SI FALLECIERE

I. El Prior, Consules, y Consiliarios han de estár obligados á celebrar precisamente seis Juntas cada año en el Salon de la Universidad, y Casa de Contratacion, y no en otra parte, los dias últimos que no fueren Festivos de los meses de Febrero, Abril, Junio, Agosto, Octubre, y Diciembre, para tratar en ellas de lo tocante á gobierno, obras, gastos, y demás que se ofreciere del bien comun del Comercio.

II. Para ellas han de ser llamados todos los nueve Consiliarios, y el Sindico tendrá obligacion de hacerles presente lo que ocurriere, y fuere conducente á los fines que van expresados.

III. Demás de estas Juntas ordinarias, y precisas, celebrarán todas las otras que el Prior, y Consules tuvieren por convenientes, segun la ocurrencia de negocios : Y para estas llamarán á los nueve Consiliarios, señalandoles la hora para juntarse en el referido Salón, y no en otra parte.

IV. A todas las Juntas, asi ordinarias, como extraordinarias, deberán acudir los Consiliarios puntualmente, no teniendo impedimento, ó razon legitima que los escuse ; pena de cada diez ducados, y de apremio.

V. En ninguna Junta se podrá resolver, ni determinar cosa alguna de lo que vá expresado, no concurriendo á lo menos seis de los nueve Consiliarios (que todos han de ser convocados) pero llegando á este número, podrán con el Prior, y Consules, resolver, y determinar lo que tuvieren por conveniente, tocante al gobierno del Consulado, gastos, y otras cosas del bien comun del Comercio ; y tendrá plena autoridad, y valimiento.

인계가 이루어져야 한다.

제4조 서류고의 안전을 확보하기 위하여, 이중 잠금 열쇠를 만들고, 이 중 하나는 집정장이, 다른 하나는 서기관인 사서관이 보관하며, 이를 각자에게 그 취임과 동시에 인도하며, 또 이들에게 반복하여 부탁하건대 단순히 서류고의 관리만이 아니라 그 서류의 보호와 청결한 관리를 의뢰하며, 만일 감찰관 혹은 기타 시의 관리가 이에 관여하는 경우 그 반환을 강제하여 이를 회수하는 것은 그 권한에 속하며 그런 다음에 자기의 직원을 통하여 필요한 조치를 다하고 어떠한 유출과 분실도 없이 이를 보유하도록 하여야 한다.

제5조 서기관으로 근무하는 동안 그가 동시에 사서관의 직책을 수행하여야 하는 점을 감안하여, 그가 서기관으로 받았고 앞으로 받을 보수와는 별도로, 사서관으로서 그에게 매년 동화 40두까도의 보수를 책정하여 지급한다.

제5장
집정장, 집정관 및 집정위의 정기회의와 임시회의 및 이들의 사망 시 보충 방법

제1조 집정장, 집정관 및 집정위는 매년 6회의 정기회의를 반드시 열어야 하고, 정기회의는 반드시 해상단 내 회의실에서 열어야 하며 다른 곳에서 열 수 없다. 회의는 2월, 4월, 6월, 8월, 10월 및 12월의 휴일이 아닌 마지막 근무일에 열어서 정무, 공사, 비용 및 기타 상업 일반에 관해 제기된 문제를 논의한다.

제2조 회의를 위해 9명의 집정위를 모두 소집하여야 하며, 감사관도 출석하여 위에서 본 회의목적과 관련되어 발생한 사건에 관한 보고를 하여야 한다.

제3조 반드시 열어야 하는 정기회의 이외에도, 집정장 및 집정관은 사안의 성질에 비추어 회의에서 논의가 필요하다고 생각되면 임시회의를 소집할 수 있다. 임시회의를 소집하려면 이를 위해 9명의 집정위에게 날짜와 시간을 알리고, 해상단 회의실에서 회의를 연다는 것을 통지하여야 하며, 이때에도 다른 곳에서는 회의를 열 수 없다.

제4조 집정위는 물리적으로 참여가 불가능하거나 다른 정당한 사유가 없는 한, 정기회의이든 임시회의이든, 모두 반드시 이에 참석하여야 한다. 이를 위반하면 불참시마다 10두까도의 벌금형에 처하며, 이를 즉시 징수한다.

제5조 어떤 회의이든 위에서 본 심의사항을 결의하려면 적어도 6명 이상의 집정위가 참가하여야 한다(소집은 전부 하여야 한다). 이러한 인원수의 집정위가 참가하면 집정장과 집정관과 함께 해상단의 정무, 비용, 기타 상업 일반에 관해 필요한 사항을 심의, 의결할 수 있고, 이러한 요건을 갖추어야 비로소 그 결정은 완전한 효력과 효과를 갖는다.

VI. Y por ningun caso se han de poder introducir los Consiliarios en el conocimiento, ni determinacion de Pleytos, por quanto esta Jurisdiccion ha sido, y ha de ser privativa de Prior, y Consules, conforme á dichos Reales Privilegios, Cedulas, y Executorias Reales, en que no se hace, ni se ha de hacer novedad por lo tocante á dicha Jurisdiccion.

VII. Pero si alguna vez se ofreciere algun caso de pleyto entre partes, cuya determinacion fuere ardua, estará en la voluntad de Prior, y Consules, consultar á los Consiliarios, y pedirles su parecer, y voto consultivo verbalmente, que deberán darles para el mayor acierto.

VIII. En todos aquellos casos, que tocaren á la Junta de Prior, Consules, y Consiliarios, haviendo variedad de dictamenes, y no pudiendo conformarse, se executará lo que determináre la mayoría, y lo firmarán todos los que huvieren concurrido, aunque algunos digan que han sido de contrario dictamen.

IX. Si huviere igualdad de votos, en este caso, y en los que se les ofreciere duda, ó dificultad, convocarán al que penultimamente fue Prior, y en su falta al proximo antecedente, y por este orden á los demás, y junto con él resolverán, y determinarán los casos de igualdad de votos, y los demás en que se les ofreciere dificultad, y tendrá la misma fuerza, que si fuese determinacion de Junta de todo el Comercio.

X. En las Juntas intermedias de Febrero, Junio, y Octubre nombrarán dos Contadores, los mas expertos de entre los mismos Consiliarios para el reconocimiento de las cuentas que se han de dar á fin de Abril, Agosto, y Diciembre por el Thesorero de Averías, para que exâminandolas ocho dias antes, puedan con maduro acuerdo poner las anotaciones convenientes, y exponerlas á la censura de los demás de la Junta, para que se proceda en su inspeccion con la justificacion, y formalidad que se requiere, y es tan necesaria ; y que á fin de año, con la cuenta general, siendole aprobada, se pondrá en el Archivo del Consulado, y junto con ella los recados de su justificacion, y los libros de su razon que estuvieren fenecidos.

XI. La misma formalidad se observará en todas las demás cuentas que dieren otras qualesquiera personas que manejaren maravedis, tocante á dicha Universidad, y Casa de Contratacion, y su Consulado : entendiendose, que de ninguna manera se tomen en data, partida, ó partidas, que no esten justificadas con recados bastantes.

XII. Reconocidas las tales cuentas, y sus recados de justificacion por el Prior, Consules, y Consiliarios, precedida la Inspeccion de los Consiliarios-Contadores, prevenida, en los dos números inmediatos antecedentes de este capitulo, y hallandolas justificadas, se aprobarán, y se darán los debidos finiquitos : Y en caso de ofrecerse algunos reparos, se harán saber á las partes, para que puedan satisfacer á ellos, procediendose de buena fé á la averiguacion de la verdad, hasta que llegue el caso de la aprobacion, y entonces se pondrán las tales cuentas con sus recados, y libros en el Archivo del Consulado, como queda prevenido en el diez de este Capitulo.

XIII. Porque se desea escusar en lo posible los dispendios, y gastos de las Averías, se establece, y pone por Ordenanza, que el Prior, Consules, y Consiliarios, que por tiempo fueren, no

제6조 여하한 경우에도 집정위는 소송에 관한 심의와 의결을 위한 의안을 제기할 수 없으며, 위에서 본 왕립특권, 국왕칙서 및 왕립명령에 따라 이는 집정장과 집정관 개인에게 부여된 고유권한이라고 보며, 이 권한은 이 칙령에 의해 변경된 바 없고 앞으로도 변경되어서는 아니된다.

제7조 다만 당사자 사이에 소송이 아주 심각한 논쟁으로 발전된 경우에, 집정장 및 집정관이 희망하면 임의로 집정위에게 자문을 구하고 나아가 구속력이 없는 의견과 구두 투표를 요청할 수 있고, 그러면 집정위는 이를 공개하지 아니하고 집정장과 집정관의 요구에 신중히 응하여야 한다.

제8조 집정장, 집정관 및 집정위가 회의의 권한에 속하는 사항을 심의함에 있어 서로 의견이 일치하지 아니하여 통일을 기하기 어렵게 된 경우, 다수결에 의하여 결정을 하고 집행을 한다. 그리고 참가한 사람은 모두 이 결정에 서명하여야 하며, 어느 사람이 반대 의견을 표시한 경우에도 마찬가지로 서명하여야 한다.

제9조 투표가 가부 동수인 경우 및 사안이 그냥 결정하기에는 의문이나 어려움이 있다고 판단되는 경우, 직전 집정장을 모셔오고, 그가 없으면 그 이전 집정장을 모셔오며, 그도 없으면 역순으로 소집이 가능한 전직 집정장을 모시고 와서 함께 가부 동수인 사항이나 어려운 사항을 심의하고 결의할 수 있고, 그러면 그 결정은 다른 회의의 결정과 마찬가지의 효력이 있다.

제10조 매년 2월, 6월 및 10월 중에 열리는 회의에서는 집정위 중에서 전문지식을 가진 사람을 2명 선정하여 회계감사로 임명하고, 회계감사는 4월, 8월 및 12월 각 말에 회계징수관이 수입, 지출에 관한 계산서를 제출하면 이를 검사한다. 이들은 적어도 회의일 8일 이전에 검사를 마치고 신중한 합의를 거쳐 필요한 의견을 첨가한 다음, 이를 통해 회의에서 다른 사람이 그 승인 여부를 논의할 수 있게 공시해야 하고, 또 계산서를 검사함에 있어 필요한 입증 자료도 대조하고, 요구되는 지출 형식도 검토하여야 한다. 승인이 난 서류는 연말에 일반 정산서와 함께 해상단 서류고에 보관하며, 이와 함께 입증 서류 및 종료된 장부도 서류고에 보관하여야 한다.

제11조 해상단의 자금을 취급하는 사람은 누구이든 그 이외 다른 사람도 결산을 함에 있어 이러한 절차를 준수하여야 한다. 즉 영수증 기타 증서에 의하여 거래 내역이 충분히 입증되지 아니하면 어떠한 경우에도 금액, 항목 및 종류로 인정되지 아니한다.

제12조 이 장의 전 조에서 정한 바에 따라 회계감사로 선임된 집정위가 먼저 검사를 한 결과를 토대로 집정장, 집정관 및 집정위가 나시 계산서와 그 입증서류를 검토한 결과 이상이 없으면 계산서를 승인하고 그 확인서를 발부한다. 만일 거기에 이상이 발견되면 당사자에게 알리며, 진실을 확인한 결과 그 잘못이 선의에 기한 것이면 이를 올바르게 시정하여 완벽하게 하고 그 다음 승인절차를 거치고 난 후에 위 제10조에서 규정하였듯이 이 결산서와 정산서를 그 부속 입증서류 및 계산장부와 함께 해상단 서류고에 보관하여야 한다.

제13조 공금에 의한 지출과 비용은 가능한 한 절약하여야 한다는 점에서, 원칙을 정하고 이를 칙령으로 분명히 하고자 하는 바, 집정장, 집정관 및 집정위는 먼저 여러 제안을 고려

puedan intentar, ni mover de nuevo pleyto alguno, sino defenderse de los que les fueren puestos, y que para emprender alguno, en nombre, y á costa de la Comunidad, sea preciso, que Prior, Consules, y Consiliarios nombren cada uno un Comerciante de su satisfaccion, y estos junto con ellos, deliberen, y se esté á lo que determinare la mayoría : Y de executar cosa en contrario, sea nula, y de ningun valor, ni efecto, y lasten, y hayan de lastar á su propia costa los que executaren lo contrario todos los gastos que se huvieren ocasionado con este motivo.

XIV. Las obras tocantes á la Ría, Muelles, y demás que fueren del cargo y obligacion del Prior, y Consules, y Consiliarios, excediendo el coste de qualquiera de ellas de doce mil maravedis de vellon, se han de sacar al Pregon, y rematarse en el mejor postor, y de otra forma no se ha de abonar su coste.

XV. Todos los años perpetuamente el dia dos de Julio, se ha de celebrar, como se ha estilado, la Festividad de la Visitacion de Nuestra Señora, reduciendose á lo preciso, tocante al culto Divino ; dando al Predicador doce ducados, y excusando todo gasto exterior, sin introducir otra cosa alguna.

XVI. En caso que antes de acabarse su oficio falleciere alguno, ó algunos de los nueve Consiliarios, los que quedaren (juntamente con el Prior, y Consules actuales) nombrarán otro, ó otros en su lugar, que tengan las calidades que los demás ; y aquel, ó aquellos que fueren nombrados, cumplirán con la solemnidad del juramento, que queda prevenido, ante Prior, y Consules.

CAPITULO VI
DEL SALARIO DE PRIOR, CONSULES, Y DEMAS OFICIALES

I. Guardaráse sin novedad alguna la costumbre que ha havido en quanto á repartimiento de limosnas, que llaman dinero de Dios, salario de Prior, y Consules, Sindico, Secretario, y Veedor-Contador de descargas ; todo lo qual se ha de pagar, y paga del maravedi en ducado, que por facultad Real se cobra de Avería : cuyo repartimiento se ha hecho, y hará en adelante en esta forma.

II. Para el que llaman dinero de Dios, diez maravedis de cada embarcacion, repartidos por tercias partes, entre las Fabricas de las Iglesias parroquiales de San Antonio Abad, San Juan, y San Nicolás de esta Villa.

III. Uno por ciento sobre el mismo pie del maravedi por mitad, entre las Fabricas de las dos Iglesias referidas de San Antonio Abad, y San Juan.

IV. Una parte de diez y seis, para Santos, limosnas á pobres que han sido Comerciantes, ó á sus Viudas, y hijos como á individuos del Comercio, y Marineros perdidos, y robados.

하여 그 정당성이 인정되기 이전에는 어느 공사든 이를 제안하고 시도할 수 없고, 해상단의 명의와 비용으로 공사에 착수하려면 집정장, 집정관 및 집정위가 각각 능력을 갖춘 상인을 하나씩 임명하여 이들과 함께 회의를 열어 토의를 하고 다수결로 결정을 하여야 한다. 이러한 절차를 밟지 아니하고 공사를 집행하면 무효가 되며 아무런 효력이나 효과가 없고, 이를 위반하여 공사를 집행한 사람은 그것이 원인이 되어 발생한 모든 비용을 자기 개인 비용으로 변상해야 한다.

제14조 빌바오강과 그 부두에 속하는 공사 기타 집정장, 집정관 및 집정위의 의무와 책임에 속하는 공사로서, 그 비용이 동화 12000마라베디를 초과하는 경우 이를 공공장소에서 호창(呼唱)하여 응찰을 받은 다음 가장 유리한 제안을 하는 사람에게 위임하여야 하고, 다른 방식으로 그 비용을 집행하여서는 아니된다.

제15조 앞으로 영구히 매년 7월 2일은 지금까지 관행으로 하여왔듯이 영주님의 방문 기념 축제를 연다. 그러나 가능한 한 신성 의식에 의하되 소요되는 비용은 이를 축소한다. 설교자에게 12두까도를 지급하고, 모든 외부적 비용은 이를 피하고, 다른 행사는 추가하지 아니한다.

제16조 임기가 종료하기 이전에 9명의 집정위 중 어느 집정위가 사망하면, 남은 사람이(현임 집정장과 집정관과 함께) 다른 집정위와 마찬가지의 자질을 가진 사람으로 그를 대신할 집정위를 임명한다. 새로이 임명된 집정위는 집정장과 집정위의 면전에서 위에서 정한 선서절차를 마친 다음 잔여 임기를 수행하여야 한다.

제6장
집정장, 집정관 및 기타 관원의 보수

제1조 이른바 하느님의 금고라고 알려진 연보를 집정장, 집정관, 감찰관, 서기관 및 화물검수관이 나누어 가지는 관행은 변경없이 시행한다. 이는 10분지 1을 기본 세율로 지급해야 하며, 왕령에 의거 상업세로 징수한다. 그 분배는 지금까지 해온 바대로 아래 방식으로 한다.

제2조 하느님의 금고로 알려진 연보로 출항시마다 10마라베디를 납부하여 이를 3등분하여 이 도시 구역 성당인 성 안토니오 아바드 성당 재산, 성 후안 성당 재산 및 성 니콜라스 성당 재산으로 각각 분배한다.

제3조 위 기본 세금에서 1%를 떼어서 반으로 나누어 위 성 안토니오 아바드 성당[9] 재산과 성 후안 성당[10] 재산으로 분배한다.

---

9 여기에는 바로 근접하여 지방정부와 해상단이 있었다.

10 인근에 병원 및 빈민구제소가 있어 이를 책임졌다고 한다.

V. Otra parte de diez y seis, para las obras, y reparos de la Ribera, y Caminos.

VI. Al Prior, y Consules, de doce partes una, del mismo producto del maravedi en ducado, aplicando la mitad al Prior, y la otra mitad por iguales partes á los dos Consules.

VII. Y para el Sindico, Secretario, y Veedor, se ha de sacar de diez y seis partes una, que se dividirá entre ellos por tercias partes iguales ; con que les vendrá á tocar lo mismo que á cada uno de los Consules, que es de quarenta y ocho partes una.

VIII. Todo lo qual se ha de sacar de la expresada Avería del maravedi en ducado solamente, y no del aumento, que ademas de dicho maravedi se concediere : Y lo remanente de dicha Avería ha de servir para ocurrir á urgencias, y necesidades del Consulado : Y los salarios de los demás Oficiales se han de pagar, y librar sobre la Thesorería en esta forma.

IX. Al Thesorero de Averías trescientos ducados para sí, por su salario ; y otros cincuenta para su Oficial.

X. Al Contador de dichas Averías, ciento y cinquenta ducados, tambien por su salario.

XI. Al Secretario, ademas de lo que le tocare como tal, en lo que queda expresado al septimo de este capitulo, otros quarenta ducados tambien de salario añal, por razon del oficio de Archivero, que se le agrega, como parece al quinto del capitulo quarto de esta Ordenanza.

XII. Al Agente de Madrid, ciento y cinquenta ducados, asimismo por su salario añal.

XIII. Al Piloto Mayor de la Barra de este Puerto, ocho ducados.

XIV. Al Barquero, quatro ducados.

XV. Al Alguacil Portero, mil y cien reales de vellon al año, por razon del salario ; y otros quatrocientos por la pension, y cuidado que ha de tener en la limpieza, y aseo de esta Casa de Consulado, y de la Tribuna que tiene en la Iglesia de Santiago, llevar los Bancos á la de los San Juanes en las Funciones de Quaresma, y poner brasero con lumbre en el Salon en tiempo de Invierno, independiente de los derechos de todas las protextas de Navios, y comparendos, que no se han de poder cometer á otro.

XVI. Al Guarda-Ría de Olaveaga, treinta ducados, asimismo de salario añal.

XVII. Y con esto, los referidos Prior, Consules, Sindico y Secretario-Archivero, Veedor de descargas, Thesorero, Contador, Agente, Piloto, Guarda, Barquero, y Alguacil-Portero, ni alguno de ellos no han de tener otras propinas, gages, derechos, ni emolumentos, ni se han de poder aumentar dichos salarios por causa, motivo, ni pretexto alguno ; ni el Thesorero podrá pagarlos, aunque se le despache Libramiento, y si de hecho pagare, no se le ha de abonar en sus cuentas.

제4조 위 기본 세금에서 16분의 1을 분리하여 전에 상인이었던 사람, 그의 미망인과 자녀 및 행방불명 혹은 강도를 당한 상인이나 선원을 위한 구제기금으로 사용한다.

제5조 다른 16분의 1을 별도기금으로 하여 강 및 도로의 수리와 공사에 사용한다.

제6조 동일한 기본세금에서 그 12분의 1을 분리하여 이를 집정장과 집정관에게 지급하며, 이를 반으로 나누어 집정장과 집정관이 나누어 가지고, 집정관은 마찬가지로 이를 동일하게 반으로 나누어 각각 갖는다.

제7조 16분의 1을 분리하여 감찰관, 서기관 및 화물검수관에 지급하고 이를 세 사람이 같은 비율로 분배한다. 이를 통하여 이들은 각자 48분의 1에 해당하는 집정관과 동일한 금액을 지급받게 된다.

제8조 이 모든 것은 오로지 위에서 기본 세금의 징수금으로부터 지급하여야 하고, 이 기본세 이외에 추가로 징수되어 증액되는 금액에 기해 이를 지급을 하지 못한다. 이 징수금 중 남는 금액은 해상단에 긴급한 필요가 발생한 때에 사용한다. 다른 관원의 급료는 일반회계 징수금에서 다음의 방식으로 이행하고 지급한다.

제9조 회계징수관에게는 그 개인 급료로서 300두까도를 지급하고, 그 직원의 급료로 추가로 50두까도를 지급한다.

제10조 재무관에게는 그 개인 급료로 150두까도를 지급한다.

제11조 서기관에게는, 이 장 위 제7조에서 본 그에게 해당하는 급료 이외에, 이 칙령 제4장 제5조에 규정된 바와 같이 사서관으로서 직책을 수행하기 때문에 추가로 연간 급료 40두까도를 지급한다.

제12조 마드리드 파견관에게는 연간 급료로 150두까도를 지급한다.

제13조 항만의 방조제 관리장에게는 8두까도를 지급한다.

제14조 소형선 관리장에게는 4두까도[11]를 지급한다.

제15조 집달관-보안관에게는 급료로 매년 동화 1100레알을 지급한다. 그 외에도 그는 해상단 청사는 물론 산티아고 교회에 있는 소속 법정의 청소 및 치장을 관리 및 개선하고, 까레스마 행사시에 성 후안 교회에 의자를 가지고 가야하며, 겨울에 회의실에 난로와 등불을 마련하여야 하며, 이 외에도 모든 선박을 보호하여야 할 의무를 지는 바, 이의 대가로 400레알을 지급한다.

제16조 올라베아가에 있는 빌바오강 순찰관에게 연간 급료로 30두까도를 지급한다.

제17조 집정장, 집정관, 감찰관, 서기관 및 사서관, 화물검수관, 회계징수관, 재무관, 파견관, 항만의 방조제 관리장, 빌바오강 순찰관, 소형선 관리장 및 집달관-보안관은 이 이외에 사례금, 수당, 징수비 혹은 격려금을 받을 수 없고, 그 원인, 이유 및 명목이 무엇이든 급료를 증액할 수 없다. 그리고 회계징수관은 그 권한의 범위 내라 하더라도 이를 지급하여서는 아니되며, 만일 이에 위반하여 지급하면 이를 해상단의 계산으로 하지 못한다.

---

11 이들의 급료가 지나치게 적은 것은 아마 이들이 징수하는 수입 혹은 추가 징수를 통하여 일부 수입을 얻었던 것이 아닌지 추측된다.

CAPITULO VII

SOBRE LA PAGA DE AVERÍAS, Y LO QUE DEBERÁN HACER EL CONTADOR, THESORERO, Y VEEDOR DE DESCARGAS, PARA SU CUSTODIA, Y BUENA COBRANZA, Y ADMINISTRACION

I. Por ser las Averías el unico efecto que tiene la Casa de la contratacion, y Comercio, para satisfaccion de sus deudas, gastos, y cargas comunes, á que todos sus Comerciantes deben concurrir : Se ordena, y manda, que ninguno se escuse de pagar las que le tocaren, por ningun motivo, excepcion, ni pretexto.

II. Para que sea mas facil, y efectivo el cobro de dichas Averías, y su manejo, el Veedor-Contador de descargas, desde que empieze la de qualquier Navío, ha de estar presente en el Muelle, hasta que se acabe, tomando razon de los fardos, barricas, toneles, caxones, y demás que fuere saliendo á tierra, ya vengan en Gabarras, Barcos, Botes, ó otra qualquiera embarcacion, expresando de quien lo trae, de qué Navío, y para quien.

III. Si por algun accidente huviere que asistir á descargas en dos Muelles, ó Lenguetas á un mismo tiempo (permitiendose esto por Prior, y Consules, y no de otra suerte) pondrá el Veedor–Contador una persona que asista en la una parte, y el cuidará, en la otra.

IV. Será de su cargo, y obligacion el indagar, averiguar, y saber los nombres de los Capitanes, ó Maestres de todas las embarcaciones que subieren á hacer sus descargas ; y dar luego noticia de ello al Consul, que corriere con los Despachos, que de parte del Consulado, se dan para que no se les ponga embarazo en la salida de la Barra de este Puerto, circunstancia unica para ello.

V. Quando llegaren Navios, Pataches, ó Pinazas ó hacer sus descargas en los Muelles, y Lenguetas de esta Villa, asistirá tambien á ellas el Veedor-Contador, y tomará la misma razon de quanto se descargare en un papel suelto, poniendo en él el genero, si se pudiere conocer, la cantidad, con su marca, y numero, y con distincion de si es fardo, caxon, paquete, barril ó piezas sueltas, y para quien fueren.

VI. Quando vengan de Olaveaga, ú otro Surgidero, Gabarras de Mercaderías, tomará con el Corredor, ó Consignatario el Veedor-Contador la misma razon individual ; y al acabar de descargar la Gabarra, ó Gabarras, la cotejará con la que tambien huviere tomado el Corredor, ó Consignatario, y persona que este tuviere puesta para la conduccion de los efectos.

VII. Si en las tales Gabarras vinieren algunos generos, cuyos conocimientos estén á la orden, y no supiere el Corredor quien sea el dueño, ó persona que los deba recoger, apuntará el Veedor-Contador (ademas de la razon que deberá tomar de ellos) adonde el tal Corregidor les dirigiere, para poder hacerle cargo, ó al sugeto en quien se depositaren, del importe de Averías, y cobrarselas á qualquiera de ellos.

VIII. Acabada cada descarga, dentro de dos dias entregará el Veedor una memoria puntual, y distinta de todo, al Contador de Averías, con la debida expresion que queda prevenida, para

제7장
상업세의 납부와 재무관, 회계징수관 및 화물검수관의 그 보관, 징수 및 관리 의무

제1조 일단 상업세[12]로 징수되면, 시청에서 그 상업과 관련된 채무, 비용 및 부담을 이행하는 데에 오로지 사용되는 것인 즉, 모든 상인은 이에 참여하여야 하고, 그 이유와 명목이 무엇이든, 무슨 예외라고 하든, 이를 인정하지 아니하고, 누구이든 자기에게 부과된 상업세의 납부를 피할 수 없다.

제2조 상업세의 징수와 관리를 더욱 용이하고 효과적으로 하기 위하여, 어느 선박이든 선적을 개시할 때부터 종료할 때까지, 화물검수관은 반드시 부두에 나아가서, 바지, 거룻배, 보트 기타 소형선박에 실려 시로 들어와 육지로 내려지는 고리짝, 목재통, 목재함, 상자 및 기타 물건에 관한 사항을 기재하고, 동시에 이를 가지고 출입하는 사람, 이를 운송하는 선박 및 누구를 위하여 출입하는지도 기재하여야 한다.

제3조 어떤 사고로 인하여 부두나 잔교의 두 곳에서 양하가 동시에 이루어지는 경우(이는 다른 사람이 허락할 수 없고 오로지 집정장 및 집정관만이 허락할 수 있다), 화물검수관은 다른 한 사람을 그 중 한 곳에 배치하여 검수하고, 다른 곳은 직접 참여하여 검수하여야 한다.

제4조 이 도시에서 양하를 하기 위하여 빌바오강을 올라오는 모든 선박에 대해 선장의 명칭을 조사하고, 확인하고, 인지하는 것은 화물검수관의 직책이요 임무이다. 화물검수관은 이러한 사항을 지체 없이 출항허가를 담당하는 집정관에 보고하여야 하며, 그러면 이 집정관은 해상단을 대표하여 이 선박이 이 항구의 방조제를 지나 지장 없이 출항하는데 반드시 필요한 출항허가서를 교부한다.

제5조 상선, 이중 돛배, 3중 돛배 등이 이 도시로 진입하여[13] 그 부두나 잔교에 양하를 하는 때에도 화물검수관은 거기에 나가 별도의 용지에 양륙하는 화물의 양을 기록하여야 하며, 확인이 가능하면 그 종류도 기재하고, 또 그 숫자 및 기호와 함께 수량도 기재하여야 하며, 고리짝, 상자, 포장, 수통, 묶지 않은 조각인지 여부와 누가 화주인지도 병기하여야 한다.

제6조 올라베아가 기타 정박장에서 화물을 실은 바지가 오는 경우 중개인이나 수하인과 함께 각각 동일한 사항을 기록하고, 바지로부터 양하가 종료되면 중개인, 수하인 및 운송을 위해 그곳에 배치된 사람의 기록를 대조하여야 한다.

제7조 바지에 적하가 실려 도착하여 왔지만, 그 선하증권이 지시식으로 발행되고, 소유자에 해당되는 중개인이나 달리 그 물건을 수령할 자를 알 수 없는 경우, 화물검수관은 왕령특임관이 이를 위해 지정된 곳에 (그에 관해 일반적으로 필요한 사항을 기록하는 것을 물론) 이를 보관하여야 하고, 보관자로 하여금 누구이든 상업세 총액에 대해 책임을 지고 징수하도록 하여야 한다.

제8조 양하가 종료되면 2일 내에, 화물검수관은 위에서 말한 사항을 정확하고 분명히 기록

12 1511년 해상단이 개청시에는 오로지 수입하는 물건에 대하여 과세하다가 17세기에 들어와서는 특정한 국가와 협정이 되어 있지 아니한 경우에는 선적하는 화물에 대하여도 과세를 하였다고 한다.

13 빌바오강은 항구를 지나 강으로 멀리 올라와 비로소 도시가 있다.

que dentro de los otros ocho dias primeros siguientes, forme cuenta por menor, del importe de dichas Averías, Navio por Navio, con cada uno de los interesados, á fin de que tambien la entregue al Thesorero ; y éste, inmediatamente la pase á manos de ellos, para que en los ocho dias de como cada qual reciba la suya, la reconozcan, y ajusten, como se ordena en el capitulo tercero, á quarto, segun, y para el efecto que en él se expresa.

IX. Y deseando evitar fraudes en la puntual exaccion de Averías, se ordena tambien : que el Veedor-Contador no se introduzga directa, ni indirectamente en compras, ni ventas, para si, ni otras personas por medio alguno, de generos que vengan en los Navios, yá sean propios de los Capitanes, Marineros, y demás gente de ellos, ó yá de otras personas, pena de diez ducados por la primera vez, y por la segunda doblado, aplicados á la limpieza de la Ría, y por la tercera de privacion de oficio.

X. Tampoco podrá cooperar con los Maestres, y Capitanes de Navios, y otras embarcaciones menores, sus Marineros, Pasageros, ni otras personas de las que por mayor, ó por menor fueren interesadas en mercaderías que traxeren para vender, ni con las que cargaren las compras en esta Villa, que deban derechos de Avería, en razon de ocultar cosa alguna de las que asi se descargaren, evadiendose de pagarlas por el medio de la ocultacion ; antes bien ha de ser obligado á tomar razon por menor, como queda prevenido, de todas las mercaderías, y demás géneros, y menudencias que se cargaren, y descargaren (sin tomar para sí cosa alguna) y entregarla, dentro del termino que queda señalado para lo demás, al Contador, á fin de que pasandola éste al Thesorero, se cobren las Averías ; pena de que haciendo lo contrario el Veedor, y averiguandosele alguna colusion, ó descuido culpable en cosa, ó parte de lo referido, además de pagarle de sus bienes y el importe de Averías, que por ello se huvieren dexado de cobrar, será multado por la primera vez en quatro ducados, por la segunda en diez, (aplicados tambien á beneficio de la Ría) y por la tercera privacion de Oficio.

XI. Del importe, y producto de las Averías no se ha de poder disponer, sino que sea por determinacion expresa de Prior, Cónsules, y seis de los nueve Consiliarios por lo menos, congregados en dicho Salon en la forma que queda expresada en el capitulo quinto de esta Ordenanza, aunque sea por motivo de Obras en la Ría, Barra, ni otras partes, ni para otro efecto alguno ; ni el Thesorero pague Libramiento, que no esté despachado, y firmado con esta solemnidad, y refrendado del Secretario, y tomada la razon por el Contador de Averías, exceptuando los de los salarios, que podrá pagarlos, firmandose por solos Prior, y Cónsules, y lo que de otra suerte entregare no se le abonará en su cuenta.

XII. Siempre que huviere caudal de las Averías en poder del Thesorero, no ofreciendose otra urgencia por entónces, se ha de emplear en satisfacer deudas, y no en otro efecto alguno.

XIII. En ningun caso se ha de poder obligar, ni hipothecar dichas Averías (faltando caudal de ellas) por Prior, Consules, y Consiliarios : y ofreciendose urgencia, ó necesidad, y ocasion precisa de gastos, en defensa, y utilidad del Comercio, le deberán juntar, y consintiendo, y conviniendo todo él, por medio de sus individuos congregados en su Junta General, y no fuera de ella, podrán usar de la facultad, que por el Real Privilegio del año de mil quatrocientos, y noventa y quatro (que queda inserta en el primero del capitulo primero de esta Ordenanza)

한 보고서를 작성하여 이를 재무관에게 송부하여야 한다. 재무관은 이를 접수한 다음 8일 이내에 선박별로 관계인과 그들이 부담해야 할 상업세 총액을 자세히 적은 계산서를 작성하여 이를 회계징수관에게 건네주어야 한다. 회계징수관은 이를 받자마자 즉시 관계인에게 송부하고 이들이 이를 받고 약 8일 이내에 제3장 제4조에서 정한 바와 같이 이를 승인하거나 타협을 하고 거기에 기재된 효력이 발생하도록 하여야 한다.

제9조 상업세는 정확히 징수하여야 하고, 그 면탈은 절대적으로 방지할 필요가 있는 바, 이를 위하여 화물검수관은 선장, 선원, 기타 선상 사람이나 혹은 여타 제3자가 선박으로 운송하여 온 상품을 구입 혹은 판매하는 데에, 직접 혹은 간접으로, 자신이 하거나 제3자를 통하여 하거나, 일체 관여하지 못한다. 이를 위반하면 첫 번째는 10두까도의, 두 번째는 그 배액의 벌금형에 각각 처하고, 이 벌금은 빌바오강의 청소에 사용하며, 같은 범죄를 3회 저지른 경우에는 그 직책을 회수한다.

제10조 화물검수관은 선박 기타 소형선의 선장, 선원 및 여객은 물론, 판매를 위해 가지고 들어오는 화물에 대해 적든 많든 이해관계를 가진 사람 및 이 항구에서 물건을 사서 선적을 하여 상업세를 납부해야 할 사람 등이, 선적이나 양하할 물건을 숨기고 이를 통하여 상업세를 회피하는 것에 절대 관여하여서는 아니된다. 오히려 화물검수관은 전 조에서 말하였듯이 선적하고 양륙하는 화물, 물품 기타 소품이라도 이를 모두 세밀히 기록하여(직접 자기를 위해 이를 취득하는 것이 아니라 하더라도) 위에서 지정한 기간 내에 재무관에게 인계하고 재무관이 이를 회계징수관에게 넘겨주어 이를 징수할 수 있도록 하여야 하는 바, 화물검수관이 이에 위반하여 그 물건이나 업무의 일부와 관련 공모 혹은 해태가 확인되면 그로 인해 유탈된 세금을 개인적으로 모두 납부하여야 하고, 또 초범의 경우 4두까도, 재범의 경우 10두까도의 벌금에 각각 처하고(이를 마찬가지로 빌바오강의 개선에 사용한다), 만일 3범인 경우 그 직책을 회수한다.

제11조 상업세로 징수된 자금이나 그 수익금은 이 칙령 제5장에 언급한 방식에 따라 회의실에서 집정장과 집정관 및 적어도 9명의 집정위원 중 6명의 집정위원이 참여한 회의를 열어 명시적으로 결정을 하여야 비로소 처분할 수 있다. 이는 지출이 다른 부분이 아니고 다른 목적이 아니라, 바로 빌바오강, 항구의 방조제 및 기타 장소의 작업에 필요한 것인 경우에도, 마찬가지이다. 이러한 절차를 거쳐 서명된 서면에 의해 청구가 있고, 또 재무관이 그 요지를 기록하고 서기관이 요청을 하지 아니하면, 회계징수관은 이를 임의로 지급할 수 없다. 다만 급료의 경우 집정장과 집정관이 서명하면 이를 지급할 수 있다. 이러한 방법에 의하지 아니하고 지급을 하면 이에 대하여는 시의 재정으로 책임을 지지 아니한다.

제12조 나는 긴급 지출도 하지 아니하고 남은 금액이 회계징수관의 수중에 있는 경우, 이는 시의 채무를 변제하는 데에 사용하여야 하고, 이를 다른 목적으로 사용할 수 없다.

제13조 어떠한 경우에도 집정장, 집정관 및 집정위는 (상업세의 잔액이 부족하다는 이유로) 시의 재정에 채무를 부담시키거나 이를 담보로 제공할 수 없다. 그러나 시의 상업을 방어하고 보호하기 위해 긴급한 필요가 생겨서 비용을 지출해야하는 경우에는, 1494년 부여된 왕립특권(이 특권은 이 칙령 제1장 제1조에 있는 특권에도 포함시켰다)에 의하여 허용된 권한에 의거, 시의 공동 이익을 위하여 필요한 사업으로 긴급한 필요성이 인정되면, 반드시 총회를 열어 모인 사람이 모두 동의하여 결의를 하면, 시정에 부담이 되는 행위를 할 수 있고,

está concedida, para que quando vieren haber necesidad, y urgencia precisa en algunos negocios concernientes al bien de todos, puedan por entonces echar algunas Averías, que no se continuen por mas tiempo del que pidiere la necesidad.

XIV. El Thesorero de Averías, acabado de servir su empleo, el dia inmediato que huviere tomado posesion, el succesor le ha de entregar todos los caudales que estuvieren en su poder del producto de ellas, dandeles recibo con intervencion del Contador, que ha de tomar la razon individualmente : Y sin este requisito, no se le abonará en las cuentas generales partida alguna que huviere entregado al nuevo Thesorero, sin haver tomado la razon el Contador.

XV. Y respecto de que para fin del mes de Abril ya deberá haber cobrado todo el importe de Averías de su año antecedente, entregará todo el resto de su alcance al nuevo Thesorero, tomando tambien la razon el Contador ; y al mismo tiempo en aquella Junta de Prior, Consules, y Consiliarios, entregará firmada de su mano la cuenta general de su cargo, con los recados de justificacion, como se previene en el capitulo tercero, octavo de esta Ordenanza, y en el capítulo quinto, numeros diez, once, y doce, tambien de ella, para los efectos que alli se expresan ; abonandosele, como se le abonará al Thesorero, su salario, y el de su Oficial.

CAPITULO VIII
DE LO QUE DEBERÁ CORRER AL CUIDADO DEL SINDICO

I. Deseando el mas puntual cumplimiento en la observancia de esta Ordenanza, y demas que queda prevenido en el catorce del capitulo segundo de ella, en quanto al Sindico que por tiempo fuere de esta Universidad, y Casa de Contratacion, se le encarga, y ordena tambien, que cuide de hacer executar lo que irá prevenido en el capitulo veinte y ocho de ella, que tratará del régimen de la Ria, yendo de quando en quando hasta Olaveaga á ver, y reconocer sus Muelles, y si en los Navíos se observa, y guarda lo que es de la obligacion de sus Capitanes (que para ello tendrá presente). Y haciendo cargo de qualquiera observancia al Guarda-Ría, que alli tiene el Consulado ; y de lo que por si, ó por él no se pudiere remediar, dará cuenta al Prior, y Consules en primer dia de Audiencia, para que tomen las providencias convenientes.

II. Si sobre los Muelles de esta Villa viere permanecer algunos despojos de Casas que los embarazen, ó sus Lenguetas, mas tiempo que el que irá señalado en dicho capitulo veinte y ocho de esta Ordenanza, inquirirá quien los puso, y procurará se quiten quanto antes. Y respecto de que no obstante haver en dichos Muelles tantas Lenguetas, proporcionadas para la descarga de la piedra, madera, arena, cal, y otros materiales, que sirven para la fabrica de casas, y otros edificio y experimentase, que de algun tiempo á esta parte se hacen las referidas descargas en la Lengueta principal de los arenales, que está destinada para solo la descarga de mercaderías, y la ocupan, y destruyen, embarazando descargarlas, exponiendolas á irreparables daños, é inconvenientes : Se ordena, quo de oy en adelante ningun Bagelero, Gabarrero, Barquero, ni otra persona alguna pueda hacer descarga de ninguno de los referidos materiales en dicha Lengueta principal de los arenales para edificios, ni otro efecto ; pena de quatro

다만 그 필요성이 인정되는 시간을 초과하여 이러한 조치를 진행할 수 없다.

제14조 임기가 종료된 회계징수관은 후임자가 취임한 바로 그 날에 그 때까지 징수하여 가지고 있는 상업세 수익금에 해당하는 자금도 전부 후임자에게 인계하여야 하며, 재무관의 참여하에 영수증도 교부하며 재무관은 이를 직접 기록하여야 한다. 이러한 절차를 밟지 아니하고 재무관의 기록도 없이 새로운 회계징수관에게 넘겨준 금액은 새로운 회계징수관을 위해 일반 재정으로 충당되지 아니한다.

제15조 5월 말에 이르러 전 해의 상업세 전부를 이미 수령하였을 수도 있는 바, 그러면 수령한 잔액 전부를, 마찬가지로 재무관이 이를 기록을 한 다음, 새로운 회계징수관에게 인계하여야 한다. 회계징수관은 동시에 그 수행한 직책에 관한 종합계산서를 작성하여 서명한 다음 그 입증서류와 함께 집정장, 집정관 및 집정위가 참여하는 일반 총회에 이를 제출하여야 하며, 이는 이 칙령 제3장 제8조 및 제5장 제10조, 제11조, 제12조에 규정된 바에 따라 하여야 하고, 그러면 거기에 규정된 효력이 생긴다. 자금을 이전하는 절차가 끝나면, 회계징수관과 그 관원에게 급료를 지급한다.

제8장
감찰관이 수행해야 할 업무

제1조 이 칙령은 정확히 이를 모두 준수하는 것이 바람직스러운 즉, 이미 이 칙령 제2장 제14조에 규정되어 있는 그의 의무에 추가하여 이 시청 소속 현임 감사관으로 책임을 지우고 그 이행을 명령하는 것으로, 감사관은 빌바오강의 운영을 다루는 이 칙령 제28장[14]에 규정된 것이 모두 이행되도록 노력하여야 하고, 이를 위해 그는 자주 올라베아가까지 가서 그 부두의 상태를 확인하고 또 선장이 선상에서 그 의무를 준수하는지(이를 위해 선장의 출석과 면담을 요구할 수 있다) 감시하여야 한다. 그는 해상단에서 그곳에 파견한 하천순찰관에게 그 순찰을 요구할 수도 있다. 자기나 순찰관의 능력으로는 시정이 불가능한 사항이 있으면 집정장과 집정관에게 신속히 면담을 신청하여 보고하고 필요한 조치를 취할 수 있게 하여야 한다.

제2조 이 도시에 있는 부두나 그곳의 잔교에 집으로부터 나온 쓰레기가 쌓여 있고 그것이 이 칙령 제28장[15]에서 지정된 기간보다 더욱 오랜 기간 동안 방치되어 있는 경우, 감찰관은 누가 거기에 쓰레기를 놓아두었는지 조사하고, 가능한 한 신속히 이를 제거하도록 노력하여야 한다. 우리 부두에는 많은 잔교가 있어서, 집이나 건물을 신축하는데 사용되는 석재, 목재, 모래, 석회 및 기타 재료는 거기에서 선적하면 충분한 것인데도 불구하고, 오로지 상품을 양륙할 목적으로 백사장에 설치하여 둔 주된 잔교에서 이처럼 무거운 물질을 양륙하여, 이 주된 잔교를 점령하고 파괴하고 상품의 양륙을 방해하며, 그로 인해 회복할 수 없는 손해와 심대한 불편을 야기하는 일을 과거에 많이 경험하였던 바, 앞으로는 수레군, 바지역,

14 27장의 오기가 아닌지 의문이다.
15 27장의 오기가 아닌지 의문이다.

ducados de vellon, aplicados á beneficio de la Ría, por cada vez que contravinieren, cuyo cumplimiento zelará el dicho Sindico.

III. Siempre que por muchas lluvias se teman corrientes crecidas en la Ría, avisará el Sindico á Prior, y Consules, para que juntos acudan al Cementerio de la Iglesia de San Antonio Abad á dar las providencias convenientes á remediar el riesgo de las embarcaciones, y llamará luego á las Compañias de Saqueros, y las hará estár, una en el Muelle principal del arenal, otra entre las calles de Santa Maria, y juego de pelota, y la otra en la plaza, para asistir promptamente cada Compañia en su parage á lo que se ofrezca en beneficio de los Navios, y Barcos, que se hallaren amarrados en esta Ria.

IV. Hará tambien que persona perita reconozca los Cables, y Calabrones con que las embarcaciones estuvieren amarradas ; y si se hallare alguna que no tenga los que les sean suficientes para resistir la corriente, los hará sacar de otra qualquiera que le sobre, y si no lo huviere en ellas, lo buscará en las Lonjas de esta Villa, y lo sacará con razon de su peso, para en el caso de usar de ello, pagar lo que fuere justo por aquel á quien huviere servido.

V. Adermás, dará órden al Alguacil-Portero del Consulado para que apronte Barricas vacías, que hará se enciendan de trecho en trecho en toda la Ribera (y particularmente donde huviere embarcaciones) todo el tiempo de la noche que durare la creciente, para que se pueda vér, y acudir á lo que ocurra.

VI. Asi bien hará el Barquero del Consulado, que ponga en el Muelle del arenal un Barco con quatro hombres prontos á remar, y otro en el Muelle, que llaman de San Francisco, para que ambos acudan al remedio de lo que desde tierra no se pudiere alcanzar, y demás que se les ordenare. Y respecto de que cada Compañia de Saqueros se compone de solo ocho hombres, hará tambien, que si fuere necesario se junten á ellos, y asistan los Embaladores, y Barqueros, que no estuvieren ocupados, repartiendolos donde le pareciere serán mas necesarios, para el fin referido de evitar el daño de los Navegantes, y sus embarcaciones, y que no zozobren, y se ahoguen.

VII. Quando se hallare por conveniente, que se haya de celebrar Junta General de Comercio, ú de Consiliarios, y le dieren orden Prior, y Consules, será de la obligacion del Sindico darla al Alguacil-Portero para que cite en la forma acostumbrada, á los que deban concurrir el dia que se señalare.

VIII. Pondrá todo cuidado, asi en asistir á las tales Juntas Generales de Comercio, como de Consiliarios en el Salon del Consulado, y en expresar el motivo por qué se ha llamado á la Junta, y los demás puntos que se ofrezcan, procurando se resuelva lo que fuere mas conveniente al servicio de ambas Magestades Divina, y Humana, bien, y utilidad del Comercio, y sus individuos ; protextando, si viere lo contrario, qualquier determinacion, en cumplimiento de la obligacion, que como tal Sindico tiene, del bien comun, y demás arriba expresado, y de que se cumplan, y guarden los Reales Privilegios, Cedulas, Cartas Executorias, Buenos usos, y costumbres de esta Universidad, y Casa de Contratacion, y su Consulado, y estas Ordenanzas.

소형선 관리장 및 기타 누구도 건축 기타 목적을 위해 위에서 말한 물자를 백사장에 설치된 주된 잔교를 통해 양륙할 수 없다. 이를 위반하면 매번 4두까도를 벌금으로 징수하고, 이를 빌바오강의 개선에 사용하며, 감찰관은 그 이행을 감독하여야 한다.

제3조 많은 비가 내려 빌바오강 수위가 증가하여 그 범람이 우려되는 경우, 감찰관은 이를 즉시 집정장과 집정관에게 보고하여야 하고, 이들과 같이 성 안토니오 아바다 성당에 있는 공공묘지로 달려가 선적의 위험을 제거하는 데 필요한 조치를 취하여야 하며, 이어서 즉시 위난구조단을 소집한 다음 한 단체는 백사장에 설치된 주된 부두에서, 다른 단체는 성 마리아 거리와 놀이운동장[16] 사이에서, 또 다른 한 단체는 광장에서, 각각 빌바오강에 계선된 선박이나 거룻배를 위해 그 장소에 필요한 조치를 신속히 취하여야 한다.

제4조 감찰관은 전문가로 하여금 선박의 계류에 사용한 닻줄과 밧줄을 확인하게 하여야 하며, 어느 선박이 강물을 견디기에 충분한 줄로 매어져 있지 아니한 것을 발견하면, 다른 선박에서 남아 있는 것이 있으면 이를 수거하여 사용하고, 그런 것이 없으면 시내 시장으로 나아가 구하여 보아야 하고, 만일 이를 찾는 경우 그 무게를 기록하고 수거한 다음 후에 이를 실제 사용하면 사용한 부분에 대해 정당한 가격을 지급하게 하여야 한다.

제5조 그 외에도 감찰관은 해상단의 집달관-보안관에게 명령하여 빈 통을 준비하게 하여야 하며, 그리하여 비가 와서 수면이 증가하는 동안 밤에는 항상 강변 곳곳에(특히 선박이 있는 곳에) 등을 밝혀 놓고, 사고에 대비 관찰하고 달려갈 수 있게 하여야 한다.

제6조 감찰관은 소형선 관리장에게 지시하여 백사장 부두에 신속히 노를 저을 사공 4명이 있는 거룻배 1척을 백사장 부두와 이른바 성 프랑시스코라고 부르는 부두에 각각 대기시킬 것을 명령하고, 그리하여 육지에서 도달할 수 없는 곳에 사고가 나면 이 두 척이 구조를 위해 그 곳으로 달려가고, 그 외에도 필요가 있으면 명령을 받아 이 두 척을 사용할 수 있게 하여야 한다. 그리고 위 위난구조단의 단체 하나는 단지 8명으로 구성되는 바, 필요한 경우에 다른 일이 없으면 이들이 모여 이주역과 소형선 관리장을 도와줄 것을 명할 수 있고, 이와 관련 선원과 선박에 대해 손해가 발생하는 것을 피하고 이들이 익사하거나 전복되는 것을 방지하기 위하여 가장 필요하다고 생각되는 곳에 이들을 분산하여 배치할 수 있다.

제7조 상사 일반총회나 집정위 총회[17]를 열 필요가 있어 집정장과 집정관이 그 소집을 명할 경우, 감찰관은 집달관-보안관에게 명령하여 지정된 날에 참여하여야 할 사람에게 관례의 방식에 따라 모두 소집통지를 하도록 하여야 한다.

제8조 감찰관은 상사 일반총회나 집정위 총회가 열리는 상사청 회의실에 모두가 참석할 수 있도록 노력하여야 하고, 또 회의를 소집한 이유와 기타 관련 사항을 알리도록 노력하여야 한다. 그리고 감찰관은 그 회의에서 결론으로 인간의 관점에서는 물론 하느님의 관점에서 도시의 상업이나 구성원의 이익과 편의에 합치되는 결의가 이루어지도록 노력하여야 한다. 감찰관은 공동 이익을 추구하고 위에서 본 의무를 이행하여야 하며, 나아가 왕립특권, 국왕칙서, 집행명령과, 본 해상단의 좋은 관행과 관습 및 본 칙령을 이행하고 준수할 의무를 지고 있는 바 이 의무에 기해 이에 반하는 결정이 내려지면 이의를 제기하여야 한다.

---

16 오늘날 빌바오 구시가 강옆에 있는 Calle de Santa Maria 및 Calle Pelotea가 아닌가 추측된다.

17 이들이 위에서 말하는 정기회의 및 임시회의와 어떻게 다른지는 약간 불분명하다.

IX. Solicitará no haya omision en la extension de las resoluciones, y acuerdos de las Juntas, y en que se firmen por Prior, Consules, y demás que convenga, en la forma acostumbrada.

X. Y en el cumplimiento de las resoluciones, y acuerdos de las Juntas, y demás que se le encargare, solicitará tambien la mayor brevedad, yá sea en puntos que convengan representaciones, ó yá en negocios de Pleytos, ú otras dependencias, procurando el mejor exito en todo sin la menor negligencia.

XI. Cada año el Sindico que dexare de ser, ha de estár obligado á entregar á Prior, y Consules, dentro de los ocho dias primeros siguientes, memorial de todas las dependencias que quedaren pendientes, para que los del nuevo gobierno se instruyan de ellas, y su estado, y puedan continuarlas con mas conocimiento hasta su fin.

XII. Tambien se ordena, i manda, que cada Sindico haya de entregar á Prior, y Consules nuevos, juntamente con el memorial expresado en el antecedente, relacion ajustada de los casos extraordinarios (no prevenidos en esta Ordenanza) que se huvieren litigado en su año en el Tribunal del Consulado, con expresion del hecho, razones del actor, excepciones del reo, y su determinacion, para que uno, y otro se ponga en el Archivo en el lugar correspondiente, y que sirva de exemplar para iguales casos que se ofrezcan en adelante.

CAPITULO IX

DE LOS MERCADERES, LIBROS QUE HAN DE TENER, Y CON QUE FORMALIDAD

: suprimido

CAPITULO X

DE LAS COMPAÑ1AS DE COMERCIO, Y LAS CALIDADES, Y CIRCUNSTANCIAS CON QUE DEBERÁN HACERSE

: suprimido

CAPITULO XI

DE CONTRATAS DE COMERCIO QUE SE HICIEREN ENTRE MERCADERES, Y SUS CALIDADES

: suprimido

제9조 감찰관은 회의에서 이루어진 결의 기타 합의가 그 적용의 범위에 빠지는 사항이 없도록 진력하고, 또 관습의 방식대로 집정장과 집정관 및 기타 합의한 사람이 빠짐없이 서명하도록 노력하여야 한다.

제10조 총회의 결의나 합의 사항을 집행하거나 그에게 주어진 여타 임무를 수행함에 있어 감찰관은, 그것이 대표에 관한 합의 사항이든 소송에서 협상에 관한 사항이든 기타 관련 사항이든, 그것이 가장 신속히 실현될 수 있도록 노력하여야 하며, 동시에 조금의 과실도 없이 최고의 성공을 거둘 수 있도록 노력하여야 한다.

제11조 매년 임기를 마친 감사관은 그에 이은 8일 이내에 계류중인 현안에 대한 보고서를 작성하여 집정장과 집정관에게 제출하여야 하며, 이를 통하여 새로운 집정부가 그 사안과 실태에 관해서 알고 그 목적을 위해 더욱 많은 지식을 가지고 업무를 지속할 수 있게 하여야 한다.

제12조 감찰관은 새로운 집정장과 집정관에게 전 조에서 말하는 보고서와 함께 그 해에 해상단 법정에서 진행된 특별사건(이 칙령에서는 명시하지 아니한다)의 처결관계를 기재한 요약서를 제출하여야 하며, 여기에는 진행 경위, 원고의 주장, 피고의 변소 및 그 결정 결과를 기재하여야 하며, 이를 통하여 어느 사건 서류를 다른 유사 사건 서류보다 우선하여 서류고에 보관하여 장차 발생할 동일한 사건의 교범으로 삼을지를 결정한다.

제9장
상인 및 그 장부(제1조-제13조)
: 내용 생략

제10장
상사조합 및 그 자격과 조건(제1조-제17조)
: 내용 생략

제11장
상인 간 상사계약과 그 특징(제1조-제14조)
: 내용 생략

CAPITULO XII

DE LAS COMISIONES DE ENTRE MERCADERES, MODO DE CUMPLIRLAS, Y LO QUE SE HA DE LLEVAR POR ELLAS.

: suprimido

CAPITULO XIII

DE LAS LETRAS DE CAMBIO, SUS ACEPTACIONES, ENDOSOS, PROTEXTOS, Y TERMINOS

: suprimido

CAPITULO XIV

DE LOS VALES, Y LIBRANZAS DE COMERCIO, SUS ACEPTACIONES, ENDOSOS, Y TERMINOS, Y DE LAS CARTAS–ORDENES TAMBIEN DE COMERCIO

: suprimido

CAPITULO XV

DE LOS CORREDORES DE MERCADEREAS, CAMBIOS, SEGUROS, Y FLETAMENTOS ; SU NUMERO, Y LO QUE DEBERÁN EXECUTAR

I. Deseando evitar los inconvenientes, daños, y perjuicios que se han padecido en este Comercio, y en adelante se pudieran padecer de la multiplicidad de Corredores de Mercaderiás, Cambios, Seguros, y Fletamentos (que llaman Corredores de Lonjas) por la ineptitud de algunos de ellos, que se han introducido, y introducen á serlo, usando del beneplacito, que por lo á sí tocante se nos ha concedido por esta Noble Villa en su Ayuntamiento, además de la facultad que nos está dada por la Junta General de Comercio, en que fuimos nombrados ; ordenamos, que de aqui adelante no haya mas de tales Corredores, que el de ocho ; i que estos se nombren por el Prior, y Consules, perpetuamente ; y que antes de entrar á usar, y exercer, les reciban juramento con la solemnidad del Derecho de que usarán, i exerceràn bien, y fielmente dicho Oficio, cumpliendo con todo lo á el tocante, guardando esta Ordenanza, y todo lo demás debido á uso de Comercio ; i este mismo juramento harán, asi los primeros que se nombraren, como todos los demás, que en las vacantes les succedan por nuevo nombramiento en adelante, y la ratificarán á principio de cada año.

II. Los que huvieren de ser nombrados, y admitidos á este exercicio, han de ser vecinos de esta Villa, y naturales de estos Reynos, como está prevenido por los Señores del Ayuntamiento de ella ; hombres de buena opinion, y fama, prudentes, secretos, habiles, é inteligentes en todo genero de Comercio de Mercaderías, Cambios, Seguros, y Fletamentos.

제12장
상인 간의 위탁매매 및 그 이행 방법과 내용(제1조-제20조) : 내용생략

제13장
환어음 (제1조-제60조) : 내용 생략

제14장
약속어음(제1조-제12조) : 내용생략

제15장
상품, 어음, 보험, 용선 등의 중개인, 그 숫자와 임무

제1조 이 도시에서 상품, 어음, 보험, 용선 등의 거래에 많은 중개인(이른바 시장중개인이라고 불리우는)이 허가를 받고 관여를 해 왔고 또 관여하는데 이 허가는 집정장과 집정관을 임명한 우리 해상단 일반총회에 의하여 부여된 권한은 물론, 이 지역의 도시에 의해서도 우리에게 인정한 권한에 의거 인정된 것인 바, 일부 중개인의 능력이 부족하여 과거에 도시의 상업에 여러 가지 불편, 손상 및 피해를 야기하여 왔고 또 앞으로도 이를 야기할 것이 예상되는 즉, 이를 피하기 위해 정하는 바로서, 앞으로는 이 도시에 이러한 중개인을 8명 이상 두지 아니하며, 이러한 사람은 임기의 제한이 없이 집정장과 집정관이 임명한다. 이들은 권한을 행사하고 업무를 수행하기 이전에 반드시 중개인으로서 선의이며 충실하게 권한을 행사하고 업무를 수행하고, 그에게 부여된 보는 의무를 성실하게 이행하며, 나아가 이 칙령과 이 도시의 상관행을 모두 잘 준수할 것을 집정장과 집정관 앞에서 법적 절차에 따라 선서하여야 한다. 이러한 선서는 처음으로 임명되는 사람뿐만 아니라 앞으로 공석이 생겨 임명되는 사람도 모두 하여야 하고, 또 매년 초에 이를 재확인하는 절차를 밟아야 한다.

제2조 중개인으로 임명되어 그 업무를 수행하려면 이 지역 영주가 규정한 바에 따라 이 왕국 신민이며 또 이 도시의 시민이어야 한다. 그리고 중개인으로 임명되려면 상품, 어음, 보험 및 용선 등의 영업에서 모든 종류의 거래와 관련 그 평가가 좋고 명성이 인정되고, 성격이 사려가 깊고, 비밀을 잘 지키며, 유능하고, 전문지식을 겸비하여야 한다.

III. Tendrán obligacion de proponer los negocios con discrecion, i modestia, sin exagerar las partes, y calidades de los unos Negociantes, ni vituperar las de los otros, proponiendo sinceramente el negocio que intentaren, sin manifestar los Actores hasta que la necesidad lo pida.

IV. Siempre que efectuaren negocio de Letras, estarán obligados á llevarlas del Librador al Tomador ; y quando le hicieren de Mercaderías, se hallarán presentes (si lo pidieren las partes) á la entrega, peso, ó medida de ellas.

V. Estarán tambien obligados á tener cada uno un libro, foliado en debida forma, donde asienten diariamente por sí, ó de otra mano quantos negocios pasaren por su intervencion, señalando expresamente los nombres de los Negociantes, segun fueren, Vendedor, y Comprador, Dador, y Tomador ; con fecha, circunstancias, y naturaleza de los negocios ; y si fueren de Mercaderías, sus calidades, precios, marcas, numeros, plazas, y demáas que los Negociantes Contratantes declaren : Y si de Letras, su data, terminos, personas libradoras, y tomadoras, y á cargo de quien, y de qué Plaza, Cambios, Endosos, y demás circunstancias que contengan ; Para que en caso de discordia, pueda, y deba hacer fee su asiento, y declaracion ; rubricando precisamente de su mano todas las partidas asentadas,

VI. Quando por muerte, ó exclusion faltare algun Corredor de los nombrados y juramentados, será de su obligacion, y de sus herederos, ó dependientes, entregar luego en manos del Prior, y Consules el libro, ó libros en que huviere tomado razon de los negocios en que intervino, para los efectos que puedan convenir ; y si en la tal entrega huviere omision, los hará recoger el Sindico de este Consulado, para depositarlos en su Archivo, apremiando á ello, si fuere necesario, al Corredor, ó su representacion por los medios judiciales, y extrajudiciales que convengan.

VII. Los tales Corredores no deberán, ni podrán hacer por sí, ni para sí mismos directé, ni indirecté negocio alguno de Mercaderías, Cambios, Letras, Endosos, ni tener caxa de ningun Comerciante, sin que primero hayan renunciado su oficio de tales Corredores ante el Prior, y Consules publicamente ; pena de veinte ducados de plata vieja por la primera vez que contraviniere, aplicados á beneficio de la Ría ; y por la segunda de privacion de Oficio.

VIII. Y porque pudiera suceder que Mercaderías presentadas á los Corredores para su venta, fuesen de personas de sospecha que las ofreciesen á precios muy infimos, ó fuera del curso regular ; y por la duda de si pudieran ser hurtadas, se ordena, que conociendo los Corregidores la deformidad de los precios, segun la calidad del genero, y condicion, y esfera de los vendedores, en estos, ó semejantes casos, se abstengan de los tales negocios, pena de que de lo contrario serán por la primera vez multados á arbitrio judicial, y por la segunda privados del oficio.

IX. Ningun Corredor ha de poder tomar para si compradas cosas algunas que se le dieren como á tal Corredor, por poco, ni mucho precio, por sí mismo, ni por interposita persona, ni tampoco podrá tomarlo por el tanto de lo que otro, ú otros dieren,

X. Tampoco ningun Corredor por sí, ni por otra persona podrá, ni deberá comprar, ni tomar

제3조 중개인은 어느 상인의 명성 혹은 대리하는 당사자를 과장하지 말고 오로지 사려 깊고 겸손하게 거래를 제안하여야 하며, 상대방을 폄하하여서도 아니되며, 또 성사시키려고 하는 거래를 성실히 성심을 가지고 제안하되, 당사자의 신원은 마지막으로 꼭 필요한 경우에만 이를 밝혀야 한다.

제4조 중개인이 어음의 거래를 중개하는 경우 그 어음을 발행인으로부터 수취인에게 지참하여 가지고 갈 의무가 있고, 상품의 거래를 중개하는 경우에는 (당사자의 요구가 있으면) 상품을 인도하거나 그 중량이나 무게를 측정하는 데에 참여하여야 한다.

제5조 중개인은 각자 공책에 일련 면수를 기재한 장부를 보유하고, 거기에 자기가 관여하여 이루어진 모든 거래를 매일 스스로 혹은 제3자를 시켜 기록하여야 한다. 이 장부에는 매도인, 매수인, 발행인, 수취인 등 거래를 하는 상인의 이름을 기재하여야 하며, 그 날짜 및 거래의 정황과 성격, 상품의 거래인 때에는 그 품질, 가격, 표시, 숫자, 장소 및 기타 계약 당사자가 진술한 것을 기재하여야 하며, 또 어음의 경우 그 날짜와 기간, 발행인, 수취인 및 지급인과 함께 지급장소, 하환 여부 및 배서, 기타 어음에 포함된 사항을 기재하여야 한다. 당사자 사이에 분쟁이 생긴 경우 장부에 기록되고 진술된 것이 증명력을 가지려면, 중개인이 기록한 모든 부분에 대해 직접 정확히 서명하여야 한다.

제6조 임명을 받고 선서를 한 중개인이 사망 혹은 면직으로 인하여 직무를 수행할 수 없는 경우, 그 자신, 그의 유족 혹은 직원은 그 중개인이 관여하여 이루어진 거래를 기록한 장부가 본래의 효력을 발휘할 수 있도록 지체 없이 이를 모두 집정장과 집정관에게 인도하여야 한다. 이러한 인도를 하지 아니하는 경우, 감찰관이 이를 모두 수거하여 해상단 서류고에 보관하여야 하며, 감찰관은 필요한 경우 적정한 사법적 및 비사법적 방법을 동원하여 중개인이나 그 상속인으로부터 이를 압수하여 서류고에 보관하여야 한다.

제7조 중개인은, 직접이든 간접이든, 상품, 교환, 어음, 배서 등의 거래에 당사자로 참여할 수도 없고 참여하지도 못하며 또 다른 상인의 계산으로 영업을 할 수도 없다. 이러한 행위를 하려면 집정장과 집정관 앞에서 공개적으로 그 직책을 포기하여야 한다. 이를 위반하면 초범인 경우 구은화로 20두까도의 벌금에 처하며, 이 벌금은 빌바오강의 개선에 사용한다. 중개인이 재차 범죄를 저지른 경우, 그 직책을 박탈한다.

제8조 판매를 위해 중개인에게 제시된 물건이 의심스러운 사람으로부터 비정상적인 가격으로 나온 때 혹은 정상적인 과정을 거쳐서 나온 것이 아닌 때에는, 만일 상품의 품질이나 상태 및 매도인의 신분에 비추어 그 가격이 현저하게 비정상인 짐으로 보아 그 상품이 절취된 것이 아닌지 의심이 가는 혹은 이와 유사한 경우, 중개인은 그러한 거래에 관여하여서는 아니되며, 이를 위반하면 초범인 경우 판사의 재량으로 정한 벌금에 처하고, 재범인 경우 그 직책을 회수한다.

제9조 중개인은 중개인으로서 수령한 물건을, 그 가격이 저가이든 고가이든 상관없이, 스스로 이를 취득하지 못하고, 이는 다른 사람을 중간에 넣어서 사는 것도 마찬가지이며, 또 중개인은 다른 사람이 제공하여 중개인으로 가지고 있는 물건도 취득하지 못한다.

제10조 중개인은 판매를 위해 다른 중개인에게 제공된 물건을 자기 혹은 제3자를 위해 구

en sí compradas ningunas cosas de las que se dieren á vender á otro Corredor, ni menos podrá dár á vender un Corredor á otro las dadas á él para lo mismo.

XI. Tambien se prohibe à los tales Corredores introducirse, ni meterse á ser aseguradores en manera alguna, por Mar, ni Tierra, ni tener interés en Navios, ni otra Embarcacion.

XII. Las Agencias, ó Corretages de Mercadería se pagarán por mitad entre Vendedor, y Comprador, á razon de dos por mil, por cada uno de las partes, y de las Letras en la misma conformidad á uno por mil, á menos de conformarse las mismas partes en pagar la una de ellas el todo.

XIII. Quando los Corredores hicieren su juramento á principio de cada año, se les recibirá, y deberán hacerle tambien, de que han pasado puntualmente á su libro todas las partidas de los negocios en que durante el precedente año huvieren intervenido.

XVI. Y por quanto ha mostrado la experiencia, que varias mugeres, vendedoras de ropa usada, se han introducido, é introducen á vender todo genero de Mercaderías, con titulo de Corredoras, en que se han reconocido algunos fraudes : Se ordena, que en adelante ninguna muger, ni otra persona, con titulo de Corredora, ó Corredor, que no sea del de los admitidos, y juramentados, se introduzga á vender, ni comprar especie alguna de Mercaderías, pena de perdimiento de las que se le encontraren, y de la multa que arbitrariamente se les impusiere por Prior, y Consules.

CAPITULO XVI

DE LOS CORREDORES DE NAVIOS, INTERPRETES DE SUS CAPITANES, Ó MAESTRES, Y SOBREGARGAS, DE ELLOS, Y LO QUE DEBERÁN HACER

I. Atendiendo á la utilidad que se sigue al Comercio, de que haya Corredores de Navios, y que estos sirvan de Interpretes á los Capitanes, ó Maestres, y Sobrecargas, que á veces vienen Estrangeros, y no saben este Idioma vulgar Castellano ; y á evitar la multiplicidad que suele haver de ellos, y los perjuicios que de esto pueden seguirse ; se ordena, que de aqui adelante haya determinado de ellos, y que sean quatro, y no mas, y que estos se nombren por Prior, y Consules perpetuamente, recibiendoles juramento antes que entren al exercicio de su oficio, de que procederán en él con la legalidad, y justificacion que se requiere ; y quando huviere vacante, el que de nuevo fuere elegido, hará la misma solemnidad de juramento ante el Prior, y Consules, luego que le elijan, y al principio de cada año ratificarán el juramento.

II. Los que fueren nombrados en la forma arriba expresada, para este oficio de Interpretes, Corredores de Navios, deberán ser inteligentes en diferentes Lenguas, además de esta Española, como son, en la Francesa, Inglesa, Olandesa, Flamenca y otras : bien entendido, que cada uno de ellos, además del Idioma Español (que precisamente deberá saber) ha de ser practico en una,

입하거나 기타 방법으로 취득할 수 없고, 또 중개인은 중개를 위해 제공받은 물건을 판매하기 위해 다른 중개인에게 이를 넘겨줄 수도 없다.

제11조 중개인이 그 방법이 무엇이든, 육상이든 해상이든, 보험자로서 관여하고 개입하는 것을 금하며, 또 상선 기타 소형선에 이해관계를 가지는 것도 일체 금한다.

제12조 상품의 중개 혹은 대리에 대하여는 매도인과 매수인이 거래한 것에 대해 0.2%의 비율로 이를 반씩 부담하여 중개인에게 지급하며, 어음의 거래에 관하여는 0.1%의 비율로 마찬가지의 방식으로 분담한다. 다만 당사자가 당사자의 일방이 이를 모두 지급하기로 약정한 경우에는 그러하지 아니하다.

제13조 중개인이 매년 초 선서를 재확인할 때에 그 장부 중에서 전년도에 관여한 거래를 기록한 부분을 제출하여야 하고 또 이를 제출하게 하여야 한다.

제14조 과거에 경험한 것으로 여러 부류의 여자가 중고 의복판매인으로 여러 종류의 물건을 가지고 와서 중개인이라는 명칭으로 자기를 소개하고, 어느 경우에는 여기에 사기가 개재되었던 일이 있었던 바, 앞으로는 어떤 여자 기타 사람도 자격을 인정받고 선서를 한 사람이 아니면, 중개인이란 명칭을 사용하면서 어떤 종류의 상품이든 팔거나 사는데 관여하지 못한다. 이를 위반하면 그가 가진 물건을 몰수하며, 또 집정장과 집정관이 임의로 정하는 금액의 벌금에 처한다.

제16장
선장 혹은 화물관리인의 중개통역인 및 그 숫자와 임무

제1조 이 도시에 선박의 활동을 돕는 중개인이 필요하고, 나아가 이들이 스페인어를 모르면서 이곳에 자주 들어오는 외국인 선장 혹은 화물관리인을 위해 동시에 통역까지 한다면 이 도시의 상업을 위해 유용할 것이며, 이를 통하여 불필요하게 중복하여 행하여지는 업무도 줄이고 그로 인한 손해두 방지할 수 있게 될 것인 바, 이를 위해 상자 선박을 위한 중개통역인 4인 이상을 두고, 집정장과 집정관이 중개통역인을 임명하며, 한번 임명된 중개통역인은 임기제한 없이 근무한다. 중개통역인은 그 업무를 개시하기 이전에 집정장과 집정관 앞에서 정당하고 합법적으로 업무를 수행할 것을 서약하여야 한다. 중개통역인이 공석이 생겨 새로이 선정된 사람도 선정이 되자마자 지체 없이 집정장과 집정관 앞에서 마찬가지의 서약 절차를 밟아야 한다. 그리고 중개통역인은 매년 초에 그 서약을 재확인하는 절차를 밟아야 한다.

제2조 위에서 말한 방식으로 선박을 위한 중개통역인으로 임명되려면 스페인어 이외에 프랑스어, 영어, 홀란드어, 프레밍어 및 기타 언어와 같은 여러 언어에 지식이 있어야 한다. 물론 중개통역인은 스페인어(이는 완벽하여야 한다) 이외에, 하나 혹은 그 이상의 외국어

ó mas de las Extrangeras.

III. Los tales interpretes, Corredores de Navios, no han de poder hacer Comercio alguno, por mayor, ni por menor, comprar, ni vender ningunos Generos, ni Mercaderías, de qualquiera calidad que sean, pena de privacion de oficio.

IV. Y porque muchos de los Maestres de Navios, y demás Embarcaciones, y sus Marineros no saben (como queda dicho) la Lengua Española, tendrán que hacer sus declaraciones, y protextas por medio de los tales Interpretes Corredores ; estos, como fieles, legales, de buena opinion, fama, y prudencia, siempre que fuere preciso hacer semejantes diligencias, han de jurar nuevamente, que en aquel caso procederán con toda verdad, pureza, y fidelidad.

V. Siempre que huviere necesidad de valerse de los tales Interpretes para la traduccion de algun papel, para que la traduccion haga fee, se nombrará por los Jueces el que la haya de hacer de oficio en rebeldía de las partes, ó por nombramiento de ellas mismas, y en esto repetirán el mismo juramento, y procederán con la misma justificacion.

VI. Los tales Interpretes Corredores de Navios ayudarán á qualquiera Mercader, ó Sobrecarga que conduxere Mercaderías de venta, en su expediente por mayor, y nada por menor (excepto granos, y otras vituallas, y mantenimientos), sirviendole con toda legalidad en los ajustes que huviere de hacer, expresandole los precios corrientes, y lo mismo en las compras de generos de retorno, sin que puedan comprar, ni vender para sí mismos, como vá prevenido, cosa alguna, pena de perdimiento de lo que compraren, y de multa arbitraria por la primera vez que lo hicieren, y por la segunda de privacion de oficio.

VII. Deberán tener cada uno un libro foliado, y en él razon individual de los Navios, Capitanes, ó Maestres que se valieren de ellos, con expresion de el porte, y buque de dichas Embarcaciones, su carga, y consignatario : Y caso de Fletamento, igualmente deberán poner la expresion del Afletante, y las circunstancias de el Fletamento : Y á la salida de los Navios, pondrán en dicho libro cada uno el manifiesto de la carga que sacare, uno, y otro para manifestarlo siempre que convenga, y le fuere mandado por Prior, y Consules, y que en todo haya la mayor claridad, y demás efectos que haya lugar.

VIII. Ninguno de los tales Interpretes Corredores de Navíos podrá llevar, ni cobrar del Capitan, Maestre, ó Sobrecarga que de él se valiere, mas derechos que aquellos que legitimamente se deban, y se pagaren por los demás Comerciantes, segun irán prevenidos al fin de este capitulo ; pena por la primera vez al que contraviniere de cinquenta ducados de multa, aplicados á beneficio de la Ría, y por la segunda (demás de la misma multa) de privacion de oficio.

IX. Luego que se dirija á ellos algun Capitan, Maestre, ó Sobrecarga, ó fuere avisado por algun Negociante de esta Villa para su asistencia, será de su obligacion prevenir al tal Capitan, Maestre, ó Sobrecarga los estilos de este Comercio, y sus Ordenanzas, y de las de esta Villa, acompañandole á hacer la protexta de Mar (si la huviere de hacer), y á las demas diligencias conducentes, y necesarias antes de las descargas, pena de que sino previniere á los tales Capitanes, Maestres, ó Sobrecargas, asi en razon de Ordenanza, como de estilos, y costumbre

에 능숙하여야 한다.

제3조 선박을 위한 중개통역인은 여하한 자격이든 그 규모의 대소를 불문하고 영업을 하지 못하며 상품 기타 물건의 구입 및 판매에도 관여하지 못한다. 이를 위반한 중개통역인은 그 직책을 회수한다.

제4조 많은 상선이나 소형 선박의 선장과 선원은 스페인어를 모르기 때문에(이미 위에서 말하였듯이) 이 항구에서 부득이 중개통역인을 통하여 진술이나 신고를 할 수밖에 없는 바, 이들 중개통역인은 충직하고 합법적이며, 좋은 평가를 받고 명성을 유지하며, 또 사려 깊게 행동하는 사람으로서 이러한 업무를 처리할 때마다 진실되고 투명하며 충성되게 사무를 처리할 것을 새롭게 되새겨야 한다.

제5조 어느 서면을 번역하기 위해 중개통역인을 사용할 필요가 있는 경우, 그 번역이 법적으로 증명력을 가지려면, 그 중개통역인을 판사가 임명하고, 중개통역인은 당사자의 참여 없이 공적으로 이를 번역하여야 한다. 중개통역인은 당사자들이 합의하여 임명할 수도 있고, 이 경우에도 마찬가지로 중개인은 선서를 하여야 하고, 그러면 그 번역은 동일한 효력이 인정된다.

제6조 중개통역인은, 판매할 화물을 운송하는 매매상인이나 화물관리인을 위해, 자기 책임하에 소매(곡물 기타 식품과 보급품은 제외)가 아닌 도매를 통하여 이들이 판매하는 업무를 보조할 수 있으며, 이때에 통역중개인은 시장가격을 제시하고, 모든 합법적인 방법으로 가격 기타 조건을 조정하여야 한다. 그리고 중개통역인은 그 선박이 회항할 때를 대비한 구입의 업무도 마찬가지 방식으로 보조할 수 있다. 그러나 위에서 이미 언급하였듯이 중개통역인은 자기가 직접 물건을 사거나 팔거나 할 수는 없다. 이를 위반하면 구입한 물건을 몰수하고, 초범인 경우 판사가 임의로 정하는 벌금에 처하고, 재범인 경우 그 직책을 박탈한다.

제7조 중개통역인은 각면에 일련 면수를 기재한 장부를 보유하고, 거기에 중개를 한 선박 및 선장을 개별적으로 기재하여야 한다. 그리고 여기에는 선적항, 이용한 소형선, 적하 및 수하인을 기재하여야 하고. 용선의 경우 대선자 및 용선 상황도 기록하여야 한다. 선박이 출항하면 자기의 장부에 가지고 나가는 화물의 명세를 기록하여야 하며, 집정장과 집정관이 지정하는 바에 따라 적당한 방법으로 출항신고를 하도록 하여야 한다. 여하한 경우이든 모든 신고와 기록은 이를 명확히 하여야 하고 그래서 완전한 효력이 발생하도록 하여야 한다.

제8조 중개통역인은 자기를 이용한 선장 혹은 화물관리인으로부터 법적으로 정당하게 지급하여야 할 수수료로 이 장 말미에서 정하는 금액 이상을 징수 혹은 수령하지 못하며, 이와 관련 다른 상인으로부터 여하한 것도 수령하여서는 아니된다. 이를 위반하면 초범인 경우 벌금으로 50두까도를 징수하고, 재범의 경우(동일한 벌금 이외에) 그 직책을 회수한다.

제9조 선장이나 화물관리인으로부터 중개통역인에게 연락이 오거나, 이 도시에 있는 상인이 그의 도움을 요청하는 경우, 중개통역인은 지체없이 선장이나 화물관리인에게 이곳 영업의 관행, 법령의 내용 및 이 도시의 관습을 고지하여야 하며, 동시에 해난신고를 하는 것(이를 해야하는 경우)과 양하를 하기 이전에 완료해야할 필요한 절차에 관해 알려주어야 한다. 선장이나 화물관리인에게 양하나 선적에 관해 법령의 내용 및 관행이나 관습의 통지를 게을리 한 중개통역인은 그의 잘못으로 인한 모든 손해를 그 개인 재산으로 보상하여야

en cargas, y descargas, serán todos los daños, que resultaren por falta de ello, de su cuenta.

X. No podrán dichos Interpretes Corredores comprar, ni vender á bordo de Embarcaciones, ni fuera de ellas á Maestre, Capitan, ni Marinero, Efectos, ni Mercaderías que traygan de su cuenta, ni intervenir en ventas que se quieran hacer á bordo de dichas Embarcaciones ; pena de perdimiento de lo que compraren, y privacion de oficio.

XI. Ningun Interprete Corredor saldrá, ni se anticipará á las Bahías, Canales, ó Riberas de esta Ría, á solicitar de los Capitanes, Maestres, ó Sobrecargas que vinieren sin consignacion, la comision de Navio, ó carga para nadie, sino que les ha de dexar libre, y francamente la eleccion de Comisionista ; pena de que al que contraviniere, se le sacarán cinquenta ducados de multa, aplicados á beneficio de la Ría, por cada vez que se le justificare la contravencion.

XII. Los Mercaderes de esta Villa, y Capitanes, ó Maestres de Navíos que quisieren obrar por sí mismos en la direccion de los tales Navios, y cobranza de sus Fletes, no podrán ser obligados á valerse de los tales Interpretes Corredores, pero sí á tener la misma cuenta, y razon individual de los Fletes, y demás que vá ordenado tengan por asiento dichos Interpretes Corredores : Y los Maestres de fuera deberán dexar la razon de sus cargas de entrada, y salida en poder del Veedor Contador de descargas, para que éste haga lo prevenido en el capitulo septimo de esta Ordenanza, á los numeros quatro, y siguientes de él.

XIII. Los tales Interpretes Corredores de Navios no han de llevar por razon de su trabajo, ó salario de asistir á los Capitanes, otra cosa, que lo siguiente :

- Por cada Navío que subiere á esta Villa, sesenta reales de vellon.
- Por cada uno de los que quedaren en el Surgidero de Olaveaga, setenta y cinco reales.
- Y quando á la asistencia que hiciere al Capitan, se añadiere el haver de cobrar Fletes, se le darán por todo ciento y cinquenta reales, menos en el caso de que la carga venga para uno, ó dos Interesados solamente, que entonces no podrá llevar mas que cien reales de dicha moneda de vellon por cada Navio.

CAPITULO XVII

DE LOS ATRASOS FALLIDOS, QUEBRADOS, Ó ALZADOS ; SUS CLASES, Y MODO DE PROCEDERSE EN SUS QUIEBRAS
: suprimido

CAPITULO XVIII

DE LOS FLETAMENTOS DE NAVIOS, Y CONOCIMIENTOS QUE HACEN LOS CAPITANES, Ó MAESTRES ; Y SU FORMA

I. Fletamento es propiamente un contrato que se hace entre el Dueño, Capitan, ó Maestre de

한다.

제10조 중개통역인은 선상이나 선박 밖에서 선장이나 선원으로부터 이들이 자기 계산으로 가지고 온 화물 기타 물건을 사거나 팔 수 없고, 그 선박 상에서 실행하고자 하는 판매에 관여할 수 없다. 이를 위반하면 그 구입한 물건을 몰수하고 또 그 직책을 회수한다.

제11조 중개통역인은 항만, 운하 혹은 강변에 나아가 기다리면서, 사전 위탁 없이 오는 선장이나 화물관리인에게 선박을 자기에게 위임하거나 혹은 다른 사람에 위임하지 아니할 것을 요청하는 행위를 하여서는 아니되며, 그래서 이들로 하여금 자유롭게 두어서 임의로 중개인을 선정할 수 있도록 하여야 한다. 이를 위반한 사람은 이를 위반한 것이 증명될 때마다 벌금으로 50두까도를 징수하며 이는 빌바오강의 개선에 사용한다.

제12조 이 도시의 상인이든 어느 상선의 선장이든, 선박의 관리를 위해 중개인 없이 스스로 업무를 하거나 운임을 수령하고자 하는 사람은 이러한 중개통역인을 반드시 사용하여야 할 의무는 없다. 그러나 이러한 경우 스스로 운임에 관해 개별적으로 계산을 하고 기록을 하여야 하며, 기타 중개통역인이 기록하도록 명령된 사항도 자신이 기록하여야 한다. 외부에서 온 선장은 입항하고 출항하는 화물의 기록에 관해 화물검수관이 이 칙령 제7장 제4조 이하에서 규정하고 있는 조치를 취하기 위해 이를 기록할 수 있도록 허용하여야 한다.

제13조 중개통역인은 선장을 지원하고 기타 작업을 한 것에 대한 보수 기타 명목으로 다음에 정한 것 이상을 징수할 수 없다.

· 이 도시로 올라오는 선박 1척당 동화 70레알
· 올라베아가 정박장에 체류하는 선박 1척당 75레알.
· 선장을 지원하는 일 이외에 운임을 수령하는 일이 추가된 경우 이를 이유로 총계 150레알을 지급한다. 다만 화물이 오로지 한 명 내지 두 명의 이해관계인을 위해 들어온 경우, 각 선박 당 동일한 화폐로 100레알 이상을 징수하지 못한다.

제17장
파산(제1조–제41조)
: 내용 생략

제18장
선박의 용선 및 선장이 발부한 선하증권, 그 형식

제1조 용선계약은 그 성질에 있어 선박의 선장이나 소유자와, 화물 기타 물건을 운송하고

un Navio, y la persona, ó personas que intentan cargar Mercaderías, y otras cosas en él para su conducion de unos Puertos á otros, pagando por el alquiler la cantidad, ó cantidades en que se conviniere.

II. Pueden hacerse los Fletamentos en varias formas, es á saber : Para viage redondo de ida, estada, y buelta ; para solo ida, ó solo venida ; por meses de aquello en que se ocupare ; por del todo el Navio, ó parte de él ; ajustando en unos, y otros casos por Toneladas, Quintales, Fardos, Barricas, ó Caxones, segun que á las partes les convenga.

III. Y porque de resulta de dichos Fletamentos pueden ocasionarse algunas diferencias, y pleytos : Para obviarlos, se ordena ante todas cosas, que de lo que asi se estipulare entre Dueño, Capitan, ó Maestre de Navio, y la persona, ó las personas que le fletaren, se haya de hacer Escritura ante Escribano, ò Contrata entre partes, por medio del Corredor, ó sin él ; obligandose reciprocamente, para la seguridad de lo contratado ; el Maestre, Capitan, ó Dueño, con el Navio, sus Aparejos, y Fletes, y los bienes muebles, y raíces pertenecientes á los tales Capitanes, ó Maestres ; y los cargadores, con sus Mercaderías, ó cosas que cargaren : Y porque acontece ser el Navio de dos, ó mas dueños, y no concordar entre sí sobre la forma, y convenio de su Fletamento ; en tal caso se estará á lo que resolviere la mayor parte de ellos, respecto de las que tuvieren en el Navio ; y siendo iguales en ellas, á lo que el mayor de personas ; y siendo iguales en todo, al mejor Fletador ; y siendo iguales los Fletadores, á lo que determinaren Prior, y Consules.

IV. En la Escritura, ó Contrata, que se hiciere de Fletamento, ha de constar el nombre, y porte del Navio ; el del Capitan, ó Maestre ; su Tripulacion, y Armamento ; nombre del Fletador ; el Puerto de donde huviere de salir ; el de las Escalas, si las huviere de hacer, y el de su destino ; los dias en que se convinieren para la descarga ; el precio del Fletamento, y la cantidad que se huviere de dar por cada uno de los dias de demora, en caso que la haya ; donde, y como deberá recibirse su pagamento : si se comprehenden, ó no Averías ordinarias, y como han de ser reguladas estas ; con las demás circunstancias que quisieren capitular.

V. Qualquiera Negociante que fletare un Navio, ó Barco para un viage redondo de ida, estada, y buelta, estará obligado á dár, y poner al costado del Navio la carga que huviere de llevar, dentro del termino que se prefiniere en la contrata del Fletamento, y si durante él no lo hiciere, será de su cargo satisfacer, y pagar la cantidad en que se huvieren conformado de dar por cada dia de demora, entendiendose lo mismo en todo genero de Fletamentos, menos en los que se hicieren por meses ; porque estos empezarán á correr desde el dia en que en la Escritura, ó Contrata se expresare ; pero si este se señalare para el primero en que el Navio se hiciere á la vela, yá sea desde esta Ria, ó de la de la Villa de Portugalete, y que el Fletante se detenga en cargar, hallandose yá el Navio pronto á recibir, requerirá el Fletado al Fletante, protextandole los dias de la demora ; con cuya circunstancia, será del cargo del Fletante pagar al dicho Fletado lo respectivo del Flete á los dias de demora que por su causa se le ocasionare.

VI. Ningun Capitan, ó Maestre de Navio, ni otra Embarcacion menor, aunque sea interesado en parte, podrá otorgar Fletamento alguno, sin el consentimiento de los demás sus dueños, quando estos se hallaren en el lugar donde se hiciere el Fletamento ; y siendo el Navio de fuera

자 하는 사람 사이의 계약이며, 선박의 소유자가 어느 항구에서 다른 항구로 그 선박을 이용하여 운송을 하는 대신, 운송을 하고자 하는 사람은 임차료로 합의한 일정 금액을 지급하여야 한다.

제2조 용선계약은 여러 가지 형식으로 체결될 수 있다. 목적항으로 가서 일시 체류한 후 귀환하는 왕복항해를 목적으로 할 수도 있고, 목적항으로 가는 진행항해나 돌아오는 귀환항해처럼 편도항해를 목적으로 할 수도 있으며, 사용하는 달수를 정하여 그 기간 동안 할 수도 있다. 또 선박 전부를 할 수도 있고, 일부를 할 수도 있다. 어느 경우이든 당사자가 합의하여 선적할 부피, 무게, 목재통, 목재함, 투입 상자도 정하여야 한다.

제3조 위에서 본 용선계약의 결과로 당사자 사이에 분쟁이 생기고 소송에까지 이를 수 있기에 이를 명확히 하기 위하여 선장이나 소유자와, 용선을 하려는 사람은 무엇보다도 먼저 공증기록관의 면전에서 증서를 작성하거나 혹은 중개인의 관여하에 계약을 하여야 한다. 그러나 중개인의 관여 없이 당사자만이 용선계약을 할 수도 있다. 용선계약의 당사자는 계약의 이행을 담보하기 위해 상호 일정한 담보를 부담하는 바, 선장과 선박소유자는 선박, 그 장비 및 운임과 선장에게 속하는 동산 및 그 부속품이 담보로 되고, 화주는 그 화물 기타 선적할 물건이 담보가 된다. 선박에 두 명 이상의 소유자가 있고 이들 사이에 용선에 관한 합의나 그 형식을 두고 의견이 일치하지 아니하는 때에는, 공유자가 가지는 지분의 다수에 의하여 결정하는 바에 따르고, 지분이 동일한 경우에는 공유자의 수로 그 다수의 의견에 따르며, 이 모든 것이 동일하면 신용이 더 좋은 용선자에 용선하며, 신용이 동일한 경우, 집정장 및 집정관이 결정하는 바에 따른다.

제4조 용선이 이루어진 계약서나 계약에는 선박의 명칭과 용량을 기재하여야 한다. 그리고 선장의 성명, 그 승무원과 의장, 용선자의 성명, 출발할 항구, 기착항이 있으면 기착항을 기재하고 또 목적항도 기재하여야 한다. 또 여기에는 양하를 하기로 합의한 날짜, 용선의 대가, 지체가 있을 시에 지체된 날짜에 매일 지급해야 할 금액 및 지급할 시간과 장소도 기재하여야 한다. 그리고 통상 손해를 인정할지 여부와 어떻게 이를 규율할지도 기재하고, 기타 당사자가 희망하여 합의한 사항도 함께 기재하여야 한다.

제5조 어느 상인이 선박 혹은 소형선을 용선하여 진행항해를 하고 일시 체재한 다음 귀환항해를 하기로 약정한 경우, 용선계약에서 정한 기간 내에 적하를 가지고 와서 선측에 놓아야 하며, 그 기간 내에 이렇게 하지 아니하면 지연에 대해 계약에서 지급하기로 약정한 일당의 금액을 지급하여야 하며, 이는 모든 운송계약에서 마찬가지이다. 다만 운임이 월별로 기간을 기준으로 책정되어 있는 경우에는 그러하지 아니하다. 이처럼 기간으로 운임이 정하여진 경우 그 기간은 용선계약서 기타 운송계약에서 정한 날로부터 기산한다. 그러나 그것이 빌바오강에서부터이든 포르뚜갈레떼 시로부터이든, 선박이 항해를 개시한 날로부터 계산한다고 지정되어 있는 경우, 선박이 이미 수령할 준비가 되어 있음에도 불구하고 용선자가 선적을 지연시키고 있고, 대선자는 그 지체에 대하여 항의를 하는 일이 생기는 바, 이러한 상황에서는 용선자는 그 대선자에 대하여 자기가 유발한 지연기간에 해당하는 운임을 지급하여야 한다.

제6조 선박 기타 소형선의 선장은, 비록 그 선박에 공유 지분을 가진 경우라 할지라도, 다른 소유자들이 용선계약을 체결하는 곳에 있는 때에는, 이들의 동의가 없으면 용선계약을 체결할 권한이 없다. 선박이 도시 밖에 있는 때에 선장이 용선을 주기를 희망하는 경우, 그

de esta Villa, deberá intervenir en el Fletamento, que asi quisiere hacer el Capitan, aquel á quien estuviere dirigido, y fuere Consignatario.

VII. Efectuado el Fletamento, y cargado el Navio, si por algun motivo fuere de la conveniencia del Fletante la suspension de la salida del Navio por algun tiempo, y que en el Fletamento esté expresado que haya de correr desde el dia en que se hiciere al Mar, ó por meses, previniendo esta circunstancia, deberá el Fletante pagar al Capitan las demoras, segun las que se huvieren estipulado en la Contrata, y entonces estará éste obligado á esperar el consentimiento del Cargador, ó Fletante para empezar á navegar.

VIII. Si sucediere, que antes de partir el Navio afletado se suspendiere el Comercio, á causa de guerra con el Pais para donde estaba destinado, ó por otro motivo que no dependa de la voluntad del Cargador, ni Capitan ; en este caso quedará nulo el Fletamento hecho, sin que uno, ni otro tenga que pagar por ello interes alguno, sino tan solamente el Cargador los gastos que ocasionare la descarga, si fuere preciso hacerla.

IX. Si algun Afletante, despues de haver cargado en el Navio sus Mercaderías, le conviniere anular el Fletamento, y descargarlas, lo podrá hacer ; y será de su obligacion costear los gastos de cargar, y descargar, y pagar al Capitan la mitad del Flete ajustado, con la circunstancia de que de estar hecho el Fletamento para viage redondo de ida, estada, y buelta, se haya de entender, deber pagar solamente la mitad de lo que corresponda á la ida ; y si fuere por meses, y en viages para Alemania, Inglaterra, y Olanda, Flandes, ú otras partes del Norte, se le pagará lo correspondiente á dos meses, y en viages de mas, ó menos distancia, á proporcion, considerando en tales cases los gastos precisos de su apresto, á menos qne por la contrata del Fletamento estuviere capitulada otra cosa.

X. Quando por orden superior estuvieren cerrados los Puertos, y los Vageles detenidos con su carga por algun tiempo ; el Afletamento subsistirá, y asi el Capitan, ó Dueño del Navío, como los de las Mercaderías, estarán obligados reciprocamente á esperar la abertura, y libertad de los Puertos, sin que unos, ni otros puedan pretender daños, ni intereses algunos : Y si al Fletante fuere conveniente descargar sus Mercaderías para mejor conservarlas, durante la detencion, lo podrá hacer á su costa, interin que llegue el caso de la expresada libertad de Puertos ; y quando se haya conseguido bolverlas á cargar si le pareciere, para proseguir el viage, y de no hacerlo, pagará el falso flete, contenido para en estos casos en los numeros precedentes.

XI. Si en Fletamento ajustado para ida, estada, y buelta acaeciere, que llegado el Navio al Puerto de su destino, no se le quisiere dàr carga para la buelta por el Consignatario ; deberà el Capitan hacer las diligencias, durante el termino señalado para la estancia en solicitud de la carga á Flete, aunque sea para otros distintos del principal Fletante ; y esperando el termino de la estancia, se hará á la vela para bolver al Puerto de donde salió con carga ; y estará obligado el Fletante á la paga, y cumplimiento del Fletamento ; y si traxere algun Flete para otros, será en beneficio del Fletante : Y en caso de detenerse mas del dicho termino capitulado, y que por ellos haya conseguido algun nuevo Flete, tendrá eleccion el Fletante, ó para recibir el importe de dicho nuevo Fletante, pagando al Capitan el prorrateo correspondiente á la demora, ó bien para abandonarle, quedando relevado de la paga de lo que asi se demorare.

선주가 임명한 그 곳에 있는 선주대리인의 참여하에 용선계약을 체결하여야 한다.

제7조 용선계약이 체결되고 선적이 이루어진 선박이 무슨 이유이든 용선자의 편의에 의거 얼마동안 출항이 중지된 경우, 용선계약에서는 선박이 항해를 개시한 때부터 혹은 달로 정하여 용선이 진행된다고 명시되어 있다면, 용선자는 계약에서 정한 바에 따라 선장에게 그 지연으로 인한 보상을 하여야 한다. 이러한 때에는 선장이 항해를 개시하려면 화주 혹은 용선자의 동의를 구하여야 한다.

제8조 용선한 선박이 출항을 하기 이전에 목적항이 있는 국가와의 전쟁 때문에 혹은 화주나 선장의 의사와 상관없는 다른 이유로 상거래가 중지되었다면, 그러한 경우 용선계약은 무효가 되고, 당사자는 서로 그로 인한 권리를 주장할 수 없으며, 다만 적하를 양하할 필요가 있는 때에는 그로 인한 비용은 화주가 부담하여야 한다.

제9조 어느 용선자가 선박에 선적을 한 다음에 용선을 취소하고 양하를 희망하는 경우 그렇게 할 수 있다. 이 경우 용선자는 선적과 양륙의 비용을 부담하여야 하고, 선장에게 약정한 운임의 절반을 지급하여야 한다. 이때에 용선이 왕복항해를 위한 것이라 하더라도 용선자는 단지 목적항으로 진행항해에 해당하는 운임의 절반을 지급하면 된다. 만일 사용한 달수를 기준으로 운임이 정해진 경우, 용선계약에서 달리 다른 약정을 하지 아니하는 한, 목적인 항해가 독일, 영국, 홀란드, 프랑더 및 기타 북구 유럽 지역인 때에는 2개월에 해당하는 운임을 지급하여야 하고, 그보다 원거리 혹은 근거리 항해인 때에는 그 비율에 따라 준비에 필요한 비용도 함께 고려하여 지급해야 할 금액을 정한다. 용선계약에서 이에 관해 별도로 약정이 있는 경우에는 그에 따라야 한다.

제10조 상부 명령에 의하여 항구가 폐쇄되고 그 결과 선박이 일정 기간 억류된 경우, 용선계약은 존속하는 것으로 보며, 따라서 선박의 소유자 및 선장은 물론 화물의 소유자도 항구의 개항과 선박의 석방을 기다려야 하고, 당사자는 어느 쪽이든 이를 이유로 손해나 권리를 주장할 수 없다. 위에서 말하는 것처럼 항구로부터 출항이 자유롭게 되는 시점까지 선박이 억류된 동안에 용선자는 보존을 더욱 잘 하기 위해 자기 비용으로 화물을 양륙할 수 있다. 자유롭게 되어지면 항해를 계속하기 위해 재선적을 완료하여야 하고, 그렇게 하지 못한 경우 이러한 때에 대비한 위 여러 규정에 의거 지연운임을 지급하여야 한다.

제11조 왕복항해를 위하여 용선을 한 다음, 선박이 진행항해를 마치고 목적항에 도착하였지만, 수하인이 귀환항해를 위한 적하를 전혀 제공하고자 하지 아니하는 경우, 선장은, 대기를 위해 지정한 기간 동안, 원래 용선자가 아닌 다른 사람으로부터라도 용선할 화물을 구하기 위해 상당한 노력을 하여야 한다. 대기 기간을 기다린 다음에는 이미 선적한 적하를 가지고 출발했던 항구로 돌아갈 항해를 개시하여야 한다. 그러면 용선자는 운임을 지급할 의무와 원래 계약을 모두 이행할 의무가 있다. 다른 물건으로 인하여 운임 수입이 생기면 이는 용선자의 이익으로 한다. 선박이 약정한 대기기간을 경과하여 지체하였고 그로 인하여 새로운 운임을 취득한 경우에, 용선자는 선택권이 있어서, 새로운 운임 수입을 모두 수령하고 동시에 지체 기간에 해당하는 비율 운임을 지급하든지 혹은 새로운 운임 수입을 포기하고 그 지체 기간에 해당하는 비율운임을 면제받든지 할 수 있다.

XII. Fletado un Navio con destino para uno, ó mas Puertos que se señalaren en la Carta de Fletamento, y cargado que sea, si al dueño, ó dueños de la carga conviniere mudar de viage, y Puerto, será preciso, que el Capitan, y interesados en el casco, si los huviere, y Consignatarios, consientan en la tal mudanza, haciendo, si fuere necesario, nueva Carta de Fletamento ; pero si el tal Capitan, ó Dueños, y Consignatarios del Navio no quisieren venir en ello, ni apartarse de la contrata del Fletamento hecho ; en este caso, teniendo cuenta al Cargador, ó Cargadores, podrán hacer descargar, pagando el falso, ó medio Flete, y gastos prevenidos en los numeros antecedentes.

XIII. Siendo fletado un Navio por entero, para viaje de ida, y buelta, ó solo para ida, si el que le huviere fletado no tuviere toda la carga completa, no podrá por esto el Capitan de él tomar carga de otro alguno, sin noticia y consentimiento del Fletante ; y si permitiendole éste, tomare alguna otra carga, el flete de ella será para el Fletante.

XIV. Quando un Navio se fletare, señalando en la Carta de Fletamento las Toneladas, Quintales, ú otra carga, y que lo que asi se huviere señalado no lo embarcare el Fletante, será de su cargo el pagar el Flete por entero, como si enteramente lo huviera cumplido ; y en el caso, que despues del tal señalamiento cargare el Fletante mas cantidad, deberá pagar lo correspondiente al exceso.

XV. Si algun Dueño, ó Capitan de Navio le fletare, suponiendo buque determinado, y que al acabar de cargar, se reconociere no ser del porte expresado en la contrata del Fletamento, sino de menor, se le baxará del Flete la prorrata correspondiente al ajuste hecho, y además pagará por via de pena otra tanta cantidad, como importare la falta.

XVI. Si un Navio fletado, y cargado, que haviendo salido del Puerto para su viage, por precision arribare en otro, ú otros ; y en él, por causas, ó motivos del Cargador, ó Cargadores, fuere retenido, ó embargado, será del cargo del causante la satisfaccion de los daños, demoras, y demás gastos que por ello se le siguieren al Navio, y á los demás afectos que no fueren del tal causante ; y al contrario, si el motivo de dicho embargo, y retencion proviniere de parte del Capitan, ó dueño del Navio ; los daños que por esto resultaren á la carga serán de cuenta del que de ellos tuviere la culpa

XVII. Quando en virtud de un Fletamento hiciere el Capitan, Maestre, ó Dueño del Navio algunas prevenciones para el viage, como son, carenarle, aparejarle, y otros gastos ; y en este tiempo conviniere al Fletante, ó Cargador desistirse del tal Fletamento, y lo pidiere antes de cargarle : el Capitan deberá venir en ello, sin pretender falso Flete, con tal que se le pague la mitad del coste que huviere tenido la carena, si se huviere dado, y el todo de los jornales, y gastos que huviere tenido hasta el dia que se le hiciere saber, ó pidiere dicho desistimiento, ó nulidad de dicho Fletamento ; sin que sea visto comprehenderse en estos gastos el coste de las vituallas, y alimentos que el Capitan pueda haver comprado hasta el tal dia del desistimiento, porque siempre deberán ser de su cuenta.

XVIII. Afletado un Navio para viage de ida, y buelta, y llegado al Puerto de su destino para la descarga, si el Capitan reconociere despues de ella necesidad de carenarle, ó hacer algun

제12조 용선계약서에서 지정한 하나 혹은 그 이상 항구를 목적지로 하여 용선을 한 다음, 이후 선적이 되었든 되지 아니하였든, 만일 적하의 소유자가 목적한 항구 기타 항해를 변경하고자 하는 때에는, 선장, 선체에 이해관계를 가진 사람이 있으면 그 이해관계인 및 선주대리인이 모두 그 변경에 동의하여야 변경할 수 있고, 필요하다면 새로운 용선계약서도 작성하여야 한다. 그러나 만일 선장, 소유자 혹은 선박대리인이 변경에 동의를 하지 아니하고 원래 용선계약으로부터 이탈을 원하지 아니하면, 이러한 경우 화주의 의사에 따라 양하를 할 수 있고, 그러면 불적운임 혹은 반액운임을 지급하고, 전시 여러 조항에서 정한 비용도 지급하여야 한다.

제13조 왕복항해 혹은 목적항으로 가는 편도항해를 위해 선박 전체를 용선한 경우, 용선을 한 사람이 필요한 화물 전부를 보유하지 아니한다 하더라도, 먼저 용선자에게 통지하고 그의 동의를 얻지 않으면 선장은 이를 이유로 다른 사람으로부터 적하를 인수하지 못한다. 먼저 용선자가 동의를 하여 다른 사람의 적하를 인수하면 그로 인한 운임은 용선자의 수익이 된다.

제14조 선박을 용선하면서 용선계약서에 부피톤수, 중량톤수 혹은 기타 적하를 특정하였지만, 용선자가 실제 그 특정된 수량을 선적하지 아니한 한 경우, 용선자는 마치 전부를 선적한 것처럼 운임을 전부 지급하여야 한다. 이처럼 수량이 지정된 경우에, 만일 용선자가 그 수량을 초과하여 선적을 하면, 그 초과 수량에 상응하는 추가 운임을 지급하여야 한다.

제15조 선박의 소유자 혹은 선장이 선박을 용선하여 주면서 선박에 관하여 일정한 사항을 특정하여 전제하였는데, 실제 선적을 완료한 결과 선박의 용량이 용선계약에 표시한 것보다 적은 것이 판명된 경우, 그 실제 선적시 나타난 용량을 기준으로 하여 비율로 운임이 감액되며, 그 외에도 그에 대한 벌칙으로 그 부족이 가져올 손해에 해당하는 금액을 지급하여야 한다.

제16조 용선한 선박이 적하를 싣고 항해를 위해 항구를 출항한 다음, 필요에 의거 어느 항구에 기항하였는데, 거기에서 화주가 원인이 되고 이유가 되어 선박이 압류명령 혹은 정박명령에 의거 유치된 때에는, 그 원인 제공자는 그로 인한 손상, 지연 및 그에 따르는 선박의 비용에 대해 모든 책임이 있고, 나아가 이후에는 다른 원인에 의한 억류의 결과에 대하여도 원인 제공자로부터 오는 것이 아님에도 불구하고 역시 책임이 있다. 만일 반대로 정박이나 압류의 이유가 선박 소유자나 선장으로부터 유래하는 경우에는, 이로 인하여 적하에 발생하는 손해는 그에 귀책사유가 있는 사람이 책임을 진다.

제17조 선박의 소유자 혹은 선장이 용선계약에 기해 선박의 수리, 장비 구비 및 기타 비용의 지출 같은 준비를 이미 하였는데, 이때에 용선자 혹은 화주가 용선의 포기를 희망하고 선적 이전에 이를 요청하는 경우, 선장은 이에 동의하여야 하며 그러면 선장은 불적운임을 청구할 수는 없다. 그러나 수리를 한 경우 수리에 들어간 비용의 반액을 청구할 수 있고, 또 그 의사를 알리고 위 포기일, 즉 전시 용선계약의 실효를 요청하는 날까지 매일 일당과 지출한 비용을 청구할 수 있다. 그러나 선장이 이 날까지 물자나 양식을 구입하는데 사용한 비용은, 항상 그가 책임질 성질의 것이기에 여기에 포함하여 청구할 수 있는 비용으로 보지 아니한다.

제18조 왕복항해를 위하여 용선한 선박이 목적항에 도착하여 양하를 한 다음, 선장이 선체를 수선할 필요성이 있다고 판단하거나 혹은 더욱 안전하게 귀환하기 위해 여타 수리를

otro reparo preciso para poder bolver á navegar con mas seguridad ; ha de ser visto, que no pudiendo hacerlo durante los dias de demora expresados en la contrata, podrá tomar para ello los demás necesarios, y en ellos deberá esperarle el Consignatario, ó nuevo Cargador, sin que dicho Capitan pueda pretender en este caso cosa alguna por razon de los dias tomados para dicho reparo.

XIX. Quando se justificare que por negligencia, ó codicia del Capitan, ó Maestre el Navio se hizo á la vela sin calafetearlo, carenarlo, y hacerle los demás reparos debidos para el viage ; será visto, que los daños que sobrevinieren por ello á las Mercaderías han de ser de cuenta, y riesgo del dicho Capitan, quien los deberá satisfacer á los interesados, con el valor del Navio, sus Aparejos, Fletes, y demás bienes que tenga el tal Capitan, y le puedan ser habidos.

XX. El Capitan, ó Maestre que por urgente necesidad, y beneficio comun de toda la carga, se viere precisado hacer echazon al Mar de algunas Mercaderías para alijar el Navio ; será pagado de los Fletes correspondientes á las asi echadas, como si las huviese conducido al Puerto de su destino.

XXI. Si el Capitan, ó Maestre, siguiendo su viage, se viere obligado á arribar algun Puerto fuera de el de su destino (sea por temporal, temor de enemigos, ú otro legitimo motivo) y en él, por no hallar quien le socorra con dinero prestado, ni en otra forma, se viere tambien precisado á vender parte de las Mercaderías de su carga, para vituallas, carena, ú otras cosas necesarias, y lo hiciere, deberá, dár cuenta del importe de lo asi vendido, y se le abonará el Flete de ello como si lo huviese conducido al Puerto destinado, abonandosele al dueño, por el Capitan, su valor, segun el precio á que se vendiere el resto de las Mercaderías que le quedaron, en el dicho Puerto, á donde iban destinadas.

XXII. Quando sucediere que navegando un Navio con su carga, antes de entrar en el Puerto destinado supo el Capitan, ó Maestre, que se habia publicado suspension de Comercio, por guerra, ó otros motivos, y por ello se vea precisado á bolver al Puerto de donde salió, con la misma carga que llevaba ; en este caso, solo le deberá pagar el Flete de ida, aunque su Navio se haya afletado para viage redondo de ida, estada, y buelta.

XXIII. Caso que aunque no haya motivo de guerra, si por otro fortuito de temporal, ó otro accidente inevitable, haviendo empezado su viage, bolviere al Puerto de donde salió (en estado de poder bolver á navegar) si los Cargadores quisieren descargarle, lo podrán hacer, pagando al Capitan enteramente el Flete de ida, como si huviese llegado al Puerto destinado.

XXIV. Sobreviniendo que por Orden de algun Principe sea retenido algun Navio en el curso de su viage, no deberá pagarsele Flete por razon del tiempo de su detencion, estando hecho el Fletamento por meses, ni se le aumentará, si huviere sido fletado por viage, pero los sueldos de los Marineros, del tiempo de la detencion, y vituallas que se consumieren en el Fletamento hecho por meses, se le abonarán, y los que causare el Fletado sin la circunstancia de meses, sino por viage, serán de cuenta del Capitan, ó Dueños del Navio.

XXV. Quando el Dueño, ó Consignatario, á quien se dirigieren Mercaderías, reusare

할 필요가 있다고 인정하면, 계약에 표시한 지체 일자 동안에 수선이나 수리를 마칠 수 없고 추가 기간이 필요하다 하더라도 선장은 그에 다른 필요한 조치를 취할 수 있고, 이 동안에 수하인 혹은 새로운 화주는 기다릴 의무가 있고, 수리를 위해 선장이 취한 조치로 소요된 날짜와 관련하여서는 아무런 권리도 주장할 수 없다.

제19조 선박의 소유자나 선장이 그 과실이나 욕심 때문에 선박의 방수조치, 선체수리 기타 그 항해를 위해 필요한 수리를 하지 아니한 것이 증명된 때에는, 그로 인하여 화물에 생기는 손해는 선장의 책임과 비용이 되며, 선장은 이해관계인에게 그 손해를 보상하여야 하며, 선박, 그 장비, 운임 및 기타 선장이 가지고 있던 물건의 가액을 가지고[18] 이를 모두 책임져야 한다.

제20조 모든 적하의 공동이익을 위하여 긴급한 필요에 의거, 선박을 가볍게 할 목적으로, 어느 화물을 바다에 투기할 필요가 있다고 선장이 판단한 경우, 그같이 투기된 화물에 해당되는 운임은, 마치 그 화물이 목적항까지 운송이 완료된 것처럼, 전부 청구할 수 있다.

제21조 선박이 항해를 하던 도중에 (폭풍, 적의 위협 혹은 기타 정당한 이유로) 선장의 판단에 의거하여 원래 목적항이 아닌 다른 어느 항구에 기항을 하고, 그 항구에서 돈을 빌려주거나 기타 방법으로 그를 구조할 사람이 없기 때문에, 보급을 하고, 선체를 수리하고 혹은 기타 불가피한 것을 하기 위하여, 화물의 일부를 매각할 필요가 있어 이를 매각한 경우, 선장은 매각된 물건의 가액을 전액 보상하여야 하고, 운임은 마치 목적항까지 운송이 종료된 것처럼 선장에게 지급하여야 하며, 선장은 그 물건이 보내진 목적항에서 존속하는 나머지 화물이 판매된 가격을 기준으로 그 가액을 보상하여야 한다.

제22조 선박이 선적을 하고 아직 목적항에 이르지 못하고 항해하는 도중에, 전쟁 기타 사유로 거래금지 명령이 내려진 것을 선장이 알게 되고, 선장이 필요하다고 판단하여 그 적하를 그대로 싣고 출발항으로 되돌아간 경우, 선장에게 목적항으로 진행하는 편도운임만 지급하면 되고, 이는 용선이 왕복항해를 위한 것이었다 하더라도 마찬가지이다.

제23조 비록 전쟁으로 인한 사유는 아니지만 우연한 폭풍이나 기타 불가피한 사고로 인하여 항해를 개시한 선박이 출발항으로 귀환한 경우 (귀환항해를 할 수 있는 상태로), 화주는 양하를 하기 원하면 그 적하를 양륙할 수 있으나, 그러면 선장은 마치 선박이 목적항에 도착한 것처럼 진행항해에 대한 편도운임 전부를 청구할 수 있다.

제24조 항해 도중에 어느 정부의 명령으로 선박이 억류되는 사태가 발생한 경우, 이 억류 기간 동안에, 개월로 운임을 정한 용선인 때에는 운임을 지급할 필요가 없고, 항해를 기준으로 운임을 정한 용선인 때에는 운임의 증가가 인정되지 아니한다. 그러나 억류 기간 동안에 선원에 지급한 급료와 이들이 소비한 식량은 개월로 운임을 정한 용선이면 용선자가 선주에게 보상을 하여야 하고, 용선이 개월로 운임을 정하는 요소가 전혀 없이 순전히 항해를 기준으로 운임을 정한 것이면 대선자에게 발생한 이러한 비용은 선박소유자나 선장이 부담하여야 한다.

제25조 화물의 소유자, 수하인, 기타 화물을 수령하기로 된 사람이 화물의 수령과 운임의

---

18 책임한도를 뜻하는지는 분명하지 아니하다.

recibirlas, y pagar sus Fletes ; el Capitan, ó Maestre podrá con autoridad judicial vender las correspondientes al pagamento de ellos ; y las demás deberá depositar con la misma autoridad en la persona que fuere nombrada.

XXVI. Si sucediere naufragio, varamento, pillage de Piratas, ó apresamiento de enemigos ; y por estas causas se perdieren las Mercaderías, los dueños de ellas no estaran, ni sus Consignatarios, obligados á pagar Flete alguno : y si el Capitan, ó Maestre huviere antes recibido alguna cantidad anticipada para en cuenta de los tales Fletes, la deberá bolver, á menos que por la contrata del Fletamento no estuviere convenido en lo contrario.

XXVII. Si por convenio hecho por el Capitan en beneficio de toda la carga con algun Corsario, ó Pirata, diere algunas Mercaderías, se le pagarán sus Fletes como si las conduxese al Puerto destinado, en caso de llegar despues con felicidad en él, constando por plena justificacion que haya de hacer ante la Justicia del primer Puerto donde llegare, con toda su gente, y pasageros, si los huviere, de la precision de dicho convenio, y de haverlo hecho en conocido beneficio del resto de la carga.

XXVIII. Si algun Navio con sus Mercaderías fuere apresado por enemigos, y se hiciere su rescate, se le deberá pagar al Capitan el Flete correspondiente hasta el parage de su apresamiento, en caso que los dueños de las Mercaderías rescatadas no quieran prosiga el viage al Puerto de su destino ; pero si lo hiciere, se le pagará el Flete primitivo, segun su Fletamento, contribuyendose por él á dicho rescate con el Navio, y sus Fletes, en la parte que le tocare.

XXIX. Acaeciendo naufragio á Navio cargado de Mercaderías, durante su viage, si se salvaren algunas de ellas, se ha de pagar al Capitan la prorrata del Flete correspondiente á lo salvado, regulandole segun la distancia del Puerto de donde salió, y el de su destino, con el de donde sucedió el naufragio ; pero si en el mismo Navio, ó en otra embarcacion conduxere lo asi salvado al Puerto de su destino, se le pagará enteramente el Flete respectivo, segun expresaren los primeros conocimientos.

XXX. Al Capitan, ò Maestre que conduxere Mercaderías para alguna persona que antes de su entrega, y recibo, ó quince dias despues faltare á su credito ; hallandose las tales Mercaderías existentes en casa del quebrado, se le pagarán con ellas enteramente sus Fletes, sin que los Acreedores puedan pretender dilacion, ni descuento alguno ; pero si huvieren pasado á tercera mano, entrarán los dichos Fletes á pretender, y gozar solamente la prorrata, que sueldo á libra les tocare en el concurso.

XXXI. El Capitan, ó Maestre no podrá ser obligado á recibir en pago de sus Fletes Mercaderías algunas, que se le quieran dár por deterioradas, ó corrompidas por vicio propio, ó por accidente de caso fortuito ; pero si las Mercaderías fueren liquidas, como son : Vinos, Azeytes, Aguardientes, y otros licores sujetos á colarse en Pipas, que se hallen vacías en todo, ó en la mayor parte ; en este caso, los Dueños, ó Consignatarios de ellas podrán abandonarlas, si les pareciere, por el Flete.

XXXII. Por quanto ha sucedido varias veces, y en adelante puede acontecer, que con motivo

지급을 거부하는 경우, 선장은 사법 당국의 허가를 얻어 운임의 수령을 위해 필요한 만큼 화물을 매각할 수 있고, 나머지 화물은 사법 당국의 허락을 얻어 그가 지명한 사람에게 보관시켜야 한다.

제26조 선박에 난파, 좌초, 해적의 약탈, 적국의 나포 등의 상황이 발생하고, 이것이 원인이 되어 화물이 멸실되면, 화물의 소유자나 수하인은 어떠한 운임을 지급할 의무도 없다. 만일 선장이 운임 명목으로 얼마이든 선급을 받았다면 이를 반환하여야 하고, 다만 용선계약에서 당사자가 반대의 약정을 한 때에는 그러하지 아니하다.

제27조 모든 적하의 이익을 도모할 목적으로, 선장이 나포선이나 해적과 타협을 하여 화물의 일부를 건네주고 이후 선박이 목적항에 안전하게 도착한 때에는, 건네준 물건이 목적항에 도착한 경우와 마찬가지로 선장에게 운임을 지급하여야 한다. 그러나 선장은, 휘하의 선원은 물론 동승한 여객이 있으면 그 여객과 함께, 나머지 적하의 이익을 도모하려고 필요한 타협을 하여 적하를 인도하여 주었다는 것을, 이후 최초 기항하는 항구의 법원에서 충분히 입증하여 확인받아야 한다.

제28조 화물을 실은 선박이 적국에 나포된 다음, 이후 협상을 하여 보상금을 지급하고 회수된 때에, 화물의 소유자가 원래 목적항으로 항해의 계속을 희망하지 아니하는 경우, 선장은 그 나포 지점까지의 운임을 청구할 수 있다. 그러나 항해를 계속한 경우, 선장은 원래 약정한 운임을 청구할 수 있고, 화물의 소유자는 선박 및 그 운임과 함께 이 보상금을 자기에게 배당된 바에 따라 분담하여야 한다.[19]

제29조 화물을 싣고 항해 중이던 선박이 난파를 당한 후에 어느 화물이든 구조가 이루어진 경우, 선장은 그 구조된 물건에 해당하는 비율운임을 청구할 수 있고, 이 비율은 출발항으로부터 목적항까지의 거리에 대비한 출발항으로부터 난파된 곳까지 거리의 비율에 의하여 정한다. 그러나 만일 동일한 선박이나 다른 선박에 의해 구조된 화물을 다시 목적항까지 운송한 경우, 원래 선하증권에 기재된 대로 각각의 화물에 대해 그 운임 전부를 청구할 수 있다.

제30조 선장이 어느 사람을 위하여 화물을 운송하였는데, 그 화물의 수령이 이루어지기 이전에 혹은 수령을 한 이후 15일 이내에, 그 사람이 지급정지를 당한 경우, 아직 그 화물이 그 파산자의 집에 남아 있다면, 선장은 이를 가지고 운임 전부를 지급할 것을 청구할 수 있고, 다른 일반 채권자는 그 지급의 연기나 금액의 축소를 주장할 수 없다. 그러나 화물이 제3자의 손에 넘어간 때에는 그 운임을 주장하여, 가입하고 나누어 가질 잔존 파산재산에 대하여 단지 채권비율로 비례이익을 향유할 권리만 있다.

제31조 선장은 운임의 지급조로 그 자체 하자나 우연한 사고로 인해 훼손 혹은 부패된 화물을 수령할 의무는 없다. 그러나 통에서 유실될 수밖에 없는 포도주, 올리브 유, 아구아르주 및 여타 주류처럼, 화물이 액체인 경우, 그 전부 혹은 대부분이 빈 것이 판명되면, 이 경우에는 그 소유자나 수하인은 유리하다고 판단되면 운임 대신 이를 포기할 수 있다.

제32조 과거에 여러 번 발생했고 장차 발생할 가능성이 있는 사건으로, 전쟁 기타 사건 때

---

19 항해계속을 희망하지 아니하는 경우에도 분담의무가 있는지 의문이나 문맥상으로는 그에 관한 언급이 없다.

de guerra, ú otros, haya escaséz de Navios, naturales, ó estrangeros, que con Vanderas amigas, ó Pasaportes puedan navegar libremente, en cuyos casos suelen formarse questiones entre los Cargadores, sobre la preferencia del buque que deba corresponderles, sea porque la embarcacion vino á su consignacion, ó por haverse anticipado á empeñar con el Capitan, y otras razones que suelen alegar ; por lo qual, para evitar semejantes diferencias, se ordena, y manda, que en tales lances, el Prior, y Consules manden juntar á todos los Comerciantes, asi naturales, como estrangeros que pretendieren cargar en los Navios de estas circunstancias, y haciendo numeracion de la que cada uno tuviere que dár , les repartan, y apliquen rata por cantidad el buque que correspondiere, haciendoles Justicia con igualdad, y desestimando las antelaciones que intentaren, entendiendose esto con las embarcaciones que estuvieren en este Puerto, y vinieren á él á tomar carga, de quienes la quisieren dár ; pero si la tal embarcacion, ó embarcaciones fueren estrangeras, y vinieren fletadas para la buelta enteramente por algun individuo de este Comercio, ó fuera de él, en tal caso al Fletador se le preferirá en la mitad del buque, y la otra mitad se distribuirá entre los demás pretendientes Cargadores en la forma, y con el rateo, que vá expresado.

XXXIII. Y porque las reglas dadas en los numeros precedentes de este capitulo, miran expresamente á los Navios que se fletan, ó alquilan por una, ó mas personas, conviniendose con el Maestre, Capitan, ó Dueños de ellos en la cantidad del Flete, ó Alquilér que han de llevar por viage de ida sola, ida, estada, y buelta de uno, ó mas viages, por tiempo limitado, ó sin él, por cierta cantidad en cada mes, ó en otras varias formas, como lo expresaren en la Escritura, Polisa, ó Carta de Fletamento que hicieren : Se ordena, que por lo tocante á los Navios, que regularmente se ponen á la carga para qualesquiera Puertos, tomandola de varias personas, sin preceder mas instrumento que el de los concimientos que firman sus Capitanes, se esté, y pase por el contenido de ellos, y que siempre que sobre esto haya algunas dudas, ó diferencias, se observen, y guarden las reglas, y forma dispuestas para las Cartas de Fletamento en los numeros precedentes.

XXXIV. El conocimiento es una obligacion particular, que un Capitan, ó Maestre de Navio otorga por medio de su firma en favor de un Negociante, que ha cargado en su Navio algunas Mercaderías, y otras cosas para llevarlas de un Puerto á otro, constituyendose á entregarlas á la persona que se expresare en el conocimiento, ó á su orden, ó á la del Cargador, por el Flete concertado antes de cargarse.

XXXV. En el conocimiento deberá expresarse el nombre del Capitan, su vecindad, el del Navio, su porte, lugar donde recibe su carga, para donde, de quien, la cantidad, calidad, marcas, y numeros, y persona á quien vaya dirigida, el Flete, que se haya de pagar, y haviendo Averías ordinarias, las que deberán comprehenderse, con fecha de dia, mes, y año.

XXXVI. Los conocimientos deberán ser tres, ó mas, en numero, segun conviniere al Cargador de cada partida, todos de un mismo tenor, y fecha ; de los quales el uno llevará el Capitan, ó Maestre, y los demás quedarán en poder del Cargador, para usar de ellos conforme lo necesitare.

XXXVII. Todo conocimiento es acto obligatorio del Capitan, para en virtud de él

문에, 친선 국기를 달고 혹은 항해허가증을 가지고 자유롭게 항해할 수 있는 선박이 스페인 선적이든 외국 선적이든 품귀 상태에 이를 수 있는데, 이러한 경우 화주들 사이에 자기에게 배속된 선박의 우선권을 둘러싸고 분쟁이 생길 수 있으며, 그 이유로 자기가 요청하여 그 선박이 왔고, 항해를 하기로 선장과 약속하고 선금을 치루었으며 혹은 기타 다른 사유를 주장하여 왔던 바, 이러한 상황에 이르면 집정장과 집정관은 유사한 분쟁을 방지하기 위해 선박에 적하의 선적을 시도하는 모든 상인을 내국인이든 외국인이든 그 소집을 명하여야 한다. 그리고 각자가 제공할 적하를 계산하고 이를 나누어서 해당하는 선박에 나누어주며, 이를 통하여 정의와 평등을 실현하고 부당한 추월도 방지한다. 이를 위해 집정장과 집정관은 그 항구에 이미 있거나 선적을 하러 온 모든 선박에게 이를 알리고 화물을 제공할 사람을 통지하여야 한다. 다만 외국 국적 선박으로 그 선박이 이곳 혹은 역외 상인이 귀환항해를 위해 전부 용선을 하여 이곳에 와 있는 경우, 그 용선자에게 용량의 절반에 해당하는 범위 내에서 그 선박의 이용에 대해 우선권을 부여하며, 나머지 절반에 한해 선적을 희망하는 다른 화주에게 이미 위에서 본 형식과 비율로 분배한다.

제33조 이 장 전 조 여러 규정은, 편도항해일 수도 있고 왕복항해일 수도 있으며, 일정기간일 수도 있고, 이러한 기간 없이 매월 일정 수량일 수도 있으며, 나아가 기타 다른 방식일 수도 있지만, 여하튼 당사자가 작성하는 서면, 증서 혹은 계약서의 기재에 따라 어느 사람이 선장이나 소유자와 합의하여 선박을 용선 혹은 임차하고 일정액의 운임 혹은 차임을 지급하는 것을 전제로 하는 것인 바, 한편 선박이 적하를 찾아 규칙적으로 항구를 방문하고, 여러 사람들로부터 화물을 인수하며, 다른 서류 없이 오로지 선장이 서명한 선하증권을 발행하여 주는 경우, 그 운송계약은 선하증권의 내용에 의하여 효력이 생기며, 다만 당사자 사이에 이에 관하여 의문이나 분쟁이 생기면 용선계약서에 관해 전시 여러 규정에서 정한 규칙과 형식을 준수하고 지키는 것으로 한다.

제34조 선하증권은 하나의 의무를 표창하며, 어느 항구에서 다른 항구로 운송을 하기 위해 화물 기타 물건을 자기 선박에 선적한 선장이 거기에 하는 서명을 통해 상대방인 상인을 위해 발행이 되며, 선장은 선하증권에 표시된 특정인이나 그의 지시인 혹은 화주의 대리인에게 선적 전에 약정하였던 운임을 받고서 화물을 인도할 의무를 진다.

제35조 선하증권에는 선장의 성명 및 주소, 선박의 명칭과 선적지, 선적항, 목적항, 신직인, 화물의 수량, 품질, 기호 및 개수, 수령할 사람, 지급할 운임 및 통상해손이 약정되면 그에 속하는 해손 등을 그 작성 연월일과 함께 기재하여야 한다.

제36조 선하증권은 화주의 희망에 따라 각각 3부 혹은 그 이상 부수가 발행되며 각 부수는 동일한 내용 및 발행일자를 가져야 한다. 이 중에서 한 부는 선장이 갖고, 그 이외 나머지 부수는 모두 화주가 보유하고 필요에 따라 사용한다.

제37조 선하증권의 발행은 선장이 하는 부담부의 법률행위이며, 그에 기해 선장은 그 내

apremiarsele al puntual cumplimiento de su contenido.

XXXVIII. Quando los conocimientos (triplicados, ó mas) hechos sobre unas mismas Mercaderías, fueren entre sí de diverso contexto, se ha de estar, y pasar por el del que se hallare en poder del Capitan (estando lleno de mano del Cargador, ó sus dependientes, sin enmienda en parte sustancial) y al contrario, se estará, y pasará por el del Cargador, si estuviere firmado de mano del Capitan, tambien sin enmienda.

XXXIX. Firmados los conocimientos por el Capitan, y conviniendo despues al Cargador sacar de abordo las Mercaderías (por qualquiera motivo que tenga) no lo podrá hacer, sin que primero le restituya al Capitan dichos conocimientos, y le pague el medio Flete, que en este caso le es debido.

XL. Quando alguno, ó algunos conocimientos firmados por el Capitan, ó Maestre se huvieren remitido yá al Consignatario, y que al Cargador, ó partes interesadas de las Mercaderías conviniere descargarlas, ó mudar de direccion, y que el Capitan, ó Maestre se resistiere á su entrega, ó á la mudanza de conocimientos por falta de los yá remitidos, podrán el Cargador, ó partes interesadas obligarle á la descarga, ó mudanza de conocimientos, mediante fianza de satisfaccion, que dieren dichos Cargador, ó partes interesadas ante Prior, y Consules, de pagar los daños, gastos, y menoscabos, que por la descarga, y demás referido se le siguieren.

XLI. Siempre que á un Capitan, ó Maestre de Navio conviniere tomar recibo de la persona á quien huvieren venido dirigidas las Mercaderías, será de la obligacion de esta darsele, firmandole á espaldas del conocimiento que traxere el Capitan.

XLII. Todo Negociante que recibiere Mercaderías, estará obligado á pagar al Capitan, ó su representacion el Flete, y Averías regulares, que expresare el conocimiento, y las extraordinarias, si la huviere, en virtud del Arreglamento que se hiciere judicial, ó extrajudicialmente ; yendo éste firmado por Prior, y Consules, ó por personas nombradas, uno, y otro quatro dias despues que se le hayan entregado las tales Mercaderías ; pena de ser apremiado á ello por todo rigor, y de las costas, gastos, y demoras que por la omision se sigan al Capitan.

XLIII. El Negociante que tambien recibiere conocimientos á la orden, endosados á su favor, deberá acudir á manifestarlos al Corredor, ó persona á quien viniere consignado el Navio, con razon de las marcas, y numeros de los efectos señalados en dichos conocimientos antes de empezar á descargar el Navio, pena de que no lo executando asi, pagará los gastos que se causaren por su negligencia, y morosidad.

XLIV. Asi Bien será de la obligacion de todo Negociante, que tuviere conocimientos á su orden, acudir á los tiempos de las descargas á los Muelles de esta Villa, por sí, ó sus dependientes, con el mismo conocimiento, ó razon de sus marcas, y numeros, para recibir las Mercaderías ; pena de que justificando el Capitan haverlas descargado en dichos Muelles en la forma, qne(que?) adelante se contendrá ; si se extraviaren, ó perdieren, serán por cuenta del Dueño, ó consignatario de ellas.

용을 정확히 이행할 의무를 진다.

제38조 동일한 화물에 관해 발행된 여러(3부 혹은 그 이상) 선하증권 사이에 그 내용에 차이가 있으면, 선장이 보유한 선하증권이 우선하여 효력을 가진다(화주나 그 대리인의 손으로 그 내용이 채워지고 이후 그에 대한 실질적인 부분에 변경이 없다면). 그러나 반대로 선하증권이 선장의 손에 의해 작성되었고[20] 이후에 변경이 없었다면 화주가 보유한 선하증권이 우선하여 효력을 갖는다.

제39조 선장이 이미 선하증권을 서명하고 난 다음에, 화주가 자기의 운송물을 회수하기를 희망하는 경우, (그 동기가 무엇이든) 화주는 원칙적으로 그렇게 할 수 없다. 다만 먼저 선장에게 전시 선하증권을 모두 반환하여야 하고, 이러한 경우에 지급할 의무가 있는 운임 반액을 지급하면 화주는 그 화물의 회수를 요구할 수 있다.

제40조 화주 혹은 화물에 이해관계를 가진 사람이, 이미 선장이 서명한 선하증권이 수하인에게 송부되었음에도 불구하고, 선박으로부터 그 화물을 회수하거나 수취인의[21] 변경을 원하는 경우, 만일 선장이 이미 송부한 선하증권이 없다는 이유로 운송물의 인도를 거부하고 선하증권에 따라 이행할 것을 고집하는 때에는, 화주나 이해관계인은 충분한 담보를 제공하고 화물의 인도를 청구하거나 선하증권에 변경을 요구할 수 있다. 이 경우, 화주나 이해관계인은 담보를 집정장 및 집정관에게 제공하여야 하고, 그 담보는 양하 혹은 기타 선하증권상 기재로 야기되는 손상, 비용 및 감손을 모두 보상하기에 충분한 것이어야 한다.

제41조 선장이 화물을 수령할 사람으로 지정된 사람으로부터 영수증을 받기를 원하는 경우, 그 사람은 선장이 보유한 선하증권의 이면에 서명을 하여 이를 돌려줄 의무가 있다.

제42조 화물을 수령하는 상인은 선장이나 그 대리인에게 선하증권에서 정한 바에 따라 운임 및 통상손해를 변제할 의무가 있고, 또 공동해손이 있었으면 사법적 혹은 비사법적 절차를 거쳐 확정된 바에 따라 이것도 지급하여야 한다. 공동해손은 집정장 및 집정관이 혹은 이들이 임명한 사람이 정산을 확인하는 서명을 하면, 화물이 인도된 다음 4일 이내에 지급하여야 한다. 그렇지 아니하면 가장 엄격한 방법으로 그 이행이 강제되고, 그 외에도 그 해태로 인해 선장에게 발생하는 예산, 비용 및 지연에 대하여도 책임을 져야 한다.

제43조 지시식 선하증권을 배서받아 보유하는 소지인은 선박이 양하를 개시하기 이전에 중개인이나 선박관리인에게 가서 이를 고지하여야 하고, 고지할 때에는 그 선하증권에 기재된 물건의 개수와 기호의 요지를 알려야 하며, 이 고지의무의 이행을 해태하면 소지인은 자기의 과실로 인하여 혹은 그로 인한 지연으로 발생하는 비용을 부담하여야 한다.

제44조 지시식 선하증권을 소지한 모든 상인은 이 도시의 부두에서 양하를 할 때에 그 자신이나 그 대리인이 선하증권을 소지하고 나와 수령할 화물에 관해 그 개수와 표시의 요지를 알려야 한다. 선장이 부두에서 이 칙령 아래에서 정한 방식으로 화물의 양하를 완료한 것을 증명하면, 이후 그 물건이 유실 혹은 멸실된다 하더라도 이는 소유자나 수하인의 책임으로 돌아간다.

---

20 제45조의 규정 취지로 보아 서명이 아니라 작성으로 생각된다.

21 운송의 방향이라고 번역하는 것도 가능하다.

XLV. Qualquiera Cargador será obligado á presentar al Capitan los conocimientos estendidos, y llenos, en la forma en que se huvieren ajustado dentro de dos dias contados de el en que fueren cargadas las Mercaderías ; y el dicho Capitan será obligado á firmarlos, sin que en esto haya omision de una, ni otra parte, que exceda al dia de Correo de aquella semana.

XLVI. Quando por muerte, enfermedad, ausencia, ó otro accidente del Capitan del Navio, que esté en parte, ó en el todo cargado, fuere preciso nombrar otro en su lugar, será visto que el asi nombrado deberá hacerse cargo revalidando los conocimientos que huviere, firmado el primero, si pareciere conveniente á los Cargadores.

CAPITULO XIX

DE LOS NAUFRAGIOS DE NAVIOS, Y FORMA CON QUE SE DEBERÁ PROCEDER EN ELLOS

I. Por quanto sucede muchas veces en las costas de la Jurisdiccion de este Consulado naufragar, varar, ó quebrarse algunos Navios por la braveza de los Mares, tempestades de vientos, y otros accidentes, en que por acudir los vecinos de sus cercanías á amparar, y favorecer las vidas de los Marineros, y gente naufragante, y recoger, y salvar las Mercaderías, y demás hacienda que conducen los tales Navios ; ha havido, y se han experimentado algunas questiones, y desordenes entre la gente del Pais, de que se han originado graves inconvenientes, y muchos desperdicios, y menoscabos en las haciendas averiadas, en conocido daño de los interesados individuos de este Comercio, y otras personas de fuera de él, atendiendo á evitar en adelante semejantes inconvenientes, se ordena, y manda, que luego que sucedan tales desgracias, se dé cuenta al Consulado de esta dicha Villa, y que inmediatamente que llegue á su noticia (por aviso que se les dé, ó en otra forma) acudan Prior, y Consules, ó qualquiera de ellos con sus Ministros á la Villa, Costa, Puerto, ó parage en que se hallare el Navio naufragado, sus fragmentos, carga, y demás á él tocante, y hagan quantas diligencias les sean posibles por salvar, y asegurar lo uno, y lo otro, mediante la jurisdiccion que tienen, y que como Protectores, y Padres del Comercio, y que deben, y pueden entender en estas materias con mas aplicacion, desvelo, y cuidado, procurarán el remedio, y alivio de las Partes interesadas, como lo han tenido, y tienen de Ordenanza, uso, y costumbre, averiguando con toda vigilancia, y justificacion lo que á cada interesado tocare, para que se reparta entre ellos segun reglas de Comercio, y que irán puestas en esta Ordenanza ; procediendo contra algunos, si se hallaren culpados en el naufragio, y contra robadores, y ocultadores, si huviere, por si, ó sus Ministros, y quienes tengan su comision, por prision, y todo rigor de Justicia, oyendo en ella á los culpados verbal, ó judicialmente, como vieren pide la causa, determinandola breve, y sumariamente, la verdad sabida, y buena fé guardada á uso de Consulado, y como se practica en las demás dependencias ; con que en quanto á su jurisdiccion se observe, como siempre se ha observado, la que les está concedida por los Privilegios insertos al principio de esta Ordenanza, por las Leyes, y Cedulas Reales de esta razon.

II. En el interin que se acudiere por parte del Consulado al parage del naufragio ; se ordena,

제45조 화주는 선적이 완료되고 난 다음 2일 이내에 양식에 맞추고 내용을 모두 채워 둔 장차 발행될 선하증권을 선장에게 제시할 의무가 있다. 그러면 선장은 이를 모두 서명할 의무가 있고, 여기에 대해 어떠한 부분도 삭제할 수 없고, 그 주의 우편일을 도과하지 아니하고 이를 발행하여야 한다.

제46조 선박이 이미 적하를 일부 혹은 전부 선적한 다음, 선장에게 사망, 질병, 행방불명 기타 사고가 발생하고, 따라서 그 선장 대신에 다른 사람을 임명하여 항해를 해야할 필요가 있는 경우, 새로이 임명된 선장은, 이미 서명되어 나와 있는 선하증권에 관해, 만일 화주가 새로운 선장이 이를 다시 추인하여 그가 책임을 떠안는 절차를 밟을 필요가 있다고 생각하면, 새로운 선장은 그에 응해 그렇게 할 의무가 있다.

제19장
선박의 난파와 그 진행절차

제1조 이 해상단 관할지 해안에서 해일, 폭풍 및 기타 사고로 자주 선박의 난파, 좌초 및 파손이 발생하고, 사고가 나면 인근 주민이 나서 해원 및 조난자를 보호하고 원조하며, 화물 기타 운송물을 수거하고 구조하기 위하여 출동하였던바, 이러한 경우 과거에 관련된 사람들 사이에서 여러 의문과 혼란이 있었고, 이로 인하여 여러 가지 심각한 불편이 야기되고 난파로 파손된 재화에도 낭비 및 감손이 발생하였으며, 그 결과로 이 영업에 종사하는 사람은 물론 그 이외 사람들에게도 피해를 주게 되었기에, 이제 유사한 불편을 사전에 방지하고자 지시하고 명령하는 바이니 차후에 이러한 사고가 생기면 곧바로 이 도시의 해상단에 신고하여야 한다. 해상단은 사고 소식을 듣자마자(신고가 있어서 알았든 여타 방법으로 알았든) 집정장 및 집정관 혹은 이들 중 한 사람은 그 수하 담당부서장과 함께 난파선, 그 잔존물, 적하나 기타 선박에 속하는 물건이 있는 도시, 해안, 항구 등의 장소로 달려가야 하며, 그가 가진 권한을 활용하여 이들을 구조 및 보관하는 노력에 만전을 기하여야 한다. 이를 위해 상사 활동의 수호자 및 대부로서 권한을 행사하며, 이 권한에 의해 이러한 물건에 관해 절차를 밟고, 지키고 또 보호하여야 하며, 나아가 관계인을 위해 수리와 개선을 실행하여야 하며, 이는 이 칙령이 이미 규정해 놓고 규정하는 바에 따르고 또 그 관행과 관습을 따라야 하며, 모든 조사와 입증을 통해 그 물건이 속하는 이해관계인을 밝혀 이 칙령에서 앞으로 정하는 바에 따라 분배하여야 한다. 그리고 집정관, 부서장 및 그 대리인으로 하여금 절차를 밟아 난파에 책임이 있는 사람, 절도범 및 은닉범이 있으면 징역형 기타 다른 엄한 처벌을 받게 하여야 하며, 이 절차에서는 죄인의 구두 진술을 듣고 청구할 사유가 있다고 생각되면 간이 절차에 따라 신속히 인정되는 사실을 확정하여야 하며, 이러한 절차에서는 해상청에서 관행이 되었고 그 휘하 관청에서도 널리 시행중인 신의의 원칙을 지켜야 한다. 이러한 원칙은, 지금까지와 마찬가지로, 이 칙령 초입에 포함된 특권은 물론 다른 법률과 왕령에 의거 인정되는 모든 재판권을 행사함에 있어서도 지켜야 한다.

제2조 해상단에서 사람이 난파 장소에 도착하기 이전이라도 모든 항해원, 그 연안의 해원,

que todos los Pilotos, y gente de Mar de aquella costa, y demás personas cercanas, acudan á procurar salvar lo que naufragare, poniendolo en un parage con toda cuenta, y razon, para que con lo demás que se fuere salvando esté en la debida custodia, sin que nadie sea osado á extraer, ni ocultar cosa alguna, como ni tampoco á abrir caxon, fardo, ni hacer otra novedad, hasta que se llegue por parte del Consulado á dár las demás providencias que convengan, de manera, que haya toda la justificacion que se requiere, pena de que quien ocultare qualquiera cosa, ó parte de dicho Navio, ó su carga, incurra en las establecidas por Leyes Reales, á cuya execucion se procederá con el mayor rigor, para que se eviten los gravisimos daños, y perjuicios, que de darse lugar á semejantes ocultaciones, robos, ó extracciones se siguen á los Comerciantes, y Navegantes.

III. En haviendose yá salvado todo lo que se haya podido, asi de Navio, como de carga, se hará por dichos Prior, y Consules conducir por Mar, ó Tierra á esta Villa, ó parage que les parezca mas comodo, ó que se señalare por los interesados, poniendolo todo por inventario, con la debida cuenta, y razon ; y si fuere menester hacer algun beneficio en los fardos, ú otras Mercaderías, que se hayan averiado con la agua salada, mandarán se execute por los Oficiales, y gente practica, tambien con la debida cuenta, y razon, para que de todo lo haya, y se pueda despues liquidar la que al fin se formare para con todos los interesados, como se acostumbra, y en esta Ordenanza se contendrá.

IV. Si algunas Mercaderías salvadas no pudieren repararse, ni librarse del daño de la Avería recibida, y se viere que se ván perdiendo, se harán vender en publico, remate, ó como mejor se hallare convenir, por dichos Prior, y Consules ; y su importe se pondrá en lugar de ellas en poder del Depositario, ó persona á quien se huviere cometido el cuidado de todas las cosas salvadas, para que quando llegue el tiempo de la cuenta, se pueda hacer, y haga el prorateo, y distribucion debida, en conformidad de lo que en esta razon se prevendrá en el capitulo de Averías, que irá puesto en esta Ordenanza.

V. Si de lo salvado parecieren alguna, ó algunas personas, á quienes pertenezca fardo, caxon, barrica ú otra cosa, se procederá á su entrega, segun irá prevenido en esta Ordenanza en el dicho capitulo de Averías.

VI. Qualquiera persona que sacáre del fondo del Mar, ó hallare sobre sus olas, ó arenales (despues del Naufragio, y librado lo demás del Navio, y su carga) Generos, Mercaderías, ó otra cosa ; deberá acudir á entregarlo á disposicion, y orden del Prior, y Consules, dentro de veinte y quatro horas, para que lo pongan con lo demás que se huviere salvado ; pena de que pueda procederse contra los que asi no lo hicieren, como contra encubridores, ocultadores, ó robadores ; y se declara, que los tales, que despues de haverse salvado quanto se huviere podido del Naufragio, y abandonadose yá por sus interesados, hallare dichos Generos (sacandolos del fondo de la agua, ó de otra manera) y los restituyeren, han de haver, y se les deberá dár la tercia parte de lo que manifestaren, y entregaren por razon de su trabajo, y hallazgo, para que por este medio se les incite á su busca, y salvamento, y se eviten las extracciones, y ocultaciones, que en semejantes casos se suelen experimentar.

VII. Y por quanto puede tambien acontecer, que de Navio naufragado en otras costas,

여타 인근 지역 사람은 현장으로 달려와 난파된 것을 구조하여야 한다. 구조된 것은 모두 일정한 곳에 모아놓고 목록과 요지를 작성하여야 하고, 그래서 후에 또 구조될 물건과 함께 이를 잘 보관할 수 있게 하여야 하며, 나아가 해상단에서 사람이 도착하여 입증에 필요한 다른 적절한 조치를 취할 때까지, 아무도 어느 것이든 감히 적출하고 은닉하지 못하며, 또 상자, 목재통을 열거나 기타 다른 변경 조치를 취하지 못한다. 선박, 적하의 잔존물이나 여타 물건을 은닉한 사람은 국법에 의하여 처벌되고, 그 처리는 엄격히 진행하여야 하며, 이를 통하여 유사한 은닉, 절도 및 적출로 인해 상인과 해원에게 야기되는 중대한 손상과 손해를 피할 수 있도록 하여야 한다.

제3조 그것이 선박이든 적하이든 구조된 잔존물은, 집정장과 집정관이 바다나 육지를 통해 본 도시 혹은 여타 적당한 곳이나 혹은 이해관계인이 지정하는 곳으로 운반하여 온 다음, 목록표를 작성하고 장부에 경위를 기재한 후, 이를 일정한 장소에 보관하여야 한다. 만일 목재통 혹은 기타 화물이 염수로 인하여 훼손되고 따라서 이를 수선할 필요가 있는 경우, 공무원 혹은 전문가에게 위탁하여 그 수리를 실시하고, 그 다음 그 경위와 계산을 마찬가지로 장부에 기재하여야 한다. 그래서 모든 작업을 마친 다음 마지막에 잔존물을 가지고, 관습에 따르고 이 칙령에 규정된 바에 의거, 이해관계인을 위해 정산을 할 수 있게 하여야 한다.

제4조 어느 구조된 화물이 해손으로 인한 피해를 수리하고 제거하는 것이 불가능할 뿐만 아니라 그것이 곧 멸실될 것으로 판명된 경우, 전시 집정장 및 집정관은 공매나 경매 혹은 기타 적당한 방법으로 이를 매각하여야 한다. 그리고 그 판매대금은 그 곳의 공탁보관인 혹은 구조물 관리책임자에게 위탁하여 보관하여야 하며, 그래서 정산할 때가 되면, 본 칙령의 아래에서 볼 해손에 관한 장에 이를 위해 규정한 비율로 이를 분배할 수 있게 하여야 한다.

제5조 구조된 물건 중에서 어느 목재통, 상자, 목재함 및 기타 물건의 귀속자가 규명되면, 이 칙령 중 위에서 말한 해손에 관한 장에서 규정한 바에 따라 그 귀속자에게 인도하여야 한다.

제6조 어느 사람이 해저, 해수 및 사장에서(난파 후에 선박이나 적하로부터 분리된) 화물, 상품 기타 물건을 인양한 때에는, 24시간 이내에 집정장과 집정관에게 가서 그에게 인도하고 처분을 맡겨야 하며, 그래서 이를 다른 구조물과 함께 보관할 수 있게 하여야 한다. 그렇지 아니한 사람에 대하여는 은폐자, 은닉자 혹은 절취자와 마찬가지로 처벌한다. 난파를 당한 이후에, 가능한 한 범위 내에서 구조를 모두 마치고, 또 이해관계인도 그 물건을 포기한 연후에, 위에서 본 물건을 찾아(해저에서 인양하기나 여타 방법으로) 이를 반환한 경우, 그 발견과 작업에 대한 보상으로 최종 확인된 가액의 3분의 1을 지급하여야 하며, 이를 통하여 한편으로 장차 그 수색과 구조를 촉진하고, 또 유사한 사건에서 과거에 흔히 경험한 인출과 은닉을 방지하여야 한다.

제7조 다른 해안에서 난파를 당한 선박으로부터 해상에 투하가 되거나 기타 유사한 사고

echazon que se hizo, ú otro semejante accidente, trayga el Mar, y arroje en Arenales de la jurisdicion de este Consulado sus Canales, ó Puertos, algunas Mercaderías ; para en estos casos se ordena, y manda, que qualquiera persona que lo hallare, dé luego cuenta en dicho Consulado, para que se proceda á hacerlo publicar, con sus señales, numeros, y marcas, para que si pareciere dueño de ello, se le dén las dos tercias partes, y la otra tercia parte sea, para el que lo halló, y manifestó, y si no pareciere dueño legitimo á quien pertenezcan, se le dará la mitad al tal que lo halló, y manifestó, y la otra mitad deberá ser, y aplicarse, para reparos, y beneficios de la Ria de este Puerto.

CAPITULO XX

DE LAS AVERIAS ORDINARIAS, GRUESAS, Y SIMPLES, Y SUS DIFERENCIAS

I. Mediante las dudas, y diferencias que suele haver en razon de las Averías que de continuo se causan, así en Navios, como en los Generos, y Mercaderías queriendo á veces, que las ordinarias, ó simples sean gruesas, y al contrario, y sobre el modo de contarse : Se ordena, que por Avería ordinaria deberán entenderse todos aquellos gastos menudos que hacen, y causan los Capitanes, ó Maestres de Navios durante un viage, yá en los Puertos, donde por fuerza de temporal arriban, ó ya en los de su destino para la descarga, y hasta la total conclusion de ella ; es á saber, en los Pilotages de Costas, y de Puerto, Lanchas, derecho de Bolisa de Piloto Mayor, Atoages de que se valieren, el Anclage, Visita, Fletes de Gabarras, (en caso de no subir el Navio) y descarga, hasta ponerla en el Muelle.

II. Se continuará la costumbre de hasta aquí en pagar esta Avería ordinaria del Flete sencillo que traxeren las Mercaderías que vinieren de los Dominios de Inglaterra á razon de un real de plata antigua de diez y seis quartos por cada escudo de á ocho reales de la misma moneda, y doce y medio por ciento de Avería ordinaria, en la misma especie de vellon, entendiendose, que aunque los conocimientos contengan dos Fletes, ó mas, no se regulará la Avería por mas que los doce y medio por ciento, de lo que montare el Flete sencillo.

III. Por cada ducado de plata (en cuya especie se arreglan regularmente los Fletes de los Puertos de Flandes, Olanda, y Amburgo) se pagarán, á saber, por el que contuvieren los conocimientos de Olanda, á razon de veinte y quatro reales, y doce maravedis de vellon (en que se incluyen el ducado de Flete ; sus Averías, Sombrero, ó Primage) : por el ducado de Amburgo de los que asi bien contuvieren los conocimientos, se regularán veinte y tres reales y quince maravedis de vellon (en que se comprehenden el ducado de Flete, su Averia ordinaria, y Primage, ó Sombrero) : Y por los de Ostende, Dunquerque, y otros Puertos de Flandes, se pagarán diez y ocho reales, y tres quartillos de vellon, (en que igualmente se incluyen el ducado de Flete, sus Averías ordinaries, y Primage, ó Sombrero). Todo lo qual es arreglado á la inconcusa practica de este Comercio.

IV. Por lo correspondiente á Fletes del Reyno de Francia, no obstante que la Avería ordinaria

가 발생하고 그로 인해 유기된 화물이 파도에 휩쓸리어 이동한 다음 마지막으로 해상청이 관할하는 사장, 운하 혹은 항구에 유기되는 경우가 있는 바, 이 경우 누구이든 이를 발견하면 위 해상단에 신고하여야 하고 그러면 해상단은 이를 그 특성, 개수, 표시와 함께 공시하여야 한다. 이후 그 물건의 주인이 나타나면 그에게 3분의 2를 지급하고, 다른 3분의 1은 발견하고 신고한 사람에게 주며, 만일 이후에 합법적인 귀속자가 나타나지 아니하면 발견 및 신고를 한 사람에게 절반을 주고 나머지 절반은 빌바오강의 수리 및 개선에 사용한다.

제20장
통상해손, 공동해손 및 단독해손과 그 차이

제1조 해손의 의미를 둘러싸고, 그것이 선박에 관한 것이든 화물 및 여타 상품에 관한 것이든, 의문과 분쟁이 계속하여 발생하여 왔고, 가끔은 통상해손 혹은 단순해손을 공동해손으로, 또는 이와 반대로, 경우에 따라서는 그 계산하는 방법을 둘러싸고 다른 주장이 제기되어 왔던 바, 이제 여기에 명하노니 통상해손이란, 폭풍으로 강제기항을 한 항구에 있든 양하를 위해 목적항에 있든 상관없이, 항해를 완전히 종료할 때까지 항해 도중에 선장이 지출하고 발생시키는 통상의 비용을 말한다고 새긴다. 다시 말하면, 적하를 부두에 장치할 때까지 발생한 것으로, 항구나 연안의 도선료, 도선정 비용, 입항 안내 신호료, 이용한 예선의 예선료, 정박료, 임검료, 부선 사용료(선박이 안으로 올라가지 아니하는 경우) 및 양하료를 말한다.

제2조 영국 영지에서 들어오는 화물에 대하여 단순 운임에 대하여 일정한 비율로 통상해손을 지급하는 지금까지의 상관행을 유지하며, 그 비율은 16전으로 된 구 은화를 기준으로 8레알로 구성된 1에스꾸도에 대해 1레알의 비율로 하며, 즉 동일한 종류의 화폐로 계산하여 통상손해의 12.5%를 말하며, 그리고 비록 선하증권에 2개 혹은 그 이상의 운임이 포함되어 있다 하더라도 통상손해는 단순운임의 최고액의 12.5%이상의 금액으로 정할 수 없다.

제3조 은화인 두까도(플랑드, 홀란드 및 암부르고 항구의 운임은 통상 이 종류의 화폐에 의하여 운임이 정해진다)의 경우, 지급하여야 할 통상손해로 1두까도당, 예컨대 홀란드 선하증권에 포함된 것에 대하여, 동화로 24레알 12마라베디의 비율로 하며(여기에는 두까도로 된 운임이 포함된다. 그리고 해손과 수고료), 암부르고의 두까도의 경우, 선하증권에 포함된 것을 기준으로 동화로 23레알 및 15마라베디의 비율로 하며(여기에는 두까도로 운임과 그 일반해손 및 수고료가 포함된다), 플랑드의 오스텐드항, 둔케르크항 및 여타 항구의 두까도의 경우 동화로 18레알 및 3까떼요의 비율로 한다(여기에는 마찬가지로 두까도로 운임과 일반해손 및 봉사료가 포함된다). 이 모든 것은 이 분야의 명백한 영업상 관행에 의하여 처리한다.

제4조 프랑스 왕국에서의 운임에 해당하는 경우, 비록 통상손해가 10%로 고정되었다 하

es fixa de un diez por ciento, se experimenta diversidad, por razon de lo que suele variar el Sombrero, ó Primage del Capitan, y para evitar diferencias en su calculacion, supuesto que el mas ordinario Sombrero, ó Primage es el de otros diez por ciento, en este caso, se imputarán los veinte por ciento, al principal, y entonces se regulará cada real de plata de Flete, con la Avería, y Sombrero, á dos y quartillo reales de vellon ; y á esta proporcion será mas, ó menos, según lo que suba, ó baxe de dichos diez por ciento el Sombrero, ó Primage del Capitan ; y si los Fletes vinieren en libras tornesas, ú otro qualquiera linage de monedas estrangeras, reduciendolas primero á reales de vellon, se regularán respectivamente, segun la regla que vá propuesta para exemplo.

V. Quando de otros qualesquiera Puertos de España, y Portugal no se expresare en los conocimientos lo que se haya de pagar de Avería ordinaria ; se deberá reglar á razon de diez por ciento del valor de los Fletes.

VI. Cobrandose asi por los dichos Capitanes, ó Maestres, no podrán estos con pretexto alguno pretender otra cosa por razon de dicha Avería ordinaria.

VII. Si acaeciere, que viniendo á este Puerto algun Navio con carga para él, le sea forzoso por causa de temporal, ú otro accidente, ponerse á la boca de otro Puerto para guarecerse, y librarse con su carga del riesgo, y que á este tiempo, saliendole las Lanchas á quererle entrar, y asegurar, pusieren la condicion, y gravamen de que las haya de pagar por ello cantidad excesiva á la regular, y correspondiente (como ha sucedido diversas veces y resultado en algunas de ellas haver convenido los Capitanes en el estado de tal necesidad en dár la cantidad que se les ha pedido) por obviar las diferencias, y contiendas que de esto se han experimentado, y atendiendo á que respecto de no ser mas que trabajo de Lanchas, parece debia soportarlo el Navio solamente, y quedar libres los dueños de la carga, con pagar las averías de la calidad prevenida en los numeros precedentes ; se declara, y ordena, que en semejantes casos (por ser extraordinarios) el Prior, y Consules regulen, y separen lo que de ordinario se paga á las Lanchas por entrada en tiempo de bonanza, y lo apliquen como Avería simple, solamente al Navio ; y el exceso, hasta la cantidad que se pagare por causa de temporal, será Averia gruesa, que se repartirá segun se prevendrá en el capitulo de su arreglamento ; bien entendido, que para la averiguacion de todo deberán traer dichos Capitanes la certificacion, y demás instrumentos, y recados justificativos que se requieran y fueren conducentes.

VIII. Averia gruesa es aquella que se origina de los medios que se interponen para librar al Navio, y su carga, de naufragio, como quando se arrojan al Mar algunos Generos, Mercaderías, ó Efectos, y Bote, ó quando se abandonan, ó cortan Ancoras, Cables, Mastes, Maniobras, Cordages, Velas, y otros qualesquiera aparejos de la embarcacion.

IX. Tambien es Avería gruesa el ajuste que un Navio Marchante, encontrado con Corsario, hiciere por recatarse, sea para pagar en dinero, ó bien de entregarle Mercaderías de la carga ; y lo mismo quando en tales lances se viese obligado el Capitan á pasar á bordo del Corsario dos, ó mas de sus Marineros por via de rehenes, los gastos que estos hicieren hasta restituirse á sus casas, y los sueldos devengados, si los ganaren.

더라도, 선장의 수고료가 변경되는 경향이 있어 과거에 그 총액을 둘러싸고 여러 가지 변수가 있는 것을 경험하였던 바, 이제 그 계산을 둘러싸고 분쟁이 생기는 것을 미리 방지하기 위하여 정하는 것으로, 가장 일반적인 수고료가 10% 추가되는 점을 고려하여, 이제 이 경우에는 기본 금액에 20%를 추가로 계산하며, 결국 그 해손 및 수고료를 포함한 운임 은화 1 레알에 대하여 동화 2.25레알의 비율로 정산한다. 이 비율은 선장의 수고료가 위에서 말한 10%보다 적은지 혹은 많은지에 따라 증감된다. 운임이 은화 파운드나 기타 외국 화폐인 경우, 이를 먼저 동화 레알로 전환한 다음 선례로 제시된 규칙에 의거 이를 계산한다.

제5조 스페인이나 포르투갈 항구의 것인 경우에는, 통상손해로 지급할 금액이 선하증권에 정하여 있지 아니한 때에는, 운임 가액의 10%의 비율로 이를 계산한다.

제6조 선장이 이처럼 정해진 금액을 수령한 다음에는 그 명목이 무엇이든 전시 통상해손을 이유로 다른 것을 요구하지 못한다.

제7조 어느 선박이 이 항구로 오는 동안, 태풍 또는 기타 다른 사고를 당하여 적하와 함께 위험으로부터 구조되어 탈출할 목적으로 그 선박을 다른 항구의 어귀에 놓아두게 되고, 이러한 상황 속에서 항구로의 진입과 안전을 위해 나온 도선정이 선박이 통상 부담하는 금액을 초과하는 금액을 지급하여야 할 부담과 조건을 제시하는 경우가 발생하고(이러한 사건은 자주 발생하며 어느 경우는 선장이 급박한 상황에서 요구하는 금액을 무조건 주지 아니할 수 없는 상황에서 합의를 하는 결과에 이르고) 이러한 때에 자주 경험하는 이견과 분쟁을 피하게 하고, 구조선의 작업 이외에 다른 것은 없어야 한다는 점을 고려한다면, 이러한 비용은 선박이 단독으로 모두 부담하여야 한다고 보며, 화주는 위에서 규정한 성질의 통상해손을 지급하면 그 외에 이에 관해 그 책임이 없다고 할 것인 즉, 이제 여기에 명하노니, 이러한 종류의 사건에서(그것이 통상적인 것이 아니기 때문에) 집정장과 집정관은 통상 평안한 해안에서 입항을 위하여 도선정에게 지급하여야하는 경우와 구별하여 규율하여 이를 오로지 선박이 부담해야 할 단순해손으로 인정하여야 한다. 이러한 것을 초월하여 지급한 금액은, 폭풍우가 원인이 되어 지급하여야 할 금액을 포함하여, 이를 공동해손으로 보며, 이는 아래 공동해손의 장에서 규정한 바에 따라 분담한다. 물론 이를 입증하기 위해 선장은 확인서를 지참하여야 하고, 기타 유익하고 필요한 증서나 입증서류도 제시하여야 한다.

제8조 공동해손이란 난파를 당하여 선박 및 적하를 구출할 목적으로 취한 조치로 인한 해손을 말하며, 상품, 화물, 어디 물품이나 보트가 바다에 투기된 경우, 닻, 닻줄, 돛, 조타기, 밧줄, 돛좌 및 여타 선박의 장비를 절단하고 유기한 경우가 여기에 해당한다.

제9조 상선이 해적선을 만나 그 구조를 위하여 지급한 타협금도 공동해손이 될 수 있고, 현금을 지급하였든 적하인 화물을 건네주었든 마찬가지이다. 이러한 사건을 맞아 선장이 판단하여 인질로 부득이 2명 이상의 선원을 해적에게 인도하여 준 경우에, 이들이 귀환하여 귀가시까지 발생한 비용과 이들이 그 사이에 임금을 받을 권리가 있다면 그 임금액도 마찬가지로 공동해손이 된다.

X. Asi bien se entiende, y declara por tal Avería gruesa, quando hallandose un Capitan en Surgidero, Rada, ó Bahía, esperando ocasion de salida de algun Comboy, con el qual deba navegar ; y por este motivo, y el de mucha ola de Mar, ú otro legitimo, no pudiendo al salirse levar la Ancla á tiempo, largare chicote por mano.

XI. Igualmente se tendrá por dicha Avería gruesa el Cable, y Ancla que hallandose un Capitan con su Navio en alguna Abra, con designio de entrar en alguna Ria, se viere precisado á largarla por lograr la entrada, bien entendido, que si despues se pudieren sacar, y recuperar dicha Ancora, y Cable, entrarán á dichà Avería solamente los gastos que en esto huviere.

XII. Asimismo es Avería gruesa el daño que padecieren las Mercaderías, quando á fuerza de grandes Mares se hallase la Embarcacion tan cargada de agua en la cubierta, que por no bastar los invernales para el desahogo de ella, le fuere preciso al Capitan hacer algunos agujeros, y de ellos resultare el tal daño.

XIII. Tambien es tal Avería gruesa el daño originado de echazon, que se haga á fuerza de temporal, de alguna parte de la carga, como por exemplo ; si en lance semejante se ofreciese sacar barriqueria, ú otra cosa de licor, y recibiendo ésta algun golpe, y rompiendose, se derramase lo que encerraba sobre las demás Mercaderías que quedaren ; y consiguientemente lo será, si al sacar algun fardo de peso, cayere sobre barriqueria, tambien de licor, y por ello se derramase.

XIV. Si acaeciese, que llegado un Navio á la vista de algun Puerto con deseo de tomarle por causa de temporal, ó sin él, ó bien á la de el de su destino, y que para la entrada se viese precisado á descargar á otro Barco parte de su carga para alijarle, y sucediese perderse despues al tal Barco ; para en este caso se ordena, i declara, que todo el valor de los efectos perdidos en él, deberá entrar en Avería gruesa, y que la pagarán los demás Generos que se huvieren salvado en dicho Navio alijado, cuyo valor, y Fletes entrarán tambien á la prorrata de ella : Y al contrario, si sucediere que el tal Barco, ó Embarcacion á que se pasaron dichos efectos se salvare, y el dicho Navio alijado se perdiere ; no deberá lo salvado entrar á contribuir á dicha Avería gruesa, sí solo á los cortos gastos del Afletamento de dicho Barco salvado, y el Flete correspondiente al Navio perdido ; y perdiendose ambas Embarcaciones, y recuperandose despues algunas Mercaderías, que havian quedado en el Navio, se ordena tambien, que de estas no se deberá resarcir el daño, de las que en dicho Barco perecieron ; porque el evento, ó causa por que fue hecha la translacion no se consiguió.

XV. Igualmente se tendrá por tal Avería gruesa todo lo que se gastare con Lanchas, y en otra manera, para hacer flotar á algun Navio, que por accidente se hallare varado con su carga en la Costa.

XVI. Haviendo en la navegacion precisa echazon de algunos Mercaderías, hecha con el fin, y por el cuidado de salvar otras, si despues se perdiere, no obstante, el Navio en la Costa ; en este caso se ordena, y declara que lo que de esta pérdida se pudiere salvar, y coger en la Costa, ó parage de ella, haya de pagar el valor de lo que se echó antes á la Mar, entrando aquello en Avería, igualmente que el daño, y gastos que huviere tenido lo salvado ; arreglandose como

제10조 선장이 정박장, 피난항 혹은 어느 해안의 만에 머물며 반드시 동행해 항해해야 할 호송선과 함께 출항할 기회를 기다리던 중, 이러한 이유 때문이든, 바다의 파도 때문이든, 기타 정당한 이유가 있기 때문이든, 출발을 하면서 적기에 닻을 인양하지 못하고 그 닻줄 종미를 유기하여 버린 경우에도 마찬가지로 유기된 것을 공동해손으로 본다.

제11조 선장이 선박과 함께 어느 강 어귀에 있다가 강 입구로 진입하고자 하는 때에 진입에 성공하기 위해 필요하다고 판단하여 놓아버린 선박의 닻과 닻줄도 마찬가지로 공동해손으로 간주한다. 물론 이후에 그 닻과 닻줄을 끌어올려 회수한 때에는 거기에 소요된 비용만이 이러한 해손에 해당된다고 본다.

제12조 선박이 강한 해풍을 맞아 갑판에 많은 물이 고이고, 갑판에 이를 배출하기 위해 설치한 배출구가 충분하지 아니하기 때문에, 선장이 필요하다고 판단하여 선박에 물구멍을 내게 되고, 그 결과로 화물이 훼손된 경우에도 마찬가지로 이를 공동해손으로 본다.

제13조 폭풍을 만나 적하의 일부를 투기하게 된 때에 그로 인한 손해도 마찬가지로 공동해손이 된다. 예컨대, 유사한 상황에서 수통 기타 액체인 물건을 꺼내려고 시도하고 그 결과 충격이 가해지고 찢어지게 되어 포함되어 있던 내용물이 새어나와 남은 다른 화물에 흘러내린 경우, 무거운 목재통을 꺼내면서 다른 액체 수통에 떨어지고 이로부터 유류가 흘러내린 경우에도 결과적으로 그렇다고 본다.

제14조 선박이 폭풍 때문이거나 혹은 폭풍이 없이 그냥 어느 항구에 이르러 그 시계에 도착하여 혹은 목적항에 이르러 그 시계에 도착하여, 그 항구에 입항을 희망하게 되고, 이어서 그 항구에 진입을 위해 선박을 가볍게 할 필요가 있어 적하 일부를 소형선에 싣게 되고, 이후에 그 소형선에 있던 적하가 멸실되는 사고가 생긴 경우, 그 소형선에서 멸실된 모든 물건의 가액은 이를 공동해손에 포함시켜야 하고, 이 해손은 가볍게 된 원래 선박 상에 있다가 구조된 화물이 분담하여야 하며, 그 가격 및 운임이 모두 해손을 분담하는 데에 계상된다. 이와 반대로 위 물건이 넘겨진 소형선 기타 선박이 구조되고 전시 가벼워진 원래 선박이 멸실되는 사건이 생긴 경우, 구조된 물건은 위 공동해손으로 분담할 의무가 없으며, 다만 그 구조된 소형선의 용선을 위한 단순 비용을 부담하여야 하고 또 원래 선박에 해당되는 운임을 지급하여야 한다. 두 선박이 모두 멸실되고, 이후에 원래 선박에 남아있던 화물이 일부 회수된 경우, 이들은 소형선에 있다가 멸실된 화물의 피해를 분담할 의무가 없다. 왜냐하면 이적을 실행한 이유와 사건이 결국 성공하지 못하였기 때문이다.

제15조 어느 선박이 해안에서 적하를 가진 채 좌초를 당하여 이를 부양할 목적으로 도선정을 빌린다든가 기타 방법으로 비용을 지출한 경우에도 그 모든 비용은 마찬가지로 공동해손으로 간주한다.

제16조 항해 중에 다른 물건을 구조할 의도와 목적으로 어느 화물을 투기한 연후에 그럼에도 불구하고 그 선박이 해안에서 멸실된 경우, 멸실된 선박으로부터 구조되거나 그 해안 혹은 인근 지역에서 수거된 물건은 그 이전에 해상에 투기된 물건에 대해 보존물로서 그 가액에 대해 보상하여야 한다. 이 경우, 구조된 물건이 입은 손해와 비용도 투기된 물건의 가액과 함께 해손에 포함된다. 이때에 투기된 물건이나 구조된 물건이나 각자 가액의 비율로

Avería, á proporcion del valor de cada cosa, asi echada, como salvada.

XVII. En la misma forma se declara, y deberá tenerse por Avería gruesa el gasto hecho en curacion de heridas, que en defensa contra Pyratas, Corsarios, y de otra manera, que mire á preservar Navio, y carga, resultaren al Equipage en su viaje ; y por consiguiente, lo que en caso de muerte de algunos, y salvamento del Navio, se aplicare á su viuda, ó hijos.

XVIII. Asi bien serán de Avería gruesa los sueldos, y mantenimientos de el Equipage de un Navio detenido, ó embargado en un Puerto por el Soberano de él ; esto es, en el caso de estar ajustado por meses su Afletamento ; y cesará la obligacion de la paga de este, desde el dia de dicho embargo, ó retencion, hasta el de su libertad, que entonces bolverá á correr y continuarse.

XIX. Quando el Fletamento no fuere ajustado por meses, sino por un tanto, y sobreviniere el mismo accidente de detencion, ó embargo, no deberán entrar dichos sueldos, y alimentos á dicha Avería gruesa, porque han de ser del cargo del Dueño del Navio ó su Capitan.

XX. Tambien será Avería gruesa, si sucediere que navegando un Navio cargado para su destino, se viese su Capitan precisado, por ocasion de mucha tormenta, temor de enemigos, ó por accidente inevitable, á arribar á algun Puerto, yá sea para reparar el Navio, ó yá para esperar á asegurarse de sus riesgos, y en su detencion necesitase de dinero en confianza, ó bien á la gruesa, y por no hallarlo, le fuese forzoso vender algunas Mercaderías á precios infimos, y menos del justo valor, que tendrian en el Puerto de su destino ; pues en este caso, constando por instrumentos justificativos haverse causado lo referido, y dicho menoscabo de Mercaderías en beneficio comun ; se deberá pagar, y entrar como tal Avería gruesa sueldo á libra por Navio, y carga, rebaxando lo que constare, y se averiguare haverse empleado en compra de alimentos, paga de sueldos, ú otra cosa particular de dicho Navio, y su equipage : porque esto se declara, y ordena deberá estimarse por Avería simple, y de cuenta, y cargo del Capitan.

XXI. Pudiendo suceder en Ría, ó Puerto incendio en un Navio, á que estén muy cercanos, y pegantes otros con el mismo peligro, y ser preciso para evitarle (como unico medio) destruir, ó echar á pique á tiempo, el que estuviere mas inmediato, se podrá hacer ; y en este caso se ordena, que los demás Navios, y sus cargazones deberán contribuir en la paga del que asi se huviere destruido, y resarcir el daño de él, y su carga, á prorrata entre ellos, y él, mediante la conservacion que recibieron de destruirle.

XXII. Acaeciendo varamento de un Navio con su carga en la Costa, ó Puerto de su destino, ó en otro adonde en su navegacion le fue forzoso arribar ; y necesitando para su precisa descarga algun rompimiento (por no poder comodamente lograrse esta por escotilla, por accidentes de olas, y embates del Mar, mareas, flaqueza del mismo Navio, ú otro, que no dé lugar sin dicho rompimiento) ; en este caso, los daños ocasionados á dicho Navio, y su carga, deberán entrar, y entenderse por Avería gruesa ; y por consiguiente los gastos, que aunque se descargase por la Escotilla, se huviesen causado antes con dicho Navio, yá con el fin de flotarle, y sacarle á canal enteramente con su carga, ó yá de prepararle en la manera posible en el parage de su varamento, para la saca de ella, por haver redundado todos en beneficio, y preservacion suya

이 해손을 분담한다.

제17조 항해 중에 선박이 해적행위, 나포, 기타 사고를 당하여 선박 및 적하를 보존하기 위해 선원이 선박을 방어하다가 상처를 입은 경우, 이를 치료하기 위해 지출한 비용도 마찬가지의 방식으로 공동해손으로 본다. 그 결과로 어느 사람이 사망하고 선박이 구조된 경우, 그 미망인과 자손에게 이를 지급한다.

제18조 어느 항구에서 그 항구의 관할 국가에 의하여 선박이 압류되거나 정박명령이 내려진 경우, 그 동안 선원의 임금과 유지비도 공동해손에 해당한다고 본다. 이는 선박이 월별로 용선된 경우를 말한다. 그리고 전시 정박명령 혹은 압류명령이 있는 날로부터 선박이 방면되어 돌아와 항해를 계속하는 날까지 월별 용선료를 지급할 의무는 중지된다.

제19조 용선이 월별로 된 것이 아니고 일정 기간으로 정하여 이루어진 경우, 정박명령이나 압류명령과 같은 사고가 발생한 경우 전시 임금과 식비는 공동해손에 포함되지 아니한다. 왜냐하면 이는 선박의 소유자나 선장이 부담하여야 하기 때문이다.

제20조 선박이 적하를 싣고 목적항을 향해 항해를 하던 도중, 태풍의 발발, 적국의 위험 혹은 기타 불가피한 사고를 당하여, 수리하거나 혹은 위험으로부터 벗어나 안전하게 대기하기 위해, 선박이 어느 항구에 도착하여, 신용으로 혹은 모험대차로 금전을 차용할 필요가 생겼지만 이를 마련하지 못하게 된 때에, 부득이 목적항에 도착하였을 때에 얻을 수 있는 가격보다 저가 혹은 최저 가격에 화물을 매각하지 아니할 수 없는 경우가 생기는 바, 그러면 증서에 의하여 여기에 언급한 사건이 발생하였고 또 공동의 이익을 위해 화물에 전시 감손이 생긴 것이 입증되면, 이 차액은 이를 공동해손으로 보고 선박과 적하가 분담하여야 한다. 다만 식량의 구입, 급료의 지불 및 기타 선박 및 선원의 개별적인 것은 이를 공제한다. 왜냐하면 이러한 것들은 단독해손으로 간주되며 선장이 계산하고 부담해야할 것이기 때문이다.

제21조 강이나 항구에서 선박에 화재가 발생하고, 다른 여러 선박이 동일한 위험을 안고 인근 혹은 근접하여 있어 이를 피하려면(유일한 방안이) 가장 바로 인근에 있는 선박을 바로 파괴 혹은 전복시킬 수밖에 없었던 경우, 다른 여타 선박과 적하는 파괴한 물건에 관해 해손을 분담하여야 하며, 파괴로 인하여 선박과 적하가 입은 손해를 여타 이익을 본 선박 및 적하와 이처럼 보존 조치로 파괴된 것들이 비례로 분담하여야 한다.

제22조 연안이든, 목적항이든 혹은 다른 곳이든, 항해 중에 선박이 강제로 피난기항을 한 곳에서 선박이 좌초하는 사건이 생기고, 반드시 필요한 적하의 양륙을 위해 선박을 일부 절단할 필요가 있는 경우(파도의 험란, 해수의 급습, 조수의 영향, 선박 자체의 유약 및 기타 사유로, 이러한 절단 없이 선구를 통해 적절하게 목적을 달성할 수 없어서), 이로 인해 선박과 적하에 발생한 손해는 공동해손으로 본다. 그리고 비록 적하는 최종적으로 선구를 통하여 인출하고 양하하였지만, 적하를 실은 채 선박 전체를 부유시켜 끌어내기 위하여 혹은 좌초된 장소에서 선박을 그대로 둔 채 적하를 반출하기 위한 준비를 위하여, 그 이전에 보존과 이익을 위한 조치를 시행한 경우에도, 그 비용은 마찬가지로 공동해손이 된다. 그러나 선구를 통하여 적하를 성공적으로 인도하여 준 후에 해일, 파도 기타 사고로 선박이 일부분

: Pero si despues que con efecto entregase la carga por Escotilla, movido de dichos embates, y olas de Mar, á otro qualquier accidente se quebrantase, y rompiese en parte, ó del todo se perdiese dicho Navio, este daño deberá entenderse, y se declara por Avería simple, por ser de cuenta del Capitan, sin dependencia de las Mercaderías, pagandosele por estas su Flete debido, y correspondiente, con el descuento del coste, que tuvieren las Embarcaciones, en que se conduxeren dichas Mercaderías, al desembarcadero de su destino.

XXIII. Quando en el caso, y términos, que contiene el precedente sucediere no poderse sacar el todo de la carga, sino parte de ella, perdiendose la demás ; los dueños de las Mercaderías asi sacadas, las podran recoger para si por sus numeros, y marcas, pagando los gastos que les correspondan, sin dependencia, ni saneamiento de las que se huvieren perdido.

XXIV. Siempre que resultare naufragio (en parte, ó en todo) de un Navio y su carga, y arrojare despues el Mar á sus costas porcion de Mercaderías ; en este caso se ordena, que pudiendose averiguar, por las marcas, numeros, ó en otra forma, su pertenencia, se entregue á sus dueños, con independencia de los otros interesados en la demás carga, pagando los gastos que causare su recobro sueldo á libra ; pero si entre ellas salieren algunas, que por no contener, ó no distinguirseles marcas, ó por otros motivos, no se conociere por entonces de quien sean ; en este caso, las que asi salieren, y se recogieren, se deberán repartir prorrateadas por sus especies entre los que de dichos interesados las tenian semejantes, y se perdieron, ó naufragaron.

XXV. Avería simple se entiende por aquellos daños causados distintamente al Navio, ó á algunas Mercaderías, cuyo perjuicio deberá padecerse sola, y respectivamente por la parte que le recibiere ; es á saber, por los dueños del Navio, los daños causados á su casco, y aparejos ; y por los interesados en la carga, los que á esta huvieren resultado ; todo segun los motivos que la ocasionen, como para la inteligencia de ello, y su distincion se especificará por menor en los numeros siguientes.

XXVI. Lo primero se declara por tal Avería simple todo daño que resultare á la carga, por vicio, ó corrupcion de ella misma durante el viage de su conduccion.

XXVII. Tambien se deberá tener por Avería simple el derramamiento de qualquier licor de Barricas, y sus mermas, que por este accidente se reconocieren, no siendo por falta de arrumage, que en este caso será de cuenta, y cargo del Capitan.

XXVIII. Igualmente será tal Avería el daño, y menoscabo, que durante el viaje se ocasionare á cosa, ó parte de la carga, yá sea por tempestad, ó yá por corromperse, ó por derramamiento de licores.

XXIX. Asimismo deberá reputarse, y se declara por dicha avería simple qualesquiera Mercaderías, que yendo sobre cubierta del Navio llevaren el Mar, y vientos, ó por tempestad se arrojasen, por ser de la obligacion de los Capitanes ponerlas debaxo de Escotilla ; en cuyo caso se previene, que el daño que de ello resultare á sus dueños, recaerá sobre dichos Capitanes.

부서지고 절단되거나 혹은 선박의 전부가 멸실된 경우, 이 손해는 단독해손으로 보며 선장이 부담하여야 하고, 적하는 이에 대하여 손해를 분담할 필요가 없고, 원래 약정한 운임을 지급하면 되고, 나아가 그 적하를 다른 선박에 싣고 운반하여 목적지에서 양하하는 데에 소요된 비용이 있으면 이 금액도 지급할 운임에서 공제한다.

제23조 전 조에 기재된 경우와 동일한 상황하에서 적하를 일부만 인출하고 일부가 남아 있다가 그 나머지가 멸실된 경우, 인출된 화물의 소유자는 그 숫자와 표시를 찾아 확인하고 스스로 그 화물을 수거할 수 있고, 다만 그 인출에 소요된 비용을 지급하여야 한다. 그러나 그는 멸실된 다른 화물과는 아무런 상관이 없고 따라서 그 손해를 분담할 의무도 없다.

제24조 선박이 그 적하와 함께(그 전부 혹은 일부가) 난파되고 이후 해상단이 관할하는 해안에서 그 화물의 일부를 투하한 경우, 그 표시, 번호, 기타 방식으로 그 귀속자를 판별할 수 있는 때에는 이를 소유자에게 인도하여야 한다. 여기에 대해 다른 적하에 이해관계를 가진 사람은 전혀 시비를 할 수 없지만, 인도를 받을 소유자는 회수하는데 소요된 비용을 전부 부담하여야 한다. 그러나 화물 중에서 이러한 표시가 없고, 그 구별도 되지 아니하며, 기타 어떤 방법으로도 누구에게 귀속되는지 알 수 없는 경우, 이처럼 유출되고 회수된 물건은 그 종류에 따라 유사하게 그 물건을 가지고 있다가 유실이나 난파를 당한 사람들이 그 이해관계의 비율로 이를 분배한다.

제25조 단순해손이란 선박이나 적하가 각각 별도로 입은 피해를 말하며 단순해손으로 인한 피해는 그것을 당한 그 사람이 각자 이를 감수하여야 한다. 즉 선체 및 장비에 피해가 생기면 이를 선주가 부담하여야 하며, 화물에 피해가 초래되면 그 이해관계인이 이를 부담하여야 한다. 이의 발생원인과 그 본질 및 구별에 대하여 아래에서 볼 여러 조항에서 자세히 규정한다.

제26조 우선 운송 도중에 적하가 그 하자 혹은 부패로 인해 발생한 손해는 이를 단순해손으로 간주한다.

제27조 목재통으로부터 유류가 유출되거나, 이러한 사고로 인하여 발생한 감손은 이를 단순해손으로 본다. 그러나 화물의 적부를 잘못하여 발생한 것이 아니어야 하며, 만일 적부를 잘못하여 발생한 것이면 이는 선장의 책임 및 부담이 된다.

제28조 항해 도중에 태풍, 부패 혹은 유류 유출로 인하여 적하 기타 물건에 발생한 파손과 감가도 이를 마찬가지로 단순해손으로 본다.

제29조 화물을 선구의 안쪽에 넣어 적부하는 것이 선장의 의무임에도 불구하고 선박의 갑판에서 해류와 바람을 맞고 있던 화물이 폭풍을 당하여 해상에 투기가 된 경우 이를 단순해손으로 본다. 이 경우 그로 인하여 소유자에게 발생한 손해는 그 선장이 부담하여야 한다.

XXX. Tambien deberá tenerse por Avería simple el menoscabo, ó perdida de Velas, Jarcias, ó Maestes, que rompiere la tempestad, y los Cables, y Ancoras, que estando dado fondo el Navio faltaren por esta causa.

XXXI. Entiendese asimismo por dicha Avería el importe del Flete que se diere á una Embarcacion, que traxere Mercaderías de un Navio perdido al lugar de su destino ; porque esto lo deberá pagar el Capitan de él, y cobrar el Flete primitivo de las Mercaderías que traxere.

XXXII. Es tambien Avería simple el daño, que por incendio accidental recibiere un Navio, y su carga.

XXXIII. Igualmente se tendrá, y declara por tal Avería simple el fardo, ó fardos, ú otros efectos de Mercaderías, que un Navio de Guerra, amigo, ó enemigo, Corsario, ó Pyrata, sacare de otro Mercantil, no haviendo intervenido circunstancia de ajuste con su Capitan, ó Equipage, ú otras de las prevenidas en los numeros precedentes : pero si viendo dicho Capitan, que se le quiere sacar algun fardo, ó fardos de mucho valor, y en lugar de ellos pudiere hacerle llevar otro, ú otros inferiores ; en tal caso, estos tales fardos, ó cosas con que huviese podido contentar al Navio de Guerra, Corsario, ó Pyrata, serán de Avería gruesa, como queda dicho ; á diferencia de la simple, que arriba se declara, para en el caso de llevarsele, y sacarsele con violencia.

XXXIV. Asimismo será tal Avería simple el daño, ó rompimiento, que se causaren dos Navios, golpeandose uno con otro por encuentro, ó tropiezo accidental, asi en Mar, como en Puertos, y Surgideros, soltandose ó faltando las amarras en fuerza de temporal, avenidas de Rios, ú otro qualquiera caso no pensado ; porque cada qual deberá sobrellevar dicho daño de rompimiento, ú otro menoscabo ; y por consiguiente las Mercaderías que contengan, y sus dueños, el que á estas se les huviere ocasionado ; pero siempre que de intento, y advertidamente por malicia, y voluntad del Maestre, y gente de alguno de dichos Navios, ó por negligencia, y poco cuidado en las amarras, se executare dicho golpe, y rompimiento ; en este caso, el tal causante deberá pagar enteramente todos los daños, que de ello se huvieren seguido, asi al otro Navio, y carga, como al suyo, y la que éste tuviere.

XXXV. Tambien será Avería simple qualquiera daño que viniere á las Mercaderías despues de desembarcadas en Olaveaga, ú otra parte de esta Ria, de los Navios á las Gabarras, para traerlas á los Muelles de esta Villa ; yá sea por irse á pique las tales Gabarras, ó ya por otro qualquier accidente ; y para en este caso se ordena, que los dueños de las Mercaderías dañadas tendrán su recurso contra quienes les convenga, y haya lugar.

XXXVI. Igualmente se considera, y estima por Avería simple qualquiera daño de rompimiento, y Avería, que reciba una Embarcacion con Mercaderías, que traxese por esta Ria de descarga de Navios, encontrando, y dando contra alguna uña de Ancora ; pero se declara, y ordena, que quando en semejante caso se viere, y reconociere estár la tal Ancora sin su Boya en la forma debida ; el dueño de ella será obligado á la paga de dicho rompimiento, y daño.

제30조 폭풍에 의하여 파괴된 돛, 돛대 및 돛줄과 혹은 폭풍 때문에 소실된 선박이 설치한 닻 및 닻줄의 훼손과 멸실도 마찬가지로 이를 단순해손으로 간주한다.

제31조 선박이 멸실된 다음 다른 선박이 그 화물을 그 목적지까지 운반한 경우 그 다른 선박에 지급할 운임 총액도 이를 마찬가지로 단순해손으로 간주한다. 왜냐하면 이 운임은 선장이 지급하여야 마땅한 것이고, 선장은 그 화물의 운송에 대해 원래 정한 운임을 모두 받을 수 있기 때문이다.

제32조 우연한 화재로 인하여 선박 및 적하에 발생한 파손도 이를 단순해손으로 본다.

제33조 우방선이든 적선이든 혹은 전함, 나포선이나 해적선이, 선장이나 선원과 타협한 정황도 없고, 위 여러 조항에서 이미 규정한 상황도 아니면서, 다른 상선으로부터 목재통 기타 화물을 탈취한 경우에도 마찬가지로 단순해손으로 본다. 그러나 선장이 이들이 선박으로부터 고가의 목재통을 탈취하고자 하는 의도를 알고서 그 대신에 다른 저가의 물건을 가지고 가도록 하였던 경우에는, 이처럼 전함, 나포선 혹은 해적선을 만족시키기 위해 넘겨준 목재통이나 물건은 위에서 말한 공동해손이 되며, 이는 위에서 본 것처럼 폭력으로 화물을 탈취하는 단순해손과 다르다.

제34조 해상, 항구 혹은 정박장에서, 폭풍우에 밀려서, 강이 혼잡하여 혹은 기타 예상할 수 없는 상황하에서, 선박의 계선이 풀리거나 사라지면서, 두 개 선박이 서로 맞부딪혀 혹은 우연히 걸려서 충돌을 하고, 그 결과로 훼손과 파손이 발생한 경우 이를 마찬가지로 단순해손으로 보며, 따라서 각자가 파손 혹은 감가로 인한 손해를 감수하여야 한다. 나아가 거기에 실려 있던 화물의 손해도 단순해손이 되고, 따라서 손해를 입은 소유자가 이를 감수하여야 한다. 그러나 선장 기타 선원이, 목적을 가지고, 악의적으로 위험을 감수하고, 또는 의도를 가지고 한 때에 혹은 이들의 과실이 원인이 되거나 혹은 이들이 계선을 하는데 무관심이 원인이 된 때에, 충돌이 일어나고 파손이 발생한 경우, 원인 제공자는 그 충돌로 유발된 모든 손해를 배상하여야 하며, 다른 선박 및 그 화물에 대하여는 물론, 자기 선박에 가지고 있던 화물에 대하여도, 그 손해를 배상하여야 한다.

제35조 올라베아가 정박장 혹은 이 빌바오강 다른 어느 곳에서 본 빌바오시의 부두까지 운송하기 위해 화물을 선박으로부터 부선으로 이적한 이후에 그 화물에 발생한 손해는 이를 마찬가지로 단순해손으로 본다. 이는 그 부선이 전복된 경우 및 기타 다른 사고를 당한 경우에도 모두 마찬가지이다. 이 경우 훼손된 화물의 소유자는, 해당되는 사람이 누구든 책임질 사람이 있으면, 이를 상대로 구상할 수 있다.

제36조 선박으로부터 양하를 하기 위해 소형선이 선박으로부터 화물을 인수받아 빌바오강으로 운송하여 올라오던 도중 닻정과 접촉하고 충돌하여 발생한 파손의 손해 및 여타 훼손은 이를 마찬가지로 단순해손으로 간주한다. 그러나 유사한 사안에서 그 닻이 갖추어야 할 부표를 적법한 방식으로 구비하지 못한 것으로 판명되면, 그 닻의 소유자는 이 파손 및 손해를 보상할 의무가 있다.

CAPITULO XXI

DE LA FORMA DE CONTAR, Y REGLAR LA AVERÍA GRUESA

I. Por quanto en el modo de contar, y reglar la Avería gruesa se han ofrecido algunas dudas, y diferencias ; para que en adelante no las haya, y se corra con igualdad, se ordena, que siempre que huviere tal Avería gruesa, se ha de contar, y ajustar, entrando el valor del Navio, sus aparejos, y mitad de Fletes ; todo lo que dieren los Pasageros, si los huviere ; el importe de las Mercaderías, Perlas, Piedras preciosas, Oro, Plata, ó Moneda, y los demás Generos, y cosas, que contenga la Nao.

II. Para la liquidacion del valor de todo, se tasará el Navio por Peritos nombrados por los Interesados, ú de Oficio en rebeldia.

III. Las Mercaderías, y demás de la carga se regulará á voluntad de la mayor parte de dichos Interesados en cantidad, yá sea por el valor que contengan las Facturas (manifestandose estas originalmente juradas, y firmadas luego inmediatamente por los interesados que fueren de esta Villa, y por los de fuera, siendo de estos Reynos de España, dentro de treinta dias ; y siendo las Mercaderías por cuenta, y riesgo de interesados de estos Reynos, dentro de quarenta dias) ó yá por no conformarse con lo referido el Capitan, tasandose tambien dichas Mercaderías ; de manera, que nunca se haga esta cuenta, y regulacion por Fletes, ni en otra forma, que por su valor, como queda dicho, á menos de convenir en ello, asi interesados, como Capitan, sin que nadie lo impugne.

IV. La tasacion (si se huviere de hacer) ha de ser dando á las Mercaderías el precio corriente en el Puerto de su destino en aquel tiempo, y segun el estado que tuvieren, y su calidad.

V. Para saberse el numero, calidad, y cantidad de las Mercaderías arrojadas por echazon al Mar, ó robadas, y quitadas por Pyratas, que hayan de entrar en la tal Avería gruesa, se ha de estar á la razon que diere de ellas, con justificacion legitima el Capitan, y su valor se regulará por las Facturas, y Conocimientos, dandolas sobre ellas el que tendrian en el Puerto de su destino, si huvieran llegado bien tratadas, y acondicionadas.

VI. Quando se reconociere no expresarse fielmente en las Facturas la calidad, cantidad, y valor de algunas Mercaderías, y se hallare ser de mayor estimacion que las que se les dió en ellas, se estará (siendo de las salvadas) á su legitimo valor, y se regularán segun él ; y si fueren de las perdidas, solo se les dará el que constare de dichas Facturas.

VII. Si huviere Mercaderías que no hayan venido debaxo de conocimiento, y se hayan echado al Mar, ó robadose por Pyratas, ó en otra forma de las que quedan prevenidas en el capitulo proximo antecedente de esta Ordenanza, para que debiesen entrar á dicha Avería gruesa, no han de ser admitidas al arreglamento, ni se hará cuenta de ellas ; pero si no huviesen sido echadas, ni robadas, y llegaren al Puerto, entrarán á contribuir como las demás salvadas.

VIII. Resultando la Avería gruesa por rescate de apresamento, entrarán tambien á la

제21장
공동해손의 계산방식과 처리

제1조 공동해손의 계산과 처리를 둘러싸고 여러 가지 의문과 분쟁이 있었던 바, 이를 사전에 제거하고 공평하게 진행하기 위하여 공동해손이 있는 것을 전제로 선박과 장비는 그 가격, 운임은 그 반액을 계산하여 정산하고, 여객이 준 물건이 있으면 여객이 준 것 전부, 선상에 있던 화물, 진주, 귀금속, 금, 은, 현금, 상품 및 기타 물건은 가액 총액을 산입하여 정산한다.

제2조 당사자가 임명한 감정인 혹은 부재시 당연직 감정인이 그 가액을 확정하기 위해 선박을 평가한다.

제3조 화물 기타 적하는 그 분량에 있어 다수를 차지하는 이해관계인의 의사에 따라 처리하되, 송장(처음부터 선서를 하고 신고를 하여야 하며, 이후 이해관계인도 이 도시 사람이면 즉시 그에 서명하여야 하고, 그 이외 도시로부터 온 사람인 경우 스페인 왕국으로부터 오면 30일 이내에 서명하여야 하며, 그 이외에도 화물이 이 왕국 사람의 계산과 위험인 경우 40일 이내에 서명하여야 한다)에 기재된 가액에 의할 수도 있고 혹은 선장이 이미 언급된 것에 따르지 아니하고 화물을 평가하여 처리할 수도 있다. 방법을 정함에 있어 운임은 이러한 방법으로 계산하여 정산하지 아니하며, 이미 언급하였듯이 오로지 그 가액에 의한다. 다만 선장과 이해관계인이 이에 관해 합의를 하고, 따라서 아무도 이에 대해 이의를 하지 아니하는 경우에는 그러하지 아니하다.

제4조 화물의 경우(이를 평가해야 하는 때에) 그 당시에 목적항에서 그 상태와 품질을 기준으로 시가에 의하여 그 가액을 정한다.

제5조 투하로 바다에 던져진, 강도가 약탈한 혹은 해적이 강탈한 것으로 공동해손의 계산에 포함될 화물의 경우 그 숫자, 품질 및 수량은 선장이 정당하게 작성한 항해장부의 기재에 의하여 정하고, 그 가격은 송장과 선하증권에 기초하여 정상적으로 관리되어 안전하게 목적항에 도착하였을 때의 가격에 의하여 정한다.

제6조 송장에 어느 화물의 품질, 수량 및 가격이 정확하게 표시되지 아니하였고, 실제로는 거기에 기재된 것보다 더 고가인 것으로 평가되는 때에는 (구조된 화물이면) 그 상당한 가격으로 이를 계산하며, 멸실되어 보상을 청구하는 것이면 오로지 그 송장에 기재된 가액에 의하여 계산한다.

제7조 선하증권에 기해 선적된 것이 아닌 화물이 있는 경우, 그 화물이 바다에 투기되거나, 해적으로부터 약탈을 당했다든가 혹은 여타 방법으로, 전 장에서 정한 해손이 생기고, 이를 공동해손으로 정산하여야 하는 경우, 이러한 화물은 정산에서 인정되지 아니하며 또 그 산입이 허용되지도 아니한다. 그러나 만일 투하도 되지 아니하고 약탈도 되지 아니하고 목적지에 무사히 도착하면, 다른 구조된 물건과 마찬가지로 분담할 재산에 산입된다.

제8조 해원이 납치된 다음 상대방과 타협을 하여 해방됨으로 인하여 생긴 공동해손의 경

contribucion de ella los sueldos de Capitan, y Marineros ; respecto de que si huviesen sido llevados con el Navio, y carga en dicho apresamento, cesarian sin el remedio del rescate dichos sueldos, y padecerian mayores daños con la perdida del todo ; entendiendose, que si el apresamento se hizo, navegando desde este Puerto, deberán contarse los sueldos ganados hasta el dia del rescate ; y si aconteció de buelta desde otro Puerto para éste, se contarán desde que en aquel se comenzaron á ganar, hasta el dia tambien del rescate.

IX. Originandose tambien dicha Avería gruesa de cortadura de palos, pérdidas de Velas, Cables, y otras cosas de los aparejos del Navio que deban entrar en ella, se estimarán, segun, y como valían al tiempo que se cortaron, rompieron, ó abandonaron, á juicio y averiguacion juridica.

X. Haviendose yá liquidado, y sabido el valor del Navio, carga, y todo lo demás que queda prevenido, se repartirá la Averia gruesa prorrateada sueldo á libra entre los interesados de uno, y otro respectivamente.

CAPITULO XXII
DE LOS SEGUROS, SUS POLIZAS, Y FORMA DE HACERSE

I. Respecto de que en este Comercio se acostumbran hacer varios contratos de seguros, asi por Mar, como por Tierra, que consisten en tomar á su cargo los Aseguradores el riesgo, daños, y contingencias en casos fortuitos ; es á saber, por lo que mira al Mar, de Naufragios, Averías, echazones, presas de enemigos, retenciones de Principes, barateria de Patron, y Marineros, incendios, y otras adversas fortunas que pueden acaecer, pensada, ó impensadamente á las Mercaderías, y otras cosas, obligandose el Asegurador, ó Aseguradores á pagar al Asegurado las cantidades que expresaren las Polizas, segun, y como está dispuesto por la antigua Ordenanza de este Consulado, confirmada por su Magestad en quince de Diciembre, del año de mil quinientos y sesenta ; porque la experiencia ha mostrado despues acá, que de no hacerse las Polizas de dichos seguros con la debida forma, y claridad han resultado muchas dudas, diferencias, y pleytos, en grave perjuicio de los Negociantes ; por evitarlos en adelante, se ordena, que las tales Polizas se hayan de hacer ante Escribano, ó entre los mismos Asegurados, y Aseguradores, por medio de Corredor, ó sin él, como mejor les pareciere ; observando en ellas, que hayan de contener los nombres, apellido, y vecindad del Asegurador, ó Aseguradores, y Asegurado ; el valor de las Mercaderías, y cosas aseguradas ; si de propia cuenta del Asegurado, ó de comision ; los nombres tambien del Navio, Capitan, ó Maestre ; el lugar, ó Puerto donde las Mercaderías, ó cosas aseguradas' se cargen ; la Abra, ó Puerto de donde el Navio deba salir ; el de donde vaya destinado para su descarga ; y si huviere de hacer Escalas, los nombres de los Puertos donde deba hacerlas ; la fecha (con dia, y hora) de la Poliza ; desde quando ha de empezar á correr el riesgo, y quando acabará en el Puerto de su destino, la cantidad, ó cantidades que cada Asegurador tomare á su cargo, que las deberá cada uno expresar sobre su firma ; el premio que segun convenio se huviere de pagar por el seguro, con expresion de haverle recibido de contado, ó en otra forma ; la obligacion que ha de hacer el Asegurador al

우, 그 해손을 분담함에 있어 선장과 선원의 급료도 해손액에 산입한다. 납치에 있어 선박과 적하가 함께 예인된 경우, 다른 구제 없이 임금의 지급은 중지되며, 모든 것의 멸실과 함께 주된 손해를 감수하여야 한다. 만일 납치가 이 항구로부터 항해하다가 이루어진 때에는 타협의 날까지 발생한 임금을 계산하여야 하고, 다른 항구에서 이 곳 항구로 돌아오던 도중에 사고가 발생한 경우 마찬가지로 그곳에서 급료가 발생한 시점부터 마찬가지로 타협의 날까지 계산한다.

제9조 위 공동해손이 돛대의 절단이나 돛, 밧줄, 기타 선박 장비의 멸실로 인한 것이고 이를 해손에 산입하여야 할 경우 절단, 파괴 혹은 유기의 시점에 사법적인 확인과 판단에 의거 평가한 바에 따라 이를 계산한다.

제10조 선박, 적하 및 이미 규정한 모든 것에 대하여 그 가격이 확정되고 공인되면, 공동해손은 이해관계인이 각자 비율로 이를 분담한다.

제22장
보험, 보험증서 및 행위방식

제1조 이 분야의 영업에서, 바다는 물론 육지의 업무와 관련, 관행적으로 여러 가지 보험계약이 체결되었고, 이 보험계약을 통하여 위험, 파손 및 기타 우연적 사고를 보험자가 책임져 왔던 바, 즉 바다와 관련하여 난파, 해손, 투하, 적선에 의한 나포, 국가에 의한 억류, 선장이나 선원에 의한 사리 추구행위, 화재, 기타 불행한 사고가, 미리 예상이 되든 전혀 예상할 수 없든, 화물 기타 물건에 발생하면 보험자는 보험증서에 기재된 금액을 피보험자에게 지급할 의무를 지게 되고, 이는 지금까지 국왕께서 1560년 12월 15일 인가하신 해상단 구칙령이 정한 바에 따라 시행하여 왔는데, 이후 지금까지 과거의 경험을 통해 나타난 것은 이 보험증서가 적당한 형식에 의해 명확하게 이루어진 것이 아니어서 많은 의문, 분쟁 및 소송이 있어 상인에게 심대한 손해를 유발하여 왔던 바, 사전에 이를 방지하고자 이제 여기에 명하노니 이러한 보험증서는 기록관[22]의 면전에서 하든가, 중개인의 참여하에 보험자와 피보험자 사이에 이루어지든가 혹은 중개인 없이 당사자에게 적당한 방법으로 하든가, 편의에 따라 하면 상관이 없지만, 거기에는 보험자와 피보험자의 성명과 주소가 포함되어야 하며, 화물 기타 보험에 든 물건의 가액, 자신의 계산인지 타인이 부탁을 받은 것인지 여부, 선박의 명칭과 선장의 성명, 화물 기타 부보 물건이 선적될 장소나 항구, 선박이 출발할 항구나 장소, 양하를 위해 진행할 목적인 항구, 중간 기항지가 있는 경우 그 기착항의 명칭, 보험증서의 일자(날짜와 시간), 위험이 시작되는 시기와 목적항에서 종료되는 시기 및 각 보험자가 책임을 인수한 보험금액도 기재하여야 하며, 이 보험금액은 각 보험자가 서명하여 확인하여야 한다. 그리고 보험에 대해 지급하기로 합의한 보험료를 기재하고 이를 현금 지급 기타 방식으로 수령하였다는 표시도 하여야 한다. 사고가 발생하여 보험의 목적에 손해가 발생하면 보험자가 피보험자에게 이를 전부 보상할 의무도 기재하여야 하고, 그리고 보험금을 지급하는 기간을 기재하고, 이 해상단의 판결에 복종한다는 것도 기재하고, 이

22 후에 공증인으로 발전하였다.

Asegurado de pagar en caso de desgracia todos los daños que sobrevengan á lo que asegurare ; el plazo para la paga de esto, y con la expresa sumision al Juzgado del Consulado de esta Villa, y estar, y pasar por el contenido de esta Ordenanza, sin que por ningun pretexto se use de someterse á otras de estos Reynos, ni de los estraños.

II. Las Polizas de seguros que se hicieren entre las Partes, ó por medio de Corredor, han de tener la misma fuerza, y validacion, que las otorgadas ante Escribano, por Instrumento publico, y se les ha de dár igual fé, y credito, para que se cumplan, guarden, y executen, aunque les falten alguna, ó algunas fuerzas, ó clausulas instrumentales, que por los Escribanos, se deben poner ; y para evitar ignorancias, y que todos sepan el modo de correr en estos casos, se pondrán al fin de este capitulo dos Formulas de Polizas, y además se hará imprimir cantidad de ellas del mismo tenor, con los huecos correspondientes á lo que se haya de tratar, y ajustar, entre las Partes, para que alli lo puedan estender de conformidad, para que todo Comerciante pueda tener en su poder las que necesitare segun sus Comercios, obtenido que se haya la Real Aprobacion de esta Ordenanza.

III. Porque puede suceder, que un Negociante tenga Mercaderías, ú otras cosas en las partes de la America, ó en otra de los Dominios Estrangeros, sin que sepa positivamente los nombres de las Naos, y los Maestres en que sus correspondientes las hayan de cargar, ni el tiempo en que puedan salir ; en tales casos cumplirá el Asegurado con manifestar al Asegurador esta circunstancia de incertidumbre, y segun ella, y las demás que ocurran de duda podrán disponer Poliza condicional, arreglada á ellas, y esta deberá tener tambien la misma fuerza, y validacion que las demás de la calidad antes expresada ; y en caso de desgracia, será de la obligacion del Asegurado manifestar al Asegurador Instrumento justificativo de ella, y de haverse embarcado sus efectos asegurados en el Navio que la huviere padecido.

IV. Acaeciendo, que algun Cargador, Capitan, ó Sobre Carga quisiere asegurar el valor de su Navio, y cargazon, ó porte de ello, yendo sin destino determinado á venderla donde mejor le convenga ; en este caso el Asegurado deberá prevenir al Asegurador la incertidumbre de su destino, con las demás circunstancias, y ordenes que llevaren, para que á su proporcion, y de las Escalas que consideraren pueda hacer, y riesgos que le puedan sobrevenir, arreglen, y se ajusten en los premios que se huvieren de pagar, expresando en la Poliza todas estas circunstancias, y las demás que se le ofrecieren, y conduzgan.

V. Quando el Asegurador asegurare Mercaderías, ú otras cosas de uno que esté en Compañia con otro, ú otros, sin expresar, que la cantidad asegurada compete á la Compañía ; se deberá entender, que el tal seguro es unicamente de cuenta particular del Asegurado ; pero quando éste quisiere hacer seguro por cuenta comun de la misma Compañía, lo podrá hacer, expresandolo con claridad, y distincion en la Poliza ; y al contrario, deberán tambien observar los Aseguradores que tuvieren Compañías con otros, que no lo sean, declarando en la Poliza, si la obligacion que hacen es por su cuenta, y riesgo particular, ó por la de toda la Compañía en comun.

VI. Siempre que se hiciere seguro de Navio, ó Mercaderías de viaje redondo de ida, estada, y buelta, se deberá expresar en la Poliza con toda distincion, qué premio corresponde al riesgo de

칙령의 내용도 인용하여야 하며, 그 이유가 무엇이든 아국의 다른 법원 혹은 타국의 법원의 관할에 동의하지 못한다.

제2조 보험증권은 비록 당사자 사이에 혹은 중개인의 참여하에 이루어졌다 하더라도 그 성립과 효력에 있어 기록관의 면전에서 공증증서로 작성되어 정식으로 허가된 것과 하등 다를 바 없으며, 비록 기록관이 반드시 삽입할 어느 구절이 없다든가 혹은 기록관이 작성하면 발생할 형식적 증명력이 일부 없다 하더라도 그 이행, 준수 및 집행을 위해 마찬가지의 증명력과 효력을 가진다. 이러한 경우에 부지를 해소하고 진행방법을 알리기 위해 이 장 말미에 두 가지 형식의 보험증서를 첨부하며, 그 외에 이를 동일한 내용으로 일정량을 인쇄하되 당사자가 합의하고 확정할 것에 해당하는 부분은 공란으로 두어 그에 맞추어 증서를 발부하게 하고, 이를 통하여 모든 상인은 그 필요에 맞고 동시에 이 칙령에 의해 승인된 보험증권을 가지게 되도록 한다.

제3조 상인이 미주 혹은 여타 외국 지역에 화물 기타 물건을 가지고 있어 해당 화물을 선적할 선박의 명칭이나 선장을 적극적으로 알지 못하고 출발할 시간도 알지 못하는 일이 생길 수 있는 바, 이러한 경우에 피보험자는 그 불명확한 상황을 보험자에게 고지하면 되고, 보험증권에는 그에 기하여 기술하고, 여타 의문 나는 사항은 조건부로 기술하여 처리하면 되며, 그러면 위에서 본 것을 모두 갖춘 다른 보험증권과 동일하게 유효하고 효력을 갖는다. 사고가 생긴 때에는 피보험자는 사고를 증명하는 서류와 피해를 입은 선박에 부보된 물건이 선적되었다는 입증서류도 제시하여야 한다.

제4조 어느 화주, 선장 혹은 화물관리인이 선박, 적하 혹은 그 일부를 보험에 들고자 하는데 아직 그 목적지를 확정하지 아니한 채 가장 적합한 곳에 가서 그 적하를 매도하고자 하는 때가 있는 바, 이러한 경우 피보험자는 보험자에게 모든 상황과 함께 불명확한 목적지와 수령한 지시사항을 모두 알려야 하고, 그러면 추후에 그의 제안에 따라 할 것으로 예상되는 기착항과 그로 인해 발생할 위험에 따라 지급할 보험료를 협의 확정하며, 보험증권에는 이러한 상황과 여타 관련 사항을 진술하고 제공한 상황을 모두 기재하여야 한다.

제5조 다른 사람과 공동영업[23]을 하는 사람이 부보금액이 공동영업에 귀속하는 것이라는 표시를 하지 아니한 채 화물 기타 물건을 보험자에게 부보한 경우, 그러한 보험은 오로지 피보험자 개인의 이익을 위한 보험으로 본다. 그러나 만일 그 사람이 그 영업상 공동 이익을 위해 보험에 가입하기를 원하는 경우 그렇게 할 수도 있다. 다만 이 경우 보험증권에 이를 분명하게 구별하여 표시하여야 한다. 다른 한편 다른 사람과 함께 동업을 하는 보험자는 이러한 혼란이 유발되지 아니하도록 하여야 하며, 보험증권에 개인적인 위험과 계산을 위한 것인지 혹은 공동영업 전체를 위한 것인지를 명확히 하여야 한다.

---

23 회사라고 표시되어 있으나 당시에는 아직 회사 형태가 자리를 잡지 못하고 동업 형태를 유지하며 이를 회사라고 불렀다.

la ida ; para que en el caso de no poder efectuarse la buelta, se pueda obligar al Asegurador á la restitucion del premio correspondiente á ella, con la baxa de el medio por ciento de la cantidad que importare la parte que se anulare ; precedido el aviso que deberá dár el Asegurado al Asegurador, segun es de su obligacion, y adelante se expresará.

VII. Porque de hacer asegurar mayor cantidad de la que cada Asegurado interesa en cada Navio pueden resultar graves daños, y inconvenientes ; se ordena, que en adelante ninguna persona por sí, ni en nombre de otra, pueda hacer asegurar mas cantidad que la que efectivamente importaren las Mercaderías, ó cosas aseguradas, sus derechos, gastos hasta bordo, y premios de seguros ; pena de la nulidad del tal seguro ; entendiendose, que el Asegurado deberá en el todo correr el riesgo de diez por ciento, y solo podrá asegurar los noventa por ciento restantes ; pero en el caso de que se conformen los Aseguradores, en que se asegure el todo, podrá qualquiera hacerlo, expresando en la Poliza esta circunstancia, á menos de que el mismo Asegurado dueño navegare con sus Mercaderías en el Bagel, porque en este caso, deberá correr precisamente el riesgo dicho del diez por ciento, só la misma pena de nulidad.

VIII. En los Negocios, y Comercio de Indias, y otras partes remotas, que por los grandes riesgos, y otras razones se pueden prometer ganancias mayores que las regulares de la Europa, se podrán hacer asegurar para la buelta, además del interés principal que tuviere el Asegurado, hasta veinte y cinco por ciento por via de ganancias, sin exceder de esta cantidad, declarando el Asegurado al Asegurador ser dicho aumento por la tal ganancia que espera conseguir ; expresando esta circunstancia con claridad en la Poliza.

IX. Si el seguro se hiciere sobre el Navio, aparejos, apresto, y gastos hasta la salida del Puerto ; el dueño de él ha de correr el riesgo de la quinta parte de su valor, como por exemplo : Si el Navio, y demás referido valieren mil pesos, el tal riesgo del Asegurador ha de ser de ochocientos, y el del dueño del Navio de los doscientos restantes, sin que por motivo de convenio, ni otro alguno pueda alterarse esta Ordenanza entre las partes, aunque la renuncien, y quieran ir contra ella, pues ha de ser nulo, y de ningun valor, ni efecto el seguro, por lo respectivo á lo que se excediere.

X. Y porque perdido un Navio, pudiera resultar entre Asegurado, y Asegurador pleyto sobre el mas, ó menos valor que pudo tener ; para evitarle se ordena, que en la Poliza que de este seguro se dispusiere, se haya de expresar el importe del Navio, en que conformandose el Asegurador, no podrá en caso de desgracia intentar pleyto, ni escusarse á la paga de las quatro quintas partes que se huvieren asegurado.

XI. Por ningun titulo, ni caso se podrá hacer seguro de ganancias imaginarias, sueldos de Maestres, y Marineros, ni de Fletes, que no se hayan cumplido efectivamente, pena de su nulidad ; salvo lo que queda expresado por lo tocante á ganancias del Comercio de Indias del tercero de este capitulo.

XII. Tampoco se podrán hacer seguros sobre las viudas de los hombres só la misma pena de la nulidad.

제6조 선박이나 화물의 보험에 있어 왕복항해를 위한 것인 때에는 보험증권에 진행항해에 따르는 위험에 속하는 보험료를 명확히 표시하여야 한다. 그러면 귀환항해를 실행할 수 없는 경우, 보험자는 그에 해당하는 보험료를 반환하여야 한다. 다만 취소된 부분의 총액의 0.5%에 해당하는 부분은 이를 감액한다. 이를 위해 피보험자의 보험자에 대한 고지가 선행되어야 하고, 피보험자는 의무로서 반드시 사전에 이를 통지하여야 한다.

제7조 종래에 피보험자가 선박과 관련, 가진 권리 이상의 금액을 부보함으로 인하여 심대한 피해와 불편이 야기되었던 바, 차후에는 누구도 스스로 하든 다른 사람을 위하여 하든, 화물 기타 부보 물건[24]의 가액, 각종 세금, 선적시까지의 비용 및 보험료 등의 총액을 초과하는 금액을 부보할 수 없다. 이를 위반하면 그 보험은 무효로 한다.[25] 그리고 피보험자는 10%에 해당하는 위험을 스스로 안고 있어야 하며 오로지 나머지 90%에 대하여서만 부보할 수 있다. 그러나 보험자가 전액 부보하는 데에 동의하는 경우, 이러한 상황을 보험증서에 명백히 하면, 이를 부보할 수 있다. 다만 피보험자인 소유자가 자기 화물과 동승하여 항해하는 때에는 그러하지 아니하며, 이러한 경우에는 정확하게 10%에 해당하는 위험은 스스로 안고 있어야 하며, 그렇지 아니한 때에는 그 보험은 무효로 한다.

제8조 인도 기타 원거리 영업과 거래에서 지대한 위험 및 기타 이유로 인해 유럽에서 통상 발생하는 이윤보다 한층 많은 이윤이 기대되는 경우에 그 귀환항해에 있어 피보험자가 기본적으로 가지는 이해관계 외에 25%를 넘지 않는 범위 내에서 이윤의 명목으로 부보할 수 있다. 그러려면 피보험자는 이 금액을 초과하지 아니하는 범위 내에서 보험자에게 획득이 기대되는 이윤을 이유로 한 증액을 고지하여야 하며, 이러한 상황도 명확히 보험증서에 기재하여야 한다.

제9조 선박, 그 장비, 준비물 및 출항시까지의 비용을 보험에 든 경우, 소유자는 그 5분의 1에 해당하는 위험을 안고 있어야 한다. 예컨대, 선박 기타 위에 언급된 것이 1000페소로 평가된다면 보험자가 인수한 위험은 800페소이어야 하고 소유자는 나머지 200페소에 해당하는 위험을 안고 있어야 한다. 당사자의 합의 기타 사유로 당사자가 이 칙령의 규정에 변경을 가할 수 없고, 비록 당사자가 이를 포기하고 이와 반대로 하기를 원한다 할지라도 이를 초과하는 범위 내에서 그 보험은 효력과 효과가 없다.

제10조 선박이 멸실되면 그 선박 가액의 대소를 둘러싸고 보험자와 피보험자 사이에 분쟁이 생길 수 있는 바, 이를 피하기 위하여 여기에서 말하는 보험을 표창하는 보험증권에는 선박의 가액을 반드시 기재하여야 한다. 그러면 이에 합의한 보험자는 사고가 생긴 때에 이에 이의를 하여 소송을 제기하거나 인수한 보험금액의 5분의 4에 해당하는 금액의 지급을 거절하지 못한다.

제11조 여하한 경우라도 그 명목이 무엇이든, 아직 발효되어 완성된 것이 아닌 한, 가상이익, 선장과 선원의 급료 및 유임은 보험에 들 수 없고, 이를 위반하면 그 보험은 효력이 없다. 다만 이 장 제3조[26]에서 말하는 인도와 거래에서 발생하는 이윤에 해당하는 것은 그 예외로 한다.

---

24 전후 문맥과 제9조의 규정에 비추어 여기에서 말하는 물건이란 선박이 아닌 다른 동산을 지칭한다고 해석된다. 다만 이 전부 무효 원칙은 제9조가 초과 부분에 한하여 무효로 하는 점에 비추어 선박에도 적용된다고 해석된다.

25 제15조와 관련하여 볼 때에 여기에서 무효가 전부 무효를 가리키는지 의문이다.

26 제 8조의 오기가 아닌지 의문이다.

XIII. Pero todo Navegante, y Pasagero bien podrá hacer asegurar la libertad de su persona ; y en este caso las Polizas deberán contener el nombre, Pais, edad, y calidad del que se hace asegurar, sus señas y demás circunstancias que le parecieren, y el nombre del Navio, Surgidero donde se halla, y el del Puerto de su destino, la cantidad que se ha de pagar, en caso de presa, ó cautiverio, asi para el rescate, como para el gasto del retorno, á quien se haya de entregar el dinero, baxo de qué pena ; advirtiendo el termino en que se deberá hacer el rescate, por qué medio, y á cuidado de quien ha de quedar su solicitud.

XIV. Si sucediere, que cumpliendo una vez el Asegurador con la remision del dinero asegurado, para la redencion del cautivo, ó preso, éste falleciere antes del rescate, ó libertad, ha de ser visto quedar de cuenta, y riesgo del tal Asegurador el recobro del dinero que huviere desembolsado, y remitido para dicho rescate, ó libertad, porque en el caso referido pertenecerá á él.

XV. Si alguno hiciere asegurar mas cantidad de la que verdaderamente tuviere en el Navio, ó para embarcar en él, y despues padeciere naufragio, ha de ser visto, que el Asegurador no ha de estar obligado á pagar mas cantidad que aquella que justificare tenia en él (con la baxa y descuento del diez por ciento, prevenido en el septimo de este capitulo) ni á bolver premio alguno de los que por razon de dicho seguro huviere recibido.

XVI. No se podrá hacer doblado seguro sobre una misma cosa en esta Villa, ni fuera de ella, pena de la nulidad ; pero si sucediere que dos, ó mas interesados en una misma cosa, sin sabiduria, ni noticia que tenga el uno del otro, cada uno de por sí hiciere el tal seguro ; será visto quedar valido el que justificare averse hecho primero ; en cuyo caso, para anular el segundo, ó posterior (como deberá hacerse) se ordena, que el Asegurado acuda puntualmente á hacer saber al Asegurador con recaudo legitimo que lo certifique, en el termino de treinta dias, contados desde el de la fecha de la ultima Poliza, con que no tenga el Asegurado antes de esta precisa diligencia noticia alguna del paradero del Navío, y que de esta manera quede en sí nulo el tal segundo, ó mas seguros ultimamente hechos, y sus Polizas ; bolviendose por el Asegurador al Asegurado el premio que de él huviere recibido, mediante dicha ignorancia del primer seguro, con la baxa, y descuento de medio por ciento (que podrá retener, y llevar, por haber yá firmado la Poliza ;) pero si el Navio huviere antes de dicho aviso, llegado con felicidad, ha de ser visto averse ganado ya por el Asegurador, ó Aseguradores posteriores sus premios, sin que deban restituirlos ; y al contrario, si el Navio, y carga, ó lo que de ello estuviere asegurado se perdiere en todo ó en parte, y constase esto á los ultimos Aseguradores antes de ser noticiosos de dicho primero, y preferido seguro ; en este caso, todos los primeros, y ultimos deberán sanear á prorrata los daños, ó perdida de lo asegurado ; y si algunos de ellos se hallaren entonces fallidos, se deberá suplir por los demás lo que por esto faltare, á proporcion de lo que aseguraron ; quedandoles el recurso por los así suplido, contra los tales Fallidos.

XVII. Tampoco podrá hacer asegurar persona alguna la cantidad de dinero que tomare á la gruesa ; pena de la nulidad ; pero la persona, ó personas que la dieren, bien lo podrán hacer de la porcion mera que huvieren dado, sin incluir los premios que por ella ganaren, só la misma pena.

제12조 여자가 미망인이 된 것을 목적으로 한 보험도 마찬가지로 가입할 수 없으며 이를 무효로 한다.

제13조 모든 해원 및 승객은 그 신체의 자유에 대하여 부보할 수 있다. 이 경우에 보험증권에는 피보험자의 성명, 국적, 연령 및 자격을 기재하여야 하고 그 특징이나 상황도 기재하여야 하며, 선명, 예정 정박지, 목적항, 납치 혹은 인질이 된 경우 지급할 금액도 기재하여야 하며, 여기에는 반드시 지급하여야 할 타협금과 귀환비용이 포함되며, 누구에게 어느 상황에서 지급을 해야 할지에 관하여도 정하여야 한다. 그리고 타협의 경우 그 내용은 물론 무슨 방법으로 하며 누구를 통해 요청을 하는지도 고지하여야 한다.

제14조 보험자가 그 의무를 이행하여 인질 혹은 납치된 사람의 복귀를 위해 보험든 금액을 송부하였지만 그 사람이 석방되거나 혹은 송환되기 이전에 사망한 경우, 그 복귀와 방면을 위해 보상하고 송부한 금전의 회수는, 이러한 경우 그 보험금은 이제 보험자에 귀속되는 것이기 때문에, 보험자의 위험하에 그의 계산으로 이루어 진다.

제15조 어느 사람이 선상에 혹은 선적을 위해 실제 가지고 있던 물건보다 많은 양을 보험에 들고, 그 이후에 그 선박이 난파를 당한 경우, 보험자는 그 선상에 실제 가지고 있었다고 증명된 금액 이상을 보상할 의무가 없다(이 절 제7조에 규정한 10%의 감액 혹은 인하와 함께). 그러나 그러한 보험에 기해 수령한 보험료는 이를 반납할 의무가 없다.

제16조 이 도시에 있든 그 이외 도시에 있든, 동일한 물건에 대해 중복하여 보험에 드는 것은 허용되지 아니하며, 중복 보험은 이를 무효로 한다. 그러나 하나의 물건에 이해관계를 가진 2명 혹은 그 이상의 사람이, 다른 사람의 행동에 관해 소식을 듣지 못해 서로 알지 못하고서, 각자가 그러한 중복 보험을 들 수 있는 바, 이때는 처음에 든 것으로 판명된 보험에 한하여 유효하다고 본다. 이 경우에 제2차 혹은 그 이후의 보험을 실효시키기 위하여는(그렇게 하여야 하는 것인 즉), 피보험자는 최후 보험증권의 일자로부터 계산하여 30일 이내에 이를 증명할 증서를 작성하여 신속히 보험자에게 통지하여야 하며, 이러한 통지를 하면 피보험자가 이러한 절차를 밟기 이전에 선박의 운명에 대하여 모르고 있었다는 것을 전제로 하여, 2번째 및 그 이후의 보험과 보험증권은 모두 무효가 된다. 그러면 보험자는 이처럼 첫 번째 보험을 알지 못하고서 받은 보험료를 피보험자에게 반환하여야 하며, 다만 반환할 금액에서 0.5%는 이를 감액하고 할인한다(이미 보험증권에 서명하였기에 이를 보유하고 가질 수 있다). 그러나 만일 이러한 통지를 하기 이전에 선박이 이미 안전하게 도착을 한 경우, 2번째 및 이후 보험자도 보험료를 획득한 것으로 보며, 따라서 이제는 보험료를 반환할 의무가 없다. 반대로 선박, 적하 기타 부보 목적물이 전부 혹은 일부 멸실되고, 2번째 및 이후의 보험자들이 효력이 우선하는 첫 번째 보험의 존재하는 것을 알기 이전에 이러한 멸실을 확인하게 되었다면, 이 경우에는 첫 번째 보험자와 2번째 및 이후 보험자가 비례로 피보험자의 훼손이나 멸실을 보상하여야 한다. 어느 보험자가 이후에 파산한 경우, 다른 보험자들이 그 부족분을 보험금액에 비례하여 보충하여야 하며, 대신 추후에 이들은 파산자에게 그 보충한 금액을 구상할 수 있다.

제17조 어느 사람도 모험대차로 차용한 금전에 해당하는 금액을 부보할 수 없다. 이를 부보하면 그 보험계약은 무효로 한다. 그러나 모험대차로 금전을 대부한 사람은 그 부분에 한해 부보할 수 있다. 다만 그로 인하여 얻을 특별이윤은 이를 부보할 수 없고, 이를 부보하면 그 보험계약은 무효가 된다.

XVIII. Quando se hicieren seguros sobre Mercaderías por su naturaleza corruptibles, y otras que con el tiempo, ó durante el viaje se dañan, merman, ó cuelan por sí mismas ; ha de ser visto, que los daños, y menoscabos que asi se recibieren, no serán de cuenta del Asegurador.

XIX. Pero el Asegurador estará obligado, y sujeto á todos los riesgos de las perdidas, y daños que sucedieren á lo asegurado, por quebrantamiento del Navío, mal Galafate, Ratones, falta de aparejos, Naufragios, Varamentos, Abordages, mutaciones de Rota, ó de Vagel, echazones, lo que consumiera el fuego, lo que se apresare, y pillare, detenciones de Principes, declaracion de guerra, represalias, barateria de Patron, y Marineros ; y generalmente por otros qualesquiera casos fortuitos, pensados ó no pensados que puedan acaecer : Y porque en este Puerto de Bilbao sucede, que los Navíos de mayor porte surgen, y quedan anclados en Olaveaga, y mas abaxo hasta Portugalete, por no poder subir por falta de agua, y con este motivo descargan sus Mercaderías en Gabarras, y otras Embarcaciones menores, para conducirlas á los Muelles, y desembarcaderos de esta Villa ; se declara, y ordena, que los Aseguradores han de correr el riesgo de los naufragios, y demás accidentes que puedan acaecer al tiempo de la descarga en Olaveaga, y demás partes á las tales Gabarras, y demás Embarcaciones hasta poner las Mercaderías, y demás cosas aseguradas en tierra, en los referidos Muelles y desembarcaderos de esta dicha Villa ; y lo mismo se entienda por los riesgos de la Mercaderías aseguradas que se cargan en los mismos Muelles en todo genero de Embarcaciones, pues desde ellos ha de empezar el riesgo de los Aseguradores, hasta que sean puestas en tierra en el Puerto de su destino, á menos que en la Poliza se exprese lo contrario.

XX. Si algun seguro se hiciere sin fraude, excediendo del valor de las Mercaderías cargadas, tendrá subsistencia hasta la concurrencia de su estimacion ; y en caso de perdida, los Aseguradores estarán obligados cada uno á la paga de la prorrata de las cantidades aseguradas por ellos.

XXI. Quando el Asegurado previene al Asegurador (á tiempo que no se haya tenido por ellos noticia alguna, buena, ni mala, del paradero del Navio) que en el seguro hecho excedió de la cantidad que valia la cosa asegurada ; será de la obligacion del Asegurador anular la parte del exceso, restituyendo al Asegurado los premios correspondientes á ella, con el descuento de medio por ciento.

XXII. Siempre que el Asegurado, dueño de Navío, ó de Mercaderías, intentare mudar de viage (por qualquiera motivo que para ello tenga) será de su obligacion hacerlo saber primero al Asegurador, á fin de que conformandose este, se advierta, y anote en la Poliza, y de lo contrario, se anule el seguro hecho, y se buelvan los premios con la baxa del medio por ciento ; pero si el tal Asegurado sin dar dicha noticia al Asegurador hiciere la expresada mudanza de viaje, será visto quedar libre el Asegurador, y sin obligacion á debolver los premios, sin que por esto se entienda embarazar al Maestre, ó Capitan del Navío asegurado, el poder entrar de arribada en qualesquiera Puertos, ó Abras, por temor de enemigos, tormentas, ú otros accidentes para su reparo, ó resguardo, segun la necesidad lo pidiere ; pues en tales casos, dirigidos al beneficio comun de Navío, y carga, han de existir los seguros.

XXIII. Si despues de haverse asegurado sobre Navío, ó Mercaderías que existen en el Puerto,

제18조 그 자연적 성질에 의하여 부패할 수 있는 화물 및 그 자체의 성질에 의하여 항해를 하는 동안 손상을 입고 감소하고 또는 유출된 화물에 대해 보험에 가입한 경우, 이들로 인한 손상과 감소는 보험자가 보상할 책임에 속하지 아니한다.

제19조 그러나 보험자는 선박의 파괴, 적절하지 못한 적부, 절도, 장비의 하자, 난파, 좌초, 충돌, 항로나 선박의 변경, 투하, 화재로 인한 소실, 억류와 약탈, 정부의 압류, 전쟁의 선언, 보복 나포, 선장이나 선원의 사리 도모 행위 및 그 외에 발생을 예상할 수 있든 없든, 우연적인 사고로 인한 것이면 그 멸실과 훼손에 대해 보험자는 위험을 인수하고 책임을 진다. 그리고 이 빌바오 항에 대형 선박이 나타나, 올라베아가 혹은 더욱 밑으로 내려와 포르뚜갈레테까지 사이에 이르러 수심이 부족하여 도시로 올라오지 못하고 그곳에서 닻을 내리고 기다리며, 부선 기타 소형선에 그 화물을 양하한 다음 다시 이 도시 부두나 하치장으로 이를 운반하여 왔던 바, 이 경우 올라베아가나 그 이하 지역에서 양하할 때에, 부선 기타 소형선에 있는 동안, 화물을 장치할 때에 및 육지에서 전시 부두나 하치장에 있는 동안에 발생한 난파 기타 사고의 위험은 보험자가 이를 인수한 것으로 본다. 선적되는 화물의 경우, 어느 종류의 소형 선박이든 부두에서 화물이 선적되는 때부터 그 위험을 마찬가지로 보험자가 인수한 것으로 보며, 보험증권에 반대의 기재가 없는 한, 부두에서 보험자의 인수한 위험이 시작되는 시점부터 목적항에서 부두에 적치할 때까지 계속된다고 본다.

제20조 어느 보험에 사기가 관여됨이 없이 선적된 화물의 가액을 초과하여 부보가 이루어진 경우, 보험은 그 평가 가치의 범위 내에서 존속하는 것으로 본다. 목적물이 멸실된 경우 보험자는 각자 부보한 금액의 비율로 비례하여 보험금을 지급하여야 한다.

제21조 피보험자가 보험자에게(희비를 불문하고 선박의 운명이 알려지기 이전에) 부보한 물건의 가액을 초과한 것을 통지한 때에는, 보험자는 초과 부분의 보험을 취소하고 그에 해당하는 보험료를 먼저 0.5% 감액한 다음 반환하여야 한다.

제22조 피보험자 즉 선박 혹은 화물의 소유자가 항해를 변경하고자 하는 경우(그 이유가 무엇이든) 이를 보험자에 알려야 한다. 그래서 보험자가 이에 동의하면 보험자가 필요한 대비를 하고 이를 보험증권에 적시하여야 한다. 그렇지 아니하면 그 보험은 실효가 되고, 따라서 보험자는 0.5% 감액한 다음 보험료를 반환하여야 한다. 그러나 만일 이러한 통지를 하지 아니하고 피보험자가 항해를 변경한 때에는, 보험자는 그 보험에 기한 책임을 면하고 보험료를 반환할 의무도 없다. 그렇다고 하여 보험에 든 선박의 선장이 적의 위협, 폭풍, 기타 사고를 당하여 필요한 수리나 안위를 위해 어느 항구나 강어귀에 기항하는 것을 금하는 의미는 아니다. 이러한 경우는 선박과 적하의 공동 이익을 위하여 취한 행동이기에 보험은 그대로 존속한다.

제23조 아직 항구에 있는 선박 혹은 화물을 보험에 들고 출항을 하기 이전에 무슨 이유이

y antes de la salida al Mar, convinieren los dueños de Navío, y carga por qualesquiera motivos, en que no lleve efecto el viaje, en este caso, el Asegurador, ó Aseguradores estarán obligados á anular el seguro, y debolver los premios con la baxa dicha del medio por ciento.

XXIV. Quando el seguro se hiciere sobre Navíos y Aparejos por tiempo limitado, sin asignacion de viaje, ni señalamiento de Puertos ; será visto haver cumplido el Asegurador, y quedar libre de los riesgos, el dia en que feneciere el tiempo expresado en la Poliza.

XXV. Podrán hacerse seguros de Navíos, Efectos, y Mercaderías perecidas, robadas, ó dañadas, aun despues de la pérdida, robo ó daño ; pero si el Navío, Efectos, ó Mercaderías huviesen perecido, sido robadas, ó dañadas de mucho tiempo antes que aquel en que se hiciere el seguro (sea por Mar, ó Tierra, haciendo la cuenta por tierra de una legua por cada hora, de noche, y dia) se tendrá por nulo el seguro, sin que se pueda oir en juicio, ni admitir prueba que quiera hacer el Asegurado de que no tuvo noticia mala, ni buena, á menos que se exprese en la Poliza, que el seguro se hace sobre malas, ó buenas noticias, que entonces será valido, si el Asegurador no pudiere probar (por los medios permitidos por Derecho) al Asegurado, haver sabido la perdida, robo ò daño, antes del seguro.

XXVI. Si teniendo noticia el Asegurador de la llegada del Navío, y Mercaderaís que asegurare, firmare Poliza, será nulo el seguro.

XXVII. Cuando se probare contra el Asegurado haver hecho el seguro despues que tuvo noticia de la perdida, ó daño, estará obligado á bolver al Asegurdor lo que huviere recibido de él ; con mas un cinquenta por ciento, por via de pena, que se aplicará á beneficio de la Ría ; y si el Asegurado pudiere tambien probar que los Aseguradores, ó alguno de ellos supo, ó supieron haver llegado el Navio al Puerto de su destino al tiempo en que firmaban la Poliza, el tal, ó los tales serán obligados á restituir al Asegurado los premios, y además serán multados tambien en diez por ciento del principal del seguro, aplicados como los de arriba ; pero con la distincion, de que asi dicho premio, como la pena se haya de pagar por aquel, ó aquellos que se justificare haver tenido la noticia por sí, y por los demás.

XXVIII. Deberá todo Asegurador, asi como el Asegurado quando le fueren á firmar alguna Poliza, ó á tratar, y convenir sobre el premio, manifestar á la persona que interviniere, las noticias buenas, ó malas que tuviere del Navío, y carga, para sobre ello tratar de acuerdo de dicho premio.

XXIX. Siempre que el Asegurado tenga alguna noticia de arribada de Navio, Avería, muerte del Capitan, ú de qualquier otra desgracia, acaecida á lo que estuviere asegurado, deberá participarla al Asegurador, ó Aseguradores, á saber : siendo estos de esta Villa de Bilbao, luego que tenga dicha noticia, y siendo de fuera de ella, avisará sin perder Correo al que de su orden huviere hecho el seguro, para que lo participe á los mismos Aseguradores.

XXX. Todas las veces, que acaeciendo pérdida, ó desgracia de la cosa asegurada, el Asegurado con la noticia de ello quisiere hacer abandono, y suelta á favor del Asegurador, ó Aseguradores, lo deberá executar sin la menor dilacion, y en el Tribunal del Consulado de esta Villa, y estando

든 선박과 적하의 소유자가 원래 항해를 실행하지 아니하기를 원하는 경우 보험자는 그 보험을 취소하여야 하고 보험료에 전시 0.5% 감액을 한 다음 이를 반환하여야 한다.

제24조 항해를 특정하거나 항구를 지정하지 아니하고 다만 일정한 기한만 정하여 선박 및 그 장비를 보험에 든 경우, 보험증권에 기재된 그 기간이 종료되는 날에 보험자는 그 의무를 다하고 인수한 위험으로부터 책임을 면한다.

제25조 멸실, 도난 혹은 파손된 선박, 속구 및 화물에 대해 비록 그 멸실, 도난 혹은 파손이 된 이후에도 부보할 수 있다. 그러나 선박, 속구 혹은 화물이 보험에 가입한 날로부터 많은 시간 이전에 멸실, 도난 혹은 파손된 경우(바다이든 육지이든 밤낮 가리지 않고 시간당 1레구아 거리로 계산한다) 그 보험계약은 무효로 하며, 그렇게 되면 더 이상 피보험자가 사고에 관한 희비 소식을 들었는지 그 입증을 허용하거나 심리하지 아니한다. 다만 보험증권에 희비 소식 불문 조건의 보험이라는 기재가 있는 경우에, 피보험자가 보험에 들기 전에 멸실, 도난 혹은 파손을 알았다는 것을 입증하지 않는 한(법이 허용하는 방법으로), 그 보험계약은 유효한 것으로 본다.

제26조 선박 및 적하의 도착 소식을 듣고서 보험자가 보험증권에 서명한 경우 그 보험은 무효로 한다.

제27조 피보험자가 멸실이나 파손의 소식을 듣고 난 다음 보험에 가입하였다는 것이 입증된 경우 보험자로부터 받은 것을 반환하여야 한다. 이에 추가하여 처벌로 그 피보험자는 그 수령액의 50%를 납부하여야 하며, 이는 빌바오강의 개선을 위하여 지출한다. 피보험자도 보험자 혹은 그 수하인이 보험증권에 서명할 때에 선박이 이미 목적항에 도착한 것을 알았거나 알았을 것이라는 것을 입증하면 그 보험자는 보험료를 피보험자에게 반환하여야 하며, 그 외에 보험자를 보험금액의 10%에 해당하는 벌금에 처하고, 이를 위와 동일한 목적으로 사용한다. 그러나 보험료나 벌금에 관하여 당사자 자신이 소식을 들은 것과 그 외 사람이 소식을 들은 것을 구별하여야 한다.

제28조 피보험자는 물론 보험자도, 보험증권에 서명하고 보험료를 협정할 때에, 그 유불리를 떠나 선박과 적하에 관한 소식을 모두, 보험료의 합의를 위해, 관계인들에게 고지하여야 한다.

제29조 선박의 강제기항, 해손의 발생, 선장의 사망 기타 사고가 보험의 목적에 발생한 것을 안 피보험자는 이를 보험자에게 통지하여야 한다. 즉, 사고가 빌바오 항에서 생긴 때에는 그 소식을 듣자마자 통지하여야 하고, 그 이외 지역에서 생긴 때에는 자기를 위해 보험에 가입하여 준 대리인에게 일차 우편으로 그 소식을 통지하고, 그러면 그 대리인이 다시 이를 보험자에게 통지하여야 한다.

제30조 보험의 목적에 멸실 기타 사고가 발생한 것을 안 피보험자가 그 목적물을 포기하고 이를 보험자에게 인계하고자 하는 때에는, 이를 지체없이 실행하여야 한다. 보험자가 이 도시에 있으면 이 도시 해상단의 법원에서 사법절차로 보험자에게 그 의사를 통지하여야

en ella los Aseguradores, se les hará saber judicialmente, para que si bien visto les fuere, acudan, ó nombren persona que por ellos asista á su recobro ; pero siendo los dichos Aseguradores de fuera, deberá constituirse el Asegurado en su representacion con autoridad de Prior, y Consules, á cuidar recuperar, y beneficiar lo abandonado, sin perjuicio del abandono hecho, y del derecho que tendrá en uno, y otro caso de recurrir contra los Aseguradores á que le paguen los daños, gastos, y demás que se le siga.

XXXI. No podrá hacerse abandono alguno, sino en caso de apresamento, ó naufragio, quebrantamiento, ó varamento de Navio, embargo de Principe, ó perdida entera de cosa asegurada, y sucediendo otros qualesquiera daños, serán reputados solamente como Avería ; la qual será, arreglada entre los Aseguradores, y Asegurados, prorrateandola segun los intereses que tuvieren.

XXXII. Tampoco se podrá hacer abandono de una sola parte de Mercaderías, reservando lo demás, sino enteramente de todas las aseguradas, ni de casco de Navio que no haya padecido daño en parte esencial, y que pueda navegar.

XXXIII. Quando el abandono quiera hacerse, por motivo de retencion de Principe, no se podrá executar hasta despues de seis meses, contados desde el dia en que se hiciere saber el embargo, ó retencion á los Aseguradores ; siendo este hecho en qualquiera Puertos de la Europa, y si lo fuere en los de la America, ú otros igualmente remotos, dentro de un año, contado como vá expresado ; pero si el Asegurado tuviere noticia por instrumento justificativo que el Navio se halla innavegable, ó las Mercaderías dañadas en la mayor parte, podrá hacer en este caso dicho abandono desde luego, sin esperar á los terminos prevenidos.

XXXIV. Siempre que por los motivos expresados en el precedente, acaeciere aver de esperar el Asegurado los seis meses, ó el año, referidos, para dicho abandono ; se declara, y ordena que si este pidiere al Asegurador, fianza ó resguardo del interés asegurado, ó de los daños que resultaren, se le deberá dár incontinenti, mediante la dilacion de dichos terminos ; durante los quales, y hasta su decision, y paradero del embargo, será de la obligacion del Asegurado hacer todas las diligencias necesarias para conseguir la libertad, ó desembargo del Navio, ó efectos retenidos ; y consiguientemente, si el Asegurador, ó Aseguradores se hallaren en disposicion de mas cercanía, podrán hacer las mismas diligencias en beneficio comun, por sí mismos, si les conviniere.

XXXV. Si en los Puertos de estos Reynos de España fueren retenidos por orden de su Magestad (que Dios guarde) algun Navio, ó Navios asegurados, con Mercaderías, ó sin ellas, antes de empezar el viaje para su destino ; será visto no poderse hacer abandono alguno de ellos, antes bien se deberá en tal caso dár por nulo el seguro, devolviendo los premios el Asegurador al Asegurado, con el descuento de medio por ciento.

XXXVI. Los instrmentos justificativos de la carga, y perdida de las Mercaderías aseguradas, y abandonadas, deberán los Asegurados manifestar, y presentar á los Aseguradores despues del abandono de ellos, y antes que pretendan el pagamento, á menos que por pacto expreso de la Poliza, hayan convenido los Aseguradores en relevar á los Asegurados de esta obligacion.

하며, 그러한 상황이 확인되면 보험자는 그 인수를 위해 현장에 가거나 혹은 대신 수령할 사람을 지명하여야 한다. 그러나 만일 보험자가 다른 도시에 있는 경우, 집정장과 집정관의 허가를 얻어 피보험자가 스스로 대리인이 되며, 보험자를 위해 위부된 목적물을 회수하고 수선하여야 한다. 이로 인하여 위부의 효력에 하등 지장이 생기지 아니하고, 피보험자는 보험자에 대하여 손해 기타 비용에 관해 구상을 요구할 수 있다.

제31조 선박이 나포, 난파, 파쇄 혹은 좌초된 때, 선박이 국가에 의하여 억류된 때 및 기타 보험의 목적이 완전히 멸실된 때에, 비로소 피보험자가 위부를 할 수 있다. 다른 손해는 그 종류가 무엇이든 이를 단순해손으로 간주한다. 그러면 그 손해는 보험자와 피보험자가 가진 이해관계의 비율에 따라 이를 분담하여 처리한다.

제32조 화물의 일부를 보유하고 나머지 일부만 위부할 수 없고, 반드시 부보한 화물을 전부 위부하여야 하며, 선체의 경우 중요 부분에 피해를 입지 아니하여 항해가 가능하면 이를 위부할 수 없다.

제33조 국가의 억류를 원인으로 위부를 하고자 하는 경우, 압류나 정박명령을 보험자에게 알린 날로부터 계산하여 6개월이 경과하기 이전에는 위부를 실행할 수 없다. 이러한 행위가 유럽 항구, 미주 항구 혹은 기타 마찬가지의 원거리에 있는 곳에서 발생한 경우, 이미 언급한 시점부터 계산하여 1년이 경과하기 이전에는 위부할 수 없다. 그러나 피보험자가 입증 서류에 기하여 선박이 항해불능의 상태에 있다든가, 화물이 중요 부분에 손상을 당하였다든가 하는 소식을 입수한 경우, 위에서 규정한 기간을 기다리지 아니하고 이를 즉시 위부할 수 있다.

제34조 전 조에서 말한 동기에 의하여 피보험자가 전시 6개월 혹은 1년의 기간 동안 위부를 위해 기다려야 하는 경우, 이 기간만큼 지급이 지체됨으로 인하여 야기되는 부보된 권리 혹은 그 손해에 대한 담보나 보증을 요구하는 경우, 보험자는 그에게 이를 즉시 제공하여야 한다. 이 기간 동안 해결이 되어 억류가 중지될 때까지, 억류된 선박과 물건이 압류로부터 풀려나서 회수될 수 있도록 피보험자는 최선을 다하여야 한다. 그리고 보험자가 더욱 가까이 있어 이러한 조치를 취할 수 있는 때에는, 보험자도 공동이익을 위하여 그 자신이 적절한 방법으로 회수를 위해 최선을 다하여야 한다.

제35조 스페인 왕국들에 있는 항구에서, 보험에 든 선박이 화물과 함께 혹은 화물 없이 목적항으로 항해를 개시하기 이전에 국왕(하느님이 보호하시는)의 명령으로 압류된 경우, 선박이든 화물이든 어느 것도 위부할 수 없고, 오히려 이러한 경우 보험은 무효가 되고, 보험자는 피보험자에게 0.5%를 공제한 후 보험료를 반환하여야 한다.

제36조 부보되고 위부된 화물의 선적과 멸실을 입증할 서류는 위부가 된 다음 지급을 요청하기 이전에 피보험자가 보험자에게 제시하고 제공하여야 한다. 다만 보험증권에 기재된 명시적인 합의에 의하여 제공할 의무를 면제받은 경우에는 그러하지 아니하다.

XXXVII. Si sucediere, que algun Navio, y Mercaderías aseguradas, yendo, ó viniendo de qualesquiera Puerto de la Europa, no pareciere en el de su destino, ni en otro alguno, ni se tuviere noticia de su paradero en el tiempo de un año, contado desde el dia en que salió del Puerto ; en este caso, podrá el Asegurado hacer si le conviene su abandono, y pedir al Asegurador el importe de las cosas aseguradas, y se le deberá pagar llana, y puntualmente ; y quando la navegacion fuere á Puertos de la América, y otras Regiones, igualmente remotas, el dicho abandono, y pagamento de lo asegurado, se podrá tambien hacer, y pedir dentro de dos años, contados asimismo desde el dia en que el Navío empezó á navegar.

XXXVIII. Despues que el Asegurado abandonare el Navio, ó Mercaderías aseguradas, han de pertenecer al Asegurador, ó Aseguradores en la parte que lo fueren, sin que el Asegurado pueda tener derecho á ellas, aunque lleguen con felicidad al Puerto de su destino, y los tales Asegurador, ó Aseguradores, no podrán (por ningun motivo, ni pretexto) dexar de satisfacer, y pagar segun lo contratado, todo el valor, y importe de aquello que cada uno huviere asegurado, sin que los unos, ni los otros puedan escusarse en manera alguna de cumplir lo á cada uno tocante.

XXXIX. El Capitan, ó Maestre que cargare de su cuenta, ó de comision Mercaderías en su Navio, y las hiciere asegurar, serà obligado à dexar en poder de persona de la confianza del Asegurador un conocimiento, y Factura, y cuenta de ellas, y su valor, firmada por el Piloto, ó Contra-Maestre del mismo Navío, pena de la nulidad del seguro, en caso de desgracia.

XL. Por quanto la experiencia ha mostrado, que algunos Capitanes, ó Maestres de Navios (á titulo de estar asegurados, ó por no tener interés en ellos) viendo de lexos algun otro Navio, encontrarse con él, ni hacer resistencia, ni conocer si es amigo, ó enemigo, faltando á su obligacion los han desamparado, y echadose á tierra en grave perjuicio de los interesados de ellos, y sus cargazones ; se ordena, que en semejantes casos, los seguros que fueren hechos sobre los cascos de los tales Navios, y sus aparejos asi abandonados, sin ser realmente tomados, sean nulos, sin que por esto se entienda quedar libres los que fueren Aseguradores de las Mercaderías, antes bien deberán pagar las cantidades aseguradas sobre las dichas Mercaderías, respecto de que los Asegurados de ellas no tuvieron parte en la negligencia, y falta del Capitan, y su equipage.

XLI. En caso de que un Navio, y Mercaderías de que se huviere hecho seguro fuere apresado, el Asegurado podrá rescatar sus efectos, sin aguardar á orden de los Aseguradores (sino huviere podido darles aviso de ello, con tal que lo haya de hacer luego que pueda, con expresion del convenio hecho en esta razon) en cuyo caso y quando sean sabidores los Aseguradores, estará á eleccion de ellos el tomar de su cuenta las cosas aseguradas, á proporcion de lo asegurado por cada uno, pagando al Asegarado las cantidades que aseguraron, y el costo de su rescate, pero si no convinieren dichos Aseguradores en tomar de su cuenta las cosas aseguradas que se rescataren, además de la paga del rescate, continuarán en correr el mismo riesgo del seguro hasta el cumplimiento, y paradero de su destino.

XLII. Si algun Navio quedare incapaz de navegar, por retencion de Principe, ó defecto del casco, en que las Mercaderías aseguradas no fueren comprehendidas, el Asegurado por sí,

제37조 부보된 선박과 화물이 유럽 어느 항구에서 오거나 항구로 가다가 출항을 한 날로부터 계산하여 1년의 기간동안 그 목적항 혹은 기타 항구에 나타나지 아니하고 그의 행선지에 관한 소식도 듣지 못한 경우, 피보험자는 희망하면 위부를 하고 부보한 물건의 가액을 전부 청구할 수 있고 그러면 보험자는 그에게 무조건적으로 지체없이 그 전액을 지급하여야 한다. 항해가 미주 기타 유사한 원거리에 있는 항구와의 사이에서의 항해인 경우, 선박이 항해를 개시한 날로부터 계산하여 마찬가지 방식으로 2년이 경과하면 위부하고 피보험자에게 보험금액의 지급을 청구할 수 있다.

제38조 피보험자가 부보한 선박 혹은 화물을 위부하면 그 위부된 부분은 이제 보험자에 귀속되며, 가사 이들이 목적항에 안전하게 도착한다 하더라도, 피보험자는 이에 대하여 하등 권리가 없고, 보험자는 부보한 각자의 총액인 그 가액을 약정한 바에 따라 지급하여야 하고, (그 이유가 무엇이든 또 명분이 무엇이든) 이를 이행하지 아니할 수 없고, 양측은 이제 그 사유가 무엇이든 의무를 이행하지 않겠다고 주장할 수 없다.

제39조 선장이 자기 선박에 개인적인 계산으로 혹은 개인적으로 위임을 받아 화물을 선적하고 다시 이를 보험에 든 경우, 보험자의 의뢰를 받은 사람에게 선하증권, 송장, 항해장이나 작업장이 서명한 계산서와 그 가액서를 넘겨주어야 하고, 그렇지 아니하면 보험사고가 생겨도 그 보험은 무효가 된다.

제40조 과거에 있었던 일로서 어떤 선장은 (선박에 피보험자로서 혹은 전혀 이해관계가 없이) 멀리 있는 선박만 보고서, 접촉도 없고 대응도 하지 아니하고, 적인지 아닌지 알아보지도 아니 한 채, 그 의무를 방기하고 그 선박을 포기하고 육지에 유기하여 선박과 적하의 이해관계인에게 심대한 손해를 입히는 일이 있었던 바, 유사한 경우에 이처럼 진정으로 위험에 처하지도 아니하였음에도 불구하고 선박과 그 장비를 포기한 경우, 그 선박과 장비를 위해 들었던 보험은 이제 효력이 없다. 그러나 이로 인하여 화물의 보험자가 당연히 책임을 면한다는 의미는 아니며, 오히려 피보험자가 선장이나 선원의 과실과 잘못에 관여하지 아니하는 한, 보험자는 그 화물에 든 보험금을 지급하여야 한다.

제41조 부보를 한 선박과 적하가 나포된 경우에 보험자로부터 지시를 기다리지 아니하고 바로 금전을 지급하고 물건을 회수하는 타협을 할 수 있다(그러나 미리 통지를 하여 그러한 행위에 대해 동의하는 의사표시를 들은 다음에야 이를 했어야 했을 때에). 이러한 경우 보험자가 이를 알았을 때에 선택권이 있어서, 보험자가 각자 인수한 비율에 따라 보험의 목적물을 인수하고 피보험자에 대하여는 들었던 보험금액과 타협의 비용을 지급하든가, 그렇지 아니하고 보험자가 회수하여 온 부보된 목적물을 인수하기를 원하지 아니하면 이와 달리 타협금을 지급하고 그 선박이 목적지에 도착하여 항해를 종료할 때까지 위험을 계속 안고 있을 수 있다.

제42조 어느 선박이 국가의 억류 혹은 선체의 하자로 인해 항해를 계속할 수 없게 되고, 화물은 이러한 잘못에 관여되지 아니한 경우, 그 화물의 피보험자는 스스로 혹은 다른 사람

ó por otras personas podrá hacerlas pasar á otra, ó otras embarcaciones, sin que por esto sea visto quedar libres los Aseguradores de los riesgos á que se obligaron por la Poliza hecha sobre la primera embarcacion, antes bien los deberán seguir en las en que de nuevo fueren cargadas hasta el Puerto de su destino, y además han de pagar al Asegurado todos los gastos que se causaron en la descarga, y mudanza de ellas.

XLIII. Los Aseguradores podrán hacerse asegurar de otros (por mas, ó menos premios de los recibidos) de las cantidades que huvieren asegurado, y los Asegurados podrán tambien reasegurarse por otros, asi de los premios que pagaron, como de la contingencia de la cobranza de los primeros Aseguradores, expresandose por unos, y otros en la Poliza esta circunstancia.

XLIV. Asi bien se podrán asegurar riesgos de Tierra, como la cobranza, ó pagamento de cantidades fiadas, procedimientos de Conductores de Mercaderías, y otros qualesquiera efectos que se puedan, ó deban transitar, con las demás contingencias que puedan acaecer en el Comercio terrestre.

XLV. Los Aseguradores estarán obligados á pagar á los Asegurados las cantidades que les correspondieren de los daños, ó perdidas que justificaren haver padecido las Mercaderías, ó cosas aseguradas hasta la entrega de ellas en el Puerto de su destino, dentro de treinta dias, contados desde el en que se les manifestare dicha justificacion, á menos que en la Poliza del seguro se exprese tiempo determinado para dicha paga.

XLVI. Si llegare el caso de que despues de una arribada en que huviere Avería gruesa, y por ella hayan pagado los Aseguradores lo que les correspondió, continuando la navegacion, sucediere otra ú otras, y antes de llegar al Puerto de su destino se perdieren, asi Navio como Mercaderías, ha de ser visto estar los Aseguradores de uno, y de otro obligados á pagar enteramente la cantidad por cada uno asegurada, con mas los gastos, si nuevamente se ocasionaren, sin descuento de qualesquiera pagas que hayan hecho de Averías gruesas que precediesen á la total pérdida ; respecto de que todo Asegurador, mediante los premios recibidos, ha de estar sujeto á qualesquiera contingencias, y daños capitulados en la Poliza, que durante el viaje sobrevengan, poniendose en el mismo lugar del Asegurado.

XLVII. Y si el Asegurado no acudiere á pedir al Asegurador el importe de la pérdida, y daños de las cosas aseguradas dentro de un año, contado desde el dia en que tuvo la noticia de la tal pérdida, ó recibió las cosas asi averiadas, será visto quedar libre el Asegurador de pagarle cosa alguna, mediante la omision, y negligencia del Asegurado.

XLVIII. Y quando en la misma Poliza de los seguros no capitularen las partes baxa alguna en el pagamento de las cantidades aseguradas, ó daños que sobrevinieren ; será visto deber pagar los Aseguradores dichas cantidades enteramente, y sin descuento, ni baxa alguna.

XLIX. Si los daños de Navios, Mercaderías, y demás cosas aseguradas (incluyendo el valor capital de todas) no excedieren de tres por ciento ; será visto, no tener recurso el Asegurado al Asegurador para demandarle cosa alguna sobre ello, y quando los daños fueren en Lanas, ó Añinos asegurados, deberá llegar á diez por ciento, para que el Asegurador esté obligado al

으로 하여금 다른 선박에 이적하게 하여 그 화물을 계속 운송하게 할 수 있고, 그러면 첫 번째 선박에 있을 때에 체결한 보험증권에 기해 위험을 인수한 보험자는 그 책임을 면하지 못하며, 새로이 선적한 선박이 목적항에 이를 때까지 그 화물에 대해 계속 책임을 진다. 보험자는 그 외에도 피보험자에게 양하와 이적에 따르는 비용을 지급하여야 한다.

제43조 보험자는 보험에 든 금액을 다시 다른 사람에게(수령한 보험료보다 적은 혹은 많은 보험료로) 보험에 들 수 있고, 또 피보험자는 지불한 보험료를 다른 보험자에게 보험에 들 수 있으며, 먼저 보험자로부터 수령의 확보 여부에 관한 위험을 보험에 들 수도 있다. 다만 어느 것이든 보험증권에 이러한 상황을 명확히 표시하여야 한다.

제44조 육지에서의 위험도 이를 부보할 수 있다. 그리하여 신용으로 제공한 금액의 지급이나 수령을 위해 부보할 수 있고, 육상에서 화물의 운송인의 잘못에 기한 운송의 위험도 부보할 수 있으며, 운송할 수 있고 운송해야 하는 물건에 관한 것이면 무엇이든지 육상 영업에서 발생할 수 있는 모든 사고에 대해 이를 부보할 수 있다.

제45조 보험자는 부보된 화물 기타 물건이 목적항에서 수하인에게 인도할 때까지 피보험자가 입었다고 증명된 멸실이나 훼손에 해당하는 금액을 보상할 의무가 있고, 보험증권에 보험금을 지급할 날이 특정되어 있지 아니하는 한, 전시 증거를 제시한 날로부터 계산하여 30일 이내에 이를 지급하여야 한다.

제46조 피난기항이 있은 다음 공동해손이 발생하여 보험자가 해당하는 보험금을 지급한 다음 항해를 계속하다가 다른 사고가 생기고 선박은 물론 적하가 목적항에 도착하기 이전에 멸실된 경우, 이 멸실에 관해 그 보험자는 각자 부보한 금액 전부와 새로이 발생한 비용을 지급하여야 하며, 전부 멸실 이전에 공동해손 때문에 이미 일정 금액을 지급하였다는 이유로 추후 멸실에 대한 보험금의 감액을 주장하지 못한다. 보험자는 보험료를 받은 대가로, 피보험자의 입장이 되어 항해 도중에 발생하는 보험증권에서 합의한 손해 기타 사고에 대하여 전적으로 책임을 진다.

제47조 피보험자가 멸실의 소식을 들은 날로부터 혹은 훼손된 물건을 수령한 날로부터 계산하여 1년 이내에 부보된 물건의 멸실 및 훼손의 총액을 보험자에게 청구하지 아니하면 피보험자의 청구 부재 및 그 과실 때문에 보험자는 책임을 면한다.

제48조 보험에 든 금액을 지급하거나 발생한 손해를 보상함에 있어, 보험증권에 달리 적용할 감액 조항이 없는 경우, 보험자는 감액이나 인하가 없이 그 금액 전부를 지급하여야 한다.

제49조 부보된 선박, 적하 기타 물건의 손해(모든 것의 기본가액 포함)가 3%를 초과하지 아니하는 경우, 피보험자는 그에 대하여 보험자에 대하여 아무것도 청구할 권리가 없다. 손해가 포도주나 양모에 발생한 때에는 10%를 초과하는 경우에만 해당된 손해를 보상할 책임이 있다. 그러나 어느 화물이든 보험증권에서 손해 전체를 보상한다는 특약이 있는 경우

saneamiento, á menos de que en la Poliza del seguro de unas, y otras Mercaderías se obligue el Asegurador á la satisfaccion entera de qualesquiera daños, que en tal caso deberá pagarlos.

L. Y para formula, ó exemplar de las Polizas de seguro que se hayan de hacer, se ponen aqui dos, como queda prevenido en el segundo de este capitulo, ademas de las que (como alli tambien se previene) se imprimirán á su tiempo, con los huecos en sus lugares correspondientes, para que cada Mercader tenga en su poder las que segun sus Comercios les parezca habrá menester : Y el tenor de las que aqui se ponen, una de Mercaderías, y otra de Navios, es este.

⟨Primera Poliza de Mercaderías⟩ : suprimido

⟨Segunda Poliza de Navio⟩ : suprimido

CAPITULO XXIII

DE LAS CONTRATAS DEL DINERO, Ó MERCADERÌAS QUE SE DANA LA GRUESA VENTURA, Ó RIESGO DE NAO, Y FORMA DE SUS ESCRITURAS

I. Por ser usual en este Comercio el dár, y tomar dinero, y efectos á la gruesa ventura, ó riesgo de Nao por ciertos intereses, ó premios, sobre cascos de Navios, Aparejos, Bastimentos, Armamentos, y demás aprestos para un viaje, ó viajes, ó sobre Mercaderías, ó efectos cargados en ellos para qualesquiera Puertos, y Navegaciones, con condicion de que llegando los Navios á los de su destino, hayan de quedar libres del riesgo los Dadores de tales cantidades para la cobranza de sus principales, y premios á los tiempos pactados : Se ordena, y manda, que en tales casos se hagan Escrituras, ó Contratas ante Escribanos Publicos, ó entre las mismas partes, por medio de Corredor, ó sin él, segun se ha acostumbrado, y acostumbra ; con los pactos, clausulas, y circunstancias en que se convinieren, y ajustaren : Y que á unas, y otras se dé entera fé, y credito.

II. Quando se tomare por alguna, ó algunas personas dinero a la gruesa, sobre Navío, y sus Aparejos, ó sobre Mercaderías que se cargaren en ellos, se ordena, que demás de la obligacion general de persona, y bienes del Tomador, se deberán hypotecar, especialmente en favor del Dador, los mismos Navios, Aparejos, y Fletes que ganaren, ó las Mercaderias sobre que se diere, ó las que con tal dinero se compraren ; expresandolo en la Escritura, Contrata, ó Poliza que en su razon se hiciere.

III. Por ningun motivo se podrá tomar á la gruesa sobre el cuerpo, y quilla del Navio, mas cantidad, que las tres quartas partes de su valor, estimandole por peritos nombrados por Tomador y Dador, pena de que haciendose lo contrario, y reclamandose sobre ello por qualquiera de ambos, no se les oirá, ni admitirá en juicio.

IV. Sobre Mercaderías cargadas tampoco se podrá exceder del valor que tuvieren en el Puerto

그에 따라 전액을 보상하여 한다.

제50조 앞으로 작성할 보험증권의 형식을 정하고 그 실례를 제시하고자 이 장 제2조에서 규정하였던 바와 같이, 적절한 시기에 인쇄될(거기에서 마찬가지로 규정하였듯이) 것 이외에, 필요한 사항을 공란으로 남겨둔 보험증서 양식 2부를 여기에 첨부하며, 이를 통하여 모든 화주가 그 영업에 필요한 증권을 보유할 수 있게 한다. 여기에 첨부하는 증권의 내용은 하나는 화물에 대한 것이고 다른 하나는 선박에 대한 것으로 다음과 같다.

〈제1화물 보험증권〉: 생략

〈제2선박 보험증권〉: 생략

제23장
상품이나 금전의 모험대차에 제공과 그 방식

제1조 선체, 장비, 양식, 무기, 기타 항해 준비물과, 항구에서 선박에 선적한 화물 기타 물건을 담보로 하여, 당사자가 금전을 대차하면서 특별히 높은 이자 혹은 이윤을 약속하는 한편, 대신 대주가 항해 중에 선박에 발생할 위험을 떠안는 계약이 영업상 흔히 있는데, 그러면 선박이 안전하게 목적항에 도착하면 대주는 대여한 원본과 약정한 이윤을 지급받지 못할 위험이 소멸하는 바, 이러한 경우 그 증서 혹은 계약서는 공공기록관의 면전에서 작성하거나, 중개인의 관여하에 당사자가 작성하거나 혹은 이들의 관여 없이 오로지 당사자들만이, 그 관행에 따라 작성하면 되고, 그 계약에 당사자가 합의하고 확정한 약정, 조항 및 상황을 삽입하면 된다. 그러면 그 계약은 어느 방식에 의하든 완전한 증명력과 효력을 갖는다.

제2조 선박 및 장비를 담보로 혹은 선상에 선적된 화물을 담보로, 모험대차로 금전을 차용한 경우, 차주가 대주에게 일반적으로 지는 의무 및 책임 이외에, 대주는 선박, 장비 및 획득할 운임 혹은 담보로 제공된 화물 및 차용한 금전으로 구입한 물건에 대하여 특별담보권을 갖는다. 그와 관련하여 작성하는 증서, 계약서 혹은 증권에 이를 기재하여야 한다.

제3조 선체 및 용골에 대한 모험대차의 경우, 그 동기를 불문하고, 대주와 차주가 임명한 감정인이 평가하여 그 가액의 4분의 3을 넘는 금액을 차용할 수 없다. 이를 위반하여 차용한 경우, 둘 중에 어느 당사자가 하든 그에 기해 청구를 하여도, 법원은 이를 심리하거나 수용하지 아니한다.

제4조 선적한 화물에 대한 모험대차의 경우, 위험이 개시되는 항구에서의 그 화물의 가격

donde empezaren á correr el riesgo ; pena de que si se justificare lo contrario, pague el Tomador las cantidades principales, y sus premios, aunque sobrevenga la pérdida de dichas Mercaderías.

V. Tampoco se podrá tomar dinero, ni efectos á la gruesa ventura, ó riesgo de Nao, sobre Fletes ni sueldos de Marineros, quando fueren en viajes arreglados por meses, pero bien se podrá dar á los Capitanes, Oficiales, y Marineros que navegaren á la pesca de Ballenas, y Bacallao ; precediendo por lo que mira á los Marineros, intervencion, y consentimiento de sus Capitanes.

VI. Asimismo se ordena, que ninguna persona dé, ni entregue dinero á la gruesa á Capitan, ó Maestre de Navio, en el lugar donde se hallaren, ó residieren los Dueños propietarios de él, sin consentimiento de estos por escrito, aunque sea para repararle, ó prevencion de vituallas, ú otra causa de su beneficio ; pena de que si haciendo lo contrario se reclamare, ó resultaren diferencias sobre su cobranza, no tenga el Dador recurso alguno á hypoteca de dicho Navio, Aparejos, ni Fletes, pero en el caso de que alguno, ó algunos de los tales Dueños, y interesados en él, ó cosa, ó parte, repugnaren en contribuir con su contingente quando se necesitare para dicho reparo, y su avío, se podrán dár, y tomar las cantidades precisas, constando de requerimiento que ha de preceder á los tales Dueños, y de su renitencia ; con cuyo requisito quedará para la seguridad hypotecado el Navio, y sus Fletes.

VII. Quando alguna persona que dió dinero á la gruesa, cumplido el viaje, ó plazo pactado, no lo cobró por omision suya, ú otros motivos, dexandole mas tiempo á la misma gruesa ; y despues para otro, ú otros viajes dieren otra, ú otras personas, nuevas cantidades al mismo Tomador : Se ordena, que en quanto á su cobranza, sean preferidas las tales personas que dieron el dinero posteriormente á las que lo havian dado para el viaje, ó viajes antecedentes.

VIII. Si las Mercaderías sobre que se hubiere dado dinero á la gruesa padecieren daño por vicio propio de ellas, ó por negligencia, y causa de los Maestres propietarios, ó Mercaderes, Cargadores, llegado el Navio al Puerto de su destino, no será de cuenta del Dador del dinero, y deberá sin embargo el que le recibiere pagarle enteramente el capital, y sus premios, á menos de que en la Escritura sobre ello hecha se haya capitulado huviese de correr tambien el riesgo en daños ó Averias de la calidad referida.

IX. Atendiendo á que toda echazon, rescate, composiciones de Navios, Mastes, y Cordages cortados por el bien comun de Navio, y carga, y todo lo demás que se comprehenda en Averia gruesa resulta siempre en beneficio del que huviere dado sobre ello dinero á la gruesa ventura ; se ordena, que el tal, ó tales deberán contribuir en estos casos á la paga de la prorrata que les tocare, pero no á Averías simples ; á menos que, como vá expressado en el número precedente, se huviere pactado en el Instrumento, ó Contrata lo contrario.

X. En caso de que por la Escritura, ó Contrata hecha sobre lo dado á la gruesa, no estuviere señalado el tiempo desde que deban correr los riesgos : Se ordena, que por lo tocante al Navio, Jarcias, Aparejos, y Vituallas, será visto empezar á correr ; y que corran, desde el dia en que se hiciere á la vela, y que cumplirán veinte y quatro horas despues que se anclare y amarrare en el Puerto de su destino ; y que por lo que mira á lo dado sobre Mercaderías, empezarân á correr

을 초과하여 차용할 수 없다. 이를 위반하여 차용한 것이 증명되면 차용인은, 비록 그 화물이 멸실되었다 하더라도, 원금과 특별이윤을 지급할 의무를 면하지 못한다.

제5조 선박의 운임의 경우, 이를 담보로 선박에 따르는 위험에 기하여 금전 기타 물건을 차용할 수 없고, 항해 중에 월 단위로 지급을 하는 급료의 경우에도 이를 담보로 차용할 수 없다. 그러나 고래잡이와 대구잡이 항해를 하는 선장, 사관 및 해원은 그 급료를 담보로 차용할 수 있다. 이 때에도 선원의 경우에는 먼저 선장의 참여와 동의가 있어야 한다.

제6조 선박소유자가 거주하거나 현재하는 곳에서는, 그의 서면에 의한 동의 없이, 선장에게 모험대차로 금전을 대부할 수 없다. 이는 선박을 수리하고, 보급품을 준비하고 혹은 소유자의 이익을 위한 것이라 하더라도 마찬가지이다. 이에 위반하여 대부를 한 경우, 지급을 청구하거나 혹은 그 수령을 둘러싸고 분쟁이 생긴다 하더라도, 대주는 선박, 장비 및 운임에 대하여 담보권이 없다. 그러나 이들 물건의 소유자나 이해관계인이 위에서 말한 수리나 채비가 필요한데도 불구하고 그 자금을 제공하기를 거절하는 때에는, 선장이 소유자의 동의 없이 그에 필요한 금액을 차용 및 대부할 수 있고, 다만 소유자에 대하여 그러한 요구를 했다는 것과 소유자가 이를 거절하였다는 것을 증명하여야 한다. 이러한 요건이 갖추어지면 선박과 운임은 담보로서 우선권의 목적이 된다.

제7조 어느 사람이 모험대차로 대여를 하고 목적 항해나 약정 기간이 종료하였음에도 불구하고 그 자신의 부작위 기타 이유로 대부금을 회수하지 아니하고 일정 기간 그냥 있었는데, 그 후에 다른 사람이 새로운 항해와 관련 동일한 차주에게 모험대차로 금전을 대여한 경우, 그 회수와 관련하여 후에 금전을 대여한 사람은 이전에 대여를 한 사람보다 그 담보권에 있어 우선권을 갖는다.

제8조 모험대차의 목적인 화물이, 선박은 목적항에 도착하였지만, 소유자인 선장, 취급 상인 혹은 화주의 행위나 과실로 인하여, 또는 그 물건 자체의 하자로 인하여, 손상을 입었을 경우, 이는 대주의 손실로 귀착되지 아니하고, 그러한 손실에도 불구하고 차주는 그 원금과 특별이윤을 전부 반환하여야 한다. 다만 모험대차를 위한 증서에서 이러한 성질의 위험에 대하여도 대주가 이를 인수한다는 약정이 있는 경우에는 그러하지 아니하다.

제9조 선박과 적하의 공동 이익을 위하여, 선박으로부터의 투하, 납치된 다음 보상을 한 후에 이들의 회수 혹은 상대방과 타협을 한 다음 선박의 석방, 돛대나 밧줄의 절단 및 기타 공동해손에 해당하는 행위가 있는 경우, 이는 결국 그 물건에 대해 모험대차로 금전을 대여한 사람의 이익으로 돌아가는 것이므로, 이러한 경우에 대주는 그 이익에 해당하는 해손을 비례하여 분담할 의무가 있다. 그러나 그 해손이 단독해손에 해당된 때에는 그러하지 아니하다. 다만 전 조에서 언급하였듯이 대차증서나 계약서에 반대의 약정을 한 경우에는 그러하지 아니하다.

제10조 대차증서나 계약서에서 위험의 개시 시점을 특정하지 아니한 경우, 선박이나 그 의장, 장비 및 식량에 대하여는 위험이 개시되는 시점은, 항해를 개시하는 날이며 이로부터 진행하여 목적항에서 닻을 놓고 계선을 한 다음 24시간이 지나야 위험이 종료된다. 화물에 대하여 대여를 한 경우에는 선박에 선적을 하기 위하여 부선 기타 다른 소형선에 선적을 개

desde que se diere principio á cargarse en Gabarras, ú otras Embarcaciones menores (para los Navios) hasta que sean entregadas en tierra en dicho Puerto del destino.

XI. El Cargador que huviere tomado dinero á la gruesa sobre Mercadería, tendrá obligacion, en caso de pérdida de ellas, de justificar las tenia con efecto cargadas por su cuenta hasta la concurrencia, ó lleno del dinero que tomó, para poder quedar libre del cumplimiento de lo contratado.

XII. Quando alguno tomare cantidad de dinero, ó Mercaderías á la gruesa ventura, ó riesgo de Mar, y se viere imposibilitado á cargar, ó interesarse hasta el lleno de todo lo tomado, y que tenia proyectado, será de su obligacion prevenirselo (á tiempo, y antes que el Navio se haga á la vela) al Dador, para que se anule, y extinga el contrato hecho, en aquella parte que no huviere podido cargar, emplear, ó interesarse, y quede solo subsistente en la porcion empleada, ó cargada ; y precedido dicho aviso puntual en tiempo, y en forma, estará obligado el Dador á conformarse, sin escusa, ni dilacion, y á recibir la parte de dinero, ó Mercaderías que se le quiera debolver, como sea en la misma especie que lo entregó ; pena de que de lo contrario, aunque de hecho no lo quiera recibir, ni reciba, no esté obligado el Tomador á satisfacerle mas que lo que constare, y justificare haver cargado, empleado, ó interesadose, sin que por lo restante se le pueda demandar por el Dador.

XIII. Acaeciendo naufragio de Navio, y Mercaderías, sobre que se dió parte de su valor á la gruesa ; y salvandose el todo, ó porcion de él, ó de ellas ; en este caso, se ordena deberán entrar los que le dieron, á heredarlo, y percibirlo á prorrata, con los demás interesados en las mismas cosas salvadas, segun las cantidades que tuvieren, como participes, y compañeros en ellas, y su producto, baxadas las costas, y gastos á pérdida, y ganancia, como cuenta de Compañia.

XIV. Siempre que suceda tal naufragio á Navio, y Mercaderías, y sobre parte de él, ú de ellas estuvieren hechos Seguros en la forma que queda expresada en el capitulo proximo antecedente de esta Ordenanza, el Dador del dinero á la gruesa ventura, ó riesgo de Mar, será preferido á los Aseguradores para su pagamento, en el producto de lo que se salvare, hasta la concurrencia de la cantidad principal que huviere dado, sin incluirse los premios, mediante su especial sujecion, y hypoteca.

XV. Todas las Escrituras, y Contratas de dinero, ó Mercaderías dadas á la gruesa, se tendrán por extinguidas por la perdida entera de uno, y otro, quedando libre de la obligacion contraida el que lo huviere tomado, sin que el Dador tenga recurso alguno contra él, ni sus bienes.

XVI. Y procurando el acierto, y evitar pleytos, y diferencias, que suele haver entre los que dán, y toman semejante dinero, ó generos á la gruesa ventura, ó riesgo de Mar, ponemos aqui dos exemplares ; ó formulas, de las Escrituras, ó Cedulas, que acerca de tales contratas, ó negociaciones suelen, y deben hacerse, una de lo que se dá sobre Mereaderías, y otra sobre Nao, ó Navio ; para que teniendo presentes sus clausulas, y condiciones, puedan las Partes con mas advertencia, y conocimiento proceder en semejantes casos, confirmado que se haya por su Magestad (que Dios guarde) esta Ordenanza, como se espera de su Real piadosa Justificacion : Y el tenor de la tal formula de Escritura, ó Cedula de lo que se dá sobre Mercaderías es este.

시하는(대형선에 선적하기 위해) 시점부터 대여자의 위험이 개시되며, 목적항의 육상에서 이를 인도할 때까지 위험이 존속한다.

제11조 화물을 담보로 모험대차로 금전을 차용한 후 그 화물이 멸실된 경우, 화주는 차용한 금액에 이르는 화물을 자기의 계산으로 선적하여 가지고 있었다는 것을 입증하여야 하며, 그러면 그 차주는 더 이상 그 대차계약을 이행할 의무가 없어진다.

제12조 어느 사람이 모험대차로 일정한 액수의 금전 혹은 화물을 차용한 다음, 원래 계획하였던 차용액 전부에 해당하는 액수의 화물을 입수하고 선적할 수 없게 된 때에는 (선박이 항해를 개시하기 이전 시간에) 이를 대주에게 통지할 의무가 있다. 그러면 그 선적, 배정 혹은 입수를 할 수 없었던 부분에 대하여는 계약이 취소되고 소멸하며, 배정되어 선적된 부분에 한하여 모험대차계약이 존속한다. 이 통지가 적정한 시기에 올바른 형식으로 이루어진 때에는 대주는 이유를 묻지 아니하고 지체없이 이를 승낙하여야 하며, 원래 인도한 것과 동일한 종류의 금전이나 화물을 반환받아야 한다. 이와 반대로 대주가 실제로 이를 수령하기를 원하지 아니하고 수령하지 아니하는 경우, 차주는 실제로 선적하고, 배정하고 입수한 것으로 입증되고 확인된 그 부분에 한해 대차계약을 이행할 의무가 있고, 대주는 그 나머지를 요구할 수 없다.

제13조 선박 및 화물의 가액의 일부가 모험대차의 담보로 제공된 다음 그 선박이 난파를 당하고, 이후 그 전부 혹은 일부가 구조된 경우, 대여를 한 사람은 이를 동일한 물건에 공유자 혹은 동업자로 이해관계를 갖는 사람과 그 이해의 대소에 따라 비율로 이를 승계하고 수령한다. 또 먼저 멸실된 물건에 지출한 비용을 공제한 후 남는 이들의 대가가 있거나 혹은 이후 동업을 통하여 이로부터 얻은 이익이 있으면, 이것도 마찬가지 비율로 분배하여야 한다.

제14조 선박 및 적하에 이같은 난파가 발생하고, 그 일부에 이 칙령 전 장에서 규정한 형식으로 보험을 든 경우, 모험대차의 대주는 구조물의 대가에 대해 그의 특별담보권 혹은 우선변제권에 기해 보험자보다 우선하여 변제를 받을 권리가 있다. 그러나 이는 차용한 금액의 원금에 한하고 특별이윤은 여기에 포함되지 아니한다.

제15조 모험대차로 금전 혹은 화물을 차용하는 증서 혹은 계약은, 목적물이 전부 멸실된 때에는 그 효력이 상실되며, 그러면 금전을 차용한 사람은 약정한 반환 의무를 면하며 대주는 차주 개인이나 그 재산에 대하여 하등 다른 구제수단을 갖지 못한다.

제16조 모험대차로 금전 기타 상품을 차용한 사람과 대여한 사람 사이에 소송이나 분쟁이 흔히 생길 수 있는바 이를 피하고 그 명확성을 높이기 위하여 여기에 두 가지 계약서 예시를 첨부한다. 이는 그러한 계약과 영업에서 이미 통상 시행하고 있고 앞으로 해야하는 증서 혹은 증권의 형식으로, 하나는 화물을 담보로 차용하는 것이고 다른 하나는 선박을 담보로 차용하는 것이다. 유사한 경우에 그 조항과 조건을 참작하여 당사자는 더욱 관심과 지식을 가지고 이를 진행할 수 있으며, 이는 국왕께서(하느님이 보호하시는) 그 왕국의 경건한 정의의 관점에서 이를 따를 것을 기대하여 이 칙령을 제정하시었다는 것을 확인하며, 그 증서 혹은 증권의 양식이 갖는 내용으로 화물 및 선박을 담보로 하여 차용하는 것은 아래와 같다.

⟨Primera Escritura de riesgo, sobre Mercaderías⟩ : suprimido

⟨Segunda Escritura de riesgo, sobre Navios⟩ : suprimido

CAPITULO XXIV

DE LOS CAPITANES, MAESTRES, Ó PATRONES DE NAVIO, SUS PILOTOS, CONTRA MAESTRES, Y MARINEROS, Y OBIAGACIONES DE CADA UNO

I. Capitan, Maestre, ó Patron de Navio, es aquella persona, que siendo Dueño propietario de él, le manda, y gobierna en los viajes que se le ofrecen ; ó que no siendo tal Dueño, otros, que lo son del casco, y aparejos, le eligen, y nombran por tal Maestre, Capitan, ó Patron, para que en su nombre gobierne, y mande el Navio, con facultad de disponer de él, y sus aparejos, como si realmente fuese tal Dueño en propiedad.

II. De que se sigue, que el Maestre, Capitan, ó Patron debe ser hombre conocido, prudente, y practico en la navegacion, leal, de buenos procedimientos, que sepa leer, escribir, y contar, para dár puntual cuenta, y razon, asi del Navio, y sus aparejos, como de las Mercaderías que se cargaren en él, y gobernarse con prudencia en los casos, y cosas que pudieren ofrecersele en sus viajes, asi en tiempos de paz, como de guerra.

III. Ninguno podrá ser recibido en adelante por tal Capitan, Maestre, ó Patron, sin que haya navegado antes seis años, los quatro de Marinero, y los dos de Piloto, y que antes de empezar á mandar Navio sea examinado con comision de Prior, y Consules, por las personas practicas que para ello nombraren, y hallandolos habiles, y capaces, se les podrá dár el titulo de tales por dichos Prior, y Consules, pena de que qualquiera, que sin preceder el referdio examen, y tener las calidades, y circunstancias que van expresadas, se pusiere á mandar Navio ; será condenado, además de su exclusion, en cien pesos escudos de plata, por via de multa, aplicados á beneficio de la Ria, y Barra de este Puerto, no comprehendiendose en esto los que actualmente son tales Capitanes.

IV. Pudiendo acontecer, que un Marinero se haya dedicado á estudiar, y practicar el Arte de Pilotage, sin el titulo de tal, sino de mero Marinero, se ordena, que los de esta calidad, como hagan constar por Certificacion de Capitanes, y Pilotos, haver llevado en algunos viajes su punto, y diario formal de los rumbos, durante dos años, y navegado en el todo, seis, podrán ser admitidos á dicho empleo de Capitan, precedido el examen, y demás, que vá prevenido en el antecedente.

V. Quando se nombrare á alguno para tal Capitan de Navio, deberá dár fianzas á sus Dueños, si se las pidieren, del valor de él, y de los daños, que por su imprudencia pudiere causar en los viajes que hiciere.

VI. Quando algun Capitan se aprestare á ponerse en carga para qualquiera viaje, será obligado

〈제1차 화물에 대한 모험대차 양식〉: 생략

〈제2차 선박에 대한 모험대차 양식〉: 생략

제24장
선장, 항해장, 작업장 및 선원과 이들의 의무

제1조 선장은 그 선박의 소유자이면서 당면한 항해를 위해 선박을 지휘 및 인도하는 사람을 말하며, 또는 소유자는 아니지만, 선체와 장비의 소유자가 선정하여 임명하고, 그 결과 마치 진정한 소유자인 것같이 자기 명의로 선박을 지휘 및 인도하며, 선박과 그 장비를 처분할 권한을 가진 사람도 선장이 된다.

제2조 이러한 직책에 비추어, 선장은 항해에 관하여 지식, 지혜 및 경험을 겸비하고 있을 뿐만 아니라, 충성심을 갖고 품행이 방정하며, 읽고 쓰고 계산을 할 수 있으며, 그 결과 선박과 장비는 물론 선적한 화물에 대하여 신속하게 계산과 정산을 할 수 있고, 또 평시에는 물론 전시에도 항해 중에 발생하는 사고나 사건을 적의하게 처리할 수 있어야 한다.

제3조 선장의 직책을 수행하려면 먼저 선원으로서 4년, 항해장으로 2년 등, 총합 6년의 항해 경력이 있어야 하며, 선장으로 선박을 지휘하기 이전에 집정장과 접정관이 주관하고 이들로부터 임명을 받은 경험이 많은 사람이 시행하는 시험을 거쳐 그 실력과 능력을 인정받은 다음, 집정장과 집정관이 그 자격을 부여한다. 이러한 시험을 거치고 이미 말한 자격과 조건을 갖추지 아니하고서 선박을 지휘하기 시작한 사람은, 추후에 이러한 업무로부터 제외될 뿐만 아니라 은화 100페소 에스꾸도를 벌금으로 내야 하고, 이를 이 빌바오강과 항구의 방조제를 개선하는 데 사용한다. 다만 현재 선장으로 근무 중인 사람은 이 규정의 적용이 없다.

제4조 달리 항해사로서 자격이 없이 단순히 선원으로 항해술을 연구하고 견습할 수도 있는 바, 이러한 지위에서 항해를 하며 적어도 2년 동안 매일 항로에 관해 기록하는 일을 수행하여 왔음이 선장과 항해장이 발행한 증명서에 의해 확인되고, 이를 포함하여 총 6년의 항해 경력이 있는 사람도, 위에서 말한 선장의 자격을 획득할 수 있다. 다만 먼저 전 조에서 정한 시험을 거치고 필요한 절차를 밟아야 한다.

제5조 어느 선박의 선장으로 임명된 사람은, 선주가 요청하면, 선박의 가격 및 항해 중에 부주의로 발생시킬 수 있는 손해액에 해당하는 담보를 제공할 의무가 있다.

제6조 선장이 어느 항해를 위하여 선적을 준비하는 중에 있는 경우, 적하를 수령하기 전

á tener su Navio antes de recibirla, lastrado á proporcion de la que huviere de llevar ; el casco estanco, sin recelo de que hace agua ; la cubierta, y costados, calafeteados por todas partes, previniendole con Palos sanos, Velas, Jarcias, Cables, Ancoras, y demás necesario á la navegacion, para por este medio precaver en lo posible las Averías, y daños, que por falta de cosa, ó parte de las prevenciones dichas pudiera recibir el Navio, y su carga ; pena de pagarlo todo con sus bienes, y de cinquenta pesos escudos de plata, que además se le sacarán irremisiblemente, cada vez que constare haver sido omiso en lo que vá expresado, aplicado tambien á beneficio de la Ria, y Barra de este Puerto.

VII. Considerando lo util, y necesario que es, asi en el Mar, como en Radas, y Bahías, que cada Navio tenga Farol, con su luz encendida de noche, se ordena, que todos los que fueren de sesenta Toneladas arriba, le tenga en Popa, y que durante el tiempo que se hallaren cargando, y cargados (yá sea en Puerto, ó navegando en el Mar) pongan los Capitanes, ó Maestres toda la noche luz en el Farol ; pena de dos ducados por cada vez que no lo observaren, aplicados en la misma forma, y de los daños, que por falta de ello resultaren.

VIII. Todo Capitan, ó Maestre de Navio deberá tener abordo un libro enquadernado y foliado, en que ponga la cuenta, y razon de la carga que recibiere, con sus marcas, y numeros, nombres de los Cargadores, y Consignatarios, como tambien, los nombres y vecindad de sus Oficiales, y Marineros, razon de sus sueldos, anticipaciones que les hiciere, y gastos que tuviere en el apresto, y viajes ; con mas lo que abaxo se dirá, pena de privacion de oficio.

IX. Tambien será de la obligacion de cada Capitan, ó Maestre tener abordo estas Ordenanzas, para que en los casos que se le ofrezcan, enterado de ellas, observe, y practique su contenido en lo á él tocante, pena de quatro escudos de plata por cada vez que no se le hallaren, aplicados tambien á beneficio de la Ria, y Barra de este Puerto.

X. Asi bien se ordena, que los Capitanes hayan de llevar cada uno en su Navio Carta de Mar de este Consulado, sacandola, por lo menos una vez cada año, quando los viajes sean de esta Villa á un mismo Puerto, pero siempre que le mudaren, deberán (aunque sea dentro del año) llevar nueva Carta de Mar, pagando por sus derechos al Secretario de el Consulado quince reales de vellon, y no mas ; pena de que por cada vez que la dexaren de llevar, se les sacarán quatro ducados de vellon de multa, aplicados tambien á beneficio de la Ria.

XI. Siempre que se prepararen para viaje, deberán hacer eleccion de Oficiales, y Marineros, con quienes hayan de navegar, llevando el necesario de ellos ; y hallandose en el Puerto de su apresto algunos interesados de los Navios, lo comunicarán, y se pondrán de acuerdo, y conformidad con ellos.

XII. Los Capitanes, ó Mestres de los Navios, que lleguen al porte de sesenta Toneladas hasta ciento, deberán llevar abordo en su Equipage, además del Piloto, un Carpintero Calafate, y excediendo de este Buque, añadirán un Contra Maestre, pena de los daños, que por falta de ello se ocasionaren.

XIII. Ningun Capitan podrá asalariar para víaje á Marinero alguno, que estuviere yá

에 그 적하의 비율에 맞추어 적정한 저하를 적재하여야 한다. 선체의 방수와 관련하여서는 침수의 우려가 전혀 없어야 하고, 갑판과 선측의 모든 부분에 방수처리를 하여야 하며, 또 튼튼한 돛대를 갖추고, 돛좌, 돛줄, 닻줄, 닻 및 기타 항해에 필요한 물건을 준비하여야 하며, 이러한 준비물의 하자로 인해 선박이 파손 기타 손해를 입는 것을 방지하여야 한다. 그렇지 아니하면, 그의 모든 재산을 가지고 이를 변제하여야 하고, 은화 50페소 에스꾸도의 벌금도 내야하며, 이 벌금은 이미 규정한 것을 한번 갖추지 아니하였음이 확인될 때마다 절대 감면이 없이 이를 징수한 다음, 이를 우리 항구의 방조제와 빌바오강의 개선에 사용한다.

제7조 선박은 해상에 있는 동안은 물론 항구 내 및 항만에 있는 동안에 현등을 소지하고 야간이면 이를 점화할 이익과 필요가 있는 바, 70톤 이상의 선박은 모두 선미에 현등을 설치하여야 하고, 야간에는 선적을 하는 동안은 물론 선적을 한 후에라도(항구에 정박 중 혹은 항해 중에) 선장은 항상 이 현등을 점화하여 두어야 한다. 이를 게을리 하면, 이를 지키지 아니할 때마다 2두까도의 벌금에 처하고, 이를 전 조와 마찬가지 목적으로 사용하며, 나아가 선장은 그 자신이 이러한 의무를 해태하여 발생한 손해가 있으면 이를 모두 보상하여야 한다.

제8조 선장은 모두 선상에 편철되고 일련 면수가 기재된 장부 하나를 반드시 소지하여야 하며, 이에 수령한 적하의 계산과 내역에 관한 것과 함께, 화물의 기호, 숫자, 번호, 화주 및 수하인은 물론 선원과 사관의 성명과 거소, 이들의 급료의 내역과 선급 여부 및 항해와 그 준비에 들어간 비용을 기재하여야 하며, 그 이외 아래에 언급한 것도 기재하여야 하고, 이를 하지 아니하면 그 직책을 회수한다.

제9조 선장은 이 칙령을 선상에 비치하여야 하고, 그래서 필요한 때에 이를 숙지하고 해당하는 내용을 지키고 실행하여야 한다. 이를 위반하면 그렇게 하지 아니하는 때마다 은화 4에스꾸도의 벌금에 처하며, 이를 빌바오강과 항구의 방조제의 개선에 사용한다.

제10조 선장은 선상에 해상단이 발행한 해도를 지참하여야 하며, 이 항구로부터 동일한 항구로 항해를 하는 경우, 적어도 1년에 1회 이를 발부받아야 한다. 그러나 항해를 변경하는 때에는 (비록 1년 이내에 해당된다 하더라도) 새로운 해도를 지참하여야 하며, 그 대가로 해상단의 서기관에게 징수금인 동화로 15레알만 지급하면 된다. 이를 위반하면 지참하지 아니할 때마다 동화로 4두까도에 해당하는 벌금에 처하고, 이를 빌바오강의 개선에 사용한다.

제11조 항해를 준비함에 있어 선장은 함께 항해할 사관과 선원을 선정하고, 필요한 인원수를 확보하여야 한다. 그러나 항해를 준비하는 항구에 선박에 이해관계를 가진 사람이 있으면 그와 상의하여 그의 동의와 확인을 받아 채용하여야 한다.

제12조 60톤에서 100톤의 용량을 가진 선박인 경우, 선장은 그 승선 선원 중에 항해장 이외에 목재방수부를 동승시켜야 하며, 이 규모를 초과하는 선박의 경우 작업장을 승선시켜야 하며, 이를 위반한 선장은 그로 인해 발생한 손해를 배상할 책임이 있다.

제13조 선장은 이미 다른 선박에 승선하거나 승선하기로 약정한 선원을 자기와 함께 항해할 목적으로 다시 채용할 수 없다. 이를 위반한 선장은 선급금 기타 방식으로 지급한 금

prendado, ó convenido con otro, pena de perder lo que le huviere dado, por anticipacion, ó en otra forma, y de diez pesos, escudos de plata de multa, aplicados asimismo á beneficio de la Ria, y además quedará al arbitrio del que primero le asalarió el tomar, ó no al tal Marinero.

XIV. Asimismo será del cargo de los Capitanes, ó Maestres poner siempre todo cuidado en que los bastimentos que aprestaren para cada viaje por sí mismos, ó recibiendolos de los interesados, sean suficientes, y antes mas, que menos, y de buena calidad, y de lo contrario serán castigados por todo rigor, y á arbitrio Judicial.

XV. Atendiendo cada Capitan, ó Maestre, y su Equipage á la union, y conformidad, con que todos deben mirar al logro mas feliz del viaje á que estuvieren destinados, procurarán durante la navegacion hacer observar á los Marineros, y Muchachos Grumetes que llevaren, lo que á cada uno corresponda ; y para en caso de ser alguno de su Equipage causa de motin, ó sublevacion, para poderlo obviar, se permite á dichos Capitanes tomen las providencias mas convenientes á su remedio.

XVI. Siendo tan del Real Servicio, y utilidad conocida de estas Costas el aumento de la Marinería ; se ordena, y manda á todos los Capitanes, y Maestres de Navios, cuiden particularmente de los Grumetes que llevaren en sus Navios, tratandolos con amor, y cariño, para que se aficionen á la navegacion, y lleguen á estar en aptitud de ganar sueldo ; el que no se les dará en los dos primeros viajes, sino solamente el alimento, y vestuario correspondiente, y acostumbrado ; arreglandose en esto al estilo, y practica de la navegacion.

XVII. Ningun Capitan podrá por motivo alguno sobrecargar el Navio : para cuyo acierto, y evitar las dudas, y discordias, que en esto pudiera haver, se ordena, que en caso de no conocer por experiencia en la navegacion, ú de otra forma el porte, y capacidad de los Navios, sea del cargo de Capitanes, ó Maestres informarse de los que antes los gobernaron ; y quando esto no lo pudieren hacer, juntarán á sus Oficiales, y á una con ellos determinarán los pies de agua, en que á Proa, y Popa se deban poner sus Navios, para que comodamente queden navegables ; pena de que los que sin este cuidado, y conocimiento usaren de sus Navios, serán multados, y castigados á arbitrio judicial.

XVIII. Tampoco podrá Capitan ó Maestre alguno poner sobre la cubierta de su Navio Mercaderías, ni otra cosa, sea por flete, ú de propia cuenta, ni de sus Marineros, sino que siempre la deberán dexar libre, y franca, para las maniobras necesarias, que puedan ofrecerse durante la navegacion ; y solo podrá llevar el Bote en su debido lugar, y los Palos de respeto en donde no embaracen ; yá sea en el Portaló de Popa á Proa, ó yá enmedio del Navio asegurados, y trincados ; pena de que los daños, y Averías, que por lo contrario resultare haverse ocasionado, será de su cuenta.

XIX. Cargado que esté el Navio, será de la obligacion de su Capitan mantenerse en él ; dia, y noche, aunque se halle en el Puerto, esperando tiempo favorable para hacerse al Mar, pena de que de lo contrario se le sacarán, por cada vez que contraviniere, quatro ducados de multa, aplicados asimismo á beneficio de la Ria, y de todos los daños, y faltas, que por ello se ocasionaren, asi en el Navio, como en su carga.

액에 대하여 권리를 잃고, 은화로 10페소 에스꾸도의 벌금에 처하며, 이를 빌바오강의 개선에 사용하여야 한다. 그리고 먼저 그를 채용하였던 선장은 그 선원을 계속 채용할 수도 있고 아니할 수도 있다.

第14조 선장은 항해를 준비할 때마다, 스스로 준비하든 이해관계인으로부터 받든, 부족하지 아니하고 충분한 양질의 식량을 확보하는데 최선을 다하여야 한다. 이를 위반한 선장은 법원의 재량에 따라 아주 엄한 처벌을 한다.

第15조 선장과 선원은 서로 단결하고 화합을 실현하여야 하고, 이를 통해 모든 사람이 목적한 항해를 안전하게 달성할 수 있도록 뜻을 모을 수 있는 바, 선장은 항해 중에 선원 및 견습선원이 각자 자기가 맡은 임무를 성실히 수행하도록 진력하여야 한다. 만일 선원 중 어느 사람이 폭동이나 집단항명의 우려가 있는 경우, 선장은 그 원인을 제거하기 위해 필요한 적당한 조치를 취할 수 있다.

第16조 선원은 이 해안에서 유용한 작업을 하고, 이를 통하여 국가에도 봉사하는 사람으로, 그 수를 증가시킬 공익적 필요가 있는 것인 즉, 모든 선장은 동승한 견습선원을 사랑과 자애로서 특히 잘 보살펴야 하며, 그래서 이들이 항해에 관심을 갖고, 봉급을 받을 자격을 가진 사람으로 성장할 수 있도록 조력하여야 한다. 최초의 2회 항해에서는, 견습생은 봉급이 없고, 다만 관습에 따라 필요한 의복과 식량만 제공된다. 이는 항해의 일반적인 관행과 방식에 따라 처리한다.

第17조 선장은 그 이유가 무엇이든 선박에 과적을 할 수 없다. 이를 확실히 하고 이로 인하여 생길 수 있는 의문과 분쟁을 피하기 위하여, 선장이 항해 경험이나 기타 방법에 의해 자기 선박의 규모와 용량을 알 수 없는 때에는, 이전에 그 선박을 지휘하였던 사람에게 이를 알아보아야 한다. 그렇게 할 수 없는 경우, 사관 회의를 열어 안전하게 항해를 하기 위해 선수와 선미가 잠길 수심 흘수를 확정하여야 한다. 이러한 노력을 하지 않고 이를 모르고서 선박을 사용한 선장은 그에 상응한 벌금 및 체형에 처한다.

第18조 선장은 화물을 갑판에 선적할 수 없고, 이는 운임을 받고 타인의 화물을 선적하였든 자기나 다른 선원의 계산으로 선적하였든 마찬가지이다. 그리고 선적을 함에 있어 항해 도중에 발생할 수 있는 필요한 이동을 할 수 있도록 여유 공간을 두고 선적하여야 한다. 보트는 제자리에 보관하여 가지고 가야하며, 예비 돛대도 방해를 하지 않는 곳에 두어야 한다. 그것은 선미와 선수의 보관소일 수도 있고, 선박 중간일 수도 있지만, 반드시 단단히 고정하여야 한다. 이를 위반한 선장은 그로 인하여 발생하는 파손 및 손해를 보상할 책임이 있다.

第19조 선박에 선적을 종료한 선장은 선내에 대기할 의무가 있다. 비록 선박이 항구 내에 있다 하더라도, 선장은 주야를 가리지 않고 출항에 적당한 시간을 기다려야 한다. 이를 위반하면 위반할 때마다 4두까도의 벌금에 처하고, 이를 빌바오강의 개선에 사용하며, 또 선장은 그로 인하여 선박은 물론 적하에 발생한 손상과 하자에 대하여도 책임을 진다.

XX. Ningun Capitan, ó Maestre podrá empezar á baxar la Ria, sin tener primero abordo el Piloto Leman, que para su mayor seguridad le deberá dirigir, pena de quatro ducados de vellon, que se le sacarán de multa por cada vez que lo contrario hiciere, aplicados en la misma forma, y de los daños que por ello se siguieren á Navio, y carga.

XXI. Para resolver el salir al Mar, deberá todo Capitan, ó Maestre tomar consejo de su Piloto, y ContraMaestre, y con su dictamen disponer, y mandar lo que convenga, atendiendo en esto al acierto ; y si en el Puerto de donde deba salir huviere Piloto Mayor, de cuya asistencia, y direccion le sea preciso valerse, por Ordenanzas, ó por estilo, será tambien de su obligacion participarle su animo, y lo mismo al Piloto-Leman de aquella Costa, á cuyo cargo estuviere el ponerle en el Mar para su asistencia, pena de que de lo contrario, serán tambien de su cuenta todos los daños que se causaren á Navio, y carga.

XXII. Siempre que un Capitan considerare ser preciso el componer, calafetear, y aprestar su Navio para algun viaje, será de su obligacion formar un extracto individual de la obra ; y reparos que necesite, y entregarle á los interesados del Navio, si estos residieren en aquel Puerto, y en su falta al Consignatario que fuere de él, á fin de que con convenio de unos, y otros se prevenga lo necesario.

XXIII. Ningun Capitan, ó Maestre podrá al tiempo de el ajuste de sus Fletamentos suponer mas Porte de su Navio, que aquel que real, y verdaderamente tiene para la carga que haya de recibir, sea por peso, ó por volumen, procurando siempre dexarlo marinero, ó navegable ; pena de que en caso de hallarse al tiempo de cargarse incapáz de recibir tanta carga, como la que huviere fletado, pague, no solamente los daños que huviere ocasionado al cargador, sino tambien quatro escudos de plata por cada Tonelada de las que se reconociere haver supuesto de mas, aplicados á beneficio de la Ria.

XXIV. El Capitan, ó Maestre que se uviere convenido, y concertado para viaje, no podrá por pretexto alguno dexar de executarle, ni despues de haver hecho medio viaje, abandonar su Navio sin legitimas causas, las quales deberá hacer constar por instrumentos feehacientes ; pena de pagar con sus bienes todos los daños que resultaren por ello, asi á los Dueños del Navio, como á sus Cargadores, y de que será excluido del exercicio de tal Capitan, y recogido su titulo.

XXV. Si algun Navio de los de esta Ria, haviendo salido al Mar tuviere el accidente de bolverse precisamente de arribada por vientos contrarios, ú otro motivo que le impida la continuacion del viaje ; deberá su Capitan ó Maestre mantener abordo todos los del Equipage, en cuyo caso les correrán sus sueldos en la misma forma que si estuviesen navegando.

XXVI. Si durante un viaje se hallare algun Capitan ó Maestre en riesgo evidente de perder el Navio, sea por verse acosado de Corsario, ó en Costa por tormenta, no podrá abandonarle, sin que primero preceda el dictamen de sus Oficiales, y quando estos convengan en hacer el abandono, y pudiere salir del Riesgo con su Bote, ó en otra forma ; procurará sacar, y salvar lo mas precioso que le sea dable, con el libro de So-bordo, donde anotará el caso, y lo que asi sacare, y salvare.

제20조 선박을 가지고 강을 통해 내려오고자 하는 선장은 먼저 안전하게 자기를 안내할 도선사를 승선시킨 다음 항해를 개시하여야 한다. 이를 위반한 선장은 위반을 할 때마다 동화로 4두까도의 벌금에 처하고, 이를 전 조와 마찬가지의 방식으로 사용하며, 선장은 그로 인하여 선박과 적하에 발생한 손해에 대하여도 이를 보상할 책임이 있다.

제21조 선장이 출항의 결정을 하려면 항해장 및 작업장과 상의하여야 하며, 이들의 의견을 신중히 고려하여 합당한 처분과 지휘를 하여야 한다. 만일 출항하고자 하는 항구에 항구 및 방조제 관리장이 있고, 칙령이나 관행에 의하면 그의 원조와 안내를 받는 것이 필요한 경우에는 그에게 반드시 지원을 요청하여야 하며, 또 선박이 해상에 이를 수 있도록 원조를 하는 그 해안의 도선사에게도 마찬가지로 필요가 인정되는 경우 그 지원을 요청하여야 하며, 이를 위반하면 그로 인하여 선박 및 적하에 발생한 모든 손해를 선장이 배상하여야 한다.

제22조 선장이 새로운 항해를 위하여 선원을 구성하고, 방수 작업을 하고, 보급을 마련할 필요가 있는 경우, 먼저 수행하여야 할 작업의 목록표를 작성하여야 하며, 또 수리가 필요하면 수리할 목록표도 작성하여야 한다. 그리고 이해관계인이 그 항구에 있으면 그에게 이를 교부하고, 그가 없으면 그 항구에 있는 선박대리인에게 이를 교부하여, 그의 동의를 얻은 다음, 필요한 조치를 취하도록 하여야 한다.

제23조 선장은 운송할 물건을 확정함에 있어 무게이든 부피이든 실제로 수령하여 선적할 수 있는 용량보다 더 많은 적하를 인수하여서는 아니 되며, 선박이 적하를 싣고서 감항능력을 유지하고 안전하게 항해할 수 있도록 하여야 한다. 선적을 할 때에 운송계약을 한 적하를 전부 선적하는 것이 불가능하다는 것이 판명된 경우, 선장은 이로 인하여 화주에게 발생한 손해를 전부 배상하여야 할 뿐만 아니라 초과하여 인수한 화물의 매 톤마다 은화 4에스꾸도의 벌금에 처하며, 이 벌금은 빌바오강의 개선에 사용한다.

제24조 선장이 특정한 항해를 위해 선박을 지휘하기로 한 번 약정하고 합의하면, 그 이유가 무엇이든, 그 이행을 아예 거절할 수 없고 또 일부 항해를 하고 난 다음 선박을 포기할 수 없으며, 다만 법적으로 정당한 사유가 있는 때에는 그러하지 아니하고, 이 법적인 사유는 증명력을 가진 서면에 의하여 입증하여야 한다. 이를 위반한 선장은 그로 인하여 적하는 물론 선박에 발생하는 모든 손해를 개인 재산으로 변상하여야 하며, 추후에 다시 그 직책을 수행할 수 없고 그 자격을 영원히 박탈한다.

제25조 이 빌바오강에 있던 선박이 바다로 나가 일단 항해를 개시한 다음에, 반대 방향의 바람을 맞아서 혹은 기타 항해를 계속할 수 없는 사유가 생겨서, 부득이 피항을 목적으로 귀항을 하게된 경우에, 선장은 선상에 모든 선원을 확보하여 유지하고 있어야 하며, 그 동안에는 항해를 계속한 것과 마찬가지로 선원의 급료를 지급하여야 한다.

제26조 항해를 하는 도중에, 나포선이 접근한다든가 해안에서 폭풍을 만난다든가 하여 선박을 잃을 위험이 명백한 경우, 선박을 포기하기 이전에 먼저 사관의 의견을 들어야 한다. 만일 선박을 포기하기로 합의하고 나아가 보트나 기타 방법으로 탈출하기로 한 때에도, 가능한 범위 내에서 우선적으로 고가의 물건을 인출하여 구조하여야 하고, 또 우선적으로 가지고 나와야 하며, 이후 거기에 사고 경위와 구조하여 인출한 물건의 내역도 기술하여야 한다.

XXVII. Si las Mercaderías, ó Efectos que huviere sacado, y salvado, por el motivo arriba expresado, en el Bote, ú de otra forma, vinieren á perderse antes de llegar al Puerto, por algun caso fortuito, no podrá hacersele cargo de ello al Capitan, exhibiendose por este la justificacion conducente, hecha en tiempo, y en forma en el primer lugar de su salvamento.

XXVIII. Siempre que algun Oficial, ó Marinero cometiere durante el viaje, ó en el Puerto, algun delito de asesinato, muerte, blasfemia, ú otro, digno de castigo corporal, deberá el Capitan, ó Maestre asegurarle, y entregarle, en llegando al Puerto, á los Jueces, que deban conocer de su causa, y en ella hacer sus declaraciones veridicas, y puntuales, con los demás de su Equipage, para que en su vista se proceda al castigo correspondiente á su delito, y que sirva de exemplo á otros.

XXIX. Ningun Capitan, ó Maestre permitirá haya en su Navio fuego en cocina, ni otra parte alguna, desde las cinco de la tarde, hasta otro dia despues de amanecer ; y embarazará con todo rigor el que ninguno de su Equipage fume entre cubiertas, ni del Palo mayor para Popa ; y haviendo de hacerlo en otros parages, y á horas competentes, y de menos contingencia, procurará, que los que fumaren, pongan á las pipas sus cubiertas ; pena por cada vez que consintiere lo contrario, de un ducado de vellon, que se le sacará de multa, á beneficio de la Ria.

XXX. No podrá ningun Capitan, ó Maestre entrar, durante su navegacion, en otro algun Puerto, que el de su destino, por voluntad propia solamente, y quando lo huviere de hacer, por conocida precision de tormenta, temor de Corsario, ó Pyrata ; deberá antes tomar consejo, y dictamen de su Piloto, y Contra-Maestre, y ponerlo por asiento en el libro de So-bordo, haciendoles firmar á una con él ; y en este caso, si huviere sido la entrada por tormenta, se hará á la vela para su destino, luego que el tiempo lo permita ; y si por Corsario, ó Pyrata, procurará inquirir de la gente de los Navios, que despues huvieren entrado en aquel Puerto, ó por otros medios, lo conveniente acerca de su riesgo, ó seguridad, y juntará nuevamente á su Piloto, y Contra-Maestre, y haciendoles presentes las noticias que huviere adquirido, determinará, con su acuerdo, el proseguir, ó no su viage ; y se anotará tambien en el libro de So-bordo esta resolucion, si fuere de proseguir, y se firmará ; pena de que justificandose haver entrado en Puerto por propia voluntad, haya de pagar los gastos, y daños que por ello resultaren, y además cinquenta ducados de vellon de multa por cada vez, aplicados á beneficio de la Ria de este Puerto.

XXXI. Qualquier Capitan, ó Maestre, que por temporal, ú otro accidente se viere obligado á dár fondo en una Bahia, deberá echar, con las Anclas que largare, las Boyas con Orinques correspondientes al fondo de la Bahia, para que en el caso de verse precisado á cortar alguna, ó algunas Anclas, se puedan sacar, mejorando el tiempo ; pena de que será de su cargo el valor de ellas, y de los Cables, y no de los interesados de Navios.

XXXII. Llegando el caso prevenido en el precedente de dár fondo, deberá el Capitan, si huviere otros Navios surgidos en la tal Bahía, tener cuidado en anclar el suyo á distancia suficiente de los demás, para por este medio librar sus Cables, y Anclas, de que se enlazen con los de los otros ; pena de los daños que por su descuido en lo referido resultaren.

제27조 위에서 본 경위로 인출되어 보트를 이용하거나 기타 방법에 의해 구조된 화물이 목적항에 도착하기 이전에 우연한 사고로 인하여 멸실되게 된 경우, 처음에 구조를 할 때에 그 조치에 관해 정당성이 입증되면 선장은 그 이후 멸실에 대하여 책임이 없다.

제28조 항해 도중에 혹은 항구에서, 사관 혹은 선원이 살인, 치사, 신성모독 기타 태형[27]에 해당하는 범죄를 저지른 경우, 선장은 그를 포박하여 이후 기착항에서 사건에 관할권이 있는 판사에게 이를 인도하여야 하며, 거기에서 다른 선원과 함께 진실되고 명확한 진술을 통하여 그 면전에서 상응하는 처벌이 될 수 있도록 하여야 하며, 이를 통하여 다른 선원에 대하여 본보기로 삼아야 한다.

제29조 선장은 오후 5시부터 이튿날 여명에 이르기까지 부엌 기타 지역에 점화를 허용하여서는 아니되며, 어느 승무원이든 갑판 사이에서 혹은 선미 주된 돛대에서 담배를 피우는 것을 절대적으로 막아야 한다. 그 밖의 장소에서 허용되는 시간에 부득이 담배를 피우는 경우에도, 사고가 발생하지 아니하도록 담배를 피우는 사람은 담배대에 반드시 덮개를 씌우도록 하여야 한다. 이에 위반되는 행위를 허용한 선장은 매 회마다 동화로 1두까도의 벌금에 처하며, 이를 빌바오강의 개선에 사용한다.

제30조 선장은 단순히 자의로 목적항이 아닌 다른 항구에 선박을 기항하게 할 수 없다. 그리고 나포나 해적의 위험이 있거나 혹은 확인된 폭풍우를 피할 필요가 있어 부득이 기항을 해야 하는 경우에도, 먼저 그 선박의 항해장 및 작업장과 협의하고 그의 의견을 들어야 하며, 이를 선상일지에 기록하고 선장과 그 중 한명이 서명하여야 한다. 폭풍우로 기항을 한 경우에는 날씨가 개이면 지체 없이 목적항으로 항해를 재개하여야 한다. 나포나 해적으로 인한 경우, 입항을 한 연후에 승무원을 조사하여 그 위험과 안전을 고려하여 가장 적당한 여타 조치를 알아보고, 이어서 다시 항해장 및 작업장과 회의를 하여 지득한 정보를 제공하고 그들의 동의를 얻어 항해 계속 여부를 결정하여야 한다. 이러한 결의는 선상일지에 기록하여야 하며, 항해를 계속하기로 정한 경우 이에 서명하여야 한다. 이러한 사유 없이 자의로 기항한 것이 밝혀지면 선장은 개인적으로 그 비용과 손해를 부담하여야 하며, 그 외에도 동화 50두까도의 벌금에 처하고 이를 이 항구의 빌바오강의 개선에 사용한다.

제31조 선장이 태풍 기타 사고 때문에 어느 만에 정박을 해야 할 경우에는 닻을 내리는 것 이외에 반드시 그 만의 깊이에 맞는 신축성이 있는 부표색을 가진 부표를 투하하여야 하고, 그래서 닻을 절단할 필요가 있는 때에도, 이후에 날씨가 좋아지면 이를 다시 인양할 수 있도록 하여야 한다. 이를 위반하면 분실한 닻과 닻줄에 대해 선장이 책임을 져야 하며, 다만 선박의 이해관계인은 이에 대해 책임을 지지 아니한다.

제32조 전 조에 언급된 사건이 생겨 정박을 하게 된 경우, 선장은 만일 그 만에 다른 선박이 나타난 것을 발견한 때에는, 그의 닻을 다른 선박과 상당히 떨어져 놓아서 이를 통하여 그의 닻 및 닻줄이 다른 선박의 닻이나 닻줄과 서로 걸리지 아니하고 자유로울 수 있도록 주의를 기울여야 한다. 이 주의의무의 태만으로 인하여 발생하는 손해에 대해 선장은 개인적으로 책임을 진다.

27 Castigo corporal은 여러 가지 의미가 있지만 여기에서는 태형을 말한다고 한다

XXXIII. Pondrá luz en su Farol de Popa, para que viniendo algun otro Navio de noche á valerse de la Bahía, no tropiece con él, so la misma pena.

XXXIV. Asimismo será de la obligacion de Capitanes, ó Maestres, atender, y observar si cada uno de los de su Equipage cumple con lo que es de su cargo, para de lo contrario reprehenderlos, y obligarlos á la puntual execucion de lo que les tocare ; y todos los dias á la hora de medio dia, y en todas las demás que convengan, juntará el Piloto, y Pilotines, y demás pricipales Oficiales, que sean expertos en la navegacion, para conferir con ellos sobre las alturas, y rumbos de su viaje.

XXXV. Ningun Capitan ó Maestre que navegare á flete comun, que llaman al tercio, podrá, hacer negocio alguno separado de su cuenta propia, y si lo hiciere, deberá ser en utilidad, y provecho de los demás Interesados ; pena de perdimienlo de lo que interesare, contraviniendo á este orden.

XXXVI. No podrá Capitan alguno tomar dinero á la gruesa en el Puerto donde se hallaren los Interesados de su Navio, sin preceder consentimimiento de ellos, y solo podrá hacerlo en caso que alguno de ellos fuere remiso en contribuir con su parte, requiriendole antes judicialmente ; y con esta circunstancia podrá executarlo, y además hypotecar, para la seguridad de lo que fuere preciso tomar, el interés, ó parte que tuviere en el Navio el tal, que asi dexare de contribuir.

XXXVII. Tampoco podrá Capitan, ó Maestre alguno tomar dinero á la gruesa, ni hypotecar su Navio en otro Puerto para negociaciones propias, siendo el Navio perteneciente á otros en el todo, ó en parte, pero tocandole á el algun interés en el Casco, y Aparejos, y no haviendo tomado antes gruesa alguna, ni teniendolo empeñado, por otro medio, bien podrá executarlo hasta en la parte que le perteneciere ; declarando en la Poliza que sobre ello otorgare, el interés propio sobre que funda la hypoteca especial ; pena de que si contraviniere á ello, será de su cargo la satisfaccion del Principal, y Intereses, y de privacion de oficio.

XXXVIII. Si en el curso de su navegacion, por algun accidente, se viere obligado á tomar algun Puerto, y en él necesitare de dinero para reparos de su Navio, ó bastimentos, deberá solicitar primero persona que le socorra en virtud de Vale, Letra, ó Libranza que le haga contra los Armadores, ó Consignatarios ; atendiendo en esto á la cercanía, y proximidad de los unos, ú del otro, de no hallar persona que quiera darselo, sino á interés de gruesa ventura, podrá tomar solamente lo preciso, y de ello otorgar la Poliza, ó Escritura, que se le pida, y convenga, obligando al Navio, Aparejos, y Fletes : En cuyos casos lo deberá anotar todo, segun sucediere, en su libro de So-bordo, y hacerlo firmar con él á sus Oficiales.

XXXIX. No hallando en la precision prevenida en el antecente quien le dé dinero en ninguna de las formas dichas, pasará á vender algunas de las Jarcias, y Aparejos del Navio, que no le hicieren grande falta para proseguir el viaje, y no haviendo comprador de esto, ó no siendo equivalente para lo que huviere menester ; en este caso podrá vender algunas Mercaderías de su carga ; pero deberá procurar elegir entre ellas las que considerare puedan ser mas provechosas al beneficio general, y á que si pudiere ser, dexen alguna utilidad ; y de la venta que asi executare,

제33조 선박은 야간에 그 만을 이용하기 위하여 접근하는 다른 선박과 충돌을 하지 아니하도록 선미의 현등을 반드시 점화하여야 하며, 이를 태만히 한 선장은 마찬가지의 책임이 있다.

제34조 선장의 임무를 실제로 집행하는 선원도 모두 선장과 마찬가지로 주의를 하고 규칙을 지키도록 하는 것도 선장의 의무이며, 그렇지 아니하면 선장은 이들을 징벌하여야 하고 또 선장은 모든 선원이 각자 자기에 속하는 의무를 신속하고 정확히 집행하도록 하여야 한다. 선장은 매일 정오 및 기타 적합한 시간에 항해장, 항해사 및 기타 항해 전문 사관과 회합하여 선박의 위도와 방향을 협의하여야 한다.

제35조 제3자가 참여하여 선장과 공동 계산으로 선박을 운항 중인 경우, 선장은 자신의 계산으로 별도로 영업을 할 수 없고, 이에 위반하여 선장이 영업을 하면 그 수익과 이익은 다른 이해관계인의 계산으로 돌아간다. 이를 위반한 선장은 그 징벌로서 그에 대해 가지고 있던 모든 권리를 상실한다.

제36조 선박의 이해관계인이 그 항구에 있는 경우, 먼저 그의 동의를 얻지 아니하면, 선장은 모험대차로 금전을 차용할 수 없다. 다만 어느 이해관계인이 그에 할당되어 출연할 금액을 사법절차를 거쳐 요구받고도 이를 이행하지 아니한 때에는 그러하지 아니하다. 이러한 상황에 이르면 선장은 필요한 금액을 차용하고, 그 원금과 이자에 대한 담보로 출연을 거절한 이해관계인의 권리 전부나 일부를 저당하는 것은 물론 모험대차의 담보로 제공할 수 있다.

제37조 선박의 전부 혹은 일부가 선장 이외 제3자의 소유에 속하는 경우, 선장은 다른 항구에서 자기 자신의 영업을 위해 그 선박을 담보로 저당하여 혹은 모험대차로 금전을 차용할 수 없다. 그러나 선체 및 장비의 어느 권리가 그에게 귀속하는 경우에는, 그 이전에 모험대차로 금전을 차용하거나 다른 방법으로 담보로 제공하고 금전을 차용한 일이 없다면, 자기에 속하는 권리 부분에 한하여 이를 담보로 제공하고 차용할 수 있다. 다만 이 경우에는 이를 허용하는 증서상에 담보로 제공하는 자기의 권리를 분명히 표시하여야 한다. 선장이 이를 위반하면 그 원금과 이자를 자기가 개인적으로 지급하여야 할 뿐만 아니라, 선장은 그 직책을 박탈당한다.

제38조 항해 도중에 사고를 당하여 어느 항구에 기항을 하지 아니할 수 없게 되고, 거기에서 선박을 수리하거나 식량을 구하기 위하여 금전이 필요하게 된 경우, 선장은 먼저 의장자나 그 대리인을 상대방으로 한 어음의 보증, 인수 및 발행을 통해 구조에 응할 사람을 찾도록 노력하여야 한다. 이러한 노력을 인근에 용이하게 접근할 수 있는 모든 사람들에게 하여도 이에 응하려고 하는 사람이 전혀 없고, 오로지 모험대차로 대여를 할 사람밖에 없는 경우에 한해, 선장은 필요한 최소 금액을 모험대차로 차용할 수 있고, 그러면 작성이 요구되는 증권이나 증서를 작성하여 선박, 장비 및 운임에 담보석 효력이 생기는 효력을 발생하게 할 수 있다. 이 경우에 그 경위를 선상일지에 기록하고 그와 사관이 서명하여야 한다.

제39조 전 조에서 말하는 필요가 있음에도 불구하고 그 어느 방식으로도 금전을 차용하여 줄 사람이 없는 경우, 그 다음에 비로소 선장은 항해의 수행에 중대한 지장이 없는 용구나 장비의 매각에 들어갈 수 있고, 마지막으로 이를 구입할 사람도 없고, 또 필요성에 있어 유사한 다른 매각할 품목도 없다면, 이 경우에 비로소 선적한 화물을 매각할 수 있다. 그러

formará, cuenta individual de el importe de su producto, con distincion de comprador, precios, marcas, numeros, pesos, piezas, y medidas en el libro de So-bordo, y al pie firmarán los Oficiales, haviendo precedido ante todas cosas el informe, y dictamen de estos.

XL. Pudiendo suceder que si se dilatare el viaje (por retencion del Navio, Avería, ó por otros accidentes) vengan á malearse, ó dañarse algunas vituallas de las destinadas para la manutencion de el Equipage : En este caso se ordena, que el Capitan ha de ser obligado á desechar las asi dañadas, para que no causen enfermedad á la gente, y proveer el Navio, en lugar de ellas, de otras de buena calidad, hasta la cantidad necesaria para el viaje, tomandolas en el parage donde mejor cuenta le tenga.

XLI. Y si durante la navegacion, sucediendo el caso arriba prevenido, fueren en el Navio pasageros, que tengan alguna provision, ó mantenimientos particulares, que precisamente no los hayan menester ; el Capitan podrá tomarselos para su Equipage, pagando á los dueños su justo valor, y poniendo cuenta, y razon de todo en el Libro de So-bordo, para darla en el Puerto de su destino.

XLII. No podrá Capitan alguno hacer venta del Navio que mandare, sin poder, y facultad especial de sus dueños, y hasta, y en tanto que se haya cumplido el fletamento que tuviere contrahido ; y lo mismo se entenderá (por lo que mira á cumplirse primero el fletamento) aunque el Navio sea enteramente suyo propio.

XLIII. Siempre que en el curso de su navegacion se encontraren dos Navios, el uno con falta de bastimentos, y el otro con los suficientes, ó mas de los necesarios ; el Capitan del Navio proveido deberá socorrer al otro por venta, trueque, ó en otra forma, extendiendose á lo mas que pueda ; sin perjudicarse notablemente, y de lo que asi reciprocamente se dieren, tomarán razon en sus libros de So-bordo, para que conste, y abonarlo á sus Interesados.

XLIV. Se prohibe, que Capitan alguno pueda vender, enagenar, ni ocultar Vituallas, ni aparejos de los Navios que estuvieren á su cargo, en perjuicio de sus Interesados ; antes bien deberán bolverles, cumplido el viaje, los que sobraren ; pena de ser severamente castigados, y privados de sus empleos.

XLV. En caso que hallandose algun Capitan, ó Maestre en el Mar, con temporal tan recio, que se reconozca no poder aguantar y que para salvar vidas, y Navio, sea preciso hacer echazon de algunos efectos, elegirá en primer lugar para ello la Artillería, si la llevare, y las Mercaderías que tuviere entre cubiertas, de menos valor, y mas peso, y volumen, atendiendo siempre á la conservacion de lo mas precioso ; y en este caso hará se tome razon individual de lo que se echare, con sus marcas, y numeros en el libro de So-bordo, haviendo precedido para esta resolucion el dictamen, y acuerdo de sus Oficiales.

XLVI. Sucediendo el caso prevenido en el precedente, y que despues llegue el Navio al Puerto de su destino con la carga que le huviere quedado, no podrá Capitan, ó Maestre alguno, Contra-Maestre, Piloto, Marinero, ni otro de los que vinieren abordo, manifestar por ningun motivo la razon, y memoria de los efectos arrojados, ó echados hasta su debido tiempo.

나 화물 중에서 공동이익을 위하여 가장 효용이 있고 또 이익이 있다면 가장 유익한 것을 선택하여야 한다. 이러한 매각이 이루어지면 매각 대금을 총액으로 하여 각 물건별로 계산서를 작성하고, 매수인, 가격, 화물의 기호, 숫자, 무게, 개수 및 크기를 구별하여 선상일지에 기록하여야 한다. 이러한 사항 이전에 사건 경위와 의견을 기재한 다음 사관이 서명하여야 한다.

제40조 항해가 지연되면 (선박의 억류, 해손의 발생 및 기타 사고로) 선원을 부양하기 위해 예비하여 둔 식료품에 부패 기타 손상이 생길 수 있는 바, 이 경우에는 선원에게 질병을 유발할 수 있는 손상된 식품을 버리고 그 대신 항해에 충분한 양질의 식품을 새로이 공급받아야 하며, 이를 최선의 가격으로 취득할 수 있는 곳에서 구입하여야 한다.

제41조 항해 도중에 위에서 본 사건이 발생하는 경우, 선상에 식량 혹은 식품을 개인적으로 가진 사람이 있고, 그것이 그에게 즉시 필요한 것이 아닌 때에는, 선장은 그 소유자에게 정당한 대가를 지불하고 선원 모두를 위해 이를 수거할 수 있다. 그러면 선장은 그 계산과 경위를 선상일지에 기록하고, 목적항에 도착하면 이를 제출하여야 한다.

제42조 약정한 운송을 완료하고 끝낼 때까지, 선장은 소유자의 특별한 수권이 없는 한, 지휘하는 선박을 매각할 수 없다. 비록 선박이 전적으로 그 자신의 소유에 속한다고 할지라도 (먼저 운송계약을 이행하여야 한다는 관점에서) 이는 마찬가지라고 본다.

제43조 항해 도중에 두 선박이 만났는데 한 선박은 양식이 부족하고 다른 선박은 충분하거나 넘치는 경우, 여분이 있는 선박의 선장은 판매, 교환 기타 방법으로, 가능한 한 최대로, 다른 선박에 원조를 하여야 한다. 그러나 자기 선박에 중대한 피해가 없어야 하고, 이처럼 그 대가로 제공되는 것이 있으면, 선상일지에 이를 기재하여야 하고, 이에 의거 추후에 거래를 확인하고, 또 이해관계인에게 보상을 할 수 있도록 하여야 한다.

제44조 선장은 선상에 자기가 관리하는 선상의 식품이나 장비를 이해관계인의 이익에 반하여 매각, 양도 혹은 은닉할 수 없고, 오히려 남는 것이 있으면 항해가 종료된 다음, 이를 이해관계인에게 반환하여야 한다. 이를 위반하면 그 선장은 엄한 형벌에 처하고 그 직책을 박탈한다.

제45조 선박이 해상에 있던 중에 대처하기 어려운 거대한 폭풍을 만나 선박과 생명을 구조하려면 어느 물건을 해상에 투기하지 아니할 수 없게 된 경우, 선상에 대포가 설치되어 있는 때에는 먼저 그 대포를 선정하여 투기하여야 하고, 그 다음에는 갑판에 있는 화물을 투기하여야 하며, 또 투기는 그 가격이 적은 것부터, 또 무게나 부피가 많은 것부터 하여야 하고, 나아가 가장 귀중한 것은 가능한 한 보존하도록 노력하여야 한다. 투기를 한 경우 선상일지에 투기된 물건을 그 기호 및 개수와 함께 각각 기록하여야 하며, 결정을 하기 이전에 사관의 의견을 듣고 합의를 한 다음 투기하여야 한다.

제46조 전 조에 규정한 사건이 발생한 다음 선박이 잔존 화물을 싣고 목적항에 도착한 경우, 선장, 작업장, 항해장 및 여타 선상에 올라온 사람은, 그 동기가 무엇이든, 적법한 단계에 이를 때까지, 투하한 경위나 투기한 물건의 내역을 진술할 수 없다.

XLVII. Si antes de llegar al Puerto de su destino Navio que le haya sucedido el caso prevenido en los numeros precedentes, entrare en otro por precision, deberán hacer los Capitanes, ó Contra-Maestres ante la Justicia de él su protexta contra el Mar, y revalidarla en el de su destino luego que llegue ; y en uno, y otro Instrumentos declararán haverles sido precisa la echazon ; pero omitiendo en las declaraciones, y demás justificaciones que hicieren, la distincion de las Mercaderías arrojadas, sus números, y marcas, porque esto lo deberán reservar hasta su tiempo, que será quando, conformandose los Interesados entre sí, y antes de empezar la descarga, fuere mandado judicialmente, que lo declaren, y entonces lo harán, y exhibirán el libro de So-bordo, donde lo deberán traer puesto, y sentado con toda expresion, é individualidad, segun, y como les queda prevenido, y ordenado en otros numeros anteriores de este capitulo.

XLVIII. En la misma conformidad observarán lo prevenido, y ordenado en el antecedente, en caso de que durante su navegacion les quitare algun Corsario, ó Pyrata efectos, ó Mercaderías, sea con convenio, ó sin él, lo qual tambien anotarán en el libro de So-bordo, para los mismos efectos, que tambien quedan prevenidos en el citado numero.

XLIX. Si por algun accidente se viere qualquier Capitan en la precision de entregar á Corsario, ó Pyrata algunos Efectos, ó Mercaderías de su cargazon, y que reconozca quieren llevar algunos fardos, que considere de mucho valor, será de su obligacion procurar contentarlos con algunos otros de menos estimacion ; y en este caso tampoco podrá en sus protextas declarar distincion alguna de los que hayan sido dados, ó quitados, hasta el mismo tiempo que antes queda prevenido, anotando siempre por menor en su libro de So-bordo lo en esta razon sucedido, para que conste, y que segun ello se pueda declarar la Avería á que corresponda, y arreglarse, quando llegue el caso.

L. Todo Capitan, ó Maestre, al entrar en el Puerto de su destino, ó en otro de precisa arribada, deberá tomar el Piloto regular, y practico de él, asi para la entrada, como para la subida al surgidero conveniente á su Navio, y será de su obligacion manifestarles los pies de agua que cala el Navio ; pena de que de lo contrario será multado el Capitan, ó Maestre, que asi no lo hiciere, en seis ducados por cada vez, aplicados á beneficio de la Ria, y condenado en los daños que se ocasionaren ; y luego por primer Posta, ó Correo, que salga para el Lugar de su consignacion, ú el de adonde salió, será tambien obligado á dár noticia de su arribada, asi á los Dueños del Navio, como á los Consignatarios.

LI. Quando algun Capitan entrare en Puerto, deberá anclar, y amarrar su Navio en el surgidero que le fuere mas conveniente, ó pudiere, segun la practica, ó costumbre de él, atendiendo siempre á la seguridad del Navio, y carga que traxere ; pena de que de lo contrario, se le sacarán diez ducados de vellon de multa, aplicados en la misma forma, y de los daños que se siguieren.

LII. Ningun Capitan podrá dár fondo á su Navio, ni echar Ancla alguna en Bahía, Ria, ni Puerto, sin su Boya, con el Orinque correspondiente al fondo, como queda prevenido al treinta y uno de este capitulo ; pena de quatro ducados, que se le sacarán de multa ; aplicados á beneficio de la Ria, y de pagar los daños que ocasionare, si alguna otra Embarcacion diere contra la uña de la tal Ancla.

제47조 전 조들에서 말하는 사고가 발생한 선박이 목적항에 도착하기 이전에 필요에 의거 다른 항구에 기항한 경우, 선장 혹은 작업장은 그 항구 사법기관에 출두하여 사고신고를 하여야 하며, 선박이 이후에 목적항에 도착하면 이 사고신고서를 다시 확인받아야 한다. 어느 서면이든 투하의 필요성이 있었다는 사실을 기술하여야 한다. 그러나 이 신고서에는 투기된 화물을 그 개수나 기호와 함께 특정하지 말고 이를 다음 기회로 미루어 두어야 한다. 그러면 이해관계인이 합의를 하고, 양하를 하기 이전에 사법적으로 진술을 명령한 때에 비로소 진술을 하여야 하고, 이어서 이 장 위 조항들에 규정된 바에 따라 개별적으로 기술된 선상일지도 가지고 와서 비치하고 공시하여야 한다.

제48조 항해 도중에 나포선이나 해적을 만나, 화물 혹은 기타 물건을 건네주고 타협을 하거나 혹은 타협할 여지가 없이 그냥 어느 물건을 탈취당한 경우, 전 조와 마찬가지로 합의를 통하여 전 조에서 규정하고 명령한 바에 따라 처리하여야 하며, 이러한 경우에도 마찬가지로 이를 선상일지에 기록하여야 하며, 그러면 그 기록은 전 조의 규정과 마찬가지의 효력을 가진다.

제49조 선박이 사고를 당하여 선장이 나포선이나 해적에게 화물 혹은 기타 물건을 건네주지 아니할 수 없게 되고, 이들이 고가에 해당하는 물품을 가지고 가려 하는 것을 알게 된 경우, 선장은 이들에게 그보다 저가의 물건을 주고 돌려보내려는 노력을 하여야 한다. 이 경우에도 사고신고서에, 이전에 말한 시간에 이르기 이전에는, 건네주거나 탈취당한 물건을 특정하지 아니하여야 하며, 다만 선상일지에 일어났던 상황만 자세히 기재하여야 하고, 이 후에 이를 확인하고 경우에 따라 그에 기해 해당되는 해손을 선언할 수 있게 하여야 한다.

제50조 선박이 목적항에 도착하거나 중간 기항을 하는 경우, 그 입항 시에는 물론 필요한 정박장으로 가는 때에도, 그 항구에서 통상 영업 중인 도선사를 반드시 채용하여야 하며, 그에게 선박이 수면 밑으로 들어가는 흘수도 고지하여야 한다. 이를 위반하면 위반할 때마다 선장을 6두까도의 벌금에 처하고, 이를 빌바오강의 개선에 사용하며, 또 선장은 위반으로 인해 발생하는 손해도 배상하여야 한다. 목적항을 위해 출항하는 때에는 물론, 중간 기착항에서 출항하는 때에도, 선장은 소유자에게는 물론 그 대리인에게 첫 번째 우편으로 지체없이 기항소식을 전하여야 한다.

제51조 어느 항구에 입항하면 선장은 선박과 운송중인 적하의 안전을 최우선적으로 고려하여 그 항구의 관습과 관행에 따라 가장 적당하고 가능한 정박장에 가서 닻을 내리고 계선을 하여야 한다. 이를 위반하면 은화 10두까도의 벌금을 그 선장으로부터 징수하고, 이를 마찬가지의 방식으로 사용하며, 또 선장은 그로 인하여 발생하는 손해를 배상할 책임이 있다.

제52조 선장은 만, 빌바오강, 항구 어디에서이든 이 장 제31조에서 정한 바에 따라 수심에 맞는 부표색을 한 부표를 설치하지 아니하고는 선박을 정박시키거나 닻을 내릴 수 없다. 이를 위반하면 4두까도의 벌금을 징수하고, 이를 빌바오강의 개선에 사용하며 또 다른 선박이 닻정에 충돌하여 손해가 생긴 경우 선장은 이를 배상하여야 한다.

LIII. Si el Navio diere fondo, ó se amarrare en surgidero, algo distante de la Villa, ó Puerto, en que tenga la obligacion de entregar sus Mercaderías, deberá hacerlas descargar á Gabarras, ó Barcos, atendiendo á las marcas, y midiendo el tiempo, no solamente para que lleguen de dia, sino para que su descarga, y repartimiento se haga antes de caer la noche ; pena de que haciendo lo contrario, sin impedimento notoriamente legitimo, serán de su cuenta los daños que se ocasionaren.

LIV. Cada Capitan al tiempo de la descarga de su Navio, hará que cada fardo que saliere de él se tome la razon, con sus marcas, y numeros, si la descarga fuere desde el Navio á los Muelles de esta Villa, y quando la hicieren en el Surgidero de Olabeaga, ú otra parte de esta Ria á Gabarras, ó Embarcaciones menores, para conducir los Generos, y Mercaderías á dichos Muelles, será de su cargo, y obligacion el embiar en cada una de las tales Embarcaciones un Marinero de su satisfaccion, y con él un manifiesto, y memoria individual de los tales Generos, y Mercaderías, que conduxere cada Gabarra, ó Embarcacion menor, con sus numeros, y marcas.

LV. Descargada que sea cada una de las Gabarras, y demás Embarcaciones menores en los Muelles de esta Villa, deberá el Marinero que huviere venido en ella, ó el Capitan, si se hallare á la descarga, hacer cotejo de la razon, manifiesto, ó memoria, que huviere embiado en la Gabarra, ó Embarcacion, con la que huviere tomado el Veedor-Contador de descargas del Consulado, como es costumbre, para por este medio satisfacerse de la descarga en estos Muelles, y de lo que huviere salido de bordo ; y cargadose en las tales Gabarras, y Embarcaciones menores.

LVI. Y porque de ordinario acontece el que vengan Mercaderías, y Efectos con conocimientos á la Orden, y tal vez sucede ignorarse á quien toca su recibo, por haver llegado antes el Navio, que el respectivo Correo, en que debian venir los conocimientos endosados, por extravio de Cartas, ó por otro motivo ; para en tales casos se ordena, que los Efectos, que asi vinieren á la orden, se depositen por los Capitanes, con intervencion del Corredor en el Dueño, ó Consignatario del Navio, á menos que el Prior, y Consules tengan motivos para otra providencia.

LVII. Y el Depositario, en cuyo poder se pusieren dichos Efectos, no podrá entregarlos á su legitimo dueño, sin la asistencia del Veedor-Contador de descargas, mediante la razon que deberá dar éste, del paradero de Mercaderías de esta naturaleza.

LVIII. Quando en otros Puertos, fuera de éste, se huviere de hacer descarga, siempre practicarán los Capitanes el tomar razon de lo que entregaren, y sacar recibo de aquel que acudiere por la Mercadería, sea con conocimiento, ó con orden, ó seguirán los estilos, y costumbres de los parages donde hicieren la tal descarga, atendiendo siempre á resguardarse, para evitar disensiones, que por falta de esta formalidad pudieran originarse.

LIX. Cumplido que sea el viage al Puerto de su destino deberá cada Capitan hacer entera entrega de la carga de su Navio, segun el tenor de sus conocimientos, si fuere en esta Villa, en los Muelles de ella ; y siendo en otras partes, en los parages acostumbrados en cada una de ellas, para las descargas ; pena de pagar con sus bienes, Navio, y fletes, lo que faltare.

제53조 선박이 도시나 항구에서 얼마간 떨어진 정박장에 정박하고 계선하여 거기에서 화물을 인도해 주어야 하는 경우, 선장은 화물을 부선이나 소형선에 양하하여야 하며, 양하할 때에는 선장은 그 화물의 기호도 확인하여야 한다. 이러한 확인과 양하는, 부선이나 소형선이 낮 시간에 도착한 때 뿐만 아니라, 양하하고 분할하는 것이 심야 이전에 이루어지는 때에도 실시하여야 한다. 이를 위반하면, 다른 가능한 법적인 조치도 취할 수 있는 것은 별론으로 하고, 선장은 그로 인한 손해를 배상할 책임이 있다.

제54조 양하가 선박으로부터 바로 이 빌바오시의 부두로 이루어지는 때에는 선장은 각 포장이 나올 때마다 그 기호와 개수와 함께 이를 기록하여야 하며, 이와 달리 양하가 올라베아가 정박장이나 기타 빌바오강 지역에서 이 빌바오시의 부두로 운송하기 위해 부선 기타 소형선에 이루어지는 때에는 선장은 각 소형선박마다 적당한 선원을 한 명씩 보내 각 부선이나 소형선이 운송하는 화물이나 상품을 그 갯수 및 기호와 함께 선별로 기재한 확인서나 보고서를 작성하게 하여야 한다.

제55조 부선 기타 소형선이 이 도시의 부두에 양하를 완료하면, 그에 타고 온 선원이나, 만일 양하를 하는 곳에 선장이 왔으면 그 선장은, 부선이나 소형선을 통해 보내진 내역서, 확인서 혹은 보고서와, 관습에 따라 해상단 화물검수관이 기록하는 양하장부를 서로 대조하여야 하며, 이를 통하여 이 항구에 양하한 것과 선박으로부터 가지고 나온 수량을 확인하고, 또 그러한 부선과 소형선에 선적한 것도 확인한다.

제56조 지시식 선하증권이 발행된 채 화물 기타 물건이 운송되고, 배서된 선하증권을 동봉하여 와야 할 우편이 편지의 유실 기타 사유 때문에 그 선하증권보다 선박이 먼저 도착하여 선장이 수령할 권리자를 모르는 일이 생기는바, 이러한 경우 이처럼 지시식으로 표시되어 도착한 물건은, 선주나 그 대리인이 선정한 중개인의 관여하에, 선장이 이를 보관시켜야 한다. 다만 집정장과 집정관이 다른 처분을 하는 때에는 그러하지 아니하다.

제57조 이 물건을 보관한 보관인은 이 항구의 화물검수관이 승인하지 아니하면 이를 적법한 소유자에게 인도하지 못한다. 이 화물검수관은 지시서를 주어 승인을 하고, 거기에는 이러한 성격의 화물의 행선지를 기록한다.

제58조 이 항구가 아닌 다른 항구에서 양하를 하는 경우, 선장은 인도한 것에 대하여 기록을 하고 화물을 요청하는 사람으로부터 영수증을 받아야 한다. 영수증은 선하증권이나 다른 지시서일 수도 있고, 기타 양하를 하는 곳의 관행과 방식에 따를 수도 있으며, 선장은 항상 이러한 절차를 거치지 아니함으로 인하여 유발될 분쟁을 염두에 두고 이를 미연에 방지하도록 하여야 한다.

제59조 목적항에 이르기까지 항해를 완료한 선장은 선적한 적하 전부를 선하증권의 내용에 따라 인도하여야 한다. 인도는 빌바오항에서는 항구 부두에서 하고, 다른 항구에 있을 때에는 그 항구의 관습에 따라 허용되는 양하지에서 하여야 한다. 그렇지 아니하면 선장은 선박이나 용선에 대해 그 잘못으로 인해 발생한 손해를 개인 재산으로 배상하여야 한다.

LX. Ningun Capitan podrá firmar conocimiento alguno, en confianza de oferta, ni papel de otro, que le manifestare su deseo de cargar ; pena de que de resultar de ello algunos daños, por falta de no haverse despues embarcado los Efectos prometidos, serán de su cuenta y además será privado del empleo de tal Capipitan, y se le recogerá el titulo.

LXI. Tampoco podra pasar á firmar Capitan alguno los conocimientos, interin se les exhiban, y entreguen los recibos, que huvieren dado su Piloto, Contra-Maestre, ó personas destinadas para este efecto, á los Gabarreros, ó Cargadores, en que conste estar yá abordo las Mercaderías de su contenido.

LXII. Si algun Capitan huviere padecido en la Mar recio temporal, y considerare daño, y Avería en su carga ; la protexta que hubiere de hacer contra el Mar, y sus accidentes, la executará durante veinte y quatro horas de como arribare á qualquiera Puerto ; y llegado despues al de su destino, la ratificará dentro de otras veinte y quatro horas de su llegada, y antes de abrir Escotilla, judicialmente, y con toda justificacion, realidad, y verdad, ante Prior, y Consules, en que los de su equipage declararán tambien la verdad ; y lo hará saber luego á los Interesados en la carga, por medio del Ministro del Consulado, para que les conste, y los demás efectos que puedan convenir ; observando siempre lo que les queda prevenido á los numeros quasenta y seis, quarenta y siete, quarenta y ocho, y quarenta y nueve, de este capitulo, acerca de omitir lo que se huviere echado al Mar, ó llevadose por Pyratas si huviere sucedido.

LXIII. Justificandose á qualquiera Capitan haver sido causa de entregar á enemigos su Navio, ó que maliciosamente le hizo varar, ó perder, deberá satisfacer con sus bienes los daños que por ello se causaren, y será además privado de su empleo, y castigado condignamente.

LXIV. Todo Capitan que tomare derrota contraria, cometiere latrocinio, ó consintiere que otro lo execute en su Navío, y que haya alteraciones, y discordias, dando motivos, por medio alguno á confiscaciones, ó pérdidas de Mercaderías, ú del mismo Navío, será castigado severamente, y además privado del empleo de tal Capitan ; obligandosele primero á la paga de los daños que por ello resultaren.

LXV. Por deuda que tengan contraida los Capitanes, sus Pilotos, ó Marineros, anteriormente al viaje que estuvieren para hacer, no podrán ser detenidos estando abordo, y para hacerse al Mar ; pero si la tal deuda fuese causada para el tal viaje, bien lo podrán ser para obligarlos á la paga.

LXVI. El Capitan, ó Maestre, que mandare Navio, de esta Ria, á buelta de sus viajes deberá entregar á sus Dueños, ó Consignatarios el reste que le huviere quedado de los bastimentos, y hacer con su Equipage el ajuste de sus sueldos, y pagarles lo que les estuviere debiendo, en el termino de ocho dias, contados desde el en que los despidiere ; sin que le escuse de ello el no haver cobrado fletes, ni otro motivo alguno ; pena de veinte ducados en caso de mas tardanza, aplicados á beneficio de la Ria, y Barra de este Puerto, y de pagar los gastos que hiciere en la detencion qualquiera de los de su Equipage que se le retardare la paga.

LXVII. Luego que el Navio se desaparejare, deberá cada Capitan quitar de bordo la polvora

제60조 선장은 그에게 장차 선적할 의사를 명백히 하며 제시하는 서면 혹은 약속을 믿고서 실제로 선적하기 이전에 선하증권에 서명하여서는 아니된다. 이를 위반한 선장은 이후에 약속한 화물을 선적하지 아니하여 발생한 모든 손해를 배상하여야 하며, 선장으로서 직책을 박탈하고 선장의 자격도 회수한다.

제61조 항해장, 작업장 혹은 기타 이러한 목적으로 지명된 사람이 화물이 그 내용대로 선적되었음을 확인하는 취지의 영수증을 부선원이나 화주에게 제공하고 이들이 다시 이 영수증을 선장에게 제시하고 교부하기 이전에는, 선장은 선하증권에 서명하여 주어서는 아니된다.

제62조 항해 도중에 선박이 태풍을 만나 적하가 파손 기타 해손을 입었다고 생각되면, 선장은 어느 항구이든 다음 기착항에 도착하면 24시간 이내에 해상사고 신고를 하여야 하며, 이후에 목적항에 도착하면 도착 후 24시간 이내에 선구를 열지 아니한 채 집정장과 집정관에게 가서 모든 증거를 제시하고 실상과 진실을 말한 다음 그 신고서를 다시 확인받아야 하며, 이때에 선원도 그 경위를 진실하게 진술하여야 한다. 그리고 이후에 이를 해상단 관련 부서를 통해 적하 이해관계인에게도 통지하여 이들로 하여금 이를 확인하고 그 내용에 동의할 수 있게 하여야 한다. 그리고 해상에 투하하거나 해적이 탈취한 것을 미처 포함시키지 못하고 제외하였을 때에 적용될 이 장 제46조, 제47조, 제48조 및 제49조의 규정은 이를 우선하여 적용한다.

제63조 선박이 적에게 인도되는 데에 선장이 원인을 제공한 것이 증명된 경우, 또는 선장이 의도적으로 선박을 좌초시키거나 멸실하게 한 경우, 선장은 그 개인 재산으로 그로 인한 손해를 배상하여야 하며, 그 이외에도 선장으로부터 그 직책을 회수하고 또 그에 상응한 처벌을 하여야 한다.

제64조 선장이 정반대로 항로를 선택하거나 선장이 절도를 범한 경우, 다른 사람이 이러한 행위를 하는 것을 선장이 허용한 경우 및 선장이 임의로 항로를 변경하거나 선상에 불화를 유발한 경우, 만일 이것이 원인이 되어 선박이나 적하가 몰수되거나 혹은 멸실된 때에는 그 선장을 엄한 형벌에 처하고 그 선장의 직책을 박탈하며, 또 선장은 그 결과로 발생한 손해도 배상하여야 한다.

제65조 선장, 항해장 혹은 선원이 목적인 항해 이전에 체결된 계약에 기한 채무에 의거, 항해를 개시하기 위해 이미 선상에 있는 이들을 구금할 수 없다. 그러나 그 채무가 바로 그 항해로 인하여 발생한 때에는 지급을 강제하기 위하여 그렇게 할 수 있다.

제66조 이 항구를 출발한 선박이 항해를 마치고 귀환하면, 선장은 소유자나 그 대리인에게 선박에 남아있는 잔존 식량을 반환하여야 하며, 또 그 선원과의 임금을 정산하여 고용이 종료된 날로부터 8일 이내에 합당한 금액을 지급하여야 한다. 선장은 운임을 받지 못하였다거나 다른 어떤 것을 이유로 하여 임금의 지급을 거절하지 못한다. 이를 어기고 지급을 지체한 선장에게는 20두까도의 벌금을 징수하고, 이를 이 항구의 빌바오강이나 방조제의 개선에 사용하며, 또 선장은 지급이 지체되어 체류 중인 선원이 사용한 비용도 지급할 의무가 있다.

제67조 선박의 항해를 종료하고 의장을 해제하면, 선장은 항해 후 선상에 남아 있는 무기

que le huviere quedado del viaje ; pena de diez ducados (aplicados en la misma forma), y de los daños que ocasionare, no solo á su Navio, sino á los demas inmediatos ; y solo se le permite, que siendo avisado por alguno de los Interesados del Navio, ó que el Capitan voluntariamente por otro motivo quiera hacer salva, lleve aquel dia la suficiente para ello, y no mas.

LXVIII. Todas las veces que los Capitanes vieren varado otro algun Navio, ó en peligro de ello ; ó tuvieren noticia de que en esta Ria ha acaecido esto ; deberán acudir prontamente con sus Botes, y gente, y las prevenciones necesarias al socorro ; y harán que su gente trabaje, como si el Navio varado fuese suyo propio, para procurar ponerle en flote : Y en caso de que por falta de Gabarras, ó pedirlo la necesidad, fuere preciso valerse de sus Botes para sacar alguna hacienda, los deberán tambien franquear ; pena de veinte ducados, aplicados tambien á beneficio de la Ria, por cada vez que dexaren de asistir, y concurrir en la forma expresada ; y á los que acudieren, y asistieren, se pagará por el Capitan, ó Interesados del Navio asi varado, ó que estuviere en peligro , lo que el Prior, y Consules mandaren, informados del trabajo de cada uno.

LXIX. Siempre que reconocieren dichos Capitanes, ó los que estuvieren de Guardia abordo de sus Navios, que pueda sobrevenir alguna creciente, y corriente de aguas, dimanada de lluvias, ó nieve ; deberá primero llamar abordo del Navio la gente de tierra que les fuere necesaria, y con ella dár además de los Cables regulares, otros por la parte de Proa á la agua, y á tierra ; y mantener abordo, además del Guardia, otros dos hombres, y que estos estén siempre sobre la Proa del Navio con sus Vicheros, para poder apartar de encima de los Cables las maderas, y otras cosas, que trae el agua, y puedan ocasionar rozadura ; pena de diez ducados, y pagar los daños que de lo contrario resultaren.

LXX. De buelta de viaje estarán los Capitanes, ó Maestres obligados á dar cuenta, y razon siempre que se les pida, de todo su equipage ; y en caso de faltar alguno (por muerte, ú otro accidente) á justificar con sus Oficiales, y Marineros, si huviere faltado en el Mar ; pero siendo por enfermedad, y en Puerto, deberán traer Instrumentos que justifique su entierro, y lo que huviere dispuesto de su ultima voluntad, yá sea ante Escribano, ó bien, si no huviese éste practico en su lengua, anotandolo en el libro de So-bordo, con su firma, y de los de su Equipage, si supieren firmar, al pie, mirando por este medio á satisfacer, y dár la debida noticia á quienes fueren Parientes, Herederos, ó Interesados del tal que faltare.

LXXI. Piloto de un Navio es, el segundo Oficial de él, é inmediato al Capitan, y á quien por ausencia, ó enfermedad de éste toca mandarle, y gobernarle en todos tiempos, en los viajes, rumbos, y derrotas para donde navegare, hasta conducirle al Puerto de su destino.

LXXII. Deberán ser para el tal oficio de Piloto hombres prudentes, conocidos, discretos, y de buenos procedimientos, estudiosos, practicos, y muy habiles en el arte de navegar, por haverse de fiar de su prudencia, y destreza el Navio, y su carga en quantos viajes se hicieren baxo de su direccion ; de que se sigue que hayan de saber, con precision, leer, escribir, y contar, en quanto sea necesario, para el mejor cumplimiento de su obligacion.

LXXIII. Ninguno podrá ser admitido á el Oficio de Piloto de Navio, sin que primero haya

를 수거하여야 한다. 이를 어기면 10두까도의 벌금에 처하고(이를 마찬가지 방식으로 사용한다) 또 그 선박에 대하여서 뿐만 아니라 인근 다른 물건에 대하여 손해가 발생하면 선장은 이를 배상하여야 한다. 다만 선박의 이해관계인의 요청이 있거나 혹은 선장이 다른 이유로 예포를 쏘기를 원할 때에 그 날에 한해 오로지 필요한 양만 가지고 갈 수 있다.

제68조 선장이 어느 선박이 좌초된 것 혹은 좌초될 염려가 있는 것을 본 때 혹은 그러한 사고가 이 항구의 빌바오강에서 발생한 소식을 들은 때에는, 선장은 그 보트와 선원을 가지고 신속히 달려가 구조에 필요한 조치를 취하여야 한다. 그리고 그 선박을 다시 부양하기 위하여, 마치 자기 선박이 좌초된 것같이, 그 선원으로 하여금 진력하게 하여야 한다. 부선이 없거나 기타 사유가 생겨, 좌초 선박으로부터 어느 물건을 인출하기 위해 부득이 자기 보트를 사용할 필요가 있는 때에도, 이를 허용하여야 한다. 그러하지 아니하면 지원을 하지 아니한 때마다 그 선장에게 벌금 20두까도를 징수하고, 이를 빌바오강의 개선에 사용한다. 그처럼 좌초되어 혹은 좌초의 위험이 있던 선박의 이해관계인이나 선장은 달려가 구조에 참여한 사람에 대하여, 집정장 및 집정관이 각자의 작업에 대해 보고를 받고서 지정하는 일정 금액을 각각 지급하여야 한다.

제69조 선장이나 당직중인 사람이, 비나 눈으로부터 분출되는 물이 흘러내려 강의 수위가 증가하는 것을 발견하면, 먼저 육지에 있는 필요한 인원을 선박으로 불러들여야 하고, 그와 함께 통상의 돛줄 이외에 선수쪽에서 물과 육지로 밧줄을 내려야 하며, 선상에 통상적인 당직 이외에 두 사람을 추가로 배치하여 이들로 하여금 인양파리채[28]를 가지고 항상 선수에서 보초를 서게 하여야 하며, 그래서 나무토막 기타 물건이 물에 쓸려와 닻줄에 손상을 입히려고 하면, 이들을 밀어서 닻줄 위로부터 떨어져 있게 하여야 한다. 이를 위반하면 10두까도의 벌금에 처하고, 그 불이행으로 인한 손해도 배상하여야 한다.

제70조 항해에서 돌아온 선장은 요청이 있을 시에는 누구이든 선원에 관한 정산과 그 개요를 제공하여야 한다. 어느 선원이 없어진 경우(사망하거나 사고로 인해), 만일 해상에서 없어진 때에는, 그 사관 및 선원과 함께 이를 입증하여야 한다. 그러나 항구에서 병으로 그렇게 된 경우, 그의 매장 및 그의 최종 의사에 따른 처분을 증명하는 증서를 소지하여야 한다. 이 망자의 최종 의사는 공증기록관의 면전에서도 할 수 있지만, 만일 그의 언어로 이를 실시하는 기록관이 없는 때에는, 이를 선상일지에 기록하고 서명이 가능한 두 명의 선원과 함께 망자 본인이 그 말미에 서명하면 된다. 이러한 방법을 통하여 그의 친척, 상속인 및 이해관계인에게 불만 없이 사고경위를 알릴 수 있게 하여야 한다.

제71조 항해장은 선장의 바로 밑에 있는 두 번째 사관이며, 선장이 부재 혹은 질병으로 그 직책을 수행할 수 없는 경우, 이후 수행할 항해는 물론 진행할 방향과 항로에 관해 선박이 목적항에 이르기까지 항상 선박을 지휘하고 장악할 권한과 책임이 있다

제72조 항해장의 명령하에 항해가 진행되는 동안에는 그의 판단과 재능에 선박과 적하의 운명이 달려있게 될 수밖에 없기 때문에, 항해장으로 직책을 수행하려면 반드시 신중하고, 잘 알려져 있고, 지혜로우며, 또 품행이 좋으며, 공부를 많이 하고, 경험이 많으며, 나아가 항해 기술이 출중하여야 한다. 나아가 이러한 자격을 갖추어 그 의무를 충실히 수행하려면, 먼저 정확히 읽고, 쓰고 또 필요한 계산을 할 수 있어야 한다.

---

28 낚시꾼들이 고기를 걷어올리는 데 사용하는 기구와 유사한 기구였다고 한다.

estudiado el Arte de navegar theoricamente, por lo menos durante seis meses, con persona habil, y capáz, de quien deberá exhibir Certificacion, y practicadolo dos años en diferentes viajes, y que en ello haya llevado su punto, y rumbo : y mediante que esto puede acaecer antes, ó despues del estudio de la theorica, y con Capitanes, y Pilotos diversos yá examinados ; en este caso deberá tambien traer Certificacion de ellos ; con cuyos requisitos, quando qualquiera intentare obtener Titulo de tal Piloto, deberá acudir ante Prior, y Consules, para que siendo examinado por la persona, ó personas que nombraren, pueda darsele.

LXXIV. En qualquiera viaje ha de ser del cargo del Piloto de Navio llevar abordo de él las Cartas de Mar, Compás de marcar, Corredera con su Naveta, y Minuto, y demás Instrumentos concernientes á su exercicio ; asi para tomar la altura del Sol, como para enderezar, y saber el rumbo en que lleva su navegacion ; y siempre que conviniere mudarle por vientos contrarios, por cercanía á costa, ú otros motivos, deberá dár cuenta al Capitan, para que conformandose con su dictamen, execute lo que le mandare ; pero si el Capitan, por poco experto, ó por otro mal fin, contra la opinion del mismo Piloto, y demás Oficiales le quisiere obligar á pasar bancos, ú otros parages, y rumbos peligrosos, y conocidamente contrarios ; en este caso deberá reconvenir sobre ello el Piloto al Capitan en presencia de los demás Oficiales, y Equipage, para que siempre se pueda justificar ; pues de qualquiera accidente contrario, serán á cargo del Capitan los daños, y menoscabos que se siguieren.

LXXV. Deberán los tales Pilotos de Navios tomar razon de todas las Mercaderías, y Efectos, que se cargaren abordo con la distincion de marcas, y numeros, y dár recibo de ellos á la persona que los entregare.

LXXVI. Será tambien de la obligacion de cada Piloto de Navio llevar abordo en cada viaje un libro en blanco, y en él ir apuntando todos los dias la observacion del Sol, derrota, y distancia, la altura de longitud, y latitud donde considerare hallarse ; y además anotará los vientos el tomar Rices, capear, y todo lo demas que se ofrezca de encuentros de otros Navios, y las noticias que estos dieren, con las demás particularidades que pudiere observar durante la navegacion.

LXXVII. Siendo muy regular, que alguno, ó algunos de los del Equipage de un Navio tengan inclinacion á pilotear ; en este caso deberá el Piloto principal preguntarles quando observan el Sol, lo necesario, y conveniente acerca de la altura, en que segun su juicio se hallaren ; y oirles, y corregirles en quanto le parezca preciso, á fin de que vayan capacitandose ; bien entendido, que por esta Ordenanza no se obliga á los Pilotos á manifestarles el punto, y la altura en que consideren hallarse.

LXXVIII. Quando por ignorancia, ó descuido del Piloto se perdiere por varamento, ó naufragio el Navio, ha de ser por ello condenado en privacion de oficio para siempre, y á pagar de sus bienes todos los daños que causare ; y si la pérdida, ó varamento se averiguare haverse executado por pura malicia suya, será castigado ; con pena capital, ó á proporcion de su delito, segun leyes, y juicio de la Justicia que en ello procediere.

LXXIX. Por ser del cargo, y obligacion del Contra-Maestre, mandar el Navio, en caso que

제73조 항해장으로 직책을 수행하려면, 먼저 항해할 능력과 재능을 가진 사람 밑에서 적어도 6개월간 항해이론을 습득하여야 하고, 그런 다음 이들로부터 받은 증명서를 제시하여야 하고, 이어서 여러 항해에서 그 위치와 방향을 다루면서 2년간 항해의 경험을 쌓아야 한다. 이러한 항해경험은 위 이론공부 이전에 할 수도 있고 이후에 할 수도 있으며, 이미 시험을 마친 여러 선장 및 항해장과 항해를 하여야 하고, 이 경우에도 이들이 발행한 증명서를 소지하고 있어야 하며, 이러한 요건을 모두 갖춘 다음, 집정장과 집정관에게 자격 부여 신청을 하면, 이들이 임명한 사람의 시험을 거쳐 그에게 항해장의 자격을 부여한다.

제74조 어떤 항해를 하든, 항해장은 선상에 해도, 나침반, 속도측정기, 위치측정기 및 기타 그 직책에 사용되는 용구들을 비치하여야 한다. 태양의 고도를 측정하고, 선박이 바로 진행하여 가는 방향을 아는데 필요한 모든 용구를 구비하여야 하며, 맞바람, 해안에 접근 및 기타 사유로 선박이 방향을 변경하는 것이 적당하다고 생각되면 그 사유를 선장에게 설명하여야 하고, 선장이 그의 의견에 동의하면 그의 명령에 따라 이를 실행한다. 그러나 선장이 경험 부족 혹은 다른 나쁜 목적을 가지고, 항해장이나 다른 사관의 의견에 반하여, 모래톱 기타 다른 유사한 곳으로 혹은 위험한 곳으로, 명백히 부당하게 선박의 통과를 요구하는 경우, 항해장은 다른 사관과 선원의 참여하에 선장에게 회합을 요청하여 자기의 주장이 옳다는 것을 입증하여야 한다. 그 이후에는 이를 따르지 아니하면 그로 인하여 사고가 생겨도 그 파손과 피해는 모두 선장의 책임이 된다.

제75조 항해장은 선박에 선적하는 화물 기타 물건에 대하여 그 기호와 개수를 특정하여 이를 기록하여야 하며, 이를 인도하여 주는 사람에게 영수증을 발행하여 주어야 한다.

제76조 항해장은 매 항해마다 기록이 전혀 없는 새로운 장부를 마련하고 거기에 다 새로이 기록하여 나가야 하며, 매일 태양의 관찰, 항로, 항해 거리 및 머물고 있다고 생각되는 위도와 경도를 기재하고, 돛대를 줄이고 돛대를 조정한 모든 바람도 기록하여야 하며, 또 만나게 된 선박, 그로부터 들은 소식, 기타 항해 중에 발견한 특이한 사항도 모두 기재하여야 한다.

제77조 상당히 흔하게 나타나는 경향으로 선원 중 한 두 사람이 사실상 항해를 주도하여 선박을 운항하여 가는 경우가 있는 바, 이 경우에는 진정한 항해장은 이들이 태양을 관찰한 때에 이들에게 그들의 판단에 의하면 선박이 머물고 있다고 생각되는 위도에 관해 필요하고 적당한 사항을 질의할 수 있고, 필요한 범위 내에서 이를 듣고 이들이 장차 그러한 능력을 갖출 수 있도록 시정을 하여 주어야 한다. 물론 이 칙령에 의하여 항해장이 반드시 자기가 생각하기에 선박이 머문다고 생각되는 위도와 지점을 이들에게 밝힐 의무를 지는 것은 아니다.

제78조 항해장의 무지 혹은 부주의로 선박이 좌초 혹은 난파되어 멸실된 경우, 그 항해장은 영원히 그 직책을 박탈당하고, 그로 인하여 발생하는 모든 손해도 배상하여야 한다. 만일 항해장의 악의에 의하여 멸실 혹은 좌초가 유발된 것이 판명되면, 항해장은 형사처벌을 면하지 못하고, 사형 기타 범죄의 경중에 따라 법률의 규정과 소관 법원의 판단에 의하여 처벌한다.

제79조 항해 도중에 선장과 항해장이 모두 질병, 부재 혹은 사망으로 인하여 그 직책을 수

durante el viaje acaeciere al Capitan, y Piloto, enfermedad, ausencia, muerte ; se ordena, que precisamente se ponga en este empleo, persona de toda inteligencia en la navegacion, y que sea de buena vida, y costumbres.

LXXX. Quando el Navio, en que qualquiera estuviere nombrado por tal Contra-Maestre, se preparare para viaje, deberá cuidar el que se huviere nombrado, reconocer todo el aparejo de Palos, Jarcias, Velamen, Anclas, y demás ; y siempre que en cosa, ó parte de ello hallare alguna falta, dará una memoria, ó razon al Capitan, para recibir de él, y poner en su lugar lo que asi huviere faltado segun le fuere entregando.

LXXXI. Será tambien del cargo del tal Contra-Maestre cuidar de hacer la Arrumazon en la Bodega del Navio, y entre sus cubiertas, de la carga que fuere abordo, poniendola toda con la asistencia, y ayuda de los Marineros de la Tripulacion, en la forma, y con la seguridad, y resguardo que es necesario.

LXXXII. Asi bien estará á su cuidado quando llegue el caso de levar las Anclas para hacerse al Mar, el poner pronto lo necesario para ello, y mandarlo executar en recibiendo la orden del Capitan.

LXXXIII. Hecho yá á la vela el Navio, recogerá el Contra-Maestre, Bote, Cables, y demás de que se huviere valido para levar las Anclas, y lo pondrá en los lugares destinados, sin que queden sobre las cubiertas del Navio, Cables ; ni otra cosa alguna que pueda embarazar á la navegacion.

LXXXIV. Asi bien será de su obligacion hacer que los muchachos ó Grumetes del Navio, tengan el todo de él limpio, lavandolo muy á menudo.

LXXXV. Todos los dias deberá recorrer los Aparejos del Navio, subiendo á las Gavias ; y reconociendo alguna falta, dará cuenta al Capitan, para que éste le ordene lo conveniente para su composicion, y él lo mandará hacer.

LXXXVI. Quando conviniere entrar en algun Puerto, ó huviere precision de dar fondo, será de la obligacion del Contra-Maestre, poner las Anclas, y Cables prontos, para valerse de uno, y otro quando el Capitan, ó Piloto que estuviere abordo lo mandare.

LXXXVII. Igualmente será de su cargo, y cuidado el hacer que los Marineros, y Grumetes antes con la limpieza necesaria, y de que observen la mayor obediencia, y disciplina ; y todas las veces que reconociere en qualquiera de ellos alguna mala costumbre en su hablar, acciones, ó vida, dará cuenta al Capitan para su remedio.

LXXXVIII. Asi bien será de su cuidado, y obligacion, procurar que los demás Oficiales cumplan con lo que es de su cargo, y dár cuenta de lo contrario al Capitan.

LXXXIX. Tambien deberá mandar, ó nombrar por eleccion los Marineros que se huvieren de embarcar en el Bote, todas las veces que el Capitan necesitare ir en él, ó que él mismo lo

행할 수 없는 경우, 작업장이 선박을 지휘할 책임과 의무가 있는 바, 따라서 항해에 관한 모든 지식을 겸비하고, 그 생활과 습관이 건전한 사람을 항해장으로 임명하여야 한다.

제80조 선박이 항해를 준비하는 경우, 작업장으로 임명된 사람은 돛대, 돛줄, 돛좌, 닻 및 기타 장비를 확인하여야 한다. 어느 물건 혹은 그 일부에 하자가 발견되면 선장에게 하자에 관한 메모를 보내거나 보고를 하여야 하고, 그로부터 새로운 것을 받아 하자있는 물건이 있던 자리에 다시 설치하여야 한다.

제81조 작업장은 선상에 있는 적하를 갑판 밑에 있는 선창에 주의깊게 적부하여야 하며, 선원의 지원과 협조를 받아 그 적하의 안전과 관리를 고려하여 적의한 방식으로 장치하여야 한다.

제82조 항해를 개시하기 위해 닻을 인양하여야 하는 경우에, 이를 위하여 필요한 준비 조치를 즉시 취한 다음 선장의 지시를 받아 이를 실행하게 하는 것도 작업장의 임무이다.

제83조 항해가 개시되면 작업장은 보트, 닻줄, 기타 닻을 걷는 데 사용한 물건을 모두 수거하여 지정된 장소에 적치하여야 하고, 또 닻줄은 이를 갑판상에 두어서는 아니되며, 기타 항해에 방해가 될 수 있는 물건도 갑판상에 두어서는 아니된다.

제84조 작업장은 견습선원 여타 승선 인부로 하여금 자주 선박을 청소하여 선박이 항상 청결을 유지하게 하여야 한다.

제85조 작업장은 매일 선박의 장비를 점검하여야 하며, 돛[29]에도 올라가 보아야 한다. 어느 것에 하자를 발견한 작업장은 이를 즉시 선장에게 보고하여야 하고, 그러면 선장이 그 시정을 위해 필요한 지시를 하고, 작업장은 이를 실행하도록 하여야 한다.

제86조 선박이 어느 항구에 입항하고자 하거나 혹은 정박을 하고자 하는 경우, 선상에 있는 선장이나 항해장이 지시를 하면 이를 바로 사용할 수 있도록 작업장은 닻과 닻줄을 준비하여야 한다.

제87조 선원과 견습선원으로 하여금 사전에 필요한 청소를 하게 하고, 명령에 복종하고 질서를 지키게 하는 것도 마찬가지로 작업장의 임무이고 직책이다. 이 중 어느 사람이 그 언어, 행동 및 생활에 있어 나쁜 습관을 가진 것을 발견하면, 그 시정 조치를 내릴 수 있도록 선장에게 이를 보고하여야 한다.

제88소 다른 모든 사관이 그 직책을 성실히 수행할 수 있도록 노력하고, 그 해태를 발견하면 이를 선장에게 보고하는 것도 작업장의 직책이며 임무이다.

제89조 선장이 그와 함께 보트를 타고 가는 때이든 혹은 같이 가지 아니하고 작업을 위해 지시만 하는 때이든, 보트에 승선할 선원을 선정하여 임명하고 또 지휘하여 운항하는 것도

29 돛대가 돛을 세로로 받쳐 주고 Gavia는 이를 가로로 여러 층으로 받쳐 주는 것이다.

mande por cosa del servicio del Navio.

XC. Si en algun Puerto estuviere el Navio detenido, ya sea recibiendo carga, ó yá por otro motivo, con los de su Equipage, cuidará el dicho Contra-Maestre, de que los Marineros trabajen lo conveniente al Navio ; sea en limpiarle, y dár sebo á los Palos, remandar Velas, componer Aparejos, hacer Caxetas, Rices, rascar el Navio, y otras cosas necesarias.

XCI. Llegado el Navio al Puerto donde deba desarmarse estará al cuidado del Contra-Maestre hacer recoger las Velas, Cables, y demás Aparejos, y ponerlo todo plegado donde destinare el Capitan.

XCIL. Todos los Marineros que estuvieren prendados para algun viaje, deberán acudir puntualmente al Navio en que huvieren de navegar, el dia que les fuere señalado por el Capitan ; y una vez convenidos, y ajustados, y tomada la señal de ello para el viaje, no podrán asalariarse con otro Capitan por pretexto alguno, ni empezado el viaje, abandonarle hasta que se haya cumplido enteramente, y segun lo convenido ; pena de perder los sueldos devengados, y de diez ducados de multa para reparos de la Ria de este Puerto á cada Marinero que lo contrario hiciere.

XCIII. Quando qualquier Marinero huviere de salir de un Navio para servir en otro, con consentimiento de su Capitan, deberá éste darle su permiso, y lícencia por escrito para su seguridad, y creencia del segundo Capitan.

XCIV. Todas las veces que qualquier Marinero dexare, y abandonare el Navio, sin haber cumplido su convenio, contra la voluntad del Capitan sin causa notoriamente legitima, perderá los sueldos que ultimamente tenga que haver, y además, será multado á arbitrio judicial.

CXV. Todos los Marineros observarán abordo una exacta obediencia, sin que de esto les excuse el trabajo necesario en que deban ocuparse, ni otro algun pretexto, ni motivo que quieran dár.

XCVI. Oyendo un Marinero á otro, ú otros de su compañia, blasfemias, juramentos, palabras deshonestas ; ó le viere acciones torpes, deberán secretamente; y á tiempo, dár cuenta de ello al Capitan, para que este execute lo que vá prevenido en los numeros quince, veinte y ocho, y veinte y nueve, y ochenta y siete de este capitulo.

XCVII. Ningun Marinero podrá de intento, y con malicia, y cautela, arrojar del Navio parte alguna de sus vituallas, pena de pagarlas con sus bienes, y de ser castigado severamente.

XCVIII. Quando un Marinero viere que otro, ú otros del Equipage se duermen al tiempo que estén de Guardia, deberá dár cuenta de ello al Capitan, á fin de que despertandosele, y cumplidas las horas señaladas, se proceda á su castigo ; pena de que el que fuere negligente en dár este aviso incurra en dos ducados de multa, aplicados á beneficio de la Ria.

마찬가지로 작업장의 책임이다.

제90조 어느 항구에서 선원과 함께 억류된 때에, 거기에는 적하가 선적되어 있을 수도 있고, 억류에는 다른 무슨 이유가 있을 수도 있는 바, 여하튼 작업장은 선원들이 그러한 상황에서 선박에 필요한 일을 하도록 독려하여야 하며, 그것은 선박을 청소하고, 돛대에 수지를 먹이고, 돛을 수선하고, 장비를 수리하고, 줄을 꼬고 천을 접으며, 부식을 긁어내는 등 기타 필요한 작업을 말한다.

제91조 선박이 의장을 해제할 항구에 도착하면, 작업장은 돛, 닻줄 기타 장비를 수거하여 선장이 지정하는 장소에 정리하여 보관하여야 한다.

제92조 어느 항해를 위해 채용된 선원은, 선장이 항해를 시작해야 할 날로 지정하여 통지한 날에 정확히 선박으로 출두하여야 한다. 선원은 한번 합의하여 채용되고 항해를 위해 선장의 통지를 받으면, 그 약정에 따라 완전히 이행을 마칠 때까지는 그 이유가 무엇이든 다른 선장과 고용계약을 하거나 약정한 항해를 포기하고 다른 항해를 개시할 수 없다. 이를 위반한 선원은 이미 발생한 급료도 받지 못하고, 이들에 대하여는 각각 벌금 10두까도를 징수하며, 이를 빌바오강의 수리에 사용한다.

제93조 어느 선원이 다른 선박에서 일을 하기 위해 선장의 동의를 얻고서 선박으로부터 하선을 하는 경우, 선장은 정식으로 허락을 하고 서면으로 허가서를 발부하여 주어 그의 안전을 도모하고, 그를 채용하는 다른 선박의 선장이 확인을 할 수 있게 하여야 한다.

제94조 어느 선원이 정당한 법적인 사유가 없이 계약을 이행하지 아니한 채 선장의 의사에 반하여 자의로 작업을 그만두고 선박을 포기한 때에는, 어느 경우이든 최종적으로 발생한 급료를 상실하며 나아가 법원의 의견에 따라 상당한 벌금에 처한다.

제95조 선원은 선상에서 명령에 절대적으로 복종하여야 한다. 그러나 이것이 수행해야할 필요한 작업에 대해 오히려 하지 아니한 것에 대한 변명이 되거나 다른 구실이나 회피 사유가 될 수는 없다.

제96조 선원은 동승한 선원이 신성모독, 저주 혹은 정직하지 아니한 말을 하는 것을 듣게 되거나, 아주 추악한 행위를 하는 것을 발견한 때에는, 즉시 비밀리에 그 사실을 선장에게 알려야 하며, 그러면 선장은 이 장 제15조, 제28조, 제29조 및 제87조에 규정된 필요한 조치를 취한다.

제97조 선원이 고의를 가지고 악의로 선박으로부터 교활하게 식량을 투기한 경우 그는 자신의 재산으로 이를 배상하여야 할 뿐만 아니라 이러한 선원은 엄한 형벌로 처벌한다.

제98조 다른 선원이 당직 도중에 잠을 자는 것을 어느 선원이 발견한 경우, 그 경위를 선장에게 보고하여야 하며, 그러면 그를 깨워서 지정된 시간 근무를 다 마치게 하고, 이후에 그에 대한 처벌절차에 들어간다. 이러한 보고를 게을리한 선원에게 벌금 2두까도를 징수하고, 이를 빌바오강의 개선에 사용한다.

XCIX. Ningun Marinero podrá salir del Navio una vez que esté cargado, y corriendo su salario, sin licencia expresa de su Capitan ; pena de dos ducados por cada vez que contraviniere, aplicados tambien á beneficio de la Ria.

C. A todos los Marineros, concluido que hayan el viaje pactado, y descargado el Navio, deberán pagarseles por su Capitan los sueldos que se les debieren, arreglados al convenio, ó ajuste que sobre ellos huviere hecho : Y pudiendo suceder que de parte del Capitan, ó dueños del Navio haya en la paga alguna omision (por no haver traido flete, ú otro accidente) ; en este caso se ordena, que el Marinero, ó Marineros puedan pedir embargo del Navio, y sus Aparejos, y hacer se remate, con declaracion de que aunque con el motivo del remate, ó embargo haya, y se opongan otros Acreedores, serán preferidos los de el dicho Equipage, y se les deberá hacer pago enteramente, alcanzando para ello su importe ; que faltando algo, tendrán el recurso por ello á solo el Capitan que mandaba el Navio, y no á otro alguno, por ser este quien convino sobre dichos sueldos, y se obligó á su paga.

CAPITULO XXV

DEL PILOTO MAYOR DE ESTE PUERTO, SU BARRA, Y RIA ; Y LO QUE DEBERÁ HACER, Y LLEVAR DE DERECHOS DE ENTRADAS, Y SALIDAS DE NAVIOS

I. Por quanto ha acostumbrado, y acostumbra el Consulado de esta Villa tener en las cercanias de la Barra de este Puerto un Piloto Mayor, con obligacion de cuidar de noche, y dia la entrada, y salida en él de todos los Navios, y Embarcaciones, para que con su direccion la logren con felicidad ; cuyo nombramiento se ha hecho siempre por Prior, y Consules, como, y quando mejor les ha parecido : Por lo qual, respecto de ser asi conveniente, se pone por Ordenanza, que en adelante le hagan tambien perpetuamente todas las veces que quisieren, y en quien mejor les parezca, segun se ha acostumbrado, y acostumbra, como queda prevenido en el capitulo quarto, primero de esta Ordenanza.

II. Siempre que por Prior y Consules se nombrare nuevo Piloto Mayor, procurarán que sea sujeto de buena vida, y costumbres, de edad, á lo menos, de treinta años prudente, y practico en la navegacion ; que haya exercido en ella el Oficio de Capitan, ó Piloto, y con especialidad, versado en esta Ria, y su Barra, y natural precisamente de este Noble Señorío de Vizcaya ; haciendole, que luego que sea elegido, y nombrado, y antes de empezar á usar, y exercer, comparezca en el Consulado á jurar, y cumplir con la obligacion de su Oficio, y de guardar esta Ordenanza en la parte que le toca.

III. Atendiendo á que las obligaciones en que ha de estar constituido el Piloto Mayor como tal, son mas practicables para el socorro en la entrada, y salida de los Navios desde dentro de la Barra, que de fuera de ella ; se ordena, y manda, que en adelante tenga su casa de habitacion, y morada, en Lugar de parte adentro de la misma Barra, y el mas cercano á ella.

제99조 선박에 선적이 완료되고 선원의 임금이 발생하기 시작하면 이제 선원은 선장의 명시적인 허락이 없으면 하선하여 밖으로 나갈 수 없다. 이를 위반하면 위반할 때마다 2두까도의 벌금을 징수하며, 이를 빌바오강의 개선에 사용한다.

제100조 약정한 항해가 종료되고 양하가 완료되면, 선장은 모든 선원에게 발생한 급료를 지급하여야 하며, 급료는 채용할 때에 합의한 바에 따라 정산하여야 한다. 선장이나 선주가 지급을 함에 있어 완납을 하지 아니하는 경우가 생기는바(운임이 들어오지 아니했다든가 기타 사고를 당하였다든가 하는 이유로), 이러한 경우 선원은 그 선박과 장비를 압류하고 경매를 신청할 수 있고, 이러한 압류와 경매를 통해, 비록 다른 채권자가 있어 반대를 한다 하더라도, 선원은 우선적으로 그 임금을 지급을 받을 권리가 인정되며, 그 대금으로 임금의 총액에 이르기까지 전부를 지급하여야 한다. 아직 부족분이 있으면 오로지 선박을 지휘한 선장에 대해 나머지 금액을 청구할 수 있고, 선장이 급료를 합의했고 그 지급을 약속하였기 때문에 그 이외 다른 사람에게는 이를 요구할 수 없다.

제25장
이 항구의 방조제와 강의 관리장: 선박의 출입 시에 반드시 해야하고 지켜야 할 것

제1조 해상단이 과거에도 관행이었고 또 현재에도 관행으로 실시하는 것으로서 항만의 방조제 관리장을 임명하여 방조제 인근에 배치하고, 항해선 기타 선박이 이 항구를 출입할 때에 주야로 이를 도와왔고, 그의 인도를 통하여 선박이 안전하게 출입할 수 있었던 바, 방조제 관리장은 항상 집정장과 집정관이 가장 적당하다고 판단하여 임명하여 왔으며, 이에 과거나 현재의 관행을 존중하고 이 칙령 제4장 제1조에서 규정하고 있는 바에 따라, 앞으로도 필요하고 유익하다고 판단할 경우 영구히 이를 마찬가지로 실시할 것을 이 칙령에 의하여 선언한다.

제2조 집정장과 집정관에 의하여 방조제 관리장으로 임명되려면, 생활과 행실이 모범이 되고 연령이 적어도 30세 이상이며 모든 행동에 사려가 깊고, 나아가 항해에 경험이 있어야 한다. 또 선장 혹은 항해장으로서 항해를 한 경험이 있고 나아가 이 도시로 출입하는 빌바오강이나 그 방조제에 특별한 지식이 있어야 하며 비스까야주[30] 영주의 신민이어야 한다. 관리장으로 선정되어 임명되면 업무를 개시하기 이전에 해상단에 출석하여, 그 직책에 따르는 의무를 다하고 그와 관련되는 본 칙령을 준수할 것을 서약하여야 한다.

제3조 방조제 관리장을 두게 된 원래 목적을 달성하고 선박이 출입하는 도중에 구조를 행하기 위해서는 방조제 밖에서 행하는 것보다 그 안에서 행하는 것이 더욱 편리한 점을 고려하여, 방조제 관리장은 이후에는 그 주거와 숙소를 그 방조제 안쪽으로 방조제에 가장 가까운 곳으로 정하여야 한다.

30 그 수도가 빌바오임.

IV. Será de la obligacion del Piloto Mayor, el Sondar la Barra todos los dias que lo permita la Mar ; y prevenir á los Pilotos Lemanes que se lo preguntaren, las marcas, ó señales por donde está, y los pies de agua que tuviere en su entrada.

V. Quando viniere qualquier Piloto Leman, ó persona en su nombre, á prevenir al Piloto Mayor, que algun Navio está para entrar en la Barra, se informará de él de los pies de agua que cala el Navio, y le señalará el dia, y hora en que podrá presentarse pra su entrada.

VI. Quando se presentare Navio á entrar la Barra (ya sea viniendo en derechura de Mar en fuera, ó ya de alguno de los Puertos cercanos) será de la obligacion del Piloto Mayor salir con su Lancha fuera de Barra, siendo la Mar bella ; y siempre que considerare que el tal Navio pueda enderezarse á entrar en ella, largará la Vandera, ó señal que llevare, y delante de él (á distancia en que no pueda ofenderle) gobernará su Lancha por la misma Barra, para que le siga el Navio que huviere de entrar.

VII. Si por mucha Mar no le fuere posible salir fuera de Barra con su Lancha, para mostrarsela, será tambien de su obligacion, hacer la Bolisa, ó señal, de la parte de adentro de la Barra, lo mas cerca de ella que pueda, para que gobernandose el Piloto Leman, que conduxere el Navio por la Bolisa, ó señal que le pusiere el Piloto Mayor, entre con mas conocimiento, y seguridad.

VIII. Quando por algun accidente, entrando el Navio con Mar grande, viere el Piloto Mayor, que ocasionado de algun golpe, sale fuera de la Canál, será de su obligacion tomar cabo de él, y ayudarle con las demás Lanchas que estuvieren alli, animandolas al socorro del tal Navio.

IX. Siempre que suceda alguna desgracia de varamento, ó pérdida de Navio fuera de Barra, en ella, ó dentro ; dará cuenta el Piloto Mayor á Prior, y Consules, sin la menor dilacion ; y en el interin que llegaren, ó alguno de su Tribunal, que embiaren con su comision á la asistencia, y averiguacion del suceso, será de su obligacion concurrir á todo lo que se ofieciere, poniendo en custodia lo que de pronto se fuere salvando.

X. Quando en la Ria de este Puerto, entre Portugalete, y Guecho, haya diversos Navios para salir fuera de la Barra, esperando viento, y maréa favorables, deberá el Piloto Mayor saber, y informarse de cada Capitan los pies de agua en que se hallan, para por ello gobernarse, y darles las ordenes convenientes para desamarrarse.

XI. Si en alguno de los Navios que asi esperaren á la salida, tuviere el Piloto Mayor duda sobre los pies de agua marcados al Codaste ; deberá para mas seguridad medirlos por sí mismo con la Vara que tiene dada este Consulado para semejantes lances, á fin de evitar por este medio los daños que pudieran ocasionarse de la falta de esta inspeccion.

XII. Asimismo será del cargo, y cuidado del Piloto Mayor atender, y vér si los Capitanes de los Navios cargados se mantienen abordo, como se les manda en el capitulo que trata de sus obligaciones, y de las de su gente en esta Ordenanza : Y reconociendo en ello, ú otra cosa esencial, alguna falta, ó menos cumplimiento, deberá tambien dár cuenta á Prior, y Consules, caso de no poderlo remediar por sí, para que tomen las providencias convenientes.

제4조 방조제 관리장은, 해상 상황이 허용하는 한, 매일 방조제를 점검하여야 하며, 질의를 하는 도선사에게 위치에 관한 표지와 신호를 알려주고, 진입시 수심도 알려주어야 한다.

제5조 도선사 혹은 그 대리인이 방조제 관리장에게 어느 선박이 방조제를 통해 진입하기 위해 기다리고 있다는 것을 고지하기 위해 온 때에는, 그 선박이 수면 속로 들어가는 흘수를 알아보고, 대기하다가 진입해야 할 날짜와 시간을 지정하여 주어야 한다.

제6조 선박이 방조제로 진입하기 위해 나타난 때에는(밖에 있는 바다로부터 직접 오거나 인근 다른 항구를 거쳐 오는 때에도 마찬가지로), 해상이 안전한 경우에는, 방조제 관리장은 도선정을 가지고 방조제 바깥까지 나가야 하며, 그 선박이 방조제로 직진하여 진입할 수 있다고 판단되면, 깃발 기타 소지한 것으로 신호를 한 다음, (방해가 되지 아니하는 거리를 두고) 그 선박의 앞장을 서서 도선정으로 선도하고, 진입할 선박으로 하여금 이를 따르게 하여야 한다.

제7조 해상에 물살이 나빠져 도선정을 가지고 방조제 밖으로 나가 선박을 인도하여 올 수 없는 때에는, 비록 방조제 안쪽에서이지만 가능한 한 선박에 가까운 지역에 가서 안으로 풍향유도막을 잡고 신호를 하며, 방조제 관리장이 하는 풍향유도막 혹은 신호에 의거 선박이 확인과 안전 속에서 도선사의 인도를 받아 항구 내로 진입할 수 있게 하여야 한다.

제8조 방조제 관리장은 선박이 사고를 당하여 사나운 바다를 피해 항구로 진입한 다음 큰 충격을 받고 오히려 운하 수로 밖으로 빠져 나간 것을 발견한 경우, 도선정을 이용하여 그 선박의 선수를 잡고, 거기에 있는 다른 도선정을 이용하여 그 선박을 돕고 구조를 독려하여야 한다.

제9조 방조제 밖에서, 그 위에서 혹은 그 안에서, 멸실이나 좌초 등의 사고가 발생한 경우, 방조제 관리장은 이를 지체 없이 집정장 및 집정관에게 보고하여야 한다. 이들이 직접 오거나, 이들이 보내 사법처에서 사람이 나와, 선박을 구조하고 사고를 조사하기 이전이라도, 방조제 관리장은 가능한 한 모든 조치를 취하여야 하며, 당장 구조할 수 있는 물건은 구조하여 보관하여야 한다.

제10조 포르뚜갈레떼와 구에초[31] 사이에 있는 이 항구의 강안에서 적당한 바람과 조수를 기다리며 여러 선박이 방조제를 지나 출항을 하려고 대기하고 있는 바, 방조제 관리장은 여러 선장으로부터 각자의 흘수를 문의하여 알고 있어야 하며, 그래서 이들이 계선을 풀 적당한 순서를 정하여 통지하고, 출항을 위한 인도를 할 수 있게 하여야 한다.

제11조 출항을 위해 이처럼 기다리는 선박 중에, 방조제 관리장이 볼 때에 선미에 표시된 흘수의 표시에 의문이 있는 경우, 이러한 때에 넣어볼 수 있도록 해상단에서 제공한 측정자를 가지고 확실하게 이를 스스로 측성하여야 하며, 이를 통하여 검사 표시의 잘못으로 발생할 수 있는 손해를 미연에 방지하여야 한다.

제12조 이 칙령 중 해당 해원이 외무를 다루는 장에서 명령한 바에 따라, 선박에 선적이 끝나면 선장이나 해원이 선상에 항상 임재할 의무를 준수하는지 방조제 관리장은 검문하

31 포르뚜깔레떼를 통하여 강으로 들어오기 이전에 깊숙한 만이 있고, 강으로 들어오는 입구 바로 이전에 Barra가 있고, 그 배후에 오늘날 방조제를 건설하여 항구로 이용되는 넓은 공간이 당시에는 그대로 방치되어 있었을 것인데, 이 가운데 오늘날 항구를 이용되는 부분 중에서 포르뚜깔레떼와 반대 방향의 넓은 지역을 지칭한한다고 한다. 오늘날의 Algorta시가 있는 곳이고 지역명인 Getxo가 Guecho와 동명인지는 불분명하다. 여기서 선박이 Barra를 지나 출항을 한다고 하는 점으로 보아 당시 Barra는 상당히 넓은 지역을 차지하고 있었다고 추정되며 현재 20세기 말 사진으로 나와 있는 Barra와는 규모가 상당히 다른 것이 아닌가 추정된다.

XIII. No podrá, hacer Bolisa para fuera de Barra, ni permitirá salga Navio alguno, sin que se le presente por el Capitan la Cedula que este Consulado acostumbra dár, de haver yá pagado las Averías debidas por su ultimo viaje correspondientes á los que conduxo, y llevare.

XIV. Tambien será de su obligacion el cuidar de que se mantengan dia, y noche en esta Ria, el Palillo, y Boyas, como el de mudar estas de tiempo á tiempo, y en su lugar poner las otras, que tendrá de reserva.

XV. Asi bien deberá tener las Boyas de respeto siempre limpias, estancas, y en el parage mas cercano que sea posible á la Ribera, para ahorrar los gastos que ocasionen de estar lexos en su conducion.

XVI. Tendrá asi bien Perchas de respeto, que sirvan de Palillo, para que faltando el uno, se ponga inmediatamente otro en su lugar, y remediar con ello el accidente que pudiera acaecer de tocar en el paraje del tal Palillo algunos Navios á la subida, ó baxada de esta Ria.

XVII. Tomará razon diariamente de los Navios que entraren, nombres de sus Capitanes, y Pilotos Lemanes, que los vinieren mandando, para dar noticia distinta de ello (siempre que se le pida) al Consulado, y dueños, de los Navios ; á fin de que en qualquiera acontecimiento sirva de govierno.

XVIII. Dará asi bien cuenta indispensablemente á Prior, y Consules del obrar de los Pilotos Lemanes, y particularmente si alguno de estos viniere exerciendo su oficio estando embriagado, para que procedan al castigo, y al remedio en lo futuro.

XIX. Quando algun dueño, ó Capitan de Navio avisare al Piloto Mayor, está en animo de hacerle baxar, será de su obligacion avisar al Piloto Lemán, que le huviere introducido, para que le asista á la baxada, y á llevarle al Surgidero de Ólaveaga las Lanchas que pidiere el Capitan, ó dueño del tal Navio.

XX. Si reconociere que algunas Maréas grandes, ú otro accidente, desmoronan, ó quitan algunas piedras, ó partes del Muelle nuevo que se está fabricando junto á la Barra ; será de la obligacion del Piloto Mayor dár luego cuenta á Prior, y Consules para acudir á su pronto remedio.

XXI. Igualmente, y con la misma puntualidad dará cuenta si algun Navio al baxar, ó subir esta Ria, diere contra el Pilar, que para gobierno está en la Canal entre la Hermita de Ondiz, y el Convento de Carmelitas de la Isla de San Nicolás, y le hiciere algun daño, para que tambien se acuda al remedio.

XXII. Tambien cuidará de que se mantengan siempre en los Muelles de Portugalete, y Guecho los Palanquetes que se ponen para amarrar los Navios : Y si faltare alguno, por haverse roto, ó salido de su puesto, lo hará poner sin perder tiempo.

XXIII. Porque en este Puerto suelen entrar algunos Navios, cuyos Capitanes son Estrangeros

고 확인할 책임과 의무가 있다. 이러한 의무나 기타 중요한 사안에서 의무의 불이행이나 불완전 이행을 발견하고, 이를 스스로 시정하는 것이 불가능하다고 판단되는 경우, 방조제 관리장은 이를 집정장 및 집정관에게 보고하여 필요한 조치를 취하게 하여야 한다.

제13조 최후 항해에서 운송하여 가지고 온 물건에 대한 상업세를 지불하면 통상 본 해상단이 납입증을 발행하는 바, 선장이 이 납입증을 방조제 관리장에게 먼저 제시하지 아니하면, 방조제 관리장은 어느 선박이든 출항을 허가할 수 없고, 이를 위해 방조제 밖으로 풍향유도막을 잡아서도 안된다.

제14조 방조제 관리장은 하구에 주야로 축대나 부표를 유지하여야 하고, 또 적기에 일부는 설치 장소를 이동하여야 하고, 예비한 것을 가지고 필요한 곳에 교체도 하여야 한다.

제15조 예비 부표는 항상 청결하게 보관하고 방수 상태를 유지하여야 하며, 또 가능한 한 강안 가까운 곳에 보관하여 멀리 있을 때에 이동에 발생할 비용을 절약할 수 있게 하여야 한다.

제16조 축대로 사용할 예비 장대를 보유하여 어느 축대가 유실되면 그곳에 다른 축대로 즉시 대체할 수 있게 하여야 하고, 이를 통해 선박이 빌바오강을 상행 혹은 하행하면서 축대가 있는 곳에서 접촉으로 인한 사고가 발생하는 것을 미연에 방지할 수 있도록 하여야 한다.

제17조 방조제 관리장은 매일 출입하는 선박과 그 선장 및 인도하여 온 도선사를 기록하여야 하고, 이를 해상단 및 선주에게 상세히 통보하여야 하며(요청이 있을 때마다), 또 선박에 발생한 사고도 기록하여야 한다. 그리고 이를 통하여 어떠한 일이든 행정에 참고가 되도록 하여야 한다.

제18조 방조제 관리장은 집정장과 집정관에게 도선사의 행위를 반드시 보고하여야 하며, 특히 어느 도선사가 음주를 한 채 도선을 한 때에는 이를 반드시 보고하여 그 처벌절차를 밟고 장래에 시정하도록 하여야 한다.

제19조 어느 선박의 선주나 선장이 방조제 관리장에게 강을 통해 하구로 내려갈 예정이라는 것을 알리면, 방조제 관리장은 이미 신고를 하여 놓은 도선사에게 이를 통지하고, 그 도선사로 하여금 그 선박이 하향 항해를 하는 것을 도와주고, 또 선주나 선장이 요청하면 도선정을 가지고 올라베아가 정박장에 갈 수 있게 하여야 한다.

제20조 방조제 옆에 새로이 건설된 부두의 석재 기타 일부가 거센 해류 기타 사고로 유실되거나 제거된 것을 발견하면, 항만의 방조제 관리장은 이를 즉시 집정장과 집정관에게 보고하여 바로 그 시정 조치를 취하도록 하여야 한다.

제21조 만일 빌바오강을 하행 혹은 상행하던 선박이, 온디스의 에르미타와 성 니꼴라스 섬의 까르멜리따스 수도원[32] 사이의 운하 수로에 선박의 운항을 돕기 위해 설치된 석주와 충돌하여 파손이 발생한 때에도, 이를 마찬가지로 신속히 보고하여 시정 조치를 취할 수 있도록 하여야 한다.

제22조 도선사는 포르뚜갈레떼와 구에초에 있는 부두에 선박을 계선하기 위하여 설치된 갈고리가 항시 정상 상태로 유지되도록 노력하여야 하며, 만일 부식되거나 빠져나와 고장이 생기면 지체없이 원상으로 회복시켜 놓아야 한다.

제23조 선장이 외국 사람으로 이 항구에 전혀 온 적이 없었거나, 있다 하더라도 폭풍을 알

---

32 오늘날의 Ayundamiento 다리 옆 Ayundamiento 자리에 있었다고 함.

que no han estado antes en él, ó que aunque hayan estado, no tienen entero conocimiento de las señales que indican temporal, y que por ver la Marea, y el viento favorables, quieren hacerse á la Mar ; en este caso se ordena, que quando el dicho Piloto Mayor (mediante su acostumbrada observancia, y conocimiento que debe tener) reconociere, puede luego sobrevenir mudanza de tiempo, deberá prevenir de ello á los tales Capitanes, para que les sirva de gobierno.

XXIV. Siempre que el Piloto Mayor estuviere libre de ocupacion de su cargo (y pudiere) comunicará con los Capitanes que estuvieren prontos á salir, en razon del tiempo, y otras cosas que toquen á su exercicio, y empleo.

XXV. Quando el Piloto Mayor se viere en la precision de asistir á algun Navio que quiera entrar de parte de noche, deberá para el tiempo en que huviere de hacer la entrada, poner las señales con Faroles, ó Fuego en las partes que convengan, y él acudirá puntualmente con su Lancha, en la qual llevará Farol oculto para descubrirlo quando sea hora de que el tal Navio se enderece á la Barra.

XXVI. Reconociendo el Piloto Mayor que algun Navio de los que suben, ó baxan esta Ria, haya varado, sea en Arena, ú otra parte, será de su obligacion acudir luego á socorrerle en lo que pudiere, y á dár las providencias, que le pareciere convenientes para á otra Maréa flotarle ; y respecto de las discordias que en estos casos suele haver, se previene, que como superior al Piloto Lemán, disponga, y mande executar lo que le pareciere convenir ; y el Capitan en este caso, le prevendrá las amarras, anclas, y demás que necesitare.

XXVII. Si para un lance como el prevenido en el precedente, no tuviere el Navio las Amarras, Cabos, Anclas, y demás que le fuere necesario ; el Piloto Mayor podrá mandar sacarlo de otro qualquiera Navio que estuviere el mas cercano, no haciendole falta para su seguridad por entonces ; bien entendido, que en este caso, el Navio que asi huviere necesitado de Aparejos de otro, ha de pagarle el daño que se considerare haver tenido los tales Aparejos.

XXVIII. El Piloto Mayor ha de observar si los Navios que intentaren salir ván sobrecargados, ó navegables, y si llevan la Cubierta libre, y franca, como se previene en esta Ordenanza : Y en caso de considerarles algun riesgo en su navegacion (por sobrecargados) dará cuenta á sus interesados, ó Consignatario, suspendiendoles en el interin, la salida.

XXIX. Siempre que el Piloto Mayor reconociere, que motivado de muchos Aguaceros, ó Nieves puede ocasionarse en esta Ria alguna grande creciente, y corriente de ella, dará orden á los Capitanes de los Navios que estuvieren surtos en el Surgidero de Portugalete, y otros cercanos, para que les echen á tiempo dobles Amarras para su mayor seguridad.

XXX. Considerando el cuidado, trabajo, y gasto que ocasionará al Piloto Mayor el dár cumplimiento á la obligacion de su empleo ; se manda, y ordena, que todos los Capitanes, y Maestres de Navios, asi naturales, como forasteros, y estrangeros, le hayan de pagar, y paguen por cada vez que entraren, y salieren la Barra de este Puerto, con carga, ó sin ella, treinta y cinco reales de vellon por cada Navio que fuere de quarenta Toneladas (inclusive) arriba ; y por los

리는 신호에 완전히 익숙하지 못하면서 이 항구에 입항하여, 파도나 바람이 출항에 유리한 상황이 되면 출항을 하기 위해 기다리는 수가 많은 바, 이러한 경우 방조제 관리장은 (그의 관례에 따른 관찰과 갖추어야 할 지식에 비추어) 날씨에 변동이 있을 수 있다는 것을 알았을 때에는 선장에게 이들의 항행에 참고가 될 수 있도록 이를 예고하여야 한다.

제24조 방조제 관리장은, 그 직책상 다른 처리할 업무가 없을 때이면 (가능한 범위 내에서), 그의 직책이나 업무와 관련되어 알게 된 날씨 및 기타 사항에 관해 출항을 하려는 선장에게 알려주어야 한다.

제25조 야간에 입항하고자 하는 선박을 지원할 필요가 있다고 판단되는 경우, 방조제 관리장은 진입이 예상되는 시간쯤에 적당한 장소로 가서 현등 기타 불꽃으로 신호를 보내고, 도선정을 가지고 그곳으로 달려가야 하며, 도선정에는 등불을 숨겨 가지고 있다가 선박이 방조제를 넘어 항구로 진입할 시간이 되면 이를 발견할 수 있도록 하여야 한다.

제26조 빌바오강을 상행 혹은 하행하던 선박이 모래톱 기타 장소에 좌초한 것을 발견한 방조제 관리장은 가능한 한 구조를 위해 즉시 현장으로 달려가야 하며, 이어서 다음 만조시에 그 선박을 부유시킬 수 있도록 필요한 조치를 취하여야 한다. 이러한 사건에서 흔히 있듯이 당사자 사이에 의견 충돌이 있는 경우, 도선사의 의견보다 우선하여 방조제 관리장의 의견에 따라 가장 적합한 조치를 취하고 시행하는 것으로 한다. 이 경우 선장은 방조제 관리장에게 계선줄, 닻 기타 필요한 것을 제공하여야 한다.

제27조 전 조에 정한 바에 따른 시도를 하려 하여도 선박이 계선고리, 계선줄, 닻 기타 필요한 물품을 가지고 있지 아니한 경우, 방조제 관리장은 가장 인근에 있는 선박으로부터 이를 가지고 올 것을 명할 수 있으며, 다만 그로 인하여 그 선박의 안전이 위협을 받는 때에는 그러하지 아니하다. 물론 이처럼 다른 선박의 장비가 필요했던 선박은 그 지원으로 인하여 그러한 장비에 발생한 손해를 배상하여야 한다.

제28조 방조제 관리장은 출항하는 선박이 과적을 한 것은 아닌지, 감항능력을 갖추었는지 또한 이 칙령에서 정한 바와 같이 갑판이 아무것도 없는 공간인지 여부를 확인하여야 한다. 만일 선박이 항해를 함에 있어 위험이 있다(과적으로 인하여)고 판단되는 경우, 방조제 관리장은 그 선박의 출항을 중지시킨 채, 선박관계인이나 그 대리인에게 이를 통지하여야 한다.

제29조 많은 비나 눈이 와서 빌바오강에 큰 유수의 증가가 생긴 것을 발견하면 방조제 관리장은 선장들에게 선박을 포르뚜갈레떼 정박장이나 그 인근에 정박하여 있을 것을 명하고, 그래서 이들이 더욱 안전하게 이중으로 계선할 수 있게 하여야 한다.

제30조 방조제 관리장이 그 임무를 수행함으로 인하여 부수되는 지원, 수고 및 비용을 고려하여, 모든 선장은 현지인이든 타지인이든 혹은 외국인이든 상관없이, 이 항구를 입출항할 때에는 적하가 있든 없든 가리지 않고 모두 그 때마다 그 선박이 40톤을 초과(40톤도 포함)하면 동화로 35레알의 항비를 납부하여야 한다. 그 이외에 그보다 소형 선박은, 돛을 올리든 그냥 평지 갑판인 채로 가든, 적하를 선적하고 출항이나 입항을 할 때에만 (마찬가지

demás de menor porte que entraren, y salieren de Cubierta, ó Gavia, con carga (sean tambien naturales, forasteros ó estrangeros) veinte y dos reales y medio de dicha moneda de vellon, asimismo cada uno ; con advertencia para mas claridad, que los que entraren, y salieren sin carga de estos Navios de á quarenta Toneladas para abaxo, si no pidieren al Piloto Mayor que los asista no le han de pagar cosa alguna ; pero si le pidieren que lo haga, y los asistiere en su entrada, ó salida, le han de pagar á dicho respecto de veinte y dos reales y medio de vellon cada uno, por cada vez que lo hiciere ; sin que á unos, ni otros pueda pedir, ni llevar dicho Piloto Mayor otra cosa por razon de adeala, ni con otro pretesto, ni motivo alguno, pena de bolverlo doblado.

CAPITULO XXVI

DE LOS PILOTOS LEMANES, Ó DE COSTA, Y LO QUE DEBERÁN HACER, Y LLEVAR POR RAZON DE SUS LIMANAGES, Ó ATUAGES

I. Piloto Lemán, ó de Costa, es aquel que con titulo de Prior, y Consules se dedica á entrar en el Puerto los Navios, que se presentan, hasta ponerlos en el Surgidero acostumbrado, y despues, quando han de salir al mar, sacarlos hasta fuera de Barra, mediante los salarios, y emolumentos que abaxo se dirán.

II. Los tales Pilotos Lemanes, ó de Costa, y Ria, para exercer tal oficio deberán ser examinados, como hasta aqui, ante Prior, y Consules ; por el Piloto Mayor de Barra, ó por otras personas practicas que para ello se nombraren ; pena de que si alguno fuere osado á gobernar, ó dirigir Navio sin este requisito, será multado en cinquenta ducados de vellon aplicados á beneficio de la Ria de este Puerto ; y además condenado en los daños que se siguieren por su impericia, y se procederá á lo demás que haya lugar.

III. Para ser admitido al examen, deberá tener qualquiera que pretenda el Titulo de Piloto Leman, á lo menos veinte y quatro años de edad, y haver navegado quatro años fuera de esta Costa en alta Mar, de que ha de exhibir Certificacion de los Capitanes con quienes huviere hecho los viajes ; y serán preguntado en el examen (entre otras cosas) de las maniobras, y Aparejos de los Navios, y especialmente, de los cursos, y mareas, bancos, escollos, corrientes, puntas, y cabos de esta Costa, y de los demás embarazos que puedan impedir la entrada, y salida de las Rias, Puertos, y Surgideros de ella.

IV. Despues de haverse examinado, y aprobado el que huviere de ser Piloto Lemán, acudirán por el Titulo ante Prior, y Consules, quines le recibirán juramento formalmente de que se observará con toda puntualidad lo que sea de su obligacion, y irá prevenido en este capitulo.

V. Todo Piloto Lemán estará obligado á tener siempre prevenida su Lancha con Gente, Remos, y demás necesario, y hallarse pronto para la asistencia, y socorro de los Navios, á su primera señal, ú orden que le dieren ; pena de quatro ducados de vellon por cada vez que resultare haver sido omiso en cosa, ó parte de lo referido.

로 현지인이든, 외지인이든 혹은 외국인이든 가리지 않고) 매번 동일한 동화로 22.5레알을 납부하여야 한다. 더욱 확실히 하기 위해 확언하고자 하는 것으로 40톤 미만 선박으로 적하를 선적하지 아니한 선박은, 방조제 관리장에게 달리 지원을 요청하지 아니하면, 그에게 항비를 납부할 의무가 없다. 그러나 만일 방조제 관리장에게 요청하여 그 지원 속에 입항이나 출항이 이루어지면, 입출항을 할 때마다 각각 22.5레알을 지급하여야 한다. 이러한 요청이 없으면, 가지급 명목이든 후에 정산 조건이든 혹은 그 명목이 무엇이든, 선장은 이를 징수할 수 없고, 이를 징수하면 그 배에 해당하는 금액을 변상하여야 한다.

제26장
연안 및 항구 도선사 및 그 임무

제1조 연안 혹은 항구 도선사는, 집정장과 집정관으로부터 그 자격을 얻은 다음, 항구 밖에 나타난 선박이 항구 안으로 들어와서 정박장에 정박할 때까지 도와주고, 그 후에 다시 바다로 출항할 때에 강을 나와 항구를 거쳐서 바다로 갈 수 있도록[33] 도와주는 일을 하며, 그 대가로 아래에서 정한 바에 따라 급료 및 대가를 받는 사람을 말한다.

제2조 도선사로서 연안, 항구 및 빌바오강의 안내인으로 그 직책을 수행하려면, 여기에서 정하는 바에 따라 지금까지 해왔던 대로, 집정장과 집정관이 실시하는 시험을 거쳐야 한다. 시험은 항만의 방조제 관리장이나 그가 지정하는 항해 경험이 많은 사람이 담당한다. 이러한 요건을 갖추지 아니하고 선박을 인도받아 지휘하는 사람은 동화 50두까도의 벌금에 처하고, 이를 이 항구를 통해 들어오는 강의 개선에 사용한다. 그 외에도 그는 그의 무능으로 인하여 발생하는 손해도 배상하여야 하며, 기타 그 결과에 따라 다른 절차도 진행할 수 있다.

제3조 도선사의 자격을 얻기 위해 그 시험에 응하려면, 연령이 적어도 24세 이상이 되어야 하고, 이 연안을 나와 공해에서 4년 이상 항해를 한 경력이 있어야 하며, 이를 증명하기 위해 동행한 선장이 발행한 항해확인서를 제출하여야 한다. 시험에서는 (여타 필요한 사항도 질의하지만) 선박의 이동 및 선박의 장비에 관해 물어보고, 특히 우리 해안에서의 항로, 조수, 모래톱, 암초, 해류, 정 및 곶에 관해 시험하고, 기타 강, 항구 및 정박장에서 선박의 출입을 방해할 수 있는 각종 장애물에 관하여도 시험하여야 한다.

제4조 시험을 거쳐 합격한 사람은 집정장과 집정관에게 그 자격의 수여를 신청하여야 하며, 집정장과 집정관은 먼저 그로부터 부여된 모든 임무는 물론 그에 적용될 이 장의 규정을 성실히 이행할 것을 서약하는 서약서를 받아야 한다.

제5조 모든 도선사는 선원, 노 및 기타 필수품을 갖춘 도선정을 준비하고 있어야 하고, 명령이나 요청을 받은 즉시 지원과 구조를 할 수 있도록 이를 가지고 항상 대기하여야 한다. 이러한 의무의 전부 혹은 일부를 이행하지 아니한 선장은 그 때마다 동화 4두까도의 벌금에 처한다.

33 빌바오 시는 항구를 통과하여 강을 거쳐 올라와 도착하는 내륙에 있는 도시인 점에 유의할 필요가 있다.

VI. Por ser muy conveniente, que el Piloto Lemán sea prudente, y experto en la practica de su exercicio, se ordena, que si alguno, estando embriagado, intentare salir á socorrer, ó dirigir el Navio, sea multado en quatro ducados, y suspenso por la primera vez de oficio por un año, recogiendosele su titulo ; y si reincidiere en privacion de él ; y la multa se aplicará á beneficio de la Ria de este Puerto.

VII. Quando alguna Lancha saliere á echar Pilotos Lemanes á los Navios que se presentaren en esta Abra, ó Costa, deberá echarle primero al que estuviere mas proximo á entrar, y por la misma órden de cercanía á los demas, sin preferir por motivos particulares á los que estuvieren á mas distancia ; pena de perdimiento de su salario.

VIII. Quando en diferentes Lanchas fueren á abordar á un Navio para introducirle Piloto Leman, serán preferidos los de la primera, la qual asistirá al tal Navio quando tenga ocasion de entrar en la Barra, en caso que necesitare de ella ; y esta tendrá tambien preferencia quando para la buelta de su viaje baxare la Ria ; pero en el caso de no llegar á tiempo conveniente para la entrada dicha primera Lancha, será preferida la segunda, y asi succesivamente las demás que huvieren abordado, ó las que sin aver abordado llegaren en necesidad ; con declaracion de que en este caso no puedan pretender del Capitan Cabo para remoltar el Navio, ni limanage alguno dichas Lanchas que tenian preferencia, y no llegaron á tiempo.

IX. Igualmente deberá el Piloto Lemán informarse de los Capitanes, y demás Oficiales de los Navios que huvieren de conducir, que pies de agua demandan, ó calan estos, para con este conocimiento resolver si han de entrar, ó no, y conducirlos hasta el Surgidero.

X. Llegados que sean al Surgidero de la Ria con el Navio, ó Navios, que conduxeren, deberá el Piloto Lemán mantenerse abordo hasta dár fondo, y amarrarlos con toda seguridad, en parages donde no puedan peligrar en baxa Mar, sobre Peñas, Bancos, ú otros de alguna contingencia ; pena de que haciendo lo contrario, será multado, y castigado, á proporcion del daño que por culpa suya resultare á dichos Navios, y sus cargazones.

XI. Todo Piloto Lemán que por ignorancia, malicia, embriaguez, ú otro motivo, hiciere varar, ó perder algun Navio ; además de estar obligado á pagar con sus bienes los daños que causare, será privado de oficio, y castigado por todo rigor.

XII. Si haviendo un Piloto Lemán abordado á algun Navio, é introducidose por tal en él, viniendo á esta Ria, ú otra destinada, y yá sea por tiempo contrario, ó por Maréas insuficientes, le convenga entrar de arribada en algun otro Puerto de la cercanía ; será de la obligacion del Piloto Lemán, prevenir al Capitan, del uso, estilo, y costumbre del Puerto en que huviere de entrar, y aconsejarle, é instruirle quanto convenga en órden á las Lanchas de que deba valerse, procurando escusarle en esto, y en todo lo demás que le sea posible de los gastos excesivos que por ignorancia muchas veces pudiera sujetarse á pagar : Y si se reconociere haver qualquier Piloto Lemán faltado á cosa, ó parte de lo referido, por interés propio, ó engaño notorio, será suspenso de oficio por dos años, y recogido su Titulo, haciendosele restituir el limanage que huviere recibido ; esto por la primera vez, y por la segunda de privacion de oficio.

제6조 도선사는 성격이 대단히 사려 깊어야 하며 그 직책을 수행하는데 있어 전문가이어야 하기 때문에, 만일 도선사가 음주를 하고 구조에 나간다거나 선박을 지휘하면 벌금 4두까도에 처하고, 제1차 잘못에 대하여 1년간 자격을 회수하고 직책을 정지한다. 만일 반복되면 그 자격을 박탈한다. 벌금은 이 항구의 강의 개선에 사용한다.

제7조 하구나 해안에 임재하여 도선을 기다리는 선박에 도선사를 승선시키기 위해 도선정이 출항한 경우, 입항을 위해 가장 가까이 있는 선박에 제일 먼저 우선적으로 도선사를 승선시켜야 하고, 나머지 다른 선박에 대하여도 거리 순서로 도선사를 승선시켜야 하며, 그 이유가 무엇이든 원거리에 있는 선박에 먼저 우선하여 도선사를 승선을 하도록 하여서는 아니된다. 이를 위반하면 그 보수를 몰수한다.

제8조 여러 도선정이 하나의 선박에 도선사를 승선시키기 위해 접근하는 경우, 먼저 출발하는 도선정이 우선적으로 도선사를 승선시키고, 방조제를 진입하는 데에 도선정이 필요하면 그 도선정이 선박을 지원한다. 그러면 그 도선정은 그 선박이 다시 강으로 내려와 회항하는 때에도 우선하여 도선할 권리를 가지며, 그러나 제일 먼저 출발한 도선정이 입항을 위해 적기에 도착을 하지 못한 경우, 제2차로 출발한 도선정이 그 다음으로 우선권을 갖고, 이후 다른 도선정도 출발한 순서에 따라 우선권을 가지며, 마지막으로 임의로 접근하는 것이 아니라 구조를 위해 도착한 도선정이 도선사를 승선시킨다. 이 마지막의 경우 선장에게 선박의 예인에 필요한 밧줄을 요청할 수 없고, 또 우선권이 있지만 적기에 도착하지 못한 선박이 도선료를 청구할 수 없다는 것도 명백하다.

제9조 도선사는 안내할 선박의 선장과 그 사관을 알아야 하고, 입항 여부 혹은 정박장까지 안내 여부를 결정하기 위해, 선박에 요구되는 수심 또는 선박이 잠기는 흘수도 알아봐야 한다.

제10조 이 강에 있는 정박장으로 선박을 인도하여 온 도선사는, 선박이 간조시에도 바위, 모래톱 기타 특이한 곳에 걸려 위험에 노출되지 아니하는 안전한 곳에 정박하고 계선할 때까지, 선상에 머물러야 한다. 이를 이행하지 아니한 도선사는 그의 잘못으로 인해 선박과 적하에 발생한 손해의 정도에 비추어 상당한 벌금에 처하고, 형사처벌도 받는다.

제11조 도선사가 그의 무지, 고의, 음주, 기타 사유로 선박을 좌초 혹은 멸실시킨 때에는, 그로 인하여 발생한 손해를 그 개인 재산으로 배상하여야 하는 것은 물론, 그 직책으로부터 제외되고, 또 그러한 도선사는 엄한 형벌에 처한다.

제12조 도선사가 선박에 접근하여 승선이 허용된 다음 이를 인도하여 빌바오강이나 혹은 다른 목적지에 도달하였을 때에, 날씨가 좋지 않거나 조수가 맞지 아니하여 부득이 인근 다른 항구로 대피하여 들어갈 필요가 생긴 경우, 도선사는 진입하려는 항구의 통상적인 진입방법, 관행, 관습을 선장에게 알리고, 도선정의 사용이 필요한지 여부에 대하여도 선장에게 자문을 하고 선장이 이를 숙지하도록 하여야 하며, 그래서 이러한 것과 그 외 필요한 조치를 통하여 흔히 무지로 인하여 지급해야 하는 과도한 비용을 절약할 수 있게 하여야 한다. 어느 도선사가 이러한 것의 일부 혹은 전부를 게을리 한 것이 확인되면, 그것이 개인적인 이익에 기한 것이든 나쁜 품성에 기한 것이든, 2년간 그 직책을 중지하고 자격을 회수하며, 수령한 도선료를 반환하여야 한다. 이는 초범인 경우이고 만일 재범인 경우 그 도선사를 그 직책으로부터 영구히 추방한다.

XIII. Siempre que salgan alguna, ó algunas Lanchas de los Puertos de esta Abra al Mar, en busca de Navios para su direccion, y introducirles Pilotos Lemanes ; deberán estos ir bien informados, y satisfechos del estado en que se hallare la Barra, para advertir á sus Capitanes lo conveniente acerca de su entrada.

XIV. Deberán tambien los Pilotos Lemanes antes de entrar en la Barra (si el tiempo lo permite) dar parte al Piloto Mayor de ella, de los pies de agua que calare el Navio que conduxeren ; á fin de que enterado de ello pueda avisar, y responder en su razon lo conveniente para la mayor seguridad ; siguiendose siempre la orden que diere el Piloto Mayor, y hasta tenerla, ó señal de poder ya entrar (que será la de largar su Vandera) no podrán los Pilotos Lemanes enderezar los Navios á la Barra, ni executar la entrada.

XV. Hecha por el Piloto Mayor la señal para la entrada, pondrá el Piloto Leman la Proa del Navio azia la Bolisa, y seguirá azia ella la direccion, sin desviarse á un lado, ni otro, permitiendolo el tiempo ; y si la Mar corriere de suerte, que la Lancha, ó Bolisa del Piloto Mayor esté (como debe) de la parte de adentro de la Barra, dirigirá el Navio el Piloto Leman á la misma Lancha, ó Bolisa del Piloto Mayor, con todo cuidado, y advertencia.

XVI. Si por algun accidente huviere de ser la entrada de parte de noche, enderezará el Piloto Leman el Navio á los Faroles que se le pusieren por señales de guia, y la observará bien, sin el menor descuido, para el mejor acierto.

XVII. Acudirá el Piloto Leman sin escusa, ni omision alguna á baxar, y sacar el Navio de este Puerto, su Ria, y Barra con el de Lanchas que le pidiere el Capitan, el dia que para ello fuere avisado por éste ; pena de que serán de su cuenta los gastos, y demoras que se sigan.

XVIII. Deberá todo Piloto Leman prevenir al Capitan del Navio las Lanchas que considerare necesarias para baxarle, sin que en esto por motivo alguno exceda de las que prudencialmente juzgare por bastantes ; pena de que justificandosele haverle puesto alguna, ó algunas mas de las necesarias, serán de su cuenta, y cargo el limanaje, y gastos de ellas.

XIX. Ningun Piloto Leman, que haya conducido Navio en esta Ria, podrá hacer trueque, ni venta, del derecho que tenga de baxarle, á ménos que no sea por enfermedad, ó ausencia precisa ; pena de que si constare ser la ausencia, ó enfermedad supuesta, ó fingida, perderá el tal derecho de pilotage que huviere trocado, ó vendido.

XX. Quando se hallare algun Piloto Leman introducido como tal en Navio, que ande bordeando en la Abra, con el animo de entrar, y que lleguen Lanchas á hablar, como se acostumbra para la preferencia, en caso de necesidad al tiempo de entrar la Barra ; no podrá á ninguna de ellas suponer haver ya otras conseguido la preferencia, con el fin de aplicar, en el caso de necesidad, los limanages á Lanchas de su aficion ; pena de privacion de oficio.

XXI. Siempre que qualquiera Piloto Lemán entrare en la Barra con Navio, que por precision trayga por delante dos, tres, quatro, ó mas Lanchas ; y que de Portugalete para Olaveaga no necesite de todas, sino de algunas de ellas ; en este caso subsistirá la preferencia, segun se

제13조 이 항구에 소속된 도선정이 하구를 출발하여 바다로 나가 선박을 찾아 인도를 하고 도선사를 제공하고자 하는 경우, 이들은 먼저 진입하는 방조제의 상태를 잘 관찰하여 이상이 없음을 확인한 다음, 선장에게 진입에 관해 필요한 조치를 알려주어야 한다.

제14조 도선사는 선박이 방조제를 넘어 항구로 진입하기 이전에(날씨가 이를 허용하여), 먼저 방조제 관리장에게 인도하여 가는 선박이 수면 하로 들어가는 흘수를 통지하여야 하며, 그리하여 진입을 하면 그 선박의 안전을 위해 필요한 조치를 알려 주고 대응할 수 있게 하여야 한다. 이 때에 방조제 관리장이 필요한 지시를 하면 도선사는 반드시 그에 따라야 하며, 이러한 지시를 받거나 허락 신호(깃발를 내리는 방식으로 하여야 한다)를 받기 이전에는, 도선사는 선박을 가지고 방조제 앞으로 나오거나 진입할 수 없다.

제15조 방조제 관리장의 진입 신호가 내려지면, 도선사는 선수를 풍향유도막 쪽으로 돌려, 날씨가 허용하는 한 어느 한 쪽으로 벗어나지 아니하고, 상당한 시간적 여유를 두고, 그 풍향유도막을 따라 진행하여야 한다. 바다가 다행히 평온하여 도선정이나 풍향유도막이 하천 한가운데 있는 경우(당연히 그래야 하는 것이지만), 도선사는 모든 주의와 관심을 기울여 선박이 그 도선정과 풍향유도막을 따라 운항하도록 하여야 한다.

제16조 사고가 발생하여 야간에 진입을 해야 하는 경우, 선박을 안내하기 위한 신호로 설치한 현등을 따라 진입하여야 하며, 도선사는 최대의 주의로 이를 잘 지켜서 안전에 만전을 기하여야 한다.

제17조 도선사는 선장이 요구하는 때에는, 이유 여하를 불문하고 아무 차질 없이, 요구하는 수의 도선정을 가지고 내려가, 항구, 강 및 방조제로부터 선박을 안내하여야 한다. 이를 위반한 도선사는 그로 인하여 발생하는 비용과 지연으로 인한 손해를 보상하여야 한다.

제18조 도선사는 강을 따라 내려가는 데 필요하다고 판단되는 도선정의 수를 선장에게 알려주어야 하며, 도선사는 그 동기가 무엇이든 사려깊게 판단할 때에 충분하다고 생각되는 갯수 이상을 고지하여서는 아니된다. 이를 위반하여 필요한 숫자 이상의 도선정이 배치된 것이 증명되면, 그로 인한 비용과 도선료는 그의 계산과 책임이 된다.

제19조 도선사는 선박을 안내하여 인도한 것에 대한 요금을 대가로 그 선박과 물물 교환을 하거나 혹은 물건을 구입할 수 없다. 다만 질병이 원인이 되거나 필수품이 부족한 경우에는 그러하지 아니하다. 이를 위반하여 부족하다든가 질병이 있는 것이 가정적인 것이나 허위인 때에는 그 교환하려 하거나 양두하려 했던 도선료를 청구할 권리를 상실한다.

제20조 어느 도선사가 선박에 승선하여 항구로 들어가려고 방조제에 접근하여 기다리던 중, 방조제로 진입할 때에 불가피하게 도선정이 필요하게 된 때에, 여러 도선정이 있으면 먼저 선박 옆에 와서 이야기를 하는 사람이 우선권을 갖는다는 관습이 있기 때문에, 거기에 기하여 우선권을 가지려 선박 옆에 와서 이야기를 하는 수가 있는바, 이러한 경우 이러한 때에 도선사는 자기가 좋아하는 도선정으로 하여금 도선을 하게 할 목적으로 다른 도선정이 이미 우선권을 획득하였다고 주장하지 못한다. 이를 위반하면 그 직책을 회수한다.

제21조 도선사가 방조제를 넘어 진입하면서 필요에 의거하여 그 둘, 셋, 넷 혹은 그 이상의 도선정을 앞서서 예인하여 가던 중에, 포르뚜갈레떼에 이르렀을 때에, 올라베아가에까

advierte al octavo de este capitulo.

XXII. Si al presentarse un Navio á la Barra, reconociere el Piloto Leman necesidad de Lanchas para su introduccion, y viere algunas que están pescando en la Abra, hará su señal de llamada ; y si no acudieren prontamente, dará cuenta á Prior, y Consules de ello, nombrando á los Maestres de las tales Lanchas, y los Pilotos Lemanes que hubiere en ellas ; pena de privacion de oficio por su culpable omision, ademas de que se procederá contra los demas Pilotos que no acudieron á la llamada, ó señal ; á lo que huviere lugar en justicia.

XXIII. Siendo necesario para mayor seguridad de los Navios en la Abra, entrada, subida de la Ria, baxada de ella, y salida de la Barra, la concurrencia de Lanchas, se ordena, y manda, que éstas con sus Pilotos Lemanes, tripuladas con siete Remos ; á saber, seis hombres, y un muchacho, observen, y guarden las reglas siguientes.

XXIV. Acaece muchas veces el que al presentarse algunos Navios á entrar la Barra, estén varias Lanchas en la Abra pescando, y que llevados del interés que les puede producir la pesca, dexan á los Navios sin el socorro que necesitan para su mayor seguridad en la entrada : Por lo qual, deseando obviar este inconveniente, se manda, y ordena, que entre las Lanchas que asi estuvieren á la pesca, se echen suertes para las que necesitare el Navio (caso de que no haya de valerse de todas) : Y porque se considera embarazo en echar dichas suertes en la Mar, respecto de hallarse siempre en alguna distancia unas de otras ; se ordena las echen precisamente en tierra antes de salir á dicha pesca ; pena de que no lo haciendo asi, se quitarán los Titulos á todos los Pilotos Lemánes que se hallaren en dichas Lanchas.

XXV. Si al ir las Lanchas á la pesca, ó estando en ella, vieren algun Navio en la Abra, tendrán obligacion de hablar con su Capitan, y ofrecerle su asistencia ; y si las necesitare, deberán quedar cerca de su bordo las que dixere haver menester : Y en caso que durante suba la Maréa entrare viento favorable, y no necesitare de todas, sino de alguna, ó algunas de ellas, se ordena, y manda, que á las que despidiere (que han de ser las que ultimamente le huvieren llegado, teniendo presente la preferencia de las primeras) se les pague medio limanage.

XXVI. Si alguna Lancha, ó Lanchas tomaren á Remolque algun Navio para su introduccion en la Barra, aunque sea desde Sobre-Castro, se contará un limanage hasta dicha introduccion, y amarrarle en Portugalete (caso de no poder subir mas) ; entendiendose esto, siendo la Mar bella, y pudiendo entrar la Lancha por delante del Navio ; pero en el caso de que la Mar esté alterada, de suerte que sea impracticable la entrada de la Lancha por la Proa, y solo entrare el Navio, cumplirá con el limanage el Piloto Lemán, haviendole puesto al pie de la Barra ; y será de la obligacion del Capitan pagarsele.

XXVII. Si algunas Lanchas conduxeren á una Embarcacion hasta el pie de la Barra, y estando en ella se hallare por conveniente, ó mandare el Piloto Mayor el retroceso de dicho Navio á la Abra, se pagará á la Lancha, ó Lanchas, que huvieren asistido al Remolque de venida, y buelta, medio limanage ; y para otro dia que pueda yá entrar dicho Navio, si necesitare de Lanchas, tendrán la preferencia (acudiendo en tiempo) las que asi le huvieren asistido, y se les pagará su nuevo limanage.

지 더 강을 따라 올라가는 데에는 그 전부가 필요하지 않고 오로지 그 일부만 필요하게 된 경우, 이 장 제8조에 규정된 순서에 따라 도선정의 우선권이 정해진다.

제22조 방조제 앞에 와 있는 어느 선박의 도선사가, 그 방조제에 진입하려면 도선정이 필요하다고 판단되는데, 인근 하구에서 고기를 잡고 있는 도선정을 발견한 경우, 도선사는 그 도선정을 부르기 위해 신호를 보내야 한다. 만일 그 도선정이 이에 응하여 신속히 오지 아니하는 때에는, 그 도선정의 선장과 그 도선정에 승선한 도선사가 있으면 도선사의 이름을 집정장과 집정관에게 보고하여야 한다. 이러한 지원 요청 의무를 게을리 한 도선사는, 귀책사유가 있으면, 그 직책을 회수하고, 또 요청과 신호에 응하지 아니한 도선사에 대하여도 절차를 진행하여야 하며, 법에 따라 필요한 처분이 내려지도록 하여야 한다.

제23조 선박이 하구에 있을 때, 강을 올라갈 때, 다시 강으로 내려올 때 및 방조제를 넘어 나갈 때에, 최고의 안전을 도모하려면, 도선정의 신속한 도착이 반드시 필요한 즉, 이 도선정은 그 도선사와 함께 인원을 구비한 7개의 노를 갖추어야 한다. 즉 도선정에는 항상 6명의 선원과 한명의 보조원이 아래에서 정한 규칙을 준수하며 대기하여야 한다.

제24조 방조제로 진입하기 위하여 선박이 나타났는데, 하구에 많은 도선정이 고기를 잡고 있으면서도, 어획으로 인한 이익 때문에 진입 시에 안전을 위하여 꼭 필요한 구조를 거부하고, 선박을 그냥 남겨두는 일이 흔히 일어나는 바, 이러한 경우에 그 불편을 제거하기 위하여 그러한 선박을 지원할 도선정을 선정하기 위한(그 전부를 이용할 필요가 없는 경우) 추첨을 하여야 한다. 해상에서 추첨을 한다는 것은 서로가 상당히 떨어져 있어 매우 번거롭기 때문에, 그처럼 고기잡이를 나가기 전에 육지에서 정확히 추첨을 해두어야 한다. 이렇게 하지 아니하면 그 도선정에 있던 모든 도선사의 자격을 박탈한다.

제25조 고기를 잡으러 가거나 고기를 잡고 있는 도선정이 하구에 있는 선박을 발견하면 그 선박에 연락하여 지원을 자청하여야 한다. 그리고 도선정이 필요하다고 하면 그 도선정은 그 선박 인근에서 대기하고 있어야 한다. 조수가 증가하고 바람이 좋아진 때에 선박이 진입하게 되고, 따라서 대기한 도선정 전부가 아니라 일부만 필요하게 된 경우, 필요가 없어 되돌려 보내는 도선정(먼저 온 선박이 우선권을 갖는다는 점에서 이는 늦게 도착한 선박이 될 수밖에 없는데)에게는 도선료의 반액을 지급하여야 한다.

제26조 도선정이 선박을 예인하여 방조제를 통과하여 항구로 진입하여야 하는 경우, 비록 그것이 소브레 까스뜨로부터 시작되었다 하더라도, 그러한 진입을 하여 포르뚜갈레떼에 계선을 할 때까지를 하나의 도선으로 본다(더 이상 상행이 불가능한 경우에). 이는 바다가 평온하여 도선정이 선박을 선도하는 것을 전제로 한다. 그러나 바다가 험하여 도선정이 선수에서 인도하는 것이 비현실적이라 선박이 홀로 진입을 하여야 하는 때에는, 그 선박을 방조제 입구에까지 가져다 놓으면 도선사의 도선은 종료되며, 따라서 선장은 그에게 도선료를 전액 지급하여야 한다.

제27조 어느 도선정이 선박을 인도하여 방조제 입구까지 가지고 온 다음, 사정에 따라 그곳에 그대로 놓아두는 것이 필요하게 된 경우 및 방조제 관리장이 명령하여 선박이 도로 하구로 되돌아 온 경우, 그 선박을 인도하여 방조제 입구까지 가고 또는 도로 하구로 돌아오는 것을 예인을 하여 도운 도선정에게는 도선료의 반액을 지급하여야 한다. 그리고 그 이후 어느 날, 선박이 방조제로 진입할 때에 다시 도선정이 필요하게 되면, 이미 지원을 한 도선정이 (적시에 대기중이며) 우선권을 가지며, 그러면 선박은 이 새로운 도선에 대하여 별도로 도선료를 지급하여야 한다.

XXVIII. Si alguna Lancha, ó Lanchas vinieren por la Popa del Navio, hasta cerca de la Barra, y que (como vá expresado) no puedan entrar á la Proa de él con Cabo, por causa de romper algo la Barra, y que entre con su gente por la Traviesa, ó de Eletía ; en este caso, nada ganarán la tal Lancha, ó Lanchas, y solo se deberá el limanage á las que de la parte de adentro de la Barra asistieren á la tal embarcacion.

XXIX. Si despues de desamarrada en Portugalete una embarcacion, con el fin de salir fuera de Barra ; y conducida por algunas Lanchas hasta pasar enfrente del Fuerte donde llaman el Cuervo, se hallare por conveniente hacerla bolver, y amarrar, será de la obligacion del Capitan pagar medio limanage á las que le huvieren asistido á bolver, y amarrar ; y estas para otro dia que saliere dicha embarcacion, tendrán preferencia á otras, caso de que el Capitan las necesite, y no en otra forma.

XXX. La Lancha, ó Lanchas que introduxeren á un Navio estarán obligadas á su conducion, hasta el Surgidero donde huviere de amarrarse ; bien entendido, que siempre que el Capitan las despidiere (por parecerle no necesitar de todas) deberán soltar el Cabo las que no le fueren precisas, y solo cobrarán el limanage hasta el parage donde asi fueren despedidas.

XXXI. Siempre que al llamamiento del Capitan vinieren algunas Lanchas al Surgidero de Olaveaga para baxar el Navio, y que al tiempo que les señalό asistieren ; y quando yá huvieren llegado, no estuviere todavia despachado, y pronto el Navio, y por esta causa las despidiere ; en este caso se declara haver ganado cada Lancha quince reales de vellon ; pero si el no baxar el Navio, dimanare de viento contrario, ú otro accidente fortuito, que no dependa del Capitan, ni haya podido preveerle quando llamó á las Lanchas ; en tal caso no ganarán estas cosa alguna.

XXXII. Pudiendo suceder, que saliendo desde Olaveaga, ó al subir desde Portugalete una embarcacion con diferentes Lanchas, el Capitan de ella reconozca no necesitar desde algun Surgidero á otro de todas ; se ordena, que podrá en tal caso despedir las que le pareciere, guardando siempre la preferencia á las que primero le llegaron, pagando á las que despidiere lo correspondiente al parage de donde fueren despedidas, arreglandose en esto á lo que en quanto al señalamiento de limanages, y parages de ellos irá prevenido en este capitulo.

XXXIII. La Lancha, ó Lanchas que desamarraren alguna embarcacion para sacarla fuera de Barra, tendrán obligacion de remolcarla por un limanage hasta enfrente de Nuestra Señora de la Mar, como extensamente irá tambien prevenido en los numeros de adelante ; pero si el Capitan considerare necesarias algunas Lanchas hasta fuera de Puntas, y se valiere de ellas, á las que llevare, pagará á cada una otro limanage.

XXXIV. Siempre que alguna Lancha, ó Lanchas subieren, ó baxaren remolcando algunas embarcaciones, y diere fondo esta en alguno de los Surgideros de esta Ria, para continuar su derrota, ó para hacer su descarga, no podrán apartarse del Navio, hasta que se haya amarrado, y puesto en toda seguridad, ayudando á ello la gente de las tales Lanchas, por ser asi de su obligacion.

XXXV. Asi bien, siendo llamadas las Lanchas por algun Capitan para subir, ó baxar

제28조 어느 도선정이 방조제 인근까지 선박의 뒤에서 따라 오다가, 방조제가 일부 유실되었기 때문에 선박의 선수에 줄을 걸고 방조제로 진입하지 못하고, 오히려 그 선원과 함께 소형 선박의 수로로[34] 들어간 경우, 이러한 도선정은 아무런 권리도 없고, 오로지 방조제 내에서 선박을 원조한 도선정에 한하여 도선료를 청구할 수 있다.

제29조 선박이 방조제를 넘어 바다로 나가기 위해 포르뚜갈레떼 정박장에서 계선을 풀고, 도선정의 지원을 받아 꾸에르보라고 불리는 군사요새까지 진행하였다가 사정에 의하여 되돌아와 계선을 한 경우, 되돌아와 계선을 하기까지 지원을 한 도선정에 대하여 도선료의 반액을 지급하여야 한다. 이 도선정은 다른 날 선박이 다시 나갈 때에 그 사용에 우선권을 갖지만, 이는 오로지 선장이 도선정이 필요하다고 할 때이며, 그 외 다른 특권은 없다.

제30조 어느 선박을 진입시키는 도선정은 그 선박이 정박장에서 계선을 마칠 때까지 이를 인도하여야 한다. 그러나 물론 만일 선장이 (더 이상 지원이 필요 없다고 판단하여) 지원의 중지를 원하는 경우, 그 불필요한 도선정은 선수의 예인줄을 풀어주어야 하며, 그러면 그 도선정은 중지된 곳까지의 도선료만 청구할 수 있다.

제31조 선장이 불러서 도선정이 선박을 강 아래로 안내하기 위해 올라베아가 정박장으로 갔고, 도선정을 부르러 신호를 보낼 때에는 원조를 원하였지만, 막상 도선정이 도착하였을 때에는 출항허가를 받고 출항 준비를 마치지 않고 있었고, 이 때문에 선장이 바로 그 도선정을 돌려보낸 경우에 도선정은 각자 동화 15레알을 요구할 수 있다. 그러나 선박이 출항을 위해 강을 내려가지 아니하는 것이 반대로 부는 바람이나 기타 예견할 수 없는 사고에 연유하고, 그것이 선장의 결정 때문이 아니며 선장이 이를 예견할 수도 없었다면, 이러한 경우에는 도선정이 선장에게 아무것도 요구할 수 없다.

제32조 선박이 여러 도선정을 대동하고 올라베아가로부터 출발하여 나가거나 혹은 포르뚜갈레떼로부터 올라오기 시작한 다음에, 선장이 판단하건대 어느 정박장부터 다른 어느 정박장까지 더 이상 도선정의 일부는 필요 없다고 판단하는 경우, 이러한 때에 그 선장은 필요가 없다고 생각되는 도선정을 돌려보낼 수 있다. 그러나 항상 먼저 도착한 도선정에 계속 머물 수 있는 우선권을 부여하여야 하고, 중간에 돌려보내진 도선정에 대하여는 그 지점까지의 거리에 상응하는 보상을 하여야 하며, 이는 이 장에서 지정한 도선료의 금액과 장소를 고려하여 정산한다.

제33조 도선정이 계선을 풀고 방조제를 넘어서 바깥 해상으로 나가는 선박을 인도하고자 하는 경우, 그 선박을 누에스뜨라 세뇨라 해상 앞까지 예인하여야 비로소 아래 조항에서 자세히 정하는 정식 도선료를 청구할 수 있다. 그러나 선장의 판단에 의거하여 곶 외부에 이르기까지 선박을 인도할 필요가 있는 경우, 그 도선정에 대하여는 별도의 도선료를 지급하여야 한다.

제34조 어느 도선정이 선박을 예인하여 상행 혹은 하행을 하던 중 그 선박이 빌바오 강에 있는 어느 정박장에, 항해를 계속하기 위해 혹은 양하를 하기 위해, 정박을 하게 된 경우, 그 선박이 계선을 하고 안전하게 정박할 때까지 도선정은 임의로 그 선박을 떠날 수 없고, 그 도선정의 선원은 이 작업을 도와야 할 의무가 있다.

제35조 선박이 빌바오강을 하행 혹은 상행하기 위해 혹은 선박이 방조제를 빠져 나오기

34 Traviesa 혹은 Eletia는 Barra 내에서 얕은 지역으로 작은 배가 통행하는 곳이라고 한다.

esta Ria, ó salir de la Barra, deberán asistir á desamarrar el Navio, levando las Anclas, y ayudando en todo lo demás que convenga, y les ordenare el Piloto Leman que tuviere el cuidado del Navio.

XXXVI. Mediante haverse extinguido (por convenio hecho entre este Consulado, y las Cofradías de Mareantes, y Pilotos Lemanes de los Puertos de la Villa de Portugalete, Santurce, Ciervana, y la Ante-Iglesia de Guecho) los sueldos, ó derechos de seis reales de vellon de cada limanage, ó atuage, con que contribuyan al Piloto Mayor, y Lemanes, y ajustadose por nuevo arreglamento, que en adelante se les haya de pagar seis reales y medio de vellon por cada Pie Español Real, que calare cada Navio, asi en su entrada, como á la salida, en lugar de lo que antes se pagaba ; deberán llevar en adelante de los Capitanes, y dueños de Navios, por cada limanage, ó atuage, solamente veinte y quatro reales de dicha moneda de vellon por cada Lancha, estando esta equipada con seis hombres, y un muchacho (todos Remeros, como antes queda advertido) : Y dichos limanages, ó atuages se han de regular, y regulan desde ahora, en esta forma : Uno, desde la Abra, ó fuera de ella, hasta el Surgidero de dicha Villa de Portugalete. Otro, desde dicho Surgidero de Portugalete, hasta el de la Isla de San Nicolás. Otro, desde San Nicolás, hasta el Surgidero de Olaveaga : Y otro, desde dicho Olaveaga, hasta los Muelles de esta Villa de Bilbao : Y este mismo órden se guardará, y observará en los limanages, ó atuages de la baxada de la Ria, y salida de Puerto de cada Navio.

XXXVII. Tambien se previene, y deberá tenerse presente, que dichas Lanchas ganarán un limanage, con solo traer, y conducir los Navios hasta el pie de la Barra ; esto es, concurriendo las circunstancias, que por menor se expresan en el quarto de este capitulo, en quanto á no poder, sin conocido riesgo, entrar con ellos juntamente por la Barra.

XXXVIII. Porque muchas veces sucede, que los Navios que vienen subiendo esta Ria se vén precisados á dar fondo en el Surgidero de Luchana, ya por escaséz de viento, ó de Maréa, ó ya por otros accidentes ; y que la Lancha, ó Lanchas de su Compañia, llegando hasta aquel parage, suelen resistirse despues á continuar en subirlos, y asistir hasta el de su destino ; pretextando, que no les vale mas que medio limanage, dexando expuestos á los tales Navios al peligro, al doblar el Monte, llamado de Cabras, por obviar para en adelante este inconveniente, y los perjuicios que de ello pudieran resultar á la Navegacion, y Comercio, se manda, y ordena, que la Lancha, ó Lanchas que los huvieren remolcado, ó acompañado hasta dicho sitio de Luchana, acudan la Maréa inmediata, ó siguiente (si en la primera no ayudare el tiempo) á atraerlos al Surgidero, en que deban amarrarse, y dar el fondo destinado ; pena de que de lo contrario perderán lo que havian de llevar, y ganar, por el trabajo hecho desde dicha Isla de San Nicolás, al referido sitio de Luchana.

위해 선장이 도선정을 부른 경우, 그 도선정은 닻을 걷고 기타 필요한 조치를 취하는 등 그 선박이 계선을 푸는 것을 도와야 하고, 또 선박의 관리에 책임을 지는 도선사는 이러한 것을 잘 지시하여야 한다.

제36조 각각 동화 6레알의 도선료를 수고료나 급료조로 징수하고 이를 가지고 방조제 관리장과 도선사가 분배하여 왔는 바, 이제 이 조치를 종료하고(해상단, 선원 조합 및 포르뚜갈레떼, 싼뚜르세, 씨에르바나, 구에초 교회 앞에 있는 도선사 등 3자가 합의하여) 새로운 조치를 하여 이제 이를 조정하였은 즉, 이후에는 모든 선박은 그 흘수를 기준으로 스페인 단위 1피트당 동화 6레알을, 입항할 때는 물론 출항할 때에, 각각 이전에 지급하던 금액에 대신하여 이들에게 지급하여야 한다. 도선정을 사용하면 그 사용료로 앞으로는 도선정 한 척당 선장 혹은 선주로부터 동일한 동화로 오로지 24레알을 받아야 하며, 이는 그 도선정에 6명의 사람과 한명의 보조원이 있는 것을 전제로 한다(노 젓는 사람에 대하여는 이미 위에서 보았듯이), 이러한 사용료의 산정은 다음과 같은 형식으로 규율되어야 하며 앞으로도 계속 규율되어야 한다. 강어귀 혹은 그 밖으로부터 포르뚜갈레떼 정박장까지 하나, 포르투깔레떼 정박장으로부터 성 니꼴라스 섬 정박장까지 다른 하나, 성 니꼴라스 섬 정박장으로부터 올라베아가 정박장까지 또 하나이며. 그 이외에 올라베아가로부터 빌바오시 부두까지 또 하나가 별도로 각각 계산하여야 한다. 이러한 순서로 강을 내려가고 항구를 나가는 선박의 도선료에 대하여도 마찬가지로 정하여야 한다.

제37조 마찬가지로 규정하여 두고자 하는 것은 도선정이 선박을 도선하여 가지고와 방조제 앞까지 인도한 경우에도 도선정은 1회의 도선료를 청구할 수 있다. 이는 물론 선박들이 명백한 위험을 감수하지 않으면 함께 방조제를 통과할 수 없다는 것을 전제로 하며, 이 점에서 적어도 이 장 제4조에서 말하는 조건을 충족하는 것이다.

제38조 선박이 빌바오강을 올라오다가 바람 혹은 조수가 부족하거나 기타 사고로 인해 루차나[35] 정박장에 정박할 필요가 생기는바, 이때에 동행하던 도선정이 그 장소에 도착하여서는 더 이상 선박을 도와 상행을 하여 목적지까지 도선하는 것을 거부하는 일이 자주 일어나고, 그러면서 더 이상의 진행이 도선료 2분의 1 이상의 가치가 있다고 주장하며 선박을 위험에 노출시켜 두고는 까브라라고 부르며 이 총액을 두 배로 올리려고 하였던바, 이제 이러한 불편을 사전에 제거하고, 그로 인해 항해 및 영업에 발생하는 손실이 생기지 아니하도록 하기 위하여, 장차에는 루차나 지역까지 예인하거나 동행하여 온 도선정은 바로 이은 만수나 혹은 이에 이은(1차로 하는 것이 시간이 없어서) 만수에 바로 정박장으로 예인하여 와서 계선을 하고 목적한 정박을 할 수 있게 하여야 한다. 이를 위반하면 성 니꼴라스 섬에서 루차나 지역까지 시행한 작업에 대하여 수령하였거나 수령할 모든 도선료를 상실한다.

35 현재의 Baracaldo 인근에 있었다고 함.

CAPITULO XXVII

DEL RÉGIMEN DE LA RIA DE ESTE PUERTO, Y CUIDADO QUE DEBERÁ TENER EL GUARDA DE ELLA EN SU SURGIDERO DE OLAVEAGA

I. Siendo la manutencion de la Ria uno de los objetos principales á que debe atenderse en todo Puerto de Mar, y que en esta Villa de Bilbao, su larga Ria, y continuo trato, y Comercio pide reglas convenientes, que se dirijan á la conservacion, y beneficio de ella ; se ordena, y manda, que el Guarda que este Consulado nombrare anualmente en el Surgidero de Olaveaga, observe lo á él tocante de lo que aqui se contendrá, y haga observar á los demas con quien se hable lo que les corresponda ; y de no poderlo remediar por sí, dará cuenta prontamente á Prior, y Consules, para que dén las providencias que convengan ; pena de que siendo omiso en la observancia de cosa, ó parte de lo referido, será privado de tal oficio de Guarda-Ria.

II. No deberá permitir el Guarda-Ria, que Gabarra alguna se amarre á Boya, Cable, Calabrote, ó Cabo, que tenga dado qualquier Navio á tierra, ó á la agua.

III. Cuidará de que ninguna Gabarra, ni otra Ernbarcacion esté fondeada enmedio de la Ria con Arpeo propio ; porque á qualquiera Gabarrero, que contraviniere á una de estas cosas, se le sacarán dos ducados de multa ; y para ello, y procederse á lo demas conveniente, dará cuenta el Guarda-Ria á Prior, y Consules.

IV. Tambien será de su obligacion no permitir, que Gabarrero alguno, ni otra persona eche sobre los Muelles de esta Ria Lastre, Zaborra, Arena, ni otra cosa, que los perjudique, y embarace ; bien entendido, que si algun particular descargare con precision, para obras, ú otros menesteres, materiales de Arena, Estiercol, ú de otra qualquiera calidad, solo los podrá tener en dichos Muelles, hasta quatro dias, y no mas, advirtiendoselo asi el Guarda-Ria ; y que por cada dia que excediere en tenerlos, será multado en quatro reales de vellon, aplicados á reparos, y limpieza de la Ria.

V. Tampoco permitirá el Guarda-Ria, que Gabarrero, ni otra persona saque de ella para los Navios, ni otra cosa Lastre de piedra, de otro algun parage, que no sea desde debaxo del Convento de San Mamés, sito en la Ante-Iglesia de Abando, Jurisdiccion de esta Villa, hasta el Churro de enfrente del Convento de Religiosas de Nuestra Señora de la Merced, sito en la misma Ante-Iglesia, y Jurisdiccion de esta dicha Villa ; pena de que si le sacare de alguna otra parte de esta Ria, ni sus Calas, ni Playas, se dará por perdido, y ademas será multado por la primera vez en seis ducados, y por la segunda en doce.

VI. Igualmente deberá el Guarda-Ria embarazar á los Gabarreros que conduxeren Arena, executen su descarga, sin que primero pongan una Vela desde la Gabarra al Muelle, para que no cayga á la Ria ; pena de que el que no lo observare, será multado por cada vez en un ducado de vellon.

VII. Ningun Capitan, hallandose con su Navio en esta Ria, podrá echar de bordo á la agua Vasura, Lastre, ni otra cosa que perjudique ; pena de diez ducados.

제27장
이 항구로 오는 강에 관한 규정 및 올라베아가 정박장에 있는 순찰관의 책무

제1조 강을 통해 바다로 가는 모든 항구에 있어서는 그 강을 안전하게 유지하는 것은 순찰관의 가장 중요한 임무 중에 하나이고, 마찬가지로 빌바오 항에서도 그 긴 강과 그 강의 계속적인 이용 및 이를 통한 대규모 상거래에 비추어, 그 강의 유지 및 개선을 위해 요구되는 규칙이 필요한 즉, 이에 해상단이 매년 임명하여 올라베아가 정박장에 파견하는 순찰관은 여기 규정하는 그 임무를 잘 수행하여야 하고, 또 그 이외에 이 법에 의해 강의 유지 및 관리에 관여하는 다른 사람도 모두 해당되는 임무를 잘 수행하는지 감시하여야 한다. 순찰관은 자신이 이를 시정할 수 없는 때에는 이를 신속히 집정장 및 집정관에게 보고하여 그로 하여금 적절한 조치를 취할 수 있게 하여야 한다. 순찰관이 자기 임무를 수행하지 아니하거나, 위에서 말한 것같이 다른 사람이 임무를 수행하는 것을 성실히 감독하지 아니하면, 순찰관으로의 직책을 회수한다.

제2조 순찰관은, 선박이 육지 혹은 물속에 설치한 부표, 닻줄, 정박줄, 계선줄 등에 부선이 계선하는 것을 허용하여서는 아니된다.

제3조 순찰관은 부선 기타 소형선이 그 자신의 갈고리를 이용하여 강 중간에 정박하는 일이 없도록 하여야 한다. 이를 위반하는 부선원에 대하여는 2두까도의 벌금을 징수하고, 순찰관은 이를 위해 절차를 밟는 외에 다른 필요한 절차도 밟으며, 그 결과를 집정장과 집정관에게 보고하여야 한다.

제4조 순찰관은 부선원 기타 사람이 이 빌바오강 부두에 손상을 입히고 기능을 방해할 수 있는 저하, 자갈, 모래 기타 오물을 유기하는 것을 허용해서는 아니되며, 다만 어느 특정한 사람이 작업 기타 필요에 의해 모래, 분뇨, 기타 유사한 물질을 부두에 적치하고자 하는 때에는 그 부두에서 4일의 기한에 한해 이를 수용하여 줄 수 있지만, 다만 순찰관에게 이를 미리 예고하여야 한다. 이를 수용하는 기간을 초과하면, 매일 동화 4레알의 벌금에 처하며, 이 벌금은 빌바오강의 수리와 청소에 사용한다.

제5조 순찰관은 부선원 기타 사람이 강에서 선박을 위해 혹은 기타 목적으로 저하 석재를 채취하는 것도 허용해서는 아니되며, 이러한 석재 채취는 오로지 이 도시 관할하에 있고 아바노 구교회 지역에 있는 성 마메스 수도원 아래에서부터, 마찬가지로 우리 도시 관할로 구교회 지역에 있는 메르세드 영주의 성심수도원 앞 추로까지의 사이에서 하여야 하며, 만일 다른 곳에 있는 강, 강바닥, 사장으로부터 이를 채취하면 이를 몰수하는 외에 초범은 6두까도의 벌금에 처하고, 재범에 대하여는 12두까도의 벌금에 처한다.

제6조 모래를 운송하는 부선원이, 아무것도 강에 떨어지지 아니하도록, 부선과 부두 사이에 천막을 설치하지 아니하고서 부선으로부터 부두에 모래를 양하하는 것을 순찰관은 금하여야 한다. 이를 지키지 아니하는 사람은 매번 동화 1두까도의 벌금에 처한다.

제7조 선장은, 그 선박과 함께 이 강에 머무는 동안에, 선상에서 강물로 쓰레기, 저하 기타 유해한 물건을 투기할 수 없다. 이를 위반하면 10두까도의 벌금에 처한다.

VIII. Asimismo se prohibe á dichos Capitanes cocer Brea, y calentar Alquitrán abordo de sus Navios ; pena por la primera vez que contravinieren de diez ducados, por la segunda de veinte, y por la tercera de privacion de sus oficios, y empleos de tales Capitanes.

IX. Los Capitanes deberán tener siempre sobre las cubiertas de sus Navios, y en parage conveniente, y mas pronto, estando en Surgidero, dos, ó tres Valdes, para en caso de necesidad, sacar en ellos agua, ya sea para socorro de sus mismos Navios, ó ya de otros cercanos que pudieran incendiarse.

X. Quando un Capitan necesitare sacar de su Navio algun Lastre, deberá pedir Gabarra para descargarle á ella, en caso de no poderlo hacer con su Bote, que si lo pudiere, no se le obligará á tomar Gabarra ; y en este caso de sacar dicho Lastre, será del cargo del Guarda-Ria, señalar á cada Capitan el parage que para echarle estuviere destinado por Prior, y Consules.

XI. Tambien estará al cuidado del Guarda-Ria, que ningun Navio se halle sin tener abordo de noche, y dia á lo menos un Muchacho capaz de poder por sí solo largar, ó picar un Cable, Calabrote, ó Cabo, quando lo pidiere la necesidad ; para por este medio evitar los daños que de no largarse, ó picarse á tiempo se pudieran ocasionar, los quales serán del cargo de los Capitanes que dexaren sus Navios sin esta prevencion, y además multados por cada dia en que faltaren, en diez ducados de vellon, aplicados á beneficio de la misma Ria.

XII. Todo Navio que estuviere en el Surgidero, deberá tenerse amarrado á quatro Amarras, por lo menos, las dos á los Arboles, y Palanquetes de Tierra, y las otras dos á dos Anclas que sean suficientes, la una por Proa, y la otra por Popa, y estas con sus Boyas, y Orinques, y prolongadas al medio de la Ria en baxa Mar.

XIII. Siempre que el Guarda-Ria reconociere estar proxima alguna creciente, y corriente de aguas por mucha lluvia, ó nieves, deberá cuidar de pasar por enfrente de los Navios de la Ria, y llamando á sus Capitanes (ó en falta de estos á los que en ellos estuvieren de guardia) prevenirles les echen nuevas Amarras, como se les manda, y ordena en el sesenta y nueve del capitulo veinte y quatro de sus obligaciones ; y de qualquiera omision que en esto tengan, dará cuenta á Prior, y Consules, para imponer multas, y castigar segun convenga á qualquiera inobediente.

XIV. En qualquiera acontecimiento de incendio de Navio, ó Navios del Surgidero, deberá todo Marinero acudir al socorro prontamente con sus Valdes, que les vá ordenado tengan sobre cubiertas, y con las demás prevenciones necesarias, sin la menor omision, ni negligencia ; en que el Guarda-Ria andará con la mayor vigilancia, solicitando el remedio de los daños.

XV. Tambien deberán los Marineros, en desamarrandose accidentalmente algun Navio, acudir á asegurarle, y ponerle amarrado con la debida diligencia, y prontitud ; en cuyo cumplimiento el Guarda-Ria pondrá tambien el cuidado posible.

XVI. Asimismo será de la obligacion de todos los Marineros, que estando de guardia, ó en otro qualquiera tiempo observaren, ó vieren quitar algunos Orinques á las Anclas, ó robar

제8조 마찬가지로 선장은 선상에서 유지를 끓이고 역청을 녹여서는 아니된다. 이를 위반하면 초범의 경우 벌금 10두까도에, 재범의 경우 20두까도에 각각 처하고, 세 번째의 경우 그 자격과 직책을 회수한다.

제9조 선박이 정박장에 있는 동안에는, 선장은 갑판상 바로 접근하기 편리한 곳에 2개 혹은 3개의 수통을 항상 비치하여야 하며, 그리하여 자기 선박이나 인근 다른 선박에 화재가 발생한 때에는 그 물을 이용하여 신속히 구조할 수 있도록 하여야 한다.

제10조 선박으로부터 저하를 꺼낼 필요가 있는 경우, 선장은 그 양하를 위해 부선을 요청하여야 한다. 이는 선박이 자기 장비인 보트로 이를 실행할 수 없는 경우를 말하고, 만일 보트로 이를 실행할 수 있으면 부선을 부를 필요가 없다. 어느 선박이 저하를 인출하여 버리고자 하는 때에는, 순찰관은 집정장과 집정관이 그 유기를 위해 지정해 둔 장소를 선장에게 알려주어야 한다.

제11조 선박에는 밤낮 가리지 않고 필요할 때에 닻줄, 밧줄, 선줄을 혼자 내리고 거둘 수 있는 보조 선원을 배치하도록 조치하여야 하며, 이를 통하여 적기에 줄을 내리고 거두지 아니하여 발생하는 손해를 피할 수 있게 하여야 하며, 선장은 선박이 이러한 조치를 취하지 아니하여 발생한 손해를 배상할 책임이 있고, 그 외에도 이를 이행하지 아니한 날마다 동화 10두까도의 벌금에 처하고, 이 벌금은 빌바오강의 개선에 사용한다.

제12조 정박장에 정박하여 있는 선박은 적어도 4개의 계선줄로 단단히 묶여져 있어야 하고, 이 중에 두 밧줄은 육지에 있는 나무나 고리에, 나머지 둘은 닻에 매어져 있어야 하며, 닻은 선수와 선미에 충분히 매어지고 거기에 부표와 부표색을 설치하고, 간조에 강 중앙까지 줄이 연장되어야 한다.

제13조 많은 비나 눈이 와서 수량의 증가가 임박한 것을 알게 된 순찰관은, 강 위에 있는 선박들 앞으로 달려가 선장(선장이 없으면 당직을 서는 다른 사람)을 부른 다음, 제24장 제69조에 그의 의무로 규정한 바에 따라, 새로운 계선을 하여야 한다는 것을 통고하여야 한다. 통고를 받고도 이러한 조치를 취하지 아니하면, 이를 집정장과 집정관에 통지하여 그 불이행에 상응하는 벌금을 부과하고 처벌을 받게 하여야 한다.

제14조 정박장에 있던 선박에 화재가 발생하면, 모든 선원은 조금의 실수나 과실도 없이 선상에 보관해야 할 수통은 물론 기타 소화에 필요한 장비를 가지고, 구조를 위해 신속히 달려와야 한다. 그러면 그곳에서 순찰관이 최대의 주의로 소화 조치를 취하고 손해의 방지에 주력하여야 한다.

제15조 어느 선박이 사고를 당하여 통제를 벗어나게 된 경우, 모든 선원은 상당한 주의를 기울여서 신속하게 그 선박을 안전하게 하여야 하며, 잡아 매어두도록 하여야 한다. 이렇게 하는 것에 가능한 한 순찰관도 조력하여야 한다.

제16조 당직 도중 혹은 여타 시간에, 어느 사람이 닻으로부터 부표색을 습득하여 가거나 화물을 절취하는 것을 발견한 선원은 그 범인을 검거할 수 있도록 즉시 소리를 지르고 선주에게 알려야 하며, 또 순찰관도 이러한 비행에 대한 시정 조치를 즉각 취하여야 하며, 그 자신이 시정 조치를 할 수 없는 경우, 이미 정하여 진 바대로 집정장과 집정관에게 보고하여야 한다.

Mercaderías, el vocear, y dár cuenta á sus dueños, procurando reconocer los Agresores, y el Guarda-Ria acudirá al mas pronto remedio de semejantes excesos, y no le pudiendo poner por sí, dará cuenta á Prior, y Consules como le queda prevenido.

XVII. Ningun Marinero, Barquero, ni otra persona será osada á quitar Orinque á Ancla alguna, ni menos á cortar Amarra de las que los Navios tengan dadas á tierra, so pena de que justificandosele lo contrario con solo un testigo de vista, será condenado en treinta dias de Carcel, y veinte ducados de multa por la primera vez, y por la segunda doblado, y lo mismo se entenderá para con qualquiera que soltare, ó afloxare en cosa, ó parte, algun Cable que estuviere dado á Arboles, y Palanquetes de tierra (con el pretexto de amarrar tambien en ellos sus mismos Navios, ni por otro alguno).

XVIII. Quando se diere carena, ó se limpiare algun Navio, ú otra embarcacion, deberá hacerse en los parages para ellos señalados, y no en otros ; y para en estos casos se ordena, que el fuego para cocer la Brea, haya de ponerse á sesenta pies de distancia de la embarcacion.

XIX. Por calentarse los Navios en las carenas, se ordena, que los que necesitaren de ellas, tengan en su operacion sobre la cubierta seis Valdes llenos de agua, y dos Lambaces, y con ellos tres personas, capaces de acudir á usar de la agua, siendo necesaria.

XX. Si algun Capitan, ó dueño de Navio, estuviere detenido en esta Ria con él, por falta de viaje, durante un año, ó la mayor parte de él, se le obligará á darle carena.

XXI. Quando por el motivo expresado en el antecedente, de larga detencion, ó el de falta de carena, ú otro qualquier defecto, se hallare algun Navio en esta Ria anegado, ó con grave necesidad de repararse, deberá su Capitan, ó dueño apartarle de ella, para que no cause el menor embarazo ; y en el caso de que por considerarle innavegable, ó ser el daño irreparable, no pudiere apartarle, y sacarle del Surgidero, y fondo comodamente, estará tambien obligado dicho su Capitan, ó dueño á romperle, y deshacerle quanto antes, en el termino que se le señalare por Prior, y Consules, quienes lo mandarán executar de oficio á cuenta del Capitan, ó dueño, si estos fueren omisos ; y en cumplimiento de esto, y lo demás (como vá advertido), celará, y cuidará el Guarda-Ria, para que por lo distante que está el Surgidero de Olaveaga de esta Villa, y que con este motivo no pueden verlo todo Prior, y Consules con la brevedad que algunos casos requieren, no dexe de llevar cumplido efecto lo que vá ordenado, y demás que convenga al buen regimen, y conservacion de la Ria, que tanto importa al Comercio, y Navegacion de este Puerto.

XXII. Si algun Gabarrero sacare de los Churros señalados, ú de algunos Navios Lastre, ó Zaborra, que quiera guardar para otros Navios ; en este caso, á otro dia que lo ponga sobre el Muelle , deberá apartarlo de él, dexandole libre en la distancia de diez y seis pies ; pena de que no lo haciendo asi, se le sacará por cada dia de detencion medio ducado de vellon de multa, á que le obligará el dicho Guarda-Ria, celando en esto como en todo lo demás, el puntual cumplimiento, como, y por las razones que quedan prevenidas, so las penas, y apercibimientos que van puestos, y de que será privado de oficio, y condenado en los daños que por su omision, ó negligencia se causaren.

제17조 선원, 부선원 그 외 누구이든, 닻으로부터 부표색을 제거할 수 없고, 또 선박이 육지에 걸어 설치하여 둔 계선줄을 절단하여서도 아니되며, 이를 위반한 경우, 목격 증인 하나에 의해 그 위반이 증명된다 하더라도, 30일의 감옥형과 20두까도의 벌금에 처하고, 초범이 아니고 재범이면 이 벌금을 두배로 증액한다. 그리고 선박이 육지 나무 혹은 고리에 걸어 설치해둔 밧줄의 전부나 일부를 풀거나 늦추어 둔 사람도 마찬가지이다(그것이 자기 선박을 계선하기 위한 것이든, 다른 이유가 있든 불문한다).

제18조 항해선 기타 소형선이 수선을 하거나 청소를 하는 경우, 반드시 이를 위해 지정해둔 장소에서 이를 실시하여야 하고, 다른 곳에서 이러한 작업을 할 수 없다. 이러한 작업을 하는 경우, 역청을 데우기 위한 불은 반드시 선박으로부터 60피트 이상 거리를 두고 피워야 한다.

제19조 수리를 하는 선박이 난방을 하려면, 수리를 주문한 사람이 작업을 하는 선상에 물이 채워진 수통 6개를 설치하여야 하고, 그 외에 두 개의 큰 양동이[36]도 가지고 있어야 하며, 또 필요할 때에 물을 사용할 수 있는 사람도 3명 배치하여야 한다.

제20조 어느 선박이 실행할 항해가 없어서 그 선장 혹은 선주와 함께 1년 동안 혹은 그 대부분을 이 빌바오강에서 정박하며 체재하여 온 경우, 그 선장 혹은 선주는 선박을 반드시 수선하여야 한다.

제21조 선박이 전 조에서 말한 것처럼 장기간 정박하여 지내며 수리를 하지 아니하거나 혹은 선박이 여타 하자를 가지고 있기 때문에, 빌바오강에 머물면서 침수가 시작되거나 기타 즉시 수리를 할 필요가 생긴 경우, 선장이나 선주는 우선 그 선박을 강으로부터 떨어져 정박시켜 그 강의 이용에 장애가 되지 아니하도록 하여야 한다. 선박이 항해 능력을 잃고 수리도 불가능하여, 강으로부터 분리를 하기도 어렵고 정박장이나 정박지로부터 끌어 내오기도 어렵게 된 경우, 선장이나 선주는, 집정장이나 집정관이 지시하는 바에 따라, 가능한 한 신속히 이를 파괴 혹은 해체하여야 한다. 만일 선장이나 선주가 지시를 이행하지 아니하는 경우, 집정장과 집정관은 이들의 비용으로 이들 대신 그 집행을 명할 수 있다. 이러한 임무가 수행되고 여타 의무(여기에 정한 바에 따라)가 모두 이행되도록 순찰관은 항상 주의를 기울이고 노력하여야 하며, 이 빌바오시와 정박장이 있는 올라베아가 사이에 거리가 멀어 비록 집정장이나 집정관이 필요할 때마다 자주 가서 확인은 할 수 없지만, 순찰관은 여기에 규정한 것이 효과적으로 이행되도록 확인하여야 하고, 또 순찰관은 여타 강의 유지와 관리에 필요한 모든 조치를 취하여야 하며, 이를 통하여 이 항구에서 아주 중요한 항해와 상업이 확보되도록 하여야 한다.

제22조 지정된 돌더미[37]나 다른 선박으로부터 저하 혹은 자갈을 인출한 부선원이 이를 다른 선박에 제공하기 위해 스스로 보관하기를 원하는 경우, 이를 부두에 놓아두는 날이 아닌 이후 다른 날에, 이를 부두로부터 분리하여 옮겨 놓아야 하고, 그 옮겨 놓는 곳은 16피트 이상 떨어져 있어서 부두를 자유롭게 하여야 한다. 그렇게 하지 아니하면 그곳에 놓아두는 동안 매일 0.5두까도의 벌금에 처한다. 순찰관은 다른 의무와 마찬가지로 이미 규정한 바와 같이 이를 정확히 이행하는지 순찰하고, 그 불이행을 발견한 때에는 반드시 벌금을 납부하도록 하여야 하고, 이를 해태하면, 이미 예고한 바와 같이 그 직책을 회수하고, 그 잘못이나 과실로 인하여 발생한 손해를 배상하여야 한다.

---

36 작은 양동이는 Baldes라고 부른다.

37 꼬여 있는 돌로서 주로 저하로 이용되었다고 함.

CAPITULO XXVIII

DE LOS CARPINTEROS CALAFATES ; SU NUMERO, CALIDADES QUE DEBERÁN TENER ; Y DERECHOS QUE HAN DE LLEVAR

I. Por haverse experimentado algunos daños de la impericia de los Maestros Carpinteros-Calafates, y sus Oficiales, en las carenas que han dado hasta aqui á los Navios, y demás embarcaciones de los Surgideros de este Puerto, exponiendolos á la total pérdida de ellos, su tripulacion, y carga, sin embargo de los excesivos sueldos que han llevado ; para su remedio se ordena, y manda, que de aqui en adelante no se admitan por este Consulado mas Maestros Carpinteros-Calafates, que hasta el de quatro ; y que estos se elijan por el Prior, y Consules (precedido examen formal por personas inteligentes que antes nombrarán) los quales debaxo de juramento declararán sobre la suficiencia de cada pretendiente, y segun lo que resultare, se procederá á despachar, ó no, el Titulo á cada uno.

II. No deberá ser admitido ninguno al exercicio de tal Maestro Carpintero-Calafate, ni darsele Titulo, sin que conste haver trabajado por lo menos, durante ocho años en la facultad de Carpintero de Navios, y otras embarcaciones, y servido al mismo tiempo, ú despues de Aprendiz Calafate durante dos años, y seis de Calafate Oficial ; prefiriendo siempre para la admision, y dar el Titulo, á los mas habiles, y experimentados en ambos exercicios ; y sobre todo, se atenderá, y dará la preferencia á los que fueren Maestros Constructores de Navios, si los huviere, siempre que concurriere alguno que lo fuere, con otro, ú otros que sean meros Carpinteros-Calafates.

III. Al tiempo que asi fueren nombrados, y se les entregaren sus Titulos, deberán jurar ante Prior, y Consules, de cumplir exactamente con las obligaciones de su oficio en las carenas, y obras que se les encargaren, y de hacerlas firmes, y duraderas.

IV. Por quanto los que fueren tales Maestros Carpinteros-Calafates han de responder á lo bien, ó malobrado en las carenas ; será de su cargo, y cuidado elegir para la maniobra de ellas los Oficiales mas habiles que pudieren hallar, y sean de su satisfaccion ; haciendolos trabajar incesantemente en todas las horas que el tiempo, situacion en que se hallare la Nao, y las Maréas lo permitieren ; y de lo contrario se baxará de sus salarios á los Maestros el importe de los daños que se averiguare haverse causado por omision, y falta de cuidado.

V. Tambien será del cargo de los Maestros Carpinteros-Calafates el asistir personalmente á las carenas, y demas obras que se les encomendaren, repasando por sí mismos al tiempo de la operacion, toda la obra que los Oficiales fueren executando por su direccion, y con especialidad las tablas de los costados, y cubiertas, clavos, cavillas, rumbos, y demas reparos, que scan necesarios para la mayor firmeza, y seguridad de la embarcacion ; pena de que los tales Maestros Carpinteros-Calafates, que en esto, y en lo demas de su cargo fueren omisos, hayan de pagar con sus bienes todas las Averías, y demás daños que por defecto de la carena se justificare haver recibido el Navio, y su carga.

VI. Ninguno de los Maestros Carpinteros-Calafates podrá admitir á trabajar á jornal á Oficial

제28장
목재방수부, 그 수와 자격, 보수

제1조 최근에 이르기까지 정박장에 있던 상선 기타 선박이 수선을 받는 도중에 목재방수장이나 그 목재방수원이 능력이 부족하여 손해를 입히는 일이 흔히 일어나고, 또 이들이 많은 보수를 징수하는 데도 불구하고 반대로 선박, 선원 혹은 적하가 완전히 멸실되는 일도 있었던 바, 이의 시정을 위하여 해상단은 장래에는 오로지 4명까지의 목재방수장만 인정하기로 하며, 이 목재방수장은 집정장과 집정관이 선정하고(사전에 임명한 유능한 사람의 시험을 거쳐), 시험관이 선서하에 희망자 각자의 능력을 진술하면, 그 결과를 기초로 집정장과 집정관이 각자의 자격 여부를 결정한다.

제2조 목재방수장의 자격과 직책을 얻으려면 적어도 8년간 선박의 목재 작업에 참여하여 일한 경력이 있고, 또 동시에 혹은 그 이후에 견습방수부로 2년, 정식방수원으로 6년의 경력이 있어야 한다. 그 자격과 직책을 부여하는 데에는 이 두 가지 업무 모두에 항상 능력이 출중하고 경험이 많은 사람을 우선하여 선정하여야 하고, 무엇보다도 선박 건조장이 있으면 이들이 단순 목재방수부인 사람과 경쟁을 하면 그를 우선하여 고려하고 직책을 주어야 한다.

제3조 이처럼 자격이 주어지고 임명이 될 때에는, 이들은 선박을 수선하고 기타 주어진 작업을 수행함에 있어, 직무상 의무를 정확히 수행하고, 이를 빈틈없고 내구성 있게 실행할 것을 선서하여야 한다.

제4조 목재방수장으로 임명된 사람은 수선의 결과 잘된 작업과 잘못된 작업에 대하여 책임을 져야 하는 즉, 수선 작업을 할 유능하고 만족할 만한 목재방수원을 찾아 임명하는 것은 그의 책임이요 임무이다. 목재방수장은 날씨, 선박의 상황 및 조수가 허용하는 한, 중단 없이 모든 시간에 작업을 진행하여야 하며, 이를 위반하면 그 불이행이나 실수로 인하여 발생한 것으로 판명된 손해의 총액을 목재방수장에게 지급할 보수의 총액에서 공제한다.

제5조 목재방수장은 선박의 수선 기타 위임된 작업에 직접 참여하여야 하며, 선박을 작동하기 이전에 그의 지시를 받아 목재방수원이 실시한 작업을 스스로 다시 점검하여야 하고, 특히 선박의 안전과 견고함에 필수적인 측면판, 갑판, 압정, 계선고리, 방향타 및 여타 장비는 반드시 자신이 직접 점검하여야 한다. 이러한 것이나 여타 직무를 해태한 목재방수장은 그의 개인 재산으로 모든 해손을 책임지는 것은 물론, 그 수선의 하자로 선박과 적하가 입은 손상에 대하여도 책임을 져야 한다.

제6조 목재방수장은 방수처에서 빌바오강이나 다른 곳의 목재방수장과 함께 견습방수원

alguno, que no le conste primero haver exercido de Aprendiz en el Oficio de Calafate, por lo menos el tiempo de dos años, con Maestros de esta Ria, ú de otra, y que por consiguiente se halle capaz de executar segun arte lo que se le mandare.

VII. Qualquiera Comerciante, Dueño, ó Director de Navios que necesite carenar alguno, podrá elegir á su voluntad el Maestro Carpintero-Calafate que quisiere entre los quatro que para ello tendrán Titulo en esta Ria, y no á otro de ella ; pero si por la dificultad, entidad, ó mayor seguridad de la obra pareciere al tal Dueño, ó Director del Navio ser conveniente el traer otro Maestro Carpintero-Calafate de fuera de esta Ria, para reconocerla, perficionarla, ó tomar su dictamen, lo podrá hacer á su costa.

VIII. Por cada dia que el Maestro Carpintero-Calafate se ocupare en su exercicio personalmente en todas las horas que el tiempo, estado de Navio, y Maréas lo permitan, se le pagará por via de salario quince reales de vellon ; y á los Oficiales capaces que hayan de ocuparse (que serán los muy precisos en numero, y no mas) haviendo cumplido cada uno con su obligacion, se le pagarán por cada dia de los de fuego, ó carena á once reales de vellon ; y los dias que se ocuparen unos, y otro en calafatear cubierta, y costados, de cintas para arriba ; á saber, al Maestro once reales de vellon ; y á los Oficiales ocho ; al Aprendiz que tuviere puesto el Maestro el dia de fuego, ó carena, seis reales de vellon, y los demás dias á quatro ; y de estas cantidades no se ha de exceder en manera alguna por unos, ni por otros, ni han de poder pedir, ni pretender otra cosa.

IX. Para que á los Maestros, Oficiales, y Aprendices sean bien pagados sus salarios, y jornales respectivos, segun va prevenido, y arreglado en el precedente ; se ordena, que haya de ser de su obligacion el trabajar, y hacer trabajar en las carenas, y demas reparos, todas las horas en los dias que se ocuparen ; porque quando por el tiempo, Maréas, ú otros accidentes no pudieren operar de cintas para abaxo, lo deberán hacer en la cubierta, y altos del Navio, ó en los parages, y cosas que puedan, tocantes á su facultad, y que el Dueño, ó Director de él les mandará.

X. Siempre que en algun Navio, Patache, Gabarra, ó Barco se ocuparen algunos Carpinteros en reparos, se les pagará estando el Navio en flote ; á saber, al Maestro diez reales de vellon por cada dia, al Oficial siete y medio, y al Aprendiz quatro ; pero si la obra fuere en tiera, ó la embarcacion estuviere varada, se pagarà por su jornal, á razon de seis reales, y no mas á cada Oficial.

CAPITULO XXIX

DE LOS GABARREROS, Y BARQUEROS, GABARRAS, Y BARCOS ; SUS OBLIGACIONES, Y FLETES, QUE SE LES DEBERÁN PAGAR

I. Por quanto acontece en esta Ria, que los Navios de mayor porte hacen sus cargas, y descargas en Olaveaga, y otros parages de ella, conduciendose las Mercaderías desde los Muelles á los Navios, y desde estos á los Muelles, en Gabarras, y otras embarcaciones menores,

으로 2년 이상 먼저 실습을 하여 지시받은 작업에 전문성이 확인되지 아니하면 그를 정식 목재방수원으로 채용할 수 없다.

제7조 상인, 선주, 관리인 등은 누구나, 그의 선박을 수선할 필요가 있을 때에, 임의로 목재방수장을 선정하여 수선을 위임할 수 있다. 다만 빌바오강에서 수리할 자격을 가진 4명의 목재방수장 중에서 선정하여 임명하여야 하며 그 이외 다른 사람을 임명할 수는 없다. 그러나 그 작업의 난이도, 특이성, 안전성 등에 비추어, 선주나 관리인이 생각하기에 빌바오강 이외 지역의 목재방수장이 그 내용을 더 잘 알고, 더욱 완전하고, 자기의 의견을 개진하기 쉽기 때문에, 이를 데리고 오는 것이 필요하다고 생각하면, 자기 비용으로 그렇게 할 수 있다.

제8조 날씨, 선박의 상태 및 조수가 허용하는 모든 시간에 하루 종일 계속 목재방수장이 직접 현장에 나와 그 작업에 참여한 경우, 그에게 급료로 일당 동화 15레알을 지급한다. 방수원으로 능력을 인정받고 작업을 한 사람은(꼭 필요한 숫자로 제한되고 그 이상은 허용되지 아니한다) 부여된 임무를 마치면 불을 피우고 수선을 한 일자에 따라 각각 하루에 동화 11레알을 지급하며, 방수 작업의 경우, 외부 갑판이든 선측이든 상갑판이든, 종사한 날짜에 대하여, 방수장은 일당 동화 11레알을 지급하고, 다른 방수원은 일당 8레알을 지급한다. 견습공의 경우 불을 피우고 수선을 하는 데에 배치된 날은 일당 동화 6레알을 지급하며, 그 외의 날짜에는 일당 4레알을 지급한다. 그 방법이 무엇이든 이 금액을 초과한 금액을 누구든 요구할 수 없고, 또 보수로 다른 물건을 요청하거나 요구할 수도 없다.

제9조 목재방수장, 목재방수원 및 견습방수원이 전 조에서 정하고 정산한 바대로 월급이나 일당을 전부 수령하려면, 근무를 하는 날에는 하루 종일 선박을 수선하고 기타 수리를 하여야 하며, 따라서 날씨, 조수 기타 사고로 인하여, 하갑판 상에서만 전적으로 작업을 할 수 없는 경우, 상갑판 상이나 중갑판 상에서 작업을 하여야 하고, 선주나 관리인의 지시에 따라 여타 장소에서 다른 일도 그 능력의 범위 내에서 하여야 한다.

제10조 상선, 작은 범선, 부선 혹은 거룻배에 목재수가 수리를 위해 작업을 하는 경우, 떠 있는 선박 상에서 작업을 하는 것을 전제로, 목재장에게는 일당 동화 10레알을 지급하고, 목재원에는 7.5레알을, 견습공에게는 4레알의 일당을 각각 지급한다. 만일 작업이 육상에서 이루어지거나 난파된 선박에서 이루어지는 경우, 목재원에게는 일당 6레알의 비율로 지급하면 되고 그 이상 지급할 필요가 없다.

제29장
부선원[38] 및 뱃사공, 부선과 거룻배, 그 의무와 시급 운임

제1조 빌바오로 들어오는 강에는 대형 상선이 올라베아가 혹은 강의 다른 곳에서 양하나

38 여기에서 Barquero는 그 수가 복수이고 또 Gabarrero와 같이 되어 있는 점으로 보아 위 제4장에서 본 Barquero와는 다른 사람이라고 생각된다.

y ha mostrado la experiencia que por defecto, y mal galafate de las dichas Gabarras, y Barcos, y poco cuidado de los que los gobiernan, han padecido daños notables muchas Mercaderías, sin quedar recurso á sus dueños para cobrar de los Gabarreros, y Barqueros, ni de los á quien pertenecen semejantes embarcaciones el importe de los tales daños ; para evitarlos en lo posible, y poner el debido remedio en adelante, se ordena, y manda, que las Gabarras, y Barcos, que hayan de ocuparse en llevar, y traer Mercaderías en esta Ria, hayan de tener por lo menos el Buque, Medidas, y Marca, que previene la Ordenanza de esta Noble Villa.

II. Siempre que alguna Gabarra, ó Barco haya de recibir Mercaderías, el Gabarrero, ó su dueño ha de estar obligado á tenerla estanca, de manera, que la poca agua que calare, no pueda causar daño alguno á las Mercaderías.

III. Tambien estará obligado el Gabarrero, ó Barquero á asistir á bordo de la Gabarra, ó Barco, desde que empezare á cargar, con su Pala de chicar, ó sacar agua, sin apartarse hasta entregar su caga ; pena de que si por defecto de la Gabarra, ó Barco, ú omision, y ausencia del Gabarrero, ó Barquero, se causaren algunas Averias en ellas, las hayan de pagar con las mismas Gabarras, ó Barcos (sean suyos, ó no) hasta lo que alcanzaren ; y por lo que faltare tendrán los dueños de la carga averiada recurso, por su daño, y menoscabo, contra los demás bienes de los dichos Gabarreros, y los de las personas cuyas fueren las tales embarcaciones.

IV. Siempre que los tales Gabarreros conduxeren Mercaderías desde estos Muelles abordo de los Navios, serán obligados á entregar toda su carga al Capitan, Piloto, ó persona destinada á recibirla, y á traer el resguardo de recibo firmado ; pena de perder el Flete, y de responder por lo que faltare de la dicha carga.

V. Quando qualquiera Gabarrero, ó Barquero cargare abordo de su embarcacion qualesquiera Mercaderías comestibles, como Polvora, Aguardiente, Grasas, y demás generos expuestos á incendiarse ; no podrá tener fuego en su Gabarra, ó Barco, ni usar de Pipa de fumar durante esté abordo ; pena de diez ducados de vellon por cada vez que lo hiciere, y de pagar de sus bienes los daños, que por causa del fuego ocasionare.

VI. Por acostumbrarse tambienpor los Gabarreros en esta Ria, el salir con sus Gabarras de vacio, al encuentro de los Navios que vienen subiendo á los Surgideros de ella, para con la señal que hacen de arribarse á sus costados, ó tocarlos, pretender ser los primeros en recibir, y conducir su carga á los muelles de esta Villa, sin tener atencion á si son seguras, ó defectuosas las Gabarras, queriendo obligar á los Capitanes á que sin embargo de hallarse muchas de ellas sin carena, y con conocido riesgo, les dén sus cargas por antelacion contra su voluntad, y exponiendolas á dañarse en su transporte, originandose de todo esto las diferencias, pleytos, y otras malas consequencias que hasta aqui se han experimentado entre los Capitanes, dueños de las Mercaderías, Gabarreros, y dueños de las Gabarras : Para evitarlas en adelante, se declara, ordena, y manda, que la preferencia en cargar las Gabarras subsista, segun la tal costumbre de ser las primeras las que antes abordaren, y tocaren á los costados de los Navios ; pero con la circunstancia precisa de que las tales sean de las calidades, y seguridad que se previenen en el segundo de este capitulo ; y con la de que siempre que los Capitanes reconocieren que alguna, ó algunas Gabarras, que primero le abordaron, tengan poca seguridad, por falta de calafate, ú

선적을 하고, 빌바오시 부두에서부터 이 상선까지 혹은 이 상선부터 빌바오시 부두까지는 부선 기타 다른 소형 선박에 화물을 싣고 운송하는 경향이 있고, 과거의 경험에 비추어 이러한 경우 이용한 부선이나 거룻배가 하자가 있고 방수도 잘 하지 아니하며, 운영하는 사람도 주의를 게을리 하여 화물에 많은 손해가 생기나, 그럼에도 불구하고 화물의 소유자는 그 부선원과 뱃사공 및 그러한 선박의 소유자로부터 손해를 전부 보상받을 수단이 없는 일이 자주 일어났던 바, 그러한 상황이 재발되는 것을 방지하고 미리 이에 대한 구제수단을 마련하려는 의도로 정하는 바이니, 이제부터는 빌바오강에서 화물을 가지고 오르내리는 부선 및 거룻배는 이 칙령에서 정하는 바에 따라 선박으로 형체를 갖추고, 일정한 규모가 되어야 하며, 반드시 필요한 표시를 하여야 한다.

제2조 부선 및 거룻배가 화물을 수령하여 싣는 경우, 부선원이나 그 소유자는 반드시 그 부선이 방수가 되어 있도록 하여야 하며, 그래서 적은 물이라도 침투하여 화물에 손해를 발생시키는 일이 없도록 하여야 한다.

제3조 부선원이나 뱃사공은 선적을 시작할 때부터 운송을 마치고 적하를 인도하여 줄 때까지 부선이나 거룻배에서 멀리 떨어지지 아니한 곳에서 작업을 돕고 또 물받이로 물을 퍼 올려야 한다. 만일 부선이나 거룻배의 하자나 혹은 부선원이나 뱃사공의 잘못이나 부재로 인해 화물에 손해가 생기면, 이들은 그 부선이나 거룻배로(소유자든 아니든) 손해 전액에 이르기까지 보상할 책임이 있다. 그래도 이로써 보상을 하지 못한 부족분이 아직 남아 있으면, 그 화물의 소유자는 그 파손이나 감손을 이유로 부선원의 다른 재산에 대하여도 권리를 행사하고, 또 그 소형선의 소유자가 갖는 다른 재산에 대하여도 권리를 행사할 수 있다.

제4조 부선원이 빌바오시 부두에서 선박까지 운송을 맡은 때에는, 그 적하를 전부 선장, 항해장 혹은 지정된 수령인에게 인도하여 주어야 하고, 그 다음 서명된 수령확인서를 받아와야 한다. 이를 실행하지 아니하면 운임을 청구할 수 없고, 인도하여 준 적하에 부족이 생기면 이도 보상하여야 한다.

제5조 부선원이나 뱃사공이 자기 선박에 폭약, 회향주, 유지 및 기타 화재에 노출된 종류의 물건처럼 인화성이 있는 화물을 선적한 경우, 그 부선이나 거룻배 상에서 불을 피울 수 없고, 담배 파이프를 사용할 수 없다. 이를 위반하는 행동을 하면 그 때마다 동화 10두까도의 벌금에 처하고, 화재로 인한 손해를 자신의 재산으로 배상하여야 한다.

제6조 빌바오강의 부선원들이 관행적으로 빈 부선을 몰고 나아가, 이 강의 정박장으로 올라오는 선박을 만나면, 그 측면으로 가서 올라가거나 접촉하는 신호를 보내고, 화물을 수령하는데 제일 먼저 할 사람이라고 주장하고, 그 적하를 받아 빌바오시 부두까지 운송하여 오고, 이들은 부선이 안전히며 허지기 없는지에 대하여는 관심이 없기 때문에, 많은 부선이 수리를 하지 아니하여 위험이 상존한 데도 불구하고, 선장의 의사와 상관없이 자기에게 우선하여 적하를 주어야 한다고 강요하고자 하였으며, 이로 인하여 운송 도중에 손해가 생기고, 이것이 선장, 화주, 부선원 및 부선 소유자 사이에 분쟁, 쟁송 및 기타 불행한 결과를 초래하는 것으로 이어지는 일이 흔히 있었던 바, 장래에는 이러한 분쟁이 발생하지 않도록 이를 미연에 방지하고자 하는 목적으로 이제 규정하는 바이니, 지금까지의 관행대로 먼저 선박에 접근하여 선측에 접촉하는 부선이 적하를 선적함에 있어 우선권을 갖는다고 본다. 그러나 이는 상황으로 보아 그 부선이 정확히 이 장 위 제2조에 규정한 바에 따라 안전하고 양호한 경우를 말하고, 선장이 판단컨대 먼저 접근한 부선이 방수 조치를 하지 아니하여 안전에 의문이 있거나 기타 명백한 위험 요소를 가지고 있는 경우, 선장은 비록 그 부선이 먼저

otra causa que manifieste riesgo, las deberán desechar, aunque hayan llegado de los primeros ; y podrán tomar para su descarga las que hallaren bien acondicionadas á su satisfaccion, aunque lleguen posteriormente, sin que los tales Gabarreros, ó Barqueros de las asi desechadas por defectuosas, puedan pretender la antelacion, y menos formar question ni pendencia sobre ello con los Capitanes, ni amenazarlos en manera alguna ; pena de que por cada vez que dichos Gabarreros, ó Barqueros contravinieren á lo referido, serán multados en veinte ducados de vellon, y se procederá contra sus personas criminalmente á todo lo demás que huviere lugar por Derecho.

VII. Quando los Gabarreros, ó Barqueros huvieren cumplido exactamente con la conduccion, y entrega de las Mercaderias, en la misma forma que las recibieron, y mostraren sus recibos, segun, y como vá prevenido en este capitulo ; los Comerciantes, y demás personas á quien pertenecieren, serán obligados á pagarles luego, y sin dilacion alguna, los Fletes que abaxo se expresarán, que son los mismos que hasta ahora se han acostumbrado pagar, por considerarse proporcionados ; á saber :

VIII. Por el Flete de cada Gabarra que viniere cargada de qualquiera genero de Mercaderías, de Bacallao, Grano, Ropería, y todo lo demás de Comercio (yá sea á Granel, ó en Barricas, Fardos, Caxones, y yá de otra manera) de uno de los Surgideros que hay en esta Ria, desde el Barrio, ó Astillero de Zorroza, hasta los Muelles de esta Villa, se pagarán diez y seis reales de vellon sin que puedan pretender los dichos Gabarreros, ni Barqueros otra cosa de Pescadas, Granos, ni demás que por via de Adeala han querido algunas veces llevar.

IX. Por el Flete de cada Gabarra que por accidente se cargare desde enfrente de la Isla de San Nicolás, y Convento de Carmelitas Descalzos, y sus cercanías, hasta los Muelles de esta Villa, se pagarán veinte y quatro reales de vellon.

X. Por la que se cargare, tambien por accidente, y viniere desde dentro de la Barra, y cercanías de la Villa de Portugalete, hasta los dichos Muelles de esta, se pagarán treinta reales de la misma moneda.

XI. Por los Fletes de las Gabarras que se cargaren en la Rentería de esta Villa con fierro, para echarlo en alguno de los Navios de los Surgideros que hay hasta la Grua, se pagará á razon de quatro maravedis de vellon por cada quintal macho.

XII. Por las Gabarras que con Fierro tomado en la Rentería, ó Muelles de esta Villa, fueren cargadas á entregarlo en Olaveaga, hasta Zorroza, se pagarán de Flete á razon de seis maravedis de vellon por cada quintal macho.

XIII. Por el Fierro que se conduxere desde la Rentería, y Muelles de esta Villa, hasta enfrente del Convento de Carmelitas Descalzos de la Isla de San Nicolás, se pagará á ocho maravedis de vellon, por cada quintal macho.

XIV. Del Fierro que se transportare desde los mismos embarcaderos de esta Villa, hasta enfrente de la de Portugalete, y sus cercanías, se pagará á razon de doce maravedis de vellon por

왔다 하더라도 이를 거절하여 돌려보낼 수 있다. 그리고 상태가 만족스러운 다른 부선을 선택하면, 비록 그 부선이 뒤늦게 도착하였다 하더라도, 선장은 그에게 적하를 전적할 수 있다. 그러면 하자를 이유로 돌려보내진 부선원이나 뱃사공은 선순위를 주장할 수 없고, 그에 대하여 선장에 질의를 하거나 언쟁을 벌일 수 없으며, 또 그 방법이 무엇이든 그를 위협하여서도 아니된다. 부선원이나 뱃사공이 이를 위반하면 할 때마다 동화 20두까도의 벌금에 처하고, 그 외에 법적으로 저질러진 모든 범죄에 대하여 형사처벌도 받는다.

제7조 부선원이나 뱃사공이 화물의 운송과 인도를 정확하게 마치고, 이 장에 정한 바와 같이, 화물이 수령시와 동일한 상태에 있으며, 수령증에 의해 그것이 증명되면, 위임을 한 상인이나 그 화물의 소유자는 지체없이 아래에서 정하는 운임을 지급하여야 하며, 아래 운임은 지금까지 공평하다고 생각되어 관례에 따라 지급해온 운임과 동일한 금액이다.

제8조 대구, 밀, 의류 및 다른 상품은 물론 어느 종류의 화물이든(포장하지 않은 채 있든, 목재통, 목재함, 고리짝 기타 방법으로 포장되어 있든 상관없이) 빌바오 강에 있는 정박장으로부터 오는 것이면, 바리오부터이든 조로자 아스띠예로부터이든, 빌바오시 부두까지 운송하는 것인 경우, 각각 동화 16레알을 운임으로 지급하여야 한다. 그러면 부선원이나 뱃사공은 어물대, 식품대 기타 봉사료로 자주 요구하여 왔던 것도 청구할 수 없다.

제9조 사고 때문에, 성니꼴라스 섬 및 까멜리따스 선족종 수도원 앞 및 그 인근 지역에서 부선에 선적을 하여, 이를 빌바오시 부두까지 운송을 한 경우, 동화로 24레알을 운임으로 지급하여야 한다.

제10조 마찬가지로 사고 때문에, 방조제 안 및 포르뚜갈레떼시 인근에서 선적을 하여 빌바오시 부두까지 운송을 한 경우, 같은 화폐로 30레알을 운임으로 지급하여야 한다.

제11조 빌바오시 렌때리아에서 부선에 철물을 싣고, 그루아까지 사이의 정박장에 있는 선박에게 이를 내려놓은 경우, 운임으로 낀달 마초당 동화 4마라베디의 비율로 계산한 금액을 지급하여야 한다.

제12조 렌떼리이 혹은 빌바오시 부두에서 부선에 철물을 싣고 이를 소모사까지의 올라베아가에서 운송 후 인도한 경우, 운임으로 낀달 마초당 동화 6마라베디의 비율로 계산한 금액을 지급한다.

제13조 철물을 싣고 렌때리아 및 빌바오시 부두에서 성니꼴라스 섬에 있는 까멜리따스 선족종 수도원 앞까지 운송을 한 경우, 낀달 마초당 동화 8마라베디의 비율로 계산한 금액을 운임으로 지급한다.

제14조 철물을 싣고 빌바오시 동일한 선착장에서 출발 포르뚜갈레데 앞이나 인근지역까지 운송한 경우, 낀달 마초당 동화 2마라베디의 비율로 계산한 금액을 운임으로 지급한다.

cada quintal macho.

XV. Por cada quintal de Fierro que se cargare en las Renterías de Zubileta, y Asua, para conducirlo á Olaveaga, y sus cercanías, se pagará de Flete á doce maravedis de vellon.

XVI. Por lo que se cargare tambien en dichas Renterías, para esta Villa, ó la de Portugalete, se pagará igualmente á razon de doce maravedis de vellon por cada quintal macho.

XVII. Por el Flete de cada Saca, y Añino de Lana que se cargare en los Muelles de esta Villa, para hasta la Grua, Olaveaga, y Barrio de Zorroza, se pagarán doce maravedis de vellon.

XVIII. Por el de las que se llevaren desde los dichos Muelles de esta Villa hasta enfrente de la Isla de San Nicolás, y sus cercanías, se pagarán á razon de diez y seis maravedis de vellon por cada Saca.

XIX. Por el Flete de cada una de las que se conduxeren desde los mismos Muelles, hasta los de Portugalete, y sus cercanías, veinte y quatro maravedis de vellon.

XX. Por los Fletes de las Gabarras que conduxeren otras diversas Mercaderías, de Granos, y otras cosas, desde los dichos Muelles de esta Villa, á los Surgideros de Olaveaga, Zorroza, Isla de San Nicolás, Villa de Portugalete, y sus cercanías, se pagarán las mismas cantidades que van señaladas respectivamente para las Gabarras que conduxeren Mercaderías desde los Surgideros dichos, hasta los expresados Muellesde esta dicha Villa.

XXI. Quando algun Capitan, ó Maestre de Navio, ó Patache se valiere de Gabarra para sacar Lastre de su embarcacion, pagará por el Flete de dicha Gabarra diez y seis reales de vellon ; siendo del cargo del Gabarrero el ponerlo en el parage donde señalare el Guarda-Ria ; y quedando con la obligacion, y cuidado de volverlo á llevar al Navio siempre que el dicho Capitan se lo pidiere, y pagandole nuevamente igual Flete ; pero en el caso de que dicho Capitan le diga, y prevenga desde luego, que no necesita de ello para otra vez, será el Lastre sacado para el Gabarrero en propiedad, en lugar del Flete que havia de ganar de su saca, y conduccion ; porque en este caso no deberá llevar alguno, ni pagarsele por el Capitan.

XXII. Todas las veces que algun Capitan, ó Maestre de Navio se valiere de Gabarra, para carenar su Navio, ú otra cosa, pagará por la ocupacion del primer dia, diez y seis reales de vellon, y las demoras de los dias subsiguientes, á razon de seis reales ; sin que el Gabarrero tenga obligacion de asistir personalmente.

제15조 철물이 아수아와 주빌레따의 렌때리아에서 선적되어 올라베아가나 그 인근에까지 운송된 경우 낀달당 동화 12마라베디의 비율로 계산한 금액을 운임으로 지급한다.

제16조 전시 렌때리아에서 선적되어 빌바오시까지 혹은 포로뚜갈레데까지 선적을 하여 운송한 경우, 낀달 마초당 12마라베디의 비율로 계산한 금액을 지급한다.

제17조 양털을 싣고서 빌바오시 부두로부터 그루아, 올라베아가, 조르로자 구역까지 운송된 경우, 사까 혹은 아니뇨 당 동화 12마라베디의 비율로 계산한 금액을 운임으로 지급한다.

제18조 빌바오시에 있는 전시 부두로부터 성 니꼴라스 섬 앞까지 양모를 운송한 경우, 사까 당 동화 16마라베디의 비율로 계산한 금액을 운임으로 지급한다.

제19조 동일한 부두로부터 포르뚜갈레데 부두나 그 인근까지 이를 운송한 경우 각각 동화 24마라베디를 운임으로 지급한다.

제20조 부선이 식량 기타 물건 등 다양한 화물을 싣고 빌바오시 전시 부두로부터 올라베아가, 조로자, 성니꼴라스 섬 및 포르뚜갈레떼 시에 있는 정박장 및 그 인근까지 운송한 경우, 부선이 그 정박장에서 빌바오시 부두에까지 운송한 때에 각각 지급하기로 정한 금액과 동일한 금액을 지급하여야 한다.

제21조 상선이나 기선의 선장이 그의 선박으로부터 저하를 끌어내기 위하여 부선을 이용한 경우, 그 부선의 운임으로 동화 16레알을 지급하여야 한다. 이를 방조제 관리장이 지정한 장소에 보관하는 것은 부선원의 의무이며, 그 선장이 이를 다시 요구하면 그 선박으로 다시 가지고 오는 것도 그의 임무요 책임이다. 다만 이때에 그 선박은 동액의 운임을 새로이 지급하여야 한다. 그러나 선장이 미리 예고하여 이후에는 다시 이를 필요로 하지 아니할 것이라고 말을 하면, 그 저하를 끌어내고 운송한 운임 대신에 그 저하는 그의 재산이 된다. 이 경우에 그 부선원은 무엇이든 가지고 올 필요가 없고, 선장이 무엇을 지급하여야 하는 것도 아니다.

제22조 선장이 수선이나 다른 작업을 위해 부선을 이용하는 경우, 첫날 사용에 대하여 동화 16레알을 지급하고, 이후 지체된 날짜에 대하여는 매일 6레알의 비율로 계산한 금액을 지급한다. 그러나 부선원이 그 작업을 개인적으로 도울 의무는 없다.

1829년 상법
제3편 해상

Código de Comercio 1829
Libro III. Del comercio marítimo

Código de Comercio 1829
Libro III. Del comercio marítimo

TÍTULO PRIMERO
DE LAS NAVES

583. La propiedad de las naves mercantes puede recaer indistintamente en toda persona que por las leyes comunes del reino tenga capacidad para adquirir; pero la espedicion de ellas aparejadas, equipadas y armadas, ha de girar necesariamente bajo el nombre y responsabilidad directa de un naviero.

584. Los estrangeros que no tengan carta de naturalizacion no pueden adquirir en todo ni en parte la propiedad de una nave española, y si recayere en ellos por título de sucesion, ú otro gratuito, la habrán de enagenar en el término preciso de treinta dias, bajo pena de confiscacion. Este término se contará desde el dia en que hubiere recaido en su favor la propiedad.

585. Las naves se adquieren por los mismos modos prescritos en derecho para adquirir el dominio de las cosas comerciables.

586. Toda traslacion de dominio de una nave, cualquiera que sea el modo en que se haga, ha de constar por escritura pública.

587. La posesion de la nave sin el título de adquisicion no atribuye la propiedad al poseedor si no ha sido continua por espacio de treinta años. El capitan no puede adquirir la propiedad de la nave por prescripcion.

588. En la construccion de las naves serán libres los constructores de obrar en la forma que crean mas conveniente para sus intereses; pero no podrán aparejarse sin que se haga constar por una visita de peritos nombrados por la autoridad competente, que se halla en buen estado para la navegacion.

589. Sobre la matrícula de las naves construidas de nuevo, ó adquiridas por cualquiera título legal, las solemnidades con que deben hacerse las escrituras, los requisitos que han de cumplirse por parte de los propietarios antes de ponerlas en navegacion, asi como sobre su equipo, tripulacion y armamento, se observarán las disposiciones de la ordenanza vigente de las matrículas de mar, ó cualquiera otra que se diere en lo sucesivo.

590. Es lícita á los españoles la adquisicion de buques de construccion estrangera, y podrán navegar con ellos con los mismos derechos y franquicias que si siempre hubieran sido nacionales, con tal que no medie en el contrato de su adquisicion reserva fraudulenta á favor de estrangero alguno, so pena de confiscacion de la nave si se faltase á esta condicion, y que se observen ademas las formalidades que estan dispuestas por la misma ordenanza de matrícula

1829년 상법
제3편 해상[1]

제1장
선박

제583조 일반법에 의하여 소유권을 취득할 수 있는 자이면, 누구든지 제한 없이, 선박의 소유권을 취득할 수 있다. 그러나 선박에 장비를 갖추고, 선원을 구하고, 의장을 하여 항해를 개시하는 것은 반드시 선주가 자기 명의로 직접적인 책임하에 하여야 한다.

제584조 외국인은, 스페인 국민으로 귀화한 증명서를 소지하지 아니하면, 선박 전체이든 부분이든, 그 소유권을 취득할 수 없다. 상속 혹은 증여로 이들에게 권리가 귀속된 경우, 30일 내에 이를 양도하여야 하며, 그렇지 아니한 경우에는 그 권리를 몰수한다. 이 기간은 소유권이 명의자 앞으로 귀속된 날로부터 기산한다.

제585조 선박은, 다른 상거래 물건에 물권을 취득할 때에 법에서 정한 방법과 동일한 방법으로, 이를 취득할 수 있다.

제586조 선박에 관한 모든 물권의 이전은, 그 형식이 무엇이든, 공증증서에 의하여 증명되어야 한다.

제587조 취득한 정당한 권원이 없이 선박을 점유한 사람은, 30년 동안 계속 점유하여야만 그 소유권을 취득한다. 그러나 선장은 이러한 취득시효를 이유로 소유권을 주장할 수 없다.

제588조 선박을 건조하는 사람은 누구나 자기 이익에 가장 적합하게 어떤 형식이든 선택하여 자유롭게 선박을 건조할 수 있다. 그러나 관계 관청이 임명한 검사관이 방문하여 선박이 항해에 적합한 상태에 있다는 것을 확인하기 이전에는, 그 선박에 항해 장비를 갖출 수 없다.

제589조 선박을 새로이 건조하든 기존 선박의 권리를 취득하든, 거기에 따르는 선박의 등록, 작성이 필요한 서면의 법적인 양식 및 설비 · 선원 · 의장과 같은 항해를 개시하기 전에 소유자가 갖추어야 할 요건 등은 선박등록에 관한 현재 및 장래 법령에 따라야 한다.

제590조 스페인인은 외국에서 건조한 선박을 취득할 수 있고, 그 선박을 가지고 동일한 권리와 면책을 향유하면서 항해할 수 있다. 다만 취득하는 계약에 외국인을 위한 사기적 조건이 삽입되어서는 아니 되며, 그러한 조건이 있으면 그 선박을 몰수할 수 있다. 그 외에도

1 Oficina de D.E Aguado, Impresor de la Real Casa에서 발행한 *Codigo de Cómercio*의 238면부터 408면을 이용함.

de mar.

591. El comercio de un puerto español áotro puerto del mismo reino se hará esclusivamente en buques de la matrícula española, salvas las escepciones hechas ó que se hicieren en los tratados de comercio con las potencias estrangeras.

592. Las naves pueden enagenarse libremente por sus propietarios cuando les acomodáre, no siendo á estrangeros que no esten naturalizados.

593. Los capitanes ó maestres de las naves no estan autorizados por razon de sus oficios á venderlas, y para hacerlo válidamente se les ha de haber conferido al efecto poder especial y suficiente por el propietario : mas si estando la nave en viage se inutilizáre para la navegacion, acudirá su capitan ó maestre ante el tribunal de comercio, ó caso de no haberlo, ante el juez ordinario del puerto donde hiciere su primera arribada, y el tribunal, constando en forma suficiente el daño de la nave, y que no puede ser rehabilitada para continuar su viage, decretará la venta en pública subasta, y con todas las solemnidades que se establecen en el art. 608.

594. En la venta de la nave se entienden siempre comprendidos, aunque no se esprese, todos los aparejos pertenecientes á ella que se hallen á la sazon bajo el dominio del vendedor, á menos que no se haga pacto espreso en contrario.

595. Si se enagenáre una nave que se hallase á la sazon en viage, corresponderán al comprador íntegramente los fletes que devengue en el mismo viage desde que recibió su último cargamento. Pero si al tiempo de hacerse la enagenacion hubiere llegado la nave al puerto de su destino, pertenecerán los fletes al vendedor sin perjuicio de que tanto en uno como en otro caso puedan los interesados hacer sobre la materia las convenciones que tengan á bien.

596. Cuando las naves sean egecutadas vendidas judicialmente para pago de acreedores, tendrán privilegio de prelacion las obligaciones siguientes, por el orden con que se designan.

1.ª Los créditos de la Real Hacienda si hubiere alguno contra la nave.

2.ª Las costas judiciales del procedimiento de egecucion y venta de la nave.

3.ª Los derechos de pilotage, toneladas, ancorage y demas de puerto.

4.ª Los salarios de los depositarios y guardianes de la embarcacion, y cualquiera otro gasto causado en su conservacion desde su entrada en el puerto hasta su venta.

5.ª El alquiler del almacen donde se hayan custodiado los aparejos y pertrechos de la nave.

6.ª Los empeños y sueldos que se deban al capitan y tripulacion de la nave en su último viage.

7.ª Las deudas inescusables que en el último viage haya contraido el capitan en utilidad de la nave, en cuya clase se comprende el reembolso de los efectos de su cargamento que hubiese vendido con el mismo objeto.

8.ª Lo que se deba por los materiales y mano de obra de la construccion de la nave, cuando no hubiere hecho viage alguno, y si hubiese navegado, la parte del precio que aún no esté satisfecha á su último vendedor, y las deudas que se hubieren contraido para repararla, aparejarla y aprovisionaria para el último viage.

9.ª Las cantidades tomadas á la gruesa sobre el casco, quilla, aparejos, pertrechos,

선박등록에 관한 법령이 정하는 바에 따른 등록절차를 밟아야 한다.

제591조 스페인 내부 항구 사이의 영업은 오로지 스페인 국적선에 의해서만 할 수 있다. 그러나 특별히 예외가 인정되거나 외국과 조약에 의해 그것이 허용되는 영업인 때에는 그러하지 아니하다.

제592조 소유자는 필요한 때에 자유로이 자기 선박을 양도할 수 있다. 다만 양수인이 귀화하지 아니한 외국인인 경우에는 그러하지 아니하다.

제593조 선장은 그 지위에 기하여 당연히 선박을 양도할 권한을 갖는 것은 아니며, 선장이 적법하게 선박을 양도하려면 소유자로부터 필요한 권한을 특별히 부여받아야 한다. 그러나 항해 중 선박이 그 효용을 상실한 때에는 선장은 그 선박의 매각을 신청할 수 있고, 이 신청은 원칙적으로 상사법원에 하여야 하며, 상사법원이 없으면 이후 최초 기착항의 일반법원에 하여야 한다. 법원은 선박의 파손을 면밀히 확인한 다음, 항해를 계속하기가 불가능하다고 판단되면, 아래 제608조의 절차에 따라 선박의 공매를 명한다.

제594조 선박의 매각에는 명시적 합의가 없다 하더라도, 반대의 약정이 없는 한, 매매 당시 매도인이 보유하고 있는 선박에 속하는 장비도 포함되는 것으로 본다.

제595조 항해 중인 선박을 매각하여 양도한 경우, 동일 항해에서 최후로 적하를 인수한 곳부터 발생한 운임은 전적으로 매수인에게 귀속되는 것으로 본다. 그러나 양도 당시에 선박이 이미 목적항에 도착한 경우, 운임은 매도인에게 귀속되는 것으로 본다. 물론 당사자는 필요에 의해 이와 다른 내용의 약정을 할 수 있다.

제596조 법원에 의해 선박이 압류되어 경매된 다음 그 대금이 지급되는 경우, 아래 채권은 그 열거 순서에 따라 우선변제권을 갖는다.

1. 선박에 대한 국고채권
2. 압류와 경매 절차에 따르는 법원의 비용
3. 도선료, 톤세, 정박료 기타 항구에서 부과되는 제세
4. 선박의 보관인 및 감시인의 임금 기타 입항시부터 경매시까지 선박의 보존에 필요한 모든 경비
5. 장비와 비품을 보관하는 창고업자의 창고료
6. 최종 항해에서 발생한 선장 및 해원에게 지급할 보수와 급료
7. 최종 항해에서 선박의 필요에 의해 선장이 불가피하게 체결한 계약상 채무. 이 경우 동일한 목적으로 선장이 화물을 매각하여 발생한 보상채무도 여기에 포함되는 것으로 본다.
8. 선박이 아직 항해를 개시하지 아니한 경우에는, 그 건조를 위한 자재 혹은 작업의 대가, 선박이 이미 항해를 개시한 경우에는, 그 선박의 최후의 매도인에게 아직 지급하지 아니한 매매대금 및 최후의 항해에 필요했던 수리, 장비 및 보급에 관한 채무
9. 선체, 용골, 장비, 부품, 무기 및 용구를 목적물로 한 최후의 출항 이전에 한 모험대차에 기한 채무
10. 선체, 용골, 장비, 부품, 무기 및 용구에 대한 최종항해를 위한 보험료
11. 수하인에게 적하를 인도하지 못함으로 인하여 화주에게 변제할 적하의 시가 상당액

armamento y apresto antes de la última salida de la nave.

10.ª El premio de los seguros hechos para el último viage sobre el casco, quilla, aparejos, pertrechos, armamento y apresto de la nave.

11.ª La indemnizacion que se deba á los cargadores por valor de los géneros cargados en la nave, que no se hubieren entregado á los consignatarios, y la indemnizacion que les corresponda por las averías de que sea responsable la nave.

597. En caso de no ser suficiente el producto de la venta de la nave para pagar á todos los acreedores de un mismo grado, se dividirá entre éstos á prorata del importe de sus respectivos créditos, la cantidad que corresponda á la masa de ellos, despues de haber quedado cubiertos por entero los de las clases preferentes, segun el orden detallado.

598. Para gozar de la preferencia que en su respectivo grado se marca á los créditos de que hace mencion el art. 596, se han de justificar éstos en la forma siguiente:

· Los créditos de la Real Hacienda por certificaciones de los contadores de rentas reales.

· Las costas judiciales por tasaciones hechas con arreglo á derecho y aprobadas por el tribunal competente.

· Los derechos de tonelada, ancorage demas de puerto, por certificaciones detalladas de los gefes respectivos de la recaudacion de cada uno de ellos.

· Los salarios y gastos de conservacion del buque y sus pertrechos por decision formal del tribunal de comercio que hubiere autorizado ó aprobado despues dichos gastos.

· Los empeños y sueldos del capitan y tripulacion, por liquidacion que se haga en vista de los roles y de los libros de cuenta y razon de la nave aprobada por el capitan del Puerto.

· Las deudas contraidas para cubrir las urgencias de la nave y su tripulacion durante el último viage, y las que resulten contra la nave por haberse vendido efectos del cargamento, se examinarán y calificarán por el tribunal de comercio en juicio instructivo y sumario, con vista de las justificaciones que presente el capitan de las necesidades que dieron lugar á contraer aquellas obligaciones.

· Los créditos procedentes de la construccion ó venta del buque por las escrituras otorgadas á su debido tiempo con las solemnidades que prescribe la ordenanza de matrículas.

· Las provisiones para el apresto, aparejos y vituallas de la nave, por facturas de los proveedores, con el recibo á su pie del capitan y el visto bueno del naviero, con tal que se hayan protocolado duplicados exactos de las mismas facturas en la escribanía de marina del puerto de donde proceda la nave antes de su salida, ó lo mas tarde en los ocho dias siguientes é inmediatos á ella.

· Los préstamos á la gruesa por los contratos otorgados segun derecho.

· Los premios de seguros por las pólizas y certificaciones de los corredores que intervinieron en ellos.

· Y los créditos de los cargadores por defecto de entrega del cargamento ó averías ocurridas en él por sentencia judicial ó arbitral.

599. Los acreedores por cualquiera de los títulos mencionados en el art. 596 conservarán su derecho espedito contra la nave, aun despues de vendida ésta, durante todo el tiempo que permanezca en el puerto donde se hizo la venta, y sesenta dias despues que se hizo á la vela, despachada á nombre y por cuenta del nuevo propietario.

의 보상채무 및 기타 해손으로 인해 선박이 화주에게 부담할 보상채무

제597조 경매대금으로 위 채무를 전부 변제하지 못하는 경우, 먼저 그 순위에 따라 선순위채무를 전부 변제하고, 나머지 금액을 동 순위 채권자들 사이에서 채권금액에 비례하여 분배한다.

제598조 위 제596조에 열거된 채권이 표시된 순위대로 우선변제권을 행사하려면 아래 방식으로 채권이 입증되어야 한다

· 국고 채권은 국세청 회계관이 발행한 확인서.
· 경매비용은 법률에 따라 작성되고 해당 법원이 승인한 계산서.
· 톤세, 정박료, 기타 항구세는 이들 각각 징수기관의 장이 발행한 확인서.
· 선박 및 그 보존을 위한 급료 및 비용은 사전에 허락을 하거나 사후에 승인을 한 상사법원의 결정.
· 선장과 해원의 보수와 급료는 선원명부와 회계장부를 기초로 작성되고 항만장이 승인한 정산서.
· 최후 항해에서 위급한 상황에 처하여 선박과 선원을 위해 약정한 채무 및 적하를 양도하여 선박에 대해 발생한 채무의 경우, 상사법원이 예비 간이절차에서 이러한 약정을 할 필요성을 입증할 목적으로 선장이 제시하는 증거를 검토하여 판정한다.
· 선박건조 혹은 선박양도에 관한 채무는 선적등록규정에 따라 해당 기간 내에 필요한 절차를 밟아 승인된 서면.
· 용구, 장비 및 양식을 제공한 경우, 제공자의 송장과 첨부된 선장의 영수증 및 선주의 확인. 송장은 출항 이전, 늦어도 출항 이후 8일 내에 그 항구 관리소에서 정확하게 2부를 필사하여 필요한 양식을 갖추어야 한다.
· 모험대차는 법에 따라 인정을 받은 계약서.
· 보험료는 보험증서 및 관여한 중개인의 확인서.
· 화물 불인도로 인한 혹은 화물에 발생한 해손에 관한 화주의 채권은 법원의 판결 혹은 중재인의 결정서.

제599조 위 제596조의 채권을 가진 채권자는, 그 종류가 무엇이든, 그 선박이 양도된다 하더라도, 양도시 있었던 항구에 그 선박이 계속 체재하는 동안은 물론, 새로운 소유자의 계산과 명의로 항해를 개시한 때로부터 60일이 경과하기 이전까지는, 그 선박에 대해 위에서 말한 모든 권리를 보유한다.

600. Si la venta se hiciere en pública subasta y con intervencion de la autoridad judicial bajo las formalidades prescritas en el art. 608, se estingue toda responsabilidad de la nave en favor de los acreedores desde el momento en que se otorgue la escritura de venta.

601. Si se vendiere una nave estando en viage, conservarán sus derechos íntegros contra ella los espresados acreedores, hasta que la nave regrese al puerto donde esté matriculada, y seis meses despues.

602. Mientras dura la responsabilidad de la nave por las obligaciones detalladas en el art. 596 puede ser embargada á instancia de los acreedores que presenten sus títulos en debida forma en cualquier puerto donde se halle : y se procederá á su venta judicialmente con audiencia y citacion del capitan en caso de hallarse ausente el naviero.

603. Por cualquiera otra deuda que tenga el propietario de la nave, no puede ser ésta detenida ni embargada sino en el puerto de su matrícula, y el procedimiento se entenderá con el mismo propietario, haciéndole la primera citacion al menos en el lugar de su domicilio.

604. Ninguna nave cargada y despachada para hacer viage puede ser embargada ni detenida por deudas de su propietario, de cualquiera naturaleza que éstas sean, sino por las que se hayan contraido para aprestar y aprovisionar la nave para aquel mismo viage, y no anteriormente; y aun en este caso cesarán los efectos del embargo si cualquier interesado en la espedicion diere fianza suficiente de que la nave regresará al puerto en el tiempo prefijado en la patente, ó que si no lo verificase por cualquier accidente, aunque sea fortuito, satisfará la deuda demandada en cuanto sea legítima.

605. Las naves estrangeras surtas en los puertos españoles no pueden ser embargadas por deudas que no hayan sido contraidas en territorio español, y en utilidad de las mismas naves.

606. Por las deudas particulares de un copartícipe en la nave no podrá ser ésta detenida, embargada ni egecutada en su totalidad, sino que el procedimiento se contraerá á la porcion que en ella tenga el deudor, y no causará estorbo á su navegacion.

607. Siempre que se haga embargo de una nave se inventariarán detalladamente todos los aparejos y pertrechos de ella, caso de pertenecer al propietario de la misma nave.

608. Ninguna nave puede rematarse en venta judicial sin que haya sido subastada públicamente por término de treinta dias, renovándose cada diez dias los carteles en que se anuncie la venta, y pregonándose por término de tres horas en cada uno de los dias 1.°, 10, 20 y 30 de la subasta. Los carteles se fijarán en los sitios acostumbrados para los demas anuncios en el puerto donde se haga la venta, y en la capital departamento de marina á que aquel corresponda; y tanto en uno como en otro punto se fijará un cartel en la entrada de la capitanía del puerto. La venta se anunciará tambien en todos los diarios que se publiquen en la provincia, y se hará constar en el espediente de subasta el cumplimiento de esta y las demas formalidades prescritas. En el remate se procederá con las solemnidades y en la forma que está dispuesto por el derecho comun para las ventas judiciales

제600조 양도가 사법부의 주관하에 아래 제608조의 절차를 거쳐 경매를 통해 이루어진 경우, 매매증서가 승인된 시점부터 선박은 이전 다른 모든 채권자의 권리행사로부터 그 책임을 면한다.

제601조 선박이 항해를 하는 도중에 양도가 된 경우에는, 위에서 본 채권자는 그 선박이 선적항에 귀항하고 난 다음 6개월이 경과할 때까지 선박에 대한 권리 전부를 보유한다.

제602조 위 제596조에서 정한 채무의 경우, 그에 기해 선박의 책임이 존속하는 한, 채권자는 그 선박이 어느 항구에 있든지 상관없이 정해진 방식에 따라 권리를 증명한 다음 그 선박의 압류를 신청할 수 있다. 그리고 법원을 통하여 선박을 경매하는 절차에 들어가며, 이 절차에서 선주가 없으면 선장에게 통지하고 선장이 대신 참여한다.

제603조 선박의 소유자가 지고 있는 그 이외의 다른 채무의 경우, 채권자는 선박의 압류나 정박을 청구할 수 없다. 다만 선박이 선적항에 있는 동안은 그러하지 아니하다. 압류를 하는 경우, 그 절차는 마찬가지로 소유자의 참여하에 진행하며, 따라서 적어도 제1차로 그의 주소지에 통지하여야 한다.

제604조 항해를 위해 선적을 완료하고 항해를 개시한 선박은, 그 채무의 종류가 무엇이든, 소유자에 대한 채권으로 선박의 압류 혹은 정박명령을 신청할 수 없다. 다만 그 채무가 바로 그 항해를 위해 준비 및 보급을 하기 위한 계약에 기한 채무이고, 그 이전에 발생한 채무가 아닌 때에는, 이를 신청할 수 있다. 이 경우에도 선박이 항해허가에서 지정한 기간 내에 귀항을 하고, 나아가 사고로 회항을 못하는 경우에 채무가 적법하게 발생하면 가사 불가항력이라 할지라도 이를 이행하는 것을 담보하기에 충분한 담보를 이해관계인이 제공한 때에는 그 압류의 효력이 중지된다.

제605조 스페인 항구에 입항한 외국 선박의 경우, 그 채무가 스페인 내에서 체결된 계약에 의해 발생되거나 혹은 그 선박을 위하여 체결된 계약에 기인하여 발생된 것이 아니면 이에 기해 그 선박을 압류할 수 없다.

제606조 특정한 공유자에 대한 채권을 가지고 선박에 대해 압류명령이나 정박명령을 할 수 없고, 또 그 선박 전체에 대해 강제집행을 할 수도 없다. 다만 그 채무자가 가지고 있는 지분에 대하여 절차를 진행할 수 있지만, 이 때에도 그 선박의 항해는 이로 인해 영향을 받지 아니한다.

제607조 선박을 압류한 때에는 그 소유자에 속하는 선박의 모든 장비와 부품에 대해 상세한 속구목록을 작성하여야 한다.

제608조 선박 경매는 30일 동안의 공매 공시절차를 마치지 아니하면 사법적 경매에 들어갈 수 없다. 경매를 알리는 공시는 매 10일 마다 갱신하여야 하며, 또 첫날, 10일째, 20일째 및 30일째 날에 3시간 경과 시마다 호창(呼唱)을 하여야 한다. 공시는 경매를 실시하는 항구에서 통상적으로 공고를 하는 장소에 게시하여야 하고, 그 항구가 소속된 지역 해운관청이 있는 주도[2]에도 공시를 하여야 한다. 그리고 그 항구의 관리청 입구에도 한 두 개의 공시를 게시하여야 한다. 경매는 그 지역에서 발행되는 모든 일간신문에도 공고하여야 하며, 경매기록에는 이 절차의 이행을 증명하고 여타 정한 절차를 거친 것을 입증할 서류를 첨부하여야 한다. 마지막으로 경매에 관한 일반법에서 정한 형식과 절차를 밟아 경매를 진행한다.

---

2 일반 행정 구역과 구별되는 해사 행정을 위한 구역이 있고 한 구역에서 중심지를 capital이라고 하였다고 한다. 이후에 차츰 행정 조직과 그 구역을 같이 하는 방식으로 변경되었다고 한다.

609. Las dudas ó cuestiones que puedan sobrevenir entre los co-partícipes de una nave sobre las cosas de interés comun, se resolverán por la mayoría, la cual se constituye por las partes de propiedad en la nave que formen mas de la mitad de su valor. La misma regla se observará para determinar la venta de la nave aun cuando la repugnen algunos de sus partícipes.

610. Los propietarios de la nave tendrán preferencia en el fletamento de ella á precio y condiciones iguales sobre los que no lo sean; y si concurriesen á reclamar este derecho para un mismo viage dos ó mas partícipes, tendrá la preferencia el que tenga mas interés en la nave; y entre partícipes que tengan igual interés en ella, se sorteará el que haya de ser preferido.

611. La preferencia que se declara en el anterior á los partícipes de la nave, no les autorizará para exigir que se varíe el destino que por disposicion de la mayoría se haya prefijado para el viage.

612. Tambien gozarán los partícipes del derecho de tanteo, sobre la venta que alguno de ellos pretenda hacer de su porcion respectiva, proponiéndolo en el término preciso de los tres dias siguientes á la celebracion de la venta, y consignando en el acto el precio de ella.

613. El vendedor puede precaverse contra el derecho de tanteo haciendo saber la venta que tenga concertada á cada uno de sus co-partícipes; y si dentro del mismo término de tres dias no la tanteasen, no tendrán derecho á hacerlo despues de celebrada.

614. Cuando la nave necesite reparacion será suficiente que uno solo de los partícipes exija que se haga, para que todos esten obligados á proveer de fondos suficientes para que se verifique; y si alguno no lo hiciere en el término de los quince dias siguientes al en que sea requerido judicialmente para ello, y todos ó algunos de los demas los supliese, tendrá derecho el que haga este suplemento á que se le transfiera el dominio de la parte que correspondia al que no hizo la provision de fondos, abonándole por justiprecio el valor que á ésta correspondiese antes de hacerse la reparacion. El justiprecio se hará antes que se dé principio á la reparacion por peritos nombrados por ambas partes, ó de oficio por el juez, en el caso que alguna deje de verificarlo.

615. Para todos los efectos del derecho sobre que no se haya hecho modificacion ó restriccion por las leyes de este Código, seguirán las naves su condicion de bienes muebles.

TÍTULO SEGUNDO
DE LAS PERSONAS QUE INTERVIENEN EN EL COMERCIO MARÍTIMO

SECCION PRIMERA. DE LOS NAVIEROS

616. No puede ser naviero el que no tenga la capacidad legal que exige el egercicio del

제609조 공동으로 이해관계가 있는 사항에 관해 선박공유자 사이에 발생한 의문 및 분쟁은 다수결에 의하여 이를 해결하고, 여기에서 다수란 과반수 이상의 가치를 가지는 선박에 대한 지분을 말한다. 이 원칙은 선박의 양도를 결정하는 데에 일부 공유자가 반대한다 하더라도 마찬가지로 적용된다.

제610조 선박공유자는 다른 사람과 동일한 가격과 조건으로 다른 사람보다 우선하여 그 선박을 이용할 권리가 있다. 동일한 항해에서 둘 이상의 공유자가 경합하여 이 권리를 행사하고자 하는 때에는, 다수 지분을 가진 공유자의 권리가 우선한다. 동일한 지분을 가진 공유자 사이에 경합이 있는 때에는 추첨으로 우선권을 가진 자를 정한다.

제611조 전 조에 의하여 우선권을 가진 공유자라 하더라도, 다수결에 의하여 미리 정하여진 항해에 대해 그 변경을 요구할 수 없다.

제612조 공유자는 다른 공유자가 그의 지분을 매각하려 하는 때에, 이를 우선하여 매수할 권리가 있다. 우선매수권을 행사하려는 공유자는 제3자에게 매각을 한 다음 3일 이내에 매수 청구를 하고, 동시에 그 가액을 공탁하여야 한다.

제613조 지분을 양도하려는 공유자는, 체결할 계약을 미리 고지하여, 우선매수권을 사전에 배제할 수 있다. 고지를 한 다음 마찬가지로 3일 내에 다른 공유자가 매수권을 행사하지 아니하면, 이제 제3자와 계약을 체결한 다음에는, 그 공유자는 우선매수권을 갖지 못한다.

제614조 선박의 수리가 필요한 경우, 어느 한 공유자가 그 수리를 요구하여도 충분히 효력이 있고, 그러면 모든 공유자가 수리에 필요한 자금을 공급할 의무를 진다. 수리를 요청한 공유자가 사법적으로 정식으로 지급을 요청하고, 요청을 받은 다른 공유자가 15일이 경과하여도 이를 이행하지 아니하여 부득이 나머지 공유자 전부 혹은 일부가 이를 대납한 경우, 대납한 공유자는 자금을 제공하지 않은 공유자의 권리의 이전을 청구할 수 있고, 그러면 수리를 하기 이전의 지분의 가격으로 평가하여 보상하여야 한다. 평가는 수리를 개시하기 전에 감정인이 실시하고, 감정인은 양 당사자들이 합의하여 임명을 하며, 어느 공유자가 그에 동의하지 아니하는 때에는 법원이 임명한다.

제615조 본법의 규정에 의한 변경이나 제한이 없는 사항에 관하여는 동산과 동일한 요건으로 선박을 규율한다.

제2장
해상활동에 관여하는 사람

제1절 선주

제616조 영업을 수행하는데 필요한 자격 요건을 갖추지 아니한 사람은 선주가 될 수 없다.

comercio.

617. Todos los navieros se han de inscribir necesariamente en la matrícula de comercio de su provincia, y sin este requisito no se habilitarán sus naves para la navegacion.

618. Al naviero pertenece privativamente hacer todos los contratos respectivos á la nave, su administracion, fletamento y viages, y el capitan ó maestre de la nave deben arreglarse á las instrucciones y órdenes que reciban del mismo, quedando responsables de cuanto hagan en contravencion de ellas.

619. Tambien corresponde al naviero hacer el nombramiento y ajuste del capitan; pero si tuviere co-partícipes en la propiedad de la nave, deberá hacerse dicho nombramiento por la mayoría de todos los partícipes.

620. Pueden los navieros desempeñar por sí mismos los oficios de capitan ó maestre de sus naves, sin que lo estorbe la repugnancia de ningun co-propietario, á menos que no sea matriculado, cuya cualidad le dará la preferencia. En caso de concurrir á solicitarlo dos co-propietarios que sean ambos matriculados, se preferirá al que tenga mas interés en el buque; y si ambos tuviesen igual porcion en él, se sorteará el que haya de serlo.

621. El naviero es responsable de las deudas y obligaciones que contrae el capitan de su nave para repararla, habilitarla y aprovisionarla; y no puede eludir esta responsabilidad alegando que el capitan se escedió de sus facultades, ú obró contra sus órdenes é instrucciones, siempre que el acreedor justifique que la cantidad que reclama se invirtió en beneficio de la nave.

622. Tambien recae sobre el naviero la responsabilidad de las indemnizaciones en favor de tercero á que haya dado lugar la conducta del capitan en la custodia de los efectos que cargó en la nave; pero podrá salvarse de ella haciendo abandono de la nave con todas sus pertenencias, y los fletes que haya devengado en el viage.

623. No es responsable el naviero de ningun contrato que haga el capitan en su provecho particular, aunque se sirva de la nave para su cumplimiento. Ni de las obligaciones que haya contraido fuera de los límites de sus atribuciones sin una autorizacion especial. Ni de las que no se hayan formalizado con las solemnidades prescritas por las leyes, como condiciones esenciales para su validacion

624. Tampoco tiene responsabilidad el naviero en los escesos que durante la navegacion cometan el capitan y tripulacion; y solo habrá lugar por razon de ellos á proceder contra las personas y bienes de los que resulten culpados

625. El naviero indemnizará al capitan de todos los suplementos que haya hecho en utilidad de la nave con fondos propios ó agenos, siempre que haya obrado con arreglo á sus instrucciones, ó usado de las facultades que legítimamente le competen.

626. Antes de hacerse el buque á la vela puede el naviero despedir á su arbitrio al capitan é

제617조 모든 선주는 그 영업지의 상사등록부에 등록하여야 하고, 이러한 요건을 갖추지 아니하면 항해를 목적으로 선박을 의장하지 못한다.

제618조 선주는 단독으로 선박, 그 관리, 운송 및 항해에 관한 모든 계약을 체결할 권한이 있고, 선장은 선주의 지시와 명령에 따라야 하고 이를 위반한 선장은 그로 인한 손해를 배상할 책임이 있다.

제619조 선주는 선장의 임명과 채용을 결정한다. 수인의 공유자가 있는 때에는 공유자의 다수결로 선장을 임명한다.[3]

제620조 선주는 선장의 직책을 수행할 수도 있다. 다만 공유선박에서 어느 공유자가 이견을 제시하고 이를 반대하는 때에는 그러하지 아니하다. 그러나 선주는 선장의 자격을 반드시 갖추어야 하고, 자격이 있으면 채용에 있어 우선권을 가진다. 자격을 가진 두 공유자가 선장을 희망하는 때에는, 선박에 다수 지분을 가진 공유자가 우선권을 가지며, 지분이 동일한 경우 추첨으로 선장이 될 자를 정한다.

제621조 선주는 선박의 의장, 수리 및 보급을 위해 선장이 체결한 계약상 의무를 이행할 책임이 있다. 선주는 선장이 그 권한을 초과하여 계약을 체결하였거나 혹은 자기의 지시나 명령을 위반하여 계약을 체결하였다는 이유로 면책을 주장할 수 없다. 한편 채권자는 청구하는 금액이 선박을 위하여 사용되었다는 것을 입증하여야 한다.

제622조 선주는 선적한 적하를 보관함에 있어 선장의 행위로 인해 적하에 발생한 손해를 보상할 책임이 있다. 그러나 선주는 선박 및 그 부속 물건과 그 항해에서 이미 발생한 운임을 위부함으로써 이러한 책임을 면할 수 있다.

제623조 선장이 그 사리를 위해 체결한 계약에 대하여는, 비록 그 이행을 위하여 선박을 이용하였다 하더라도, 선주는 책임이 없다. 선장이 특별한 수권이 없이 권한을 초과하여 계약을 체결한 경우에도, 선주는 그 계약에 대해 책임이 없다. 효력을 발휘하기 위해 반드시 요구되는 법률이 정한 방식으로 형식을 갖추지 아니하고 체결한 계약에 대하여도, 선주는 책임이 없다.

제624조 선주는 항해 중에 선장 혹은 해원이 범한 월권행위에 대하여도 책임이 없다. 이러한 행위에 대하여는 그 잘못의 원인이 되는 사람 혹은 물건에 대하여 책임을 물어야 한다.

제625조 선장이 선박을 위해 자기 혹은 제3자의 비용으로 체당을 한 경우, 선주는 이를 보상하여야 한다. 다만 이때에 선장은 선주의 지시에 따라 행위를 했거나 혹은 법적으로 그에게 부여된 권한을 사용하여 그 행위를 했어야 한다.

제626조 항해를 개시하기 이전에는, 특정한 기간 혹은 항해로 고정하여 채용된 것이 아닌

3 위 제609조 규정의 예외에 해당하는지는 의문이다.

individuos de la tripulacion, cuyo ajuste no tenga tiempo ó viage determinado, pagándoles los sueldos que tengan devengados, segun sus contratas, y sin otra indemnizacion como no se funde en un pacto que esté espreso y determinado.

627. Despidiéndose el capitan ú otro individuo de la tripulacion durante el viage, se les abonará su salario hasta que regresen al puerto donde se hizo el ajuste, á menos que no hubiesen cometido delito que diera justa causa para despedirlos, ó les inhabilitará para desempeñar su servicio

628. Cuando los ajustes del capitan é individuos de la tripulacion con el naviero tengan tiempo ó viage determinado, no podrán aquellos ser despedidos hasta el cumplimiento de sus contratas, sino por causa de insubordinacion en materia grave, hurto, embriaguez habitual, ó perjuicio causado al buque ó su cargamento por dolo ó negligencia manifiesta ó probada.

629. Siendo copropietario del buque el capitan de la nave, no puede ser despedido sin que el naviero le reintegre el valor de su porcion social, que en defecto de convenio de las partes se estimará por peritos nombrados por ellas mismas, ó de oficio si no lo verificaren.

630. Si el capitan co-propietario hubiere obtenido el mando de la nave por pacto especial del acta de sociedad, no se le podrá privar de su cargo sin causa grave.

631. El naviero no podrá contratar ni admitir mas carga de la que corresponde á la cabidad que esté detallada á su nave en la matrícula ; y si lo hiciere, será responsable de los perjuicios que se sigan á los cargadores.

632. Si un naviero contratáre mas carga de lo que debe llevar su nave, atendida su cabidad, indemnizará á los cargadores, á quienes deje de cumplir sus contratos, todos los perjuicios que por su falta de cumplimiento les hayan sobrevenido.

633. Todo contrato entre el naviero y el capitan caduca, en caso de venderse la nave, reservándose á éste su derecho por la indemnizacion que le corresponda, segun los pactos hechos con el naviero. La nave vendida queda obligada á la seguridad del pago de esta indemnizacion, si despues de haberse dirigido la repeticion contra el vendedor, resultáre éste insolvente.

SECCION SEGUNDA. DE LOS CAPITANES

634. El capitan de la nave ha de ser natural y vecino de los reinos de España, y persona idónea para contratar y obligarse. Los estrangeros no pueden serlo si no tienen carta de naturaleza, debiendo ademas prestar fianza equivalente á la mitad, cuando menos, del valor de la nave que capitaneen.

635. En cuanto á la pericia que ha de tener el capitan en el arte de la navegacion, su

한, 선주는 선장과 선원을 임의로 해고할 수 있다. 선주는 각자 계약에 따라 이미 발생한 급료를 지급하여야 하고, 다른 명시적이고 확정적인 특약이 있지 아니하는 한, 그로 인해 특별히 보상을 할 필요가 없다.

제627조 항해 도중에 선장 혹은 선원을 해고하면, 채용을 한 항구로 귀환할 때까지 급료에 해당하는 금액을 보상하여야 한다. 다만 해고를 정당화할 범죄를 저지른 경우 및 그 업무를 수행하던 중에 근무능력을 상실한 경우에는 그러하지 아니하다.

제628조 선장과 선원의 채용이 특정한 기간 혹은 항해로 고정된 경우에는, 그 계약의 이행이 완료될 때까지 선주는 이들을 해고할 수 없다. 다만 중대한 명령불복종, 절도, 상습 횡령 등의 비행이 있는 경우와, 선박이나 적하에 대해 고의에 의해 손해가 발생하거나 혹은 명백하거나 입증된 과실로 손해가 유발된 경우에는 그러하지 아니하다.

제629조 선장이 동시에 공유자인 경우, 그 지분의 가액에 해당하는 금액을 반환하지 아니하고는 그를 해고할 수 없다. 지분의 가액에 관해 당사자 사이에 합의가 성립되지 아니하면 당사자가 합의하여 임명한 감정인이 평가하여 이를 정하고, 감정인의 선정에 대한 합의가 없으면 법원 소속 감정인이 평가하여 그 가액을 정한다.

제630조 선장이 동시에 선박의 공유자이고, 공유조합의 정관에 따라 선박의 지휘를 맡은 경우, 그 업무에 중대한 하자가 없는 한, 그 선장을 직책에서 배제할 수 없다.

제631조 선주는 선박등록부에 기재된 최대 적재량을 초과하는 적하의 운송을 인수할 수 없고, 초과하는 적하의 선적을 허용할 수도 없다. 이에 위반한 행위를 한 선주는 그로 인해 화주에게 발생한 손해를 배상할 책임이 있다.

제632조 선주가 어느 선박의 최대 적재 운송량을 고려할 때에 그 선박으로 실제 운송할 수 있는 화물의 양을 초과하여 운송을 인수하여 선적을 하지 못한 경우, 이행을 하지 못한 화주에 대하여 그 불이행으로 인해 발생한 모든 손해를 배상하여야 한다.

제633조 선박이 양도되면 선주와 선장 사이에 체결된 계약은 실효된다. 다만 선장은 선주와의 계약에서 약정한 바에 따라, 그러한 경우에 지급할 보상을 청구할 수 있다. 이러한 채권을 가진 선장이, 양도인에게 청구를 반복하여도 양도인이 지급불능으로 판명된 때에는, 양도 후에도 계속 그 선박에 대해 우선특권을 가진다.

제2절 선장

제634조 선장은 스페인 국민이고 스페인에 거주하는 자여야 하며, 또 계약을 체결하고 의무를 부담할 수 있는 능력이 있어야 한다. 외국인은 선장이 될 수 없다. 다만 스페인 국민으로의 귀화증을 소지하면 외국인도 선장이 될 수 있으나, 귀화증을 소지한 해당 외국인은 운항할 선박의 선가의 반액 이상에 해당하는 금액의 담보를 제공하여야 한다.

제635조 선장이 갖추어야 할 항해에 관한 전문능력, 자격에 필요한 시험, 기타 직책을 수

examen, y demas requisitos necesarios para egercer este cargo, se estará á lo que prescriben las ordenanzas de matrícula de gentes de mar.

636. El naviero que se reserve egercer la capitanía de su nave, y no tenga la patente de capitan con arreglo á dichas ordenanzas, se limitará á la administracion económica de ella, valiéndose para cuanto diga orden á la navegacion, de un capitan aprobado y autorizado en los términos que aquellas previenen.

637. El capitan que sea natural de España estará ó no obligado á dar fianzas, segun lo que sobre ello contrate con el naviero ; y si éste le relevase de darlas, no se le podrán exigir por otra persona.

638. El capitan es el gefe de la nave á quien debe obedecer toda la tripulacion, observando y cumpliendo cuanto mandáre para el servicio de ella.

639. Toca al capitan proponer al naviero las personas del equipage de la nave ; y éste tiene el derecho de elegir definitivamente los que hayan de tripularla, pero no podrá obligar al capitan á recibir en su equipage persona alguna que no sea de su contento y satisfaccion.

640. Con respecto á la facultad que compete al capitan para imponer penas correccionales contra los que perturben el orden en la nave, cometan faltas de disciplina, ó dejen de hacer el servicio que les compete se observará lo que previenen los reglamentos de la marina.

641. No estando presentes el naviero ni el consignatario de la nave, está autorizado el capitan para contratar por sí los fletamentos bajo las instrucciones que tenga recibidas, y procurando con la mayor solicitud y esmero el fomento y prosperidad de los intereses del naviero.

642. El capitan tomará por sí las disposiciones convenientes para mantener la nave pertrechada, provista y municionada, comprando á este efecto lo que considere de absoluta necesidad, siempre que las circunstancias no le permitan solicitar préviamente las instrucciones del naviero.

643. En casos urgentes, durante la navegacion, puede el capitan disponer las reparaciones en la nave y en sus pertrechos que sean absolutamente precisas, para que pueda continuar y acabar su viage, con tal que si llegáre á puerto donde haya consignatario de la misma nave, obre con acuerdo de éste. Fuera de este caso no tiene facultad para disponer por sí obras de reparacion, ni otro gasto alguno para habilitar la nave, sin que el naviero consienta la obra y apruebe el presupuesto de su costo.

644. Cuando el capitan se halle sin fondos pertenecientes á la nave ó á sus propietarios para costear las reparaciones, rehabilitacion y aprovisionamiento que puedan necesitarse, en caso de arribada, acudirá á los corresponsales del naviero si se encontraren en el mismo puerto; y en su defecto á los interesados en la carga : y si por ninguno de estos medios pudiese procurarse los fondos que necesitáre, está autorizado para tomarlos á riesgo marítimo ú obligacion á la gruesa sobre el casco, quilla y aparejos, con prévia licencia del tribunal de comercio del puerto

행하는데 필요한 요건은, 이를 선원에 관한 등록칙령에서 정한다.

제636조 선주가 직접 항해를 지휘하기로 하였지만, 위 칙령이 정한 바에 따라 선장으로서의 자격을 취득하지 못한 경우, 선주의 직무는 선박의 경제적인 관리로 제한하여야 하고, 항해에 필요한 지시를 하는 것은 위에서 본 규정에 따라 능력이 인증되고 자격이 부여된 선장에게 위임하여야 한다.

제637조 스페인 국민인 선장은, 선주와의 계약에 따라 담보를 제공할 의무를 질 수도 있고, 그러하지 아니할 수도 있다. 선주가 선장의 담보 제공을 면제한 경우, 다른 사람이 이를 요구할 수 없다.

제638조 선장은 선박의 수장이다. 따라서 모든 선원은 그의 명령에 복종하여야 하며, 선박에 관해 선장이 지시한 사항을 준수하고 수행하여야 한다.

제639조 선장은 선박의 승무원을 구성할 후보자를 선주에게 추천할 수 있다. 선주는 장차 승무하여 항해를 감당할 사람을 확정적으로 선정할 권한이 있다. 그러나 선주는 선장이 선원으로서 적당하다고 인정하지 아니하는 사람을 선원으로 사용할 것을 선장에게 강요할 수 없다.

제640조 선박의 질서를 해하고, 규칙을 준수하지 아니하며, 성실히 직책을 수행하지 아니하는 선원에 대한 선장의 징계권은 선원규정이 정한 바에 따라 이를 시행한다.

제641조 선상에 선주나 선박대리인이 있지 아니하는 한, 선장은 선주로부터 받은 지시의 범위 내에서, 운송계약을 체결할 권한이 있다. 선장은 최고의 성의와 열정을 가지고, 선주의 이익을 위해, 영업을 창출하고 활성화 하여야 한다.

제642조 선장은 선박이 모든 부품을 보유하고, 충분히 보급을 하고, 필요한 무장을 갖추기 위해 요구되는 모든 조치를 취하여야 한다. 이를 위하여 사전에 선주에게 지시를 요청할 수 없는 상황인 때에는, 절대적으로 필요한 범위 내에서, 이러한 것을 구입할 수 있다.

제643조 항해 중 위급한 상황에 닥친 경우, 선장은 항해를 계속하여 목적항에 도착하기 위하여 선박과 부품[4]에 절대적으로 필요한 수리를 할 수 있다. 그리고 선박이 선박대리인이 있는 항구에 도착하면, 그의 동의를 얻어 작업을 하여야 한다. 이러한 경우를 제외하고는, 선장은 수리를 할 권한이 없고, 또 선박의 의장을 위해 비용을 지출할 권한도 없으며, 오로지 선주가 작업에 동의하고 비용 계획을 승인한 때에 비로소 선장은 이러한 조치를 취할 수 있다.

제644조 어느 항구에 기착한 선박이 수리, 의장 혹은 보급이 필요하나 선장이 이를 감당할 선박 혹은 선주의 자금을 가지고 있지 않은 경우, 그 항구에 선주의 대리점이 있으면 우선 그에게 자금을 요청하여야 한다. 대리점이 없으면 적하 이해관계인에게 이러한 요청을 하여야 한다. 이러한 방법에 의해서도 필요한 자금을 마련할 수 없는 때에는 선장은 선체, 용골 및 장비를 목적으로 하여 모험대차로 금전을 차용할 수 있다. 그러나 선장은 선박이 스페인 항구에 있는 때에는 사전에 상사법원으로부터 허락을 받아야 한다. 선박이 외국에

---

4 정비를 이르는 것으로 추정된다.

donde se halle, siendo territorio español; y en pais estrangero del cónsul, si lo hubiere, ó no habiéndolo de la autoridad que conozca de los asuntos mercantiles. No surtiendo efecto este arbitrio, podrá echar mano de la parte del cargamento que baste para cubrir las necesidades que sean de absoluta urgencia y perentoriedad, vendiéndola con la misma autorizacion judicial y en subasta pública.

645. Estando ya la nave despachada para hacerse á la vela, no puede ser detenido por deudas del capitan, á menos que éstas no procedan de efectos suministrados para aquel mismo viage, en cuyo caso se le admitirá tambien la fianza prevenida en el art. 604. Esta disposicion tendrá lugar con todos los demas individuos de la tripulacion.

646. Los capitanes tienen obligacion de llevar asiento formal de todo lo concerniente á la administracion de la nave y ocurrencias de la navegacion en tres libros encuadernados y foliados, cuyas fojas se rubricarán por el captan del puerto de la matrícula de su barco.

- En el primero, que se titulará de cargamentos, se anotará la entrada y salida de todas las mercaderías que se carguen en la nave, con espresion de las marcas y números de los bultos, nombres de cargadores y consignatarios, puertos de carga y de descarga, y fletes que devengaren. En este mismo libro se sentarán tambien los nombres, procedencias y destino de todos los pasageros que viagen en la nave.
- En el segundo, con el título de cuenta y razon, se llevará la de los intereses de la nave, anotando por lo que recibe el capitan y lo que espenda por reparaciones, aprestos, vituallas, salarios y demas gastos que se ocasionen de cualquier clase que sean, sentándose en el mismo libro los nombres, apellidos y domicilios de toda la tripulacion, sus sueldos respectivos, cantidades que perciban por razon de ellos, y las consignaciones que dejen hechas para sus familias.
- En el tercero, que se nombrará diario de navegacion, se anotarán dia por dia todos los acontecimientos del viage, y las resoluciones sobre la nave ó el cargamento que exijan el acuerdo de los oficiales de ella.

647. Si durante la navegacion muriese algun pasagero ó individuo del equipage, pondrá el capitan en buena custodia todos los papeles y pertenencias del difunto, formando un inventario exacto de todo ello con asistencia de dos testigos que serán algunos de los pasageros, si los hubiere, ó en su defecto individuos de la tripulacion.

648. Antes de poner la nave á la carga se hará un reconocimiento prolijo de su estado por el capitan y oficiales de ella, y dos maestros de carpintería y calafatería; y hallándola segura para emprender la navegacion á que se le destine, se estenderá por acuerdo en el libro de resoluciones ; y en el caso contrario se suspenderáel viage hasta que se hagan las reparaciones convenientes.

649. En ningun caso desamparará el capitan la nave en la entrada y salida de los puertos y rios. Estando en viage, no pernoctará fuera de ella sino por ocupacion grave que proceda de su oficio, y no de sus negocios propios.

650. El capitan que llegue á un puerto estrangero, se presentará al consul español en las veinte

있으면 그곳 영사의 허락을 받아야 하고, 영사가 없으면 상사업무를 취급하는 관청의 허락을 받아야 한다. 이러한 수단이 효력을 발휘하지 못하는 경우, 절대적으로 위급하고 절실한 필요를 충족시키는 범위 내에서, 선장은 적하를 처분할 수 있는 바, 이처럼 적하를 처분하려면 마찬가지로 선장은 사전에 허락을 받아야 하고, 그 적하는 공매절차를 통해 매각하여야 한다.

제645조 선박이 해수에 임재하여 항해를 개시한 때에는, 선장이 부담하는 채무를 이유로 그 선박을 압류할 수 없다. 다만 그 항해를 위하여 제공한 물건에 기인한 경우에는 그러하지 아니하며, 이 경우에도 위 제604조에서 본 담보를 제공하는 것이 허용된다. 이 규정은 여타 선원에 관하여도 마찬가지로 적용된다.

제646조 선장은 선박의 관리 및 항해 경위에 관한 모든 필요한 공식 기록를 보관하여야 한다. 이 공식 기록은 3종류의 장부로 구성되어 있고, 각 장부는 편철되어 면수가 기재되어 있고, 선적항 항만장이 모든 장수마다 주인하여야 한다.

- 첫째 장부는 적하대장이라고 부르며, 선적한 화물의 출입 상황을 기록하며, 그 기호, 포장수, 화주와 수하인의 성명, 선적항과 양륙항, 예정된 운임을 기재하여야 한다. 이 장부에 여객의 성명, 승선지 및 도착지도 기재하여야 한다.
- 둘째 장부는 회계장부라고 부르며, 선박에 금전적인 이해관계가 있는 사항을 기재하며, 각각 항목별로, 선장이 수령한 것과, 수리, 준비, 양식, 임금 및 기타 항해 중 발생한 비용을 모두 기재한다. 동일한 장부에 선원의 성명, 주소, 각각의 급료를 기재하고, 선원의 수령 금액 및 가족을 위한 예치 금액도 기재하여야 한다.
- 셋째 장부는 항해일지라고 부르고, 매일 그날 항해 중 발생한 모든 사건을 기재하며, 선박 혹은 적하에 관한 사관회의가 요구되는 때에는 그 결의사항도 기재하여야 한다.

제647조 항해 도중 여객 혹은 선원이 사망하는 경우, 선장은 사망한 사람의 서류 및 물건을 잘 보관하여야 한다. 그리고 두 명의 증인이 참여한 가운데, 정확한 보관목록을 만들어야 한다. 증인은 여객이 있으면 여객 중에서 선정하고, 여객이 없으면 선원 중에서 선정한다.

제648조 선적을 개시하기 전에, 선장과 사관은 선박 상태를 빠짐없이 면밀히 점검하여야 하고, 항구에 있는 목재부와 방수부[5]의 직장의 점검을 받아야 한다. 점검 결과 목적 항해를 하기에 충분한 안전성이 확보되었다고 판단되면, 그 합의를 거쳐 선박장부에 기록하여야 한다. 결론이 반대인 경우에는 필요한 수리를 완료할 때까지 항해를 중지해야 한다.

제649조 여하한 경우이든, 선박이 항구 혹은 하천을 출입할 때에는, 선장이 선상에서 선박을 직접 지휘하여야 한다. 항해 도중 그 직책상 발생한 중대한 사유가 있는 경우를 제외하고는, 선장은 선박 외에서 숙박을 할 수 없고, 여하한 경우라도 그 개인적인 영업을 위해 선박외 숙박을 할 수 없다.

5 1681년 프랑스 해사칙령 제2편 9장 참조. 오늘날 선급의 역할을 하였던 것이 아닌가 생각된다.

y cuatro horas siguientes á haberle dado plática, y hará declaracion ante el mismo del nombre, matrícula, procedencia y destino de su buque, de las mercaderías que componen su carga, y de las causas de su arribada, recogiendo certificacion que acredite haberlo así verificado, y la época de su arribo y de su partida.

651. Cuando un capitan tome puerto por arribada en territorio español, se presentará inmediatamente que salte en tierra al capitan del puerto, y declarará las causas de la arribada. La misma autoridad hallándolas ciertas y suficientes, le dará certificacion para guarda de su derecho.

652. El capitan que habiendo naufragado su nave se salváre solo ó con parte de la tripulacion, se presentará a la autoridad mas inmediata, y hará relacion jurada del suceso. Esta se comprobará por las declaraciones que mediante juramento darán los individuos de la tripulacion y pasageros que se hubieren salvado, y el espediente original se entregará al mismo capitan para guarda de su derecho. Si las declaraciones de la tripulacion y pasageros no se conformaren con la del capitan, no hará fé en juicio la de este, y en ambos casos queda reservada á los interesados la prueba en contrario.

653. Cuando se hubieren consumido las provisiones comunes de la nave antes de llegar á puerto, podrá el capitan, de acuerdo con los demas oficiales de ésta, obligar á los que tengan víveres por su cuenta particular á que los entreguen para el consumo comun de todos los que se hallen á bordo, abonando su importe en el acto, ó á lo mas tarde en el primer puerto adonde arribe.

654. No puede el capitan cargar en la nave mercadería alguna por su cuenta particular sin permiso del naviero, ni permitirá que lo haga sin el mismo consentimiento individuo alguno de la tripulacion.

655. Tampoco puede el capitan hacer pacto alguno público ni secreto con los cargadores que ceda en beneficio particular suyo, sino que todo cuanto produzca la nave bajo cualquier título que sea ha de entrar en el acervo comun de los partícipes en los productos.

656. El capitan que navegue á flete comun ó al tercio no puede hacer negocio alguno separado de su propia cuenta ; y si lo hi ciere, pertenecerá la utilidad que resulte á los demas interesados, y las pérdidas cederán en su perjuicio particular.

657. El capitan que habiéndose concertado para un viage dejáre de cumplir su empeño, sea porque no emprenda el viage, ó sea abandonando la nave durante él, ademas de indemnizar al naviero y cargadores todos los perjuicios que les sobrevengan por ello, quedará inhábil perpetuamente para volver á capitanear nave alguna. Solo será escusable, si le sobreviniere algun impedimento físico ó moral que le impida cumplir su empeño.

658. No es permitido al capitan hacerse sustituir por otra persona en el desempeño de su encargo sin consentimiento del naviero ; y si lo hiciere, queda responsable de todas las gestiones del sustituto, y el naviero podrá deponer á éste y al que lo nombró, exigiéndole las

第650条 선박이 외국 항구에 도착하면, 입항허가를 취득한 때부터 24시간이 경과하기 전에, 선장은 스페인 영사관에 출석하여 그 성명, 선적항, 출발지, 목적지, 적하를 구성한 화물 및 기항 이유 등을 영사에게 신고하여야 한다. 그리고 이러한 신고를 한 것을 증명하고 도착 일시와 출발 일시를 기재한 확인서를 받아야 한다.

第651条 선박이 스페인 항구에 기항하는 경우, 선장은 도착 후 지체 없이 항만장에 출석하여 기착 이유를 신고하여야 한다. 이 관청은 기착 이유가 확실하고 충분하다고 판단되면, 그 권리를 보장하는 확인서를 교부한다.

第652条 선박이 난파를 당하고, 선장이 홀로 혹은 다른 선원과 함께 구조된 경우, 선장은 가장 인근 관청에 출석하여 선서하에 사고신고서를 작성하여야 한다. 구조된 선원 및 여객도 선서하에 사고경위서를 작성하여야 하며, 이 사고경위서에 의해 선장이 작성한 사고신고서를 다시 확인한다. 그리고 신고 서류의 원본은, 장차 그 이익을 보호하기 위해, 이를 선장에게 교부한다. 선원이나 여객의 경위서가 선장의 신고서와 일치하지 아니하는 때에는, 선장의 신고서는 법적인 증명력을 잃는다. 그리고 두 진술 중 어느 사안이든, 추후에 이해관계인이 반증을 들 수 있다.

第653条 선박이 항구에 도착하기 이전에 공용의 보급품을 전부 소비한 때에는, 선장은 다른 사관의 동의를 얻어, 선상에 보유한 개인 소유의 양식을 전원이 공용으로 사용할 수 있도록 그 인도를 요청할 수 있다. 선장은 즉시 혹은 늦어도 추후 최초 항구에 기착한 때에 해당 소유자에게 그 보상을 하여야 한다.

第654条 선장은, 선주의 허락이 없으면, 그 개인 계산으로 화물을 선적할 수 없다. 그리고 선주의 동의가 없으면, 선장은 선원이 그 개인 계산으로 화물을 선적하는 것도 허용할 수 없다.

第655条 선장은 화주와의 사이에 그 이익의 일부를 자기 개인에게 이전하는 특약을, 공개적으로 하든 비밀리에 하든, 할 수 없다. 합의를 하려면 그 명목이 무엇이든 선박으로부터 생기는 이익은 그 전부를 이익을 공유하는 구성원 전체의 공동기금으로 넣어야 한다.

第656条 선장이 선박을 가지고 다른 사람과 공동으로 영업을 하거나 혹은 제3자에게 전부 용선주어 영업을 하는 경우, 선장은 그 개인 계산으로 별도로 영업을 할 수 없다. 이에 위반하여 선장이 개인적으로 영업을 하면, 그로 인한 모든 이익은 다른 이해관계인에게 귀속되는 것으로 보고, 그로 인하여 손해가 생기면 이는 선장의 개인적 부담으로 돌아간다.

第657条 특정한 항해를 지휘하기로 약정한 선장이 그 직책을 완수하지 아니하면, 처음부터 항해를 개시하지 아니하든 항해 도중 임무를 포기하든, 그로 인하여 발생한 선주 및 화주의 손해를 전부 보상하여야 할 뿐만 아니라, 앞으로 어느 선박이든 지휘할 자격을 영원히 상실한다. 다만 신체적 혹은 윤리적 사유로 직책의 수행이 불가능하게 되어 그렇게 된 때에는 선장이 책임을 면한다.

第658条 선장은 선주의 동의가 없으면 그 직책의 수행을 제3자로 하여금 대신하게 할 수 없다. 이에 위반하여 대신 수행하게 한 경우, 선장은 그 대체된 사람의 업무에 대하여 책임을 지며, 선주는 선장과 선장이 임명한 사람 모두에 대하여 전 조에 따른 책임을 물어 손해

indemnizaciones á que se haya hecho responsable con arreglo al anterior.

659. Desde todo puerto donde el capitan cargue la nave debe remitir al naviero un estado exacto de los efectos que ha cargado, nombres y domicilios de los cargadores, fletes que devenguen, y cantidades tomadas á la gruesa. En el caso de no encontrar medios de dar este aviso en el puerto donde reciba la carga, lo verificará en el primero adonde arribe en que haya facilidad para ello.

660. Tambien dará el capitan noticia puntual al naviero de su arribo al puerto de su destino, aprovechando el primer correo ú otra ocasion mas pronta, si la hubiere.

661. Cuando por cualquier accidente de mar perdiere el capitan toda esperanza de poder salvar la nave, y se crea en el caso de abandonarla, oirá sobre ello á los demas oficiales de la nave, y se estará á lo que decida la mayoría, teniendo el capitan voto de calidad. Pudiendo salvarse en el bote, procurará llevar consigo lo mas precioso del cargamento, recogiendo indispensablemente los libros de la nave, siempre que haya posibilidad de hacerlo. Si los efectos salvados se perdieren antes de llegar á buen puerto, no se le hará cargo alguno por ellos, justificando en el primero adonde arribe que la pérdida procedió de caso fortuito inevitable.

662. No puede el capitan tomar dinero á la gruesa ni hipotecar la nave para sus propias negociaciones. Siendo co-partícipe en el casco y aparejos, puede empeñar su porcion particular, siempre que no haya tomado antes gruesa alguna sobre la totalidad de la nave, ni exista otro género de empeño ó hipoteca á cargo de ésta. En la póliza del dinero que tomáre el capitan co-propietario en la forma sobredicha, espresará necesariamente cuál es la porcion de su propiedad sobre que funda la hipoteca espresa, En caso de contravencion á este será de cargo privativo del capitan el pago del principal y costas, y podrá el naviero deponerlo de su empleo.

663. El capitan, luego que se haya fletado la nave, debe ponerla franca de quilla y costados, apta para navegar y recibir la carga en el término pactado con el fletador.

664. Estando la nave fletada por entero, no puede el capitan recibir carga de otra persona sin anuencia espresa del fletador; y si lo hiciere, podrá éste obligarle á desembarcarla, y exigirle los perjuicios que se le hayan seguido.

665. No permitirá el capitan que se ponga carga sobre la cubierta del buque sin que consientan en ello todos los cargadores, el mismo naviero y los oficiales de la nave; y será bastante que cualquiera de estas partes les lo resista, para que no se verifique, aunque las demas lo consientan,

666. Las obligaciones impuestas á los navieros por los artículos 631 y 632, son estensivas á los capitanes en las contratas que hagan sobre fletes.

667. Es obligacion del capitan mantenerse en su nave con toda su tripulacion mientras esta se esté cargando.

배상을 청구할 수 있다.

제659조 어느 항구이든 선적을 하면, 선장은 선적한 물건, 화주의 성명과 주소, 발생할 운임, 모험대차로 차용한 금액 등을 기재한 명세서를 작성하여, 이를 선주에게 송부하여야 한다. 선적한 항구에서 이러한 통지를 할 방법을 발견할 수 없는 때에는, 이러한 설비를 갖춘 첫 번째 기착항에서 통지를 하여야 한다.

제660조 선장은 선박이 목적항에 도착하면, 지체 없이 이를 선주에게 통지하여야 하며, 가장 신속한 우편으로 통지하여야 하고, 보다 신속한 다른 방법이 있으면 그 방법으로 통지하여야 한다.

제661조 항해 사고를 당하여 선박이 구조될 가망이 없고, 따라서 선박을 포기해야 할 상황에 놓인 경우, 선장은 다른 사관과 논의를 하고 그 다수결의 결정에 따라야 한다. 선장은 이 결정을 함에 있어 가부 동수인 때에 결정권을 갖는다. 보트에 의해 구조가 가능한 경우, 선장은 가능한 범위 내에서 적하 중 가장 고가인 것을 가지고 나와야 하고, 반드시 장부를 가지고 나와야 한다. 이 경우 구조된 물건이 안전한 항구에 도착하기 이전에 멸실된 때에도, 처음에 도착한 곳에서 멸실이 불가항력적인 것이 증명되면 선장은 그에 대해 어떠한 책임도 지지 아니한다.

제662조 선장은 자기의 개인적인 영업을 위해 선박을 담보로 하여 모험대차를 하거나 저당할 수 없다. 선장이 선체나 장비의 공유자인 경우, 이전에 선박 전체를 목적으로 모험대차를 하거나 자기 지분에 대해 이전에 저당권 기타 담보권이 있지 아니하는 한, 그에 대해 자기 개인 지분을 담보로 제공할 수는 있다. 이 방식에 따라 차용을 하는 공유자인 선장은 차용증서에 저당의 대상인 소유지분을 반드시 명시적으로 기재하여야 한다. 본조를 위반한 경우, 그 원금과 비용은 선장이 이를 개인적으로 지급하여야 하며, 선주는 그 책임을 선장에게 돌릴 수 있다.

제663조 선박의 용선이 이루어지면, 선장은 지체없이 선체를 모두 비워서 용선자와 약정한 시간 내에 화물을 수령하여 항해를 할 수 있도록 준비하여야 한다.

제664조 선박 전부를 용선으로 내어준 경우, 선장은 용선자의 명시적인 허락을 받지 아니하고는, 다른 사람으로부터 적하를 받아 선적할 수 없다. 허락 없이 선적을 한 경우, 용선자는 선장에게 양하를 요구할 수 있고, 또 그에 따르는 손해배상을 청구할 수 있다.

제665조 화주 전원, 선주 및 사관이 모두 동의하지 아니하면, 선장은 적하를 갑판에 선적할 수 없다. 이 중에서 어느 한 종류의 사람이라도 반대하면 다른 사람들이 모두 동의한다 하더라도 적하를 갑판에 선적할 수 없다.

제666조 위 제631조 및 제632조에 의하여 선주에게 부과된 의무는, 운송을 위해 선장이 체결할 계약에 대해, 선장에도 확장하여 적용한다.

제667조 선박이 선적을 하고 있는 동안에는, 선장은 선상의 모든 선원과 함께 선상에서 정위치하여야 한다.

668. Despues de haberse fletado la nave para puerto determinado, no puede el capitan dejar de recibir la carga y hacer el viage convenido, si no sobreviene peste, guerra ó estorsion en la misma nave, que impidan legítimamente emprender la navegacion.

669. Cuando por violencia estragere algan corsario efectos de la nave ó de su carga, o el capitan sé viere en la necesidad de entregárselos, formalizará su asiento en el libro, y justíficara el hecho en el primer puerto adonde arribe. Es de cargo del capitan resistir la entrega, ó reducirla á lo menos posible en cantidad y calidad de los efectos que se le exijan por todos los medios que permita la prudencia.

670. El capitan que corriere temporal, ó considere que hay daño ó avería en la carga, hará su protesta en el prlmer puerto adonde arribe dentro de las veinte y cuatro horas siguientes á su arribo, y la ratificará dentro del mismo término luego que llegue al de su destino, procediendo en seguida á la justificacion de los hechos; y hasta quedar evacuada no podrá abrir las escotillas.

671. No puede el capitan tomar dinero á la gruesa sobre el cargamento; y en caso de hacerlo, será ineficaz el contrato con respecto á éste.

672. Luego que el capitan llegue al puerto de su destino y obtenga los permisos necesarios de las oficinas de marina y aduana real, hará entrega de su cargamento á los respectivos consignatarios sin desfalco, bajo su responsabilidad personal y la del buque, sus aparejos y fletes.

673. Las creces y aumentos que tenga la carga durante su estancia en la nave, pertenecen al propietario.

674. Cuando por ausencia del consignatario, por no presentarse portador legítimo de los conocimientos á la orden, ignoráre el capitan á quién haya de hacer legítimamente la entrega del cargamento, lo pondrá á disposicion del tribunal de comercio, o en defecto de haberlo, de la autoridad judicial local, para que provea lo conveniente á su depósito, conservacion y seguridad.

675. El capitan llevará un asiento formal de los géneros que entrega con sus marcas y números, y espresion de la cantidad, si se pesaren ó midieren, y lo trasladará al libro de cargamentos.

676. El capitan es responsable civilmente de todos los daños que sobrevengan á la nave y su cargamento por impericia ó descuido de su parte. Si estos daños procedieren de haber obrado con dolo, ademas de aquella responsabilidad será procesado criminalmente y castigado con las penas prescritas en las leyes criminales.

677. El capitan que haya sido condenado por haber obrado con dolo en sus funciones quedará inhabilitado para obtener cargo alguno en las naves

678. No se admitirá escepcion alguna en descargo de su responsabilidad al capitan que

제668조 특정한 항구로 항해할 목적으로 운송계약을 체결한 경우, 전염병, 전쟁 혹은 선박의 강탈 등의 사유로 항해가 합법적으로 불가능하게 된 때에 한하여, 선장은 약정한 선적과 항해를 거절할 수 있다.

제669조 해안 강도가 폭력으로 선상의 적하 기타 물건을 탈취하는 때에 혹은 선장이 물건이나 적하를 이들에게 건네줄 필요가 있다고 판단되는 때에, 선장은 이를 선박장부에 기입하여 절차를 밟고, 최초 기착항에서 그 인도 경위를 입증하여야 한다. 그러나 선장은 분별력을 가진 사람이 판단하였을 때에 사용할 수 있는 모든 방법을 동원하여 그 인도를 저지하고, 또 가능한 한 건네줄 물건의 수량과 가액을 줄이도록 노력하여야 한다.

제670조 선박이 폭풍 속을 항해하였거나 혹은 적하에 파손이나 손해가 발생했다고 판단되는 경우, 선장은 이후 최초 기착항에서 도착 후 24시간 이내에 사고신고를 하여야 한다. 그리고 선박이 목적항에 도착하면 동일한 시간 내에 즉시 사고 경위를 입증하는 절차를 거쳐 신고서를 확인받아야 한다. 선박이 안전한 곳으로 대피할 때까지 선장은 선창의 입구를 열어서는 아니 된다.

제671조 선장은 적하를 목적으로 하여 모험대차로 금전을 차용할 수 없다. 이에 위반하여 차용을 한다 하더라도 그 계약은 적하에 대하여 효력이 없다.

제672조 선박이 목적항에 도착하면 선장은 해운관청과 세관으로부터 필요한 허가를 얻은 다음 자기 개인적 책임하에 화물을 감액 없이 전부 각 수하인에게 인도하여야 하며, 이러한 인도에 대하여는 그 선박, 장비 및 운임도 그 부담을 진다.

제673조 운송 도중에 발생한 적하의 성장 및 증가는 그 화물 소유자에 귀속한다.

제674조 화물을 수령할 수하인이 나타나지 아니하거나 혹은 지시식 선하증권의 소지인이 나타나지 아니하고, 선장이 적법하게 적하를 수령할 자를 알 수 없는 경우, 선장은 적하를 상사법원 혹은 상사법원이 없으면 지역법원에 위탁하고, 법원은 그 적하의 보관, 보존 및 안전에 적합한 조치를 마련한다.

제675조 선장은 인도한 물품에 대해, 공식적으로 인도증을 작성하여야 하고, 거기에 화물의 기호 및 개수를 기재하고 중량이나 용적으로 그 크기를 기재하여야 하며, 그 다음 이를 화물대장에 전기하여야 한다.

제676조 선장은 그의 미숙이나 부주의로 인해, 선박 혹은 적하에 발생한 파손에 대해 민사상 책임을 진다. 파손이 그의 고의 행위에 기인하는 경우, 위에서 본 민사책임과 별도로 형사절차를 통해 소추되고 형법이 정한 바에 따라 처벌을 받는다.

제677조 그 직무상 고의 행위로 인하여 형사처벌을 받은 선장은 장차 선박에서 어떤 직책이든 부여받을 자격을 영구히 상실한다.

제678조 선장이 선상에 있는 화주 혹은 화주대리인의 참여하에 열린 사관회의의 판단에

hubiere tomado derrota contraria á la que debia, ó variado de rumbo sin justa causa, á juicio de la junta de oficiales de la nave, con asistencia de los cargadores ó sobrecargos que se hallaren á bordo.

679. El capitan es responsable tambien civilmente de las sustracciones y latrocinios que se cometieren por la tripulacion de la nave, salva su repeticion contra los culpados. Asimismo lo es de las pérdidas, multas y confiscaciones que ocurran por contravenciones á las leyes y reglamentos de aduanas ó de policía de los puertos, y de los que se causen por las discordias que se susciten en el buque, ó por las faltas que cometa la tripulacion en el servicio y defensa del mismo, si no probáre que usó con tiempo de toda la estension de su autoridad para prevenirlas, impedirlas y corregirlas.

680. Serán tambien de cargo del capitan los perjuicios que resulten por la inobservancia de los artículos 642, 648, 649, 654, 665 y 667.

681. La responsabilidad del capitan sobre el cargamento comienza desde que se le hace la entrega de él en la orilla del agua, ó en el muelle del puerto donde se carga, hasta que lo pone en la orilla ó muelle del puerto de la descarga, si otra cosa no se hubiere pactado espresamente, ó si no hubiere quedado de cuenta del cargador entregar la carga á bordo, ó recibirla del mismo modo

682. No tiene responsabilidad alguna el capitan de los daños que sobrevienen al buque ni su cargamento por fuerza mayor insuperable ó caso fortuito que no pudo evitarse.

683. Ningun capitan puede entrar voluntariamente en puerto distinto del de su destino, sino en los casos y bajo las formalidades que se previenen en los artículos 968 Y 969. Si contraviniere a estos artículos, ó si la arribada procediere de culpa, negligencia ó impericia del capitan, será responsable de los gastos y perjuicios que en ella se causen al naviero y á los cargadores.

684. El capitan que tome dinero sobre el casco y aparejos del buque, que empeñe ó venda mercaderías ó provisiones, fuera de los casos y en la forma que va prevenido, y el que cometa fraude en sus cuentas, ademas de reembolsar la cantidad defraudada, será castigado como reo de hurto.

685. Los capitanes cumplirán ademas de las obligaciones prescritas en este Código, las que les esten impuestas por los reglamentos de marina y aduanas.

686. Las obligaciones que el capitan contrae para atender á la reparacion, habilitacion y aprovisionamiento de la nave, recaen sobre el naviero, y no le constituyen personalmente responsable á su cumplimiento, á menos que no comprometa espresamente su responsabilidad personal, ó suscriba letra de cambio ó pagaré á su nombre.

의해 결정된 당초의 예정 항로와 다른 항로를 선택하거나 정당한 이유 없이 이러한 결정에 의해 정한 항해 방향을 변경한 경우, 그 선장의 책임을 면제함에 있어 어떠한 예외도 인정되지 아니한다.

제679조 선장은 선원이 저지른 횡령 및 절도에 대하여도 민사책임을 진다. 그러나 선장은 이 범법자들에게 추후에 구상하는 권리는 보유한다. 항구의 치안 및 관세 관련 법령을 위반하여 발생한 멸실, 벌금 혹은 몰수로 인한 손해에 대하여도 선장은 마찬가지로 민사책임을 지고, 선박에서 발생한 불화 혹은 선원이 업무수행이나 선박 방어에 있어 과실로 발생시킨 손해에 대하여도 민사책임을 지며, 다만 선장이 그러한 행위를 예방하고, 방지하고 또 시정하기 위하여 지체 없이 필요한 권한을 최대한 행사한 것을 증명하는 때에는 책임을 면한다.

제680조 위 제642조, 제648조, 제649조, 제654조, 제665조 및 제667조를 위반하여 발생하는 손해에 대하여도 마찬가지로 선장은 책임이 있다.

제681조 적하에 대한 선장의 책임은, 해안 혹은 부두에서 선장이 적하를 수령하는 시점부터 시작되며, 양륙항에서 부두나 해안에 적하를 양륙하는 시점까지 지속된다. 그러나 당사자가 명시적으로 다른 약정을 한 경우 혹은 선적이나 양륙이 화주의 계산으로 이루어지는 경우에는 그러하지 아니하다.

제682조 선박이나 적하에 발생한 파손이 극복 불가능한 천재지변이나 불가피한 우연한 사고로 인한 것인 때에는, 선장은 그 어떠한 책임도 지지 아니한다.

제683조 아래 제968조 및 제969조에서 규정한 경우와, 그곳에서 정한 절차를 밟지 않은 한, 선장은 목적항이 아닌 다른 항구에 자의로 기항할 수 없다. 이러한 조항의 규정에 위반하여 기항을 하거나 그 기항이 선장의 잘못, 과실 혹은 무능에 기인한 경우, 선장은 그로 인하여 선박 및 적하에 발생한 손해를 배상할 책임이 있다.

제684조 이 법에서 정한 경우와 방법에 의하지 아니하고, 선장이 선체나 장비를 목적으로 모험대차로 차용을 하거나 화물이나 물자를 매각 혹은 부보하는 경우, 또는 선장이 계산을 함에 있어 사기행위가 있었던 경우, 선장은 사기한 금액을 반환하는 것은 물론, 절도범으로서 형사처벌을 받아야 한다.

제685조 선장은 본법에서 정한 의무를 이행해야 하는 것은 물론, 항해와 관세에 관한 각종 규정도 성실히 준수하여야 한다.

제686조 선박의 수리, 항해능력의 회복, 물사의 보급 등을 삼낭하기 위하여 선장이 계약을 체결한 경우, 선주가 그 책임을 져야 하고, 선장은 개인적으로 그 이행에 대하여 책임이 없다. 다만 명시적으로 개인적으로 책임질 것을 확약하거나 혹은 환어음에 인수를 하거나 지급을 약속한 때에는 선장이 개인적으로 책임을 진다.

SECCION TERCERA. DE LOS OFICIALES Y EQUIPAGE DE LA NAVE

687. Ninguno podrá ser piloto, contramaestre, ni oficial de nave mercante, bajo cualquiera denominacion que sea, sin haber obtenido la habilitacion y autorizacion que previenen las ordenanzas de matrículas de mar; y cualquiera contrato hecho por un naviero ó capitan para oficiales de mar con persona que carezca de dicha autorizacion, será nulo é ineficaz con respecto á ambas partes.

688. Entre las personas que tengan la autorizacion conveniente para ejercer los oficios que designa el precedente, elegirá el naviero la que sea de su agrado, sin que por autoridad alguna se le pueda obligar á que la eleccion recaiga en sugeto determinado, salvo lo que se ha prevenido an el art. 639 con respecto á la intervencion que debe tener el capitan de la nave en estos nombramientos

689. Por muerte, ausencia ó enfermedad del capitan recae el mando y gobierno de la nave en el piloto, mientras que el naviero provee de persona que le reemplace; y á su consecuencia tendrá la misma responsabilidad que el capitan en el cumplimiento de las obligaciones que á éste corresponden.

690. El piloto debe ir provisto de las cartas de navegacion é instrumentos necesarios para el desempeño de su encargo, y responde de los accidentes á que dé lugar su omision en esta parte.

691. Para mudar de rumbo ha de obrar el piloto con acuerdo del capitan, y si éste se opusiere á que tome el que convenga al buen viage de la nave, le espondrá las observaciones convenientes en presencia de los demas oficiales de mar ; y en caso de insistir el capitan en su resolucion, estenderá el piloto la conveniente protesta en el libro dé navegacion, sin perjuicio de obedecer al capitan, á cuyo perjuicio vendrán las resultas de su mala disposicion.

692. Los pilotos llevarán particularmente por sí un libro en que anotarán diariamente la altura del sol, la derrota, la distancia, la longitud y la latitud en que juzgaren hallarse; los encuentros que tuvieren de otras naves, y todas las particularidades útiles que observen durante la navegacion.

693. Si por impericia y descuido del piloto varase ó naufragase la nave, responderá de todos los perjuicios que se causen á ésta, y al cargamento. Si el daño procediese de haber obrado con dolo, será procesado criminalmente, y castigado segun derecho ; quedando inhabilitado para volver á ejercer las funciones de piloto en ningnn otro buque. La responsabilidad particular del piloto no escluye la que tiene el capitan en los mismos casos segun el art. 676.

694. Por imposibilidad ó inhabilitacion del capitan y del piloto, sucede el contramaestre en el mando y responsabilidad de la nave.

695. Es de cargo del contramaestre vigilar sobre la conservacion de los aparejos de la nave, y proponer al capitan las reparaciones que crea necesarias.

제3절 사관과 선원

제687조 누구이든지 먼저 해사법령에서 정한 바에 따라 자격을 취득하고, 승선을 허락받지 아니하면 그 명칭이 무엇이든 상선의 항해장, 장비장 여타 사관이 될 수 없다. 이러한 자격과 허락을 받지 아니한 사람이 사관이 되기 위해 선주나 선장과 체결한 계약은 양 당사자에게 당연 무효이며 그 효력이 없다.

제688조 선주는 전 조 규정에 의하여 승선을 하여 직책을 수행할 수 있도록 허락받은 사람 중에서 가장 적당하다고 판단되는 사람을 선정하여 임명할 수 있고, 어떠한 권한을 가진 사람도 선주에게 특정한 사람을 선정하라고 강요할 수 없으며, 다만 위 제639조에 규정된 바에 따라 선장이 임명에 관여하는 것은 그 예외로 한다.

제689조 선장이 사망, 실종 혹은 질병으로 그 직책을 수행할 수 없는 경우, 선주가 대체할 선장을 파송할 때까지, 항해장이 선장을 대신하여 선박을 지휘, 관리한다. 이 때에 그 항해장은 선장의 직무를 수행함에 있어 선장과 동일한 책임을 진다.

제690조 항해장은 그 직책을 수행하는 데 필요한 해도 및 용구를 구비하고 있어야 하고, 이 부분에 대한 의무를 태만히 하여 발생한 사고에 대하여 책임을 진다.

제691조 항해장이 항해 방향을 변경하려고 하면 먼저 선장의 동의가 있어야 한다. 항해장이 판단할 때에 선박의 안전을 위해 가장 적당하다고 생각되는 방향으로 항해 방향을 변경하는 것을 선장이 반대하는 때에는, 다른 사관이 참여한 곳에서 선장에게 자기의 견해를 적절하게 설명하여야 한다. 선장이 계속하여 자기 주장을 굽히지 아니하는 경우, 항해장은 선장의 의견에 따라야 하고, 다만 항해장부에 이의 사실을 기록하여야 하며, 그러면 잘못 처리한 결과로 손해가 발생하면 선장은 그에 대해 모든 책임을 져야한다.

제692조 항해장은 스스로 항해장부를 비치하고, 일고, 항로, 거리, 예상 위도 및 경도를 매일 기재하여야 한다. 항해 도중 조우한 다른 선박 및 항해 도중 발견한 특이 사항을 모두 기재하여야 한다.

제693조 항해장의 미숙이나 그 부주의로 선박이 좌초 혹은 난파를 당한 경우, 항해장은 그로 인하여 선박 및 적하에 발생하는 모든 손해를 배상하여야 한다. 항해장의 고의행위로 인하여 파손이 발생한 때에는, 형사 소추의 절차를 밟아 법에 따라 처벌한다. 그리고 그 항해장은 장래 다른 선박에서 항해장의 직책을 수행할 자격을 영구히 상실한다. 위 규정에 따라 항해장이 책임을 진다하여, 동일한 사안에 대한 위 제676조의 규정에 따른 선장의 책임이 면제되는 것은 아니다.

제694조 선장과 항해장이 모두 능력이나 자격을 상실하여 선박을 지휘할 수 없는 때에는, 장비장이 직책을 인수하여 선박을 지휘하고, 선박을 지휘하는 장비장은 선장과 동일한 책임을 진다.

제695조 장비장은 선박의 장비의 상태를 항상 면밀히 관찰하여야 하고, 필요하다고 판단되면 선장에게 수리를 건의하여야 한다.

696. Tambien corresponde al contramaestre arreglar en buen orden el cargamento, tener la nave espedita para las maniobras que exige la navegacion, y mantener el orden, la disciplina y buen servicio en la tripulacion, pidiendo al capitan las órdenes é instrucciones que sobre todo ello estime mas convenientes, y dándole aviso pronto y puntual de cualquiera ocurrencia en que sea necesaria la intervencion de su autoridad. Con arreglo á las mismas instrucciones detallará á cada marinero el trabajo que deba hacer á bordo, y vigilará sobre que lo desempeñe debidamente.

697. Cuando se desarme la nave se encargará por inventario de todos sus aparejos y pertrechos, cuidando de su conservacion y custodia, á menos que por orden del naviero sea relevado de este encargo.

698. En punto á las calidades que deban concurrir en los que hayan de componer los equipages de las naves mercantes, se observará lo que está dispuesto en las ordenanzas de matrículas de gente de mar.

699. Las contratas entre el capitan y el equipage deben todas estenderse por escrito en el libro de cuenta y razon de la nave, y firmarse por los que sepan hacerlo. Los que no sepan firmar podrán autorizar á otro que firme por ellos. Estando este libro con los requisitos prevenidos en el art. 646, y no apareciendo indicio de alteracion en sus partidas, hará entera fé sobre las diferencias que ocurran entre el capitan y el equipage, en razon de las contratas contenidas en él, y á las cantidades entregadas á cuenta de ellas. Cada individuo del equipage podrá exigir del capitan que le dé una nota firmada de su puño de la contrata estendida en el libro

700. El hombre de mar contratado para el servicio de la nave no puede rescindir su empeño ni dejar de cumplirlo, como no le sobrevenga impedimento legítimo que lo estorbe.

701. Si el hombre de mar que esté contratado para una nave se concertase para otra, será nulo el contrato, y el capitan tendrá la opcion de obligarle á prestar el servicio que tenia pendiente, ó buscar á espensas del mismo quien le substituya. Ademas perderá los salarios que tuviere devengados en su primer empeño á beneficio de la nave en donde lo tenia contraido, sin perjuicio de las penas correccionales á que pueda condenarle la autoridad militar, de marina. El capitan que lo ajustó en segundo lugar incurrirá en la multa de mil reales, siempre que hubiere sido sabedor de que el hombre de mar estaba empeñado en otra contrata.

702. Para pasar un hombre de mar del servicio de una nave al de otra, sin estorbo legítimo, obtendrá permiso por escrito del capitan de la nave en que servia.

703. No constando el tiempo determinado por el cual se ajustó un hombre de mar, se entiende empeñado por el viage de ida y vuelta hasta que la nave regrese al puerto de su matrícula.

704. No puede ser despedido sin justa causa el hombre de mar durante el tiempo de su contrata. Serán justas causas para despedirlo

· La perpetracion de cualquier delito que perturbe el orden en la nave, y la reincidencia

제696조 장비장은 화물을 정상 상태로 잘 정리하여야 하고, 선박이 항해를 위해 이동을 할 준비를 항상 하여야 하며, 또 선상에서 일반 선원의 질서 유지, 규율 준수 및 성실한 직무 수행에 대하여 책임이 있다. 그리고 필요한 경우 선장에게 이에 관해 적당한 명령과 지시를 요청하고, 또 선장의 관여가 필요한 사건이 발생하면 신속하고 정확하게 선장에게 보고하여야 한다. 그리고 장비장은 선장의 지시를 받아 각 일반 선원들의 업무를 세부적으로 지정하여 주고, 그 받은 임무를 적절히 수행하는지 확인하여야 한다.

제697조 선박이 의장을 해제하고자 하는 경우, 장비장은 모든 장비와 부품을 기재한 목록표를 작성하여야 하고, 그 보존과 보관에 필요한 조치를 취하여야 한다. 그러나 선주가 장비장에게 이 임무를 면제하는 지시를 한 경우에는 그러하지 아니하다.

제698조 상선에 근무할 선원의 자격은 선박등록규정상 선원에 관한 규정에서 정한 바에 따른다.

제699조 선장과 선원 사이의 계약은 전부 선박의 회계장부에 기입되어야 하고, 서명할 수 있는 사람은 모두 이에 서명하여야 하며, 서명할 수 없는 사람은 서명할 사람을 임명할 수 있다. 이 장부가 위 제646조에서 정한 요건을 갖추고 있고, 그 기장에 변경의 흔적이 보이지 아니하는 경우, 선장과 선원 사이에 계약의 내용을 두고 혹은 선원에게 지급한 금액을 둘러싸고 이견이 있는 때에, 이 장부는 완전한 증명력을 갖는다. 각 선원은 이 회계장부에 기록된 계약에 관해 선장에게 요지를 기재하고 서명하여 교부하여 줄 것을 청구할 수 있다.

제700조 선박에 근무하기 위하여 계약을 체결한 해원은 그 임무를 임의로 해지할 수 없고, 또 그 이행을 거부할 수도 없다. 다만 그 이행을 방해하는 합법적인 사유가 발생한 경우에는 그러하지 아니하다.

제701조 어느 선박과 이미 계약을 한 해원이 다른 선박과 다시 계약을 한 경우, 그 두 번째 계약은 무효로 한다. 앞서 계약한 선박의 선장은 자신의 선택권으로 존속하는 계약에 따라 직무를 수행하라고 요구할 수도 있고, 그 해원의 비용으로 대체할 다른 해원을 찾을 수도 있다. 그 외에도 그 선원은 첫 번째 직책으로 인하여 발생한 급료를 상실하고, 이로 인한 이익이 처음 선박으로 돌아가며, 나아가 해경 당국의 징계처분도 가해질 수 있다. 나중에 채용계약을 한 선장이 해원이 이미 다른 선장과 계약을 하고 임무를 부여받은 것을 알았을 경우에는 벌금 1000레알에 처한다.

제702조 하나의 선박에 근무 중인 해원을 법적으로 인정되는 방해사유가 없이 다른 선박으로 전출하기 위하여는 근무하던 선박의 선장으로부터 서면에 의한 허락이 있어야 한다.

제703조 어느 해원의 채용이 일정 기간으로 확정되어 있지 아니하면, 그 해원의 채용은 목적항으로의 진행항해와 선적항까지의 귀환항해를 위한 것이라고 본다.

제704조 계약상 채용기간이 만료되기 이전에는 정당한 사유가 없는 한 해원을 임의로 해고할 수 없다. 해원을 해고하기 위한 정당한 사유는 다음과 같다.

- 선상 질서를 어지럽힐 수 있는 범죄를 저지른 때 및 명령 불복종, 규율 위반, 부여된 임무 불이행 등의 잘못을 반복한 때,

en faltas de, insubordinacion, disciplina ó cumplimiento del servicio que le corresponda hacer.

· El hábito de la embriaguez.

· Cualquiera ocurrencia que inhabilite al hombre de mar para ejecutar el trabajo de que esté encargado.

705. Si arbitrariamente rehusáre el capitan llevar á su bordo al hombre de mar que tenga ajustado, le pagará su soldada como si hiciera su servicio; y mediante esta indemnizacion no se le podrá obligar á llevarlo, con tal que lo deje en tierra antes de emprender el viage. Esta indemnizacion saldrá de la masa de fondos de la nave, si el capitan procediere por motivos prudentes y fundados en que se interese la seguridad y el servicio de aquella. No siendo asi, la indemnizacion será de cargo particular del capitan.

706. Despues que comience la navegacion, y durante ésta, hasta concluir el viage, no puede abandonar el capitan en tierra ni en mar á hombre alguno de su equipage, á menos que como reo de algun delito no se proceda á su prision y entrega en el primer puerto de su arribada á la autoridad que corresponda, en los casos y forma que previenen las ordenanzas de marina.

707. Si despues de ajustado el equipage se revocase el viage de la nave por arbitrariedad dei naviero ó por motivos de su interés particular, se abonará á todos los hombres de mar ajustados una mesada de su respectivo salario por via de indemnizacion, aparte de lo que les corresponda percibir con arreglo á sus contratas por el tiempo que lleven de servicio en la nave. En el caso de estar el equipage ajustado á una cantidad alzada por el viage, se graduará lo que corresponda á dicha mesada y dietas, prorateándolas en los dias que por aproximacion deberia aquél durar. Este cálculo se hará por dos peritos nombrados por las partes, ó de oficio por el tribunal, si ellas no lo hicieren. Cuando el viage que estaba proyectado se calculase de tan corta duracion que no pasase de un mes, la indemnizacion se reducirá al salario de quince dias á cada individuo del equipage. De la indemnizacion y dietas se descontarán las anticipaciones que se hubieren hecho.

708. Ocurriendo la revocacion del viage despues que la nave hubiere salido al mar, devengarán los hombres de mar ajustados en una cantidad alzada por el viage, todo lo que les corresponderia si éste se hubiera concluido, y los que esten ajustados por meses percibirán el salario correspondiente al tiempo que hayan estado embarcados, y al que necesiten para llegar al puerto donde debia terminarse el viage. Será tambien de cargo del naviero y capitan proporcionar al equipage transportes para el mismo puerto, ó bien para el de la espedicion de la nave, segun mas les convenga.

709. Cuando el naviero diere distinto destino á la nave del que estaba determinado en los ajustes del equipage, y los individuos de este rehusaren conformarse á esta variacion, no estará obligado á abonarles mas que las soldadas de los dias transcurridos desde sus ajustes ; pero si ellos se conformaren en hacer el viage determinado nuevamente por el naviero, y la mayor distancia ú otras circunstancias dieren lugar á un aumento de retribucion, se regulará esta amigablemente, ó por árbitros en caso de discordia.

· 습관적으로 물건을 횡령하는 때,
· 기타 부여된 직책을 수행할 수 없는 사유가 해원에게 발생한 때.

제705조 채용된 해원의 승선을 선장이 임의로 거부한 때에는, 그 해원에게 직책을 수행한 것과 마찬가지의 급료를 지급하여야 한다. 그러나 항해를 개시하기 이전에 선장이 이처럼 하선을 명하는 것이라면, 이러한 보상을 하여야 한다는 것을 이유로 하여, 선장에게 그의 의사에 반하여 특정한 해원의 승선을 강요할 수 없다. 선장이 상당한 이유를 가지고서 또 선박의 안전과 그 해원의 근무를 고려하여 그러한 조치를 취한 때에는, 해원에게 지급할 보상금은 선박의 공동기금에서 지출한다. 그렇지 아니한 때에는 이를 선장 개인의 부담으로 한다.

제706조 선박이 항해를 개시한 때부터 그 항해를 종료할 때까지 항해 도중에는, 선장은 선원을 해상 혹은 육상에 버려둘 수 없다. 다만 선원이 범죄행위를 한 경우, 선상 감옥에 유치한 다음 이후 최초 기항지에서 해당 관청에 인도해야 하며, 이에 해당하는 범죄와 그 처리 절차는 해사칙령에서 정한다.

제707조 승무원으로 채용된 이후에, 선주가 임의적 결정이나 영업적 이유로 항해를 취소한 경우, 각 해원은 이미 근무한 시간에 대해 계약에 따른 보수를 청구할 수 있는 것은 물론, 그 외에 1개월분의 월급에 해당하는 금액을 보상금으로 청구할 수 있다. 항해 전체에 대하여 일정 금액이 승무원의 보수로 책정된 경우, 항해 기간을 추산하여 총액을 나눈 후, 보상할 월차 임금과 근무한 해당 기간의 보수를 정하여 해당하는 금액을 정한다. 양 당사자가 합의하여 임명한 감정인이 이 금액을 계산하고, 임명한 감정인이 없는 경우, 법원 소속 감정인이 이를 계산한다. 예정된 항해가 아주 단거리이기 때문에 1개월이 걸리지 않는 단기 항해인 경우, 월차 보상금은 15일의 급료로 감액하여 정한다. 위 월차 보상금과 근무기간 보수는, 그 해원에게 사전에 선급한 금액이 있는 경우, 이를 공제하고 지급한다.

제708조 항해를 개시한 이후에, 선주가 항해를 취소한 경우, 항해 전체에 대해 고정 보수를 약정한 해원은 항해가 종료했으면 발생할 보수를 청구할 수 있고, 월별로 임금을 정하여 채용된 선원은 승선을 하여 항해를 종료했을 기간에 해당하는 급료를 청구할 수 있다. 선주와 선장은 승무원이 선택하는 바에 따라 동일한 항구 혹은 처음 출발한 항구까지 승무원을 수송하는데 필요한 조치도 마련하여야 한다.

제709조 승무원의 채용시에 결정된 목적지와 다른 목적지를 선주가 제시하고, 선원이 이를 따르기를 거부하는 경우, 그 승무원에 대해 채용 후에 경과한 날짜에 상응하는 보수를 지급할 의무밖에 없다. 선원이 선주의 지시에 따라 새로이 지정된 항해에서 근무하기로 결정하고, 그로 인해 항해거리가 증가하고 기타 상황이 변경되어 보수의 증액이 요구되는 경우, 당사자 사이의 합의에 의해 이를 정하고, 합의가 성립되지 아니하면 중재절차로 이를 정한다.

710. Las reglas prescritas en los tres artículos precedentes se observarán tambien cuando la revocacion ó variacion del viage traiga causa de los cargadores de la nave; quedando á salvo el derecho del naviero para reclamar de éstos la indemnizacion que corresponda en justicia.

711. Revocándose el viage de la nave por justa causa, independiente de la voluntad del naviero y cargadores, cesa el derecho del equipage á indemnizarion alguna, y solamente podrá exigir los salarios devengados hasta el dia en que se revoque el viage, siempre que la nave esté todavía en el puerto.

712. Son causas justas para la revocacion del viage ;

1.ª La declaracion de guerra ó interdiccion de comercio con la potencia para cuyo territorio habia de hacer viage la nave.

2.ª El estado de bloqueo del puerto adonde iba destinada, ó peste que en él sobrevenga.

3.ª La prohibicion de recibir en el mismo puerto los géneros cargados en la nave.

4.ª La detencion ó embargo de la nave por orden del gobierno, ú otra causa independiente de la voluntad del naviero.

5.ª Cualquiera descalabro en la nave que la inhabilite para la navegacion.

713. Ocurriendo despues de comenzado el viage alguno de los tres primeros casos que se prefijan en el precedente, serán pagados los hombres de mar en el puerto adonde el capitan crea mas conveniente arribar, en beneficio de la nave y su cargamento, segun el tiempo que hayan servido en ella, y quedarán rescindidos sus ajustes; pero si la nave hubiese de continuar navegando, pueden mútuamente exigirse el capitan y el equipage el cumplimiento de aquéllos por el tiempo pactado. En el caso cuarto se continuará pagando al equipage la mitad de su haber, estando ajustados por meses, y si la detencion ó embargo escediere de tres meses, quedará rescindido su empeño, sin derecho á indemnizacion alguna. Los que esten ajustados por el viage deben cumplir sus contratas en los términos convenidos hasta la conclusion de éste. En el caso quinto no tiene el equipage otro derecho, con respecto al naviero, que á los salarios devengados ; pero si la inhabilitacion del navío procediese de dolo del capitan ó del piloto, entrará en la responsabilidad del culpado la indemnizacion de los perjuicios que se hayan seguido al equipage.

714. Si por beneficio de la nave ó del cargamento se estendiese el viage á puntos mas distantes de los convenidos con el equipage percibirá éste un aumento de soldada proporcional á sus ajustes. Si al contrario por las mismas razones de conveniencia del naviero ó de los cargadores se redujere el viage á un puerto mas cercano, no se les podrá hacer por esta razon desfalco alguno en sus ajustes.

715. Navegando el equipage á la parte, no tiene derecho á otra indemnizacion por causa de revoeacion, demora ó mayor estension del viage, que á la parte proporcional que le corresponda en la que hagan al fondo comun de la nave las personas que puedan ser responsables de aquellas ocurrencias.

716. Perdida enteramente la nave por causa de apresamiento ó naufragio, no tiene derecho el equipage á reclamar salario alguno, ni tampoco el naviero á exigir el reembolso de las

제710조 위 3개 조문에서 정한 원칙은 화주가 원인을 제공하여 항해가 취소되거나 변경된 때에도 적용한다. 이 경우 이와 별도로 선주는 그 화주를 상대로 법에 따라 선주가 가지는 권리를 행사하여 보상을 청구할 수 있다.

제711조 항해가 선주 혹은 화주의 의사와 무관하게 정당한 이유로 취소된 경우, 승무원은 아무런 보상을 청구할 권리가 없고, 다만 선박이 아직 항구에 있는 것을 전제로, 오로지 취소 날짜까지 발생한 급료만 청구할 수 있다.

제712조 다음 사유가 있으면 항해를 취소할 정당한 사유가 있다고 본다.

1. 항해할 지역의 정권과 전쟁의 선언 혹은 상거래 금지명령이 내려진 경우
2. 목적항이 봉쇄되거나 역병이 발생한 경우
3. 목적항에서 선적한 적하와 같은 종류의 화물에 대해 반입금지 명령이 내려진 경우
4. 정부의 명령으로 압류명령 혹은 정박명령이 내려지거나 기타 선주의 의사와 무관한 항해 불능 사유가 발생한 경우
5. 감항능력을 상실하게 하는 다른 재난이 생긴 경우

제713조 항해를 개시한 후에 전 조 사유 중에서 처음 3개의 사유가 발생한 경우, 선박 및 적하의 관점에서 선장이 판단할 때에 가장 적당한 항구에 기항하면, 해원은 그 때까지 근무한 시간에 대해 임금을 청구할 수 있고, 그 채용계약은 해지된 것으로 본다. 그러나 항해를 계속해야 하는 때에는, 선장과 승무원은 각각 약정한 시간동안 근무를 계속할 것을 요청할 수 있다. 전 조 제4호 사건의 경우, 급료가 월을 단위로 책정된 때에는 월급의 반액을 지급하며, 압류나 정박이 3개월을 초과하면 채용계약이 해지된 것으로 보고, 선원은 다른 보상을 청구하지 못한다. 항해를 단위로 보수가 정하여진 경우, 합의한 내용에 따라 항해를 종료할 때까지 계약을 이행하여야 한다. 전 조 제5호 사건의 경우, 승무원은 선주에 대하여 다른 권리가 없고, 오로지 이미 발생한 급료만 청구할 수 있다. 그러나 감항능력의 상실이 선장 혹은 항해사의 고의에 기인한 때에는, 승무원은 그 귀책사유가 있는 사람에게 그로 인해 발생한 손해의 배상을 청구할 수 있다.

제714조 선주나 화주의 필요에 의하여, 당초 승무원과 약정한 것보다 더욱 원거리로 항해가 연장된 경우, 승무원은 원래 약정한 보수에 비례하여 추가보수를 청구할 수 있다. 마찬가지로 선주나 화주의 필요에 의하여, 반대로 더욱 가까운 항구로 항해가 축소된 경우, 이를 이유로 약정한 보수를 감액할 수 없다.

제715조 승무원이 수익분배의 조건으로 승선한 경우, 항해가 취소, 지연 혹은 장거리 연장된다 하더라도, 이러한 사안에 대해 책임이 있는 사람이 선박의 공금에 대해 그 보상을 해야할 뿐이고, 승무원은 원래 약정한 비율에 따라 자기에게 귀속되는 수익의 분배만 청구할 수 있다.

제716조 선박이 나포 혹은 난파를 당하여 완전히 멸실된 경우, 승무원은 어떠한 급여도 청구할 수 없고, 또 선주는 선급한 급여의 반환을 청구할 수도 없다. 선박의 일부가 구조된

anticipaciones que les hubiere hecho. Si se salváre alguna parte de la nave, se harán efectivos sobre ella los salarios debidos al equipage hasta la cantidad que alcance su producto. Y si solo se hubiere salvado alguna parte del cargamento, tendrá el equipage el mismo derecho sobre los fletes que deban percibirse por el transporte, En ambos casos será comprendido el capitan en la distribucion por la parte proporcional que corresponda á su salario.

717. Los marineros que naveguen á la parte no tendrán derecho alguno sobre los restos de la nave que se salven, sino sobre el flete de la parte del cargamento que haya podido salvarse. En caso de haber trabajado para recoger las reliquias de la nave naufragada, se les abonará sobre el valor de lo que hayan salvado una gratificacion proporcionada á sus esfuerzos y al riesgo á que se espusieron para salvarlas.

718. No cesa de devengar salario el hombre de mar que enfermáre durante la navegacion, á menos que no haya emanado la enfermedad de un hecho culpable. En cualquiera caso se sufragarán del fondo comun de la nave los gastos de asistencia y curacion,. quedando obligado el enfermo al reintegro con sus salarios, y no siendo éstos suficientes, con sus bienes.

719. Cuando la dolencia proceda de herida recibida en el servicio ó defensa de la nave, será el hombre de mar asistido y curado á espensas de todos los que interesen en el producto de ésta, deduciéndose de los fletes ante todas cosas los gastos de la asistencia y curacion.

720. Muriendo el hombre de mar durante el viage, se abonará á sus herederos el salario que corresponda al tiempo que haya estado embarcado, si el ajuste estuviere hecho por mesadas. Si hubiere sido ajustado por el viage, se considerará que ha ganado la mitad de su ajuste falleciendo en el viage de ida, y la totalidad si muriese en el de regreso. Cuando el hombre de mar haya ido á la parte, se abonará á sus herederos toda la que le corresponda si murió despues de comenzado el viage ; pero aquéllos no tendrán derecho alguno si falleciere antes de comenzarse.

721. Cualquiera que sea el ajuste del hombre de mar, muerto en defensa de la nave, se le considerará vivo para devengar los salarios, y partcipar de las utilidades que. correspondan á los demas de su clase, concluido que sea el viage. Del mismo modo se considerará presente para gozar de los mismos beneficios al hombre de mar que fuere apresado en ocasion de defender la nave; pero siéndolo por descuido ú otro accidente que no tenga relacion con el servicio de ésta, percibirá solamente los salarios devengados hasta el dia de su apresamiento.

722. La nave, aparejos y fletes serán responsables de los salarios debidos á los hombres de mar que se ajustaren por mesadas ó por viages.

SECCION CUARTA. DE LOS SOBRECARGOS

723. Los sobrecargos ejercerán sobre la nave y el cargamento la parte de administracion económica que se les haya confiado espresa y determinadamente por sus comitentes,

때에, 선원은 수령할 급여에 관하여 그 구조물에 대해 그 가치의 범위 내에서 담보권을 보유한다. 오로지 적하의 일부만 구조된 때에 그 구조된 물건의 운송에 의하여 받을 운임에 대해 동일한 권리를 보유한다. 위 두 가지 어느 경우이든, 선장도 그 봉급에 해당하는 비율에 따라 배당을 요구하며 분배에 참가할 권리가 있다.

제717조 수익분배의 조건으로 승선한 선원은, 구조된 잔존물에 대하여 하등 권리가 없고, 다만 구조된 화물에 발생한 운임에 대해 권리가 있다. 난파된 선박의 잔존물을 수거하기 위한 노력이 있었던 경우, 구조에 기울인 노력과 감수했던 위험을 고려하여 구조물의 가격을 기준으로 타당하다고 인정되는 일부 금액을 공로금으로 지급한다.

제718조 항해 도중 선원이 질병에 걸린 때에는 그 질병이 선원의 잘못에 기인하지 아니하는 한 선원의 급료는 계속 발생한다. 그 원인이 무엇이든 선원의 양호와 치료에 필요한 비용은 일단 선박의 공금으로 부담하여야 한다. 다만 환자는 그 자신의 급여로써 이를 반환하여야 하며, 봉급이 부족한 때에는 개인 자금으로써 이를 반환하여야 한다.

제719조 만일 그 고통이 선박에 근무 도중 혹은 선박을 방어하던 중 받은 상처에 기인하는 경우, 선박은 그 선원을 양호하고 치료하여야 하며, 그 비용은 항해 결과에 이해관계를 가진 사람이 전부 같이 부담하여야 하고, 양호와 치료비는 운임 수입에서 최우선하여 공제한다.

제720조 해원이 항해 도중 사망한 경우, 그 보수가 월단위로 정해지는 조건이면 승선한 기간에 해당하는 월급을 그 상속인에게 지급한다. 항해를 기준으로 일정액으로 채용된 해원이면 목적항으로 진행 항해를 하던 중 사망한 경우, 항해 전부에 대해 약정한 금액의 반액을 지급하고, 출발항으로 귀환 항해를 하던 도중 사망한 경우, 약정한 금액 전액을 지급한다. 해원이 수익분배의 조건으로 승선한 경우 항해를 개시한 이후 사망하면 약정한 금액 전액을 상속인에게 지급한다. 항해를 개시하기 이전에 사망한 경우, 상속인은 전혀 권리가 없다.

제721조 해원이 무슨 형식으로 채용되었던 상관없이, 선박을 방어하다가 사망한 경우에는, 급여의 지급에 있어 생존한 것으로 간주하며, 또 항해가 완료되어 수익분배에 있어서도 생존한 것으로 간주하여 동급 다른 선원과 함께 이에 동참할 수 있다. 선박을 방어하던 중에 납치된 선원도 마찬가지 방식으로 생존한 것으로 간주하여 동일한 이익을 향유한다. 그러나 선원의 과실로 납치가 된 경우와 직무와 상관없이 납치가 된 경우, 납치일까지 발생한 급료만 청구할 수 있다.

제722조 채용에서 정한 개월 혹은 항해 단위로 받을 봉급에 관해, 해원은 그 선박, 장비 및 운임에 대해 우선변제권을 갖는다.

제4절 화물관리인

제723조 화물관리인은 위임인으로부터 특별히 범위를 정하여 위탁을 받아 선박과 화물에 대한 영업적 관리의 사무를 처리하며, 다만 선박을 지휘하고 관리하는 선장 개인에 부여

sin entrometerse en las atribuciones que son privativas de los capitanes, para la direccion facultativa y mando de las naves.

724. Las facultades y responsabilidad del capitan cesan con la presencia del sobrecargo, en cuanto á la parte de administracion legítimamente conferida á éste, subsistiendo para todas las gestiones que son inseparables de su autoridad y empleo.

725. El sobrecargo debe llevar cuenta y razon de todas sus operaciones en un libro foliado y rubricado en la forma que previene el art. 646.

726. Las disposiciones de los artículos de la seccion tercera, título segundo, libro primero, que determinan la capacidad, modo de contratar y responsabilidad de los factores, se entienden del mismo modo con los sobrecargos.

727. Se prohibe á los sobrecargos hacer negocio alguno por cuenta propia durante su viage fuera de la pacotilla, que por pacto espreso con sus comitentes ó por costumbre del puerto donde se despache la nave les sea permitida.

728. En retorno de la pacotilla no podrá invertir sin autorizacion especial de los mismos comitentes mas cantidad que el producto que ésta haya dado.

SECCION QUINTA. DE LOS CORREDORES INTÉRPRETES DE NAVÍOS

729. En todos los puertos de mar habilitados para el comercio estrangero, habrá el número de corredores intérpretes de navíos que se juzgáre necesario con proporcion á la estension de sus relaciones mercantiles. Para estos cargos serán preferidos los corredores ordinarios de la misma plaza, siempre que posean dos idiomas vivos de Europa, cuyo conocimiento será de indispensable necesidad en todo el que haya de ser corredor intérprete de navío.

730. Sobre el nombramiento, aptitud y requisitos que han de cumplir los corredores de navíos para entrar en posesion de sus cargos, se observarán las disposiciones prescritas con respecto á los corredores ordinarios en la seccion primera, título segundo, libro primero, con sola la restriccion de reducirse á una mitad la cantidad designada para las fianzas de éstos.

731. Son atribuciones privativas dejos corredores intérpretes de navíos.

1.ª intervenir en los contratos de fletamentos que los capitanes ó los consignatarios de los buques no hagan directamente con los fletadores.

2.ª Asistir á los capitanes y sobrecargos de naves estrangeras, y servirles de intérpretes en las declaraciones, protestas y denlas diligencias que les ocurran en los tribunales y oficinas públicas; bien que aquellos quedan en libertad deno valerse de corredor cuando puedan evacuar por sí mismos estas diligencias, ó les asistan en ellas sus consignatarios.

3.ª Traducir los documentos que los espresados capitanes y sobrecargos estrangeros hayan de presentar en las mismas oficinas, certificando estar hechas las traducciones bien y

된 고유한 권한에는 관여하지 아니한다.

第724조 선장이 합법적으로 그 관리를 화물관리인에 위임한 경우, 그 위임의 범위 내에서 선장의 권한과 책임이 중지된다. 그러나 선장으로서의 권한 및 직책과 불가분 관계에 있는 모든 관리에 관하여는 그 권한과 책임이 존속한다.

第725조 화물관리인은 위 제646조에서 규정한 형식에 따라 각장에 면수가 기재되고 주인이 찍힌 화물관리인 일기장을 보유하고, 그 취급 업무에 관한 계산과 요지를 기재하여야 한다.

第726조 대리인의 능력, 계약 체결 방법 및 책임에 관한 이 법 제1편 제2장 제3절 각 조항의 규정은 화물관리인에 준용한다.

第727조 화물관리인은 항해를 하는 도중에 자신의 휴대품을 제외하고는 자기 계산으로 영업을 하지 못한다. 다만 위임인과의 사이에 영업을 할 수 있다는 명시적 합의가 있거나 혹은 항해를 시작하는 항구의 관습에 기해 영업이 허용되는 때에는 그러하지 아니하다.

第728조 귀환항해를 할 때에 소지품은, 위임인의 특별한 허가가 없는 한, 진행항해에서 소지했던 소지품을 판매한 대가 이상을 주고 구입할 수 없다.

제5절 중개통역인[6]

第729조 해외거래를 허가받은 모든 항구에는 그 영업 규모에 비례하여 필요하다고 판단되는 수의 중개통역인을 둔다.이미 동일한 지역에서 일반 중개인으로 활동하는 사람은 우선하여 중개통역인으로 인정되나, 유럽에서 통용되는 2개국어 이상의 외국어를 할 수 있어야 하며, 이러한 능력은 중개통역인이 되고자 하는 모든 사람에 있어서 불가결한 요건이다.

第730조 중개통역인이 업무를 개시하기 위하여 필요한 임명, 자격 및 밟아야 할 절차에 대하여는 일반 중개인에 관한 본법 제1편 제2장 제1절의 규정을 준용한다. 다만 이를 위하여 제공할 담보금액은 반액으로 축소한다.

第731조 중개통역인의 고유한 권한은 다음과 같다.

1. 선장 혹은 선박대리인이 용선자와 직접 운송계약을 할 수 없는 경우, 그 계약에 관여하는 일.
2. 외국선박의 선장 혹은 화물관리인의 업무를 도와주고, 이들이 법원이나 공무소에서 해야할 진술, 신고 및 기타 임무를 통역하여 보조하는 일 ; 물론 이들은 스스로 이러한 작업을 할 수 있거나 선박대리인이 보조할 수 있을 때에는 중개통역인을 이용하지 아니할 수도 있다.
3. 외국선주 혹은 화물관리인이 위 사무소에 제출할 서류를 번역하는 일. 이러한 서류에는 중개통역인이 정확하고 충실히 번역된 사실을 확인하여야 한다. 번역한 서류가 이

6 1681년 해사칙령 제1편 제7장 번역관 및 중개인에 해당한다고 생각된다.

fielmente; sin cuyo requisito no serán admitidas.

4.ª Representar á los mismos en juicio, cuando ellos no comparezcan personalmente, ó por medio del naviero ó consignatario de la nave.

732. Será obligacion de los corredores intérpretes llevar tres especies de asientos.

1.º De los capitanes á quienes presten la asistencia que compete á su encargo, espresando el pabellon, nombre, calidad y porte del buque, y los puertos de su procedencia y destino.

2.º De los documentos que traduzcan copiando las traducciones á la letra en el registro.

3.º De los contratos de fletamentos en que intervengan, espresando en cada el nombre del buque, su pabellon, matrícula y porte, los nombres del capitan y del fletador, el destino para donde se haga el fletamento, el precio del flete y moneda en que haya de ser pagado, los efectos del cargamento, las condiciones especiales pactadas entre el fletador y el capitan sobre estadias, y el plazo prefijado para comenzar y acabar de cargar ; refiriéndose sobre todo ello á la contrata original, firmada por las partes, de que el corredor deberá conservar un ejemplar.

Estas tres clases de asientos se llevarán en libros separados con las formalidades que previene el 40.

733. Se prohibe á los corredores intérpretes de navíos comprar efectos algunos á bordo de las naves que vayan á visitar al puerto para sí ni para otra persona.

734. Tambien estan sujetos á las prohibiciones prescritas en los artículos 99, 100, 101, 103, 104, 106 y 107.

735. En caso de muerte ó separacion de un corredor intérprete se recogerán sus libros en la misma forma que con respecto á los corredores ordinarios previene el art. 96.

736. Los derechos que corresponden á los corredores de navíos por sus funciones, se arreglarán en cada puerto por un arancel particular, cuya aprobacion me reservo, y entre tanto se seguirá la práctica que actualmente se observe

TÍTULO TERCERO

DE LOS CONTRATOS ESPECIALES DEL CORNERCIO MARÍTIMO

SECCION PRIMERA. DEL TRANSPORTE MARÍTIMO

§ **1.º** Del fletamento y sus efectos.

737. En todo contrato de fletamento se hará espresa mencion de cada una de las circunstancias siguientes:

1.ª La clase, nombre y porte del buque.

2.ª Su pabellon y puerto de su matrícula.

러한 요건을 갖추지 아니하면 그 서류는 법적으로 인정되지 아니한다.
4. 이들이 법정에 직접 출석할 수 없는 경우 이들을 대리하여 혹은 선주나 선박대리인과 함께 법정에 출석하는 일.

제732조 중개통역인은 다음 3종류의 기장을 하여야 한다.
1. 선장에 관한 사항을 기장하는 것으로 보조한 선박의 국적, 선명, 종류 및 선적항과 그 선박의 출발항과 목적항을 기재한다.
2. 번역한 서류를 기장한 것으로 장부에 번역한 전문을 복사하여 두어야 하며
3. 관여한 운송계약에 관한 기장으로 거래마다 선명, 기국, 선적지, 선장과 용선자의 성명, 용선이 시작되는 장소, 운임액, 지급할 화폐, 적하의 종류, 화주와 선장이 특별히 합의한 체선기간, 지정된 선적 개시 및 종료 시기 등을 기재하여야 한다. 그리고 당사자가 서명한 계약 원본과 일치하여야 하며, 중개통역인은 그 한 부를 보관하여야 한다.

이러한 3종류의 기장은 위 제40조에 정한 형식으로 각각 다른 장부에 분리하여 별도로 기록하여야 한다.

제733조 중개통역인은, 근무하는 항구에 있는 선상에서 무슨 물건이든 이를 구입하는 것은 그것이 자기를 위한 것이든 제3자를 위한 것이든 금지된다.

제734조 위 제99조, 제100조, 제101조, 제103조, 제104조, 제106조 및 제107조에 정한 바에 따라 중개통역인도 그 행위가 금지된다.

제735조 중개통역인이 사망 혹은 실종된 경우, 위 제96조에서 정한 일반 중개인의 경우와 마찬가지 절차로, 그 장부를 수거하여야 한다.

제736조 중개통역인의 업무에 대한 보수는 각 항구에서 정하는 정부의 인가를 받아 시행하는 요율표에 정한 바에 따르고, 그 범위 내에서 그 항구에서 실시 중인 관례에 따른다.

제3장
해상영업에서의 특수한 계약

제1절 해상운송

제1관 운송계약(용선계약)[7]과 그 효력

제737조 모든 운송계약에는 다음 사항을 명시적으로 언급하여야 한다.
1. 선박의 종류, 명칭 및 소재항

7 원래 명칭은 용선계약이다. 그러나 개품운송계약이 포함되는 넓은 의미의 용선계약에 해당하므로 이를 오늘날의 운송계약으로 이해하여야 한다.

3.ª El nombre, apellido y domicilio del capitan.

4.ª El nombre, apellido y domicilio del naviero, si éste fuere quien contratáre el fletamento.

5.ª El nombre, apellido y domicilio del fletador, y obrando éste por comision, el de la persona de cuya cuenta hace el con trato.

6.ª El puerto de carga y el de descarga.

7.ª La cabida, número de toneladas ó cantidad de peso ó medida que se obliguen respectivamente á cargar y recibir.

8.ª El flete que se haya de pagar arreglado bien por una cantidad alzada por el viage, ó por un tanto al mes, ó por las cabidades que se hubieren de ocupar, ó por el peso ó la medida de los efectos en que consista el cargamento.

9.ª El tanto que se haya de dar al capitan por capa.

10.ª Los dias convenidos para la carga y la descarga.

11.ª Las estadias y sobreestadias que pasados aquéllos habrán de contarse, y lo que se haya de pagar por cada una de ellas.

Ademas se comprenderán en el contrato todos los pactos especiales en que convengan las partes.

738. Para que los contratos de fletamento sean obligatorios en juicio, han de estar redactados por escrito en una póliza de fletamento, de que cada una de las partes contratantes debe recoger un ejemplar firmado por, todas ellas. Cuando alguna no sepa firmar lo harán á su nombre dos testigos.

739. Si se llegáre á recibir el cargamento, no obstante que no se hubiese solemnizado en la forma debida el contrato de fletamento, se entenderá éste celebrado con arreglo á lo que resulte del conocimiento, cuyo documento será el único título por donde se fijarán los derechos y obligaciones del naviero, del capitan y del fletador en orden á la carga.

740. Las pólizas de fletamento harán plena fé en juicio, siempre que se haya hecho el contrato con intervencion de corredor, certificando éste la autenticidad de las firmas de las partes contratantes, y que se pusieron á su presencia.

741. Si resultáre discordancia entre las pólizas de fletamento que produjeren las partes, se estará á la que concuerde con la que el corredor debe reservar en su registro.

742. Tambien harán fé las pólizas de fletamento, aunque no haya intervenido corredor en el contrato, siempre que los contratantes reconozcan ser suyas las firmas puestas en ellas.

743. No habiendo intervenido corredor en el fletamento, ni reconociéndose por los contratantes la autenticidad de sus firmas, se juzgarán las dudas que ocurran en la ejecucion del contrato segun los méritos de las pruebas que cada litigante produzca en apoyo de su pretension.

744. Si no constáre de la póliza del fletamento el plazo en que deba evacuarse la carga y descarga de la nave, regirá el que esté en uso en el puerto donde respectivamente se haga cada una de aquellas operaciones.

2. 선적국 및 선적항
3. 선장의 성명과 주소
4. 선주가 계약을 체결하는 때에는 그 선주의 성명과 주소
5. 용선자(송하인)[8]의 성명과 주소; 위임을 받아 계약을 하는 경우 그 위임인
6. 선적항 및 양륙항
7. 선적톤수, 중량톤수 혹은 기타 선적 및 인수할 의무가 있는 중량 혹은 부피
8. 지급하여야 할 운임. 운임이 항해를 기준으로 일정액인지, 기간을 단위로 일정액인지, 운송물이 차지하는 공간을 기준으로 한 선적톤수로 정하는지, 적하를 구성하는 물건의 중량 혹은 부피를 기준으로 정하는지를 기재하여야 한다.
9. 화주가 선장에게 지급할 상여금[9]
10. 선적시간 및 양하시간
11. 선적기간 및 체선기간과 그 계산 및 체선료

그 외에도 당사자가 특별히 합의한 사항이 운송계약에 포함될 수 있다.

제738조 운송계약이 법원에서 효력이 인정되어 권리를 행사하려면 운송계약서가 서면으로 작성되어야 하고, 이 계약서에는 당사자가 모두 서명하여야 하고, 서명 후에 당사자는 각각 한부씩을 가진다. 어느 당사자가 서명을 할 수 없는 경우, 두 명의 증인이 당사자 대신 서명하여야 한다.

제739조 운송계약의 체결에 필요한 정식 절차를 밟지 아니하고 선주가 운송물을 수령한 경우, 선하증권에 나타난 바에 따라 운송계약을 체결한 것으로 보며, 이 때에 그 증서는 선적에 관하여 선주, 선장 및 용선자가 가질 권리와 의무를 정함에 있어 유일한 증서가 된다.

제740조 운송중개인이 관여하여 운송계약을 체결한 경우, 운송중개인이 당사자가 진정으로 그 계약서에 서명을 하였고 그 계약이 운송중개인의 면전에서 서명하여 작성된 것임을 확인하면, 그 해상운송계약서는 법적으로 완전한 증명력을 갖는다.

제741조 이 경우에 만일 당사자가 제출하는 운송계약서에 상호간 불일치가 발견되면 운송중개인이 법에 따라 보유하는 중개인일기장에 첨부된 운송계약서에 따라 효력이 생긴다.

제742조 비록 운송중개인이 운송계약에 관여하지 아니했다 하더라도, 만일 당사자가 계약서상 서명이 자기 것이라고 시인하면, 그 운송계약서도 증명력을 갖는다.

제743조 운송계약에 운송중개인도 관여하지 아니하고 당사자가 서명의 진정성도 인정하지 아니하는 때에는, 계약의 이행에 있어 의문이 생기면 당사자가 자기 주장을 뒷받침하기 위하여 제출하는 여러 증거를 종합하여 그 신빙성을 판단한다.

제744조 운송계약서에서 선적 및 양륙을 실시할 시간에 관해 정함이 없는 경우 그 작업을 실행할 각 항구에서 사용되고 있는 관행에 따라 이를 정한다.

---

8 1829년 스페인 상법은 1829년에 제정되어 아직 근대적인 정기선업이 발전되지 아니하던 시절이라 기본적인 영업형태가 용선이고 다만 예외적으로 개품운송이 이루어졌다. 그리하여 오늘날의 개념으로 말하면 송하인이 포함된 개념이다.

9 당시에는 선장의 역할이 대단하여 선주의 수임인이라는 지위를 넘어 화주를 위해 일정한 역할을 하는 것으로 이해하여 통상 화주가 선장에게 일정한 격려금을 지급하는 관행이 있었다고 한다. 처음에는 화물 자체의 일부를 제공하다가 차츰 그 가액의 일부를 지급하는 관행으로 발전되었다고 한다. Capa 가 그 원래 뜻이 옷이고 이러한 의미로 빌바오 해사칙령에서 사용된 Sombrero 도 모자라는 의미가 있는 것으로 보아 아마 당시에는 모자값 혹은 옷값이라는 용어가 오늘날 떡값이라는 의미로 사용한 것이 아닌가 생각된다. 제796조 및 제799조에도 동일한 내용이 있다.

745. Pasado el plazo para la carga ó la descarga, y no habiendo cláusula espresa que fije la indemnizacion de la demora, tendrá derecho el capitan á exigir las estadias y sobreestadias que hayan transcurrido sin cargar ni descargar; y cumplido que sea el término de las sobreestadias, si la dilacion estuviere en no ponerle la carga al costado, podrá rescindir el fletamento, exigiendo la mitad del flete pactado; y si consistiese en no recibirle la carga, acudirá al tribunal de comercio de la plaza; y en el caso de no haberlo, al juez real ordinario para que providencie el depósito.

746. Si hubiere engaño ó error en la cabida designada al buque, tendrá opcion el fletador á rescindir el fletamento, ó á que se le haga reduccion en el flete convenido en proporcion de la carga que la nave deje de recibir, y el fletante le indemnizará ademas de los perjuicios que se le hubieren ocasionado.

747. No se reputará que ha habido error ni engaño para aplicar la disposicion precedente, cuando la diferencia entre la cabida del buque manifestada al fletador y su verdadero porte no esceda de una quincuagésima parte, ni tampoco cuando el porte manifestado sea el mismo que constare de la matrícula del buque, aunque nunca podrá ser obligado el fletador á pagar mas flete que el que corresponda al porte efectivo de la nave.

748. Tambien podrá el fletador rescindir el contrato cuando se le hubiere ocultado el verdadero pabellon de la nave; y si de resultas de este engaño sobreviniese confiscación, aumento de derechos ó otro perjuicio á su cargamento, estará obligado el fletante á indemnizarlo.

749. Vendiéndose la nave despues que estuviese fletada, podrá el nuevo propietario cargarla por su cuenta, si el fletador no hubiere comenzado á cargarla antes de hacerse la venta, quedando á cargo del vendedor indemnizarle de todos los perjuicios que se le sigan por no haberse cumplido el fletamento contratado. No cargándola por su cuenta el nuevo propietario, se llevará á efecto el contrato pendiente, pudiendo reclamar contra el vendedor el perjuicio que de ello pueda irrogársele, si éste no le instruyó del fletamento pendiente al tiempo de concertar la venta. Una vez que se haya comenzado á cargar la nave por cuenta del fletador, se cumplirá en todas sus partes el fletamento que tenia hecho el vendedor, sin perjuicio de la indemnizacion á que haya lugar contra éste, y en favor del comprador.

750. Aun cuando el capitan se haya escedido de sus facultades, contratando un fletamento en contravencion á las órdenes que le hubiese dado el naviero, se llevará este á efecto en los términos pactados, sin perjuicio del derecho del naviero contra el capitan por el perjuicio que reciba por el abuso que hizo éste de sus funciones.

751. No siendo suficiente el porte de la nave para cumplir los contratos de fletamento celebrados con distintos cargadores, se dará la preferencia al que ya tenga introducida la carga en la nave; y los demas obtendrán el lugar que les corresponda, segun el orden de fechas de sus contratas. No habiendo prioridad en las fechas, cargarán á prorata de las cantidades de peso ó estension que cada uno tenga marcadas en su contrata, quedando obligado el fletante en ambos casos á indemnizar á los fletadores de los perjuicios que reciban por la falta de

제745조 선적 혹은 양륙의 시간이 경과하면, 운송계약에 그 지체 시에 보상을 정하는 명시적 조항이 없는 경우, 선장은 선적이나 양륙을 마치지 못하고 경과한 것에 대해 선적기간과 체선기간을 주장할 수 있다. 체선기간이 경과하여도 화주가 선측에 적하를 가지고 오지 아니하고 지연이 계속되는 때에는, 선장은 운송계약을 해제하고 운임의 반액을 청구할 수 있다. 선장으로부터 적하를 수령하지 아니하여 지체가 계속되는 때에는, 현지 상사법원 혹은 상사법원이 없으면 일반법원에 신청하여 공탁조치를 취하여야 한다.

제746조 고지한 선박의 톤수에 사기 혹은 착오가 있는 경우, 용선자의 선택으로 운송계약을 취소할 수도 있고, 운송하지 못하는 적하의 수량에 기해 정한 비율로 약정한 운임의 감액을 청구할 수도 있다. 그 외에도 이로 인하여 발생한 손해가 있으면, 운송인은 용선자에게 그 손해를 보상하여야 한다.

제747조 용선자에게 고지한 선적 톤수와 선박의 실제 용량과 차이가 50분의 1을 초과하지 아니하는 때 및 고지한 선박의 용량이 선박증서에 기재된 용량과 일치하는 때에는, 전조를 적용함에 있어 착오 혹은 사기가 있다고 보지 아니한다. 그러나 여하한 경우라 하더라도, 용선자는 그 선박의 실제 용량에 해당하는 운임 이상의 운임을 지급할 의무는 없다.

제748조 선박의 실제 국적을 은폐한 경우, 용선자는 운송계약을 취소할 수 있다. 이러한 은폐가 사기에 기인하고, 그 결과로 적하에 대해 몰수, 제세의 증가 및 기타 손해가 발생하면, 운송인은 이를 보상하여야 한다.

제749조 이미 용선이 된 다음에 그 선박이 양도된 경우, 양도되기 이전까지 아직 선박이 선적을 개시하지 아니하였다면, 새로운 소유자는 자기의 계산으로 그 적하를 선적할 수 있다. 그러나 양도인은 약정한 운송계약을 불이행함으로 인해 상대방에 발생한 손해를 배상할 책임이 있다. 새로운 소유자가 자기 계산으로 선적을 하지 아니하는 경우에는, 기존 계약을 그대로 이행하여야 한다. 다만 양도인이 계약할 때에 새로운 소유자에게 기존 운송계약을 고지하지 아니한 때에는, 새로운 소유자는 양도인에 대하여 그 계약의 이행으로 인하여 발생하는 손해의 배상을 청구할 수 있다. 그러나 용선자를 위한 선적이 개시되면, 새로운 소유자는 양도인이 체결한 운송계약을 전부 이행하여야 한다. 다만 새로운 소유자는 이로 인해 발생한 손해가 있으면 양도인에게 그 배상을 청구할 수 있다.

제750조 선장이 그 권한을 초과하여 선주의 지시에 위반하여 운송계약을 체결한다 하더라도, 그 계약은 체결된 내용대로 효력이 생긴다. 다만 권한을 남용함으로 인하여 손해를 유발한 선장에 대해 선주는 그 배상을 청구할수 있다.

제751조 여러 다른 화주와 체결한 계약을 전부 이행하기에 선박의 용량이 부족한 경우, 선박에 선적을 개시한 화주에게 우선권을 부여한다. 그 이외의 화주는 계약을 체결한 날짜의 순서대로 필요한 공간을 부여한다. 날짜에 의해 우선순위가 정하여 지지 아니하는 경우, 계약에 기재된 중량 혹은 용적에 따라 비례하여 일부를 선적한다. 이 양 경우에 모두 운송인은 계약을 이행하지 아니함으로 인하여 용선자가 입은 손해를 배상하여야 한다.

cumplimiento de aquellas.

752. Estando la nave fletada por entero, puede el fletador obligar al capitan á que se haga á la vela desde que tenga recibida la carga á bordo, siendo el tiempo favorable, y no ocurriendo caso de fuerza insuperable que lo impida.

753. En los fletamentos parciales no podrá rehusar el capitan emprender su viage ocho dias despues que tenga á bordo las tres cuartas partes del cargamento que corresponda al porte de la nave.

754. Despees que el fletante haya recibido una parte de su carga, no podrá eximirse de continuar cargando por cuenta del mismo propietario, ó de otros cargadores, á precio y condiciones iguales ó proporcionadas á las que concertó con respecto á la carga que tenga recibida, si no las encontráre mas ventajosas; y no queriendo convenir en ello, le podrá obligar el cargador á que se haga á la vela con la carga que tenga á bordo.

755. El capitan que despues de haber tomado alguna parte de carga no halláre con que completar las tres quintas partes de la que corresponda al porte de su nave, puede subrogar para el transporte otra nave visitada y declarada apta para el mismo viage, corriendo de su cuenta los gastos que se causen en la traslacion de la carga, y el aumento que pueda haber en el precio del flete. Si no tuviere proporcion para hacer esta subrogacion, emprenderá su viage dentro del plazo que tenga contratado; y en el caso de no haber hecho pacto espreso sobre ello, treinta dias despues de haber empezado á cargar.

756. Los perjuicios que sobrevengan al fletador por retardo voluntario de parte del capitan en emprenderse el viage despeues que hubiera debido hacerse la nave á la vela, segun las reglas que van prescritas, serán de cargo del fletante, cualquiera que sea la causa de que procedan, siempre que se le hubiese requerido judicialmente á salir al mar en el tiempo que debia hacerlo.

757. Ni en caso de haberse fletado la nave por entero, ni siempre que en fletamentos parciales se hayan reunido los tres quintos de la carga correspondiente á su porte, puede el fletante subrogar otra nave de la que se designó en la contrata de fletamento, á menos que no consientan en ello todos los cargadores; y de hacerlo sin este requisito, se constituye responsable de todos los daños que sobrevengan al cargamento durante el viage.

758. El que hubiere fletado una nave por entero, puede ceder suderecho á otro para que la cargue en todo ó en parte, sin que el capitan pueda impedirlo. Si el fletamento se hubiere hecho por cantidad fija, podrá asimismo el fletador subfletar de su cuenta á los precios que halle mas ventajosos, manteniéndose íntegra su responsabilidad hácia el fletante, y no causando alteracion en las condiciones con que se hizo el fletamento.

759. El fletador que no completáre la totalidad de la carga que pactó embarcar, pagará el flete de lo que deje de cargar, á menos que el capitan no hubiese tomado otra carga para completar la correspondiente á su buque.

제752조 전부 용선을 한 선박에 선적이 완료된 경우, 날씨가 양호하고 다른 불가항력적 방해사유가 없으면, 용선자는 선장에게 출항을 요구할 수 있다.

제753조 선박의 일부를 용선한 경우,[10] 선박의 용량의 4분의 3에 해당하는 적하를 선적한 후 8일이 경과하면, 용선자가 항해의 개시를 요구하면 선장은 이를 거절할 수 없다.

제754조 적하의 일부를 수령한 운송인은, 수령한 적하와 동일 혹은 비례한 가격과 조건으로 동일 소유자 혹은 다른 화주를 위해 선적을 하여야 하며, 다른 더욱 유리한 적하를 찾는다는 이유로 선적의 계속을 거절할 수 없다. 선주가 이러한 선적에 동의하지 아니하는 경우, 화주는 이미 선적한 적하를 가지고 출항할 것을 요구할 수 있다.

제755조 화물의 일부를 선적한 다음에, 선장이 그 선박의 용량의 5분의 3을 채울 다른 화물을 발견할 수 없는 때에는, 선장은 선적한 화물을 운송하기 위해 그 항구에 와 있고 동일한 항해를 할 예정인 다른 선박과 재운송계약을 체결할 수 있다. 그러나 그에 따르는 전적비용과 추가 운임은 선장이 부담하여야 한다. 만일 이러한 재용선을 할 수단이 없으면, 약정한 시간 내에 선장은 항해를 개시하여야 한다. 이에 관한 명시적 특약이 없으면, 선적을 개시하고 30일 이내에 항해를 개시하여야 한다.

제756조 위에서 본 규칙에 따라 선박이 항해를 개시할 시기가 경과하고 난 다음에도 선장이 임의로 출발을 지체하면, 그 원인이 무엇이든, 운송인은 그 지체로 인한 용선자의 손해를 배상하여야 한다. 다만 이에 기한 손해배상을 청구하려면 먼저 사법절차를 밟아 적기에 출항을 요구하여야 한다.

제757조 선박을 전부 용선한 경우 및 부분 용선이지만 적하가 선박 용량의 5분의 3을 채운 경우, 모든 화주가 동의하지 않는 한, 운송인은 운송계약에서 정한 선박이 아닌 다른 선박과 재운송계약을 할 수 없다. 이러한 요건을 갖추지 아니하고 재운송계약을 하면 운송인은 항해 중에 발생한 모든 손해에 대해 책임이 있다.

제758조 선박 전체를 용선한 사람은, 다른 사람으로 하여금 선박 전체 혹은 일부에 선적을 할 수 있도록, 그 권리를 양도할 수 있고 선장은 이를 저지할 수 없다. 일정 분량을 운송하기 위해 용선을 한 때에도 용선자는 미친기지 빙식으로 자기 세산으로 가상 유리한 가격에 재운송계약을 체결할 수 있고, 다만 이후에도 용선자는 운송인에 대해 동일한 책임을 지며, 재운송계약에서 운송 조건에는 변경이 없어야 한다.

제759조 용선자가 선적하기로 약속한 적하 전부를 채우지 못한 경우, 선적하지 못한 부분에 대한 운임도 용선자가 지급하여야 한다. 다만 선장이 다른 적하를 인수하여 그 해당 분량을 채운 때에는 그러하지 아니하다.

10 양 경우란 우선권이 정해진 경우와 우선권이 없는 경우를 가리킨다고 해석되고 그러면 논리적으로 새로 문단을 만들어야 할 것이나 원문이 이렇게 되어 있어 여기에 그대로 번역한다.

760. Introduciendo el fletador en la nave mas carga que la que tuviere declarada y contratada, pagará el aumento de flete que corresponda al esceso, con arreglo á su contrata; y si el capitan no pudiese colocar este aumento de carga bajo de escotilla y en buena estiva sin faltar á los demas contratos que tenga celebrados, lo descargará á espensas del propietario.

761. El capitan podrá echar en tierra antes de salir del puerto las mercaderías introducidas en su nave clandestinamente y sin su consentimiento, ó bien portearlas, exigiendo el flete al precio mas alto que haya cargado en aquel viage.

762. Todo perjuicio de confiscacion, embargo ó detencion que sobrevenga á la nave, por haber el fletador introducido en ella distintos efectos de los que manifestó al fletante, recaerá sobre el mismo fletador, su cargamento y demas bienes. Si estos perjuicios fueren estensivos á la carga de los demas co-fletadores, será igualmente de cuenta del fletador que cometió aquel engaño indemnizarles íntegramente de ellos.

763. Conviniendo á sabiendas el fletante en recibir á su bordo mercaderías de ilícito comercio, se constituye responsable mancomunadamente con el dueño de ellas de todos los perjuicios que se originen á los demas cargadores ; y no podrá exigir de aquél indemnizacion alguna por el daño que resulte á la nave, aun cuando se hubiese pactado.

764. Si el fletador abandonáre el fletamento sin haber cargado cosa alguna, pagará la mitad del flete convenido, y el fletante quedará libre y quito de todas las obligaciones que contrajo en el fletamento.

765. En los fletamentos á carga general puede cualquiera de los cargadores descargar las mercaderías cargadas, pagando medio flete, el gasto de desestivar y restivar, y cualquiera daño que se origine por su causa á los demas cargadores. Estos tendrán facultad de oponerse á la descarga, haciéndose cargo de los efectos que se pretendan descargar, y abonando su importe al precio de la factura de consignacion.

766. Fletado un buque para recibir su carga en otro puerto, se presentará el capitan al consignatario designado en su contrata ; y si éste no le diere la carga, dará aviso al fletador, cuyas instrucciones esperará, corriendo entretanto las estadias convenidas, ó las que sean de uso en el puerto, si no se hizo pacto espreso sobre ellas. No recibiendo el capitan contestacion en el término regular, hará diligencia para contratar flete ; y si no lo halláre despues que hayan corrido las estadias y sobreestadias, formalizará su protesta, y regresará al puerto donde contrató su fletamento. El fletador le pagará su flete por entero, descontando el que hayan devengado las mercaderías que se hubieren cargado por cuenta de un tercero.

767. La disposicion del anterior es aplicable al buque que fletado de ida y vuelta, no sea habilitado con la carga de retorno.

768. Si antes de hacerse la nave á la vela sobreviniere una declaracion de guerra entre la nacion á cuyo pabellon pertenezca, y otra cualquiera potencia marítima, ó cesáren las relaciones de comercio con él pais designado en la contrata de fletamento para el viage de

제760조 용선자가 당초 계약하고 통지한 적하보다 더 많은 적하를 선적한 경우, 계약에서 정한 바에 따라 그 초과 화물에 대해 추가운임을 지급하여야 한다. 만일 여타 계약하에 선적한 적하에 지장을 주지 않으면서 이 추가 화물을 갑판 하단에다 선박의 평형에 이상이 없이 적부하는 것이 불가능한 경우, 선장은 그 적하의 양륙을 명하고 적하의 소유자에게 그 양륙 관련 비용의 지급을 청구할 수 있다.

제761조 선상에 선장 몰래 가만히 반입한 화물이 있는 때에는, 선장은 항구를 떠나기 전에 이를 육지에 내려서 버려둘 수 있고 혹은 그 화물을 운송한 다음 그 항해에서 부과할 최고 운임을 청구할 수도 있다.

제762조 용선자가 운송인에게 고지한 물건과 다른 물건을 가지고 선상에 들어오고, 그로 인해 선박에 몰수처분, 압류명령 혹은 정박명령이 내려진 경우, 그로 인한 모든 손해는 용선자와 그의 적하 및 물건의 부담으로 한다. 이 손해가 다른 용선자의 적하로 확산된 경우, 그 손해의 보상도 마찬가지로 사기를 범한 용선자의 전적인 부담으로 한다.

제763조 불법 화물인 줄 알고서 선적에 동의한 운송인은 그로 인해 다른 화주에게 발생한 손해에 대해 그 소유자와 공동으로[11] 책임을 진다. 이로 인하여 선박에 파손이 발생한다 하더라도 운송인은 누구에게도 그에 대한 보상을 청구할 수 없고, 이는 다른 약정이 있는 경우에도 마찬가지이다.

제764조 용선자가 전혀 적하를 선적하지 아니한 채 용선을 포기한 때에는, 용선자는 운임의 반액을 지급하여야 하고, 운송인은 그 용선계약에 기한 모든 의무를 면한다.

제765조 대중으로부터 화물을 인수하는 선박의 경우, 어느 화주이든 선적을 마친 화물을 다시 양하할 수 있다. 다만 운임의 반액과 양하와 적부에 필요한 비용을 부담하여야 하고, 그로 인해 다른 화물에 발생한 손상도 그 화주에게 보상하여야 한다. 양하에 반대하는 다른 화주는 송장에 기재된 총액을 보상하고 양하할 물건을 자기 것으로 할 수 있다.

제766조 다른 특정한 항구에서 화물을 인수하기로 약정하고 운송계약을 체결한 경우, 선장은 그곳에 가서 계약에서 지정한 용선자의 대리인에게 도착을 통지하여야 한다. 대리인이 선적할 적하를 제공하지 아니하는 때에는, 이를 용선자에 통지하고 그의 지시를 기다려야 한다. 약정한 선적기간을 계산하거나 혹은 약정한 선적기간이 없어 그 항구의 관행에 의해 정하는 선적기간을 계산하는 때에 이처럼 기다리는 기간도 선적기간에 산입한다. 통상의 기간이 경과할 때까지 선장이 아무런 응답을 듣지 못한 경우, 선장은 다른 운송계약을 하기 위해 노력하여야 한다. 선적기간과 체선기간이 경과하도록 다른 운송계약을 체결하지 못한 경우, 공식적으로 사고신고를 하여야 하고, 그 다음 계약 체결지 항구로 돌아와야 한다. 그러면 용선자는 약정한 운임 전액을 지급하여야 하고, 다만 제3자를 위해 선적한 화물이 있는 때에는 그로 인하여 발생하는 운임을 공제한다.

제767조 전 조 규정은 왕복항해를 위해 용선한 선박이 귀환항해를 위한 화물을 갖지 못한 경우에도 준용한다.

제768조 항해를 개시하기 전에, 선적국과 다른 해양 국가 사이에 전쟁이 선언되거나, 운

11 연대하여 책임진다고 하지 아니하고 공동으로 책임진다고 한 것은 일반적인 표현이고 법적으로 연대하여 책임을 진다고 생각된다.

la nave, quedarán por el mismo hecho rescindidos los fletamentos, y estinguidas todas las acciones á que pudieran dar lugar. Hallándose cargada la nave, se descargará á costa del fletador, y éste abonará tambien los gastos y salarios causados por el equipage desde que se comenzó á cargar la nave.

769. Cuando por cerramiento del puerto ú otro accidente de fuerza insuperable se interrumpa la salida del buque, subsistirá el fletamento, sin que haya derecho á reclamar perjuicios por una ni otra parte. Los gastos de manutencion y sueldos del equipage serán considerados avería comun.

770. En el caso del antecedente queda al arbitrio del cargador descargar y volver á cargar á su tiempo sus mercaderías, pagando estadias si retardase la recarga despues de haber cesado la causa que entorpecia el viage.

771. Si despues de haber salido la nave al mar arribáre al puerto de su salida por tiempo contrario ó riesgo de piratas ó enemigos, y los cargadores conviniesen en su total descarga, no podrá rehusarla el fletante, pagándole el flete por entero del viage de ida. Si el fletamento estuviere ajustado por meses, se pagará el importe de una mesada libre, siendo el viage á un puerto del mismo mar, y dos si estuviese en mar distinto. De un puerto á otro de la península é islas adyacentes nunca se pagará mas que una mesada.

772. Ocurriendo en viage la declaracion de guerra, cerramiento de puerto ó interdiccion de relaciones comerciales, seguirá el capitan las instrucciones que de antemano haya recibido del fletador; y sea que arribe al puerto que para este caso le estuviere designado, ó sea que vuelva al de su salida, percibirá solo el flete de ida, aun cuando la nave estuviese contratada por viage de ida y vuelta.

773. Faltando al capitan instrucciones del fletador, y sobreviniendo declaracion de guerra, seguirá su viage al puerto de su destino, como éste no sea de la misma potencia con quien se hayan roto las hostilidades, en cuyo caso se dirigirá al puerto neutral y seguro que se encuentre mas cercano, y aguardará órdenes del cargador, sufragándose los gastos y salarios devengados en la detencion como avería comun.

774. Haciéndose la descarga en el puerto de arribada, se devengará el flete por viage de ida entero, si estuviese á mas de la mitad de distancia entre el de la espedicion y el de la consignacion. Siendo la distancia menor, solo se devengará la mitad del flete.

775. Los gastos que se ocasionen en descargar y volver á cargar las mercaderías en cualquier puerto de arribada, serán de cuenta de los cargadores, cuando se haya obrado por disposicion suya, ó con autorizacion del tribunal que. hubiese estimado conveniente aquella operacion para evitar daño y avería en la conservacion de los efectos.

776. No se debe indemnizacion al fletador cuando la nave haga arribada para una reparacion urgente y necesaria en el casco ó en sus aparejos y pertrechos; y si en este caso prefiriesen los cargadores descargar sus efectos, pagarán el flete por entero, como si la nave hubiese llegado á

송계약에서 항해할 곳으로 지정된 국가와의 상거래가 금지된 경우, 운송계약은 자동적으로 해제되고, 그 계약에 기한 모든 권리는 소멸한다. 선박이 이미 선적을 한 때에는, 용선자의 비용으로 양하를 하여야 하며, 용선자는 선적을 개시한 때부터 발생한 선원의 임금과 비용을 보상하여야 한다.

제769조 항구의 봉쇄 혹은 기타 불가항력적 사고로 인하여 선박의 출항이 저지된 때에는, 운송계약은 그와 상관없이 존속하고, 당사자는 서로 그로 인한 손해의 배상을 청구할 수 없다. 그리고 이 기간에 발생하는 유지비용과 선원급료는 이를 공동해손으로 본다.

제770조 전 조의 경우에 그 기간 동안 화주는 자기 화물을 양륙하고 다시 선적할 수 있다. 그러나 출항을 방해하는 사유가 중지된 후에도 다시 선적하는 것이 지연되면 그로 인한 체선료를 지급하여야 한다.

제771조 출발항을 출발한 선박이 위험한 기후 혹은 적국이나 해적의 위험 때문에 출발항으로 다시 귀항한 때에, 화주 전원이 동의하여 적하를 전부 양륙하고자 하는 경우, 운송인은 이를 거절할 수 없다. 그러나 용선자는 진행항해에 해당하는 편도운임 전부를 지급하여야 한다. 운임이 월 단위로 책정된 경우, 동일 대양에 있는 다른 항구로 항해인 때에는 1개월 운임 전액을, 다른 대양에 있는 항구로 항해인 때에는 2개월 운임 전액을 지급한다. 그리고 반도나 그 인근 섬의 한 항구에서 다른 항구로의 운송인 때에는 여하한 경우라 하더라도 1개월 이상에 해당하는 운임을 청구하지 못한다.

제772조 항해 도중에, 전쟁의 선언, 항구의 봉쇄명령 혹은 상거래의 금지명령이 내려진 경우, 선장은 사전에 용선자로부터 받은 지시에 따라야 한다. 이러한 경우에, 미리 지정해 둔 항구에 기항하든 출발항으로 귀항하든, 선장은 편도 진행항해 운임만 청구할 수 있다. 이는 비록 원래 선박이 왕복항해를 위해 운송계약을 하였다 할지라도 마찬가지이다.

제773조 용선자로부터 선장에게 특별한 지시가 없는 상태에서 전쟁이 선언된 때에는, 만일 목적항이 적대행위가 발발한 국가의 항구가 아닌 경우, 선장은 항해를 계속하여야 하고, 만일 목적항이 적대 국가의 항구인 경우, 인근에 있는 안전한 중립항에 기항하여 화주의 명령을 기다려야 한다. 이때에 항구에 지체 중에 발생한 선원 급료와 비용은 이를 공동해손으로 처리한다.

제774조 이러한 기착항에서 화주가 양하를 한 경우, 그 항구까지 거리가 출발항과 도착항과 거리의 절반 이상이면 운임 전액을 지급하여야 한다. 거리가 이보다 짧으면 단지 운임의 반액을 지급하면 된다.

제775조 여하한 기착항이든 그곳에서 화주가 양륙한 화물을 다시 선적한 때에는, 화주가 자기 결정으로 이 작업을 진행한 경우는 물론 법원이 그 물건의 보존 차원에서 훼손과 손해를 방지하기 위해 필요한 처분으로 인정하여 허락을 얻어 작업을 진행한 경우에도, 그 비용은 모두 화주가 부담하여야 한다.

제776조 선체, 장비 혹은 부품을 긴급히 수리할 필요가 있어 선박이 어느 항구에 기항을 한 경우, 운송인은 용선자에 대해 그로 인한 손해를 보상할 의무가 없다. 이 경우에 화주가 그곳에서 물건을 양륙하기를 희망하는 경우, 그 지연기간이 30일을 초과하지 아니하는 한, 선박이 목적항에 도착한 것과 마찬가지로 운임 전액을 청구할 수 있다. 이 기간을 경과하면

su destino, no escediendo la dilacion de treinta dias ; y pasando de este plazo, solo pagarán el flete proporcional ála distancia que la nave haya transportado el cargamento.

777. Quedando la nave inservible, estaráobligado el capitan á fletar otra á su costa, que reciba la carga, y la portee á su destino, acompañándola hasta hacer la entrega de ella. Si absolutamente no se encontrase enlos puertos que esten á treinta leguas de distancia otra nave para fletarla, se depositará la carga por cuenta de los propietarios en el puerto de la arribada, regulándose el flete de la nave que quedó inservible en razon de la distancia que lo porteó, y no podrá exigirse indemnizacion alguna.

778. Si por malicia ó indolencia dejase el capitan de proporcionar embarcacion que transporte el cargamento en el caso que previene el anterior, podrán buscarla y fletarla los cargadores á espensas del anterior fletante, despues de haber hecho dos interpelaciones judiciales al capitan ; y éste no podrá rehusar la ratificacion del contrato hecho por los cargadores, que se llevará á efecto de su cuenta y bajo su responsabilidad.

779. Justificando los cargadores que el buque que quedó inservible no estaba en estado de navegar cuando recibió la carga, no podrán exigírseles los fletes, y el fletante responderá de todos los daños y perjuicios. Esta justificacion será admisible y eficaz no obstante la visita ó fondeo de la nave en que se hubiese calificado su aptitud para emprender el viagc.

780. Si por bloqueo ú otra causa que ínterrumpa las relaciones de comercio no pudiere arribar la nave al puerto de su destino, y las instrucciones del cargador no hubiesen prevenido este caso, arribará el capitan al puerto hábil mas próximo, donde si se encontráre persona cometida para recibir el cargamento se lo entregará ; y en su defecto aguardará las instrucciones del cargador, ó bien del consignatario á quien iba dirigido y obrará segun ellas, soportándose los gastos que este retardo ocasione como avería comun, y percibiendo el flete de ida por entero.

781. Transcurrido un término suficiente á juicio del tribunal de comercio ó magistrado judicial de la plaza adonde se hizo la arribada, para que el cargador ó consignatario nombrasen en ella persona que recibiese el cargamento, se decretará su depósito por el mismo tribunal, pagándose el flete con el producto de la porcion del mismo cargamento, que se venderá en cantidad suficiente para cubrirlo.

782. Fletada la nave por meses, ó por dias, se devengarán los fletes desde el dia en que se ponga á la carga, á menos que no haya estipulacion espresa en contrario

783. En los fletamentos hechos por un tiempo determinado, comenzará á correr el flete desde el mismo dia, salvas siempre las condiciones que hayan acordado las partes.

784. Cuando los fletes se ajusten por peso, se hará el pago por peso bruto, incluyendo los envoltorios, barricas ó cualquiera especie de vaso en que vaya contenida la carga, si otra cosa no se hubiere pactado espresamente.

화주는 운송한 거리에 따라 비율운임만 지급하면 된다.

제777조 선박의 상태가 더 이상 운송을 할 수 없는 지경에 이르면, 선장은 그 적하를 인수하여 목적항까지 운송할 다른 선박을 자기 비용으로 용선할 의무가 있고, 나아가 적하를 인도할 때까지 그 적하와 동행할 의무가 있다. 90마일 이내에 있는 어느 항구에서도 용선할 다른 선박을 도저히 발견할 수 없는 때에는, 적하를 소유자 명의로 그 기착항에 보관하여야 하고, 사고 선박이 운송한 거리에 기해 운임을 해결하여야 하며, 그러면 화주는 그 어떠한 여타의 보상도 청구할 수 없다.

제778조 전 조의 경우에, 선장이 악의나 부주의로 적하를 운송하기 위한 다른 이적 수단을 마련하지 아니하는 때에는, 화주는 선장에게 2회에 걸쳐 사법적 청구[12]를 한 다음, 스스로 선박을 수배하고 원래 운송인의 비용으로 용선을 할 수 있다. 선장은 화주가 체결한 계약의 추인을 거부할 수 없고, 이 계약은 선장의 계산과 책임으로 효력이 생긴다.

제779조 사고 선박이 적하를 수령할 때에 이미 감항능력을 상실하고 있었다는 것을 화주가 입증하는 경우, 선장은 화주에게 운임을 청구할 수 없고, 운송인은 그로 인한 모든 훼손과 손해를 보상할 책임이 있다. 선박을 방문하여 검사가 이루어지고, 그 결과 항해를 할 능력이 있다고 판정된 경우에도, 화주는 이러한 입증을 할 수 있다.

제780조 항구 봉쇄 기타 사유로 상거래가 중단되어 선박이 목적항에 도착할 수 없고, 이러한 사항에 대비할 화주의 지시도 없는 경우, 선장은 가장 인근 안전 항에 선박을 기항하여야 하고, 만일 그 곳에 적하를 수령하기로 되어 있는 사람이 있는 때에는 그에게 적하를 인도하여야 한다. 이러한 사람이 없으면 화주나 수하인의 지시를 기다리고 그에 따라 조치를 취하여야 한다. 그리고 이러한 지연으로 인한 비용은 공동해손으로 분담하여야 하며, 운임은 진행항해 편도 전액을 지급하여야 한다.

제781조 이처럼 기착한 지역에서, 화주나 수하인이 적하를 수령할 사람을 임명할 충분한 기간이 경과하였다고 상사법원 혹은 일반법원이 판단하는 경우, 그 법원은 그 적하의 보관을 명하고, 나아가 운임을 지불하기에 충분한 양의 적하를 매각하여 그 대금으로 운임을 지급하는 조치를 취한다.

제782조 월정액 혹은 일정액으로 운임을 정한 경우, 계약에 이에 관한 명시적 조항이 없는 한, 선적을 개시한 날로부터 운임이 발생한다.

제783조 운송계약이 특정한 기간 동안 운송을 목적으로 하는 때에는, 당사자가 합의한 특별한 조건이 있는 경우를 제외하고는, 운임도 그 특정한 날짜부터 발생한다.

제784조 운임이 중량을 기준으로 책정된 경우, 다른 명시적 합의가 없는 한, 총중량을 기초로 중량을 정하며, 총중량은 그 종류가 무엇이든 포장, 통 기타 적하를 담은 용구를 포함한 중량을 말한다고 본다.

---

12 우리나라와 달리 별도로 법적 절차가 마련되어 있다.

785. Devengan flete las mercaderías que el capitan haya vendido en caso de urgencia para subvenir á los gastos de carena, aparejamiento y otras necesidades imprescindibles del buque.

786. El flete de las mercaderías arrojadas al mar para salvarse de un riesgo, se considerará como avería comun, abonándose su importe al fletante.

787. No se debe flete por las mercaderías que se hubieren perdido por naufragio ó varamiento, ni de las que fueron presa de piratas ó de enemigos. Si se hubiere percibido adelantado el flete, se devolverá, á menos que no se hubiese estipulado lo contrario.

788. Rescatándose el buque ó su carga, ó salvándose los efectos del naufragio, se pagará el flete que corresponda á la distancia que el buque porteó la carga ; y si reparado éste la llevase hasta el puerto de su destino, se abonará el flete por entero, sin perjuicio de lo que corresponda decidirse sobre la avería.

789. Devengan el flete íntegro, segun lo pactado en el fletamento, las mercaderías que sufran deterioro ó diminucion por caso fortuito, por vicio propio de la cosa, ó por mala calidad y condicion de los envases.

790. No puede ser obligado el fletante á recibir en pago de fletes los efectos del cargamento, estén ó no averiados ; pero bien podrán abandonarle los cargadores por el flete los líquidos, cuyas vasijas hayan perdido mas de la mitad de su contenido.

791. Teniendo un aumento natural en su peso ó medida las mercaderías cargadas en la nave, se pagará por el propietario el flete correspondiente á este esceso.

792. El fletador que voluntariamente y fuera de los casos de fuerza insuperable de que se ha hecho mencion en el art. **771** hiciere descargar sus efectos antes de llegar al puerto de su destino, pagará el flete por en tero, y abonará los gastos de la arribada que se hizo á su instancia para la descarga.

793. Se debe el flete desde el momento en que se han descargado y puesto á disposicion del consignatario las mercaderías.

794. No se puede retener á bordo el cargamento á pretesto de recelo sobre falta de pago de los fletes; pero habiendo justos motivos para aquella desconfianza, podrá el tribunal de comercio, á instancia del capitan, autorizar la intervencion de los efectos que se descarguen hasta que se hayan pagado los fletes.

795. Fuera de los casos esceptuados en las disposiciones precedentes, no está obligado el fletante á soportar diminucion alguna en los fletes devengados con arreglo á la contrata de fletamento.

796. La capa debe satisfacerse en la misma proporcion que los fletes, rigiendo en cuanto á ella todas las alteraciones y modificaciones á que estan sujetos éstos.

제785조 위급한 상황을 맞아 선체수리, 장비구비 기타 선박을 위한 불가결한 필요에 의해 그 비용를 마련하기 위하여 선장이 화물을 매각한 경우, 그 화물에 대해 운임이 전액 발생한다.

제786조 위험으로부터 선박을 구하기 위해 해상에 투기된 화물의 운임은 공동해손으로 간주되고, 해당 화물의 운임 총액을 기준으로 운송인에게 보상하여야 한다.

제787조 난파 혹은 좌초로 인하여 멸실된 화물 및 해적 혹은 적선에 의해 탈취된 화물에 대하여는 운임이 발생하지 아니한다. 이 경우 선지급된 운임은, 별도의 약정이 없으면, 이를 반환하여야 한다.

제788조 선박이나 적하가 납치 후 타협이 이루어져 반환된 경우 및 난파된 다음 일부 물건이 구조된 경우, 그 선박이 운송한 거리에 해당하는 운임을 지급하여야 한다. 다만 회복된 선박이 적하를 목적항까지 운송한 경우, 운임 전액을 지급하여야 한다. 그러나 이로 인한 손해의 처리는 이를 별론으로 한다.

제789조 우연한 사고, 물건 자체의 하자 및 용기의 품질 혹은 상태로 인해 화물에 훼손이나 감소가 생겼다 하더라도, 운송계약에서 약정한 운임 전액을 지급하여야 한다.

제790조 화물이 손상을 입었든 아니든, 운임의 지급조로 운송인이 적하의 일부를 수령할 의무는 없다. 다만 액체 화물은 그 용기가 내용물을 반액 이상 상실한 경우, 화주는 운임을 지불하는 대신에 이를 포기할 수 있다.

제791조 선적한 화물에 자연적인 증가가 발생, 그 중량이나 용적이 증가한 경우, 화물의 소유자는 이러한 증가분에 대해 운임을 지급하여야 한다.

제792조 선박이 목적항에 도착하기 이전에, 위 제771조에서 말하는 불가항력적 사유도 없이 자의로 양하를 하는 용선자는 운임 전액을 지급하여야 한다. 그리고 양하가 용선자의 신청에 의하여 이루어진 때에는 기항에 따르는 비용도 보상하여야 한다.

제793조 양륙한 화물을 수하인에게 제공함과 동시에 운임청구권이 발생한다.

제794조 운임을 지급하지 아니할 우려가 있다는 이유로 선상에 적하를 유치할 수 없다. 그러나 그러한 불신에 정당한 사유가 있는 경우, 선장의 신청을 받아 법원은 운임이 변제될 때까지 하역한 물건에 선장이 관여하는 것을 허락할 수 있다.

제795조 위에서 본 규정에 따라 예외적으로 인정되는 경우가 아닌 한, 운송인은 계약에서 정한 운임의 감액을 주장할 수 없다.

제796조 화주가 지급할 선장의 상여금은 운임과 동일한 비율로 지급하여야 하며, 따라서 운임에 가져올 모든 사정과 변경은 상여금에도 마찬가지로 적용한다.

797. El cargamento está especialmente obligado á la seguridad del pago de los fletes devengados en su transporte.

798. Hasta cumplido un mes de haber recbido el consignatario la carga, conserva el fletante el derecho de exigir que se venda judicialmente la parte de ella que sea necesaria para cubrir los fletes ; lo cual se verificará tambien aun cuando el consignatario se constituya en quiebra. Pasado aquel término, los fletes se consideran en la clase de un crédito ordinario, sin preferencia alguna. Las mercaderías que hubieren pasado á tercer poseedor despues de transcurridos los ocho dias siguientes á su recibo, dejan de estar sujetas á esta responsabilidad.

§ **2.º** Del conocimiento.

799. El cargador y el capitan de la nave que recibe la carga no pueden rehusar entregarse mútuamente como título de sus respectivas obligaciones y derechos un conocimiento, en que se espresará ;

1.º El nombre, matrícula y porte del buque.
2.º El del capitan y el pueblo de su domicilio.
3.º El puerto de la carga y el de la descarga.
4.º Los nombres del cargador y del consignatario.
5.º La calidad, cantidad, número de bultos y marcas de las mercaderías.
6.º El flete y la capa contratadas.

Puede omitirse la designacion del consignatario, y ponerse á la orden.

800. El cargador firmará un conocimiento que entregará al capitan. El capitan firmará tantos cuantos exija el cargador. Todos los conocimientos, ya sea el que debe firmar el cargador, como los que se exijan al capitan, serán de un mismo tenor, llevarán igual fecha, y espresarán el número de los que se han firmado.

801. Hallándose discordancia entre los conocimientos de un mismo cargamento, se estará al contesto del que presente el capitan, estando todo escrito en su totalidad, o al menos en la parte que no sea letra impresa, de mano del cargador ó del dependiente prepuesto para las espediciones de su tráfico, sin enmienda ni raspadura, y por el que produzca el cargador, si estuviere firmado de mano del mismo capitan. Si los dos conocimientos discordes tuviesen respectivamente este requisito, se estará á lo que prueben las partes.

802. Los conocimientos á la orden se pueden ceder por endoso, y negociarse. En virtud del endoso se transfieren á la persona en cuyo favor se hace todos los derechos y acciones del endosante sobre el cargamento.

803. El portador legítimo de un conocimiento á la orden, debe presentarlo al capitan del buque antes de darse principio á la descarga, para que se le entreguen directamente las mercaderías; y omitiendo hacerlo, serán de su cuenta los gastos que se causen en almacenarlas, y la comision de medio por ciento, á que tendrá derecho el depositario de ellas.

제797조 운임채권을 가진 운송인은 운송한 화물에 대해 운임의 지급을 위한 특별한 별도의 담보권을 가진다.

제798조 수하인이 적하를 수령하고 1개월이 경과할 때까지, 운임의 지급을 받지 못한 운송인은 운임을 지급하기에 충분한 분량의 화물의 매각을 법원에 청구할 권리가 있다. 이 권리는 수하인이 파산한 이후에도 행사할 수 있다. 이 기간이 경과하면 운임채권은 아무런 우선변제권이 없는 일반채권으로 변한다. 수하인이 수령을 한 다음 8일이 경과한 후에 제3자가 점유를 하여 이를 취득한 때에는, 그 화물은 더 이상 담보권 대상이 아니라고 본다.

제2관 선하증권

제799조 선장과 화주는 각자의 권리와 의무를 표시하는 권원증권인 선하증권을 상호 교환하는 것을 거절할 수 없다. 선하증권에는 다음 사항을 기재하여야 한다.

1. 선명, 선박의 국적 및 선적지.
2. 선장의 성명과 거주 지역.
3. 선적항과 양륙항.
4. 화주와 수하인의 성명.
5. 상품의 품질, 수량, 포장의 수 및 기호.
6. 약정한 운임과 화주가 지급할 선장의 상여금.

수하인은 이를 지정하지 아니하고 지시식으로 둘 수도 있다.

제800조 화주는 선하증권 1부를 작성한 후 서명한 다음 이를 선장에게 교부하여야 한다. 선장은 화주가 요구하는 부수의 선하증권에 서명하여야 한다. 선하증권은, 화주가 서명한 것이든 선장에게 요구하여 받은 것이든, 모두 동일한 내용이고 동일한 날짜에 발행된 것이어야 하며, 서명한 선하증권의 부수도 기재하여야 한다.

제801조 동일한 적하에 대한 선하증권 사이에 그 내용에 차이가 있는 경우, 내용 전체나 인쇄되지 않은 부분을 화주 혹은 그의 운송담당 직원이 손으로 기재한 것이고, 또 거기에 변경이나 마멸의 흔적이 보이지 아니하는 증권인 때에는, 선장이 제시하는 선하증권의 내용에 의해 효력을 인정하고, 반대로 선장의 손으로 서명한 증권인 때에는, 화주가 제시하는 선하증권의 내용에 의해 효력이 인정된다. 두 개의 선하증권이 내용이 다르면서 모두 이러한 요건을 갖춘 경우, 당사자가 제시하는 증거를 종합하여 그 내용을 판단한다.

제802조 지시식 선하증권은 배서 및 교부에 의하여 양도할 수 있다. 배서에 의해 양도하면 배서인이 가졌던 적하에 대한 모든 권리와 권한이 피배서인에게 이전된다.

제803조 지시식 선하증권의 적법한 소지인은 양하를 개시하기 이전에 이를 선장에게 제시하여야 하고, 그러면 선장은 소지인에게 직접 적하를 인도한다. 이러한 제시를 하지 아니하면 소지인은 적하를 보관시키는 데 필요한 비용과 창고업자가 부과하는 0.5%에 해당하는 수수료를 부담하여야 한다.

804. Sea que el conocimiento esté dado á la orden, ó que se haya estendido en favor de persona determinada, no puede variarse el destino de las mercaderías sin que el cargador devuelva al capitan todos los conocimientos que éste firmó ; y si el capitan consintiere en ello, quedará responsable del cargamento al portador legítimo de los conocimientos.

805. Si por causa de estravío no pudiere hacerse la devolucion prevenida en el anterior, se afianzará á satisfaccion del capitan el valor del cargamento; y sin este requisito no se le podrá obligar á suscribir nuevos conocimientos para distinta consignacion.

806. Falleciendo el capitan de una nave, ó cesando en su oficio por cualquier otro accidente antes de haberse hecho á la vela, exigirán los cargadores de su sucesor que revalide los conocimientos suscritos por el que recibió la carga, sin lo cual no responderá aquel sino de lo que se justifique por el cargador que existia en la nave cuando entró á ejercer su empleo. Los gastos que puedan ocurrir en el reconocimiento de la carga embarcada, serán de cuenta del naviero, sin perjuicio de que lo repita del capitan cesante, si dejó de serlo por culpa que hubiere dado lugar á su remocion.

807. Los conocimientos cuya firma sea reconocida legítima por el mismo que los suscribió, tienen fuerza ejecutiva en juicio.

808. No se admitirá á los capitanes la escepcion de que firmaron los conocimientos confidencialmente y bajo promesa de que se les entregaría la carga designada en ellos.

809. Todas las demandas entre cargador y capitan se han de apoyar necesariamente en el conocimiento de la carga entregada á éste, sin cuya presentacion no se les dará curso.

810. En virtud del conocimiento del cargamento se tienen por cancelados los recibos provisionales de fecha anterior que se hubieren dado por el capitan ó sus subalternos de las entregas parciales que se les hubiesen ido haciendo del cargamento.

811. Al hacer la entrega del cargamento, se devolverán al capitan los conocimientos que firmó, ó al menos uno de sus ejemplares en que se pondrá el recibo de lo que hubiere entregado. El consignatario que fuere moroso en dar este documento, respondorá al capitan de los perjuicios que se le sigan por la dilacion.

SECCIOIN SEGUNDA. DEL CONTRATO Á LA GRUESA Ó PRÉSTAMO Á RIESGO MARÍTIMO

812. Los contratos á la gruesa pueden celebrarse ;

- Por instrumento público con las solemnidades de derecho.
- Por póliza firmada por las partes con intervencion de corredor.
- Por documento privado entre los contrayentes.
- Los contratos á la gruesa que consten por instrumento público traen aparejada ejecucion.

제804조 선하증권이 지시식으로 발행되었든 혹은 기명식으로 발행되었든 상관없이, 선장이 서명한 모든 선하증권을 화주가 선장에게 반환하지 아니하면 화물의 목적지를 변경할 수 없다. 그렇지 아니하고 선장이 그 변경에 동의하면 선장은 선하증권의 적법한 소지인에 대하여 책임이 있다.

제805조 만일 분실로 인하여 전 조에서 말한 모든 선하증권을 반환할 수 없는 때에는 선장이 충분하다고 판단하는 담보를 제공하여야 한다. 이러한 요건을 충족하지 아니하고는 다른 수하처를 가진 새로운 선하증권의 발행을 선장에게 요구할 수 없다.

제806조 항해를 개시하기 이전에, 선장이 사망하거나 다른 사고로 인해 그 직책을 수행할 수 없게 된 경우, 화주는 적하를 수령한 전임자가 서명한 선하증권을 재확인 해줄 것을 후임자에게 요구할 수 있다. 이러한 재확인이 없으면 후임자는 그 직책을 개시할 때에 존재했던 것을 화주가 증명하는 것에 대하여서만 책임이 있다. 새로운 확인을 위하여 적하를 점검하는 비용은 선주가 부담하여야 하고, 전임자가 그의 직책에서 배제된 것에 귀책사유가 있는 때에는 선주는 경우에 따라 그에게 다시 이를 구상할 수 있다.

제807조 선하증권에 서명을 한 명의자가 자기의 서명이라고 인정하면 그 선하증권은 법적으로 완전한 효력을 갖는다.

제808조 선하증권에 기재된 적하가 장차 인도될 것이라는 약속을 믿고서 선장이 선하증권에 서명하였음을 이유로 하는 선장의 면책은 성립되지 아니한다.

제809조 화주이든 선장이든 운송계약에 기해 청구를 하려면, 반드시 선하증권에 의해 선장에게 적하를 인도한 것이 증명되어야 하고, 선하증권이 제출되지 아니하면 이들에게 어떤 구제수단도 허용되지 아니한다.

제810조 선적을 하면서, 선하증권이 발행되기 이전에, 선장이나 그 보조인이 적하를 일부 인도한 것에 대해 임시 영수증을 발행한 경우, 선하증권이 발행되면 그 임시 영수증은 모두 효력을 잃는다.

제811조 화물이 수하인에게 인도되면, 서명한 선하증권 전부를 선장에게 반환하거나 혹은 적어도 1부 이상 선하증권에 인도된 사실을 기재하여 선장에게 교부하여야 한다. 이러한 서류를 교부하는 것을 지체한 수하인은 그 지연에 따르는 손해를 선장에 배상하여야 한다.

제2절 모험대차

제812조 모험대차계약은 다음 방식으로 체결되어야 한다.

· 법적 절차를 거친 공증증서.
· 중개인의 참여하에 당사자가 서명한 사서증서.
· 혹은 당사자가 임의로 작성한 서면.
· 공증증서에 의하여 증명된 모험대차는 완전한 효력을 갖는다.

· El mismo efecto producirán cuando habiéndose celebrado con intervencion de corredor se compruebe la póliza del demandante por el registro del corredor que intervino en el contrato, siempre que éste se encuentre con todas las formalidades que previene el art. 95.

· Celebrándose privadamente entre los contratantes no será ejecutivo el contrato, sin que conste de la autenticidad de las firmas por reconocimiento judicial de los mismos que las pusieron, ó en otra forma suficiente.

· Los préstamos á la gruesa contraidos de palabra son ineficaces en juicio, y no se admitirá en su razon demanda ni prueba alguna.

813. Para que las escrituras y pólizas de los contratos á la gruesa obtengan preferencia en perjuicio de tercero se ha de tomar razon de ellas en el registro de hipotecas del partido dentro de los ocho dias siguientes al de su fecha, sin cuyo requisito no producirán efecto sino entre los que las suscribieron. Con respecto á los que se hagan en pais estrangero será suficiente la observancia exacta de las formalidades prevenidas en el art. 644.

814. En la redaccion del contrato á la gruesa se hará espresion de

1.º La clase, nombre y matrícula del buque.

2.º El nombre, apellido y domicilio del capitan.

3.º Los nombres, apellidos y domicilios del dador y del tomador del préstamo.

4.º El capital del préstamo y el premio convenido.

5.º El plazo del reembolso.

6.º Los efectos hipotecados.

7.ºEl viage por el cual se corra el riesgo.

815. Las pólizas de los contratos á la gruesa pueden cederse y negociarse por endosos estando estendidas á la orden ; y en fuerza del endoso se transmiten á los cesionarios todos los derechos y riesgos del dador del préstamo.

816. Puede hacerse el préstamo á la gruesa no solamente en moneda metálica, sino tambien en efectos propios para el servicio y consumo de la nave, asi como para el comercio, arreglándose en este caso por convenio de las partes un valor fijo.

817. Los préstamos á la gruesa pueden constituirse conjunta ó separadamente sobre

· El casco y quilla del buque.

· Las velas y aparejos.

· El armamento y vituallas.

· Las mercaderías cargadas.

818. Si se constituye el préstamo á la gruesa sobre el casco y quilla del buque, se entienden hipotecados al capital y premios el buque, las velas, aparejos, armamento, provisiones, y los fletes que ganáre en el viage. Si sobre la carga en general se comprenden en la hipoteca todas las mercaderías y efectos que la componen. Y si sobre un objeto particular y determinado del buque ó de la carga, solo éste y no lo restante será hipoteca del préstamo.

· 중개인이 참여한 사서증서는 관여한 중개인 일기장에 의해 청구인의 증서가 증명되고, 그 일기장이 위 제95조의 형식을 모두 갖추고 있는 경우에는, 공증증서와 마찬가지 효력이 있다.
· 당사자가 임의로 작성한 것인 경우에는, 계약을 한 당사자가 사법적 확인절차나 기타 적절한 방법으로 서명의 진정성을 입증하는 때에 한하여 효력이 생긴다.
· 구두로 계약을 한 모험대차는 법적으로 효력이 없고, 이에 기한 청구나 입증은 허용되지 아니한다.

제813조 모험대차를 위한 증서나 서면이 제3자에 대하여 우선변제권을 가지려면 그 작성일자로부터 8일 이내에 지역 담보등록부에 요지를 등록하여야 하고, 이러한 등록이 없으면 오로지 계약을 한 당사자 사이에서만 효력이 있다. 외국에서 모험대차가 이루어진 경우, 위 제644조에서 정한 절차를 정확히 밟으면 그것으로 족하다고 본다.

제814조 모험대차계약을 작성함에는 다음 사항을 명기하여야 한다.
1. 선박의 종류, 명칭 및 선적지.
2. 선장의 성명과 주소.
3. 차주 및 대주의 성명과 주소.
4. 차용한 원금과 약정한 특별이윤.
5. 반환 기간.
6. 부보된 목적물.
7. 감수할 위험이 존재하는 항해.

제815조 지시식으로 발행된 모험대차의 차용증서는 배서를 통해 이전 및 양도될 수 있다. 이 배서에 의해, 모험대차에 기한 대주의 모든 권리와 위험이 피배서인에게 이전된다.

제816조 모험대차에서 차용할 대상은 반드시 금전으로 한정하지 아니하고, 선박에서 사용하거나 소비하는 물건을 대상으로 할 수도 있고, 나아가 거래를 위해 일정한 물건을 차용할 수도 있으며, 이때에는 당사자가 협의하여 그 물건의 가격을 정하여 처리한다.

제817조 다음의 물건을, 각각 별도로 혹은 통합하여, 담보의 목적물로 하여 모험대차를 할 수 있다.
· 선박의 선체 및 용골.
· 돛 및 장비.
· 무기 및 식량.
· 선적한 화물.

제818조 선체 및 용골을 목적물로 하여 모험대차를 하는 경우, 돛, 장비, 무기, 보급품 및 그 항해를 통하여 취득할 운임이 모두 원금과 특별이윤의 담보가 된다. 적하 일반을 목적물로 하는 경우, 적하를 구성하는 화물 기타 물건 전부가 담보의 대상이 된다. 선박이나 화물의 특정한 일부를 목적으로 하는 경우, 표시된 특정 부분에 한하여 담보가 되고, 나머지 다른 물건은 그 대상이 되지 아니한다.

819. No puede tomarse dinero á la gruesa sobre los fletes no devengados de la nave, ni sobre las ganancias que se esperen del cargamento ; y el prestador que lo haga no tendrá mas derecho que al reembolso del capital sin premio alguno.

820. Despues de realizados los fletes, asi éstos, como las ganancias que se hayan sacado del cargamento, podrán ser ejecutados para pago de los préstamos á la gruesa en esta forma: los fletes por el que se hizo sobre el casco y quilla de la nave, y los beneficios de la carga por el que se dió sobre ella.

821. Tampoco puede hacerse préstamo á la gruesa al equipage de la nave sobre sus salarios.

822. No podrá tomarse á la gruesa sobre el cuerpo y quilla de la nave mas cantidad que las tres cuartas partes de su valor. Sobre las mercaderías cargadas podrá tomarse todo el importe del valor que tengan en el puerto donde empezaron á correr el riesgo y no mayor cantidad.

823. Las cantidades en que escediere el préstamo á la gruesa de las proporciones establecidas en el anterior, se devolverán al prestador con el rédito correspondiente al tiempo en que haya estado en desembolso de ellas. Y si se probáre que el tomador usó de medios fraudulentos para dar un valor exagerado á los objetos del préstamo, pagará tambien el premio convenido en éste que corresponda á las cantidades devueltas.

824. Cuando el que tomó un préstamo á la gruesa para cargar el buque no pudiere emplear en la carga toda la cantidad prestada, restituirá el sobrante al prestador antes de la espedicion de la nave. Lo mismo hará con los efectos que hubiere tomado en préstamo á la gruesa, si no hubiere podido cargarlos.

825. No quedarán obligados el buque, sus aparejos, armamento ni vituallas al préstamo á la gruesa que tome el capitan en la plaza donde residan el naviero ó sus consignatarios, sin que éstos intervengan en el contrato ó lo aprueben por escrito; y la obligacion del capitan solo será eficaz con respecto á la nave por la parte de propiedad que tenga en ella.

826. Fuera de la plaza donde residan él naviero ó el consignatario del buque, usará el capitan, si necesitáre tomar un préstamo á la gruesa, de la facultad que le está declarada en el art. 644, probando la urgencia, y con prévia autorizacion judicial, en la forma que en él está prevenida.

827. Es nulo el contrato á la gruesa que se celebre sobre efectos que estuviesen corriendo riesgo al tiempo de su celebracion

828. Cuando los efectos sobre que se toma dinero á la gruesa no llegan á ponerse en riesgo, queda sin efecto el contrato.

829. Las cantidades tomadas á la gruesa para el último viage del buque, se pagarán con preferencia á los préstamos de los viages anteriores, aun cuando estos últimos se hubiesen prorogado por un pacto espreso.

제819조 아직 발생하지 아니한 운임 및 적하에 장차 기대되는 예상수익을 담보의 목적물로 삼아 금전을 차용하지 못한다. 이렇게 한 대주는 어떠한 특별이윤도 청구하지 못하고, 오로지 원금의 반환만 청구할 수 있다.

제820조 이미 실현된 운임 및 창출된 희망이익은 다음 방식으로 차용금의 변제에 사용한다. 운임은 선체와 용골을 목적으로 한 차용금의 변제에 사용하고, 이익은 적하를 목적으로 한 차용금의 변제에 사용한다.

제821조 승무원에 대하여 그 급료를 목적물로 삼아 모험대차로 금전을 대부할 수 없다.

제822조 선체와 용골을 담보로 한 모험대차의 경우, 선박가격의 4분의 3이 넘는 금액을 차용할 수 없다. 선적한 화물을 담보로 모험대차를 하는 경우, 위험이 개시된 항구에서 그 가액 총액까지 차용할 수 있으나 그 이상은 차용할 수 없다.

제823조 전 조에서 설정한 비율을 초과하여 대여한 금액이 있으면, 차주는 대주에게 지급할 때까지 발생한 이자와 함께 원금을 반환하면 된다. 그러나 차주가 사기적 방법을 사용하여 목적물에 과장된 가격을 제시한 경우, 반환할 원금에 약정한 특별이윤을 합하여 반환하여야 한다.

제824조 어느 선박에 화물을 선적할 목적으로 금전을 차용한 사람이 그 선박의 선적에 빌린 금전을 전부 사용할 수 없는 경우, 항해 개시 전에 그 잔액을 대주에게 반환하여야 한다. 모험대차로 차용한 목적물을 선적할 수 없는 때에도, 마찬가지로 반환하여야 한다.

제825조 선주나 그 대리인이 거주하는 곳에서 선장이 모험대차로 차용을 한 경우, 선주나 그 대리인이 계약체결에 참여하거나 혹은 이들이 서면으로 추인하지 않으면, 그 차용은 선박, 그 장비, 무기 혹은 식량에 대해 효력이 없다. 그러나 선장의 의무는 선장이 가진 선박의 지분에 한하여 그 담보의 효력이 미친다.

제826조 선주나 그 대리인이 거주하는 곳이 아닌 곳에서는, 모험대차에 기해 차용을 할 필요가 있으면, 선장은 긴급성을 증명하고 법원의 허락을 얻어 위 제644조에서 정한 절차를 밟아 그 권한을 행사한다.

제827조 계약 체결 당시에, 이미 위험기간을 도과한 물건을 담보로 하는 모험대차는 그 효력이 없다.

제828조 모험대차의 목적물에 진히 위험이 개시되지 아니한 경우도, 그 대차계약은 효력이 없다.

제829조 선박의 최후의 항해를 대상으로 하여 모험대차로 차용한 금액은 이전 항해를 대상으로 하여 차용한 금액에 우선하여 변제를 받을 권리가 있다. 이는 이전 차용의 해당 항해가 당사자 사이의 명시적인 합의로 대상인 항해가 연장된 때에도 마찬가지이다.

830. Los préstamos hechos durante el viage serán preferidos á los que se hicieron antes de la espedicion de la nave, graduándose entre ellos la preferencia en el caso de ser muchos por el orden contrario al de sus fechas.

831. Las acciones del prestador á la gruesa se estinguen enteramente con la pérdida absoluta de los efectos sobre que se hizo el prestamo, acaeciendo ésta en el tiempo y lugar convenidos para correr el riesgo, y procediendo de causa que no sea de las esceptuadas, bien por pacto especial entre los contrayentes, ó bien por disposición legal. De cargo del tomador será probar la pérdida, y en los préstamos sobre el cargamento justificar asimismo que los efectos declarados al prestador como objetos del préstamo existian realmente en la nave embarcados de su cuenta, y que corrieron los riesgos.

832. No se extinguirá la accion del prestador aun cuando se pierdan las cosas obligadas al pago del préstamo, si el daño ocurrido en ellas procediere de alguna de las causas siguientes :

1.ª Por vicio propio de la misma cosa.
2.ª Por dolo ó culpa del tomador.
3.ª Por baraterías del capitan ó del equipage.
4.ª Cargándose las mercaderías en buque diferente del que se designó en el contrato, á menos que por acontecimiento de fuerza insuperable hubiese sido indispensable trasladar la carga de un buque á otro.

En cualquiera de estos casos tiene derecho el prestador á la gruesa al reintegro de su capital y réditos, no habiéndose pactado expresamente lo contrario

833. Tampoco recae en perjuicio del prestador el daño que sobrevenga en el buque por emplearse en el contrabando.

834. Los prestadores á la gruesa soportarán á prorata de su interés respectivo las averías comunes que ocurran en las cosas sobre que se hizo el préstamo. En las averías simples, á defecto de convenio espreso de los contratantes, contribuirá tambien por su interés respectivo el prestador á la gruesa, no perteneciendo á las especies de riesgos esceptuados en el art. 832.

835. Si no se hubiere determinado con especialidad la época en que el prestador haya de correr el riesgo, se entenderá que comienza en cuanto al buque y sus agregados desde el momento en que se hizo á la vela hasta que ancló y quedó fondeado en el puerto de su destino. En cuanto á las mercaderías correrá el riesgo desde que se carguen en la playa del puerto donde se hace la espedicion hasta que se descarguen en el puerto de la consignación.

836. Acaeciendo naufragio, percibirá el prestador á la gruesa la cantidad que produzcan los efectos salvados sobre que se constituyó el prestamo, deduciéndose los gastos causados para ponerlos á salvo.

837. Si con el prestador á la gruesa concurriere en caso de naufragio un asegurador de los mismos objetos sobre que estuviere constituido el préstamo, dividirán entre sí el producto de los que se hubieren salvado, á prorata de su interés respectivo, siempre que la cantidad asegurada cupiera en el valor de los objetos, despues de deducido el importe del préstamo. No

제830조 항해 도중에 행한 차용이 항해 개시 이전에 행한 차용보다 우선변제를 받을 권리가 있고, 항해 개시 전 혹은 후에 행해진 여러 차용 사이에는 차용 일자의 역순으로 우선변제를 받을 권리가 있다.

제831조 모험대차에서 담보의 목적물이 절대적으로 멸실된 경우, 그 멸실이 약정한 위험기간과 위험장소에서 발생한 것이면, 대주의 권리는 완전히 소멸한다. 다만 멸실의 원인이 면제사유에 해당하면, 그것이 당사자가 특약에 기한 것이든 법률이 정한 것이든, 소멸하지 아니한다. 차주는 멸실을 입증할 책임이 있고, 나아가 적하를 목적으로 차용한 때에는 대차의 목적물로 신고된 물건이 자기 계산으로 선적되어 실제로 선상에 존재했고 약정한 위험에 노출되었다는 것을 입증하여야 한다.

제832조 파손이 다음 사유로 발생한 경우, 대차의 목적물이 멸실되었다 하더라도, 대주는 권리를 상실하지 아니한다.

1. 물건 자체의 하자에 기인한 경우,
2. 차주의 고의 혹은 귀책사유로 인한 경우,
3. 선장 혹은 승무원의 사리를 위한 고의행위에 기인한 경우,
4. 대차계약에서 지정한 선박과 다른 선박에 선적된 화물. 다만 불가항력적 사고로 인하여 부득이 이적을 한 때에는 예외로 한다.

위 경우에 모험대차의 대주는, 명시적인 반대의 약정이 없는 한, 원금의 반환과 그 이자를 청구할 수 있다.

제833조 불법 거래에 관여함으로 인하여 선박에 발생한 훼손도 마찬가지로 대주의 손해로 돌아가지 아니한다.

제834조 모험대차의 목적물에 공동해손이 발생한 경우, 대주는 그 이해관계의 비율에 따라 손해를 분담하여야 한다. 단순해손이 발생한 경우, 당사자 사이에 명시적 약정이 없으면, 위 제832조에 의거 면제된 위험에 속하지 아니하는 한, 대주는 그 이해관계에 따라 마찬가지로 손해를 분담하여야 한다.

제835조 대주가 부담할 위험기간이 특별히 약정되지 아니한 경우, 선박과 그 속구에 관하여는 항해 개시를 위해 선박이 해수에 임재한 때부터 시작하여 목적항에 도착하여 돛을 내리고 정박할 때까지 계속되는 것으로 본다. 화물의 경우에는 항해를 개시하는 항구나 해안에서 선적을 할 때부터 수하인에게 인도할 항구에서 양하를 할 때까지 대주의 위험이 계속된다고 본다.

제836조 물건이 난파된 경우, 모험대차의 대주는 구조된 목적물의 대가에서 구조비용을 공제한 금액을 수령한다.

제837조 모험대차의 목적물이 동시에 보험의 목적이 되고, 그 목적물이 난파되어 보험자의 권리와 모험대차의 차주의 권리가 서로 경합하는 경우, 양자는 구조물의 대가를 이해관계의 비율에 따라 분배한다. 이는 목적물의 가액에서 대차금액을 공제한 잔액보다 이 부보금액이 적은 것을 전제로 한다. 이처럼 부보 금액이 적은 경우가 아니면, 부보된 목적물의

siendo asi, percibirá solamente el asegurador la parte proporcional que corresponda al resto del valor de las cosas aseguradas, hecha antes la espresada deduccion.

838. Dándose fiador en el contrato á la gruesa, se le tendrá por obligado mancomunadamente con el tomador, si en la fianza no se puso restriccion en contrario. Cumplido el tiempo que se fijó para la fianza, queda estinguida la obligacion del fiador, como no se renueve por un segundo contrato.

839. Si hubiere demora en la reintegracion del capital prestado y de sus premios, tendrá derecho el prestador al rédito mercantil que corresponda al capital, sin inclusion de los premios.

SECCION TERCERA. DE LOS SEGUROS MARÍTIMOS

§ 1.º Forma de este contrato.

840. El contrato de seguro ha de constar de escritura pública ó privada para que sea eficaz en juicio. Las formas diferentes de su celebracion, y los efectos respectivos de cada una, son las mismas que con respecto al contrato á la gruesa se han prescrito en el art. 812.

841. De cualquiera manera que se estienda el contrato de seguro debe contener todas las circunstancias siguientes:

1.ª La fecha, con espresion de la hora en que se firma.
2.ª Los nombres, apellidos y domicilios del asegurador y el asegurado.
3.ª Si el asegurado hace asegurar efectos propios, ó si obra en comision por cuenta de otro.
4.ª El nombre y domicilio del propietario de las cosas que se aseguran, en el caso de hacerse el seguro por comision.
5.ª El nombre, porte, pabellon, matrícula, armamento y tripulacion de la nave en que se hace el transporte de las cosas aseguradas.
6.ª El nombre, apellido y domicilio del capitan.
7.ª El puerto ó rada en que las mercaderías han sido ó deben ser cargadas.
8.ª El puerto de donde el navío ha debido ó debe partir.
9.ª Los. puertos ó radas en que debe cargar ó descargar, ó por cualquiera otro motivo hacer escalas.
10.ª La naturaleza, calidad y, valor de los objetos asegurados.
11.ª Las marcas y números de los fardos, si las tuviesen.
12.ª Los tiempos en que deben empezar y concluir los riesgos.
13.ª La cantidad asegurada.
14.ª El premio convenido por el seguro, y el lugar, tiempo y modo de su pago.
15.ª La cantidad del premio que corresponda al viage de ida y al de vuelta, si el seguro se hubiere hecho por viage redondo.
16.ª La obligacion del asegurador á pagar el daño que sobrevenga en los efectos asegurados.
17.ª El plazo, lugar y forma en que haya de hacerse su pago.

가액에서 위에 말한 대차금액을 공제하고 남은 잔액을 기준으로 하여 비례적으로 보험자와 차주는 구조물의 대가를 분배한다.

제838조 모험대차에서 보증인이 있는 경우, 그 보증계약에 다른 반대의 제한이 없는 한, 보증인은 차주와 공동으로 동일한 책임이 있다고 본다. 약정한 보증기간이 경과하면, 새로운 계약으로 그 보증을 갱신하지 아니하는 한, 보증인은 책임을 면한다.

제839조 차주가 차용한 원금 및 약정한 특별이윤의 반환을 지체하는 경우, 대주는 그 원금에 대해서는 상사이자를 청구할 수 있지만, 특별이윤에 대하여는 그러하지 아니하다.

제3절 해상보험

제1관 계약형식

제840조 보험계약은 공정증서에 의하든 사서증서에 의하든 법적으로 유효하다. 체결 방식의 차이 및 각 방식의 효력은 위 제812조에서 본 모험대차에서의 것과 동일하다.

제841조 어느 방식으로 보험계약이 체결되든, 다음 사항은 반드시 계약에 포함되어 있어야 한다.

1. 일자. 서명하는 시간도 표시되어야 한다.
2. 보험자와 피보험자의 성명과 주소.
3. 피보험자가 자기 자신의 물건을 보험에 드는지 혹은 다른 사람의 계산으로 위임을 받고 보험에 드는지 여부.
4. 위임을 받고 보험에 드는 경우, 목적물의 소유자의 주소 및 성명.
5. 보험의 목적물을 운송할 선박의 명칭, 용량, 선적국, 등록국, 무장 및 선원.
6. 선장의 성명과 주소.
7. 화물이 있던 혹은 화물을 선적할 항구 혹은 정박장.
8. 선박이 출발했어야 했던 혹은 출발할 항구.
9. 선적 혹은 양하를 하기 위해 혹은 기타 다른 이유로 기항해야 할 항구나 정박장.
10. 보험의 목적물의 종류, 품질 및 가액.
11. 포장물인 때에는 그 기호와 개수
12. 위험의 개시 및 종료 시기.
13. 보험금액.
14. 합의한 보험료 및 그 지급 시기, 장소 및 방법.
15. 왕복항해를 위한 보험인 경우 진행항해, 귀환항해에 각각 해당하는 보험료.
16. 보험의 목적이 파손된 때에 보험자가 부담하는 보험금 지급 의무.
17. 보험금을 지급할 기간, 장소 및 방법.
18. 당사자 사이에 분쟁이 있으면 중재에 붙이기로 합의한 경우, 그 중재조항, 및 기타 당사자가 합의한 합법적인 약정사항.

18.ª La sumision de los contratantes al juicio de árbitros en caso de contestacion, si hubieren convenido en ella,

y cualquiera otra condicion lícita que hubieren pactado en el contrato.

842. Los agentes consulares españoles podrán autorizar los contratos de seguros que se celebren en las plazas de comercio de su respectiva residencia siempre que alguno de los contratantes sea español; y las pólizas que autoricen tendrán igual fuerza que si se hubieran hecho con intervencion de corredor en España.

843. Cuando sean muchos los aseguradores, y no suscriban todos la póliza en acto continuo, espresará cada uno antes de su firma la fecha en que la pone.

844. Una misma póliza puede comprender diferentes seguros y premios.

845. Pueden asegurarse en una misma póliza la nave y el cargamento; pero se han de distinguir las cantidades aseguradas sobre cada uno de ambos objetos, sin lo cual será ineficaz el seguro.

846. En los seguros de las mercaderías puede omitirse la designacion específica de ellas y del buque donde se hayan de transportar, cuando no consten estas circunstancias; pero en caso de desgracia se ha de probar por el asegurado, ademas de la pérdida del buque y su salida del puerto de la carga, el embarque por cuenta del mismo asegurado de los efectos perdidos, y su verdadero valor.

847. Estendiéndose la obligacion del asegurador no solo en favor de la persona á cuyo nombre se hace el seguro, sino tambien á su orden, será endosable la póliza.

§ **2.º** Cosas que pueden ser aseguradas, y evaloracion de ellas.

848. Pueden ser objeto del seguro marítimo :

· El casco v quilla de la nave.
· Las velas y aparejos.
· El armamento.
· Las vituallas ó víveres.
· Las cantidades dadas á la gruesa.
· La libertad de los navegantes ó pasageros.
· Y todos los efectos comerciales sujetos al riesgo de la navegacion, cuyo valor pueda reducirse á una cantidad determinada.

849. El seguro puede hacerse sobre el todo ó parte de los espresados objetos junta ó separadamente ; en tiempo de paz ó de guerra; antes de empezar el viage ó pendiente éste; por el viage de ida y vuelta, ó bien por uno de ambos, y por todo el tiempo del viage, ó por un plazo limitado.

제842조 어느 당사자가 스페인 국민인 경우, 스페인 영사 대리인은 각자 그 소재지 상업지에서 체결되는 보험계약을 확인하여 줄 수 있다. 이러한 확인을 받은 보험증서는 스페인 국내에서 중개인이 관여하여 체결된 보험계약과 동일한 효력이 있다.

제843조 하나의 보험계약에 수인의 보험자가 있고, 이들이 한 곳에서 동시에 연속적으로 보험증서에 서명하는 것이 아닌 경우, 각 보험자는 서명을 하는 앞 부분에 서명하는 일자를 기재하여야 한다.

제844조 여러 다른 보험과 다른 보험료를 하나의 보험증서에 기재할 수 있다.

제845조 하나의 보험증서에 기해 선박과 적하를 같이 부보할 수 있다. 그러나 이 양 목적물에 각각 별도의 보험금액이 있어야 하고, 별도 보험금액이 책정되지 아니하면 그 보험은 효력이 없다.

제846조 화물에 대한 보험의 경우, 대상인 화물에 관한 것이든 운송할 선박에 관한 것이든, 그러한 상황을 확인할 수 없는 때에는 이를 특정하지 아니하고 보험에 들 수 있다. 그러나 사고가 발생한 경우, 피보험자는 선박의 멸실 및 선적항으로부터 출발 이외에, 자기의 계산으로 멸실된 물건을 선적한 사실과 그 실제 가액을 입증하여야 한다.

제847조 보험자의 의무가 보험에서 정한 특정한 사람의 이익을 위한 것일 뿐만 아니라 그의 지시를 받은 사람을 위한 것일 경우, 그 보험증서는 지시식으로 배서하여 그 권리를 양도할 수 있다.

제2관 보험의 목적과 보험가액

제848조 다음의 물건은 해상보험에서 보험의 목적이 될 수 있다.

- 선체 및 용골.
- 돛대와 장비.
- 무기.
- 양식 기타 식품.
- 모험대차로 대부한 금액.
- 승객 혹은 항해자의 안전.
- 항해의 위험을 안은 모든 상거래 물품. 이 경우 물품의 가액은 이를 감액하여 일정 금액으로 정할 수 있다.

제849조 위에서 언급한 보험의 목적을, 함께 혹은 분리하여, 그 전부 혹은 일부를 부보할 수 있다. 전시나 평시에 부보할 수 있고, 항해 개시 이전에 혹은 항해 중에도 부보할 수 있다. 왕복항해를 부보할 수도 있고, 어느 하나의 편도항해를 부보할 수도 있으며, 항해하는 기간 전부를 부보할 수도 있고, 특정한 기간을 정하여 부보할 수도 있다.

850. Espresándose genéricamente que se asegura la nave, se entienden comprendidas en el seguro todas las pertenencias anejas á ella, pero no su cargamento, aun cuando pertenezca al mismo naviero, como no se haga espresa mencion de la carga en el contrato.

851. En los seguros de la libertad de los navegantes se espresará :

1.º El nombre, naturaleza, domicilio, edad y señas de la persona asegurada.
2.º El nombre y matrícula del navío en que se embarca.
3.º El nombre de su capitan.
4.º El puerto de su salida.
5.º El de su destino.
6.º La cantidad convenida para el rescate, y los gastos del regreso á España.
7.º El nombre y domicilio de la persona que se ha de encargar de negociar el rescate.
8.º El término en que éste ha de hacerse, y la indemnizacion que deba retribuirse en caso de no verificarse.

852. El asegurador puede hacer reasegurar por otros los efectos que él hubiere asegurado por mas ó menos premio que el que hubiere pactado, y el asegurado puede tambien hacer asegurar el costo del seguro y el riesgo que pueda haber en la cobranza de los primeros aseguradores.

853. En las cosas que hagan asegurar el capitan ó el cargador que se embarque con sus propios efectos; se habrá de dejar siempre un diez por ciento á su riesgo ; y solo podra tener lugar el seguro por los nueve decimos de su justo valor.

854. No podrán asegurarse sobre las naves mas de las cuatro quintas partes de su valor, descontados los prestamos tomados á la gruesa sobre ellas.

855. El valor de las mercaderías aseguradas debe fijarse segun el que tengan en la plaza donde se cargan.

856. La suscripcion de la póliza induce presuncion legal de que los aseguradores reconocieron justa la evaluacion hecha en ella.Pero si hubiere habido fraude por parte del asegurado en la evaluacion de los efectos del seguro, serán admitidos los aseguradores á probarlo por el reconocimiento y justiprecio de estos, ó por las facturas ú otros medios legales de prueba; y resultando acreditado el fraude, se reducirá la responsabilidad al legítimo valor que tengan los efectos.

857. Cuando por error, y no por dolo del asegurado, se hubiere dado una estimacion exagerada á los efectos del seguro, se reducirá éste á la cantidad de su legítimo valor por convenio de las partes ó juicio arbitral en su defecto; y con arreglo á la que resulte se fijarán las prestaciones del asegurado y de los aseguradores, abonándose ademas á éstos medió por ciento sobre la cantidad que resultáre de esceso. Esta reclamacion no podrá tener lugar ni por parte de los aseguradores, ni por la de los asegurados despues que se hubiere tenido noticia del paradero y suerte de la nave.

858. Las valuaciones hechas en moneda estrangera, se convertirán en el equivalente de moneda del reino, conforme el curso que tuviere en el dia en que se firmó la póliza.

제850조 일반적으로 선박으로 표시하여 보험에 든 경우, 그 선박에 속하는 모든 속구도 보험에 포함되는 것으로 본다. 그러나 적하는, 비록 선주에 속한다 할지라도, 보험계약에서 적하에 관한 명시적인 언급이 없으면, 포함되지 아니하는 것으로 본다.

제851조 항해인의 안전을 보험의 목적으로 하는 보험에는 다음 사항을 명시하여야 한다.

1. 피보험자의 이름, 국적, 주소, 연령 및 특징.
2. 승선할 선박의 명칭 및 선적.
3. 선장의 이름.
4. 피보험자의 출발항.
5. 피보험자의 목적항.
6. 환속을 위해 합의한 금액과 스페인으로의 귀환 비용.
7. 환속 협상을 책임진 사람의 이름과 주소.
8. 환속을 실현해야 할 기간 및 실현하지 못할 경우 보상금.

제852조 보험자는 인수한 보험의 목적에 관해, 그 보험료가 자기가 약정한 보험료보다 적든 많든, 다른 보험자에게 다시 재보험을 들 수 있다. 피보험자도 보험의 비용을 부보할 수 있고 또 처음 보험자로부터 보험금을 받을 수 있을지 여부에 관한 위험도 부보할 수 있다.

제853조 승선한 선장 혹은 화주가 자기 물건을 보험에 든 경우, 위험의 10%를 자기의 위험으로 남겨두어야 한다. 보험자는 목적물의 적정 가액의 10분의 9에 해당하는 금액에 한하여 위험을 인수할 수 있다.

제854조 선박보험의 경우, 그 가액의 5분의 4에 해당하는 금액에 한하여 부보할 수 있다. 모험대차로 차용한 금액이 있으면 이를 그 가액에서 공제하여야 한다.

제855조 보험에 든 화물의 가액은 선적지에서의 시장 가격을 기준으로 정한다.

제856조 보험증서에 서명하면 보험자가 증권에 나타난 평가가 정당한 평가라는 것을 시인한 것이라고 법적으로 추정한다. 그러나 보험의 목적을 평가하는 데에 피보험자의 사기가 있었던 경우, 보험자는 그 확인과 감정을 거치거나 송장 기타 법적 방법으로 가액을 입증할 수 있다. 사기임이 판명되면 보험자의 책임은 그 법적인 가액으로 한정된다.

제857조 피보험자의 고의가 아닌 착오로 보험의 목적이 과대 평가되어 제시된 경우, 보험가액은 그 법적인 가액으로 감액된다. 이 금액을 당사자 사이의 합의에 의하여 정할 수 없는 때에는 중재판정에 의하여 이를 정한다. 이 결과에 따라 피보험자 및 보험자가 제공할 급부를 정하여야 하지만, 다만 그 초과로 인하여 발생하는 추가금액 중에서 0.5%에 해당하는 금액은 이를 포기한다. 이러한 청구는 보험자든 피보험자든 멸실 혹은 안착의 소식을 들은 후에는 할 수 없다.

제858조 외국 통화로 평가가 이루어진 때에는 보험증서에 서명한 일자의 환율에 의해 스페인 통화로 환산하여 정한다.

859. No fijándose el valor de las cosas aseguradas al tiempo de celebrarse el contrato, se arreglará éste por las facturas de consignacion, ó en su defecto por el juicio de los corredores, quienes tomarán por base para esta regulacion el precio que valiesen en el puerto donde fueron cargadas, agregando los derechos y gastos causados hasta ponerlas á bordo.

860. Recayendo el seguro sobre los retornos de un pais donde no se haga el comercio sino por permutas, y no habiéndose fijado en la póliza el valor de las cosas aseguradas, se arreglará por el que tenian los efectos permutados en el puerto de su espedicion, añadiendo todos los gastos posteriores.

§ **3.º** Obligaciones entre el asegurador y el asegurado.

861. Corren por cuenta y riesgo del asegurador todas las pérdidas y daños que sobrevengan á las cosas aseguradas por varamiento ó empeño de la nave con rotura ó sin ella, por tempestad, naufragio, abordage casual, cambio forzado de ruta, de viage, ó de buque; por echazon, fuego, apresamiento, saqueo, declaracion de guerra, embargo por orden del gobierno, retencion por orden de potencia estrangera, represalias, y generalmente por todos los accidentes y riesgos de mar. Los contratantes podrán estipular las escepciones que tengan por conveniente, haciendo necesariamente mencion de ellas en la póliza, sin cuyo requisito no surtirán efecto.

862. No son de cuenta de los aseguradores los daños que sobrevengan por alguna de las causas siguientes :

- Cambio voluntario de ruta, de viage, ó de buque sin consentimiento de los aseguradores.
- Separacion espontánea de un convoy, habiendo estipulacion de ir en conserva con él.
- Prolongacion de viage á un puerto mas remoto del que se designó en el seguro.
- Disposiciones arbitrarias v contrarias á la póliza del fletamento, ó al conocimiento de los navieros, cargadores y fletadores y baraterías del capitan ó del equipage, no habiendo pacto espreso en contrario.
- Mermas, desperdicios y pérdidas que procedieren del vicio propio de las cosas aseguradas, como no se hubieren comprendido en la póliza por cláusula especial.

863. En cualquiera de los casos de que trata el precedente ganarán los aseguradores el premio, siempre que los objetos asegurados hubieren empezado á correr el riesgo.

864. No responden los aseguradores de los daños que sobrevengan á la nave por no llevar en regla los documentos que prescriben las ordenanzas marítimas; pero sí de la trascendencia que pueda tener esta falta en el cargamento que vaya asegurado.

865. Los aseguradores no estan obligados á sufragar los gastos de pilotage, y remolque, ni los derechos impuestos sobre la nave ó su cargamento

866. Asegurándose la carga de ida y vuelta, y no trayendo la nave retorno, ó trayendo menos de las dos terceras partes de su carga, recibirán solamente los aseguradores las dos terceras partes del premio correspondiente á la vuelta, á no ser que se haya estipulado lo contrario.

제859조 보험계약을 체결할 때에 보험가액을 정하지 아니한 경우에는, 송장에 기하여 이를 정하고, 송장이 없는 때에는 중개인의 판단에 의하여 이를 정한다. 중개인은 판단을 함에 있어 선적항에서의 시가를 기초로 하고, 이에 선적을 완료할 때까지 비용과 제세를 추가하여야 한다.

제860조 상거래가 없고 오로지 물물교환만 있는 나라에서 귀환하는 항해 중인 선박에 있던 물건은, 당사자가 약정한 보험가액이 보험증서에 없는 경우, 그 물건을 교환하기 위해 넘겨준 물건을 기준으로, 그 출발항에서의 가액에 이후에 발생한 모든 비용을 합하여 이를 정한다.

제3관 보험자와 피보험자의 의무

제861조 선박이 그 자체의 파손 여부에 불문하고 좌초 혹은 유착으로 인해 보험의 목적에 발생하는 멸실과 훼손 및 태풍, 난파, 우연한 충돌로 인하거나 혹은 불가피한 항로, 항해 혹은 선박의 변경으로 인해 보험의 목적에 발생하는 멸실과 훼손은 보험자의 위험이고 책임이 된다. 투기, 화재, 나포, 약탈, 전쟁 선언, 정부의 명령에 기한 항구에 정박명령, 외국 정권의 명령에 의한 선박압류, 보복나포, 기타 모든 해상 사고 혹은 위험에 의한 멸실과 훼손도 보험자의 위험이고 책임이 된다. 당사자는 필요한 사유를 선정하여 여기에 예외를 둘 수 있지만, 반드시 이를 보험증서에 기재하여야 하고 그렇게 하지 아니하면 그 효력이 없다.

제862조 아래 사유로 발생할 파손은 보험자의 책임으로 하지 아니한다.
- 보험자의 동의 없이 항로, 항해 혹은 선박의 임의적 변경.
- 선박 호위를 위해 호송선단과 함께 항해하기로 약정한 다음, 자의에 의해 호송선단으로부터 이탈.
- 보험계약에서 정한 항구보다 더 먼 항구로의 항해의 연장.
- 운송계약에 위반한 임의적 처분, 선주, 화주 혹은 용선자의 용인하의 처분 및 당사자가 다른 특별한 약정을 하지 아니한 보험에서 선장 혹은 선원이 선주 몰래 사리를 위한 처분.
- 보험증서에 있는 특별 조항에 의거하여 부보되지 아니하는 한, 보험의 목적이 갖는 성질로 인한 감손, 낭비 및 멸실.

제863조 전 조에서 언급한 여하한 경우라 하더라도, 일단 위험이 개시되면 보험자는 보험료를 청구할 수 있다.

제864조 해사법령이 정한 증서를 적법하게 소지하지 아니하여 선박에 발생한 손해는 보험자가 책임지지 아니한다. 그러나 부보된 적하에 이러한 증서의 불소시가 있어 발생한 때에는 그러하지 아니하다.

제865조 도선료, 예인료 및 선박이나 적하에 부과된 제세는 보험자가 이를 부담하지 아니한다.

제866조 적하가 왕복항해를 위해 보험에 들었지만, 선박이 귀환항해에 화물을 전혀 싣고 오지 아니하거나 그 3분의 2 이하 적하만 가지고 돌아온 경우, 보험자는, 반대의 특약이 없는 한, 귀환항해에 적용할 보험료의 3분의 2만 청구할 수 있다.

867. Habiéndose asegurado el cargamento del buque por partidas separadas y distintos aseguradores, sin espresarse determinadamente los objetos correspondientes á cada seguro, se satisfarán por todos los aseguradores á prorata las pérdidas que ocurran en el cargamento, ó cualquiera porcion de él.

868. Designándose en el seguro diferentes embarcaciones para cargar las cosas aseguradas, será árbitro el asegurado de distribuirlas entre éstas segun le acomode, ó reducirlas á uno solo, sin que por esta causa haya alteracion en la responsabilidad de los aseguradores.

869. Contratado el seguro de un cargamento con designacion de buque y espresion particular de la cantidad asegurada sobre cada uno de ellos, si el cargamento se redujere á menor número de buques que los designados, se reducirá la responsabilidad de los aseguradores á las cantidades aseguradas sobre los buques que reunieron la carga, y no serán de su cargo las pérdidas que ocurran en los demas; pero tampoco tendrán derecho en este caso á los premios de las cantidades aseguradas sobre los demas buques, cuyos contratos se tendrán por nulos, abonándose á los aseguradores un medio por ciento sobre su importe.

870. Trasladándose el cargamento á otra nave despues de comenzado el viage por haberse inutilizado la designada en la póliza, correrán los riesgos por cuenta de los aseguradores, aun cuando sea de distinto porte y pabellon la nave en que se transbordó el cargamento. Si la inhabilitacion de la nave ocurriere antes de salir del puerto de la espedicion, tendrán los aseguradores la opcion de continuar ó no en el seguro, abonando las averías que hayan ocurrido.

871. No fijándose en la póliza el tiempo en que hayan de correr los riesgos por cuenta de los aseguradores, se observará lo dispuesto en el 835 para con los prestadores á riesgo marítimo.

872. Cuando se prefije en la póliza un tiempo limitado para el seguro, concluirá la responsabilidad de los aseguradores, transcurrido que sea el plazo, aun cuando esten pendientes los riesgos de las cosas aseguradas, sobre cuyas resultas podrá el asegurado celebrar nuevos contratos.

873. La demora involuntaria de la nave en el puerto de su salida no cede en perjuicio del asegurado, y se entenderá prorogado el plazo designado en la póliza para los efectos del seguro por todo el tiempo que se prolongue aquélla.

874. No se puede exigir reduccion del premio del seguro, aun cuando la nave termine su viage ó se alije el cargamento en puerto mas inmediato del designado en el contrato.

875. La variacion que se haga en el rumbo ó viage de la nave por accidente de fuerza insuperable para salvar la misma nave ó su cargamento, no exonera á los aseguradores de su responsabilidad.

876. Las escalas que se hagan por necesidad para la conservacion de la nave y su cargamento, se entienden comprendidas en el seguro, aunque no se hayan espresado en el contrato, si

제867조 적하를 분리하여 일부씩 여러 다른 보험자와 보험계약을 하면서, 각 보험에 해당하는 목적물을 명확하게 특정하지 아니한 경우, 모든 보험자는 화물에 발생한 전부 혹은 일부 손해를 비례적으로 분담하여야 한다.

제868조 보험에서 부보한 물건의 선적에 관해 여러 다른 발송이 예정되어 있는 때에, 피보험자는 편의에 따라 여러 발송 중에서 임의로 선정하여 분배할 수 있고 혹은 아예 한 선박으로 선적을 제한할 수도 있으며, 이러한 변경이 있다 하더라도 보험자의 책임에는 아무런 영향을 미치지 아니한다.

제869조 운송할 여러 선박을 지정하여 적하를 보험에 들면서 각 선박에 선적할 적하의 수량을 특정한 경우, 만일 원래 지정된 선박보다 적은 개수의 선박에 선적이 이루어지면, 보험자는 실제로 선적을 한 선박에 지정된 수량에 한하여 책임을 지고 이를 초과하여 선적된 나머지 수량에 대하여는 멸실되더라도 책임이 없다. 이 경우 보험자도 원래 지정된 선박에 선적하지 아니한 적하에 대해 보험료를 청구할 수 없고, 그 범위 내에서 보험계약은 무효가 된다. 다만 총액의 0.5%는 이를 보험자에게 보상하여야 한다.

제870조 보험증서에 의해 특정된 선박이 항해를 개시한 다음 사용할 수 없게 되어 부득이 적하를 다른 선박에 이적한 경우, 이적을 한 다른 선박이 비록 국적이 다르고 출발항이 다르다 하더라도 보험자의 책임은 지속된다고 본다. 출발항에서 항해를 개시하기 이전에 선박이 감항능력을 상실하면 보험자의 선택에 의하여 보험을 계속할 수도 있고 그렇지 아니할 수도 있으나 여하한 경우에도 이미 발생한 손해는 보상하여야 한다.

제871조 보험증서에 보험자가 인수한 위험의 기간이 특정되어 있지 아니한 경우, 위 제835조의 모험대차에서 대주의 위험에 관한 규정을 준용한다.

제872조 보험증서에서 보험기간을 특정하고 있는 경우, 그 기간이 종료하면 보험자의 책임은 종료하고, 이는 보험의 목적에 위험이 아직 상존한다 하더라도 마찬가지이며, 이러한 결과에 대비하려면 추후에 발생할 사고에 대비하여 새로운 보험계약을 체결하여야 한다.

제873조 출발항에서 선박의 출항이 부득이 지체된다 하더라도, 이로 인해 피보험자가 피해를 입지 아니하며, 그렇게 되면 보험증서에 지정된 보험기간이 출발이 지연된 만큼 모든 기간이 연기된 것으로 간주한다.

제874조 보험계약에서 지정된 항구보다 더욱 가까운 항구에서 선박이 항해를 종료하거나 적하를 양륙한다 하더라도 피보험자는 이를 이유로 보험료의 감액을 청구할 수는 없다.

제875조 부보된 선박이나 그 선상의 적하를 구조하기 위해 불가항력적 사유로 항로나 항해를 변경한 경우, 이를 이유로 보험자는 면책을 주장할 수 없다.

제876조 선박 및 적하를 보존할 필요에 의해 기항을 한 경우, 비록 그 기항이 보험계약에서 예정된 것이 아니라 하더라도, 명시적으로 제외되어 있지 아니하면, 그 기항은 부보할

espresamente no se escluyeron.

877. El asegurado tiene obligacion de comunicar á los aseguradores todas las noticias que reciba sobre los daños ó pérdidas que ocurran en las cosas aseguradas.

878. El capitan que hiciere asegurar los efectos cargados de su cuenta ó en comision, justificará en caso de desgracia á los aseguradores la compra de aquellos por las facturas de los vendedores, y su embarque y conduccion en la nave por certificacion del cónsul español ó autoridad civil, donde no lo hubiere, del puerto donde cargó, y por los documentos de espedicion y habilitacion de su aduana. Esta obligacion será estensiva á todo asegurado que navegue con sus propias mercaderías.

879. Si se hubiere estipulado que el premio del seguro se aumentaria en caso de sobrevenir guerra, y no se hubiere fijado la cuota de este aumento, se hará su regulacion por peritos nombrados por las partes, habida consideracion á los riesgos ocurridos, y á los pactos de la póliza del seguro.

880. La restitucion gratuita de la nave ó su cargamento hecha por los apresadores al capitan de ella, cede en beneficio de los propietarios respectivos, sin obligacion parte de los aseguradores á pagar las cantidades que aseguraron.

881. Cuando en la póliza no se haya prefijado la época en que el asegurador deba verificar el pago de las cosas aseguradas, ó los daños que sean de su cuenta, estará obligado á verificarlo en los diez dias siguientes á la reclamacion legítima del asegurado.

882. Toda reclamacion procedente del contrato del seguro debe ir acompañada de los documentos que justifiquen;

- El viage de la nave.
- El embarque de los efectos asegurados.
- El contrato del seguro.
- La pérdida de las cosas aseguradas.

Estos documentos se comunicarán en caso de controversia judicial á los aseguradores, para que en su vista resuelvan hacer el pago del seguro, ó hagan su oposicion.

883. Los aseguradores podrán contradecir los hechos en que apoye su demanda el asegurado, y se les admitirá prueba en contrario, sin perjuicio del pago de la cantidad asegurada, el que deberá verificarse sin demora, siempre que sea ejecutiva la póliza del seguro, y se presten por el demandante fianzas suficientes que respondan en su caso de la restitucion de la cantidad percibida.

884. Pagando el asegurador la cantidad asegurada, se subroga en el lugar del asegurado para todos los derechos y acciones que le competan sobre los que por dolo ó culpa causaron la pérdida de los efectos que aseguró.

위험에 포함되는 것으로 본다.

제877조 피보험자는 보험의 목적에 발생한 멸실 혹은 훼손의 소식을 들으면 이를 보험자에게 통지할 의무가 있다.

제878조 선장이 자기 계산으로 혹은 위임을 받아 선적한 물건을 보험에 든 경우, 보험사고가 발생하면, 매도인의 송장에 의하여 그 구입을 입증하여야 하고, 또 선적항의 스페인 영사나, 영사가 없으면 민사관청이 발행한 확인서 및 세관이 발행한 반출과 허가에 관한 서류에 의해 그 선박에의 선적과 운송을 입증하여야 한다. 자기 화물과 함께 승선하여 항해를 하는 피보험자도 마찬가지로 동일한 의무가 있다.

제879조 보험계약에서 전쟁이 발발하면 보험료를 증액할 것을 약정하고 있지만, 그 증가할 보험료율에 대하여 약정을 하지 아니한 경우, 당사자가 감정인을 임명하여 증가할 보험료율을 정하고, 감정인은 발발한 위험과 보험증서에 합의한 사항을 참작하여 그 요율을 정한다.

제880조 나포된 선박 혹은 그 선상에 있던 적하가 대가 없이 선장에게 반환된 경우, 이는 각각 소유자의 혜택으로 돌아가고, 대신 보험자는 보험금을 지급할 의무가 없다.

제881조 보험계약에서 보험의 목적에 생긴 보험자가 책임질 손해에 대해 보상할 시기를 정하지 아니한 경우, 보험자는 피보험자가 적법하게 청구를 한 다음 10일 이내에 보험금을 지급할 의무가 있다.

제882조 다음 사항을 입증할 서류를 첨부하여 보험금을 청구하여야 한다.

· 선박의 항해
· 보험의 목적물의 선적
· 보험계약
· 보험의 목적의 멸실

법적으로 분쟁이 있는 때에는, 이러한 서류를 보험자에게 송부하여야 하고, 보험자는 서류를 검토한 다음 지급을 하거나 거절한다.

제883조 보험자는 피보험자가 주장하는 사실에 대하여 반론을 제기할 수도 있고 반증을 들 수도 있다. 그러나 이러한 것으로 인하여 지급은 지장을 받을 수 없고, 이와 상관없이 지급은 지체없이 실행되어야 한다. 다만 보험증서는 항상 유효하게 존재하여야 하고, 수령한 금전을 반환하기에 충분한 담보를 청구인이 제공하여야 한다.

제884조 부보 금액을 지급한 보험자는 고의 혹은 다른 귀책사유로 보험의 목적에 멸실을 가져오게 한 사람에 대해 피보험자가 가졌던 모든 권리와 권한을 대위한다.

§ 4.º De los casos en que se anula, rescinde ó modifica el contrato de seguro.

885. Será nulo el seguro que se contraiga sobre
- El flete del cargamento existente á bordo.
- Las ganancias calculadas y no realizadas sobre el mismo cargamento.
- Los sueldos de la tripulacion.
- Las cantidades tornadas á la gruesa.
- Los premios de los préstamos hechos á la gruesa.
- La vida de los pasageros ó de los individuos del equipage.
- Los géneros de ilícito comercio.

886. Si el asegurador fuere declarado en quiebra, pendiente el riesgo de las cosas aseguradas, podrá el asegurado exigirle fianzas; y no dándosele bien por el mismo quebrado ó por los administradores de su quiebra en el término de los tres dias siguientes al requerimiento que se les haga darlas, se rescindirá el contrato. El asegurador tiene el mismo derecho sobre el asegurado cuando no haya recibido el premio del seguro.

887. Siempre que por el conocimiento de las cosas aseguradas se halláre que el asegurado cometió falsedad á sabiendas en cualquiera de las cláusulas de la póliza, se tendrá por nulo el seguro, observándose en cuanto á la inexactitud de la evaluacion de las mercaderías lo prescrito en el 856.

888. Igualmente es nulo el seguro cuando se justifique que el dueño de las cosas aseguradas pertenece á nacion enemiga, ó que recae sobre nave ocupada habitualmente en el contrabando, y que el daño que le sobrevino fue efecto de haberlo hecho.

889. Dejando de verificarse el viage antes de hacerse la nave á la vela, ó variándose para distinto punto, se anula el seguro, aun cuando esto suceda por culpa ó arbitrariedad del asegurado.

890. Tambien se anula el seguro hecho sobre un buque que despues de firmada la póliza permanezca un año sin emprender el viage. En el caso de esta disposicion v de los tres artículos anteriores tendrá derecho el asegurador al abono del medio por ciento sobre la cantidad asegurada.

891. Si se hubieren hecho sin fraude diferentes contratos de seguros sobre un mismo cargamento, subsistirá únicamente el primero, con tal que cubra todo su valor. Los aseguradores de los contratos posteriores quedarán quitos de sus obligaciones, y percibirán un medio por ciento de la cantidad asegurada. No cubriendose por el primer contrato el valor íntegro de la carga, recaerá la responsabilidad del escedente sobre los aseguradores que contrataron posteriormente, siguiéndose el orden de sus fechas.

892. El asegurado no se exonerará de pagar todos los premios de los diferentes seguros que hubiere contratado, si no intimáre á los aseguradores postergados la invalidacion de sus contratos antes que la nave y el cargamento hayan llegado al puerto de su destino.

제4관 보험계약의 실효, 해제 및 변경

제885조 다음을 목적으로 하는 보험은 그 효력이 없다.

- 선상에 있는 적하의 운임.
- 동일한 적하에 관하여 아직 실현되지 아니하고 단순히 계산만 된 희망이익.
- 선원의 보수.
- 이미 모험대차로 차용한 금액.
- 모험대차의 특별이윤.
- 여객 및 해원의 생명.
- 불법 거래 물품.

제886조 보험기간 중에 보험자가 파산하면 피보험자는 보험자에게 담보의 제공을 요구할 수 있다. 파산자나 파산관재인이 청구를 받은 다음 3일 이내에 담보를 제공하지 아니하면, 피보험자는 그 보험계약을 해제할 수 있다. 피보험자가 보험료를 지급하지 아니하는 때에도, 보험자는 동일한 권리가 있다.

제887조 선하증권에 비추어 피보험자가 보험의 약정에서 고의로 허위의 진술을 한 것이 판명되면, 그 보험은 무효로 하고, 화물의 평가가 부정확한 때에는 위 제856조의 규정을 적용한다.

제888조 보험의 목적물의 소유자가 적국 국민인 사실이나, 보험의 목적인 선박이 상습적으로 밀수에 사용된 사실을 입증하면, 그 보험계약은 무효로 한다. 발생한 손해가 밀수행위를 함으로 인하여 발생한 경우에도 마찬가지이다.

제889조 항해를 개시하기 이전에 약정한 항행을 포기하거나 목적항을 다른 곳으로 변경하면 그 보험계약은 효력을 잃는다. 그것이 피보험자의 귀책사유로 발생하거나 그의 임의적 결정으로 이루어진 것이라도 이는 마찬가지이다.

제890조 선박보험에서 보험계약에 서명한 다음 1년간 항해를 개시하지 아니하고 그대로 남아있으면 그 보험계약은 실효된다. 본조에서 규정된 경우와 위 3개 조문에서 규정된 경우에, 보험자는 보험금액의 0.5%에 해당하는 보상을 청구할 수 있다.

제891조 동일한 적하를 사기의 의도 없이 여러 다른 보험에 든 경우, 처음 가입한 보험만이 오로지 존속하는 것으로 보고, 따라서 그 보험에 의해 보험가액이 전부 부보된 것으로 본다. 이후 체결된 보험의 보험자는 그 보험계약으로부터 생기는 의무로부터 일체 책임을 면하며, 다만 보험금액의 0.5%에 해당하는 금액의 보상을 청구할 수 있다. 제1차의 보험이 그 적하의 보험가액을 전부 부보하는 것이 아닌 경우, 후에 계약하는 보험자는 그 초과하는 잔액에 대하여 책임을 지고, 이후 보험자들이 다수인 경우, 보험에 가입한 일자의 순서대로 전자의 잔액에 대하여 책임을 진다.

제892조 위에서 본 것처럼 후에 체결한 보험계약이 그 효력을 잃게 된 경우, 피보험자는 선박과 적하가 목적항에 도착하기 이전에 후에 체결한 보험자들에게 보험계약이 실효된 것을 고지하지 아니하면, 계약한 여러 보험의 보험료를 전액 지급할 책임을 면하지 못한다.

893. Será nulo todo seguro que se haga en fecha posterior al arribo de las cosas aseguradas al puerto de su consignacion, igualmente que al dia en que se hubieren perdido, siempe que pueda presumirse legalmente que la parte interesada en el acaecimiento tenia noticia de él antes de celebrar el contrato.

894. Tiene lugar aquella presuncion, sin perjuicio de otras pruebas, cuando hayan transcurrido, desde que aconteciere el arribo ó pérdida hasta la fecha del contrato, tantas horas cuantas leguas legales de medida española haya por el camino mas corto desde el sitio en que se verificó el arribo ó la pérdida hasta el lugar donde se contrató el seguro.

895. Conteniendo la póliza del seguro la cláusula de que se hace sobre buenas ó malas noticias, no se admitirá la presuncion de que habla el anterior, y subsistirá el seguro como no se pruebe plenamente que el asegurado sabia la pérdida de la nave, ó el asegurador su arribo antes de firmar el contrato.

896. El asegurador que haga el seguro con conocimiento del salvamento de las cosas aseguradas perderá el derecho al premio del seguro, y será multado en la quinta parte de la cantidad que hubiere asegurado. Estando el fraude de parte del asegurado no le aprovechará el seguro, y ademas pagará al asegurador el premio convenido en el contrato, y se le multará en la quinta parte de lo que aseguró. El uno como el otro estarán tambien sujetos á las penas á que haya lugar, segun las disposiciones de las leyes criminales sobre las estafas.

897. Siendo muchos los aseguradores en un seguro que se hubiere hecho con fraude, y hallándose entre ellos algunos que lo hayan contratado de buena fé, percibirán sus premios por entero del asegurador fraudulento, sin que nada tenga que satisfacerles el asegurado.

898. El comisionado que hiciere asegurar por cuenta de otro con conocimiento de que las cosas aseguradas estaban perdidas, tendrá igual responsabilidad que si hubiera hecho el seguro por cuenta propia.

899. Si el comisionado estuviere inocente del fraude del propietario, recaerán sobre éste las penas, quedando siempre á su cargo abonar á los aseguradores el premio convenido.

§ **5.º** Abandono de las cosas aseguradas.

900. El asegurado puede en los casos determinados espresamente por la ley hacer abandono de las cosas aseguradas, dejándolas por cuenta de los aseguradores, y exigiendo de éstos las cantidades que aseguraron sobre ellas.

901. El abandono tiene lugar en los casos de:

- Apresamiento.
- Naufragio.
- Rotura ó varamiento de la nave que la inhabilite para navegar.
- Embargo ó detencion por orden del gobierno propio ó estrangero
- Pérdida total de las cosas aseguradas.

제893조 목적물이 목적항에 도착한 이후 날짜 혹은 목적물이 멸실된 날짜 이후의 날짜에 보험계약이 체결된 경우, 사건에 이해관계를 가진 당사자가 계약 체결 이전에 사건 소식을 접하였을 것이라고 법적으로 추정되는 때에는, 그 보험계약은 무효로 한다.

제894조 안착 혹은 멸실한 일자부터 계약한 일자까지의 기간이, 안착이나 멸실이 있은 지역으로부터 계약을 체결한 곳까지 최단 거리를 스페인 치수로 법적 거리로 계산한 시간을 초과하는 경우에, 위와 같은 추정을 하고, 또 이 추정과 상관없이 당사자는 증거에 의해 실제 상황을 입증할 수도 있다.

제895조 보험증권에 "희비소식 불문"이라는 조항이 포함되어 있는 경우, 전 조에 규정한 추정은 적용되지 아니하고, 피보험자가 멸실을 알았는지 혹은 보험자가 안착을 알았는지 양자에 관해 전혀 입증이 없는 통상보험으로 본다.

제896조 보험의 목적이 안전하게 도착한 것을 알면서 보험계약을 체결한 보험자는 보험료를 청구할 권리가 없고, 이러한 사람은 보험금액의 5분의 1에 해당하는 벌금에 처한다. 보험계약을 체결함에 있어 피보험자에게 사기가 있었던 경우, 피보험자는 그 보험계약에 기해 하등의 이익을 주장할 수 없고, 그럼에도 불구하고 보험자에게 약정한 보험료를 지급하여야 하며, 또 그러한 피보험자는 보험금액의 5분의 1에 해당하는 벌금에 처한다. 어느 경우이든 형법이 정한 바에 따라 사기가 성립하면 그 죄로 처벌한다.

제897조 사기로 체결된 보험계약에 수인의 보험자가 있고, 다만 이중 일부는 선의로 보험계약을 체결한 것으로 판명된 경우, 선의의 보험자는 사기적 보험자에게 보험료를 전액 청구할 수 있다. 그러나 피보험자는 이들에게 전혀 의무를 이행할 필요가 없다.

제898조 타인의 위임을 받아 보험계약을 체결하는 사람이 보험의 목적이 이미 멸실된 것을 인지하고 보험계약을 체결한 경우, 자신을 위하여 보험계약을 체결한 것과 마찬가지의 책임이 있다.

제899조 이러한 경우, 수임을 받은 사람이 소유자의 사기와 아무 상관이 없는 때에는, 형사처벌은 위임인에게로 돌아가고, 위임인이 약정한 보험료를 지급할 의무가 있다.

제5관 목적물의 위부

제900조 법에 의하여 명시적으로 정해진 일정한 경우, 피보험자는 부보한 목적물을 포기하고, 이를 보험자의 이익으로 이전한 다음, 보험자에게 그 목적물에 든 보험금을 청구할 수 있다.

제901조 다음과 같은 경우에 목적물을 포기할 수 있다.
- 나포
- 난파
- 감항능력을 상실하게 하는 파손 혹은 좌초.
- 본국 혹은 외국 정부의 지시에 의한 정박명령 혹은 압류명령.
- 목적물의 완전 멸실.

- Deterioracion de las mismas que disminuya su valor en las tres cuartas partes á lo menos de su totalidad.

Todos los demas daños se reputan averías, y se soportarán por quien corresponda segun los términos en que se haya contratado el seguro.

902. La accion de abandono no compete sino por pérdidas ocurridas despues de comenzado el viage.

903. El abandono no puede ser parcial ni condicional, sino que han de comprenderse en él todos los efectos asegurados.

904. No será admisible el abandono si no se hace saber á los aseguradores dentro de los seis meses siguientes á la fecha en que se recibió la noticia de la pérdida acaecida en los puertos y costas de Europa y en los de Asia y África que estan en el Mediterráneo. Este término será de un año para las pérdidas que sucedan en las Islas Azores, de Madera, islas y costas occidentales de África y orientales de América, y será de dos sucediendo en cualquiera otra parte del mundo mas lejana.

905. Con respecto á los casos de apresamiento, correrán los términos prefijados en el anterior desde que se recibió la noticia de haber sido conducida la nave á cualquiera de los puertos situados en alguna de las costas mencionadas.

906. Tendráse por recibida la noticia para la prescripcion de los plazos que se han prefijado desde que se haga notoria entre los comerciantes de la residencia del asegurado, ó se le pruebe por cualquier modo legal que le dieron aviso del suceso el capitan, el consignatario, ó cualquier otro corresponsal suyo.

907. Queda al arbitrio del asegurado renunciar el transcurso de estos plazos y hacer el abandono ó exigir las cantidades aseguradas desde que pudo hacer constar la pérdida de los efectos que hizo asegurar.

908. Despues que haya transcurrido un año sin recibirse noticias de la nave en los viages ordinarios, ó dos en los largos podrá el asegurado hacer el abandono y pedir á los aseguradores el pago de los efectos comprendidos en el seguro, sin necesidad de probar su pérdida.

Este derecho debe ejercerse en los mismos plazos prefijados en el art. 904.

909. Se reputan viages largos para la aplicacion del precedente todos los que no sean para cualquiera de los puertos de Europa : para los de Asia y África en el Mediterráneo ó para los de América situados mas acá de los ríos de la Plata y San Lorenzo, y las islas intermedias entre las costas de España y los paises marcados en esta designacion.

910. No obstará que el seguro se haya hecho por tiempo limitado para que pueda hacerse el abandono, cuando en los plazos determinados en el art. 908 no se hubiere recibido noticia de la nave, salva la prueba que puedan hacer los aseguradores de que la pérdida ocurrió despues de haber espirado su responsabilidad.

· 가액이 적어도 전체의 4분의 3 이상 감소한 목적물의 훼손.
이 이외의 다른 모든 손해는 이를 해손으로 보며, 보험계약의 조건에 따라 해당되는 사람이 이 손해를 부담한다.

제902조 멸실의 경우, 항해를 개시한 다음 발생한 때에 한하여, 목적물을 위부할 수 있다.

제903조 보험위부는 부분적 혹은 조건부로 할 수 없고, 반드시 부보된 목적물을 전부 위부하여야 한다.

제904조 멸실이 유럽 해안이나 항구 혹은 지중해에 있는 아시아나 아프리카의 해안이나 항구에서 발생한 경우, 소식을 접한 날로부터 6개월 이내에 보험자에게 위부통지를 하지 아니하면 더 이상 위부가 인정되지 아니한다. 이 위부기간은 멸실이 아조레스 군도, 마데라, 아프리카 서부나 미주 동부의 도서나 해안에서 발생한 때에는 1년으로 연장되고, 이보다 더욱 먼 여타 지역에서 발생한 때에는 2년으로 연장된다.

제905조 위에서 본 나포의 경우, 선박이 위에서 본 어느 해안에 있는 항구이든 그 항구로 예인되었다는 소식을 들은 날로부터 전 조에서 말하는 위부기간을 계산한다.

제906조 위에서 본 지정된 위부기간을 계산함에 있어, 피보험자의 주거지에서 상인 사이에 사고 소식이 널리 회자된 경우 및 선장, 수하인, 다른 대리인이 피보험자에게 사고를 알렸던 것을 여하한 방법이든 입증하는 경우에 피보험자가 사고 소식을 접한 것으로 본다.

제907조 피보험자는 자신의 선택으로 이 기간이 도과하는 것을 방치하지 아니하고 목적물을 위부하거나 혹은 목적물이 멸실한 것을 확인하게 한 다음 부보한 금액을 청구할 수 있다.

제908조 일반항해에서는 1년간, 원양항해에서는 2년간, 선박에 관한 소식을 듣지 못한 경우, 피보험자는 보험의 목적을 위부하고, 멸실을 입증하지 않고도 보험에 포함된 물건의 보상을 청구할 수 있다. 이 권리는 마찬가지로 위 제904조에 규정된 기간 내에 행사하여야 한다.

제909조 전 조의 적용을 위하여 유럽에 있는 항구로의 항해는 이를 원양항해로 보지 아니한다. 지중해에 있는 아시아나 아프리카의 항구도 마찬가지이다. 미주에서 프라따 및 산 로렌조 강 이쪽에 있는 항구 및 이런 곳에 의하여 표시된 지점부터 스페인 해안 사이에 있는 섬으로의 항해도 원양항해로 보지 아니한다.

제910조 보험이 그 기간 내에 위부를 하기에 부족한 단기보험인 경우, 위 제908조에 정한 기간 내에 선박의 소식을 듣지 못한 때에는, 이 보험기간과 상관없이 위부할 수 있다. 그러나 보험자는 멸실이 책임기간이 경과한 다음 발생했다는 것을 증명하면 그 책임을 면한다.

911. Al tiempo de hacer el asegurado el abandono, debe declarar todos los seguros contratados sobre los efectos abandonados, asi como los préstamos tomados á la gruesa sobre ellos, y hasta que haya hecho esta declaracion no empezará á correr el plazo en que deba ser reintegrado del valor de los efectos.

912. Si cometiere el asegurado fraude en la declaracion que prescribe el precedente, perderá todos los derechos que le competian por el seguro, sin dejar de ser responsable á pagar los préstamos que hubiese tomado sobre los efectos asegurados, no obstante su pérdida.

913. Admitido el abandono, ó declarándose válido en juicio, se transfiere al asegurador el dominio de las cosas abandonadas, correspondiéndole las mejoras ó perjuicios que en ellas sobrevengan desde el momento en que se propuso el abandono.

914. El regreso de la nave despues de admitido el abandono, no exonera á los aseguradores del pago de los efectos abandonados.

915. Se comprende en el abandono de la nave el flete de las mercaderías que se salven, aun cuando se haya pagado con anticipacion, y se considerará como pertenencia de los aseguradores bajo la reserva del derecho que competa á los prestadores á la gruesa, al equipage por sus sueldos, y al acreedor que hubiere hecho anticipaciones para habilitar la nave, ó para cualquiera gastos causados en el último viage.

916. El abandono de las cosas aseguradas no puede hacerse sino por el mismo propietario, por el comisionado que hizo el seguro, ó por otra persona especialmente autorizada por el mismo propietario.

917. En caso de apresamiento de la nave pueden el asegurado y el capitan en su ausencia proceder por sí al rescate de las cosas comprendidas en el seguro, sin concurrencia del asegurador, ni esperar instrucciones suyas, cuando no haya tiempo para exigirlas, quedando en la obligacion de hacerle notificar el convenio hecho desde luego que haya ocasion para verificarlo.

918. El asegurador podrá aceptar ó renunciar el convenio celebrado por el capitan ó el asegurado, intimando á éste su resolucion en las veinte y cuatro horas siguientes á la notificacion del convenio. Aceptándolo entregará en el acto la cantidad concertada por el rescate, y continuarán de su cuenta los riesgos ulteriores del viage, conforme á los pactos de la póliza del seguro. Desaprobando el convenio, ejecutará el pago de la cantidad asegurada, y no conservará derecho alguno sobre los efectos rescatados. Si no manifestáre su resolucion en el término prefijado, se entenderá que ha renunciado al convenio.

919. Cuando por efecto de haberse represado la nave, se reintegrase el asegurado en la propiedad de sus efectos, se tendrán por avería todos los perjuicios y gastos causados por su pérdida, y será de cuenta del asegurador satisfacerlos.

920. Si á consecuencia de la represa pasaren los efectos asegurados á la posesion de un tercero,

제911조 피보험자는 위부를 할 때에, 위부된 목적물에 부보된 다른 모든 보험은 물론 이를 목적물로 하여 모험대차로 차용한 금액을 보험자에게 동시에 고지하여야 한다. 이러한 고지를 할 때까지 보험가액을 보상해야 할 기간은 개시되지 아니한다.

제912조 전 조의 고지를 함에 있어 피보험자가 사기를 범한 경우, 그는 보험계약에 기한 모든 권리를 잃는다. 이 경우 그 목적물을 목적으로 하여 모험대차를 한 경우에는, 피보험자는 그 목적물이 멸실된다 하더라도 차용금을 변제할 책임을 면하지 못한다.

제913조 보험자가 위부를 승인하거나 법원이 위부가 적법하다고 선언하면, 위부된 목적물의 소유권이 보험자에게 이전되며, 위부의 의사를 표시한 이후 그 물건에 발생한 손해와 수익이 모두 보험자에 귀속된다.

제914조 위부가 승인된 이후에는, 선박이 되돌아온다 하더라도, 보험자는 위부된 목적물에 대한 보상의무를 면하지 못한다.

제915조 선박이 위부되면 구조된 화물에 발생한 운임도 포함하여 위부된 것으로 보며, 이는 운임을 선급한 경우에도 마찬가지이며, 이후 그 운임은 보험자에 귀속되는 것으로 본다. 다만 모험대차의 차주의 권리, 선원이 갖는 보수채권 및 선박의 항해능력을 회복하게 할 목적으로 혹은 기타 최후의 항해에 발생한 일체의 비용을 위하여 선급을 한 채권 등이 있으면 그 채권자의 권리가 우선한다.

제916조 보험의 위부는 소유자, 부보를 대리한 중개인 및 위부를 위해 소유자로부터 특별히 수권을 받은 사람만이 할 수 있다.

제917조 선박이 나포된 경우, 피보험자 혹은 피보험자가 없으면 선장이, 나포자에게 환속금을 지급하고 부보된 목적물을 회수하기 위해 교섭을 진행할 수 있다. 요청을 할 시간이 없는 때에는 보험자의 동의나 지시없이 이러한 교섭을 진행할 수 있다. 그러나 보험자에 대한 합의의 통지는 이를 할 수 있는 기회가 생기게 되면 지체없이 하여야 한다.

제918조 보험자는 피보험자나 선장이 성사시킨 합의를 인정할 수도 있고 부인할 수도 있으며, 통지를 받은 보험자는 24시간 이내에 그 결정을 알려주어야 한다. 인정을 하면 보험자는 즉시 환속금으로 합의한 금액을 교부하여야 하고, 이후에는 보험계약에 따라 항해의 위험을 부담하여야 한다. 합의를 부인하면 보험자는 보험금액을 지급하여야 하고, 회복한 목적물에 대하여 하등의 권리가 없다. 보험자가 위 기간 내에 그의 결정을 알려주지 아니하면 합의를 부인한 것으로 본다.

제919조 나포된 선박이 다시 회복된 결과 피보험자가 소유자로 권리를 회복한 경우, 그 멸실로 인해 발생한 손해와 비용은 이를 해손으로 간주하며, 보험자는 이를 보상할 책임이 있다.

제920조 회복의 결과로 목적물이 제3자의 점유로 넘어간 경우, 피보험자는 보험의 목적

podrá el asegurado usar del derecho de abandono.

921. En los casos de naufragio y apresamiento tiene obligacion el asegurado de hacer las diligencias que permitan las circunstancias para salvar ó recobrar los efectos perdidos, sin perjuicio del abandono que le competa hacer á su tiempo. Los gastos legítimos hechos en el recobro, serán de cuenta de los aseguradores hasta la concurrencia del valor de los efectos que se salven, sobre los cuales se harán efectivos por los trámites de derecho en defecto de pago.

922. No se admitirá el abandono por causa de inhabilitacion para navegar, siempre que el daño ocurrido en la nave fuere tal que se la pueda rehabilitar para su viage.

923. Verificándose la rehabilitacion, responderán solamente los aseguradores de los gastos ocasionados por el encalle ú otro daño que la nave hubiere recibido.

924. Quedando absolutamente inhabilitado el buque para la navegacion, se practicarán por los interesados en el cargamento que se hallen presentes, ó en ausencia de ellos por el capitan, todas las diligencias posibles para conducir el cargamento al puerto de su destino.

925. Correrán de cuenta del asegurador los riesgos del transbordo y los del nuevo viage hasta que se alijen los efectos en el lugar designado en la póliza del seguro.

926. Asimismo son responsables los aseguradores de las averías, gastos de descarga, almacenage, reembarque escedente de flete, y todos los demas gastos causados para transbordar el cargamento.

927. Si no se hubiere encontrado nave para transportar hasta su destino los efectos asegurados, podrá el propietario hacer el abandono.

928. Los aseguradores tienen para evacuar el transbordo y conduccion de los efectos el término de seis meses, si la inhabilitacion de la nave hubiere ocurrido en los mares que circundan la Europa desde el estrecho del Sumt hasta el Bósforo, y un año si se hubiere verificado en lugar mas apartado, contándose estos plazos desde el dia en que se les hubiere intimado por el asegurado el acaecimiento.

929. En caso de interrumpirse el viage del buque por embargo ó detencion forzada, lo comunicará el asegurado á los aseguradores luego que llegue á su noticia, y no podrá usar de la accion de abandono hasta que hayan transcurrido los mismos plazos prefijados en el anterior. Los asegurados estan obligados á prestar á los aseguradores los auxilios que esten en su mano para conseguir que se alce el embargo, y deberán hacer por sí mismos las gestiones convenientes á este fin, en caso de que por hallarse los aseguradores en pais remoto no puedan obrar desde luego de comun acuerdo.

을 위부할 수 있다.

제921조 난파 혹은 나포의 경우에, 피보험자는 부여된 위부권을 적기에 행사하는 것과는 별도로, 그 여건이 허락하는 한 성실히 목적물을 구조하고 회복하기 위해 노력할 의무가 있다. 반환을 위하여 적법하게 지출한 비용은 구조된 물건의 가액의 범위 내에서 보험자가 부담하여야 하고, 이를 지급하지 아니하는 때에는 그 물건에 대하여 권리행사를 할 수 있다.

제922조 선박이 감항능력을 상실했다 하더라도, 선박에 발생한 파손이 감항능력을 회복하여 다시 항해할 수 있는 성질의 것이라면, 피보험자는 이를 이유로 하여 선박을 위부할 수 없다.

제923조 선박이 항해능력을 회복한 경우, 보험자는 오로지 좌초로 인한 비용과 파손으로 선박에 발생한 여타 비용만 보상하면 된다.

제924조 선박이 완전히 항해능력을 상실한 때에는, 그곳에 있는 적하의 이해관계인은 적하를 목적항까지 운송하기 위하여 가능한 모든 노력을 다하여야 하며, 적하의 이해관계인이 없는 때에는 선장이 이러한 노력을 하여야 한다.

제925조 목적물을 보험증서에 있는 목적지에서 양륙할 때까지, 그 이적과 새로운 항해에 따르는 위험은, 이를 보험자의 부담으로 한다.

제926조 마찬가지로 보험자는 목적물에 발생한 해손, 양륙에 필요한 비용 및 보관에 필요한 비용을, 이들이 운임으로 부담하는 범위를 초과하면, 보험자로서 부담하여야 하고, 여타 화물을 이적함으로 인하여 발생하는 모든 비용에 대하여도 보험자는 책임이 있다.

제927조 목적물을 목적지까지 운송할 선박이 발견되지 아니하는 때에는 소유자는 이를 위부할 수 있다.

제928조 선박의 감항능력상실이 유럽을 휘감는 바다로 숩트 해협에서 보스포로 사이의 해안에서 발생한 경우, 보험자는 목적물을 이적하고 운송하는데 6개월의 기간을 갖고, 이보다 더욱 먼 거리에서 일어난 경우 1년의 기간을 가진다. 이 기간은 피보험자가 사고 발생을 알린 날로부터 계산한다.

제929조 불가피한 정박명령 혹은 압류명령으로 인하여 항해가 중단된 경우, 그 소식을 듣자마자 지체없이 이를 보험자에게 통지하여야 하며, 전 조에 정한 기간과 동일한 기간이 경과할 때까지 위부를 할 수 없다. 피보험자는 정박명령을 해제하기 위하여 가진 능력을 다하여 보험자를 지원하여야 하고, 만일 보험자가 먼 이국에 있어 즉시 동의를 얻어 행동을 할 수 없는 때에는 그 자신이 이를 실현하기 위해 필요한 조치를 다하여야 한다.

TÍTULO CUATRO

DE LOS RIESGOS Y DAÑOS DEL COMERCIO MARÍTIMO

SECCION PRIMERA. DE LAS AVERÍAS

930. Son averías en acepcion legal :

1.º Todo gasto estraordinario y eventual que sobreviene durante el viage de la nave para la conservacion de ésta, de su cargamento ó de ambas cosas juntamente.

2.º Los daños que sufriere la embarcacion desde que se haga á la vela en el puerto de su espedicion, hasta que quede anclada en el de su destino; y los que reciba su cargamento, desde que se cargue hasta que se descargue en el puerto adonde fuere consignado.

931. La responsabilidad de dichos gastos y daños se decide por reglas distintas segun el caracter que tengan las averías, de ordinarias, simples ó particulares, y gruesas ó comunes.

932. Los gastos que ocurren en la navegacion, conocidos con el nombre de menudos, pertenecen á la clase de averías ordinarias, las cuales son de cuenta del naviero fletante, y deben satisfacerse por el capitan, abonándosele la indemnizacion que se hubiere pactado en la póliza de fletamento ó en los conocimientos. Si no se hubiere pactado indemnizacion especial y determinada por estas averías, se entienden comprendidas en el precio de los fletes, y no tendrá derecho el naviero á reclamar cantidad alguna por ellas.

933. Se consideran gastos menudos ó de avería ordinaria comprendidos en la disposidon del anterior:

1.º Los pilotages de costas y puertos.

2.º Los gastos de lanchas y remolques.

3.º El derecho de bolisa, de piloto mayor, anclage, visita y demas llamados de puerto.

4.º Los fletes de gabarras y descarga hasta poner las mercaderías en el muelle, y cualquiera otro gasto coman á la navegacion que no sea de los estraordinarios y eventuales.

934. Los gastos y daños que se comprenden bajo el nombre de averías simples ó particulares, se soportarán por el propietario de la cosa que ocasionó el gasto ó recibió el daño.

935. Pertenecen á la clase de averías simples ó particulares:

1.º Los daños que sobrevienen al cargamento desde su embarque hasta su descarga por vicio propio de las cosas, por accidente de mar, ó por efecto de fuerza insuperable, y los gastos hechos para evitarlos y repararlos.

2.º El daño que sobrevenga en el casco del buque, sus aparejos, arreos y pertrechos por cualquiera de las mismas tres causas indicadas, y los gastos que se causaren para salvarestos efectos ó reponerlos.

3.º Los sueldos y alimentos de la tripulacion de la nave que fuere detenida ó embargada por orden legítima ó fuerza insuperable, si el fletamento estuviere contratado por un tanto el viage.

제4장
해상영업에서 위험과 손해

제1절 해 손

제930조 다음 기재된 것을 법적인 해손으로 본다.
1. 항해 중에 발생한 것으로 선박, 화물 혹은 이 양자를 함께 보존하기 위해, 특별하고 우발적으로 발생된 모든 비용.
2. 선박이 출발항에서 해수에 임재해 있을 때부터 목적항에서 닻을 내릴 때까지의 기간에 입은 파손 및 화물이 발송항에서 선적을 할 때부터 수하항에서 양륙할 때까지의 기간에 입은 파손.

제931조 위에서 본 비용과 파손은 그 해손이 갖는 성격에 따라 통상해손, 단순 혹은 개별해손 및 합동 혹은 공동해손으로 구별하여 책임을 정한다.

제932조 이른바 군소비용으로 알려진 항해에 수반되는 비용은 통상해손에 속하는 것으로 보며, 운송인인 선주가 부담하여야 하며, 선장이 이를 변제하여야 한다. 다만 운송계약서나 선하증권에 특약이 있는 경우, 이들은 그에 기하여 보상을 청구할 수 있다. 이러한 종류의 해손을 위한 명확한 별도의 보상 특약이 없는 경우, 이 비용은 운임에 포함되는 것으로 보며, 따라서 선주는 이를 이유로 달리 보상을 청구할 권리가 없다.

제933조 다음 비용은 전 조에서 말하는 군소비용으로 통상해손에 해당하는 것으로 본다.
1. 항구 및 해안의 도선료.
2. 안내선과 예인선에 관한 비용.
3. 안내등, 도선소, 정박장, 임검 등에 관한 제세와 기타 항구에서 부과하는 금액.
4. 부선의 임차비, 화물을 부두에 장치할 때까지의 하역비 및 기타 항구에서 공통으로 발생하며 특별하고 우발적인 성질을 갖지 않은 비용.

제934조 단순 혹은 개별해손에 해당하는 비용과 파손은 비용을 유발하고 파손을 당한 물건의 소유자가 이를 부담하여야 한다.

제935조 다음 비용과 파손은 이를 단순 혹은 개별해손에 해당한다고 본다.
1. 선적할 때부터 하역할 때까지 물건 자체의 하자, 해상 사고 및 불가항력의 결과로 적하에 발생한 파손 및 이러한 것을 회피하기 위하여 혹은 수리하기 위하여 지출한 비용.
2. 위에서 말한 3가지가 원인이 되어 선제, 상비, 도구 및 비품에 발생한 파손 및 이들을 구조하기 위하여 혹은 정상으로 회복시키기 위하여 발생한 비용.
3. 특정한 항해에 대해 일정액으로 운임을 정하여 선박을 용선하여 준 때에, 합법적인 명령이나 어쩔 수 없는 강제력에 의하여 선박이 압류처분되거나 정박명령이 내려진 동안 선원의 보수 및 부양비용.
4. 선체나 도구를 수리하기 위해 혹은 보급을 받기 위해 선박이 항구에 기항함으로 인해 발생한 비용.

4.º Los gastos que hiciere la nave para arribar á un puerto con el fin de reparar su casco ó arreos, ó para aprovisionarse.

5.º El menos valor que hayan producido los géneros vendidos por el capitan en una arribada forzada para pago de alimentos y salvarse la tripulacion, ó para cubrir cualquiera otra de las necesidades que ocurran én el buque.

6.º El sustento y salarios de la tripulacion mientras la nave está en cuarentena.

7.º El daño que reciban el buque ó el cargamento por el choque ó amarramiento con otro, siendo este casual é inevitable. Cuando alguno de los capitanes sea culpable de este accidente, será de su cargo satisfacer todo el daño que hubiere ocasionado.

8.º Cualquiera perjuicio que resulte al cargamento por descuido, faltas ó baraterías del capitan ó de la tripulacion, sin perjuicio del derecho del propietario á la indemnizacion competente contra el capitan, la nave y el flete.

Se clasificarán ademas como averías, simples ó particulares todos los gastos y perjuicios causados en la nave ó en su cargamento, que no hayan redundado en beneficio y utilidad comun de todos los interesados en el mismo buque y su carga.

936. Averías gruesas ó comunes son generalmente todos los daños y gastos que se causan deliberadamente para salvar el buque, su cargamento ó algunos efectos de éste de un riesgo conocido y efectivo. Salva la aplicacion de esta regla general en los casos que ocurran, se declaran especialmente correspondientes á esta clase de averías:

1.º Los efectos ó dinero que se entreguen por via de composicion para rescatar la nave y su cargamento que hubieren caido en poder de enemigos ó de piratas.

2.º Las cosas que se arrojen al mar para aligerar la nave, ya pertenezcan al cargamento ó al buque y su tripulacion.; y el daño que de esta operacion resulte á las que se conserven en la nave.

3.º Los mástiles que de propósito se rompan é inutilicen.

4.º Los cables que se corten y las áncoras que se abandonen para salvar el buque en caso de tempestad ó de riesgo de enemigos.

5.º Los gastos de alijo ó trasbordo de una parte del cargamento para aligerar el buque y ponerlo en estado de tomar puerto ó rada con el fin de salvarlo de riesgo de mar ó de enemigos, y el perjuicio que de ello resulte á los efectos alijados ó trasbordados.

6.º El daño que se cause á algunos efectos del cargamento de resultas de haber hecho de propósito alguna abertura en el buque para desaguarlo y preservarlo de zozobrar.

7.º Los gastos que se hagan para poner á flote una nave que de propósito se hubiere hecho encallar con objeto de salvarla de los mismos riesgos.

8.º El daño causado á la nave que fuere necesario abrir, romper ó agujerear de propósito para estraer y salvar los efectos de su cargamento.

9.º La curacion de los individuos de la tripulacion que hayan sido heridos ó estropeados defendiendo la nave, y los alimentos de estos mientras esten dolientes por estas causas.

10.º Los salarios que devengue cualquiera individuo de la tripulacion que estuviere detenido en rehenes por enemigos ó piratas, y los gastos necesarios que cause en su prision hasta restituirse al buque ó á su domicilio, si no pudiere incorporarse en éste.

11.º El salario y sustento de la tripulacion del buque, cuyo fletamento estuviere ajustado por meses durante el tiempo que permaneciere embargado ó detenido por ordenó fuerza insuperable, ó para reparar los daños á que deliberadamente se hubiere espuesto para

5. 양식을 구입하고 선원을 구조하기 위하여 혹은 기타 선박에 발생한 긴급한 요구를 충족하기 위하여, 선박이 대피하여 강제기항을 하는 사이에 선장이 물건을 매각함으로 인하여 생긴 적하의 가격감소.
6. 선박이 검역을 받는 동안에 발생한 선원의 임금 및 유지비용.
7. 우연적이고 불가피하게 일어난 충격이나 계류로 인해 선박이나 적하가 입은 파손. 선장에게 사고에 대한 귀책사유가 있으면 그로 인해 생기는 모든 손해를 보상할 책임이 있다.
8. 선장이나 해원의 주의태만, 귀책행위 혹은 선주 몰래 행한 임의처분으로 적하에 발생하는 손해. 소유자는 이와 별도로 선장, 선박 혹은 운임을 상대로 하여 상응하는 보상을 청구할 수 있다.

그 외에도 선박이나 적하에 발생한 모든 비용과 손해는, 선박과 적하의 모든 이해관계인에게 공동의 이익과 필요에 의해 생긴 것이 아니면, 이를 단순 혹은 개별해손으로 분류한다.

제936조 일반적으로 말하여 선박, 적하 혹은 다른 선상 물건을 현실적이고 알려진 위험으로부터 구조하기 위해 의도적으로 발생시킨 비용 및 파손을 합동 혹은 공동해손이라고 한다. 발생한 사고에 대하여 이러한 일반 원칙을 적용하는 것 외에, 특히 다음 파손과 비용에 해당하면 이를 공동해손에 속하는 것으로 본다.

1. 적국 혹은 해적 손에 떨어진 선박 및 적하를 회수하기 위하여 타협하여 건네준 금전 혹은 물건.
2. 적하에 속하든 선박이나 선원에 속하든, 선박을 가볍게 할 목적으로 해상에 투기한 물건 및 이러한 작업으로 인하여 선상에 구조되어 남은 물건에 가해진 파손.
3. 의도적으로 파괴 혹은 무용화 한 돛
4. 폭풍우 속에서 혹은 적의 위험으로부터 선박을 구조하기 위해 포기한 닻 및 절단한 닻줄.
5. 해상위험 혹은 적으로부터 선박을 구조하기 위해 선박을 가볍게 하여 안전한 항구나 정박장에 도착할 수 있는 상태로 만들 목적으로 적하의 일부를 양륙 혹은 이적하는데 들어간 비용 및 이로 인해 양륙되거나 이적된 물건에 발생한 손해.
6. 배수를 하고 침수로부터 보호하기 위해 의도적으로 선박을 일부 개방함으로 인하여 적하의 일부에 발생한 파손
7. 의도적으로 좌초시킨 선박을 그 위험으로부터 구조할 목적으로 다시 부유시키기 위한 비용.
8. 적하의 일부를 끄집어내어 이를 구조할 목적으로 의도적으로 선박을 개방하거나 파괴한다든가 혹은 동공을 냄으로 인하여 선박에 생긴 파손.
9. 선박을 방어하던 중 구타를 당하거나 상처를 입은 선원의 치료 및 이로 인하여 선원이 고통을 당하고 있는 동안의 개호.
10. 적국이나 해적에게 인질로 잡혀있는 선원에게 그 잡혀 있는 기간동안 발생한 급료 및 선박으로 돌아올 때까지 혹은 복귀하는 것이 불가능하면 그 주거지로 돌아올 때까지의 억류 중에 발생한 필요 경비.
11. 선박이 사용한 월간을 단위로 운임을 지급하는 용선 중에 있는 경우, 정부의 명령 혹은 불가항력적 사유로 정박 혹은 억류되어 지내는 기간 동안 혹은 모든 이해관계인의 이익을 실현할 목적으로 의도적으로 야기한 선박의 파손을 수리하는 기간 동안의 선원의 급료 및 유지비용.
12. 공동해손에 해당하는 사고로 인해 선박이 입은 파손을 수리하기 위해 강제 기착지에

provecho comun de todos los interesados.

12.º El menoscabo que resultáre en el valor de los géneros que en una arribada forzosa haya sido necesario vender á precios bajos para reparar el buque del daño recibido por cualquier accidente que pertenezca á la clase de averías gruesas.

937. Al importe de las averías gruesas ó comunes contribuyen todos los interesados en la nave y cargamento existente en ella al tiempo de correrse el riesgo de que proceda la avería.

938. El capitán no puede resolver por sí solo los daños y gastos que pertenecen á la clase de averías comunes, sin consultar los oficiales de la nave y los cargadores que se hallen presentes, ó sus sobrecargos. Si éstos se opusieren á las medidas que el capitan con su segundo, si lo tuviese, y el piloto, hallaren necesarias para salvar la nave, podrá el capitan proceder á ejecutarlas bajo su responsabilidad, no obstante la contradiccion, quedando á salvo el derecho de los perjudicados para deducirlo á su tiempo en el tribunal competente contra el capitan que en estos casos hubiese procedido con dolo, ignorancia, ó descuido.

939. Cuando hallándose presentes los cargadores no sean consultados para la resolucion que previene el precedente, quedarán exonerados de contribuir á la avería comun, recayendo sobre el capitan la parte que á estos corresponderia satisfacer, á menos que por la urgencia del caso hubiere faltado al capitan tiempo y ocasion para esplorar la voluntad de los cargadores antes de tomar por sí disposicion alguna.

940. La resolucion adoptada para sufragar los daños ó gastos de las averías comunes se estenderá en el libro de la nave, con espresion de las razones que la motivaron, de los votos que se hubieren dado en contrario y los fundamentos que hubieren espuesto los votantes. Esta acta se firmará por todos los concurrentes que sepan hacerlo, y se estenderá antes de procederse á la ejecucion de lo resuelto, si hubiere tiempo para ello, y en el caso de no haberlo en el primer momento en que pueda verificarse. El capitan entregará copia de la deliberacion á la autoridad judicial en negocios de comercio del primer puerto donde arribe, afirmando bajo juramento que los hechos contenidos en ella son ciertos.

941. Cuando se haya de arrojar al mar alguna parte del cargamento, se comenzará por las cosas mas pesadas y de menos valor; y en las de igual clase serán arrojadas primero las que se hallen en el primer puente, siguiendo el orden que determine el capitan con acuerdo de los oficiales de la nave. Existiendo alguna parte del cargamento sobre el combés de la nave, será esta lo primero que se arroje al mar.

942. A continuacion del acta que contenga la deliberacion de arrojar al mar la parte del cargamento que se haya graduado necesaria, se anotarán cuáles han sido los efectos arrojados; y si algunos de los conservados hubieren recibido daño por consecuencia directa de la echazon, se hará tambien mencion de ellos.

943. Si la nave se perdiere, no obstante la echazon de una parte de su cargamento, cesa la obligacion de contribuir al importe de la avería gruesa; y los daños y pérdidas ocurridas se estimarán como averías simples ó particulares á cargo de los interesados en los efectos que las

서 부득이 저가로 물건을 팔게 됨으로 인하여 판매대금에 발생한 금액감소.

제937조 합동 혹은 공동해손의 총액은 그 손해의 시원인 위험을 감수할 때에 있었던 선박과 적하의 이해관계인이 이를 분담한다.

제938조 선장은 혼자서 공동해손에 해당하는 파손이나 비용의 결정을 할 수 없고, 그 선박의 사관과 선상에 있는 화주나 화물관리인과 상의하여 결정하여야 한다. 선장은 항해사와 차석사관이 있으면 그 차석사관과 함께 선박을 구조하기 위하여 필요하다고 판단되는 때에는 그의 조치에 화주나 화물관리인이 반대한다 하더라도 이들의 이의와 상관없이 자기 책임하에 그 결정을 집행할 수 있다. 그러나 이와 별도로 선장이 악의, 무지 혹은 무성의로 인해 그러한 조치를 취한 경우, 이로 인하여 피해를 입은 사람은 해당 법원에 선장을 상대로 적기에 그 잘못을 주장할 수 있다.

제939조 전 조 규정의 결정을 함에 있어 화주가 선상에 있었음에도 불구하고 선장이 그와 상의를 하지 아니한 경우, 그 화주는 그 공동해손을 분담할 책임을 면하며, 그에게 부과되어 이행하였어야 할 금액은 선장이 책임을 져야 한다. 다만 상황이 급박하여 조치를 취하기 이전에 화주의 의사를 확인할 시간과 기회가 없었던 경우에는 그러하지 아니하다.

제940조 공동해손에 해당하는 파손과 비용을 실행하기로 합의한 결정은 이를 선박장부에 기록하여야 하고, 나아가 거기에 결정 이유, 반대 의견을 제시한 표수, 투표자들이 제시한 근거도 명시하여야 한다. 이러한 기록에는, 서명이 가능한 모든 참가자가 서명하여야 하고, 시간이 허락하는 한 결과를 집행하기 이전에 기록하여야 하며, 시간이 없어 사전에 기록을 하지 못한 때에는 사후에라도 가능한 한 신속히 기록하여야 한다. 선장은 이후 최초 도착항구에 있는 상사법원에, 토의 결과의 사본을 내용이 틀림없다는 선서와 함께 서명하여 제출하여야 한다.

제941조 적하를 해상에 투기하여야 할 경우, 중량이 무거운 것 및 가치가 적은 것부터 투기를 시작한다. 동일한 종류의 물건 사이에서는 제1갑판에 있는 물건을 먼저 투기하고, 선장이 사관과 합의하여 정한 순으로 투기한다. 선박의 상갑판에 적하의 일부가 있는 때에는 이 물건을 최초로 투기하여야 한다.

제942조 적하의 투기 순서를 정하는 결정을 선박장부에 기록하는 것에 이어서, 투기된 목적물의 목록도 선박장부에 기록하여야 한다. 그리고 투기의 직접적인 결과로 나머지 물건이 파손을 당하였다면 그에 관하여도 기록하여야 한다.

제943조 일부 적하의 투기에도 불구하고 결국 선박이 멸실된 경우, 공동해손을 분담할 의무는 소멸한다. 그러면 발생한 파손과 멸실은 단순 혹은 개별해손으로 보고, 피해를 입은 물건의 이해관계인이 그 손실을 감수하여야 한다.

hubieren sufrido.

944. Cuando despues de haberse salvado la nave del riesgo que dió lugar á la avería gruesa, pereciere por otro accidente ocurrido en el progreso de su viage, subsistirá la obligacion de contribuir á la avería comun los efectos salvados del primer riesgo que se hubieren conservado despues de perdida la nave, segun el valor que les corresponda atendido su estado, y con deduccion de los gastos hechos para salvarlos.

945. La justificacion de las pérdidas y gastos que constituyan la avería comun, se hará en el puerto de la descarga á solicitud del capitan, y con citacion y audiencia instructiva de todos los interesados presentes, ó de sus consignatarios.

946. El reconocimiento y liquidacion de la avería y su importe se verificará por peritos, que á propuesta de los interesados ó sus representantes, ó bien de oficio, si éstos no lo hiciesen, nombrará el tribunal de comercio del puerto de la descarga, haciéndose esta en territorio español. Si se hiciere en pais estrangero, competerá este nombramiento al cónsul español; y en defecto de haberlo, á la autoridad judicial que conozca de los negocios mercantiles.

947. Los peritos aceptarán el nombramiento, y prestarán juramento de desempeñar fiel y legalmente su encargo.

948. Las mercaderías perdidas se estimarán segun el precio que tendrian corrientemente en el lugar de la descarga, con tal que consten de los conocimientos, sus especies y calidad respectiva. No siendo asi, se estará á lo que resulte de la factura de compra librada en el puerto de la espedicion, agregando al importe de esta los gastos y fletes causados posteriormente. Los palos cortados, velas, cables y demas aparejos que se inutilizaron para salvar la nave, se apreciarán por el valor que tuviesen al tiempo de la avería, segun su estado de servicio.

949. Para que los efectos del cargamento perdidos ó deteriorados tengan lugar en el cómputo de la avería comun, es indispensable circunstancia que se transporten con los debidos conocimientos: de lo contrario será su pérdida ó desmejora de cuenta de los interesados, sin que por esta razon dejen de contribuir en el caso de salvarse, como todo lo demas del cargamento.

950. Tampoco se computarán en la avería comun los efectos cargados sobre el combés de la nave que se arrojen ó dañen, no obstante que estarán tambien sujetos á la contribucion de la avería si se salvasen. El fletante y el capitan responderán de los perjuicios de la echazon á los cargadores de los efectos arrojados, si su colocacion en el combés se hubiere hecho arbitrariamente y sin consentimiento de éstos.

951. Las mercaderías arrojadas al mar que fuesen recobradas despues, no entran tampoco en el cómputo de la avería comun, sino en la parte que se regule haber desmerecido, y lo que importen los gastos hechos para recobrarlas; y si antes de hacerse el recobro se hubieren incluido en la masa comun de la avería, dándose su importe á los propietarios, deberán éstos devolver lo percibido, reteniendo solamente lo que les corresponda por razon de la desmejora

제944조 공동해손을 발생시킨 위험으로부터 구조된 선박이 항해를 계속하던 중 다른 사고를 당하여 멸실된 경우, 최초 위험으로부터 구조되고 다시 선박이 멸실된 후에도 구조되어 아직 보존된 물건은 그 현재 상태를 고려한 가액을 기초로 구조를 하는데 필요했던 비용을 먼저 공제한 다음 공동해손을 분담할 의무가 있다.

제945조 공동해손을 구성하는 멸실이나 비용의 확정은 양륙항에서 선장의 주관으로 현재하는 이해관계인이나 그의 대리인 전부에게 통지하고 이들의 참여하에 실시하여야 한다.

제946조 해손과 그 총액의 확정과 정산은 감정인에 의하여 실행한다. 양하지가 스페인 영토인 때에는 그 양륙항의 상사법원이 이해관계인의 추천을 받고 추천이 없으면 직권으로 감정인을 임명한다. 양하가 외국에서 이루어지는 때에는 스페인 영사가 감정인을 임명하고, 영사가 없는 경우 상사업무를 다루는 법원이 임명한다.

제947조 감정인은 임명에 동의하여야 임무가 개시되며, 그리고 성실하고 합법적으로 업무를 수행할 것을 서약하여야 한다.

제948조 멸실된 화물은 선하증권에 의하여 확인되는 종류와 품질에 기해 양륙지에서 시장 가격에 의해 이를 평가한다. 그렇지 않은 때에는 발송항에서 송부한 구매송장에 나타난 총액에 이후 발생한 비용 및 운임을 더한 금액으로 정한다. 선박을 구조하기 위하여 절단한 돛대, 돛, 밧줄 및 기타 장비는 작동 상태에 기해 해손 당시 가졌던 가액을 기초로 평가한다.

제949조 멸실 혹은 훼손된 적하가 공동해손의 계산에 포함되려면 반드시 그 적하에 대해 적법한 선하증권이 발행되어 운송이 이루어져야 한다. 그렇지 아니하면 반대로 그 멸실과 감손은 이해관계인의 부담이 되고, 그 물건이 구조된 경우 여타 적하와 동일하게 해손을 분담할 의무가 있다.

제950조 상갑판에 선적한 적하가 투기되거나 투기로 파손된 경우에도 마찬가지로 공동해손에 산입되지 아니하며, 그럼에도 불구하고 만일 그 물건이 구조가 되면 해손을 분담해야 한다. 소유자의 동의 없이 임의로 운송인과 선장이 화물을 상갑판에 적부한 때에는 그 화물이 해상에 투기되면 운송인과 선장이 그 투하로 인한 손해를 부담하여야 한다.

제951조 해상에 투기된 화물이 이후에 다시 회수된 경우, 그 물건은 공동해손의 계산에 포함되지 아니하며, 다만 그로 인하여 감소된 가액과 회수에 소요된 비용은 이를 해손에 포함하여 계산한다. 회수를 하기 이전에 해손에 포함되어 소유자에게 그 가액이 지급된 경우, 소유자는 그 수령한 것을 반환하여야 하며, 다만 감손과 비용 때문에 요구할 수 있는 권리에 해당하는 금액을 보유할 수 있다.

y gastos.

952. En caso de perderse los efectos del cargamento, que para aligerar el buque por causa de tempestad, ó para facilitar su entrada en un puerto ó rada, se transbordasen á barcas ó lanchas, se comprenderá su valor en la masa que ha de contribuir á la avería comun con arreglo á lo dispuesto en el art. 939.

953. La cantidad, á que segun la regulacion de los peritos, ascienda la avería gruesa, se repartirá proporcionalmente entre todos los contribuyentes por la persona que nombre al intento el tribunal que conozca de la liquidacion de la avería.

954. Para fijar la proporcion en que se debe hacer el repartimiento, se graduará el valor de la parte del cargamento salvada del riesgo, y el que corresponda á la nave.

955. Los efectos del cargamento se estimarán por el precio que tengan en el puerto de la descarga. Las mercaderías perdidas entrarán á contribuir por el mismo valor que se les haya considerado en la regulacion de la avería. El buque con sus aparejos se apreciará igualmente segun el estado en que se hallen. Tanto el justiprecio de la nave como el de los efectos de su cargamento, se ejecutará por peritos nombrados en la forma que previene el art. 946.

956. Se tendrá por valor accesorio de la nave para la contribucion de la avería el importe de los fletes devengados en el viage, con descuento de los salarios del capitan y la tripulacion.

957. Para el justiprecio de las mercaderías salvadas, se estará á la inspeccion material de ellas, y no á lo que resulte de los conocimientos, á menos que las partes se conformen en referirse á estos.

958. No contribuyen á la avería gruesa las municiones de guerra y de boca de la nave, ni las ropas y vestidos de uso del capitan, oficiales y equipage que hubieren ya servido.

959. Se esceptúan tambien de la contribucion á la avería comun las ropas y vestidos del mismo género pertenecientes á los cargadores, sobrecargos y pasageros que se hallen á bordo de la nave, en cuanto no esceda el valor de los efectos de esta especie que á cada uno corresponda, del que se dé á los de igual clase que el capitan salve de la contribucion.

960. Los efectos arrojados no contribuyen al pago de las averías comunes que ocurran á las mercaderías salvadas en riesgo diferente y posterior.

961. El repartimiento de la avería gruesa no será ejecutivo hasta que lo apruebe el tribunal que conozca de su liquidacion, y éste procederá para darla con audiencia instructiva de los interesados presentes ó sus legítimos representantes.

962. El capitan debe hacer efectivo el repartimiento, y es responsable á los dueños de las cosas averiadas de la morosidad ó negligencia que tenga en ello.

제952조 태풍을 피하기 위해 선박을 더욱 가볍게 할 목적으로 혹은 항구나 정박장에 진입하는 것을 용이하게 할 목적으로 부선 혹은 구조선으로 이적한 적하가 그 후에 멸실된 경우, 그 가액은 위 제939조 규정에 따라 공동해손으로 분담할 총액에 포함되는 것으로 본다.

제953조 감정인의 평가를 통하여 보상할 공동해손에 이르는 금액이 확정되면, 그 다음 해손의 정산에 관할권을 갖는 법원이 이 공동해손의 정산을 위해 정산인을 임명하고, 이 정산인이 모든 분담자에게 비례적으로 그 금액을 분배한다.

제954조 분배할 비율을 정하기 위해 위험으로부터 구조된 화물의 가액과 그에 상응하여 선박의 가액을 평가한다.

제955조 적하는 양륙항에서 가격에 의하여 평가한다. 멸실된 화물도 분담할 해손을 산정함에 있어 그 화물이 갖는다고 보여지는 가격과 동일한 금액을 기초로 산입하여 분담한다. 선박도 마찬가지로 현존 상태를 기준으로 그 장비와 함께 가액을 평가한다. 선박을 평가하든 적하를 평가하든, 평가는 위 제946조에 규정한 절차에 따라 임명된 감정인이 이를 실시한다.

제956조 운임은 그 항해에서 발생한 총액에서 선장과 선원의 급료를 공제한 잔액을 분담할 해손을 정함에 있어 선박의 부속물의 가액으로 본다.

제957조 구조된 화물을 평가하는 때에, 그 화물을 실제로 검증하여 이를 기초로 하여야 하고, 선하증권에 기재된 내용을 전제로 하여서는 아니된다. 다만 당사자가 선하증권의 기재를 기초로 평가하기로 합의한 경우에는 그러하지 아니하다.

제958조 선박 내의 무기 및 식량, 선장, 사관 및 선원이 사용하는 피복과 의복은 공동해손을 분담할 의무가 없다.

제959조 선상에 있던 화주, 화물관리인 및 여객에 속하는 동일한 종류의 피복과 의복도 마찬가지로 해손을 분담할 의무를 면한다. 다만 이들 각자에 속하는 이러한 종류의 물건의 가격이 선장이 분담의무를 면제받은 것과 같은 종류의 물건의 가액을 초과하지 아니하는 것이어야 한다.

제960조 한 번 두기된 물선은, 구소된 불선이 이후에 다른 위험으로 공동해손을 당한다 하더라도, 그 해손을 분담할 의무가 없다.

제961조 공동해손의 분배는, 정산에 관할권을 가진 법원이 그것을 승인할 때까지는, 이를 실시하여서는 아니된다. 법원은 출석한 이해관계인 혹은 그 대리인에게 진술할 기회를 부여한 다음 이를 승인하여야 한다.

제962조 해손의 분배는 선장이 실시하며, 이를 실시함에 있어 과실이나 지체가 있으면 선장은 소유자에게 책임을 져야 한다.

963. Si los contribuyentes no satisfacieren las cuotas respectivas dentro de tercero dia despues de aprobado el repartimiento, se procederá á solicitud del capitan contra los efectos salvados hasta hacerlas efectivas sobre sus productos.

964. El capitan podrá diferir la entrega de los efectos salvados hasta haberse pagado la contribucion, si el interesado en recibirlos no diere fianza de su valor.

965. Para que sea admisible la demanda de averías, es necesario que el importe de ésta sea superior á la centésima parte del valor comun de la nave y su cargamento.

966. Las disposiciones de este título no obstarán para que las partes hagan los convenios especiales que tengan á bien sobre la responsabilidad, liquidacion y pago de las averías, en cuyo caso se observarán éstos puntualmente, aun cuando se aparten de las reglas que van establecidas.

967. Si para cortar un incendio en algun puerto ó rada se mandase echar á pique algun buque como medida necesaria para salvar los demas, se considerará esta pérdida como avería comun, á que contribuirán los demas buques salvados.

SECCION SEGUNDA. DE LAS ARRIBADAS FORZOSAS

968. Serán justas causas de arribada á distinto punto del prefijado para el viage de la nave:

1.ª La falta de víveres.

2.ª El temor fundado de enemigos y piratas.

3.ª Cualquiera accidente en el buque que lo inhabilite para continuar la navegacion.

969. Ocurriendo cualquiera de estos motivos que obligue á la arribada, se examinará y calificará en junta de los oficiales de la nave, ejecutándose lo que se resuelva por la pluralidad de votos, de que se hará espresa é individual mencion en el acta que se estenderá en el registro correspondiente, firmándola todos ltts.que sepan hacerlo.El capitan tendrá voto de calidad; y los interesados en el cargamento, que se hallen presentes, asistirán tambien á la junta sin voto en ella, y solo para instruirse de la discusion y hacer las reclamaciones y protestas convenientes á sus intereses, que se insertarán tambien literalmente en la misma acta.

970. Los gastos de la arribada forzosa serán siempre de cuenta del naviero ó fletante.

971. No tendrán el naviero ni el capitan responsabilidad alguna de los perjuicios que puedan seguirse á los cargadores de resultas de la arribada, como esta sea legítima; pero sí la tendrán mancomunadamente siempre que no lo sea.

972. Tendráse por legítima toda arribada forzosa que no proceda de dolo, negligencia é imprevision culpable del naviero ó del capitan.

제963조 분담자가 분배가 승인된 날로부터 3일 이내에 분담금을 변제하지 아니하는 경우에 선장의 신청에 의하여 구조된 목적물에 대해 그 대금으로 변제를 할 수 있는 범위 내에서 담보권을 실행한다.

제964조 이해관계인이 구조된 목적물을 수령하면서 분담금에 해당하는 담보를 제공하지 아니한 경우, 선장은 이 분담금을 납입할 때까지 그 목적물의 인도를 연기할 수 있다.

제965조 해손으로 적법하게 그 분담을 청구하려면, 그 해손의 총액이 선박과 적하의 각각의 가격의 100분의 1을 초과하여야 한다.

제966조 이 장의 규정과 상관없이 당사자는 해손에 관한 책임, 청산 및 지급에 관해 적당하다고 생각되는 별도의 약정을 할 수 있다. 그러면 비록 그 내용이 이 장의 규정과 다르다 하더라도 이를 성실히 이행하여야 한다.

제967조 항구 혹은 정박장에 화재가 발생하고, 이 화재를 차단하여 다른 선박을 구조하기 위한 조치로, 어느 선박의 침몰을 지시한 경우, 이로 인한 멸실은 공동해손으로 보고, 구조된 다른 선박이 손해를 분담하여야 한다.

제2절 피난기항

제968조 다음의 이유가 있으면 항해에서 미리 지정된 지점이 아니라고 하더라도 기항을 할 정당한 사유가 있다고 본다.

1. 식량의 부족.
2. 적이나 해적의 위협.
3. 선박에 항해를 계속할 수 없는 사고의 발생.

제969조 이러한 기항을 해야 할 사유가 생긴 때에는, 이를 사관회의에서 검토하고 평가하여야 하며, 거기에서 다수결로 결의하여 실시하여야 한다. 회의결과는 해당 장부에 개인적인 투표를 명시하여 기록하여야 하고, 거기에 서명할 수 있는 사람은 모두 서명하여야 한다.
찬반 동수인 경우 선장의 투표에 따르며, 그리고 적하의 이해관계인은 현장에 있으면 이 회의에 참여한다. 다만 이들은 투표권은 부여되지 않으나 대신 이들에게 토의 과정을 알 수 있는 기회를 부여하고, 이들은 자기의 이익을 보호하기 위해 필요한 요구를 하고 항의를 할 수 있다. 이들의 행위도 회의록에 상세하게 있는 그대로 기록하여야 한다.

제970조 피난기항에 소요되는 비용은 항상 선주나 운송인이 부담하여야 한다.

제971조 기항의 결과로 화주에게 손해가 뒤따른다 하더라도 그 기항은 합법적인 것이기 때문에 선주나 선장은 그에 대해 하등 책임이 없다. 그러나 합법적인 것이 아닌 때에는 선주와 선장은 공동으로 책임이 있다.

제972조 모든 피난기항은, 선장 혹은 선주에게 귀책사유가 있는 악의, 과실 혹은 준비부족으로 인한 것이 아니면, 합법적인 것으로 본다.

973. No se considerará legítima la arribada en los casos siguientes:

1.º Procediendo la falta de víveres de no haberse hecho el aprovisionamiento necesario para el viage, segun uso y costumbre de la navegacion, ó de que se hubiesen perdido y corrompido por mala colocacion ó descuido en su buena custodia y conservacion.

2.º Si el riesgo de enemigos ó piratas no hubiese sido bien conocido, manifiesto y fundado en hechos positivos y justificables.

3.º Cuando el descalabro que la nave hubiere padecido tenga origen de no haberla reparado, pertrechado, equipado y dispuesto competentemente para el viage que iba á emprender.

4.º Siempre que el descalabro provenga de alguna disposicion desacertada del capitan, ó de no haber tomado las que convenian para evitarlo.

974. Solo se procederá á la descarga en el puerto de arribada cuando sea de indispensable necesidad hacerla para practicar las reparaciones que el buque necesite, ó para evitar daño y avería en el cargamento. En ambos casos debe preceder a la descarga la autorizacion del tribunal ó autoridad que conozca de los asuntos mercantiles. En puerto estrangero, donde haya cónsul español, será de su cargo dar esta autorizacion.

975. El capitan tiene á su cargo la custodia del cargamento que se desembarque, y responde de su conservacion, fuera de los accidentes de fuerza insuperable.

976. Reconociéndose en el puerto de la arribada que alguna parte del cargamento ha padecido avería, hará el capitan su declaracion á la autoridad que conozca de los negocios de comercio, dentro de las veinte y cuatro horas, y se conformará á las disposiciones que dé sobre los géneros averiados el cargador ó cualquiera representante de éste que se halle presente.

977. No hallándose en el puerto el cargador ni persona que lo represente, se reconocerán los géneros por peritos nombrados por los jueces de comercio, ó el agente consular en su caso, los cuales declararán la especie de daño que hubieren encontrado en los efectos reconocidos, los medios de repararlo, ó de evitar al menos su aumento ó propagacion y si podrá ser ó no conveniente su reembarque y conducciou al puerto donde estuvieren consignados. En vista de la declaracion de los peritos, proveerá el tribunal lo que estime mas útil á los intereses del cargador, y el capitan pondrá en ejecucion lo decretado, quedando responsable de cualquiera infraccion ó abuso que se cometa.

978. Se podrá vender con intervencion judicial y en pública subasta la parte de los efectos averiados que sea necesaria para cubrir los gastos que exija la conservacion de los restantes, en caso que el capitan no pudiere suplirlos de la caja del buque, ni halláre quien los prestase á la gruesa. Tanto el capitan como cualquiera otro que haga la anticipacion, tendrá derecho al rédito legal de la cantidad que anticipe, y á su reintegro sobre el producto de los mismos géneros con preferencia á los demas acreedores de cualquier clase que sean sus créditos.

979. No pudiendo conservarse los géneros averiados sin riesgo de perderse, ni permitiendo su estado que se dé lugar á que el cargador ó su consignatario den por sí las disposiciones que mas les conviniesen, se procederá á venderlos con las mismas solemnidades prescritas en el anterior, depositándose su importe, deducidos los gastos y fletes, á disposicion de los

제973조 다음과 같은 경우, 그 기항은 합법적인 것이라고 보지 아니한다.

1. 양식의 부족이 그 항해의 관행이나 관습에 비추어 항해에 필요한 보급을 하지 아니하였음에 기인하는 경우 혹은 안전한 보관과 보존을 함에 있어 적부 미숙이나 관리 소홀로 인한 멸실 혹은 부패에 기인하는 경우.
2. 적국이나 해적의 위험이 적극적으로 확인된 사실에 의거 인정되고, 나타나고 또 기초하지도 아니한 경우.
3. 선박이 입은 재해가 목적인 항해를 실현하기 위해 적당한 수리를 하고, 충분한 장비를 갖추고, 필요한 인원을 보유하며, 기타 완벽하게 항해 준비를 하는 등의 조치를 취하지 아니한 것에 기인하는 경우.
4. 재해가 선장의 잘못된 조치로 인한 것이거나, 선장이 재해를 방지하기 위해 필요한 조치를 취하지 아니함에 기인하는 경우.

제974조 기착항에서 적하의 양륙은 선박을 수리하기 위해 불가피하게 필요한 경우 혹은 적하에 파손이나 손해가 생기는 것을 방지하기 위해 반드시 필요한 경우에 한하여 할 수 있다.
이 두 가지 어느 경우이든, 양하를 하기 전에 먼저 상사 업무를 관할하는 법원 혹은 관청의 허가를 받아야 한다. 외국항에 있는 때에는 그곳에 스페인 영사가 있으면 그 영사로부터 이러한 허가를 받아야 한다.

제975조 선장은 양륙한 적하를 잘 보관할 의무가 있고 불가항력적 사고로 인한 것이 아닌 한 선장은 그 보존에 대해 책임을 진다.

제976조 기착항에서 적하의 일부가 손상을 입은 것이 발견되면, 선장은 상거래를 관할하는 관청에 24시간 이내에 사고신고를 하여야 하고, 또 선장은 그 손상된 물품에 대해 현장에 있는 화주나 그 대리인의 지시에 따라 필요한 조치를 취하여야 한다.

제977조 그 항구에 화주나 그 대리인이 없으면, 상사판사 혹은 그 직책을 대행하는 영사가 감정인을 선임하여 물건을 검증하도록 하여야 한다. 감정인은 검증을 통하여 발견된 사고의 정도를 고지하고, 수리를 하는 방안이나 또는 손해의 증가나 확장을 방지하기 위한 방안도 제시하고, 나아가 다시 선적을 한 다음 원래 목적지까지 수송을 하는 것이 적정한지 여부에 대하여도 의견을 제시하여야 한다. 담당 법원은 감정인의 감정결과를 토대로 하여 화주의 이익에 가장 부합한 조치를 결정하고, 선장은 이 결정을 집행하여야 하며, 만일 여기에 권한 남용이나 법령 위반이 있으면 선장은 그로 인한 손해를 배상할 책임이 있다.

제978조 나머지 적하의 보존에 필요한 비용을 마련하기 위해 법원이 주관하여 공매의 방식으로 적하의 일부를 매각할 수 있다. 다만 선장이 선박 기금으로 이를 감당할 능력이 없고 또 모험대차로 금전을 대여할 사람도 찾을 수 없는 때에 한하여 이처럼 매각할 수 있다.
선장 기타 사람이 개인적으로 체당을 하면, 그 체당한 금액에 대해 법정 이자를 청구할 수 있고, 그 반환과 관련하여 물건을 판 대금에 대해 다른 어느 종류의 채권자보다 우선하는 우선변제권이 있다.

제979조 훼손된 물건이 멸실 위험이 없게 보존할 수 있는 상태가 아닌 경우, 화주나 수하인이 적당한 조치를 마련하여 이를 실천할 수 있는 상태도 아닌 때에는 선장이 전 조의 절차를 밟아 그 적하를 매각할 수 있다. 매각 후 대금은 비용과 운임을 공제하고 화주를 위하여 공탁하여야 한다.

cargadores.

980. Cesando el motivo que obligó á la arribada forzosa, no podrá el capitan diferir la continuacion de su viage, y será responsable de los perjuicios que ocasione por dilacion voluntaria.

981. Si la arribada se hubiere hecho por temor de enemigos ó piratas, se deliberará la salida de la nave en junta de oficiales, con asistencia de los interesados en el cargamento que se hallen presentes, en los mismos términos que para acordar las arribadas previene el art. 969.

SECCION TERCERA. DE LOS NAUFRAGIOS

982. Encallando ó naufragando la nave, sus dueños y los interesados en el cargamento sufrirán individualmente las pérdidas y desmejoras que ocurran en sus respectivas propiedades, perteneciéndoles los restos de ellas que puedan salvarse.

983. Cuando el naufragio proceda de malicia, descuido ó ignorancia del capitan ó su piloto, podrán los navieros y cargadores usar del derecho de indemnizacion que pueda competirles en virtud de lo que se dispone en los artículos 676 y 693.

984. Probando los cargadores que el naufragio ha procedido de que el buque no se hallaba suficientemente reparado y pertrechado para navegar cuando se emprendió el viage, será de cargo del naviero la indemnizacion de los perjuicios causados al cargamento de resultas del naufragio.

985. Los efectos salvados del naufragio estan obligados especialmente á los gastos expendidos para salvarlos, cuyo importe satisfarán sus dueños antes de hacérseles la entrega de ellos, ó se deducirá con preferencia á cualquiera otra obligacion del producto de su venta.

986. Naufragando una nave que va en convoy ó en conserva de éste, se repartirá la parte de su cargamento y de pertrechos que haya podido salvarse entre los demas buques, habiendo cabidad en ellos para recibirlos, y en proporcion á la que cada una tenga espedita. Si algun capitan lo rehusáre sin justa causa, el capitan náufrago protestará contra él ante dos oficiales de mar los daños y perjuicios que de ello se sigan, y en el primer puerto ratificará la protesta dentro de las veinte y cuatro horas, incluyéndola en el espediente justificativo que debe promover, segun lo dispuesto en el art. 652.

987. Cuando no sea posible trasbordar á los buques de auxilio todo el cargamento naufragado, se salvarán con preferencia los efectos de mas valor y menos volúmen, sobre cuya eleccion procederá el capitan con acuerdo de los oficiales de la nave.

988. El capitan que recogió los efectos naufragados, continuará su rumbo, conduciéndolos al puerto donde iba destinada su nave, en el cual se depositarán con autorizacion judicial por

제980조 피난기항을 할 사유가 소멸하면, 선장은 항해의 속행을 지체할 수 없고, 이를 임의로 지연한 선장은 그로 인해 발생하는 모든 손해를 배상할 책임이 있다.

제981조 적국이나 해적의 위협 때문에 피난기항을 한 경우, 다시 출항을 하려면 사관회의에서, 현지에 있는 적하의 이해관계인의 출석하에, 기항할 때에 합의와 마찬가지로, 위 제969조에서 정한 절차에 따라, 이를 정하여야 한다.

제3절 난파

제982조 선박이 좌초 혹은 난파되면 적하의 소유자 및 이해관계인은 각 물건에 발생하는 멸실과 감손을 개인적으로 감수하여야 하며, 일부가 구조되어 잔존물로 남으면 그 소유자에게 귀속된다.

제983조 선장이나 항해사의 악의, 부주의 혹은 무지가 원인이 되어 난파가 일어난 경우, 선주와 화주는 위 제676조 및 제693조의 규정에 의하여 인정되는 손해배상을 청구할 수 있다.

제984조 항해를 개시할 때에 선박이 항해를 하기에 충분한 수리를 하지 아니하거나 부품을 갖추지 아니한 것이 원인이 되어 난파에 이른 것을 화주가 증명하면, 선주는 그 난파로 인해 적하에 발생한 손해를 배상할 책임이 있다.

제985조 구조를 위해 지출한 비용의 경우, 구조된 목적물에 대하여 특별 우선특권이 인정되고, 따라서 그 비용을 전액 지급하지 아니하면 소유자일지라도 목적물의 인도를 청구할 수 없으며, 경매가 되면 이 비용은 다른 어떤 채권보다 우선하여 대금에서 공제한다.

제986조 어느 선박이 선단을 이루어 보호를 받으며 항해를 하던 도중에 난파된 경우, 구조된 적하와 부품은 나머지 선박이 선적이 허용되는 범위 내에서 가지고 출발한 수량에 비례하여 나누어 선적한다. 어느 선장이 정당한 이유 없이 수령을 거절하면 그로 인한 손해에 관해 선장은 사관의 참여하에 사고신고서를 작성하고, 이후 최초 항구에 도착하면 위 제652조의 규정을 적용하여 24시간 이내에 그 신고서를 확인받고 이를 장차 진행할 절차의 증거서류에 첨부하여야 한다.

제987조 난파된 적하를 보조선에 모두 이적하는 것이 불가능한 때에는, 고가의 물건과 중량이 적은 물건을 우선하여 구조하여야 하며, 선장은 다른 사관의 동의를 얻어 그 순서를 정하여야 한다.

제988조 난파된 물건을 회수한 선장은 항해를 계속하여 선박이 원래 목적한 항구로 운송한 다음 법원의 허가를 얻어 정당한 이해관계인을 위하여 이를 공탁하여야 한다. 항로를 변

cuenta de los legítimos interesados en ellos. En el caso que sin variar de rumbo, y siguiendo el mismo viage, se puedan descargar los efectos en el puerto á que iban consignados, podrá el capitan arribar á éste, siempre que consientan en ello los cargadores ó sobrecargos que se hallen presentes, los pasageros y los oficiales de la nave, y que no haya riesgo manifiesto de accidente de mar ó de enemigos; pero no podrá verificarlo contra la deliberacion de aquéllos, ni en tiempo de guerra, ó cuando el puerto sea de entrada peligrosa.

989. Todos los gastos de la arribada que se hagan con el fin indicado en el antecedente, serán de cuenta de los dueños de los efectos naufragados, ademas de pagar los fletes correspondientes, que en defecto de convenio entre las partes se regularán á juicio de árbitros en el puerto de la descarga, teniendo en consideracion la distancia que haya porteado los efectos el buque que los recogió, la dilacion que sufrió, las dificultades que tuvo que vencer para recogerlos, y los riesgos que en ello corrió.

990. Cuando no se puedan conservar los efectos recogidos por hallarse averiados; ó cuando en el término de un año no se puedan descubrir sus legítimos dueños para darles aviso de su existencia, procederá el tribunal, á cuya orden se depositaron, á venderlos en pública subasta, depositando su producto, deducidos los gastos, para entregarlo á quien corresponda.

991. Tambien se podrá vender, aun fuera de los casos que prescribe el anterior, y con las mismas formalidades, la parte de los efectos salvados que sea necesaria para satisfacer los fletes y gastos á que tenga derecho el capitan que los recogió, si no conviniese en anticiparlos el capitan náufrago ó algun corresponsal de los cargadores ó consignatarios. Cualquiera que haga la anticipacion gozará del mismo derecho de hipoteca que se establece en el art. 975.

TÍTULO QUINTO

DE LA PRESCRIPCION EN LAS OBLIGACIONES PECULIARES DEL COMERCIO MARÍTIMO

992. La accion para repetir el valor de los efectos suministrados para construir, reparar, y pertrechar las naves, se prescribe por cinco años contados desde que se hizo su entrega.

993. La que procede de vituallas destinadas al aprovisionamiento de la nave ó de alimentos suministrados á los marineros de orden del capitan, prescribirá al año de su entrega, siempre que dentro de él haya estado fondeada la nave por el espacio de quince dias, cuando menos, en el puerto donde se contrajo la deuda. No sucediendo asi, conservará el acreedor su accion, aun despues de transcurrido el año, hasta que fondee la nave en dicho puerto, y quince dias mas. Dentro de igual término y con la misma restriccion prescribe la accion de los artesanos que hicieron obras en la nave.

994. La accion de los oficiales y tripulacion por el pago de sus salarios y gages, prescribe al año despues de concluido el viage en que los devengaron.

경하지 않고 원래 항해를 계속하면서 적하를 인도하기로 한 항구에서 적하를 양륙할 수 있는 경우에는 선장은 그 항구에 기항할 수 있다. 다만 선상에 있는 화주 혹은 화물관리인, 여객 및 사관이 이에 동의하여야 하고, 또 해상사고나 적국의 공격 등 명백한 위험이 없어야 한다. 그러나 사관회의의 결의에 반하여 원래 항구에 기항할 수 없고 전쟁이 진행 중이거나 항구에 진입함에 위험한 경우에도 마찬가지이다.

제989조 전 조의 목적으로 기항을 한 때에 그 난파된 물건의 소유자는 해당되는 운임을 지급하여야 하는 것은 물론, 그로 인한 모든 비용을 부담하여야 한다. 이 비용은 당사자 사이에 합의에 의해 정해지지 아니하면 양륙항에 있는 중재인의 결정에 의해 이를 정한다. 중재인은 회수한 선박이 그 물건을 운송한 거리, 감수하여야 했던 지체, 회수하기 위해 극복해야 했던 어려움 및 여기에 수반된 위험을 고려하여 그 비용을 정한다.

제990조 회수한 물건이 그 손상 때문에 보존이 불가능하거나 혹은 물건의 보관을 통지할 소유자를 1년 이상 발견할 수 없는 때에는, 법원은 우선 그 보관을 명령한 다음 공매절차를 밟아 매각하고, 그 대금에서 비용을 먼저 공제하고 그 잔액을 후에 권리자가 나타나면 제공하기 위해 공탁하여야 한다.

제991조 전 조에 규정한 것 이외의 경우에도, 회수한 선장이 요구하는 운임 및 비용을 변제하기 위하여 필요하고, 또 화주나 수하인의 대리인이나 선장이 그 체당에 동의하지 아니하는 때에는, 전 조와 마찬가지 절차를 밟아 구조된 물건을 매각할 수 있다. 그러나 반대로 누구든 이를 체당하면 위 제975조에 의해 인정되는 담보권을 향유할 수 있다.

제5장
해사채권의 시효

제992조 선박의 건조, 수리 및 부품을 위해 제공한 물건의 가액을 청구하는 권리는 그 물건을 인도한 날로부터 기산하여 5년이 경과하면 시효로 소멸한다.

제993조 선박에 보급을 위해 제공한 식량 및 선장의 요청에 의하여 해원에게 제공한 식품에 관한 권리는 인도를 한 날로부터 1년이 경과하면 시효로 소멸한다. 다만 선박이 채권이 근거가 된 계약을 체결한 항구에서 1년 내에 적어도 15일 동안 정박하고 있어야 한다. 그러하지 아니한 경우에는 1년이 경과한다 하더라도 권리가 소멸하지 아니하며, 선박이 그 항구에 돌아와 15일 동안 정박할 때까지 권리가 존속한다. 선박에서 작업을 책임진 수급업자도 동일한 기간에 동일한 조건으로 그 권리가 소멸한다.

제994조 사관과 선원의 급료 및 보수의 지급을 청구하는 권리는 그 채권이 발생한 항해가 종료된 시점부터 1년이 경과하면 시효로 인하여 소멸한다.

995. La del cobro de fletes y de la contribucion de averías comunes prescribe cumplidos seis meses despues de entregados los efectos que los adeudaron.

996. La accion sobre entrega del cargamento ó por daños causados en él un año despues del arribo de la nave.

997. Prescribe por cinco años contados desde la fecha del contrato la accion que provenga del préstamo á la gruesa y de la póliza de seguros.

998. Se estingue la accion contra el capitan conductor del cargamento y contra los aseguradores por el daño que aquél hubiese recibido, si en las veinte y cuatro horas siguientes á su entrega no se hiciere la debida protesta en forma auténtica, notificándose al capitan en los tres días siguientes en persona ó por cédula.

999. Tambien se estingue toda accion contra el fletador por pago de averías ó de gastos de arribada que pesen sobre el cargamento, siempre que el capitan percibiere los fletes de los efectos que hubiese entregado sin haber formalizado su protesta dentro del término que prefija el precedente.

1000. Cesarán los efectos de unas y otras protestas, teniéndose por no hechos, si no se intentáre la competente demanda judicial contra las personas en cuyo perjuicio se hicieren antes de cumplir los dos meses siguientes á sus fechas.

제995조 운임청구권과 공동해손분담청구권은 채무를 발생시킨 물건을 인도하여 준 날로부터 6개월이 경과하면 시효로 인하여 소멸한다.

제996조 적하의 인도를 청구하는 권리와 적하에 발생한 파손을 이유로 한 청구는 선박이 도착한 후 1년이 경과하면 소멸한다.

제997조 모험대차 및 보험계약에 기한 채권은 계약일로부터 5년이 경과하면 시효로 인하여 소멸한다.

제998조 물건의 파손을 원인으로 하는 적하를 운송하는 선장 및 보험자에 대한 권리는 수령을 한 후 24시간 내에 정식 절차를 밟아 해손신고를 하고 이를 3일 내에 선장에게 개인적으로 직접 혹은 통지서로 고지하지 아니하면 그 권리가 소멸한다.

제999조 해손을 이유로 하여 운송인에 대한 보상의 청구 및 적하가 부담할 대피기항의 비용에 관한 청구는 선장이 적하를 인도하고 운임을 수령하고 난 다음 전 조에 규정된 기간 내에 해손신고의 절차를 밟지 아니한 경우, 마찬가지로 모두 소멸한다.

제1000조 해손신고는 어느 것이든 그 신고 날짜로부터 2개월 내에 가해자를 상대로 정식으로 사법적인 청구를 하지 아니하면 그 해태로 인해 신고의 효력이 소멸한다.

1885년 상법
제3편 해상

Código de Comercio 1885
Libro III. Del comercio marítimo

Código de Comercio 1885
Libro III. Del comercio marítimo

TÍTULO I
DE LOS BUQUES

573. Los buques mercantes constituirá una propiedad que se podrá adquirir y transmitir por cualquiera de los medios reconocidos en el Derecho. La adquisición de un buque deberá constar en documento escrito, el cual no producirá efecto respecto a tercero si no se inscribe en el Registro Mercantil. También se adquirirá la propiedad de un buque por la posesión de buena fe, continuada por tres años, con justo título debidamente registrado. Faltando alguno de estos requisitos, se necesitará la posesión continuada de diez años para adquirir la propiedad. El Capitán no podrá adquirir por prescripción el buque que mande.

574. Los constructores de buques podrá emplear los materiales y seguir, en lo relativo a su construcción y aparejos, los sistemas que más convengan a sus intereses. Los navieros y la gente de mar se sujetará a lo que las Leyes y Reglamentos de Administración Pública dispongan sobre navegación , aduanas, sanidad, seguridad de las naves y demás objetos análogos.

575. Los partícipes en la propiedad de un buque gozará del derecho de tanteo y retracto en las ventas hechas a extraños; pero sólo podrá utilizarlo dentro de los nueve días siguientes a la inscripción de la venta en el Registro y consignando el precio en el acto.

576. Se entenderá siempre comprendidos en la venta del buque el aparejo, respetos, pertrechos y máquinas si fuere de vapor, pertenecientes a él, que se hallen a la sazón en el dominio del vendedor. No se considerará comprendidos en la venta las armas, las municiones de guerra, los víveres ni el combustible. El vendedor tendrá la obligación de entregar al comprador la certificación de la hoja de inscripción del buque en el Registro hasta la fecha de la venta.

577. Si la enajenación del buque se verificase estando en viaje, corresponderá al comprador íntegramente los fletes que devengare en él desde que recibió el último cargamento, y será de su cuenta el pago de la tripulación y demás individuos que componen su dotación , correspondiente al mismo viaje. Si la venta se realizase después de haber llegado el buque el puerto de su destino, pertenecerá los fletes el vendedor y será de su cuenta el pago de la tripulación y demás individuos que componen su dotación, salvo, en uno y otro caso, el pacto contrario.

578. Si, hallándose el buque en viaje o en puerto extranjero, su dueño o dueños lo enajenaren voluntariamente, bien a españoles o a extranjeros con domicilio en capital o puerto de otra nació , la escritura de venta se otorgará ante el Cónsul de España del puerto en que rinda el viaje, y dicha escritura no surtirá efectos respecto de tercero, si no se inscribe en el Registro del

1885년 상법
제3편 해상[1]

제1장
선박

제573조 상용 선박은 소유권의 대상이 되며, 법이 인정하는 것이면 여하한 방법으로든, 이를 취득 혹은 이전할 수 있다. 선박의 취득은 반드시 서면으로 작성되어야 하고, 이를 상사등기부에 등기하지 아니하면 제3자에 대해 효력이 생기지 아니한다. 정당한 권원을 가지고 필요한 등기를 한 다음 선의로 3년간 계속하여 선박을 점유하면 마찬가지로 소유권을 취득한다. 이러한 요건을 모두 갖추지 아니한 경우라도 10년간 계속 선박을 점유하면 소유권을 취득한다. 다만 선장은 자기가 운항하는 선박에 대해서는 이러한 취득시효를 주장하여 그 소유권을 취득하지 못한다.

제574조 선박을 건조하고자 하는 사람은 자기의 관점에서 가장 적합한 자재를 사용할 수 있고, 또 그 건조와 장비에 관하여 자기 판단에 기해 가장 적합한 방법을 따르면 된다. 선주[2] 및 해원은 선박의 항해, 관세, 위생, 안전 및 기타 유사한 목적을 가진 관련 법령을 따라야 한다.

제575조 공유선박의 지분이 제3자에게 양도된 경우, 다른 지분소유자는 사전 혹은 사후[3]에 그 지분의 이전을 청구할 수 있다. 다만 이전등기가 된 이후 9일 이내에 이 권리를 행사하여야 하고, 권리를 행사함과 동시에 대금을 공탁하여야 한다.

제576조 선박이 매매된 경우, 매도시에 그 선박에 부속하는 매도인 소유의 장비, 비품, 부품 및 기관도 그 매매에 포함된 것으로 본다. 그러나 무기, 탄약, 식량 및 연료는 매매에 포함되지 아니한 것으로 본다. 매도인은 양도일까지 선박등록증을 매수인에게 교부하여 한다.

제577조 항해 도중에 선박이 이전된 경우, 최후로 화물의 선적이 이루어진 이후에 발생한 운임은 전부 매수인에게 귀속하는 것으로 보고, 또 그 이후 동일 항해에서 발생하는 선원 및 여타 관련 승무원의 보수는 매수인이 계산하여야 한다. 선박이 목적항에 도착한 이후에 매매가 실현된 경우, 반대의 특약이 없는 한 운임은 매도인에게 귀속되고, 선원 여타 관련 승무원[4]의 보수는 매도인이 계산하여야 한다.

제578조 선박이 항해 중에 있기나 혹은 외국 항구에 머물고 있는 중에, 선주가 자의로 선박을 이전하는 경우, 양수인이 스페인 사람이든 혹은 외국 항구 혹은 외국 도시에 주소를 가진 외국인이든, 항해를 하는 항구 소재 스페인 영사로부터 매매증서에 대한 인증을 받아야 한다. 이러한 매매증서는 영사관에 있는 등록부에 이선등록을 하지 아니하면, 제3자에

---

1 이 번역은 상법전, COLEX사 2006년(5)판을 기초로 하고 해사법전집, TECNOS 사 2004년(3)판을 참조하였다.

2 선주의 개념은 상당히 유동적인 것으로 아래에서 더욱 자세히 본다.

3 스페인 민법에서는 물권으로서 이러한 권리가 인정된다. Manuel Albaladejo, *Compendio de Derecho Civil*(Edisofer sl 2004) 제 444 면 참조.

4 승무원의 정의에 관하여는 제648조 참조.

Consulado. El Cónsul transmitirá inmediatamente copia auténtica de la escritura de compra y venta de la nave al Registro Mercantil del puerto en que se hallare inscrita y matriculada. En todos los casos, la enajenación del buque debe hacerse constar, con la expresión de si el vendedor recibe en todo o en parte su precio, o si en parte o en todo conserva algún crédito sobre el mismo buque. Para el caso de que la venta se haga a súbdito español, se consignará el hecho en la patente de navegación. Cuando, hallándose el buque en viaje, se inutilizare para navegar, acudirá el Capitán al Juez o Tribunal competente del puerto de arribada, si éste fuere español; y si fuere extranjero, al Cónsul de España, si lo hubiere al Juez o Tribunal o a la Autoridad Local, donde aquél no exista, y el Cónsul o el Juez o Tribunal, o, en su defecto, la Autoridad local, mandará proceder al reconocimiento del buque. Si residieren en aquel punto el consignatario o el asegurador, o tuvieren allí representantes, deberá ser citados para que intervengan en las diligencias por cuenta de quien corresponda.

579. Comprobado el daño del buque y la imposibilidad de su rehabilitación para continuar el viaje, se decretará la venta en pública subasta, con sujeción a las reglas siguientes:

1.ª Se tasará , previo inventario, el casco del buque, su aparejo, máquinas, pertrechos y demás objetos, facilitándose el conocimiento de estas diligencias a los que deseen interesarse en la subasta.

2.ª El auto o decreto que ordene la subasta se fijará en los sitios de costumbre, insertándose su anuncio en los diarios del puerto donde se verifique el acto, si los hubiese, y en los demás que determine el Tribunal. El plazo que se señale para la subasta no podrá ser menor de veinte días.

3.ª Estos anuncios se repetirá de diez en diez días, y se hará constar su publicación en el expediente.

4.ª Se verificará la subasta el día señalado, con las formalidades prescritas en el Derecho común para las ventas judiciales.

5.ª Si la venta se verificase estando la nave en el extranjero, se observará las prescripciones especiales que rijan para estos casos.

580. En toda venta judicial de un buque para pago de acreedores, tendrá prelación por el orden en que se enumeran:

1.º Los créditos a favor de la HaciendaPública que se justifiquen mediante certificación oficial de autoridad competente.

2.º Las costas judiciales de procedimiento, según tasación aprobada por el Juez o Tribunal.

3.º Los derechos de pilotaje, tonelaje y los de mar y otros de puerto justificados con certificaciones bastantes de los Jefes encargados de la recaudación.

4.º Los salarios de los Depositarios y Guardas del buque y cualquier otro gasto aplicado a su conservación desde la entrada en el puerto hasta la venta, que resulten satisfechos o adeudados en virtud de cuenta justificada y aprobada por el Juez o Tribunal.

5.º El alquiler del almacén donde se hubieren custodiado el aparejo y pertrechos del buque, según contrato.

6.º Los sueldos debidos al Capitán y tripulación en su último viaje los cuales se comprobaran mediante liquidación que se haga en vista de los roles y de los libros de cuenta y razón del buque, aprobada por el Jefe del Ramo de Marina Mercante, donde lo hubiere, y en su defecto, por el Cónsul o Juez del Tribunal.

대해 효력이 생기지 아니한다. 영사는 지체 없이 이 매매증서의 공증사본을 선적항 소관 상사등기소에 송부하여야 한다. 여하한 경우이든, 선박의 이전에는 매수인이 대금의 전부 혹은 일부의 수령 여부, 또는 매도인이 선박에 대해 담보를 갖는지 여부를 명시하여야 한다. 매매가 위에서 언급한 스페인 사람에게 이루어진 경우, 항행허가서에 이러한 것을 기재하여야 한다. 항해 도중에 선박이 항해에 부적합하게 된 경우, 스페인 국내에 있는 때에는 정박항을 관할하는 법원에, 외국에 있는 때에는 스페인 영사가 있으면 그 영사에게, 영사가 없으면 그 지역 소재 법원 혹은 관청에, 선장이 그 확인을 신청하여야 하고, 영사나 판사 혹은 이들의 부재시에는 해당 관청이 그 확인 절차를 명한다. 그곳에 수하인, 보험자 혹은 대리점이 있는 경우, 그 결과에 대해 책임을 질 사람을 위하여 대신 절차에 참여할 수 있도록 이들에게도 통지를 하여야 한다.

제579조 선박이 훼손된 것이 확인되고, 이를 회복하여 항해를 계속하기가 불가능한 것으로 판명되면, 선박의 공매를 선언하고 다음 절차에 의하여 공매한다.

1. 사전에 대상목록을 작성한 다음 선체, 장비, 기관 및 비품 기타 물자를 평가하고 이를 통해 공매에 관심을 가진 사람이 그 진행 내용을 알 수 있게 하고
2. 공매를 명하는 판결이나 명령은 통상 공시 장소에 게시하고, 또 공매를 하는 항구의 일간지에 공고하여야 하며, 만일 일간지가 없으면 법원이 그 방법을 정하여 공고한다. 경매를 위해 지정된 기간은 적어도 20일 이상이어야 한다.
3. 이러한 공고는 매 10일마다 반복하여야 하고, 공매 절차에서 그 공시를 확인하여야 한다.
4. 공매는 지정된 날짜에 시행하고, 법이 정한 법원 일반 경매절차에 따라 시행한다.
5. 선박이 외국에 있는 동안 경매가 이루어지면, 이를 규율할 특별 규정에 의한다.

제580조 채무 변제를 목적으로 법원에 의해 경매가 실시되면, 다음에 열거된 순서에 따라 우선변제권이 있다.

1. 국고채권 ; 해당 기관의 공인증서에 의해 입증되어야 한다.
2. 경매비용 ; 법원이 확정한 정산서에 의한다.
3. 도선료, 톤세 및 항구에 적용되는 정박 기타 제세 ; 당해 세관 징수책임자의 확인서에 의해 확증된 금액에 한한다.
4. 입항 시부터 경매 시까지 보관 및 보호 담당 집행관에 대한 보수 및 기타 선박을 보존할 목적으로 사용한 비용 ; 입증 서류를 갖춘 명세서와 법원이 이를 확인하여 충분하고 적절하다고 판단되는 금액에 한한다.
5. 선박의 장비 및 부품의 보관을 위한 보관료 ; 창고업자와의 계약에 의한다.
6. 최종 항해에서 발생한 선장 및 해원에게 지급할 임금 채권 ; 선상의 선원 명부와 회계장부에 기초하여 정산하고, 정산서를 작성한 다음 상선처 지부장의 확인을 거쳐 확정되며, 지부장이 없는 때에는 영사나 법원이 확인한다.
7. 선박을 수선하기 위해 선장이 판매한 화물에 대해 지급할 보상금 ; 다만 매도가 법원의 명령에 의하여 이루어지고, 그것에 적용될 절차에 따라 이루어졌으며, 선박등록증에도 명기되었어야 한다.

7.º El reembolso de los efectos del cargamento que hubiere vendido el Capitán para reparar el buque, siempre que la venta conste ordenada por auto judicial celebrado con las formalidades exigidas en tales casos, y anotada en la certificación de inscripción del buque.

8.º La parte del precio que no hubiere sido satisfecha al último vendedor, los créditos pendientes de pago por materiales y mano de obra de la construcción del buque, cuando no hubiere navegado, y los provenientes de reparar y equipar el buque y proveerlo de víveres y combustibles en el último viaje. Para gozar de esa preferencia, los créditos contenidos en el presente número, deberá constar por contrato inscrito en el Registro Mercantil, o si fueren de los contraídos para el buque estando en viaje y no habiendo regresado al puerto de su matrícula, estarlo con la autorización requerida para tales casos y anotados en la certificación de inscripción del mismo buque.

9.º Las cantidades tomadas a la gruesa sobre casco, quilla, aparejo y pertrechos del buque antes de su salida, justificadas con los contratos otorgados sean Derecho y anotados en el Registro Mercantil; las que hubiere tomado durante el viaje con la autorización expresada en el número anterior, llenando iguales requisitos, y la prima del seguro acreditada con la póliza del contrato o certificación sacada de los libros del Corredor.

10.º La indemnización debida a los cargadores por el valor de los géneros embarcados que no se hubieren entregado a los consignatarios, o por averías sufridas de que sea responsable el buque, siempre que una y otras consten en sentencia Judicial o arbitral.

Por excepción, si en caso de concurso no se hubiere ejercitado el derecho de separación del buque conforme a lo previsto en la LeyConcursal, la clasificación y graduación de créditos se regirá por lo establecido en ella. (Añadido por ley 22/2003, Concursal)

581. Si el producto de la venta no alcanzare a pagar a todos los acreedores com-prendidos en un mismo número o grado, el remanente se repartirá entre ellos a prorrata.

582. Otorgada e inscrita en el Registro Mercantil la escritura de venta judicial hecha en pública subasta, se reputará extinguidas todas las demás responsabilidades del buque en favor de los acreedores. Pero si la venta fuere voluntaria y se hubiere hecho estando en viaje, los acreedores conservará sus derechos contra el buque hasta que regrese al puerto de matrícula, y tres meses después de la inscripción de la venta en el Registro, o del regreso.

583. Si encontrándose en viaje necesitare el Capitán contraer alguna o algunas de las obligaciones expresadas en los números 8. y 9. del 580, acudirá al Juez o Tribunal si fuese territorio español, y si no, al Cónsul de España, caso de haberlo, y en su defecto, al Juez o Tribunal o autoridad local correspondiente, presentando la certificación de la hoja de inscripción de que trata el 612 y los documentos que acrediten la obligación contraída. El Juez o Tribunal, el Cónsul o la autoridad local, en su caso, en vista del resultado del expediente instruido, hará en la certificación la anotación provisional de su resultado, para que se formalice en el Registro cuando el buque llegue al puerto de su matrícula o para ser admitida como legal y preferente organización en el caso de venta antes de su regreso, por haberse vendido el buque a causa de la declaración de incapacidad para navegar. La omisión de esa formalidad impondrá al Capitán la responsabilidad personal de los créditos perjudicados por su causa.

8. 최후의 매매에 기해 매도인에게 지급하여야 할 잔금채권, 아직 항해를 개시하지 아니한 선박에 관해 그 건조에 필요한 물자와 인력에 대해 지급할 채권, 선박의 수리 및 의장과 관련된 채권 및 최후 항해에서 발생한 식량 및 연료 관련 채권 ; 본항에 의한 우선특권을 주장하려면 상사등기부에 등기한 계약에 의하여 확인이 되어야 한다. 그러나 항해 도중인 선박을 위한 계약에 기한 것이고 선박이 아직 선적항에 귀항하지 아니한 때에는, 이러한 때에 필요한 특별허가에 기해 확인되면 되고 이러한 사항이 선박등록증에도 명기되어야 한다.
9. 출항 전에 선체, 용골, 장비 및 비품을 목적으로 하여 모험대차로 차용한 금액 ; 법률에 따라 인가된 계약에 의해 증명되고, 상사등기부에도 명기되어야 한다. 항해 도중에 모험대차로 차용한 금액 ; 전 항에서 말하는 허락을 받고 또 마찬가지의 요건을 갖추어야 한다. 보험료 ; 보험증서 혹은 보험중개인이 그 장부에 기해 발행한 보험확인서에 의해 미납 보험료가 입증되어야 한다.
10. 운송물을 수하인에게 인도하지 아니하여 화주에게 지급할 동종의 물품의 가격에 해당하는 손해배상금 및 선박이 책임질 사유로 발생한 운송물의 훼손으로 인해 화주에게 지급할 손해배상금 ; 다만 배상할 금액은 사법 판단 혹은 중재 판정에 의해 확인되어야 한다.

(2003년 제22호 파산법에 의한 추가) 이에 대한 예외로서 부족 금액이 있음에도 불구하고 파산법이 정한 바에 따라 선박분할권을 행사하지 아니한 때에는 그 법에 정한 바에 따라 채권을 분류하고 변제순위를 정한다.

제581조 경매 대금이 위에서 본 동일 호수 혹은 순위에 속하는 모든 채권자의 채권 총액에 이르지 못하는 경우, 그 잔액을 각 채권의 금액의 비율로 각 채권자에게 분배한다.

제582조 경매를 통한 매매가 매도증서에 기해 인가되고 상사등기부에 등기되면, 선박이 지는 책임은 어느 채권자에 대한 것이든 모두 소멸하는 것으로 본다. 그러나 양도가 임의적인 것이며 선박이 항해 중에 있을 때에 이루어진 경우에는, 선박이 선적항에 귀환한 이후부터 혹은 양도등기 이후부터 3개월이 경과할 때까지, 채권자는 그 선박에 대해 채권자로서 권리를 잃지 아니한다.

제583조 선장이 항해 도중에 제580조 제8호 및 제9호에 정한 채무를 부담할 필요가 있다고 판단하면, 스페인 국내에 있는 때에는 법원에게, 그렇지 아니한 경우 스페인 영사에게, 그리고 이 모두가 불가능한 경우 해당 지역에 있는 어느 법원 혹은 해당 관청에게 신청을 하여야 하고, 신청과 동시에 제612조에서 말하는 선박등록증을 제출하고 부담할 채무를 증명할 서류도 제시하여야 한다. 판사나 영사 혹은 해당 관청은 입증 서류를 검토한 다음 등록증에 그 결과를 임시로 등록하게 한다. 이러한 기재가 있으면 선박이 선적항에 도착한 때에 정식 절차를 거쳐 등기부에 등기할 수 있고, 또 항해 지속 불가 선언이 있어 선적항으로 귀환하기 이전에 선박을 양도한 때에도 법적 우선권을 보장받는 채권으로 인정받을 수 있다. 이러한 절차를 해태한 선장은 그로 인하여 손해를 입은 채권자에 대하여 개인적으로 책임을 진다.

584. Los buques afectos a la responsabilidad de los créditos expresados en el 580 podrá ser embargados y vendidos judicialmente, en la forma prevenida en el 579, en el puerto en que se encuentren a instancia de cualquiera de los acreedores; pero si estuvieren cargados y despachados para hacerse a la mar, no podrá verificarse el embargo sino por deudas contraídas para prestar y avituallar el buque en aquel mismo viaje, y aun entonces cesará el embargo si cualquier interesado en la expedición diese fianza de que regresará el buque dentro del plazo fijado en la patente, obligándose, en caso contrario, aunque fuere fortuito, a satisfacer la deuda en cuanto sea legítima. Por deudas de otra clase cualquiera no comprendidas en el citado 580, sólo podrá ser embargado el buque en el puerto de su matrícula.

585. Para todos los efectos del derecho sobre los que no se hiciere modificación o restricción por los preceptos de este Código, seguirá los buques su condición de bienes muebles.

TÍTULO II
DE LAS PERSONAS QUE INTERVIENEN EN EL COMERCIO MARÍTIMO

SECCIÓN I. DE LOS PROPIETARIOS DEL BUQUE Y DE LOS NAVIEROS

586. El propietario del buque y el naviero será civilmente responsables de los actos del Capitán y de las obligaciones contraídas por éste para reparar, habilitar y avituallar el buque, siempre que el acreedor justifique que la cantidad reclamada se invirtió en beneficio del mismo. Se entiende por naviero la persona encargada de avituallar o representar el buque en el puerto en que se halle.

587. El naviero será también civilmente responsable de las indemnizaciones en favor de tercero a que diere lugar la conducta del Capitán en la custodia de los efectos que cargó en el buque; pero podrá eximirse de ella haciendo abandono del buque con todas sus pertenencias y de los fletes que hubiere devengado en el viaje.

588. Ni el propietario del buque ni el naviero responderá de las obligaciones que hubiere contraído el Capitán, si éste se excediere de las atribuciones y facultades que le correspondan por razón de su cargo o le fueron conferidas por aquéllos.

No obstante, si las cantidades reclamadas se invirtieron en beneficio del buque, la responsabilidad será de su propietario o naviero.

589. Si dos o más personas fueren partícipes en la propiedad de un buque mercante, se presumirá constituida una Compañía por los copropietarios. Esta Compañía se regirá por los acuerdos de la mayoría de sus socios. Constituirá mayoría la relativa de los socios votantes. Si los partícipes no fueren más de dos, decidirá la divergencia de parecer, en su caso, el voto del mayor partícipe. Si son iguales las participaciones, decidirá la suerte. La representación de la parte menor que haya en la propiedad tendrá derecho a un voto; y proporcionalmente los demás copropietarios tantos votos como partes iguales a la menor. Por las deudas particulares

第584조 제580조에서 말하는 채권이 존재하는 경우 어느 채권자이든 신청을 하면 그 선박이 어디에 있든 위 제579조에서 정한 방법으로 책임질 선박을 압류 및 경매할 수 있다. 그러나 선적을 완료하고 항해를 위해 이미 출발을 한 때에는 선박을 압류하지 못한다. 다만 바로 그 항해를 위한 항해준비 혹은 물자공급으로 인한 채권의 경우 그러하지 아니하다. 그리고 여하한 경우라 하더라도, 이해관계인이 항해허가증에 기재된 기간 내에 귀항을 약속하며 귀항을 하지 못하는 때에는 가사 불가항력에 기한 것이라 할지라도 적법한 채무에 대하여는 반드시 변제한다는 취지의 담보를 제공한 경우에는 압류의 효력이 정지된다. 그리고 위 제580조에 포함되지 아니한 채무는 그 종류를 불문하고 오로지 선박이 선적항에 있는 때에만 압류할 수 있다.

第585조 본법의 규정에 의한 변경이나 제한이 없는 사항에 관하여는 선박은 그 법적 효력에 있어 동산과 동일한 요건에 따른다.

제2장
해상 영업 참가인

제1절 선박의 소유자 및 선주[5]

第586조 선박의 소유자와 선주는 선장의 행위에 대해 민사상의 책임을 지고, 또 선박의 수리, 감항능력의 유지 및 보급품의 공급을 위해 선장이 체결한 계약에 대해서도 민사상의 채무를 부담하며, 다만 채권자는 청구하는 금액이 선박을 위해 지출되었다는 것을 입증하여야 한다. 선주[6]란 선박이 소재하는 항구에서 선박의 보급을 책임지거나 선박을 대리하는 역할을 맡은 사람을 말한다.[7]

第587조 선주는 제3자에 대해 그가 선적한 물건을 보관함에 있어 선장의 행위로 인해 발생한 손해를 배상할 책임을 진다. 그러나 선박을 그 부속물 및 그 항해로 인해 발생한 운임과 함께 모두 포기하고서[8] 이로 인한 책임을 면할 수 있다.

第588조 선장이 체결한 계약으로 인한 채무가 선장의 직책 혹은 별도의 수권에 기해 선장이 가진 권한 혹은 수권의 범위를 초과한 행위로 인한 때에는 선박의 소유자 또는 선주는 그로 인한 채무에 대해 책임을 지지 않는다. 그럼에도 불구하고, 만일 청구한 금액 상당이 실제로 선박을 위해 지출된 경우, 선박의 소유자 혹은 선주는 그 책임을 져야 한다.

第589조 2인 이상이 상사 선박을 공유하는 경우, 공유자들이 공유조합을 구성한다고 추

5 선주의 정의는 第586조 참조.

6 원래 선주란 자기 선박을 스스로 운항하는 사람과 다른 사람의 선박을 위임받아 운항하는 이른바 운항자 혹은 관리인을 말하고 프랑스 상법에서 말하는 의장자와 유사한 개념이었다고 하나 다른 법률 용어와 마찬가지로 정확하게 이 의미로 사용되지 않는 일이 허다하다.

7 본법 다른 곳에서는 선주를 선박소유자의 의미로도 사용한다. 그리하여 여기에서 말하는 선주는 엄격한 의미로서 본절에 한해 적용되는 것으로 봄이 타당하다.

8 위 조항에서 정의하고 있는 선주의 개념과는 맞지 아니하다.

de un partícipe en el buque, no podrá ser éste detenido, embargado ni ejecutado en su totalidad, sino que el procedimiento se contraerá a la porción que en el buque tuviere el deudor, sin poner obstáculo a la navegación.

590. Los copropietarios de un buque será civilmente responsables, en la proporción de su haber social, a las resultas de los actos del Capitán de que habla el 587. Cada copropietario podrá eximirse de esta responsabilidad por el abandono ante notario de la parte de propiedad del buque que le corresponda.

591. Todas los copropietarios quedará obligadas, en la proporción de su respectiva propiedad, a los gastos de reparación del buque a los demás que se lleven a cabo en virtud de acuerdo de la mayoría. Asimismo, responderá en igual proporción a los gastos de mantenimiento, equipo y pertrechamiento del buque, necesario para la navegación.

592. Los acuerdos de la mayoría respecto a la reparación , equipo y avituallamiento del buque en el puerto de salida obligará a la minoría, a no ser que los socios en minoría renuncien a su participación, que deberá adquirir los demás copropietarios, previa tasación judicial del valor de la parte o partes cedidas. También será obligatorios para la minoría los acuerdos de la mayoría sobre disolución de la Compañía y venta del buque. La venta del buque deberá verificarse en pública subasta, con sujeción a las prescripciones de la Ley de Enjuiciamiento Civil, a no ser que por unanimidad convengan en otra cosa los copropietarios, quedando siempre a salvo los derechos de tanteo y retracto consignados en el 575.

593. Los propietarios de un buque tendrá preferencia en su fletamento sobre los que no lo sean, en igualdad de condiciones y precio. Si concurriesen dos o más de ellos a reclamar este derecho, será preferido el que tenga mayor participación ; y, si tuvieren la misma, decidirá la suerte.

594. Los socios copropietarios elegirá el gestor que haya de representarlos con el carácter de naviero. El nombramiento de director o naviero será revocable a voluntad de los asociados.

595. El naviero, ya sea al mismo tiempo propietario del buque o ya gestor de un propietario o de una asociación de copropietarios, deberá tener aptitud para comerciar y hallarse inscrito en la matrícula de comerciantes de la provincia. El naviero representará la propiedad del buque y podrá, en nombre propio y con tal carácter, gestionar judicial y extrajudicialmente cuanto interese el comercio.

596. El naviero podrá desempeñar las funciones de Capitán del buque, con sujeción , en todo caso, a lo dispuesto en el 609. Si dos o más copropietarios solicitaren para sí el cargo de Capitán , decidirá la discordia el voto de los asociados; y si de la votación resultare empate, se resolverá en favor del copropietario que tuviere mayor participación en el buque. Si la participación de los pretendientes fuere igual y hubiere empate, decidirá la suerte.

597. El naviero elegirá y ajustará al Capitán y contratará en nombre de los propietarios, los cuales quedará obligados en todo lo que se refiere a reparaciones, pormenor de la dotación , armamento, provisiones de víveres y combustible y fletes del buque y, en general, a cuanto

정한다. 이 조합은 출자 좌수의 다수의 합의에 의하여 운영한다.[9] 투표하는 구성원의 상대적 다수를[10] 여기에서 말하는 다수로 본다. 구성원이 2명을 넘지 아니하고 의견에 불일치가 있는 경우, 다수 지분을 가진 구성원의 의견에 따르고, 지분이 균일한 경우 추첨으로 의견을 정한다. 소액 지분을 가진 사람의 의견도 하나의 투표권이 인정되고, 다른 공유자는 비례적으로 지분의 크기에 따라 이 지분의 배수에 해당하는 수만큼 투표권이 인정된다. 공유자 개인에 대한 채권을 가진 제3자는 선박 전체에 대해 정박, 압류 및 집행을 요구할 수 없고, 다만 채무자가 소유한 지분에 대하여 절차를 진행할 수 있고, 이 경우에도 선박의 운항에는 지장을 주지 아니한다.

제590조 선박공유자는 제587조에서 말하는 선장의 행위로 나타난 결과에 대해 그 지분의 비율에 따라 민사상의 책임을 진다. 선박공유자는 각자 공증인 면전에서 자기에게 속하는 지분을 포기하고 이러한 책임을 면할 수 있다.

제591조 모든 공유자는 다수의 결의를 통해 집행한 선박의 수리를 위해 지출한 비용에 대해 각자 그 지분의 비율에 따라 제3자에 대해 이를 분담할 책임이 있다. 공유자는 선박의 운항에 필요한 유지, 장비 및 부품에 관한 비용에 대해 마찬가지 비율로 분담할 책임이 있다.

제592조 항해를 개시할 항구에서, 선박의 수리, 장치 및 보급에 관해 다수 지분에 의한 결의가 있는 경우, 소수 지분을 가진 공유자는 이에 따라야 한다. 다만 소수 지분을 가진 공유자는 그 참가를 포기할 수 있으며, 이 경우 다른 공유자는 그 지분을 취득할 의무가 있고, 양도될 지분의 가격은 법원을 통해 평가한다. 마찬가지로 다수 지분에 의해 조합의 해산 혹은 선박의 양도를 결의한 경우, 소수 지분을 가진 공유자는 이에 따라야 한다. 양도는 민사집행법의 규정에 따라 경매를 통해 실시하여야 한다. 그러나 공유자는 만장일치의 결의로 다른 방법의 양도를 정할 수 있다. 다만 어느 경우이든 제575조의 규정에 기한 권리이전 이후의 매수권과 권리이전 이전의 매수권은 이를 별론으로 한다.[11]

제593조 선박공유자는 그 선박으로 운송을 함에 있어 다른 사람보다 그 이용에 우선권이 있다. 그러나 운송의 조건과 운임은 동일한 것으로 한다. 만일 두 사람 이상의 공유자가 이 권리를 서로 행사하고자 하는 경우, 지분이 많은 공유자의 권리가 우선한다. 만일 그 지분이 동일한 때에는 추첨에 의하여 행사할 자를 정한다.

제594조 선주의 성격을 보유하고 공유자를 대표하는 선박관리인을 반드시 선임하여야 한다. 그리고 공유자[12]는 선임한 선박관리인 기타 대표자를[13] 언제든지 임의로 해임할 수 있다.

제595조 선주는 동시에 선박소유자이든 아니든 또 동시에 선박 혹은 공유선박의 관리인이든 아니든 상행위를 할 수 있는 능력이 있어야 하고, 지역의 상인등록부에 상인으로 등록되어 있어야 한다. 선주는 재산인 선박을 대리하고, 또 상행위에 관한 한 개인의 지위와 이름으로 소송상 행위 및 소송 외의 관리행위를 할 수 있다.

제596조 선주는 제609조에서 정한 요건을 모두 갖추어야 선상의 기능을 수행할 수 있다. 만일 두 명 이상의 공유자가 선장의 직책을 원하면 구성원의 투표로 그 이견을 해결한다. 투표의 결과 동수인 경우, 그 선박에 대해 다수 지분을 보유한 공유자가 우선한다. 희망자가 각각 지분이 동일하고 투표도 동수인 때에는, 추첨으로 선장을 할 사람을 정한다.

---

9 이 두수주의 원칙은 아래 투표수에 의한 자본주의에 의하여 변경된다.

10 재적 다수가 아니라 출석한 사람의 다수를 말한다.

11 이는 스페인 민법에 있는 우선매수청구권이다.

12 socio 와 asociado 는 동일한 개념이다.

13 이사나 선주의 개념은 그 의미가 약간 불분명한 바, 전후 문맥으로 보아 선박관리인을 지칭하는 것이 아닌가 생각된다.

concierna a las necesidades de la navegación.

598. El naviero no podrá ordenar un nuevo viaje ni ajustar para él nuevo flete, ni asegurar el buque, sin autorización de su propietario o acuerdo de la mayoría de los copropietarios, salvo si en el acta de su nombramiento se le hubieren concedido estas facultades. Si contratare el seguro sin autorización para ello, responderá subsidiariamente de la solvencia del asegurador.

599. El naviero gestor de una asociación rendirá cuentas a sus asociados del resultado de cada viaje del buque sin perjuicio de tener siempre a disposición de los mismos los libros y la correspondencia relativa al buque y a sus expediciones.

600. Aprobada la cuenta del naviero gestor por mayoría relativa, los copropietarios satisfará la parte de gastos proporcional a su participación , sin perjuicio de las acciones civiles o criminales que la mayoría crea deber entablar posteriormente. Para hacer efectivo el pago, los navieros gestores tendrá la acción ejecutiva, que se despachará en virtud del acuerdo de la mayoría y sin otro trámite que el reconocimiento de las firmas de los que votaron el acuerdo.

601. Si hubiere beneficios los copropietarios podrá reclamar del naviero gestor el importe correspondiente a su participación por acción ejecutiva, sin otro requisito que el reconocimiento de las firmas del acta de aprobación de la cuenta.

602. El naviero indemnizará al Capitán de todos los gastos que con fondos propios o ajenos hubiere hecho en utilidad del buque.

603. Antes de hacerse el buque a la mar, podrá el naviero despedir a su arbitrio al Capitán e individuos de la tripulación cuyo ajuste no tenga tiempo o viaje determinado, pagándoles los sueldos devengados según sus contratas y sin indemnización alguna, a no mediar sobre ello pacto expreso y determinado.

604. Si el Capitán u otro individuo de la tripulación fueren despedidos durante el viaje, percibirá su salario hasta que regresen al puerto donde se hizo el ajuste, a menos que hubiere justo motivo para la despedida; todo con arreglo a los artículos 636 y siguientes de este Código.

605. Si los ajustes de Capitán e individuos de la tripulación con el naviero tuvieron tiempo o viaje determinado, no podrá ser despedidos hasta el cumplimiento de sus contratos sino por causa de insubordinación en materia grave, robo, hurto, embriaguez habitual o perjuicio causado al buque o a su cargamento por malicia o negligencia manifiesta o probada.

606. Siendo copropietario del buque el Capitán , no podrá ser despedido sin que el naviero le reintegre del valor de su porción social, que, en defecto de convenio de las partes, se estimará por Peritos nombrados en la forma que establece la Ley de Enjuiciamiento Civil.

607. Si el Capitán copropietario hubiese tenido el mando del buque por pacto espacial expreso en el acta de Sociedad no podrá ser privado de su cargo sino por las causas

제597조 선주는 선장을 선임하고 채용하며, 선박소유자의 명의로 계약을 한다. 그러면 선박소유자는 선박의 수리, 승무원에 관한 세부 사항, 선박의 의장, 식량과 연료의 공급 기타 일반적으로 항해의 계속을 위해 필요한 사항이면 선주의 행위에 대해 책임을 진다.

제598조 선주는 선박소유자의 허락 혹은 선박공유자의 결의 없이 새로운 항해의 명령, 새로운 용선의 지정, 보험의 가입 등의 행위를 하지 못하며, 다만 임명과 동시에 이러한 권한이 부여된 경우에는 그러하지 아니하다. 선주가 이러한 허락 없이 보험에 든 경우, 보험자가 파산하면 그 보증인으로서의 책임을 진다.

제599조 단체가[14] 소유하는 선박의 관리인인 선주는 그 구성원에게 매 항해마다 그 결과를 기재한 계산서를 제출하여야 하며, 동시에 선박이나 그 운항과 관련된 장부와 서신을 항상 구성원에게 공개하여야 한다.

제600조 관리인인 선주가 제출한 계산서가 다수결로 승인이 이루어지면 선박공유자는 각각 자기의 지분의 비율에 따라 그 비용을 분담하여야 한다. 그러나 소수공유자가 그에 대해 추후에 제기할 민형사상의 책임은 그로 인하여 영향을 받지 아니한다. 다수의 결의에 기해 그 업무가 개시된 경우, 결의에 투표한 사람의 서명만 확인되면 관리인인 선주는 신속한 변제를 위해 다른 절차 없이 즉시 이를 집행할 수 있다.

제601조 이해관계를 가진 공유자는 이처럼 계산의 승인을 위한 서명만 확인되면 다른 요건 없이 즉시 집행을 함으로 인해 자기 지분에 돌아올 책임금액의 확인을 요구할 수 있다.

제602조 자기 자금이든 제3자의 자금이든 선장이 선박을 위해 지출한 유익비는 선주가 이를 보상할 책임이 있다.

제603조 고용기간이나 지정항해 없이 채용된 선장 혹은 해원의 경우, 항해를 개시하기 이전에는 선주는 이들을 임의로 해임할 수 있다. 이때에 선주는 계약에 따라 이미 발생한 보수를 지급하여야 한다. 그러나 명시적이고 명확한 다른 약정이 없는 한 그로 인한 손해를 보상할 책임은 없다.

제604조 선장 혹은 해원이 항해 도중에 해임된 때에는, 그 해임에 정당한 사유가 없는 한 채용이 이루어진 항구로 귀환할 때까지 급료를 지급하여야 한다. 모든 행위는 이 법 제636조 이하에서 정한 방법에 따라야 한다.

제605조 선장 혹은 해원이 일정기간 혹은 특정항해를 위해 고용된 경우, 계약에 따라 이행이 완료될 때까지 이를 해임할 수 없다. 다만 중요 사항에 관한 항명, 강도, 절도, 상습 횡령, 고의 혹은 중과실[15]로 인한 선박 혹은 화물에 대한 손해발생 등의 사유가 있는 때에는 그러하지 아니하다.

제606조 선장인 동시에 공유자인 경우, 그 지분의 가액에 해당하는 금액을 반환하지 아니하면 그 선장을 해임할 수 없다. 반환할 금액에 관해 당사자 사이에 합의가 성립되지 아니하면 민사소송법에 정한 방법으로 선임된 감정인의 평가에 의해 정한다.

제607조 공유자인 동시에 선장인 자가 그 회사[16] 정관상 특별 명시 규정에 의해 선장의

---

14 제589조에서 말하는 조합의 개념과 어떻게 다른지 불분명하다.

15 정확한 어역은 명백하고 증명된 과실이다. 그러나 이것이 1976 LLMC 제4조나 우리 상법 제769조에서 말하는 무모한 것과는 다른 것 같다. 스페인이 이 조약을 번역한 것을 보니 염려와 알고서(con temerid y a sabiendas)라고 번역하였다. Legislacion maritima, Tecnos(2004), 540면 참조.

16 위에서 본 조합 및 단체의 개념상 차이는 명백하지 아니하다.

comprendidas en el 605.

608. En caso de venta voluntaria del buque, caducará todo contrato entre el naviero y el Capitán , reservándose a éste su derecho a la indemnización que la corresponda, según los pactos celebrados con el naviero. El buque vendido quedará afecto a la seguridad del pago de dicha indemnización , si, después de haberse dirigido la acción contra el vendedor, resultare éste insolvente.

SECCIÓN II. DE LOS CAPITANES Y DE LOS PATRONES DE BUQUE

609. Los Capitanes y patrones deberá ser españoles, tener aptitud legal para obligarse con arreglo a este Código, hacer constar la pericia, capacidad y condiciones necesarias para mandar y dirigir el buque, según establezcan las Leyes, Ordenanzas o Reglamentos de Marina o Navegación y no estar inhabilitados con arreglo a ellos para el ejercicio del cargo. Si el dueño de un buque quisiere ser su Capitán careciendo de aptitud legal para ello, se limitará a la administración económica del buque y encomendará la navegación a quien tenga la aptitud que exigen dichas Ordenanzas y Reglamentos.

610. Será inherentes al cargo de Capitán o patrón de buque las facultades siguientes:

1.ª Nombrar o contratar la tripulación en ausencia del naviero y hacer la propuesta de ella estando presente, pero sin que el naviero pueda imponerle ningún individuo contra su expresa negativa.

2.ª Mandar la tripulación y dirigir el buque al puerto de su destino, conforme a las instrucciones que hubiese recibido del naviero.

3.ª Imponer, con sujeción a los contratos y a las Leyes y Reglamentos de la Marina Mercante, y estando a bordo, penas correccionales a los que dejen de cumplir sus órdenes o falten a la disciplina, instruyendo sobre los delitos cometidos a bordo en la mar, la correspondiente sumaria, que entregará a las autoridades que de ella deban conocer, en el primer puerto a que arribe.

4.ª Contratar el fletamento del buque en ausencia del naviero o su consignatario, obrando conforme a las instrucciones recibidas y procurando con exquisita diligencia por los intereses del propietario.

5.ª Tomar todas las disposiciones convenientes para conservar el buque bien provisto y pertrechado, comprando al efecto lo que fuere necesario, siempre que no haya tiempo de pedir instrucciones al naviero.

6.ª Disponer en iguales casos de urgencia, estando en viaje, las reparaciones en el casco y máquinas del buque y su aparejo y pertrechos que sean absolutamente precisas para que pueda continuar y concluir su viaje; pero si llegase a un punto en que existiese consignatario del buque, obrará de acuerdo con éste.

611. Para atender a las obligaciones mencionadas en el anterior, el Capitán, cuando no tuviere fondos ni esperase recibirlos del naviero, se los procurará según el orden sucesivo que se expresa:

지위를 취득한 때에는, 제605조에 정한 사유가 없는 한 그 직책을 박탈하지 못한다.

제608조 선박이 임의로 매도된 경우, 선장과 선주 사이의 계약은 자동 소멸한다. 그러나 선장은 선주의 계약에 따라 그에게 속하는 손해배상청구권을 그대로 보유한다. 선장이 이 손해배상을 실현하기 위해 양도인을 상대로 소송을 진행하던 중에 양도인의 파산에 이르게 된 경우, 선박이 이미 양도되었다 하더라도 선장은 그 선박에 대해 이행을 위한 담보권을 가진다.

제2절 선장

제609조 선장은 스페인 국적을 가져야 하고, 이 법에 따라 채무를 부담할 수 있는 능력이 있어야 하며, 항해 혹은 해운에 관한 법령에 의거 선박을 장악 및 지휘할 수 있는 경험, 능력 및 조건을 갖추고 있음이 확인되어야 하고, 또 선장의 직책을 수행하기 위해 필요한 이러한 법령에서 정한 무자격요건이 없어야 한다.선장에게 요구되는 법적 자격을 결한 선박소유자가 선장이 되기를 원하는 경우, 그 역할은 선박의 경제적 이용에 한정되고 선박의 운항은 이를 전시 법령이 요구하는 자격을 가진 사람에게 위탁하여야 한다.

제610조 선장은 아래 사항에 대해 그 직책에 기해 당연히 권한을 가진다.

1. 선주가 부재시 선원을 선정 및 채용하고 선주가 동행시 이들을 추천한다. 다만 선주는 선장의 명시적 거부 의사에 반하여 어떤 사람이든 선장에게 선원으로 채용할 것을 강요할 수 없다.
2. 선주의 지시에 따라 목적항까지 항해를 완료하기 위해 선원을 장악하고 선박을 지휘한다.
3. 상선 관련 법령과 고용계약의 범위 내에서 선상에서 명령에 복종하지 아니하거나 복무규율을 실천하지 아니한 선원을 징계하고, 나아가 선상에서 형사범죄가 발생한 때에는 그 범인에 대해 예심절차를 시행하고 다음 기항지에서 범인을 관계 기관에 인도한다.
4. 선주나 그 대리인의 부재시 운송계약을 체결한다. 이때에 사전에 수령한 지시사항이 있으면 그에 따라야 하고 또 최고의 주의로 선박소유자의 이익을 실현하기 위해 노력하여야 한다.
5. 선박이 충분히 물자를 공급받고 비품을 갖추어 활동할 수 있도록 선장은 모든 적절한 조치를 취하며 이를 위해 필수품도 구입한다. 다만 선주에게 지시를 요청할 시간이 없는 때에 한해 임의로 이러한 조치를 취할 수 있다.
6. 항해 도중에 비상 상태에 부딪히면, 항해를 계속하여 도착항에 이르기 위해 절대적으로 필요한 범위 내에서 선체와 기관, 장비와 부품을 수리한다. 그러나 선박대리점이 있는 장소에 도달하면 그 대리인의 동의를 얻은 다음 이러한 행위를 하여야 한다.

제611조 전 조에 기재된 임무를 수행할 자금이 없고 선주로부터 이를 수령할 것을 기대할 수도 없는 경우, 선장은 아래 열거된 순서에 따라 조치를 취하여 자금을 마련하여야 한다.

1. 선박대리점 혹은 선주대리인에게 청구.

1.º Pidiéndolos a los consignatarios del buque o corresponsales del naviero.
2.º Acudiendo a los consignatarios de la carga o a los interesados en ella.
3.º Librando sobre el naviero.
4.º Tomando la cantidad precisa por medio de préstamo a la gruesa.
5.º Vendiendo la cantidad de carga que bastare para cubrir la suma absolutamente indispensable para reparar el buque y habilitarle para seguir su viaje.

En estos dos últimos casos, habrá de acudir a la autoridad judicial del puerto, siendo en España, y al Cónsul española hallándose en el extranjero; y en donde no le hubiere, a la autoridad local, procediendo con arreglo a lo dispuesto en el 583 y a lo establecido en la Ley de Enjuiciamiento Civil.

612. Será inherentes al cargo del Capitán las obligaciones que siguen:

1.ª Tener a bordo, antes de emprender viaje, un inventario detallado del casco, máquinas, aparejo y pertrechos, respetos y demás pertenencias del buque; la patente real o de navegación; el rol de los individuos que componen la dotación del buque y las contratas con ellos celebradas; la lista de pasajeros; la patente de Sanidad; la certificación del Registro, que acredite la propiedad del buque y todas las obligaciones que hasta aquella fecha pesaran sobre él; los contratos de fletamento, o copias autorizadas de ellos; los conocimientos de guías de la carga, y el acta de la vista o reconocimiento pericial, si se hubiere practicado en el puerto de salida.
2.ª Llevar a bordo un ejemplar de este Código.
3.ª Tener tres libros foliados y sellados, debiendo poner al principio de cada uno nota expresiva del número de folios que contenga, firmada por la autoridad de Marina y, en su defecto, por la autoridad competente.

· En el primer libro, que se denominará "Diario de Navegación ", anotará día por día el estado de la atmósfera, los vientos que reinen, los rumbos que se hacen, el aparejo que se lleva, la fuerza de las máquinas con que se navegue, las distancias navegadas, las maniobras que se ejecuten y demás accidentes de la navegación ; anotará también las averías que sufra el buque en su casco, máquinas, aparejo y pertrechos, cualquiera que sea la causa que las origine, así como los desperfectos y averías que experimente la carga, y los defectos e importancia de la rechazó , si ésta ocurriera; y en los casos de resolución grave que exija asesorarse o reunirse en Junta a los Oficiales de la nave y aun a la tripulación y pasajeros, anotará los acuerdos que se tomen. Para las noticias indicadas se servirá del cuaderno de bitácora y del de vapor o máquinas que lleva el Maquinista.

· En el segundo libro, denominado "de Contabilidad", registrará todas las partidas que recaude y pague por cuenta del buque, anotando con toda especificación , por artículo, la procedencia de lo recaudado, y lo invertido en vituallas, reparaciones, adquisición de pertrechos o efectos, víveres, combustibles, aprestos, salarios y demás gastos de cualquier clase que sean. Además insertará la lista de todos los individuos de la tripulación , expresando sus domicilios, sus sueldos y salarios y los que hubieran recibido a cuenta, así directamente como por entrega a sus familias.

· En el tercer libro, titulado "de Cargamento", anotará la entrada y salida de todas las mercaderías, con expresión de las marcas y bultos, nombres de los cargadores y consignatarios, puertos de carga y descarga y los fletes que devenguen. En este mismo libro inscribirá los nombres y procedencia de los pasajeros, el número de bultos de sus

2. 수하인 기타 화물 이해관계인에게 요청.
3. 선주를 수취인으로 하는 환어음의 발행.
4. 필요한 최소 금액을 모험대차로 차용.
5. 선박을 수리하고 감항능력을 회복하여 항해를 계속하는데 절대적으로 필요 불가결한 조치에 소요되는 금액의 범위 내에서의 일정 화물의 매도.

마지막 2호에 따른 조치를 취하는 경우, 스페인 국내항에 있는 경우 관할 법원에, 해외에 있는 경우 소재지 영사에, 영사가 없으면 관할 관청에 신청하여 허가를 받아야 하며, 그 절차는 위 제583조의 규정과 민사소송법이 정한 바에 따라 진행한다.

제612조 선장은 그 직책에 기해 당연히 다음의 책임이 있다.

1. 항해를 개시하기 전에 선상에 선체, 기관, 장비, 부품, 예비품 및 기타 부속품에 관한 정밀 속구목록을 작성하여 보관하고 ; 또 항해면장 혹은 항해허가서 ; 승무원명부, 그 임용계약서 ; 여객명단 ; 및 위생검사서도 선상에 보유하여야 한다. 그리고 소유자와 항해 개시일까지 선박에 의해 부보된 채권이 기재된 선박등록증 ; 운송계약서 혹은 그 공인 사본 ; 선적항의 관행에 따른 화물 반입 증서 및 검수인의 검수와 확인증서도 마찬가지로 선상에 보관하여야 한다.
2. 상법전을 선상에 비치하여야 한다.
3. 차례로 면수가 기재되고 날인이 된 3개의 장부를 보관하여야 한다. 각각 장부마다 그 초면에 장수를 기재하고 해운관청, 해운관청이 없으면 여타 해당 관청이, 이에 서명하여야 한다.
   · 첫째 장부는 이를 "항해일지"라고 부르고, 매일매일 기재하며 기온, 풍향, 항로, 장비, 동력, 항해 거리, 실행한 작동 및 기타 항해 중에 발생한 모든 사고를 기재한다. 선체, 기관, 장비 및 부품에 발생한 손상도 그 원인이 무엇이든 기재하여야 하고, 적하에 발생한 고장과 손해[17] 및 투기가 있으면 그 대상과 경위도 기재하여야 한다. 선박의 사관과 함께, 경우에 따라 선원이나 여객이 포함되어 이루어지는 사관회의에서 논의와 회합을 통해 결의를 하면 그 결의 내용도 이 장부에 기재하여야 한다. 이에 관한 필요한 정보를 얻기 위해 항해장 일기장[18]과 기관사의 점검부[19]를 참조하여야 한다.
   · 둘째 장부는 이를 "회계장부"라고 부르고 선박의 계산으로 지출 및 수령하는 모든 사항을 기재하여야 하며, 개개의 항목마다 전부 사유를 기재하여야 하며, 수입의 출처도 기재하고, 식품, 수리, 부품 기타 물건의 취득, 식량, 연료, 피복 및 봉급 등으로 지불한 금액과 기타 그 종류가 무엇이든 지출한 비용은 모두 기재하여야 한다. 그 외에 선원 전원에 관한 명부를 작성하고 각각의 주소, 보수와 봉급 및 가족에게 직접 지급을 하기 위해 보유하는 금액도 기재하여야 한다.
   · 셋째 장부는 이를 "적하대장"이라 부르고 화물의 입출 사항을 전부 기재하여야 하고, 화물의 기호, 포장, 송하인 및 수하인의 성명, 선적항과 양륙항, 발생한 운임도 기재하여야 한다. 또 이 장부에 여객의 성명과 승선지, 그가 가진 수하물의 수 및 운임 총액도 기재하여야 한다.
4. 화물을 수령하기 이전에, 선원 중 사관과 함께 선박을 검사하여야 하고, 송하인 혹은 여객의 요청이 있으면 검수인도 이에 참여하며, 이를 통해 선박의 방수 여부를 확인하

---

17 스페인 상법에서는 Daño, Averia, Menoscabo 및 Desperfecto 라는 용어가 손해 혹은 훼손이라는 의미로 구별없이 혼용된다. 이같이 비슷한 용어가 정확한 차이 없이 혼용되는 것이 스페인 상법의 특색이다.

18 다음 제629조 참조.

19 제632조 기관사에 관한 규정 제6호에 기관사 일기장이 있는데 항해장 일기장과 달리 이 용어를 사용하지 아니하고 있어 편의상 이렇게 번역하였다. 실제로 의미가 달라 이렇게 구분하여 언급하였는지는 불분명하다.

equipajes y el importe de los pasajes.

4.ª Hacer, antes de recibir carga, con los Oficiales de la tripulación y dos Peritos, si lo exigieren los cargadores y pasajeros, un reconocimiento del buque, para conocer si se halla estanco, con el aparejo y máquinas en buen estado y con los pertrechos necesarios para una buena navegación , conservando certificación del acta de esta vista firmada por todos los que la hubieren hecho, bajo su responsabilidad. Los Peritos será nombrados, uno por el Capitán del buque y otro por los que pidan su reconocimiento, y en caso de discordia nombrará un tercero la autoridad de Marina del puerto.

5.ª Permanecer constantemente en su buque con la tripulación mientras se reciba a bordo la carga, y vigilar cuidadosamente su estiba; no consentir que se embarque ninguna mercancía o materia de carácter peligroso, como las sustancias inflamables o explosivas, sin las precauciones que está recomendadas para sus envases y manejo y aislamiento; no permitir que se lleve sobre cubierta carga alguna que por su disposición , volumen o peso dificulte las maniobras marineras y pueda comprometer la seguridad de la nave; y en el caso de que la naturaleza de las mercancías, la índole especial de la expedición , y principalmente la estación favorable en que aquélla se emprenda, permitieran conducir sobre cubierta al una carga, deberá oír la opinión de los Oficiales del buque y contar con la anuencia de los cargadores y del naviero.

6.ª Pedir Práctico a costa del buque en todas las circunstancias que lo requieran las necesidades de la navegación , y más principalmente cuando haga de entrar en puerto, canal o río, o tomar una rada o fondeadero que ni él ni los Oficiales; y tripulantes del buque conozcan.

7.ª Hallarse sobre cubierta en las recaladas a tomar el mando en las entradas y salidas de puertos, canales, ensenadas ríos, a menos de no tener a bordo Práctico en el ejercicio de sus funciones. No deberá pernoctar fuera del buque, sino por motivo grave o por razón de oficio.

8.ª Presentarse, así que tome puerto por arribada forzosa, a la autoridad marítima, siendo en España, y al Cónsul español, siendo en el extranjero, antes de las veinticuatro horas, y hacerle una declaración del nombre, matrícula y procedencia del buque, de su carga y motivo de arribada, cuya aclaración visará la autoridad o el Cónsul, si después de examinada la encontrasen aceptable, dándole la certificación oportuna para acreditar su arribo y los motivos que lo originaron. A falta de autoridad marítima o de Cónsul, la declaración deberá hacerse ante la autoridad local.

9.ª Practicar las gestiones necesarias ante la autoridad competente, para hacer constar en la certificación del Registro Mercantil del buque las obligaciones que contraiga conforme al 58.

10.ª Poner a buen recaudo y custodia todos los papeles y pertenencias del individuo de la tripulación que falleciere en el buque, formando inventario detallado, con asistencia de los testigos pasajeros o, en su defecto, tripulantes.

11.ª Ajustar su conducta a las reglas y preceptos contenidos en las instrucciones del naviero, quedando responsable de cuanto hiciere en contrario.

12.ª Dar cuenta al naviero, desde el puerto donde arribe el buque, del motivo de su llegada, aprovechando la ocasión que le presten los semáforos, telégrafos, correos, etc., según los casos; poner en su noticia la carga que hubiere recibido, con especificación del nombre y domicilio de los cargadores, fletes que devenguen y cantidades que hubiere tomado a la

고 장비와 기관의 상태와 항해를 위해 충분한 부품의 보유 여부도 점검한다. 선장은 그 책임하에 수검의 결과를 기재하고 이를 실시한 사람이 전부 서명한 확인서를 작성하여 이를 선상에 보관하여야 한다. 검수인은 선장과 검사 요청인이 각각 1명씩 선정하고 이들 사이에 의견불일치가 있으면 당해 항구를 관할하는 해운관청이 제3의 검수인을 선정한다.

5. 선적이 이루어지는 동안 선장은 해원과 함께 항상 선상에 머물러 있어야 하고 또 항상 적부 상황을 주의 깊게 관찰하여야 한다. 인화성 및 폭발성 물질처럼 위험성을 가진 화물 기타 유사 물질은 여하한 것이든 그 선적에 동의해서는 아니되며, 다만 포장, 관리 및 격리를 위해 필요한 모든 예방 조치를 취한 경우에는 그러하지 아니하다. 화물이 그 성질, 부피 혹은 중량에 비추어 해상에서 운항에 지장을 주고 그래서 이를 갑판에 선적하면 선박의 안전이 위협을 받을 수 있는 때에는, 선장은 그 화물이 갑판에 선적되는 것을 절대 허용하여서는 아니된다. 화물의 특별한 성질, 항해의 특성 및 운송을 하는 계절이 주로 원인이 되어 어느 화물을 갑판에 선적하여 운송하는 것이 허용되는 때에도, 다른 사관의 의견을 구하고 화주와 선주의 동의를 얻어야 한다.
6. 안전한 항해를 위해 도선사가 필요한 상황에 이르면, 선박의 부담으로 도선사를 요청하여야 하며, 특히 사관이나 다른 해원이 알지 못하는 항구, 운하 및 하천을 출입하거나 혹은 피난처나 정박지에 정박하게 된 때에 그러하다.
7. 선박이 육지에 접근하는 때에는 선장은 갑판상에 있어야 하고, 하천, 하구, 운하 및 항내를 출입하는 때에는 선박을 직접 지휘하여야 하며, 다만 그 직책을 수행하는 도선사를 선상에 보유하는 경우에는 그러하지 아니하다. 그리고 선장은 중대한 사유가 있거나 업무상 이유가 아닌 한, 선외에서 숙영할 수 없다.
8. 불가피한 사유로 강제피난기항을 하게 되면, 선장은 24시간 내에 스페인 국내에서는 해무관청, 해외에서는 스페인 영사관에 출두하여 선박의 명칭, 국적 및 출발지, 적재한 화물, 강제 기항 이유 등을 신고하여야 한다. 해무관청 혹은 영사는 조사 결과 접수가 가능하면 신고서를 확인한 다음 그 증서를 교부하고, 그러면 그 증서는 그 기항과 발생 사유를 증명하는 효력을 가진다. 해무관청이나 영사관이 없으면 지방 관청에 신고하여야 한다.
9. 위 제583조의 규정에 따라 발생한 계약상 채무가 상사등기소의 등록증에서 확인될 수 있도록 관계 기관에 출두하여 필요한 조치를 취하여야 한다.
10. 선상에서 선원이 사망한 경우, 그 선원의 서류 및 부품을 모두 수거하여 보관하여야 하고, 다른 여객이 있으면 여객이 증인으로 참여하고 참여할 여객이 없으면 선원의 참여하에 상세한 목록표를 작성하여야 한다.
11. 선장의 행위는 선주의 업무 규정에 포함되어 있는 규칙이나 규정에 따라야 하고, 이와 상반되는 행위를 하면 그로 인한 책임을 면하지 못한다.
12. 선박이 어느 항구에 기항하면, 방문한 항구에서 그 방문 경위를 선주에게 알려야 한다. 이 경우 선장은 사정에 따라 이용 가능한 신호, 전신 혹은 우편 등을 이용한다. 선장은 수령한 화물에 관하여도 선주에게 통지하여야 하며, 화주의 성명과 주소, 발생한 운임 및 모험대차에 제공한 수량을 고지하여야 한다. 또 선장은 선주에게 출항과 선주가 관심을 가질 여타 조치와 수치도 연락하여야 한다.
13. 선박충돌을 방지하기 위해 제정한 각종 항해 조치와 점등에 관한 제반 규정을 준수하여야 한다.
14. 선박이 위험에 처하면, 선박이 구조될 희망이 있는 한 최후의 순간까지, 선장은 선상에 남아야 하며, 선박을 포기한다 하더라도, 사전에 사관회의를 소집하여 다수결에 의한 결의 사항을 청취하여야 한다. 부득이 보트를 타고 피신을 해야 하는 경우, 무엇보다 먼저 장부와 서류를 수거하여야 하고, 그 다음 고가품을 가지고 나와야 한다. 장부와 서

gruesa; avisarle su salida y cuantas operaciones y datos puedan interesar a aquél.

13.ª Observar las reglas sobre luces de situación y maniobras para evitar abordajes.

14.ª Permanecer a bordo, en caso de peligro del buque hasta perder la última esperanza de salvarlo, y antes de abandonarlo oír a los Oficiales de la tripulación , estando a lo que decida la mayoría; y si tuviere que refugiarse en el bote, procurará ante todo llevar consigo los libros y papeles, y luego los objetos de más valor, debiendo justificar, en caso de pérdida de libros y papeles, que hizo cuanto pudo para salvarlos.

15.ª En caso de naufragio, presentar protesta en forma, en el primer puerto de arribada, ante la autoridad competente o Cónsul español, antes de las veinticuatro horas, especificando en ella todos los accidentes del naufragio, conforme al caso 8. de este artículo.

16.ª Cumplir las obligaciones que impusieren las Leyes y los Reglamentos de Navegación , Aduanas, Sanidad u otros.

613. El Capitán que navegare a flete común o al tercio no podrá hacer por su cuenta negocio alguno separado; y si lo hiciere, la utilidad que resulte pertenecerá a los demás interesados, y las pérdidas cederá en su perjuicio particular.

614. El Capitán que, habiendo concertado un viaje, dejare de cumplir su empeño sin mediar accidente fortuito o caso de fuerza mayor que se lo impida, indemnizará todos los daños que por esta causa irrogue, sin perjuicio de las sanciones penales a que hubiere lugar.

615. Sin consentimiento del naviero, el Capitán no podrá hacerse sustituir por otra persona; y si lo hiciere, además de quedar responsable de todos los actos del sustituto, y obligado a las indemnizaciones expresadas en el anterior, podrá ser uno y otro destituidos por el naviero.

616. Si se consumieran las provisiones y combustibles del buque antes de llegar al puerto de su destino, el Capitán dispondrá, de acuerdo con los Oficiales del mismo, arribar al más inmediato, para reponerse de uno y otro; pero si hubiera a bordo personas que tuviesen víveres de su cuenta, podrá obligarles a que los entreguen para el consumo común de cuantos se hallen a bordo, abonando su importe en el acto o, a lo más, en el primer puerto donde arribare.

617. El Capitán no podrá tomar dinero a la gruesa sobre el cargamento; y si lo hiciere, será ineficaz el contrato. Tampoco podrá tomarlo para sus propias negociaciones sobre el buque, sino por la parte de que fuere propietario, siempre que anteriormente no hubiere tomado gruesa alguna sobre la totalidad, ni exista otro género de empeño u obligación a cargo del buque. Pudiendo tomarlo, deberá expresar necesariamente cuál sea su participación en el buque. En caso de contravención a este artículo, será de cargo privativo del Capitán el capital, réditos y costas, y el naviero podrá además despedirlo.

618. El Capitán será responsable civilmente para con el naviero, y éste para con los terceros que hubieran contratado con él:

1.º De todos los daños que sobrevinieren al buque y su cargamento por impericia o descuido de su parte. Si hubiere mediado delito o falta, lo será con arreglo al Código Penal.

2.º De las sustracciones y latrocinios que se cometieren por la tripulación , salvo su derecho

류가 망실된 경우, 선장은 그 구조를 위하여 최선을 다하였다는 것을 입증하여야 한다.

15. 선박이 난파를 당한 경우, 첫 번째 피난기항지에서 24시간 내에 해당 기관 혹은 영사관에 형식을 갖추어 해난신고를 하여야 하고, 신고서에는 위 제8호의 경우와 마찬가지로 난파에 이른 사고 경위를 상술하여야 한다.
16. 선장은 운항, 관세, 위생 기타 사항에 관해 법령이 정한 의무를 모두 이행하여야 한다.

제613조 선장은 다른 사람과 공동계산으로 혹은 완전히 제3자의 계산으로 항해를 하는 경우에, 그 자신의 계산하에 별도의 영업을 할 수 없다. 이에 위반하여 영업을 하면, 그로 인한 이익은 다른 이해관계인에 속하는 것으로 보고, 손실이 발생하면 이는 그 개인의 손해로 돌아가는 것으로 본다.

제614조 특정한 항해를 수행하기로 동의한 선장이 그 임무를 완수하지 아니하면, 그 선장은 그로 인하여 발생하는 모든 손해를 배상하여야 한다. 다만 불측의 사고나 천재지변으로 인하여 임무의 수행이 불가능하게 된 때에는 그러하지 아니하다. 선장의 행위가 범죄를 구성하면 이 민사책임과 별도로 형사처벌을 받아야 한다.

제615조 선장은, 선주의 동의가 없으면, 다른 사람으로 하여금 그 임무를 대신하게 할 수 없다. 이를 위반한 선장은 그 대체 선장의 행위에 대하여 모든 책임을 져야 할 뿐만 아니라, 전 조에서 말하는 불이행을 이유로 한 손해배상책임도 져야 하고, 나아가 선주는 이를 이유로 그 선장을 해임할 수 있다.

제616조 목적항에 도착하기 이전에 선박의 연료 혹은 식량이 완전 소진된 경우, 사관과 협의하여 최고 인근 항구에 기항조치를 하여 부족한 물자를 공급받아야 한다. 그러나 선상에 개인 식품을 가진 사람이 있는 경우, 선장은 선상의 사람이 공동으로 이를 소비할 수 있도록 그 물건의 인도를 명할 수 있다. 다만 선장은 물건 가액을 보상하여야 하고, 보상은 즉시 하여야 하는 것이 원칙이지만 늦어도 다음 항구에 도착한 때에는 하여야 한다.

제617조 선장은 화물을 목적으로 하여 모험대차로 금전을 차용할 수 없고, 이에 위반한 차용계약은 그 효력이 없다. 선장은 자기 개인영업을 위하여 선박을 목적으로 모험대차로 금전을 차용할 수 없다. 그러나 선박에 소유지분을 가지고 있으면 그 부분을 목적으로 모험대차로 차용을 할 수 있다. 이는 물론 그 이전에 이미 항해 전체에 대해 모험대차로 차용한 일이 없고, 또 그 선박을 목적으로 이미 설정된 담보나 부담이 없는 것을 전제로 한다. 이처럼 차용을 할 수 있는 때에도, 선장은 선박에 대한 자기 지분을 반드시 명시하여야 한다. 본 조의 규정에 위반하여 차용을 하면, 그 원금, 이자 및 비용은 이를 선장 개인의 책임으로 하며, 나아가 이를 이유로 선주는 그 선장을 해임할 수 있다.

제618조 선장은 아래 사항에 대하여 선주에게 민사책임을 지고, 선주는 다시 그와 계약한 제3자에 대하여 책임을 진다.

1. 자기의 무능 혹은 부주의로 선박과 화물에 발생한 모든 손해. 그 행위가 범죄가 되면 고의든 과실이든 형사처벌도 받는다.
2. 해원이 범한 절도 및 횡령. 다만 선장은 추후 그 해원에게 구상할 수 있다.
3. 관세, 치안, 위생 및 항해 관련 법령을 위반하여 부과된 손실, 벌금 및 몰수.
4. 선박에서 발생한 의사 충돌이 원인이 되거나 혹은 근무 혹은 방어 중에 해원이 범한 과실이 원인이 되어 발생된 손상 혹은 손해. 다만 이를 방지 혹은 회피하기 위해 모든 권한을 신속히 행사한 것을 증명하면 선장은 그 책임을 면한다.

a repetir contra los culpables.

3.º De las pérdidas, multas y confiscaciones que se impusieren por contravenir a las Leyes y Reglamentos de Aduanas, Policía, Sanidad y Navegación.

4.º De los daños y perjuicios que se causaren por discordias que se susciten en el buque o por faltas cometidas por la tripulación en el servicio y defensa del mismo, si no probare que usó oportunamente de toda la extensión de su autoridad para prevenirlas o evitarlas.

5.º De los que sobrevengan por el mal uso de las facultades y falta en el cumplimiento de las obligaciones que le correspondan conforme a los artículos 610 y 612.

6.º De los que se originen por haber tomado derrota contraria a la que debía, o haber variado de rumbo sin justa causa, a juicio de la Junta de Oficiales del buque, con la asistencia de los cargadores o sobrecargos que se hallaren a bordo.

No le eximirá de esta responsabilidad excepción alguna.

7.º De los que resulten por entrar voluntariamente en puerto distinto del de su destino, fuera de los casos o sin las formalidades de que habla el 612.

8.º De los que resulten por inobservancia de las prescripciones del Reglamento de situaciones de luces y maniobra para evitar abordajes.

619. El Capitán responderá del cargamento desde que se hiciere entrega de él en el muelle o al costado a flote en el puerto en donde se cargue, hasta que lo entregue en la orilla o en el muelle del puerto de la descarga, a no haberse pactado expresamente otra cosa.

620. No será responsable el Capitán de los daños que sobrevinieren al buque o al cargamento por fuerza mayor; pero lo será siempre, sin que valga pacto en contrario, de los que de ocasionen por sus propias faltas. Tampoco será personalmente responsable el Capitán de las obligaciones que hubiere contraído para atender a la reparación , habilitación y avituallamiento del buque, las cuales recaerá sobre el naviero, a no ser que aquél hubiere comprometido terminantemente su propia responsabilidad o suscrito letra o pagaré a su nombre.

621. El Capitán que tome dinero sobre el casco, máquina, aparejo o pertrecho del buque, o empeñe o venda mercaderías o provisiones fuera de los casos y sin las formalidades prevenidas en este Código, responderá del capital, rédito y costas, e indemnizará los perjuicios que ocasione. El que cometa fraude en sus cuentas, reembolsará la cantidad defraudada y quedará sujeto a lo que disponga el Código Penal.

622. Si estando en viaje llegase a noticia del Capitán que habían aparecido corsarios o buques de guerra contra su pabellón , estará obligado a arribar al puerto neutral más inmediato, dar cuenta a su naviero o cargadores y esperar la ocasión de navegar en conserva, o a que pase el peligro, o a recibir órdenes terminantes del naviero o de los cargadores.

623. Si se viere atacado por algún corsario y, después de haber procurado evitar el encuentro y de haber resistido la entrega de los efectos del buque o su cargamento, le fueren tomados violentamente, o se viere en la necesidad de entregarlos, formalizará de ello asiento en su libro de cargamento, y justificará el hecho ante la autoridad competente en el primer puerto donde arribe. Justificada la fuerza mayor, quedará exento de responsabilidad.

5. 위 제610조 및 제612조에서 정한 바에 따라 행사할 권한을 남용하거나 혹은 이행할 의무를 해태하여 발생한 손해.
6. 화주 혹은 화물관리인[20]이 선상에 있으면, 이들까지 참여하여 열린 사관회의에서 옳다고 판단한 항로가 있음에도 불구하고, 이와 다른 항로를 선택하거나 혹은 정당한 사유 없이 그 항로를 이탈함으로 인하여 생긴 손해. 어떤 면책사유도 선장의 이러한 책임을 면제하는 효력이 없다.
7. 목적항이 아닌 항구에 자의로 기항하여 발생한 손해. 다만 제612조에서 정한 바에 따라 예외가 인정되고, 그에 필요한 절차를 밟은 때에는 그러하지 아니하다.
8. 선박충돌방지를 위한 등화설치 및 운항조치에 관한 관련 규정을 준수하지 아니하여 발생한 손해

제619조 명시적으로 반대의 약정을 하지 않는 한 선장은 선적항 부두 혹은 선측에서 화물을 수령할 때로부터 목적항 부두 또는 해변에서 화물을 인도할 때까지 운송물에 대해 책임을 진다.

제620조 선박 혹은 운송물에 발생한 손해가 불가항력에 기인한 경우, 선장은 이에 대하여 책임이 없다. 그러나 그 자신의 과실에 기인하여 손해가 발생한 때에는, 반대의 약정이 없는 한, 책임을 진다. 선장이 선박의 수리, 감항능력의 유지, 물자의 공급 등을 감당하기 위해 체결한 계약은 선장이 이에 대해 개인적으로 책임지지 아니하고 선주가 그 계약에 대해 책임을 진다. 다만 선장이 명백하게 개인적 책임을 확약한 때 및 자기 명의로 환어음에 서명하거나 약속어음을 발행한 때에는[21] 그러하지 아니하다.

제621조 본법에서 정한 요건을 갖추고 필요한 절차를 밟음이 없이 선장이 선체, 기관, 장비 혹은 부품을 목적으로 모험대차를 하거나 혹은 화물이나 보급품을 매도하거나 담보로 제공한 경우, 선장은 그 원금, 이자 및 비용에 대해 책임이 있고 또 그로 인하여 발생한 손해도 배상하여야 한다. 선장이 자기 이익을 위해 사기행위를 한 경우, 선장은 사기로 얻은 이익을 반환하여야 할 뿐만 아니라, 형법이 정한 바에 따라 처벌도 면하지 못한다.

제622조 항해 도중 해적선 혹은 적국 전함이 출현한 것을 알게 되면 선장은 즉시 선박을 중립항에 기항시켜야 한다. 그 다음 선주와 화주에 경위를 보고하고 나서, 안전하게 항해할 기회를 엿보고 위험한 시기가 지나가고 또 선주나 화주의 명확한 지시가 도착하기를 기다려야 한다.

제623조 선박이 해적선으로부터 공격을 당한 다음 사고를 회피하고 탈취를 저지하려고 노력하였지만 결국 운송물 혹은 부속품을 강제로 탈취당하거나 이를 넘겨주지 아니할 수 없는 상황에 처한 경우, 선장은 그 사건을 화물대장에 기록하고 이후 최초 기항지 소재 해당 관청에 출두하여 사고를 입증하여야 한다. 그 사고가 불가항력에 의한 것이 입증되면 선장은 그로 인한 책임을 면한다.

제624조 선장은 선박이 태풍을 만났다든가 혹은 화물에 손상 혹은 손해가 생겼다고 생각되는 경우, 이후 최초 기항지에서 늦어도 도착 후 24시간 내에 해당 관청에 출두 해난신고를 하여야 한다. 그리고 선박이 목적지에 도착하면, 확인을 할 때까지 해치를 열지 않고 그

20 화물관리인의 직책에 관하여는 제649조 이하 참조.

21 pagar가 약속어음을 발행한다는 의미라고 한다.

624. El Capitán que hubiese corrido temporal o considerase haber sufrido la carga daño o avería, hará sobre ello protesta ante la autoridad competente en el primer puerto donde arribe, dentro de las veinticuatro horas siguientes a su llegadas y la ratificará dentro del mismo término luego que llegue al punto de su destino procediendo en seguida a la justificación de los hechos, sin poder abrir las escotillas hasta haberla verificado. Del mismo modo habrá de proceder el Capitán si, habiendo naufragado su buque, se salvase solo o con parte de su tripulación en cuyo caso se presentará a la autoridad más inmediata, haciendo relación jurada de los hechos. La autoridad, o el Cónsul en el extranjero, comprobará los hechos referidos, recibiendo declaración jurada a los individuos de la tripulación y pasajeros que se hubieran salvado; y tomando las demás disposiciones que conduzcan para averiguar el caso, pondrá testimonio de lo que resulte del expediente en el libro de navegación y en el del Piloto, y entregará al Capitán el expediente original, sellado y foliado, con nota de los folios, que deberá rubricar, para que lo presente al Juez o Tribunal del puerto de su destino. La declaración del Capitán hará fe si estuviere conforme con las de la tripulación y pasajeros; si discordare, se estará a lo que resulte de éstas, salvo siempre la prueba en contrario.

625. El Capitán , bajo su responsabilidad personal, así que llegue al puerto de su destino, obtenga el permiso necesario de las Oficinas de Sanidad y Aduanas, y cumpla las demás formalidades que los Reglamentos de la Administración exijan, hará entrega del cargamento, sin desfalco, a los consignatarios, y, en su caso, del buque, aparejos y fletes al naviero. Si por ausencia del consignatario, o por no presentarse portador legítimo de los conocimientos, ignorase el Capitán a quien debiera hacer legítimamente la entrega del cargamento, pondrá a disposición del Juez, o Tribunal o autoridad a quien corresponda, a fin de que resuelva lo conveniente a su depósito, conservación y custodia.

SECCIÓN III. DE LOS OFICIALES Y TRIPULACIÓN DEL BUQUE

626. Para ser Piloto será necesario:

1.º Reunir las condiciones que exijan las Leyes o Reglamentos de Marina o Navegación.
2.º No estar inhabilitado con arreglo a ellos para el desempeño de su cargo.

627. El Piloto, como segundo jefe del buque y mientras naviero no acuerde otra cosa, sustituirá al Capitán en los casos de ausencia, enfermedad o muerte, y entonces asumirá todas sus atribuciones, obligaciones y responsabilidades.

628. El Piloto deberá ir provisto de las cartas de los mares que va a navegar, de las tablas e instrumentos de reflexión que están en uso y son necesarios para el desempeño de su cargo, siendo responsable de los accidentes a que diere lugar por omisión en esta parte.

629. El Piloto llevará particularmente y por sí un libro foliado y sellado en todas sus hojas, denominado "Cuaderno de Bitácora", con nota al principio, expresiva del número de las que contenga, firmado por la autoridad competente, y en él registrará diariamente las distancias, los rumbos navegados, la variación de la aguja, el abatimiento, la dirección y fuerza del viento,

대로 둔 채, 지체 없이 사고 입증 절차를 밟고 위와 동일한 기간 내에 확인절차를 밟아야 한다. 선박이 난파를 당한 이후, 선장 단독으로 혹은 다른 해원과 함께 구조되면, 선장은 지체 없이 마찬가지 절차를 밟아야 한다. 다른 해원과 함께 구조된 때에는 더욱 신속히 해당 관청에 출두하여야 하며, 또 선서 하의 진술을 통해 사고의 경위에 관한 신고 절차를 밟아야 한다. 해당 관청 혹은 해외 영사는 구조된 선원과 여객들로부터 선서한 진술서를 받아 제출된 해난신고서를 확인한다. 그리고 사고 경위를 확인하는데 도움이 되는 여타 조치도 취하고, 항해일지 혹은 도선일지에 해당 부분의 기술을 검증하고, 이어서 페이지의 기재가 있고 날인이 된 서류 원본은 선장에게 반환하며, 반환 전에 해당 페이지에 주서로 확인표시를 한다. 그리고 목적항에 도착하면 이를 관할 법원에 제출하여야 한다. 선장의 진술서가 선원 및 여객의 진술서와 일치하면 그 내용은 증명력을 갖는다. 만일 양자 사이에 모순이 있으면 반대의 입증을 하지 아니하는 한 선원 및 여객의 진술이 증명력을 갖는다. 그러나 당사자는 항상 반증을 들 수 있다.

제625조 선박이 목적항에 도착하면 선장은 그 개인 책임하에 위생 및 관세 관련 관청으로부터 필요한 허가를 얻고 행정 관청의 제반 규정이 요구하는 모든 절차를 밟은 다음, 수하인에게 감손 없이 운송물을 인도하여야 하며 경우에 따라서는 선박, 장비 및 운임을 선주에게 인계하여야 한다. 만일 수하인이 부재중인 경우 및 선하증권의 적법한 소지인이 나타나지 아니하여 선장이 적법하게 운송물을 인도할 사람을 알 수 없게 된 경우, 선장은 법원 혹은 관청에 의뢰하여 권리자를 위해 보관, 보존 및 보호에 가장 적합한 처분을 한다.

제3절 사관[22]과 선원

제626조 항해장[23]이 되려면 다음 자격이 필요하다.

1. 해운 및 항해 관련 법령이 요구하는 항해장의 요건을 갖추어야 한다.
2. 직책의 수행과 관련하여 위 법령에서 정한 결격사유가 없어야 한다.

제627조 항해장은 선박에서 제2인자의 지위를 갖고, 선주가 다른 조치를 취하지 아니하는 한, 선장의 부재, 질병 및 사망 시에 선장을 대신한다. 이때에 그 항해장은 선장과 동일한 권한을 갖고, 선장과 동일한 의무와 책임이 있다.

제628조 항해장은 항해할 지역의 해도를 구비하여야 하고, 통상 사용되고 임무 수행에 필요한 측도 및 방위경도 구비하여야 하며, 이러한 것을 구비하지 아니하여 생긴 사고에 대해 항해장은 책임이 있다.

---

22 사관이란 용어는 여러 곳에서 사용하고 있지만 법에서 이를 정의하고 있지는 아니하다. 다만 본절의 규정에 비추어 항해장, 장비장 및 기관장이 여기에 포함됨은 의문의 여지가 없다 그리고 기관사의 경우 기관장이 아니라 하더라도 사관에 포함됨을 규정하고 있다. 다른 직종도 마찬가지이고 결국 오늘날 선박에서 사용하는 사관의 개념으로 이해함이 타당하다. 그리고 다음에 볼 화물관리인은 제618조 규정에 비추어 이에 포함되지 않는다고 생각된다

23 스페인 상법은 지금까지 1681년 프랑스 해사칙령 체계를 따라 선원의 중요 직책으로 항해장을 들고 있다. 1681년 해사칙령 제2편 제4장, 졸저《프랑스 해사칙령과 나폴레옹상법전 해상편》(고려대학교출판부, 2005), 98면 참조. 스페인 상법은 항해장의 명칭으로 Piloto라는 용어를 사용하고 1861년 해사칙령도 마찬가지로 Pilote라는 용어를 사용하는데 이는 통상 의미의 Piloto(스페인어) 혹은 Pilote(프랑스어) 즉 도선사와 다른 의미로 사용되었다. 이를 확실히 하기 위하여 해사칙령은 본래 의미의 도선사를 Pilote lamaneur이라고 부른다. 해사칙령 제4편 제3장 및 졸저, 213면 참조.

el estado de la atmósfera y del mar, el aparejo que se ve largo, la latitud y longitud observada, el número de hornos encendidos, la presión del vapor, el número de revoluciones, y, bajo el nombre de "Acaecimientos", las maniobras que se ejecuten, los encuentros con otros buques, y todos los particulares y accidentes que ocurran durante la navegación.

630. Para variar de rumbo y tomar el más conveniente al buen viaje del buque, se pondrá de acuerdo el Piloto con el Capitán. Si éste se opusiere, el Piloto le expondrá las observaciones convenientes en presencia de los demás Oficiales de mar. Si todavía insistiere el Capitán en su resolución negativa, el Piloto hará oportuna protesta, firmada por él y por otro de los Oficiales en el libro de navegación , y obedecerá al Capitán , quien será el único responsable de las consecuencias de su disposición.

631. El Piloto responderá de todos los perjuicios que se causaren al buque y al cargamento por su descuido e impericia, sin perjuicio de la responsabilidad criminal a que hubiere lugar, si hubiere mediado delito o falta.

632. Será obligaciones del Contramaestre:

1.ª Vigilar la conservación del casco y aparejo del buque y encargarse de la de los enseres y pertrechos que forman su pliego de cargos, proponiendo al Capitán las reparaciones necesarias y el reemplazo de los efectos y pertrechos que se inutilicen y excluyan.

2.ª Cuidar del buen orden del cargamento, manteniendo el buque expedito para la maniobra.

3.ª Conservar el orden, la disciplina y el buen servicio de la tripulación , pidiendo al Capitán las órdenes e instrucciones convenientes, y dándole pronto aviso de cualquiera ocurrencia en que fuese necesaria la intervención de su autoridad.

4.ª Designar a cada marinero el trabajo que debe hacer a bordo, conforme a las instrucciones recibidas, y velar sobre su ejecución con puntualidad y exactitud.

5.ª Encargarse por inventario del aparejo y todos los pertrechos del buque, si se procediere a desarmarlo, a no ser que el naviero hubiere dispuesto otra cosa.

Respecto de los Maquinistas, regirá las reglas siguientes:

1.ª Para poder ser embarcado como Maquinista naval, formando parte de la dotación de un buque mercante, será necesario reunir las condiciones que las Leyes y Reglamentos exijan, y no estar inhabilitado con arreglo a ellas para el desempeño de su cargo. Los Maquinistas será considerados como Oficiales de la nave; pero no ejercerá mando ni intervención sino en lo que se refiera al aparato motor.

2.ª Cuando existan dos o más Maquinistas embarcados en un buque, hará uno de ellos de Jefe, y estará a sus órdenes los demás Maquinistas y todo el personal de las máquinas; tendrá además a su cargo el aparato motor, las piezas de repuesto, instrumentos y herramientas que al mismo conciernen, el combustible las materias lubricadoras y cuanto, en fin, constituye a bordo el cargo de Maquinista.

3.ª Mantendrá las máquinas y calderas en buen estado de conservación y limpieza, y dispondrá lo conveniente a fin de que esté siempre dispuestas para funcionar con regularidad, siendo responsable de los accidentes o averías que por su descuido e impericia se causen al aparato motor, al buque y al cargamento sin perjuicio de la responsabilidad criminal a que hubiere lugar si resultare probado haber mediado delito o falta.

제629조 항해장은 각 면마다 번호가 기재되고 날인이 된 "항해장부"라는 장부를 개인적으로 소지하여야 한다. 일기장 초면에는 장부의 면수를 기재하고 해당 관청이 서명하고 각 면마다 페이지를 기재하고 날인하여야 하며, 여기에 항해거리, 항로, 나침반 변동, 조류, 풍향 및 풍속, 바다와 공기 상태, 사용한 장비, 관찰된 위도와 경도, 점화된 화덕의 수, 보일러 압력, 엔진 회전 속도 등을 매일 기재하여야 한다. 이어서 별도로 "특이 사항" 이란 명칭하에 별도 항목을 만들어 거기에 실시한 이동, 관찰된 다른 선박 및 기타 항해 중 발생한 모든 특이 사항과 사고를 기재하여야 한다.

제630조 항해장이 목적한 항해를 위해 가장 적합하다고 판단하여 선박의 항로를 변경하기를 원하는 때에도, 먼저 선장의 동의를 얻어야 한다. 만일 선장이 그 변경에 반대를 하면 다른 사관의 참여하에 적합한 이유를 설명하여야 하며, 그럼에도 불구하고 선장이 계속 부정적인 견해를 견지하는 때에는, 항해장부에 정식으로 이 이의 사항을 기재하고 서명한 다음 다른 참여 사관도 서명한다. 그러나 항해장은 결국 선장의 지시에 따라야 하고, 그러면 그 처분으로 인한 결과에 대해 오로지 선장만이 책임을 진다.

제631조 항해장은, 자기의 부주의 혹은 무능으로 인해, 선박 혹은 운송물에 손해가 생긴 경우 이를 보상할 책임이 있고, 나아가 그 행위가 범죄를 구성하는 경우 별도로 그것으로 인한 형사처벌도 받아야한다.

제632조 장비장[24]은 다음과 같은 의무가 있다.

1. 선체 및 장비의 보존 상태를 면밀히 관찰하여야 하고, 그 임무 수행에 필수적으로 요구되는 도구와 부품도 온전히 보관하여야 한다. 그리고 필요한 수리 및 불필요하고 사용되지 않는 물자와 부품의 교체를 선장에게 건의하여야 한다.
2. 운송물을 안전한 상태로 보관하기 위해 주의를 기울이고 동시에 선박을 항상 이동할 수 있는 상태로 관리하여야 한다.
3. 해원들이 질서를 유지하고 규율을 지키며 성실하게 복무할 수 있도록 최선을 다하여야 한다. 이를 위해 선장에게 적절한 명령과 지시를 요청하고, 선장의 관여가 요구되는 사안은 신속히 그에게 보고하여야 한다.
4. 각 선원이 선상에서 수행할 작업을 지시에 맞게 지정하고, 이를 신속하고 정확히 집행하였는지 점검하여야 한다.
5. 선박이 의장을 해제하는 경우, 선주가 다른 조치를 취하지 않는 한, 선박의 모든 장비와 부품의 목록표를 작성하여야 한다.

기관사[25]는 다음 규정에 의하여 규율된다.

1. 기관사가 승무원[26]의 일부로 상선에 승선하려면 각종 법령이 정한 자격 요건을 갖추어야 하고, 직책의 수행에 법령이 정한 결격사유가 없어야 한다. 기관사는 그 선박의 사관

24 장비장의 경우에도 스페인 상법은 아직 1681년 프랑스 해사칙령의 체계를 따르고 있다. 1681년 해사칙령 제2편 제5장, 졸저《프랑스 해사칙령과 나폴레옹상법전 해상편》(고려대학교출판부, 2005), 100면 참조. 그러나 1885년 스페인 상법 제정 당시 프랑스에서 실시된 1807년 나폴레옹 상법전은 이미 이러한 직책에 대하여 언급이 없다. 졸저, 349면 참조. 장비장이란 명칭이 그 업무에 비하여 적절한지 의문이 제기될 수 있지만 다른 적절한 이름을 찾기도 어렵고 이미 해사칙령을 번역할 때에 사용한 명칭이라 이를 그대로 사용한다. 다음에 더욱 적절한 명칭이 발견되면 재고가 요망된다.

25 전시 1681년 해사칙령 및 1807년 나폴레옹 상법전에 보이지 아니하는 새로운 직책으로 기관장이 나타난다. 1765년 제임스 와트에 의해 증기기관이 발명된 이래 증기선이 출연 여러 지역에 사용되어 왔고 1838년에 이르러서는 증기선이 최초로 대서양 횡단에 성공한다. 이러한 발전에 비추어 스페인 상법 제정 당시인 1885년 당시에는 증기선이 일반화 되었고 이러한 사실이 반영되어 상법에 새로이 기관사라는 직책이 나타난다.

26 선원(Tripulacion)과 구별하여 승무원(Dotacion)이라는 용어를 사용하는 점에 비추어 항해에 직접 관련이 없는 사람으로 본 것이 아닌가 생각된다. 승무원의 정의는 제648조에 있다.

4.ª No emprenderá ninguna modificación en el aparato motor ni procederá a remediar las averías que hubiese notado en el mismo, ni alterará el régimen normal de su marcha, sin la autorización previa del Capitán al cual si se opusiera a que se verificasen le expondrá las observaciones convenientes en presencia de los demás Maquinistas u Oficiales; y si a pesar de esto el Capitán insistiese en su negativa, el Maquinista Jefe hará la oportuna protesta, consignándola en el cuaderno de máquinas, y obedecerá al Capitán , que será el único responsable de las consecuencias de su disposición.

5.ª Dará cuenta al Capitán de cualquier avería que ocurra en el aparato motor, y le avisará cuando haya de parar las máquinas por algún tiempo, u ocurra algún accidente en su departamento del que deba tener noticia inmediata el Capitán , enterándole además con frecuencia acerca del consumo de combustible y materias lubricadoras.

6.ª Llevará un libro o registro titulado "Cuaderno de máquinas", en el cual anotará todos los datos referentes al trabajo de las máquinas; como son, por ejemplo, el número de hornos encendidos, las presiones del vapor en las calderas y cilindros, el vacío en el condensador, las temperaturas, el grado de saturación del agua en las calderas, el consumo del combustible y de materias lubricadoras, y, bajo el epígrafe "Ocurrencias notables", las averías y descomposiciones que ocurran en máquinas y calderas, las causas que las produjeron y los medios empleados para repararlas; también se indicará , tomando los datos del "Cuaderno de Bitácora", la fuerza y dirección del viento, el aparejo y el andar del buque.

633. El Contramaestre tomará el mando del buque en caso de imposibilidad o inhabilitación del Capitán y Piloto, asumiendo entonces sus atribuciones y responsabilidad.

634. El Capitán podrá componer la tripulación de su buque con el número de hombres que considere conveniente; y, a falta de marineros españoles, podrá embarcar extranjeros avecindados en el país, sin que su número pueda exceder de la quinta parte de la tripulación. Cuando en puertos extranjeros no encuentre el Capitán suficiente número de tripulantes nacionales, podrá completar la tripulación con extranjeros, con anuencia del Cónsul o autoridades de Marina. Las contratas que el Capitán celebre con los individuos de la tripulación y demás que componen la dotación del buque, y a que se hace referencia en el 612, deberá constar por escrito en el libro de contabilidad, sin intervención de Notario o Escribano, firmadas por los otorgantes y visadas por la autoridad de Marina si se extienden en los dominios españoles, o por Cónsules o Agentes consulares de España si se verifica en el extranjero, enumerando en ellas todas las obligaciones que cada uno contraiga y todos los derechos que adquiera; cuidando aquellas autoridades de que estas obligaciones y derechos se consignen de un modo claro y terminante que no dé lugar a dudas ni reclamaciones. El Capitán cuidará de leerles los artículos de este Código que les conciernen, haciendo expresión de la lectura en el mismo documento. Teniendo el libro los requisitos prevenidos en el 612, y no apareciendo indicio de alteración en sus partidas, hará fe en las cuestiones que ocurran entre el Capitán y la tripulación sobre las contratas extendidas en él y las cantidades entregadas a cuenta de las mismas. Cada individuo de la tripulación podrá exigir al Capitán una copia, firmada por éste, de la contrata y de la liquidación de sus haberes, tales como resulten del libro.

635. El hombre de mar contratado para servir en un buque, no podrá rescindir su empeño

으로 간주되지만 ; 선박의 지휘에는 참여하지 않고, 오로지 동력기관에 관한 사항에만 그 업무가 국한된다.

2. 두 명 이상의 기관사가 한 선박에 승선한 경우, 그 중 한 명을 기관장으로 정하여야 한다. 그러면 나머지 기관사와 기관원은 그의 명령에 복종하여야 한다. 기관장은 동력 장치, 그 부속 물자, 관련 용구와 도구, 연료와 윤활유의 관리 및 여타 기관사의 직무 사항에 대해 책임을 진다.
3. 엔진과 보일러에 관해, 항시 안전한 상태로 보존 및 유지하고, 청소를 통해 청결 상태를 유지하며, 또 항시 본래 기능을 다할 수 있도록 준비하여야 한다. 기관사의 부주의나 무능이 원인이 되어, 동력 장치, 선박, 운송물 등에 사고나 손해가 생기면 기관사는 그에 대하여 책임이 있고, 범죄 혐의가 입증되면 중범이든 경범이든 형사처벌도 받는다.
4. 기관사는, 선장의 사전 허락이 없으면, 임의로 동력 장치에 변형을 가하지 못하고, 거기에 발견된 훼손을 수리하지도 못하며, 또 정상적인 운영 방식에 대해 변경을 가하지 못한다. 다만 확인된 것에 반대를 하는 선장에게 다른 사관과 기관사[27]도 참여하에 적합한 이유를 설명하고; 그럼에도 불구하고 선장이 계속 부정적인 견해를 견지하는 때에는, 기관장은 정식으로 이의를 제기하고, 그 사항을 기관일지에 기재한다. 그러나 기관장은 결국 선장의 지시에 따라야 하고, 그러면 그 처분 결과에 대해 오로지 선장만이 책임을 진다.
5. 동력 장치에 손상이 오면, 어떤 것이든, 선장에게 그 경위를 설명하여야 하고, 엔진이 중지할 시점과 기간도 선장에게 고지하여야 하고, 해당 부서 내에서 선장이 인지하여야 할 사고가 생긴 때에도, 그 종류를 가리지 아니하고 이를 선장에게 보고하여야 한다. 그 외에도 기관장은 수시로 선장에게 연료와 윤활유의 소비에 관해 보고를 하여야 한다.
6. 기관장은 "기관장부"라고 부르는 장부 혹은 서류철을 보관하고, 기관의 작동과 관련이 있는 모든 사항을 기재하여야 한다. 예를 들면 점화된 화덕의 개수, 실린더와 보일러의 압력, 응축기의 공기, 온도, 보일러의 수분 포화 상태, 연료 및 윤활유의 소비 등을 일지에 기재하여야 한다. 이어서 별도 표제로 "주의 사건"이란 항목을 만들어 엔진과 보일러에 발생한 파손, 그 발생원인, 수리 방안을 기재하여야 한다. 그리고 항해장 일기장을 참조하여 풍향과 풍력, 사용된 장비 및 선박 진행 상황 등도 거기에 기재하여야 한다.

제633조 선장과 항해장이 모두 선박을 지휘하기가 불가능하거나 부적격하게 된 때에는 장비장이 그 선박을 지휘한다. 그러면 그 장비장은 선장과 동일한 권한을 갖게 되고, 선장과 동일한 책임을 진다.

제634조 선장은 그가 적절하다고 판단하는 인원 수로 자기가 지휘할 선박의 선원을 구성할 권리가 있다. 스페인 국적 선원이 없을 경우, 총 해원의 5분의 1을 초과하지 아니하는 범위 내에서, 국내 거주 외국인 선원도 채용할 수 있다. 선박이 외국 항구에 있는 동안에는, 충분한 숫자의 스페인 선원을 구할 수 없는 경우에, 영사 혹은 해운관청의 허가를 얻어 외국인 선원으로 충원할 수 있다. 선장이 선원 및 여타 승무원들과 체결하는 계약과 위 제612조[28]에서 언급한 계약은 모두 회계장부에 기록하여 확인이 되어야 한다. 여기에 공증인이나 기록관[29]이 관여할 필요는 없지만, 당사자가 서명을 하여야 하고, 이어서 국내에서 계약

27 위1호에서 기관사를 사관으로 본다고 한 것과 모순되는 것 같으나 설명 주체가 기관장임에 비추어 의문의 여지가 있기에 이를 명백히 하기 위해 특별히 열거한 것이라고 생각된다.

28 위 제610조의 오기라고 해석된다.

29 이 법 제정된 1885년 당시에도 선상에 기록을 전담하는 직책이 별도로 있었던 것이 아닌가 생각된다. 1681년 해사칙령 제2편 제3장이 기록관에 관한 규정이 있고 이를 Ecrivain이라고 부르는데 아마 여기에서 말하는 Escribano와 동일 어원을 가진 동의어가 아닌가 생각된다. 졸저,《프랑스 해사칙령과 나폴레옹상법전 해상편》(고려대학교출판부, 2005), 95면 참조. Escribano는 옛날 이름이고 오늘날은 이를 Notario라고 한다고 한다. 따라서 결국 양자는 동일한 직책을 말한다.

ni dejar de cumplirlo, sino por impedimento legítimo que le hubiere sobrevenido. Tampoco podrá pasar del servicio de un buque al de otro sin obtener permiso escrito del Capitán de aquel en que estuviere. Si, no habiendo obtenido esta licencia, el hombre de mar contratado en un buque se contratare en otro, será nulo el segundo contrato, y el Capitán podrá elegir entre obligarle a cumplir el servicio a que primeramente se hubiera obligado, o buscar a expensas de aquél quien le sustituya. Además perderá los salarios que hubiere devengado en su primer empeño a beneficio del buque en que estaba contratado. El Capitán que, sabiendo que el hombre de mar está al servicio de otro buque, le hubiera nuevamente contratado sin exigirle el permiso de que tratan los párrafos anteriores, responderá subsidiariamente al del buque a que primero pertenecía el hombre de mar, por la parte que éste no pudiere satisfacer, de la indemnización de que trata el párrafo tercero de este artículo.

636. No constando el tiempo determinado por el cual se ajustó un hombre de mar, no podrá ser despedido hasta la terminación del viaje de ida y vuelta al puerto de su matrícula.

637. El Capitán tampoco podrá despedir al hombre de mar durante el tiempo de su contrata sino por justa causa, reputándose tal cualquiera de las siguientes:

1.ª Perpetración de delito que perturbe el orden en el buque.
2.ª Reincidencia en faltas de subordinación disciplina o cumplimiento del servicio.
3.ª ineptitud y negligencia reiteradas en el cumplimiento del servicio que deba prestar.
4.ª Embriaguez habitual.
5.ª Cualquier suceso que incapacite al hombre de mar para ejecutar el trabajo de que estuviere encargado, salvo lo dispuesto en el 644.
6.ª La deserción.

Podrá no obstante el Capitán , antes de emprender el viaje, y sin expresar razón alguna, rehusar que vaya a bordo el hombre de mar que hubiese ajustado, y dejarlo en tierra en cuyo caso habrá de pagarle su salario como si hiciese servicio. Esta indemnización saldrá de la masa de los fondos del buque, si el Capitán hubiere obrado por motivos de prudencia y en interés de la seguridad y buen servicio de aquél. No siendo así, será de cargo particular del Capitán. Comenzada la navegación , durante ésta y hasta concluido el viaje, no podrá el Capitán abandonar a hombre alguno de su tripulación en tierra ni en mar, a menos de que, como reo de algún delito, proceda su prisión y entrega a la autoridad competente en el primer puerto de arribada, caso para el Capitán obligatorio.

638. Si, contratada la tripulación , se revocare el viaje por voluntad del naviero o de los fletadores antes o después de haberse hecho el buque a la mar, o se diere al buque por igual causa distinto destino de aquel que estaba determinado en el ajuste de la tripulación , será ésta indemnizada por la rescisión de contrato, según los casos, a saber:

1.º Si la revocación del viaje se acordase antes de salir el buque del puerto se dará a cada uno de los hombres de mar ajustados una mesada de sus respectivos salarios, además del que les corresponda recibir, con arreglo a sus contratos por el servicio prestado en el buque hasta la fecha de la revocación.
2.º Si el ajuste hubiere sido por una cantidad alzada por todo el viaje, se graduará lo que corresponda a dicha mesada y dieta, prorrateándolas en los días que por aproximación debiera aquél durar, a juicio de Peritos, en la forma establecida por la Ley de

서가 발행되는 때에는 해운관청의, 해외에서 작성되는 때에는 영사 혹은 그 대행자의 확인을 받아야 한다. 여기에는 각자가 부담하는 의무와 취득하는 권리를 모두 열거하여야 한다. 확인을 하는 관청은 의문이나 분쟁이 발생하지 아니하도록 권리와 의무가 명확하고 확정적으로 기록되었는지 여부를 확인한다. 선장은 상대방에게 본법상 관련 조항을 읽어주어야 하고, 그 서류에도 읽은 표시를 하여야 한다. 이 장부가 위 제612조의 요건을 갖추고 있고, 기록에 변경의 흔적이 보이지 않은 경우, 선장과 해원 사이에 체결된 계약이나 그에 기해 교부한 금액에 관해 분쟁이 있으면, 그 장부는 그에 관해 증명력이 부여된다. 선원은 장부에 근거하여 작성되고 선장이 서명한 고용계약서 사본 및 보수의 정산서 사본을 청구할 수 있다.

제635조 어느 선박에 근무하기로 계약을 한 선원은, 이후에 이행을 하지 아니할 합법적 사유가 생기지 아니하는 한, 임의로 약속을 파기하거나 이행을 거부할 수 없다. 또 어느 선박에 근무하는 선원은 그 근무하는 선박의 선장으로부터 서면으로 허가를 얻지 아니하고는 임의로 다른 선박으로 옮겨 근무할 수 없다. 어느 선박에서[30] 이미 계약을 한 선원이 이러한 허락 없이 다른 선박과 중복계약을 한 경우, 두 번째 계약은 효력이 없고, 그러면 선장은 원래 계약한 바대로 근무를 요구할 수도 있고, 선택적으로 그 선원의 비용으로 대체할 선원을 구할 수도 있다.그 외에도 그 선원은 첫 번째 선박에 근무로 인하여 이미 발생한 급료도 상실하며, 이로 인한 이익은 그 처음 계약한 선박으로 돌아간다. 어느 선원이 이미 다른 선박에서 근무하고 있다는 것을 알면서, 전시 각호에서 말하는 허가를 받지 아니한 채, 그 선원과 새로이 계약을 한 선장은 그 선원이 처음 소속되었던 선박의 선장에 대해 본조위 제3문에서 말하는 손해배상과 관련 그 선원이 이행을 하지 못하는 부분에 대해 담보책임을 진다.

제636조 선원이 근무할 기간이 지정되어 있지 아니한 경우, 선박이 선적항까지 왕복 항해가 종료될 때까지, 그 선원을 해고할 수 없다.

제637조 선장은 정당한 이유 없이 계약기간 중에 선원을 해고할 수 없다. 그러나 다음 사유가 있으면 해고할 정당한 사유가 있는 것으로 본다.

1. 선상 질서를 파괴하는 범죄를 저지른 때.
2. 명령 복종, 규율 유지, 직무 수행 등에 있어 반복하여 불이행이 있는 때.
3. 맡은 업무를 수행함에 있어 반복하여 무능과 과실을 보인 때.
4. 상습적으로 횡령을 한 때.
5. 선원으로 맡은 바 직무를 수행할 수 없는 사고가 생긴 때. 다만 제644조에 정한 사유가 있는 때에는 예외로 한다.
6. 무단이탈.

이상의 규정에 불구하고, 선장은 항해를 개시하기 이전에는, 명시적 이유를 제시함이 없이, 채용된 선원의 승선을 거부하고, 그를 육상에 남겨둘 수 있다. 이 경우, 그 선원에게 마치 정상적으로 근무를 한 것과 마찬가지로 계약된 봉급 전액을 지급하여야 한다. 선장이 합리적 판단하에 선박의 안전과 정상적인 업무 수행을 고려해 이러한 하선 조치를 취한 경우, 그에 대한 보상은 이를 선박의 공동 기금에서 지출하여야 하고, 그렇지 아니한 때에는 이를 선장 개인이 부담하여야 한다. 일단 항해가 개시되면, 항해가 완료될 때까지 항해 도중에는, 그곳이 육지든 바다이든, 선장은 선원을 유기할 수 없다. 다만 어느 선원이 중대한 범죄를 저질렀기 때문에, 선장이 그 선원을 선상 감옥에 유치하고, 이어서 그 의무로서 최초 기착항에서 선원을 관계 관청에 인도한 때에는 그러하지 아니하다.

---

30 원문이 "에서"이기 때문에 그대로 번역하였다. "과"로 변역하는 것이 전후 문맥으로 보아 더욱 적합하지만 양자 사이에 약간의 의미상 차이가 있을 수 있을 것 같아 이렇게 번역하였다.

Enjuiciamiento Civil; y si el viaje proyectado fuere de tan corta duración que se calculare aproximadamente de un mes la indemnización se fijará en quince días, descontando en todos los casos las sumas anticipadas.

3.º Si la revocación ocurriera habiendo salido el buque a la mar, los hombres ajustados en una cantidad alzada por el viaje devengará íntegro el salario que se les hubiere ofrecido, como si el viaje hubiese terminado; y los ajustados por meses percibirá el haber correspondiente al tiempo que estuvieren embarcados y al que necesiten para llegar al puerto término del viaje; debiendo además el Capitán proporcionar a unos y otros pasaje para el mismo puerto, o bien para el de la expedición del buque según les conviniere.

4.º Si el naviero o los fletantes del buque dieren a éste destino diferente del que estaba determinado en el ajuste, y los individuos de la tripulación no prestaren su conformidad, se les abonará por indemnización la mitad de lo establecido en el caso primero, además de lo que se les adeudare por la parte del haber mensual correspondiente a los días transcurridos desde sus ajustes.

· Si se aceptaren la alteración , y el viaje, por la mayor distancia o por otras circunstancias, diere lugar a un aumento de retribución , se regulará ésta privadamente, o por amigables componedores en caso de discordia. Aunque el viaje se limite a punto más cercano, no podrá por ello hacerse baja alguna al salario convenido.

· Si la revocación o alteración del viaje procediere de los cargadores o fletadores, el naviero tendrá derecho a reclamarles la indemnización que corresponda en justicia.

639. Si la revocación del viaje procediere de justa causa independiente de la voluntad del naviero y cargadores, y el buque no hubiere salido del puerto, los individuos de la tripulación no tendrá otro derecho que el de cobrar los salarios devengados hasta el día en que se hizo la revocación.

640. Será causas justas para la revocación del viaje:

1.º La declaración de guerra o interdicción del comercio con la potencia a cuyo territorio hubiera de dirigirse el buque.

2.º El estado de bloqueo del puerto de su destino, o peste que sobreviniere después del ajuste.

3.º La prohibición de recibir en el mismo puerto los géneros que compongan el cargamento del buque.

4.º La detención o embargo del mismo por orden del Gobierno, o por otra causa independiente de la voluntad del naviero.

5.º La inhabilitación del buque para navegar.

641. Si, después de emprendido el viaje ocurriese alguna de las tres primeras causas expresadas en el anterior, será pagados los hombres de mar en el puerto a donde el Capitán creyere conveniente arribar en beneficio del buque y cargamento, según el tiempo que hayan servido en él; pero si el buque hubiere de continuar su viaje, podrá el Capitán y la tripulación exigirse mutuamente el cumplimiento del contrato.

· En el caso de ocurrir la causa cuarta, se continuará pagando a la tripulación la mitad de su haber, si el ajuste hubiera sido por meses; pero si la detención excediere de tres, quedará rescindido el empeño, abonando a los tripulantes la cantidad que les habría correspondido percibir, según su contrato, concluido el viaje. Y si el ajuste hubiere sido por un tanto el

제638조 선원과의 사이에 채용계약을 한 이후, 선주 혹은 용선자가 항해 개시 전 혹은 후에 임의로 항해를 취소하는 때, 또는 동일한 이유로 원래 선원에게 주어졌던 항해와 다른 항해가 부여된 때에는, 그 선원에 대해 아래 사례에 따라 계약해제로 인한 손해를 배상하여야 한다.

1. 항해 개시 이전에 취소가 이루어진 경우, 취소 날짜까지의 근무에 대해 계약에 따라 받아야 할 보수 외에, 선원에게 각각 1개월의 월급에 해당하는 금액을 보상금으로 지급한다.
2. 보수가 항해 전체에 대해 일정 금액으로 책정되어 있는 때에는, 월급과 일급에 속하는 것으로 조정하여 계산하며 항해를 했을 경우에 걸렸을 기간을 대략 계산하여 비율로 보상금을 정한다. 이 계산은 감정인의 감정에 의해 정하며, 그 절차는 민사소송법에 정한 바에 따라 진행한다. 예정되었던 항해가 아주 단기간이어서 대략 1개월 미만이라고 추산될 경우, 보상금은 15일의 임금으로 한다. 그리고 여하한 경우이든 선급한 금액이 있으면 이를 공제하여야 한다.
3. 항해 개시 이후에 취소가 이루어지고, 보수가 항해 전체에 대해 정액으로 정하여진 경우, 항해가 정상적으로 종료된 것과 마찬가지로 그가 받았을 봉급 전액을 지급하여야 한다. 임금이 월정 급여로 책정된 경우, 승선한 기간은 물론 종료항에 도달 하는데 필요한 기간의 임금에 해당하는 금액을 받을 권리가 있다. 그 외에도 이들이 원하는 바에 따라 종료항 혹은 출발항까지 여행을 주선하여야 한다.
4. 선주나 운송인이 원래 채용할 때에 약속한 항구와 다른 목적항을 지정하고, 선원이 이 변경에 동의하지 아니하는 경우, 제1항에 예정된 금액의 반액을 배상금으로 보상하여야 하고, 이와 별도로 근무 개시 이후 경과한 날짜분에 상응하는 월급은 이를 지급하여야 한다.

· 만일 선원이 변경에 동의하고, 변경된 항해가 거리 기타 사유로 보수의 증가를 가져오는 경우, 그 금액은 먼저 당사자의 합의에 의하여 정하고, 합의가 어려운 경우 조정인의 조정을 통해 원만하게 해결한다. 새로운 항해가 더욱 가까운 거리에서 종료된다 하더라도, 이를 이유로 약정된 봉급의 감액을 주장하지 못한다.

· 만일 항해의 취소나 변경이 화주나 용선자에 기인하는 경우, 선주는 법이 인정하는 범위 내에서 이들에게 구상할 수 있다.

제639조 선주나 화주의 의사와 상관없이, 정당한 사유가 있어 항해가 취소되고, 아직 항해를 개시하지 아니한 경우에는, 선원은 다른 권리가 없고, 다만 취소할 당시 이미 발생한 급료를 청구할 수 있다.

제640조 다음 사유로 항해를 취소한 때에는 정당한 사유로 항해를 취소한 것으로 본다.

1. 항해할 목적지 국가와 전쟁 선언 혹은 통상 행위가 금지된 때
2. 목적항이 봉쇄된 때 및 채용 이후에 목적항에 역병이 발생한 때
3. 화물을 구성하고 있는 종류 화물에 대해 목적항에서 반입금지명령이 내려진 때
4. 정부의 지시 기타 선주의 의사와 관계없는 사유로 선박에 정박명령 혹은 압류명령이 내려진 때
5. 선박이 감항능력을 상실한 때

제641조 항해가 개시된 이후에, 전 조 처음 3가지 사유가 발생하여 선장이 선박과 운송물을 위해 가장 적합하다고 판단되는 항구에 기항한 경우, 선원은 그 곳에서 근무한 시간에 따라 보수를 청구할 수 있다. 그러나 선박이 항해를 계속하는 때에는 선장과 선원이 서로 계약 이행을 요구할 수 있다.

· 전 조 제4호 사유가 생긴 경우, 보수가 봉급으로 책정되어 있으면 그 월급의 반액을 지급하며, 만일 억류가 3개월을 초과하여 계속되면 고용은 해지된 것으로 보며, 항해를

viaje, deberá cumplirse el contrato en los términos convenidos.

· En el caso quinto, la tripulación no tendrá más derecho que el de cobrar los salarios devengados; más si la inhabilitación del buque procediere de descuido o impericia del Capitán , del Maquinista o del Piloto, indemnizará a la tripulación de los perjuicios sufridos, salvo siempre la responsabilidad criminal a que hubiere lugar.

642. Navegando la tripulación a la parte, no tendrá derecho, por causa de revocación , demora o mayor extensión del viaje, más que a la parte proporcional que le corresponda en la indemnización que hagan al fondo común del buque las personas responsables de aquellas ocurrencias.

643. Si el buque y su carga se perdieran totalmente por apresamiento o naufragio, quedará extinguido todo derecho, así por parte de la tripulación para reclamar salario alguno como por la del naviero para el reembolso de las anticipaciones hechas. Si se salvare alguna parte del buque o del cargamento, o de uno y otro, la tripulación ajustada a sueldo, incluso el Capitán , conservara su derecho sobre el salvamento hasta donde alcancen, así los restos del buque como el importe de los fletes de la carga salvada; más los marineros que naveguen a la parte del flete no tendrá derecho alguno sobre el salvamento del casco, sino sobre la parte del flete salvado. Si hubieran trabajado para recoger los restos del buque náufrago, se les abonará sobre el valor de lo salvado una gratificación proporcional a los esfuerzos hechos y a los riesgos arrastrados para conseguir el salvamento.

644. El hombre de mar que enfermare no perderá su derecho al salario durante la navegación , a no proceder la enfermedad de un acto suyo culpable. De todos modos, se suplirá del fondo común el gasto de la asistencia y curación , a calidad de reintegro. Si la dolencia procediere de herida recibida en servicio o defensa del buque, el hombre de mar será asistido y curado por cuenta del fondo común , deduciéndose ante todo de los productos del flete los gastos de asistencia y curación.

645. Si el hombre de mar muriese durante la navegación se abonará a sus herederos lo ganado y no percibido en su haber, según se ajuste y la ocasión de su muerte, a saber: Si hubiere fallecido de muerte natural y estuviere ajustado a sueldo, se le abonará lo devengado hasta el día de su fallecimiento. Si el ajuste hubiere sido a un tanto por viaje, le corresponderá la mitad de lo devengado, si el hombre de mar falleció en la travesía a la ida y el todo si navegando a la vuelta. Y si el ajuste hubiere sido a la parte y la muerte hubiere ocurrido después de emprendido el viaje, se abonará a los herederos toda la parte correspondiente al hombre de mar: pero habiendo éste fallecido antes de salir el buque del puerto, no tendrá los herederos derecho a reclamación alguna. Si la muerte hubiere ocurrido en defensa del buque, el hombre de mar será considerado vivo, y se abonará a sus herederos, concluido el viaje, la totalidad de los salarios o la parte íntegra de utilidades que le correspondieren, como a los demás de su clase. En igual forma se considerará presente al hombre de mar apresado defendiendo el buque, para gozar de los mismos beneficios que los demás; pero habiéndolo sido por descuido u otro accidente sin relación con el servicio, sólo percibirá los salarios devengados hasta el día de su apresamiento.

종료할 경우에는 계약에 따라 지급할 금액을 보상하여야 한다. 보수가 항해를 기준으로 일정 금액으로 책정된 경우, 합의한 내용대로 계약을 이행하여야 한다.

· 전 조 제5호의 사유가 생긴 경우, 선원은 이미 발생한 급여만 청구할 수 있다. 그러나 항해불능이 선장, 기관사 혹은 항해장의 주의 태만 혹은 능력 부족에 기인한 경우, 이들은 그로 인해 발생한 선원의 손해를 보상하여야 하며, 경우에 따라 형사책임도 져야 한다.

제642조 선원이 수익분배의 조건으로 승선한 경우, 항해가 취소나 지연되거나 혹은 장거리로 연장된다 하더라도, 이러한 사안에 대해 책임이 있는 사람이 이를 배상하면 선박의 공금으로 처리하고, 그 결과에 기해 원래 비율에 따라 선원에게 귀속되는 분배금만 청구할 수 있다.

제643조 선박이 나포 혹은 난파를 당하여 선박과 운송물이 완전히 멸실된 경우, 그 선박과 관련된 모든 권리가 소멸하며, 따라서 선원은 어떠한 봉급도 청구할 수 없고, 또 선주도 선급한 금액의 반환을 청구할 수 없다. 다만 선박이나 적하가 일부 구조된 때에는, 봉급 조건으로 채용된 선장을 포함한 선원은, 그 구조물에 대해 그 가치의 범위 내에서 권리를 보유한다. 여기에는 선박 잔존물뿐만 아니라 구조된 운송물의 운임 총액도 포함된다. 수익분배의 조건으로 채용된 해원은, 선체 잔존물에 대해 전혀 권리가 없고, 다만 회복된 운임 부분에 대하여는 권리를 보유한다. 선원이 난파된 선박의 잔존물을 수거하기 위한 노력을 한 때에는, 구조에 기울인 노력과 감수했던 위험을 고려하여 구조물의 가격을 기준으로 타당하다고 인정되는 일부 금액을 공로금으로 지급받는다.

제644조 항해 도중 선원이 질병에 걸린 때에는, 그 질병이 선원의 잘못에 기인하지 아니하는 한, 선원은 보수청구권을 잃지 아니한다. 여하한 경우라 하더라도 선원의 양호와 치료에 필요한 비용은 그 선원이 회복될 때까지 선박의 공금으로 부담한다. 만일 그 고통이 선박에 근무 도중 혹은 선박을 방어하던 중 발생한 상처에 기인하는 경우, 선박의 공금으로 양호와 치료를 하고, 거기에 필요한 비용은 운임 수임으로부터 최우선하여 공제한다.

제645조 항해 도중 선원이 사망한 경우, 채용 조건과 아래에서 보는 사망 경위에 따라, 이미 발생하였지만 아직 받지 아니한 보수를 그 상속인에게 지급한다. 사망원인이 자연사이고 보수가 봉급으로 책정된 때에는, 사망시까지 봉급을 지급한다. 보수가 항해를 기준으로 책정된 경우, 목적항으로 항해 도중 사망한 때에는 약정 보수의 반액을, 출발항으로 회항 도중 사망한 때에는, 약정 보수의 전액을 상속인에게 지급한다. 보수가 수익분배 조건인 경우, 항해 개시 이후에 사망하면, 약정한 비율로 전액을 상속인에게 지급하고, 항해 개시 이전에 사망하면, 상속인은 전혀 권리가 없다. 선박을 방어하던 중에 사망에 이른 경우, 보수에 관한 한 그 선원은 생존하였다고 간주한다. 그래서 항해가 종료되면, 다른 동급 선원과 마찬가지로 봉급 전액을 상속인에게 지급하고, 또 수익분배 조건의 경우, 상속인이 본래 비율로 다른 동급선원과 마찬가지로 전액 분배받는다. 선박을 방어하다가 납치된 경우에도 마찬가지로 생존한다고 간주하고, 다른 선원과 마찬가지의 혜택을 부여한다. 그러나 자기의 잘못이나 업무와 무관한 사고로 인해 납치된 경우, 납치시까지 발생한 보수만 청구할 수 있다.

646. El buque con sus máquinas, aparejo, pertrechos y fletes estará afectos a la responsabilidad de los salarios devengados por la tripulación ajustada a sueldo o por viaje, debiéndose hacer la liquidación y pago en el intermedio de una expedición a otra. Emprendida una nueva expedición , perderá la preferencia los créditos de aquella clase procedentes de la anterior.

647. Los Oficiales y la tripulación del buque quedará libres de todo compromiso, si lo estiman oportuno, en los casos siguientes:

1.º Si antes de comenzar el viaje intentare el Capitán variarlo, o si sobreviniere una guerra marítima con la nació a donde el buque estaba destinado.

2.º Si sobreviniere y se declarare oficialmente una enfermedad epidémica en el puerto de destino.

3.º Si el buque cambiase de propietario o de Capitán.

648. Se entenderá por dotación de un buque el conjunto de todos los individuos embarcados, de Capitán a paje, necesarios para su dirección , maniobras y servicio y, por tanto, estará comprendidos en la dotación la tripulación , los Pilotos, Maquinistas, Fogoneros y demás cargos de a bordo no especificados; pero no lo estará los pasajeros ni los individuos que el buque llevare de transporte.

SECCIÓN IV. DE LOS SOBRECARGOS

649. Los Sobrecargos desempeñará a bordo las funciones administrativas que les hubieran conferido el naviero o los cargadores: llevará la cuenta y razón de sus operaciones en un libro que tendrá las mismas circunstancias y requisitos exigidos al de contabilidad del Capitán y respetará a éste en sus atribuciones como Jefe de la embarcación. Las facultades y responsabilidades del Capitán cesan con la presencia del Sobrecargo, en cuanto a la parte de administración legítimamente conferida a éste, subsistiendo para todas las gestiones que son inseparables de su autoridad y empleo.

650. Será aplicables a los Sobrecargos todas las disposiciones contenidas en la Sección 2. del Título III, Libro II sobre capacidad, modo de contratar y responsabilidad de los factores.

651. Los Sobrecargos no podrá hacer, sin autorización o pacto expreso, negocio alguno por cuenta propia durante su viaje, fuera del de la pacotilla que, por costumbre del puerto donde se hubiere despachado el buque, les sea permitido. Tampoco podrá invertir en el viaje de retorno más que el producto de la pacotilla, a no mediar autorización expresa de los comitentes.

제646조 봉급이든 혹은 항해 단위의 도급이든, 선원이 받을 보수채권을 가진 사람은 엔진, 장비, 부품 및 운임을 포함한 선박 전체에 대해 우선특권이 있고, 이러한 채무는 항해 도중에도 청산하여 변제할 의무가 있다. 그러나 그 선박이 새로운 항해를 개시하면 이 채권에 기한 우선특권은 소멸한다.

제647조 아래 사건이 발생한 경우, 사관과 선원은 그들이 희망하면 모든 계약상 의무를 면한다.

1. 선장이 항해를 개시하기 이전에 항해를 변경하려 하는 때 및 목적항의 관할국과 해상 전쟁이 발발한 때.
2. 목적항에 전염병이 발발하여 공식적으로 선포된 때.
3. 선박의 소유자 혹은 선장이 변경된 때.

제648조 승무원이란 선박의 운항, 수리 및 업무를 위해 필요한 견습선장을 포함한 승선인원 전부를 이른다. 그리하여 항해사, 기관사, 화로부 및 여타 직책을 수행하는 사람도 모두 승무원[31]으로 본다. 그러나 여객 혹은 동승자는 이를 승무원으로 보지 아니한다.

제4절 화물관리인

제649조 화물관리인은 선상에서 선장 또는 화주로부터 위임을 받아 관리 업무를 처리하는 사람을 말한다. 화물관리인은 화물관리인 일기장을 보유하고, 수행한 업무와 관련된 요지와 계산을 기록하여야 한다. 그리고 이 일기장에는 선장이 회계장부에 기재할 요건과 상황을 모두 기재하여야 하며, 이러한 권한에 관한 한 화물관리인은 선상에서 최종적 권한을 가진 사람으로 간주한다. 선장이 화물관리인에게 적법하게 관리 사무를 위임하면 그 범위 내에서 책임과 권한이 선장으로부터 그 화물관리인에 이전된다. 그러나 선장은 그 직책 및 권한과 불가분의 관계에 있는 사항은 그 권한과 책임을 그대로 보유한다.

제650조 행위능력, 계약방법 및 대리인의 책임 등에 관한 본법 제2편 제3장 제2절의 규정은 이를 화물관리인에 준용한다.

제651조 화물관리인은 명시적 특약이나 허락 없이 항해 중에 자기 개인 계산으로 영업을 하지 못한다. 다만 보내진 항해 지역의 관습에 따라 허용되는 휴대품의 경우에는 이를 예외로 한다. 또 화물관리인은, 관계인의 명시적 허락이 없는 한, 위 허용되는 소지품을 거래한 대가 이상을 회항에 투자하지 못한다.

31 여기에서 승무원을 la dotación de la tripulación 하여 la dotación이 la tripulación보다 좁은 개념이나 위에서 la tripulación이라는 용어를 선원으로 한정하여 사용하기도 하고 있으므로 이러한 논리적 모순에도 불구하고 la dotación 을 승무원으로 번역하였다.

TÍTULO III
DE LOS CONTRATOS ESPECIALES DEL COMERCIO MARÍTIMO

SECCIÓN I. DEL CONTRATO DE FLETAMENTO

1.º De las formas y efectos del contrato de fletamento

652. El contrato de fletamento deberá extenderse por duplicado en póliza firmada por los contratantes, y cuando alguno no sepa o no pueda, por dos testigos a su ruego.
La póliza de fletamento contendrá, además de las condiciones libremente estipuladas, las circunstancias siguientes:

1.ª La clase, nombre y porte del buque.
2.ª Su pabellón y puerto de matrícula.
3.ª El nombre, apellido y domicilio del Capitán.
4.ª El nombre, apellido y domicilio del naviero si éste contratare el fletamento.
5.ª El nombre, apellido y domicilio del fletador; y si manifestare obrar por comisión , el de la persona por cuya cuenta hace el contrato.
6.ª El puerto de carga y descarga.
7.ª La cabida, número de toneladas o cantidad de peso o medida que se obliguen respectivamente a cargar y a conducir, o si es total el fletamento.
8.ª El flete que se haya de pagar, expresando si ha de ser una cantidad alzada por el viaje, o un tanto al mes, o por las cavidades que se hubieren de ocupar, o por el peso o la medida de los efectos en que consista el cargamento, o de cualquier otro modo que se hubiere convenido.
9.ª El tanto de capa que se haya de pagar al Capitán.
10.ª Los días convenidos para la carga y descarga.
11.ª Las estadías y sobrestadías que habrá de contarse y lo que por cada una de ellas se hubiere de pagar.

653. Si se recibiere el cargamento sin haber firmado la póliza, el contrato se entenderá celebrado con arreglo a lo que resulte del conocimiento, único título, en orden a la carga, para fijar los derechos y obligaciones del naviero, del Capitán y del fletador.

654. Las pólizas del fletamento contratado con intervención del Corredor que certifique la autenticidad de las firmas de los contratantes por haberse puesto en su presencia, hará prueba plena en juicio, y si resultare entre ellas discordancia, se estará a la que concuerde con la que el Corredor deberá conservar en su registro, si éste estuviera con arreglo a Derecho. También hará fe las pólizas, aun cuando no haya intervenido Corredor, siempre que los contratantes reconozcan como suyas las firmas puestas en ellas. No habiendo intervenido Corredor en el fletamento ni reconociéndose las firmas, se decidirá las dudas por lo que resulte del conocimiento, y a falta de éste, por las pruebas que suministren las partes.

655. Los contratos de fletamento celebrados por el Capitán en ausencia del naviero, será

제3장
해상영업에서의 특수한 계약

제1절 운송계약[32]

제1관 계약의 형식과 효력

제652조 해상운송계약은 계약서 2통을 작성하여 당사자가 서명하여야 한다. 어느 일방 당사자가 서명을 할 수 없는 사정이 있거나 서명하는 것이 불가능한 때에는 그 대신 2명의 증인이 서명하여야 한다. 해상운송계약서에는 당사자가 임의로 정한 여타 사항 이외에 아래 사항을 반드시 기재하여야 한다.

1. 선박의 종류, 명칭 및 소재항.
2. 선적국 및 선적항.
3. 선장의 성명과 주소.
4. 선주가 계약을 체결하는 때에는 그 선주의 성명과 주소.
5. 용선자(송하인)[33]의 성명과 주소; 위임을 받아 계약을 하는 경우는 그 위임인.
6. 선적항 및 양륙항.
7. 선적톤수, 중량톤수 혹은 선적 및 인수할 의무가 있는 중량 혹은 부피 및 전부 용선인지 여부.
8. 지급하여야 할 운임. 운임이 항해를 기준으로 일정액인지, 기간을 단위로 일정액인지, 운송물이 차지하는 공간을 기준으로 하는 선적톤수를 기준으로 정하는지, 적하를 구성하는 물건의 중량 혹은 부피를 기준으로 정하는지 혹은 기타 당사자가 정한 계산 방법을 기재하여야 한다.
9. 화주가 선장에게 지급할 상여금.[34]
10. 선적시간 및 양륙시간.
11. 선적기간 및 체선기간의 계산과 그 요금.

제653조 다른 운송계약서에 서명함이 없이 운송물을 수령한 때에는, 선주, 선장 및 용선자(송하인)의 권리와 의무는 선하증권에 기재된 바에 따라 이를 정하며, 여하한 경우라 하더라도 운송물의 선적에 관하여는 선하증권은 본래 유일한 증서가 된다.

제654조 운송계약을 체결함에 있어 운송중개인[35]이 참가하여, 자기 면전에서 서명한 것

---

32 원문은 용선계약이다. 이는 1829년 상법과 마찬가지로 당시에는 용선계약이 운송계약의 주류이고 따라서 오늘날 의미로는 운송계약을 말하나 이를 반영하여 이렇게 번역하였다.

33 스페인 상법은 1885년에 제정되어 아직 근대적인 정기선업이 발전되지 아니하던 시절이라 기본적인 영업형태가 용선이고 다만 예외적으로 개품운송이 이루어졌다. 그리하여 오늘날의 개념으로 말하면 송하인이 포함된 개념이다.

34 capa에 관하여는 제686조 및 제706조에도 규정이 있다. 당시에는 선장의 역할이 대단하여 선주의 수임인이라는 지위를 넘어 화주를 위해 일정한 역할을 하는 것으로 이해하여 통상 화주가 선장에게 일정한 격려금을 지급하는 관행이 있었다고 한다. 처음에는 화물 자체의 일부를 제공하다가 차츰 그 가액의 일부를 지급하는 관행으로 발전되었다고 한다. Capa가 그 원래 뜻이 옷이고 이러한 의미로 빌바오 해사칙령에서 사용된 Sombrero도 모자라는 의미가 있는 것으로 보아 아마 당시에는 모자값 혹은 옷값이라는 용어가 오늘날 떡값이라는 의미로 사용한 것이 아닌가 생각된다. 1829년 구 상법 제737조, 제796조 및 제799조에도 동일한 내용이 있다.

35 스페인상법에는 해상운송중개인에 관한 규정이 별도로 있다. 1885년 스페인 해상법 제112조 이하 참조. 이 중개인은 1681년 프랑스 해사칙령 제1편제7장 번역관 및 중개인과 같은 개념이다.

válidos y eficaces aun cuando al celebrarlos hubiera obrado en contravención a las órdenes e instrucciones del naviero o fletante; pero quedará a éste expedita la acción contra el Capitán para el resarcimiento de perjuicios.

656. Si en la póliza de fletamento no constare el plazo en que hubieren de verificarse la carga y descarga, se seguirá el uso del puerto donde se ejecuten estas operaciones. Pasado el plazo estipulado o el de costumbre, y no constando en el contrato de fletamento cláusula expresa que fije la indemnización de la demora, tendrá derecho el Capitán a exigir las estadías y sobrestadías que hayan transcurrido en cargar y descargar.

657. Si durante el viaje quedare el buque inservible, el Capitán estará obligado a fletar a su costa otro en buenas condiciones que reciba la carga y la portee a su destino, a cuyo efecto tendrá la obligación dé buscar buque no sólo en el puerto de arribada, sino en los inmediatos hasta la distancia de 150 kilómetros. Si el Capitá no proporcionare, por indolencia o malicia, buque que conduzca el cargamento a su destino, los cargadores previo un requerimiento al Capitán para que en término improrrogable procure flete, podrá contratar el fletamento acudiendo a la autoridad judicial en solicitud de que sumariamente apruebe el contrato que hubieren hecho. La misma autoridad obligará por la vía de apremio al Capitán a que, por su cuenta y bajo su responsabilidad, se lleve a efecto el fletamento hecho por los cargadores. Si el Capitán , a pesar de su diligencia, no encontrare buque para el flete, depositará la carga a disposición de los cargadores, a quienes dará cuenta de lo ocurrido en la primera ocasión que se le presente, regulándose en estos casos el flete por la distancia recorrida por el buque, sin que haya lugar a indemnización alguna.

658. El flete se devengará según las condiciones estipuladas en el contrato y, si no estuvieren expresas o fueren dudosas, se observará las reglas siguientes:

1.ª Fletado el buque por meses o por días, empezará a correr el flete desde el día en que se ponga el buque a la carga.

2.ª En los fletamentos hechos por un tiempo determinado empezará a correr el flete desde el mismo día.

3.ª Si los fletes se ajustaren por peso se hará el pago por el peso bruto, incluyendo los envases como barricas o cualquier otro objeto en que vaya contenida la carga.

659. Devengará flete las mercancías vendidas por el Capitán para atender a la reparación indispensable del casco, maquinaria o aparejo o para necesidades imprescindibles y urgentes. El precio de estas mercaderías se fijará según el éxito de la expedición , a saber:

1.º Si el buque llegare a salvo al puerto del destino, el Capitán las abonará al precio que obtengan las de la misma clase que en él se vendan.

2.º Si el buque se perdiere, al que hubieran obtenido en venta las mercaderías.

La misma regla se observará en el abono del flete, que será entero si el buque llegare a su destino, y en proporción de la distancia recorrida, si se hubiere perdido antes.

660. No devengará flete las mercancías arrojadas al mar por razón de salvamento común; pero su importe será considerado como avería gruesa, contándose aquél en proporción la distancia recorrida cuando fueron arrojadas.

을 계약서에 확인하면 그 해상운송계약서는 법적으로 완전한 증명력[36]을 갖는다. 운송중개인은 법에 따라 보유하는 중개인 일기장에 계약서를 첨부하여야 하고, 만일 운송계약서에 불일치가 발견되면 운송중개인이 법에 따라 작성하여 소지한 운송계약서에 따른다. 운송중개인이 관여하지 아니한다 하더라도 당사자가 서명이 자기 것이라고 시인하면 그 운송계약서도 증명력을 갖는다. 운송중개인도 운송계약에 관여하지 않고, 당사자가 서명도 시인하지 아니하는 때에는, 의문이 있으면 선하증권에 기재된 바에 따르고, 그것도 없는 경우 당사자가 제출하는 여러 증거를 종합하여 정한다.

제655조 선주가 없는 동안에 선장이 체결한 운송계약은, 비록 선장이 운송인이나 선주의 명령과 지시를 위반하여 체결한 것이라 하더라도, 적법하고 유효하다. 그러나 위반하여 체결한 계약으로 인하여 손해가 있으면 운송인은 선장에게 그 보상을 청구할 수 있다.

제656조 운송계약서에서 선적 및 양륙을 실시할 시간에 관해 정함이 없는 경우, 그 작업을 실행할 항구의 관행에 따라 이를 정한다. 약정 혹은 관행에 따른 시간이 경과하고, 운송계약서에 그 지체 시에 보상할 금액을 정하는 명시적 조항이 없는 경우, 그 선적 혹은 양륙의 기간에 대해 선장은 선적기간과 체선료를 주장할 수 있다.

제657조 항해 도중 선박의 작동이 불가능하게 된 경우, 선장은 이적을 하여 목적항까지 운송할 안전한 상태의 선박을 자기 비용으로 용선하여야 한다. 이를 위해 정박항뿐만 아니라 150킬로미터 이내 다른 항구까지 선박을 물색할 의무가 있다. 선장이 나태 혹은 고의로 목적항까지 운송할 대체 선박을 제공하지 아니하는 경우, 화주는 일정 기간 내에 대체 선박을 마련할 것을 먼저 선장에게 요구한 다음, 자기가 직접 운송계약을 체결할 수 있고, 화주가 이러한 운송계약을 체결하려면 법원에 신청하여 계약서의 확인을 받아야 하고, 신청을 받은 법원은 체결한 운송계약서를 간이절차를 거쳐 확인한다. 법원은 이행명령을 통해 선장에게 자기 비용과 책임으로 화주가 체결한 운송계약을 이행하라고 명할 수 있다. 선장이 상당한 노력을 하였음에도 불구하고 대체 선박을 용선하지 못한 경우, 화주를 위해 운송물을 보관시켜야 하고, 화주에게 당초 자기가 겪은 사고 경위를 알려주어야 한다. 이 경우 운임은 운송 거리에 따라 정산하고, 선장이 달리 손해를 배상할 의무는 없다.

제658조 운임은 당사자가 운송계약에서 정한 바에 따라 발생하고, 그에 관해 명시적 규정이 없거나 의문이 있는 경우, 다음의 규정에 따른다.

1. 월수 혹은 일수를 기준으로 운임을 정한 경우 운임은 선적을 하는 날로부터 기산한다.
2. 운송계약이 특정한 기간 동안의 운송을 위한 경우에도 같은 날로부터 기산한다.
3. 중량에 따라 운임이 정해지는 경우, 총 중량을 기준으로 운임을 정하며, 원통과 같은 용기에 화물이 담겨 있는 경우, 그 용기는 물론 그 종류가 무엇이든 화물을 담은 기구 일체도 거기에 포함한다.

제659조 선체, 기관, 장비 및 부품을 불가피하게 수리할 필요가 있거나 혹은 기타 긴급하고 대안이 없는 상황하에서, 선장이 화물을 판매한 때에도 운임이 발생한다.

이처럼 매도한 화물의 보상 가격은 항해의 성공 여부에 따라 정해진다. 즉

1. 선박이 이상 없이 목적항에 도착한 때에는 선장이 도착항에서 동종 화물을 매도하여 취득한 가격을 기준으로 보상하고,
2. 선박이 도중에 멸실된 때에는 그 화물을 매도하였다면 수령했을 대금을 기준으로 보상한다.

동일한 원칙은 운임의 보상 시에도 적용되고, 선박이 목적항에 안전하게 도착하면 운임은 전액이 되고, 이전에 멸실하면 운송 비율에 따른 비례운임이 된다.

---

36 반증이 허용되지 아니하는 증거를 말한다.

661. Tampoco devengará flete las mercancías que se hubieren perdido por naufragio o varada ni las que fueren presa de piratas o enemigos.
Si se hubiere recibido el flete por adelantado, se devolverá, no mediar pacto en contrario.

662. Rescatándose el buque o las mercancías, o salvándose los efectos del naufragio, se pagará el flete que corresponda a la distancia recorrida por el buque porteando la carga; y si reparado, la llevare hasta el puerto del destino, se abonará el flete por entero, sin perjuicio de lo que corresponda sobre la avería.

663. Las mercaderías que sufran deterioro o disminución por vicio propio o mala calidad y condición de los envases o por caso fortuito, devengará el flete íntegro y tal como se hubiere estipulado en el contrato de fletamento.

664. El aumento natural que en peso o medida tengan las mercaderías cargadas en el buque cederá en beneficio del dueño y devengará el flete correspondiente fijado en el contrato para las mismas.

665. El cargamento estará especialmente afecto al pago de los fletes, de los gastos y derechos causados por el mismo que deban reembolsar los cargadores y de la parte que pueda corresponderle en avería gruesa; pero no será lícito al Capitán dilatar la descarga por recelo de que deje de cumplirse esta obligación.
Si existiere motivo de desconfianza, el Juez o Tribunal, a instancia del Capitán , podrá acordar el depósito de las mercaderías hasta que sea completamente reintegrado.

666. El Capitán podrá solicitar la venta del cargamento en la proporción necesaria para el pago del flete, gastos y averías que le correspondan, reservándose el derecho de reclamar el resto de lo que por estos conceptos le fuere debido, si lo realizado por la venta no bastare a cubrir su crédito.

667. Los efectos cargados estará obligados preferentemente a la responsabilidad de sus fletea y gastos durante veinte días, a contar desde su entrega o depósito. Durante este plazo se podrá solicitar la venta de los mismos, aunque haya otros acreedores y ocurra el caso de quiebra del cargador o del consignatario. Este derecho no podrá ejercitarse, sin embargo, sobre los efectos que después de la entrega hubiesen pasado a una tercera persona, sin malicia de ésta y por título oneroso.

668. Si el consignatario no fuese hallado, o se negare a recibir el cargamento, deberá el Juez o Tribunal, a instancia del Capitán, decretar su depósito y disponer la venta de lo que fuere necesario para el pago de los fletes y demás gastos que pesaren sobre ella. Asimismo tendrá lugar la venta cuando los efectos depositados ofrecieren riesgo o deterioro o por sus condiciones u otras circunstancias, los gastos de conservación y custodia fueren desproporcionados.

第660条 공동해손의 목적으로 화물을 투기한 경우, 운임은 발생하지 아니한다. 그러나 투기 시점에 이루어진 운송 거리의 비율에 따라 계산을 하여 공동해손의 총액을 정한다.

第661条 적하가 선박의 난파 혹은 좌초로 인하여 멸실된 경우, 운임이 발생하지 아니한다. 적하가 해적 혹은 적국에 의해 나포되어 멸실된 경우에도 마찬가지로 운임이 발생하지 아니한다. 선급의 형식으로 운임을 미리 받은 때에는 반대의 약정이 없으면 이를 반환하여야 한다.

第662条 나포되었던 선박 혹은 적하를 환수하거나 혹은 난파된 물건을 구조한 경우, 운송한 거리에 상응하는 비례 운임을 지급하여야 한다. 만일 수리 후 이를 목적항까지 운송한 경우에는 운임을 전액 지급하여야 하고, 다만 해손에 해당하는 것은 이와 상관없이 별도로 처리한다.

第663条 화물 자체의 하자나 품질 불량 및 포장 상태가 원인이 되거나 예측할 수 없는 우연한 사고가 원인이 되어 화물에 손상 혹은 감소의 결과가 생긴 경우, 운송계약에서 정한 바에 따라 운임 전액을 청구할 수 있다.

第664条 운송 중인 화물이 자연적 사유로 중량 혹은 부피가 증가하면 이는 그 화물소유자의 이익으로 돌아가고, 운송계약에서 그 화물에 대해 정한 운임에 따라 증가된 화물에 해당하는 운임을 청구할 수 있다.

第665条 운임, 비용, 화물로 인해 화주가 보상할 금액 혹은 화물이 부담할 공동해손분담금이 있으면, 그 화물에 대해 특별 우선변제권을 가진다. 그러나 이러한 의무를 이행하지 아니하였다는 이유로 선장이 양하를 지연시키는 것은 이를 불법으로 간주한다. 장차 이러한 금액의 변제를 신뢰하기 어려운 정당한 사유가 있는 경우, 선장은 법원에 그 보관을 신청할 수 있고, 법원은 채무 전액을 변제할 때까지 그 화물을 보관시킬 것을 명할 수 있다.

第666条 선장은 그가 요구할 권한이 있는 운임, 비용 및 공동해손분담금의 변제를 목적으로 필요한 분량만큼 운송물의 매각을 신청할 수 있다. 매각 대금이 채무를 완제하기에 충분하지 못한 때에는, 선장은 그 잔액에 대해 다시 청구할 수 있다.

第667条 운임 혹은 비용에 관한 채권은 운송한 물건을 인도 혹은 보관한 이후라도 그 인도 혹은 보관한 날로부터 20일 동안은 그 물건에 우선변제권이 존속한다. 이 기간 동안에는 다른 채권자가 있거나 화주나 수하인이 파산하는 것과 상관없이 우선하여 운송물의 매각을 신청할 수 있다. 그러나 인도 이후에 권리가 제3자에 이전되고 제3자가 선의이며 대가를 지급한 경우에는 이 권리를 행사할 수 없다.

第668条 수하인이 발견되지 아니하거나 운송물의 수령을 거절하면, 선장의 신청에 의거 법원이 보관을 명하고 나아가 운임과 여타 비용의 지급을 위하여 필요한 범위 내에서 매각 조치를 할 수 있다. 보관한 물건에 멸실의 염려가 있거나 또 운송물의 상태나 여건이 보관과 보존에 필요한 비용에 비추어 균형을 잃은 것이라면 마찬가지로 매각한다.

2.º De los derechos y obligaciones del fletante

669. El fletante o el Capitán se atendrá en los contratos de fletamento a la cabida que tenga el buque o a la expresamente designada en su matrícula, no tolerándose más diferencia que la del 2 por 100 entre la manifestada y la que tenga en realidad. Si el fletante o el Capitán contrataren mayor carga que la que el buque puede conducir, atendido su arqueo, indemnizará a los cargadores a quienes dejen de cumplir su contrato los perjuicios que por su falta de cumplimiento les hubiesen sobrevenido, según los casos, a saber: Si ajustado el fletamento de un buque por un solo cargador resultare error o engaño en la cabida de aquél, y no optare el fletador por la rescisión , cuando le corresponda este derecho, se reducirá el flete en proporción de la carga que el buque deje de recibir, debiendo además indemnizar el fletante al fletador de los perjuicios que le hubiere ocasionado. Si, por el contrario, fueren varios los contratos de fletamento, y por falta de cabida no pudiere embarcar toda la carga contratada, y ninguno de los fletadores optare por la rescisión, se dará la preferencia al que tenga introducida y colocada la carga en el buque, y los demás obtendrá el lugar que les corresponda según el orden de fechas de sus contratos. No apareciendo esta prioridad, podrá cargar, si les conviene, a prorrata de las cantidades de peso o extensión que cada uno haya contratado, y quedará el fletante obligado al resarcimiento de daños y perjuicios.

670. Si recibida por el fletante una parte de carga, no encontrare la que falte para formar al menos las tres quintas partes de las que puede portear el buque al precio que hubiere fijado, podrá sustituir para el transporte otro buque visitado y declarado a propósito para el mismo viaje, siendo de su cuenta los gastos de transbordo y el aumento si lo hubiere, en el precio del flete. Si no le fuere posible esta sustitución , emprenderá el viaje en el plazo convenido; y no habiéndolo, a los quince días de haber comenzado la carga, si no se ha estipulado otra cosa. Si el dueño de la parte embarcada le procurase carga a los mismos precios y con iguales o proporcionadas condiciones a las que aceptó en la recibida, no podrá el fletante o Capitán negarse a aceptar el resto del cargamento; y si lo resistiese, tendrá derecho el cargador a exigir que se haga a la mar el buque con la carga que tuviera a bordo.

671. Cargadas las tres quintas partes del buque, el fletante no podrá, sin consentimiento de los fletadores o cargadores, sustituir con otro el designado en el contrato, so pena de constituirse por ello responsable de todos los daños y perjuicios que sobrevengan durante el viaje al cargamento de los que no hubieren consentido la sustitución.

672. Fletado un buque por entero, el Capitán no podrá, sin consentimiento del fletador, recibir carga de otra persona; y si lo hiciere, podrá dicho fletador obligarle a desembarcarla y a que le indemnice los perjuicios que por ello se le sigan.

673. Será de cuenta del fletante todos los perjuicios que sobrevengan al fletador por retardo voluntario del Capitán en emprender el viaje según las reglas que van prescritas siempre que fuera requerido notarial o judicialmente a hacerse a la mar en tiempo oportuno.

674. Si el fletador llevase al buque más carga que la contratada, podrá admitírsele el exceso de flete con arreglo al precio estipulado en el contrato, pudiendo colocarse con buena estiba

제2관 운송인의 권리와 의무

제669조 운송인 혹은 선장은 운송계약에서 말하는 선박의 적재중량 및 선박등록증에 명시되어 있는 적재중량에 대하여 책임을 져야 한다. 다만 2%의 범위 내에서 기재와 실제에 차이가 있는 것은 허용된다. 선박의 용량에 비추어 선박이 운송할 수 있는 양보다 더 많은 양에 대해 운송계약을 한 경우, 운송을 하지 못한 화주에게 그 불이행으로 인해 발생한 손해를 다음 예에 따라 배상하여야 한다. 한 사람과 운송계약을 체결하고 적재중량에 착오나 사기가 있은 경우, 용선자가 운송계약을 해제할 수 있음에도 불구하고 해제를 원하지 아니하는 때에는, 운임은 선적하지 못한 분량만큼 비율에 따라 감소한다. 그 외에도 만일 용선자에게 손해가 있으면 운송인은 이를 배상하여야 한다. 위와 달리 수개의 운송계약이 있고, 적재중량이 부족하여 약정한 물량을 전부 선적할 수 없고, 어느 용선자도 계약해제를 희망하지 아니하는 때에는, 이미 선적이 이루어져 적부가 된 때에는 그 사람에게 우선권이 부여되고, 나머지 사람은 계약한 날짜의 순으로 공간을 부여한다. 이러한 우선순위가 없는 경우, 계약한 수량이나 부피를 기준으로 비례하여 선적한다. 그 외에도 이로 인해 손상이나 손해가 생기면 운송인은 이를 배상할 의무가 있다.

제670조 운송인이 통상 운임으로 선박을 가지고 운송할 수 있는 총 분량의 5분의 3에 해당하는 화물을 주선할 수 없는 경우, 운송을 위해 이미 수령한 운송물을 자기가 운송하지 아니하고 다른 사람을 통해 운송하기 위해 동일 항해를 목적으로 그 항구에 머물고 있는 다른 선박으로 운송할 선박을 대체할 수 있다. 다만 이로 인하여 필요한 전적 비용과 증가될 운임이 있으면 이는 운송인이 부담하여야 한다. 이러한 대체가 불가능할 때에는 약정한 기간이 있으면 그 약정기간 내에, 약정기간도 없고 달리 취할 조치에 대하여도 규정이 없으면, 선적을 시작할 날로부터 15일 이내에 항해를 개시하여야 한다. 이미 선적한 화물의 소유자가 인도한 화물과 동일한 가격 및 같은 혹은 비슷한 조건으로 다른 화물의 선적을 주선한 경우, 운송인이나 선장은 그 다른 화물의 수령을 거절할 수 없다. 이를 거절하면 화주는 이미 선적한 화물만 가지고 항해를 개시할 것을 요구할 수 있다.

제671조 5분의 3 이상의 화물이 선적되면, 운송인은 용선자나 화주의 동의가 없는 한, 계약에서 지정한 선박을 다른 선박으로 대체할 수 없다. 이를 위반한 운송인은 동의를 하지 아니한 사람에게 운송 도중에 화물에 발생한 모든 손상과 손해를 보상할 책임이 있다.

제672조 선박 전체를 용선한 경우, 선장은 용선자의 동의 없이 다른 사람의 화물을 수령할 수 없다. 만일 수령한 경우, 용선자는 그 하선을 요구할 수 있고, 선장은 그에 따르는 모든 손해를 배상하여야 한다.

제673조 선장이 고의로 지체하여 항해를 함으로 말미암아 용선자에게 손해가 발생하면 운송인은 이를 배상하여야 하고, 화주가 운송계약에 따라 지체없이 항해를 개시할 것을 사법적 절차로 혹은 공증인을 통해 요구하면 정하여진 규칙에 따라 항해를 하여야 한다.

제674조 다른 화물에 피해를 입히지 아니하고 또 선박의 안전에 위해가 없이 적부가 가능한 범위 내에서, 용선자가 약정한 화물보다 많은 양의 화물을 선적하면 계약에서 약정한

sin perjudicar a los demás cargadores; pero si para colocarla hubiere de faltarse a las buenas condiciones de estiba, deberá el Capitán rechazarla o desembarcarla a costa del propietario. Del mismo modo, el Capitán podrá antes de salir del puerto, echar en tierra las mercaderías introducidas a bordo clandestinamente o portearlas, si pudiera hacerlo con buena estiba, exigiendo por razón de flete el precio más alto que hubiere pactado en aquel viaje.

675. Fletado el buque para recibir la carga en otro puerto, se presentará el Capitán al consignatario designado en su contrato; y si no le entregare la carga, dará aviso al fletador, cuyas instrucciones esperará, corriendo entre tanto las estadías convenidas o las que fueren de uso en el puerto, si no hubiere sobre ello pacto expreso en contrario. No recibiendo el Capitán contestación en el término necesario para ello, hará diligencias para encontrar flete; y si no lo hallare después de haber corrido las estadías y sobrestadías, formalizará protesta y regresará al puerto donde contrató el fletamento. El fletador pagará el flete por entero, descontando el que haya devengado por las mercaderías que se hubieren transportado a la ida y a la vuelta si se hubieran cargado por cuenta de terceros. Lo mismo se observará cuando el buque fletado de ida y vuelta no sea habilitado de carga para su retorno.

676. Perderá el Capitán el flete e indemnizará a los cargadores siempre que éstos prueben, aun contra el acta de reconocimiento, si se hubiere practicado en el puerto de salida, que el buque no se hallaba en disposición para navegar al recibir la carga.

677. Subsistirá el contrato de fletamento si, careciendo el Capitán de instrucciones del fletador, sobreviniere durante la navegación declaración de guerra o bloqueo.
En tal caso, el Capitán deberá dirigirse al puerto neutral y seguro más cercano pidiendo y aguardando órdenes del cargador, y los gastos y salarios devengados en la detención se pagará como avería común. Si por disposición del cargador se hiciere la descarga en el puerto de arribada, se devengará por entero el flete de ida.

678. Si, transcurrido el tiempo necesario, a juicio del Juez o Tribunal, para recibir las órdenes del cargador, el Capitán continuase careciendo de instrucciones, se depositará el cargamento, el cual quedará afecto al pago del flete y gasto de su cargo en la demora, que se satisfará con el producto de la parte que primero se venda.

3º De las obligaciones del fletador

679. El fletador de un buque por entero podrá subrogar el flete en todo o en parte a los plazos que más le convinieren, sin que al Capitán pueda negarse a recibir a bordo la carga entregada por los segundos fletadores, siempre que no se alteren las condiciones del primer fletamento y que se pague al fletante la totalidad del precio convenido aun cuando no se embarque toda la carga, con la limitación que se establece en el siguiente.

680. El fletador que no completare la totalidad de la carga que se obligó a embarcar, pagará el flete de la que deje de cargar, a menos que el Capitán no hubiere tomado otra carga para completar el cargamento del buque en cuyo caso abonará el primer fletador las diferencias, si las hubiere.

가격을 기준으로 추가운임을 청구할 수 있다. 추가 선적이 선박의 안전에 위해를 가져오는 경우 선장은 선적을 거절하여야 하고, 이미 선적한 화물은 그 소유자의 비용으로 하선 조치하여야 한다. 마찬가지로 선박에 몰래 반입한 화물이 있는 경우, 선장은 출항 전에 이를 하선 조치할 수 있다. 다만 선박의 안전에 위해가 없는 범위 내에서 선장은 그 화물을 운송한 다음 운임 명목으로 그 항해에서 약정했을 최고 가격을 청구할 수 있다.

제675조 다른 항구에서 선적을 하기 위해 용선을 한 경우, 선장은 선적할 곳에서 계약에서 지정한 선박대리인에게 도착 통지를 하여야 한다. 만일 그가 화물을 인도하지 아니하는 경우, 선장은 용선자에게 이를 통지하여야 하며 그 용선자의 지시를 기다려야 하고, 이 지시를 기다리는 기간은 당사자 사이에 다른 약정이 없으면 약정한 선적기간이나 그 항구의 관행에 따른 선적기간에 산입한다. 상당한 기간이 경과하여도 회답이 없으면 선장은 다른 화물을 찾기 위해 상당한 노력을 하여야 한다. 선적기간 및 체선기간이 경과하여도 이를 마련할 수 없는 경우, 공식적으로 사고통지를 하고 계약했던 항구로 귀항하여야 한다. 이 경우 용선자는 운임 전액을 지급하여야 한다. 다만 왕복 항해 도중에 제3자의 화물을 운송하여 운임이 발생한 때에는 그 금액을 공제한다. 이같은 원칙은 왕복 항해를 위하여 용선이 이루어지고 돌아오는 항해에서 선적을 하지 못한 경우에도 적용된다.

제676조 화물을 수령한 선박이 항해할 상태에 있지 아니한 경우, 선장은 운임청구권을 상실하고 그로 인한 화주의 손해를 배상하여야 한다. 이는 출발항에서의 관행에 따라 선박의 안전에 관한 확인서가 있는 경우에도 마찬가지이다.

제677조 항해 도중에 전쟁 혹은 항만 봉쇄 선언이 있는 때에도 용선자로부터 다른 지시가 없는 동안 용선계약은 존속하는 것으로 본다. 이 경우 선장은 가장 가까우며 안전한 중립항에 피난을 하면서 용선자의 지시를 요청하고 기다려야 한다. 억류 중에 발생한 비용과 임금은 공동해손으로 처리한다. 화주의 요청으로 기착항에서 화물을 양하한 경우, 운송인은 가는 편도 운임 전부를 청구할 수 있다.

제678조 화주의 명령을 기다리던 선장이 법원의 판단에 의해서도 인정되는 상당한 기간이 경과하여도 지시를 받지 못한 때에는 그 화물을 보관시켜야 한다. 이후 운송인은 운임과 지연으로 인한 비용의 변제를 위해 그 화물에 대해 우선특권이 있고, 이 채무는 먼저 판매되는 것부터 그 대금으로 우선 변제한다.

제3관 용선자의 의무

제679조 선박 전부를 용선한 용선자는 그 선박의 전부 혹은 일부를 필요한 기간동안 새 용선줄 수 있고, 그러면 선장은 재용선자가 인도하는 운송물의 수령을 거절할 수 없다. 다만 이 경우 원용선계약에서 정한 내용을 변경할 수 없고 또 화물 전부가 선적되지 아니하였다 하더라도 원래 약정한 운임 전부를 운송인에게 지급하여야 한다. 또한 아래 조문에서 말하는 제한이 따른다.

제680조 선적할 의무가 있는 화물을 전부 선적하지 못한 용선자는 그 선적하지 못한 부분의 운임을 지급하여야 한다. 그러나 선장이 화물을 채우기 위하여 다른 화물을 수령한 때에는 원용선자는 그 차액이 있으면 차액만 변상하면 된다.

681. Si el fletador embarcare efectos diferentes de los que manifestó al tiempo de contratar el fletamento, sin conocimiento del fletante o Capitán , y por ello sobrevienen perjuicios, por confiscación, embargo, detención u otras causas, al fletante o a los cargadores, responderá el causante con el importe de su cargamento, y además con sus bienes, de la indemnización completa a todos los perjudicados por su culpa.

682. Si las mercancías embarcadas lo fueren con un fin de ilícito comercio y hubiesen sido llevadas a bordo a sabiendas del fletante o del Capitán , éstos mancomunadamente con el dueño de ellas, será responsables de todos los perjuicios que se originen a los demás cargadores y aunque se hubiere pactado, no podrá exigir del fletador indemnización alguna por el daño que resulte al buque.

683. En caso de arribada para reparar el casco del buque, maquinaria o aparejos, los cargadores deberá esperar a que el buque se repare, pudiendo descargarlo a su costa si lo estimaren conveniente. Si en beneficio del cargamento expuesto a deterioro dispusieren los cargadores o el Tribunal, o el Cónsul, o la autoridad competente en país extranjero, hacer la descarga de las mercaderías, será de cuenta de aquéllos los gastos de descarga y recarga.

684. Si el fletador, sin concurrir algunos de los casos de fuerza mayor expresados en el precedente, quisiere descargar sus mercaderías antes de llegar al puerto de su destino pagará el flete por entero, los gastos de la arribada que se hiciere a su instancia, y los daños y perjuicios que se causaren a los demás cargadores, si los hubiere.

685. En los fletamentos a carga general, cualquiera de los cargadores podrá descargar las mercaderías antes de emprender su viaje, pagando medio flete, el gasto de estibar y reestibar y cualquier otro perjuicio que por esta causa se origine a los demás cargadores.

686. Hecha la descarga y puesto el cargamento a disposición del consignatario, éste deberá pagar inmediatamente al Capitán el flete devengado y los demás gastos de que fuere responsable dicho cargamento. La capa deberá satisfacerse en la misma proporción y tiempo que los fletes, rigiendo en cuanto a ella todas las alteraciones y modificaciones a que éstos estuvieren sujetos.

687. Los fletadores y cargadores no podrá hacer, para el pago del flete y demás gastos abandono de las mercaderías averiadas por vicio propio o caso fortuito. Procederá, sin embargo, el abandono si el cargamento consistiere en líquidos y se hubieren derramado, no quedando en los envases sino una cuarta parte de su contenido.

4.º De la rescisión total o parcial de fletamento

688. A petición del fletador podrá rescindirse el contrato de fletamento:

1.ºSi antes de cargar el buque abandonare el fletamento, pagando la mitad del flete convenido.

2.º Si la cabida del buque no se hallase conforme con la que figura en el certificado de arqueo o si hubiere error en la designación del pabellón con que navega.

제681조 용선자가 운송인이나 선장 몰래 계약시 언급한 물건과 다른 물건을 선적하고, 그로 인해 몰수, 봉쇄, 억류 기타 사유로 운송인이나 다른 화주에게 피해가 생긴 경우, 피해를 유발한 가해자는 화물 전부는 물론 자기 재산을 가지고 자기의 잘못으로 인해 발생한 손해를 전부 배상하여야 한다.

제682조 선적한 화물이 불법한 영업을 목적으로 한 것이고, 운송인 혹은 선장의 인지하에 선상에 가지고 온 것이면, 운송인과 선장은 그 물건의 소유자와 함께 그로 인해 다른 화주에게 발생하는 모든 손해를 배상하여야 한다. 이때 당사자 사이에 다른 어떤 약정이 있다 하더라도 운송인과 선장은 그로 인해 선박에 발생한 손해에 대해 용선자에게 그 보상을 청구할 수 없다.

제683조 선박이 선체, 기관, 장비 등을 수리하기 위하여 어느 항구에 기항한 경우, 화주는 선박이 수리를 마칠 때까지 기다려야 한다. 다만 필요하다고 생각되는 때에는, 자기 비용으로 화물을 양륙할 수 있다. 만일 감손의 위기에 처한 화물을 보호하기 위해, 화주, 법원, 영사 및 외국의 해당 관청이 화물에 대해 양륙 조치를 취하면, 그로 인해 발생하는 양하 및 재선적 비용은 용선자가 부담하여야 한다.

제684조 전 항에 있는 불가항력적 조건을 갖추지 아니한 상태에서, 용선자가 목적항에 도착하기 이전에 양하를 원하는 경우, 화주는 운임 전액을 지급하여야 할 뿐만 아니라 자기가 요청하여 이루어진 기항에 따르는 비용도 부담하여야 한다. 그리고 그로 인해 다른 화주에게 손상과 손해가 발생하면 이에 대하여도 책임을 져야 한다.

제685조 선박이 상용으로 개품운송에 제공되는 경우, 항해를 개시하기 이전에는 어느 화주이든 운임의 반액과 적부와 양하에 따르는 비용을 부담하고 화물을 양륙할 수 있다. 이로 인하여 다른 화주에게 손해가 생기면 양하를 한 화주는 이도 보상하여야 한다.

제686조 양하가 이루어져 화물이 수하인에게 제공되면 수하인은 즉시 선장에게 발생한 운임과 화물로 인해 책임질 여타 비용을 지급하여야 한다. 선장에 대한 상여금도 동시에 같은 비율로 지급하여야 하고, 운임에 발생한 모든 변경과 개정도 거기에 마찬가지로 적용한다.

제687조 용선자나 화주는 운임 및 여타 비용을 지급할 목적으로 자체 하자 혹은 불가항력으로 인해 훼손된 화물을 포기할 수 없다. 다만 액체인 화물이 운송 도중 흘러나와 내용물의 5분의 1 이하밖에 용기에 남지 않은 경우에는 운임 및 비용 대신 이를 포기할 수 있다.

제4관 운송계약의 전부 혹은 일부 해제

제688조 다음 경우에 용선자의 청구에 의하여 운송계약이 해제될 수 있다.

1. 선적 개시 이전에 운임 반액을 지급하고 용선을 포기하는 경우.[37]
2. 선박 적재용량이 선적증서에 나타난 것과 일치하지 아니하는 경우 및 항해할 기국의

37 Pagando는 선급을 의미하는 것은 아니라고 해석된다.

3.º Si no se pusiese el buque a disposición del fletador en el plazo y forma convenidos.

4.º Si, salido el buque a la mar, arribare al puerto de salida, por riesgo de piratas, enemigos o tiempo contrario, y los cargadores convinieren en su descarga.

En el segundo y tercer caso el fletante indemnizará al fletador de los perjuicios que se le irroguen. En el caso cuarto, el fletante tendrá derecho al flete por entero del viaje de ida. Si el fletamento se hubiere ajustado por meses pagará los fletadores el importe libre de una mesada, siendo el viaje a un puerto del mismo mar y dos, si fuere a mar distinto. De un puerto a otro de la Península e islas adyacentes, no se pagará más que una mesada.

5.º Si para reparaciones urgentes arribase al buque durante al viaje a un puerto, y prefieren los fletadores disponer de las mercaderías. Cuando la dilación no exceda de treinta días, pagará los cargadores por entero el flete de ida. Si la dilación excediere de treinta días, sólo pagará el flete proporcional a la distancia recorrida por el buque.

689. A petición del fletante podrá rescindirse el contrato de fletamento:

1.º Si el fletador, cumplido el término de las sobrestadías, no pusiere la carga al costado. En este caso el fletador deberá satisfacer la mitad del flete pactado, además de las estadías y sobrestadías devengadas.

2.º Si el fletante vendiere el buque antes de que el fletador hubiere empezado a cargarlo, y el comprador lo cargare por su cuenta. En este caso el vendedor indemnizará al fletador de los perjuicios que se le irroguen. Si el nuevo propietario del buque no lo cargare por su cuenta, se respetará el contrato de fletamento, indemnizando el vendedor al comprador, si aquél no le instruyó del fletamento pendiente al tiempo de concertar la venta.

690. El contrato de fletamento se rescindirá, y se extinguirá todas las acciones que de él se originan, si antes de hacerse a la mar el buque desde el puerto de salida, ocurriere alguno de los casos siguientes:

1.º La declaración de guerra o interdicción del comercio con la potencia a cuyos puertos debía el buque hacer su viaje.

2.º El estado de bloqueo del puerto a donde iba aquél destinado, o peste que sobreviniere después del ajuste.

3.º La prohibición de recibir en el mismo punto las mercaderías del cargamento del buque.

4.º La detención indefinida, por embargo del buque de orden del Gobierno o por otra causa independiente de la voluntad del naviero.

5.º La inhabilitación del buque para navegar, sin culpa del Capitán o naviero.

La descarga se hará por cuenta del fletador.

691. Si el buque no pudiere hacerse a la mar por cerramiento del puerto de salida u otra causa pasajera, el fletamento subsistirá, sin que ninguna de las partes tenga derecho a reclamar perjuicios. Los alimentos y salarios de la tripulación será considerados avería común. Durante la interrupción, el fletador podrá por su cuenta descargar y cargar a su tiempo las mercaderías, pagando estadías si demorare la recarga después de haber cesado el motivo de la detención.

692. Quedará rescindido parcialmente el contrato de fletamento, salvo pacto en contrario, y no tendrá derecho el Capitán más que al flete de ida, si, por ocurrir durante el viaje la declaración de guerra, cerramiento de puertos o interdicción de relaciones comerciales,

기재에 착오가 있는 경우.
3. 선박이 약정한 기간에 약속한 상태로 용선자에 제공되지 아니한 경우.
4. 선박이 항해를 개시하였지만, 해적, 적국 혹은 태풍으로 인한 위험 때문에 다시 출발항에 기항하고 화주가 화물의 양륙을 희망하는 경우.

위 제2호와 제3호의 운송인은 용선자에게 발생한 손해를 배상하여야 한다.
위 제4호의 경우에는 목적항으로의 진행항해에 대한 운임 전액을 청구할 수 있다. 용선계약이 월을 기준으로 책정된 경우, 그 항해가 같은 대양의 한 항구로의 항해인 경우 1개월의 운임 총액을 지급하여야 하고, 만일 다른 해양의 항구로의 항해이면 2개월의 운임 총액을 지급하여야 한다. 그러나 반도나 인근에서 어느 항구로부터 다른 항구로 항해해야 할 경우, 월정 금액을 지급하면 된다.

5. 항해 도중 긴급히 선박을 수리할 필요가 있어 선박이 항해 중간에 기항을 하고, 용선자가 그곳에서 화물을 처분하기를 희망하는 경우, 이때에 그 지체가 30일을 초과하지 아니하는 경우, 화주는 목적항으로의 진행항해에 대한 운임 전액을 지급하여야 한다. 그 지체가 30일을 초과하는 경우, 운송거리에 따른 비례운임을 지급하여야 한다.

제689조 다음의 경우에 운송인의 청구에 의하여 운송계약이 해제될 수 있다.
1. 용선자가 체선기간이 경과하도록 화물을 선측에 가지고 오지 아니하는 경우. 이 경우 용선자는, 이미 발생한 체선료 외에, 약정한 운임의 반액을 지급하여야 한다.
2. 용선자가 선적을 개시하기 이전에 운송인이 선박을 양도하고, 양수인이 자기 계산으로 별도로 운송을 하는 경우, 이때에 양도인은 용선자가 그로 인하여 입은 손해를 배상하여야 한다. 새로운 선박 소유자가 자기 계산으로 선적을 하지 아니하는 경우, 원래 운송계약에 기해 이행을 하여야 한다. 다만 계약 체결시에 양도인이 진행중인 계약을 고지하지 아니한 때에는, 양수인은 양도인에게 그로 인한 손해의 배상을 청구할 수 있다.

제690조 출발항에서 선박이 출항을 하기 이전에 아래 사유가 발생하면 운송계약은 자동적으로 해제되고 당사자는 이를 이유로 아무런 보상도 청구할 수 없다.
1. 항해할 목적항의 정부와 전쟁이 선언되거나 상사 거래가 금지된 경우.
2. 항해하기로 예정된 항구가 봉쇄 상태인 경우 및 계약 이후에 역병이 발생한 경우.
3. 같은 곳에서 화물의 반입이 금지된 경우.
4. 정부의 명령에 의하여 선박에 대해 정박명령이 내려지거나 혹은 선주의 의사와 상관없는 사유로 선박이 불특정 기간 억류된 경우.
5. 선장 및 선주의 책임 없는 사유로 선박이 감항능력을 상실한 경우.

이러한 때에 용선자는 자기 비용으로 양하를 하여야 한다.

제691조 선박이 출발항에서 항구가 폐쇄되거나 다른 일시적 사유로 출항을 하지 못하게 된 때에도, 운송계약은 계속 존속하고 당사자는 이를 이유로 손해배상을 청구할 수 없다. 이 기간 동안의 선원의 식비 및 급료는 이를 공동해손으로 간주한다. 선박이 정박한 사이 용선자는 자기 비용으로 화물을 양륙하고 화물[38]을 선적할 수 있다. 그러나 정박 사유가 종료된 후에 재선적을 하면 그 지체로 인해 발생하는 체선료를 지급하여야 한다.

제692조 항해 도중에, 전쟁의 선언, 항구의 폐쇄, 상사거래의 금지 등이 이루어져, 선박이 용선자의 지시에 의거 이러한 때에 피난하라고 미리 지정해준 항구에 기착한 경우, 다른 약정이 없으면 운송계약은 부분적으로 해제된 것으로 보고, 선장은 목적항으로의 진행항해

38 선적할 화물은 양륙한 화물 및 다른 화물 모두를 지칭한다고 해석된다. 그리고 지연기간이 종료되면 새로운 화물은 선적할 수 없고 양륙한 화물만 재선적할 수 있다고 생각된다.

arribare el buque al puerto que se le hubiere designado para este caso en las instrucciones del fletador.

5.º De los pasajeros en los viajes por mar

693. No habiéndose convenido el precio del pasaje, el Juez o Tribunal le fijará sumariamente, previa declaración de Peritos.

694. Si el pasajero no llegare a bordo a la hora prefijada o abandonare el buque sin permiso del Capitán cuando éste estuviere pronto a salir del puerto el Capitán podrá emprender el viaje y exigir el precio por entero.

695. El derecho al pasaje, si fuese nominativo, no podrá transmitirse sin la aquiescencia del Capitán o consignatario.

696. Si antes de emprender el viaje el pasajero muriese, sus herederos no estará obligados a satisfacer sino la mitad del pasaje convenido. Si estuvieran comprendidos en el precio convenido los gastos de manutención, el Juez o Tribunal, oyendo a los Peritos, si lo estimara conveniente, señalara cantidad que ha de quedar en beneficio del buque. En el caso de recibirse otro pasajero en lugar del fallecido, no se deberá abono alguno por dichos herederos.

697. Si antes de emprender el viaje se suspendiese por culpa exclusiva del Capitán o naviero los pasajeros tendrá derecho a la devolución del pasaje y al resarcimiento de daños y perjuicios; pero si la suspensión fuera debida a caso fortuito o de fuerza mayor o a cualquiera otra causa independiente del Capitán o naviero, los pasajeros sólo tendrá derecho a la devolución del pasaje.

698. En caso de interrupción del viaje comenzado, los pasajeros sólo estará obligados a pagar el pasaje en proporción a la distancia recorrida, y sin derecho a resarcimiento de daños y perjuicios si la interrupción fuera debida a caso fortuito o de fuerza mayor, pero con derecho a indemnización si la interrupción consistiese exclusivamente en el Capitán. Si la interrupción procediese de la inhabilitación del buque, y el pasajero se conformase con esperar la reparación, no podrá exigírsele ningún aumento de precio del pasaje, pero será de su cuenta la manutención durante la estadía. En caso de retardo de la salida del buque, los pasajeros tienen derecho a permanecer a bordo y a la alimentación por cuenta del buque, a menos que el retardo sea debido a caso fortuito o de fuerza mayor. Si el retardo excediera de diez días, tendrá derecho los pasajeros que lo soliciten a la devolución del pasaje; y si fuera debido exclusivamente a culpa del Capitán o naviero, podrá además reclamar resarcimiento de danos y perjuicios. El buque exclusivamente destinado al transporte de pasajeros debe conducirlos directamente al puerto o puertos de su destino, cualquiera que sea el número de pasajeros, haciendo todas las escalas que tenga marcadas en su itinerario.

699. Rescindido el contrato antes o después de emprendido el viaje el Capitán tendrá derecho a reclamar lo que hubiere suministrado a los pasajeros.

운임만 청구할 수 있다.

제5관 해상여객운송

제693조 당사자가 운임을 정하지 아니한 경우, 법원이 간이절차를 통해 감정인의 의견을 듣고 그 금액을 정한다.

제694조 여객이 지정된 시간에 선박에 도착하지 못한 때 및 선장이 출발 준비를 완료하고 있는데 그의 허락 없이 여객이 선박을 이탈한 때에는 선장은 항해를 개시하고 약정한 운임 전액을 청구할 수 있다.

제695조 승선권은 기명식이면, 선장 혹은 선주대리점이 묵시적이라도 허락을 하지 않는 한, 이를 제3자에 양도할 수 없다.

제696조 항해를 개시하기 전에, 여객이 사망한 경우, 상속인은 약정한 운임의 반액을 지급할 의무가 있다. 여객이 지급하기로 합의한 가격에 운송 중의 체재비용이 포함되어 있는 경우, 법원은 필요하다면 감정인의 의견을 들어 선박이 보유할 금액을 확정한다. 사망한 여객 대신에 다른 여객을 승선시킨 경우, 위 상속인은 아무런 보상도 할 의무가 없다.

제697조 항해를 개시하기 전에, 선장 혹은 선주의 전적인 책임으로 인해 항해가 중지된 경우, 여객은 운임의 반환 및 그로 인한 손상과 손해의 보상을 청구할 수 있다. 우연한 사고, 천재지변[39] 기타 선장 혹은 선주와 상관없는 사유로 항해가 중지된 경우, 여객은 오로지 운임의 반환만 청구할 수 있다.

제698조 항해 도중에 운송이 중지된 경우, 그 중지가 우연한 사고 혹은 천재지변에 의한 것인 때에는 여객은 운송 비율에 따른 비례운임을 지급하여야 하고, 훼손이나 손해를 이유로 한 손해배상은 청구할 수 없다. 그러나 중지가 오로지 선장에 의해 이루어진 때에는 손해배상[40]을 청구할 수 있다. 중지가 선박의 감항능력부재에 기인하고 여객이 선박의 수리 때까지 기다리기로 한 때에는, 운송인은 별도로 증가된 운임을 청구할 수 없고, 다만 지체하는 동안 체재 비용은 여객이 부담하여야 한다. 출항이 지연되고 있는 동안에는 그 지체가 우연한 사고 혹은 천재지변에 의한 것이 아닌 한 여객은 선상에 남아 선박의 비용으로 취식을 할 권리가 있다. 지연기간이 10일을 경과하면 여객은 운임의 반환을 청구할 수 있다. 지연이 선장 혹은 선주의 과실에 전적으로 기인하는 때에는 그 외에도 훼손과 손해에 대한 보상도 청구할 수 있다. 오로지 여객운송만을 목적으로 하는 선박은, 승객의 수가 얼마이든, 일정표에 표시된 모든 항구에 기항하고, 이 복석항을 향해 직진하여야 한다.

제699조 항해개시 전 혹은 후에 운송계약이 해제된 경우, 선장은 여객에게 이미 제공한 것이 있으면 그 반환을 청구할 수 있다.

---

39 우연한 사고와 천재지변이 동일한 의미라는 견해도 있고 양자가 범위가 다르다는 의견도 있다. 두 번째 견해는 전자는 인위적, 후자는 자연적 원인을 가리킨다고 주장한다. Manuel Albaladejo, 《전시 민법서(*Compendido de Derecho Civil*)》, 183면 참조.

40 Resarcimiento와 Indemnizacion은 동일한 의미이다.

700. En todo lo relativo a la conservación del orden y policía a bordo, los pasajeros se someterá a las disposiciones del Capitán, sin distinción alguna.

701. La conveniencia o el interés de los viajeros no obligará ni facultará al Capitán para recalar ni para entrar en puntos que separen al buque de su derrota, ni para detenerse, en los que deba o tuviese precisión de tocar, más tiempo que el exigido por las atenciones de la navegación.

702. No habiendo pacto en contrario, se supondrá comprendida en el precio del pasaje la manutención de los pasajeros durante el viaje; pero si fuese de cuenta de éstos, el Capitán tendrá obligación , en caso de necesidad, de suministrarles los víveres precisos para su sustento por un precio razonable.

703. El pasajero será reputado cargador en cuanto a los efectos que lleve a bordo, y el Capitán no responderá de lo que aquél conserve bajo su inmediata y peculiar custodia, a no ser que el daño provenga de hecho del Capitán o de la tripulación.

704. El Capitán , para cobrar el precio del pasaje y gastos de manutención , podrá retener los efectos pertenecientes al pasajero, y en caso de venta de los mismos, gozará de preferencia sobre los demás acreedores, procediéndose en ello, como si se tratase del cobro de los fletes.

705. En caso de muerte de un pasajero durante el viaje, el Capitán estará autorizado para tomar respecto al cadáver las disposiciones que exijan las circunstancias, y guardará cuidadosamente los papeles y efectos que hallare a bordo pertenecientes al pasajero, observando cuanto dispone el caso 10 del 612 a propósito de los individuos de la tripulación.

6.º Del conocimiento

706. El Capitán y el cargador del buque tendrá obligación de extender el conocimiento, en el cual se expresará:

1.º El nombre, matrícula y porte del buque.
2.º El del Capitán, y su domicilio.
3.º El puerto de carga y el de descarga.
4.º El nombre del cargador.
5.º El nombre del consignatario si el conocimiento fuere nominativo.
6.º La cantidad, calidad, número de los bultos y marca de las mercaderías.
7.º El flete y la capa contratados.

El conocimiento podrá ser al portador, a la orden o a nombre de persona determinada, y habrá de firmarse dentro de las veinticuatro horas de recibida la carga a bordo, pudiendo el cargador pedir la descarga a costa del Capitán , si éste no le suscribiese, y en todo caso, los daños y perjuicios que por ello le sobrevinieren.

707. Del conocimiento primordial se sacará cuatro ejemplares de igual tenor, y los firmará todos el Capitán y el cargador. De éstos, el cargador conservará uno y remitirá otro al consignatario; el Capitán tomará dos, uno para sí y otro para el naviero. Podrá extenderse además cuantos conocimientos estimen necesarios los interesados; pero cuando fueren a la

제700조 선상에서의 질서와 치안에 관한 한 여객은 어떠한 것이든 무조건 선장의 처분에 복종하여야 한다.

제701조 여객은 자기의 편의와 이익을 위해 항로를 이탈하여 어느 항구에 기항 혹은 다시 기항할 것을 요구할 수 없고, 선장도 이를 이유로 다시 기항을 할 권한이 없으며, 마찬가지로 반드시 기항을 해야 하거나 필요에 의거 기항한 항구에서 오로지 선박의 관점에서 필요한 기간만 체류하여야 하고, 그 이상 체류하는 것을 여객도 요구할 수도 없고 선장도 그렇게 할 권한이 없다.

제702조 다른 약정이 없으면 약정한 가격에 항해 중 여객의 체재비가 포함된 것으로 본다. 여객이 책임질 사유로 체재비가 발생한 때에도 긴급한 경우에는 선장은 여객의 복지를 위해 적정한 가격에 필요한 음식을 제공하여야 한다.

제703조 여객이 반입한 물건에 관한 한 여객은 화주와 마찬가지로 본다. 그리고 여객이 개인적으로 직접 소지한 물건의 경우 그 손상이 선장이나 해원의 행위로 인한 것이 아닌 한 선장은 책임을 지지 아니한다.

제704조 선장은 운임과 체재비를 수령할 목적으로 여객의 소유에 속하는 물건을 유치할 수 있다. 그리고 이 물건을 매각하는 경우, 다른 채권자보다 우선변제권을 가진다. 그 절차는 화물운송시 운임을 지체한 때의 예에 따른다.

제705조 항해 도중 여객이 사망한 경우, 선장은 시체에 관해 그 상황에 비추어 적절한 조치를 취할 권한이 있고, 선상에 있는 망자에 속하는 물건과 서류를 주의 깊게 보관하여야 하며, 이때에 선장은 선원에 관한 위 제612조 제10호 규정에 준해 절차를 밟아야 한다.

제6관 선하증권

제706조 선장과 화주[41]는 선하증권을 발행할 의무가 있고 선하증권에는 아래 사항을 기재하여야 한다.

1. 선박의 명칭, 국적 및 선적항.
2. 선장의 성명과 주소.
3. 화물의 선적항 및 양륙항.
4. 화주의 성명.
5. 기명식인 경우 수하인의 성명.
6. 화물의 수량, 품질, 포장, 개수, 기호.
7. 운임 및 선장상여금.

선하증권은 무기명식, 지시식 및 기명식일 수 있고, 화물을 수령한 다음 24시간 내에 서명하여야 한다. 이에 따라 선장이 서명을 하지 아니하는 때에는, 화주는 선장의 비용으로 화물의 양륙을 요구할 수 있고, 이 요구와 상관없이 화주는 그 지체로 인하여 발생한 손상과 손해에 대해 배상을 청구할 수 있다.

제707조 증권 초안을 기초로 동일 증권 4부를 작성한 다음 선장과 화주가 같이 서명하여야 한다. 이 중 1부는 화주가 보유하고, 1부를 수하인에게 송부하며, 나머지 2부를 선장이 자기 및 선주를 위해 보유한다. 그 외에도 이해관계인의 필요에 의해 추가 부수를 발행할

41 선하증권이 선장의 필요에 의하여 발행될 필요를 전제로 한다.

orden o al portador, se expresará en todos los ejemplares, ya sean de los cuatro primeros o de los ulteriores, el destino de cada uno, consignando si es para el naviero, para el Capitán , para el cargador o para el consignatario. Si el ejemplar destinado a este último se duplicare, habrá de expresarse en él esta circunstancia y la de no ser valedero sino en defecto del primero.

708. Los conocimientos al portador destinados al consignatario, será transferibles por la entrega material del documento; y en virtud de endoso los extendidos a la orden.
En ambos casos, aquel a quien se transfiera el conocimiento adquirirá sobre las mercaderías expresadas en él todos los derechos y acciones del cedente o del endosante.

709. El conocimiento, formalizado con arreglo a las disposiciones de este Título hará fe entre todos los interesados en la carga y entre éstos y los aseguradores, quedando a salvo para los últimos la prueba en contrario.

710. Si no existiese conformidad entre los conocimientos y en ninguno se advirtiere enmienda o raspadura, hará fe contra el Capitán o el naviero y en favor del cargador o el consignatario, los que éstos posean extendidos y firmados por aquél; y en contra del cargador o consignatario y en favor del Capitán o naviero, los que éstos posean extendidos y firmados por el cargador.

711. El portador legítimo de un conocimiento, que deje de presentárselo al Capitán del buque antes de la descarga, obligando a éste por tal omisión a que haga el desembarco y ponga la carga en depósito, responderá de los gastos de almacenaje y demás que por ello se originen.

712. El Capitán no puede variar por sí el destino de las mercaderías. Al admitir esta variación a instancia del cargador, deberá recoger antes los conocimientos que hubiere expedido, so pena de responder del cargamento al portador legítimo de éstos.

713. Si antes de hacer la entrega del cargamento se exigiere al Capitán nuevo conocimiento, alegando que la no presentación de los anteriores consiste en haberse extraviado o en alguna otra causa justa, tendrá obligación de darlo, siempre que se le afiance a su satisfacción el valor del cargamento; pero sin variar la consignación , y expresando en él las circunstancias prevenidas en el último párrafo del 707 cuando se trate de los conocimientos a que el mismo se refiere, bajo la pena, en otro caso, de responder de dicho cargamento si por su omisión fuese entregado indebidamente.

714. Si antes de hacerse al buque a la mar falleciere el Capitán o cesare en su oficio por cualquier accidenta los cargadores tendrá derecho a pedir al nuevo Capitán la ratificación de los primeros conocimientos, y éste deberá darla, siempre que le sean presentados o devueltos todos los ejemplares que se hubieren expedido anteriormente y resulte del reconocimiento de la carga que se halla conforma con los mismos. Los gastos que se originen del reconocimiento de la carga será de cuenta del naviero sin perjuicio de repetirlos éste contra el primer Capitán, si dejó de serlo por culpa suya. No haciéndose tal reconocimiento, se entenderá que el nuevo Capitán acepta la carga como resulte de los conocimientos expedidos.

수 있다. 그러나 무기명식 혹은 지시식인 경우, 기본 4부이든 추가 발부분이든, 모든 선하증권에 선주, 선장, 화주, 수하인 등 수취인을 표시하여야 한다. 수하인이 수령한 선하증권이 중복 발행된 경우, 그 경위를 기재하고, 처음 발행분이 없으면 효력이 없다는 것도 기재하여야 한다.

제708조 무기명식 선하증권이 발행된 경우, 수하인에게 발행된 증권의 교부를 통해 선하증권을 양도할 수 있다. 그리고 지시식으로 발행된 선하증권은 배서를 통해 양도할 수 있다. 어느 경우이든 양수인은 교부인 혹은 배서인이 증권에 기재된 화물에 대해 갖고 있던 모든 권리와 권한을 취득한다.

제709조 이 관의 규정에 따라 형식을 갖추어 발행된 선하증권은 화물에 이해관계를 가진 모든 사람 사이에서 증명력을 갖는다. 이들과 이들의 보험자 사이에서도 마찬가지로 증명력을 갖지만, 이 경우에는 보험자에게 반증이 허용된다.

제710조 복수로 발행된 선하증권 사이에 불일치가 발견되고, 어느 증권에도 변경이나 삭제의 흔적이 없는 경우, 선장 혹은 선주가 서명하고 발행하여 화주 혹은 수하인이 소지한 증권은 화주나 수하인의 이익을 위해 선장이나 선주에 대해 증명력을 갖고, 반대로 화주가 서명하고 발행하여 선장 혹은 선주가 소지한 증권은 선장이나 선주를 위해 화주나 수하인에 대하여 증명력을 갖는다.

제711조 적법한 소지인이 화물을 양륙하기 이전에 선장에게 선하증권을 제시하지 아니하여 선장이 부득이 그 화물을 양륙하여 보관하게 한 경우, 그 소지인은 창고비용과 그로 인해 발생한 여타 비용을 지급할 책임이 있다.

제712조 선장은 임의로 화물의 목적항을 변경할 수 없다. 화주의 청구에 의하여 목적항을 변경한 선장은 이전에 발행된 모든 선하증권을 회수하여야 한다. 그렇지 아니하면 무기명식 선하증권의 정당한 소지인에 대해 책임을 면하지 못한다.

제713조 운송물을 수하인에게 인도하기 전에 이전에 발행된 선하증권이 분실 기타 정당한 이유로 이를 제출할 수 없다고 주장하면서 선장에게 선하증권의 재발급을 요구하는 경우, 화물의 가격에 상응하는 충분한 담보를 제공하는 조건으로 새로운 선하증권을 발부하여 주어야 한다. 위 제707조 마지막 문장에서 말하는 선하증권인 경우, 그것에 예정된 사항도 기재하여야 한다. 이를 해태하고 그 누락으로 인해 부당하게 인도가 이루어지게 되면 전시 화물에 대해 책임을 져야 한다.

제714조 항해를 시작하기 이전에 선장이 사망하거나 혹은 사고로 인해 직책을 수행할 수 없게 된 때에는, 화주는 새로운 선장에게 처음 발행된 선하증권에 추인을 요구할 수 있다. 이전에 발행된 선하증권이 모두 회수되어 제시되고 선적을 확인한 결과 선하증권에 기재된 것과 일치하는 것으로 판명되면 새로운 선장은 선하증권에 추인을 하여야 한다. 선적을 확인하는데 필요한 비용은 선주가 부담하여야 하며, 다만 선주는 전임 선장의 잘못으로 그렇게 된 것이라면 전임 선장에게 구상할 수 있다. 새로운 선장이 확인을 하지 아니하고 추인을 하면 이미 발행된 선하증권에 기재된 대로 선적이 이루어진 것을 인정하는 것으로 간주한다.

제715조 운송물의 인도 및 운임 기타 발생한 비용의 청구를 위한 선하증권에 기한 소송

715. Los conocimientos producirá acción sumarísima o de apremio según los casos para la entrega del cargamento y el pago de los fletes y gastos que hayan producido.

716. Si varias personas presentaren conocimientos al portador, o a la orden, endosados a su favor, en reclamación de las mismas mercaderías, el Capitán preferirá, para su entrega, a la que presente el ejemplar que hubiere expedido primeramente, salvo el caso de que el posterior lo hubiera sido por justificación del extravío de aquél y aparecieren ambos en manos diferentes. En este caso, como en el de presentarse sólo segundos o ulteriores ejemplares que se hubieran expedido sin esa justificación , el Capitán acudirá al Juez o Tribunal para que verifique el depósito de las mercaderías y se entreguen por su mediación a quien sea procedente.

717. La entrega del conocimiento producirá la cancelación de todos los recibos provisionales de fecha anterior, dados por el Capitán o sus subalternos en resguardo de las entregas parciales que les hubieren hecho del cargamento.

718. Entregado el cargamento, se devolverá al Capitán los conocimientos que firmó o al menos el ejemplar bajo el cual se haga la entrega, con el recibo de las mercaderías consignadas en el mismo. La morosidad del consignatario le hará responsable de los perjuicios que la dilación puada ocasionar al Capitán.

SECCIÓN II. DEL CONTRATO A LA GRUESA O PRÉSTAMO A RIESGO MARÍTIMO

719. Se reputará préstamo a la gruesa o a riesgo marítimo, aquel en que, bajo cualquier condición , dependa el reembolso de la suma prestada y el premio por ella convenido, del feliz arribo a puerto de los efectos sobre que esté hecho o del valor que obtengan en caso de siniestro.

720. Los contratos a la gruesa podrá celebrarse:

1.º Por escritura pública.

2.º Por medio de póliza firmada por las partes y el Corredor que interviniere.

3.º Por documento privado.

De cualquiera de estas maneras que se celebre el contrato se anotará en el certificado de inscripción del buque y se tomará de él razón en el Registro Mercantil, sin cuyos requisitos los créditos de este origen no tendrá respecto a los demás la preferencia que, según su naturaleza, les corresponda, aunque la obligación será eficaz entre los contratantes. Los contratos celebrados durante el viaje se regirá por lo dispuesto en los artículos 583 y 611 y surtirá efecto respecto de terceros desde su otorgamiento, si fueran inscritos en el Registro Mercantil del puerto de la matrícula del buque antes de transcurrir los ocho días siguientes a su arribo. Si transcurrieran los ocho días sin haberse hecho la inscripción en el Registro Mercantil, los contratos celebrados durante el viaje de un buque no surtirá efecto respecto de terceros, sino desde el día y fecha de la inscripción. Para que las pólizas de los contratos celebrados con arreglo al número 2. tengan fuerza ejecutiva, deberá guardar conformidad con el Registro del Corredor que intervino en ellos. En los celebrados con arreglo al número 3., precederá el

은 필요에 따라 간이절차 혹은 지급명령[42]에 의하여 실시할 수 있다.

第716조 무기명식 선하증권 혹은 자기에게 배서된 지시식 선하증권을 제시하며 동일한 화물에 대해 수인이 인도를 청구하는 경우, 선장은 최초로 발행된 선하증권을 제시하는 사람에게 우선하여 인도를 하여야 한다. 다만 이전에 발행된 것이 분실된 것이 증명되어 후에 새로이 발행한 것이고 양자가 서로 다른 사람에게 귀속되게 된 것이 분명한 경우에는 그러하지 아니하다. 이러한 경위로 두 개의 선하증권이 제시되는 경우는 물론, 이러한 분실의 증명 없이 통상 절차에 의해 두 번째 혹은 그 이후에 발행된 선하증권만을 제시하는 경우에는, 선장은 법원에 신청하여 화물의 보관 절차를 밟고 법원이 우선권이 있다고 정한 자에게 화물을 인도한다.

第717조 화물의 부분 인도가 이루어지고, 선장이나 그 피용자가 이를 확인하기 위해 임시 영수증을 발행하여 준 경우, 선하증권의 인도가 이루어지면 이전에 발행된 이러한 영수증은 모두 무효가 된다.

第718조 화물의 인도가 이루어지면, 선장이 서명한 모든 선하증권 혹은 그것이 불가능하면 적어도 상환을 하는 선하증권을, 그 증권 상에 화물의 수령을 확인하고 서명하여 선장에게 교부하여야 한다. 이를 지체한 수하인은 그 지연으로 인하여 선장에게 발생한 손해를 배상할 책임이 있다.

제2절 모험대차

第719조 모험대차란, 차용한 원금과 약정한 특별이윤의 반환이, 여러 조건하에서, 담보한 목적물이 안전하게 항구에 도착하는지 여부 혹은 사고가 발생한 다음에 기대할 수 있는 가액에 달려 있는 금전대차를 말한다.

第720조 모험대차는 다음 형식으로 체결할 수 있다.

1) 공증증서.
2) 당사자가 서명하고 중개인이 참여한 사서증서.
3) 당사자가 임의로 작성한 서면.

어느 형식에 의하여 대차가 이루어지던 선박국적증서에 기재되어야 하고 상사등기부에 등기되어야 한다. 이러한 요건을 갖추지 아니하면 그 성질상 당연히 향유할 우선변제권을 제3자에 대하여 행사할 수 없다. 그러나 요건을 갖추지 아니하여도 당사자 사이에서는 효력이 인정된다. 항해 도중에 대차계약이 체결된 때에는 위 제583조 및 제611조의 규정이 적용되며, 선적항에 도착하여 8일이 경과하기 이전에 상사등기부에 등기하면 그 성립일로부터 제3자에 대해 효력이 있다. 등기를 하지 아니하고 8일을 경과하면, 항해 중 대차계약은 등기일 이후에 비로소 제3자에 대하여 효력이 생긴다. 위 2호의 형식으로 계약이 체결된 때에는 참여한 중개인 일기장에 기재된 내용과 일치하여야 그 효력이 생기고, 위 3호의 형식으로 체결된 차용계약은 서명의 입증절차를 요한다. 서면에 의하지 아니한 차용계약은 법적으로 효력이 없다.

42 이 절차에 관한 정확한 정보는 추후 연구 과제로 남겨둔다.

reconocimiento de la firma. Los contratos que no consten por escrito no producirá acción en juicio.

721. En el contrato a la gruesa se deberá expresar:
1.º La clase, nombre y matrícula del buque.
2.º El nombre, apellido y domicilio del Capitán.
3.º Los nombres, apellidos y domicilio del que da y del que toma el préstamo.
4.º El capital del préstamo y el premio convenido.
5.º El plazo del reembolso.
6.º Los objetos pignorados a su reintegro.
7.º El viaje por el cual se corra el riesgo.

722. Los contratos podrá extenderse a la orden en cuyo caso será transferibles por endoso, y adquirirá el cesionario todos los derechos y correrá todos los riesgos que correspondieran al endosante.

723. Podrá hacerse préstamos en efectos y mercaderías, fijándose su valor para determinar el capital del préstamo.

724. Los préstamos podrá constituirse conjunta o separadamente:
1.º Sobre el casco del buque.
2.º Sobre el aparejo.
3.º Sobre los pertrechos, víveres y combustible.
4.º Sobre la máquina, siendo el buque de vapor.
5.º Sobre mercaderías cargadas.
Si se constituyesen sobre el casco del buque, se entenderá además afectos a la responsabilidad del préstamo el aparejo, pertrechos y demás efectos, víveres, combustibles, máquinas de vapor y los fletes ganados en el viaje del préstamo. Si se hiciere sobre la carga, quedará afecto al reintegro todo cuanto la constituya; y si sobre un objeto particular del buque o de la carga, sólo afectará la responsabilidad al que concreta y determinadamente se especifique.

725. No se podrá prestar a la gruesa sobre los salarios de la tripulación ni sobre las ganancias que se esperen.

726. Si el prestador probare que prestó mayor cantidad que la del valor del objeto sobre que recae el préstamo a la gruesa, por haber empleado el prestatario medios fraudulentos, el préstamo será válido sólo por la cantidad en que dicho objeto se tase pericialmente. El capital sobrante se devolverá con el interés legal por todo el tiempo que durase el desembolso.

727. Si el importa total del préstamo para cargar el buque no se empleare en la carga, el sobrante se devolverá antes de la expedición. Se procederá de igual manera con los efectos tomados a préstamo, si no se hubieren podido cargar.

728. El préstamo que el Capitán tomare en el punto de residencia de los propietarios del buque sólo afectará a la parte de éste que pertenezca al Capitán, si no hubieren dado su

제721조 차용계약은 아래 사항을 명시하여야 한다.

1. 선박의 종류, 명칭 및 선적.
2. 선장의 성명과 주소.
3. 차주와 대주의 성명과 주소.
4. 차용한 원금과 약정한 특별이윤.
5. 반환 기간.
6. 반환을 위해 부보된 목적물.
7. 감수할 위험이 존재하는 항해.

제722조 차용계약은 지시식으로 체결할 수 있다. 그러면 그 계약상 권리는 배서에 의하여 양도할 수 있고, 이를 통해 피배서인은 배서인에 속하는 모든 권리를 취득하고, 위험을 감수하여야 한다.

제723조 화물 기타 물건을 모험대차로 차용할 수 있고, 이 경우 차용하는 원금을 특정하기 위해 그 가액을 약정하여야 한다.

제724조 모험대차는 다음의 물건을 목적물로 하여 각각 별도로 혹은 통합하여 차용할 수 있다.

1) 선체.
2) 장비.
3) 부품, 식량 및 연료.
4) 동력선인 경우 그 기관.
5) 선적한 화물.

목적물이 선체인 경우, 장비, 부품 및 기타 물건, 식량, 연료, 동력선의 기관 및 그 항해를 통하여 취득한 운임이 모두 그 대상이 되는 것으로 보고, 목적물이 적하인 경우는 화물을 구성하는 것이 전부 그 대상이 된다. 선박이나 화물의 특정한 일부를 목적으로 하는 경우, 확정적이고 명확하게 표시된 부분에 한하여 그 대상이 된다.

제725조 선원의 임금 및 예상수익을 목적으로 하여 모험대차로 금전을 차용하지 못한다.

제726조 목적물의 가액을 초과하는 차용이 이루어졌고, 이를 위해 차주가 사기적 수단을 사용하였다는 것을 대주가 증명하는 때에는, 그 모험대차는 감정인이 목적물을 평가하여 정한 금액의 범위 내에서 유효하다고 본다. 초과하는 원금은 이를 반환하여야 하고 반환시까지의 법정이자도 지급하여야 한다.

제727조 선박에 적하를 선적할 목적으로 차용을 하였지만[43] 그 적하의 전부가 선적되지 아니한 경우, 차주는 항해 개시 전에 그 초과액을 반환하여야 한다. 모험대차로 어느 물건을 차용을 하였음에도 불구하고 그 물건을 전부 선적할 수 없었던 경우에도 마찬가지 원칙이 적용된다.

제728조 선박소유자들[44]이 거주하는 곳에서, 선장이 모험대차로 금전을 차용한 경우, 다른 공유자나 그 대리인이 명시적으로 허락을 하거나 그 행위에 관여를 하지 않는 한, 그 차

43 모험대차는 선박의 건조나 의장을 목적으로 차용하기도 하고 판매할 상품을 구입하기 위하여도 차용을 하는데 여기에서는 두 번째 경우를 말한다.

44 단독 소유자와 공유자를 모두 가리킨다고 해석된다.

autorización expresa o intervenido en la operación los demás propietarios o sus apoderados. Si alguno o algunos de los propietarios fueren requeridos para que entreguen la cantidad necesaria a la reparación o aprovisionamiento del buque, y no lo hicieren dentro de veinticuatro horas, la parte que los negligentes tengan en la propiedad quedará afecta, en la debida proporción, a la responsabilidad del préstamo. Fuera de la residencia de los propietarios, el Capitán podrá tomar préstamos conforme a lo dispuesto en los artículos 583 y 611.

729. No llegando a ponerse en riesgo los efectos sobre que se toma dinero, el contrato quedará reducido a un préstamo sencillo, con obligación en el prestatario de devolver capital e intereses al tipo legal, si no fuere menor el convenido.

730. Los préstamos hechos durante el viaje tendrá preferencia sobre los que se hicieron antes de la expedición del buque, y se graduará por el orden inverso al de sus fechas. Los préstamos para el último viaje tendrá preferencia sobre los préstamos anteriores. En concurrencia de varios préstamos hechos en el mismo puerto de arribada forzosa y con igual motivo, todos se pagaran a prorrata.

731. Las acciones correspondientes al prestador se extinguirá con la pérdida absoluta de los efectos sobre que se hizo el préstamo, si procedió de accidente de mar en el tiempo y durante el viaje designados en el contrato, y constando la existencia de la carga a bordo; pero no sucederá lo mismo si la pérdida provino de vicio propio de la cosa, o sobrevino por culpa o malicia del prestatario, o por baratería del Capitán, o si fue causada por daños experimentados en el buque a consecuencia de emplearse en al contrabando, o si procedió a cargar las mercaderías en buque diferente del que se designó en el contrato, salvo si este cambio a hubiera hecho por causa de fuerza mayor. La prueba de la pérdida incumbe al que recibió el préstamo, así como también la de la existencia en el buque de los efectos declarados al prestador como objeto de préstamo.

732. Los prestadores a la gruesa soportaran a prorrata de su interés respectivo las averías comunes que ocurran en las cosas sobre que se hizo el préstamo. En las averías simples a falta de convenio expreso de los contratantes, contribuirá también por su interés respectivo el prestador a la gruesa, no perteneciendo a las espacies de riesgos exceptuados en el anterior.

733. No habiéndose fijado en el contrato el tiempo por el cual el mutuante correrá el riesgo, durará, en cuanto al buque, máquinas, aparejo y pertrechos, desde el momento de hacerse éste a la mar hasta el de fondear en el puerto de su destino, y, en cuanto a las mercaderías, desde que se carguen en la playa o muelle del puerto de la expedición hasta descargarlas en el de consignación.

734. En caso de naufragio, la cantidad afecta a la devolución del préstamo se reducirá al producto de los efectos salvados, deducidos los gastos de salvamento. Si el préstamo fuese sobre el buque o alguna de sus partes, los fletes realizados en el viaje para que aquél se haya hecho, responderá también a su pago en cuanto alcancen para ello.

735. Si en un mismo buque o carga concurrieren préstamo a la gruesa y seguro marítimo,

용은 선장의 지분에 한해 부보된 것으로 본다. 선박의 수리 혹은 보급에 필요하여 선장으로부터 금전의 지급을 요청받은 선박소유자가 24시간 내에 이를 이행하지 아니하여 선장이 모험대차로 차용을 한 경우, 그 해태한 선박소유자의 지분이, 지분의 비율에 따른 차용금 일부에, 부보된 것으로 본다. 선박소유자의 주소지 이외에 선박이 있을 경우, 선장은 위 제583조 및 제611조의 규정에 따라 모험대차로 금전을 차용할 수 있다.

제729조 대차의 목적물이 위험에 노출되는 일이 없게 된 경우, 그 계약은 단순 대차계약으로 변하고 차주는 원금을 반환하여야 하고, 그보다 낮은 약정 이자가 없는 것을 전제로, 거기에 법정 이자도 첨부하여 지급하여야 한다.

제730조 항해 도중에 행하여진 차용이 항해 개시 이전에 행하여진 차용보다 우선하여 변제권을 갖는다. 그리고 수개의 차용이 항해 도중에 이루어진 경우 행해진 날짜의 역순으로 우선하여 변제권이 있다. 최종 항해를 위해 이루어진 차용이 이전 항해를 위하여 이루어진 차용에 우선하여 변제권을 갖는다. 동일한 피난항에서 같은 이유로 수개의 차용이 이루어지고 그 총액을 변제하지 못하는 때에는 차용금액에 비례하여 분할하여 변제한다.

제731조 대차의 목적물이 완전 멸실되고, 그것이 약정한 항해 및 약정한 기간 중에 해난사고로 인한 것이며, 또 화물이 선상에 있었던 것이 확인되면, 대주는 모든 권리를 잃는다. 그러나 멸실이 물건의 하자에 기인한 때, 차용자의 고의 혹은 잘못으로 인해 발생한 때, 선장의 자기 이익을 위한 고의적 행위로 인한 것인 때, 또는 선박에 밀수품을 선적함으로 인해 발생한 손상이 원인이 되어 생긴 때에는, 반대로 그 권리를 잃지 않는다. 차용계약에서 정한 선박이 아닌 다른 선박에 화물을 선적한 때에도 마찬가지로 권리를 잃지 않는다. 다만 이러한 선박의 변경이 불가항력에 의하여 이루어진 때에는 예외가 인정된다. 멸실에 대한 입증책임은 차주에게 있고, 대주에게 신고한 대차의 목적물이 선상에 있었던 사실도 차주가 입증하여야 한다.

제732조 대주는 대차의 목적물에 의해 발생한 공동해손도 그 이해의 비율에 따라 분담하여야 한다. 단순해손의 경우, 당사자 사이에 다른 명시적 합의가 없고, 그 손해가 전 조의 제외 사유에 해당하는 것이 아닌 한, 대주가 각각 이해관계에 따라 마찬가지로 해손을 분담한다.

제733조 대차계약에서 대주와 차주가 서로 부담할 위험기간을 특정하지 아니한 때에는, 선박, 기관, 장비 혹은 부품인 경우 항해를 개시하는 시점부터 목적항에 정박하는 시점까지 계속되며, 화물의 경우 출발을 위해 해안 혹은 부두에 적치한 시점부터 목적지로 지정된 곳에서 양하하는 시점까지 계속된다고 본다.

제734조 선박이 난파를 당한 경우, 반환할 차용금은 구조비용을 공제한 구조물의 가액으로 감액된다. 차용이 선박이나 그 일부를 목적으로 한 경우, 대상인 항해를 통해 취득한 운임도 차용금의 범위 내에서 지급을 위해 대주에 귀속한다.

제735조 난파가 있은 다음 동일한 선박 혹은 화물에 관해 차주와 보험자가 권리를 주장

el valor de lo que fuere salvado se dividirá, en caso de naufragio, entre el mutuante y el asegurador, en proporción del interés legítimo de cada uno, tomando en cuenta, para esto, únicamente el capital, por lo tocante al préstamo, y sin perjuicio del derecho preferente de otros acreedores, con arreglo al 580.

736. Si en el reintegro del préstamo hubiere demora por el capital y sus premios sólo el primero devengará rédito legal.

SECCIÓN III. DE LOS SEGUROS MARÍTIMOS

1.º De la forma de este conrtato

737. Para ser válido el contrato de seguro marítimo, habrá de constar por escrito en póliza firmada por los contratantes.

Esta póliza se extenderá y firmará por duplicado reservándose un ejemplar cada una de las partes contratantes.

738. La póliza del contrato de seguro contendrá, además de las condiciones que libremente consignen los interesados, los requisitos siguientes:

1.º Fecha del contrato, con expresión de la hora en que queda convenido.
2.º Nombres, apellidos y domicilios del asegurador y asegurado.
3.º Concepto en que contrata el asegurado, expresando si obra por sí o por cuenta de otro. En este caso, el nombre, apellidos y domicilio de la persona en cuyo nombre hace el seguro.
4.º Nombre, puerto, pabellón y matrícula del buque asegurado o del que conduzca los efectos asegurados.
5.º Nombre, apellidos y domicilio del Capitán.
6.º Puerto o rada en que han sido o deberá ser cargadas las mercaderías aseguradas.
7.º Puerto de donde el buque ha partido o debe partir.
8.º Puertos o radas en que el buque debe cargar, descargar o hacer escalas por cualquier motivo.
9.º Naturaleza y calidad de los objetos asegurados.
10.º Número de los fardos o bultos de cualquier clase, y sus marcas si las tuvieren.
11.º Época en que deberá comenzar y terminar el riesgo.
12.º Cantidad asegurada.
13.º Precio convenido por el seguro y lugar, tiempo y forma de su pago.
14.º Parte del premio que corresponda al viaje de ida y al de vuelta, si el seguro fuere a viaje redondo.
15.º Obligación del asegurador de pagar el daño que sobrevenga a los efectos asegurados.
16.º El lugar, plazo y forma en que habrá de realizarse el pago.

739. Los contratos y pólizas de seguro que autoricen los Agentes consulares en el extranjero, siendo españoles los contratantes o alguno de ellos, tendrá igual valor legal que si se hubieren

하는 경우, 각자가 갖는 권리의 비율로 구조된 물건의 대가를 나누어 가진다. 이때에 차주의 권리는 오로지 원금을 기준으로 계산한다. 그리고 위 제580조에 따라 다른 채권자가 갖는 우선변제권은 이로 인하여 영향을 받지 아니한다.

제736조 차용금을 반환함에 있어 원금과 특별이윤의 지급이 지체된 경우, 오로지 특별이윤에 대하여서만 법적 이자가 발생한다.[45]

제3절 해상보험

제1관 계약 형식

제737조 보험계약은 보험증서에 기재하고 당사자가 서명하여야 그 효력이 생긴다.
보험증서는 당사자가 각자 서명하여 2부를 발행하고, 이를 당사자가 각각 1부씩 보관한다.

제738조 보험증서에는, 관계인이 임의로 정하여 기재하는 사항 이외에, 다음 사항을 반드시 기재하여야 한다.

1. 계약한 날짜와 합의한 시간.
2. 보험자와 피보험자의 성명과 주소.
3. 자기를 위하여 계약하는지 혹은 타인을 위하여 계약하는지 등 보험계약자의 지위.[46] 타인을 위하여 보험계약을 체결하는 경우, 본인의 성명과 주소.
4. 보험의 목적인 선박 혹은 보험의 목적인 적하를 선적하여 항해할 선박의 명칭, 선적항, 선적국 및 등록국.
5. 선장의 성명과 주소.
6. 보험의 목적인 화물이 있었던 혹은 장차 화물을 선적할 항구나 정박장.
7. 선박이 출발한 혹은 출발할 항구.
8. 선박이 선적, 양하 및 무슨 이유이든 기항을 할 항구나 정박장.
9. 보험의 목적의 종류와 수량.
10. 목적물의 종류가 무엇이든 용기 혹은 포장의 수 및 기호가 있는 경우 그 기호.
11. 위험의 개시 및 종료 시기.
12. 보험금액.
13. 합의한 보험료 및 그 지급할 장소, 시간 및 방식.
14. 왕복항해에 대한 보험인 경우, 목적항으로의 진행항해 및 출발항으로의 귀환항해에 각각 적용될 보험료.
15. 보험의 목적에 대해 손해가 생긴 때에 보험자가 보상할 의무.
16. 보상이 이루어질 장소, 기간 및 방법.

제739조 해외 영사 대리인이 확인한 보험계약과 보험증서는, 당사자 전부 혹은 일부가 스

45 이는 같은 이자를 다루는 1829년 법 제839조와 정 반대의 취지인 바 이 이유는 약간 불분명하다.

46 스페인 상법은 보험계약을 체결하고 보험료를 납부할 의무를 지는 보험계약자와 보험사고가 나면 보험금을 받을 피보험자의 개념을 명백히 구별하지 아니하고 사용하고 있다. 대부분의 보험에서 양자가 일치하기 때문이라고 생각되지만 여기에서는 이해의 편의와 해석의 단순화를 위하여 이를 모두 피보험자로 표시한다.

verificado con intervención del Corredor.

740. En un mismo contrato y en una misma póliza podrá comprenderse el seguro del buque y el de la carga, señalando el valor de cada cosa, y distinguiendo las cantidades aseguradas sobre cada uno de los objetos, sin cuya expresión será ineficaz el seguro. Se podrá también en la póliza fijar premios diferentes a cada objeto asegurado. Varios aseguradores podrá suscribir una misma póliza.

741. En los seguros de mercaderías podrá omitirse la designación específica de ellas y del buque que haya de transportarlas, cuando no consten estas circunstancias al asegurado. Si el buque en estos casos sufriere accidente de mar, estará obligado el asegurado a probar además de la pérdida del buque, su salida del puerto de carga, el embarque por su cuenta de los efectos perdidos, y su valor para reclamar la indemnización.

742. Las pólizas del seguro podrá extenderse a la orden del asegurado, en cuyo caso será endosables.

2.º De las cosas que pueden se aseguradas y de su evolución

743. Podrá ser objeto del seguro marítimo:

1.º El casco del buque en lastre o cargado, en puerto o en viaje.
2.º El aparejo.
3.º La máquina, siendo el buque de vapor.
4.º Todos los pertrechos y objetos que constituyen el armamento.
5.º Víveres y combustible.
6.º Las cantidades dadas a la gruesa.
7.º El importe de los fletes y el beneficio probable.
8.º Todos los objetos comerciales sujetos al riesgo de navegación cuyo valor pueda fijarse en cantidad determinada.

744. Podrá asegurarse todos o parte de los objetos expresados en el anterior, junta o separadamente, en tiempo de paz o de guerra, por viaje o a término, por viaje sencillo o por viaje redondo, sobre buenas o malas noticias.

745. Si se expresare genéricamente en la póliza que el seguro se hacía sobre el buque, se entenderá comprendidos en él las máquinas, aparejo, pertrechos, y cuanto esté adscrito al buque; pero no su cargamento, aunque pertenezca al mismo naviero. En el seguro genérico de mercaderías no se reputará comprendidos los metales amonedados o en lingotes, las piedras preciosas ni las municiones de guerra.

746. El seguro sobre flete podrá hacerse por el cargador, por el fletante o el Capitán; pero éstos no podrá asegurar el anticipo que hubieren recibido a cuenta de su flete sino cuando hayan pactado expresamente que, en caso de no devengarse aquél por naufragio o pérdida de la carga devolverá la cantidad recibida.

폐인 사람인 경우, 보험중개인이 참여하여 작성한 것과 동일한 법적 효력을 가진다.

제740조 선박과 적하를 동일한 보험계약과 보험증서에 의거하여 함께 부보할 수 있다. 이 경우, 목적물의 가액을 각각 기재하여야 하고, 목적물에 대한 보험금액도 구별하여 정하여야 하며, 이러한 기재가 없으면 그 보험계약은 효력이 없다. 보험증서에는 각각의 목적물에 대해 별도로 보험료를 정하여 기재할 수 있다. 다수의 보험자가 동일한 보험증서에서 보험자로서 위험을 인수할 수 있다.

제741조 화물을 부보함에 있어, 보험계약자가 부보할 화물과 그 화물을 운송할 선박을 확인할 수 없는 상황인 경우, 보험계약에서 이를 구체적으로 특정하지 아니하고 보험에 들 수 있다. 이러한 보험에서 선박이 항해 중 사고를 당한 경우, 보험계약자는 선박의 멸실 이외에도 약정한 선적항에서 출항한 것, 멸실한 물건이 자기 계산으로 선적된 사실 및 멸실된 물건의 가액을 입증하여야만 그 보상을 청구할 수 있다.

제742조 보험증서는 피보험자를 수취인으로 하여 지시식으로 발행될 수 있고, 그렇게 하면 이를 배서에 의하여 양도할 수 있다.

제2관 보험의 목적과 그 평가

제743조 아래 열거된 것은 모두 보험의 목적이 될 수 있다.

1. 선체. 화물이 선적되었든 아니든 또 항해 중이든 정박중이든 상관없다.
2. 선박의 장비.
3. 동력선의 기관.
4. 부품 기타 의장에 필요한 물건.
5. 식량과 연료.
6. 모험대차로 차용한 금액.
7. 운임 총액과 예상 이익.
8. 항해의 위험에 노출되어 있으며 그 가격을 확정할 수 있는 모든 상거래 대상물.

제744조 위 조항에 언급된 것은 전부 또는 일부, 종합하여 또는 별도로, 평시에 또는 전시에, 항해를 기준으로 또는 기간을 정하여, 편도항해만 또는 왕복항해를, 사고가 이미 발생한 것과 상관없는 혹은 상관있는 조건으로 각각 해상보험에 부보할 수 있다.

제745조 보험증서에 보험의 목적이 일반적으로 선박으로 기재된 경우, 기관, 장비 및 부품도 그 선박의 속구에 속하면 보험의 목적에 포함되는 것으로 본다. 그러나 화물은 비록 선주에 속한다 할지라도 거기에 포함되는 것으로 보지 아니한다. 보험의 목적이 일반적으로 화물로 기재된 경우, 금전 기타 귀금속, 보석 및 군수품은 이에 포함되지 않는 것으로 본다.

제746조 화주, 운송인 및 선장은 모두 운임을 목적으로 하는 보험에 가입할 수 있다. 그러나 운송인과 선장은 운임의 명목으로 수입이 예상되는 운임을 목적으로 보험에 가입할 수는 없고, 다만 선박의 난파, 화물의 멸실로 인하여 운임이 발생하지 아니하는 경우에는 이미 받은 운임을 반환한다는 명시적 특약이 있는 때에 한해 예상 운임을 목적으로 보험에 가입할 수 있다.

747. En el seguro de flete se habrá de expresar la suma a que asciende, la cual no podrá exceder de lo que aparezca en el contrato de fletamento.

748. El seguro de beneficios se regirá por los pactos en que convengan los contratantes, pero habrá de consignarse en la póliza:

1. La cantidad determinada en que fija el asegurado el beneficio, una vez llegado felizmente y vendido el cargamento en el puerto de destino.
2. La obligación de reducir el seguro si, comparado el valor obtenido en la venta, descontados los gastos y fletes, con el valor de compra, resultare menor que el valuado en el seguro.

749. Podrá el asegurador hacer reasegurar por otros los efectos por él asegurados, en todo o en parte, con el mismo o diferente premio; así como el asegurado podrá también asegurar el coste del seguro y el riesgo que pueda correr en la cobranza del primer asegurador.

750. Si el Capitá contratare el seguro, o el dueño de las cosas aseguradas fuere en el mismo buque que las porteare, se dejará siempre un 10 por 100 a su riesgo no habiendo pacto expreso en contrario.

751. En el seguro del buque se entenderá que sólo cubre el seguro las cuatro quintas partes de su importe o valor y que el asegurado corre el riesgo por la quinta parte restante, a no hacerse constar expresamente en la póliza pacto en contrario. En este caso, y en el del anterior, habrá de descontarse del seguro el importe de los préstamos tomados a la gruesa.

752. La suscripción de la póliza creará una presunción legal de que los aseguradores admitieron como exacta la evaluación hecha en ella de los efectos asegurados, salvo los casos de fraude o malicia. Si apareciere exagerada la evaluación, se procederá según las circunstancias del caso, a saber:

· Si la exageración hubiere procedido de error y no de malicia imputable al asegurado, se reducirá el seguro a su verdadero valor, fijado por las partes de común acuerdo o por juicio pericial. El asegurador devolverá el exceso de prima recibido, reteniendo, sin embargo, medio por ciento de este exceso.

· Si la exageración fuera por fraude del asegurado, y el asegurador lo probare, el seguro será nulo para el asegurado, y el asegurador ganará la prima, sin perjuicio de la acción criminal que le corresponda.

753. La reducción del valor de la moneda nacional cuando se hubiere fijado en extranjera, se hará al curso corriente en el lugar y en el día en que se firmó la póliza.

754. Si, al tiempo de realizarse el contrato, no se hubiere fijado con especificación el valor de las cosas aseguradas, se determinará éste:

1. Por las facturas de consignación.
2. Por declaración de Corredores o Peritos, que procederá tomando por base de su juicio el precio de los efectos en el puerto de salida, con más los gastos de embarque, flete y aduanas.

第747條 운임을 목적으로 하는 보험에서 최고 금액을 표시하는 때에는 그 금액은 운송계약에 기재된 운임액을 초과하지 못한다.

第748條 희망이익보험은 당사자가 합의한 바에 따라 효력이 생긴다. 그러나 보험증권에 다음 사항을 반드시 기재하여야 한다.

1. 목적항에 화물이 안전하게 도착하여 매각되면 얻을 이익으로 피보험자가 산정한 일정 금액.
2. 매각대금에서 구입비용과 운임 기타 비용을 공제한 금액이 보험에서 제시한 희망이익보다 소액으로 판명되면 그 부족한 금액만큼 보험을 감액할 의무.

第749條 보험자는 동일한 보험의 목적에 대해 자기가 인수한 위험 전부 혹은 일부에 관해 동일한 혹은 다른 보험료로 다른 보험자에게 재보험을 들 수 있다. 피보험자는 보험 가입비용을 목적으로 하여 또는 원보험자가 지급하지 아니할 위험에 대하여 별도의 보험을 들 수 있다.

第750條 선장이 보험계약을 체결하는 경우 및 보험의 목적물의 소유자가 그것을 운송하는 선박상에 있는 경우, 당사자 사이에 명시적인 반대의 약정이 없는 한, 항상 100분의 10에 해당하는 위험은 보험자가 인수할 위험에서 제외하고 피보험자의 위험으로 남겨두어야 한다.

第751條 선박보험의 경우, 반대의 약정을 하고 명시적으로 보험증서에 이를 기재하지 않는 한, 가액의 총액이나 개별 가액의 5분의 4에 대한 위험을 보험자가 인수하고 피보험자가 나머지 5분의 1의 위험을 부담하는 것으로 본다. 이 경우와 전 조의 경우에 모험대차로 차용한 총액은 보험에서 공제하여야 한다.

第752條 일단 보험증서에 서명하면, 사기 혹은 고의가 있는 경우를 제외하고는, 보험자가 합의한 보험가액이 정확함을 인정한 것으로 추정한다. 합의한 가액이 과대평가되었다고 판명될 경우 그 상황에 따라 다음과 같이 처리한다.

· 과대평가가 착오에 의한 것이고 피보험자가 책임질 성질의 고의에 의한 것이 아닌 때에는, 그 실제 가격에 해당하는 금액으로 보험이 축소되며, 이 금액은 당사자의 합의 혹은 감정인의 평가에 의하여 정한다. 보험자는 초과하여 수령한 보험료를 반환하여야 하며 다만 초과금액의 0.5%는 이를 보유한다.
· 과대평가가 피보험자의 사기에 기인한 것이고 보험자가 그것을 증명하는 경우, 그 보험계약은 피보험자에 대하여 효력이 없다. 그러나 보험자는 그 보험계약에 기해 보험료를 청구할 수 있다. 그 외에도 그 행위가 범죄를 구성하면 피보험자는 그로 인한 형사처벌도 면하지 못한다.

第753條 외국에서 그 나라 통화로 금액을 정한 경우, 계약지의 체결시의 환율을 기준으로 이를 국내 통화로 환산한다.

第754條 계약을 체결할 때에 보험가액을 구체적으로 정하지 아니한 경우, 이를 다음과 같은 방법에 의하여 정한다.

1. 송장의 기재
2. 중개인이나 감정인의 평가. 이들은 출발항에서의 가격에 선적비용, 운임 및 관세 등을 합한 금액을 기초로 하여 정한다.

Si el seguro recayere sobre mercaderías de retorno de un país en que el comercio se hiciere sólo por permuta, se arreglará el valor por el que tuvieren los efectos permutados en el puerto de salida, con todos los gastos.

3.º Obligaciones entre el asegurador y el asegurado.

755. Los aseguradores indemnizará los daños y perjuicios que los objetos asegurados experimenten por alguna de las causas siguientes:

1.º Varada o empeño del buque, con rotura o sin ella.
2.º Temporal.
3.º Naufragio.
4.º Abordaje fortuito.
5.º Cambio de derrota durante el viaje o de buque.
6.º Echazón.
7.º Fuego o explosión , si aconteciese en mercaderías, tanto a bordo como si estuviesen depositadas en tierra, siempre que se hayan alijado por orden de la autoridad competente, para reparar el buque o beneficiar el cargamento; o fuego por combustión espontánea en las carboneras de los buques de vapor.
8.º Apresamiento.
9.º Saqueo.
10.º Declaración de guerra.
11.º Embargo por orden del Gobierno.
12.º Retención por orden de Potencia extranjera.
13.º Represalias.
14.º Cualesquiera otros accidentes o riesgos de mar.

Los contratantes podrá estipular las excepciones que tengan por conveniente, mencionándolas en la póliza, sin cuyo requisito no surtirá efecto.

756. No responderá los aseguradores de los daños y perjuicios que sobrevengan a las cosas aseguradas por cualquiera de las causas siguientes, aunque no se hayan excluido en la póliza:

1.º Cambio voluntario de derrotero de viaje, o de buque, sin expreso consentimiento de los aseguradores.
2.º Separación espontánea de un convoy, habiéndose estipulado que iría en conserva con él.
3.º Prolongación de viaje a un puerto más remoto que el designado en el seguro.
4.º Disposiciones arbitrarias y contrarias a la póliza de fletamento o al conocimiento, tomadas por orden del fletante, cargadores y fletadores.
5.º Baratería de patrón, a no ser que fuera objeto del seguro.
6.º Mermas, derramas y dispendios procedentes de la naturaleza de las cosas aseguradas.
7.º Falta de los documentos prescritos en este Código, en las Ordenanzas y Reglamentos de Marina o de Navegación u omisiones de otra clase del Capitán en contravención de las disposiciones administrativas, a no ser que se haya tomado a cargo del asegurador la baratería del patrón.

En cualquiera de estos casos los aseguradores hará suyo el premio, siempre que hubiesen empezado a correr el riesgo.

보험의 목적이 어느 나라에서 회항 중인 선상의 화물이고 그 나라에서 상거래는 오로지 물물 교환에 의하여 이루어지는 경우, 교환하여 건네준 물건의 출발항에서의 가격에 거기에 지출된 모든 비용을 더하여 그 가액을 정한다.

제3관 보험자와 피보험자의 의무

제755조 아래 사유에 의하여 피보험자가 보험의 목적에 손상과 손해를 입으면 보험자가 이를 보상할 책임이 있다.

1. 좌초 혹은 유착. 목적물의 파손 여부를 불문한다.
2. 태풍.
3. 난파.
4. 우연한 충돌.
5. 항해 중 항로의 변경 혹은 선박의 변경.
6. 투기.
7. 화물에 발생한 화재 혹은 폭발. 화물이 선상에 있었을 수도 있고 육지에 있었을 수도 있지만, 육지에 있었던 경우에는 관청의 명령에 의거하여 선박의 수리나 화물의 이익을 위해 양하된 경우에 한한다. 그 외 다른 사유로 동력선의 저탄의 자연발화로 인한 화재.
8. 나포.
9. 약탈.
10. 전쟁 선언.
11. 정부가 발령한 정박명령.
12. 외국 정권의 명령에 의한 억류명령.
13. 보복나포
14. 여타 모든 해상 사고 혹은 위험

당사자는 필요한 사유를 선정하여 여기에 예외를 둘 수 있다. 그러나 이를 반드시 보험증서에 기재하여야 하고 그러하지 아니하면 그 효력이 없다.

제756조 아래 사유로 보험의 목적에 발생한 파손과 손해는 보험증서에서 명시적으로 보상에서 제외하지 아니한 경우에도 보험자가 이를 보상할 책임이 없다.

1. 보험자의 명시적인 동의 없이 임의적인 항로이탈[47] 혹은 선박변경.
2. 선박의 호위를 위해 호송선단과 함께 항해하기로 약정하였음에도 불구하고 자의로 행한 호송선단의 이탈.
3. 보험계약에서 정한 항구보다 더 먼 항구로 항해의 연장.
4. 운송인, 화주 혹은 용선자의 지시를 받아 운송계약서나 선하증권에 위반하여 임의로 하는 처분.
5. 선원이 선주 몰래 사리로 화물을 처분한 경우. 단 이를 보험사고로 지정하지 아니한 경우에 한한다.
6. 보험의 목적이 갖는 성질로 인한 감손, 유출 및 허비
7. 본법, 항해에 관한 법령, 해상에 관한 법령 등에 위반한 서류 미비 및 행정 법령을 따르는 조치를 다하지 못한 여타 선장의 미비. 다만 선장의 조치의 경우, 선원의 잘못을 별도의 보험사고로 보험자가 인수하지 아니한 때에 한한다.

여하한 경우이든 일단 위험이 개시되면 보험자는 보험료를 청구할 수 있다.

---

47 제755조에 있는 derrota와 제756조에 있는 derrotero는 동일한 의미라고 한다. 그러나 왜 다른 용어를 사용하였는지 혹은 깊은 다른 의미가 그 속에 담겨져 있는지는 알 길이 없다.

757. En los seguros de carga contratados por viaje redondo, si el asegurado no encontrare cargamento para el retorno o solamente encontrare menos de las dos terceras partes, se rebajará el premio de vuelta proporcionalmente al cargamento que trajere, abonándose además al asegurador medio por ciento de la parte que dejare de conducir. No procederá, sin embargo, rebaja alguna en el caso de que el cargamento se hubiere perdido en la ida, salvo pacto especial que modifique la disposición de este artículo.

758. Si el cargamento fuere asegurado por varios aseguradores en distintas cantidades, pero sin designar señaladamente los objetos del seguro se pagará la indemnización, en caso de pérdida o avería, por todos los aseguradores, a prorrata de la cantidad asegurada por cada uno.

759. Si fueren designados diferentes buques para cargar las cosas aseguradas, pero sin expresar la cantidad que ha de embarcarse en cada buque, podrá el asegurado distribuir el cargamento como mejor le convenga o conducirlo a bordo de uno solo, sin que por ello se anule la responsabilidad del asegurador. Mas si hubiere hecho expresa mención de la cantidad asegurada sobre cada buque y el cargamento se pusiere a bordo en cantidades diferentes de aquellas que se hubieren señalado para cada uno, el asegurador no tendrá más responsabilidad que la que hubiere contratado en cada buque. Sin embargo, cobrará medio por ciento del exceso que se hubiere cargado en ellos sobre la cantidad contratada. Si quedare algún buque sin cargamento, se entenderá anulado el seguro en cuanto a él, mediante el abono antes expresado de medio por ciento sobre el excedente embarcado en los demás.

760. Si, por inhabilitación del buque antes de salir del puerto, la carga se transbordase a otro, tendrá los aseguradores opción entre continuar o no el contrato, abonando las averías que hubieren ocurrido; pero si la inhabilitación sobreviniere después de empezado el viaje, correrá los aseguradores el riesgo, aun cuando el buque fuere de diferente porte y pabellón que el designado en la póliza.

761. Si no se hubiese fijado en la póliza el tiempo durante el cual hayan de correr los riesgos por cuenta del asegurador, se observará lo prescrito en el 733 sobre los préstamos a la gruesa.

762. En los seguros a término fijo, la responsabilidad del asegurador cesará en la hora en que cumpla el plazo estipulado.

763. Si por conveniencia del asegurado las mercaderías se descargaren en un puerto más próximo que el designado para rendir el viaje, el asegurador hará suyo sin rebaja alguna el premio contratado.

764. Se entenderá comprendidas en el seguro, si expresamente no se hubieren excluido en la póliza, las escalas que por necesidad se hicieren para la conservación del buque o de su cargamento.

765. El asegurado comunicará al asegurador por el primer correo siguiente al en que él las recibiere, y por telégrafo, si lo hubiere, las noticias referentes al curso de la navegación del buque asegurado y los daños o pérdidas que sufrieren las cosas aseguradas, y responderá de los

제757조 왕복항해를 위해 적하보험에 가입한 경우, 귀환항해에서 화물이 전혀 없거나 3분의 2이하인 때에는, 귀환항해의 보험료는 운송하는 화물의 비율에 따라 감액한다. 그 외에도 피보험자는 운송하지 못한 분량의 0.5%를 추가로 보험자에게 권리를 수여하여야 한다. 그러나 진행항해 도중에 화물이 멸실된 때에는, 이를 변경하는 명시적인 반대의 약정이 없는 한, 감액을 주장할 수 없다.

제758조 수인의 보험자가 보험금액을 달리하여 동일한 화물에 대해 각각 보험을 인수하였지만 보험의 목적을 구체적으로 특정하지 아니한 경우, 그 목적이 멸실 혹은 훼손되면 보험자는 각자 보험금액에 비례하여 보상하여야 한다.

제759조 목적인 물건을 운송할 선박으로 여러 선박이 지정되어 있지만 각 선박에 선적할 수량은 명시되지 아니한 경우, 피보험자는 그 편의에 따라 화물을 분할하여 선적할 수 있고, 특정한 한 선박에 전부 선적할 수도 있으며, 그로 인하여 보험자의 책임에는 아무런 영향이 없다. 그러나 각 선박에 부보할 수량이 특정되어 있고 각 선박에 이와 다른 수량이 선적된 경우, 보험자는 원래 약정된 각 선박이 선적할 수량 이상에 대하여는 책임이 없다. 다만 약정된 수량의 0.5%를 초과하는 수량에 대하여는 보상을 청구할 수 있다. 어느 선박에 화물이 전혀 선적되지 아니하게 되면 그 화물에 관한 한 보험이 소멸된 것으로 보며, 다만 피보험자는 다른 선박에 초과 선적된 부분에 대하여 위와 마찬가지로 0.5%의 초과 보상을 요구할 수 있다.

제760조 선박이 출항을 하기 이전에 감항능력을 상실하여 화물을 다른 선박에 전적한 경우, 보험자는 보험계약을 계속 유지하든 중지하든 선택권이 있고, 다만 이미 발생한 손해는 보상하여야 한다. 그러나 항해를 개시한 이후에 선박이 감항능력을 상실하여 전적을 하면, 보험자는 계속 인수한 위험을 감수하여야 하며, 비록 새로운 선박이 계약에서 정한 것과 다른 항구로부터 출발을 하거나 선적국이 다르다 하더라도 책임을 면하지 못한다.

제761조 보험자가 인수한 위험에 대한 인수기간이 보험증서에 특정되어 있지 아니한 경우, 모험대차에 관한 위 제733조의 규정을 준용한다.

제762조 보험계약에서 보험기간을 정한 경우, 그 기간이 종료하는 시간에 보험자의 책임이 종료하는 것으로 본다.

제763조 피보험자가 자기 편의에 기해 원래 지정된 항구보다 가까운 항구에서 화물을 하역한 경우, 보험자는 약정한 보험료를 감액 없이 전액 청구할 수 있다.

제764조 당사자 사이에 반대의 약정이 없는 한, 선박이나 화물의 보존을 위해 어느 항구에 기항한 때에도 보험은 존속하는 것으로 본다.

제765조 피보험자는 부보된 선박의 항해 경로 및 보험의 목적에 발생한 멸실 혹은 훼손에 관한 소식을 들으면 즉시 보험자에게 가장 빠른 우편으로 혹은 전신이 있으면 전신으로 이를 통지하여야 하고, 이를 태만히 한 피보험자는 그로 인하여 생긴 파손이나 손해에 책임

daños y perjuicios que por su omisión se ocasionaren.

766. Si se perdieren mercaderías aseguradas por cuenta del Capitán que mandare el buque en que estaban embarcadas habrá aquél de justificar a los aseguradores la compra, por medio de las facturas de los vendedores, y el embarque y conducción en el buque, por certificación del Cónsul español, o autoridad competente donde no lo hubiere, del puerto donde las cargó, y por los demás documentos de habilitación y expedición de la Aduana. La misma obligación tendrá todos los asegurados que naveguen con sus propias mercaderías, salvo pacto en contrario.

767. Si se hubiere estipulado en la póliza aumento de premio en caso de sobrevenir guerra y no se hubiere fijado el tanto del aumento, se regulará éste, a falta de conformidad entre los mismos interesados, por Peritos nombrados en la forma que establece la Ley de Enjuiciamiento Civil, teniendo en consideración las circunstancias del seguro y los riesgos corridos.

768. La restitución gratuita del buque o su cargamento al Capitán por los apresadores cederá en beneficio de los propietarios respectivos, sin obligación, de parte de los aseguradores, de pagar las cantidades que aseguraron.

769. Toda reclamación procedente del contrato de seguro habrá de ir acompañada de los documentos que justifiquen:

1.º El viaje del buque, con la protesta del Capitán o copia certificada del libro de navegación.

2.º El embarque de los objetos asegurados, con el conocimiento y documentos de expedición de Aduanas.

3.º El contrato del seguro, con la póliza.

4.º La pérdida de las cosas aseguradas, con los mismos documentos del número 1. y declaración de la tripulación, si fuere preciso.

Además se fijará el descuento de los objetos asegurados previo el reconocimiento de Peritos. Los aseguradores podrá contradecir la reclamación, y se les admitirá sobre ello prueba en juicio.

770. Presentados los documentos justificativos, el asegurador deberá, hallándolos conformes y justificada la pérdida, pagar la indemnización al asegurado dentro del plazo estipulado en la póliza, y en su defecto, a los diez días de la reclamación. Mas si el asegurador la rechazare y contradijere judicialmente, podrá depositar la cantidad que resultare de los justificantes, o entregarla al asegurado mediante la fianza suficiente, decidiendo lo uno o lo otro el Juez o Tribunal, según los casos.

771. Si el buque asegurado sufriese daño por accidente de mar, el asegurador pagará únicamente las dos terceras partes de los gastos de reparación , hágase o no. En el primer caso; el importe de los gastos se justificará por los medios reconocidos en el Derecho; en el segundo, se apreciará por Peritos. Sólo el naviero, o el Capitán autorizado para ello, podrá optar por la no reparación del buque.

이 있다.

第766조 선장이 자기 선박에 있는 화물에 개인적 이해관계가 있어 자기 계산으로 보험에 가입하고 그 화물이 멸실된 경우, 선장은 매도인의 송장에 의거하여 매입을 증명하고, 또 선적항에 영사가 있는 때에는 영사가, 영사가 없는 때에는 해당 관청이 발행한 확인서 및 세관에서의 허가나 송출 관련 서류 등에 기하여 선적 및 운송 사실을 증명하여야 한다. 반대의 특약이 없는 한, 피보험자가 승선하여 자기 화물과 함께 여행하는 때에도, 마찬가지의 방식으로 입증하여야 한다.

第767조 보험증서에 전쟁이 발발하면 보험료가 증액된다고 약정하였으나 증액할 금액을 정하지 아니한 경우, 당사자 사이에 합의가 성립되지 아니하면 보험에 가입한 상황과 감수해야 할 위험을 고려하여 민사소송법에서 정한 방식으로 임명된 감정인의 평가에 의해 증액할 금액을 정한다.

第768조 나포된 선박 혹은 그 선상에 있던 적하가 대가 없이 선장에게 반환된 경우, 이는 각각 그 소유자에게 그 혜택이 돌아가고, 대신 보험자는 보험금액의 지급의무를 지지 아니한다.

第769조 보험계약에 기한 보상청구를 하려면 어느 경우이든 다음 사항을 입증할 서류를 첨부하여야 한다.

1. 선박의 항해 · 해난신고서나 항해장부의 확인사본을 첨부하여야 한다.
2. 부보된 목적물의 선적 · 선하증권 및 세관송출증서를 첨부하여야 한다.
3. 보험계약 · 보험증서를 첨부하여야 한다.
4. 부보된 물건의 멸실 · 위 1호의 서류증거 및 필요하면 선원의 진술서.

그 외에 감정인의 확인을 거쳐 보험가액에서 감액할 금액도 확정한다. 보험자는 청구를 부인할 수 있고, 법정에서 반증을 들 수 있다.

第770조 입증서류를 수령한 보험자는 적법한 방식으로 멸실이 입증되었다고 판단되면 보험증서에서 정한 기간 내에, 정한 기간이 없으면 청구일로부터 10일 이내에 보험금을 지급하여야 한다. 그러나 보험자가 피보험자의 청구를 부인하고 사법절차에서 반증을 시도하는 경우, 증거에 의하여 적당하다고 판단되는 피해금액을 보험자가 별도로 제3자에게 보관시킬 것을 명하거나 혹은 충분한 담보를 제공하는 것을 조건으로 피보험자에게 보험금을 지급할 것을 명할 수 있다. 이 선택은 제반사정을 고려하여 법원이 정한다.

第771조 선박이 항해 사고를 당하여 손상을 입은 경우, 실제의 수리 여부와 상관없이 보험자는 오로지 수리비의 3분의 2에 해당하는 금액만 지급한다. 수리를 하는 때에는 법적으로 인정되는 일반적인 방법으로 비용 총액을 입증하여야 하고, 실제로 수리를 하지 아니하는 경우에는 감정인의 평가에 의하여 수리비를 산정한다. 선주 혹은 그로부터 특별한 위임을 받은 선장만이 수리를 하지 않을 것을 결정할 수 있다.

772. Si por consecuencia de la reparación el valor del buque aumentare en más de una tercera parte del que se le hubiere dado en el seguro, el asegurador pagará los dos tercios del importe de la reparación, descontando el mayor valor que ésta hubiere dado al buque. Mas si el asegurado probase que el mayor valor del buque no procedía de la reparación, sino de ser el buque nuevo y haber ocurrido avería en el primer viaja o que lo eran las máquinas o aparejo y pertrechos destrozados, no se hará la deducción del aumento de valor, y el asegurador pagará los dos tercios de la reparación, conforme a la regla **6.** del 854.

773. Si las reparaciones excediesen de las tres cuartas partes del valor del buque, se entenderá que está inhabilitado para navegar, y procederá el abandono: y no haciendo esta declaración, abonará los aseguradores el importe del seguro, deducido el valor del buque averiado o de sus restos.

774. Cuando se trate de indemnizaciones procedentes de avería gruesa, terminadas las operaciones de arreglo, liquidación y pago de la misma, el asegurado entregará al asegurador todas las cuentas y documentos justificativos en reclamación de la indemnización de las cantidades que le hubieren correspondido. El asegurador examinará a su vez la liquidación y hallándola conforme a las condiciones de la póliza, estará obligado a pagar al asegurado la cantidad correspondiente, dentro del plazo convenido, o, en su defecto, en el de ocho días. Desde esta fecha comenzará a devengar intereses la suma debida. Si el asegurador no encontrare la liquidación conforme con lo convenido en la póliza, podrá reclamar ante el Juez o Tribunal competente en el mismo plazo de ocho días, constituyendo en depósito la cantidad reclamada.

775. En ningú caso podrá exigirse al asegurador una suma mayor que la del importe total del seguro; sea que el buque salvado, después de una arribada forzosa para reparación de averías, se pierda; sea que la parte que haya de pagarse por la avería gruesa importe más que el seguro, o que el coste de diferentes averías y reparaciones en un mismo viaje o dentro del plazo del seguro, exceda de la suma asegurada.

776. En los casos de avería simple, respecto a las mercaderías aseguradas, se observará las reglas siguientes:

1.ª Todo lo que hubiere desaparecido por robo, pérdida, venta en viaje, por causa de deterioro, o por cualquiera de los accidentes marítimos comprendidos en el contrato del seguro será justificado con arreglo al valor de factura, o, en su defecto, por el que se le hubiere dado en el seguro y el asegurador pagará su importe.

2.ª En el caso de que, llegado el buque a buen puerto, resulten averiadas las mercaderías en todo o en parte, los Peritos hará constar el valor que tendrían si hubieren llegado en estado sano, y el que tengan en su estado de deterioro.

La diferencia entre ambos valores líquidos, hecho además el descuento de los derechos de Aduanas, fletes y cualesquier a otros análogos, constituirá el valor o importe de la avería, sumándole los gastos causados por los Peritos, y otros, si los hubiere. Habiendo recaído la avería sobre todo el cargamento asegurado, el asegurador pagará en su totalidad el demérito que resulte; mas si sólo alcanzare a una parte, el asegurado será reintegrado en la proporción correspondiente. Si hubiere sido objeto de un seguro especial el beneficio probable del

제772조 수리의 결과로 인한 가격의 상승이, 보험계약에서 정한 보험가액의 3분의 1 이상을 초과하는 경우, 보험자는 수리비의 3분의 2에 해당하는 금액에서 이 초과하는 금액을 공제하고 지급한다. 그러나 최근 건조된 선박이고 첫 번째 항해에서 피해가 발생하였거나 혹은 기관, 장비 혹은 부품이 파괴되어 수리를 하였기에[48] 초과하는 가격이 수리로 인한 것이 아니라는 것을 증명하면 초과 가격상승을 이유로 감액을 할 수 없고, 보험자는 제854조 제6호에 정한 규칙에 따라 수리비의 3분의 2를 지급하여야 한다.

제773조 수리비가 선박가격의 5분의 4를 초과하는 경우, 선박은 감항능력을 상실한 것으로 의제되고 피보험자는 이를 위부하여야 한다. 피보험자가 위부를 선언하지 아니하면 보험자는 부보 총액에서 훼손된 선박 혹은 수거한 잔존물의 가액을 공제한 금액을 지급한다.

제774조 공동해손을 이유로 보험자에게 해당 금액의 보상을 청구하는 경우, 해손의 산정, 정산, 지급 등의 절차가 종료된 다음 피보험자는 보험자에게 공동해손과 관련된 모든 계산서와 입증서류를 제시하여야 한다. 보험자는 정산 관계를 검사하고 그 결과 보험계약의 내용에 합당하다고 판단되면 약정이 있으면 약정기간 내에, 약정이 없으면 8일 내에 피보험자에게 보험금을 지급하여야 한다. 이 날짜로부터 지급할 금액에 대한 이자가 발생한다. 정산이 적합하지 아니하다고 판단하는 보험자는 이로부터 8일 내에 청구 금액을 보관시킨 다음 해당 법원에 판단을 요청할 수 있다.

제775조 피보험자는 어떠한 경우에도 보험금액 총액을 초과하여 보험금을 청구할 수 없다. 선박이 강제 기항 후 수리를 하여 구조된 다음 다시 멸실된 경우, 공동해손을 이유로 지급할 금액이 보험금액을 초과하는 경우 및 동일한 항해에서 혹은 보험기간 내에 여러 손상이 생기고 그 수리비가 보험금액을 초과하는 경우에도 마찬가지이다.

제776조 부보된 화물에 단순해손이 발생한 경우 다음 규칙에 의하여 보험금을 정한다.

1. 강도, 멸실, 항해 중 매각, 손상 기타 보험계약에서 정한 해상사고이면 무엇이든 이로 인하여 화물이 사라진 때에는 송장에 기재된 가격에 의해 인정되고, 그렇지 못한 경우 보험에서 인정한 가액을 기초로 인정하며, 보험자는 그 총액을 지급하여야 한다.
2. 선박이 안전하게 항구에 도착하였고 화물의 전부 혹은 일부 손상된 경우, 감정인이 정상 상태로 도착했을 때의 가격과 손상된 상태의 가격을 평가한다.

이 두 가지 가액의 정산 차액이 그 단순해손의 손해금액이 되며, 이 금액에서 관세, 운임 기타 이와 유사한 성질의 금액은 공제하여야 하고, 감정인의 감정 비용 기타 이와 유사한 비용은 이를 추가하여야 한다. 손상이 화물 전체에 발생한 경우, 보험자는 그로 인하여 발생한 감손으로 인한 모든 손해를 배상하여야 한다. 손해가 오로지 화물의 일부에 생긴 때에는 피보험자는 그 비율에 따라 부분 보상을 청구할 수 있다. 장차 발생할 희망이익에 대해 특별보험을 가입한 경우, 이는 별도로 정산한다.

---

48 o que lo eran 이하는 probase que에 연결시키는 것보다 sino에 연결시켜 sino que로 연결되는 것으로 해석하는 것이 전후 문맥으로 보아 타당하다.

cargador, se liquidará separadamente.

777. Fijada por los Peritos la avería simple del buque, el asegurado justificará su derecho con arreglo a lo dispuesto en el final del número 9. del 580 y el asegurador pagar a en conformidad a lo dispuesto en los artículos 858 y 859.

778. El asegurador no podrá obligar al asegurado a que venda el objeto del seguro para fijar su valor.

779. Si la valuación de las cosas aseguradas hubiere de hacerse en país extranjero, se observará las Leyes, usos y costumbres del lugar en que haya de realizarse, sin perjuicio de someterse a las prescripciones de este Código para la comprobación de los hechos.

780. Pagada por el asegurador la cantidad asegurada, se subrogará en el lugar del asegurado para todos los derechos y acciones que correspondan contra los que por malicia o culpa causaron la pérdida de los efectos asegurados.

4.º De los casos en que se anula, rescinde o modifica el contrato de seguro

781. Será nulo el contrato de seguro que recayere:

1.º Sobre los buques o mercaderías afectos anteriormente a un préstamo a la gruesa por todo su valor.

Si el préstamo a la gruesa no fuere por el valor entero del buque o de las mercaderías, podrá subsistir el seguro en la parte que exceda al importe del préstamo.

2.º Sobre la vida de tripulantes y pasajeros.

3.º Sobre los sueldos de la tripulación.

4.º Sobre géneros de ilícito comercio en el país del pabellón del buque.

5.º Sobre buque dedicado habitualmente al contrabando, ocurriendo el daño o pérdida por haberlo hecho, en cuyo caso se abonará al asegurador el medio por ciento de la cantidad asegurada.

6.º Sobre un buque que, sin mediar fuerza mayor que lo impida, no se hiciere a la mar en los seis meses siguientes a la fecha de la póliza; en cuyo caso, además de la anulación, procederá el abono del medio por ciento al asegurador de la suma asegurada.

7.º Sobre buque que deje de emprender el viaje contratado, o se dirija a un punto distinto del estipulado; en cuyo caso procederá también el abono al asegurador del medio por ciento de la cantidad asegurada.

8.º Sobre cosas en cuya valoración se hubiere cometido falsedad a sabiendas.

782. Si se hubieren realizado sin fraude diferentes contratos de seguro sobre un mismo objeto, subsistirá únicamente el primero, con tal que cubra todo su valor. Los aseguradores de fecha posterior quedará libres de responsabilidad y percibirá un medio por ciento de la cantidad asegurada. No cubriendo el primer contrato el valor íntegro del objeto asegurado, recaerá la responsabilidad del exceso sobre los aseguradores que contrataron con posterioridad, siguiendo el orden de fechas.

제777조 감정인의 평가에 의해 선박의 해손이 확정되면, 피보험자는 위 제580조 제9호 말미의 규정에 따라 권리를 입증하여야 하고, 보험자는 아래 제858조 및 제859조의 규정에 따라 지급을 하여야 한다.

제778조 보험자는 그 가격을 확인하기 위해 피보험자에게 보험의 목적을 매각할 것을 요구할 수 없다.

제779조 부보된 목적물에 대한 평가가 부득이 외국에서 행해지는 경우, 평가가 이루어지는 지역의 법령, 관행 및 관습에 따라야 한다. 그러나 이 법의 규정에 따라 행위를 증명하는 것은 별론으로 한다.

제780조 보험금액을 지급한 보험자는 고의 혹은 다른 귀책사유로 보험의 목적에 멸실을 초래한 모든 사람에 대하여 피보험자가 가지고 있던 권리 및 권한을 대위하여 취득한다.

제4관 보험계약의 취소, 해제 및 변경

제781조 보험의 목적이 다음에 해당하는 경우 그 보험계약은 무효로 한다.

1. 보험가액 전액에 해당하는 모험대차가 있어 이미 선박 혹은 적하가 이에 부보된 경우, 다만 차용금액이 전액에 이르지 못하는 때에는 그 초과액에 한해 유효한 보험계약이 존재할 수 있다.
2. 선원 혹은 여객의 생명을 목적으로 하는 경우.
3. 선원의 급료를 목적으로 하는 경우.
4. 목적물이 기국법에 의해 불법영업의 대상에 해당하는 경우.
5. 일상 밀수에 참여하는 선박으로 그로 인해 멸실이나 훼손이 생긴 경우. 이 멸실 혹은 훼손이 실제로 생긴 경우, 피보험자는 보험금액의 0.5%에 해당하는 금액을 보험자에게 보상하여야 한다.
6. 불가항력 등의 사유가 없음에도 불구하고 선박이 보험계약을 한 날로부터 6개월이 지나도 항해를 개시하지 않는 경우. 이 경우에 보험계약이 무효가 된다 하더라도 피보험자는 보험금액의 0.5%에 해당하는 금액을 보험자에게 보상하여야 한다.
7. 선박이 약정한 항해를 포기하거나 지정된 목적항을 변경하여 항해를 하는 경우. 이 경우 피보험자는 보험금액의 0.5%에 해당하는 금액을 보험자에게 보상하여야 한다.
8. 목적물에 대한 평가가 고의에 의한 허위행위에 의해 이루어진 경우.

제782조 사기에 의하지 아니하고 동일한 목적물에 수개의 다른 보험계약이 체결된 경우, 최초로 체결된 보험이 보험가액 전액에 해당하는 위험을 인수한 유일한 보험계약으로 존속하는 것으로 본다. 후에 체결된 보험계약의 보험자는 보험계약상 책임을 면한다. 그러나 후보험자는 보험금액의 0.5%에 해당하는 금액을 청구할 수 있다. 선보험계약에 의해 보험가액 전액이 부보되지 아니한 때에는 후에 체결된 보험계약들은 그 체결 날짜의 순에 따라 차례대로 잔액에 대하여 부보 책임을 진다.

제783조 보험의 목적이 목적항에 도착하기 이전에, 피보험자가 후에 체결된 보험자에게

783. El asegurado no se libertará de pagar los premios íntegros a los diferentes aseguradores, si no hiciere saber a los postergados la rescisión de sus contratos antes de haber llegado el objeto asegurado al puerto de destino.

784. El seguro hecho con posterioridad a la pérdida, avería o feliz arribo del objeto asegurado al puerto de destino, será nulo, siempre que pueda presumirse racionalmente que la noticia de lo uno o de lo otro había llegado a conocimiento de alguno de los contratantes. Existirá esta presunción cuando se hubiere publicado la noticia en una plaza, mediando el tiempo necesario para comunicarlo por el correo o el telégrafo al lugar donde se contrató el seguro, sin perjuicio de las demás pruebas que puedan practicar las partes.

785. El contrato de seguro sobre buenas o malas noticias no se anulará si no se prueba el conocimiento del suceso esperado o temido por alguno de los contratantes al tiempo de verificarse el contrato. En caso de probarlo, abonará el defraudador a su coobligado una quinta parte de la cantidad asegurada, sin perjuicio de la responsabilidad criminal a que hubiere lugar.

786. Si el que hiciere el seguro, sabiendo la pérdida total o parcial de las cosas aseguradas, obrare por cuenta ajena, será personalmente responsable del hecho como si hubiera obrado por cuenta propia; y si, por el contrario, el comisionado estuviere inocente del fraude cometido por el propietario asegurado, recaerá sobre éste todas las responsabilidades, quedando siempre a su cargo pagar a los aseguradores el premio convenido. Igual disposición regirá respecto al asegurador cuando contrate el seguro por medio de comisionado y supiere el salvamento de las cosas aseguradas.

787. Si, pendiente el riesgo de las cosas aseguradas, fueren declarados en quiebra el asegurador o el asegurado, tendrá ambos derecho a exigir fianza, éste para cubrir la responsabilidad del riesgo, y aquél para obtener el pago del premio; y si los representantes de la quiebra se negaren a prestarla dentro de los tres días siguientes al requerimiento, se rescindirá el contrato. En caso de ocurrir el siniestro dentro de los dichos tres días sin haber prestado la fianza, no habrá derecho a la indemnización ni al premio del seguro.

788. Si, contratado un seguro fraudulentamente por varios aseguradores, alguno o algunos hubieren procedido de buena fe, tendrá éstos derecho a obtener el premio íntegro de su seguro de los que hubieren procedido con malicia; quedando el asegurado libre de toda responsabilidad. De igual manera se procederá respecto a los asegurados con los aseguradores, cuando fueren algunos de aquéllos los autores del seguro fraudulento.

5.º Del abandono de las cosas aseguradas

789. Podrá el asegurado abandonar por cuenta del asegurador las cosas aseguradas, exigiendo del asegurador el importe de la cantidad estipulada en la póliza:

1.º En el caso de naufragio.

2.º En el de inhabilitación del buque para navegar, por varada, rotura o cualquier otro accidente de mar.

3.º En el de apresamiento, embargo o detención por orden del Gobierno nacional o

보험계약이 실효된 것을 고지하지 아니하면, 피보험자는 여러 다른 보험자에게 보험료 전액을 지급할 의무를 면하지 못한다.

제784조 목적물이 멸실이나 훼손된 후 혹은 안전하게 목적항에 도착한 후에 보험계약이 체결된 경우, 합리적인 평가를 할 때에 사고 소식이든 안착 소식이든 어느 당사자가 이를 인지하였다고 추정될 수 있는 때에는 그 보험계약은 효력이 없다. 계약을 체결한 곳으로 우편 혹은 전신을 이용하여 연락하기 위해 필요한 시간에 비추어 그 소식이 계약 체결지 공공장소에 공시될 수 있는 것이었다면 당사자가 그 사실을 인지한 것으로 추정한다. 그 외에도 당사자가 제공할 수 있는 다른 증거를 이용하여 실제로 당사자가 인지한 사실을 입증할 수도 있다.

제785조 보험계약이 "희비소식불문" 이라는 조건으로 체결된 경우, 어느 당사자가 계약 체결할 때에 기대했던 안착이 이루어졌거나 우려했던 사고가 발생한 사실을 실제로 인지하고 있었던 사실을 입증하지 아니하는 한 그 보험계약은 유효한 것으로 본다. 인지하고 있었던 사실을 입증하는 경우, 사기행위를 한 사람은 상대의무자에게 보험금액의 5분의 1에 해당하는 금액을 보상하여야 하고, 그 행위가 범죄가 되면 형사처벌도 받아야 한다.

제786조 보험에 가입하는 사람이 목적물이 전부 혹은 일부 멸실된 것을 알면서 다른 사람을 위하여 이러한 행위를 한 경우, 자기를 위하여 그 행위를 한 것과 마찬가지로 개인적으로 책임을 진다. 반대로 피보험자가 범한 사기에 대하여 수임인이 전혀 몰랐던 경우, 모든 책임은 피보험자에 돌아가고, 피보험자는 보험자에게 약정한 보험료도 지급하여야 한다. 이 규정은 보험자가 수임인을 통해 계약을 체결하고, 보험의 목적이 구조된 것을 인지한 경우, 그 보험자에게도 마찬가지로 적용된다.

제787조 보험의 목적에 인수한 위험이 상존하는 동안에, 보험자 혹은 피보험자에게 파산이 선고된 경우, 당사자는 상대방에게 담보의 제공을 요구할 수 있고, 보험자는 위험을 인수하기에 충분한 담보를, 피보험자는 보험료를 지급하기에 충분한 담보를 제공하여야 한다. 파산관재인이 요구를 받고 3일 이내에 지급을 거부하면 보험계약을 해제할 수 있다. 담보가 제공되지 아니한 이 3일의 기간 내에 보험사고가 발생해도, 당사자는 보험금이나 보험료를 청구할 수 없다.

제788조 수인의 보험자가 사기로 하나의 보험을 인수하고, 여러 보험자 중에 선의로 보험에 참여한 보험자가 있는 경우, 그 보험자는 사기로 보험에 참여한 보험자에게 자기가 인수한 보험의 보험료 전액을 청구할 수 있다. 그러나 피보험자는 그 보험계약과 관련하여 모든 책임을 면한다. 수인의 피보험자가 있고 어느 피보험자가 사기로 보험에 가입한 경우, 보험자와의 관계에 있어서도 마찬가지의 원칙이 적용된다.

제5관 보험위부

제789조 다음과 같은 경우에 피보험자는 모험의 목적을 보험자에게 이전하고 보험계약에서 정한 보험금액 총액을 청구할 수 있다.

1. 선박이 난파를 당한 경우.
2. 선박이 좌초, 파손 기타 해양사고를 당하여 감항능력을 상실한 때.
3. 나포 및 본국이나 외국 정부의 지시에 의한 정박명령 혹은 압류명령.
4. 목적물의 완전 멸실. 보험가액의 4분의 3을 상실하면 완전 멸실로 본다.

extranjero.

4.º En el de pérdida total de las cosas aseguradas, entendiéndose por tal la que disminuya en tres cuartas partes el valor asegurado.

Los demás daños se reputaran averías y se soportará por quien corresponda, según las condiciones del seguro y las disposiciones de este Código. No procederá el abandono en ninguno de los dos primeros casos, si el buque náufrago, varado o inhabilitado pudiera desencallarse, ponerse a flote y repararse para continuar el viaje al puerto de su destino, a no ser que el coste de la reparación excediese de las tres cuartas partes del valor en que estuviere el buque asegurado.

790. Verificándose la rehabilitación del buque, sólo responderá los aseguradores de los gastos ocasionados por la encalladura u otro daño que el buque hubiera recibido.

791. En los casos de naufragio y apresamiento, el asegurado tendrá la obligación de hacer por sí las diligencias que aconsejen las circunstancias, para salvar o recobrar los efectos perdidos, sin perjuicio del abandono que le competa hacer a su tiempo, y el asegurador habrá de reintegrarle de los gastos legítimos que para el salvamento hiciese, hasta la concurrencia del valor de los efectos salvados, sobre los cuales se hará efectivos en defecto de pago.

792. Si el buque quedare absolutamente inhabilitado para navegar, el asegurado tendrá obligación de dar de ello aviso al asegurador, telegráficamente, siendo posible, y si no, por el primer correo siguiente al recibo de la noticia. Los interesados en la carga que se hallaren presentes, o, en su ausencia, el Capitán , practicará todas las diligencias posibles para conducir el cargamento al puerto de su destino, con arreglo a lo dispuesto en este Código; en cuyo caso correrá por cuenta del asegurador los riesgos y gastos de descarga, almacenaje, reembarque o transbordo, excedente de flete, y todos los demás, hasta que se alijen los efectos asegurados en el punto designado en la póliza.

793. Sin perjuicio de lo dispuesto en el anterior, el asegurador gozará del término de seis meses para conducir las mercaderías a su destino, si la inhabilitación hubiere ocurrido en los mares que circundan a Europa desde el estrecho del Sund hasta el Bósforo, y un año, si hubiere ocurrido en otro punto más lejano, cuyo plazo se comenzará a contar desde el día en que el asegurado le hubiere dado aviso del siniestro.

794. Si, a pesar de las diligencias practicadas por los interesados en la carga, Capitán y aseguradores, para conducir las mercaderías al puerto de su destino, conforme a lo prevenido en los artículos anteriores, no se encontrare buque en que verificar el transporte, podrá el asegurado propietario hacer abandono de las mismas.

795. En caso de interrupción del viaje por embargo o detención forzada del buque, tendrá el asegurado obligación de comunicarla a los aseguradores tan luego como llegue a su noticia, y no podrá usar de la acción de abandono hasta que hayan transcurrido los plazos fijados en el 793. Estará obligado además a prestar a los aseguradores cuantos auxilios esté en su mano para conseguir el alzamiento del embargo, y deberá hacer por sí mismo las gestiones convenientes al propio fin, si, por hallarse los aseguradores en país remoto, no pudiere obrar de acuerdo con éstos.

여타 파손은 이를 해손으로 간주하고 부보 조건 혹은 이 법의 규정에 따라 책임질 사람이 부담한다. 위 처음 두 가지 위부사유의 경우, 난파나 좌초된 선박 또는 감항능력을 상실한 선박을 이후에 인양하고 부양시켜 수리하면 목적항까지 항해를 계속할 수 있는 경우, 피보험자는 보험의 목적을 위부할 수 없다. 그러나 수리비용이 보험가액의 4분의 3을 초과하는 때에는 위부할 수 있다

제790조 선박이 다시 감항능력을 회복하는 조치가 이루어지면, 보험자는 오로지 선박의 파손과 좌초로 인한 비용만 부담하면 된다.

제791조 선박이 난파되거나 나포된 경우, 피보험자는 선박을 구조하고 잔존물을 회수하기 위해 각종 상황에 따라 적절한 조치를 다할 의무가 있다. 이로 인하여 피보험자가 원래 가졌던 위부권이 영향을 받는 것은 아니다. 보험자는 구조를 위하여 피보험자가 지출한 비용을 보상하여야 한다. 그러나 이 금액은 구조된 물건의 가액을 초과하지 못하고, 피보험자는 구조된 물건에 우선변제권을 갖는다.

제792조 선박이 완전히 감항능력을 상실한 것으로 판명된 경우, 이 소식을 들은 피보험자는 즉시 전신이 있으면 전신으로, 전신이 없으면 가장 빠른 우편으로, 보험자에게 이를 통지하여야 한다. 선상에 있던 화물 이해관계인이, 이해관계인이 없으면 선장이 이 법의 규정에 따라 화물을 목적항까지 운송하기 위해 최선을 다하여야 한다. 이러한 경우 운송중의 위험은 보험자가 감수하여야 하고, 보험계약에서 정한 지점까지 운송하여 양륙하는 때까지, 운임에 포함되지 아니하는 양하, 보관, 재선적 및 이적 비용과 기타 부수비용을 보험자가 부담하여야 한다.

제793조 전 조에 의거 권리를 행사하는 것을 부인하는 것은 아니면서도, 보험자는 화물을 목적지로 운송함에 있어 6개월의 제척기간을 주장할 수 있다. 이 기간은 감항능력의 상실이 유럽을 둘러싼 숩트해협부터 보서포로까지 해안에서 발생한 때에 적용되고, 만일 그보다 더 먼 다른 지점에서 발생한 때에는 제척기간이 1년으로 연장된다. 이 기간은 피보험자가 보험자에게 보험사고를 통지한 때부터 기산한다.

제794조 화물 이해관계인, 선장 및 보험자가 위 규정에서 예정하고 있는 바에 따라 목적항까지 화물을 운송하기 위해 노력을 하였음에도 불구하고, 운송할 선박을 구하지 못한 때에는, 소유자인 피보험자는 그 화물을 위부할 수 있다.

제795조 선박에 대한 정박명령 혹은 압류조치로 인하여 항해가 중단된 경우, 피보험자는 그 소식을 접하는 즉시 보험자에게 연락할 의무가 있다. 그러나 피보험자는 위 제793조에서 정한 기간이 경과하기 이전에는 보험의 목적을 위부할 수 없다. 또한 피보험자는 정박명령의 해제를 달성하기 위해 동원 가능한 모든 원조를 보험자에게 제공할 의무가 있고, 만일 보험자가 먼 외국에 있어 그와 협의하여 이러한 노력을 하기가 어려운 때에는, 그 목적을 달성하기 위해 피보험자 혼자서라도 모든 적절한 조치를 취하여야 한다.

796. Se entenderá comprendido en el abandono del buque el flete de las mercaderías que se salven, aun cuando se hubiere pagado anticipadamente, considerándose pertenencia de los aseguradores, a reserva de los derechos que competan a los demás acreedores conforme a lo dispuesto en el 580.

797. Se tendrá por recibida la noticia para la prescripción pública, bien por medio de los periódicos, bien por correr como cierta entre los comerciantes de la residencia del asegurado, o bien porque pueda probarse a éste que recibió aviso del siniestro por carta o telegrama del Capitán, del consignatario o de algún corresponsal.

798. Tendrá también el asegurado el derecho de hacer abandono después de haber transcurrido un año en los viajes ordinarios y dos en los largos, sin recibir noticia del buque. En tal caso, podrá reclamar del asegurador la indemnización por el valor de la cantidad asegurada, sin estar obligado a justificar la pérdida; pero deberá probar la falta de noticias con certificación del Cónsul o autoridad marítima del puerto de donde salió, y otra de los Cónsules o autoridades marítimas de los del destino del buque y de su matrícula, que acrediten no haber llegado a ellos durante el plazo fijado. Para usar de esta acción, tendrá el mismo plazo señalado en el 804, reputándose viajes cortos los que se hicieren a la costa de Europa y a las de Asia y África por el Mediterráneo, y respecto de América los que se emprendan a puertos situados más acá de los ríos de La Plata y San Lorenzo, y a las islas intermedias entre las costas de España y los puntos designados en este artículo.

799. Si al seguro hubiere sido contratado a término limitado, existirá presunción legal de que la pérdida ocurrió dentro del plazo convenido salvo la prueba que podrá hacer el asegurador, de que la pérdida sobrevino después de haber terminado su responsabilidad.

800. El asegurado al tiempo de hacer el abandono, deberá declarar todos los seguros contratados sobre los efectos abandonados, así como los préstamos tomados a la gruesa sobre los mismos, y hasta que haya hecho esta declaración, no empezará a correr el plazo en que deberá ser reintegrado del valor de los efectos. Si cometiere fraude en esta declaración, perderá todos los derechos que le competan por el seguro, sin dejar de responder por los préstamos que hubiere tomado sobre los efectos asegurados, no obstante su pérdida.

801. En caso de apresamiento de buque, y no teniendo tiempo el asegurado de proceder de acuerdo con el asegurador, ni de esperar instrucciones suyas, podrá por sí, o el Capitán en su defecto, proceder al rescate de las cosas aseguradas, poniéndolo en conocimiento del asegurador en la primera ocasión. Este podrá aceptar o no el convenio celebrado por el asegurado o el Capitán, comunicando su resolución dentro de las veinticuatro horas siguientes a la notificación del convenio. Si lo aceptase, entregará en el acto la cantidad concertada por el rescate, y quedará de su cuenta los riesgos ulteriores del viaje, conforme a las condiciones de la póliza. Si no lo aceptase, pagara la candidad aseguradá, perdiendo todo derecho a los efectos rescatados ; y si dentro del término prefijado no manifestare su resolución, se entenderá que rechaza el convenio.

802. Si por haberse represado el buque, se reintegrara el asegurado en la posesión de sus

제796조 선박이 위부된 경우 구조된 화물에 대한 운임도 그 위부에 포함되는 것으로 보며, 이는 운임이 선급된 경우에도 마찬가지이고, 그 결과로 위부에 의해 운임은 보험자에 귀속되는 것으로 본다. 다만 위 제580조의 규정에 의거하여 다른 채권자에게 이미 권리가 부여된 때에는 그러하지 아니하다.

제797조 신문이란 수단을 통하여 혹은 피보험자의 거주지 상인들 사이의 틀림없이 있었던 우편을 통하여 이미 사고 소식이 공지의 사실이 된 경우 또는 선장, 수하인 또는 연락원의 전보 혹은 편지를 통하여 보험자가 사고의 통지를 받은 것이 증명된 경우, 모두 제793조에서 정한 제척기간을 정함에 있어 보험자가 사고 통지를 받은 것으로 간주한다.

제798조 선박에 관한 소식을 듣지 못한 상태로 통상항해의 경우 1년, 원양항해의 경우 2년이 경과하면 피보험자는 그 선박을 위부할 수 있다. 이러한 경우, 선박이 멸실된 것을 증명하지 아니하고도 피보험자는 보험자에게 보험가액에 상당하는 보상을 청구할 수 있다. 그러나 지정된 기간 내에 그 항구들에 선박이 도착하지 아니한 것을 입증하여야 하며 이를 위해 마지막 출발항에 있는 영사 혹은 해운관청이 발행하는 확인서 및 그 외에도 목적이 된 여러 항구와 선적항에서 영사 혹은 해운관청이 발행하는 확인서를 갖추어 소식의 부재를 증명하여야 한다. 이러한 권리를 행사하는데 있어서도 아래 제804조에서 정한 기간이 적용된다. 그리고 유럽 항구, 지중해 아시아 · 아프리카 항구, 미주의 경우 플라타 및 산 로렌조 강 이쪽에 위치한 항구, 스페인 해안과 이러한 곳으로 연결된 사이의 도서 등의 항해는 이를 단기항해[49]로 본다.

제799조 이 경우에 보험이 인수기간을 정한 기간보험인 때에는, 보험자가 이 기간이 경과한 다음에 멸실된 것을 입증하지 않는 한, 보험기간 내에 멸실이 발생하였다고 법적으로 추정한다.

제800조 피보험자는 위부를 선언할 때에 위부된 물건을 목적으로 하여 약정한 모든 보험과 위부된 물건을 목적으로 한 모든 모험대차를 보험자에게 고지하여야 한다. 이러한 고지를 한 때부터 보험금을 지급할 지급기간이 개시된다. 이러한 고지를 함에 있어 사기행위가 있은 경우 피보험자는 보험에 기한 모든 권리를 상실하고, 또 보험의 목적이 멸실되었다 하더라도 모험대차로 차용한 차용액을 반환하여야 한다.

제801조 선박이 나포되고 난 다음 피보험자가 보험자와 상의할 시간이 없고 그의 지시를 기다릴 수도 없는 경우, 피보험자는 스스로 혹은 피보험자도 없는 때에는 선장이 보험의 목적을 회수하기 위해 보상금을 지급하는 타협을 할 수 있다. 피보험자는 이러한 타협이 있은 다음 지체 없이 이를 보험자에게 통지하여야 한다. 보험자는 피보험자나 선장이 체결한 타협을 수용할 수도 있고 거절할 수도 있다. 보험자는 타협을 연락받은 후 24시간 내에 그의 선택을 통지하여야 한다. 수용을 하면 보험자는 타협에서 약정한 금액을 즉시 지급하여야 한다. 그리고 이후에 목적물에 발생하는 항해위험도 보험계약에 정한 조건에 따라 보험자가 부담하여야 한다. 수용하지 아니하면 보험자는 보험금액을 지급하여야 하고 동시에 회복한 목적물에 대한 모든 권리를 잃는다. 위 기간 내에 선택을 통지하지 아니하면 타협을 거절한 것으로 본다.

49 원양항해가 아니라 통상항해라는 뜻으로 해석됨.

efectos, se reputará avería todos los gastos y perjuicios causados por la pérdida, siendo de cuenta del asegurador el reintegro; y si, por consecuencia de la represa, pasaren los efectos asegurados a la posesión de un tercero, el asegurado podrá usar del derecho de abandono.

803. Admitido el abandono, o declarado admisible en juicio, la propiedad de las cosas abandonadas, con las mejoras o desperfectos que en ellas sobrevengan desde el momento del abandono, se transmitirá al asegurador, sin que le exonere del pago la reparación del buque legalmente abandonado.

804. No será admisible el abandono:

1.º Si las pérdidas hubieren ocurrido antes de empezar el viaje.

2.º Si se hiciere de una manera parcial o condicional, sin comprender en él todos los objetos asegurados.

3.º Si no se pusiere en conocimiento de los aseguradores el propósito de hacerlo, dentro de los cuatro meses siguientes al día en que el asegurado haya recibido la noticia de la pérdida acaecida, y si no se formalizará el abandono dentro de diez, contados de igual manera, en cuanto a los siniestros ocurridos en los puertos de Europa, en los de Asia y África en el Mediterráneo, y en los de América desde los ríos de La Plata a San Lorenzo, y dentro de dieciocho respecto a los demás.

4.º Si no se hiciere por el mismo propietario o persona especialmente autorizada por él, o por el comisionado para contratar el seguro.

805. En el caso de abandono, el asegurador deberá pagar el importe del seguro en el plazo fijado en la póliza, y no habiéndose expresado término en ella, a los sesenta días de admitido el abandono o de haberse hecho la declaración del 803.

TÍTULO IV

DE LOS RIESGOS, DAÑOS Y ACCIDENTES DEL COMERCIO MARÍTIMO

SECCIÓN I. DE LAS AVERÍAS

806. Para los efectos del Código, será averías:

1.º Todo gasto extraordinario o eventual que, para conservar el buque, el cargamento o ambas cosas, ocurriese durante la navegación.

2.º Todo daño o desperfecto que sufriere el buque desde que se hiciere a la mar en el puerto de salida hasta dar fondo y anclar en el de su destino, y los que sufran las mercaderías desde que se cargaren en el puerto de expedición hasta descargarlas en el de su consignación.

807. Los gastos menudos y ordinarios propios de la navegación, como los de pilotaje de costas y puertos, los de lanchas y remolques, anclajes, visita, sanidad, cuarentenas, lazareto y demás llamados de puerto, los fletes de gabarras y descargar hasta poner las mercaderías en el

제802조 나포에서 선박이 풀려나 다시 물건이 피보험자에게 돌아온 경우, 실종에 의해 발생한 비용과 손해는 이를 해손으로 간주하고 따라서 보험자는 피보험자에게 이를 보상하여야 한다. 그러나 선박이 회수된 결과 목적물을 제3자가 점유하게 된 때에는, 피보험자는 그 선박을 위부할 수 있다.

제803조 위부가 승인되거나 법원에서 적법한 것으로 인정되면 위부된 물건에 대한 소유권은 위부 이후에 목적물에 생긴 수익 혹은 감손과 함께 보험자에게 이전된다. 그리고 보험자는 합법적으로 위부된 선박의 수리를 위한 비용도 지급하여야 한다.

제804조 다음과 같은 경우에는 위부가 인정되지 아니한다.

1. 멸실이 항해를 개시하기 이전에 발생한 경우.
2. 위부가 보험의 목적 전부에 대한 것이 아니고, 부분적으로 혹은 조건부로 이루어진 경우.
3. 피보험자가 멸실 소식을 들은 날로부터 4개월 이내에 위부의 의사를 보험자에게 알리지 아니한 경우 및 유럽 항구, 지중해 아시아 아프리카 항구, 미주 산 로렌소의 플라타[50]강 이쪽 항구의 경우 마찬가지 방법으로 계산하여 10개월, 그 이외 항구는 18개월 이내에 위부의 절차를 밟지 아니한 경우.
4. 소유자 혹은 그로부터 위부에 관해 특별히 권한을 위임받은 사람이나 보험계약을 체결할 수 있는 권한을 위임받은 사람이 아닌 사람이 위부를 하는 경우.

제805조 위부가 있으면 보험자는 보험증서에서 정한 기간 내에 보험가액 전부를 지급하여야 한다. 지급기간에 대한 명시적 규정이 없으면 위부를 승인한 날 혹은 위 제803조의 선언이 있는 날로부터 60일 내에 보험금을 지급하여야 한다.

제4장
해상위험, 손해 및 사고

제1절 해손

제806조 이 법에서 해손은 다음에서 정한 바와 같다.

1. 항해 중에 선박, 화물 혹은 이 양자를 보존하기 위한 특별히 혹은 우발적으로 발생한 모든 비용.
2. 선박이 출발항에서 해수에 임재하여 있을 때부터 목적항에서 닻을 내리고 정박할 때까지의 기간 중에 선박이 입은 파손과 감손 및 화물이 발송항에서 선적을 할 때부터 수하항에서 양하할 때까지의 기간 중에 입은 파손과 감손.[51]

---

50 위 제708조에는 "y"라고 그 중간에 기재되어 있는데 여기에는 "a" 라는 것이 양 명칭 중간에 있어 결국 같은 지역을 언급하고 있는 것이 분명한데 우선은 혼란이 야기되지만 이를 추후에 확인하려고 한다.

51 스페인 상법에서는 Daño, Averia, Menoscabo 및 Desperfecto 라는 용어가 손해 혹은 훼손이라는 의미로 구별없이 혼용된다는 것은 위 제612조를 보면서 그 주로 설명하였다.

muelle y cualquier otro común a la navegación , se considerará gastos ordinarios a cuenta del fletante, a no mediar pacto expreso en contrario.

808. Las averías será :

1.º Simples o particulares.

2.º Gruesas o comunes.

809. Será averías simples o particulares, por regla general, todos los gastos y perjuicios causados en el buque o en su cargamento que no hayan redundado en beneficio y utilidad común de todos los interesados en el buque y su carga, y especialmente las siguientes:

1.ª Los daños que sobrevinieren al cargamento desde su embarque hasta su descarga, así por vicio propio de la cosa como por accidente de mar o por fuerza mayor, y los gastos hechos para evitarlos y repararlos.

2.ª Los daños y gastos que sobrevinieren al buque en su casco, aparejos, armas y pertrechos, por las mismas causas y motivos, desde que se hizo a la mar en el puerto de salida hasta que ancló y fondeó en el de su destino.

3.ª Los daños sufridos por las mercaderías cargadas sobre cubierta, excepto en la navegación de cabotaje, si las Ordenanzas marítimas lo permiten.

4.ª Los sueldos y alimentos de la tripulación cuando el buque fuere detenido o embargado por orden legítima o fuerza mayor, si el fletamento estuviere contratado por un tanto el viaje.

5.ª Los gastos necesarios de arribada a un puerto para repararse o aprovisionarse.

6.ª El menor valor de los géneros vendidos por el Capitán en arribada forzosa, para pago de alimentos y salvar a la tripulación, o para cubrir cualquiera otra necesidad del buque, a cuyo cargo vendrá el abono correspondiente.

7.ª Los alimentos y salarios de la tripulación mientras estuviere el buque en cuarentena.

8.ª El daño inferido al buque o cargamento por el choque o abordaje con otro, siendo fortuito e inevitable. Si el accidente ocurriese por culpa o descuido del Capitán , éste responderá de todo el daño causado.

9.ª Cualquier daño que resultare al cargamento por faltas, descuido o baraterías del Capitán o de la tripulación , sin perjuicio del derecho del propietario a la indemnización correspondiente contra el Capitán, el buque y el flete.

810. El dueño de la cosa que dio lugar al gasto o recibió el daño, soportará las averías simples o particulares.

811. Será averías gruesas o comunes, por regla general, todos los daños y gastos que se causen deliberadamente para salvar el buque, su cargamento o ambas cosas a la vez, de un riesgo conocido y efectivo, y en particular las siguientes:

1.ª Los efectos o metálico invertidos en el rescate del buque o del cargamento apresado por enemigos, corsarios o piratas, y los alimentos, salarios y gastos del buque detenido mientras se hiciere el arreglo o rescate.

2.ª Los efectos arrojados al mar para aligerar el buque, ya pertenezcan al cargamento, ya al buque o a la tripulación , y el daño que por tal acto resulte a los efectos que se conserven a bordo.

제807조 항해의 성질상 흔히 발생하는 통상적인 비용으로 예컨대 항구나 연안의 도선에 관한 비용, 안내선, 예인선, 정박, 임검, 위생, 방역, 검역 및 여타 항구에서 요구되는 비용, 부선의 임차, 부두에 적치할 때까지의 화물의 하역 및 기타 항구에서의 통상적인 작업에 따르는 비용은 이를 통상의 군소비용으로 간주하며, 반대의 약정이 없는 한 선주가 부담하여야 한다.

제808조 해손은 다음 두 종류가 있다

1. 단순해손 혹은 개별해손.[52]
2. 공동해손 혹은 합동해손.

제809조 선박과 적하에 이해관계를 가진 사람 전원에게 공동으로 이익과 혜택을 가져다 주는 것이 아닌 것으로, 선박 혹은 적하에 발생한 모든 비용과 손해는 원칙적으로 이를 단순해손으로 보고, 특히 아래 사항은 이를 단순해손으로 간주한다.

1. 물건 자체의 하자에 의한 것은 물론 항해사고나 불가항력으로 인해 선적시부터 양하시까지 화물에 발생한 손상 및 이를 피하거나 수리하기 위하여 지출한 비용.
2. 위와 마찬가지 원인과 이유로 선박이 출발항에서 해수에 임재할 때부터 목적항에 도착 닻을 내리고 정박할 때까지의 기간 중에 선체, 장비, 무기 및 비품에 발생한 손상과 비용.
3. 갑판에 선적한 화물에 발생한 손상. 다만 연안 항해이고 해사법령에 의하여 갑판적이 허용되는 때에는 예외로 한다.
4. 운송계약이 항해용선으로 운임이 일정액이면서 정부의 명령 혹은 불가항력에 의해 선박이 항구에 억류 혹은 정박되어 있는 동안에 선원에게 지출한 급료와 부양비용.
5. 수리 혹은 보급을 위해 기항한 항구에서 필요한 경비.
6. 양식을 구입하고 선원을 구조하기 위하여 혹은 선박에 필요 경비를 충당하기 위하여 선장이 물건을 매각하고 그에 대해 선박이 보상을 하여야 하는 경우, 그 매각으로 인하여 생긴 가액 감소.
7. 검역을 위하여 선박이 대기 중인 사이에 발생한 선원의 부양비용과 급료.
8. 우연적이고 불가피하게 다른 물건과 충격 혹은 충돌로 인해 선박 혹은 적하에 발생한 파손. 사고가 선장의 책임질 행위 혹은 그의 과실로 발생한 때에는, 선장은 그로 인한 모든 손해를 배상할 책임이 있다.
9. 선장이나 해원의 잘못, 부주의 혹은 사리(私利)를 위한 처분에 의해 화물에 발생한 손상. 화물소유자가 선장, 선박 및 운임을 상대로 법적 보상을 청구하는 권리는 이로 인하여 영향을 받지 아니한다.

제810조 비용을 유발하고 손상을 당한 물건의 소유자는 그 단순해손을 부담하여야 한다.

제811조 감지되고 현실적인 위험으로부터 선박, 적하 혹은 동시에 양자를 구하기 위하여 의도적으로 발생시킨 파손과 비용은 일반원칙으로 공동해손 혹은 합동해손이라고 하며, 특히 다음과 같은 경우가 그에 속한다.

1. 적국, 나포선 혹은 해적에 의하여 나포된 선박을 환원하기 위해 지불된 물건이나 금전과 협상과 보상을 하는 동안 억류된 선박에 필요한 부양, 급료 및 유지비용.
2. 선박을 가볍게 할 목적으로, 그것이 화물이든 선박에 속하든 선원이 가진 것이든, 해상

---

52 위 제807조에서 "선주가 부담하여야 한다" 하는 말이 있고, 여기에서 다시 해손을 우리나라 법과 달리 단순해손 혹은 공동해손으로 나누는 스페인 해상법에는 보험에 관한 규정이 있기 때문이다.

3.ª Los cables y palos que se corten o inutilicen, las anclas y las cadenas que se abandonen, para salvar el cargamento, el buque o ambas cosas.
4.ª Los gastos de alijo o transbordo de una parte del cargamento para aligerar el buque y ponerlo en estado de tomar puerto o rada, y el perjuicio que de ello resulte a los efectos alijados o transbordados.
5.ª Los daños causados a los efectos del cargamento por la abertura hecha en el buque para desaguarlo e impedir que zozobre.
6.ª Los gastos hechos para poner a flote un buque encallado de propósito con objeto de salvarlo.
7.ª El daño causado en el buque que fuere necesario abrir, agujerear o romper para salvar el cargamento.
8.ª Los gastos de curación y alimento de los tripulantes que hubieran sido heridos o estropeados defendiendo o salvando el buque.
9.ª Los salarios de cualquier individuo de la tripulación detenido en rehenes por enemigos, corsarios o piratas, y los gastos necesarios que cause en su prisión , hasta restituirse al buque, o a su domicilio, si lo prefiere.
10.ª El salario y alimentos de la tripulación del buque fletado por meses, durante el tiempo que estuviere embargado o detenido por fuerza mayor u orden del Gobierno, o para reparar los daños causados en beneficio común.
11.ª El menoscabo que resultare en el valor de los géneros vendidos en arribada forzosa para reparar el buque por causa de avería gruesa.
12.ª Los gastos de la liquidación de la avería.

812. A satisfacer el importe de las averías gruesas o comunes contribuirá todos los interesados en el buque y cargamento existente en él al tiempo de ocurrir la avería.

813. Para hacer los gastos y causar los daños correspondientes a la avería gruesa, precederá resolución del Capitán, tomada previa deliberación con el Piloto y demás Oficiales de la nave y audiencia de los interesados en la carga que se hallaren presentes. Si éstos se opusieran, y el Capitán y Oficiales, o su mayoría, o el Capitán, separándose de la mayoría, estimaren necesarias ciertas medidas, podrá ejecutarse bajo su responsabilidad sin perjuicio del derecho de los cargadores a ejercitar el suyo contra el Capitán ante el Juez o Tribunal competente, si pudieren probar que procedió con malicia, impericia o descuido. Si los interesados en la carga, estando en el buque, no fueren oídos, no contribuirá a la avería gruesa, imputable en esta parte al Capitán, a no ser que la urgencia del caso fuere tal que faltase el tiempo necesario para la previa deliberación.

814. El acuerdo adoptado para causar los daños que constituyan avería común , habrá de extenderse necesariamente en el libro de navegación, expresando los motivos y razones en que se apoyó, los votos en contrario y el fundamento de la disidencia, si existiere, y las causas irresistibles y urgentes a que obedeció al Capitán, si obró por sí. En el primer caso el acta se firmará por todos los presentes que supieren hacerlo, a ser posible, antes de proceder a la ejecución ; y cuando no lo sea, en la primera oportunidad. En el segundo, por el Capitán y los Oficiales del buque. En el acta, y después del acuerdo, se expresará circunstanciadamente todos los objetos arrojados, y se hará mención de los desperfectos que se causen a los que se

으로 투기한 물건 및 투기하는 행위로 인해 가해진 보존된 물건의 파손.

3. 적하, 선박 혹은 이 양자를 동시에 구조할 목적으로 절단하거나 무용화한 돛이나 돛줄 및 유기한 닻이나 닻줄.
4. 선박을 가볍게 하여 항구 혹은 대피처를 사용할 수 있게 하기 위해 화물 일부를 양륙하거나 이적하는 데 사용한 비용 및 이러한 작업으로 인하여 양륙 혹은 이적된 물건에 발생한 손해.
5. 배수를 실현하고 침수를 방지하기 위해 선박을 개봉하여 화물에 생긴 파손.
6. 선박을 구조하기 위해 의도적으로 좌초시킨 때에 그 선박을 다시 띄우기 위해 지출한 비용.
7. 화물을 구조하기 위해, 선박을 열고 구멍을 뚫고 파손할 필요가 생긴 때에, 그로 인하여 선박에 생긴 훼손.
8. 선박을 구조 혹은 방어하던 중에 구타나 부상을 당한 선원의 치료와 양호에 필요한 비용.
9. 적국, 나포선 혹은 해적에 의해 인질로 억류되어 있던 선원의 보수 및 선박으로 복귀 혹은 희망에 의해 주거지로 귀환할 때까지의 기간 중에 체포로 인해 발생한 모든 비용.
10. 월수를 단위로 운임을 정하여 용선된 선박에 있어서, 정부의 명령이나 불가항력으로 혹은 공동이익을 위해 파손된 것을 수리할 목적으로, 선박이 억류되거나 정박을 하게 된 때에 그 기간에 필요한 선원의 급여와 부양경비.
11. 공동해손을 당한 선박이 대피항에서 선박을 수리하기 위해 화물을 매각함으로 인해 생긴 그 화물의 가격 감소.
12. 해손의 정산에 필요한 비용.

제812조 공동해손의 총액은 해손 발생 당시의 선박과 선상 화물의 모든 이해관계인이 분담하여 이를 변제하여야 한다.

제813조 공동해손에 해당하는 비용을 지출하고 손상을 입히려면 선장은 사전에 선상에 있는 화물관계인의 참여하에 항해장 기타 사관과 논의를 거쳐 결정하여야 한다. 화물관계인이 반대하는 경우, 선장과 사관이 의견을 일치하여, 선장과 사관이 다수결의 의견으로, 또는 다수 의견과 다르게 선장이 혼자, 필요하다고 판단한 조치를 그의 책임하에 실행할 수 있다. 선장이 고의, 무능 혹은 과실로 이러한 조치를 취한 때에는 화주는 법원에 가서 이를 증명하고 권리를 행사할 수 있다. 선상에 있는 화물관계인이 결정에 참여할 기회가 부여되지 아니하면 그 화물관계인은 공동해손을 분담할 책임이 없고 그에 해당하는 책임은 이를 선장이 부담하여야 한다. 다만 상황이 급박하여 사전 논의를 거칠 시간이 없는 때에는 그러하지 아니하다.

제814조 공동해손에 해당하는 손상을 유발하기로 한 합의는 반드시 항해장부에기재하여야 하고, 결정을 하게 되는 원인과 이유 및 반대가 있으면 그 요사와 이유도 표시하여야 하고, 나아가 선장이 혼자 독자적으로 조치를 취한 때에는 선장이 불가피하고 긴급하게 독자적인 조치를 취할 수밖에 없었던 원인도 기재하여야 한다. 첫 번째 경우에는 논의에 참여한 전원이 가능한 한 실행 전에 기록에 서명하여야 하고, 그렇지 못한 때에도 실행 이후 가능한 한 신속히 서명하여야 한다. 두 번째 경우에는 선장과 사관이 서명하여야 한다. 기록에는 합의 후 투기의 목적물을 상황적으로 기술하여야 하고, 투기로 인해 보존이 되었지만 그 조치로 인하여 감손이 생긴 물건에 관해서도 언급하여야한다. 선장은 공동해손 발생 이후

conserven en el buque. El Capitán tendrá obligación de entregar una copia de esta acta a la autoridad judicial marítima del primer puerto donde arribe, dentro de las veinticuatro horas de su llegada, y de ratificarla luego con juramento.

815. El Capitán dirigirá la echazón y mandará arrojar los efectos por el orden siguiente:

1.º Los que se hallaren sobre cubierta, empezando por los que embaracen la maniobra o perjudiquen al buque, prefiriendo, si es posible, los más pesados y de menos utilidad y valor.

2.º Los que estuvieren bajo la cubierta superior, comenzando siempre por los de más peso y menos valor, hasta la cantidad y número que fuese absolutamente indispensable.

816. Para que puedan imputarse en la avería gruesa y tengan derecho a indemnización los dueños de los efectos arrojados al mar, será preciso que, en cuanto a la carga, se acredite su existencia a bordo con el conocimiento; y, respecto a los pertenecientes al buque, con el inventario formado antes de la salida, conforme al párrafo 1. del 612.

817. Si, aligerado el buque por causa de tempestad, para facilitar su entrada en el puerto o rada, se transbordase a lanchas o barcas alguna parte del cargamento y se perdiere, el dueño de esta parte tendrá el derecho a la indemnización, como originada la pérdida de avería gruesa, distribuyéndose su importe entre la totalidad del buque y al cargamento de que proceda. Si, por el contrario, las mercaderías transbordadas se salvasen y el buque pereciera ninguna responsabilidad podrá exigirse al salvamento.

818. Si, como medida necesaria para cortar un incendio en puerto, rada, ensenada o bahía, se acordase echar a pique algún buque, esta pérdida será considerada avería gruesa, a que contribuirá los buques salvados.

SECCIÓN II. DE LAS ARRIBADAS FORZOSAS

819. Si el Capitán, durante la navegación, creyere que el buque no puede continuar el viaje al puerto de su destino por falta de víveres, temor fundado de embargo, corsarios o piratas, o por cualquier accidente de mar que lo inhabilite para navegar, reunirá a los Oficiales, citará a los interesados en la carga que se hallaren presentes y que puedan asistir a Junta sin derecho a votar; y si, examinadas las circunstancias del caso, se considerase fundado el motivo, se acordará la arribada al puerto más próximo y conveniente, levantando y extendiendo en el libro de navegación la oportuna acta, que firmará todos. El Capitán tendrá voto de calidad, y los interesados en la carga podrá hacer las reclamaciones y protestas que estimen oportunas, las cuales se insertará en el acta para que las utilicen como vieren convenirles

820. La arribada no se reputará legítima en los casos siguientes:

1.º Si la falta de víveres procediere de no haberse hecho el avituallamiento necesario para el viaje según uso y costumbre, o si se hubieren inutilizado o perdido por mala colocación o descuido en su custodia.

최초 도착항에서 도착 후 24시간 내에 해사법원에 기록 사본을 제출하여야 하고 추후에 이 기록을 선서와 함께 확인받아야 한다.

제815조 선장은 투하를 지휘하여야 하고 다음의 순서에 따라 투기를 명하여야 한다.

1. 상갑판에 있는 물건으로 운항을 방해하고 선박에 위해를 주는 물건부터 시작하며, 가능한 한 중량이 무겁고 효용과 가치가 적은 것에 우선순위를 부여한다.
2. 상갑판 밑에 있는 물건은 중량이 무겁고 가치가 적은 순으로 하며, 그 범위는 절대적으로 투하가 불가피한 수량과 부피로 제한한다.

제816조 해상에 투기된 물건이 공동해손으로 인정받고 소유자가 보상을 청구하려면, 화물은 선하증권에 기하여 선상에 있었다는 것이 인정되어야 하고, 선박에 속하는 것은 위 제612조 제1호에 의하여 출항 전에 작성한 속구목록에 기해 그 존재가 인정되어야 한다.

제817조 폭풍을 만나 항구 혹은 정박장에 용이하게 진입하려면 선박을 더욱 가볍게 할 필요가 있고, 이를 위하여 화물의 일부를 구조선 혹은 부선에 이적한 경우, 이적 이후 그 화물이 멸실되면 그 소유자는 멸실이 공동해손에 기인한 것이라는 이유로 보상을 청구할 수 있고, 처음 항해하던 선박과 그 선상에 있었던 모든 화물이 그 손해 총액을 분담하여야 한다. 이와 달리 이적된 화물이 구조되고 원래 선박이 멸실된 경우, 그 구조된 물건에 대하여 아무런 권리도 주장하지 못한다.

제818조 항구, 정박장, 하구 혹은 만에서 화재가 발생하고 이를 차단하기 위해 어느 선박을 격침시킨 경우, 이 멸실은 공동해손으로 간주하며 그곳에 있던 구조된 선박이 이를 분담하여야 한다.

제2절 피난기항

제819조 항해 도중 식량의 부족이 있거나 봉쇄, 나포, 해적의 염려가 있기 때문에 혹은 그 원인이 무엇이든 선박이 감항능력을 상실하는 해양 사고가 있었기 때문에, 선박이 목적항까지 항해를 계속할 수 없다고 선장이 판단하는 경우, 사관회의를 소집하여야 한다. 만일 선상에 화물관계인이 있으면 이들에게도 회의의 소집을 통지하여야 한다. 다만 이들은 회의에 참여할 수는 있지만 투표권은 없다. 여기에서 상황을 점검한 결과 이유가 타당하다고 판단되면 가장 인근에 있는 적당한 항구에 선박이 대피할 것을 결정한다. 결정을 하게 되면 항해장부에 이에 관해 합당한 기록을 한 다음 전원이 서명하여야 한다. 찬반 동수인 경우에는 선장이 결정권을 가지고, 화물관계인은 적의한 방법으로 이의를 제기하고 항의를 할 수 있으며, 그러면 추후 필요한 때에 원용할 수 있도록 이러한 항의 내용을 반드시 결정기록에 기입하여야 한다.

제820조 다음과 같은 경우는 적법한 피난기항이라고 보지 아니한다.

1. 식량이 부족하게 된 원인이 관행과 관습에 비추어 그 항해에서 필요한 만큼의 보급을 하지 아니하였음에 기인하는 경우 혹은 이를 보관함에 있어 적부미숙 혹은 관리소홀로

2.º Si el riesgo de enemigos, corsarios o piratas no hubiere sido bien conocido, manifiesto y fundado en hechos positivos y justificables.
3.º Si el desperfecto del buque proviniere de no haberlo reparado, pertrechado, equipado y dispuesto convenientemente para el viaje, o de alguna disposición desacertada del Capitán.
4.º Siempre que hubiere en el hecho, causa de la avería, malicia, negligencia, imprevisión o impericia del Capitán.

821. Los gastos de la arribada forzosa será siempre de cuenta del naviero o fletante; pero éstos no será responsables de los perjuicios que puedan seguirse a los cargadores por consecuencia de la arribada, siempre que ésta hubiere sido legítima. En caso contrario, será responsables mancomunadamente el naviero y el Capitán.

822. Si para hacer reparaciones en el buque, o porque hubiere peligro de que la carga sufriera avería, fuese necesario proceder a la descarga, el Capitán deberá pedir al Juez o Tribunal competente, autorización para el alijo, y llevarlo a cabo con conocimiento del interesado, o representante de la carga, si lo hubiere. En puerto extranjero, corresponderá dar la autorización al Cónsul español, donde le haya. En el primer caso, será los gastos de cuenta del naviero, y en el segundo, correrá a cargo de los dueños de las mercaderías en cuyo beneficio se hizo la operación. Si la descarga se verificará por ambas causas, los gastos se distribuirá proporcionalmente entre el valor del buque y el del cargamento.

823. La custodia y conservación del cargamento desembarcado estará a cargo del Capitán, que responderá de él a no mediar fuerza mayor.

824. Si apareciere averiado todo el cargamento o parte de él, o hubiere peligro inminente de que se averiase, podrá el Capitán pedir al Juez o Tribunal competente, o al Cónsul, en su caso, la venta de todo o parte de aquél, y el que de esto deba conocer, autorizarla, previo reconocimiento y declaración de Peritos, anuncios y demás formalidades del caso, y anotación en el libro, conforme se previene en el 624. El Capitán justificará en su caso la legalidad de su proceder, so pena de responder al cargador del precio que habrían alcanzado las mercaderías llegando en buen estado al puerto de su destino.

825. El Capitán responderá de los perjuicios que cause su dilación , si, cesando el motivo que dio lugar arribada forzosa no continuase el viaje. Si el motivo de la arribada hubiere sido el temor de enemigos, corsarios o piratas, precedieran a la salida, deliberación y acuerdo en junta de Oficiales del buque e interesados en la carga que se hallaren presentes, en conformidad con lo dispuesto en el 819.

SECCIÓN III. DE LOS ABORDAJES

826. Si un buque abordase a otro, por culpa, negligencia o impericia del Capitán, Piloto u otro cualquier individuo de la dotación , el naviero del buque abordador indemnizará los

인해 망실 혹은 무용화된 경우.

2. 적국, 나포, 해적의 위험이 적극적으로 확인된 사실에 의거 인정되고, 나타나고 또 기초하지도 아니한 경우.
3. 선박의 훼손이 항해를 위해 적절한 수리, 정비, 인원 및 준비를 하지 아니한 것에 기인하거나 혹은 선장의 다른 잘못된 처분에 기인하는 경우.
4. 사고의 원인이 된 행위에 선장의 악의, 과실, 예측 오류 및 무능이 개입된 경우.

제821조 대피항에서의 비용은 항상 선주나 운송인이 부담하여야 한다. 그러나 선주나 운송인은, 대피가 적법한 것인 한, 대피의 결과로 화물에 유발된 손해에 대하여 책임이 없다. 반대로 대피가 적법하지 아니한 경우, 선주와 선장이 공동으로 책임을 진다.

제822조 선박을 수리하기 위하여 혹은 화물이 훼손될 위험이 있어, 화물을 양륙할 필요가 생긴 경우, 선장은 해당 법원에 신청, 화물의 양륙에 관한 허가를 얻고, 화물의 이해관계인 혹은 그 대리인이 있으면 그에게도 통지한 다음, 양륙을 실행하여야 한다. 대피항이 외국에 있는 경우, 그곳에 스페인 영사가 있으면 영사가 이를 허가할 수 있다. 첫 번째의 경우에는 선주가 그 양륙의 비용을 부담하여야 하고, 두 번째의 경우에는 화물의 주인을 위하여 양륙 작업이 이루어졌기 때문에 그 주인이 비용을 책임진다. 두 가지 모두가 원인이 되어 양하한 경우, 비용은 선박과 적하의 가격에 비례하여 양자가 분담한다.

제823조 양륙된 화물의 보관과 보존은 선장의 책임이며, 불가항력이 아닌 한 선장은 화물의 보관과 보존에 대하여 책임을 진다.

제824조 화물의 전부 혹은 일부가 훼손된 것이 분명하거나 훼손될 시급한 위험이 있는 경우, 선장은 해당 법원 혹은 경우에 따라 영사에게 신청하여 화물의 전부 혹은 일부를 매각할 수 있다. 이를 처리하는 판사나 영사는 감정인의 확인과 평가, 공시, 기타 절차를 밟고 제624조에 따라 장부에 기록한 다음 허락을 하여야 한다. 선장은 자기의 조치가 적법함을 입증하여야 하고, 그렇지 아니하면 화주에게 정상인 상태로 목적항에 도착하였을 때에 취득할 수 있었던 가액을 보상하여야 한다.

제825조 대피의 사유가 소멸하면 선장은 지체없이 항해를 속행하여야 하고, 그렇지 아니하면 그 지연으로 인해 발생한 손해를 배상하여야 한다. 대피의 이유가 적국, 나포 혹은 해적의 염려인 경우, 위 제819조의 규정에 따라 출발 전에 선박 사관과 신상에 있는 화수관계인이 참여한 회의에서 논의 및 결정을 하여 출발하여야 한다.

제3절 선박충돌

제826조 선박이 선장, 항해사, 기타 승무원의 실수, 과실, 무능으로 인하여 다른 선박과 충돌을 일으킨 경우, 선주는 그로 인해 발생한 파손과 손해를 사전 감정을 거쳐 금액을 확

daños y perjuicios ocurridos, previa tasación pericial.

827. Si el abordaje fuese imputable a ambos buques, cada uno de ellos soportará su propio daño y ambos responderá solidariamente de los daños y perjuicios causados en sus cargos.

828. La disposición del anterior es aplicable al caso en que no pueda determinarse cuál de los dos buques ha sido causante del abordaje.

829. En los casos expresados, quedan a salvo la acción civil del naviero contra el causante del daño, y las responsabilidades criminales a que hubiere lugar.

830. Si un buque abordare a otro por causa fortuita o de fuerza mayor, cada nave y su carga soportará sus propios daños.

831. Si un buque abordare a otro, obligado por un tercero, indemnizará los daños y perjuicios que ocurrieren el naviero de este tercer buque, quedando el Capitán responsable civilmente para con dicho naviero.

832. Si, por efecto de un temporal o de otra causa de fuerza mayor, un buque que se halla debidamente fondeado y amarrado, abordare a los inmediatos a él causándoles averías, el daño ocurrido tendrá la consideración de avería simple del buque abordado.

833. Se presumirá perdido por causa de abordaje el buque que, habiéndolo sufrido, se fuera a pique en el acto, y también el que, obligado a ganar puerto para reparar las averías ocasionadas por el abordaje, se perdiese durante el viaje o se viera obligado a embarrancar para salvarse.

834. Si los buques que se abordan tuvieren a bordo Práctico ejerciendo sus funciones al tiempo del abordaje no eximir a su presencia a los Capitanes de las responsabilidades en que incurran; pero tendrá éstos derecho a ser indemnizados por los Prácticos, sin perjuicio de la responsabilidad criminal en que éstos pudieran incurrir.

835. La acción para el resarcimiento de daños y perjuicios que se deriven de los abordajes no podrá admitirse si no se presenta dentro de las veinticuatro horas protesta o declaración ante la autoridad competente del punto en que tuviere lugar el abordaje, o la del primer puerto de arribada del buque, siendo en España, y ante el Cónsul de España, si ocurriese en el extranjero.

836. Para los daños causados a las personas o al cargamento, la falta de protesta no puede perjudicar a los interesados que no se hallaban en la nave o no estaban en condiciones de manifestar su voluntad.

837. La responsabilidad civil que contraen los navieros en los casos prescritos en esta Sección se entiende limitada al valor de la nave con todas sus pertenencias y fletes devengados en el viaje.

838. Cuando el valor del buque y sus pertenencias no alcanzare a cubrir todas las

인하여 보상하여야 한다.

제827조 양 선박이 충돌에 귀책사유가 있는 경우, 각 선박은 자기가 입은 손해를 감수하여야 한다. 그러나 양 선박은 어느 선박이든 선상에 있었던 화물에 발생한 파손과 손해에 대해 연대하여 보상할 책임이 있다.

제828조 전 조의 규정은 두 선박 중에 어느 선박이 가해 선박인지 판단할 수 없는 경우에도 적용한다.

제829조 위에서 본 여러 경우에 있어 위 규정과 별도로, 선박은 그 손해를 발생시킨 가해자에 대하여 민사책임을 물을 수 있고, 또 그가 범한 범죄가 있으면 형사책임을 물을 수 있다.

제830조 어느 선박이 우연한 사고로 혹은 불가항력에 의해 다른 선박과 충돌한 경우, 선박과 적하는 각자 자신의 손해를 감수하여야 한다.

제831조 제3의 선박 때문에 부득이 다른 선박과 충돌하게 된 경우, 그 제3의 선박의 선주는 그로 인한 파손과 손해를 배상할 책임이 있고, 그 선박의 선장은 책임을 질 그 선주에 대하여 계약상 책임을 진다.

제832조 정당하게 정박하여 계류되어 있는 선박이 폭풍 기타 불가항력적 사유로 바로 인근 선박과 충돌하고 그로 인해 해손이 발생한 경우, 그로 인하여 생긴 파손은 이를 충돌을 당한 선박의 단순해손이라고 본다.

제833조 선박이 충돌 후에 피해를 입고 그 자리에서 침몰한 경우, 그 선박은 충돌로 인해 멸실되었다고 추정한다. 또 충돌 후에 그로 인한 해손을 수리하기 위해 부득이 항구로 가던 중 선박이 멸실되거나 구조를 위해 좌초를 시킨 경우에도, 그 선박은 충돌로 인해 멸실되었다고 추정한다.

제834조 선박이 충돌할 당시에 선상에 도선사가 승선하여 직책을 수행하고 있었다 하더라도, 그의 관여로 인하여 선장이 질 책임이 면제되는 것은 아니다. 그러나 선장은 그 도선사에게 보상을 청구할 수 있고, 또 그 도선사는 형사책임을 질 수도 있다.

제835조 충돌로 유발된 파손이나 손해의 배상을 목적으로 하는 소송은, 충돌지점을 관할하는 해당관청이나 사고 후 최초 기항지 해당관청에, 또는 외국에서 사고가 발생한 때에는 그곳 스페인 영사에게, 24시간 이내에 충돌신고 혹은 사고통지를 하지 아니하면, 이를 허용하지 아니한다.

제836조 사람이나 화물에 발생한 손해에 관하여는, 그 피해자가 선상에 없었던 경우 혹은 의견을 표시할 수 있는 상태에 있지 아니하였던 경우, 이러한 충돌신고가 없다 하더라도 그로 인하여 영향을 받지 아니한다.

제837조 이 절의 규정에 의하여 선주가 질 민사책임은, 그 속구 전부를 포함한 선박의 가액과 그 항해에서 이미 발생한 운임액을 한도로 하여 제한된다.

제838조 선박과 속구의 가액이 선주의 책임을 모두 이행하기에 부족한 경우, 사람의 사

responsabilidades, tendrá preferencia la indemnización debida por muerte o lesiones de las personas.

839. Si el abordaje tuviere lugar entre buques españoles en aguas extranjeras, o si, verificándose en aguas libres, los buques arribaren a puerto extranjero, el Cónsul de España en aquel puerto instruirá la sumaria averiguación del suceso, remitiendo el expediente al Capitán General del Departamento más inmediato para su continuación y conclusión.

SECCIÓN IV. DE LOS NAUFRAGIOS

840. Las pérdidas y desmejoras que sufran el buque y su cargamento a consecuencia de naufragio o encalladura, será individualmente de cuenta de los dueños, perteneciéndoles en la misma proporción los restos que se salven.

841. Si el naufragio o encalladura procedieren de malicia, descuido o impericia del Capitán, o porque el buque salió a la mar no hallándose suficientemente reparado y pertrechado, el naviero o los cargadores podrá pedir al Capitán la indemnización de los perjuicios causados al buque o al cargamento por el siniestro, conforme a lo dispuesto en los artículos 610, 612, 614 y 621.

842. Los objetos salvados del naufragio quedará especialmente afectos al pago de los gastos del respectivo salvamento, y su importe deberá ser satisfecho por los dueños de aquéllos antes de entregárselos, y con preferencia a otra cualquiera obligación, si las mercaderías se vendiesen.

843. Si, navegando varios buques en conserva, naufragare alguno de ellos, la carga salvada se repartirá entre los demás en proporción a lo que cada uno pueda recibir. Si algún Capitán se negase sin justa causa a recibir la que le corresponda, el Capitán náufrago protestará contra él, ante dos Oficiales de mar, los daños y perjuicios que de ello se sigan, ratificando la protesta dentro de las veinticuatro horas de la llegada al primer puerto, e incluyéndola en el expediente que debe instruir con arreglo a lo dispuesto en el 612. Si no fuere posible trasladar a los demás buques todo el cargamento náufrago, se salvará con preferencia los objetos de más valor y menos volumen, haciéndose la designación por el Capitán, con acuerdo de los Oficiales de su buque.

844. El Capitán que hubiere recogido los efectos salvados del naufragio continuará su rumbo al puerto de su destino, y, en llegando, los depositará, con intervención judicial, a disposición de sus legítimos dueños. En el caso de variar de rumbo, si pudiere descargar en el puerto a que iban consignados, el Capitán podrá arribar a él si lo consintieren los cargadores o sobrecargos presentes y los Oficiales y pasajeros del buque; pero no lo podrá verificar, aun con este consentimiento, en tiempo de guerra o cuando el puerto sea de acceso difícil y peligroso. Todos los gastos de esta arribada será de cuenta de los dueños de la carga, así como el pago de los fletes que, atendidas las circunstancias del caso, se señalen por convenio o por decisión judicial.

상(死傷)을 원인으로 하는 보상청구권이 우선변제권을 갖는다.

제839조 스페인 선박 사이의 충돌이 외국 영해에서 발생하거나 혹은 스페인 선박 사이의 충돌이 공해에서 발생하였지만 외국 항구에 도착한 경우, 그 항구에 있는 스페인 영사가 사건 확인을 위한 간이 조사절차를 수행하고, 그 서류를 가장 가까운 해운관청에 송부하여 최종 조사절차를 거쳐 결정한다.

제4절 난파

제840조 선박의 난파 혹은 좌초의 결과로 선박과 적하에 멸실 또는 감손이 발생하면, 이는 개별적으로 소유자 각자의 부담으로 돌아가고, 구조된 잔존물도 같은 방식으로 소유자에게 귀속된다.

제841조 난파나 좌초가 선장의 악의, 관리 소홀 혹은 무능에 기인하는 경우, 또는 충분히 수리나 보급을 하지 아니하고 항해를 개시한 것에 기인하는 경우, 선주나 화주는 선장에 대해 위 제610조, 제612조, 제614조 및 제621조의 규정에 따라 그 사고로 인해 선박 및 적하에 발생한 손해의 보상을 청구할 수 있다.

제842조 구조비용에 관하여 구조자는 구조된 물건 각각에 대해 특별한 우선변제권을 갖는다. 목적물의 소유자는 구조물을 인도받기 이전에 그 구조비용 전액을 지급하여야 하며, 그 화물이 매각되면 구조자는 다른 어떤 채권자보다 우선하는 변제권을 갖는다.

제843조 수개의 선박이 호송 선단을 이루고 항해를 하던 도중에 어느 선박이 난파를 당한 경우, 나머지 선박은 구조된 화물을 각각 수령할 수 있는 수량의 비율로 나누어서 이를 운송하여야 한다. 어느 선박의 선장이 정당한 사유 없이 책임 수량의 운송을 거절하는 때에는, 난파 선장은 두 사관의 입회하에 그로 인해 발생하는 파손과 손해에 대해 그 선장을 상대로 항의서를 작성하여야 하며, 최초 항구에 도착하면 위 제612조의 규정에 따라 24시간 내에 그 항의서의 확인을 받고 사고의 조사절차에서 보고서에 이 항의서를 첨부하여야 한다. 난파된 화물을 전부 다른 선박에 이적할 수 없는 경우, 가격이 높은 물건과 부피가 작은 물건을 우선하여 구조하고, 구조할 물건의 지정은 선장이 사관의 동의를 얻어 결정한다.

제844조 구조된 잔존물을 모두 수거하면 선장은 목적항을 향하여 원래 항해를 계속하여야 한다. 목적항에 도착하면 선장은 법원의 허가를 얻어 각 소유자를 위하여 잔존물을 보관시켜야 한다. 선박의 진행 방향이 다른 경우, 원래 인도하기로 예정되었던 항구로 가서 양하하는 하는 것이 가능한 때에는, 선상에 있는 화주나 화물관리인, 다른 사관, 여객 등이 동의하면 선장은 그 항구에 기항할 수 있다. 비록 이들이 동의한다 하더라도 전시인 경우와 그 항구로 접근이 어렵고 위험한 때에는 이러한 기항을 할 수 없다. 이러한 기항에 따르는 모든 비용은 적하의 소유자가 부담하여야 하며, 상황에 따라 법원의 판결이나 당사자의 합의를 통해 정하여진 운임도 지급하여야 한다.

845. Si en el buque no hubiere interesado en la carga que pueda satisfacer los gastos y los fletes correspondientes al salvamento, el Juez o Tribunal competente podrá acordar la venta de la parte necesaria para satisfacerlos con su importe. Lo mismo se ejecutará cuando fuese peligrosa su conservación , o cuando en al término de un año no se hubiese podido averiguar quiénes fueron sus legítimos dueños. En ambos casos se procederá con la publicidad y formalidades determinadas en el 579, y el importe líquido de la venta se constituirá en depósito seguro, a juicio del Juez o Tribunal, para entregarlo a sus legítimos dueños.

TÍTULO V
DE LA JUSTIFICACIÓN Y LIQUIDACIÓN DE LAS AVERÍAS

SECCIÓN I. DISPOSICIONES COMUNES A TODA CLASE DE AVERÍAS

846. Los interesados en la justificación y liquidación de las averías podrá convenirse y obligarse mutuamente en cualquier tiempo acerca de la responsabilidad, liquidación y pago de ellas. A falta de convenios se observará las reglas siguientes:

1.ª La justificación de la avería se verificará en el puerto a donde se hagan las reparaciones, si fueren necesarias, o en el de descarga.

2.ª La liquidación se hará en el puerto de descarga, si fuere español.

3.ª Si la avería hubiere ocurrido fuera de las aguas jurisdiccionales de España, o se hubiere vendido la carga en puerto extranjero por arribada forzosa, se hará la liquidación en el puerto de arribada.

4.ª Si la avería hubiese ocurrido cerca del puerto de destino, de modo que se pueda arribar a dicho puerto, en él se practicarán las operaciones de que tratan las reglas 1. y 2.

847. Tanto en el caso de hacerse la liquidación de las averías privadamente en virtud de lo convenido, como en el de intervenir la autoridad judicial a petición de cualquiera de los interesados no conformes, todos será citados y oídos si no hubieren renunciado a ello. Cuando no se hallaren presentes o no tuvieren legítimo representante, se hará la liquidación por el Cónsul en puerto extranjero, y donde no lo hubiere, por el Juez o Tribunal competente, según las leyes del país, y por cuenta de quien corresponda. Cuando el representante sea persona conocida en el lugar donde se haga la liquidación, se admitirá y producirá efecto legal su intervención, aunque sólo esté autorizado por carta del naviero, del cargador o del asegurador.

848. Las demandas sobre averías no será admisibles si no excedieren del 5 por 100 del interés que el demandante tenga en el buque o en el cargamento, siendo gruesas, y del 1 por 100 del efecto averiado, si fueren simples, deduciéndose en ambos casos los gastos de tasación, salvo pacto en contrario.

849. Los daños, averías, préstamos a la gruesa y sus premios, y cualesquiera otras pérdidas, no devengará interés de demora sino pasado el plazo de tres días, a contar desde el en que la

제845조 선상에 구조에 따르는 운임과 비용을 지급할 화주 관계인이 없는 경우, 해당 법원은 그 대금으로 사용하기 위하여 이를 변제하기에 충분한 분량의 화물의 매각을 허가할 수 있다. 잔존물이 성질상 보존하기 위험한 때 및 1년이 경과하여도 그 소유자를 알 수 없는 때에도, 마찬가지 절차를 밟아야 한다. 어느 경우이든 위 제579조의 규정에 따라 공시와 절차를 밟아 진행하고, 잔액은 적법한 소유자에게 인도하기 위해 법원의 판단에 의거하여 적당한 방법으로 보관한다.

제5장
해손의 입증과 정산

제1절 일반 통칙

제846조 해손의 입증과 정산에 이해관계를 가진 사람은 언제든지 그들의 책임, 정산 및 지급에 관하여 서로 합의를 하고 채무를 부담할 수 있다. 그러나 협의가 성립되지 아니한 경우에는 다음 원칙에 따라 해손을 해결한다.

1. 해손의 입증은 수리를 한 때에 그 수리항에서 행하고, 여타의 경우 양하항에서 행한다.
2. 해손의 정산은 양하항이 스페인 항이면 양하항에서 행한다.
3. 해손이 스페인 수역 밖에서 발생한 경우 또는 대피하여 외국 항구에 기착 후 화물을 매각한 경우에는 그 정산은 그 기착항에서 행한다.
4. 해손이 목적항 인근에서 발생하고, 이후에 그 항구에 도착할 수 있는 경우, 그 항구에서 위 1호 및 2호의 원칙에 따른 업무를 행한다.

제847조 당사자가 합의하여 사적으로 정산을 하는 경우는 물론 이의가 있는 이해관계인이 신청을 하여 법원이 정산을 하는 경우에도, 본인이 포기를 하지 않는 한 모든 이해관계인에게 통지를 하고 의사 표시를 할 기회를 주어야 한다. 당사자가 출석하지 아니하고 대리인도 없는 경우, 외국 항구에서는 스페인 영사가 정산을 하고, 스페인 영사가 없으면 해당 법원이 하며, 정산은 그곳 법에 따라 실시하며 그 결과는 모든 관계인에게 미친다. 대리인이 정산지에서 알려진 사람인 경우에는, 단지 선주, 화주 혹은 보험자의 편지에 의거하여 수권이 이루어진 때에도, 이를 인정하고 법적 효력을 부여한다.

제848조 해손에 기한 청구는, 반대의 약정이 없는 한, 공동해손의 경우 청구인이 선박 혹은 적하에 갖는 이익의 100분의 5를, 단순해손의 경우 100분의 1을 각각 초과하지 아니하는 경우에는 이를 허용하지 아니한다. 어느 경우이든 이를 계산함에 있어 감정비용은 공제한다.

제849조 파손, 감손, 모험대차, 그 특별이윤 기타 모든 멸실의 경우, 정산이 완료되고 선박, 적하 혹은 양자의 이해관계인에게 종료를 통지한 날로부터 3일의 기간이 경과한 날로부터

liquidación haya sido terminada y comunicada a los interesados en el buque, en la carga o en ambas cosas a la vez.

850. Si, por consecuencia de uno o varios accidentes de mar, ocurrieren en un mismo viaje averías simples y gruesas del buque, del cargamento o de ambos, se determinará con separación los gastos y daños pertenecientes a cada avería en el puerto donde se hagan las reparaciones o se descarguen, vendan o beneficien las mercaderías. Al efecto, los Capitanes estará obligados a exigir de los Peritos tasadores y de los Maestros que ejecuten las reparaciones, así como de los que tasen o intervengan en la descarga, saneamiento, venta o beneficio de las mercaderías, que en sus tasaciones o presupuestos y cuentas pongan con toda exactitud y separación los daños y gastos pertenecientes a cada avería, y en los de cada avería, los correspondientes al buque y al cargamento, expresando también con separación si hay o no daños que procedan de vicio propio de la cosa y no de accidente de mar; y en el caso de que hubiere gastos comunes a las diferentes averías y al buque y su carga, se deberá calcular lo que corresponda por cada concepto y expresarlo distintamente.

SECCIÓN II. DE LA LIQUIDACIÓN DE LAS AVERÍAS GRUESAS.

851. A instancia del Capitán se procederá privadamente, mediante el acuerdo de todos los interesados, al arreglo, liquidación y distribución de las averías gruesas. A este efecto, dentro de las cuarenta y ocho horas siguientes a la llegada del buque al puerto, el Capitán convocará a todos los interesados para que resuelvan si el arreglo o liquidación de las averías gruesas habrá de hacerse por Peritos y liquidadores nombrados por ellos mismos, en cuyo caso se hará así, habiendo conformidad entre los interesados. No siendo la avenencia posible, el Capitán acudirá al Juez o Tribunal competente, que lo será el del puerto donde hayan de practicarse aquellas diligencias, conforme a las disposiciones de este Código, o al Cónsul de España, si lo hubiese, y si no, a la autoridad local, cuando hayan de verificarse en puerto extranjero.

852. Si el Capitán no cumpliere con lo dispuesto en el anterior, el naviero o los cargadores reclamará la liquidación, sin perjuicio de la acción que les corresponda para pedirle indemnización.

853. Nombrados los Peritos por los interesados o por el Juez o Tribunal, procederá , previa la aceptación, al reconocimiento del buque y de las reparaciones que necesite y a la tasación de su importe, distinguiendo estas pérdidas y daños de los que provengan de vicio propio de las cosas. También declarará los Peritos si pueden ejecutarse las reparaciones desde luego, o si es necesario descargar el buque para reconocerlo y repararlo. Respecto a las mercaderías, si la avería fuere perceptible a la simple vista, deberá verificarse su reconocimiento antes de entregarlas. No apareciendo a la vista al tiempo de la descarga podrá hacerse después de su entrega, siempre que se verifique dentro de las cuarenta y ocho horas de la descarga, y sin perjuicio de las demás pruebas que estimen convenientes los Peritos.

854. La evaluación de los objetos que hayan de contribuir a la avería gruesa, y la de los que

이자가 발생한다.

제850조 하나의 항해를 하던 도중에, 하나 혹은 다수의 사고의 결과로 선박, 적하 혹은 양자에 다수의 단순해손과 공동해손이 발생한 경우에는, 선박을 수리하거나 혹은 화물을 양하, 매각 및 가공하는 항구에서의 비용과 손상을 해손별로 각각 구분하여 산정하여야 한다. 이를 위하여 선장은, 평가를 하는 감정인, 수리를 하는 직장 및 화물의 양하, 수선, 매각 혹은 가공에 관여하거나 검수하는 사람에 대하여, 그 평가서, 견적서 및 계산서에 해손별로 각각 정확하게 구분하여 해당 파손과 비용을 기재할 것을 요구하여야 한다. 그리고 각 해손이 선박에 속하는 것인지 화물에 속하는 것인지를 기재하고, 별도로 해양 사고로 인한 것이 아니라 자체 하자에 의한 파손의 경우에도 그 존부를 표시할 것도 요구하여야 한다. 여러 해손에 혹은 선박과 적하에 공통으로 속하는 비용이 있는 경우에도 각 항목에 해당하는 것을 계산하여 별도로 표시하여야 한다.

제2절 공동해손의 정산

제851조 공동해손의 정리, 정산 및 분배는 우선 선장의 주도로 모든 이해관계인의 동의를 얻어 사적으로 그 절차를 진행한다. 이를 위하여, 선박이 항구에 도착한 후 48시간 이내에, 선장은 모든 이해관계인을 소집하여 이들이 사적으로 임명한 감정인과 정산인을 통해 공동해손의 정리와 정산을 할지의 여부를 결정하여야 하고, 그 결과 이해관계인이 사적 정산을 하는 데에 의견이 일치하면, 그 합의한 바에 따라 정산 절차를 진행한다. 협의가 성립되지 아니하는 경우, 선장은 법원에 신청하여 그 항구에서 감정인과 정산인의 직업을 수행하는 사람 중에서 본법에 따라 감정과 정산을 할 사람을 정한다. 외국 항구에서 실시하여야 하는 경우, 스페인 영사가 있으면 영사에게, 없으면 지방 관청에 신청하여야 한다.

제852조 선장이 전 조의 규정에 따른 임무를 수행하지 아니하는 때에는 선주 혹은 화주도 정산을 요구할 수 있고, 이러한 요구는 이들이 가진 선장에 대한 손해배상청구권에는 아무런 영향이 없다.

제853조 이해관계인 혹은 법원이 임명한 감정인은, 먼저 임명을 수락한 다음, 선박을 점검하고 필요한 수리를 확인한 후, 그 가격 총액을 추산하여야 한다. 이 작업을 하면서 감정인은 이처럼 정산할 멸실 혹은 손상과 물건 자체의 하자에서 오는 멸실 혹은 손상을 구별하여야 한다. 감정인은 즉시 그냥 수리를 개시할 수 있는지 사고를 확인하고 수리를 하기 위해 양하가 필요한지도 결정하여야 한다. 화물의 경우, 육안으로 그 해손을 식별할 수 있으면 인도를 하기 이전에 이를 확인하여야 한다. 양하를 할 때에도 육안으로 관찰이 안 되는 경우, 인도를 한 후에도 확인을 할 수 있다. 그러나 여하한 경우에도 확인은 양하 후 적어도 24시간 이내에는 하여야 한다. 그 외에도 감정인은 다른 적당한 방법으로 입증을 할 수 있다.

제854조 해손을 분담할 목적물과 해손을 구성할 목적물의 평가는 다음의 원칙에 따라 이

constituyen la avería se sujetará a las reglas siguientes:

1.ª Las mercaderías salvadas que hayan de contribuir al pago de la avería gruesa, se valuará al precio corriente en el puerto de descarga, deducidos fletes, derechos de Aduanas y gastos de desembarque, según lo que aparezca de la inspección material de las mismas, prescindiendo de lo que resulte de los conocimientos salvo pacto en contrario.

2.ª Si hubiere de hacerse la liquidación en el puerto de salida el valor de las mercaderías cargadas se fijará por el precio de compra con los gastos hasta ponerlas a bordo excluido el premio del seguro.

3.ª Si las mercaderías estuvieren averiadas se apreciará por su valor real.

4.ª Si el viaje se hubiere interrumpido, las mercaderías se hubiesen vendido en el extranjero, y la avería no pudiere regularse se tomará por capital contribuyente el valor de las mercaderías en el puerto de arribada, o el producto líquido obtenido en su venta.

5.ª Las mercaderías perdidas que constituyeren la avería gruesa se apreciará por el valor que tengan las de su clase en el puerto de descarga, con tal que consten en los conocimientos sus especies y calidades; y no constando, se estará a lo que resulte de las facturas de compra expedidas en el puerto de embarque aumentando a su importe los gastos y fletes causados posteriormente.

6.ª Los palos cortados, las velas, cables y demás aparejos del buque inutilizados con el objeto de salvarlo, se apreciará según el valor corriente, descontando una tercera parte por diferencia de nuevo a viejo. Esta rebaja no se hará en las anclas y cadenas.

7.ª El buque se tasará por su valor real en el estado en que se encuentre.

8.ª Los fletes representará el 50 por 100 como capital contribuyente.

855. Las mercaderías cargadas en el combés del buque contribuirá a la avería gruesa si se salvaren; pero no dará derecho a indemnización si se perdieren habiendo sido arrojadas al mar por salvamento común, salvo cuando en la navegación de cabotaje permitieran las Ordenanzas marítimas su carga en esa forma. Lo mismo sucederá con las que existan a bordo y no consten comprendidas en los conocimientos o inventarios, según los casos. En todo caso, el fletante y el Capitán responderá a los cargadores de los perjuicios de la echazón, si la colocación en el combés se hubiere hecho sin consentimiento de éstos.

856. No contribuirá a la avería gruesa las municiones de boca y guerra que lleve el buque, ni las ropas ni vestidos de uso de su Capitán Oficiales y tripulación. También quedará exceptuados las ropas y vestidos de uso de los cargadores, sobrecargos y pasajeros que al tiempo de la echazón se encuentren a bordo. Los efectos arrojados tampoco contribuirá al pago de las averías gruesas que ocurran a las mercaderías salvadas en riesgo diferente y posterior.

857. Terminada por los Peritos la valuación de los efectos salvados y de las perdidos que constituyan la avería gruesa, hechas las reparaciones del buque, si hubiere lugar a ello, y aprobadas en este caso las cuentas de las mismas por los interesados o por el Juez o Tribunal, pasará el expediente íntegro al liquidador nombrado para que proceda a la distribución de la avería.

858. Para verificar la liquidación, examinará el liquidador la protesta del Capitán , comprobándola, si fuere necesario, con el libro de navegación , y todos los contratos que

를 실시한다.

1. 구조되어 분담할 화물은 양륙항에서의 시가에서 운임, 관세 및 양륙비를 공제하여 평가하고, 반대의 약정이 없는 한, 선하증권의 기재가 아니라 화물을 실제 검사한 결과를 기초로 평가한다.
2. 출발항에서 정산을 하는 경우, 선적한 화물의 평가는 보험료는 산입하지 아니하고 구입비용에 선적비용을 더하여 산정한다.
3. 해손을 입은 화물은 그 실제 가격에 의하여 평가한다.
4. 항해가 중지되고 외국에서 화물이 매각되어 그 해손을 확정하지 못하는 경우, 기항지에서의 그 화물의 가격이나 그 매도로 인해 취득한 대금을 분담할 금액을 정하는 기준액으로 한다.
5. 멸실되어 해손을 구성하는 목적물이 된 화물의 평가는 양하항에서의 동종 화물의 가액에 의한다. 그 종류와 품질은 선하증권에 의해 확인되는 바에 따라 정하고 ; 이러한 방법으로 확정이 되지 아니하는 때에는, 선적항에서 발행된 송장을 기초로 가액을 정하고, 이후에 발생한 비용과 운임을 추가한다.
6. 선박을 구조할 목적으로 절단된 돛대나 무용화된 돛바, 돛줄 기타 선박 장비는 그 시가에 의하여 이를 평가하고, 다만 신구 가격 차이를 고려 3분의 1을 감액한다. 다만 닻이나 닻줄을 평가하는 때에는 이러한 감액을 하지 아니한다.
7. 선박은 현 상태를 기준으로 실제 가격을 평가한다.
8. 운임은, 분담할 금액을 정함에 있어, 그 반액을 기초로 한다.

제855조 갑판에 선적한 화물도 구조된 때에는 공동해손을 분담하여야 한다. 그러나 이러한 화물은 공동이익을 위하여 투하되었다 하더라도 그 분담을 청구하지 못하고, 다만 연안항해에서 해운법령에 의하여 이러한 방식으로 선적하는 것이 허용되는 때에는 그러하지 아니하다. 선상에 있었지만 선하증권 혹은 속구목록에 기재되지 아니한 것도 마찬가지 원칙이 적용된다. 여하한 경우이든, 화주의 동의 없이 화물을 갑판에 적부한 때에는, 운송인과 선장은 화주에게 투하로 인한 손해를 배상할 책임이 있다.

제856조 선박이 보유한 식량과 무기 및 선장, 사관 기타 해원의 피복과 의복은 공동해손을 분담하지 아니한다. 투기를 할 때에 선상에 있었던 화주, 화물관리인, 여객이 사용한 피복과 의복도 마찬가지로 면제된다. 투기된 물건은 구조된 물건이 추후에 다른 위험으로 공동해손이 생긴다 하더라도 이에 대한 손해를 분담할 의무가 없다.

제857조 감정인이 구조된 물건과 해손을 구성할 물건에 대해 평가를 하고, 또 감정인이 필요한 수리를 하고, 이해관계인 혹은 법원이 수리계산서를 승인하게 되면, 감정인은 기금을 분배하기 위하여 임명된 정산인에게 모든 서류를 이송하여야 한다.

제858조 정산인은 정산을 실시하기 전에 선장의 사고신고서를 검토하여야 하고, 필요하다면 이를 항해일지와 대조하여 확인하여야 하고, 해손에 관한 이해관계인 사이의 계약, 감

hubieren mediado entre los interesados en la avería, las tasaciones, reconocimientos periciales y cuentas de reparaciones hechas. Si por resultado de este examen, hallare en el procedimiento algún defecto que pueda lastimar los derechos de los interesados o afectar la responsabilidad del Capitán , llamará sobre ello la atención para que se subsane, siendo posible, y en otro caso, lo consignará en los preliminares de la liquidación. En seguida procederá a la distribución del importe de la avería, para lo cual fijará:

1.º El capital contribuyente, que determinará por el importe del valor del cargamento, conforme a las reglas establecidas en el 854.

2.º El del buque en el estado que tenga, según la declaración de Peritos.

3.º El 50 por 100 del importe del flete, rebajado el 50 por 100 restante por salarios y alimentos de la tripulación.

Determinada la suma de la avería gruesa conforme a lo dispuesto en este Código, se distribuirá a prorrata entre los valores llamados a costearla.

859. Los aseguradores del buque, del flete y de la carga estará obligados a pagar por la indemnización de la avería gruesa tanto cuanto se exija a cada uno de estos objetos respectivamente.

860. Si, no obstante, la echazón de mercaderías, rompimiento de palos, cuerdas y aparejos, se perdiere el buque corriendo el mismo riesgo, no habrá lugar a contribución alguna por avería gruesa. Los dueños de los efectos salvados no será responsables a la indemnización de los arrojados al mar, perdidos o deteriorados.

861. Si después de haberse salvado el buque del riesgo que dio lugar a la echazón , se perdiere por otro accidente ocurrido durante el viaje, los efectos salvados y subsistentes del primer riesgo continuará afectos a la contribución de la avería gruesa, según su valor en el estado en que se encuentren, deduciendo los gastos hechos para su salvamento.

862. Si, a pesar de haberse salvado el buque y la carga por consecuencia del corte de palos o de otro daño inferido al buque deliberadamente con aquel objeto, luego se perdieren o fueren robadas las mercaderías, el Capitán no podrá exigir de los cargadores o consignatarios que contribuyan a la indemnización de la avería, excepto si la pérdida ocurriere por hecho del mismo dueño o consignatario.

863. Si el dueño de las mercaderías arrojadas al mar las recobrase después de haber recibido la indemnización de avería gruesa estará obligado a devolver al Capitán y a los demás interesados en el cargamento la cantidad que hubiere percibido deduciendo el importe del perjuicio causado por la echazón y de los gastos hechos para recobrarlas. En este caso la cantidad devuelta se distribuirá entre el buque y los interesados en la carga en la misma proporción con que hubieren contribuido al pago de la avería.

864. Si el propietario de los efectos arrojados los recobrase sin haber reclamado indemnización , no estará obligado a contribuir al pago de las averías gruesas que hubieren ocurrido al resto del cargamento después de la echazón.

정인의 검증 및 감정 결과, 실시했던 선박 수리에 대한 계산서도 검토하여야 한다. 검토한 결과 이해관계인의 권리를 저해하거나 선장에게 책임이 생길 수 있는 절차상 하자가 발견되면 주의를 환기시키고 그것이 가능하면 시정을 요구하여야 하고, 그렇지 못한 경우에는 예비정산서에 이를 기재하여야 한다. 그 다음 정산인은 곧 공동해손 총액을 분배하여야 하고 이를 위해 다음과 같이 금액을 정한다.

1. 분담할 화물자산으로 위 제854조의 규정에 따라 화물 가액 총액을 정한다.
2. 분담할 선박자산으로 현 상태에 의거 감정인이 평가한 금액을 정한다.
3. 분담할 운임자산은 그 총액의 100분의 50으로 하며, 선원의 급료 및 양식을 위해 100분의 50을 감축한다.

이 법에 의하여 공동해손의 총액이 정하여지면, 그 해손은 분담할 물건의 가액에 따라 그 금액의 비율로 분배한다.

제859조 선박, 운임 및 적하의 보험자는 각각 그 목적물에 대해 정해지는 공동해손 분담금을 보상할 의무가 있다.

제860조 화물이 투기되거나 돛대, 밧줄, 장비가 파괴되었음에도 불구하고, 동일한 위험에서 벗어나지 못하고 선박이 멸실한 경우, 공동해손을 이유로 분담을 청구할 수 없다. 따라서 이 경우 구조된 물건의 소유자는 투하, 멸실 혹은 감손에 대하여 보상할 책임이 없다.

제861조 투하를 유발한 그 위험으로부터 선박이 구조된 다음에, 동일한 항해에서 이후 다른 사고로 그 선박이 멸실된 경우, 최초의 위난으로부터 구조되어 존속하였던 물건은, 그 현재 상태의 가액에 구조비용을 공제한 금액 범위 내에서, 최초 해손에 대해 계속 분담할 의무가 있다.

제862조 구조를 목적으로 의도적으로 돛을 절단하고 기타 선박에 다른 피해를 입힌 결과 선박과 적하가 구조되었지만, 그 후에 그 화물이 멸실되거나 혹은 강탈당한 경우, 화주나 수하인의 행위로 인해 멸실이 된 것이 아닌 한 선장은 이들에게 그 공동해손의 분담을 요구할 수 없다.

제863조 투기된 화물의 소유자가 공동해손으로 보상을 받은 후에 그 투기된 화물을 다시 회수한 경우, 소유자는 선장 및 다른 적하 이해관계인에게 그 받은 금액을 반환하여야 한다. 그러나 투하로 인하여 입은 손해와 회수에 필요한 비용의 총액은 이를 반환할 금액에서 공제한다. 이러한 경우, 반환된 금액은 선박과 적하 이해관계인이 공동해손을 분담한 비율과 동일한 비율로 이를 분배한다.

제864조 투기한 물건의 소유자가 공동해손으로 보상을 청구하지 않은 상태에서 그 물건이 회수된 경우, 투하 후 잔여 적하는 회수되지 아니했을 경우에 그가 부담했을 해손을 더 이상 분담할 의무가 없다.

865. El repartimiento de la avería gruesa no tendrá fuerza ejecutiva hasta que haya recaído la conformidad, o, en su defecto, la aprobación del Juez o Tribunal, previo examen de la liquidación y audiencia instructiva de los interesados presentes o de sus representantes.

866. Aprobada la liquidación corresponderá al Capitán hacer efectivo el importe del repartimiento y será responsable a los dueños de las cosas averiadas de los perjuicios que por su morosidad o negligencia se les sigan.

867. Si los contribuyentes dejaren de hacer efectivo el importe del repartimiento en el término de tercer día después de haber sido a ello requeridos, se procederá a solicitud del Capitán, contra los efectos salvados, hasta verificar el pago con su producto.

868. Si el interesado en recibir los efectos salvados no diere fianza suficiente para responder de la parte correspondiente a la avería gruesa, el Capitán podrá diferir la entrega de aquéllos hasta que se haya verificado el pago.

SECCIÓN III. DE LA LIQUIDACIÓN DE LAS AVERÍAS SIMPLES

869. Los Peritos que el Juez o Tribunal o los interesados nombren, según los casos, procederá al reconocimiento y valuación de las averías, en la forma prevenida en el 853 y en el 854, reglas 2.ª a la 7.ª, en cuanto les sean aplicables.

제865조 분담금의 배분은 그에 관해 당사자의 합의가 있거나 합의가 없는 때에는 법원의 승인이 있지 아니하면 이를 실시하지 못한다. 승인을 하기 이전에 법원은 정산서를 검토하고 이해관계인 혹은 그 대리인의 출석하에 간이심리를 거쳐 승인 여부를 결정한다.

제866조 정산서가 승인되면 선장은 분담금의 분배를 실시하여야 하고, 그 실시의 지체 혹은 과실로 해손을 당한 물건의 소유자에게 손해가 생기면, 선장은 이를 배상하여야 한다.

제867조 선장의 요청을 받고 3일이 경과할 때까지 분배할 총액을 마련할 수 있도록 분담자가 조치를 취하지 못하는 경우, 매각 대금으로 분배를 할 수 있도록 선장이 구조된 목적물에 대해 권리를 행사한다.

제868조 구조된 물건을 수령하는 이해관계인이 부담할 공동해손 분담금을 담보할만한 충분한 담보를 제공하지 못하는 경우, 선장은 변제가 이루어질 때까지 구조된 물건의 인도를 연기할 수 있다.

제3절 단순해손의 정산

제869조 법원 혹은 이해관계인이 임명한 감정인은 해손의 확인과 평가를 위해 가능한 범위 내에서 위 제853조 및 제854조 제2호 내지 제7호에 정한 방식으로 절차를 진행한다.

2006년 항해에 관한 일반법(안)

Ley General de Navegación Marítima(proyecto) 2006

LEY GENERAL DE NAVEGACIÓN MARÍTIMA (proyecto) 2006

TÍTULO PRELIMINAR
DISPOSICIONES GENERALES

1 (Objeto y ámbito de aplicación) **1.** El objeto de esta Ley es la regulación de las situaciones y relaciones jurídicas nacidas con ocasión de la navegación marítima. **2.** La navegación por las aguas de los ríos, canales, lagos, embalses naturales o artificiales y demás continentales interiores, que no sean accesibles para los buques desde el mar, se regirá por la legislación reguladora del dominio público hidráulico y, en su caso, por la normativa de las Comunidades Autónomas con competencia en la materia. No obstante, se regulará también por esta Ley la navegación por las aguas señaladas en el párrafo anterior en el caso de que sean accesibles para los buques desde el mar pero sólo hasta donde se haga sensible el efecto de las mareas, así como los tramos navegables de los ríos hasta donde existan puertos de interés general.

2. (Fuentes e interpretación) **1.** A falta de norma escrita aplicable a las materias que se regulan en esta Ley, en las normas comunitarias y en los Tratados internacionales vigentes en España, se estaráa los usos de la navegación marítima; en defecto de aquéllos, se recurrirá a los principios deducibles de esta Ley y, en último término, a los del Derecho común. **2.** Para la interpretación de las normas de esta Ley se tendrán en cuenta los tratados internacionales vigentes en España y la conveniencia de promover la uniformidad.

3. (Zonas españolas de interés para la navegación) Son zonas españolas de interés para la navegación las aguas interiores, el mar territorial, la zona contigua y la zona económica exclusiva.

4. (Aguas interiores) **1.** A los efectos de esta Ley, son aguas interiores españolas las situadas en el interior de las líneas de base del mar territorial. **2.** Las aguas interiores incluyen las de los puertos marítimos y cualesquiera otras comunicadas permanentemente con el mar hasta donde se haga sensible el efecto de las mareas, así como los tramos navegables de los ríos hasta donde existan puertos de interés general.

5. (Mar territorial) El mar territorial es aquél que se extiende hasta una distancia de doce millas marinas contadas a partir de las líneas de base desde las que se mide su anchura.

6. (Zona contigua) La zona contigua es la que se extiende desde el límite exterior del mar territorial hasta las veinticuatro millas marinas contadas desde las líneas de base a partir de las cuales se mide la anchura del mar territorial.

7. (Zona económica exclusiva) La zona económica exclusiva se extiende desde el límite exterior del mar territorial hasta una distancia de doscientas millas marinas contadas a partir de las líneas de base desde las que se mide la anchura del mar territorial.

2006년 항해에 관한 일반법(안)

서장(序章)

일반 규정

제1조 (목적과 적용범위) 1) 이 법은 항해를 하는 경우 발생하는 법적인 상황과 관계를 규율하는 것을 목적으로 한다. 2) 하천, 운하, 호수, 인공 혹은 자연적인 저수지, 기타 내륙에 있는 수상에서의 항행은 그곳이 선박을 통해 바다로 접근이 불가능한 경우, 공공 수리의 영역에 관한 법에 의하여 규율하며, 경우에 따라 국가가 아닌 독립 주의 고유한 권한 사항이면 그 규범에 의하여 규율한다. 그러나 위에서 말한 수상에서의 항행에 해당된다 하더라도 바다로부터 선박을 통해 접근이 가능하면 그 항행은 이 법에 의하여 규율한다. 다만 그곳이 조수의 영향을 받거나 혹은 일반 항구가 있는 영역까지의 하천에 해당하는 경우에 한하여 이 법에 의하여 규율한다.

제2조 (법원과 해석) 1) 이 법이 적용될 사안으로서 이 법에 명시적인 규정이 없고 또 유럽 연합법이나 스페인이 가입하여 발효된 국제조약에도 아무런 규정이 없는 경우, 그 사안은 항해에 관한 관습에 의하여 규율하고, 관습도 없으면 이 법에서 추출할 수 있는 일반 원칙에 의하여 규율하며, 마지막으로 법 일반 원칙에 의하여 처리한다. 2) 이 법은 스페인이 가입하여 발효된 조약을 참고하여 해석하고 또 조약의 적용에 있어 국제적인 통일성을 추구하여야 할 필요성을 고려하여 해석하여야 한다.

제3조 (항행을 위한 스페인 이해관계 수역) 스페인의 내수, 영해, 접속수역 및 배타적 경제수역을 이 법에서는 "항행을 위한 스페인 이해관계 수역"(이하 줄여서 "스페인 해역"이라고 한다—옮긴이)이라고 한다.

제4조 (내수) 1) 이 법에 관한 한, 스페인 내수란 영해기선의 안쪽에 위치한 지역을 말한다. 2) 해양에 노출된 항구의 수면은 물론, 여타 해양과 항구적으로 연결된 운송 설비 내 수면도 조수의 영향을 받는 범위 내에서 이를 내수로 보며, 또 일반 항구가 있는 곳까지 항행할 수 있는 하천도 이를 내수로 본다.

제5조 (영해) 영해란 영해기선으로부터 계산하여 바다 외부로 12마일(해리) 거리로 그 넓이를 계산하여 거기에 포함되는 지역을 말한다.

제6조 (접속수역) 접속수역이란, 영해의 외부 한계선으로부터 시작하여, 영해기선으로부터 24마일 거리에 있는 곳까지, 그 넓이를 계산하여 그 범위 내의 지역을 말한다.

제7조 (배타적 경제수역) 배타적 경제수역이란, 영해의 외부 한계선으로부터 시작하여, 영해기선으로부터 200마일 거리에 있는 곳까지, 그 넓이를 계산하여 그 범위 내의 지역을 말한다.

8. (Navegación de buques de Estado y de guerra) **1.** Las disposiciones de esta Ley no se aplicarán a los buques y embarcaciones de Estado, incluidos los de guerra, salvo que en ella se establezca otra cosa. **2.** Son buques o embarcaciones de Estado los afectos a la Defensa nacional u otros de titularidad o uso público, siempre que presten servicios públicos de carácter no comercial. **3.** Son buques de guerra los buques de Estado adscritos a las fuerzas armadas, que lleven los signos exteriores distintivos de los buques de guerra de su nacionalidad y que se encuentren bajo el mando de un oficial militar debidamente designado por el Gobierno de su Estado, cuyo nombre esté inscrito en el escalafón de oficiales o en un documento equivalente y cuya dotación esté sometida a la disciplina militar. **4.** La responsabilidad de la Administración por los daños causados por los buques españoles de Estado se determinará conforme a las normas reguladoras de la responsabilidad patrimonial de las Administraciones públicas.

TÍTULO I
DE LA ORDENACIÓN ADMINISTRATIVA DE LA NAVEGACIÓN

CAPÍTULO I DEL ÁMBITO DE APLICACIÓN DE LAS NORMAS DE POLICÍA

9. (Ámbito espacial de aplicación) **1.** Las normas de policía de la navegación contenidas en el presente Título serán de aplicación a todos los buques que se encuentren en las zonas españolas de interés para la navegación. **2.** Loprevisto en el apartado anterior se entiende sin perjuicio de las competencias que puedan corresponder a otros Estados con arreglo a los Tratados aplicables, así como de lo establecido en esta Ley para los buques de guerra y otros de Estado.

10. (Aplicación a buques nacionales) **1.** Con la excepción de los de guerra, los buques nacionales quedarán sujetos a las disposiciones de este Título con independencia del lugar en que se encuentren y sin perjuicio de las competencias que, con arreglo a los Tratados aplicables, correspondan a otros Estados ribereños o del puerto. **2.** Reglamentariamente se establecerán las especialidades en la aplicación del presente Título respecto de los buques de Estado nacionales, en especial de los afectos al servicio de la seguridad pública o de la vigilancia y represión de actividades ilícitas.

11. (Aplicación a embarcaciones, artefactos navales y aeronaves) **1.** Las normas de este Título referidas a buques se entenderán también aplicables a los artefactos navales en la medida en que sean conformes con su naturaleza y actividad. **2.** Salvo previsión expresa en contrario, se entenderá que dichas normas se aplican también a las embarcaciones, asícomo a las aeronaves que se encuentren en el agua. **3.** Reglamentariamente se regularán las especialidades en esta materia aplicables a los buques deportivos o de recreo, así como aquellas otras que por sus específicas funciones así lo requieran.

12. (Administración marítima) Las competencias administrativas en materia de navegación corresponden al Ministerio de Fomento, a través de sus órganos centrales y periféricos, sin

제8조 (국가 소속 선박 및 군용선의 항행) 1) 이 법의 규정은 국가에 속하는 선박 기타 소형선에는 적용되지 아니하고 군용선에 대하여도 마찬가지이며, 다만 본법에 이에 관하여 별도 규정이 있는 경우에는 그러하지 아니하다. 2) 국가에 속하는 선박 기타 소형선이란 국가의 방위에 제공되거나 혹은 기타 공공의 명의나 공익을 위해 사용되는 선박 기타 소형선을 말하며, 오로지 비영리적 성격의 공공 업무에 제공되는 것이어야 한다. 3) 군용선이라 함은 어느 국가의 군대에 제공된 선박을 말하며, 선박의 외부에. 그 소속 국가의 군용선이라는 표시를 명확히 하여야 하고, 그 정부에 의하여 적법하게 임명된 군사 사관의 지휘하에 있어야 하며, 나아가 그 지휘관의 이름이 사관명부 기타 유사 서류에 기록되어 있고 승무원이 그의 군사 규율하에 있어야 한다. 4) 스페인 국가 소속 선박에 의해 발생한 손해에 대한 행정상 책임은 공공 재산에 의해 발생하는 손해에 대한 공공 행정상 책임의 규율에 관한 법리에 의하여 규율한다.

제1장
항해 행정에 관한 규율

제1절 안전에 관한 규정의 적용 범위

제9조 (적용범위에 있어 특칙) 1) 이 장에 규정된 항해의 안전에 관한 규정은 항행을 위해 스페인 해역에 있는 모든 선박에 적용된다. 2) 전 항의 규정은 해당 조약에 따라 타국에 속하는 권한에는 전혀 영향이 없으며, 군용선 혹은 국가 소속 선박에 관해 이 법에 의하여 별도로 정한 규정의 적용에 대하여도 아무런 영향이 없다.

제10조 (국적선에 대한 적용) 1) 군용선을 제외한 모든 스페인 국적선은 그 선박이 어느 지역에 있든 상관없이 이 장의 규정이 적용된다. 그러나 해당 국제조약에 의거하여 연안국 혹은 항구 소재지 국이 갖는 권한은 이로 인하여 전혀 영향이 없다. 2) 국가에 소속하는 선박, 특히 그 중에서 공공 안전의 업무 혹은 불법 활동의 감시 및 제거의 업무에 종사하는 선박에 관해 이 장을 적용함에 필요한 규칙은 이를 명령으로 정한다.

제11조 (소형선, 해양구조물 및 수상 비행선) 1) 선박에 관한 본장의 규정은, 그 성격이나 활동에 비추어 해당되는 범위 내에서, 해양구조물에 대하여도 적용된다. 2) 명시적인 반대의 규정이 없는 한, 본장의 규정은 소형선은 물론 수상에 있는 수상비행선에 대하여도 적용된다. 3) 이와 관련하여 여가 혹은 경기에 제공되는 선박에 적용될 특칙을 명령으로 별도로 규정하며, 그 특별한 기능에 비추어 특칙을 둘 필요가 있는 다른 종류의 선박에 대하여도 마찬가지로 별도로 규정을 둘 수 있다.

제12조 (해사행정권) 항행과 관련된 사항은 산업부의 권한에 속하고, 그 중앙부서와 지역지부를 통하여 이를 행사하며, 다만 스페인이 가입한 국제조약에 의하여 국방부 기타 다른

perjuicio de las que correspondieran al Ministerio de Defensa y a otros Departamentos en base a los tratados internacionales suscritos por España y de las que estuvieran atribuidas a las Comunidades Autónomas por sus respectivos Estatutos de Autonomía.

CAPÍTULO II DEL RÉGIMEN DE ESTANCIA EN AGUAS INTERIORES Y EN PUERTO

13. (Entrada en puerto) **1.** Todos los buques podrán entrar en los puertos españoles abiertos a la navegación marítima nacional e internacional, con sujeción en todo caso a las prescripciones contenidas en esta Ley y a las demás de la legislación portuaria, de seguridad, de aduanas, de extranjería e inmigración y de policía.La entrada de buques en los puertos españoles se podrá prohibir o condicionar por razones de emergencia o riesgos específicos para la salud pública, de acuerdo con lo previsto en la normativa aplicable **2.** La autorización para entrar en puerto se concederá por la Administración marítima, a solicitud de los armadores, navieros, capitanes o consignatarios y quedará siempre supeditada al cumplimiento de la legislación a que se refiere el apartado anterior.

14. (Cierre de puertos) **1.** Corresponde al Director General de la Marina Mercante acordar dentro de sus competencias, por razones de necesidad o interés público, el cierre temporal, por el tiempo estrictamente indispensable, de determinadas aguas interiores, puertos y terminales a la navegación de buques, así como adoptar las medidas precisas para dar a dichas decisiones la debida publicidad internacional. **2.** La Administración marítima podrá prohibir provisionalmente la navegación en los puertos y en sus canales de acceso, así como también la entrada y salida de buques, cuando lo aconsejen las condiciones meteorológicas o hidrográficas, existan obstáculos para la navegación o medien razones de orden público. **3.** Dicha prohibición podrá asimismo acordarse o condicionarse respecto a los buques que, por presentar graves deficiencias de navegabilidad, pudieran constituir un peligro para la seguridad de las personas o de los bienes.

15. (Arribada forzosa) **1.** Con independencia de lo dispuesto en el 238 de esta Ley en caso de arribada forzosa, el armador, capitán o consignatario deberá comunicar sus causas a la Administración marítima, la cual verificará los motivos que la justifiquen y señalará las formalidades y requisitos especiales que, en su caso, deban cumplirse para tales supuestos.**2.** Tales requisitos, que serán igualmente de aplicación en los casos regulados por el 74 de esta Ley, podrán consistir en el condicionamiento, por la Dirección General de la Marina Mercante, de la entrada del buque en un puerto o lugar de abrigo, en función de la concurrencia de determinadas circunstancias que hagan de esta medida la más adecuada para la seguridad de las personas, del tráfico marítimo, del medio ambiente y de los bienes. Igualmente podrá condicionarse la arribada a la prestación de una garantía suficiente por parte del propietario, armador, o cargador del buque para responder de los posibles daños que dicho buque pueda ocasionar. **3.** A los efectos de lo dispuesto en el apartado anterior y sin afectar a la aplicación prioritaria de las previsiones contenidas en el 75, la Dirección General de la Marina Mercante podrá adoptar las medidas que sean precisas y, en especial, las previstas en el 81 de esta Ley. **4.** Reglamentariamente se regularán los criterios, casos, procedimientos, cuantía y demás

부서에 그 권한이 귀속된 경우에는 그러하지 아니하며, 또 각각의 지역에 적용될 지역독립법에 의하여 독립주에 귀속된 권한의 경우에도 이로 인하여 영향을 받지 아니한다.

제2절 내수 및 항구의 지위에 관한 규정

제13조 (입항) **1)** 모든 선박은 국내 및 국제 해상운항에 개방된 스페인 항구에 입항할 수 있다. 그러나 입항을 하면, 여하한 경우이든, 이 법의 규정은 물론, 여타 항구, 안전, 관세, 외국인 거류 및 이민, 치안에 관한 법의 규정을 준수하여야 한다. 스페인 항구에 입항은, 공공위생 때문에 발생하는 특별한 위험이나 상황을 이유로, 해당 법령의 규정에 따라, 이를 금지하거나 거기에 조건을 붙일 수 있다. **2)** 입항은 선박의 의장자, 선주, 선장 혹은 선주대리인의 신청에 의거 해운관청이 허가하고, 전 항에서 말하는 법령의 준수를 전제로 한다.

제14조 (항구폐쇄) **1)** 해운청 청장은 그 권한의 범위 내에서 공공의 이익이나 필요에 의거 특정한 내수면, 항구 혹은 터미널에서 선박의 항행을 일시적으로 금할 수 있고, 다만 그 기간은 폐쇄가 불가피한 최소한의 기간으로 한정하며, 또 해운청 청장은 국제적으로 요구되는 이러한 결정의 공시를 위해 적절한 수단을 강구한다. **2)** 해운관청은 항구나 혹은 그 진입에 필요한 운하에 대해, 일기 혹은 수로의 여건상 필요하거나, 항행에 지장을 줄 장애물이 있거나 혹은 공공의 안전을 이유로 하여, 일시 선박의 항행 및 출입을 금할 수 있다. **3)** 감항능력에 중대한 하자가 있어 사람이나 물건의 안전에 위험을 야기할 수 있는 선박에 대하여는 전시에 준하여 항해를 금지하거나 입항에 조건을 붙일 수 있다.

제15조 (피난기항) **1)** 피난기항의 경우, 본법 제238조의 규정과 별도로, 의장자, 선장 혹은 선주대리인은 피난기항의 원인을 해운관청에 신고하여야 하며, 이 신고에서 기항에 이르게 된 사유를 기재하고, 이러한 경우에 준수하여야 할 특별한 요건을 갖추고 절차를 밟아야 한다. **2)** 이러한 요건은, 본법 제74조에 의해 규율되는 사안에도 마찬가지로 적용되는 것으로, 해운청 청장이 항구나 피난처에 진입하는 선박에 대해 붙이는 조건의 형식일 수 있고, 이 조건은 사람이나 재산의 인진은 물론 해상운항이나 환경의 안전을 도모하기 위해 구체적인 상황에 비추어 가장 적당한 조치라고 인정되는 것이어야 한다. 또한 기항의 조건으로 소유자, 의장자 혹은 화주로 하여금 입항하여 선박이 일으킬 수 있는 손해를 보상하기에 충분한 담보를 제공할 것을 요구할 수 있다. **3)** 전 항의 규정을 위해, 제75조에 포함된 규정의 우선적 적용과는 별도로, 해운청 청장은 필요한 구체적인 장치를 마련할 수 있고, 특히 본법 제81조에 규정된 조치를 취할 수 있다. **4)** 본조에 규정된 사항의 시행을 위해 필요한 기준, 사안, 절차, 수량 및 기타 세부 사항은 이를 명령으로 정한다.

extremos necesarios para desarrollar lo previsto en este artículo.

16. (Régimen general de visita y de estadía) **1.** El régimen de visita y de estadía de los buques en los puertos y terminales de embarque y desembarque de mercancías, equipajes y personas se regirá por lo previsto en esta Ley, en la legislación portuaria y en las demás leyes y reglamentos aplicables. **2.** Todo buque extranjero deberá tener un consignatario en los puertos nacionales, con la excepción de las embarcaciones de recreo, que podrán ser directamente representadas por su propietario o capitán. La misma obligación de consignación podrá ser reglamentariamente establecida para los buques nacionales.

17. (Polizones) **1.** El capitán de cualquier buque que se dirija a puerto español deberá informar a la Administración marítima con la antelación suficiente de la presencia de polizones a bordo. Igualmente deberá adoptar las medidas oportunas para mantenerlos a bordo en condiciones dignas hasta su llegada a puerto y, en caso que ello proceda conforme a la normativa en materia de extranjería e inmigración, entrega a las Autoridades competentes. **2.** En caso bien de desembarco de los polizones por ser su situación en el buque inhumana o degradante, o por precisar asistencia médica o humanitaria, bien de repatriación de los mismos por parte de las Autoridades competentes, el armador y el consignatario del buque que los hubiera transportado vendrán solidariamente obligados a satisfacer el coste de su manutención, alojamiento, asistencia jurídica y de intérprete, y repatriación por parte de las autoridades competentes. Para garantizar el cumplimiento de esta obligación, la Administración marítima podrá ordenar la prestación de garantía suficiente so pena de retención del buque en puerto. **3.** Lo dispuesto en este se entiende sin perjuicio de las responsabilidades penales o administrativas en que pudieran incurrir los Capitanes u otros miembros de la dotación cuando existiera connivencia en el embarque de polizones o cuando no se hubieran adoptado las medidas referidas en el anterior apartado 1.

18. (Dotaciones de seguridad y maniobras obligatorias) **1.** Durante su permanencia en la zona portuaria, los buques mercantes deberán contar en todo momento con la dotación necesaria para ejecutar cualquier movimiento o maniobra que ordene la autoridad marítima o portuaria o que proceda para la seguridad del puerto y de las personas y bienes. **2.** Cuando razones de seguridad así lo exijan, la Administración marítima o portuaria podrádisponer, con cargo al buque, cambios de lugar del sitio de amarre o fondeo o la ejecución de cualquier maniobra, pudiendo llegar, en caso de urgencia, al corte de amarras o cadenas.

19. (Control por la Administración marítima) **1.** Los buques surtos en las aguas interiores o en los puertos nacionales quedan sujetos a los controles y otras medidas que corresponda ejercer a la Administración marítima, en materia de seguridad marítima y prevención de la contaminación. **2.** En tal concepto, la Administración marítima podrá ejercer las competencias de intervención, visita e inspección a bordo, detención y sancionadoras previstas en las Leyes y en los Tratados aplicables en España.

20. (Jurisdicción sobre buques extranjeros en puerto) **1.** Salvo lo previsto para los buques de Estado, la jurisdicción civil y penal de los tribunales españoles se extenderá a todos los buques extranjeros mientras permanezcan en los puertos nacionales o demás aguas interiores.

제16조 (방문과 체재에 관한 일반 규정) 1) 화물 및 선원 기타 사람이 오르내리는 항구나 터미널에의 선박의 방문과 체재에 관한 사항은 본법에 정한 규정, 항구에 관한 법에 정한 규정 및 여타 해당 법령에서 정한 규정에 의하여 규율한다. 2) 국내 항구에 있는 모든 외국 국적 선박은 반드시 국내에 그 대리인이 있어야 하며 다만 여가선은 대리인을 선임하지 아니하고 소유자나 선장이 직접 절차를 밟을 수 있다. 그리고 스페인 국적 선박에 대하여도 명령으로 정하여 반드시 대리인을 선임하여 유지하게 할 수 있다.

제17조 (밀항자) 1) 스페인 항구를 향해 항해하는 선박의 선장은 충분한 기간을 두고 사전에 선상에 밀항자가 존재한다는 것을 해운관청에 통지하여야 한다. 또한 선장은 항구에 도착할 때까지 선상에 적의한 환경으로 그를 유치하는데 필요한 모든 조취를 취하여야 하고, 나아가 밀항자가 외국인의체재및이민에관한법에 따른 절차를 밟는 경우에도, 그를 해당 관청에 인계할 때까지 마찬가지로 선상에 그를 유치하는데 필요한 조치를 취하여야 한다. 2) 만일 선상에서 여건이 비인간적이고 비참하기 때문에 혹은 치료의 목적 기타 인도적인 조치로, 또는 해당기관에 의하여 밀항자를 송환하기 위해, 그 밀항자를 상륙시키는 경우, 밀항자를 싣고 온 선박의 의장자나 선주대리인은 해당 관청이 지출한 그 체재, 숙박, 사법이나 통역의 지원 및 송환에 수반된 제반 비용을 연대하여 부담하여야 한다. 해운관청은 이 의무의 이행을 담보하기 위해 충분한 담보의 제공을 명할 수 있고 이를 해태하면 그 선박을 유치할 수 있다. 3) 본조의 규정과 별도로, 밀항자의 승선에 관여하거나 혹은 위 제1항에 언급한 조치를 취하지 아니한 선장 혹은 여타 승무원은 형사상 및 행정상 책임을 진다.

제18조 (안전을 위해 확보해야 할 선원과 취해야 할 운항 조치) 1) 상선은, 항구 구역 내에 머무는 동안, 해운관청이나 항만당국의 명령이 있는 때 혹은 항구의 안전 혹은 인명이나 재산상 안전을 위해 필요한 때에, 선박이 이동하거나 운항하기에 충분한 선원을 항상 확보하고 있어야 한다. 2) 안전상 필요한 때에는, 해운관청이나 항만당국은 선박이 화물을 가진 채 계선이나 정박의 장소를 변경하거나 여타 이동에 관한 조치를 취하게 할 수 있고, 긴급한 경우에는 계선줄이나 닻줄을 절단하는 조치를 취하게 할 수도 있다.

제19조 (해운관청에 의한 통제) 1) 내수나 국내항에 있는 선박은 해상안전과 오염방지와 관련하여 해운관청이 행사하는 통제 기타 조치에 따라야 한다. 2) 이러한 목적을 위해 해운관청은 법률이나 스페인이 가입한 조약에서 정한 바에 따라 선상에서 임검이나 수색을 할 권한이 있고 선박을 유치하거나 저벌할 수 있다.

제20조 (항구에 있는 외국 선박에 대한 관할권) 1) 스페인 법원이 갖는 민사관할권 및 형사관할권은 스페인 항구나 내수에 머무는 모든 외국 국적 선박에 미치며, 다만 외국 국가 소속 선박의 경우 별도의 규정이 있으면 그 규정에 의하여 규율한다. 2) 이러한 목적으로

2. A tal efecto, la autoridad judicial podrá ordenar la práctica a bordo de las diligencias que sean procedentes así como la entrada y registro en el buque, incluidos sus camarotes, sin más requisito que la comunicación al cónsul del pabellón a la mayor brevedad posible.**3**. La jurisdicción de los tribunales españoles existirá incluso después de que los buques extranjeros hayan abandonado las aguas interiores y se encuentren navegando por el mar territorial, asícomo cuando sean detenidos fuera de éste en el ejercicio del derecho de persecución.

21. (Buques de propulsión nuclear) Sin perjuicio de las inmunidades aplicables a los buques de Estado, el régimen de navegación y de entrada y estancia en puerto de los buques de propulsión nuclear se regirá por lo dispuesto en la Ley 25/1964, de 29 de abril, de energía nuclear, y por los Tratados internacionales que resulten aplicables.

22. (Sustancias de carácter radioactivo) **1**. Los buques que transporten sustancias que comporten riesgos radioactivos o nucleares podrán entrar en las aguas interiores y visitar los puertos abiertos de acuerdo con las prescripciones técnicas y operativas que se establezcan por el Gobierno. **2**. En particular, antes de la entrada del buque en la zona de servicio portuaria, los órganos competentes de la Administración llevarán a cabo el control de los documentos de seguridad del buque, el control dosimétrico y los demás que procedan para la protección del medio ambiente, pudiendo efectuar controles complementarios durante la estancia del buque en puerto. **3**. Si, como consecuencia del control o por cualquier otra causa, se determina que la estancia del buque puede tener efectos peligrosos, los servicios de la Administración marítima ordenarán al buque que abandone las aguas interiores en un plazo determinado, sin que de este hecho se derive responsabilidad patrimonial alguna para la Administración.

23. (Otras mercancías peligrosas) **1**. La manipulación y transporte de mercancías peligrosas se ajustará a las prescripciones del Código Marítimo Internacional de Mercancías Peligrosas. **2**. Reglamentariamente se determinarán las condiciones especiales para la entrada y estancia en puerto de los buques que transporten esas mercancías, así como para su carga, descarga, estiba y manipulación a bordo y en tierra.

24. (Amarre de buques inactivos) **1**. La Administración marítima o portuaria autorizarán el amarre o fondeo temporal de buques inactivos designando el lugar, período y demás condiciones de permanencia, siempre que no perjudique los servicios portuarios o constituya un peligro para las personas o para los bienes. **2**. En todo caso la Administración marítima fijará la dotación de seguridad a que se refiere el 18 y podrá exigir garantía suficiente para cubrir los daños o perjuicios que pudieren ocasionarse durante el tiempo del amarre y, en su caso, los gastos necesarios para la subsistencia de las personas a bordo. **3**. Si el buque llegara a constituir en cualquier momento un peligro se aplicarán las normas previstas en el siguiente.

25. (Intervención ante naufragios potenciales) **1**. En aquellos casos en que un buque presente peligro de naufragio en las aguas de un puerto o constituya un riesgo grave para las personas o bienes, la Autoridad Portuaria requerirá al armador, consignatario del buque o titular del uso o explotación del artefacto para que abandone el puerto o adopte las medidas de reparación u otras procedentes en el plazo fijado al efecto. **2**. Incumplido el requerimiento a que se refiere el apartado anterior, la Autoridad Portuaria podráproceder a trasladar el buque o su carga,

사법 당국은 선상에 필요한 조치의 실시를 명할 수 있고, 선박은 물론 그 선실에도 진입 및 점검을 할 수 있으며, 다만 가능한 한 신속히 기국 영사에게 반드시 이를 통지하여야 한다. **3)** 스페인 법원의 관할권은 외국 선박이 내수를 떠난 후에라도 아직 영해를 항해 중이면 거기에도 미치며, 나아가 추적권의 행사로 인하여 영해 밖에서 압류된 경우에도 관할권을 행사할 수 있다.

제21조 (원자력으로 운항하는 선박) 원자력으로 운항하는 선박의 항행에 관한 또는 항구에 입항이나 체재에 관한 규제는 원자력에 관한 1964년 4월 29일 법25호의 규정과 이에 적용될 국제조약의 규정에 의하고, 다만 이로 인하여 본법에서 정한 국가 소속 선박의 면책에 해당되는 부분은 영향을 받지 아니한다.

제22조 (방사능 성질을 가진 물질) **1)** 방사능 혹은 원자력 위험을 내포한 물질을 운송하는 선박은, 행정부령으로 정하는 기술적인 혹은 운용상 규범을 모두 준수한 때에, 비로소 내수나 개방항에 들어올 수 있다. **2)** 특히 선박이 항구 관할 지역에 들어오기 이전에, 해당 행정기관은 선박의 안전에 관한 서류 및 화학 검사를 실시하고 또 환경 보호를 위해 필요한 여타 검사도 실시하며, 나아가 선박이 항구 내에 체재하는 동안에도 여타 보충적 검사를 실시할 수 있다. **3)** 위 검사의 결과 혹은 기타 사유로 그 선박의 체재가 위험 요소를 내포하고 있다고 판단하는 경우, 해당 해운관청은 일정한 기간 내에 그 선박이 내수를 떠날 것을 명할 수 있고, 이로 인하여 해운관청은 하등의 민사상 배상책임을 지지 아니한다.

제23조 (여타 위험 화물) **1)** 여타 위험한 화물의 취급과 운송은 위험한 화물에 대한 국제해상운송규칙에 의하여 규율한다. **2)** 위험한 화물을 운송하는 선박의 입항 및 체재에 관한 조건은 이를 별도의 명령으로 정하고, 거기에서 선상 혹은 육지에서의 그 선적, 양륙, 적부 및 취급에 관하여도 별도로 정한다.

제24조 (활동 중이 아닌 선박의 계선) **1)** 해운관청이나 항만당국은 활동을 하지 아니하는 선박에 대해 장소, 기간 및 기타 체재 조건을 정하여 일시 계선 혹은 정박을 허가할 수 있다. 다만 그로 인하여 달리 항구의 운영이 영향을 받지 아니하여야 하고, 사람이나 재산에 위험을 야기하지 아니하여야 한다. **2)** 여하한 경우라 하더라도, 해운관청은 위 제18조에서 말하는 선박의 안전을 위해 확보해야 할 선원의 수를 지정하여야 하고, 또 계선되어 있는 동안에 발생할 파손 기타 손해를 보상하기에 충분한 담보의 제공을 요구할 수 있고, 경우에 따라서는 선상 인원의 유지를 위한 비용에 대한 담보도 요구할 수 있다. **3)** 선박이 실제로 위험을 야기하면 언제든지 아래 규정에 의하여 이를 처리한다.

제25조 (잠재적인 난파 이전에 개입) **1)** 선박이 항구 수면 내에서 난파의 위험을 보이거나 인명이나 재산에 중대한 위험 요소로 변하면, 항만당국은 그 선박의 의장자 및 선주대리인에게 혹은 해양구조물의 사용 및 이용에 관한 권리자에게, 기간을 지정하여 항구를 떠나거나 수리 기타 필요한 조치를 취할 것을 요구할 수 있다. **2)** 전 항에서 말하는 지시를 이행하지 아니하는 경우, 항만당국은 그 선박을 적하와 함께 다른 곳으로 이전할 수 있고, 나아가 이를 좌초, 해체 및 침몰시킬 수도 있으며, 이러한 조치는 해당 국제조약에서 허용되는

o a la varada, desguace o hundimiento de aquel en un lugar autorizado por los Convenios Internacionales aplicables y en el que no perjudique la navegación o el medio ambiente, siendo los gastos por cuenta del armador o titular del artefacto, según corresponda. **3**. Serán aplicables, en su caso, las normas de venta de restos y protección del crédito administrativo previstas en el Capítulo IX de este Título para las remociones.

26. (Desguace de buques) **1**. El desguace de buques se autorizará por la Administración marítima en un lugar y por un plazo determinado, siempre y cuando no perjudique la navegación, el medio ambiente o los servicios portuarios. **2**. En todo caso se exigirá la baja previa en la matrícula, así como la constitución de garantía suficiente para cubrir los gastos que pudieran originarse por daños y perjuicios a las vías navegables, a las instalaciones portuarias o al medio ambiente, y por remoción de sus restos y la limpieza del área donde se efectúen las operaciones.

27. (Indemnización por daños al dominio público marítimo-terrestre y portuario) **1**. La Administración marítima competente podrá, de conformidad con el procedimiento correspondiente, exigir al armador la prestación inmediata de garantía suficiente para la reparación de los daños causados por un buque, incluidas sus amarras, cables y cadenas, a las balizas, boyas, canales navegables, esclusas, instalaciones portuarias, cables, tuberías u otras obras pertenecientes al dominio público marítimo-terrestre o portuario. **2**. Incumplido el requerimiento en el plazo fijado al efecto, la Administración podrá retener en garantía el buque causante del daño, cuando sea de su propiedad, o cualesquiera otro del mismo armador.

28. (Empleo de medios radioelectrónicos de a bordo) **1**. A salvo de la inmunidad prevista en esta Ley para los buques de Estado extranjeros, se prohibe a los buques que utilicen medios de radionavegación o de radiocomunicación durante su estancia en las aguas interiores y los puertos. **2**. Podrán no obstante utilizarse dichos medios en la medida en que ello resulte estrictamente necesario para la seguridad de la navegación o para la realización de operaciones de salvamento marítimo, así como para comunicarse con los prácticos y con las autoridades marítimas y portuarias. **3**. Los buques que lleven a bordo estaciones terrenas del sistema de comunicaciones por satélites podrán utilizarlas durante su estadía en las aguas interiores y en el mar territorial, respetando el principio de la reciprocidad.

29. (Despacho de buques) **1**. Para hacerse a la mar o, en general, para emprender la navegación, todo buque requiere la previa autorización de salida, que otorgará la Administración marítima y se denominará"despacho", sin perjuicio de los supuestos de autodespacho por el capitán que se prevean mediante reglamento. **2**. El despacho se concederá, a petición del armador, capitán o consignatario, siempre que se presente la Declaración General y el buque tenga en regla el resto de la documentación y certificados exigibles. El despacho sólo podrá negarse en virtud de causa legal o reglamentaria, por orden judicial o a solicitud de autoridad competente. **3**. Reglamentariamente se regulará el régimen de despacho de buques, que deberá contemplar la intervención de la autoridad aduanera y de sanidad, así como la de la Administración pesquera en el caso de que se trate de buques pesqueros. **4**. El reglamento establecerá un régimen simplificado para las embarcaciones de recreo, para los buques dedicados exclusivamente a la navegaciónpor aguas interiores y para

지역에서, 항해의 안전이나 해양 환경에 지장을 주지 아니하는 장소에서 실행하여야 한다. 이러한 비용은 모두 그 해당되는 선박의 소유자나 구조물의 권리자가 부담하여야 한다. 3) 이 경우, 이 장 제9절에 있는 위험물의 제거를 위한 잔존물의 매각과 행정채권의 보호에 관한 규정이 적용된다.

제26조 (선박의 해체) 1) 해운관청은 장소와 시간을 특정하여 선박의 해체를 허가한다. 그러나 이로 인하여 항해의 안전과 해양 환경에 위협이 되어서는 아니되며, 항구의 운영에도 지장을 주어서는 아니된다. 2) 어느 경우이든 해운관청은 그 선박 등록의 사전 말소를 요구할 수 있고, 또 그러한 작업으로 인하여 발생할지도 모를 항로, 항만 시설 및 환경에 대한 손해를 보상하고, 잔존물의 제거 및 작업지 인근 청소를 위한 비용을 감당하기에 충분한 담보의 제공을 요구할 수도 있다.

제27조 (육상 및 항구의 해양 공공설비의 파손에 대한 보상) 1) 해운관청은 소정의 절차를 밟아 의장자에 대해 계선줄, 닻줄 기타 체인을 포함한 선박이 표지, 부표, 운하, 수문, 항만 시설, 체인, 배관, 기타 육상 및 항구의 해양 공공설비에 대해 발생시킨 손해를 보상하기에 충분한 담보를 즉시 제공할 것을 요구할 수 있다. 2) 이를 목적으로 요구한 담보를 지정한 기한 내에 제공하지 아니하는 경우, 해운관청은 그 담보를 목적으로 손해를 유발한 선박을 압류할 수 있다. 이는 그 선박이 의장자 자신의 것인 경우는 물론이고, 동일한 의장자에 속하는 다른 선박이 있으면 그 선박도 압류할 수 있다.

제28조 (선상에서 방송통신수단의 사용) 1) 본법에서 정한 외국 국가 소속 선박에 대한 면책의 경우를 제외하고는, 모든 선박은 내수나 항구에 있는 동안에 해상방송수단 혹은 방송통신수단을 이용하는 것을 금한다. 2) 그러나 항해의 안전 및 해상구조 활동을 수행하기 위해 필요한 경우는 물론, 도선사 및 해운관청이나 항만당국과 연락하기 위하여 반드시 필요한 범위 내에서, 이러한 수단을 이용할 수 있다. 3) 선박이 위성을 이용한 통신장비의 기지를 보유한 경우, 내수나 영해에 머무는 동안 이를 이용할 수 있고, 다만 이러한 허용은 상호주의의 원칙하에서만 허용된다.

제29조 (선박의 항해허가) 1) 항해를 하려는 모든 선박은 항해를 개시하기 이전에 해운관청이 허가하는 출항허가 즉 이른바 "출항서"라고 하는 것을 받아야 한다. 이와 별도로 다른 규정에 의하여 선장에게 허용되는 자동허가도 여기에서 말하는 출항허가의 효력이 있다. 2) 출항허가는 의장자, 선장 혹은 선주대리인이 신청하면 해운관청이 이를 허가하고, 출항허가를 받으려면 항해허가서를 제출하여야 하고, 선박은 그 지참이 요구되는 여타 서류 및 증서도 보유하여야 한다. 출항허가는 법령에 정한 사유가 있고 법원의 명령 혹은 해당관청의 요청이 있는 경우에 한하여 이를 부여하지 아니할 수 있다. 3) 출항허가에 관한 자세한 사항은 이를 명령으로 정하며, 관세 및 보건 당국의 의견을 고려하여야 하고, 어선의 경우 수산관청의 의견도 고려하여야 한다. 4) 전시 명령에는 여가선박, 내수항행 전용선 및 단거리를 자주 왕복하는 선박 등에 대해 특별히 간단한 허가제도를 마련하여야 한다.

todos los que realicen trayectos cortos y de elevada rotación.

30. (Incumplimiento de las normas de despacho) **1.** Cuando un buque emprenda la navegación sin despachar o con incumplimiento de las normas de despacho la Administración marítima podrá ordenar a su armador y a su capitán que suspenda la navegación, regrese al puerto de salida o arribe al más próximo y conveniente con objeto de subsanar los defectos y restaurar la situación de legalidad. **2.** Los armadores y capitanes deberán cumplir de inmediato las ordenes recibidas sin perjuicio del ejercicio por su parte de las acciones que procedan. **3.** En caso de incumplimiento, la Administración podrá proceder a ordenar la interceptación y detención del buque o embarcación y aplicar, en su caso, las medidas coercitivas previstas en esta Ley siendo por cuenta del armador los gastos ocasionados, a cuyo efecto podrá quedar retenido el buque mientras no se pague o garantice su importe. **4.** Se aplicarán además las sanciones administrativas que procedan y el capitán, si fuere español, podrá ser, además, sancionado con la suspensión temporal del título profesional por un período de hasta tres años.

CAPÍTULO III DEL RÉGIMEN GENERAL DE NAVEGACIÓN MARÍTIMA

31. (Régimen general de la navegación en los espacios marítimos españoles) Todos los buques podrán navegar libremente por las zonas españolas de navegación, bien sea para atravesarlas en paso lateral o bien para entrar o salir de los puertos o terminales del litoral nacional, respetando las restricciones y requisitos establecidos en la presente Ley y lo que proceda conforme a la legislación de aduanas, sanidad y extranjería e inmigración.

32. (Excepciones al régimen general de la navegación en los espacios marítimos españoles) **1.** La Administración marítima podrá condicionar, restringir o prohibir, por razones de seguridad y protección marítima, la navegación por ciertas zonas españolas, en particular en los casos de ejercicios y operaciones navales de las fuerzas armadas o siempre que el paso de los buques extranjeros por el mar territorial no sea inocente. Igualmente podrán establecerse canales de navegación a efectos del ejercicio del paso inocente, con sujeción a lo establecido por el Derecho internacional. Las medidas previstas en el párrafo anterior se podrán adoptar también por razones de conservación de la biodiversidad marina, cuando las autoridades competentes en materia ambiental así lo hayan requerido en aplicación de la legislación ambiental vigente, sin menoscabo de la libertad de navegación prevista en el 31 y con sujeción a los procedimientos contenidos en los Convenios internacionales. Dichas medidas podrán ser asimismo adoptadas por los Ministerios competentes, sin discriminación de pabellón y respecto a determinadas categorías de buques, cuando ello sea necesario para prevenir la realización de actividades ilícitas o el ejercicio de cualquier tráfico prohibido. **3.** Reglamentariamente podrán establecerse, asimismo, limitaciones o restricciones a las actividades subactuáticas.

33. (Detención y fondeo)**1.** El derecho a navegar no incluirá el de detenerse o fondear fuera de las zonas de servicio de los puertos, salvo caso de fuerza mayor, autorización expresa de

제30조 (항해허가에 관한 규칙의 위반) **1)** 어느 선박이 항해허가를 받지 아니하고 항해를 개시하거나 기타 항해허가에 관한 규정을 위반한 경우, 해운관청은 그 의장자나 선장에게, 그 하자를 치유하고 항해를 합법화하기 위해, 항해의 중지, 출발항으로의 귀환 혹은 인근 편리한 항구에 기항 등을 명할 수 있다. **2)** 명령을 받은 의장자나 선장은 즉시 이를 이행하여야 한다. 다만 그로 인한 권리의 침해가 있으면 이에 대하여 추후에 별도로 권리를 주장할 수 있다. **3)** 명령을 이행하지 아니하는 경우, 해운관청은 그 선박 기타 소형선의 검색 및 압류를 명할 수 있고, 필요한 때에는 본법에서 정한 바에 따라 강제조치를 취할 수도 있다. 그 경우 그로 인해 발생하는 비용은 모두 의장자가 부담하여야 하며, 그 비용 총액을 지급하거나 그에 대한 담보를 제공할 때까지 해운관청은 그 이행을 확보하기 위해 선박을 유치할 수도 있다. **4)** 그 외에도 위반에 대하여 필요한 행정벌을 가할 수 있고, 그에 더하여 만일 선장이 스페인 국적 사람인 경우 3년까지 그 자격을 임시로 정지할 수 있다.

제3절 항해에 관한 일반규정

제31조 (스페인 해역에서 항해에 관한 일반원칙) 모든 선박은 스페인 해역을 자유롭게 항행할 수 있고, 그것을 횡으로 통과할 수도 있으며, 항구나 연안 터미널로부터 자유롭게 출입할 수도 있다. 다만 본법이 정하는 제한과 요건을 준수하여야 하고, 또 관세, 위생, 외국인 체재 및 이민에 관한 규정도 준수하여야 한다.

제32조 (스페인 해역에서 자유항해원칙에 대한 예외) **1)** 해운관청은 항해 안전과 보호를 목적으로, 일정한 스페인 해역에서 항해에 관해 조건을 붙이고, 제한을 가하고 또 완전히 금지할 수도 있으며, 특히 군대가 해상 훈련 및 작전을 하는 경우, 또는 외국 선박의 영해의 통과가 무해하지 아니한 경우에, 이러한 제한 조치를 취할 수 있다. 마찬가지로, 무해통항권을 행사함에 있어 통과할 일정한 항로를 지정할 수 있고, 다만 국제법이 정한 바에 따라 이러한 조치를 하여야 한다. 위에서 본 조치는 해양 생태계의 보존을 위하여도 취할 수 있고, 이러한 조치를 취하기 위하여는 환경 문제를 다루는 해당 관청이, 환경에 관해 적용될 법에서 정한 바에 따라, 요청이 있어야 한다. 그러나 이로 인하여 제31조에서 정한 항해의 자유가 침해되어서는 아니되며, 또 국제조약에서 정한 절차도 밟아야 한다. **2)** 불법 활동을 방지하고 불법 밀수를 막기 위해 필요한 경우, 이러한 조치는 해당 행정부서도 취할 수 있으나, 다만 특정한 종류의 선박에 한하여 실시하고, 그 기국에 따른 차별이 없어야 한다. **3)** 명령으로 수중 활동에 대해 그 범위와 제한을 마찬가지로 정할 수 있다.

제33조 (체류와 정박) **1)** 항해의 권리가 있는 선박이라 하더라도 항구 관할 지역이 아닌 지역에서 체류하고 정박할 수 있는 것은 아니다. 다만 불가항력에 의한 경우, 해운관청의

la Administración marítima o cuando se trate de embarcaciones dedicadas exclusivamente al recreo que se detengan con tal finalidad en calas o lugares de baño, siempre que no estén incluidos en el 59 de esta Ley, y no pongan enpeligro la seguridad de la vida humana en la mar o de la navegación. **2**. Los buques obligados a detenerse o fondear en caso de peligro o fuerza mayor deberán avisar de dichas circunstancias, inmediatamente y por todos los medios posibles, a la Administración marítima más próxima.

34. (Exhibición del pabellón y submarinos) **1**. Los buques que naveguen por las zonas españolas de navegación deberán estar abanderados en un solo Estado y llevar marcado su nombre y puerto de matrícula. Llevarán asimismo izado su pabellón en lugar bien visible cuando naveguen por las aguas interiores o se hallen surtos en puerto o terminal nacional. **2**. Los buques extranjeros, salvo los de guerra, enarbolarán, junto al suyo, el pabellón español, conforme a los usos marítimos internacionales.**3**. Los buques submarinos extranjeros y otros vehículos sumergibles deberán navegar en superficie y con su pabellón desplegado cuando naveguen por las aguas interiores y por el mar territorial españoles. Los submarinos extranjeros que naveguen sumergidos serán invitados y, en su caso, obligados a emerger. En caso de impedimento debido a avería, tendrán obligación de señalarlo por todos los medios posibles. **4**. Los reglamentos podrán establecer exenciones a la obligación de que las embarcaciones exhiban las marcas, el nombre y el pabellón.

35. (Régimen especial de navegación por la zona contigua) **1**. En la zona contigua, el Estado ejercerá sobre los buques extranjeros el control para prevenir las infracciones de las leyes y reglamentos aduaneros, fiscales, sanitarios y de extranjería e inmigración que puedan cometerse dentro de sus fronteras, incluido el mar territorial, así como su jurisdicción penal y administrativa, para sancionar a los autores de las infracciones de dichas normas legales. **2**. La extracción no autorizada de los objetos arqueológicos e históricos que se encuentren en el lecho o subsuelo de las aguas de la Zona Contigua se considerará como una infracción de las leyes y reglamentos a que se refiere el apartado anterior.

36. (Navegación de buques pesqueros) **1**. La navegación de los buques pesqueros nacionales se sujetará, además de a las generales de esta Ley, a las prescripciones especiales establecidas en la legislación pesquera. **2**. Salvo autorización expresa de la Administración competente y sin perjuicio de lo previsto en el Derecho comunitario y en los Tratados aplicables, queda prohibida la pesca por los buques extranjeros en las aguas interiores españolas y en el mar territorial. No se reputará paso inocente el que comporte cualquier actividad de pesca realizada por dichos buques en el mar territorial. **3**. El Gobierno velaráporque, al ejercer los buques extranjeros sus derechos y al cumplir sus deberes en la zona económica exclusiva, tengan debidamente en cuenta los derechos del Estado y cumplan las disposiciones de esta Ley y las de la legislación pesquera, que sean conformes con el Derecho Comunitario e Internacional. **4**. Salvo autorización de la Administración pesquera, los buques extranjeros en paso por las zonas españolas de navegación no podrán tener sus aparejos de pesca en estado de funcionamiento o de operatividad inmediata.

37. (Navegación de buques de investigación) **1**. La realización de actividades de investigación científica desde buques extranjeros en las zonas españolas de navegación, así como las

명시적인 허가가 있는 경우 또는 오로지 여가에 제공된 선박으로 연안이나 해수욕장에서 여가의 목적으로 체류하는 경우에는 그러하지 아니하다. 이 경우에도 본법 제59조에 해당되지 아니하여야 하고, 또한 바다에서 항해나 생명의 안전에 위협이 되어서는 아니된다. **2)** 위험에 처하거나 불가항력적 사유로 부득이 체류를 하고 정박을 하게 된 선박은 즉시 모든 수단을 동원하여 가장 가까운 해운관청에 그 상황을 신고하여야 한다.

제34조 (국기의 게양과 잠수선) **1)** 스페인 해역을 항행하는 선박은 오로지 어느 한 국가에 선적등록을 하여야 하며, 그 명칭과 선적항을 선박에 표시하여야 한다. 스페인 내수를 항행하거나 국내 항구나 터미널에 접근할 때에는 용이하게 관찰할 수 있는 곳에 국기를 게양하여야 한다. **2)** 외국 선박은, 군함의 경우를 제외하고는, 국제 해운관습에 따라 자국 국기와 함께 스페인 국기를 게양하여야 한다. **3)** 외국 잠수함 및 기타 수중 기구는 스페인 내수나 스페인 영해를 항행할 때에는 수상을 항행하여야 하며 그 국기를 펼쳐 두어야 한다. 수중을 항해하는 외국 잠수함이 있으면 반드시 수상으로 표출할 것을 요구하여야 하고, 그러면 그 선박은 수상으로 표출할 의무가 있다. 사고 때문에 활동에 지장이 있는 잠수함은 모든 수단을 동원하여 이를 알릴 의무가 있다. **4)** 소형선의 경우 명령으로 정하여 표시, 명칭 및 국기 등을 현시할 의무를 면제할 수 있다.

제35조 (접속수역에서 항해에 관한 특칙) **1)** 영해를 포함한 그 국경 내에서 관세, 세금, 위생, 외국인 체재 및 이민에 관한 법령위반이 범해지는 것을 방지하기 위하여 접속수역에서도 외국선박에 대하여 국가가 통제권을 가지며, 이러한 법령을 위반한 사람을 처벌하는 형법적, 행정적인 관할권을 갖는다. **2)** 접속수역에 있는 해저의 지상 및 지하에서 발견된 고고학적 혹은 역사적 물건을 허가를 받지 아니하고 발굴하는 것은 전 항에서 말하는 법령위반에 해당하는 행위로 간주한다.

제36조 (어선의 항행) **1)** 스페인 어선의 항행에 대하여는, 본법 일반 규정이 적용되는 것 이외에, 어업에 관한 법령에서 정한 특칙이 적용된다. **2)** 유럽 연합에 기한 권리 혹은 국제조약에 의한 권리의 경우를 제외하고는, 해당 행정관청의 명시적인 허락이 없으면, 외국 선박은 스페인 내수 및 영해에서 어업이 금지된다. 외국 선박이 스페인 영해에서 어업행위를 하는 것은 무해통항이라고 보지 아니한다. **3)** 외국 선박이 스페인 배타적 경제수역에서 그 권리를 행사하고 의무를 이행함에 있어, 적법하게 스페인 국가의 권리를 존중하는지 여부를 감시하고, 나아가 본법 및 어업 관련 법령을 준수하는지 여부도 감시하여야 한다. 이 법령은 물론 유럽 연합법 및 국제법과 합치하여야 한다. **4)** 어업관청의 허가를 받지 아니하면 외국 선박은 스페인 해역을 통과하면서 어업 용구를 즉시 작동 및 기능 상태로 유지할 수 없다.

제37조 (탐사선의 항해) **1)** 스페인 해역에서 외국 선박으로 과학 탐사활동을 실시하거나, 스페인 해역에서 외국기관이 스페인 선박으로 이러한 활동을 실시하려면, 반드시 명령으

efectuadas por entidades extranjeras a bordo de buques españoles en dichas zonas, queda sujeta a autorización de la Administración competente, de acuerdocon el procedimiento previsto reglamentariamente. **2**. En todo caso, la autorización se condicionará a que la investigación se realice con fines exclusivamente pacíficos e informe sobre sus resultados, contribuya al progreso de los conocimientos sobre el medio marino y no comporte peligro para la seguridad de la navegación o del medio ambiente ni obstaculice el ejercicio de los derechos soberanos y de la jurisdicción del Estado. **3**. La investigación no autorizada no podrá considerarse incluida en el Derecho de paso inocente por el mar territorial.

38. (Cese de las actividades de investigación) La Administración autorizante, podrá ordenar, en cualquier momento y sin derecho de indemnización alguna para los investigadores, la suspensión o el cese de las actividades de investigación por incumplimiento de las condiciones establecidas en la autorización concedida.

39. (Seguro de responsabilidad civil) **1**. Al margen de los supuestos específicos previstos en esta Ley, los armadores o propietarios y los gestores navales de buques españoles estarán obligados, con carácter general, a tener asegurada la responsabilidad civil en la que puedan incurrir por los daños causados a terceros como consecuencia de la navegación de sus buques. **2**. Mediante reglamento, el Gobierno estableceráel alcance de la cobertura obligatoria, de acuerdo con las usuales de este ramo en el mercado internacional y teniendo en cuenta las recomendaciones de la Organización Marítima Internacional. **3**. Igualmente el Gobierno determinará los supuestos en que los buques extranjeros que naveguen por las zonas españolas de navegación deberán tener asegurada la responsabilidad civil por daños a terceros, que puedan derivarse de su navegación, así como el alcancede dicha cobertura.

CAPÍTULO IV DEL DERECHO DE PASO INOCENTE POR EL MAR TERRITORIAL

40. (Derecho de paso inocente) **1**. La navegación por el mar territorial de todos los buques extranjeros, incluidos los de Estado, se sujetará al régimen de paso inocente. **2**. A tal efecto, el paso deberá ser rápido y sin interrupción, sin atentar contra la paz, el orden público o la seguridad de España. **3**. La detención y fondeo durante el paso se ajustará a lo previsto en el 33.

41. (Cumplimiento de leyes y reglamentos) Los buques que ejerzan el derecho de paso inocente por el mar territorial vendrán obligados a respetar esta Ley y las demás leyes y reglamentos sobre navegación, extranjería e inmigración, aduanas, sanidad y demás de seguridad pública, así como los relativos a la protección del medio ambiente marino.

42. (Prohibiciones) **1**. Además de los supuestos previstos en los Convenios Internacionales aplicables y salvo autorización de la Administración marítima, se consideran no inocentes y quedan prohibidas a los buques extranjeros en paso por el mar territorial la realización de actividades submarinas, así como aquellas que puedan averiar los cables, tuberías submarinas o instalaciones y equipos al servicio de la navegación o de la explotación de los recursos

로 정한 절차를 밟아 해당 기관의 허가를 받아야 한다. 2) 여하한 경우이든, 이러한 허가를 하려면 그 탐사가 오로지 평화적인 목적으로 시행되고, 그 결과를 반드시 보고하여야 하며, 해양 환경의 지식을 발전시키는 데 기여하여야 하고, 나아가 바다의 환경이나 항해의 안전에 위험을 내포하지 아니하고, 또 스페인 국가가 주권 및 관할권을 행사하는 데에 장애 요소가 없어야 한다. 3) 허가를 받지 아니한 탐사 활동은 이를 영해에 대한 무해통항권의 행사라고 보지 아니한다.

제38조 (탐사활동의 중단) 탐사를 허가한 관청은 탐사자에게 탐사를 허가할 때에 부과한 조건의 위반을 이유로 언제든지 아무런 보상이 없이 탐사의 중지 혹은 중단을 명할 수 있다.

제39조 (민사책임보험) 1) 본법에서 개별적으로 정하는 사항 이외에, 모든 스페인 선박의 의장자, 소유자 혹은 관리인은 원칙적으로 운항의 결과로 제3자에게 발생할 손해에 관한 민사책임을 부보할 의무를 진다. 2) 정부는 강제로 부보할 범위를 명령으로 정하며, 이는 국제시장에서 이 분야의 관행에 따라야 하고, 또 국제해사기구의 권고를 고려하여 정한다. 3) 스페인 해역을 항행하는 외국 선박의 경우에도, 마찬가지 명령으로, 그 운항으로 인하여 제3자에게 발생하는 손해에 대한 민사책임을 부보할 의무를 지는 경우와 그 부보할 범위를 정한다.

제4절 영해에 대한 무해통항권

제40조 (무해통항권) 1) 모든 외국 선박은, 비록 그것이 국가 소속 선박일지라도, 스페인 영해를 통한 항해에 있어 모두 무해통항권이 있다. 2) 이를 위해 통항은 신속하고 중단이 없어야 하며, 스페인의 평화, 공공질서 및 안전에 위협이 되지 아니하여야 한다. 3) 통항 도중의 체류와 정박은 제33조의 규정에 의하여 규율한다.

제41조 (법령의 준수) 영해에서 무해통항권을 행사하는 선박은 본법은 물론 항해, 외국인 체류 및 이민, 관세, 위생, 기타 공공안전에 관한 법령을 준수하여야 하고, 또 해양환경의 보호에 관한 법령도 준수하여야 한다.

제42조 (금지) 해당하는 국제조약에 이를 허용하는 규정이 있는 경우와 해운관청으로부터 허락을 받은 경우를 제외하고는, 외국 선박이 영해를 통과하며 해저활동을 하는 것은 무해한 것으로 보지 아니하고 따라서 이를 금하는 바이며, 그리하여 해저전선이나 해저관은 물론, 해양자원의 이용이나 항해를 보조하는 장비나 시설을 훼손할 염려가 있는 활동도 금지된다. 2) 마찬가지로 보조적 소형선을 이용하는 행위도 금지되며, 다만 사고를 당한 경우

marinos. **2**. Queda asimismo prohibida la utilización de embarcaciones auxiliares, salvo en caso de siniestro o para operaciones de búsqueda y salvamento, la emisión de señales sonoras o luminosas, que no sean las previstas en las normas y reglamentos sobre seguridad marítima y prevención de abordajes y cualesquiera otras actividades que no estén directamente relacionadas con el paso. **3**. Las anteriores prohibiciones serán asimismo de aplicación en las aguas marítimas interiores, de conformidad con lo previsto en la legislación portuaria.

43. (Buques que comporten riesgos especiales) **1**. Los buques que transporten sustancias radioactivas u otras peligrosas o nocivas deberán tener a bordo los documentos y observar las medidas especiales de precaución previstas para ellos en los Tratados aplicables.**2** Dichos buques deberán efectuar su paso por las vías, dispositivos y sistemas establecidos conforme a lo previsto en el 58 y seguir las instrucciones especiales de navegación que, en su caso, puedan ser cursadas por la Administración marítima.

44. (Gravámenes a los buques extranjeros) Los buques extranjeros sólo vendrán obligados al pago de los servicios que se les hayan prestado durante su paso por el mar territorial.

45. (Suspensión del paso inocente) **1**. Para la defensa de los intereses generales y, en particular, para velar por la seguridad de la navegación, el Gobierno podrá suspender, temporalmente y sin discriminación entre pabellones, el paso inocente en determinadas zonas del mar territorial. **2**. El Gobierno velará porque la adopción de tales medidas alcance la debida publicidad internacional.

46. (Ejercicio de la jurisdicción civil) **1**. Los buques extranjeros que pasen por el mar territorial no podrán ser detenidos o desviados para ejercer la jurisdicción civil respecto a las personas que se hallen a bordo de los mismos. Podrán adoptarse medidas cautelares o ejecutivas respecto a dichos buques cuando estos se hayan detenido o hayan fondeado voluntariamente durante su paso por el mar territorial, así como respecto a los que naveguen por el mar territorial después de haber abandonado las aguas interiores del Estado. **3**. Dichas medidas podrán ser asimismo adoptadas respecto a los buques en paso lateral, pero sólo por las obligaciones adquiridas y por las responsabilidades en que hubieren incurrido durante su paso.

47. (Ejercicio de la jurisdicción penal) Sin perjuicio de lo establecido en los Tratados específicos aplicables, la jurisdicción penal española en relación con los buques que se encuentren en el mar territorial se regirá por lo establecido en el 23 de la Ley Orgánica 6/1985, de **1** de julio, del Poder Judicial.

48. (Jurisdicción penal a bordo de un buque extranjero) **1**. La jurisdicción penal española no se ejerceráa bordo de un buque extranjero que pase por el mar territorial, sin proceder de aguas interiores, para detener a personas o realizar investigaciones en relación con un delito cometido a bordo de dicho buque durante su paso, salvo en los casos enunciados en el apartado 1 del 27 de la Convención de las Naciones Unidas sobre el Derecho del Mar de 1982.2. En los casos a que se refiere el párrafo anterior, a petición del capitán del buque o de un representante diplomático o consular del Estado del pabellón, los órganos jurisdiccionales españoles competentes podrán proceder a una instrucción preliminar y a tomar medidas coercitivas en

나 구조 혹은 수색 작업을 하기 위한 경우에는 그러하지 아니하다. 또 항해의 안전 및 충돌의 방지를 위한 규범에서 정한 바에 의하지 아니하고서 음성 혹은 불빛 신호를 보내는 것도 금지되며, 그 외에 통항과 직접적으로 관련이 없는 행위를 하는 것도 그 종류가 무엇이든 금지된다. **3)** 위와 같은 금지는 내수에서의 항행에 대하여도 항만법에 정한 바에 따라 마찬가지로 적용된다.

제43조 (특수한 위험을 내포한 선박) **1)** 방사능물질 및 여타 위험하거나 유독한 물질을 운송하는 선박은, 그 선상에 필요한 서류를 비치하여야 하고, 이러한 경우 적용될 조약에서 정한 바에 따라 특별한 예방조치를 취하여야 한다. **2)** 위 선박은 통항을 함에 있어, 제58조에 규정한 바에 따라, 항로, 대비조치 및 운항방법을 정하여 실시하여야 하며, 이러한 경우에 이를 관장하는 해사관청의 지시를 따라야 한다.

제44조 (외국선박의 부담) 영해를 무해통항하는 외국 선박은 그에게 제공된 서비스에 대해 상당한 대가만 지급하면 된다.

제45조 (무해통항의 중지) **1)** 일반적인 공익을 보호하고, 특히 항해의 안전을 확보하기 위해, 정부는 영해 중에서 일부 지역을 지정하여 국적에 따른 차별 없이 일시 무해통항을 중지할 수 있다. **2)** 정부는 이러한 조치를 시행하는 것에 대한 공고가 국제적으로 적절히 이루어지도록 하여야 한다.

제46조 (민사관할권의 행사) **1)** 스페인 영해를 통과하는 외국 선박에 대해 그 선상에 있는 사람에 대한 민사재판권을 행사하기 위해 그 선박의 항로를 변경하게 하거나 그 선박을 압류할 수 없다. **2)** 위에서 말하는 선박이 영해를 통과하는 도중 자의로 체류 혹은 정박을 한 경우 및 그 선박이 스페인 내수를 떠난 다음에 영해를 항해 중인 경우에는 그 선박에 대한 재판전 보전조치와 재판후 집행조치를 취할 수 있다. **3)** 선박이 영해를 단순히 통과만 하는 경우에도, 통과 도중에 그 의무를 부담하고 책임을 지게 된 경우에는, 마찬가지로 위와 같은 조치를 취할 수 있다.

제47조 (형사재판권의 행사) 영해 내에 있는 선박에 대한 스페인의 형사재판권은, 이에 적용될 개별적인 조약에 특별히 정한 경우를 제외하고는, 1985년 7월 1일 법 제6호 사법권법 제23조의 규정에 의하여 정한다.

제48조 (외국선박상의 형사재판권) **1)** 영해를 통과하는 외국 선박의 경우, 스페인 내수로부터 항진한 것이 아닌 한, 그 통항 중에 선상에서 범하여진 범죄와 관련하여 범인을 구금하거나 사건을 조사하기 위한 형사재판권을 행사하지 아니한다. 다만 1982년 UN국제해양법조약 제27조 1항의 규정에 열거된 사건의 경우에는 그러하지 아니하다. **2)** 위에서 말한 사건의 경우라 하더라도, 선장이나 혹은 외교적, 영사적 대표가 요청을 하는 경우, 해당 스페인 사법기관은 외국 선박의 선상에서 범하여진 범행에 대해 예비조사에 들어가고 필요한 강제조치를 취할 수 있다.

relación con delitos que se hayan cometido a bordo de un buque extranjero

49. (Notificación a un agente diplomático) **1.** El órgano judicial competente notificará a un representante diplomático o consular del Estado de pabellón, a ser posible con anterioridad a su realización, del comienzo de cuantas diligencias y actuaciones lleve a cabo para ejercer su jurisdicción penal. **2.** Dicha notificación se hará asimismo cuando se inicie la instrucción a petición del capitán del buque y en virtud de lo dispuesto en el precedente.

50. (Sobrevuelo de aeronaves extranjeras) El sobrevuelo de aeronaves extranjeras en las aguas interiores y el mar territorial está sujeto a autorización, de acuerdo con el Derecho aeronáutico español y de conformidad con lo previsto en los Convenios internacionales aplicables.

CAPÍTULO V DE LA SEGURIDAD DE LA NAVEGACIÓN MARÍTIMA

51. (Ayudas a la navegación) La Administración competente dispondrá lo necesario para establecer y mantener el señalamiento marítimo y las ayudas a la navegación que justifique el volumen del tráfico y exija el grado de riesgo, de acuerdo a los Tratados internacionales, así como para poner a disposición de todos los interesados la información relativa a estas ayudas.

52. (Establecimiento de servicios de practicaje) La Administración competente establecerá los servicios de practicaje que resulten necesarios para la seguridad de la navegación.

53. (Carácter obligatorio del servicio de practicaje) En los puertos o lugares en que se haya determinado la necesidad de la existencia del servicio de practicaje, éste seráobligatorio. En tales casos, antes de entrar en las zonas de practicaje y con antelación suficiente para proseguir las operaciones de aproximación y demás maniobras requeridas con seguridad, el capitán del buque deberácursar la solicitud de servicio, absteniéndose de llevar a cabo maniobra alguna que precise dirección asistida, salvo en caso de necesidad y hasta tanto el práctico no se encuentre a bordo.

54. (Exenciones al servicio de practicaje) Reglamentariamente podrán establecerse exenciones al servicio de practicaje, sin que las mismas exoneren a los capitanes de la obligación de procurarse la información precisa para navegar o maniobrar sin riesgo y en general a extremar la diligencia que un buen marino acostumbra a poner de ordinario en el ejercicio de sus funciones.

55. (Reglas de rumbo y gobierno y navegación en zona de hielos) **1.** Todos los buques, sin excepción, deberán ajustar su navegación al cumplimiento de las reglas de luces, señales, rumbo y gobierno contenidas en los reglamentos aplicables, en particular en el Reglamento Internacional para prevenir los abordajes en la mar. **2.** El capitán de todo buque al que se le haya informado de la presencia de hielos en su derrota o cerca de ella, está obligado, durante la noche, a navegar a una velocidad moderada o a modificar su derrota para distanciarse de la zona peligrosa

제49조 (외교대표에 대한 통지) 1) 해당 사법기관은 그 선박 기국의 외교 혹은 영사 대표에게, 가능한 한 조치를 취하기 이전에, 형사재판권을 행사하기 위한 절차와 조치의 개시를 통지하여야 한다. 2) 위 통지는 전 조의 규정에 따라 선장의 요청이 있어 조사를 개시한 경우에도 하여야 한다.

제50조 (외국 항공기의 상공비행) 외국 항공기가 스페인 내수 및 영해 상공에서 비행을 하려면 해당 국제조약의 규정에 따라 스페인 영공권에 기해 허가를 받아야 한다.

제5절 항해의 안전

제51조 (항행의 지원) 해당 관청은 해상에서의 신호체계와 항해를 위한 지원시설을 통행량에 적합하고 위험의 정도에 맞게 국제조약이 정한 바에 따라 설치하고 유지하여야 하고, 이러한 시설과 체계에 대하여 이해관계인이 알 수 있도록 조치를 취하여야 한다.

제52조 (도선 제도) 해당 관청은 항해의 안전에 필요한 도선 제도를 마련하여야 한다.

제53조 (도선업무의 강제적 성격) 도선이 반드시 필요하다고 인정되는 항구 혹은 지역이면 도선은 이를 의무적인 것으로 하여야 한다. 이러한 경우 선장은 도선 구역에 들어오기 이전에, 접근 조치를 취하고 안전상 필요한 작동을 할 충분한 시간을 두고서 도선 업무를 요청하여야 하며, 긴급한 상황이 아닌 한 선상에 도선사가 없는 동안에는 그 도움을 받아서 해야 할 작동은 일체 취하지 아니하여야 한다.

제54조 (도선의무의 면제) 명령으로 도선의무의 면제를 규정할 수 있다. 그러나 이로 인하여 위험 없이 항해를 하고 작동을 하기 위해 필요한 정보를 전부 숙지할 선장의 의무가 면제되는 것이 아니며, 또 선장의 직책을 수행함에 있어 통상 선장이 관습적으로 기울이는 주의의무를 다할 의무가 면제되는 것도 아니다.

제55조 (방향, 작동 및 유빙지역에서 항해에 관한 규칙) 1) 모든 선박은 항해를 함에 있어 예외 없이 해당되는 규정에 있는 조등, 신호, 방향 및 이동에 관한 제반 규칙을 준수하여야 하고, 특히 충돌방지를 위한 국제조약에 규정된 이러한 규칙을 준수하여야 한다. 2) 항로상이나 그 인근에 유빙이 출현한 것을 알게 된 선장은 야간이라도 위험한 지역으로부터 벗어날 수 있도록 즉시 속도를 줄여 항해를 하거나 항로를 변경하여야 한다.

56. (Publicidad de los peligros y ayudas a la navegación) **1.** La Administración competente vendráobligada a difundir periódicamente avisos a los navegantes en los que se de cuenta de los naufragios producidos, los derrelictos conocidos y cualesquiera otras circunstancias que afecten a la seguridad de la navegación en las zonas españolas. **2.** El Ministerio de Defensa elaborará y publicará periódicamente libros y documentos de faros y señales y cartas oficiales de navegación en las que habrán de constar los naufragios, bajos y otros obstáculos que afecten de forma duradera a la seguridad de la navegación.

57. (Avisos de los capitanes) **1.** Los capitanes de los buques están obligados a informar a la Administración marítima de los fallos o deficiencias que adviertan en las señales marítimas y en otras ayudas a la navegación así como a dar aviso de los hielos o derrelictos que avisten en su viaje y puedan suponer un peligro inmediato para la navegación. **2.** Los capitanes deberán también dar aviso en el supuesto en que se encuentren con temporales extraordinarios y cualesquiera otras causas que supongan un peligro para la navegación.

58. (Vías de navegación y servicios de tráfico marítimo) **1.** En interés de la seguridad de la navegación y de conformidad con las normas internacionales aplicables, el Gobierno establecerá el procedimiento, según el cual se designarán, reemplazarán o suprimirán, en las zonas españolas de navegación, las vías, los dispositivos de separación del tráfico y de notificación obligatoria para buques y los sistemas de tráfico marítimo. **2.** Dichas vías y dispositivos serán de utilización obligatoria para todos los buques una vez que hayan obtenido la aprobación y publicación internacional que, en su caso, resulte necesaria. **3.** En cualquier caso, los sistemas de tráfico marítimo sólo podrán ser de empleo obligado cuando estén emplazados en las aguas interiores o en el mar territorial y, en caso de aprobación por la Organización Marítima Internacional, en la zona económica exclusiva.

59. (Navegación en zonas de baño) **1.** Queda prohibida toda clase de navegación en las zonas de baño debidamente balizadas. El lanzamiento o varada de embarcaciones deberá hacerse a través de canales delimitados y señalados al efecto. **2.** En los tramos de la costa que no estén balizados como zonas de baño se entenderáque esta ocupa una franja de agua contigua a la costa de una anchura de 200 metros en las playas y de 50 metros en el resto de la costa o riberas. Dentro de estas zonas no se podránavegar a una velocidad superior a tres nudos, debiendo adoptarse las debidas precauciones para evitar riesgos a la seguridad humana. No obstante, la navegación de las unidades menores a que se refiere el 107 se regirápor su normativa específica.

60. (Zonas de seguridad) La Administración marítima determinará las zonas de seguridad para los fondeaderos, canales de navegación, zonas adyacentes a los puertos, e instalaciones y lugares de explotación y exploración de recursos naturales en las zonas españolas de navegación, con el fin de preservar la seguridad de la navegación, asícomo la recalada y salida de los buques que operen en ellas.

61. (Normas especiales para artefactos navales y plataformas fijas) **1.** El emplazamiento de artefactos navales y plataformas o estructuras fijas artificiales en las zonas españolas de navegación deberá quedar debidamente balizado a satisfacción de la Administración marítima.

제56조 (항해에 대한 위험과 지원의 공시) **1)** 해당 관청은 해원들에게 규칙적으로 해운공시를 발하여야 하며, 이를 통하여 스페인 수역에서 발생한 난파, 확인된 장애물 및 기타 항해의 안전에 지장을 주는 상황을 전달하여야 한다. **2)** 국방부는 등대, 신호 및 해도와 관련된 서적과 서류를 규칙적으로 작성하고 배포하여야 하며, 여기에서 난파, 침몰 기타 항해의 안전에 장기적으로 영향을 미치는 사항을 기록하여야 한다.

제57조 (선장의 신고) **1)** 선장은 해상 신호체계나 기타 항해 지원설비가 작동하지 아니하거나 하자가 있는 것을 안 때에는 이를 해운관청에게 통지하여야 하고, 또 항해 도중에 항해에 당장 위험이 될 가능성이 있는 유빙 또는 기타 장애물을 감지한 경우에도 이를 신고하여야 한다. **2)** 선장은 항해 도중에 비통상적인 태풍을 만난 경우 및 기타 항해에 위험을 줄 수 있는 사유에 직면한 경우에도 이를 해운관청에 신고하여야 한다.

제58조 (항해노선 기타 운항방법의 지정) **1)** 정부는 스페인 해역에서 항행의 안전을 실현하기 위해 해당 국제 규범에 맞추어 항로의 지정, 통항의 분리 조치, 선박의 신고 의무 조치 및 기타 해상 통과 제도 등을 제정, 변경 및 폐지할 절차를 마련하여야 한다. **2)** 위와 같은 노선 및 조치는 필요한 국제적인 승인과 공시를 거치면 그 수역을 이용하는 모든 사람에게 강제력을 갖는다. **3)** 여하한 경우이든, 해상 통과제도는 일단 시행이 되면 내수와 영해에서는 그 적용에 강행성을 갖고, 배타적 경제수역에서는 국제해사기구의 승인을 받아야 그 강행성이 인정된다.

제59조 (해수욕장에서 항행) **1)** 적법하게 표지가 설치된 해수욕장에서는 선박의 항해가 금지된다. 소형선을 띄우고 정박하려면 이를 위해 지정한 특정한 통로로 가야하고 표시된 지역에 한해 머물 수 있다. **2)** 해수욕장으로 지정된 곳이 아닌 해안 지역에서는 해안으로부터 시작하여 사장의 경우 200미터, 나머지 연안 및 해안의 경우 50미터 넓이로 접속된 수역을 해수용을 위한 지역으로 간주한다. 이 지역에서 선박은 시속 3해리 이상의 속력으로 운항하지 못하며, 인명에 위험이 야기되는 일이 없도록 예방조치를 하여야 한다. 다만 제107조에 말하는 소형용구의 항해는 동조에서 정하는 별도의 규정에 의하여 규율한다.

제60조 (보안지역) 해운관청은 스페인 해역에서 항해의 안전을 확보하고 거기에 필요한 선박의 접근과 출발을 용이하게 하기 위해 선박의 정박지, 항행할 운하 지역, 항구나 시설의 인근 지역 및 자연자원의 탐사와 이용을 위한 지역 등을 보안지역으로 지정할 수 있다.

제61조 (해양구조물과 고정 플랫폼에 관한 특별 규정) **1)** 스페인 해역에서 해양구조물을 설치하거나 고정된 인공의 플랫폼 기타 설비를 설치하려면 해운관청이 요구하는 바에 따라 적정하게 표지를 설치하여야 한다. **2)** 위와 같은 구조물 및 플랫폼 기타 설비의 주위에

2. En torno a dichos artefactos, plataformas o estructuras se establecerán zonas de seguridad de la navegación en un radio que no exceda de 500 metros a partir de su borde exterior, si bien podrán ir más allácuando se ajusten a las normas internacionales, que, en su caso, resulten aplicables. **3**. Las instalaciones que ya no sean utilizadas deberán ser desmontadas y retiradas por su titular en un plazo razonable, que seráfijado por la Administración marítima, garantizando siempre la seguridad de la navegación. De no atender el requerimiento en el plazo establecido, la Administración marítima podrá utilizar el procedimiento previsto en el Capítulo IX del presente Título.

CAPÍTULO VI DE LA LUCHA CONTRA LA CONTAMINACIÓN

62. (Concepto de contaminación) **1**. A los efectos de esta Ley se entiende por contaminación la introducción directa o indirecta por los buques, en las aguas marítimas, en el suelo o subsuelo marinos o en la atmósfera suprayacente, de sustancias o formas de energía que constituyan o puedan constituir unpeligro para la salud humana, que dañen o puedan **21**dañar los ecosistemas marinos, recursos turísticos o paisajísticos, deterioren la calidad del agua del mar y reduzcan o puedan reducir las posibilidades de esparcimiento u obstaculizar otros usos legítimos de los mares o de las aguas costeras.**2**. Las normas de este Capítulo se entenderán también aplicables a las plataformas fijas en la medida en que sean conformes con su naturaleza y actividad.

63. (Contaminación operacional) Se entiende por contaminación operacional cualquier descarga proveniente de la limpieza de tanques y sentinas, la de aguas sucias y de lastre, basuras, la de emanaciones de gases de los motores y, en general, toda aquella producida por las operaciones normales de la vida o actividad a bordo de los buques.

64. (Contaminación por vertimiento) **1**. Se entiende por contaminación por vertimiento la procedente de la evacuación deliberada de sustancias o materiales desde buques, cuando hubieren sido recibidas a bordo con la finalidad de proceder a dicha evacuación, previa realización o no de un proceso de tratamiento o transformación a bordo. **2**. Se considera, asimismo, contaminación por vertimiento, el hundimiento deliberado de buques, embarcaciones, artefactos navales, plataformas fijas o aeronaves. **3**. No se considerará contaminación por vertimiento las operaciones de hundimiento de buques, plataformas fijas o aeronaves, o la colocación de otros materiales, con el fin de instalar arrecifes artificiales siempre que reúnan las condiciones establecidas en la normativa vigente.

65. (Contaminación accidental) Se entiende por contaminación accidental la derivada de un accidente sufrido por un buque, que produzca su naufragio, hundimiento o incendio o la caída al agua o incendio de su carga o de otras sustancias o materiales que estén o hayan estado a bordo y que produzcan o puedan producir efectos nocivos.

66. (Prohibición general de contaminación) **1**. Queda prohibido todo acto voluntario de contaminación, incluida la incineración, en las zonas españolas de interés para la navegación,

는 그 외부 한계로부터 500미터를 초과하지 아니하는 범위의 반경 지역을 보안지역으로 설정하여야 하며, 해당되는 국제조약이 있는 경우 그에 맞추어 더욱 넓게 확장될 수도 있다. 3) 설비가 더 이상 이용되지 아니하는 경우, 소유자는 해운관청이 지정하는 상당한 기간 내에 이를 해체하고 수거하여야 하며, 이 때에도 항상 항해의 안전이 최우선으로 보장되어야 한다. 해운관청은 지정된 기간 내에 해운관청의 요구를 시행하지 아니하는 때에는 스스로 본장 제9절에서 정한 절차를 밟을 수 있다.

제6절 오염방지조치

제62조 (오염의 개념) 1) 본법에서 오염이라 함은 선박으로부터 인간의 건강에 위험 요소가 되는 물질이나 에너지 형태를 해수뿐만 아니라 바다 지면, 바다 지하 및 바다 수면상 공기에 직간접적으로 투입하는 행위, 해양 생태계, 관광자원, 경관 등에 피해를 입히거나 해상 수질을 감퇴시키는 물질이나 에너지 형태를 직간접적으로 투입하는 행위 및 그 평화적인 이용가능성을 감소시키거나 연안 해수나 바다를 합법적으로 이용하는 데에 방해가 되는 물질 또는 에너지 형태를 직간접적으로 투입하는 행위를 말한다. 2) 본절의 규정은 그 성질이나 활동에 비추어 합당한 범위 내에서 고정 플랫폼에 대하여도 적용한다.

제63조 (운영오염) 운영오염이란 탱크 및 폐수창의 청소로부터 나오는 오염원의 배출, 오염 하수, 저하 및 쓰레기의 배출, 기관에서 가스의 분출로 인한 배출 및 기타 선상에서 통상의 생활과 활동으로 인해 생성된 물질의 배출을 말한다.

제64조 (유기오염) 1) 유기오염이란 특정한 물질 혹은 물건을 선외로 배출할 목적으로 선박에 싣고서 이를 의도적으로 배출하여 생성되는 오염을 말하며, 사전에 선상에서 이를 처리 혹은 변형하는 절차를 알고 있었는지의 여부와는 상관이 없다. 2) 선박, 소형선, 해양구조물, 고정된 플랫폼 혹은 수상비행선을 고의로 침몰시켜 발생하는 오염도 유기오염이라고 본다. 3) 인공 암초를 설치할 목적으로 시행중인 일반적인 규범상 요건을 갖추고서 선박, 고정 플랫폼, 수상비행선 등을 침몰시키거나 어떤 물질을 해저에 장치하는 것은 이를 유기오염이라고 보지 아니한다.

제65조 (사고오염) 사고오염이란 선박이 난파나 침몰하여 혹은 선박에 화재가 발생하여 생기는 사고로 인한 오염 및 선상에 있던 화물 기타 물질이나 물건이 물에 빠지거나 화재가 발생하고 그 결과로 인해 유해한 효과가 생기는 사고로 인한 오염을 말한다.

제66조 (오염의 일반적 금지) 1) 스페인 해역에서의 소각을 포함한 모든 고의적 오염행위는 이를 금지하며, 스페인 선박이 그 이외 해역에서 오염행위를 하는 것도 이를 금지한다.

así como la causada fuera de ellas por buques españoles, salvo en la medida en que se trate de descargas o vertimientos autorizados por los Tratados yotra normativa aplicables, se cumplan las condiciones previstas en los mismos y se haya obtenido previamente el correspondiente permiso de la Autoridad competente. **2**. No se consideraráinocente el paso de los buques extranjeros por el mar territorial cuando realicen cualquier acto de contaminación intencional y grave. **3**. Tampoco será reputado inocente el paso de buques cuyo estado de avería o cuyas condiciones de navegabilidad supongan una seria amenaza de producción de graves daños al medio ambiente.

67. (Excepciones de fuerza mayor) **1**. La prohibición general de contaminación no se aplicará en casos de fuerza mayor en los que el acto de contaminación sea necesario para salvaguardar la seguridad de la vida humana o de los buques, siempre que no parezca existir otro medio para evitar la amenaza y que los posibles daños causados se muestren, con toda probabilidad, inferiores a los que se producirían como consecuencia de cualquier otra actuación. La autorización del acto de contaminación en este caso no impedirála exigencia de las responsabilidades que procedan. **2**. En cualquier caso, el acto contaminante se llevará a cabo de forma que se reduzca al mínimo la probabilidad de que se ocasionen daños a seres humanos o a los ecosistemas de las aguas marítimas.

68. (Deberes de la Administración marítima) **1**. La Administración marítima velarápor el cumplimiento de todas las normas aplicables, perseguirá y sancionará su contravención y promoverá la adopción de las medidas técnicas y operativas que conduzcan a la preservación del medio ambiente marino y a la seguridad de la navegación.**2**. Asimismo y en caso de que la contaminación ya se haya producido, adoptará las medidas que estime procedentes para la limpieza de las aguas marítimas, para evitar o prevenir daños a los ecosistemas marinos, así como al litoral o a las riberas. La Administración marítima podrá adoptar también las medidas que estime procedentes para la limpieza de los fondos marinos cuando sea posible y razonable, en colaboración con Administraciones y organismos especializados, y de conformidad con la normativa que resulte aplicable

69. (Contaminación derivada de la explotación de recursos naturales en la mar) Durante las operaciones de perforación, los trabajos de exploración u otras actividades relacionadas con el aprovechamiento y la explotación de los recursos naturales en las zonas españolas de navegación, la Administración marítima controlará el cumplimiento de los requisitos y condiciones impuestos a los titulares de la actividad para la prevención de la contaminación, así como para su eliminación.

70. (Planes de preparación y lucha contra la contaminación) **1**. La Administración marítima establecerá un plan nacional de preparación y lucha contra la contaminación marina para hacer frente con prontitud y de manera eficaz a los sucesos de contaminación por hidrocarburos u otras sustancias nocivas o potencialmente peligrosas. **2**. Dicho plan comprenderá todo el ámbito territorial asignado en los Tratados internacionales aplicables, se ajustará a su contenido y procedimientos e incluirá la coordinación e interrelaciones de las distintas administraciones públicas, organismos y entidades competentes.Este plan se podrá coordinar con el plan nacional de salvamento previsto en el 76 de esta Ley, en los términos

다만 국제조약 및 해당 법규에 의하여 배출이나 유기가 허용되는 경우로서 그 곳에서 정한 요건을 모두 갖추고 나아가 해당 관청으로부터 사전 허가를 받은 다음에 하는 오염행위는 그러하지 아니하다. 2) 외국 선박이 스페인 영해를 통과하면서 의도적이고 중대한 오염행위를 저지른 때에는 이를 무해한 통항으로 보지 아니한다. 3) 통과를 하는 선박이 그 훼손의 상태나 감항의 여건에 비추어 환경에 중대한 피해를 유발할 심각한 위험을 내포하고 있는 경우 그 통항은 무해한 것으로 보지 아니한다.

제67조 (불가항력에 의한 예외) 1) 오염행위를 금하는 일반원칙은 그 행위가 인명 혹은 선박의 안전을 보장하기 위해 필요한 행위에 해당되면 적용되지 아니한다. 다만 그 위협을 회피할 다른 수단이 없고 또 그 행위의 결과로 발생할 손해가 다른 어떤 조치로 인하여 발생할 손해보다 적다고 판명된 때에 한한다. 여기에서 이로 인하여 오염행위가 허용된다 하더라도 그로 인하여 발생하는 민사책임을 추궁하는 것이 금지되는 것은 아니다. 2) 여하한 경우라 하더라도 오염행위는 인간의 생명과 해양생태계에 피해가 발생할 가능성을 최소화하는 방식으로 진행되어야 한다.

제68조 (해운관청의 의무) 1) 해운관청은 오염에 관한 법령의 준수 여부를 항시 감시하여야 하고, 그 위반을 적발하여 처벌하도록 하여야 하며, 항해의 안전과 바다 환경을 보존하는데 도움이 될 기술적, 제도적 장치를 마련하도록 노력하여야 한다. 2) 오염이 발생한 때에는 해수의 청결에 필요한 조치를 실시하여야 하고, 나아가 해양, 연안 및 강안의 생태계에 대한 피해를 피하고 방지하기 위한 조치를 마련하여야 한다. 해운관청은, 합리적이고 가능한 범위 내에서, 해저의 청결을 위해 필요한 조치도 마찬가지로 실시하여야 하며, 이러한 조치는 그와 관련된 특수 행정기관 및 일반기관과 협력하여 실시하고, 관련 법령에 정한 바에 따라 이를 실행하여야 한다.

제69조 (바다의 자연자원을 이용하는 것으로부터 야기된 오염) 스페인 해역에서 자연자원을 개발하고 이용하기 위해 해저 지면상에 천공 행위, 탐사 작업 및 기타 행위를 하는 도중에 발생하는 오염의 방지 및 제거를 위해 사업자에게 부과한 조건이나 부관이 잘 지켜지는지 해운관청은 항상 이를 감시하여야 한다.

제70조 (오염에 대한 준비 및 대비 계획) 1) 해운관청은, 원유로 인한 오염사고 및 유해 혹은 잠재적 위험을 내포한 물질로 인한 오염사고가 발생한 때에, 신속하고 효과적으로 대응할 수 있도록 해양오염에 대한 국가적 준비 및 대비 계획을 수립하여야 한다. 2) 위 계획은 해당 국제협약에서 지정한 모든 영토적 범위를 포괄하는 것이어야 하며, 그 내용과 절차는 필요에 따라 수시로 조정하여야 하고, 나아가 다른 공공기관, 조직, 단체 등과의 협력 및 관계를 포함하여야 한다. 이 계획은, 해당 법률이 정하는 바에 따라, 본법 제76조에서 정한 국가적 구조계획과 상호 조화되는 것이어야 한다.

previstos en la legislación aplicable.

71. (Planes de emergencia a bordo) **1.** La Administración marítima velará por que todos los buques nacionales que transporten hidrocarburos u otras sustancias nocivas o potencialmente peligrosas lleven a bordo una relación completa de dicha carga, asícomo un plan de emergencia para el caso de contaminación ajustado a las prescripciones contenidas en la normativa aplicable. **2.** Dicha obligación existirá también respecto a los buques extranjeros surtos en puerto español. La Administración marítima podrá exigir la exhibición del plan de emergencia y realizará su comprobación en el marco de sus competencias inspectoras como Estado rector del puerto.

72. (Obligación de notificar actos de contaminación) **1.** Los capitanes de los buques nacionales deberán notificar sin demora a la Administración marítima española y a la autoridad competente del Estado ribereño más próximo, todo evento de contaminación por hidrocarburos o por sustancias nocivas o potencialmente peligrosas de los que tengan conocimiento durante la navegación, de conformidad con los procedimientos que se determinen reglamentariamente. **2.** La misma obligación tendrán los capitanes de los buques extranjeros que naveguen por las zonas españolas de navegación.

73. (Colaboración internacional) **1.** Sin perjuicio de lo previsto en los Tratados específicos aplicables, cuando Administración marítima española sea requerida por otro Estado ribereño en cuyas aguas se hayan producido actos de contaminación, colaborarácon las autoridades de dicho Estado cuando resulte posible y razonable. **2.** La asistencia podrá consistir en la participación en las operaciones de lucha contra la contaminación o en la intervención en las diligencias de averiguación del siniestro y la inspección de documentos o del buque presuntamente responsable de la contaminación, cuando éste se halle en un puerto o en las aguas interiores nacionales. Dicha asistencia se prestarátambién a instancias del Estado del pabellón. **3.** Cuando exista un peligro real de contaminación en las zonas españolas de navegación, que pueda extenderse a las aguas de otro Estado, este último será inmediatamente informado. **4.** La colaboración prevista en los apartados anteriores podrá, en todo caso, subordinarse al principio de reciprocidad.

74. (Entrada o salida de buques potencialmente contaminantes) **1.** La Administración marítima estará facultada para prohibir o condicionar la entrada en los puertos y demás aguas interiores a los buques cuyo estado de avería o cuyas instalaciones o carga no garanticen el respeto de las normas vigentes en materia de prevención de contaminación, de acuerdo con los Convenios internacionales aplicables. **2.** En cuanto a la salida se estaráa lo previsto para las inspecciones de seguridad del buque en los artículos 147 a 155 de la presente Ley.

CAPÍTULO VII DE LA BÚSQUEDA Y SALVAMENTO DE VIDAS EN LA MAR

75. (Servicios públicos de búsqueda y salvamento marítimo) **1.** La Administración marítima proveerá los servicios públicos de búsqueda y salvamento que sean necesarios para garantizar

제71조 (선상에서의 긴급대비조치) 1) 해운관청은 원유를 운송하는 스페인 선박 및 유해 혹은 잠재적인 위험을 안고 있는 물질을 운송하는 스페인 선박이 모두 이러한 화물의 완전한 명세표를 보유하도록 하여야 하며, 또 해당 규정에 포함된 방식에 맞추어 오염에 대비한 비상계획을 보유하도록 하여야 한다. 2) 스페인 항구에 들어오는 외국 선박도 위에서 본 의무를 진다. 해운관청은 비상계획의 제시를 요구할 수 있고, 항만의 책임자로서 검사를 실시하였다는 확인을 하여야 한다.

제72조 (오염사고의 통지의무) 스페인 국적 선박의 선장은 항해 도중에 생긴 원유로 인한 오염 사고 및 유해 혹은 잠재적인 위험을 안고 있는 물질에 의한 오염 사고를, 스페인 해운관청은 물론 가장 가까운 해안국가 당국에게, 명령으로 정하는 절차에 따라, 이를 신고하여야 한다. 2) 스페인 해역을 운항하는 외국 선박의 선장도 마찬가지의 의무가 있다.

제73조 (국제적인 공조) 1) 별도의 국제 조약이 없는 경우라도 다른 국가가 그 해역에서 발생한 오염사고와 관련하여 스페인 해운관청에게 협조를 요청한 경우, 스페인 해운관청은 가능하고 상당한 범위 내에서 그 국가 당국에 협조하여야 한다. 2) 지원의 방법으로서, 오염의 방제 작업에 참여할 수도 있고, 사고의 확인 작업에 참여할 수도 있으며, 또 선박이 스페인 항구나 내수에 있는 동안 오염에 대해 잠재적으로 책임이 있는 선박이나 서류를 조사할 수도 있다. 3) 스페인 수역에서 오염의 위험이 실재하고 그것이 다른 국가 수역으로 확산될 수 있는 경우, 그 다른 나라에 대하여도 이를 즉시 통지하여야 한다. 4) 여하한 경우이든 위 각 항에서 말하는 협조는 원칙적으로 상호주의의 전제하에서 이루어져야 한다.

제74조 (잠재적인 오염성을 가진 선박의 출입) 1) 어느 선박이 그 훼손 상태 및 그 설비나 화물에 비추어 해당 국제조약에서 정한 바에 따른 오염방지와 관련 시행중인 규범을 모두 준수할 것이 보장되지 아니하는 경우, 그 선박에 대해 입항을 금지하거나 입항에 조건을 붙일 수 있다. 2) 이러한 선박의 출항에 관하여는 본법 제147조 내지 제155조에 있는 선박의 안전에 관한 검사 규정에 의하여 처리한다.

제7절 바다에서 인명의 수색과 구조

제75조 (해상수색과 구조의 공공적 성격) 1) 해상에서 위난에 처한 사람에 대해 그 지원을 확실히 보장하기 위해 해운관청은 필요한 수색과 구원을 공공적 작업으로 시행한다. 2)

que se presta auxilio a cualquier persona que esté en peligro en la mar. **2**. Los servicios se extenderán a toda la región de búsqueda y salvamento asignada a España en los Convenios Internacionales, la cual deberáser debidamente delimitada en los planes de salvamento y en las publicaciones y cartas náuticas oficiales que correspondan. **3**. La Administración marítima velarápara que se preste un pronto y eficaz auxilio en dichas zonas, con independencia de la nacionalidad de las personas en peligro y de las circunstancias en que estas se encuentren y de las sanciones que pudiesen recaer sobre los Capitanes o patrones de buques o embarcaciones por acciones u omisiones que pongan en peligro la seguridad del buque o de la navegación.

76. (Planes nacionales de salvamento) **1**. El Gobierno aprobará periódicamente, a propuesta del Ministerio de Fomento, un plan nacional de salvamento, en el que figurarán todos los medios disponibles, los procedimientos esenciales y la coordinación e interrelaciones de las distintas Administraciones públicas, organismos y entidades competentes. **2**. El plan se ajustaráa lo previsto en el Convenio Internacional sobre Búsqueda y Salvamento Marítimo, hecho en Hamburgo el 27 de abril de 1979, y contemplará asimismo los acuerdos de colaboración y coordinación que se realicen con los servicios de salvamento de los Estados vecinos.

77. (Documentación de salvamento a bordo) **1**. Los buques nacionales, excluidas las embarcaciones, deberán llevar a bordo un cuadro orgánico de ejercicios, misiones y procedimientos en materia de emergencia a bordo y evacuación del buque. **2**. Los buques de pasaje nacionales que operen en rutas fijas tendrán, además, a bordo un plan de colaboración con los servicios pertinentes de búsqueda y salvamento en caso de emergencia.

78. (Empleo de señales de socorro) Queda prohibido el empleo de señales internacionales de socorro, salvo para indicar que un buque, una aeronave o una persona están en peligro, así como el empleo de cualquier señal que pudiera ser confundida con una señal internacional de socorro.

79. (Facilitación del empleo de medios extranjeros) **1**. Reglamentariamente se establecerá un régimen de facilitación de la llegada, utilización y salida de los puertos y aeropuertos nacionales de los buques y aeronaves extranjeros destinados a participar en operaciones de lucha contra la contaminación o de salvamento de personas en las zonas españolas de navegación. **2**. Dicho régimen contemplará también las facilidades necesarias para agilizar la entrada, salida y paso rápido por el territorio del personal, mercancías, materiales y equipo destinado a las referidas operaciones.

80. (Investigación de siniestros) La Administración marítima deberá investigar todo siniestro sufrido por cualquier buque en los casos y con arreglo al procedimiento previsto reglamentariamente y, en todo caso, cuando considere que la investigación puede contribuir a determinar cambios que convendría introducir en los Convenios Internacionales sobre seguridad marítima, prevención de la contaminación o salvamento en que España es parte.

이 작업은 국제조약에 의하여 스페인의 수색 및 구조 구역으로 지정된 모든 지역에 미치며, 이 지역은, 구조 계획은 물론 해당 공시나 해도에도 그 범위가 적정하게 표시되어야 한다. 3) 해운관청은 위 지역에 효과적이고 신속한 지원이 이루어 질 수 있는지 점검하여야 하며, 지원은 위험에 처한 사람의 국적이나 위험에 처한 상황과 상관없이 무조건 이루어 져야 하며, 또 선박이나 항해를 위험에 처하게 만든 작위 혹은 부작위 때문에 선박이나 소형선의 선주나 선장에게 부과될 처벌과도 상관없이 이루어져야 한다.

제76조 (구조를 위한 국가적인 계획) 1) 정부는 산업부 장관의 제안에 기해 해상인명구조에 관한 계획을 주기적으로 세워 이를 승인하여야 하며, 이 계획에는 모든 대처 수단과 기본적인 절차는 물론 여러 행정부서, 기관 및 단체의 상호 협력과 관계에 관한 내용이 포함되어야 한다. 2) 이 구조계획은 1979년 4월 27일 함부르크에서 체결된 해상 수색 및 구조에 관한 국제조약에서 정한 바에 맞추어 이루어져야 하며, 마찬가지로 이웃 국가의 구조 업무와 관련하여 협력과 협조에 관한 합의가 이루어질 수 있도록 노력하여야 한다.

제77조 (대비서류의 비치) 1) 모든 스페인 선박은 소형선이 아닌 한 선상에 긴급 상황이 발생하고 탈출이 필요한 경우에 대비한 조치, 역할 및 절차에 관한 기본 계획도를 보유하여야 한다. 2) 일정한 항로를 운항하는 스페인 여객선은 그 이외에도 긴급 시에 수색 및 구조에 필요한 활동과 협력 계획을 별도로 수립하여 선상에 보유하여야 한다.

제78조 (구조신호의 사용) 선박, 수상비행선 혹은 사람이 위험에 처한 경우에 한하여 국제구조신호를 사용할 수 있고, 그 이외의 경우에는 국제구조신호를 사용할 수 없으며, 국제구조신호와 혼동을 일으킬 신호도 사용하여서는 아니된다.

제79조 (외국지원수단의 이용에 대한 편의제공) 1) 스페인 해역에서 인명의 구조나 오염의 방제 작업에 참여할 목적으로 오는 외국 선박 및 수상비행선이 국내 항구 및 공항을 출입하고 이용하는 것에 편의를 제공하기 위한 제도를 별도의 명령으로 제정한다. 2) 전시 규정은 위에서 말하는 작업을 목적으로 하는 인원, 장비, 물자 및 용구가 영토를 신속히 출입 및 통과할 수 있도록 필요한 편의도 마련하도록 하여야 한다.

제80조 (해양사고의 조사) 해운관청은 선박이 입은 모든 사고에 관해, 명령으로 정한 절차와 방식에 따라, 이를 조사하여야 하며, 특히 그 조사가 스페인이 가입한 해상 안전, 오염 방지 혹은 해난구조에 관한 국제조약의 변경 여부를 판단하는 데에 기여를 하는 경우, 여하한 경우이든 이를 반드시 조사하여야 한다.

CAPÍTULO VIII DE LAS FACULTADES DE INTERCEPTACIÓN, INSPECCIÓN Y DETENCIÓN DE BUQUES

Sección 1.ª De las medidas generales y especiales de intervención

81. (Medidas generales de intervención ejecutiva) **1.** Con carácter general y a los efectos de salvaguardar la seguridad de la navegación, de prevenir la contaminación de las aguas marítimas y de velar por el cumplimiento de las leyes y reglamentos aplicables, la Administración marítima y los demás órganos competentes de la Administración General del Estado podrán interceptar, solicitar información, visitar, inspeccionar, detener, conducir a puerto y adoptar cualesquiera otras medidas que se estimen necesarias respecto de los buques nacionales que vulneren o puedan vulnerar dichos bienes jurídicos o atentar contra las referidas Leyes. **2.** Dichas actuaciones procederán también respecto a los buques extranjeros que se hallen en las zonas españolas de navegación, respetando lo previsto en esta Ley para los buques extranjeros de Estado y en materia de derecho de persecución. **3.** En todo caso se informará de las medidas adoptadas y a la mayor brevedad posible al representante diplomático o consular del Estado de pabellón.

82. (Acceso a bordo y empleo de la fuerza) **1.** A los efectos indicados en el anterior, el personal dotado de funciones públicas de inspección o control estará facultado para acceder a los buques en que hubieran de realizarse las comprobaciones y actuaciones correspondientes. **2.** En los supuestos en que se trate de entrada en los camarotes y surja oposición a la misma alegando la inviolabilidad del domicilio se deberá obtener la previa autorización judicial, cumpliendo del requisito previsto en el 20.2 para los buques extranjeros. **3.** En todo caso y de resultar ello necesario, la Administración competente podrá adoptar las medidas coercitivas que resultaren necesarias y fueren proporcionales para impedir que el buque infractor se substraiga a las obligaciones, sanciones y responsabilidades que procedan. **4.** A tal efecto, podrá recabarse la colaboración de los cuerpos y fuerzas de la seguridad del Estado, quienes actuarán, conforme a lo previsto en su legislación reguladora, incluido, en su caso, el uso de las armas.

83. (Medidas especiales a adoptar en la zona contigua) **1.** De modo especial, siempre que tenga conocimiento de que un buque extranjero situado en la zona contigua ha infringido, está infringiendo o se propone infringir las leyes y reglamentos a que se refiere el 35, la Administración pública competente tendrá derecho a interceptarlo, solicitar la información o realizar la inspección apropiada. **2.** En caso necesario podrá adoptar las demás medidas que sean necesarias y proporcionales para prevenir o sancionar la infracción, incluida la detención y conducción a puerto.

84. (Medidas especiales en caso de contaminación) **1.** En caso de contaminación o de peligro de contaminación en las costas o en las zonas españolas de navegación, la Administración marítima adoptarátodas las medidas razonables para su limpieza o para prevenir, reducir o eliminar el peligro, pudiendo recabar a tal efecto la colaboración de otras Administraciones y organismos públicos. **2.** La Administración marítima podrá asimismo, en caso de urgencia, contratar con terceros la ejecución de las medidas preventivas o de limpieza, debiendo resarcir directamente a los contratantes utilizados y con independencia de que el pago pueda

제8절 선박의 검문, 수색 및 유치의 제도

제1관 관여에 관한 일반 및 특별 조치

제81조 (행정적인 관여로서 일반적 조치) **1)** 일반적인 성격의 관여로서, 항해의 안전을 보장하고 해수의 오염을 방지하며 관련 법령의 이행 여부를 확인할 목적으로, 해운관청 및 여타 해당 일반 행정기관은 이러한 사항에 관해 법적인 이익의 침해나 법령의 위반이 있거나 있을 염려가 있는 선박에 대하여 검문을 하고, 정보를 요구하고, 임검을 하고, 수색을 하고, 유치를 하고, 어느 항구로 예인을 하고, 또한 기타 필요한 조치를 취할 수 있다. **2)** 전시 처분은 스페인 해역에 있는 외국 선박에 대하여도 할 수 있다. 다만 이때에는 본법에서 정한 외국 선박에 관한 규정을 준수하여야 하고 또 추적권이 있으면 그에 따라 이를 시행하여야 한다. **3)** 여하한 경우라 하더라도 기국 영사 혹은 외교 대표자에게 취한 조치의 내용을 신속히 통지하여야 한다.

제82조 (선상접근과 무력사용) **1)** 전 조에서 말한 목적을 실현하기 위하여, 선박을 수색하고 통제하는 공적 임무를 부여받은 사람은 필요한 확인과 처분을 할 선박에 접근할 권한이 있다. **2)** 선실의 진입이 요구되는 사안의 경우, 주거침입금지의 원칙을 주장하며 이를 반대하는 상황에 이르면, 반드시 사전에 법원의 허락을 받아야 하며, 외국 선박의 경우 위 제20조 2항에서 정한 요건을 갖추어야 한다. **3)** 어떠한 경우에 해당되더라도 필요한 경우 해당 관청은 무력 행사를 수반하는 조치도 취할 수 있다. 그러나 이 강제조치는 의무, 처벌 및 책임을 면탈하는 것을 방지하기 위해 필요한 비례적인 범위 내에서 시행해야한다. **4)** 이를 목적으로 해당 주체는 국가 안전을 위한 무장 기관에 지원을 요청할 수 있고, 이 기관은 이를 규율하는 법령에 따라 필요하다면 무기도 사용할 수 있다.

제83조 (접속수역에서 취할 특별조치) **1)** 접속수역에 있는 외국선박이 제35조에서 말하는 법령을 위반했다든가, 위반하고 있다든가 혹은 위반을 획책하고 있는 것이 확인된 경우, 특별한 조치로서 해당 공공 행정기관은 그 선박을 검문하고, 정보를 요청하고 또 필요한 수색을 실시할 수 있다. **2)** 필요한 경우에는 선박의 억류 및 항구로 예인을 위시한 여타 조치도 취할 수 있다. 다만 그 조치는 법령 위반을 방지하거나 처벌하기 위해 필요한 것이고 비례적인 것이어야 한다.

제84조 (오염에 대한 특별조치) **1)** 스페인 연안이나 해역에서 오염이 발생하거나 그 위험이 있는 경우, 해운관청은 그 방제를 하고 위험을 방지, 감소 혹은 제거하기 위해 필요한 모든 상당한 조치를 취하여야 하고, 이를 목적으로 다른 행정기관이나 공공단체에 대해 협조를 요청할 수 있다. **2)** 긴급한 경우 해운관청은 제3자와 그 예방 혹은 방제 조치의 집행을 위탁하는 약정을 한 다음 그 고용한 수탁자에게 직접 보상을 할 수도 있고, 또 이러한 보상과 상관없이 해당 법에 따라 책임이 있는 사람이 제공한 보증, 담보 기타 수단으로 그 지급을 부담하게 할 수 있다. **3)** 공해에서 발생한 오염에 대하여도 해운관청은 마찬가지 권한

imputarse al importe de los avales, garantías y otros recursos obtenidos de los responsables conforme a la legislación vigente. **3**. Las mismas potestades tendrá la Administración marítima en caso de contaminación por accidente producido en alta mar, siempre que, en el caso de buques extranjeros, represente un peligro de graves daños en las zonas españolas de navegación o en el litoral o que atente contra los intereses conexos.

85. (Obstaculización de vías navegables) **1**. En casode que uno o varios buques impidiesen o dificultasen el libre acceso a un puerto, canal o vía navegable o la libre navegación por sus aguas, la Administración marítima adoptará, con carácter inmediato, todas las medidas que resulten precisas para restablecer la libre navegación afectada. **2**. A los efectos indicados, el Capitán del buque y todos cuantos se hallaran a bordo deberán cumplir sin demora las ordenes impartidas por la Administración so pena de responder de las sanciones que procedan, con independencia del ejercicio de las acciones que correspondan con arreglo a las leyes a los que se crean perjudicados. **3**. En caso necesario, la Administración marítima podrá proceder al traslado y detención del buque en el lugar que se determine y durante el tiempo imprescindible para que se restablezca la normalidad.

86. (Detenciones injustificadas e indemnización) **1**. La Administración marítima hará todo lo posible para evitar que los buques sufran detenciones o demoras innecesarias a causa de las medidas que se tomen de conformidad con lo previsto en este Capítulo. **2**. Las detenciones o demoras innecesarias a que se refiere el apartado anterior obligarán a la Administración responsable de la medida a resarcir los daños y perjuicios que resulten probados.

Sección **2**.ª Del derecho de persecución y de visita

87. (Ejercicio del derecho de persecución y de visita) Los derechos de persecución y de visita se ejercerán por las causas y en la forma en que se establecen en las normas de la Convención de las Naciones Unidas sobre Derecho del mar y demás Convenios Internacionales que resulten de aplicación.

88. (Conducción a puerto nacional) De conformidad con las disposiciones de este Capítulo, el buque detenido podrá ser conducido al puerto español más próximo, a los efectos de realizar la pertinente instrucción para la averiguación de los hechos, imposición de la sanción y exigencia de las responsabilidades que, en su caso, correspondan.

CAPÍTULO IX DE LAS REMOCIONES

89. (Concepto de remoción) Se entiende por remoción o extracción de interés general la retirada, traslado, desguace o destrucción deliberada de buques naufragados o de bienes hundidos con la finalidad de remover un peligro o un inconveniente para la navegación, para la salud pública, para los recursos naturales, para el medio ambiente o para los intereses conexos de las aguas marítimas.

이 있다. 다만 외국 선박의 경우 스페인 해역에서 항해나 해안에 중대한 피해를 야기할 위험이 있거나 혹은 이와 관련된 이익에 중대한 피해를 가져올 수 있는 경우에 한하여 이러한 조치를 취할 수 있다.

제85조 (항해노선에 대한 장애) 1) 하나 혹은 수개의 선박이 항구, 운하 및 항해노선에 자유롭게 접근하는 것을 방해하거나 어렵게 하는 경우 및 이러한 장소의 수상에서 자유롭게 항해하는 것을 방해하거나 어렵게 하는 경우, 해운관청은 이러한 위협을 제거하고 자유로운 항해를 실현하기 위해 필요한 모든 조치를 즉각 취하여야 한다. 2) 선장을 비롯한 선상에 있던 모든 사람은 이러한 목적을 실현하기 위하여 해운관청이 발하는 명령을 지체 없이 이행하여야 하며, 이를 어기면 그에 해당하는 처벌을 받고, 이 처벌과 상관없이 손해를 입은 사람에 대해 법에 따라 그 손해를 배상을 하여야 한다. 3) 필요한 경우 해운관청은 정상적인 상태를 회복하기 위하여 불가피한 기간동안 지정된 장소로 선박을 옮겨와 유치할 수 있다.

제86조 (부당한 억류와 보상) 1) 해운관청은 본장에서 정한 바에 따라 조치를 취함으로 인하여 불필요하게 선박이 억류 혹은 지체되는 일이 없도록 최선을 다하여야 한다. 2) 전항에서 말하는 불필요한 억류 혹은 지체가 발생하면 그 조치에 책임이 있는 행정기관은 그로 인하여 발생하는 파손 기타 손해를 보상할 책임이 있다.

제2관 추적 및 임검의 권리

제87조 (추적 및 임검을 할 권리) 추적 및 임검을 할 권리는 UN국제해양법협약 및 기타 관련 각종 국제조약에서 정한 사유가 있고 거기에서 정한 방식으로 행사하여야 한다.

제88조 (스페인 항구로 예인) 압류된 선박은, 행위를 조사하고, 처벌을 집행하고, 경우에 따라 해당되는 민사책임을 추궁할 목적으로 본장에서 규정한 바에 따라 절차를 밟기 위해 가장 인근에 있는 스페인 항구로 이를 예인하여 올 수 있다.

제9절 난파물의 제거

제89조 (난파물제거의 개념) 일반적인 이익을 위한 난파물의 제거 혹은 축출이란 항해, 공공위생, 자연자원, 환경 기타 해수와 관련된 이익을 보호하기 위해, 위험이나 불편을 제거할 목적으로, 난파된 선박 혹은 침몰한 물건을 의도적으로 인양, 이전, 해체 혹은 파괴하는 것을 말한다.

90. (Régimen de remociones) **1.** Las normas de este Capítulo se aplicarán en todo caso a las remociones de los buques y demás bienes situados en las aguas interiores y en el mar territorial español. **2.** Se aplicarán asimismo a los que se encuentren en la zona económica exclusiva cuando la remoción se efectúe por razón de protección de los recursos naturales o del medio ambiente.

91. (Deber de remoción) **1.** El propietario o el armador están obligados a la remoción del buque.Cuando se trate de artefactos navales, de plataformas fijas o de aeronaves el deber de remoción incumbe al titular de su uso o explotación. **2.** Cuando, a juicio de la Administración marítima, resulten afectados los intereses de la navegación, para la salud pública, para los recursos naturales, para el medio ambiente o para los intereses conexos de las aguas marítimas, aquella procederá a ordenar la remoción a los sujetos obligados, quienes deberán efectuarla dentro del plazo que al efecto se determine, que podrá ser prorrogado en atención a las especiales circunstancias que concurran.

92. (Control de la remoción) La Administración marítima establecerá las garantías o medidas de seguridad que deban seguirse para evitar un nuevo naufragio o hundimiento en las zonas españolas de navegación y determinará, en cada caso, las condiciones y procedimientos para la realización de las operaciones de remoción, vigilando su puntual y preciso cumplimiento.

93. (Facultad de remoción subsidiaria) **1.** En el caso de que la persona obligada no iniciare o concluyere la remoción en el plazo establecido al efecto, la Administración marítima podrá acudir a la ejecución subsidiaria, por símisma o mediante contratos con terceros. **2.** Todos los costes implicados en la ejecución subsidiaria de la remoción, así como de las medidas de seguridad y preventivas complementarias, serán a cargo de la persona obligada.

94. (Afección de los bienes recuperados) **1.** Los buques o bienes que pudieran ser recuperados como consecuencia del ejercicio de la facultad de remoción subsidiaria quedarán afectos al pago de todos los gastos ocasionados. **2.** Si los gastos no fuesen abonados en los plazos establecidos, la Administración marítima podrá proceder a la enajenación de los bienes a que se refiere el apartado anterior, cobrándose con la cantidad hasta la que llegue el importe de la venta con preferencia absoluta sobre todos los demás créditos que puedan gravar al buque, estén o no garantizados con un privilegio marítimo o con hipoteca naval. **3.** Si el producto de la venta no fuere suficiente para cubrir los gastos, los obligados seguirán siendo personalmente responsables por la diferencia, cuyo pago se exigirá por la vía administrativa de apremio o, en su caso, mediante los procedimientos judiciales que correspondan ante los tribunales nacionales o extranjeros. **4.** El excedente del precio obtenido en la venta, una vez liquidados los gastos y, en su caso, satisfechos los créditos a que se refiere el 520, se ingresará en el tesoro público.

95. (Remoción de buques o bienes de titularidad desconocida) **1.** Cuando se trate de la remoción de buques, u otros bienes, de pabellón o propiedad desconocida, se aplicarán las disposiciones previstas en este Capítulo, realizándose la intimación por medio de anuncios en el tablón de edictos de la Administración marítima competente, que también se publicarán gratuitamente en el Boletín Oficial del Estado. **2.** La personación de los interesados deberá

제90조 (난파물제거규정) 1) 본절의 규정은 스페인 내수와 영해에 있는 모든 선박 여타 물건의 제거에 무조건 적용된다. 2) 이러한 것이 스페인의 배타적 경제수역에 있는 경우에도 그 제거의 목적이 자연자원이나 환경의 보호에 있다면 마찬가지로 적용된다.

제91조 (난파물제거의무) 1) 선박의 경우, 소유자 혹은 의장자가 이를 제거할 의무를 진다. 해양구조물, 고정된 플랫폼 혹은 수상비행선의 경우, 그 이용 혹은 개발에 관한 권리자가 이를 제거할 의무가 있다. 2) 해운관청은 항해, 공공위생, 자연자원, 환경 등의 이익이나 해수와 관련된 이익이 영향을 받는다고 판단되면 제거의무를 지는 주체에게 그 제거를 명하여야 한다. 이 경우 그 주체는 이를 위해 정한 기간 내에 이를 제거할 의무가 있고, 이 기간은 그 사건에 존재하는 특수한 상황에 비추어 연장될 수 있다.

제92조 (난파물제거의 통제) 해운관청은 스페인 해역에서 새로운 난파나 침몰이 발생하지 아니하도록 하기 위해 지켜야 할 담보의 제공이나 안전 조치를 마련하여야 하고, 제거작업을 실행함에 있어 각각에 필요한 조건과 절차도 정하여야 하며, 나아가 그것이 효과적이고 정확히 지켜지는지 항상 감시하여야 한다.

제93조 (제2차적 제거권한) 1) 제거할 의무를 지는 사람이 이를 목적으로 지정된 기간 내에 제거를 시작하지 아니하거나 종결하지 아니하는 경우, 해운관청은 자신이 직접 혹은 제3자와의 계약을 통하여 제2차적으로 그 실행에 들어갈 수 있다. 2) 이러한 제2차적인 제거조치는 물론 그에 부수되는 안전 및 예방조치에 따르는 비용도 이를 제거할 의무가 있는 사람이 모두 부담하여야 한다.

제94조 (회수된 물건에 대한 담보권) 1) 제2차적 제거권한을 행사한 결과 회수한 선박 기타 물건은 그 제거행위로 발생한 모든 비용의 지급을 위한 담보가 된다. 2) 지정된 기간 내에 비용이 변상되지 아니하는 경우, 해운관청은 전 항에서 말하는 물건을 매각하고 매각의 총액에 해당하는 금액을 모두 받을 수 있고, 또 그 선박에 우선특권이나 저당권을 갖든 다른 담보권을 갖든 상관없이 이러한 해운관청의 권리는 다른 담보권보다 절대적으로 우선한다. 3) 그 대금이 비용을 모두 지급하기에 충분하지 못한 경우, 지급의무자는 개인적으로 잔액을 지급할 의무가 있고, 해운관청은 간이 행정대집행절차로 이를 집행할 수도 있고, 필요하다면 국내 및 해외에서 사법절차에 의거 그 이행을 강제할 수도 있다. 4) 비용을 지급하고 또 제520조에서 말하는 채권도 모두 변제한 다음에도 매각으로 취득한 대금 중에 잔액이 있으면 이를 국고로 편입한다.

제95조 (권리자를 모르는 선박 기타 물건의 제거) 1) 선적이나 소유자를 모르는 선박 기타 물건을 제거하는 경우에도 본절에서 정하는 규정이 적용되며, 이 경우 통지는 해당 해운관청이 공지편람에 공시를 통하여 대신하며, 이 사항은 국가의 관보에도 무료로 공고한다. 2) 이해관계인의 출두는 제거할 장애물의 중요도에 비추어 해운관청이 정한 기간 내에 이를 실현하여야 한다. 3) 선박 혹은 수상비행선의 국적만이 알려진 경우, 제1항에서 말하는

producirse dentro del plazo fijado por la Administración marítima de acuerdo con la importancia del obstáculo que deba ser removido. **3**. Si únicamente fuere conocida la nacionalidad del buque o aeronave, además de la publicidad prevista en el apartado 1, se deberá comunicar al cónsul del Estado del pabellón.

96. (Naufragio o hundimiento en puerto) En los supuestos de naufragio de buques o de hundimiento de bienes en aguas interiores portuarias corresponderá a la Autoridad Portuaria el ejercicio de las facultades y acciones relativas a la remoción, de acuerdo con las prescripciones de la legislación vigente.

97. (Informe de la Administración Pesquera) **1**. En todos los casos en que el motivo alegado para la remoción sea el interés para los recursos biológicos, la Administración marítima o la Autoridad Portuaria, según sea el caso, deberán solicitar informe de la Administración competente en materia pesquera con carácter previo al inicio de sus actuaciones. **2**. Dicho informe se entenderá positivo si no se emite en el plazo de 30 días o en el que, por razones de urgencia debidamente justificadas, sea fijado por la autoridad solicitante.

CAPÍTULO X DE LOS BUQUES DE ESTADO EXTRANJEROS

98. (Inmunidad) Con las excepciones previstas en el Derecho internacional y en la presente Ley, los buques extranjeros de Estado gozarán de inmunidad, quedando sujetos únicamente a la jurisdicción del Estado de su pabellón

99. (Navegación por aguas interiores y entrada en puerto) **1**. Los buques extranjeros de guerra podrán entrar en las aguas interiores y visitar los puertos abiertos previa autorización, en cada caso, del Ministerio de Defensa, que se tramitará por vía diplomática y de acuerdo con las previsiones contenidas en los Tratados concluidos por España. En el caso de otros buques de Estado, bastará con la autorización de la Administración marítima, que deberá obtenerse en cada caso y con antelación a la llegada del buque. **2**. Se exceptúa de las autorizaciones previstas en el apartado anterior el caso de avería, mal tiempo u otra causa urgente y determinante de la necesidad de arribada forzosa por razones de seguridad. En estos casos el capitán o comandante del buque deberáinformar, sin demora y por todos los medios posibles, al órgano más próximo de la Administración marítima o de la Armada, si se trata de un buque de guerra, debiendo seguir sus instrucciones hasta que se trámite la correspondiente autorización por vía diplomática. **3**. En los supuestos de que se trate de buques o submarinos de Estado que comporten riesgos nucleares, será además de aplicación lo previsto en los artículos 21 y 22.

100. (Actividades prohibidas en el mar territorial) No se considerará inocente el paso de buques extranjeros de Estado por el mar territorial que comporte la realización de maniobras u otros ejercicios con armas de cualquier clase o el lanzamiento, recepción o embarque de cualquier tipo de aeronaves o de dispositivos militares.

101. (Submarinos de Estado) En el mar territorial y en las aguas interiores, los submarinos

공시 외에 기국 영사에게도 통지하여야 한다.

제96조 (항구 내에서 난파와 침몰) 항구 구역 내 내수에서 선박의 난파 혹은 물건의 침몰이 발생한 경우, 법률이 정한 바에 따라 난파물을 제거하는 권한과 권리는 항만 당국에 귀속한다.

제97조 (어업관청과의 협의) **1)** 난파물을 제거하는 동기가 생물적 자원을 보호하기 위한 것인 때에는, 해운관청 혹은 항만당국은 처분을 하기 이전에 어업을 담당하는 관청의 의견을 구하여야 한다. **2)** 전시 의견은 30일 이내에 아무런 반응이 없으면 긍정적인 것으로 보며, 그 긴급성이 인정되는 경우 요청하는 기관이 응답할 기간을 정하고 그 정한 기간 내에 반응이 없는 때에도 마찬가지로 본다.

제10절 외국 국가 소속 선박

제98조 (면책) 국제조약 혹은 본법에서 예외가 인정되는 경우를 제외하고는, 외국 국가 소속 선박은 면책을 향유하며, 오로지 기국의 관할권 행사의 대상이 된다.

제99조 (내수의 항행과 항구에 입항) **1)** 외국 군함은 반드시 매번 사전 허가를 받은 다음 내수에 진입하거나 공개된 항구에 입항할 수 있다. 이 허가는 외교 경로를 통하여 요청하여야 하고, 스페인이 가입한 조약에서 정한 바에 따라 국방부가 부여한다. 기타 국가 소속 선박의 경우, 해운관청의 허가를 받으면 되고, 허가는 선박이 내수로 들어올 때마다 사전에 받아야 한다. **2)** 전 항에서 정한 허가는 선박의 파손, 악천후, 기타 선박의 안전을 이유로 피난기항을 해야할 긴급하고 중대한 사유가 있는 경우에는 받지 아니하여도 된다. 이러한 경우에도 선장 기타 선박을 지휘하는 사람은 지체없이 모든 수단을 이용하여 해운관청의 가장 가까운 지부에 이를 신고하여야 한다. 선박이 군함에 해당하는 때에는 가장 가까운 국방기구에 신고하여야 하고, 외교 경로를 통한 허가절차를 밟을 때까지 그의 지시를 따라야 한다. **3)** 외국 국가 소속 선박 혹은 잠수함이 핵위험을 내포하고 있는 경우에는, 그 외에도 제21조 및 제22조의 규정이 적용된다.

제100조 (영해에서 금지되는 활동) 외국 국가 소속 선박이 영해에서 그 종류가 무엇이든 무기를 가지고 활동이나 연습을 한다든가 혹은 그 종류가 무엇이든 비행선 혹은 다른 군사장비를 장치, 수령 혹은 선적하는 행위를 하면, 이는 무해한 통항으로 보지 아니한다.

제101조 (외국 소속 잠수함) 외국 국가 소속 잠수함은 영해와 내수에 있는 동안 제34조

extranjeros de Estado deberán cumplir lo previsto en el 34

102. (Medidas respecto a los buques extranjeros de Estado) **1.** Los buques de guerra extranjeros que se encuentren en las aguas interiores y el mar territorial españoles e infrinjan las disposiciones de esta Ley serán requeridos por la Armada para que depongan su actitud y, en su caso, a que abandonen sin demora tales aguas. **2.** El Estado de pabellón del buque extranjero será responsable de cualquier pérdida o daño que sea consecuencia del incumplimiento de las leyes y reglamentos nacionales, especialmente de los relativos al paso por el mar territorial y a la estadía en los puertos y demás aguas interiores.

103. (Reglamentación especial) El Gobierno reglamentará la navegación, admisión y permanencia de buques extranjeros de Estado en las zonas españolas de navegación, teniendo en cuenta las previsiones contenidas en esta Ley y en el Derecho Internacional.

CAPÍTULO XI DE LAS OBLIGACIONES POR CAUSA DE UTILIDAD PÚBLICA O INTERÉS SOCIAL

104. (Imposición de obligaciones a armadores y capitanes) **1.** La Administración marítima podrá establecer obligaciones a cargo de los armadores y capitanes de los buques por motivos de salvamento, seguridad marítima, lucha contra la contaminación, sanitarios u otras causas graves de utilidad pública o interés social. **2.** En particular, podrá ordenar la participación en operaciones de salvamento de vidas y, en caso de grave riesgo para la seguridad de la navegación o del medio ambiente, la colaboración en operaciones de salvamento de bienes o de lucha contra la contaminación. **3.** Dichas actuaciones procederán también respecto a los buques extranjeros que se hallen en las zonas españolas de navegación, respetando lo previsto en esta Ley para los buques de Estado extranjeros.

105. (Compensación por la imposición de obligaciones por causa de utilidad pública o interés social) Sin perjuicio del derecho que, en su caso, les corresponda para accionar directamente frente a los terceros, los armadores podrán reclamar, cuando proceda, directamente a la Administración el pago de la correspondiente compensación económica por los costes en que hubieran incurrido, así como la indemnización de los daños sufridos.

TÍTULO II
DE LOS VEHÍCULOS DE LA NAVEGACIÓN

CAPÍTULO I DE LOS BUQUES, EMBARCACIONES Y ARTEFACTOS NAVALES

106. (Buque) Se entiende por buque todo vehículo con estructura y capacidad para navegar

에서 정한 사항을 이행하여야 한다.

제102조 (외국 국가 소속 선박에 대한 조치) **1)** 내수 혹은 영해에 있는 외국 군함이 본법의 규정을 위반한 때에는, 군을 통해 즉시 그 행위의 중지를 요구하고, 필요하면 지체없이 우리 수역을 떠날 것을 요구한다. **2)** 외국 국가 소속[1] 선박이 법령을 이행하지 아니한 결과로 멸실이나 훼손이 발생하면 그 국가는 이에 대하여 민사책임이 있고, 특히 영해의 통과와 항구 기타 내수에서의 체재에 관한 법령을 위반한 경우에 그 국가에 민사책임이 있다.

제103조 (특칙의 제정) 정부는 외국 국가 소속 선박이 스페인 해역에서 항해, 진입허가 및 체재에 관한 자세한 사항을 본법과 국제법을 참조하여 행정부령으로 정한다.

제11절 공공적 효용과 사회적 이익을 이유로 한 의무

제104조 (의장자와 선장에 대한 의무부과) **1)** 해상구조, 항해안전, 오염방제 및 위생상 이유가 있다든가 혹은 기타 공공적 효용과 사회적 이익을 위해 중대한 사유가 있으면, 해운관청은 선장 혹은 의장자에게 일정한 행위를 할 의무를 부과할 수 있다. **2)** 특히 해운관청은 인명의 구조 작업에 참여할 것을 명할 수 있고, 나아가 항해의 안전이나 해양환경에 중대한 위험 요소가 있는 경우, 물건의 구조 작업이나 오염의 방제작업에 참여할 것을 명할 수 있다. **3)** 스페인 해역에 있는 외국선박에 대하여도 전시 처분을 할 수 있다. 다만 외국 국가 소속 선박의 경우 그에 대해 본법에서 특별히 정한 규정을 존중하여야 한다.

제105조 (공공적 효용과 사회적 이익을 고려한 의무 부과에 대한 보상) 원인을 제공한 제3자에 대하여 직접 청구를 하는 권리와는 상관없이, 의장자는 행정기관에 대해 작업으로 인해 직접적으로 소요된 비용의 보상과 피해를 입은 손해에 대한 변상을 요구할 수 있다.

제2장
운송 용구

제1절 선박, 소형선 및 해양구조물

제106조 (선박) 선박이라 함은 바다에서 항해를 통해 사람 혹은 물건을 운송할 수 있는

1 외국 국적 선박으로 해석될 여지도 있지만 전후 문맥으로 보아 외국 국가 소속 선박을 말한다고 해석된다.

por el mar y para transportar personas o cosas, que cuente con cubierta corrida y de eslora igual o superior a 24 metros

107. (Embarcación) Se entiende por embarcación el vehículo que carezca de cubierta corrida y el de eslora inferior a 24 metros, siempre que, en uno y otro caso, no sea calificado reglamentariamente como unidad menor en atención a sus características de propulsión o de utilización.

108. (Artefacto naval) **1.** Es toda construcción flotante con capacidad y estructura para albergar personas o cosas, cuyo destino no es la navegación, sino quedar situadas en un punto fijo de las aguas. **2.** Se considera asimismo artefacto naval el buque que haya perdido su condición de tal por haber quedado amarrado, varado o fondeado en un lugar fijo, y destinado, con carácter permanente, a actividades distintas de la navegación.

109. (Plataforma fija) **1.** Se entiende por plataforma fija toda estructura o instalación susceptible de realizar operaciones de explotación de los recursos naturales marítimos o de destinarse a cualesquiera otras actividades, emplazada sobre el lecho del mar, anclada o apoyada en él. **2.** Por encontrarse permanentemente sujetas al fondo de las aguas, la plataforma fija tiene la consideración de bienes inmuebles con arreglo al Código Civil.

110. (Naturaleza e identificación del buque) **1.** El buque es un bien mueble registrable, compuesto de partes integrantes y pertenencias. **2.** Son partes integrantes aquellos elementos que constituyen la estructura del buque, de modo que no pueden separarse del mismo sin menoscabo de su propia entidad. **3.** Son pertenencias los elementos destinados al servicio del buque de un modo permanente, pero que no integran su estructura. **4.** El buque conserva su identidad aún cuando sus partes integrantes o pertenencias sean sucesivamente sustituidas. **5.** El buque se identifica por su nombre, matrícula, numeración de la Organización Marítima Internacional (número OMI), pabellón, arqueo y cualesquiera otros datos que reglamentariamente se determinen.

111. (Accesorios) Son accesorios los elementos consumibles adscritos al buque de un modo temporal.

112. (Negocios jurídicos y derechos sobre el buque) **1.** Los negocios jurídicos relativos al buque, la propiedad y los demás derechos que recaigan sobre él comprenderán sus partes integrantes y pertenencias pero no sus accesorios, salvo pacto en contrario. **2.** No obstante, quedan exceptuadas las pertenencias de propiedad de un tercero, cuyo dominio se haya adquirido con fecha anterior al correspondiente negocio jurídico o acto generador de gravamen.

113. (Adquisición del buque) **1.** La adquisición del buque deberá constar en documento escrito y para que produzca efectos respecto de terceros deberá inscribirse en la Sección de Buques del Registro de Bienes Muebles en virtud de los documentos previstos en el 123 de esta Ley. **2.** También se adquirirá la propiedad del buque por la posesión de buena fe, continuada por tres años, con justo título debidamente registrado.Faltando alguno de estos requisitos, se

능력과 구조를 가진 운송용구로 갑판이 있고 선체의 길이가 24미터 이상인 것을 말한다.

제107조 (소형선) 소형선은 갑판이 없거나[2] 선체 길이가 24미터 미만인 운송용구를 말한다. 다만 그 사용 혹은 추진기관의 성격에 비추어 규칙에서 정한 바에 따라 소형용구로 자격이 있는 경우에는 그러하지 아니하다.

제108조 (해양구조물) **1)** 해양구조물이란 부유 제작물로서 사람이나 물건을 수용할 수 있는 능력과 구조를 갖추고 있지만, 그 목적이 항행에 있는 것이 아니고 수상 한 지점에 고정되어 머무는데 있는 것을 말한다. **2)** 선박이었다가 그 성격을 상실하고 고정된 장소에 계선, 좌초 혹은 정박되어 항구적으로 항해가 아닌 활동에 제공된 것도 이를 해양구조물이라고 본다.

제109조 (고정 플랫폼) **1)** 고정 플랫폼이란 해상 지면에 닻을 놓거나 지지되어 놓여 있으면서 해상 자연자원을 이용하는 활동을 실현하거나 기타 유사한 활동에 제공될 수 있는 설비 혹은 시설을 말한다. **2)** 수면 및 지표에 항구적으로 고정되어 있는 점에 비추어 고정 플랫폼은 민법의 규정에서 말하는 부동산의 성격을 갖는다고 본다.

제110조 (성질과 특정) **1)** 선박은 동산이지만 등록할 수 있고, 또 선박은 그 본체와 속구로 구성된다. **2)** 본체란 선체를 구성하는 요소로서, 단위 물건으로 그 훼손을 감수하지 아니하면 이를 분리할 수 없는 것을 말한다. **3)** 속구란 항구적으로 선박에 제공되는 요소이지만 그 선박의 본체를 구성하는 것은 아닌 것을 말한다. **4)** 선박의 본체나 속구가 계속적으로 다른 물건으로 대체된다 하더라도 선박으로서 동일성은 유지된다. **5)** 선박은 그 명칭, 선적, IMO 선박번호, 국적, 톤수 및 기타 명령으로 정하는 사항에 의거 특정한다.

제111조 (부속물) 부속물이란 선박에 일시 제공되어 소비되는 물건을 말한다.

제112조 (선박에 관한 법률행위와 권리) **1)** 선박에 관한 법률행위 및 선박의 소유권 기타 권리는 당연히 그 본체와 속구에 미치지만 선박의 부속물은 이에 포함되지 아니한다고 본다. 다만 당사자가 반대의 특약을 한 경우에는 그러하지 아니하다. **2)** 그러나 그 속구가 제3자에 속하고 제3자가 그 법률행위나 담보행위보다 이전 날짜에 그 권리를 취득한 경우에는 이를 예외로 한다.

제113조 (선박의 취득) **1)** 선박의 취득은 서면으로 이루어져야 하며, 제3자에 대하여 그 효력을 주장하기 위하여는 본법 제123조에서 규정한 서류를 가지고 동산등기부 선박편에 등기를 하여야 한다. **2)** 정당한 절차를 거쳐 합당한 권원으로 등기를 한 다음 선의로 3년간 계속 선박을 점유한 사람도 그 소유권을 취득한다. 이 중 어느 요건을 결한다 하더라도, 10

2 원문에는 갑판이 없고 또 길이 24미터 이하를 말한다고 되어 있다.

necesitará la posesión continuada de diez años.

114. (Copropiedad de los vehículos de navegación) La copropiedad ordinaria del buque, embarcación, artefacto naval o plataforma fija se regirá por las disposiciones generales de Derecho Común, salvo que se trate de un supuesto de condominio naval de buques y embarcaciones que se regirá por lo dispuesto en el Capítulo II del Título III.

CAPÍTULO II DEL REGISTRO DE LOS BUQUES

115. (Registro y matrícula) **1**. Las titularidades y gravámenes sobre los buques y embarcaciones se inscribirán en la Sección de Buques del Registro de Bienes Muebles, con la finalidad de proporcionar seguridad a las relaciones jurídicas respecto de los buques que en él se inscriban. **2**. La matrícula de un buque corresponde a la Administración marítima a través del Registro de Buques y Empresas Navieras y va destinada a mantener la identificación y el control administrativo de los buques españoles.

116. (Coordinación entre Registros) **1**. Los asientos que se practiquen en la Sección de Buques del Registro de Bienes Muebles deberán coordinarse con las anotaciones que se hagan en la hoja de asiento del Registro de Buques y Empresas Navieras mediante comunicaciones que deberán cursarse directamente en la forma que reglamentariamente se determine.**2**. Los titulares de ambos Registros sólo tendrán competencia para expedir certificaciones del contenido que sea propio de los respectivos asientos a su cargo, pero no de los que les consten por comunicaciones derivadas de la obligada coordinación entre ambos organismos. No obstante, si se pidiere en uno de ellos certificación referida a extremos contenidos en el otro, deberá admitirse la solicitud y requerir del Registro competente que la expida, con objeto de que el solicitante pueda obtener en un solo organismo toda la publicidad formal referida al buque.

Sección **1**.ª De la inscripción en la sección de buques del registro de bienes muebles

117. (Legislación aplicable) El Registro de Bienes Muebles, en su Sección de Buques, se regirá por lo dispuesto en esta Ley, en el Reglamento a que se refiere la Disposición final segunda de la Ley 19/1989, de 25 de julio, de reforma parcial y adaptación de la legislación mercantil a las directivas de la Comunidad Económica Europea (CEE) en materia de sociedades, y demás disposiciones complementarias y, en todo lo no previsto, por la Ley y el Reglamento Hipotecarios, que regirán con carácter supletorio en cuanto sean aplicables.

118. (Competencia) **1**. El Registro de Bienes Muebles, en su Sección de Buques, se llevará bajo la dependencia del Ministerio de Justicia, estará a cargo de un Registrador de la Propiedad y Mercantil y radicará en las poblaciones que se determinen en las demarcaciones registrales. **2**. La primera inscripción de los buques se practicará en el Registro designado en la demarcación que corresponda al lugar de su matrícula y, la de los buques en construcción, en el de la demarcación que corresponda al lugar en que se construyan. **3**. El cambio de matrícula de un buque

년간 계속하여 선박을 점유하면 마찬가지로 그 소유권을 취득한다.

제114조 (항해용구의 공유) 선박, 소형선, 해양구조물 및 고정 플랫폼에 관한 소유권은 이를 일반 권리에 관한 규정에 의하여 규율하고, 다만 선박과 소형선의 공유에 대하여는 본법 제3장 제2절의 규정에 의하여 특별히 규율한다.

제2절 선박의 등기

제115조 (등기와 등록) **1)** 선박 및 소형선에 대한 소유권 혹은 담보권은 선박에 관한 법률관계를 등기하여 그 안정성을 확보할 목적으로 마련된 동산등기부 선박편에 등기하여야 한다. **2)** 선박의 경우 그 등록은 해운관청이 관할하고, 선박 및 해운업 등록부에 선박의 등록을 통하여 이를 시행하고, 또 이에 기해 스페인 선박은 그 존재가 특정되고 행정적인 통제를 실현한다.

제116조 (등기부와 등록부의 등록 협조) **1)** 동산등기부 선박편에 등기할 사항과 선박 및 해상기업 등록부상의 해당 표지에 등록할 사항은 명령으로 정하는 방법으로 서로 직접적인 연결을 통해 상호 일치하도록 하여야 한다. **2)** 등기부와 등록부 모두에 권리자로 등재된 사람에 한하여 그 내용에 대한 증명등본을 청구할 수 있다. 다만 원래 책임 사항으로 등록을 실시한 관청에 한하여 이러한 증명서를 발행할 수 있고, 위에서 본 양 기관 사이의 협조의무에 기하여 통지를 받고 기재한 사항은 증명서를 발행할 수 없다. 그러나 다른 기관에 등록할 사항에 관해 증명등본을 요청한 경우, 이를 수리하여 이를 발행할 권한이 있는 기관에 요청하여야 하며, 이를 통하여 신청인이 어느 한 기관을 통해 선박에 관한 모든 공시사항을 확인할 수 있도록 하여야 한다.

제1관 동산등기부 선박편에 하는 등기

제117조 (적용 법규) 동산등기부상 선박편에 하는 등기는 본법의 규정, 1989년 7월 19일 법률 제19호 부칙에서 말하는 규칙의 규정 및 회사에 관한 유럽연합의 지시에 기한 상법의 부분 개정과 그 시행에 관한 규정 등에 의하여 규율하며, 또 여타 보충 규정이 있으면 그에 의하여 규율하고, 다른 규정이 전혀 없으면 저당권에 관한 법률 및 명령을 해당되는 범위 내에서 보충적으로 적용한다.

제118조 (권한) **1)** 선박편이 있는 동산등기부는 법무부의 관할하에 두고, 상사 및 재산에 관한 등기관의 책임하에 관리하며, 등기 지구의 결정에 의한 해당 지역에서 보관한다. **2)** 선박의 최초 등기는 등기 지구의 지정에 의거 선적지를 관할하는 지역 등기부에 등기를 하여야 하고, 건조 중인 선박을 등기하는 때에는 건조지를 관할하는 지역 등기부에 등기하면 된다. **3)** 선적지를 변경하는 것이 반드시 이미 등기된 등기부가 아닌 다른 새로운 등기부에 등기하는 것을 수반하는 것은 아니다.

no conllevará necesariamente la inscripción del mismo en otro Registro de aquel en que se halle inscrito.

119. (Bienes inscribibles) **1**. Todos los buques, embarcaciones y artefactos navales abanderados en España deberán obligatoriamente inscribirse en la Sección de Buques del Registro de Bienes Muebles. **2**. Sin embargo, será potestativa la inscripción de los buques, embarcaciones y artefactos de titularidad pública y la de los buques y embarcaciones de recreo o deportivos. **3**. Los buques en construcción podrán inscribirse en cualquier caso, pero será obligatoria su inscripción cuando vayan a ser hipotecados de conformidad con lo previsto en esta Ley. A estos efectos, se llevará en la Sección de Buques del Registro de Bienes Muebles un libro especial para inscribir los actos y contratos relativos a los buques en construcción hasta que, terminada ésta, se trasladen al Libro de Buques construidos en la forma que se determiner eglamentariamente.

120. (Objeto) **1**. La Sección de Buques del Registro de Bienes Muebles se llevará por el sistema de folio real. **2**. Dicho Registro tiene por objeto la inscripción o anotación de los actos y contratos relativos al dominio y demás derechos reales sobre los buques. También se inscribirán o anotarán la constitución, modificación y cancelación de gravámenes o limitaciones de disponer, arrendamientos y aquellas otras situaciones jurídicas que se determinen reglamentariamente o se prevean en Convenios internacionales o disposiciones especiales.

121. (Inscripción y cierre) **1**. La primera inscripción de cada buque en el Registro será de dominio y se practicará en virtud de certificación de la hoja de asiento expedida por el Registro de Buques y Empresas Navieras, acompañada del título de adquisición, que deberá constar en cualquiera de los documentos citados en el 123, salvo que se trate de embarcaciones de recreo o deportivas construidas en serie o de buques procedentes de países cuyas leyes no exijan esa forma de documentación. **2**. Para que pueda inscribirse o anotarse en el Registro cualquier otro acto, negocio jurídico o resolución judicial o administrativa relativa al buque, serápreciso que la persona que lo otorgue o aquella contra quien se dirija tenga previamente inscrito su derecho. **3**. Salvo que del Registro resulten cargas vigentes, el folio real del buque se cancelarámediante una diligencia de cierre a continuación de la última inscripción, practicada en virtud de comunicación del Registro de Buques y Empresas Navieras que haga constar la baja del buque por alguna de las causas establecidas en esta Ley. **4**. Reglamentariamente se regularán las especialidades registrales para las situaciones de cambio temporal de pabellón.

122. (Publicidad formal) **1**. La Sección de Buques del Registro de Bienes Muebles es pública. Cualquier persona podrá obtener información sobre el contenido de sus asientos en la forma que se determine reglamentariamente. **2**. El dominio y la existencia o libertad de cargas y gravámenes de los buques sólo podrá acreditarse en perjuicio de tercero por certificación del Registrador, salvo lo dispuesto en esta Ley para los privilegios marítimos. **3**. Simultáneamente a la devolución de los títulos que inscriba, deberá el Registrador expedir, en documento separado, certificación de dominio y cargas.

123. (Principio de libertad de forma) **1**. La inscripción en el Registro se practicará en

제119조 (등기할 물건) 1) 스페인 선적의 모든 선박, 소형선 및 해양구조물은 동산등기부 선박편에 반드시 등기하여야 한다. 2) 그러나 공공기관이 소유하는 선박, 소형선 및 해양구조물은 등기가 오로지 그 권한에 속하는 사항이며, 따라서 이들이 희망하면 이를 등기할 수 있으며, 이는 여가선 및 경기선의 경우에도 마찬가지이다. 3) 건조 중인 선박도 무조건 등기할 수 있다. 그리고 본법의 규정에 따라 저당권이 설정된 건조 중인 선박은 반드시 등기하여야 한다. 이를 위해 동산등기부 선박편에 건조 중인 선박에 관한 행위와 계약을 등기하기 위해 특별장부를 비치하고 건조가 종료되면 건조된 선박 장부에 규칙이 정하는 방식에 따라 이를 이기하여야 한다.

제120조 (대상) 1) 동산등기부 선박편은 동산별 분류의 방법으로 등기한다. 2) 전시 장부에는 선박에 대한 소유권 기타 물권에 관한 행위 및 계약을 등기하거나 등록한다. 마찬가지로 담보권이나 처분제한 및 선체용선의 성립, 변경 및 실효를 등기하거나 등록하는 것은 물론, 기타 규칙으로 정하는 상황이나 국제조약이나 특별한 법률이 정하는 상황의 성립, 변경 및 실효도 등기하거나 등록하여야 한다.

제121조 (등기와 폐쇄) 1) 어느 선박이든 최초의 등기는 그 소유권의 등기이고, 선박 및 해상기업 등록부에 기해 발행한 등록사항의 증명등본을 제시하여야 한다. 그리고 제123조에서 말하는 하나의 서면에 의하여 그 권리취득을 증명하는 서면을 첨부하여야 한다. 다만 일련으로 계속하여 건조하는 여가선박 및 경기선박 및 선박이 다른 국가에서 이전되어 오고 그 국가 법률에 의하면 이러한 서류가 요구되지 아니하는 경우에는 그러하지 아니하다. 2) 선박에 대해 그 이외 여타 처분행위나 법률행위 혹은 사법적 결정이나 행정적인 처분을 등기하려면, 그 권리를 허여하는 사람이나 권리를 행사하고자 하는 상대방이 사전에 그 동의를 등기하여야 한다. 3) 등기를 통하여 선박에 효력이 있는 부담이 존재하지 아니하는 한, 본법에서 정한 사유로 선박이 멸실된 것이 선박 및 해상기업 등록부에 의해 확인되면, 그 통지를 통하여 최후의 소멸등기에 이은 등기폐쇄를 통해 선박등기는 소멸한다. 4) 선박이 일시적으로 국적을 변경하는 경우, 그 등기에 대하여는 별도의 명령으로 정한다.

제122조 (공시) 1) 동산등기부 선박편은 이를 공중에 공개한다. 누구든지 명령으로 정하는 방법에 의거 기록된 사항의 내용에 관해 정보를 요구할 수 있다. 2) 선박에 관한 소유권 및 그 부담이나 담보의 존재 혹은 해제는 그것이 제3자에 대해 영향을 미치는 한 등기관의 승인에 의하여 비로소 그 효력이 생긴다. 다만 본법의 규정에 의하여 선박우선특권이 발생하는 경우에는 그러하지 아니하다. 3) 권리에 변경을 가져오는 등기가 있다면, 등기관은 동시에 별도의 서면으로 그 선박의 소유권과 부담에 관한 증명서를 발행하여야 한다.

제123조 (형식자유의 원칙) 1) 등기부에 등기는 등기할 사항에 관한 공증증서, 사서증서,

virtud de escritura pública, documento privado, resolución judicial firme o documento administrativo expedido por funcionario con facultades suficientes por razón de su cargo. **2**. El notario español o cónsul de España en el extranjero que autorice una escritura pública relativa a buques, embarcaciones o artefactos navales deberá obtener de la Sección de Buques del Registro de Bienes Muebles, con carácter previo al otorgamiento, la oportuna información sobre la situación de dominio y cargas y deberá presentarla, directamente o por testimonio, en la forma y por los medios que reglamentariamente se establezcan.

124. (Principio de legalidad) Los registradores calificarán bajo su responsabilidad la legalidad de las formas extrínsecas de los documentos de toda clase en cuya virtud se solicite la inscripción, asícomo la capacidad y legitimación de los que los otorguen o suscriban y la validez de su contenido, por lo que resulte de ellos y de los asientos del registro.

125. (Principio de legitimación) El contenido del Registro se presume exacto y válido. Los asientos del Registro están bajo la salvaguardia de los tribunales y producen todos sus efectos mientras no se inscriba la declaración judicial de su inexactitud o nulidad.

126. (Principio de fe pública registral) La inscripción no convalida los actos o contratos que sean nulos con arreglo a las leyes. La declaración de inexactitud o nulidad no perjudicarálos derechos de terceros que reúnan los requisitos establecidos en el 34 de la Ley Hipotecaria

127. (Principio de inoponibilidad) Los actos sujetos a inscripción que no estén debidamente inscritos o anotados no perjudican a terceros de buena fe.

Sección **2.ª** De la documentación de los buques nacionales

128. (Documentación de los buques nacionales) **1**. Además de los certificados y documentos relativos a la seguridad de la navegación, a la lucha contra la contaminación marina, a la sanidad exterior, al régimen aduanero y otros que procedan de acuerdo con la legislación nacional y con los convenios internacionales en que España sea parte, todo buque nacional deberá llevar a bordo el Certificado de Matrícula, la Patente de Navegación, el Rol de Despacho y Dotación, el Diario de Navegación, el Cuaderno de Máquinas y, en su caso, el Cuaderno de Bitácora y el Certificado de Seguro. **2**. Los documentos a que se refiere el apartado anterior se ajustarán a los modelos que sean aprobados por la Administración marítima. **3**. Reglamentariamente se establecerá un régimen simplificado de documentación para los buques de recreo o deportivos y para las embarcaciones.

129. (Certificado de Matrícula) El Certificado de Matrícula reflejará de forma literal el contenido del asiento obrante en la correspondiente hoja y deberá ser renovado cada vez que en éste se produzca alguna modificación. El Certificado acredita que el buque estálegalmente matriculado en España y deberá exhibirse a petición de las autoridades competentes de la Administración marítima nacional, de la del Estado ribereño o de la del Estado del puerto.

130. (Patente de Navegación) La Patente de Navegación acredita la nacionalidad española del buque y que ha sido autorizado para navegar por los mares enarbolando el pabellón

법원의 결정 및 그 직책상 권한에 기해 공무원이 발행한 증서 등에 기해 할 수 있다. **2)** 선박, 소형선 혹은 해양구조물에 관해 공증증서를 작성하는 해외에 있는 스페인 공증인 혹은 스페인 영사는 공증을 하기 이전에 동산등기부 선박편에 있는 소유권이나 부담에 관해 필요한 사항을 숙지하여야 하고 또 이들은 명령으로 정하는 방법과 형식으로 직접 혹은 선서서로 이를 제출하여야 한다.

제124조 (적법성의 원칙) 등기관은 등기를 하고자 신청한 사항의 기초가 되는 모든 서류가 외형상 합법적인지 심사할 의무가 있다. 그리고 등기관은 등기나 등기사항에 관해 채무자가 동의하고 날인할 능력과 권한이 있는지 및 그 내용이 유효한지 여부도 심사하여야 한다.

제125조 (합법성의 원칙) 등기한 내용은 정확하고 유효한 것으로 추정한다. 등기부는 법원의 관할하에 유지되고 모든 효력을 가지며, 다만 법원의 결정을 통하여 그 효력이나 정확성이 부인된다.

제126조 (등기사항의 증명력에 관한 원칙) 등기를 하였다고 하여 일반 법률에 따라 효력이 없는 행위나 계약이 유효하게 되는 것은 아니다. 또 위에서 본 부정확 혹은 무효의 선언이 있다 하더라도, 저당법 제34조에서 정한 요건을 갖춘 때에는, 그로 인하여 제3자의 권리에는 영향이 없다.

제127조 (대항불능의 원칙) 등기할 사항을 정당하게 등기하지 아니하면 이를 가지고 선의의 제3자에 대해 그에게 피해가 되는 권리를 주장할 수 없다.

제2관 국적선의 서류

제128조 (국적선의 서류) **1)** 항해의 안전, 오염의 방지, 외부적 위생, 관세 규정 및 기타 스페인 법률이나 스페인이 가입한 국제조약에 의거 갖추어야 할 증서 및 서류 이외에, 모든 스페인 선박은 선적증서, 항해허가서, 출항 및 선원명부, 항해일지, 기관장부 및 경우에 따라 항해장부 및 보험증서를 선상에 비치하여야 한다. **2)** 전 항의 서류는 해운관청이 지정한 방식으로 작성되어야 한다. **3)** 여가선박, 경기선박 및 소형선에 대해 보다 간단하게 된 보유할 서류를 별도로 명령으로 정한다.

제129조 (선적증서) 선적증서는 원본 해당 면수에 유효한 사항으로 기재된 것을 정확히 그대로 반영하여야 하고, 원본에 변경이 있으면 매번 이를 갱신하여야 한다. 이 선적증서에 의해 선박이 스페인에 적법히 등록된 것이 증명되며, 스페인 해운관청은 물론 연안국가 혹은 항구국가의 해운관청이 요청하면 이들에게 등록된 내용을 제공한다.

제130조 (항해허가서) 항해허가서는 그 선박이 스페인 국적을 취득했고 항해시에 스페인 국기를 게양할 권리를 가진 것을 증명하는 증서이다. 항해허가서는 동시에 선장 기타 선

nacional. También legitimarála identidad del Capitán o de la persona a la que ha sido conferido el mando del buque.

131. (Rol de Despacho y Dotación) **1.** El Rol de Despacho y Dotación acredita el viaje que estárealizando el buque, así como el hecho de que lo ha emprendido previo cumplimiento de todos los requisitos legales y reglamentarios para su despacho. **2.** En el Rol se expresarán también la identidad, nacionalidad, puesto a bordo, titulación, certificados de capacitación y fechas de enrolamiento y desenrolamiento de todos los miembros de la dotación, además de las especialidades previstas reglamentariamente en atención a la clase de navegación.

132. (Diario de Navegación) Además de las circunstancias establecidas en otras leyes y reglamentos, en el Diario de Navegación se anotarán, por singladuras, todos los acontecimientos relevantes ocurridos. En particular, se tomaránota de los actos del Capitán cuando actúe en el ejercicio de funciones públicas

133. (Cuaderno de Bitácora) En los buques en que vayan enrolados dos o más oficiales de puente, deberállevarse también un libro, denominado Cuaderno de Bitácora, en el que los pilotos de guardia registrarán cuantas vicisitudes náuticas y meteorológicas se produzcan durante la navegación.

134. (Cuaderno de Máquinas) En el Cuaderno de Máquinas se anotarán el régimen de marcha, el de mantenimiento, las averías, reparaciones y, en general, cuantas vicisitudes se refieran al funcionamiento de las máquinas y demás elementos e instalaciones de la competencia del departamento de máquinas

135. (Forma de llevar los libros) **1.** Los Diarios de Navegación y los Cuadernos de Máquinas y de Bitácora deberán llevarse foliados, rubricados y sellados, hoja por hoja, por la autoridad de la Administración marítima y no deberán contener interlineaciones, raspaduras ni enmiendas. Los asientos deben ser sucesivos y fechados, firmados por el Capitán los del Diario de Navegación, por los pilotos los del Cuaderno de Bitácora y por el jefe del servicio de máquinas los del Cuaderno de Máquinas. **2.** Reglamentariamente podrá establecerse un régimen de llevanza de los libros mediante soporte informático u otras técnicas de carácter similar

136. (Conservación de los libros) **1.** Los libros a que se refiere el anterior deberán conservarse durante un año a partir del último asiento practicado, no obstante cualquier cambio de nombre, matrícula, propiedad o pabellón del buque. **2.** En los supuestos de cambios de propiedad o de pabellón, los libros serán depositados en las oficinas de la Administración marítima del último puerto de matrícula.

137. (Publicidad de los libros) El capitán deberáexpedir copia certificada de los asientos pertinentes del Diario de Navegación a toda persona que alegue un interés legítimo.En caso de negativa, el interesado podrá dirigirse a la Capitanía Marítima en cuyo ámbito se encuentre el buque, o aquélla de su matrícula, a fin de que se obligue al capitán o armador a expedir y entregar por su conducto la copia interesada. La Capitanía tramitaráesta solicitud salvo que el solicitante carezca patentemente de interés legítimo.

박을 지휘하는 권한이 부여된 사람의 신분을 확인하는 서류이기도 하다.

제131조 (출항 및 선원 명부) **1)** 출항 및 선원 명부에 의하여 그 선박이 실현하고자 하는 특정한 항해를 허가한 것이 확인되고, 또 출항 및 선원 명부는 출항에 앞서 법령이 요구하는 사항을 모두 이행한 것을 증명한다. **2)** 출항 및 선원 명부에는 승무원의 신원, 국적, 직책, 직급 및 자격은 물론 이들의 등록 및 삭제 일자를 기재하여야 하고, 항해 종류에 따라 명령으로 특별히 정한 사항도 기재하여야 한다.

제132조 (항해일지) 항해일지에는, 다른 법령에서 기재를 요구하는 사항 이외에, 항해 중 발생한 중요 사건을 일별로 기재하여야 한다. 특히 선장이 공적 임무로 취한 처분이 있으면, 그 처분을 반드시 기재하여야 한다.

제133조 (항해장부) 2명 이상의 항해사관이 동승하여 항해를 하는 선박은 반드시 항해장부라는 장부를 비치하여야 하고, 항해장부에는 당직사관이 항해 도중 발견한 항해상 혹은 기상상 특이사항을 기록하여야 한다.

제134조 (기관장부) 기관장부에는 기관의 운전, 유지, 파손 및 수리에 관한 사항을 기재하고, 특히 기관 및 기타 기관부 소관 기구나 설비의 작동에 발생한 특이사항을 기재하여야 한다.

제135조 (장부를 보유하는 방식) **1)** 항해일지, 기관장부 및 항해장부에는 해운관청이 매장마다 순차로 면수를 기재하고, 서명하고 또 날인하여야 하며, 그 기재에는 행간 삽입, 삭제 및 정정을 하여서는 아니된다. 기재 사항은 순차로 날짜를 표시하여 기재하여야 하며 마지막으로 항해일지는 선장이, 항해장부는 항해사관이, 기관장부는 기관장이 각각 서명하여야 한다. **2)** 전자 기록 기타 유사한 방식으로 장부를 보유하는 것에 관한 규정은 별도의 명령으로 정한다.

제136조 (장부의 보존) **1)** 전 조에서 언급한 장부는 최후에 기록한 날로부터 1년간 보존하여야 한다. 이는 선명, 선적, 소유자 혹은 국적이 변경된 경우에도 마찬가지이다. **2)** 소유자나 국적이 변경된 경우, 최후에 등록한 선적지 관할 해운관청에 이러한 서류를 보관하여야 한다.

제137조 (장부의 공시) 선장은 항해일지에 기재할 사항에 관해 적법한 이해관계를 주장하는 모든 사람에게 그 사항을 기재하고 서명한 사본을 발부하여 주어야한다. 선장이 이를 거절하는 경우, 이해관계인은 선박 소재지 혹은 선적지를 관할하는 해운감독관에게 요청하여 선장이나 의장자로 하여금 관련 사본을 송부 혹은 인도하게 할 수 있다. 해운감독관은 청구인이 명백하게 이해관계가 없는 경우가 아닌 한 이 절차를 밟아야 한다.

138. (Abanderamiento de buques) El abanderamiento es el acto que otorga el derecho a enarbolar el pabellón español. Todos los buques inscritos en el Registro de Buques y Empresas Navieras estarán abanderados en España.

139. (Navegación con pabellón nacional) La navegación bajo pabellón nacional se realizará una vez obtenida la patente de navegación. Provisionalmente podrá también realizarse por medio de pasavante por el tiempo necesario para que un buque adquirido en el extranjero pueda realizar los viajes necesarios para llegar a un puerto nacional.

140. (Efectos del abanderamiento) Los buques debidamente inscritos y abanderados en España tendrán, a todos los efectos, la nacionalidad española.

141. (Prohibición de doble nacionalidad y de doble registro) **1**. Fuera de los supuestos de abanderamiento temporal contemplados en esta ley, un buque no podrá estar simultáneamente inscrito en el Registro de Buques y Empresas Navieras y en el registro de buques de otro u otros Estados. **2**. Los buques inscritos en España enarbolarán únicamente el pabellón español y no podrán cambiarlo sino a través del procedimiento establecido para la baja en la normativa correspondiente.

142. (Pérdida de nacionalidad de procedencia) **1**. No se autorizará la inscripción o pasavante de un buque hasta que la autoridad del registro extranjero anterior haya acreditado la baja mediante el libramiento del correspondiente certificado. **2**. Sin embargo, podrá realizarse la inscripción o concederse el pasavante, cuando la autoridad del registro de procedencia haya librado un certificado acreditativo de que el buque causará baja en ese registro en el mismo momento y con la misma fecha en que se practique la nueva alta

143. (Cambio temporal de pabellón) **1**. Los buques nacionales arrendados por un residente fuera de España podrán ser autorizados para abanderarse temporalmente en el Estado de residencia del arrendatario, en tanto dure el contrato de arrendamiento.**2**. Recíprocamente, los buques extranjeros tomados en arrendamiento por residentes en España, podrán ser autorizados a enarbolar el pabellón español por el tiempo de vigencia del contrato. **3**. El régimen de cambio temporal de pabellón previsto en esta Ley será asimismo aplicable a los contratos distintos del arrendamiento que produzcan el efecto de transmitir temporalmente la posesión del buque.

144. (Comienzo y cese del abanderamiento temporal) **1**. En el caso de abanderamiento temporal de buques en España, el Registro de Buques y Empresas Navieras no practicará la anotación temporal en la hoja de asiento mientras no se cerciore de la suspensión de la nacionalidad y del derecho a enarbolar el pabellón en el registro de procedencia. **2**. La Administración marítima notificará al anterior Estado de pabellón el momento en que se produzca la baja del abanderamiento temporal en España

제3절 선박의 국적

제138조 (게양허가) 게양허가란 스페인 국기를 게양할 수 있는 권리를 부여하는 것을 말한다. 선박 및 해운업 등록부에 등록된 선박은 모두 게양허가를 가진다.

제139조 (스페인 기를 게양한 항해) 항해허가서를 취득한 다음 비로소 선박은 스페인 국기를 게양하고 항해할 수 있다. 외국에서 취득한 선박이 국내 항구로 오기 위해 필요한 항해를 하는 때에는, 임시 항해허가증을 받으면 임시로 스페인 국기를 게양할 수 있다.

제140조 (게양허가의 효력) 적법하게 등록하고 게양허가를 취득한 선박은 모든 효력에 있어 스페인 국적을 취득한다.

제141조 (이중국적과 이중등록의 금지) 1) 본법에서 예정하고 있는 임시 게양허가의 경우를 제외하고는, 선박은 스페인 선박 및 해운업 등록부에 등록하고 동시에 제3국의 선박등록부에 등록할 수 없다. 2) 스페인에 등록한 선박은 오로지 스페인 국기를 게양하여야 하며, 해당 규정에서 정한 절차를 밟아 삭제 조치를 취하지 아니하면 이를 변경할 수 없다.

제142조 (원래 국적의 상실) 1) 외국에서 전에 등록한 선박은 그 등록기관이 삭제증서를 발행하여 그 등록이 삭제된 것을 증명하지 아니하면 스페인에서 그 등록을 허가하거나 임시 항해허가증을 부여할 수 없다. 2) 그러나 이전 등록기관이 예정증서를 발행하여 추후 새로이 등록을 하면 그 날짜와 시간에 등록이 삭제되는 것을 보증한 경우, 그 예정증서에 기해 등록을 허가하고 임시 항해허가증을 교부할 수 있다.

제143조 (국기의 일시 변경) 1) 스페인 선박이 외국에 거주하는 사람에게 선체용선되어 나간 경우, 용선계약이 존속하는 기간 동안, 그 용선자의 주거지 국가의 국기를 일시 게양하는 것을 허용할 수 있다. 2) 역으로 스페인 거주민이 외국 선박에 관해 선체용선하여 온 경우에도 그 용선계약이 효력을 가지는 동안 스페인 국기를 게양하는 것을 허락할 수 있다. 3) 본법에서 정한 국기의 일시 변경에 관한 규정은 그 계약이 선체용선이 아니라 하더라도 선박의 점유를 일시 이전하는 효력을 가지면 마찬가지로 적용한다.

제144조 (일시 게양의 시작과 종료) 1) 스페인 국적으로 일시 국기를 게양하는 경우, 먼저 이전 등록부로부터 그 국적과 국기를 게양할 권리가 중지되었다는 것이 확인되기 이전에는, 스페인 선박 및 해운업 등록부에 임시등록을 할 수 없다. 2) 해운관청은 이전 국적 국가에게 스페인 국기의 일시 게양허가가 실효되는 일시를 통지하여야 한다.

145. (Régimen de las garantías reales en caso de cambio temporal de pabellón) **1.** No se autorizaráel cambio temporal de pabellón a los buques inscritos en España en tanto no se hayan cancelado todas las hipotecas y gravámenes inscritos o se haya obtenido el consentimiento por escrito de los titulares de tales hipotecas o gravámenes, atendiéndose en todo caso a la normativa comunitaria y convencional aplicable, en particular a lo previsto en el Convenio internacional sobre los privilegios marítimos y la hipoteca naval, hecho en Ginebra el 6 de mayo de 1993.2. A efectos de lo dispuesto en el apartado anterior, el Registro de Buques y Empresas Navieras anotará en la hoja de asiento correspondiente al buque, con comunicación a la de Buques del Registro de Bienes Muebles, el Estado cuyo pabellón el buque ha sido autorizado a enarbolar temporalmente. Asimismo, requerirá a la autoridad encargada del registro del Estado cuyo pabellón ha sido autorizado a enarbolar el buque para que haga constar en dicho registro por nota de referencia que el buque está inscrito en España. **3.** La concesión temporal del pabellón español a buques extranjeros quedarácondicionada a la presentación por los interesados, ante el Registro de Buques y Empresas Navieras, de certificación emitida por el registro de procedencia acreditativo de la relación de cargas y gravámenes existentes, así como del consentimiento del cambio temporal prestado por los correspondientes acreedores. **4.** El cambio temporal de pabellón no afectará a la determinación de la Ley aplicable a las hipotecas y demás gravámenes inscritos, que seguirásiendo la del registro que tenía el buque al constituirse la hipoteca y demás gravámenes.

146. (Régimen de las garantías reales en caso de cambio definitivo de pabellón) **1.** A salvo lo dispuesto en el 518, no se autorizará la baja del buque en el Registro de Buques y Empresas Navieras para su registro definitivo en el extranjero a no ser que se hayan cancelado previamente todas las hipotecas y gravámenes inscritos en la Sección de Buques del Registro de Bienes Muebles, o que se haya hecho constar en el mismo Registro el consentimiento por escrito de todos los titulares de esas hipotecas o gravámenes. **2.** Asimismo, la adquisición del pabellón español quedará subordinada al consentimiento de todos los titulares de los gravámenes inscritos y no cancelados en el registro de procedencia.

CAPÍTULO IV DE LA SEGURIDAD DE LOS BUQUES Y DE LAS SOCIEDADES DE CLASIFICACIÓN

147. (Requisitos de seguridad de los buques nacionales) Los requisitos de seguridad y los relativos a la prevención de la contaminación de los buques y embarcaciones nacionales se determinarán y controlarán de acuerdo con la naturaleza y finalidad de los servicios que presten y de la navegación que efectúen.

148. (Control de la seguridad de los buques) El control técnico de los requisitos de seguridad y de los exigibles para prevenir la contaminación se realizará por los órganos competentes de la Administración marítima, mediante los planes y programas de inspección y control que reglamentariamente se establezcan.

149. (Coste de las inspecciones) Las inspecciones de buques o embarcaciones, cualquiera

제145조 (일시 국기 변경시 담보물권의 효력) **1)** 스페인 선박의 경우, 만일 그 선박에 등록된 저당권 여타 담보물권이 있으면, 먼저 이를 말소하거나 그 권리자로부터 서면에 의한 동의를 얻지 아니하면 국기의 일시 변경을 허가하지 아니한다. 이와 관련 유럽 연합의 규정과 국제조약의 규정, 특히 1993년 5월 6일 제네바에서 체결된 선박저당권과 우선특권에 관한 조약을 존중하여야 한다. **2)** 전 항의 규정을 위하여, 선박 및 해운업 등록부상 해당 기록철에 일시 게양이 허용된 국기의 기국을 기록사항으로 기록하여야 하며, 이를 동산등기부 선박편에도 통지하여야 한다. 마찬가지로 국기의 일시 게양을 허락한 국가의 등록기관에 대하여도 그 선박을 통지하여 그 국가의 등록부에 그 선박이 스페인에 등록되어 있다는 것을 표시할 수 있도록 하여야 한다. **3)** 외국선박에 대해 일시 스페인 국기의 게양을 허가하려면, 이해관계인은 먼저 선박 및 해운업 등록소에 이전의 등록기관이 발행한 기존의 부담과 담보권에 관한 입증서면이나 혹은 해당 채권자가 일시 변경에 동의하는 확인서를 제시하여야 한다. **4)** 선박이 게양 국기를 일시 변경한다 하더라도, 그로 인해 등록된 저당권 기타 담보물권에 적용할 법률에 변경이 생기지 아니하며, 그 저당권 기타 담보물권은 그 성립시에 가졌던 선박의 등록국법에 의하여 규율한다.

제146조 (국기를 완전히 변경하는 경우 담보물권의 효력) **1)** 제518조에 규정이 있는 경우를 제외하고는, 외국 국적으로 확정적으로 등록하기 위해 선박 및 해운업 등록부에서 그 선박을 말소하려면, 먼저 동산등기부 선박편에 이미 등기된 저당권 기타 담보물권이 말소된 것을 확인하거나 혹은 그 등기부를 통해 저당권 기타 담보물권의 권리자가 모두 서면으로 말소에 동의한 것이 확인되어야 한다. **2)** 마찬가지로, 스페인 국적을 취득하려면, 먼저 이전 등록부에 아직 말소되지 아니하고 등록된 채 남아 있는 담보권이 있으면, 그 모든 권리자로부터 동의가 있어야 한다.

제4절 선박의 안전과 선급

제147조 (국적선의 안전요건) 스페인 국적의 선박 및 소형선이 항해의 안전과 오염의 방지에 관해 갖출 요건은 그 선박이 수행하는 항해와 세공하는 업무의 성격이나 목적에 따라 결정하고 통제한다.

제148조 (선박의 안전에 관한 통제) 선박의 안전과 해양오염의 방지를 위해 필요한 사항은 해운관청의 해당 기관이 이를 관리하며, 이 기관은 규칙이 정하는 바에 따라 검사 및 통제의 계획과 순서에 의거 이를 실시한다.

제149조 (검사의 비용) 선박 혹은 소형선의 검사는 그 목적 및 성질이 무엇이든 의장자의

que sea su naturaleza y finalidad, se efectuarán a cargo del armador, salvo que éstas resulten injustificadas.

150. (Paralización del buque) Cuando de las inspecciones o controles a que se refieren los artículos anteriores resulte que el buque o embarcación no se encuentra en condiciones de navegabilidad o no cumple la normativa de seguridad y contaminación, podrá ser suspendido en la prestación de sus servicios o en la realización de sus navegaciones hasta que el armador haya subsanado los defectos.

151. (Emisión de certificados de seguridad) **1.** La Administración marítima otorgará los correspondientes certificados de seguridad y de prevención de contaminación a los buques y embarcaciones nacionales que reúnan las condiciones previstas en la legislación aplicable. **2.** La Administración marítima podrá delegar en organizaciones reconocidas las actuaciones materiales y, en su caso, la emisión o renovación de los correspondientes certificados, en los casos y condiciones previstos reglamentariamente.

152. (Exhibición de los certificados) Los certificados de seguridad y de prevención de la contaminación de los buques serán exhibidos a bordo, en lugar bien visible y de fácil acceso

153. (Efecto de los certificados) **1.** Los certificados expedidos presuponen el correcto estado del buque en lo referente a su objeto, salvo prueba en contrario. **2.** La carencia o el vencimiento de los certificados implica para el buque la imposibilidad de navegar o de prestar los servicios a los que se halla destinado, salvo las excepciones que puedan establecerse reglamentariamente para circunstancias especiales.

154. (Inspección de buques extranjeros) La Administración marítima inspeccionarálos buques y embarcaciones extranjeros surtos en los puertos nacionales en los casos previstos en los Tratados, en las disposiciones de la Unión Europea y, en todo caso, cuando existan dudas razonables sobre sus condiciones de navegabilidad o sobre las relativas a la protección del medio ambiente marino.

155. (Detención de buques extranjeros) De acuerdo con lo establecido en la normativa aplicable, en los casos en que de la inspección resulte que la navegación o el servicio del buque o embarcación no puede hacerse en las debidas condiciones de seguridad para las personas a bordo y para el medio ambiente, la Administración marítima podrá impedir su salida, la realización de su actividad, o adoptar las medidas oportunas, hasta que sean subsanados los defectos encontrados, dando cuenta de ello al Cónsul del Estado del pabellón.

156. (Función y responsabilidad de las Sociedades de Clasificación) **1.** Por el contrato de clasificación la sociedad de clasificación certifica que un buque o cualquiera de sus partes o pertenencias cumple con lo establecido en las correspondientes reglas de clase. **2.** Las sociedades de clasificación responderán de los daños y perjuicios que se causen a quienes contraten con ellas y que sean consecuencia de la falta de diligencia de aquéllas en la inspección del buque y en la emisión del certificado. **3.** La responsabilidad de las sociedades de clasificación frente a terceros se determinará con arreglo al derecho común, sin perjuicio de la

비용으로 이를 실시하여야 하며, 다만 그 검사가 정당성을 갖지 못하는 때에는 그러하지 아니하다.

제150조 (선박의 사용금지) 전 조에서 말하는 검사와 통제의 결과, 선박 혹은 소형선이 항해를 계속할 여건을 갖추지 못하였거나 혹은 항해의 안전 혹은 오염의 방지와 관련된 각종 규정을 준수하지 아니하였음이 판명된 경우, 의장자가 그 하자를 시정할 때까지, 그 선박이 제공하는 업무나 수행하는 항해를 중지시킬 수 있다.

제151조 (안전확인서의 발행) 1) 해운관청은 항해의 안전 및 오염의 방지에 관해 해당법이 정한 요건을 갖춘 선박 기타 소형선에 대해 필요한 항해안전 및 오염방지의 확인서를 발행한다. 2) 해운관청은, 명령으로 경우와 요건을 정하여, 그가 인정하는 다른 기관에 그 구체적인 집행을 위임할 수 있고, 경우에 따라서는 해당 확인서의 발행 및 취소도 위임할 수 있다.

제152조 (확인서의 게시) 항해의 안전과 오염의 방지에 관한 각종 확인서는 선상에서 쉽게 관찰되고 접근이 용이한 장소에 게시하여야 한다.

제153조 (확인서의 효력) 1) 적법하게 발행된 확인서는, 반대의 입증이 없는 한, 거기에 언급된 사항에 관해 선박이 이상 없는 상태에 있다고 추정하는 효력을 가진다. 2) 확인서가 없거나 기한이 종료되면 그 선박은 항해를 할 능력이 없거나 목적한 업무를 수행할 수 없는 상태에 있다고 추정하며, 다만 명령으로 정하는 특별한 사정이 있는 경우에는 그러하지 아니하다.

제154조 (외국 선박의 검사) 해운관청은 우리 항구에 출현한 외국 선박 및 소형선에 대하여, 국제조약에서 정한 사유가 있는 경우 또는 유럽 연합의 규정상 사유가 있는 경우에, 그 검사를 실시하고, 또 그 이외에도 항해능력이나 해양환경의 보호에 관한 선박의 상태에 대해 정당한 의문이 있는 경우, 그 선박의 검사를 실시할 수 있다.

제155조 (외국 선박의 압류) 검사의 결과, 선박 혹은 소형선이 선상 인명 혹은 해양 환경을 위한 안전 요건을 적법하게 갖추고 항해나 작업을 할 수 있는 것이 아니라고 판명되면, 해당 법이 정한 절차에 따라 발견된 하자를 시정할 때까지 해운관청은 출항이나 활동을 금지하고 여타 필요한 조치를 취할 수 있다. 다만 이러한 조치는 해당 선적국 영사에게 통지하여야 한다.

제156조 (선급의 기능과 책임) 1) 선급은 선급계약을 통하여 선박, 그 일부 혹은 속구가 선급에서 정한 규칙을 준수한 것을 확인한다. 2) 선급은 선박을 검사하고 확인서를 발행하는 데에 주의의무를 다하지 아니한 결과로 계약 상대방에 발생한 파손 기타 훼손에 의한 손해를 배상할 책임이 있다. 3) 선급의 제3자에 대한 책임은 법 일반원칙에 의거 결정하며, 만일 여기에 적용될 규범이 국제조약이나 유럽연합법에 있으면 그에 따른다.

normativa internacional y comunitaria que sea de aplicación.

157. (Inspección y certificación de artefactos navales) Reglamentariamente se determinarán las especialidades relativas al régimen de inspección y certificación de los artefactos navales.

CAPÍTULO V DEL CONTRATO DE CONSTRUCCIÓN NAVAL

158. (Concepto y régimen) **1**. Por el contrato de construcción naval una parte encarga a otra la construcción de un buque, a cambio de un precio. Los materiales podrán ser aportados, en todo o en parte, por cualquiera de los contratantes. **2**. Salvo lo previsto en el 163 apartado 4, las normas de este Capítulo sólo serán aplicables en defecto de pacto libremente convenido por las partes.

159. (Forma del contrato) El contrato de construcción naval deberá constar por escrito y podrá inscribirse en la Sección de Buques del Registro de Bienes Muebles.

160. (Adquisición del dominio y riesgo de la obra) **1**. La propiedad del buque en construcción corresponde al constructor hasta el momento de su entrega al comitente. **2**. Los materiales y equipo suministrados por el comitente se considerarán de su propiedad hasta el momento en que sean incorporados al buque.

161. (Obligación de construir) La construcción del buque debe realizarse conforme a las características pactadas en el contrato y, en su caso, en las especificaciones y planos, prevaleciendo en caso de discrepancia el contrato sobre las especificaciones, y éstas sobre los planos.

162. (Obligación de entrega y recepción) **1**. El buque será entregado en el lugar y fecha pactados, una vez cumplidas las pruebas de mar, acompañándose los documentos necesarios para su despacho. **2**. El retraso culpable que supere los treinta días dará lugar a la indemnización de perjuicios y, en su caso, a la resolución del contrato, si la demora fuera irrazonable. **3**. El comitente podrá negarse a recibir el buque en caso de incumplimiento grave de las especificaciones pactadas, sin menoscabo de su derecho a ejercitar las acciones que le correspondan.

163. (Responsabilidad del constructor) **1**. El constructor deberá subsanar los defectos del buque que no fueren manifiestos o no hubieren podido apreciarse razonablemente en el momento de la entrega, siempre que sean denunciados dentro del año siguiente a ésta. Esta obligación no se extenderá a los vicios que sean consecuencia de la mala calidad o inadecuado diseño de los materiales o elementos aportados por el comitente, siempre que el constructor hubiera advertido de esta circunstancia antes de incorporarlos a la obra. **2**. Cuando los vicios o defectos hagan al buque inadecuado para su uso normal, el comitente podrá optar por la resolución del contrato. **3**. Lo dispuesto en este no excluye la obligación del constructor de indemnizar daños y perjuicios, si procediere, salvo disposición contractual diversa. **4**. La

제157조 (해양구조물의 검사와 확인) 해양구조물의 검사와 확인에 적용할 특별규범은 이를 명령으로 별도로 정한다.

제5절 선박건조계약

제158조 (의의와 규정) **1)** 선박건조계약이란 한 당사자가 선박의 건조를 인수하고 대신 상대방은 그 가격의 지급을 약속하는 계약을 말한다. 건조의 자재는 당사자 중 하나가 그 전부 혹은 일부를 가지고 올 수 있다. **2)** 제163조 4항에 규정된 것을 제외하고는, 당사자가 자유롭게 정한 합의가 없는 경우, 이 절의 규정은 오로지 보충적으로 적용된다.

제159조 (계약의 형식) 선박건조계약은 반드시 서면에 의하여 작성되어야 하며, 선박건조계약은 동산등기부 선박편에 이를 등기할 수 있다.

제160조 (소유권의 취득과 작업위험) **1)** 건조 중인 선박의 소유권은 위탁자에게 인도할 때까지는 건조업자에 속한다. **2)** 위탁자가 제공한 자재나 용구가 있는 때에는 그것이 선박에 부착될 때까지는 위탁자의 소유로 본다.

제161조 (건조의무) 선박은 당사자가 계약으로 약정한 구조에 맞추어 건조되어야 하고, 경우에 따라 명세서와 계획표에 기재된 바에 따라 건조하여야 하며, 약정과 명세서 사이에 모순이 있으면 약정이 우선하고, 명세서와 계획표 사이에 모순이 생기면 명세표가 우선한다.

제162조 (인도, 인수의무) **1)** 선박은 시운전이 종료된 다음 약정한 날짜와 장소에서 인도하여야 하며, 인도시에 출항을 위해 필요한 서류도 구비하여 주어야 한다. **2)** 건조업자의 귀책사유로 30일 이상 인도가 지연되는 경우, 위탁자에게 그로 인한 손해를 보상하여야 하며, 만일 지연이 통상 예상할 수 없는 장기간에 계속되면, 위탁자는 건조계약을 해제할 수 있다. **3)** 건조한 선박이 약정한 명세서와 심대한 차이가 있는 경우, 위탁자는 수령을 거절할 수 있고, 이와 상관없이 손해가 있으면 그 배상도 청구할 수 있다.

제163조 (건조업자의 책임) **1)** 건조업자는 선박을 인도할 시에 외부적으로 나타나지 아니하거나 혹은 상당한 주의를 기울여도 이를 인지할 수 없는 하자가 있는 경우, 이를 시정하여 줄 의무가 있다. 다만 인도한 때부터 1년 내에 시정 청구가 있어야 한다. 그러나 하자가 위탁자가 제공한 자재 기타 물자의 품질 조악 혹은 설계 흠결이 있어 발생한 때에는 그러하지 아니하다. 이 때에도 건조업자는 그러한 물건을 작업에 투입하기 이전에 위탁자에게 이러한 상황을 경고하여야 한다. **2)** 그 불능이나 하자가 선박으로 하여금 정상적인 기능을 할 수 없게 하는 경우, 위탁자는 건조계약을 해제할 수 있다. **3)** 본조의 규정은, 당사자가 다른 약정을 하지 않는 한, 하자로 인해 위탁자에게 파손 기타 훼손이 있는 때에 그에 대한 건조업자의 책임을 면제하는 효력은 없다. **4)** 본조의 규정에 의한 책임은 만일 건조업자에

responsabilidad establecida en este no será susceptible de exoneración o limitación en caso de dolo o culpa grave del constructor.

164. (Pago del precio) **1.** El precio se abonará en el momento de la entrega. Si se hubieran convenido pagos parciales a medida que avancen los trabajos, el comitente podrá solicitar al constructor la certificación correspondiente. **2.** En caso de pérdida del buque durante la construcción el constructor no podrá exigir el pago del precio, a menos que la destrucción provenga de la mala calidad o inadecuación de los materiales o elementos suministrados por el comitente, o bien haya concurrido morosidad en recibirlo.

165. (Prescripción de acciones) **1.** Las acciones nacidas del incumplimiento del contrato de construcción por el constructor prescribirán a los tres años de la entrega del buque.**2.** Las acciones nacidas de la falta de pago del precio de la construcción prescribirán al año desde la fecha prevista en el contrato o en su defecto desde que se produjo la entrega.

166. (Embarcaciones y artefactos navales) Lo dispuesto en este Capítulo seráaplicable a las embarcaciones y a los artefactos navales.

CAPÍTULO VI DE LA COMPRAVENTA

167. (Objeto de la compraventa) **1.** Salvo pacto en contrario, la venta del buque comprenderá sus partes integrantes y pertenencias, se encuentren o no a bordo. También podrá comprender los accesorios. **2.** A los fines anteriores, formaráparte del contrato un inventario detallado que identifique todos los elementos que son objeto de venta con el buque. A falta de inventario o insuficiencia del mismo, se entenderá comprendido en la venta lo que resulte de la Sección de Buques del Registro de Bienes Muebles o del título de propiedad del vendedor siempre que conste en escritura pública.

168. (Forma, adquisición de la propiedad y eficacia frente a terceros) **1.** El contrato de compraventa de buque constará por escrito. **2.** El comprador adquiere la propiedad del buque mediante su entrega. No obstante, la firma del contrato de compraventa constituye laentrega instrumental del buque y transmite su propiedad, salvo pacto en contrario. **3.** Para que produzca efecto frente a terceros, deberá inscribirse en el Registro de Bienes Muebles. **4.** En los supuestos en que las partes pretendan elevar el contrato a escritura pública, con carácter previo a su protocolización, el notario o cónsul deberá obtener del Registro de Bienes Muebles la oportuna información sobre la situación de dominio y cargas, en la forma y por los medios que reglamentariamente se establezcan.

169. (Riesgos y saneamiento) **1.** La pérdida y el deterioro que puede sufrir el buque antes de que se realice su entrega será soportado por el vendedor, salvo pacto en contrario. Una vez realizada la entrega, será de cuenta del comprador.**2.** El vendedor responderá del saneamiento por evicción y vicios o defectos ocultos, siempre que éstos se descubran en el plazo de tres meses desde la entrega material del buque y el comprador los notifique de modo fehaciente al

게 악의 혹은 중대한 과실이 있는 경우, 이를 면제 혹은 제한할 수 없다.

제164조 (대금의 지급) **1)** 대금은 선박을 인도하는 시점에 지급하여야 한다. 작업의 진행 결과에 따라 일부를 지급하기로 약정한 경우, 위탁자는 건조업자에게 해당하는 결과를 증명하는 확인서를 청구할 수 있다. **2)** 건조 중인 선박이 멸실된 경우, 건조업자는 대금을 청구할 수 없다. 다만 그 멸실이 위탁자가 제공한 자재 기타 물자가 저질 혹은 부적격하여 발생하거나 혹은 위탁자가 선박의 수령을 지체하는 도중에 그러한 멸실이 발생한 경우에는 그러하지 아니하다.

제165조 (청구의 시효) 건조업자가 계약을 불완전하게 이행한 것을 원인으로 하는 청구는 선박을 인도한 날로부터 3년이 경과하면 소멸한다. **2)** 건조 대금을 지급하지 아니한 것을 원인으로 하는 청구는 계약에서 지정한 지급일부터 혹은 계약상 지급일이 없으면 인도일부터, 1년이 경과하면 시효로 인하여 소멸한다.

제166조 (소형선과 해양구조물) 본절의 규정은 소형선과 해양구조물의 건조계약에 대하여도 적용된다.

제6절 선박의 매매

제167조 (매매의 목적물) **1)** 선박의 매매는, 반대의 약정이 없는 한, 선박을 구성하는 본체와 그 속구를 포함하며 이는 선상에 있든 없든 마찬가지이다. 마찬가지로 매매에는 약정에 의거 그 부속물이 포함될 수 있다. **2)** 전 항과 관련하여, 매매 대상인 선박의 범위를 확인할 수 있는 세세한 목록표를 매매계약시 작성하여야 한다. 이러한 목록표가 없거나 불충분한 경우, 동산등기부 선박편에 기재된 것과 공증증서에 의하여 매도인에 속하는 것으로 확인된 것은 매매에 포함된 것으로 본다.

제168조 (소유권의 취득방식과 제3자에 대한 효력) **1)** 선박의 양도계약은 반드시 서면에 의하여 이루어져야 한다. **2)** 매수인은 선박을 인도받은 때에 비로소 소유권을 취득한다. 그러나 양도계약서에 서명이 이루어지면 그 선박에 대한 간접 인도가 있다고 보고, 반대의 약정이 없으면, 그 때에 소유권이 이전된다고 본다. **3)** 양도의 효력으로 제3자에 대항하려면 그 양도를 동산등기부에 등기하여야 한다. **4)** 당사자가 공증증서에 의해 매매계약을 체결하고자 하는 경우, 공증인 혹은 영사는 공증을 하기 이전에 동산등기소에 대해 그 선박의 소유 및 담보 상황에 관해 자료를 요구하여야 한다. 이 요구를 하는 절차와 방법은 명령으로 정한다.

제169조 (위험과 보상) **1)** 인도가 이루어지기 이전에 선박이 입은 멸실 혹은 훼손은, 반대의 약정이 없는 한, 매도인이 이를 감수하여야 한다. 그러나 인도가 이루어지면 그 때부터는 매수인의 부담으로 돌아간다. **2)** 제3자가 권리를 주장하며 선박을 침탈하여 가거나 혹은 선박에 숨겨져 있는 성능 불량 혹은 하자가 있는 경우, 매도인은 이를 보전할 책임이 있다. 다만 이러한 하자가 실제 인도가 있은 다음 3개월 내에 발견되고 매수인이 이를 발견한 후 5일 이내에 등록증서로 매도인에게 통지한 경우에 한하여 매도인이 이러한 책임을

vendedor en el plazo de cinco días desde su descubrimiento

170. (Caducidad) La acción de saneamiento por vicios o defectos ocultos caduca en el plazo de seis meses desde la notificación.

171. (Aplicación a otros supuestos) En tanto su respectiva naturaleza lo permita, las anteriores disposiciones serán también aplicables a las embarcaciones y artefactos navales, y cualesquiera otros negocios jurídicos traslativos del dominio del buque.

CAPÍTULO VII DE LOS DERECHOS DE GARANTÍA SOBRE EL BUQUE

Sección 1.ª De los privilegios marítimos

172. (Régimen jurídico de los privilegios marítimos) **1.** Los privilegios marítimos se regirán por lo dispuesto en el Convenio internacional sobre los privilegios marítimos y la hipoteca naval, hecho en Ginebra el 16 de mayo de 1993. **2.** Los privilegios marítimos gravan el buque sin necesidad de publicidad registral, le siguen a pesar del cambio de propiedad, matrícula o pabellón y gozan de preferencia sobre las hipotecas y gravámenes inscritos, cualquiera que se la fecha de su inscripción, sin que ningún otro crédito pueda anteponerse a tales privilegios, a excepción de los mencionados en el 520 de esta Ley y sin perjuicio de lo previsto en el 94.2. 3. Este régimen será de aplicación a buques, embarcaciones y artefactos navales.

173. (Privilegios sobre la flota) **1.** Cuando no fuere posible determinar el buque a bordo del cual ha nacido el privilegio relativo a los sueldos y otras cantidades debidos al capitán y demás miembros de la dotación del buque derivados de su contrato de embarque, del 4.1.ª del Convenio internacional sobre los privilegios marítimos y la hipoteca naval, por haberse generado los créditos en distintos buques explotados por la misma empresa o grupo empresarial, el privilegio alcanzará a todos ellos. **2.** El privilegio marítimo a que se refiere este se extinguirá con el crédito garantizado y además por el transcurso de un año a menos que, antes del vencimiento de este plazo, se haya iniciado un procedimiento de ejecución para la venta judicial de alguno de los buques a bordo de los cuales ha nacido el crédito privilegiado o se haya embargado preventivamente. **3.** El plazo de un año fijado en el párrafo anterior empezará a correr desde el momento en que se extingue el contrato de embarque del acreedor con la empresa o grupo empresarial.

174. (Otros privilegios) **1.** Además de los privilegios enumerados en el Convenio internacional sobre los privilegios marítimos y la hipoteca naval, pueden recaer también sobre el buque cualesquiera otros privilegios reconocidos por el Derecho común o leyes especiales, pero tales privilegios, sea cual fuere el rango de prelación que le otorguen las leyes que los reconozcan, serán graduados tras las hipotecas y gravámenes inscritos. **2.** Asimismo, en los términos previstos en la normativa comunitaria o en los Tratados aplicables y, en su defecto, con sujeción al principio de reciprocidad, podrán ser reconocidos otros privilegios distintos de los previstos en el **4** del Convenio internacional sobre los privilegios marítimos y la hipoteca

진다.

제170조 (제척기간) 이처럼 성능불량 혹은 하자를 원인으로 하는 보전청구권은 전 조의 통지가 있는 날로부터 6개월이 경과하면 소멸한다.

제171조 (다른 사안에 적용) 그 성질이 허용하는 범위 내에서 위 양도에 관한 규정은 소형선과 해양구조물에 대하여도 적용되며, 선박의 소유권을 이전하는 효력을 가진 다른 법률행위에도 적용된다.

제7절 선박에 대한 담보권

제1관 선박우선특권

제172조 (선박우선특권에 관한 규정) **1)** 선박우선특권은 1993년 5월 16일 제네바에서 체결된 선박우선특권과 저당권에 관한 국제조약의 규정에 의하여 규율한다. **2)** 선박우선특권은 다른 공시절차를 밟을 필요 없이 바로 선박에 설정된다. 그리고 선박우선특권은 소유자, 선적, 기국이 변경된다 하더라도 계속 효력을 갖고, 저당권 기타 등록한 담보권보다 그 등록 날짜와 상관없이 우선하여 효력을 갖는다. 또 본법 제520조에 규정된 경우를 제외하고는, 당사자가 임의로 다른 종류의 채권을 우선특권을 갖는 채권에 추가할 수 없다. 그러나 이로 인하여 본법 제94조 2항의 규정에 영향이 있는 것은 아니다. **3)** 선박우선특권은 선박은 물론 소형선과 해양구조물에 대하여도 적용된다.

제173조 (선대에 대한 우선특권) **1)** 위에서 본 선박우선특권과 저당권에 관한 국제조약 제4조 1항 (a) 호에서 정한 바에 따라, 선장 혹은 승무원과 사이의 승선계약에 의한 임금 기타 채권의 경우, 만일 어느 한 회사 혹은 회사 집단이 운항하는 여러 선박에서 작업하는 것에 기해 그 채권이 발생하였기 때문에 우선특권을 행사할 선박을 특정하기 어려운 때에는, 그에 소속되는 모든 선박에 우선특권의 효력이 미친다. **2)** 본조에서 말하는 선박우선특권은 피담보채권이 소멸하면 소멸하고, 나아가 1년의 기간이 경과하면 소멸한다. 다만 이 기간이 경과하기 이전에 우선특권이 발생한 어느 선박에 대하여 경매를 통한 집행절차가 개시되거나 그 선박에 대하여 가압류 조치가 내려진 경우에는 그러하지 아니하다. **3)** 전 항에서 말하는 1년의 기간은 그 회사 혹은 회사 집단과 채권자 사이에 승선계약이 소멸하는 때부터 기산한다.

제174조 (기타 우선특권) **1)** 위 우선특권과 저당권에 관한 국제조약에서 열거한 우선특권 이외에, 일반원리 혹은 특별법에 의하여 선박에 대한 우선특권이 인정될 수 있다. 다만 그러한 우선특권은 그 우선특권을 인정하는 근거 법률에 의하여 정해진 우선순위가 무엇이든 상관없이 무조건 등기된 저당권 기타 담보물권보다 후순위의 효력밖에 인정되지 아니한다. **2)** 마찬가지로, 유럽연합법 혹은 해당 국제조약이 정한 바에 따라 혹은 이러한 것이 없는 경우 상호주의의 원리에 기하여, 외국선박에 대하여도 위 선박우선특권과 저당권에 관한 국제조약 제4조에 열거된 채권과 다른 채권에 대해 그 기국의 법률에 따라 우선특권이 인정될 수 있다. 이러한 채권에 기한 우선특권이 갖는 우선순위는 무조건 전 항에서

naval, que graven buques extranjeros con arreglo a la ley del pabellón. La graduación de dichos créditos respetará, en todo caso, el orden de prelación establecido en el apartado anterior.
175. (Exclusión de los créditos de sustitución) Los privilegios marítimos no se extienden ni a la indemnización del seguro por pérdida o daños ocasionados al buque, ni a otros créditos de sustitución como los derivados de abordaje, contribución a la avería gruesa o de cualquiera otra causa.

Sección **2.ª** De la hipoteca naval

176. (Objeto de hipoteca) **1.** Todos los buques, embarcaciones y artefactos navales, incluso en construcción, pueden ser objeto de hipoteca naval con arreglo a las disposiciones de esta Ley y al Convenio internacional sobre los privilegios marítimos y la hipoteca naval. **2.** En tanto su respectiva naturaleza lo permita, las disposiciones de esta Sección serán también aplicables a las embarcaciones y artefactos navales.

177. (Efectos de la hipoteca) La hipoteca naval sujeta directa e inmediatamente el buque sobre el que se impone, cualquiera que sea su poseedor, al cumplimiento de las obligaciones para cuya seguridad fue constituida.

178. (Constitución de la hipoteca) Para que la hipoteca naval quede válidamente constituida podrá ser otorgada en documento privado o en escritura pública y deberáinscribirse en el Registro de Bienes Muebles.

179. (Modo de constitución) **1.** La hipoteca naval podráconstituirse a favor de una o varias personas determinadas, o a favor de quien resulte titular del crédito en las constituidas en garantía de títulos emitidos en forma nominativa, a la orden o al portador. **2.** La hipoteca naval podrá constituirse también en garantía de cuentas corrientes de crédito o de letras de cambio u otros instrumentos, conforme a lo establecido en la legislación hipotecaria.

180. (Personas autorizadas para la constitución) **1.** Sólo podrán constituir hipoteca los propietarios que tengan la libre disposición de sus bienes o, en caso de no tenerla, por quienes se hallen autorizados para ello con arreglo a la Ley. **2.** Los que con arreglo al apartado anterior tienen la facultad de constituir hipoteca podrán hacerlo por sío por medio de apoderado con poder especial. **3.** La hipoteca sobre buques en construcción podrá también constituirla el comitente si se le hubiere concedido especialmente esta facultad.

181. (Hipoteca sobre buque en construcción) Para que pueda inscribirse la hipoteca sobre un buque en construcción es indispensable que estéinvertida en ella la tercera parte de la cantidad en que se haya presupuestado el valor total del casco y que la propiedad del buque figure inscrita en el Registro de Bienes Muebles.

182. (Contenido del documento de constitución) **1.** En todo contrato en que se constituya hipoteca naval se hará constar:

a) Acreedor, deudor y, en su caso, hipotecante no deudor, especificando todas las circunstancias personales que exige la legislación hipotecaria.

말한 우선순위에 의하여 정한다.

제175조 (대체물의 제외) 해상우선특권은 선박에 발생한 멸실 혹은 훼손을 이유로 하는 보험금에 그 효력이 미치지 아니하며, 또 충돌, 공동해손 기타 다른 원인으로 발생하는 대체채권에 대하여도 그 효력이 미치지 아니한다.

제2관 선박저당권

제176조 (저당권의 목적물) **1)** 모든 선박, 소형선 및 해양구조물은, 건조 중인 것을 포함하여, 모두 본법과 선박우선특권과 저당권에 관한 국제조약이 정한 바에 따라 저당권의 대상이 된다. **2)** 그 성질이 허용하는 범위 내에서 본항의 규정은 소형선과 해양구조물에도 적용된다.

제177조 (저당권의 효력) 저당권자는 누가 점유자인지 상관없이 피담보채권의 이행을 위해 대상인 선박에 대해 직접적으로 물권적인 권리를 가진다.

제178조 (저당권의 성립) 저당권이 유효하게 성립하려면 사적증서에 의해 서명이 되거나 혹은 공증증서에 의해 기록이 된 다음 이를 동산등기부에 등기를 하여야 한다.

제179조 (성립의 유형) **1)** 저당권은 하나 혹은 그 이상의 특정한 채권자를 위하여도 성립할 수 있고, 다른 한편 기명식, 지시식 혹은 무기명식 채권에서 그 채권자가 되는 사람을 위하여도 성립할 수 있다. **2)** 선박저당권은, 일반 저당권에 관한 법이 정하는 바에 따라 채권, 환어음 기타 증서에 의하여 증감하는 채권의 잔액을 담보하기 위하여도 설정할 수 있다.

제180조 (저당권의 설정권자) **1)** 자기 물건을 자유롭게 처분할 수 있는 소유자 혹은 소유자가 이러한 권리가 없는 경우 일반 법률에 따라 소유자를 대신하여 이러한 처분을 할 수 있는 사람이 저당권의 설정에 동의하여야 한다. **2)** 전 항의 규정에 의하여 저당권의 설정에 동의할 권한이 있는 사람은 그 스스로 뿐만 아니라 특별한 수권을 가진 대리인을 임명하여 그로 하여금 저당권을 설정하게 할 수도 있다. **3)** 건조 중인 선박에 대한 저당권은 그 설정권이 특별히 부여된 경우에 한하여 건조를 위탁한 위탁자가 이를 설정할 수 있다.

제181조 (건조 중인 선박의 저당권) 건조 중인 선박에 대해 저당권을 설정하려면 반드시 선체의 예상 가격의 3분의 1 이상이 투입되고 또 동산등기부에 선박의 소유가 등록되어 나타나야 한다.

제182조 (설정서류의 내용) **1)** 선박저당을 설정하기 위한 계약에는 다음 사항이 갖추어져 있어야 한다.

a) 채권자, 채무자 혹은 경우에 따라 담보제공자의 표시로 저당권 일반에서 요구하는 개인의 신상에 관한 사항을 표시하여야 한다.

b) El importe del crédito garantizado con hipoteca y de las sumas a que, en su caso, se haga extensivo el gravamen por costas y gastos de ejecución y por los intereses remuneratorios y de demora y otros gastos.
c) Fecha de vencimiento del capital y del pago de los intereses.
d) Descripción del buque y todos los datos de identificación previstos en el apartado 5 del 110 que constaren, con indicación, en su caso, de que el buque está en construcción.
e) El valor o aprecio que se hace del buque y que, en su caso, pueda servir como tipo para la subasta y los domicilios que el deudor y, eventualmente, el hipotecante no deudor designen para requerimientos y notificaciones.
f) Cantidades de que responde cada buque, en el caso de que se hipotequen dos o más en garantía de un solo crédito.
g) Las circunstancias que reglamentariamente se determinen en caso de hipoteca en garantía de títuloscualquiera que sea su denominación.
h) Las demás estipulaciones que establezcan los contratantes sobre intereses, seguros, vencimiento anticipado y extensión y cualesquiera otras que tengan por conveniente.

2. Salvo pacto en contrario, la hipoteca constituida a favor de un crédito que devengue interés no asegurará en perjuicio de tercero, además del capital, sino los intereses de los dos últimos años transcurridos y la parte vencida de la anualidad corriente. Podrá pactarse que la hipoteca asegure intereses remuneratorios hasta de cinco años e intereses de demora hasta igual plazo.

183. (Contenido de la inscripción) En la inscripción de la hipoteca se harán constar las circunstancias expresadas en el anterior que tengan trascendencia real, así como las demás exigidas por la legislación hipotecaria.

184. (Extensión de la hipoteca) **1**. A salvo lo dispuesto en el apartado 2 del 112 de esta Ley, la hipoteca comprenderá tanto las partes integrantes del buque como sus pertenencias, pero no sus accesorios. **2**. La hipoteca también se extiende, salvo pacto expreso en contrario, a las indemnizaciones por daños materiales ocasionados al buque y no reparados por abordaje u otros accidentes, así como a la contribución a la avería gruesa y a la del seguro, tanto por averías no reparadas sufridas por el buque, como por pérdida total del mismo. **3**. Podrá pactarse la extensión a licencias vinculadas al buque en la medida y condiciones que lo permitan las disposiciones que regulen su concesión. **4**. La hipoteca naval subsistirá íntegra mientras no se cancele respecto de cada buque sobre la totalidad de éste, aunque se reduzca la obligación garantizada, y sobre cualquier parte del mismo que se conserve, aun cuando la restante haya desaparecido.

185. (Notificación de la hipoteca) El acreedor hipotecario podrá en cualquier momento notificar fehacientemente la existencia de la hipoteca al asegurador del buque.Recibida la notificación, el asegurador no podrápagar cantidad alguna al asegurado como indemnización por la pérdida del buque o averías no reparadas sino con el consentimiento expreso del acreedor hipotecario.

186. (Aseguramiento del buque) Si la indemnización del seguro, en caso de siniestro, se hubiere excluido expresamente de la hipoteca, el deudor quedará en libertad de asegurar la propiedad del buque con arreglo a las disposiciones de esta Ley, y el acreedor su crédito

b) 담보하는 채권의 총액은 물론 담보의 효력이 미치는 집행비용, 발생할 이자 및 지체 기타 상황으로 발생할 비용에 관한 각각의 금액.

c) 원금의 만기일 및 이자 지급일.

d) 선박의 표시 및 본법 제110조 5항에 기재된 확인 자료. 건조 중인 경우 그 표시.

e) 선박이 경매될 가액 혹은 가격으로 장차 기본 가액으로 지정될 금액 및 장차 요청 혹은 통지에 사용할 채무자 혹은 담보물 제공자의 주소.

f) 하나의 채권을 담보하기 위하여 수개의 선박에 저당권을 설정하는 경우 각 선박이 부담할 금액.

g) 특정한 채권자가 아닌 채권을 담보하는 저당권은 그 명의자의 지정 방식이 무엇이든 명령으로 정하는 지정 상황.

h) 이자, 보험, 기한의 이익의 상실이나 포기, 목적물의 범위, 여타 적의 사항 등에 관해 당사자가 합의하여 정한 사항.

2) 반대의 약정이 있지 아니하는 한, 이자가 발생하는 채권을 담보하는 저당권이 설정된 경우 제3자와 관계에 있어서는 최근 2년간 발생한 이자 및 진행 연도에 이미 발생한 이자에 한하여 담보의 효력이 미치는 것으로 본다. 당사자는 합의에 의하여 5년간 약정 이자에 대하여 담보의 효력이 미치는 것으로 할 수 있고, 동일한 기간에 발생하는 지연이자에 대하여도 마찬가지 합의를 할 수 있다.

제183조 (등기사항) 선박저당권의 경우, 전 조에서 말한 사항 중에 물권적 효력이 있는 사항과, 저당권에 관한 법에서 요구하는 여타 사항을 등기하여야 한다.

제184조 (목적물의 범위) **1)** 본법 제112조 2항에 규정된 경우를 제외하고는, 저당권의 효력은 본체는 물론 그 속구에도 미친다. 그러나 그 부속물에 대하여는 저당권의 효력이 원칙적으로 미치지 아니한다. **2)** 저당권의 효력은, 반대의 약정이 없는 한, 선박의 충돌 기타 사고가 있고 난 다음 선박에 생긴 물리적 파손으로 아직 수리를 하지 아니한 것에 대한 보상금은 물론 공동해손분담금 청구권에도 미치고 또 선박이 멸실된 때의 보험금 및 수리를 하지 아니한 채 훼손된 것에 대한 보험금에도 그 효력이 미친다. **3)** 선박과 관련된 허가도 그러한 처분을 하는 규정에서 허용하는 범위 내에서 대상에 포함되는 것으로 약정할 수 있다. **4)** 피담보채권이 감소하거나 혹은 선박의 일부가 사라지고 일부만 남는다 하더라도, 저당권은 취소되지 않는 한 선박의 전체에 대해 그 효력이 존속하는 것으로 본다.

제185조 (저당의 통지) 저당권을 가진 채권자는 언제든지 법적으로 확인되는 방법을 통해 선박보험자에게 저당권의 존재를 통지할 수 있다. 보험자가 이 통지를 받으면 선박의 멸실에 의한 보험금과 혹은 수리하지 아니한 훼손을 보상하는 보험금은 채권자가 명시적으로 동의하지 아니하면 지급하지 못한다.

제186조 (선박보험) 저당계약에서 보험에 의한 보상이 명시적으로 제외된 경우, 채무자는 본법이 규정하는 바에 따라 선박에 관한 소유권을 목적으로 보험에 들 수 있다. 채권자도 저당권으로 담보된 그 채권의 범위 내에서 부보할 수 있다. 그러나 양 보험에 의한 부보

hipotecario, pero sin que el seguro en su totalidad, y por ambos conceptos, pueda exceder nunca del valor del buque asegurado, salvo que se refieran a riesgos distintos. Si excediese, y por esta causa fuere necesario proceder a reducir el seguro, la reducción se hará primeramente en el del propietario y después en el del acreedor hipotecario.

187. (Derecho de preferencia) **1**. La hipoteca naval goza de preferencia desde el momento de la inscripción en el Registro de Bienes Muebles. Se considerará como fecha de la inscripción para todos los efectos que ésta deba producir, la del asiento de presentación, que deberá constar en la inscripción misma. **2**. Para determinar la preferencia entre dos o más inscripciones de una misma fecha relativas a un mismo buque, se atenderá a la hora de presentación en el Registro de los títulos respectivos.

188. (Créditos refaccionarios) **1**. Para que los créditos refaccionarios puedan hacerse valer frente a terceros, es necesario que figuren inscritos o anotados en el Registro de Bienes Muebles. **2**. La anotación se regirá en cuanto a títulos, circunstancias y concurrencia con cargas o derechos reales inscritos por lo dispuesto para estos créditos en la legislación hipotecaria, en cuanto sea aplicable a los buques. **3**. No obstante lo dispuesto en el apartado anterior, la anotación surtirá todos los efectos de la hipoteca sin necesidad de convertirse en inscripción y tendrá la duración de cuatro años y las prórrogas establecidas con carácter general para las anotaciones preventivas.

189. (Derecho de retención) **1**. Sin perjuicio de lo indicado en el anterior, los titulares de los créditos derivados de la construcción, reparación o reconstrucción de un buque gozarán del derecho de retención que para esta clase de créditos se reconoce por el derecho común. **2**. Este derecho de retención se extinguirá cuando el constructor o reparador pierda la posesión del buque por causa distinta a la de su embargo preventivo o ejecutivo. **3**. Si en el momento de la venta forzosa el buque se hallare en posesión del constructor o reparador, éste entregará al comprador la posesión del buque, pero podrá obtener el pago de su crédito con el producto de la venta una vez satisfechos los de los titulares de los privilegios marítimos enumerados en el **4** del Convenio internacional sobre los privilegios marítimos y la hipoteca naval, y antes de los créditos hipotecarios y demás gravámenes inscritos o anotados.

190. (Ejercicio del derecho de hipoteca) El acreedor con hipoteca naval podrá ejercitarsu derecho contra el buque o buques afectos a su satisfacción en los casos siguientes:

a) Al vencimiento del plazo para la devolución del capital o para el pago de los intereses, en la forma que se hubiere pactado.
b) Cuando el deudor fuese declarado en concurso.
c) Cuando el buque hipotecado sufriese deterioro que le inutilice definitivamente para navegar.
d) Cuando existieren dos o más buques afectos al cumplimiento de una misma obligación y ocurriese la pérdida o deterioro que inutilice definitivamente para navegar a cualquiera de ellos, salvo pacto en contrario.
e) Cuando se cumplan las condiciones pactadas como resolutorias de la obligación garantizada, y todas las que produzcan el efecto de hacer exigible el capital o los intereses.

금액의 총액은 목적인 선박의 가액을 초과할 수 없다. 그러나 부보할 위험이 다른 경우에는 그러하지 아니하다. 만일 부보 총액이 그 가액을 초과하고 따라서 부보 금액을 줄일 필요가 있는 경우, 먼저 소유자의 부보금액을 감소시킨 다음 채권자의 부보금액을 감소시켜야 한다.

제187조 (우선변제권) **1)** 선박저당권은 동산등기부에 등기하는 순간부터 우선변제권이 인정된다. 저당권에 관한 모든 효력과 관련하여 서류를 제출한 날짜에 등기된 것으로 보고 이 날짜를 등기에 표시하여야 한다. **2)** 동일한 날짜에 동일한 선박에 이루어진 두 개 이상의 등기의 경우, 권리를 등기하기 위해 서류를 제출한 시간에 의하여 우선순위를 정한다.

제188조 (수리채권) **1)** 선박의 수리로 인해 발생한 채권을 제3자에 대항하여 유효하게 행사하려면 반드시 동산등기부에 표기되거나 등록되어야 한다. **2)** 주체, 상황, 등록할 부담 기타 담보와 우선순위에 관한 것은 일반 저당권의 규정에 따라 그 등록을 규율한다. **3)** 전항의 규정에도 불구하고 등록은 이를 등기로 변환시키지 아니하고도 저당권과 동일한 효력을 갖게 되며, 그 효력은 4년의 기간동안 존속하고 또 사전등록을 통해 일반법에 따라 그 연장이 가능하다.

제189조 (유치권) **1)** 전 조에서 규정한 권리를 침해함이 없이, 선박의 건조, 수리 및 재건조로 인해 발생하는 채권을 가진 사람은 이러한 종류의 채권을 가진 사람에게 일반적으로 인정되는 것과 마찬가지로 유치권을 가진다. **2)** 건조업자나 수리업자가 갖는 이러한 유치권은 가압류나 압류에 의하지 아니하고 그 점유를 상실하면 권리가 소멸한다. **3)** 강제경매를 실시하는 때에 선박이 아직 건조업자나 수리업자의 수중에 있는 경우, 이들은 이를 매수인에게 인도하여야 한다. 그러나 매매대금으로 먼저 선박우선특권과 저당권에 관한 국제조약 제4조에 열거된 우선특권자에게 변제하고 그 다음으로 잔액이 있으면 이들에게 지급을 하여야 하며, 이들의 권리는 등기나 등록이 된 저당권 기타 담보물권보다 우선하여 권리가 인정된다.

제190조 (저당권의 행사) 저당권을 가진 채권자는 다음과 같은 경우에 항해 선박에 대해 권리를 행사하고 변제를 받을 수 있다.

a) 약정한 바에 따라 원금의 반환 혹은 이자의 지급 기간이 도래한 경우.

b) 채무자에게 파산이 선고된 때.

c) 담보의 목적인 선박이 손상을 입어 확정적으로 항해의 기능을 수행할 수 없게 된 때.

d) 동일한 채무를 담보하기 위하여 두 척 이상의 선박에 저당권이 설정되고, 이 중 한 척이 멸실되거나 혹은 손상을 입어 확정적으로 항해가 불가능하게 되고, 반대의 약정이 없는 때.

e) 피담보채권의 해제적 성격을 가진 조건이 성취되고 또 원금과 이자를 청구할 수 있는 모든 요건을 갖춘 경우.

191. (Ejecución de la hipoteca naval) La acción para exigir el pago de las deudas garantizadas por hipoteca naval, así como todo lo relativo al procedimiento a seguir y a la competencia para conocer del mismo, se sujetará a lo dispuesto en el Capítulo V del Título IV del Libro Tercero de la Ley de Enjuiciamiento Civil, salvo las especialidades establecidas en la presente Ley.

192. (Prescripción) **1.** La acción hipotecaria naval prescribe a los tres años, contados desde que pueda ejercitarse, conforme a las prescripciones de la presente Ley. **2.** El titular registral del buque podrá solicitar la cancelación por caducidad de la inscripción de hipoteca, transcurridos seis años desde el vencimiento, si no consta que ha sido novada, interrumpida la prescripción o ejercitada la acción hipotecaria.

193. (Reconocimiento de hipotecas sobre buques extranjeros) El reconocimiento y ejecución por los tribunales españoles de las hipotecas y gravámenes reales constituidos sobre buques extranjeros quedarásubordinado al cumplimiento de los requisitos siguientes:

a) que hayan sido constituidos e inscritos en un registro público de conformidad con la legislación del Estado en que esté matriculado el buque.

b) que dicho registro, de conformidad con las leyes del Estado de matrícula del buque, pueda ser libremente consultado por el público y que se pueda solicitar y obtener del registrador extractos y copias de sus asientos o de los documentos que en él figuren.

c) que en el registro o en algunos de los documentos indicados en el apartado b) se especifique como mínimo, el nombre y la dirección de la persona a favor de la cual se haya constituido la hipoteca o el gravamen, o el hecho de que esa garantía ha sido constituida al portador, el importe máximo garantizado, si la legislación del Estado de matrícula estableciere ese requisito o si ese importe se especificare en el documento de constitución de la hipoteca o el gravamen, y la fecha y otras circunstancias que, de conformidad con la legislación del Estado de matrícula, determinen su rango respecto de otras hipotecas y gravámenes inscritos.

194. (Derecho supletorio) En todo lo no previsto en el presente Capítulo será de aplicación lo dispuesto en la Ley Hipotecaria.

TÍTULO III
DE LOS SUJETOS DE LA NAVEGACIÓN

CAPÍTULO I DEL ARMADOR

195. (Concepto de armador y de naviero) **1.** Es armador quien, siendo o no su propietario, tiene la posesión de un buque o embarcación, directamente o a través de sus dependientes, y lo dedica a la navegación en su propio nombre y bajo su responsabilidad. **2.** Se entiende por naviero o empresa naviera la persona física o jurídica que, utilizando buques mercantes propios o ajenos, se dedique a la explotación de los mismos, aún cuando ello no constituya su

제191조 (선박저당권의 실행) 피담보채권의 변제를 위해 선박에 대한 저당권자의 권리 행사는 그 절차며 기관에 있어 본법에 특별한 규정이 있는 경우를 제외하고는 민사소송법 제3편 제4장 제5절의 규정에 의한다.

제192조 (시효) **1)** 선박저당권에 기한 권리는, 본법의 시효에 관한 규정에 따라, 그 권리를 행사할 수 있는 기간부터 계산하여 3년이 경과하면 소멸한다. **2)** 선박의 소유자는 만기가 되고 6년이 경과하면, 달리 갱신, 시효중단 혹은 저당권의 행사가 있지 않는 한, 그 실효를 이유로 등기의 말소를 청구할 수 있다.

제193조 (외국선박 저당권의 인정) 외국 선박에 설정된 저당권 기타 담보물권을 스페인 법원에서 인정하고 집행하려면 다음의 요건을 갖추어야 한다.

a) 선박이 등록을 한 국가의 법에 따라 그 권리가 설정되고 공공장부에 등록되어야 하고,
b) 등록한 국가의 법에 따라 등록한 장부가 공중에 의하여 자유롭게 열람을 할 수 있고, 등록자가 청구를 하면 내용은 물론 거기에 나타난 서류의 등본이나 초본을 발급받을 수 있으며,
c) 등록부 혹은 위 b) 호에서 말하는 서면에 최소한으로 저당권 기타 담보물권의 권리자의 성명과 주소 혹은 증권의 소지인에게 담보권을 발생시키는 법률행위를 특정하여야 하며, 만일 선적국법이 요구하거나 저당권 기타 담보물권을 창설하는 문서에 나타나는 경우, 담보하는 채권최고액도 표시하여야 하고, 또 그 날짜도 기록하여야 하며, 그 외에 선적국법에 따라 다른 저당권 기타 담보물권과의 우선순위가 결정되는 상황도 기재하여야 한다.

제194조 (보충 규정) 본절에서 규정하지 아니하는 것에 대하여는 저당권법을 적용한다.

제3장
항해의 주체

제1절 의장자

제195조 (의장자와 선주의 개념) **1)** 의장자란, 소유자인지 아닌지 상관없이, 스스로 혹은 피용자를 통하여 선박 혹은 소형선을 직접 점유하며, 이를 자기의 명의와 책임하에 항행에 제공하는 사람을 말한다. **2)** 선주 혹은 해운업자란 자연인 혹은 법인으로 자기 혹은 제3자의 상선을 이용, 그 활용을 도모하는 사람을 말하며, 그것이 그의 주된 활동이 아니라 하더라도 상관이 없고, 그 이용 방법은 국제관행에 의하여 인정되는 것이면 어떠한 방식이라도

actividad principal, bajo cualquier modalidad admitida por los usos internacionales. **3**. En el caso de condominio naval, recaerá la condición de armador en cada uno de los condóminos, sin perjuicio de su derecho a nombrar un administrador.

196. (Inscripción en el Registro Mercantil) El armador que dedique el buque a la navegación con fines empresariales deberáinscribirse en el Registro Mercantil.

197. (Inscripción en el Registro de Bienes Muebles) **1**. El armador no propietario podrá inscribir dicha condición en el Registro de Bienes Muebles. **2**. En el documento correspondiente y en la inscripción deberá figurar:

a) El nombre o designación social del armador.
b) El título jurídico que legitima la posesión del buque.
c) La duración de dicha situación jurídica.
d) Cualquier otro requisito que se determine reglamentariamente.

3. El propietario del buque estará facultado para solicitar la inscripción del armador no propietario.

198. (Presunción de armador) **1**. A falta de inscripción en otro sentido y salvo prueba en contrario que nunca perjudicará a tercero de buena fe, se consideraráarmador al propietario que figure inscrito en el Registro de Bienes Muebles. **2**. En el caso de embarcaciones dedicadas exclusivamente a la navegación deportiva o de recreo tendrá la consideración de armador la persona que aparezca como dueño en el Registro de Bienes Muebles o, en su defecto, en el Registro de Buques y Empresas Navieras, sin que valga prueba en contrario. **3**. Si el buque no figurara inscrito o si la embarcación no estuviera ni inscrita ni matriculada se entenderá que el armador es su propietario.

199. (Responsabilidad del armador) El armador es responsable ante terceros de los actos y omisiones del capitán y dotación del buque, así como de las obligaciones contraídas por el capitán de acuerdo con lo establecido en los artículos 236 y 237 de esta Ley, sin perjuicio de su derecho a limitar su responsabilidad en los supuestos establecidos en el Título VII

CAPÍTULO II DEL CONDOMINIO NAVAL

200. (Condominio naval) Se entenderápor condominio naval la copropiedad de un buque o embarcación cuando tenga como finalidad su explotación mercantil, y se regirá por las disposiciones de este Capítulo.

201. (Facultades de la mayoría) Para la realización de cualquier acto o negocio jurídico de administración, disposición o gravamen del buque en condominio naval, será suficiente el acuerdo de los condueños que representen la mayoría de las cuotas de la copropiedad. Un solo condueño puede ostentar dicha mayoría.

202. (Derechos de la minoría) **1**. Todo condómino que no haya participado o se haya

상관이 없다. 3) 선박을 공유하는 경우 공유자는 각자 의장자가 되며, 이와 상관없이 공유자는 선박관리인을 임명할 수 있다.

제196조 (상업등기부에 등록) 선박을 영리를 목적으로 항해에 제공하는 의장자는 상사등기부에 등기하여야 한다.

제197조 (동산등기부에 등기) 1) 소유자가 아닌 의장자도 동산등기부에 그 조건으로 등기할 수 있다. 2) 해당 증서와 등기에는 다음 사항이 표시되어야 한다.

a) 의장자의 성명 혹은 사회적 명칭.
b) 점유를 정당화 하는 권리.
c) 전시 권리의 존속 기간.
d) 기타 명령으로 정하는 사항.

3) 선박의 소유자는 소유자가 아닌 의장자의 등기를 신청할 권한이 있다.

제198조 (의장자의 추정) 1) 다른 의미로 등기된 것이 아닌 한, 동산등기부에 소유자로 등기된 사람은 이를 의장자로 본다. 이와 다른 사실을 입증할 수 있지만, 다만 이로써 등기를 믿는 선의의 제3자에 대항할 수 없다. 2) 전적으로 경기 혹은 여가를 목적으로 항행에 제공된 소형선은, 동산등기부 혹은 등기부가 없는 경우 선박 및 해운업자의 등록부에 소유자로 등재된 사람을 의장자로 간주하고, 이와 반대의 입증은 그 효력이 없다. 3) 선박이 등기되지 아니한 경우 혹은 소형선이 등기도 되지 아니하고 등록도 되지 아니한 경우에는 소유자를 의장자로 본다.

제199조 (의장자의 책임) 의장자는 선장 기타 승무원이 작위 혹은 부작위로 인해 제3자가 입은 손해를 배상할 책임이 있고, 또 본법 제236조및 제237조의 규정에 의하여 선장이 체결한 계약에 대하여도 그 의무를 이행할 책임이 있다. 그러나 의장자는 제7장에 규정된 바에 따라 그 책임을 제한할 수 있다.

제2절 선박의 공유

제200조 (선박의 공유) 선박공유란 영리를 목적으로 이용되는 선박 혹은 소형선을 공동으로 소유하는 것을 말하며 선박공유는 본절의 규정에 의하여 규율한다.

제201조 (다수의 권한) 공유중인 선박의 관리, 처분 혹은 담보를 위한 법적 처리 및 행위를 하려면 공유지분 과반수를 가진 공유자의 동의만 있으면 그것으로 충분하다. 이 다수 지분을 가진 공유자는 한 사람일 수도 있다.

제202조 (소수의 권리) 1) 선박을 양도하기로 하는 결정에 참여를 하지 아니하거나 반대

opuesto a la decisión de vender el buque tiene derecho a exigir que la venta se realice en pública subasta. **2**. Cuando la falta de participación u oposición se refiera a la decisión de realizar cualquier acto o negocio jurídico de administración o disposición, designación de administrador u obras de reparación del buque, el condómino tendrá derecho a separarse del condominio, transmitiendo su cuota a los restantes condóminos que acepten su adquisición, por el valor fijado de común acuerdo, a falta de éste por tasación de perito designado por ambas partes, y en defecto de todo ello, por el Juez. Si ninguno aceptara, podrá solicitar su venta en pública subasta.

203. (Del administrador del condominio naval) **1**. En caso de designación de uno o varios administradores, éstos tendrán la consideración legal de factor mercantil y ostentarán las consiguientes facultades de administración y representación, en forma mancomunada o solidaria, según se haya expresado en su nombramiento. **2**. La designación del administrador podrá hacerse constar en el Registro de Bienes Muebles. **3**. Será ineficaz frente a tercero cualquier limitación o restricción a las facultades citadas en el apartado primero.

204. (Derechos sobre la cuota indivisa) Todo copropietario puede realizar sobre su cuota cualquier acto de disposición o gravamen, con excepción de lo que respecto de la hipoteca naval, que sólo podrá recaer sobre la totalidad del buque y requeriráacuerdo de la mayoría de los condóminos.

205. (Derecho de adquisición preferente) **1**. En caso de venta de una cuota indivisa a un extraño a la comunidad, los demás copropietarios tendrán derecho de tanteo y retracto y si son más de uno quienes deciden ejercitar tales derechos, la adquirirán en proporción a su respectiva cuota indivisa. **2**. El derecho de tanteo podrá ejercitarse en el plazo de nueve días naturales desde el siguiente a aquel en que se notifique de modo fehaciente el propósito de vender, la identidad del comprador, el precio, la forma de pago y las condiciones esenciales de la venta. **3**. El derecho de retracto procederá cuando la venta se haya realizado sin la notificación anterior o en condiciones diferentes de las notificadas; y podrá ejercitarse en el mismo plazo contado desde el día en que se tenga conocimiento de la venta ya realizada y, en todo caso, desde su inscripción en el Registro de Bienes Muebles. **4**. Para poder ejercitar el derecho de tanteo y el de retracto, deberáel adquirente o adquirentes consignar el precio de la venta, judicialmente, ante notario o en un establecimiento destinado a este fin.

CAPÍTULO III DE LA DOTACIÓN

206. (Concepto de dotación) La dotación comprende el conjunto de personas empleadas a bordo de un buque en cualquiera de sus departamentos o servicios.

207. (Ámbito de aplicación) **1**. Las disposiciones de este Capítulo se aplicarán a los miembros de las dotaciones que presten sus servicios en buques nacionales destinados a la navegación marítima con una finalidad empresarial. **2**. Las disposicionesde este Capítulo serán de aplicación, en la forma que se determine reglamentariamente, en buques destinados a otras

한 공유자는 경매를 통하여 그 선박을 매각할 것을 요구할 수 있다. 2) 불참이나 반대가 선박의 관리 및 여타 처분에 관한 법적 처리 혹은 행위, 관리인을 선정하는 행위 혹은 선박의 수리에 관한 것이라면, 그 공유자는 공유선박으로부터 탈퇴하는 권리가 있으며, 그러면 그 공유자는 자기 지분을 나머지 공유자 중 희망하는 사람에게 이전하고 그 가액을 청구할 수 있다. 가액은 당사자가 합의하여 정하고, 합의가 이루어지지 아니하면 양자가 동의하여 지명된 감정인이 평가하여 정하며, 이러한 지명도 할 수 없으면 법원이 임명한 감정인이 평가하여 정한다. 인수를 희망하는 공유자가 없는 경우, 그 지분의 경매를 청구할 수 있다.

제203조 (공유선박의 관리인) 1) 하나 혹은 여러 선박관리인을 임명한 경우, 그 선박관리인은 이를 상사대리인이라고 보고, 선박의 관리 및 대표에 필요한 모든 권한을 갖는다고 보며, 선박관리인은 그 임명 취지에 따라 각자 혹은 공동으로 이러한 권한을 갖는다. 2) 선박관리인의 임명은 동산등기부에 등록하여야 한다. 3) 제1항에서 말하는 권한을 제한 혹은 축소한다 하더라도 제3자와 관계에 있어서는 그 효력이 없다.

제204조 (개별 지분에 대한 권리) 선박공유자는 그 지분에 관하여 처분 혹은 담보에 관한 여하한 행위도 할 수 있다. 다만 선박공유자는 지분에 관해 저당행위를 할 수 없고, 선박저당은 오로지 그 권리 전부에 대하여 설정될 수 있고, 따라서 공유지분 다수의 동의가 있어야 설정될 수 있다.

제205조 (우선취득권) 1) 어느 공유자가 그 지분을 전부 제3자에게 양도하는 경우, 다른 공유자가 그 지분을 사전 혹은 사후에 우선하여 취득할 수 있는 권리가 있다. 만일 두 명 이상의 공유자가 양수를 희망하는 경우, 각자의 지분의 비율로 이를 취득할 수 있다. 2) 사전 우선매수권은 매수인, 가격, 지급방법 및 기타 매각의 중요한 조건과 함께, 제3자에게 매도할 의도를, 등록 수단을 이용하여 통지한 다음 9일의 자연일이 경과하기 이전에 행사하여야 한다. 3) 사후 우선매수권은 전 항의 통지를 하지 아니하고 양도하거나 통지와 다른 조건으로 양도가 이루어진 경우에 행사할 수 있다. 이 권리는 양도가 이루어진 사실을 안날로부터 동일한 기간 이내에 행사하여야 하고, 여하튼 동산등기부에 등기가 이루어진 날로부터 동일한 기간 내에 행사하여야 한다. 4) 이러한 사전 혹은 사후 우선매수권을 행사하려면 취득자는 그 가격을 사법절차를 밟아 공증인 혹은 이를 위해 설립한 기관에 공탁하여야 한다.

제3절 승무원

제206조 (승무원의 개념) 승무원이란 그 소속이나 직책을 가리지 아니하고 선상에서 근무하는 사람 전체를 말한다.

제207조 (적용의 범위) 1) 본절의 규정은 영리를 목적으로 하는 스페인 국적 항행선에서 근무하는 승무원에게 적용한다. 2) 본절의 규정은 다른 목적을 가진 선박 및 소형선이나 해양구조물에 대하여도 그 행위의 성질에 반하지 아니하는 한 명령으로 정하는 방식에 따라 적용한다.

actividades, asícomo en embarcaciones o artefactos navales, en la medida que sean conformes con la naturaleza de la actividad.

208. (Inscripción y documentación) **1.** Ningún residente puede formar parte de la dotación de los buques españoles si no figura previamente inscrito en el Registro Nacional de Personal Marítimo y ha obtenido la correspondiente Libreta Marítima, salvo casos de urgencia debidamente justificados. **2.** Reglamentariamente se regularán las condiciones para la inscripción y emisión de la Libreta Marítima, así como la forma y contenido de dichos actos y documentos.

209. (Embarque y desembarque. **1.** El embarque o desembarque del personal de los buques nacionales deberá ser efectuado con intervención de la Administración marítima o de la autoridad consular en los puertos extranjeros, quienes procederán a practicar las diligencias de enrolamiento y desenrolamiento en el Rol de Despacho y Dotación y en las Libretas Marítimas. **2.** Lo previsto en el apartado anterior se entiende sin perjuicio de los supuestos de autodespacho, que se prevean reglamentariamente, conforme a lo establecido en el 29.

210. (Clasificación del personal de a bordo) Las categorías básicas del personal marítimo son las siguientes: a) Capitán, b) Oficiales, c) Subalternos.

211. (Dotaciones mínimas de seguridad) **1.** El número de miembros de la dotación de los buques y sus condiciones de aptitud y capacitación profesional deberán ser las adecuadas para garantizar en todo momento la seguridad del buque y de la navegación, así como la protección del medio marino. **2.** La Administración marítima establecerá para cada buque nacional la dotación mínima de seguridad atendiendo a sus circunstancias técnicas, de navegación y de tráfico, así como al régimen y organización del trabajo a bordo. **3.** La Administración marítima expedirá un "Certificado de Dotación Mínima de Seguridad", que deberállevarse a bordo y exhibirse ante las autoridades del Estado del puerto que visite el buque y que así lo soliciten.

212. (Nacionalidad de las dotaciones) El Capitán y el primer oficial de cubierta de los buques nacionales deberán ser españoles, salvo en los casos en que reglamentariamente se establezca que estos puestos puedan ser desempeñados por nacionales de otros Estados miembros de la Unión Europea. El resto de la dotación deberá ser de nacionalidad española o de algún otro Estado miembro de la Unión Europea, al menos en su 50 por ciento.

213. (Profesionales del sector pesquero. Lo establecido en el presente Capítulo se entiende sin perjuicio de las normas sobre idoneidad, titulación, acreditación de la capacidad profesional y Registro de Profesionales del Sector Pesquero, establecidas en la normativa comunitaria y en la legislación de pesca marítima del Estado.

214. (Contratación de dotaciones) **1.** Ninguna operación de contratación de dotaciones en un buque podrá dar lugar a que la gente de mar pague una remuneración cualquiera, directa o indirectamente, a una persona física o jurídica, con la excepción de las agencias de colocación sin fines lucrativos en los términos previstos en el 16 del Estatuto de los Trabajadores. **2.** Los agentes o representantes de armadores extranjeros que contraten en España a marinos

제208조 (등록과 증서) **1)** 스페인에 거주하는 사람이라면 먼저 스페인 해운인력명부에 등록을 하고 선원수첩을 발행받지 아니하면, 긴급한 필요에 기한 정당한 사유가 있지 않는 한, 스페인 선박의 승무원이 될 수 없다. **2)** 인력명부에의 등록 및 선원수첩의 발행에 관한 구체적인 요건은 이를 명령으로 정하고, 그 행위와 서류의 형식과 내용도 마찬가지로 명령으로 정한다.

제209조 (승선과 하선) **1)** 스페인 선박에 승무원의 승선과 하선은 스페인 해운관청 혹은 외국 항구에서는 스페인 영사의 확인을 받고 실행하여야 하고, 확인시에 출항 및 선원장부와 선원수첩에 등록과 삭제의 절차도 밟아야 한다. **2)** 전 항의 규정은 제29조의 규정에 의해 규칙으로 정하는 바에 따른 자동출항허가와는 상관이 없다.

제210조 (선상 인원의 종류) 선상 해운인원은 이를 기본적으로 a) 선장, b) 사관, c) 부원으로 구분한다.

제211조 (선박안전을 위한 최소 인원) **1)** 승무원의 수와 그들이 갖는 전문 자격과 능력은 선박과 항해의 안전 및 해양 환경의 보호를 담보하기에 항상 충분하여야 한다. **2)** 해운관청은 모든 스페인 선박에 관해 그 기술적 형태에 비추어 항해와 운송의 안전에 필요한 최소 인원을 정하고, 나아가 선상에서 업무에 관련 그 운영과 조직에 관하여도 정하여야 한다. **3)** 해운관청은 "안전을 위한 최소 인원 확인서"를 발행하고 이는 항상 선상에 보관하여야 하며, 항만 당국이 선박을 임검하며 요구하면 이를 제시하여야 한다.

제212조 (승무원의 국적) 스페인 선박의 선장과 수석 항해사는 반드시 스페인 국적을 가진 사람이어야 하며, 다만 명령으로 이러한 자리를 다른 유럽연합 회원국 국적의 사람으로 채울 수 있도록 정할 수 있다. 나머지 승무원은 적어도 50%가 스페인 혹은 유럽연합 회원국 국적을 가진 사람이어야 한다.

제213조 (어업에서 자격) 본 절에서 규정하는 것은, 유럽연합 규칙 혹은 스페인 어업법령에서 정한 어업종사자 등록부 및 종사자에 관한 능력, 자격 및 그 부여에 관한 규범에 대하여 아무런 지장을 주지 아니한다.

제214조 (승무원계약) **1)** 선박에 승선하는 것을 목적으로 하는 계약은 그 효력으로 선원으로 하여금 선원이 아닌 다른 제3자에게, 그것이 자연인이든 법인이든, 직접이든 간접이든, 그 보수를 지급하게 할 수 없다. 다만 영리를 목적으로 하지 아니하는 선원 배치 대리점에게 노동법 제16조에서 정한 바에 따라 보수를 지급하게 하는 경우에는 그러하지 아니하다. **2)** 외국 선박에서 작업을 할 목적으로, 외국 의장자를 위해 대리인 혹은 대리점으로서 스페

nacionales para prestar servicios en buques extranjeros serán responsables solidarios con tal armador del cumplimiento del contrato celebrado. Además, estarán obligados a concertar un seguro mercantil que otorgue indemnizaciones de cuantía similar a las establecidas en el régimen de la Seguridad Social española para los casos de muerte, incapacidad por accidente y repatriación. Las autoridades de emigración no visarán los contratos celebrados que no cumplan con este requisito.

Sección **1**.ª De la titulación, certificación e inspección

215. (Titulación y Certificación obligatoria) **1**. El mando y jefatura de los buques, así como el desempeño en ellos del cargo de oficial sólo podrá ser encomendado a quienes cuenten con el debido título profesional que acredite la concurrencia de los requisitos necesarios en cuanto a edad, aptitud física, formación y competencia, que correspondan a cada departamento y categoría de conformidad con lo previsto en los Tratados y reglamentos aplicables. **2**. Además de otros supuestos que se prevean reglamentariamente, deberán contar con un certificado de capacitación especial todos aquellos miembros de la dotación que vayan a desempeñar funciones relativas al manejo de la carga en buques tanque dedicados al transporte de petróleo o de otras sustancias especialmente peligrosas o contaminantes, o cualesquiera otras relacionadas con la seguridad de la navegación.

216. (Expedición y registro de títulos y certificados) **1**. Corresponde a la Administración marítima la emisión, renovación, refrendo, reconocimiento y control de los títulos y certificados profesionales, en los términos que se establezcan reglamentariamente y de acuerdo con lo previsto en los convenios internacionales aplicables. **2**. La Administración marítima mantendrá un registro de todos los títulos y certificados emitidos, refrendados o reconocidos. El acceso y el régimen de dicha publicidad se determinará reglamentariamente, conforme a lo establecido en los Tratados

217. (Obligaciones de los armadores) **1**. Los armadores deberán contratar a los miembros de la dotación entre personas que cuenten con la titulación o certificación exigible y estén familiarizadas con las funciones específicas a desarrollar a bordo, asícomo con las instalaciones, equipos, procedimientos y características del buque al que sean asignados. **2**. También deberán los armadores asegurarse del cumplimiento de los requisitos sobre dotaciones mínimas de seguridad y de que el personal enrolado puede coordinar sus actividades de manera eficaz en situaciones de emergencia. **3**. Los armadores se cerciorarán de que se llevan a bordo los títulos, certificados y demás documentación pertinente de los miembros de la dotación de sus buques, así como que se encuentran también a bordo y a disposición del capitán y de los oficiales los textos que recojan los cambios que vayan produciéndose en las reglamentaciones nacionales e internacionales sobre seguridad de la navegación y protección del medio marino. **4**. La Administración marítima adoptarálas medidas necesarias para exigir a los armadores el cumplimiento de las obligaciones previstas en este artículo, en la forma prevista reglamentariamente.

218. (Control e inspección de buques nacionales) **1**. Los inspectores de la Administración marítima verificarán que los miembros de la dotación poseen efectivamente los títulos o

인 선원과 승선계약을 하는 사람은, 그 의장자와 연대하여 체결한 계약을 이행할 의무가 있다. 그 이외에도 이들은 스페인 사회보장제도하에서 사망, 사고로 인한 능력상실 및 주소지로 귀환을 위해 보장하는 금액과 유사한 금액의 보상이 이루어질 수 있는 상사보험에 이들이 반드시 가입하게 할 의무가 있다. 이민 당국은 이러한 요건을 갖추지 아니하면 체결한 계약을 승인하지 아니하여야 한다.

제1관 자격, 증서 및 검사

제215조 (필수적인 자격과 증서) 1) 선박의 지휘 및 예인은 물론 사관의 직책의 수행은 해당되는 전문적인 자격을 가진 사람을 임명하여야 하고, 이들은 이 자격을 통해 조약 혹은 법령에서 정한 바에 따라 연령, 체격, 교육 및 능력에 관해 해당 분야와 종류에 필요한 요건을 갖춘 것이 증명되어야 한다. 2) 명령에서 정하는 다른 요구 사항 이외에, 원유 혹은 특히 위험하거나 오염성이 있는 물질의 수송에 제공되는 탱크에서 화물의 관리를 담당하는 선원은, 그러한 화물을 관리할 능력을 증명하는 특별한 증서를 가진 것이 확인되어야 하며, 그 이외에 선박의 안전과 관련이 있는 선원도 마찬가지이다.

제216조 (자격의 등록과 증서의 발행) 1) 선원의 전문 자격과 그 증서에 관해 발행, 갱신, 인증, 확인 및 통제는 해당 국제조약에서 정한 것에 맞추어 명령으로 정하여 해운관청이 이를 시행한다. 2) 해운관청은 자기가 발행하고, 인증하고 또 확인한 자격과 증서에 관해 이를 기록한 장부를 보유하여야 한다. 이 장부의 열람과 공시에 관한 사항은 조약이 정한 바에 따라 명령으로 정하다.

제217조 (의장자의 의무) 1) 의장자는 필요한 자격과 증서를 가진 것을 확인하고 나서 선상에서 수행할 특별한 임무는 물론 근무할 선박의 설비, 용구, 절차 및 특징에 관해 익숙한 사람과 승선계약을 하여야 한다. 2) 마찬가지로 의장자는 선박의 안전을 위한 승무원의 최소 요건을 충족하고 있는지 여부도 확인하고, 등록된 승선 인원이 위기 상황을 맞아 효과적인 방법으로 유기적으로 협조하며 수행할 수 있는지 여부도 확인하여야 한다. 3) 의장자는 선원의 자격증, 확인서 기타 필요한 서류를 선상에 보유하여야 하고, 또 항해의 안전 및 해양 환경의 보호에 대한 국내 및 국제 규칙에 관한 규정집을 그 변경사항을 모두 담아 선장과 사관이 언제든지 접할 수 있도록 선상에 비치하여야 한다. 4) 의장자가 본조에서 정한 의무를 이행하도록 하기 위해 해운관청은 명령으로 필요한 조치를 정할 수 있다.

제218조 (국적 선박의 통제와 검사) 1) 해운관청 소속 검사관은 선박에서 근무하는 선원이 필요한 자격과 증서를 보유하는지 여부를 확인하고, 나아가 당직 관찰 및 여타 해상안전

certificados que sean exigibles para prestar sus servicios a bordo, asícomo que se encuentran en las debidas condiciones para la segura realización de las guardias y otros cometidos relativos a la seguridad marítima y a la lucha contra la contaminación del medio marino. **2**. La Administración marítima dispondrá lo conveniente para desenrolar de oficio a quienes no cumplan lo previsto en el párrafo anterior, sin que esta circunstancia dé lugar a la extinción de los contratos de trabajo, y, de tratarse de un puesto a bordo de los consignados en el Certificado de Dotación Mínima de Seguridad, prohibirá la salida del buque hasta que sea sustituido por otra persona que cumpla los requisitos exigibles.

219. (Control de buques extranjeros en los puertos nacionales) Los inspectores de la Administración marítima podrán actuar sobre buques extranjeros en su condición de autoridades del Estado del puerto, de conformidad con las normas internacionales, comunitarias y las normas nacionales de incorporación al Derecho español de estas últimas.

220. (Detención de buques extranjeros) **1**. Siempre que se encuentren anomalías en los títulos y certificados de la dotación que, a juicio del inspector, puedan entrañar un peligro para las personas, los bienes o el medio ambiente, informará inmediatamente por escrito al capitán del buque y al cónsul, representante diplomático más próximo o Administración marítima del país del pabellón, de modo que se puedan tomar las medidas apropiadas. **2**. De conformidad con lo previsto en la normativa aplicable, la Administración marítima deberá adoptar las medidas necesarias para impedir que el buque se haga a la mar hasta que hayan sido subsanados los defectos de titulación o de competencia en medida suficiente para eliminar los peligros a que se refiere el apartado anterior.

Sección **2**.ª Del capitán

221. (Concepto, designación y caracteres) Desde que sea designado como tal, el capitán ostenta el mando y la dirección del buque, así como la jefatura de su dotación y representa a bordo la autoridad pública.

222. (Nombramiento y cese) Dada la especial relación de confianza, el capitán podrá ser nombrado y cesado libremente por el armador, con derecho en cualquier caso de cese a ocupar un puesto de categoría inmediatamente inferior. El despido del capitán se regirá por las normas laborales generales.

223. (Requisitos y sustitución en el cargo) **1**. Los capitanes habrán de poseer el título que acredite su pericia, capacidad y condiciones necesarias para mandar y dirigir el buque, según establezcan las leyes o reglamentos específicos. **2**. En caso de muerte, ausencia, enfermedad u otro impedimento sobrevenido al capitán durante la navegación, asumirá el mando del buque el oficial de cubierta de mayor jerarquía, quien, a su vez, será reemplazado por los oficiales del mismo departamento que le sigan en categoría. En última instancia, el mando del buque seráasumido por el jefe de máquinas.

224. (Deber de obediencia a los buques de Estado) **1**. Salvo casos de fuerza mayor debidamente justificados, los capitanes de los buques nacionales deberán obedecer toda orden

과 환경오염의 방지를 위한 의무를 실행할 준비가 되어 있는지 여부를 확인하여야 한다. 2) 해운관청은 전 항에서 정한 요건을 갖추지 아니한 선원을 하선시키는데 필요한 조치를 취하여야 한다. 그러나 이로 인하여 당연히 고용계약이 종료되는 것은 아니며, 또 선박의 안전을 위한 최소 인원 증서에 나타난 직책의 경우, 요구 자격을 갖춘 다른 사람으로 대체될 때까지 하선을 명할 수 없다.

제219조 (국내 항구에 있는 외국 선박에 대한 통제) 해운관청의 검사관은, 국제조약, 유럽연합 명령 및 이들을 수용한 스페인 법에 따라, 국내 항구에 있는 외국선박에 대해 항만국의 지위에서 그 선박의 상태에 관해 필요한 조치를 취할 수 있다.

제220조 (외국선박의 억류) 1) 검사관의 판단에 의하면 승무원의 자격과 증서에 이상이 있고 이로 인하여 인명, 재산 혹은 환경에 유해한 결과를 가져올 우려가 있는 경우, 이를 즉시 서면으로 선장은 물론 선적국의 영사, 가장 가까운 외교 대표부 혹은 선적국 해운관청에 통지하고 이를 통하여 적의한 시정조치를 취할 수 있게 하여야 한다. 2) 해당 규범에 따라 해운관청은 전 항에서 말하는 위험을 제거하기에 충분한 정도로 자격과 능력에 관한 하자를 보완할 때까지 그 선박이 항해를 개시하는 것을 방지하는데 필요한 조치를 취할 수 있다

제2관 선장

제221조 (개념, 임명 및 지위) 선장으로 임명되면 승무원의 수장으로서 선박을 지휘하고 인도하며 나아가 선상에서 공공기관으로서 기능을 수행한다.

제222조 (임명과 종임) 선장은 의장자와 특별한 신임 관계에 있어 의장자가 임명하고 또 임의로 해임하며, 해임이 된 선장은 여하한 경우이든 바로 밑의 등급의 직책을 가질 권리가 있다. 선장의 해고는 일반 노동법에 의하여 규율한다.

제223조 (요건과 그 직책의 대체) 1) 선장은 선장으로서 자격을 갖추어야 하고, 그 자격을 얻으려면 법령에서 특별히 정하는 바에 따라 경험, 능력 및 여건에 있어 선박을 지휘하고 인도할 만한 자격을 갖추어야 한다. 2) 항해 도중에 선장이 사망, 행방불명, 질병 또는 기타 업무를 계속할 수 없는 장애 사유가 생긴 경우, 선임 항해사관이 선박을 지휘한다. 항해사관에게 업무를 계속할 수 없는 사유가 생기면 계급 순서에 따라 다음 순위 항해사관이 선박을 지휘하고, 마지막으로 기관장이 선박을 지휘한다.

제224조 (국가 선박에 복종 의무) 1) 스페인 국적 선박의 선장은, 불가항력의 사유가 있는 경우를 제외하고는, 스페인 국가 선박 혹은 스페인 군함이 발하는 명령 혹은 지시에 복

o instrucción impartida por un buque de Estado o de guerra español.**2**. Dicho deber subsistirá incluso cuando los buques se encuentren en zonas no españolas de navegación, sin menoscabo de las facultades que, según el Derecho internacional, corresponden al Estado ribereño o al Estado del puerto.

225. (Ausencia de autoridades competentes en el extranjero) En todos los casos en que, con arreglo a lo dispuesto en esta Ley, el capitán deba realizar una actuación ante un cónsul de España y no lo haya en el lugar, la efectuará ante la autoridad local y, de no ser posible, ante un notario o fedatario público, con independencia de su ratificación ante el primer cónsul español que encuentre en el curso de sus siguientes escalas.

226. (Condición de autoridad pública) **1**. El capitán tendrá a bordo la condición de autoridad pública y deberá cumplir y hacer cumplir toda obligación que legal o reglamentariamente se le imponga en razón del cargo, en especial la de mantener el orden y la seguridad a bordo. **2**. A tal efecto, el capitán podrá adoptar cuantas medidas de policía estime necesarias para mantener el orden en el buque, asícomo para garantizar la seguridad de cuantos se encuentren a bordo. Los miembros de la dotación y demás personas embarcadas deberán acatar las órdenes del capitán, sin perjuicio de su derecho a efectuar las reclamaciones que estimen pertinentes ante la autoridad administrativa o judicial competente una vez llegado el buque a puerto.

227. (Obligación de consignar los hechos producidos) **1**. Los capitanes de los buques vendrán obligados a consignar en el Diario de Navegación los hechos cometidos por personas que se encuentren a bordo durante la navegación y que, a su juicio, pudieran ser constitutivos de delito, falta o infracción administrativa. **2**. El asiento será suscrito por el capitán y por el interesado, o, en caso de negarse éste, por dos testigos. **3**. Al llegar a puerto deberáentregar copia compulsada de lo consignado en el Diario de Navegación y, en su caso, de las demás pruebas y documentos, a la autoridad marítima si se trata de puerto nacional o a la autoridad consular o diplomática española si se trata de puerto extranjero.

228. (Actas de registro civil) **1**. Al capitán corresponde ejercer a bordo las funciones de registrador auxiliar del Registro civil en relación con cuantos hechos o actos afecten al estado civil de las personas embarcadas. **2**. Las actas de los nacimientos o defunciones que ocurran a bordo durante la navegación, así como las de los matrimonios celebrados en peligro de muerte, serán extendidas por el capitán en el Diario de Navegación ajustando su contenido a lo dispuesto en la Ley de Registro Civil. **3**. En caso de desaparición de personas durante la navegación, instruirá la información sumaria pertinente, consignando en el Diario de Navegación las circunstancias principales de la desaparición y las medidas de búsqueda y salvamento adoptadas.

229. (Testamentos y fallecimiento durante la navegación) **1**. El Capitán otorgará el testamento marítimo y recibirá el testamento cerrado en los casos y con las formalidades dispuestas sobre esta materia en el Código Civil, dejando constancia de ello en el Diario de Navegación. También hará constar en el mismo libro la entrega del testamento ológrafo. **2**. Cuando fallezca a bordo una persona y a falta de médico enrolado, corresponderá al

종하여야 한다. 2) 전 항의 의무는 선박이 스페인 수역에 있지 아니한 경우에도 마찬가지이다. 다만 이로 인하여 연안국 혹은 항구국이 갖는 국제법상 권한이 영향을 받는 것은 아니다.

제225조 (외국에서 해당 기관의 부재) 본법에 의하면 선장이 일정한 행위를 스페인 영사관에서 하여야 하는데 그 곳에 스페인 영사가 없는 경우, 선장은 이를 그 지역 관청에서 실시하여야 하고, 이렇게 하는 것도 불가능한 경우 그곳 공증인 혹은 공공기록관 앞에서 하면 된다. 그리고 이후 영사관이 있는 최초 기항지에서 별도로 그 확인을 받아야 한다.

제226조 (공공기관의 자격) 1) 선장은 선상에서 공공기관으로 성격을 가지며, 이러한 지위 때문에 법령에 의해 그에게 부여된 모든 의무를 이행하고, 이행하게 하여야 하며, 특히 선상에서 안전의 확보와 질서의 유지에 관한 의무를 이행하여야 한다. 2) 이와 관련, 선박에서 질서를 유지하고 나아가 선상의 안전을 확보하기 위해, 선장은 필요하다고 판단하는 안전 조치를 취할 수 있다. 승무원 및 여타 승선 인원은 선장의 명령에 복종할 의무가 있고, 다만 추후에 항구에 도착한 다음에는 이러한 복종의무와 상관없이 해당되는 권리가 있으면 행정 혹은 사법기관에 이를 주장할 수 있다.

제227조 (사건 기록 의무) 1) 선장은 항해 도중에 선상에서 중죄, 경죄 혹은 행정명령위반이 범해졌다고 판단하면 이를 항해일지에 기록하여야 한다. 2) 위 사건의 기록에는 선장이 서명하여야 하고, 또 이해관계인도 서명하여야 하며 서명을 거절하면 2명의 증인이 서명하여야 한다. 3) 항구에 도착하면, 항해일지에 있는 사건기록을, 관련 증거 및 서류와 함께, 복사 인증하여 스페인 항구면 해당 해운관청에, 외국 항구면 스페인 영사 혹은 외교 관청에 제출하여야 한다.

제228조 (민사등록행위) 1) 승선한 사람의 민사 지위에 관련된 사실 혹은 행위에 관해 선장은 이를 민사등록부에 기록하는 보조기록관의 역할도 선상에서 수행하여야 한다. 2) 항해 중에 선상에서 발생하는 출생 및 사망은 물론, 사망의 위험에 직면하여 하는 결혼도, 선장이 이를 항해일지에 기록하여야 하며, 기록할 내용은 민사등록법이 이에 관해 기록할 사항으로 정한 내용에 맞추어야 한다. 3) 항해 중에 행방불명된 사람이 있는 경우, 선장은 이에 관해 간이조사를 실시하여야 하고, 항해일지에 사라지게 된 주된 상황과 사후에 취한 수색 및 구소 조치에 관해 기록하여야 한다.

제229조 (항해 중의 유언과 사망) 1) 유언에 관해 민법에서 정한 경우와 방식에 따라 선장은 해상유언을 인가하고 봉인유언을 수령하며, 항해일지에 이를 기록하여야 한다. 그리고 선장은 항해일지에 자필유언을 교부한 것도 기록하게 하여야 한다. 2) 선상에 정식 의사가 없는 상태에서 사람이 사망하면, 선장이 사망증명서를 발부한다. 다만 사망의 확증이 있다고 선장이 판단하고 난 다음 24시간이 경과하기 이전에는 이를 발부할 수 없다. 여하튼

capitán la extensión del certificado de defunción, pero no podrá hacerlo antes de que hayan transcurrido veinticuatro horas a partir del momento en que, a su buen juicio, hayan aparecido señales inequívocas de muerte. En todo caso el capitán levantará el inventario de sus papeles y pertenencias, con asistencia de dos oficiales del buque y dos testigos, que serán preferentemente pasajeros.

230. (Destino de los cadáveres) **1.** Si una vez extendido el certificado de defunción, el buque no hubiere llegado a puerto, el capitán procederá a su conservación, adoptando para ello las medidas que exijan las circunstancias. Una vez llegado al primer puerto español lo pondrá a disposición de las Autoridades de Sanidad Exterior que, con la colaboración de la Administración marítima, adoptarán las medidas pertinentes. Con igual fin, el cadáver se pondrá a disposición de la Administración marítima correspondiente, dándose comunicación al cónsul español, en caso de atracar en puerto extranjero.**2.** No obstante, si no se pudiera garantizar la adecuada conservación a bordo, el capitán podrá disponer el lanzamiento al mar del cadáver. **3.** Del lanzamiento del cadáver se dejará constancia en el Diario de Navegación, expresándose la fecha, hora y situación geográfica, el hecho de haber sido amortajado y lastrado al uso marinero y la presencia de, al menos, dos testigos, que se identificarán y firmarán en el Diario.

231. (Entrega de bienes y de documentación) **1.** Los bienes inventariados y el respectivo inventario, así como la copia autenticada de las actas de nacimiento, defunción, matrimonio o desaparición de personas y los testamentos otorgados o recibidos a bordo deben ser entregados por el capitán a la Administración marítima o autoridad consular, según corresponda, del primer puerto, dejando constancia de las circunstancias de la entrega en el Diario de Navegación. **2.** Los asientos que, sobre estas materias, haga el capitán en el Diario de Navegación en calidad de autoridad pública, tienen el valor de documento público.

232. (Obligaciones técnicas del capitán) **1.** El capitán ostenta la dirección técnica de la navegación del buque, asumiendo su gobierno efectivo cuando lo juzgue oportuno y, en particular, en los supuestos previstos en el apartado siguiente. **2.** El capitán acudirá al puente y asumirádirectamente el gobierno del buque en las recaladas, maniobras de llegada y salida de puerto y, en general, en todas aquellas circunstancias en que resulte notablemente incrementado el riesgo de la navegación, sin perjuicio de los descansos necesarios para el mantenimiento de sus aptitudes físicas. **3.** En el ejercicio de sus funciones técnicas, el capitán deberá actuar en todo momento con la diligencia exigible a un marino competente.

233. (Peligro, abandono del buque y salvamento) **1.** En caso de mal tiempo o de riesgo de naufragio, el capitán adoptarácuantas medidas crea necesarias para procurar la seguridad del buque y la salvaciónde las personas y de los bienes, buscando resguardo, efectuando arribada forzosa o recurriendo sin demora a la solicitud de salvamento, pudiendo contratarlo si fuere necesario. **2.** El capitán no abandonaráel buque en peligro sino después de haber perdido la esperanza de salvarlo y una vez adoptadas las medidas oportunas para salvar las personas, los bienes y los documentos oficiales que se encuentren a bordo. **3.** El capitán estáobligado a acudir en auxilio de las vidas humanas que se encuentren en peligro en el mar, siempre que pueda hacerlo sin grave peligro para el buque, su dotación o sus pasajeros, y dejando en todo

선장은 사망자가 가지고 있던 서류와 소지품에 대해 목록표를 작성하여야 하고, 이에 두 사람의 사관과 두 사람의 증인이 참여하여야 하며 증인은 가능한 한 여객이어야 한다.

제230조 (사체의 처리) **1)** 사망증명서를 발부하고 난 다음에도 선박이 아직 항구에 도착하지 아니한 경우, 선장은 현존하는 모든 수단을 동원하여 사체를 보관하여야 한다. 그리고 제1차로 스페인 항구에 도착하면 보건당국에 인계하여야 하며 보건당국은 해운관청과 협의하여 그 처리 방안을 정한다. 외국 항구에 처음 들리는 경우, 마찬가지 목적으로 해당 해운관청에 이를 인계하고, 스페인 영사관에게 이를 통지하여야 한다. **2)** 그러나 선상에 사체를 적절하게 보관하는 것이 불가능한 경우, 선장은 사체를 바다에 수장하는 처분을 할 수 있다. **3)** 사체의 수장은 항해일지에 기록하여야 하고, 거기에는 그 날짜와 시간 및 지역 위치는 물론 해사관행에 따라 수의를 입히고 모래주머니를 달아 놓았던 것도 기록하여야 하며, 이에 두 명 이상의 증인이 참여하고 참여한 증인이 그 신원을 밝힘과 함께 서명하여야 한다.

제231조 (물건과 서류의 인도) **1)** 목록표에 포함된 물건 및 목록표, 사람의 출생, 사망, 결혼 및 행방불명에 대한 기록의 증명등본, 또 선상에서 수령 혹은 인가한 유언 등은, 선장이 이를 최초 항구에서 해운관청이나 영사기관에 인계하고, 그 인계 결과를 항해일지에 기록하여야 한다. **2)** 이러한 사안에 관하여 선장이 공적업무로 항해일지에 기록한 사항은 공문서로서의 효력이 있다.

제232조 (선장의 기술적인 임무) **1)** 선장은 선박의 운항에 있어 그 기술적인 운영에 관한 모든 권한을 갖고, 필요하다고 판단되는 때에는 항상 선박을 직접 지휘하여야 하고, 특히 아래 항에서 보는 사안의 경우 그러하다. **2)** 선박이 육지에 접근할 때 및 입출항 할 때는 물론 일반적으로 항해의 위험이 특별히 증가한 상황에서 항해하는 때에는, 선장은 갑판에 나와 선박을 직접 지휘하여야 한다. 그렇다고 하여 선장이 그 업무에 필요한 건강 상태를 유지하기 위해 필요한 휴식마저 취할 수 없는 것은 아니다. **3)** 선장이 항해에 관한 기술적인 임무를 수행함에 있어서는 통상 유능한 선장에게 요구되는 주의의무를 항상 다하여야 한다.

제233조 (위험, 선박의 포기 및 구조) **1)** 기상이 악화되거나 난파의 위험이 존재하면, 선장은 선박의 안전을 도모하고 인명 및 재산을 구조하기 위해 방책을 도모하고, 강제 기항을 하고, 지체없이 구조를 요청하고, 경우에 따라서는 이를 위한 계약을 체결하는 등 필요하다고 생각되는 모든 조치를 취하여야 한다. **2)** 선장은 구조의 희망이 완전히 사라진 연후가 아니면 위험에 처한 선박을 포기할 수 없고, 선박을 포기하기 이전에 인명과 재산은 물론 선상에 있는 공식서류를 구조하기 위해 적의한 조치를 취하여야 한다. **3)** 선장은 해상에서 위험에 처한 인명을 구조하기 위해 즉시 사고 장소로 가야하며, 다만 선박, 선원 혹은 여객에 중대한 위험을 가져오지 않고는 그렇게 할 수 없는 경우에는 그러하지 아니하다. 선장은 항상 이러한 경우에 취한 조치를 항해일지에 기록하여야 한다.

caso constancia de lo actuado en el Diario de Navegación.

234. (Obligación de comunicar accidentes) **1.** Los capitanes de los buques nacionales deberán comunicar, de inmediato y por el medio más rápido posible, a la autoridad marítima o consular más cercana, todo accidente de navegación ocurrido al buque o causado por él, todo episodio de contaminación producido u observado y cualquier otra novedad extraordinaria y de importancia que afecte a la seguridad de la navegación o del medio ambiente marino. **2.** Asimismo, el capitán deberá presentarse dentro de las veinticuatro horas hábiles siguientes a su llegada a puerto nacional ante la Administración marítima, o ante el cónsul si es puerto extranjero, para realizar una declaración sobre los hechos a los que se refiere el apartado anterior, con transcripción de la parte pertinente del Diario de Navegación.

235. (Primacía del criterio profesional) **1.** El capitán no vendráobligado a seguir las instrucciones del armador o de cualquier otra persona con interés en el buque o en su carga que puedan, según su juicio profesional, menoscabar la seguridad de la navegación, enparticular, en situaciones de temporal o mar gruesa. **2.** Los armadores no podrán despedir al capitán ni adoptar contra él otras medidas de naturaleza sancionadora por el hecho de haberse visto obligado a apartarse de sus instrucciones ante la necesidad de obrar del modo más adecuado para la salvaguardia de la seguridad, conforme al criterio profesional propio de un marino competente.

236. (Poder de representación del armador) **1.** El capitán ostenta la representación del armador para contraer por cuenta de éste cuantas obligaciones se refieran a las necesidades ordinarias del buque. **2.** El armador quedaráobligado al cumplimiento de tales obligaciones sin que quepa alegar abuso de confianza o transgresión de las facultades conferidas. **3.** Queda a salvo la responsabilidad que incumba al capitán frente al armador por los actos y contratos realizados contraviniendo las legítimas y expresas instrucciones impartidas por éste. **4.** El capitán estará activa y pasivamente legitimado para comparecer como representante del armador en todos los procedimientos judiciales o administrativos concernientes al buque de su mando.

237. (Responsabilidad por los actos ilícitos del capitán) El armador seráresponsable frente a terceros de la conducta del capitán y demás miembros de la dotación en el empleo del buque, sin perjuicio de su derecho a limitar la responsabilidad de acuerdo con lo establecido en el Título VII

238. (Protesta de mar) **1.** El capitán podrá levantar una protesta de mar cuando hayan ocurrido hechos de los que pudiera deducirse su responsabilidad. A tal efecto, redactará un acta recogiendo los hechos ocurridos tal como estén anotados en el Diario de Navegación, añadiendo los comentarios que estime oportunos.**2.** El acta de protesta se conservarájunto con el Diario, y de ella se entregará inexcusablemente copia compulsada a todos los interesados en los hechos ocurridos conforme se dispone en el **137** de esta Ley.

제234조 (사고통지의무) **1)** 스페인 선박의 선장은 선박에 발생하거나 선박이 일으킨 모든 항해사고 및 그 선박이 발생시키거나 관찰한 모든 오염 사건은 물론, 다른 특이하고 중요한 사건으로 항해의 안전 혹은 해양 환경에 영향이 있는 것은 모두 지체없이 가장 빠른 수단을 이용하여 해당 해운관청이나 인근 영사관에 신고하여야 한다. **2)** 마찬가지로, 선장은 항구에 도착한 후 근무 시간으로 24시간 이내에, 국내의 경우 해운관청에, 해외의 경우 영사관에 출두하여 전 항에서 말하는 사건에 관하여 신고서를 제출하여야 하며, 항해일지 중 해당 부분도 이기하여 제출하여야 한다.

제235조 (직무수행기준에 우선순위) **1)** 선장은 의장자, 이해관계인 및 이들의 대리인의 지시가, 자기의 판단에 의하면 항해의 안전을 위협하는 것이고, 특히 기상이변이나 공동해손의 상황에서 이러한 지시가 내려지면, 이를 따를 의무가 없다. **2)** 유능한 선원이 직업상 기준에 의거 선박의 안전을 확보하기 위해 가장 적합하게 업무를 수행할 필요를 우선시 하여 의장자의 지시를 따르지 아니할 수밖에 없었다는 이유로 의장자는 그 선장을 해임하거나 처벌적 성격의 조치를 취할 수 없다.

제236조 (의장자를 대리할 권한) **1)** 선장은, 선박이 통상적으로 필요로 하는 사항의 경우, 의장자를 대리하여 계약을 할 권한이 있다. **2)** 의장자는 이러한 계약상 의무를 이행할 의무가 있고, 선장의 신뢰 남용 혹은 부여한 대리권의 초과를 주장할 수 있다. **3)** 그러나 이와 별도로, 선장이 의장자가 발한 정당하고 명시적인 지시를 어기고서 행위나 계약을 실행하여 의장자에게 책임을 발생시킨 경우, 선장은 그에 대하여 책임을 져야 한다. **4)** 선장은, 그가 지휘하는 선박에 관한 한, 행정 및 사법 절차에서, 그것이 소극적 행위이든 적극적 행위이든, 의장자를 대리하여 합법적으로 출석하여 변론할 수 있다.

제237조 (선장의 위법행위에 대한 책임) 의장자는 선장 및 승무원이 그 선박에서 행한 직무상 행위에 대해 제3자에 대해 책임이 있다. 그러나 의장자는 이 책임에 대해 제7장에 규정된 바에 따라 책임의 제한을 주장할 수 있다.

제238조 (해양사고보고) **1)** 선장은 그 책임이 생길 수 있는 사건이 발생한 경우, 해양사고보고를 하여야 한다. 이를 위해 항해일지에 기록된 바에 따라 사건의 경위를 기록하고 여기에 필요한 세부 사항을 추가한 진술서를 작성하여야 한다. **2)** 해양사고보고서는 항해일지와 함께 보관하여야 하며, 본법 제137조에 규정된 바에 따라 그 사고에 이해관계를 가진 모든 사람에게 예외 없이 증명 사본을 작성 교부하여야 한다.

TÍTULO IV

DE LOS CONTRATOS DE UTILIZACIÓN DEL BUQUE

CAPÍTULO I DEL CONTRATO DE ARRENDAMIENTO DE BUQUE

239. (Concepto) Por el contrato de arrendamiento de buque el arrendador se obliga, a cambio de un precio cierto, a entregar un buque determinado al arrendatario para que éste lo use temporalmente conforme a lo pactado o, en su defecto, según su naturaleza y características.

240. (Forma del contrato) El contrato de arrendamiento de buque constará por escrito. Sin embargo, no se exigirá el documento escrito para el arrendamiento de embarcaciones.

241. (Oponibilidad frente a terceros) Para que pueda ser opuesto a terceros de buena fe, el contrato de arrendamiento del buque deberáfigurar inscrito en el Registro de Bienes Muebles.

242. (Entrega del Buque) **1.** El arrendador estáobligado a entregar el buque arrendado y sus pertrechos en las condiciones especificadas en el contrato y, en lo no previsto, en las adecuadas para el uso pactado. **2.** La entrega habrá de realizarse en el lugary tiempo fijados en el contrato.

243. (Estado de navegabilidad a la entrega) **1.** Salvo pacto en contrario, el arrendador entregará el buque en estado de navegabilidad y tendráa su cargo las reparaciones que se deriven de vicio propio del buque. **2.** El arrendador responderáfrente al arrendatario de los perjuicios causados por defectos de navegabilidad, a menos que pruebe que el vicio no pudo descubrirse con el empleo de una diligencia razonable. **3.** Este precepto tendrá carácter imperativo en los contratos de arrendamiento de embarcaciones cuyo uso exclusivo sea el recreo, la práctica del deporte sin propósito lucrativo o la pesca no profesional.

244. (Limitaciones de uso del buque y pago del precio) **1.** El arrendatario está obligado a utilizar el buque arrendado conforme a lo pactado en el contrato y, en lo no previsto, de acuerdo con las características técnicas del buque. **2.** Igualmente estáobligado a pagar el precio pactado en el tiempo y lugar convenidos.

245. (Obligación de mantener el buque en estado de navegabilidad) **1.** El arrendatario está obligado, durante el tiempo de duración del contrato, a mantener el buque en estado de navegabilidad. Asimismo, está obligado a informar al arrendador de los daños sufridos por el buque que afecten o puedan afectar a su clasificación. El arrendador podráinspeccionar el buque en cualquier momento para comprobar su estado, sin perjudicar su normal explotación y siendo a su costa los gastos ocasionados. **2.** En los contratos de arrendamiento de las embarcaciones a que se refiere el apartado 3 del 243, son a cargo del arrendador las reparaciones necesarias para mantener la embarcación en estado de navegabilidad, salvo las debidas por culpa del arrendatario.

제4장
선박의 이용계약

제1절 선체용선[3]

제239조 (개념) 선체용선계약이란 대선자가 일정한 대가를 받기로 하고 특정한 선박을 용선자에게 인도하여 주기로 하는 계약으로, 용선자가 당사자가 약정한 바에 따라 혹은 약정이 없으면 그 성질이나 특성에 따라 일시 그 선박을 이용하는 것을 목적으로 한다.

제240조 (계약형식) 선체용선계약은 이를 서면으로 작성하여야 한다. 그러나 소형선을 용선하는 경우, 반드시 서면으로 작성할 것을 요구하지 아니한다.

제241조 (제3자에 대한 대항) 선의의 제3자에 대항하기 위하여 선체용선계약은 동산등기부에 등기하여야 한다.

제242조 (선박의 인도) **1)** 대선자는 용선자에게 선박 및 그 장비를 인도할 의무가 있고, 선박과 장비는 계약에서 특정한 상태에 있어야 하며, 약정이 없으면 약정한 목적에 적합한 상태에 있어야 한다. **2)** 인도는 계약에서 특정한 장소와 시간에 이루어져야 한다.

제243조 (인도시 감항능력 상태) **1)** 반대의 약정이 없는 한, 대선자는 감항능력이 있는 상태로 선박을 인도하여 주어야 하며, 선박 자체의 하자에 연유한 수리는 대선자의 부담으로 한다. **2)** 대선자는 감항능력의 부재로 인한 손해에 관해 용선자에게 책임이 있다. 다만 상당한 주의를 기울여도 그 하자를 발견할 수 없다는 것을 증명하는 때에는 그러하지 아니하다. **3)** 용선이 소형선을 대상으로 삼고 그 목적이 오로지 여가적 이용에 있는 경우 위 규정은 강행성이 있는 것으로 본다. 영리의 목적이 아닌 경기에 제공하는 것을 목적으로 하거나 전문적으로 하는 것이 아닌 어업에 제공하는 것을 목적으로 하는 경우에도 마찬가지이다.

제244조 (선박의 이용 제한과 대가 지급) **1)** 용선자는 계약에서 약정한 바에 따라 선박을 이용하여야 하고, 이용에 관한 약정이 없는 경우, 그 선박의 기능적 성격에 맞게 이를 이용하여야 한다. **2)** 용선자는 마찬가지로 약정한 용선료를 합의한 장소와 시간에 지급하여야 한다.

제245조 (감항능력 유지의무) **1)** 용선자는 용선기간 중에 선박을 감항능력이 있는 상태로 유지할 의무가 있다. 또 선박이 손상을 입어 그 선급의 유지에 지장을 가져오거나 올 수 있는 경우, 용선자는 이를 대선자에게 통지하여야 한다. 대선자는 선박의 상태를 확인하기 위하여 언제든지 선박을 검사할 수 있고, 다만 그로 인하여 선박의 통상적 이용이 지장을 받아서는 아니되고, 또 그로 인해 발생하는 비용은 대선자가 부담하여야 한다. **2)** 제243조 3항에서 말하는 소형선의 선체용선의 경우, 그 소형선을 감항능력이 있는 상태로 유지하는 데 필요한 수리는, 그것이 용선자의 책임있는 사유로 생긴 것이 아닌 한, 대선자가 이를 부담하여야 한다.

---

3 원래 스페인어에서는 임대차계약이라고 부른다.

246. (Obligación de restituir el buque a la terminación del contrato) **1**. El arrendatario estáobligado a restituir el buque en el momento pactado en el contrato. Si no lo restituyera en el plazo previsto indemnizará al arrendador los daños y perjuicios que éste experimente por el retraso. No obstante y salvo pacto en contrario, el contrato se entenderá prorrogado por el período de exceso que resulte de la duración del último viaje en curso ordenado razonablemente por el arrendatario. **2**. El arrendatario deberá restituir el buque en el lugar convenido y, a falta de pacto, en el mismo que se entregó el buque. **3**. El buque deberáser restituido en el estado en que se encontraba cuando fue entregado al arrendatario, salvo el desgaste normal derivado del uso pactado.

247. (Efectos de la enajenación del buque sobre el arrendamiento) En caso de enajenación del buque, el adquirente quedará subrogado en el contrato de arrendamiento existente, siempre que estuviese inscrito en el Registro de Bienes Muebles o conociese efectivamente su existencia al tiempo de la compraventa. En otro caso, quedará extinguido el contrato, con independencia del derecho del arrendatario a ser indemnizado por el arrendador. En todo caso, el adquirente deberá respetar el viaje en curso de ejecución en el momento de la transmisión

248. (Obligación del arrendatario de mantener indemne al arrendador) El arrendatario está obligado a mantener indemne al arrendador de cualesquiera cargas y derechos a favor de terceros que nazcan con ocasión del uso del buque arrendado.

249. (Interrupciones en el uso del buque arrendado) **1**. Sin perjuicio de la responsabilidad establecida en el apartado 2 del 243, si el buque no pudiera utilizarse durante un plazo superior a cuarenta y ocho horas por causas derivadas de su vicio propio, cesará la obligación de pagar el precio por todo el período de inactividad. **2**. En los contratos de arrendamiento de las embarcaciones a que se refiere el apartado 3 del 243, esta imposibilidad de utilización dará derecho al arrendatario a optar por la rebaja del precio o por la resolución del contrato, sin posibilidad de pacto en contrario y al margen de las indemnizaciones por daños y perjuicios que puedan corresponderle. **3**. Cuando la interrupción en el uso del buque o embarcación arrendado se produzca a causa de reclamaciones contra el arrendador, el arrendatario tendrá derecho a ser indemnizado por los daños y perjuicios que sean consecuencia de la retención.

250. (Subarriendo del buque y cesión del arriendo) **1**. El arrendatario no podrá subarrendar el buque ni ceder el contrato a un tercero sin el consentimiento del arrendador. **2**. Al contrato de subarriendo y a la cesión del contrato se les aplicará lo dispuesto en los artículos 240 y 241.

251. (Obligaciones del arrendatario que subarrienda) **1**. El arrendatario que subarriende el buque continúa obligado a pagar el precio del arriendo al arrendador. **2**. Si el arrendador no obtuviera el pago del arrendatario, podrádirigirse contra el subarrendatario para exigirle el precio del subarriendo que todavía no haya pagado al arrendatario.

252. (Efectos del contrato de cesión de arriendo) La cesión consentida del contrato de arrendamiento produce la separación del arrendatario del contrato y la subrogación del cesionario en la posición jurídica que ocupaba aquél.

第246조 (계약종료후 반환의무) **1)** 용선자는 계약에서 정한 시간에 선박을 반환할 의무가 있다. 용선자가 약정한 기한 내에 이를 반환하지 아니하면 그 지연으로 인하여 대선자가 입은 피해 및 손해를 배상하여야 한다. 그러나 반대의 약정이 없는 한, 용선자가 중대한 실수 없이 지시하여 수행중인 마지막 항해가 종료될 때까지, 그 초과기간 동안 용선이 연장되는 것으로 본다. **2)** 용선자는 합의한 장소에서 선박을 반환하여야 하고, 다른 합의가 없으면 선박을 인도받은 곳에서 반환하여야 한다. **3)** 용선자는 인도시와 동일한 상태로 대선자에게 선박을 인도하여야 하고, 다만 약정한 바에 따라 사용한 결과 발생하는 통상의 마멸의 경우에는 그러하지 아니하다.

第247조 (용선중인 선박의 양도) 선체용선 중인 선박이 양도된 경우, 만일 선체용선이 동산등기부에 등기되어 있다든가, 양도 당시에 용선계약의 존재를 취득자가 확실히 알았던 때에는, 취득자가 그 용선계약에 관한 한 대선자를 대위한다고 본다. 이렇지 아니한 경우, 그 용선계약은 종료되고, 다만 이와 상관없이 용선자는 대선자에게 손해배상을 청구할 수 있다. 여하한 경우라 하더라도, 취득자는 취득 당시에 진행중인 항해는 이를 존중하여야 한다.

第248조 (용선자의 대선자에 대한 무해의무) 용선자는 용선한 선박을 사용하는 과정에 발생하는 제3자의 권리 혹은 제3자에 대한 부담으로부터 대선자가 항상 무해하도록 유지하여야 한다.

第249조 (용선한 선박의 사용 중단) **1)** 제243조 2항에서 정한 책임은 이를 별론으로 하고, 만일 선박이 그 자체의 하자에 연유하여 48시간 이상 사용할 수 없게 된 경우, 용선자는 사용불능이 된 모든 시간에 대한 용선료를 지급할 의무가 없다. **2)** 제243조 3항에서 말하는 소형선을 용선하는 계약의 경우, 이러한 사용불능의 사건이 발생하면 용선자는 선택권이 있어서 용선료의 감액 및 계약의 해제를 선택하여 요구할 수 있고, 당사자는 이와 반대의 약정을 할 수 없고, 또 그 외에도 해당되는 손실이나 손해가 있으면 용선자는 그 보상을 청구할 수 있다. **3)** 용선한 선박 혹은 소형선의 사용 중단이 대선자에 대한 제3자의 권리로 인하여 생긴 경우, 용선자는 그 중단의 결과로 생기는 손실 혹은 손해에 대한 보상을 대선자에 청구할 수 있다.

第250조 (선박의·재용선과 용선권의 양도) **1)** 대선자의 동의가 없으면, 용선자는 선박을 다시 제3자에게 재용선줄 수 없고, 용선을 제3자에게 양도할 수도 없다. **2)** 재용선계약 혹은 용선양도계약은 제240조 및 241조의 규정이 적용된다.

第251조 (재용선을 준 원용선자의 의무) **1)** 재용선을 준 다음에도 원용선자는 대선자에게 용선료를 지급할 의무가 있다. **2)** 대선자가 원용선자로부터 용선료를 받지 못한 때에는, 만일 재용선자가 원용선자에게 아직 지급하지 아니한 재용선료가 있으면, 대선자는 재용선자에게 직접 가서 자기에게 재용선료를 지급할 것을 요구할 수 있다.

第252조 (용선양도계약의 효력) 대선자의 동의를 얻고 용선자가 용선을 양도한 경우, 그 효력으로 용선자는 용선계약에서 완전히 분리되어 떨어져 나가고 양수인이 새로이 용선자의 지위를 승계한다.

253. (Prescripción de acciones) Las acciones derivadas del contrato de arrendamiento de buque prescriben en el plazo de un año, contado desde la fecha de terminación del contrato o de la devolución del buque, si fuera posterior. El plazo no empezaráa contar para las acciones derivadas de lo dispuesto en el 248 sino desde que el arrendador se viera obligado a soportar la carga o derecho de que se trate.

CAPÍTULO II DEL CONTRATO DE FLETAMENTO

Sección **1.ª** Disposiciones generales

254. (Concepto) Por el contrato de transporte marítimo de mercancías, denominado fletamento, se obliga el porteador, a cambio del pago de un flete, a transportar por mar mercancías y entregarlas al destinatario en el puerto o lugar de destino.

255. (Fletamento por tiempo y por viaje) **1.** Cuando el fletamento se refiera a toda o parte de la cabida del buque podráconcertarse por tiempo o por viaje. En el fletamento por tiempo el porteador se compromete a realizar todos los viajes que el fletador vaya ordenando durante el periodo pactado, dentro de los límites acordados. En el fletamento por viaje, el porteador se compromete a realizar uno o varios viajes determinados. **2.** El fletador por tiempo asume la gestión comercial del buque y, salvo pacto en otro sentido, serán de su cuenta todos los gastos variables de explotación. En el fletamento por viaje dichos gastos serán por cuenta del porteador, a no ser que se pacte de otra forma. **3.** En los casos anteriores, las partes podrán compelerse mutuamente a la suscripción de una póliza de fletamento.

256. (Fletamento en régimen de conocimiento) El fletamento también puede referirse a mercancías determinadas por su peso, medida o clase. En este caso, las condiciones del contrato podrán figurar en el conocimiento de embarque u otro documento distinto de una póliza de fletamento

257. (Subfletamento) El fletador por tiempo o viaje del buque podrá, salvo disposición expresa de la póliza en contrario, subrogar a un tercero en los derechos y obligaciones derivados de ella, sin perjuicio de seguir siendo responsable de su cumplimiento ante el porteador.

258. (Contratación del transporte por el fletador) El fletador por tiempo o viaje podrá también celebrar en su propio nombre contratos de fletamento de mercancías determinadas con terceros. En este caso, el porteador y el fletador serán responsables solidariamente frente a los terceros de los daños y averías de las mercancías transportadas, conforme a lo establecido en la Sección **7.ª** de este Capítulo, sin perjuicio del derecho de regreso entre ellos que corresponda de acuerdo con la póliza de fletamento.

259. (Contratos de volumen) El contrato podrá también referirse al transporte de un conjunto de mercancías en varios buques o varios viajes, aplicándose en tal caso las disposiciones referentes al fletamento por viaje a cada uno de los pactados, salvo pacto diverso

제253조 (권리의 시효) 선체용선계약에 기한 권리는 1년의 기간이 경과하면 시효로 인하여 소멸한다. 이 기간은 운송계약이 종료된 날로부터 기산하며, 그 이전에 선박이 반환되면 그 날로부터 기산한다. 제248조에 규정된 권리는 대선자가 제3자에 대하여 의무 혹은 부담을 지게 된 것을 안 날로부터 기산한다.

제2절 해상화물운송계약[4]

제1관 일반 규정

제254조 (개념) 해상화물운송계약이란 다른 말로 용선계약이라고도 하며 운송인이 운임을 지급받기로 약속하고 해상에서 화물을 운송하여 목적항 혹은 목적지에서 수하인에게 이를 인도하기로 약정하는 것을 말한다.

제255조 (정기 및 항해 용선계약) 1) 운송계약이 선박의 선복 전부 혹은 일부를 지칭하는 경우에는, 일정 기간을 위한 정기용선계약일 수도 있고, 일정 항해를 위한 항해용선계약일 수도 있다. 정기용선계약에서는 약정한 기간 동안 그 합의한 범위 내에서 용선자가 지시하는 바에 따라 운송인이 항해를 할 것을 약정한다. 항해용선계약에서는 운송인이 특정한 하나 혹은 여러 항해를 할 것을 약정한다. 2) 정기용선자는 선박의 상사관리에 대하여 책임이 있고, 그래서 반대의 약정을 하지 아니하는 한, 그 이용에 따라 변경되는 비용을 부담하여야 한다. 항해용선계약에서는, 반대의 약정이 없는 한, 이러한 비용은 운송인이 부담하여야 한다. 3) 위 경우에 당사자는 상호간에 용선계약서를 작성하여 줄 의무가 있다.

제256조 (선하증권에 기한 운송계약) 운송계약은 마찬가지로 무게, 부피 혹은 종류에 기한 특정한 화물을 목적으로 할 수 있다. 이 경우에는 운송의 조건이 운송계약서가 아닌 선하증권이나 다른 서면에 나타날 수 있다.

제257조 (재용선) 항해용선자 혹은 정기용선자는, 용선계약에서 명시적으로 이를 금하지 아니하는 한, 용선계약으로 인하여 발생하는 권리 및 의무를 제3자에게 인계할 수 있다. 그러나 용선자는 계속하여 운송인에 대하여 용선계약을 이행할 책임을 진다.

제258조 (용선자와 운송계약) 항해용선자 및 정기용선자는 자신의 명의로 제3자와 특정한 화물의 운송을 위한 운송계약을 체결할 수 있다. 이 경우 운송인과 용선자는 운송 도중에 화물에 발생한 손실과 손해에 대해 본절 제7관에서 정한 바에 따른 책임을 연대하여 진다. 이로 인하여 이들 상호간 내부적으로 용선계약에 기하여 구상권을 행사하는 것은 이를 별론으로 한다.

제259조 (수량에 의한 운송계약) 운송계약은 그 목적물로서 여러 선박 혹은 여러 항해에 의한 화물 총체로 특정할 수도 있다. 이 경우 여러 항해를 위한 운송계약에서 정한 규정은, 당사자가 그 항해를 위해 달리 합의를 하지 않는 한, 약정의 범위 내에 있는 개별 항해에 대

4 여기에서 운송계약이란 개품운송 뿐만 아니라 물건의 운송을 목적으로 하는 항해용선 및 정기용선을 포함하는 개념이다.

entre las partes.

260. (Transporte multimodal) Si el contrato de transporte comprendiera la utilización de medios de transporte distintos del marítimo, las normas de este Capítulo se aplicarán sólo a la fase marítima del transporte, regulándose las demás fases por la normativa específica que les corresponda.

261. (Contratos de utilización del buque sin transporte) En los casos en que se contrate la disponibilidad de un buque para fines distintos del transporte, se aplicarán las disposiciones reguladoras del fletamento que se refieren a la puesta disposición y empleo del buque, así como al flete y su extinción anticipada, en tanto en cuanto sean compatibles con la finalidad del contrato celebrado.

Sección **2**.ª De las obligaciones del porteador

262. (Puesta a disposición del buque) El porteador pondrá el buque a disposición del fletador o cargador en el puerto y fecha convenidos. Si el contrato se refiere a un buque determinado, éste no podrá ser sustituido por otro, salvo pacto expreso que lo autorice.

263. (Navegabilidad del buque) **1**. El porteador cuidará de que el buque se encuentre en el estado de navegabilidad adecuado pararecibir el cargamento a bordo y transportarlo con seguridad a destino, teniendo en cuenta las circunstancias previsibles del viaje proyectado, sus fases y la naturaleza del cargamento contratado. **2**. El estado de navegabilidad deberáexistir en el momento de emprender el viaje, o cada uno de los viajes que incluya el contrato. En el momento de recibir el cargamento a bordo, el buque deberá hallarse, por lo menos, en un estado que lo haga capaz de conservar las mercancías con seguridad. **3**. El porteador deberá ejercer una diligencia razonable para mantener el buque en el estado de navegabilidad adecuado durante el tiempo de vigencia del contrato.

264. (Características del buque) Además de lo dispuesto en el anterior en cuanto al estado de navegabilidad, el buque deberá poseer las condiciones fijadas en el contrato en cuanto a nacionalidad, clasificación, velocidad, consumo, capacidad y demás características. Si el buque no cumpliese alguna de ellas, el fletador podrá exigir la indemnización por los perjuicios que se le irroguen, salvo que el incumplimiento frustre la finalidad perseguida al contratar, en cuyo caso podrá resolver el contrato.

265. (Falta de puesta a disposición) El fletador podrá resolver el contrato si el buque no se encontrase a su disposición en la fecha convenida. Podrá además reclamar indemnización de los perjuicios sufridos si el incumplimiento se debiera a culpa del porteador.

266. (Puerto pactado) El buque deberá ser puesto a disposición del fletador o cargador en el puerto convenido en el contrato, presumiéndose, salvo prueba en contrario, que ambas partes conocían las características de éste al contratar. Si el puerto convenido fuera de acceso imposible o inseguro para el buque, cualquiera de las partes podrá resolver el contrato, salvo que la imposibilidad o inseguridad sean sólo temporales, en cuyo caso estarán obligadas a

해 모두 적용된다.

제260조 (복합운송) 해상에서의 운송이 아닌 다른 구간에서의 운송이 운송계약에 포함되는 경우, 본장의 규정은 오로지 해상에서 운송되는 부분에 한하여 적용되며, 나머지 운송구간은 그 운송구간에 적용되는 법에 의하여 규율한다.

제261조 (운송을 목적으로 하지 아니하는 선박이용계약) 운송과 다른 목적으로 선박을 사용하기 위해 계약이 체결된 경우에도, 선박의 제공과 이용 및 운임과 조기 종료에 관한 운송계약을 규율하는 규정이, 약정한 계약의 목적에 비추어 서로 상충되지 아니하는 한, 그대로 적용된다.

제2관 운송인의 의무

제262조 (선박의 제공) 운송인은 용선자 혹은 화주에게 약정한 날짜와 항구에 선박을 제공[5]하여야 한다. 운송계약에서 선박을 특정하여 지정한 경우에는, 이를 허용하는 명시적인 약정이 없는 한, 운송인은 이를 다른 선박으로 대체하지 못한다.

제263조 (선박의 감항능력) **1)** 운송인은 선박이 충분한 감항능력을 가진 상태를 유지할 수 있도록 노력하여야 하며, 충분한 감항능력을 갖는다 함은 운송계약에서 예정하고 있는 항해, 그 구간 및 약정한 화물의 성질에 비추어 안전하게 화물을 수령하고 목적지까지 운송할 수 있는 것을 말한다. **2)** 선박은 항해를 개시할 때 혹은 여러 항해가 예정된 경우 매 항해를 개시할 때마다 감항능력을 갖추어야 한다. 화물을 수령할 당시에 선박은 적어도 그 화물을 안전하게 보존할 수 있는 상태에 있어야 한다. **3)** 운송인은 운송계약이 존속중인 동안에도 선박이 충분한 감항능력을 유지할 수 있도록 상당한 주의의무를 다하여야 한다.

제264조 (선박의 특성) 감항능력에 관한 전 조의 규정 이외에, 선박은 그 국적, 선급, 속도, 연료, 능력 및 기타 특성에 있어 계약에서 정한 요건을 갖추고 있어야 한다. 선박이 이러한 요건을 충족하지 못하는 경우, 용선자는 그로 인하여 발생하는 손해의 보상을 요구할 수 있고, 다만 요건을 충족하지 못한 것이 계약의 목적을 달성할 수 없는 것인 때에는 그 계약을 해제할 수 있다.

제265조 (제공 부재) 약정한 날짜에 선박이 제공되지 아니한 경우, 용선자는 운송계약을 해제할 수 있다. 그 외에 이러한 제공 부재가 운송인의 책임있는 사유로 인해 생긴 때에는 손해를 입은 상대방은 그 보상을 청구할 수 있다.

제266조 (약정한 항구) 선박은 계약에서 지정한 항구에서 용선자 혹은 화주에게 제공되어야 하며, 이는 반증이 없는 한, 양 당사자가 계약을 할 때에 그 항구의 성격을 알고 있었다고 전제한다. 만일 약정한 항구가 선박이 접근하기에 불가능하거나 불안전한 경우, 어느 당

5 여기에서 제공은 개품운송계약에서 수령준비를 포함하는 개념이다.

esperar un tiempo razonable a la subsanación del obstáculo.

267. (Derecho de designación del puerto) **1.** Si el fletador se hubiera reservado en el contrato la facultad de designar el puerto de puesta a disposición, deberá elegir en plazo oportuno un puerto seguro y accesible para el buque. Si el puerto no reuniese estas condiciones, el porteador podráexigir la designación de otro dentro del mismo área para el cumplimiento del contrato y, si el fletador no lo hiciere, podrá resolver el contrato, sin perjuicio de reclamar indemnización por los perjuicios. El mismo derecho corresponderáal porteador si el fletador no designa tempestivamente el puerto elegido.**2.** Si el buque sufriera averías como consecuencia de la entrada y estancia en un puerto inseguro designado por el fletador, éste seráresponsable de ellas, salvo que pruebe que el capitán no actuó con la diligencia náutica exigible a un capitán competente. En el fletamento por tiempo, esta disposición será aplicable con relación a todos los puertos que el fletador vaya designando durante la vigencia del contrato.

268. (Muelle o lugar de carga) **1.** Salvo pacto en contrario, el fletador podrádesignar el muelle o lugar de carga al que debe dirigirse el buque dentro del puerto de puesta a disposición, siempre que sea seguro y accesible para el buque antes, durante, y después de cargar. Si tal designación no se hubiere hecho en un plazo razonable, el porteador podrá mantener el buque fondeado en espera de órdenes o dirigirlo a un muelle o lugar de carga usual para las mercancías de que se trate, siendo a cargo del fletador el tiempo transcurrido. **2.** En el fletamento de mercancías determinadas, la facultad de elección del punto de carga corresponde al porteador, quien deberá informar de su elección al cargador con suficiente antelación. **3.** En el caso de averías sufridas por el buque como consecuencia de la inseguridad del muelle o lugar de carga designado por el fletador será aplicable lo dispuesto en el apartado **2** del anterior.

269. (Operaciones de carga y estiba) **1.** A no ser que se pacte de otra forma, el fletador colocará las mercancías al costado del buque a su costa y riesgo, y la operación de carga y estiba serárealizada por el porteador, con la adecuada diligencia que exija la naturaleza de las mercancías y el viaje a realizar. **2.** No serán de aplicación las reglas anteriores en el fletamento por tiempo, en el que el fletador asume, salvo pacto en contrario, la realización a su costa y riesgo de las operaciones de carga y estiba. **3.** Aun cuando se pacte que la estiba sea efectuada a costa y riesgo del fletador o cargador, el porteador será responsable de las consecuencias derivadas de una estiba defectuosa que comprometa la seguridad del viaje

270. (Carga sobre cubierta) El porteador podrá embarcar mercancía sobre cubierta siempre que el fletador lo acepte expresamente, o sea conforme con los usos o reglamentaciones en vigor.

271. (Realización del viaje) El porteador deberá emprender el viaje y realizarlo hasta el punto de destino sin demora innecesaria y por la ruta pactada, o en su defecto por la más apropiada según las circunstancias. Igualmente deberá custodiar las mercancías transportadas durante todas las fases del viaje en forma adecuada a su naturaleza y circunstancias, y entregarlas al destinatario en el punto de destino final.

사자이든 그 운송계약을 해제할 수 있다. 그러나 불가능성이나 불안전성이 일시적인 때에는 그 하자의 치유를 위하여 상당한 기간 기다릴 의무가 있다.

제267조 (항구지정권) 1) 운송계약에서 용선자에게 선박을 제공할 항구를 지정할 권한을 부여한 경우, 용선자는 상당한 기간 내에 선박이 접근할 수 있는 안전한 항구를 지정하여야 한다. 지정된 항구가 이러한 조건을 갖추지 아니한 경우, 운송인은 계약을 이행하기 위해 동일한 지역 내에 있는 다른 항구를 지정하여 줄 것을 요구할 수 있고, 용선자가 이 요구에 응하지 아니하는 경우 운송인은 운송계약을 해지할 수 있으며, 이 해지와 상관없이 손해의 배상도 청구할 수 있다. 용선자가 선택할 항구를 적기에 지정하지 아니하는 경우에도 운송인은 마찬가지의 권리가 있다. 2) 선박이 용선자가 지정한 항구에 진입 혹은 체재하던 중 그 항구가 불안전한 결과로 손해를 입은 경우, 용선자는 이를 배상할 책임이 있다. 다만 선장이 통상 유능한 선장이 항해를 하는 데 기울일 주의의무를 해태하여 손해가 발생한 것을 입증하는 경우에는 그러하지 아니하다. 정기용선의 경우, 용선기간 중에 용선자가 지정하는 모든 항구와 관련하여 이 규정이 적용된다.

제268조 (선적할 부두 혹은 장소) 1) 반대의 약정이 없는 한, 용선자는 지정된 항구 내에서 선적할 부두 혹은 장소를 지정할 수 있다. 다만 그곳은 진행 이전, 체재중 및 선적 이후에도 선박이 접근할 수 있고 안전한 곳이어야 한다. 상당한 기간 내에 지정이 이루어지지 아니하는 때에는, 운송인은 그 지정을 기다리며 선박을 정박시키거나 혹은 해당 화물을 통상 선적하는 부두나 장소로 진입할 수 있다. 이로 인해 소요된 시간은 용선자의 부담으로 한다. 2) 특정한 화물의 운송을 목적으로 하는 운송계약의 경우, 운송인이 선적할 장소를 선정할 권한이 있고, 운송인은 상당한 시간을 두고 미리 선정한 장소를 화주에게 통지하여야 한다. 3) 용선자가 지정한 부두 기타 선적 장소가 안전하지 못함으로 인하여 선박이 입은 손해에 관하여는 전 조 제2항의 규정을 적용한다.

제269조 (선적 및 적부의 작업) 1) 다른 방식으로 약정을 하지 아니하는 한, 용선자는 자기 비용과 위험으로 화물을 선측으로 가지고와 정렬하여 두어야 하며, 그 다음은 운송인이 선적과 적부의 작업을 실시하여야 하고, 이때에 운송인은 화물의 성질과 실행할 여정에 비추어 충분한 주의의무를 기울여 이러한 작업을 실행하여야 한다. 2) 전시 규정은 정기용선계약에는 적용되지 아니하고, 정기용선계약의 경우, 반대의 약정이 없는 한, 용선자가 자기의 책임과 위험으로 선적과 적부의 작업을 실시하여야 한다. 3) 적부는 용선자 혹은 화주의 비용과 위험으로 실시한다고 당사자가 약정한다 하더라도, 적부가 부실하게 이루어지고 그것이 선박의 안전을 위태롭게 하는 것이라면, 그로부터 발생하는 결과에 대하여 운송인은 책임을 면하지 못한다.

제270조 (갑판에 선적) 상대방이 명시적으로 동의하거나 혹은 상관습 혹은 시행중인 명령에 의해 허용되는 경우에 한하여, 운송인은 화물을 상갑판상에 선적할 수 있다.

제271조 (운송의 실행) 운송인은 항해를 개시하여 목적지까지 운송을 실행함에 있어 불필요한 지연이 없어야 하며, 약정한 항로가 있으면 그 항로로 운항하여야 하고 약정이 없으면 상황에 비추어 가장 적당한 항로로 운항하여야 한다. 또 운송인은 항해 도중 어느 구간에 있든 운송중인 물건을 그 성질과 상황에 비추어 적의한 방식으로 보관하여야 한다. 그리고 운송인은 최종 목적지에 도착하면 화물을 수하인에게 인도하여야 한다.

272. (Retraso en el inicio del viaje) El porteador será responsable de los daños y perjuicios que se ocasionen por el retraso injustificado en emprender el viaje.

273. (Desviación) El porteador será responsable de los daños y perjuicios que se ocasionen por la desviación del buque de la ruta pactada o, en su defecto, de la más apropiada según las circunstancias, a no ser que tal desviación se realice para salvar vidas humanas o por cualquier otra causa razonable y justificada que no derive del estado de innavegabilidad inicial del buque.

274. (Deber de custodia. El porteador seráresponsable por la pérdida o daños que sufran las mercancías como consecuencia de la infracción al deber de custodia de acuerdo con lo preceptuado en la Sección 7.ª de este Capítulo.

275. (Arribada por inhabilitación del buque) **1**. Si por averías del buque u otras causas que lo inhabiliten para navegar el viaje quedase interrumpido en un puerto distinto del de destino, el porteador deberácustodiar las mercancías mientras se subsanan las causas que provocaron la arribada. Si el buque quedara inhabilitado definitivamente o el retraso pudiera perjudicar gravemente al cargamento, el porteador deberá proveer a su costa al transporte hasta el destino pactado. Si el porteador no lo hiciera, las mercancías no devengarán flete alguno. **2**. Lo establecido en el apartado anterior se entiende sin perjuicio de lo que proceda en avería gruesa y de la responsabilidad que pueda incumbir al porteador por el retraso o pérdida de las mercancías conforme a la Sección 7.ª, si la causa de la innavegabilidad del buque le fuera imputable. **3**. Lo dispuesto en el apartado **1** no se aplicará en el fletamento por tiempo.

276. (Seguridad del puerto) **1**. Si el puerto de destino designado en el contrato no fuera accesible en condiciones de seguridad para el buque, el porteador podrá dirigirlo al puerto conveniente más próximo y exigir que se acepte allí la entrega de lasmercancías. No podrá hacer uso de esta facultad si el obstáculo para el acceso es sólo temporal, en cuyo caso deberá esperar a su subsanación un tiempo razonable. **2**. Si el fletador se hubiera reservado en el contrato la facultad de designar el puerto de destino, se aplicarán las disposiciones del apartado 1 del 267. **3**. Si la causa de la inseguridad existiera en el momento de contratar y el puerto de destino figurara en el contrato, el porteador soportará los gastos que ocasione la descarga en un puerto distinto del pactado, salvo que las circunstancias permitan suponer que no conoció los factores de inseguridad del puerto en el momento de contratar. **4**. En los casos del apartado 1, el porteador deberácomunicar sin demora al destinatario y, en todo caso, al fletador el desvío al puerto más próximo.

277. (Determinación del muelle) Las disposiciones del anterior serán aplicables a la determinación del muelle o lugar de descarga.

278. (Operaciones de descarga) **1**. El porteador deberá descargar sin demora las mercancías a su costa y riesgo, y el destinatario, deberá colaborar en la operación retirándolas del costado del buque. Las partes podrán establecer pactos expresos diversos sobre estas operaciones. **2**. La regla anterior no se aplicaráen el fletamento por tiempo, en el que tales operaciones serán a cargo del fletador.

제272조 (운송개시의 지연) 운송인은 정단한 이유 없이 항해의 개시를 지연함으로 인하여 발생하는 손실 및 손해에 대하여 이를 배상할 책임이 있다.

제273조 (이로) 운송인은 선박이 약정한 항로 혹은 약정한 항로가 없으면 상황에 비추어 가장 적당한 항로를 이탈하여 항해함으로 인하여 발생한 손실이나 손해를 배상할 책임이 있다. 그러나 이로가 인명을 구조하기 위하여 이루어진 것이거나 기타 정당하고 상당한 이유가 있어 이루어진 경우에는 책임이 없다. 다만 이 경우에도 그 이로가 항해를 개시할 때에 선박이 감항능력을 상실한 것에 기인한 것이 아니어야 한다.

제274조 (보관의무) 운송인은 본장 제7관에 규정된 바에 따라 보관의무를 위반하여 그 결과로 화물에 발생한 멸실이나 훼손에 대하여 배상책임이 있다.

제275조 (항해능력상실로 인한 기항) **1)** 선박이 파손되거나 기타 사고로 인하여 항해능력을 상실하였기에 목적항 이외 항구에서 항해가 중단된 경우, 운송인은 강제기항을 야기한 원인을 치유하는 동안 화물을 보관하여야 한다. 항해능력의 상실이 완전히 확정적인 때 혹은 지연이 화물에 중대한 위해를 가할 우려가 있는 경우 운송인은 자기 비용으로 약정한 목적지까지 운송을 주선하여야 한다. 만일 운송인이 이를 시행하지 아니하는 경우, 화물에 대한 운임은 전혀 발생하지 아니한 것으로 본다. **2)** 전 항의 규정과 상관없이 공동해손에 관한 규정이 적용되며, 만일 운송인이 항해능력상실에 귀책사유가 있다면 제7항의 규정에 따라 화물의 멸실 혹은 지연에 대해 손해를 배상할 책임이 있다. **3)** 제1항의 규정은 정기용선계약에는 적용되지 아니한다.

제276조 (항구의 안전) **1)** 계약에서 지정한 목적항에 선박이 안전하게 접근할 수 없는 경우, 운송인은 가장 인근에 있는 적당한 항구로 선박을 인도하고 거기에서 화물의 수령을 요구할 수 있다. 그러나 만일 진입에 대한 장애가 일시적인 경우, 운송인은 이 권한을 행사할 수 없고, 이때에는 상당기간 그 치유를 기다려야 한다. **2)** 용선자가 계약에 의거 목적항을 지정할 권한을 보유하는 경우, 제267조 1항의 규정이 적용된다. **3)** 안전하지 아니한 사유가 계약시에도 존재했고, 목적항이 계약에 표시되어 있는 경우, 목적항이 아닌 다른 항구에 양하함으로 인하여 발생하는 비용은 운송인이 부담하여야 한다. 다만 상황으로 보아 운송인이 계약시에 불안 요소를 알지 못하였다고 보여지는 경우에는 그러하지 아니하다. **4)** 위 제1항의 경우에 운송인은 지체없이 수하인이 있으면 수하인과 용선자에게 인근 항구로 양륙지가 변경된 것을 통지하여야 한다.

제277조 (부두의 결정) 전 조의 규정은 양하할 부두 혹은 장소에 대하여도 적용한다.

제278조 (양하 작업) **1)** 운송인은 지체없이 자기의 비용과 위험으로 화물을 양륙하여야 하며, 수하인은 이에 협력하고 선측에서 화물을 인수하여야 한다. 당사자는 양륙 방식을 이와 달리 약정할 수도 있다. **2)** 전 항의 규정은 정기용선계약에는 적용되지 아니하며, 정기용선계약에서는 용선자가 자기 책임으로 이러한 작업을 하여야 한다.

279. (Obligación de entrega) El porteador deberá entregar sin demora y conforme a lo pactado las mercancías transportadas al destinatario legitimado para recibirlas. Si éste no se presentase o rechazase la entrega, el porteador podrá, a costa del destinatario, almacenar las mercancías hasta su entrega o recurrir a su depósito judicial.

Sección **3.**ª De los deberes del fletador

280. (Presentación de las mercancías para su embarque) **1.** El fletador deberá poner las mercancías al costado del buque para su embarque, salvo que se haya pactado otra forma de entregar las mercancías para el transporte. Si no lo hiciere así, el porteador podrá resolver el contrato una vez transcurrido el plazo de plancha, y reclamar además los perjuicios sufridos. **2.** En el fletamento de mercancías determinadas el porteador podrá tener por resuelto el contrato si la mercancía no le fuera entregada en plazo que permita su embarque durante la estancia usual del buque en puerto, siempre que hubiera avisado previamente al cargador. Podrá además, en tal caso, reclamar los perjuicios derivados del incumplimiento del plazo.

281. (Flete sobre vacío) El fletador que no cargara la totalidad de las mercancías contratadas deberápagar el flete de la cantidad que deje de embarcar, salvo que el porteador haya tomado otra carga para completar la capacidad del buque.

282. (Embarque clandestino) **1.** No podrán embarcarse mercancías de clase distinta de la contratada, salvo que sea posible hacerlo sin perjuicio ninguno para el porteador y demás cargadores. En este último caso, podrá el porteador exigir el flete que corresponda usualmente a la mercancía embarcada. **2.** Si se embarcasen mercancías distintas sin notificarlo al porteador, será el fletador responsable de todos los daños y perjuicios que de ello se siguieren para el porteador o demás cargadores, sin perjuicio de la obligación de abonar el flete que corresponda. El porteador podrá desembarcar las mercancías si resultare conveniente para evitar perjuicios graves al buque o al cargamento.

283. (Embarque de mercancías peligrosas) **1.** No podrán embarcarse mercancías peligrosas sin previa declaración de su naturaleza al porteador, y sin el consentimiento de éste para su transporte, debiendo en cualquier caso ser marcadas y etiquetadas por el cargador conforme a las normas vigentes para cada clase de estas mercancías. **2.** Si el fletador embarcase mercancías peligrosas con violación de lo dispuesto en el apartado anterior, será responsable ante el porteador y ante los demás cargadores de todos los daños y perjuicios causados; además, dichas mercancías podrán en todo momento ser desembarcadas, destruidas o transformadas en inofensivas según lo exijan las circunstancias, sin derecho a indemnización. **3.** Incluso en el caso de embarque correctamente declarado de mercancías peligrosas, éstas podrán ser desembarcadas, destruidas o transformadas en inofensivas si llegan a constituir un peligro real para las personas o las cosas, sin derecho a indemnización, a no ser que el porteador sea responsable de la situación de peligro conforme a lo dispuesto en la Sección 7ª, o bien cuando proceda su abono en avería gruesa.

284. (Cálculo y devengo del flete. El flete se calcularáen la forma pactada en el contrato y, en su defecto, conforme a las reglas siguientes:

제279조 (인도 의무) 운송을 완료한 운송인은 지체없이 약정한 바에 따라 수령할 정당한 권리를 가진 수하인에게 화물을 인도하여야 한다. 수하인이 나타나지 아니하거나 혹은 수령을 거절하는 경우, 운송인은 수하인의 비용으로 인도할 때까지 보관시키거나 혹은 사법 절차에 따라 공탁할 수 있다.

제3관 용선자[6](송하인)의 의무

제280조 (화물의 제공) **1)** 당사자 사이에 다른 방식으로 화물을 제공하기로 약정하지 아니하는 한, 용선자는 선적을 위해 화물을 선측에 가지고와 놓아두어야 한다. 용선자가 이를 해태하고 선적기간이 경과하면 운송인은 운송계약을 해제할 수 있고, 그 외에도 손해가 있으면 그 배상을 청구할 수 있다. **2)** 특정한 물건의 운송을 목적으로 하는 계약의 경우, 그 항구에 선박이 머무는 동안 통상 허용하는 기간 내에 화물을 인도하지 아니하면 운송인은 그 운송계약이 해제된 것으로 볼 수 있고, 다만 사전에 화주에게 이를 예고하여야 한다. 그 외에도 운송인은 기간을 지키지 아니함으로 인하여 발생한 손해의 배상을 청구할 수 있다.

제281조 (공적 운임) 용선자가 계약에서 약속한 화물을 전부 선적하지 아니한 경우 선적하지 아니한 그 수량에 대하여도 운임을 지급하여야 한다. 다만 그 선박의 용량을 채우기 위하여 다른 화물을 선적한 경우에는 그러하지 아니하다.

제282조 (비밀 선적) **1)** 상대방은 원칙적으로 약정한 것과 다른 종류의 화물을 선적할 수 없고, 다만 운송인과 다른 화주에게 하등 손해를 입히지 아니하고 선적할 수 있는 때에는 그러하지 아니하다. 이 마지막의 경우에 운송인은 선적한 화물에 대해 통상 요구하는 운임을 청구할 수 있다. **2)** 운송인에게 고지하지 아니한 채 약정한 것과 다른 화물을 선적한 경우, 그로 인하여 운송인은 물론 다른 화주에게 발생한 모든 손실과 손해를 배상할 책임이 있다. 그리고 이 권리와는 별도로 용선자는 그 물건에 해당하는 운임을 지급하여야 한다. 운송인은 선박 혹은 화물에 발생할 중대한 손해를 피하기 위해 필요하다고 판단되면 그 화물을 양륙할 수 있다.

제283조 (위험한 화물의 선적) **1)** 사전에 운송인에게 그 성질을 고지하고 운송인으로부터 동의를 얻지 아니하면 위험한 화물을 선적할 수 없다. 여하한 경우이든 위험한 물건은 그 종류에 따라 적용될 규범에 의거 기호를 표시하고 라벨을 달아야 한다. **2)** 용선자가 전항의 규정에 위반하여 위험한 화물을 선적한 경우, 운송인과 다른 화주에게 그로 인하여 발생하는 모든 손실과 손해를 배상할 책임이 있다. 또한 운송인은 이러한 화물은 상황에 의하여 필요하다면 언제든지 양하, 파괴 및 무해조치를 할 수 있고, 용선자는 그에 대하여 아무런 보상도 청구하지 못한다. **3)** 위험한 화물은, 비록 신고를 하고 적법하게 선적되었다 하더라도 마찬가지로, 인명과 재산에 실제로 위험이 된다면 양하, 파괴 및 무해조치를 할 수 있다. 그리고 용선자는 이로 인한 손해의 배상을 청구할 수도 없다. 다만 제7관에서 정한 바에 따라 운송인이 위험한 상황에 대해 책임이 있는 경우에는 그러하지 아니하고, 또 그 외에도 공동해손이 인정되어 보상이 될 수도 있다.

제284조 (운임의 발생과 계산) 운임은 운송계약에서 정한 방식으로 계산하고 정한 방식이 없는 경우 다음과 같이 계산한다.

6 원문에는 오로지 용선자로 표시되어 있으나 이는 송하인을 포함한 상대방을 가리킨다.

a) Si el flete se calculara por el peso o volumen de las mercancías, se fijará según el peso o volumen declarado en el conocimiento de embarque, salvo fraude o error.
b) En el fletamento por tiempo el flete se devengará día a día durante todo el tiempo que el buque se encuentre a disposición del fletador en condiciones que permitan su efectiva utilización por éste.

285. (Flete de las mercancías perdidas o averiadas) **1.** Salvo pacto en contrario, no devengarán flete las mercancías perdidas durante el viaje a no ser que la pérdida se debiera a su naturaleza, vicio propio o defecto de embalaje. Si la pérdida fuera parcial y el flete se hubiera pactado según el peso o medida de las mercancías, no devengaráflete la parte perdida. **2.** Las mercancías averiadas devengarán el flete pactado, sin que puedan válidamente abandonarse al porteador como forma de pago.

286. (Persona obligada al pago del flete) **1.** El fletador está obligado a pagar el flete en las condiciones pactadas.**2.** No obstante, podrá pactarse que el flete sea pagadero por el destinatario de las mercancías haciéndolo constar asíen el conocimiento de embarque o en la carta de porte. En este caso, el destinatario estará obligado a pagar el flete si acepta o retira aquéllas en destino. Si el destinatario rehusa o no retira las mercancías deberáabonar el flete el contratante del transporte. Este deberá también abonar la parte del flete que el porteador no hubiera percibido del destinatario a pesar de haber ejercitado los derechos de retención o depósito judicial que le otorga el 288.

287. (Privilegio del crédito por el flete. Las mercancías transportadas estarán afectas preferentemente al pago del flete, demoras y otros gastos ocasionados por su transporte hasta su entrega y durante los 15 días posteriores, salvo que en este último plazo se hayan transmitido por título oneroso a un tercero de buena fe.

288. (Retención y depósito judicial) **1.** El porteador tendrá derecho a retener en su poder las mercancías transportadas mientras no percibael flete, las demoras y demás gastos ocasionados por su transporte. No podrá ejercitarse este derecho en contra del destinatario que no sea el fletador, salvo que en el conocimiento o carta de porte conste la mención de que el flete es pagadero en destino. **2.** Asimismo, podrá acudir al procedimiento de depósito y venta judicial regulado en la Ley de Jurisdicción Voluntaria, con la misma limitación en lo referente al destinatario no fletador.

289. (Retención o depósito en el fletamento por tiempo) En el fletamento por tiempo, el porteador podrá retener o depositar judicialmente las mercancías por impago de fletes cuando pertenezcan al fletador. En caso de que sean propiedad de terceros que hubieren contratado el transporte con el fletador, el porteador sólo podrá retener o depositar las mercancías por el importe de los fletes que aquéllos adeuden todavía al fletador.

Sección **4.**ª De la plancha y demoras

290. (Cómputo del plazo de plancha) **1.** Si en el contrato se estableciera un plazo de plancha para la carga o descarga de las mercancías, éste se computará por días laborables, excluyéndose

a) 화물의 중량 혹은 부피에 의하여 운임을 계산하는 경우, 사기나 착오가 없는 한, 선하증권에 기재된 중량과 부피를 기준으로 운임을 정한다.
b) 정기용선계약의 경우, 용선자가 선박을 효과적으로 이용할 수 있는 상태로 선박이 용선자에게 제공된 시간 동안, 일일로 환산하여 용선료가 발생하는 것으로 본다.

제285조 (멸실 혹은 훼손된 화물에 대한 운임) 1) 반대의 약정이 없는 한, 항해 도중에 화물이 멸실된 때에는 운임이 발생하지 아니한다. 다만 화물의 성질, 자체 하자 혹은 포장 미비로 인한 경우에는 그러하지 아니하다. 만일 화물이 부분적으로 멸실되고 화물의 중량 혹은 부피에 따라 운임을 정한 경우, 그 멸실된 부분에 대하여는 운임이 발생하지 아니한다. 2) 화물이 훼손되었다 하더라도 운임은 발생하며, 운임의 지급조로 적법하게 운송인에게 운송물을 포기할 수는 없다.

제286조 (운임지급의무자) 1) 용선자는 약정한 바에 따라 운임을 지급할 의무가 있다. 2) 그러나 당사자가 합의를 하고 선하증권 혹은 운송장에 이를 기재하면, 수하인이 운임을 지급하는 것으로 할 수 있다. 이 경우에 수하인은 이를 승인하거나 목적지에서 운송물을 수령하면 운임을 지급할 의무가 있다. 수하인이 이를 인정하지 아니하고 운송물도 수령하지 아니하는 경우, 원래 계약자가 운임을 지급할 의무를 진다. 운송인이 제288조에서 정하는 바에 따라 유치권 혹은 공탁권을 행사하였음에도 불구하고 수하인으로부터 운임을 지급받지 못한 경우에는, 계약자는 마찬가지로 그 잔액에 대하여 지급할 책임이 있다.

제287조 (운임채권의 우선특권) 운송인은 운임, 체선료 및 운송 중에 발생한 비용의 지급을 담보하기 위하여 운송물을 인도하고 난 다음 15일이 경과하기 이전에는 그 운송물에 대하여 우선특권이 인정된다. 다만 인도를 하고 난 다음에는 운송물이 유상으로 선의의 제3자에게 양도되면 소멸한다.

제288조 (유치와 공탁) 1) 운송인은 운임, 체선료 및 운송중에 발생한 비용을 지급받을 때까지 운송물을 유치할 수 있다. 그러나 운송인은 용선자가 아닌 사람이 수하인이 되면 그에 대하여는 이러한 권리를 행사할 수 없다. 다만 선하증권이나 운송장에 목적지에서 운임이 지급될 것으로 기재되어 있는 경우에는 그러하지 아니하다. 2) 마찬가지로 "동의에 의한 재판권법"에 의거 운송인은 운송물의 공탁 및 경매절차를 밟을 수도 있다. 이 때에도 용선자가 아닌 수하인에 대하여는 동일한 제한이 적용된다.

제289조 (정기용선계약에서 유치와 공탁) 정기용선계약에서 운송인은 화물이 용선자의 소유이면 운임 미지급을 이유로 운송물을 유치하고 공탁할 수 있다. 화물이 용선자와 운송계약을 체결한 제3자의 소유라면 운송인은 제3자가 용선자에게 지고 있는 미지급 운임의 범위 내에서 용선자의 운임지급을 담보하기 위하여 유치 혹은 공탁을 할 수 있다.

제4관 선적(양륙)기간과 체선료

제290조 (선적기간의 계산) 1) 운송계약에서 화물의 선적 혹은 양륙을 위한 기간을 정한 경우, 반대의 약정이 없는 한, 그 기간은 근무일을 기준으로 계산하며, 그 항구의 관습 혹은

los que sean festivos según el calendario oficial o los usos del puerto de que se trate, salvo pacto en contrario. Si no se estableciera un plazo determinado, la plancha durará el usual según las condiciones del buque, puerto y mercancías. **2**. Tampoco se computarán como tiempo de plancha, salvo pacto en contrario, los periodos en que resulte imposible trabajar, por causas fortuitas, en la respectiva operación de carga o descarga.

291. (Inicio del cómputo de plancha) El cómputo de la plancha se iniciará, salvo pacto en contrario, cuando el buque haya llegado al muelle o lugar de carga o descarga designado, se encuentre preparado para realizar tales operaciones y el fletador o la persona designada en el contrato hayan recibido la oportuna comunicación

292. (Entrada en demoras y su importe) **1**. Terminado el período de plancha sin que se hubieran ultimado las operaciones de carga o descarga, comenzará automáticamente a contarse el período de demora. **2**. El fletador abonarála cantidad fijada en el contrato por el tiempo de demora producido. Si su importe no se hubiera pactado, deberá pagarse una cantidad igual a la que normalmente se hubiera fijado, atendiendo a los usos del tráfico para buques de características semejantes con un cargamento y viaje similares

293. (Duración y cómputo del plazo de demora) La duración del plazo de demora se fijará en la póliza y, en su defecto, durará tantos días como laborables tuviera el período de plancha. El cómputo de la demora se realizará por horas y días consecutivos, suspendiéndose sólo cuando fuera imposible cargar o descargar por causas imputables a la operatividad del buque.

294. (Detención ulterior del buque) Expirado el periodo de demora sin haberse ultimado la carga o descarga, el porteador podrá exigir la indemnización de los perjuicios causados por la ulterior detención del buque sin sujeción al importe fijado contractual o legalmente para las demoras. No obstante, el porteador podrá también emprender el viaje con las mercancías cargadas hasta ese momento, o descargarlas por su cuenta en la forma más adecuada, según que la expiración del período de demora haya tenido lugar en el puerto de carga o en el de descarga. En el primer caso, podrá reclamar el flete sobre vacío que corresponda; en el segundo, los gastos causados por la descarga que no le correspondiesen según el contrato.

295. (Cómputo independiente de los plazos) Salvo pacto en contrario, los plazos de plancha establecidos en la póliza para cargar o descargar serán computados independientemente el uno del otro.

296. (Pago, privilegio y prescripción) Las reglas sobre pago, privilegio y prescripción del flete se aplicarán a las demoras.

Sección **5**.ª Del conocimiento de embarque

297. (Entrega del conocimiento de embarque) **1**. Al ser entregadas las mercancías para su transporte al porteador, y a petición del cargador, aquél deberá emitir un conocimiento con las menciones establecidas en el 299. Al embarcarse las mercancías a bordo del buque el conocimiento anteriormente emitido deberá ser apostillado como de embarque efectivo,

공식 달력에 의하여 휴일에 해당하면 이를 제외한다. 당사자가 합의한 선적 및 양륙기간이 없는 경우, 선박, 항구 및 화물의 여건을 고려한 통상의 기간을 선적 및 양륙 기간으로 본다. **2)** 마찬가지로 반대의 약정이 없는 한, 불가항력적 사유로 선적 혹은 양륙 작업을 할 수 없는 기간도, 이를 선적 혹은 양륙의 기간에 산입하지 아니한다.

제291조 (선적 혹은 양륙 기간의 개시) 선적 및 양륙 기간은, 반대의 약정이 없는 한, 선박이 선적 혹은 양륙을 위해 지정된 부두에 도착하여 작업을 개시할 준비가 되어 있고, 용선자 혹은 이를 위해 지정하여 둔 사람이 필요한 통지를 받은 때부터 기산한다.

제292조 (체선기간에 돌입 및 체선료) **1)** 선적이나 양륙의 작업이 종료되지 아니한 채 선적기간 혹은 양륙기간이 종료하면 자동적으로 체선기간이 개시된다. **2)** 용선자는 체선기간에 대해 약정한 금액인 체선료를 지급하여야 한다. 합의한 금액이 없으면 비슷한 선박이 비슷한 화물을 가지고 비슷한 항해를 하는 경우에 있어 운송관행에 비추어 통상 약정하는 금액이 체선료가 된다.

제293조 (체선기간의 계속과 계산) 체선기간은 용선계약서에서 당사사가 정하고, 이러한 성함이 없는 경우, 선적기간 혹은 양륙기간의 근무일에 해당되는 날수를 체선기간으로 한다. 체선기간은 시간과 날짜를 단위로 계속적으로 계산한다. 다만 선박의 작동 상태에 기인하여 선적이나 양륙이 불가능하게 된 경우에 한하여 그 계산에서 제외한다.

제294조 (체선기간 이후 지체) 선적이나 양륙을 종료하지 못한 채 체선기간이 만료된 경우 그 이후에는 운송인은 그 지체로 인한 손해배상을 청구할 수 있고, 다른 한편 더 이상 약정 혹은 법정된 체선료를 청구할 수 없다. 그러나, 지체가 선적시에 발생하였는지 혹은 양륙시에 발생하였는지에 따라, 운송인은 그 순간까지 선적한 화물만 싣고 항해를 개시할 수 있고, 용선자의 계산으로 적당한 방법으로 양륙을 할 수 있다. 전자의 경우에 운송인은 공적운임을 청구할 수 있고, 후자의 경우에는 운송계약에서 자기가 부담할 것이 아니면 그 비용을 청구할 수 있다.

제295조 (기간의 별도 계산) 반대의 약정이 있는 경우를 제외하고는, 용선계약서에서 정한 선적기간 및 양륙기간은 이를 각각 별도로 계산한다.

제296조 (지급, 우선특권 및 시효) 운임에 적용될 지급, 우선특권 및 시효에 관한 규정은 체선료에 대하여도 적용된다.

제5관 선하증권

제297조 (선하증권의 교부) **1)** 운송을 위해 화물을 운송인에게 인도한 화주가 요청을 하면, 운송인은 제299조의 사항을 기재한 선하증권을 발행하여 주어야 한다. 화물이 선적된 다음에는 이전에 발행된 선하증권에 선적이 이루어 진 것을 부기하여야 하고 혹은 이 부기 대신에 운송할 선박에 선적된 것이 기재된 새로운 선하증권과 교환하여 주어야 한다. **2)** 제

o bien ser sustituido por un conocimiento que exprese que las mercancías se encuentran efectivamente a bordo del buque porteador. **2**. El conocimiento de embarque formalizado con los requisitos del 299 tendrá aparejada ejecución de la obligación de entregar el cargamento de acuerdo con lo establecido en el 517 de la Ley de Enjuiciamiento Civil. **3**. El conocimiento hace fe del hecho de la recepción de las mercancías por el porteador para su transporte y atribuye a su tenedor legítimo el derecho a recibirlas en el puerto o lugar de destino.

298. (Firma del conocimiento de embarque) **1**. El conocimiento podrá ser suscrito por el porteador o por otra persona en su nombre. Si fuere firmado por el capitán del buque, se presumirá que lo hace en nombre del porteador mencionado en el conocimiento. **2**. Si en el conocimiento no se identifica suficientemente a la persona que actúa como porteador se entenderáfirmado por cuenta del armador del buque.

299. (Menciones del conocimiento de embarque) **1**. El conocimiento deberá contener las siguientes menciones:

a) La naturaleza de las mercancías, las marcas principales necesarias para su identificación, el número de bultos o unidades, su peso o cantidad y, en su caso, su carácter peligroso, todo ello tal como ha sido declarado por el cargador.
b) El estado aparente de las mercancías.
c) El valor de las mercancías cuando dicha mención sea solicitada por el cargador.
d) El nombre y sede del establecimiento principal del porteador.
e) El nombre del cargador y el del destinatario si aquél lo hubiera designado.
f) Los puertos de carga y descarga y, si no coincidieran, los lugares de inicio y terminación del transporte.
g) La fecha de entrega de las mercancías al porteador para su transporte.
h) El lugar de emisión del conocimiento y el número de ejemplares originales si se emite más de uno.
i) La fecha o plazo de entrega de las mercancías en destino si tales aspectos han sido expresamente pactados.
j) El importe del flete si éste es pagadero por el destinatario, con indicación expresa de tal carácter.
k) La circunstancia de que las mercancías pueden ser transportadas en cubierta en su caso.
l) La firma del porteador o de una persona en su nombre.

2. El conocimiento podrá además contener todas aquellas menciones o estipulaciones válidamente establecidas por las partes.

300. (Circulación del conocimiento de embarque) **1**. El conocimiento de embarque podrá emitirse al portador, a la orden o a favor de persona determinada. En el primer caso serátransmisible por la entrega material del documento, en el segundo en virtud de endoso y, en el tercero, la transmisión se efectuará mediante cesión ordinaria. **2**. Para la transmisión por endoso será aplicable lo establecido para los títulos cambiarios, en la medida en que sea conforme con la naturaleza del conocimiento. La cesión ordinaria del conocimiento deberá anotarse en el título y se estará a lo previsto en los artículos 347 y 348 del Código de comercio. **3**. Quien adquiera el conocimiento con arreglo a lo establecido en los apartados anteriores adquirirá sobre las mercancías expresadas en él todos los derechos y acciones del transmitente.

299조의 요건을 갖추어 발행된 선하증권은 민사소송법 제517조의 규정에 의거 화물인도 의무에 관해 간이절차에 의거 집행을 한다. **3)** 선하증권은 운송을 위해 운송인이 화물을 수령한 것에 관해 증명력을 가지며, 그 소지인은 목적 항구 혹은 목적지에서 운송물의 인도를 청구할 권리를 갖는다.

제298조 (선하증권의 서명) **1)** 선하증권은 운송인 혹은 그 대리인이 서명할 수 있다. 선장이 서명한 경우 선하증권에 기재된 운송인을 대리하여 서명한 것으로 추정한다. **2)** 선하증권에 운송인으로 행위하는 사람이 정확히 표시되지 아니한 경우 의장자를 위하여 서명한 것으로 본다.

제299조 (선하증권에 기재사항) **1)** 선하증권에는 다음 사항을 기재하여야 한다.

a) 운송물의 종류, 그 구별을 위하여 필요한 주된 기호, 포장 혹은 단위의 숫자, 그 중량이나 수량 및 필요한 경우 그 위험한 성질. 이 모든 것은 화주가 신고한 바에 따라 기재한다.
b) 화물의 외관상 상태.
c) 화주의 요청이 있는 경우 화물의 가격.
d) 운송인의 성명과 그 주된 영업소의 소재지.
e) 화주의 성명 및 화주가 수하인을 지정한 경우 그 성명.
f) 선적항 및 양륙항. 이와 다른 운송의 시작과 종료 장소가 있으면 그 장소.
g) 운송을 위하여 운송인에게 화물을 인도하는 날짜.
h) 선하증권을 발행하는 장소 및 복본이 발행되는 경우 그 숫자.
i) 당사자가 이를 명시적으로 합의한 경우 목적지에서 화물을 인도할 날짜 혹은 기간.
j) 운임을 수하인이 지급하기로 한 경우 그러한 내용과 그 금액.
k) 화물을 상갑판에 선적할 수 있는 경우 그 상황.
l) 운송인 혹은 그 대리인의 서명.

2) 선하증권에는 이러한 사항 이외에도 당사자가 여타 적법하게 합의한 사항이나 조항도 포함시킬 수 있다.

제300소 (선하증권의 이전) **1)** 선하증권은 무기명식, 지시식 및 기명식으로 발행할 수 있다. 첫 번째 경우는 서류를 현실적으로 인도함으로서 양도가 이루어지고 두 번째 경우에는 배서의 효력으로 양도가 이루어지며, 세 번째의 경우에는 일반 채권양도와 같은 방법으로 하여야 양도의 효력이 생긴다. **2)** 배서에 의한 양도의 경우, 선하증권의 성질에 반하지 아니하는 한, 환어음의 권리 이전에 관한 규정을 적용한다. 일반 채권양도는 증권에 새로운 권리자를 기재하여야 하고 상법 제347조 및 제348조의 규정에 의하여 규율한다. **3)** 위 제1항 및 제2항의 규정에 의하여 선하증권을 취득한 사람은 증권에 기재된 물건에 대하여 양도인이 가졌던 모든 권리와 권한을 취득한다. **4)** 선하증권의 소지인이 그 원인이 무엇이든 증권에 대한 점유를 상실하고, 이후에 새로운 소지인이 무기명 증권을 가지게 되거나 혹은

4. Cuando una persona sea desposeída de un conocimiento por cualquier causa que fuere, el nuevo tenedor ya se trate de un conocimiento al portador, ya de un conocimiento endosable respecto al cual justifique su derecho, no estará obligado a devolverlo si lo adquirió de buena fe y sin culpa grave. Quedarán a salvo los derechos y acciones del legítimo titular contra los responsables de los actos de desposesión ilegítima.

301. (Conocimiento de embarque electrónico) **1**. El conocimiento de embarque podrá también emitirse electrónicamente, siempre que las partes hayan acordado previamente las reglas sobre su emisión y circulación que hagan referencia a:

a) El empleo de un método utilizable para emitir el conocimiento y transferir éste al tenedor designado.

b) La seguridad de que el conocimiento electrónico emitido mantendrá su integridad.

c) La manera por la que el tenedor del conocimiento electrónico podrá demostrar su condición de tal.

d) La manera por la que se confirmará que la entrega se ha efectuado al tenedor del conocimiento electrónico o de que éste ha perdido toda validez o eficacia.

2. Las reglas a que se refiere el apartado anterior deberán estar indicadas en el contrato y ser fáciles de verificar.

3. La emisión, el control o la transferencia del conocimiento de embarque electrónico surtirá el mismo efecto que la emisión, la posesión o la transferencia del título documento emitido o negociado en soporte papel y producirá acción en juicio en los términos establecidos para el conocimiento de embarque emitido o negociado en soporte papel.

4. El porteador y el tenedor de un conocimiento de embarque emitido en soporte papel podrán acordar sustituirlo por un conocimiento de embarque electrónico, de acuerdo con las siguientes reglas:

a) El tenedor deberá devolver al porteador el conocimiento de embarque consignado en soporte papel, o todos los ejemplares, si existieran más de uno. b) El porteador deberá emitir al tenedor un conocimiento de embarque electrónico, en donde se declare que el documento asíemitido sustituye al conocimiento consignado en soporte papel. El conocimiento consignado en soporte papel quedará privado, a partir de ese momento, de toda validez o eficacia.

5. El porteador y el tenedor de un conocimiento de embarque electrónico podrán acordar sustituirlo por un título consignado en soporte papel. El porteador deberáemitir a dicho tenedor un conocimiento de embarque consignado en soporte papel en donde se declare que éste sustituye al conocimiento de embarque electrónico. El conocimiento de embarque electrónico quedaráprivado, a partir de ese momento, de toda validez o eficacia.

302. (Carta de porte marítimo) **1**. Si el cargador así lo acepta, podráemitirse un documento no transmisible que designe personalmente al destinatario, quien tendrá derecho a retirar las mercancías en destino sin su presentación. Dicho documento deberá contener las menciones del 299 y, además, la indicación expresa de su carácter no negociable. Las normas establecidas en los artículos siguientes serán de aplicación a este documento. **2**. Cuando se haya emitido válidamente una carta de porte, hasta el momento de la entrega en el puerto o lugar de destino, el cargador podrá variar la persona del destinatario notificándoselo por escrito al porteador en tiempo oportuno.

지시식 증권에 그 권리를 증명하는 경우, 그가 선의이며 중대한 과실이 없는 한, 이를 반환할 의무가 없다. 그러나 정당한 권리를 가졌던 소지인이 부당하게 점유를 침탈당한 것에 대해 책임을 묻는 것은 이를 별론으로 한다.

제301조 (전자선하증권) **1)** 선하증권은 당사자가 사전에 그 발행과 유통에 관한 규칙에 합의하면 전자적인 방법으로 발행할 수 있고 그 합의는 다음 사항을 담고 있어야 한다.

a) 선하증권을 발행하고 특정한 소지인에게 이전하기 위하여 사용할 방법의 선정.

b) 발행된 전자식 선하증권이 동일성을 유지하며 존속할 수 있기 위한 안전장치.

c) 전자식 선하증권의 취득자가 그 취득한 권리를 공시하는 방법.

d) 전자식 선하증권이 취득자에게 인도된 것을 확인하거나 혹은 선하증권이 모든 효력과 효과를 상실하는 것을 확인하는 방법.

2) 전 항에서 말하는 규칙은 계약에 나타나 있어야 하고 용이하게 확인할 수 있어야 한다.

3) 전자식 선하증권을 발행, 보유 및 이전하면 서면 선하증권을 발행하고 거래하였을 때에 발생하는 발행, 점유 및 양도의 효력과 동일한 효력이 생기고 또 서면 선하증권을 발행하고 거래한 것과 마찬가지로 법적인 권리를 행사할 수 있다.

4) 서면 선하증권의 취득자와 운송인은 다음과 같은 조건으로 이를 전자식 선하증권으로 대체할 것을 합의할 수 있다.

a) 취득자가 운송인에게 서면에 표창된 선하증권을 반환하고, 만일 복본이 발행된 경우 그 전부를 반환하고,

b) 운송인이 취득자에게 전자식 선하증권을 발행하여야 하고, 거기에 발행된 증권이 서면에 표창된 선하증권을 대체하는 것이라는 표시를 하여야 한다.서면에 표창된 선하증권은 이 순간부터 모든 효력을 잃고 그 효과가 소멸한다.

5) 전자식 선하증권의 취득자와 운송인은 이를 서면에 표창된 선하증권으로 대체할 것을 합의할 수 있다. 그러면 운송인은 그 취득자에게 서면에 표창된 선하증권을 발행하여 주어야 하고, 거기에 그 서면 선하증권이 전자 선하증권을 대체하는 것이라는 기재를 하여야 한다. 그러면 이 순간부터 전자식 선하증권은 모든 효력과 효과를 상실한다.

제302조 (운송장) **1)** 화주가 동의하는 경우, 그 증서의 양도가 허용되지 아니하고 증서에 수하인을 특정하여 지정하고 수하인이 증서를 제시하지 아니하고도 목적지에서 운송물을 인수할 권리가 있는 운송장을 발행할 수 있다. 이 증서에는 제299조에 기재사항을 담고 있어야 하며, 그 이외에 그 양도성이 없는 성질도 명시적으로 표시하여야 한다. 아래 조항에서 말하는 규범은 이 운송장에도 적용된다. **2)** 운송장이 적법하게 발행된 때에는 목적한 항구와 장소에서 수하인에게 운송물을 인도하기 이전에는 화주는 수하인을 변경할 수 있고 변경을 하려면 적기에 운송인에게 서면으로 통지하여야 한다.

303. (Fuerza probatoria del conocimiento de embarque) **1.** Excepto en lo que se refiere a las reservas previstas en el siguiente y salvo prueba en contrario, el conocimiento de embarque hará fe del hecho de la recepción o embarque de las mercancías en las condiciones descritas en el mismo. **2.** Dicha prueba en contrario no será admisible frente a persona distinta del cargador que haya recibido de buena fe el conocimiento de embarque.

304. (Reservas) **1.** Si el porteador sabe o tiene razones para sospechar que la descripción de las mercancías, sus marcas, número de bultos, peso o cantidad facilitados por el cargador no coinciden con la realidad de las mercancías que le han sido entregadas para su transporte, o si no ha tenido medios suficientes para controlar la veracidad de aquellos datos, deberáincluir en el conocimiento una reserva expresa haciendo constar las inexactitudes comprobadas, o la razón de sus sospechas, o la ausencia de medios suficientes de control.**2.** Si el porteador considera que el estado aparente de las mercancías no es el descrito por el cargador, deberá también hacer constar el estado real de aquéllas mediante una reserva expresa.

305. (Garantía del cargador) Sin perjuicio de la responsabilidad del porteador frente a terceros tenedores del conocimiento de acuerdo con las disposiciones de los artículos anteriores, aquél podrá exigir al cargador indemnización del perjuicio causado por la inexactitud de las menciones suministradas en cuanto a la naturaleza, marcas, número, cantidad y peso de las mercancías.

306. (Cartas de garantía) **1.** Cualquier pacto o declaración unilateral del cargador comprometiéndose a indemnizar al porteador de los perjuicios que se le irroguen por la no inserción de reservas en un conocimiento en cuanto a los datos suministrados por el cargador o, en cuanto al estado aparente de las mercancías carece de efecto frente a tercero a quien se haya transmitido el conocimiento. **2.** Tal acuerdo ocompromiso será válido entre cargador y porteador, salvo que se haya actuado de mala fe al omitir las reservas con intención de perjudicar a un tercero.

307. (Derecho a la entrega de las mercancías) El porteador entregará las mercancías al legítimo tenedor del conocimiento original, recogiéndolo como prueba del hecho de la entrega. En caso de entrega incorrecta a otra persona, responderádel valor del cargamento en el puerto de destino ante el destinatario legítimo, sin perjuicio de las acciones que le correspondieran contra quien haya retirado efectivamente las mercancías.

308. (Extravío, sustracción o destrucción del conocimiento de embarque) **1.** Si a petición del cargador se hubiera emitido más de un original del conocimiento, el porteador quedará liberado realizando la entrega contra la presentación y rescate de cualquiera de ellos, considerándose amortizados los demás respecto del porteador. **2.** Si antes de efectuar la entrega alguien alegara su condición de tenedor desposeído, debido a extravío, sustracción o destrucción del título, el porteador deberá retener las mercancías y remitir a los interesados al procedimiento judicial regulado en el Capítulo IV del Título IX de esta Ley a fin de que por el Juez se determine lo que resulte procedente.

309. (Menciones sobre el flete) El destinatario sólo estará obligado a pagar el flete y

제303조 (선하증권의 증명력) 1) 다음 조항에서 말하는 유보문구가 있거나 반대의 입증이 없는 한, 선하증권은 거기에 기재된 상태로 운송물을 수령한 것을 증명하는 효력이 있다. 2) 전 항에서 말하는 반증은 화주가 아닌 제3자로서 선의로 선하증권을 취득한 사람에 대하여는 허용되지 아니한다.

제304조 (유보문구) 1) 화주가 제공한 화물의 종류, 그 표시, 포장의 수, 무게 혹은 수량에 관한 기술이 운송을 위해 인도한 화물과 실제로 일치하지 아니한다는 것을 알거나 의심할 상당한 이유가 있는 경우 및 이러한 자료가 진실인지 확인할 충분한 방법이 없는 경우, 운송인은 선하증권에 명시적 유보문구를 삽입하여 거기에 확인된 부정확성, 의심의 이유 혹은 충분한 확인 방법의 부재 등을 기재하여야 한다. 2) 운송인이 판단하여 화물의 외부적 상태가 화주가 제시한 서면과 다른 경우 명시적인 유보문구로서 마찬가지로 실제 상태를 기재하여야 한다.

제305조 (화주의 담보) 위 여러 조항의 규정에 따라 운송인이 선하증권을 소지하는 제3자에 대하여 책임을 지는 것과 상관없이, 화주가 제공한 서면이 화물의 성질, 기호, 개수, 수량 혹은 중량에 있어 그 기술이 부정확하고 이로 인하여 운송인에게 발생하는 손해가 있는 경우, 운송인은 화주에 대해 그 보상을 청구할 수 있다.

제306조 (보증장) 1) 약정을 하거나 일방적인 선언을 통해, 화주가 제공한 재료나 화물의 외관상 상태에 관해 운송인이 선하증권에 유보문구를 삽입하지 아니함으로 인하여 운송인에게 발생하는 손해를 보상한다는 약정을 화주와 한다 하더라도, 선하증권을 양수받은 제3자에 대하여 이는 아무런 효력이 없다. 2) 그러나 이러한 합의나 약속은 운송인과 화주 사이에서는 유효하다. 다만 제3자에게 손해를 가할 의도로 악의로 유보문구를 삽입한 경우에는 그러하지 아니하다.

제307조 (운송물을 인도할 권리) 운송인은 선하증권 원본의 적법한 소지인에게 화물을 인도하여야 하며, 인도 사실을 증명하는 것으로 증권을 회수하여야 한다. 부정확하게 제3자에게 운송물의 인도가 이루어진 경우, 적법한 수하인에게 목적항에서의 운송물의 가액에 상당하는 보상을 하여야 한다. 이와 상관없이 운송인은 실제 운송물을 수령한 사람에게 상응하는 권리를 행사할 수 있다.

제308조 (선하증권의 분실, 사취 혹은 마멸) 1) 화주의 청구에 의하여 선하증권이 하나 이상의 목본으로 발행된 경우, 운송인은 이 중 어느 하나라도 제시하는 사람에게 인도하고 증권을 회수하면 그 책임을 면한다. 그리고 운송인과 관계에 있어서 나머지 복본은 실효된 것으로 본다. 2) 운송인이 인도를 하기 이전에 어느 사람이 나타나 증권이 분실, 사취 혹은 마멸되어 그 점유를 상실하였다고 주장하는 경우, 운송인은 운송물을 보관하고 있으면서 본법 제9장 제4절의 규정에 따라 판사로 하여금 수령자를 결정할 수 있도록 이해관계인을 사법절차에 보내야 한다.

제309조 (운임에 관한 기재) 선하증권에서 운임 및 선적항에서 발생한 체선료를 오로지

las demoras causadas en el puerto de carga cuando así lo establezca específicamente el conocimiento. No obstante, si el destinatario es el mismo fletador, vendrá obligado al pago en todo caso. En tales circunstancias se admitirála prueba en contrario de lo indicado en el conocimiento sobre estos extremos, realizada por el porteador.

Sección **6.ª** De la extinción anticipada del contrato

310. (Supuestos generales de extinción) **1.** Quedará extinguido el contrato en los casos siguientes:

a) Si antes de hacerse a la mar el buque contratado, de acuerdo con el 262, se perdiese o quedase definitivamente inhabilitado para navegar sin culpa de ninguna de las partes. En los fletamentos por tiempo la extinción se producirá en cualquier momento en que el buque se perdiese o inhabilitase definitivamente.

b) Si el fletamento se refiriese a mercancías concretas y determinadas y éstas se perdiesen antes de su embarque sin culpa del cargador. En el fletamento por tiempo no será aplicable la extinción por pérdida de las mercancías.

c) Si antes de hacerse a la mar el buque, el transporte contratado se hiciera imposible por acaecimientos naturales, por disposiciones de las autoridades o por causas ajenas a la voluntad de las partes.

d) Si antes de hacerse a la mar el buque, se produjese un conflicto armado en el que estén comprometidos el país del puerto de carga o el de descarga.

2. En los supuestos anteriores, el porteador deberáproceder, en su caso, a la descarga y devolución de las mercancías cargadas. El coste de esta operación será soportado por el fletador.

311. (Impedimento temporal) También quedará extinguido el contrato a petición de cualquiera de las partes si, antes de comenzar el viaje, sobreviniese algún impedimento, independiente de la voluntad de alguna de ellas, que provocase un retraso tan prolongado que no fuera exigible a las partes esperar a su desaparición

312. (Impedimentos sobrevenidos durante el viaje) Si durante el viaje sobrevinieren circunstancias fortuitas que hicieran imposible, ilegal o prohibida su continuación, o un conflicto armado que someta al buque o cargamento a riesgos no contemplados al contratar, el porteador podráarribar al puerto más conveniente al interés común y descargar allí las mercancías, exigiendo al fletador que se haga cargo de ellas en ese lugar. En tal caso, el porteador tendrá derecho al flete en proporción a la distancia recorrida. Para el cálculo del flete parcial se tendrán en cuenta, además de la distancia, el coste, el tiempo y los riesgos de la parte recorrida en proporción al viaje total.

313. (Modificación del destino por el fletador) En los fletamentos del buque completo por viaje, el fletador podráordenar la descarga en puerto distinto del convenido, siempre que ello no exponga al buque a riesgos superiores de los previstos al contratar, pagando el flete total contratado y los mayores gastos que se originen.

314. (Venta del buque) **1.** En caso de venta del buque antes de comenzar la carga de

수하인이 부담한다고 특별히 정한 경우에는, 수하인만이 그 운임과 체선료를 지급할 의무를 진다. 그럼에도 불구하고 수하인이 용선자와 동일인인 경우, 용선자는 여하튼 이를 지급할 의무가 있다. 그리고 이러한 조건하에서는, 운송인이 발행한 선하증권에 언급한 사항에 대해 반증을 드는 것이 허용된다.

제6관 계약의 조기 실효

제310조 (일반적인 소멸 사유) **1)** 다음과 같은 경우 운송계약은 소멸한다.

a) 항해를 개시하기 이전에 제262조에 규정한 것같이 당사자 중 어느 누구에게도 책임이 없이 선박이 멸실되거나 혹은 확정적으로 항해능력을 상실한 경우. 정기용선계약은 선박이 멸실되거나 혹은 항해능력을 확정적으로 상실하면 언제든지 소멸한다.

b) 운송계약에서 화물을 확정적으로 특정하고 그 화물이 화주의 책임 없이 소멸하는 경우. 정기용선계약에서는 화물의 멸실로 인한 소멸은 적용되지 아니한다.

c) 선박이 항해를 개시하기 이전에 천재지변, 정부의 조치 기타 당사자의 의사와 상관없는 사유로 약정한 운송이 불가능하게 된 경우,

d) 항해를 개시하기 이전에 무장 분쟁이 발발하고 여기에 선적항 혹은 양하항이 있는 국가가 관련된 경우,

2) 이러한 소멸사유가 발생한 때에 이미 선적을 했을 경우, 운송인은 선적한 화물을 양륙하고 반환하여야 한다. 이러한 작업으로 인한 비용은 용선자가 부담하여야 한다.

제311조 (일시적 장애사유) 항해를 개시하기 이전에 당사자의 의사와 상관없는 장애사유가 생기고, 그 사유가 상당한 기간 계속되어 그 소멸을 기다리라고 요구할 수 없는 상황에 이른 때에도, 당사자 중 하나가 요청하면 마찬가지로 운송계약이 소멸한다.

제312조 (항해 중 장애사유) 항해 도중에 불가항력적 상황이 생겨서 항해를 계속하는 것이 불가능하거나, 불법적이 되거나 혹은 금지된 경우 및 무장 분쟁이 발발하여 선박과 적하가 운송계약에서 예상하지 못한 위험에 직면하게 된 경우, 운송인은 공동의 이익을 고려하여 가장 적당한 항구에 기항하여 그곳에서 화물을 양륙하고 화주에게 그곳에서 화물을 처리할 것을 요구할 수 있다. 이 경우 운송인은 그 운송한 거리에 비례하여 운임을 청구할 수 있다. 부분 운임을 계산함에 있어서는 운송한 거리뿐만 아니라 항해 전체에 대비하여 운송한 부분의 비용, 시간 및 위험도 고려하여야 한다.

제313조 (용선자의 목적지 변경) 선박 전체를 항해용선한 경우, 용선자는 약정한 항구와 다른 항구에 양하할 것을 요구할 수 있다. 다만 그로 인하여 선박이 약정한 항해에서의 위험보다 더욱 고도의 위험에 노출되지 아니하여야 하고, 또 용선자는 약정한 운임은 물론 그로 인해 증가된 비용도 부담하여야 한다.

제314조 (선박의 양도) **1)** 화물의 선적을 개시하기 이전에 선박이 양도된 경우, 양수인은

las mercancías, el comprador no estará obligado a respetar los contratos realizados por el vendedor, quedando extinguido el contrato de fletamento si éste hacia referencia al buque vendido, sin perjuicio del derecho del fletador a ser indemnizado por el vendedor. **2**. Si la venta sobreviniese una vez comenzada la carga o hallándose el buque en viaje, el comprador deberá cumplir los contratos referentes a las mercancías a bordo, subrogándose en los derechos y obligaciones del porteador. **3**. El comprador del buque deberárespetar, sin embargo, los fletamentos por tiempo superior a un año cuando conociera su existencia en el momento de adquirir el buque.

Sección **7**.ª De la responsabilidad del porteador por pérdida, daños o retraso

315. (Régimen de responsabilidad) **1**. Las disposiciones que regulan la responsabilidad del porteador establecidas en esta Sección se aplicarán imperativamente a todo contrato de transporte marítimo. No tendrán efecto las cláusulas contractuales que pretendan directa o indirectamente atenuar o anular aquella responsabilidad en perjuicio del titular del derecho a recibir las mercancías. Sin embargo, tales cláusulas, cuando estén pactadas en la póliza de fletamento y no entrañen exoneración por dolo o culpa grave del porteador, tendrán valor exclusivamente en las relaciones entre éste y el fletador, sin que puedan oponerse, en ningún caso, al destinatario que sea persona diversa del fletador. **2**. Los contratos de transporte marítimo de mercancías en régimen de conocimiento de embarque, se regirán en todo caso por el Convenio Internacional para la Unificación de Ciertas Reglas en Materia de Conocimientos de Embarque, firmado en Bruselas el 25 de agosto de 1924, los Protocolos que lo modifican de los que España sea Estado Parte y esta Ley.

316. (Porteador contractual y porteador efectivo) **1**. La responsabilidad establecida en esta Sección alcanza solidariamente tanto a quien se compromete a realizar el transporte como a quien lo realiza efectivamente con sus propios medios. **2**. En el primer caso estarán comprendidos los comisionistas de transportes, transitarios y demás personas que se comprometan con el cargador a realizar el transporte por medio de otros. También estarán comprendidos los fletadores de un buque que contraten en la forma prevista en el 258. **3**. En el segundo estaráincluido, en todo caso, el armador del buque porteador. **4**. El porteador contractual tendrá derecho a repetir contra el porteador efectivo las indemnizaciones satisfechas en virtud de la responsabilidad que para él se establece en este artículo. El plazo de prescripción de este derecho será de un año a contar desde el momento de abono de la indemnización.

317. (Periodo temporal de responsabilidad) La responsabilidad del porteador por la custodia y conservación de las mercancías abarca el período desde que se hace cargo de las mismas en el puerto de origen, hasta que las pone a disposición del destinatario o persona designada por éste en el puerto de destino. En caso de que las leyes o reglamentos portuarios impongan forzosamente la intervención de una empresa u organismo en las operaciones de entrega de las mercancías al porteador para su transporte, o de éste último al destinatario, el porteador no responderá del período en que las mercancías estén bajo la custodia de tales empresas u organismos.

양도인이 체결한 운송계약을 이행할 책임이 없고, 만일 용선계약에서 그 양도된 선박을 특정하고 있는 경우, 그 운송계약은 실효된다. 그러나 이와 별도로 용선자는 양도인에 대하여 그로 인한 손해의 배상을 청구할 수 있다. **2)** 만일 선적을 개시한 다음 혹은 항해를 하는 도중에 양도가 이루어지면, 양수인은 선상에 있는 화물에 관한 운송계약을 이행할 의무가 있고, 그러면 양수인은 운송인으로서 권리와 의무를 승계한다. **3)** 그러나 1년 이상을 기간으로 하는 정기용선계약의 경우, 양수인이 선박을 취득할 당시에 그 존재를 알았다면, 양수인은 그 용선계약을 이행할 의무가 있다.

제7관 멸실, 훼손 및 연착에 대한 운송인의 책임

제315조 (책임제도) **1)** 본관에서 규정한 운송인의 책임에 관한 규정은 모든 종류의 해상운송계약에 대하여 강행적으로 적용된다. 직접 혹은 간접으로 화물을 수령할 권리를 가진 사람에게 불리하게 운송인의 책임을 면제 혹은 감소시키고자 하는 한 모든 계약상 조항은 그 효력이 없다. 다만 그러한 조항이 용선계약서에 포함되어 있고 운송인의 고의 혹은 중대한 과실로 인한 책임을 면제하는 것이 아닌 때에는, 오로지 운송인과 용선자 사이에서만 그 효력이 있고, 여하한 경우에도 이를 가지고 수하인에 대하여는 그가 동시에 용선자가 아닌 한 대항할 수 없다. **2)** 해상화물운송을 목적으로 하는 선하증권에 표창된 계약은 모든 경우에 1924년 8월 25일 브뤼셀에서 체결된 선하증권에 관한 국제통일규칙과 이후 스페인이 가입한 개정협약 및 본법에 의하여 규율한다.

제316조 (계약상 운송인과 실제 운송인) **1)** 본항에 규정하는 운송인의 책임은 운송을 하기로 약정한 사람과 자기 용구를 가지고 실제로 운송을 하는 사람이 연대하여 부담하여야 한다. **2)** 첫 번째 종류에 속하는 사람에는 운송주선인, 운송대리인 및 기타 사람으로 다른 사람의 운송용구로 운송을 실현하겠다고 화주에게 약속한 사람이 포함된다. 마찬가지로 제258조에 규정된 방식으로 제3자와 운송계약을 체결하는 선박의 용선자도 여기에 포함된다. **3)** 운송인인 선박의 의장자는 모두 두 번째 종류의 사람에 포함된다. **4)** 계약상 운송인은 그가 제3자에게 지급한 보상에 관해, 실제운송인에 대해 그가 본조에 의하여 지는 책임에 기해 구상을 청구할 수 있다. 이러한 권리에 적용될 시효기간은 보상을 실행한 때부터 1년으로 한다.

제317조 (책임의 기간) 화물의 보관 및 보존에 관한 운송인의 책임은 출발항에서 운송물을 수령한 때부터 목적항에서 수하인 혹은 수령을 위해 지정된 사람에게 운송물을 제공하는 기간동안 존속한다. 항구의 법령에 의하여, 선적지에서 운송을 위해 운송인에게 화물을 인도하는 작업 혹은 도착지에서 운송인이 수하인에게 화물을 인도하는 작업에, 어느 회사 혹은 기관의 관여가 강제되는 경우, 화물을 이러한 회사 혹은 기관이 보관하고 있는 동안에는 운송인은 책임이 없다.

318. (Retraso en la entrega) Existe retraso en la entrega cuando las mercancías no son entregadas en destino en el plazo convenido, o en defecto de éste, en el plazo razonable exigible según las circunstancias de hecho

319. (Responsabilidad en el transporte de animales) En el caso de transporte de animales vivos, el porteador no deberáresponder de la pérdida, daño o retraso derivados de los riesgos específicos inherentes a tal género de transporte, siempre que haya actuado conforme a las instrucciones concretas recibidas del cargador. No obstante, deberáresponder si el demandante prueba que el daño, pérdida o retraso se deben, en todo o en parte, a la negligencia del porteador o sus auxiliares, dependientes o independientes.

320. (Limitación de la responsabilidad por pérdida o daño) **1.** La responsabilidad del porteador por pérdida o daño de las mercancías transportadas estarálimitada, salvo que en el conocimiento de embarque se haya declarado el valor real de tales mercancías, a las cifras establecidas en el Convenio Internacional para la Unificación de ciertas Reglas en Materia de Conocimientos de Embarque. **2.** Si en el transporte se utilizaren contenedores, bandejas de carga u otros medios similares de agrupación de mercancías, cualquier bulto o unidad enumerado en el conocimiento de embarque como incluido dentro de dicho medio de agrupación se considerará como un bulto o unidad a efectos de limitación de responsabilidad por pérdida o daño. Si el contenedor o medio de agrupación hubiera sido suministrado por el cargador, se considerará como un bulto más a tales efectos. Si en el conocimiento no se hiciera constar la enumeración del contenido, se considerará que existe un solo bulto.

321. (Limitación de la responsabilidad por retraso) **1.** La responsabilidad por retraso queda limitada a una cifra equivalente a dos veces y media el flete pagadero por las mercancías afectadas por el retraso, pero no excederá de la cuantía total del flete que deba pagarse en virtud delcontrato de fletamento. **2.** En caso de concurrencia de indemnización por avería y por retraso, el cúmulo de ambas queda limitado a las cifras establecidas para limitar la responsabilidad por pérdida o daño. **3.** El límite de responsabilidad por retraso no se aplicará cuando se pruebe que éste ha sido causado por el porteador intencionadamente o actuando en forma temeraria y con conciencia de su probabilidad.

322. (Porteadores sucesivos) **1.** En caso de transporte realizado por porteadores sucesivos bajo un único título, éstos serán solidariamente responsables en caso de pérdida, daño o retraso, a no ser que en el conocimiento se haya pactado expresamente que cada porteador no responderá de los daños producidos en los trayectos realizados por alguno de los otros porteadores. En este caso, sólo seráresponsable el porteador que asumió el trayecto en que se produjo el daño, la pérdida o el retraso. **2.** El porteador que indemnice el daño, la pérdida o el retraso como consecuencia de la solidaridad establecida en el apartado anterior, tendrá acción de regreso contra el porteador en cuyo trayecto se produjo el daño, la pérdida o el retraso. Si no se pudiera determinar el trayecto en que se produjo el daño, la pérdida o el retraso, la indemnización se repartirá entre los diversos porteadores en proporción al flete devengado por cada uno.

323. (Protestas) **1.** El destinatario deberádar al porteador o a su agente aviso escrito de la

제318조 (인도의 지연) 화물이 목적지에서 당사자가 합의한 기간에 인도되지 아니하면 인도의 지연이 발생한다. 합의한 기간이 없는 경우, 실제 상황에 비추어 상당한 기간에 인도되지 아니하는 때에도 지연이 발생하였다고 본다.

제319조 (동물의 운송시 책임) 산 동물을 운송하는 경우, 운송인은 그러한 종류의 운송에 따르는 특별한 위험에 기인한 멸실, 훼손 혹은 지연에 대하여, 화주가 제시하는 확정적인 지시에 따라 행동하는 한, 그 책임이 없다. 그러나 청구인이 멸실, 훼손 및 지연이 전부 혹은 일부 운송인의 과실로 인한 것이라는 것을 입증하는 경우에는, 운송인이 그 손해를 배상할 책임이 있고, 또 운송인의 보조인이 과실이 있는 경우에도 마찬가지이며, 이는 보조인이 운송인에 소속되어 있거나 혹은 독립된 제3자이거나 마찬가지이다.

제320조 (멸실 혹은 훼손으로 인한 책임제한) **1)** 화물의 멸실 혹은 훼손으로 인한 운송인의 책임은 선하증권에 관한 규칙의 국제적 통일조약(헤이그 규칙)에서 정한 금액으로 한정된다. 다만 선하증권에 그 진정한 가격이 기재된 경우에는 그러하지 아니하다. **2)** 운송에 컨테이너, 화물상자, 기타 유사한 화물 집합용구가 이용된 경우, 선하증권에 그 집합용구에 들어 있다고 표시된 포장이나 단위를, 멸실 혹은 훼손으로 인한 책임제한을 정함에 있어, 포장이나 단위라고 간주한다. 컨테이너 기타 집합용구를 화주가 제공한 경우, 이를 별도의 하나의 포장으로 인정하여 여기에 추가한다. 선하증권에 그 내용물에 대한 언급이 없는 경우, 집합용구를 오로지 하나의 포장으로 본다.

제321조 (지연으로 인한 배상의 제한) **1)** 지연으로 인한 손해배상책임은 지연으로 영향을 받은 화물에 지급할 운임의 2.5배에 해당하는 금액으로 제한한다. 그러나 이 금액은 운송계약에 기해 지급할 운임 총액을 초과하지 못한다. **2)** 훼손과 지연으로 인한 손해가 동시에 발생한 경우, 양자를 합한 총액에 대해 멸실 혹은 훼손된 때의 책임한도액을 그 책임한도로 한다. **3)** 지연으로 인한 손해에 대한 책임제한은 지연이 운송인의 고의로 혹은 운송인이 그 가능성을 인식하면서 무모하게 행동하여 발생한 때에는 적용되지 아니한다.

제322조 (연속운송인) **1)** 하나의 명의로 수인의 운송인이 순차로 운송을 한 경우, 화물이 멸실, 훼손 혹은 지연된 때에 이들은 연대하여 그 손해를 배상할 책임이 있다. 그러나 각 운송인은 다른 운송인이 실행한 운송구간에서 발생한 손해에 대하여 책임을 지지 아니한다는 명시적인 약정이 선하증권에 기재되어 있는 경우에는 그러하지 아니하다. 이러한 경우에는 멸실, 훼손 혹은 지연이 발생한 구간의 운송을 책임진 운송인이 홀로 책임을 진다. **2)** 전 항에 규정한 연대책임 때문에 멸실, 훼손 혹은 지연으로 인한 손해를 배상한 운송인은 멸실, 훼손 및 지연이 발생한 구간의 운송인에게 구상권을 행사할 수 있다. 만일 멸실, 훼손 혹은 지연이 발생한 구간을 결정할 수 없는 경우, 운송인은 각자의 구간에서 발생한 운임의 비율로 이를 분담한다.

제323조 (사고 통지) **1)** 수하인은 화물을 수령한 날에 이은 첫 번째 근무일에 화물이 입

pérdida o daño sufridos por las mercancías, describiendo en términos generales su naturaleza, durante el siguiente día laborable al de su entrega. Si la pérdida o daño no fueran aparentes, el aviso podrá darse en los tres días laborables siguientes al de la entrega; el aviso no será necesario cuando el porteador y el destinatario hayan realizado una inspección conjunta del estado de las mercancías. **2.** El destinatario deberá dar al porteador o a su agente aviso escrito del retraso en la entrega de las mercancías describiendo en términos generales los daños sufridos, en los diez días laborables siguientes al de la entrega. **3.** Si se hubiera omitido el aviso o se hubiera dado fuera de plazo, se presumirá, salvo prueba en contrario, que las mercancías han sido entregadas tal y como aparecían descritas en el conocimiento de embarque.

Sección **8.ª** De la prescripción

324. (Prescripción de acciones) **1.** Las acciones nacidas del contrato de fletamento prescribirán en el plazo de un año. **2.** En las acciones para indemnización de pérdidas, averías o retrasos sufridos por las mercancías, el plazo se contará desde la entrega de éstas al destinatario o desde el día en que hubieran debido entregarse. **3.** De la misma forma se computará el plazo para la reclamación de fletes, demoras y otros gastos del transporte. Sin embargo, en el fletamento por tiempo, el plazo se contará desde el día en que el flete u otros gastos fueran exigibles conforme a la póliza.

CAPÍTULO III DEL CONTRATO DE PASAJE

325. (Concepto) **1.** Por el contrato de pasaje marítimo el porteador se obliga, a cambio del pago de un precio, a transportar por mar, desde un lugar a otro convenido, a una persona y su equipaje. **2.** Las disposiciones de este Capítulo no se aplicarán al transporte amistoso ni al pasaje clandestino. No obstante, se aplicarán a los transportes gratuitos realizados por un porteador marítimo de pasajeros

326. (Menciones del billete de pasaje) **1.** El porteador extenderá inexcusablemente el billete de pasaje, que contendrá las siguientes menciones:

a) Lugar y fecha de emisión.
b) Nombre y dirección del porteador.
c) Nombre del buque.
d) Clase y número de cabina o de la acomodación.
e) Precio del transporte o carácter gratuito del mismo.
f) Punto de salida y destino.
g) Fecha y hora de embarque
h) Indicación sumaria de la ruta a seguir, así como de las escalas previstas.
i) Las restantes condiciones en que haya de realizarse el transporte.

2. Para las embarcaciones que presten servicios portuarios y regulares en el interior de zonas delimitadas por las autoridades marítimas, el billete de pasaje podrá ser sustituido por un tíquet que indicaráel nombre del porteador, el servicio efectuado y el importe de éste.

은 멸실 혹은 훼손에 관해 그 상태를 일반적으로 기술하여 운송인 혹은 그 대리인에게 서면으로 통지하여야 한다. 만일 멸실 혹은 훼손이 외관상 분명하지 아니한 경우, 통지는 수령한 날에 이은 3 근무일 내에 하면 된다. 만일 수하인과 운송인이 화물의 상태에 관해 공동으로 검사를 실시한 경우에는 이러한 통지를 할 필요가 없다. **2)** 화물의 도착이 지연된 경우, 수하인은 인도를 한 날에 이은 10 근무일 이내에, 입은 손해를 일반적으로 기재하여, 운송인 혹은 그 대리인에게 지연통지를 하여야 한다. **3)** 위와 같은 통지를 하지 아니하거나 정한 기간 이후에 한 경우, 반대의 입증이 없는 한, 선하증권에 기재된 바에 따라 화물이 인도되었다고 추정한다.

제8관 시효

제324조 (권리의 시효) **1)** 운송계약에 기한 권리는 1년이 경과하면 시효로 인하여 소멸한다. **2)** 화물이 멸실, 훼손 혹은 지연으로 입은 손해의 배상을 청구하는 경우, 그 기간은 수하인에게 화물을 인도한 날 혹은 인도하였어야 할 날로부터 기간한다. **3)** 운송인이 운임, 체선료 및 기타 비용을 청구하는 경우에도 마찬가지 방식으로 계산한다. 그러나 정기용선계약에서는 용선계약에 따라 용선료 기타 비용을 청구할 수 있는 날로부터 그 기간을 계산한다.

제3절 여객운송

제325조 (개념) **1)** 해상여객운송계약에 의해 운송인은 운임을 지급받는 대가로 사람 및 그 수하물을 합의한 어느 한 지점부터 다른 한 지점까지 운송하기로 약정한다. **2)** 본절의 규정은 호의로 하는 운송 및 밀항하는 여객에 대하여는 적용하지 아니한다. 그러나 운송인이 어느 여객을 무료로 운송하는 경우에는 본절이 적용된다.

제326조 (선표의 기재사항) **1)** 운송인은 반드시 선표를 발행하여야 하며 거기에는 다음 사항을 기재하여야 한다.

a) 발행 장소 및 날짜.
b) 운송인의 성명 및 주소.
c) 선명.
d) 방 혹은 침실의 등급과 개수.
e) 운임 혹은 무임 여행.
f) 출발 및 도착 지점.
g) 승선 날짜와 시간.
h) 진행 항로의 간이 기재 및 예정 기항지.
i) 여타 항해 조건.

2) 해운관청이 지정하는 한정된 항구 지역 안에서 정기선 업무를 하는 소형선의 경우, 선표 대신에 운송인, 수행 업무 및 가격만 기재한 표를 발행할 수 있다.

327. (Emisión del billete de pasaje) El billete de pasaje podrá emitirse al portador o a favor de persona determinada. En este último caso, sólo podrá transmitirse con el consentimiento del porteador.

328. (Estado de navegabilidad) **1**. El porteador cuidará de poner y conservar el buqueen estado de navegabilidad y convenientemente armado, equipado y aprovisionado para realizar el transporte convenido y para garantizar la seguridad y la comodidad de los pasajeros a bordo, de acuerdo con las condiciones que fueran usuales en el tipo de viaje contratado. **2**. El porteador deberá poner a disposición de los pasajeros, en el lugar y tiempo convenidos, el buque, así como los espacios dedicados a los de su clase y, en su caso, las plazas de acomodación adquiridas por los pasajeros.

329. (Obligación de realizar el viaje) El porteador deberáemprender el viaje y realizarlo hasta el punto de destino sin demora injustificada y por la ruta pactada o, a falta de pacto, por la más apropiada según las circunstancias. Asimismo, deberá prestar los servicios complementarios y la asistencia médica en la forma establecida reglamentariamente o por los usos.

330. (Interrupción del viaje) Si por averías del buque el viaje se interrumpiera antes de llegar al puerto de destino, el porteador deberá correr con los gastos de manutención y alojamiento de los pasajeros mientras el buque se repara.Si el buque quedara inhabilitado definitivamente o el retraso pudiera perjudicar gravemente a los pasajeros, el porteador deberáproveer a su costa el transporte hasta el destino pactado. Si el porteador no lo hiciera, los pasajeros no pagarán precio complementario alguno, sin perjuicio de las responsabilidades exigibles, en su caso, al porteador.

331. (Obligaciones del pasajero) El pasajero deberá pagar el precio del pasaje, presentarse oportunamente para su embarque y observar las disposiciones establecidas para mantener el buen orden y la seguridad a bordo.

332. (Deberes del porteador con respecto al equipaje) El porteador deberá transportar, juntamente con los viajeros e incluido en el precio del billete, el equipaje, con los límites de peso y volumen fijados por el porteador o por los usos. Lo que exceda de los límites indicados será objeto de estipulación especial.

333. (Equipaje) **1**. A los efectos del anterior, se consideran equipaje los bultos o vehículos de turismo transportados por el porteador en virtud de un contrato de pasaje, excluyéndose los que lo sean por un contrato de transporte de mercancías o los animales vivos. **2**. Se considera equipaje de camarote exclusivamente aquél que el pasajero tenga en su camarote, o en el vehículo transportado, o sobre éste, o el que conserve bajo su posesión, custodia o control. **3**. Se consideran equipaje de bodega los vehículos de turismo y bultos entregados al porteador. Cuando el equipaje sea admitido, el porteador registrará en el billete o en un talón complementario los datos siguientes:

a) Número y peso de los bultos o vehículos.

b) Nombre y sede del establecimiento principal del porteador.

c) Nombre del pasajero. d) Puerto de salida y de destino.

제327조 (선표의 발행) 선표는 무기명식 혹은 기명식으로 발행할 수 있다. 후자의 경우, 운송인의 동의가 있어야 이를 양도할 수 있다.

제328조 (감항능력) **1)** 운송인은 선박이 감항능력을 갖추고 유지할 수 있도록 노력하여야 하며, 선박이 약정한 것과 같은 종류의 항해에 통상 요구되는 기준에 따라 약정한 항해를 실현하고 승객의 안전과 편안함을 보장하기에 충분한 의장을 하고, 장비를 보유하고, 보급품을 갖추도록 노력하여야 한다. **2)** 운송인은 약정한 시간과 장소에서 승객에게 선박을 제공하여야 하고, 그 등급에 맞는 수준의 공간을 여객에 제공하고, 경우에 따라 승객들이 사용하는 편의 장소도 갖추어야 한다.

제329조 (항해실행의무) 운송인은 항해를 개시한 다음 목적지까지 부당한 지체 없이 약정한 항로나 약정한 항로가 없으면 상황에 비추어 가장 적당한 항로로, 운송을 실행하여야 한다. 그리고 명령 혹은 관행에 맞는 방식으로 부수 서비스와 의료 지원도 제공하여야 한다.

제330조 (항해의 중단) 선박이 파손을 당하여 목적항에 도착하기 이전에 항해가 중단된 경우, 그 선박을 수리하는 기간 동안 승객의 체류 및 침식의 비용은 운송인이 부담하여야 한다. 선박이 확정적으로 항해능력을 상실한다든가 혹은 지연이 여객에게 심대한 피해를 가져다 줄 경우, 운송인은 목적지까지 운송할 다른 수단을 자기 비용으로 마련하여야 한다. 운송인이 이를 하지 아니하는 경우 여객은 추가 비용을 지급할 필요가 없고, 손해가 있으면 경우에 따라 그 배상을 청구할 수 있다.

제331조 (여객의 의무) 여객은 운임을 지급하여야 하고, 승선을 위해 시간에 맞추어 나와야 하며, 선상 질서 유지 및 안전 확보를 위한 규정을 준수하여야 한다.

제332조 (수하물에 대한 운송인의 의무) 운송인은 여객과 함께 운임에 포함하여 수하물을 운송할 의무가 있고, 여객이 소지할 수 있는 수하물의 무게 혹은 부피는 운송인 혹은 관행에 의하여 정해지며, 이 한도를 초과하는 것은 별도의 약정에 의하여 정한다.

제333조 (수하물) **1)** 전 조를 적용함에 있어 여객운송계약에 기해 운송인이 운송하는 여행용 포장물과 자동차는 이를 수하물로 보고, 다만 화물운송계약에 기해 운송을 하는 물건 및 산 농물은 그러하지 아니하다. **2)** 휴대수하물이란 여객이 선실 내에 가지고 있는 물건, 가지고 가는 자동차 속 혹은 그 위에 있는 물건 및 기타 그 개인적인 점유, 보관 및 관리하에 있는 물건을 말한다. **3)** 운송인에게 인도한 포장물 및 여행용 자동차는 이를 위탁수하물로 본다. 수하물을 위탁하면 운송인은 다음의 사항을 선표에 기재하던가 보충 물표에 기재하여야 한다.

a) 포장물 혹은 자동차의 수와 무게.
b) 운송인의 성명과 주된 사무소.
c) 여객의 성명.
d) 출발 및 도착 항구.

e) Eventual valor declarado.
f) Precio del transporte.
4. Se aplicará a los equipajes, en su caso, lo dispuesto en el 283 de esta Ley.

334. (Privilegio y derecho de retención) Los derechos de preferencia y retención del porteador sobre el equipaje de bodega se regularán por lo establecido en los artículos 287 y 288.

335. (Extinción del contrato) Quedará extinguido el contrato en los casos siguientes:
a) Cuando el pasajero no embarcarse en la fecha fijada, en cuyo caso el porteador hará suyo el precio del pasaje, salvo que la causa de la falta de embarque sea la muerte o enfermedad del pasajero o de los familiares que le acompañasen y se haya notificado sin demora o se haya podido sustituir al pasajero por otro.
b) Cuando por causas fortuitas el viaje se hiciera imposible o se demorase, en cuyo caso el porteador devolverá el precio del pasaje y quedaráexento de responsabilidad.
c) Por toda modificación importante en horarios, escalas previstas, desviación del buque de la ruta pactada, las plazas de acomodación adquiridas por el pasajero y las condiciones de comodidad convenidas, en cuyo caso, si el pasajero opta por la rescisión, tendrá derecho a la devolución del precio total del pasaje o de la parte proporcional del mismo correspondiente al trayecto que falte por realizar y a la indemnización de daños y perjuicios, si la modificación no se debiera a causas justificadas.
d) Si antes de comenzar el viaje o durante su ejecución surgieran eventos bélicos que expusieran al buque o al pasajero a riesgos imprevistos, en cuyo caso ambas partes podrán solicitar la rescisión sin indemnización.
e) Si una vez comenzado el viaje el pasajero no pudiera continuarlo por causas fortuitas, en cuyo caso el porteador tendrá derecho a la parte proporcional del precio según el trayecto realizado.

336. (Régimen de responsabilidad) **1**. La responsabilidad del porteador se regirá, en todo caso, por el Convenio Internacional relativo al Transporte de Pasajeros y sus Equipajes por Mar, hecho en Atenas el 13 de diciembre de 1974 (PYE/PAL), los Protocolos que lo modifican de los que España sea Estado Parte y esta Ley. **2**. Las disposiciones de este Capítulo se aplicarán imperativamente a todo contrato de pasaje marítimo. No tendrán efecto las cláusulas contractuales que pretendan directa o indirectamente atenuar o anular aquella responsabilidad enperjuicio del titular del derecho a exigir las indemnizaciones.

337. (Limitación de responsabilidad) **1**. La responsabilidad del porteador queda limitada a las cantidades establecidas en el Convenio Internacional relativo al Transporte de Pasajeros y sus Equipajes por Mar y Protocolos que lo modifican vigentes en España. **2**. Si el equipaje se transporta con valor declarado, aceptado por el porteador, límite de su responsabilidad se corresponderá con ese valor.

338. (Seguro obligatorio) **1**. El porteador efectivo que ejecute el transporte en un buque que transporte más de doce pasajeros estará obligado a suscribir un seguro obligatorio de su responsabilidad por la muerte y lesiones corporales de los pasajeros que transporte, con un límite no inferior a 250.000 Derechos Especiales de Giro por cada pasajero y cada accidente.

e) 신고 가격.
f) 운임.
4) 경우에 따라 본법 제283조의 규정은 수하물에도 적용한다.

제334조 (우선특권과 유치권) 운송인이 위탁수하물에 대하여 갖는 우선특권 및 유치권은 제287조 및 제288조의 규정에 의하여 규율한다.

제335조 (운송계약의 소멸) 다음의 경우에 운송계약은 소멸한다.
a) 지정된 날짜에 여객이 승선을 하지 아니하는 경우. 이 경우 운송인은 운임을 취득하고, 다만 여객이나 동승할 가족이 사망 혹은 질병 때문에 승선하지 못하고 이를 지체없이 통지한 경우 및 다른 여객으로 대체한 경우에는 그러하지 아니하다.
b) 불가항력적 사유로 항해가 불가능하게 되거나 지연된 경우. 이 경우 운송인은 운임을 반환하여야 하고, 대신 그에 대한 책임은 지지 아니한다.
c) 시간표, 중간 기착항, 약정한 항로로부터 이탈, 승객이 유희를 즐길 장소 및 약정한 편의 시설에 중대한 변화가 있는 경우. 여객은 운송계약을 해제할 수 있고 그 경우 운송인은 실현하지 못한 구간에 비례하여 운임의 전부 혹은 일부를 반환하여야 한다. 그리고 여객은 그 변경에 정당한 사유가 없는 경우. 운송인에 대하여 그로 인한 손해의 배상을 청구할 수 있다.
d) 항해를 개시하기 이전에 혹은 항해를 하는 도중에 전쟁이 발발하여 선박과 여객에 예상하지 못하는 위험이 야기된 경우. 이 경우 운송인과 여객은 계약의 해제를 할 수 있고 양자는 그로 인한 보상을 할 책임이 없다.
e) 항해가 개시된 후에 승객이 불가항력적 사유로 항해를 계속할 수 없는 경우. 이 경우 운송인은 그 때까지 실현한 운송구간의 비율에 따라 비례운임을 청구할 수 있다.

제336조 (책임제도) 1)운송인의 책임은 모든 경우에 1974년 12월 13일 아테네에서 체결된 여객과 수하물에 관한 해상운송에 관한 국제조약 및 스페인이 가입한 그 개정의정서의 규정에 의하여 규율한다. 2) 본절의 규정은 모든 해상 여객운송계약에 대해 강제적으로 적용된다. 당사자가 합의한 조항이 손해배상을 요구할 수 있는 권리자에게 불리하게 그 책임을 직접 혹은 간접으로 감경 혹은 면제하는 것이면 그 효력이 없다.

제337조 (책임 한도) 1) 운송인의 책임은 여객과 수하물에 관한 해상운송에 관한 국제조약 및 스페인이 가입한 그 개정의정서에 규정된 금액으로 제한된다. 2) 수하물의 가액이 신고되고 이를 운송인이 받아들인 경우, 운송인은 그 가액을 한도로 책임을 진다.

제338조 (강제보험) 1) 선박에 12명 이상의 여객을 승선시켜 운송하는 실제 운송인은 여객의 사상에 대한 강제책임보험에 가입하여야 한다. 이 보험의 책임한도는 여객 및 사고마다 250, 000 단위(SDR) 이상이어야 한다. 강제보험에 관한 자세한 사항과 선박에 반드시 비치해야 할 증서에 관하여는 이를 각령으로 정한다. 2) 책임 한도 내에서 피해자는 보험자

Reglamentariamente se regularán los detalles de este seguro obligatorio y del certificado que los buques deberán llevar obligatoriamente a bordo. **2**. El perjudicado tendrá acción directa contra el asegurador hasta el límite de la suma asegurada. El asegurador podrá oponer las mismas excepciones que correspondieran al porteador de acuerdo con el 3 del Convenio Internacional relativo al Transporte de Pasajeros y sus Equipajes por Mar y, en su caso, el hecho de que el accidente fue causado dolosamente por el asegurado. Podrá además oponer en todo caso el límite de responsabilidad establecido en el 7 del Convenio, incluso en el caso de que su asegurado lo hubiera perdido de acuerdo al 13 del Convenio.

CAPÍTULO IV DEL CONTRATO DE REMOLQUE

339. (Concepto. Por el contrato de remolque el armador de un buque se obliga, a cambio de un precio a realizar con él la maniobra necesaria para el desplazamiento de otro buque, o artefacto naval, o bien a prestar su colaboración para las maniobras del buque remolcado.

340. (Remolque transporte) **1**. Cuando el armador del buque remolcador se haya comprometido al desplazamiento del buque o artefacto remolcado se entenderá que, salvo pacto expreso en contrario, la dirección de la maniobra corresponde al capitán del remolcador. Serán de aplicación en tanto sean congruentes con el objeto del contrato de las normas del Capítulo II relativas a la puesta a disposición del buque en el contrato de fletamento. **2**. En los casos en que los elementos remolcados hayan sido entregados al remolcador se entenderá que su naviero asume la custodia de ellos, con la consiguiente responsabilidad.

341. (Remolque maniobra) Cuando el remolque tenga por objeto la asistencia del remolcador a la maniobra del remolcado se entenderá que, salvo pacto en contrario, la dirección de la maniobra recae sobre el mando del buque remolcado.

342. (Responsabilidad por daños) **1**. Los armadores de cada uno de los buques serán responsables de los daños causados al otro como consecuencia de la negligencia en el cumplimiento de las prestaciones que le incumben. **2**. Ambos armadores serán solidariamente responsables ante terceros por los daños causados por el tren de remolque, salvo en la medida en que alguno de ellos pruebe que tales daños no derivan de causas imputables a su elemento en el tren de remolque. En todo caso procederá el derecho de repetición entre armadores en atención al grado de culpa respectivo.

343. (Remolque de fortuna) Cuando se soliciten servicios de remolque en situación extraordinaria, que no lleguen a constituir un supuesto de salvamento marítimo, sin haberse fijado previamente las condiciones de su prestación y precio, el armador del buque remolcador tendrá derecho a una remuneración adecuada por los servicios prestados. Esta remuneración incluirá los daños y perjuicios sufridos por su buque con ocasión del remolque, la ganancia dejada de obtener durante el tiempo de prestación, y un precio adecuado al servicio prestado. Esta remuneración no estará condicionada al éxito de la operación.

에게 직접 권리를 행사할 수 있다. 보험자는 여객과 수하물에 관한 해상운송에 관한 국제조약 제3조의 규정에 의하여 운송인이 가진 항변으로 피해자에 대항할 수 있고, 사고가 보험계약자의 악의에 의하여 발생한 사유로 대항할 수 있다. 그 이외에도 보험자는 위 조약 제7조에서 정한 책임제한을 주장할 수 있고, 이는 동 조약 제13조의 규정에 의하여 피보험자가 책임제한을 주장할 수 있는 권리를 상실한 경우에도 마찬가지이다.

제4절 예인계약

제339조 (개념) 예인계약이란 의장자가 대가를 받기로 약속하고 다른 선박 혹은 해양구조물을 이동하는데 필요한 작업을 실행하거나 피예인 선박이 작동하도록 지원을 제공하기로 하는 계약을 말한다.

제340조 (운송예인) **1)** 예인선의 선주가 피예인 선박 혹은 해양구조물을 이동하는 작업을 인수한 경우, 반대의 약정이 없는 한, 예인선의 선장이 그 작업을 인도한다고 본다. 이 경우, 그 목적이 유사한 범위 내에서, 용선계약에서 선박의 제공에 관한 제2절의 규정이 적용된다. **2)** 피예인 대상물이 예인자에게 인도된 경우, 예인선의 선주는 그 전부에 대해 점유를 하는 것으로 보고 그에 따르는 책임도 진다.

제341조 (작동예인) 피예인 목적물이 작동을 하는데 있어 예인자가 지원을 하는 것을 목적으로 하는 예인계약의 경우, 그 작동의 인도는 피예인선의 지휘에 속한다고 본다.

제342조 (손해에 대한 책임) **1)** 양 선박의 의장자는 자기에게 속하는 급부를 이행하는데 있어 과실이 있고 그 결과로 다른 선박에 손해가 생기면 이를 보상할 책임이 있다. **2)** 양 의장자는 예인 대열로 인하여 제3자가 입은 손해에 대하여 연대하여 배상할 책임이 있다. 그러나 어느 의장자가 예인 대열에서 자기에게 귀책사유가 있는 요소로부터 손해가 발생한 것이 아니라는 것을 증명한 때에는 그러하지 아니하다. 여하한 경우이든 양 의장자 사이에서는 과실의 정도에 따라 구상권을 행사할 수 있다.

제343조 (우연적 예인) 비정상적인 상황 속에서 예인작업이 요청되고, 사전에 작업에 대한 조건이나 가격을 정하지 아니하고, 또 그 작업이 해난 구조에도 해당되지 아니하는 경우, 예인선의 의장자는 제공한 서비스에 대하여 상당한 보수를 청구할 수 있다. 여기에서 말하는 보수에는 예인을 하는 도중에 선박이 입은 손실과 손해, 작업을 하는 도중에 의장자가 상실한 수익, 제공한 서비스에 상당하는 가액이 모두 포함된다. 이러한 보수는 작업의 성공 여부와 상관없이 청구할 수 있다.

344. (Prescripción de acciones) Las acciones nacidas del contrato de remolque prescriben en el plazo de un año.

TÍTULO V
DE LOS CONTRATOS AUXILIARES DE LA NAVEGACIÓN

CAPÍTULO I DEL CONTRATO DE GESTIÓN NAVAL

345. (Concepto) Por el contrato de gestión naval, una persona se compromete, a cambio de una remuneración, a gestionar, por cuenta y en nombre del armador todos o alguno de los aspectos implicados en la explotación del buque. Dichos aspectos pueden hacer referencia a la gestión comercial, náutica, laboral o aseguradora del buque.

346. (El ejercicio de las obligaciones del gestor) El gestor deberá cumplir sus obligaciones con la diligencia de un ordenado empresario y de un representante leal, protegiendo los intereses del armador.

347. (Las formas de actuación del gestor) **1.** En sus relaciones con terceros, el gestor deberá manifestar su condición de mandatario del armador, haciendo constar la identidad y domicilio de este último en cuantos contratos celebre. **2.** Si el gestor no contratara en los términos del apartado anterior, será solidariamente responsable con el armador de las obligaciones asumidas por cuenta de éste.

348. (Régimen aplicable) Las relaciones entre el armador y su gestor se regirán por lo establecido en el contrato de gestión y, en su defecto, por las normas reguladoras del contrato de comisión mercantil.

349. (Responsabilidad extracontractual) El gestor responderá solidariamente con el armador de los daños y perjuicios que se causen extracontractualmente a terceros como consecuencia de los actos de aquél o de los de sus dependientes, sin perjuicio del derecho de uno y otro a limitar la responsabilidad en los términos establecidos en el Título VII de esta Ley.

CAPÍTULO II DEL CONTRATO DE CONSIGNACIÓN DE BUQUES

350. (Concepto) Se entiende por consignatario a la persona que por cuenta del armador o del naviero se ocupa de las gestiones materiales y jurídicas necesarias para el despacho y demás atenciones al buque en puerto

351. (Régimen. Las relaciones internas entre el consignatario y el armador o naviero se

제344조 (권리의 시효) 예인계약으로 인한 권리는 1년의 기간이 경과하면 시효로 인하여 소멸한다.

제5장
항해 보조계약

제1절 선박관리계약

제345조 (개념) 선박관리계약이란 어느 사람이 보수를 받기로 약정하고 선박의 이용과 관련된 일부 혹은 전부의 업무를 의장자의 이름과 계산으로 관리하기로 하는 계약을 말한다. 여기에서 말하는 업무에는 영업적, 항해적, 인력적 혹은 보험적 관리를 포함한다.

제346조 (관리의무의 이행) 관리인은 그 의무를 이행함에 있어 수임을 받은 상인 및 성실한 대리인과 동일한 주의의무를 기울여 의장자의 이익을 보호하여야 한다.

제347조 (관리인의 행위방식) **1)** 관리인은 제3자와 관계함에 있어 의장자의 수임인으로서의 지위를 고지하여야 하며, 계약을 할 때마다 의장자의 신원과 주소를 진술하여야 한다.
2) 관리인이 전 항의 방식으로 계약을 체결하지 아니한 경우, 의장자의 계산으로 인수한 의무에 관하여 의장자와 연대하여 이행할 책임이 있다.

제348조 (적용규범) 의장자와 관리인의 관계는 관리계약에 정한 바에 따라 규율하고, 거기에 규정이 없으면 상사위임계약에 관한 규정에 의하여 규율한다.

제349조 (비계약적 책임) 관리인은 자기나 그 피용자의 행위로 인하여 제3자에게 비계약적인 손실 혹은 손해가 발생한 경우, 이를 의장자와 연대하여 이행할 책임이 있다. 그러나 이와 상관없이 관리인과 의장자는 각자 본법 제7장에 규정된 바에 따라 그 책임을 제한할 수 있다.

제2절 선박대리점계약

제350조 (개념) 선박대리인이란 항구에서 선박이 출항 기타 준비를 위해 필요한 사실상 혹은 법률상 업무를 의장자 또는 선주의 계산으로 하는 사람을 말한다.

제351조 (적용법규) 의장자나 선주와 선박대리인 사이의 내부 관계는 그 위임이 일시적

regularán por lo establecido para la comisión mercantil cuando se trate de una consignación ocasional. Cuando se trate de consignaciones duraderas, se aplicarán las reglas del contrato de agencia. En este último caso se podrápactar la exclusividad en la consignación.

352. (Firma de conocimientos de embarque) El consignatario podrá firmar por cuenta del armador o naviero los conocimientos de embarque de las mercancías cargadas en el buque, en cuyo caso deberá hacer constar el nombre y dirección de aquél. Si no lo hiciera, responderá del transporte solidariamente con el armador o naviero. La misma regla se seguirácuando el consignatario firme los conocimientos por cuenta del porteador fletador.

353. (Responsabilidad por daños a las mercancías) El consignatario no seráresponsable ante los destinatarios del transporte de las indemnizaciones por daños o pérdidas de las mercancías o por retraso en su entrega. Sin embargo, será responsable frente al armador o naviero de los daños causados por culpa propia.

354. (Tareas de manipulación) Cuando el consignatario del buque realice tareas de manipulación portuaria de mercancías se le aplicarán las normas propias de esta actividad.

355. (Actuación como transitario) Cuando además de la consignación se lleven a cabo actuaciones como transitario o de otra naturaleza, a las obligaciones previstas para el consignatario se añadirán las propias de las prestaciones complementarias concretamente asumidas.

CAPÍTULO III DEL CONTRATO DE PRACTICAJE

356. (Contrato de practicaje) Por el contrato de practicaje una persona denominada práctico se obliga, a cambio de un precio, a asesorar al capitán en la realización de las diversas operaciones y maniobras para la segura navegación de buques por aguas portuarias o adyacentes.

357. (Deberes recíprocos) **1.** Capitán y práctico quedan obligados a planificar conjuntamente la maniobra del buque y, a tal efecto, a intercambiar la información necesaria para ello. **2.** Asimismo, capitán y práctico deberán colaborar recíprocamente durante toda la ejecución de las maniobras.

358. (Preeminencia del capitán) La presencia de práctico a bordo no exime al oficial encargado de la guardia de los deberes que le incumben en relación con la seguridad de la navegación, ni sustituye la superior autoridad del capitán en todo lo que tiene que ver con el gobierno y dirección náutica, aunque, con su consentimiento expreso o tácito, el práctico ordene directamente la maniobra o, incluso, la ejecute por símismo.

359. (Responsabilidad por daños durante la ejecución del practicaje) **1.** Los daños y accidentes causados al buque o a terceros por inexactitud u omisión en el asesoramiento que

인 때에는 상사위임에 관한 규정에 의하여 규율한다. 그 위임이 장기적인 경우에는 대리인 계약에 관한 규정에 의하여 규율한다. 이 마지막의 경우 독점적인 위임의 특약도 할 수 있다.

제352조 (선하증권의 서명) 선박대리인은 의장자나 선주를 대리하여 선적한 화물에 관해 선하증권에 서명할 수 있다. 이 경우 선박대리인은 의장자나 선주의 성명과 주소를 기재하여야 한다. 이를 기재하지 아니하면 선박대리인은 의장자나 선주와 연대하여 운송에 대해 책임이 있다. 동일한 규칙은 선박대리인이 용선자인 운송인을 위하여 선하증권에 서명한 경우에도 적용된다.

제353조 (화물의 손해에 대한 책임) 선박대리인은 화물의 멸실, 훼손 및 인도의 지연에 대해 수하인에게 손해를 배상할 책임이 없다. 그러나 의장자나 선주에 대하여는 자기의 귀책사유로 인해 손해가 발생하면, 이를 보상할 책임이 있다.

제354조 (하역업무) 선박대리인이 항구에서 하역작업을 수행하는 때에는 하역작업에 적용될 규범에 의하여 규율한다.

제355조 (운송주선인으로서 행위) 선박대리인이 그 이외에 운송주선인의 업무 혹은 여타 성격의 업무를 수행하는 경우, 선박대리인으로서 예정된 업무 이외에 확정적으로 인수한 부가적인 작업을 추가로 수행하여야 한다.

제3절 도선계약

제356조 (도선계약) 도선계약이란 도선사라고 불리는 사람이 대가를 받기로 하고 항구 내 혹은 인근 수면에서 선박이 여러 활동과 이동을 하는데 있어 그 안전한 항해를 위해 선장에게 조력하기로 약속하는 계약을 말한다.

제357조 (상호의무) 1) 선장과 도선사는 선박의 운전을 위하여 함께 기획하여야 하고, 이를 위하여 상호 필요한 정보를 교환하여야 한다. 2) 마찬가지로 이동을 실행하는데 있어서도 선장과 도선사는 상호 협력하여야 한다.

제358조 (선장의 우선적 지위) 선상에 도선사가 있다고 하여 경계를 책임진 사관이 항해의 안전에 관한 임무로부터 면제되는 것이 아니며, 또 선박을 장악하고 항해를 지휘하는 선상의 최종적 권한이 대체되는 것도 아니다. 다만 선장의 명시적 혹은 묵시적인 동의하에 도선사가 직접 이동을 지휘하고 경우에 따라 실제로 실행할 수도 있다.

제359조 (도선중 손해의 책임) 1) 도선사가 제공한 자문이 부정확하고 미비하여 선박 혹은 제3자에게 손해 혹은 사고를 유발한 경우, 도선사는 이에 대하여 책임이 있다. 이는 선

el práctico debe prestar al capitán serán imputables a aquél, sin perjuicio de la concurrencia de culpa que pueda apreciarse cuando el capitán haya incurrido en error o negligencia en el seguimiento de las instrucciones recibidas. **2**. De los daños causados exclusivamente imputables al práctico responderá éste. **3**. De los daños causados por culpa compartida responderán solidariamente, además, el capitán y el armador. **4**. En los supuestos establecidos en los apartados anteriores resultarán de aplicación las reglas de limitación de responsabilidad de armadores y prácticos.

CAPÍTULO IV DEL CONTRATO DE MANIPULACIÓN PORTUARIA

360. (Concepto y régimen aplicable) **1**. Por el contrato de manipulación portuaria un operador se compromete, a cambio de un precio, a realizar todas o alguna de las operaciones de manipulación de las mercancías en puerto previstas en esta Ley u otras de similar naturaleza. **2**. El régimen de responsabilidad del operador por pérdidas, daño o retraso en la entrega de las mercancías establecido en este Capítulo no podrá ser modificado contractualmente en perjuicio del contratante del servicio.

361. (Obligaciones) **1**. La manipulación portuaria de mercancías puede incluir las operaciones de carga, descarga, estiba y desestiba a bordo de los buques, asícomo las de recepción, clasificación, depósito y almacenamiento en muelle o almacenes portuarios, y las de transporte intraportuario. Igualmente, podrá incluir las operaciones materiales similares o conexas a las anteriores.**2**. Cuando el operador portuario actúe por cuenta de los cargadores o destinatarios de las mercancías deberá efectuar en tiempo y forma las protestas o denuncias sobre su estado y condición en el momento en que las reciba el porteador. Seráresponsable del perjuicio causado pòr su omisión o realización extemporánea.

362. (Contratación de las operaciones) Las operaciones de manipulación portuaria de las mercancías podrán ser contratadas directamente por los cargadores o destinatarios de éstas, o bien por quienes hayan asumido ante aquéllos la obligación de verificarlas.

363. (Documentación) **1**. El operador portuario podrá recoger en un recibo escrito la recepción de las mercancías para su manipulación, haciendo constar su condición y cantidad en tanto en cuanto sea posible determinarlas mediante su examen.Dicho recibo escrito podrá ser sustituido, a voluntad del operador, por un mero acuse de recibo que se hará constar añadiendo la fecha y la firma del operador en cualquier documento que le presente el cargador o receptor de las mercancías en el cual éstas queden debidamente identificadas. **2**. La emisión y firma del documento que acredite la recepción de las mercancías seráobligatoria si lo solicita el cargador o receptor de las mismas. El operador, no obstante, podrá elegir entre la emisión del recibo escrito o la prestación de un mero acuse de recibo. **3**. En caso de no haberse emitido el reciboo no haberse prestado el correspondiente acuse de recibo, se presumirá que el operador recibió las mercancías en buena condición aparente, salvo prueba en contrario.

364. (Fundamento de la responsabilidad del manipulador portuario)**1**. El operador

장이 도선사의 제안을 따르는 데에 착오 혹은 과실이 있어 그의 잘못이 병존하는 것으로 판명된 경우에도 마찬가지이다. 2) 오로지 도선사가 책임질 사고로 발생한 손해는 도선사가 이를 배상할 책임이 있다. 3) 그 이외에 서로 나누어서 책임이 있는 경우, 선장과 의장자가 연대하여 손해를 배상하여야 한다. 4) 전 항들에서 발생한 사건에 대해 의장자 및 도선사의 책임제한에 관한 규정이 적용된다.

제4절 하역계약

제360조 (개념 및 적용 법규) 1) 하역계약이란 하역업자가 대가를 받기로 하고 항구에서 본법에서 정한 하역작업 기타 유사한 성질의 작업을 하기로 하는 계약을 말한다. 2) 화물의 멸실, 훼손 혹은 인도 지연에 대한 하역업자의 책임을 정하는 본절의 규정은 당사자가 계약으로 서비스를 받는 상대방인 당사자에게 불리하게 변경할 수 없다.

제361조 (의무) 1) 선상에서 이루어지는 선적, 양륙, 적부 및 재적부의 작업이 모두 하역작업에 포함될 수 있고, 화물의 수령, 분류, 위탁, 항구에의 적치, 보관업자에 대한 보관 위탁 및 항구 내에서의 이동 등의 작업도 마찬가지이다. 나아가 이러한 작업과 유사하거나 관련된 작업도 포함될 수 있다. 2) 하역업자가 화주 혹은 수하인을 위하여 작업을 하는 경우, 운송인으로부터 화물을 인수한 때에 그 상태와 여건에 관해 적기에 형식을 갖추어 사고에 대한 신고나 이의를 하여야 한다. 하역업자가 이를 결하거나 적기에 하지 아니하면 그로 인한 손해를 배상하여야 한다.

제362조 (작업계약) 어느 화물에 대한 하역계약은 화주나 수하인과 직접 계약할 수도 있고, 이러한 사람 이전에 화물을 확인할 의무가 있는 사람과 할 수도 있다.

제363조 (서류) 1) 하역업자는 하역을 위해 수령한 화물에 관하여 서면 영수증에 그가 확인을 통해 알 수 있는 범위 내에서 화물의 상태와 수량과 함께 하역을 위해 화물을 수령한 것을 기록하여야 한다. 하역업자가 희망한다면 영수증을 주는 것에 대신하여 화물을 미리 확인하여 화주나 수령인이 제시하는 서면에 하역업자가 단순히 날짜를 적고 서명만 하는 명판식 증서로 할 수 있다. 2) 화주나 수령인이 요구하면 하역업자는 화물의 수령을 증명하는 서면을 반드시 발행하고 서명하여야 한다. 그러나 하역업자는 서면에 의한 영수증을 발행할지 혹은 단순히 이들이 작성한 서류에 하역업자가 명판을 찍고 서명하는 명판식 증서로 대신할지 선택할 수 있다. 3) 영수증도 발행하지 아니하고 또 명판식 증서도 제공하지 아니한 경우, 하역업자는 반증이 없는 한, 화물을 외관상 양호한 상태로 수령한 것으로 본다.

제364조 (하역업자의 책임의 원칙) 1) 하역업자는 화물이 자기의 보호하에 있던 중에 멸

portuario será responsable de todo daño, pérdida de las mercancías o retraso en su entrega, causados mientras se encontraban a su cuidado en tanto no pruebe que se debieron a causas fortuitas y que, para evitar sus efectos, el operador o sus auxiliares adoptaron todas las medidas razonablemente exigibles. El período de responsabilidad del operador se extiende desde el momento en que se hizo cargo de las mercancías hasta que las entregó o las puso a disposición de la persona legitimada para recibirlas. **2**. A menos que se haya dado al operador portuario aviso escrito de la pérdida o daño sufrido por las mercancías, describiendo en términos generales su naturaleza, dentro de los tres días laborables siguientes a la entrega, se presumirá, salvo prueba en contrario, que han sido entregadas en la misma condición descrita en el recibo de recepción o, si no se emitió dicho recibo, en buena condición. El plazo será de 15 días naturales en caso de daños no aparentes.

365. (Limitación de la responsabilidad) **1**. Sin perjuicio de la pérdida del beneficio de la limitación de la responsabilidad del porteador por pérdida o daño de las mercancías prevista en el 4.5.e) del Convenio internacional para la unificación de ciertas reglas en materia de conocimientos de embarque, o de lo previsto en el apartado 3 del 321 de esta Ley, que serán asimismo aplicables al operador de manipulación portuaria, la responsabilidad de dicho operador por causa de pérdida o daño de las mercancías transportadas se limitará conforme a las reglas siguientes:

a) En los casos de pérdida o daño en las mercancías, estará limitada a una suma de 2 derechos especiales de giro por kilogramo de peso bruto.
b) Cuando la pérdida o daño de una parte de la mercancía afecte al valor de otra parte, se tendrá en cuenta el peso total de las mercancías perdidas o dañadas y de las mercancías cuyo valor haya resultado afectado para determinar ese límite de responsabilidad.
c) En caso de retraso en la entrega, estarálimitada a una suma equivalente a dos veces y media de la remuneración que deba pagársele por sus servicios con respecto a las mercancías que hayan sufrido el retraso, sin exceder de la cuantía total de la remuneración debida por la remesa de que formen parte esas mercancías.

2. En ningún caso, la responsabilidad acumulada por pérdida o daño más la derivada de retraso excederá de la suma que resultaría aplicable por pérdida total de las mercancías en aplicación de la letra a) del número 1.

366. (Aplicación del régimen de responsabilidad a las diversas acciones) El régimen de responsabilidad del manipulador portuario y su limitación establecido en los artículos anteriores será aplicable a toda acción que persiga una indemnización por daños, pérdidas o retrasos experimentados, independientemente de cuál sea el procedimiento en que se ejercite la acción, así como su fundamento, sea contractual o extracontractual y, tanto se dirige contra el manipulador portuario o contra los auxiliares que éste emplee para el cumplimiento de su prestación.

367. (Legitimación y acciones) La responsabilidad del operador portuario por daños o pérdidas de las mercancías manipuladas podrá ser exigida, en todo caso, por quien contrató con él las correspondientes operaciones. Además, el destinatario de las mercancías transportadas cuya manipulación haya sido asumida por el porteador, transitario o comisionista de transporte tendrá acción directa contra el operador para reclamar aquella

실 및 훼손되거나 혹은 인도 지연이 생긴 경우, 그로 인한 손해를 배상할 책임이 있다. 다만 하역업자가 그것이 우연적인 사유로 발생하였고 이를 피하기 위하여 하역업자와 그 보조자가 필요한 모든 상당한 조치를 다하였다는 것을 입증하는 때에는 그러하지 아니하다. 이러한 책임은 화물을 수령한 날로부터 수령할 정당한 권리가 있는 사람에게 인도하거나 제공하는 기간 내에 존속한다. **2)** 하역업자가 화물을 인도하고 난 다음 3근무일 이내에 화물이 입은 멸실 혹은 훼손에 대해 그 일반적인 성격을 기술하여 하역업자에게 통지하지 아니하면, 반대의 약정이 없는 한, 영수증에 기재된 상태로 혹은 영수증이 없으면 양호한 상태로 인도한 것으로 추정한다. 훼손의 상태가 외관상 나타나지 아니한 경우, 이 기간은 자연일로 15일이 된다.

제365조 (책임제한) **1)** 선하증권에 관한 일부 규칙의 통일을 위한 국제조약은 하역업자에게도 적용될 것으로 동 조약 제4조 5항 e)호 및 본법 제321조 제3항의 규정에 의해 책임을 제한할 수 있는 권리를 상실하는 것과 상관없이, 운송한 화물이 멸실 혹은 훼손됨으로 인한 하역업자의 책임은 다음과 같은 규정에 의하여 제한된다.

a) 화물이 멸실 혹은 훼손된 경우, 중량 킬로그램 당 2단위(SDR)로 제한된다.

b) 화물의 일부가 멸실 혹은 훼손되고 그 결과로 다른 일부분의 가격에 지장이 있는 경우, 책임의 한도를 정하기 위하여 멸실 혹은 훼손된 부분과 그 가격에 영향을 받은 부분을 합한 중량을 기준으로 한도액을 정한다.

c) 인도 지연의 경우, 지연된 화물에 제공한 서비스의 대가로 하역업자에게 지급할 금액의 2.5배에 해당하는 금액을 한도로 한다. 그러나 이 금액은 지연된 화물이 속하는 항차의 총 보수액을 초과하지 못한다.

2) 여하한 경우이라도 멸실 혹은 훼손으로 인한 손해와 지연으로 인한 손해와 합한 책임 총액이 위 제1항 a)호를 적용한 결과 화물이 완전 멸실된 때에 적용될 한도 금액을 초과하지 못한다.

제366조 (책임규정의 여러 권리에 대한 적용) 전 조에서 규정한 하역업자의 책임 및 책임제한에 관한 규정은 운송물의 멸실, 훼손 및 지연으로 인한 보상을 구하는 모든 소송에 대하여 적용되고, 그러한 권리를 실현하는 절차가 무엇이든 적용되며, 그것이 계약상 청구이든 비계약상 청구이든 적용되며, 또 하역업자 개인을 상대로 하든 이행을 보조하는 피용자를 상대로 하든 적용된다.

제367조 (합법성과 권리) 하역한 운송물이 멸실 혹은 훼손됨으로 인한 하역업자의 책임은 모든 경우에 수행한 하역을 약정한 사람이 물을 수 있다. 그 이외에 수하인은, 비록 하역이 운송인, 주선인 혹은 대리점에 의해 의뢰된 때에도, 이러한 책임을 물어 하역업자에게 직접 청구할 수 있다. 수하인은 이와 상관없이 그 운송인, 주선인 및 대리인에게도 보상을 청구할 수 있다.

responsabilidad, sin perjuicio de poder reclamarla también contra dicho porteador, transitario o comisionista

368. (Prescripción de acciones) Las reclamaciones por daños, pérdida o retraso de las mercancías manipuladas prescribirán a los dos años de haber sido entregadas por el operador responsable. En caso de pérdida total, dicho plazo contará desde el día en que hubieran debido ser entregadas.

369. (Derecho de retención) El operador de manipulación portuaria tendrá derecho a retener las mercancías en su poder mientras no se le abone el precio debido por sus servicios.

TÍTULO VI
DE LOS ACCIDENTES DE LA NAVEGACIÓN

CAPÍTULO I DEL ABORDAJE

370. (Régimen jurídico y concepto de abordaje) **1.** El abordaje se regulará por lo dispuesto en el Convenio Internacional para la Unificación de Ciertas Reglas de Abordaje, firmado en Bruselas el 23 de septiembre de 1910, los demás Convenios sobre esta materia de los que España sea Estado Parte y por las disposiciones de este Capítulo. **2.** Se entiende por abordaje el choque en el que intervengan buques, embarcaciones o artefactos, del que resulten daños para alguno de ellos o para las personas o las cosas. **3.** Los daños que un buque cause a otro sin contacto como consecuencia de una maniobra incorrecta en la navegación se regularán también por las normas contenidas en este Capítulo. **4.** Las disposiciones de este Capítulo se aplicarán en los abordajes en que intervengan buques de Estado, sin perjuicio de lo dispuesto en el Título I

371. (Fundamento de la responsabilidad) **1.** El armador del buque culpable del abordaje indemnizará los daños y perjuicios sufridos por el otro buque y por las personas y las cosas a bordo de los buques, asícomo los causados fuera de ellos. Cuando se trate de embarcaciones deportivas o de recreo esta obligación recaerá sobre su titular o propietario. **2.** La relación de causalidad y la culpa en el abordaje deben ser probadas por quien reclama la indemnización.

372. (Abordaje por culpa compartida) **1.** En caso de abordaje causado por culpa compartida por ambos buques, la responsabilidad de sus respectivos armadores se graduará en proporción al grado de culpa atribuido a cada buque. **2.** Cuando no pueda establecerse el grado de culpa debido a las circunstancias de hecho, o cuando las faltas cometidas resulten equivalentes, la responsabilidad se atribuirá a ambos armadores a partes iguales.

373. (Supuestos de solidaridad) **1.** Ambos armadores son solidariamente responsables en los casos de abordaje por culpa compartida con respecto a los daños sufridos por terceros, sean

第368條 (시효) 하역한 화물의 멸실, 훼손 및 연착을 이유로 하는 권리는 책임이 있는 하역업자가 화물을 인도하고 2년이 경과하면 시효가 완성된다. 화물이 완전히 멸실된 경우, 이 기간은 화물이 인도되었어야 할 날로부터 계산한다.

第369條 (유치권) 하역업자는 점유하고 있는 화물에 대해 제공한 서비스의 대가를 지급받지 못하는 동안 그 화물을 유치할 유치권이 있다.

제6장
항해사고

제1절 선박충돌

第370條 (적용법규와 개념) **1)** 선박충돌은 1910년 9월 23일 브뤼셀에서 채택된 선박충돌에 관한 일부 규정의 통일을 위한 국제조약, 그 이외 선박충돌에 관한 것으로서 스페인이 가입한 조약 및 본법의 규정에 의하여 규율한다. **2)** 선박충돌이란 두 물체 사이에 충돌이 발생하고 거기에 선박들, 소형선들 혹은 해양구조물들이 관여되고 그 결과로 이들 중 하나에 혹은 여타 물건이나 사람에 손해가 발생한 경우를 말한다. **3)** 어느 선박이 다른 선박과 접촉이 없이 항해를 함에 있어 잘못 이동하여 손해가 생긴 때에도 본절의 규정이 적용된다. **4)** 본절의 규정은 국유 선박이 관련된 충돌에도 적용하고, 다만 이로 인하여 제1장의 규정은 영향을 받지 아니한다.

第371條 (책임원칙) **1)** 충돌에 귀책사유가 있는 선박의 의장자는 다른 상대 선박, 충돌한 선박상에 있던 사람 또는 물건 및 선박 외부에 있던 사람 또는 물건에 발생한 손실과 손해를 배상할 책임이 있다. 경기용 혹은 여가용 소형선의 경우 그 소유자나 명의자가 이러한 책임을 진다. **2)** 귀책사유와 인과관계는 배상을 청구하는 사람이 입증하여야 한다.

第372條 (쌍방과실로 인한 충돌) **1)** 양 선박이 모두 책임 있는 사유로 선박충돌이 발생한 경우, 그 책임은 각 선박에 돌아갈 귀책의 정도에 따라 의장자가 분담하여야 한다. **2)** 충돌 상황에 비추어 귀책의 정도를 정할 수 없는 경우 또는 양 선박이 범한 잘못의 정도가 비슷한 경우, 양 선박의 의장자가 동일한 비율로 분담한다.

第373條 (연대책임제도) **1)** 쌍방과실로 인하여 충돌이 생긴 경우, 제3자가 입은 손해는, 그것이 물질적인 것이든 혹은 인명에 관한 것이든, 양 선박의 의장자가 연대하여 책임을 진다.

personales o materiales. **2**. El armador que haya abonado una indemnización en virtud de dicha solidaridad gozará del derecho de regreso contra el otro armador en proporción al grado de culpa de su buque.

374. (Excepciones oponibles en caso de solidaridad) El armador demandado en los supuestos de culpa compartida podrá oponer válidamente frente a los terceros las excepciones que, en su extensión, correspondieran al otro armador, especialmente las derivadas del título contractual que pudiera existir entre ellos o las aplicables por limitación de responsabilidad.

375. (Exigencia de requisitos formales) **1**. La exigibilidad de la indemnización por abordaje no estará subordinada al cumplimiento de ningún requisito formal, sin perjuicio de la carga de probar los hechos constitutivos de la pretensión. **2**. No obstante, las partes implicadas en un abordaje deberán facilitarse recíprocamente la inspección de los daños sufridos.

376. (Aplicabilidad de las normas) **1**. Las normas de este Capítulo se aplicarán en todo caso a la responsabilidad por daños derivados de abordaje, con independencia de que tal responsabilidad se exija en un procedimiento judicial civil o penal, o en un procedimiento administrativo. **2**. No se aplicarán tales normas a las relaciones entre las partes vinculadas por un contrato de fletamento, pasaje o trabajo, que se regirán por sus normas específicas

377. (Daños por contaminación derivados de un abordaje) Los daños por contaminación que se ocasionen como consecuencia de un abordaje se regularán por lo dispuesto en el Capítulo V.

CAPÍTULO II DE LA AVERÍA GRUESA

378. (Concepto y requisitos del acto) Existe acto de avería gruesa cuando, intencionada y razonablemente, se causa un daño o gasto extraordinario para la salvación común de los bienes comprometidos en un viaje marítimo con ocasión de estar todos ellos amenazados por un peligro.

379. (Sacrificios admisibles en avería gruesa) Sólo serán admisibles en la masa activa de avería gruesa los daños o gastos que sean consecuencia directa o previsible del acto de avería.

380. (Contribución a la avería gruesa) Los daños o gastos ocasionados en acto de avería gruesa serán soportados por los titulares de los intereses en riesgo en el momento de la avería, en proporción y con el límite del valor salvado de cada uno de ellos.

381. (Ausencia de formalidades) Sin perjuicio de lo dispuesto en esta Ley en cuanto a las obligaciones del capitán acerca del Diario de Navegación, el deber de contribuir a la avería gruesa no está subordinada al cumplimiento de ningún requisito formal a bordo.

382. (Causación culposa de la situación de peligro) Cuando la situación de peligro que

2) 이러한 연대책임을 지기 때문에 손해를 전부 보상한 의장자는 다른 의장자에게 그 선박의 과실 비율에 따라 구상할 수 있다.

제374조 (연대책임에 대해 대항할 수 있는 사유) 상호과실로 인해 충돌이 생긴 경우에, 제3자로부터 보상을 요구받은 의장자는 결국 그 구상을 통해 다른 의장자의 부담으로 돌아갈 사유에 관해 적법하게 면책을 주장할 수 있고, 특히 그 다른 의장자와 제3자와 사이에 존재하는 면책 사유가 있는 경우에 그러하며, 또 책임제한에 관한 규정에 의거 면책을 주장할 수 있는 경우에도 그러하다.

제375조 (형식적 요건의 필요성) 1) 충돌을 이유로 한 보상의 청구에는 어떠한 형식적인 요건을 갖추는 것도 요구되지 아니한다. 다만 이와 상관없이 청구원인을 구성하는 사실에 대해 입증할 책임이 있다. 2) 그러나 선박충돌에 관련된 당사자는 발생한 손해를 검사할 기회를 상호 부여하여야 한다.

제376조 (규정의 적용범위) 1) 본절의 규정은 선박의 충돌로 인해 손해가 생긴 모든 경우에 적용되며, 그 책임의 추궁이 민사절차 및 형사절차는 물론 행정절차에 의한 경우에도 이는 마찬가지이다. 2) 그러나 당사자 사이에 물건 운송계약, 여객 운송계약 혹은 고용계약의 관계가 있는 경우에는 본절의 규정은 적용되지 아니하고 각각 해당 계약에 적용될 별도 규범에 의하여 규율한다.

제377조 (충돌로 발생한 오염손해) 충돌의 결과로 발생한 오염손해는 제5절의 규정에 의하여 규율한다.

제2절 공동해손

제378조 (개념과 요건) 어느 항해에 같이 참여한 물건이 모두 같이 위험에 직면하여 공동으로 이를 구조하기 위하여 의도적으로 정당하게 손해를 입히거나 혹은 특별한 비용을 지출한 때에 공동해손행위가 있었다고 본다.

제379조 (공동해손으로 인정되는 희생) 공동해손행위로 인하여 직접적으로 발생하거나 혹은 발생을 예상할 수 있는 손해 혹은 비용에 한하여 공동해손에서 보상할 손해로 인정한다.

제380조 (공동해손의 분담) 공동해손행위로 생긴 손해와 비용은 해손행위가 있을 당시 위험에 이해관계를 가진 사람이 각자 그 이해관계의 비율로, 각자 구조된 물건의 가액의 범위 내에서, 이를 분담한다.

제381조 (형식의 부재) 공동해손을 분담할 의무는 선상에서 형식적인 절차를 거칠 것을 전제하지 아니한다. 이처럼 절차를 요구하지 아니하는 것은 본법에서 정한 항해일지에 관한 선장의 의무와는 이를 별개로 한다.

제382조 (위험한 상황의 유발 책임) 공동해손행위를 유발한 위험한 상황이 항해에 이해

justifica el acto de avería gruesa se deba a la culpa de alguna de las partes interesadas en el viaje todos los daños y gastos causados serán a cargo del culpable, y no habrá lugar a contribución de las partes inocentes.

383. (Derecho de retención) El armador puede retener, a bordo o en tierra, las mercancías transportadas en tanto los interesados en ellas no constituyan garantía suficiente del cumplimiento de su obligación de contribuir. Igualmente deberán suscribir un compromiso de resarcimiento de avería, en el que se detallen las mercancías correspondientes y su valor.

384. (Liquidación privada) La liquidación de averías hecha privadamente, y salvo que en el título que la origina se haya pactado otra cosa, carece de fuerza de obligar para los interesados, quienes podrán discutirla en el procedimiento judicial correspondiente.

385. (Liquidación mediante expediente de jurisdicción voluntaria o judicial) En defecto de liquidación privada, se procederáa la liquidación de la avería de acuerdo con los trámites previstos en la legislación procesal

386. (Prescripción) El derecho para exigir la contribución a la avería gruesa prescribe al año de terminar el viaje en el que ésta tuvo lugar, entendiéndose que para cada partida de mercancías termina en el momento de su descarga definitiva. Este plazo se interrumpe por el comienzo de un procedimiento, privado, de jurisdicción voluntaria o judicial, para su liquidación.

387. (Libertad de pactos) **1.** Los interesados en el viaje podrán en todo momento pactar libremente sobre las reglas conforme a las que se efectuará la liquidación aplicándose las dispuestas legalmente en defecto de pacto. **2.** Igualmente podrán pactar la liquidación privada de la avería gruesa por un liquidador, que será designado por el armador.

CAPÍTULO III DEL SALVAMENTO

388. (Régimen jurídico) El salvamento se regirá por el Convenio Internacional sobre Salvamento Marítimo, hecho en Londres el 28 de abril de 1989, por los Protocolos que lo modifiquen de los que España sea Estado Parte y por las disposiciones de este Capítulo.

389. (Concepto) **1.** Se considera salvamento todo acto emprendido para auxiliar o asistir a un buque, embarcación o artefacto naval, o para salvaguardar o recuperar cualesquiera otros bienes que se encuentren en peligro en cualesquiera aguas navegables, con excepción de las continentales que no están en comunicación con las aguas del mar y no son utilizadas por buques de navegación marítima. **2.** No se considerarásalvamento la asistencia prestada a bienes fijados de manera permanente e intencional a la costa. **3.** El hallazgo y recuperación inmediata de bienes abandonados en las aguas o sus costas se considerarácomo salvamento, salvo que sean producto del mismo mar o de las aguas navegables.

관계를 가진 어느 당사자의 잘못에 기인한 경우에는, 그로 인한 모든 손상과 비용은 그 귀책사유가 있는 사람이 부담하여야 하며, 책임 없는 당사자는 이를 분담을 할 필요가 없다.

제383조 (유치권) 의장자는, 운송한 화물이 선상에 있든 혹은 육지에 있든, 분담 의무를 이행하기에 충분한 담보를 제공하지 아니하면 그 화물을 유치할 수 있다. 이해관계인은 공동해손을 분담한다는 확약서를 제출하여야 하고, 거기에는 그 대상인 화물과 가격을 자세히 기재하여야 한다.

제384조 (사적정산) 사적으로 한 정산은, 정산을 한 근거가 되는 계약에서 달리 정한 경우를 제외하고는, 이해관계인에 대하여 그 이행을 강제하는 효력은 없고, 따라서 이해관계인은 해당 사법절차를 통하여 다시 그 효력을 다툴 수 있다.

제385조 (합의적 혹은 사법적 관할권에 기한 절차를 통한 정산) 사적 정산이 없는 경우, 소송법에서 정한 절차를 통하여 공동해손을 정산하는 절차를 밟아야 한다.

제386조 (시효) 공동해손의 분담을 청구하는 권리는 그 대상인 항해가 종료한 날로부터 1년이 경과하면 시효로 인하여 소멸한다. 이 기간을 계산함에 있어 화물은 각 부분이 확정적으로 양륙된 때에 항해가 종료된 것으로 본다. 이 기간은 정산절차를 개시하면, 그것이 사적 정산이든, 합의적 혹은 사법적 관할권에 기한 공적 정산이든, 시효가 중단된다.

제387조 (계약의 자유) **1)** 항해에 이해관계를 가진 사람은, 다른 약정이 없는 때에 정산에 적용될 규범을 자유롭게 선정할 수 있다. **2)** 그리고 이해관계인은 의장자가 선정한 정산인과 공동해손에 관해 사적정산을 할 것을 약정할 수도 있다.

제3절 해난구조

제388조 (적용법규) 해난구조는 1989년 4월 28일 런던에서 체결된 해난구조에 관한 국제조약 및 스페인이 가입한 그 개정의정서와 본절의 규정에 의하여 규율한다.

제389조 (개념) **1)** 해난구조란 수상에서 위험에 처한 선박, 소형선 혹은 해양구조물에 지원과 원조를 하고 또 수상에서 위험에 처한 다른 물건에 대해 그 안전을 확보하고 회수를 하기 위하여 취한 행위를 말하며, 그 수면의 종류는 이를 가리지 아니하나 다만 육지에 있는 수면으로 해수와 연결되지 아니하고 항해를 하는 선박이 사용할 수 없는 수면은 이에 포함되지 아니한다. **2)** 해안에서 의도적으로 장기간 고정되어 있는 물건에 제공한 원조는 이를 해난구조로 보지 아니한다. **3)** 수면이나 해안에 버려진 물건을 발견하고 바로 회수한 경우 이를 해난구조로 보며 다만 그것이 바다 혹은 물의 생산물인 때에는 그러하지 아니하다.

390. (Aplicación a buques públicos) **1.** Las normas sobre salvamento serán aplicables alprestado a los buques de guerra y otros de Estado tal como se definen en el **8.** Sin embargo, en estos casos el premio deberá solicitarse mediante el oportuno procedimiento administrativo, sin que sean de aplicación las normas sobre retención o embargo de los buques o bienes salvados. **2.** Asimismo se regirán por estas normas los salvamentos efectuados por los buques y embarcaciones a que se refiere el apartado anterior, en cuyo caso el premio que corresponda se pondrá a disposición de la Administración u Organismo de que dependan, que proveerán a su equitativa aplicación.

391. (Salvamento ordenado o supervisado por la autoridad pública) Las autoridades públicas que ordenen o supervisen un salvamento, o sus funcionarios, no tendrán derecho a premio alguno. Sin embargo, los salvadores que efectúen las operaciones ordenadas o supervisadas por aquéllas tendrán derecho a premio de acuerdo con lo dispuesto en esta Ley.

392. (Contratos de salvamento) **1.** Las partes interesadas podrán contratar las condiciones del salvamento libremente, sin más límite que su obligación inderogable de actuar con la diligencia necesaria para evitar o reducir al máximo los daños al medio ambiente. **2.** El capitán y el armador del buque están facultados para celebrar un contrato de salvamento en nombre del propietario de los bienes que se encuentren a bordo.

393. (Derecho a premio) **1.** Las operaciones de salvamento que hayan producido un resultado útil darán derecho a un premio a favor de los salvadores, cuyo importe no podrá exceder del valor del buque y demás bienes salvados. **2.** El premio deberá ser abonado, en el caso del buque, por el armador. Por los demás bienes salvados será deudor del premio su propietario al tiempo de efectuarse su salvamento. **3.** Se deberá premio incluso si los buques salvador y salvado pertenecen al mismo propietario.

394. (Reparto del premio entre armador y dotación) **1.** El premio por el salvamento, excluida la parte que corresponda al resarcimiento de daños, gastos o perjuicios del salvador, se repartirá entre el armador del buque salvador y su dotación en la proporción de un tercio y dos tercios respectivamente, salvo pacto en contrario. La distribución de la parte de la dotación entre sus componentes se efectuará en proporción al sueldo base de cada categoría. **2.** La regla establecida en el apartado anterior no se aplicará a los buques armados y equipados para el salvamento, en los que los derechos de la dotación se regularán por lo establecido en sus respectivos contratos de embarque. **3.** En el caso de buques extranjeros se aplicarán las anteriores reglas de distribución salvo que la ley del pabellón disponga otra cosa.

395. (Prohibición de efectuar el salvamento) Los servicios prestados a pesar de la prohibición expresa y razonable del armador o del capitán del buque asistido, o del propietario de cualesquiera otros bienes en peligro que no estén ni hayan estado a bordo del buque, no darán derecho a premio.

396. (Derecho de retención) **1.** El salvador tendrá derecho a retener el buque u otros bienes salvados bajo su control, en el puerto o lugar a que se hayan conducido tras la terminación de las operaciones de salvamento, mientras no se constituya a su favor garantía suficiente por el

제390조 (공공선박의 적용) 1) 해난구조에 관한 규정은 제8조에 정의한 군함 및 국유선박을 구조한 경우에도 적용된다. 그러나 이 경우 구조료는 해당 행정 절차를 통하여 신청하여야 하고, 또 구조된 선박 기타 물건의 유치 및 압류에 관한 규정은 적용하지 아니한다. 2) 해난구조에 관한 규정은 전 항에서 말하는 선박 혹은 소형선이 행한 구조에 대하여도 적용된다. 이 경우에 그 구조료는 이들이 속하는 관청 혹은 기관에 귀속하며, 이들은 그 구조료를 합당하게 사용하는 방법을 정해야 한다.

제391조 (공공기관이 명령하거나 감독한 구조) 공공기관 혹은 그 공무원이 명령하고 감독하여 구조를 한 경우, 이들은 구조료를 청구할 수 없다. 그러나 이들의 명령과 감독을 받고 작업을 실행한 구조자는 본법의 규정에 따라 구조료를 청구할 수 있다.

제392조 (구조계약) 1) 이해관계인은 그 조건을 자유롭게 정하여 구조계약을 할 수 있다. 다만 환경에 대한 피해를 제거하고 감소하기 위해 최대한의 주의를 기울여 모든 필요한 조치를 취할 의무는 이를 약화시키는 약정을 할 수 없다. 2) 선장과 의장자는 선상에 있는 물건의 소유자를 대리하여 구조계약을 체결할 권한이 있다.

제393조 (구조료 청구권) 1) 구조작업을 통하여 유익한 결과가 도출된 경우, 구조자는 구조료를 청구할 권리를 갖는다. 그러나 그 총액은 구조된 선박 기타 물건의 가액을 초과하지 못한다. 2) 선박의 경우, 의장자가 구조료를 지급하여야 한다. 여타 물건이 구조된 경우에는, 구조 당시의 소유자가 구조료를 지급할 의무가 있다. 3) 구조선과 피구조선이 동일한 소유자에 속한다 하더라도 구조료가 발생한다.

제394조 (의장자와 승무원의 구조료 분배) 1) 반대의 약정이 없으면, 구조료는 구조자가 입은 손상, 비용 및 손해를 보상하는 것에 해당하는 금액을 먼저 공제한 다음, 그 잔액을 구조선박의 의장자와 그 승무원이 1대 2의 비율로 각각 분배한다. 승무원에 귀속하는 구조료는, 구성원이 해당 직책에 따라 기본 보수의 비율로 이를 분배한다. 2) 전 항에서 정한 원칙은 구조를 위해 의장을 하고 장비를 갖춘 선박에 대하여는 적용되지 아니하며, 이 경우에는 승선계약에 따라 승무원의 보수를 정한다. 3) 위 분배 규칙은 외국 선박의 경우에도, 그 선적국법이 달리 정하고 있지 않는 한, 마찬가지로 적용된다.

제395조 (구조의 금지) 원조를 받은 선박의 의장자 혹은 선장이 명시적이고 상당한 이유를 가지고 구조를 거절한 경우 구조자는 구조료를 청구할 수 없고, 이전에 선상에 있었던 적도 없고 구조 당시에도 선상에 있지도 아니한 물건의 경우, 그 소유자가 구조를 거절한 때에도 이는 마찬가지이다.

제396조 (유치권) 1) 구조 작업이 종료한 다음 항구 기타 장소로 가지고 와서 그 책임하에 구조된 선박 기타 물건을 보관하는 구조자는 그가 주장하는 구조료 전부를 지급하기에 충분한 담보를 제공받을 때까지 그 선박 혹은 물건을 유치할 수 있다. 2) 구조자의 신청이

importe del premio que se reclame. **2**. El armador del buque salvado, a petición y a costa del salvador, estaráobligado a condicionar la entrega de las mercancías transportadas por dicho buque a la constitución por los destinatarios de garantía suficiente para responder del premio que les pudiera afectar. En caso de incumplimiento de esta obligación será responsable de los perjuicios que por ello sufra el salvador.

397. (Buques y cargamentos extranjeros con inmunidad soberana) **1**. A menos que el Estado del pabellón lo consienta, quedarán excluidos de la aplicación de las normas sobre salvamento contenidas en esta Ley los buques extranjeros de Estado que, al efectuarse la ayuda, gozaran de inmunidad soberana de conformidad con los principios generalmente reconocidos en el Derecho Internacional.**2**. Igualmente quedarán excluidos, salvo consentimiento del Estado propietario, los bienes no comerciales de propiedad de un Estado extranjero que gocen de la inmunidad aque se refiere al apartado anterior.

398. (Intervención de la Administración marítima) La Administración marítima estaráen todo caso facultada para intervenir en las operaciones de salvamento realizadas en las zonas españolas de navegación, a fin de proteger el medio ambiente contra la contaminación. A tal efecto, la Administración podrádirigir o impartir instrucciones relacionadas con las operaciones de salvamento que serán de obligado cumplimiento por el capitán, armador o su representante, cargador y salvador.

399. (Bienes salvados de propiedad desconocida) **1**. Quienes durante la navegación o desde la costa salvaren bienes que encontraren desposeídos y fueren de propiedad desconocida estarán obligados a comunicarlo a la Administración marítima competente en el primer puerto de escala. **2**. La Administración marítima incoará un expediente tendente a la averiguación de los legítimos propietarios, en la forma que reglamentariamente se determine, que necesariamente deberá incluir la notificación al cónsul de pabellón si se tratare de buques o embarcaciones matriculadas. El salvador podrámientras tanto retener los bienes salvados, adoptando las medidas necesarias para su adecuada conservación. **3**. Localizado que fuere el propietario, el órgano competente de la Administración marítima procederáa notificar su identidad al salvador, asistiendo entonces a éste los derechos previstos en el apartado segundo, letra c), del 8 del Convenio Internacional de Salvamento Marítimo y en el 396 de esta Ley, sin perjuicio de las acciones que le correspondan para resarcirse de los gastos de conservación y para obtener el precio que por el salvamento proceda. **4**. En el supuesto de que el propietario no fuere localizado en el plazo de seis meses desde el inicio del expediente administrativo, la Administración marítima adoptará las medidas pertinentes para la tasación de los bienes salvados. Si el valor no excediera de 3.000 euros, el salvador hará suyos los bienes una vez pagados los gastos del expediente.Si el valor superase la referida cantidad se venderán los bienes en pública subasta, siendo para el salvador además de dicho importe un tercio de la parte del precio obtenido que exceda de 3.000 euros más los gastos en que haya incurrido. El resto, si lo hubiere, se ingresará en el Tesoro público. **5**. Lo previsto en este se entiende, en todo caso, sin perjuicio de lo dispuesto para los bienes de comercio prohibido o restringido en el 412 de esta Ley, en cuyo caso la Administración marítima procederáa dar a dichos bienes el destino que corresponda conforme a la legislación que resulte aplicable.

있고 구조자가 그 비용을 책임지는 것을 조건으로 구조된 선박의 의장자는 자기가 운송한 화물을 수하인에게 인도하는 대신에 그 화물에 부과된 구조료를 지급하기에 충분한 담보의 제공을 수하인에게 요구하여야 한다. 이를 게을리 한 의장자는 그로 인하여 구조자가 입은 손해를 배상하여야 한다.

제397조 (국가 면책 대상인 외국 선박 및 화물) **1)** 외국 국가 소유선은, 선적국이 동의하지 않는 한, 본법에 규정한 해난구조에 관한 규정은 적용되지 아니하고, 그러한 선박을 지원했다 하더라도, 국제법에서 일반적으로 인정되는 원칙에 의거, 국가 면책을 주장할 수 있다. **2)** 마찬가지로 외국 국가의 소유인 비영리 물건의 경우에도, 그 소유 국가가 동의하지 않는 한, 적용에서 제외되며, 마찬가지로 위에서 말한 국가면책을 주장할 수 있다.

제398조 (해운관청의 관여) 해운관청은 스페인 해역에서 이루어지는 해난구조작업에 대해 오염으로부터 환경을 보호하기 위해 관여할 권한이 있다. 이를 위해 해운관청은 구조작업을 지휘하고 구조작업과 관련하여 명령을 발할 수 있고, 그러면 선장, 의장자, 그 대리인, 화주 및 구조자는 이를 따를 의무가 있다.

제399조 (소유권을 알 수 없는 물건의 구조) **1)** 해변으로부터 혹은 항해 도중에 소유자를 알 수 없고 누구의 점유에도 속하지 아니하는 물건을 구조한 사람은 처음 도착하는 항구에 있는 해운관청에 신고할 의무가 있다. **2)** 해운관청은 명령으로 정하는 방식에 따라 적법한 소유자를 확인하기 위한 절차를 개시하여야 하며, 특히 외국 국적의 선박 혹은 소형선인 경우 그 기국 영사관에 반드시 통지하여야 한다. 그 기간 동안 구조자는 구조된 물건을 보유할 수 있고, 보유하는 구조자는 그 보존을 위해 필요한 조치를 취하여야 한다. **3)** 소유자를 찾으면 해운관청 해당기관은 그 신원을 구조자에게 알려주어야 하고, 그러면 그 구조자는 해난구조에 관한 국제조약 제8조 2항 c호와 본법 제396조의 권리를 향유하며, 이와 별도로 보관비용과 구조보수를 청구할 권리가 있다. **4)** 행정적인 소유자 확인절차를 개시하고 6개월이 경과하여도 소유자를 찾을 수 없는 경우, 행정관청은 구조된 물건의 평가를 위해 필요한 조치를 취하여야 한다. 그 가액이 3천 유로를 초과하지 아니하는 경우, 구조자는 소유자 확인절차에 소요된 비용을 지급하고 이를 자기 것으로 할 수 있다. 그 평가액이 이 금액을 초과하는 때에는, 경매를 통하여 이를 매각하고 그 대금으로 먼저 비용을 지급하고 위에서 말한 3천 유로를 구조자에 지급한 다음, 이를 초과하는 나머지 금액은 3분지 1을 구조자의 소유로 하고 나머지는 이를 국고에 납입하여야 한다. **5)** 본조의 규정과 상관없이 본법 제412조의 상품으로 금지된 것과 제한된 것에 관한 규정이 적용되고, 그 경우에는 해운관청이 거기에 적용될 법규에 따라 행선지를 지정하여 준다.

CAPÍTULO IV DE LOS BIENES NAUFRAGADOS O HUNDIDOS

400. (Supuestos de aplicación y relación con el régimen del salvamento) **1.** Las normas de este Capítulo serán de aplicación a toda operación dirigida a la recuperación de buques naufragados o de otros bienes situados en el fondo de las zonas de navegación señaladas en cada caso, sin perjuicio de que puedan ser objeto de salvamento, en cuyo caso las relaciones entre titular y el salvador se regirán por las normas del Capítulo anterior. **2.** Serán en todo caso de aplicación preferente las normas establecidas en el Capítulo IX del Título I de esta Ley.

401. (Obligación de notificación) **1.** Los capitanes y armadores de los buques que naufraguen o se hundan en las zonas españolas de navegación, están obligados a notificar los hechos a la Administración marítima en los términos que se determinen reglamentariamente. **2.** La misma obligación incumbirá a los propietarios de otros bienes naufragados que no fuesen transportados a bordo de buques o embarcaciones.

402. (Protección de los bienes accidentados) **1.** La Administración marítima dispondrá, con carácter urgente e inmediato, de los medios materiales y personales que puedan resultar necesarios para la defensa de la propiedad de los bienes naufragados o accidentados, evitando cualquier acto de deterioro o sustracción. **2.** La Administración marítima procederá de oficio a informar a los propietarios de los buques y demás bienes siniestrados de su situación a fin de que puedan adoptar las medidas urgentes que convengan a sus intereses.

403. (Deber de balizamiento y de prevención de la contaminación) Los armadores de los buques, y los propietarios de los bienes naufragados o hundidos, están obligados a realizar inmediatamente las operaciones de balizamiento, así como las de prevención de la contaminación, que sean necesarias para la salvaguardia de los intereses nacionales. Deberán a tal efecto ajustarse a las instrucciones y órdenes impartidas por la Administración marítima.

Sección 1.ª De los derechos de propiedad

404. (Conservación de la propiedad) **1.**La propiedad de los buques u otros bienes naufragados o hundidos no se verá afectada por el sólo hecho de su naufragio o hundimiento, no produciéndose su abandono sino por voluntad expresa de su titular. **2.** Los propietarios de tales bienes podrán disponer de ellos y, especialmente, abandonarlos a favor del asegurador cuando proceda.

405. (Prescripción a favor del Estado) **1.** El Estado adquirirála propiedad de cualquier buque o bien que se encuentre naufragado o hundido en las aguas interiores o en el mar territorial españoles una vez transcurridos tres años del naufragio o hundimiento.**2.** Igualmente adquirirála propiedad de buques o bienes que, a la terminación del plazo mencionado, se encuentren situados en la zona económica exclusiva o en alta mar y sean propiedad de españoles.

406. (Interrupción de la prescripción adquisitiva) El plazo de prescripción se interrumpirá

제4절 난파 혹은 침몰된 물건

제400조 (적용되는 경우 및 해난구조에 관한 규정과의 관계) **1)** 본절의 규정은 항해지역으로 지정된 곳에서 난파 선박 혹은 기타 해저에 있는 물건을 인양하는 것을 목적으로 하는 모든 작업에 적용된다. 그러나 이와 상관없이 그 물건이 해난구조의 목적이 될 수 있고, 그러면 구조자와 소유자 사이의 법률관계는 전절의 규정에 의하여 규율한다. **2)** 모든 경우에 제1장 제9절의 규정이 우선하여 적용된다.

제401조 (통지의무) **1)** 스페인 해역에서 선박이 난파되거나 침몰하면 그 선장 혹은 의장자가 명령으로 정하는 방식으로 그 사건을 해운관청에게 통지하여야 한다. **2)** 선박이나 소형선에 운송되었던 화물이 아닌 여타 물건이 난파를 당한 때에는, 그 소유자가 동일한 신고의무를 진다.

제402조 (사고를 당한 물건의 보호) **1)** 해운관청은 난파나 사고를 당한 물건에 관해 그 권리를 보호하고 손상과 유출을 방지하기 위해 모든 인적, 물적 수단을 동원하여 필요한 조치를 즉각적이고 긴급히 취하여야 한다. **2)** 해운관청은 사고를 당한 선박 기타 물건의 소유자에게 그 상황을 바로 통지하여 이들이 자기 이익을 보호하기 위해 합당한 조치를 긴급히 취할 수 있게 하여야 한다.

제403조 (표지설치의무 및 오염방지의무) **1)** 난파나 침몰된 선박의 의장자나 물건의 소유자는 공공의 이익을 보호하기 위해 즉각 표지를 설치하고 필요한 오염 방지조치를 취하여야 한다. 이러한 목적을 실현하기 위하여 이들은 해운관청이 발한 명령이나 지시를 따라야 한다.

제1관 소유자의 권리

제404조 (소유권의 보전) **1)** 난파되거나 침몰된 선박 기타 물건의 소유권은 오로지 난파나 침몰되었다는 이유만으로 영향을 받지 아니하며, 또 난파되거나 침몰된다 하여 소유권을 포기하였다고 보지 아니하며, 권리자가 자의로 그 의사를 표시하여야 포기의 효력이 생긴다. **2)** 이러한 물건의 소유자는 이를 처분할 수 있으며, 특히 필요한 경우 보험자에게 위부를 할 수 있다.

제405조 (국가의 취득시효) **1)** 스페인 내수와 영해에서 난파되거나 침몰되어 있는 선박 기타 물건은, 난파 혹은 침몰 후 3년이 경과하면 국가가 그 소유권을 취득한다. **2)** 선박 기타 물건이 위에서 말한 기간이 종료될 때까지 배타적 경제수역 혹은 공해에 있고 그것이 원래 스페인 사람의 소유였다면, 마찬가지로 국가가 그 소유권을 취득한다.

제406조 (취득시효의 중단) 인양신청을 하면 시효기간이 중단된다. 다만 그것을 허용하

en el momento en que se solicite la extracción, siempre que ésta se inicie en el plazo concedido para ello. Volveráa correr si se suspenden los trabajos o termina el plazo concedido para ellos.

Sección **2**.ª Del régimen de las extracciones

407. (Operaciones de exploración) Las operaciones de exploración, rastreo y localización de buques y bienes naufragados o hundidos en las aguas marítimas interiores o en el mar territorial españoles requerirán autorización de la Administración marítima, que se concederá a quien acredite la propiedad o, en otros casos, discrecionalmente y sin carácter exclusivo.

408. (Operaciones de extracción) Las operaciones de extracción de buques y bienes naufragados o hundidos en las aguas interiores o en el mar territorial españoles requerirán autorización previa de la Administración marítima, que fijará los plazos y condiciones para su realización. Los titulares de la autorización quedan obligados a dar cuenta del inicio y término de las operaciones, así como a facilitar su inspección y vigilancia por la Administración.

409. (Titulares del derecho ala extracción) **1**. Podrán solicitar la autorización de extracción los propietarios de los buques o bienes naufragados o hundidos, acreditando debidamente su dominio. **2**. Si existieran varios propietarios, la solicitud deberá formularse de acuerdo entre ellos, o mediando expresa renuncia de quienes no estuviesen interesados en la extracción. **3**. Tratándose de la extracción de buques y bienes a bordo, la iniciativa de las gestiones para la extracción corresponderá al propietario del buque.

410. (Contratos para la extracción) La solicitud para la extracción podrápresentarse por terceros distintos del propietario que hayan concertado con éste un contrato de salvamento o de cualquier otra clase válida en Derecho.

411. (Extracción de buques o bienes propiedad del Estado) Cuando la propiedad de los buques o bienes corresponda al Estado, y no le conviniere la extracción o aprovechamiento directo, la Administración marítima podrá concederla mediante concurso o subasta con arreglo a la legislación sobre contratos del Estado.

412. (Extracción de bienes de comercio prohibido o restringido) La extracción de armas, municiones, explosivos u otro material militar que pueda afectar a la Defensa nacional, incluidos los buques de guerra, así como de objetos de interés arqueológicos o histórico, y demás bienes de comercio prohibido o restringido, quedará sujeta a las normas especiales aplicables y al régimen que, en su caso, se establezca en la autorización o contrato público para la correspondiente extracción.

413. (Objetos arqueológicos o históricos situados más allá del mar territorial) **1**. La extracción y aprovechamiento de objetos arqueológicos e históricos situados más allá del mar territorial español se regirán por lo previsto en los Tratados vigentes. **2**. En todo caso, precisará autorización administrativa la extracción de los objetos arqueológicos o históricos situados en el fondo del mar de la zona contigua española. La recuperación de tales bienes sin la preceptiva autorización será sancionable como infracción cometida en territorio español.

는 기간 내에 인양이 개시되어야 한다. 작업을 중지하거나 허용한 기간이 도과하면 시효의 기간이 다시 진행된다.

제2관 인양제도

제407조 (탐사 등 작업) 스페인 내수 및 영해에서 난파나 침몰된 선박 기타 물건의 탐사, 확인 및 수색 작업은 해운관청의 허가를 얻어야 할 수 있고, 해운관청의 허가는 자기의 권리를 증명하는 사람에게 부여하고, 그렇지 않고 권리자가 아닌 사람에게는 해운관청의 재량으로 비배타적인 방식으로 부여한다.

제408조 (인양작업) 스페인 내수 및 영해에서 난파나 침몰된 선박 기타 물건의 인양 작업은 해운관청의 사전 허가를 얻어야 할 수 있고, 해운관청은 실시하는 기간과 조건을 정하여 허가한다. 허가를 받은 자는 작업의 개시와 종료를 보고하여야 하며, 해운관청의 검사와 감시에 편의를 제공하여야 한다.

제409조 (인양권자) 1) 난파나 침몰된 선박 기타 물건의 소유자는 적법하게 그 소유권을 증명하여 인양신청을 할 수 있다. 2) 여러 소유자가 있는 경우, 서로가 합의를 하여 인양신청을 하거나 인양에 관심이 없는 사람은 명시적으로 포기를 한 다음 인양신청을 하여야 한다. 3) 선박 및 선상 물건을 인양하려면 인양을 위한 절차의 개시는 그 선박의 소유권자가 하여야 한다.

제410조 (인양계약) 소유자와 구조계약 기타 법적으로 유효한 다른 계약을 체결하면 소유자가 아닌 제3자도 인양신청을 할 수 있다.

제411조 (국가 소유인 선박 기타 물건의 인양) 선박 기타 물건의 소유권이 국가에 속하고, 국가가 이를 직접 인양 기타 이용하는 것이 적절하지 아니한 경우, 해운관청은 국가계약에 관한 법에 의하여 입찰 혹은 경매를 통해 이를 양도할 수 있다.

제412조 (거래가 금지 혹은 제한된 물건의 인양) 군함을 포함한 국가 방위에 영향을 미칠 수 있는 무기, 탄약, 폭약 기타 군수물자는 물론, 역사적 혹은 고고학적 가치가 있는 물건 및 기타 거래가 금지 혹은 제한된 물건은 그 인양을 별도의 제도로 규율하며, 그 인양을 위한 허가와 공공계약에 관해 별도로 규정을 두어 규율한다.

제413조 (영해보다 더 먼 곳에 있는 역사적 혹은 고고학적 가치가 있는 물건) 1) 영해보다 더욱 먼 바다에 있는 역사적 혹은 고고학적 가치가 있는 물건의 인양 및 이용은 해당 조약에서 정한 바에 따라 이를 규율한다. 2) 여하한 경우이든 접속수역에서 해저에 있는 역사적 혹은 고고학적 가치가 있는 물건을 발굴하려면 해운관청의 허가를 받아야 한다. 이러한 정당한 허가 없이 그러한 물건을 추출하는 것은 스페인 영토에서 위반을 저지른 것과 마찬가지로 처벌한다.

CAPÍTULO V DE LA RESPONSABILIDAD CIVIL POR CONTAMINACIÓN

414. (Ámbito de aplicación) **1.** Se regirá por lo dispuesto en este Capítulo la responsabilidad civil derivada de daños por contaminación sufridos en las costas y zonas españolas de navegación, que proceda de buques, embarcaciones, artefactos y plataformas fijas, dondequiera que éstos se encuentren. **2.** Se entenderá por contaminación la definida en el 62 de esta Ley.

415. (Sujetos responsables) **1.** Estará obligado a indemnizar los daños por contaminación el armador o titular del uso o explotación del artefacto naval en el momento de producirse el hecho generador de la contaminación, sin perjuicio de su derecho de repetición contra las personas culpables de aquel hecho. **2.** Cuando en el hecho generador de la contaminación se encuentren involucrados varios buques, sus armadores estarán solidariamente obligados a indemnizar los daños por contaminación, a no ser que éstos puedan razonablemente ser atribuidos con carácter exclusivo a uno de los buques.

416. (Fundamento de la responsabilidad) **1.** El armador será responsable de los daños por contaminación por el mero hecho de su producción. No obstante, quedará exonerado si prueba que los daños han sido causados por una fuerza mayor inevitable, por la negligencia de cualquier autoridad que sea responsable del mantenimiento de luces u otras ayudas a la navegación, o bien por una acción u omisión intencional de un tercero, a salvo de la responsabilidad que alcance a este último. **2.** Sin perjuicio de los Convenios internacionales que sean de aplicación, la exigencia de responsabilidad se basará en los principios decautela y de acción preventiva, en el principio de corrección, preferentemente en la fuente misma, de los atentados al medio ambiente y en el principio de que quien contamina paga.

417. (Culpa del perjudicado) Si el armador prueba que los daños por contaminación resultaron, en todo o en parte, de una acción u omisión culposa o dolosa de la persona que los sufrió quedaráexonerado total o parcialmente de su responsabilidad ante esa persona.

418. (Alcance de la indemnización. **1.** Serán indemnizables las pérdidas o daños causados por la contaminación fuera del buque. **2.** También será indemnizable el costeo de las medidas razonablemente adoptadas por cualquier persona después de ocurrir el siniestro con objeto de prevenir o minimizar los daños por contaminación. En todo caso, se aplicará la limitación de responsabilidad regulada en el Título VII de esta Ley.

419. (Aseguramiento obligatorio) **1.** Seráobligatorio el seguro de responsabilidad civil por daños por contaminación de las costas y aguas navegables, cuyas condiciones y cobertura mínima se determinará reglamentariamente. **2.** Los perjudicados por daños por contaminación tendrán acción directa contra el asegurador de la responsabilidad civil hasta el límite de la suma asegurada. El asegurador podrá oponer las mismas excepciones que correspondieran al armador según los artículos 416 y 417 y, además, la de que la contaminación se debió a un acto intencional del mismo armador.Igualmente podrá hacer uso de la limitación de responsabilidad aplicable según el anterior.

제5절 오염에 대한 민사책임

제414조 (적용범위) 1) 선박, 소형선, 해양구조물 및 고정 플랫폼에서 나오는 오염으로 인한 손해에 대한 민사배상책임은, 선박 등이 어디에 있든 상관없이, 오염으로 인한 손해가 스페인 해역과 연안에서 발생하면, 본절의 규정에 의하여 규율한다. 2) 여기에서 오염이란 본법 제62조에서 정의한 오염을 말한다.

제415조 (책임주체) 1) 오염의 원인이 된 행위를 할 당시에 선박의 의장자 혹은 해양구조물의 이용권자나 사용권자는 오염으로 인한 손해를 배상할 책임을 진다. 그러나 이들은 그 행위에 책임이 있는 제3자에 대하여 구상하는 권리를 가질 수 있다. 2) 오염의 원인인 행위에 여러 선박이 관련된 경우, 그 의장자들은 오염으로 인한 손해를 연대하여 배상할 책임이 있다. 다만 의문의 여지가 없이 어느 선박에 배타적으로 귀책사유가 있다고 판명된 경우에는, 그러하지 아니하다.

제416조 (책임원칙) 1) 의장자는 자기의 행위로 인하여 오염이 발생한 것만으로도 그 오염으로 인한 손해를 배상할 책임이 있다. 그러나 불가항력으로 인하여 손해가 발생한 경우, 등대 기타 항해 보조 기구를 관리할 책임을 진 해운관청의 과실로 인해 오염이 발생한 경우 및 제3자의 고의에 의한 작위 혹은 부작위로 인하여 오염이 발생한 경우, 이를 입증하면 의장자는 책임을 면한다. 이 마지막의 경우 그 제3자에 대하여 그 책임을 묻는 것은 이를 별론으로 한다. 2) 관련 국제조약을 적용하는 원칙을 저해하지 아니하는 범위 내에서, 보호와 예방조치의 원칙, 환경위해의 시정 특히 원천적 시정의 원칙 및 오염원을 제공한 사람은 그 결과에 대해 무조건 배상하여야 한다는 원칙 등에 기하여 오염으로 인한 배상책임의 소재를 정한다.

제417조 (피해자의 과실) 오염으로 인한 손해가 피해자의 고의 혹은 과실에 의한 작위 혹은 부작위에 전부 혹은 일부 기인한 것을 의장자가 입증하면, 의장자는 그 사람에 대한 책임을 일부 혹은 전부 면한다.

제418조 (보상의 범위) 1) 선박 외부에서 발생한 오염으로 인한 손해는 이를 모두 배상하여야 한다. 2) 사고가 발생한 후에 오염으로 인한 손해를 방지 혹은 축소하기 위해 상당한 방법으로 방제조치를 실시한 경우, 그 조치자가 누구이든 그로 인한 비용을 청구할 수 있다. 그러나 여하한 경우라도 본법 제7장에 규정한 책임제한에 관한 규정을 적용한다.

제419조 (강제보험) 1) 모든 선박은 운항하는 수면 및 해안에서 오염으로 인해 발생하는 민사책임을 담보하기 위한 보험에 의무적으로 반드시 가입하여야 한다. 이 보험의 조건이나 부보 사항은 명령으로 정한다. 2) 오염으로 인한 손해의 피해자는 부보한 금액의 범위 내에서 민사책임의 보험자에 대하여 직접 권리를 행사할 수 있다. 보험자는 제416조와 제417조의 규정에 따라 의장자에 대한 면책사유로 이 권리의 행사에 대항할 수 있고, 그 이외에도 오염이 그 의장자의 고의에 의한 행위에 기인했다는 사유로 대항할 수 있다. 마찬가지로 전 조에서 말한 것과 같은 책임제한을 가지고 항변할 수도 있다.

420. (Prohibición de navegación) **1**. La Administración marítima prohibirá la navegación de los buques o embarcaciones y la actividad de los artefactos navales que no posean la cobertura de seguro a que se refiere el anterior. **2**. Asimismo, denegarála entrada o salida de los puertos nacionales, y de los fondeaderos o terminales situados en aguas interiores o mar territorial, a los buques, embarcaciones o artefactos extranjeros que carezcan de la mencionada cobertura de seguro.

421. (Aplicación preferente de los Convenios Internacionales) **1**. Lo previsto en los Convenios Internacionales de que España sea parte en materia de responsabilidad civil por daños por contaminación por hidrocarburos o por substancias nocivas, peligrosas o tóxicas, o por el combustible de los buques, será de aplicación preferente en su ámbito respectivo. **2**. No se aplicará lo previsto en este Capítulo a los daños causados por substancias radioactivas o nucleares, que se regularán por sus disposiciones específicas.

TÍTULO VII

DE LA LIMITACIÓN DE LA RESPONSABILIDAD

CAPÍTULO I DISPOSICIONES GENERALES

422. (Derecho a limitar la responsabilidad) El derecho a limitar la responsabilidad ante las reclamaciones nacidas de un mismo accidente, se regirá por lo dispuesto en el Protocolo de **1996** que enmienda el Convenio sobre Limitación de la Responsabilidad nacida de reclamaciones de Derecho Marítimo, hecho en Londres el 19 de noviembre de 1976, con las reservas hechas por España en el Instrumento de Adhesión, y en este Título

423. (Relación con el régimen de responsabilidad) El régimen de limitación de responsabilidad se aplicará con independencia de quela responsabilidad se exija en un procedimiento judicial de naturaleza civil, social o criminal, o bien en vía administrativa.

424. (Ámbito de aplicación) **1**. Las normas de este Título se aplicarán siempre que cualquiera de los titulares del derecho a limitar invoque dicho derecho ante los órganos judiciales españoles que resulten competentes. A tal efecto será irrelevante la nacionalidad o domicilio de los acreedores o deudores, así como el pabellón del buque respecto al cual se invoque el derecho de limitación. **2**. Serán limitables las reclamaciones a que se refiere el 2 del Convenio Internacional sobre la Limitación de la Responsabilidad por Créditos Marítimos que surjan como consecuencia de la utilización o navegación de los buques y embarcaciones destinados a la navegación marítima. **3**. No serán limitables las responsabilidades relativas a artefactos navales ni a las plataformas fijas construidas para la exploración o explotación de los recursos naturales de los fondos o del subsuelo marino.

425. (Regímenes especiales de limitación) **1**. Lo dispuesto en este Título se entiende sin

제420조 (항해의 금지) **1)** 해운관청은 전 조에서 말하는 강제보험에 가입하지 아니한 선박, 소형선의 항해 및 해양구조물의 활동을 금하여야 한다. **2)** 외국 국적의 선박, 소형선 및 해양구조물이 전 조에 말하는 부보를 하지 아니한 경우, 내수 및 영해에 있는 항구, 정박소 및 터미널에 출입을 금지하여야 한다.

제421조 (국제조약의 우선적인 적용) **1)** 원유, 독극물 및 연료유에 기한 오염으로 인한 손해에 대한 민사책임을 정한 국제조약으로 스페인이 가입한 것은 그 조약의 적용 범위 내에서 우선하여 적용된다. **2)** 본절의 규정은 방사성 혹은 핵 물질에 의한 손해에 대하여는 적용되지 아니하고 이는 별도의 특별 규정에 의하여 규율한다.

제7장
책임의 제한

제1절 일반 규정

제422조 (책임제한권) 어느 한 사고로 인하여 발생하는 모든 청구에 대하여 그 책임을 제한하는 권리는, 1976년 11월 19일 런던에서 체결된 해상채권에 대한 책임제한에 관한 협약을 일부 개정한 1996년 개정의정서 및 이 조약의 가입시 스페인이 한 비준조건에 의하여 규율하며 또 본장의 규정에 의해 규율된다.

제423조 (책임제도와의 관계) 책임제한제도는, 그 책임이 민사적 절차, 사회적 절차, 형사적 절차는 물론 행정적 절차에 의해 정해진다 하더라도, 어느 절차이든 상관없이 무조건 적용된다.

제424조 (적용범위) **1)** 본장의 규정은 제한을 주장할 권리자가 누구이든 해당 스페인 사법기관에서 권리자가 책임제한을 주장하면 적용된다. 이 경우 채권자나 채무자의 국적과 주소를 불문하며, 책임제한을 주장하는 선박의 국적과도 상관없이 적용한다. **2)** 항해에 제공된 선박 혹은 소형선의 이용 혹은 항해의 결과로 발생한 것으로 해상채권의 책임제한에 관한 국제협약 제2조에서 말하는 채권에 대해 책임제한을 주장할 수 있다. **3)** 해양구조물 및 해저 지하나 지상에 있는 자연자원을 탐사나 이용하기 위해 건설된 고정된 플랫폼과 관련된 책임에 대하여는 책임제한이 적용되지 아니한다.

제425조 (개별적 책임제한제도) **1)** 본장의 규정은 본법에 의하여 해상운송계약의 불이

perjuicio de los derechos de limitación específicos establecidos en esta Ley para el porteador marítimo de mercancías o de pasajeros en elmarco de las reclamaciones por incumplimientos de los correspondientes contratos de transporte. **2.** El armador porteador o el fletador porteador podrá en cada caso optar por la aplicación del régimen de limitación específico a que se refiere el apartado anterior o bien por el de carácter global establecido en este Título.

CAPÍTULO II DE LOS CRÉDITOS LIMITABLES

426. (Reclamaciones sujetas a limitación) **1.** Estarán sujetas a limitación las reclamaciones enumeradas a continuación:

a) Reclamaciones por muerte o lesiones corporales, o por pérdidas o daños sufridos en las cosas, incluidos daños a obras portuarias, vías navegables, ayudas a la navegación y demás bienes del demanio marítimo o portuario, que se hayan producido o bordo o estén directamente vinculados con la utilización o navegación del buque o con operaciones de salvamento, así como los perjuicios derivados de cualesquiera de esas causas.

b) Reclamaciones relacionadas con los perjuicios derivados del retraso en el transporte dela carga, los pasajeros y sus equipajes.

c) Reclamaciones relacionadas con perjuicios derivados de la lesión de derechos que no sean contractuales, irrogados directamente con ocasión de la utilización o navegación del buque o con operaciones de salvamento.

d) Reclamaciones promovidas por una persona distinta de la que sea responsable, relacionadas con las medidas tomadas a fin de evitar o aminorar los perjuicios respecto de los cuales la persona responsable pueda limitar su responsabilidad y los ocasionados ulteriormente por tales medidas, salvo cuando las mismas hayan sido adoptadas en virtud de un contrato concertado con la persona responsable.

2. Las reclamaciones establecidas en el apartado 1, sean cuales fueren los supuestos de responsabilidad, estarán sujetas a limitación de responsabilidad con independencia de que la acción ejercitada posea naturaleza contractual o extracontractual.

427. (Reclamaciones excluidas de limitación) **1.** No serán limitables las reclamaciones enumeradas en el 3 del Convenio Internacional sobre la Limitación de la Responsabilidad por Créditos Marítimos. **2.** Carecerán asimismo de limitación las reclamaciones de la Administración marítima o Autoridad Portuaria relativas a las remociones reguladas en el Título I de esta Ley.

CAPÍTULO III DE LAS SUMAS MÁXIMAS DE INDEMNIZACIÓN

428. (Límites generales) Salvo en los casos previstos en el siguiente, la suma máxima de indemnización pagadera por reclamaciones limitables se calculará por cada accidente, progresivamente, en función del arqueo bruto del buque respecto al cual hayan nacido los créditos, con arreglo a lo establecido en los artículos 6 a 9 del Convenio Internacional sobre la

행을 이유로 하는 청구에 대하여 화물운송인 혹은 여객운송인이 주장하는 개별적인 책임제한과는 상관없이 별도로 적용된다. **2)** 운송인인 의장자나 운송인인 용선자는 전 항에서 말하는 개별적인 책임제한을 주장하고 또한 본장에서 규정하는 총체적인 책임제한을 주장할 수 있다.

제2절 책임제한채권

제426조 (책임제한 대상인 채권) **1)** 다음에 열거한 채권은 책임제한의 대상으로 한다.

a) 선박 상에서 또는 선박의 이용이나 운항 및 그 구조작업과 직접 관련하여 발생한 것으로, 사람의 사망이나 신체의 상해 및 물건에 발생한 멸실이나 훼손을 이유로 하는 채권. 항만시설, 항로, 항해지원설비 및 기타 항구 및 항해의 공공 영역에 속하는 물건 등에 발생한 멸실 또는 훼손을 이유로 하는 채권도 물건에 발생한 채권에 포함되며, 또한 그 밖에 선박의 이용이나 운항 및 구조작업과 직접 관련하여 발생한 여타 손해에 관한 채권도 마찬가지로 여기에서 말하는 채권에 포함된다.

b) 운송물, 여객 또는 수하물의 운송 지연으로 인하여 생긴 손해에 관한 채권.

c) 선박의 이용이나 운항 및 그 구조작업에 직접 관련하여 발생한 것으로 계약상의 권리 이외에 타인의 권리의 침해로 인하여 생긴 손해에 관한 채권.

d) 어느 손해로 인한 책임에 대하여 책임제한을 주장할 수 있었는데, 그 사안에 책임을 질 사람이 아닌 제3자가 그러한 손해를 방지 또는 경감하기 위한 조치를 취했다는 것을 근거로 주장하는 채권 또는 그 조치의 결과로 인하여 생긴 손해에 관한 채권. 다만 그 조치가 원래 책임을 질 사람과 계약에 의하여 이루어진 경우에는 그러하지 아니하다.

2) 위 제1)항에 열거된 채권은 그 발생 원인이 무엇이든 성질이 계약적 혹은 비계약적인 것과 상관없이 무조건 책임제한의 대상이 된다.

제427조 (책임제한에서 제외되는 채권) **1)** 해상채권의 책임제한에 관한 국제조약 제3조에 열거한 채권은 책임제한을 주장할 수 없다. **2)** 본법 제1장에서 규율하고 있는 해운관청 혹은 항만당국이 시행한 난파물 제거작업과 관련된 권리에 대하여도 책임제한을 주장할 수 없다.

제3절 보상최고한도

제428조 (일반한도) 다음 조문에 규정된 경우를 제외하고는, 제한대상이 되는 권리에 대하여 보상할 한도액은 사고를 기준으로 채권이 발생한 선박의 총톤수를 기준으로 비례 체감하는 방식으로 해상채권의 책임제한에 관한 국제협약 제6조 내지 제9조에 규정한 바에 따라 산정한다.

429. (Límites especiales) **1.** Respecto a las reclamaciones relacionadas con muerte o lesiones corporales de los pasajeros de un buque surgidas en un mismo accidente y con independencia de cual sea su arqueo bruto, el límite de responsabilidad seráuna cantidad de 175.000 Derechos Especiales de Giro multiplicado por el número de pasajeros que el buque esté autorizado a transportar, de conformidad con su certificado. A estos efectos se entenderán incluidas en el concepto depasajero las personas que, con el consentimiento del porteador, viajen a bordo acompañando a un vehículo o a animales vivos en virtud de un contrato de transporte de mercancías. **2.** Los límites de responsabilidad aplicables para los buques y embarcaciones con arqueo inferior a 300 toneladas son:

a) Un millón de Derechos Especiales de Giro para las reclamaciones relacionadas con muerte o lesiones corporales.

b) 500.000 Derechos Especiales de Giro para las demás reclamaciones limitables.

430. (Concurrencia de acreedores) **1.** Las sumas obtenidas con arreglo a lo dispuesto en los artículos precedentes integrarán el correspondiente fondo, que serán distribuidos entre los acreedores que traigan causa del mismo accidente en proporción a la cuantía de sus reclamaciones respectivas. **2.** No obstante, si la cuantía dedicada a las reclamaciones por muerte o lesiones no basta para satisfacerlas en su totalidad, sus acreedores concurrirán por el remanente con los demás acreedores limitables para cobrar, en igualdad de rango, del fondo dedicado a la satisfacción de los créditos materiales **3.** En todo caso, la Administración marítima y portuaria tendrá prelación en el cobro sobre todos los acreedores cuyas reclamaciones no sean por muerte o lesiones corporales, cuando se trate de reclamaciones por daños producidos a obras portuarias, vías navegables, ayudas la navegación y, en general, al demanio marítimo o portuario.

431. (Subrogación) La persona responsable, su asegurador o cualquier tercero que haya pagado una reclamación imputable a un fondo de limitación con anterioridad a su distribución, quedará subrogada en los derechos que habrían correspondido a la persona indemnizada frente a dicho fondo.

432. (Conversión a la moneda nacional) **1.** Las cuantías a que se hace referencia en los artículos anteriores se convertirán a euros tomando el cambio vigente en la fecha en que haya sido constituido el correspondiente fondo para la limitación. **2.** El cambio a que se refiere el apartado anterior se calculará por el método de evaluación efectivamente aplicado en la fecha en que se trate por el Fondo Monetario Internacional a sus operaciones y transacciones.

CAPÍTULO IV DEL FONDO DE LIMITACIÓN

433. (Condición del derecho a limitar) **1.** Para la válida alegación del derecho a limitar ante los órganos jurisdiccionales españoles, el titular deberá constituir el correspondiente fondo de limitación, integrado por las sumas establecidas en el Capítulo III del este Título junto con

제429조 (특별한도) **1)** 동일한 사고로 어느 한 선박의 여객이 사망하거나 신체의 상해를 입은 것과 관련된 채권에서 책임한도는 그 선박의 총 톤수에 상관없이 그 항해허가서에 기해 운송이 허용된 여객 정원에 175, 000 단위(SDR)를 곱한 금액을 책임한도로 한다. 이와 관련하여서는 화물운송계약에 기해 운송하는 자동차 혹은 산 동물과 함께 운송인의 승낙하에 선상에서 여행하는 사람도 여객으로 본다. **2)** 300톤 미만의 선박 혹은 소형선은 책임한도로서

a) 사람이 사망하거나 신체의 상해를 입은 것과 관련된 권리는 1, 000, 000 단위(SDR) 가 책임한도이며,

b) 여타 책임제한의 대상인 채권은 500, 000단위(SDR)가 책임한도가 된다.

제430조 (채권자의 우선순위) **1)** 위 규정에 의하여 얻어진 한도액은 해당하는 채권을 위한 기금을 구성하고, 동일한 사고를 원인으로 하여 권리를 주장하는 채권자들에게 각자의 채권금액의 비율로 분배한다. **2)** 그러나 사망이나 상해를 이유로 하는 채권을 위한 기금의 한도가 그 손해 전부를 보상하기에 불충분한 경우, 그 채권자들은 미지급된 잔액을 가지고 물질 채권자를 위한 기금에 나머지 책임제한의 대상이 되는 채권자들과 동급으로 지급에 참여한다. **3)** 여하한 경우이든, 해운관청이나 항만당국은 채권이 항만시설, 항로, 항해보조설비 및 기타 일반적으로 해운관청 혹은 항만당국의 관리시설에 발생한 손해를 이유로 하는 경우, 사람의 사망 혹은 신체의 상해를 이유로 하는 채권을 제외하고는, 다른 모든 채권에 우선하여 변제를 받는다.

제430조 (대위권) 책임제한기금에서 지급할 의무가 있는 채무를 기금을 분배하기 이전에 원래 책임을 질 사람, 그 보험자 혹은 제3자가 변제한 때에는 이들이 기금으로부터 보상을 받을 원래 채권자의 권리를 대위한다.

제432조 (국내화폐로 전환) **1)** 위 규정에 의하여 언급된 금액은 제한기금을 설립하는 날짜의 환율을 기준으로 유로화폐로 전환한다. **2)** 전 항에서 말하는 환율은 국제통화기금(I.M.F.)이 그 활동과 거래에서 취급하는 날짜에 적용하는 평가방식에 의하여 계산한다.

제4절 제한기금

제433조 (제한의 요건) **1)** 스페인 법정에서 유효하게 책임제한을 주장하려면, 주장자는 본장 제3절에서 말하는 한도액 전부와 책임의 발생 원인이 된 사고 날짜 이후의 법정 이자를 합한 금액을 기금으로 조성하여야 한다. **2)** 기금은 해당 금액을 공탁하거나 해당 사법기

los intereses legales devengados desde la fecha del accidente que originó la responsabilidad. **2**. El fondo podráser constituido depositando la suma correspondiente o aportando garantía suficiente a juicio del órgano judicial.

434. (Destino del fondo y paralización de otras medidas) **1**. El fondo constituido regularmente sólo podrá utilizarse para satisfacer las reclamaciones respecto de las cuales se pueda invocar la limitación de responsabilidad, incluso en caso de concurso del titular del derecho a limitar. **2**. Una vez constituido el fondo de limitación, los acreedores limitables carecerán de acción para perseguir cualesquiera otros bienes del deudor, así como frente a otros deudores del mismo crédito. **3**. Los buques o cualesquiera otros bienes pertenecientes al titular del derecho a limitar, que hayan sido embargados o secuestrados para responder de una reclamación que quepa promover contra el fondo constituido, quedarán liberados mediante levantamiento que deberá ordenar el órgano judicial que conoció de la constitución.

435. (Procedimiento y caducidad del derecho a limitar) **1**. Para la constitución del fondo de limitación, así como para distribución entre los distintos acreedores, se estará al procedimiento regulado en el Capítulo IV del Título IX de esta Ley. **2**. El derecho a la constitución del fondo de limitación caducará en el plazo de dos años, contados desde el día en que se presentó la primera reclamación judicial nacida del accidente a que da lugar la invocación del derecho a limitar.

TÍTULO VIII
DEL CONTRATO DE SEGURO MARÍTIMO

CAPÍTULO I DISPOSICIONES GENERALES

436. (Ámbito de aplicación) Están sujetos a esta Ley los contratos de seguro que tienen por objeto indemnizar los daños producidos por los riesgos propios de la navegación marítima.

437. (Libertad de pactos) Salvo que expresamente se disponga de otra forma en los preceptos siguientes, las partes del contrato podrán pactar libremente las condiciones de cobertura que juzguen apropiadas, sin sujeción a forma determinada alguna.

CAPÍTULO II DE LAS DISPOSICIONES COMUNES A LOS DISTINTOS TIPOS DE SEGURO MARÍTIMO

Sección 1.ª De los intereses asegurados

438. (Existencia del interés asegurado) **1**. Puede ser objeto del seguro cualquier interés

관이 판단하기에 충분한 담보를 제공하면 조성된다.

제434조 (기금의 처분과 다른 수단의 중지) **1)** 이 기금은 원칙적으로 오로지 책임제한을 주장할 수 있는 채권의 변제에 사용한다. 책임제한을 주장할 수 있는 사람도 기금의 참여가 인정되는 권리를 취득하면 참여하여 기금으로부터 변제를 받을 수 있다. **2)** 기금이 구성되면 제한을 주장할 수 있는 채권의 권리자는 채무자의 다른 재산에 대하여 권리행사를 할 수 없고, 동일한 채권의 다른 채무자에 대하여도 권리를 행사할 수 없다. **3)** 구성된 기금을 상대로 이행을 구할 수 있는 채권에 기해 책임제한을 주장할 수 있는 사람의 소유에 속하는 선박 기타 재산에 대해 정박명령 혹은 압류처분이 이루어진 경우, 기금을 구성하는 것을 관할하는 사법기관은 그 해제명령을 발하여 그 선박 기타 재산을 방면하여야 한다.

제435조 (절차와 제한권의 소멸) **1)** 제한기금을 구성하고 이를 채권자에게 분배하는 것은 본법 제9장 제4절에서 정한 절차에 의하여 행한다. **2)** 기금을 구성할 권리는 책임제한을 발생시킨 그 사고를 이유로 한 최초의 사법적 청구가 있은 날로부터 2년이 경과하면 소멸한다.

제8장
해상보험계약

제1절 일반 규정

제436조 (적용범위) 항해위험으로 생기는 손해를 보상할 것을 목적으로 하는 보험계약은 본법에 의하여 규율한다.

제437조 (계약의 자유) 아래 규정에서 별도 방식으로 명시적으로 정한 경우를 제외하고는, 계약당사자는 적당하다고 생각하는 바에 따라 어떠한 형식적 구애도 받지 아니하고 자유롭게 보험의 조건을 정할 수 있다.

제2절 여러 종류 보험에 공통 규정

제1관 피보험이익

제438조 (피보험이익의 존재) **1)** 어떤 종류의 이익이든 합법적이면 항해의 위험에 놓일

legítimo sometido a los riesgos de la navegación. La inexistencia de interés determinará la nulidad del contrato, salvo en el supuesto previsto en el 452. **2**. Los pactos contractuales en los que se establezca una presunción de la existencia del interés admitirán en todo caso prueba en contrario.

439. (Enumeración de los intereses) Podrán, en concreto, ser objeto del seguro marítimo los intereses en:

a) Los buques, embarcaciones y aparatos flotantes, incluso en construcción o desguace.
b) El flete.
c) El cargamento.
d) La responsabilidad civil derivada del ejercicio de la navegación.
e) Cualesquiera otros intereses patrimoniales legítimos sujetos a los riesgos de la navegación por agua.

440. (Interés en el buque) El seguro del buque comprende, salvo pacto en contrario, el interés sobre sus partes integrantes, pertenencias y accesorios.

441. (Interés en el flete) **1**. El seguro del flete comprende el precio por el transporte de mercancías o pasajeros, tanto en curso de realización como esperado. Salvo pacto en contrario, incluye también el beneficio que se deriva para el naviero o armador del transporte de sus propias mercancías. **2**. El valor asegurable del flete viene dado por su importe bruto.

442. (Titular del interés) El contrato de seguro se entiende concertado, salvo pacto expreso en contrario, por cuenta de quien resulte titular del interés en el momento del siniestro.

Sección **2**.ª Del valor asegurado y del coaseguro

443. (Valor del interés y suma asegurada) **1**. Si, en el momento de la producción del siniestro, la suma asegurada es inferior al valor del interés, el asegurador indemnizará el daño causado en la misma proporción en que aquélla cubre el interés asegurado. **2**. Si la suma asegurada supera el valor del interés asegurado, el asegurado podrá exigir la reducción de la suma y de la prima, debiendo restituir el asegurador el exceso de las primas percibidas. Si se produjere el siniestro, el asegurador indemnizará el daño efectivamente causado. **3**. Cuando el sobreseguro previsto en el apartado anterior se debiera a mala fe del asegurado, el contrato será nulo. El asegurador de buena fe podrá, no obstante, retener las primas vencidas y las del período en curso.

444. (Póliza estimada) En el seguro de buques, embarcaciones y aparatos flotantes se presumirá salvo pacto expreso en contrario que el valor declarado en la póliza es un valor estimado vinculante para las partes del contrato.

445. (Coaseguro) **1**. En caso de concurrir varios contratos de seguro sobre el mismo riesgo e interés y durante idéntico período de tiempo, hayan sido concertados por el mismo tomador o no, el asegurado no podrá en ningún caso recibir como indemnización una cantidad superior al importe real del daño. Respetando esta limitación, cada asegurador estaráobligado a indemnizar el daño hasta el importe de la suma asegurada en su respectiva póliza. En estos

때에 보험의 목적이 된다. 피보험이익이 없으면 그 보험계약은 무효가 되고, 다만 제452조가 적용되는 사안인 경우에는 그러하지 아니하다. 2) 계약으로 피보험이익이 있는 것으로 간주한다고 약정한다 하더라도, 언제든지 당사자는 반증을 들 수 있다.

제439조 (피보험이익의 종류) 다음과 같은 이익이 보험계약에서 그 목적이 될 수 있다.

a) 선박, 소형선 및 유동기구로서 건조 중이거나 해체 중인 것을 포함한다.
b) 운임.
c) 화물.
d) 항해를 함으로 인해 발생하는 민사책임.
e) 여타 합법적인 재산상의 이익으로 항행 위험에 노출된 것.

제440조 (선박보험에 있어 피보험이익) 선박보험에서 보험의 목적에는 반대의 약정이 없는 한 본체 그 속구 및 부속물이 모두 포함된다.

제441 (운임보험에서 피보험이익) 1) 운임보험은 여객 혹은 화물의 운송의 대가로, 발생 중인 것이든 장차 발생이 기대되는 것이든, 그 대상이 된다. 그리고 반대의 약정이 없는 한, 의장자나 선주가 자기 자신의 물건을 운송하여 얻는 이익도 포함된다. 2) 운임보험에서 운임수입 총액이 부보할 수 있는 금액이 된다.

제442조 (이익의 주체) 보험계약은 반대의 약정이 없는 한, 사고 당시의 권리자를 위해 약정한 것으로 본다.

제2관 보험금액 및 공동보험

제443조 (보험가액과 보험금액) 1) 보험사고가 발생한 때에 보험금액이 보험가액보다 적은 때에는 보험자는 보험금액의 보험가액에 대한 비율로 손해의 일부를 보상한다. 2) 보험금액이 보험가액을 초과하는 때에는 피보험자는 보험금액과 보험료의 감액을 청구할 수 있고, 그러면 보험자는 초과하여 수령한 보험료를 반환하여야 한다. 3) 전 항에서 본 초과보험이 피보험자의 악의에 기인한 경우, 그 보험계약은 무효로 한다. 그럼에도 불구하고 선의의 보험자는 이미 기간이 경과한 보험료와 진행 중인 보험기간의 보험료를 취득한다.

제444조 (증권상 추정) 선박, 소형선 및 유동기구 보험의 경우, 반대의 약정이 없는 한, 보험증권에 기재된 가액은 당사자 사이에서 구속력을 가진 평가금액으로 본다.

제445조 (공동보험) 1) 동일한 위험과 피보험이익에 대하여 동일한 보험기간에 여러 보험계약이 중복되면, 그것이 동일한 계약자에 의하여 체결되었든 아니었든 상관없이, 여하한 경우라 하더라도 피보험자는 실제 손해 금액 이상의 보상을 받을 수 없다. 이러한 경우 여러 보험자는 각각의 보험증권에서 정한 보험금액의 범위 내에서 각자 손해를 보상할 의무가 있다. 이 경우에 계약자 혹은 피보험자는, 반대의 약정이 없는 한, 모든 보험자에게 가

casos el tomador del seguro o el asegurado deberán, salvo pacto en contrario, comunicar a cada asegurador los demás seguros que estipule.Si por dolo se omitiera esta comunicación, y en caso de sobreseguro se produjera el siniestro, los aseguradores no estarán obligados a pagar la indemnización.**2**. El asegurador que haya indemnizado tendrá acción contra los demás aseguradores para obligarles a contribuir a la cobertura del siniestro en proporción a los capitales asegurados por cada contrato. **3**. Si el importe total de las sumas aseguradas superase notablemente el valor del interés, cualquiera de las partes del contrato podrá exigir la reducción de la prima de la suma y de la prima, debiendo restituir el asegurador el exceso de las primas percibidas.

446. (Abridor del coaseguro) **1**. El asegurador abridor del coaseguro estará legitimado, salvo pacto en contrarío, tanto activa como pasivamente, judicial y extrajudicialmente, para la gestión ordinaria del contrato y para adoptar cualquier decisión frente al asegurado en orden al siniestro y su liquidación, así como para efectuar las reclamaciones contra los terceros responsables del daño o hacer frente a las de los terceros perjudicados en los seguros de responsabilidad, sin que tal actuación suponga solidaridad alguna entre los coaseguradores. **2**. Cada coasegurador estáobligado, salvo pacto en contrario, al pago de la indemnización solamente en proporción a la cuota respectiva. El asegurador que ha pagado una cantidad superior a la que le corresponda podrárepetir contra el resto de los aseguradores. Queda a salvo en todo caso el derecho de repetición de los coaseguradores frente al abridor en el supuesto de abuso de facultades. **3**. Se considerará abridor, si la póliza no lo designa expresamente, al coasegurador que participe con mayor cuota en el seguro.

Sección **3**.ª De los riesgos de la navegación

447. (Riesgos cubiertos) El asegurador indemnizará al asegurado, en los términos fijados en el contrato, por los daños que sufra el interés asegurado como consecuencia de los riesgos de la navegación.

448. (Exclusión de algunos riesgos) Salvo pacto en contrario, quedan excluidos de la cobertura del seguro los siguientes riesgos:

a) La guerra, declarada o no, civil o internacional, el bloqueo y los apresamientos que resulten de ella.
b) La captura, el embargo o la detención por orden de alguna autoridad nacional o extranjera.
c) La piratería, el motín, las huelgas, los cierres patronales, el terrorismo y las situaciones de alteración del orden público.
d) Las explosiones atómicas o nucleares, las radiaciones y las contaminaciones radioactivas.

449. (Dolo y negligencia del asegurado y sus dependientes) **1**. El asegurador no responde de los daños causados al interés asegurado por dolo del asegurado. Tampoco responderá por culpa grave del asegurado, salvo pacto en contrario, en cuyo caso quedará al menos un diez por ciento del daño a cargo del asegurado. **2**. El asegurador, salvo pacto en contrario, responderá de los siniestros causados por dolo o culpa de los dependientes del asegurado. **3**. A los efectos de este artículo, se asimilaráa la culpa grave del asegurado la de aquellos de sus dependientes

입한 다른 보험을 통지하여야 한다. 만일 악의로 이러한 통지를 해태하고, 초과보험에서 사고가 발생하면, 보험자는 보상을 할 의무가 없다. **2)** 보험금을 지급한 보험자는 보험자들이 보험금액의 비율로 각각 피해를 분담했을 때 해당 금액을 다른 보험자에 대해 구상할 수 있다. **3)** 보험금액의 총액이 피보험가액을 현저하게 초과하는 경우, 어느 당사자이든 그 보험금액과 보험료의 감액을 청구할 수 있고, 그러면 보험자는 수령한 초과 보험료를 반환하여야 한다.

제446조 (공동보험에서 향도보험자) **1)** 공동보험에서 향도보험자는 반대의 약정이 없는 한 적극적 행위이든 소극적 행위이든, 소송상 행위이든 소송외 행위이든, 보험계약의 통상적 관리는 물론 사고와 정산에 관하여, 모든 보험자를 대리하여 피보험자와 결정을 하고, 나아가 손해를 일으킨 제3자에 대해 구상을 하고, 책임보험에서 제3자의 청구에 대해 대항하는 권한이 있다. 그러나 이러한 행위를 통하여 보험자가 무조건 연대책임을 지는 것은 아니다. **2)** 각 보험자는, 반대의 약정이 없는 한, 오로지 인수한 지분의 비율에 한해 보상할 의무를 진다. 어느 보험자가 자기 해당 지분 이상을 지급한 경우, 나머지 보험자에게 구상할 수 있다. 이와 별도로 모든 경우에, 향도보험자가 그 권한을 남용한 경우, 다른 보험자는 그에게 구상을 청구할 수 있다. **3)** 보험증권에서 명시적으로 향도보험자를 지정하지 아니한 경우, 그 보험에 가장 많은 지분을 인수한 보험자를 향도보험자로 본다.

제3관 항해의 위험

제447조 (부보위험) 피보험자가 보험기간 내에 항해의 위험의 결과로 부보한 피보험이익에 손해를 입으면 보험자가 이를 보상할 책임이 있다.

제448조 (제외된 위험) 반대의 약정이 없는 한 다음의 위험은 부보로부터 제외된다.

a) 공식이든 비공식이든, 내전이든 국제전이든 불문하고, 전쟁 및 전쟁의 결과로 인한 봉쇄와 나포.
b) 스페인 혹은 제3국 국가 권력의 지시에 기한 나포, 정박명령 및 억류.
c) 해적, 폭동, 파업, 직장폐쇄, 테러 및 공공질서의 변경 상황
d) 원자 혹은 핵의 폭발, 방사능 및 방사능오염.

제449조 (피보험자나 그 보조인의 고의 혹은 과실) **1)** 보험자는 피보험자가 고의로 피보험이익에 가한 손해는 보상하지 아니한다. 그리고 피보험자의 중대한 과실로 손해가 발생한 경우에도 보상하지 아니하나, 다만 당사자 사이에 반대의 약정을 할 수 있고, 이러한 약정이 있는 때에도 10%의 손해는 피보험자가 부담하여야 한다. **2)** 반대의 약정이 없는 한, 보험자는 피보험자의 보조인이 고의 혹은 과실로 유발한 사고의 경우에도 보상할 책임이 있다. **3)** 본조의 적용에 있어서는, 보험의 목적의 상태를 보존하고 유지하는 기능을 담당하

que desempeñen en tierra funciones de gerencia o dirección de las que dependa el estado de conservación o de mantenimiento del objeto asegurado.

450. (Vicio propio) Quedan excluidos de la cobertura los daños que tengan por causa el vicio propio o la naturaleza intrínseca del objeto aseguradoy, salvo pacto en contrario, los que tengan por causa el desgaste y uso natural.

Sección **4.**ª De la conclusión del contrato y deberes del contratante

451. (Prueba del seguro) El asegurador está obligado a entregar al tomador la póliza o el documento o certificado provisional de cobertura. Antes de que estos documentos sean entregados, el contrato puede ser probado por cualquier medio que demuestre la aceptación de la cobertura por el asegurador.

452. (Existencia de riesgo) **1**. El contrato de seguro celebrado con posterioridad al siniestro o cesación del riesgo es nulo siempre que alguna de las partes conociese tal circunstancia. Se presume conocida dicha circunstancia en el caso de que la noticia de la misma fuera de público conocimiento en el lugar donde se celebróel contrato o en el que residen el asegurador o el contratante. **2**. Sin embargo, si el contrato se celebró sobre buenas o malas noticias, sólo será nulo cuando se demuestre que el contratante conocía el siniestro o el asegurador la cesación del riesgo.

453. (Declaración del riesgo) **1**. El contratante del seguro deberá declarar al asegurador antes de la conclusión del contrato todas las circunstancias que conozca, o que razonablemente deba de conocer, que puedan influir sensiblemente en la apreciación del riesgo por un asegurador prudente. Si el contrato se celebrase por cuenta de otra persona, el deber de declaración se extenderáa las circunstancias conocidas o debidas de conocer por ésta.**2**. El contratante del seguro deberádurante el curso del contrato comunicar al asegurador, tan pronto como le sea posible, todas las circunstancias que agraven el riesgo y sean de tal naturaleza que si hubieran sido conocidas por este en el momento de la perfección del contrato no lo habría celebrado o lo habría concluido en condiciones más gravosas. **3**. En los seguros de embarcaciones dedicadas al deporte o recreo el régimen de declaración se regirá por lo dispuesto en el 10 de la Ley 50/1980, de 8 de octubre, de Contrato de Seguro, sin que valga pacto en contrario.

454. (Efectos de la inexactitud o reticencia) **1**. La declaración incompleta o inexacta de las circunstancias a que se refiere el anterior da derecho al asegurador a resolver el contrato en el plazo de un mes, a contar del conocimiento de la reserva o inexactitud. Corresponderán al asegurador, salvo que concurra dolo o culpa grave por su parte, las primas relativas al período en curso en el momento de la resolución. **2**. Si el siniestro sobreviene antes de que el asegurador llegue al conocimiento de la reticencia o inexactitud, o antes de que transcurra el plazo señalado en el apartado anterior, la prestación del asegurador se reduciráproporci onalmente a la diferencia entre la prima convenida y la que se hubiese aplicado de haberse conocido la entidad del riesgo. Sin embargo, quedará liberado el asegurador de prestación alguna si mediódolo o culpa grave del contratante, o en caso de que demuestre que no hubiera aceptado el contrato de conocer la verdadera entidad del riesgo, o que lo hubiera aceptado en

는 관리나 지휘의 책임을 진 육상 보조인에게 중대한 과실이 있으면, 이를 피보험자에게 중대한 과실이 있는 것으로 본다.

제450조 (자체의 하자) 보험의 목적이 갖는 자체의 하자나 그 내부적 성질에 의한 손해는 부보로부터 제외되며, 반대의 약정이 없는 한, 통상적인 사용 혹은 마멸로 인한 손해도 보상하지 아니한다.

제4관 계약의 체결 및 계약자의 의무

제451조 (보험의 증명) 보험자는 계약자에게 보험증서, 계약서 혹은 임시 가입증서를 넘겨주어야 한다. 이 서류가 건네지기 이전이라도, 어떤 방식이든 보험자가 부보를 인수하였다는 것을 증명하면, 그 법적인 효력을 인정받을 수 있다.

제452조 (위험의 존재) 1) 사고가 발생한 다음에 혹은 위험이 사라진 다음에 체결된 보험계약은 만일 당사자 일방이 그 상황을 안 때에는 그 효력이 없다. 그에 관한 소식이 계약지에서 혹은 보험자나 보험계약자의 거소에서 공지의 사실이 된 때에는 그 상황을 알았다고 추정한다. 2) 그러나 보험계약이 희비 소식 불문의 조건으로 체결된 경우에는 보험계약자가 사고를 알았거나 혹은 보험자가 위험의 종료를 알았다고 입증된 때에만, 그 보험계약이 무효로 된다.

제453조 (위험의 고지) 1) 보험계약을 체결하기 이전에 보험계약자는 사려깊은 보험자라면 위험을 평가하는 데 있어 상당한 영향을 미쳤을 상황으로 보험계약자가 이를 알았거나 공정하게 평가할 때에 알았어야 할 것을 모두 보험자에게 고지할 의무가 있다. 다른 사람의 계산으로 보험계약을 체결하는 경우, 고지의무는 그 다른 사람이 알거나 알았어야 할 사항도 고지할 사항에 포함된다. 2) 보험기간의 존속 중에도 보험계약 체결 시에 알았다면 체결을 하지 아니하였다거나 더욱 엄격한 조건으로 체결하였을 것이라고 생각되는 정도로 위험이 악화되면 보험자는 그 상황을 가능한 한 신속히 보험자에게 고지하여야 한다. 3) 경기 혹은 여가에 제공되는 소형선의 보험에서 고지의무는, 1980년 10월 8일자 법률 제50호의 제10조에 규정된 바에 따라 규율하며, 이와 다른 약정을 하여도 효력이 없다.

제454조 (불실고지와 불고지의 효력) 1) 전 조에서 말하는 상황을 불충분하고 부정확하게 고지한 경우, 보험자는 그 유보 혹은 부정확을 안 날로부터 계산하여 1개월 이내에 보험계약을 해지할 수 있다. 보험자에게 고의 혹은 중대한 과실이 없는 한 보험계약이 해지된다 하더라도 보험자는 해지 당시의 보험기간의 보험료를 그대로 보유할 수 있다. 2) 보험자가 숨긴 것과 고지가 부정확한 것을 알기 이전에 혹은 전 항에서 말한 기간이 경과하기 이전에 보험사고가 발생한 경우, 약정한 보험료의 위험의 실체를 알았다면 적용되었을 보험료에 대한 비율로 지급할 보험금의 금액이 감액된다. 그러나 보험계약자에게 고의 혹은 중대한 과실이 있는 경우 혹은 위험의 진실을 알았다면 보험자가 아예 계약을 하지 아니하였거나 혹은 보험자가 다른 조건으로 계약을 하여 결국 발생한 보험사고가 부보되지 아니하였을 것이라는 것을 입증하는 경우, 보험자는 그 책임을 면한다.

condiciones distintas que implicarían la no cobertura del siniestro acaecido.

455. (Pago de la prima) **1**. El tomador del seguro está obligado al pago de la prima en las condiciones estipuladas en la póliza o en el certificado. Si se han pactado primas periódicas, la primera de ellas será exigible una vez firmado el contrato. El lugar del pago será el domicilio del tomador, siempre que no se determine ningún lugar en la póliza. **2**. La falta de pago de la prima o de alguna de las fracciones de prima permite al asegurador resolver el contrato o suspender sus efectos hasta que se abone. La resolución o suspensión se producirá un mes después de que el tomador haya sido requerido al pago de la prima. Sin embargo, tratándose de la falta de pago de la prima única o de la primera fracción de prima, el asegurador no responde de los siniestros acaecidos antes del pago, aunque todavía no haya mediado requerimiento de pago. **3**. Cuando el asegurador haya emitido en los seguros de mercancías un certificado de cobertura, no podrá oponer la falta de pago de la prima al comprador de las mercancías de buena fe a quien se haya entregado dicho certificado, sin que valga pacto en contrario.

456. (Comunicación del siniestro) El asegurado o el tomador del seguro deberán comunicar al asegurador o al comisario de averías designado en la póliza el acaecimiento del siniestro en el más breve plazo posible a partir del momento en que lo conozcan. La omisión de esta comunicación producirá la pérdida del derecho a la indemnización sólo si hubiese concurrido dolo o culpa grave del asegurado o del tomador del seguro. En caso de negligencia o de retraso culposo en la omisión o tardía comunicación del siniestro, el asegurador tendrá derecho a los daños y perjuicios que se le hubieren causado por ello, sin que valga pacto que pretenda imponer al asegurado peor situación.

457. (Deber de aminorar el daño) **1**. El tomador del seguro o el asegurado y sus dependientes deben emplear todas las medidas razonables a su alcance para salvar o recobrar los efectos asegurados y, en general, para evitar o disminuir el daño consecuencia del siniestro. **2**. El asegurador podrá intervenir en la decisión y adopción de tales medidas, sin que su conducta prejuzgue, en ningún caso, la aceptación de responsabilidad por el siniestro. **3**. El asegurador responde, en los términos fijados en el contrato, de los gastos realizados razonablemente por el asegurado y sus dependientes en cumplimiento del deber establecido en el primer apartado de este precepto, así como de los daños causados al objeto asegurado.

458. (Transmisión del interés asegurado) **1**. En los seguros de buques y artefactos navales, de otros intereses del armador o naviero o de su responsabilidad, la enajenación del buque o el cambio de titular en su gestión náutica provoca la extinción del contrato de seguro, a no ser que el asegurador haya aceptado expresamente por escrito su continuación. **2**. Lo dispuesto en el apartado anterior será también de aplicación en los procedimientos de concurso del tomador del seguro o del asegurado. **3**. En el seguro de mercancías, la transmisión de la propiedad de las mismas no ha de ser comunicada al asegurador, subrogándose el adquirente en el contrato de seguro.

제455조 (보험료의 지급) 1) 보험계약자는 보험증권 혹은 보험가입증서에 기재된 조건에 따라 보험료를 지급할 의무가 있다. 만일 정기적으로 보험료를 지급하기로 약정한 경우, 계약에 서명하면 최초의 보험료를 청구할 수 있다. 보험증권에서 지급할 장소를 특정하지 아니한 경우, 계약자의 주소지가 지급지가 된다. 2) 보험료의 전부 혹은 일부를 지급하지 아니한 경우, 보험자는 보험계약을 해지하거나 지급할 때까지 그 효력을 중지할 수 있다. 해지 혹은 중지는 보험계약자에게 지급을 요청하고 난 다음 1개월이 경과하면 효력이 발생한다. 다만 전액 보험료 혹은 최초 일부 보험료를 지급하지 아니한 경우, 아직 지급 요청을 한 사실이 없다 하더라도 보험자는 지급 이전에 발생한 보험사고에 대하여 책임이 없다. 3) 화물을 보험에 가입한 피보험자에게 보험자가 부보증서를 발행한 경우, 제3자가 선의로 그 화물을 구입하고 피보험자가 그에게 그 보험증서를 교부하여 준 때에는, 보험자는 그 구입자에게 보험료의 미지급을 이유로 대항할 수 없고, 당사자가 이와 반대의 약정을 하여도 그 효력이 없다.

제456조 (사고의 통지) 피보험자 혹은 보험계약자는 사고가 발생한 것을 알면 가장 신속한 기간 내에 보험자 혹은 보험증권에서 지정한 손해사정인에게 이를 통지하여야 한다. 이러한 통지를 하지 아니한 것이 피보험자나 보험계약자의 고의 혹은 중대한 과실에 기인한 경우, 보상을 청구할 권리가 소멸한다. 통지가 없었던 것에 과실이 있거나 지체된 것에 귀책사유가 있는 경우, 보험자는 그로 인하여 발생하는 손실 혹은 손해의 보상을 청구할 수 있다. 그러나 피보험자에게 이보다 더욱 불리한 결과를 초래하는 약정은 그 효력이 없다.

제457조 (손해축소의무) 1) 보험계약자나 피보험자 및 이들의 보조인은 그들의 능력 범위 이내에서 부보된 물건을 구조하고 회수하여야 하며, 그 외에도 어느 경우이든 이들은 보험사고로 인한 손해를 회피 혹은 감소하기 위해 필요한 상당한 조치를 취할 의무가 있다. 2) 보험자는 이러한 조치를 결정하고 취하는데 개입할 수 있다. 그러나 이와 관련 하여 여하한 행위를 한다 하더라도 이는 그 사고로 인한 보험자로서 책임을 인정하는 것과는 무관하다고 본다. 3) 보험자는 보험계약에서 정한 바에 따라 피보험자 및 그 보조인이 제1항의 의무를 이행하기 위해 정당하게 지출한 비용과 그로 인하여 보험의 목적에 가해진 손해를 보상할 의무가 있다.

제458조 (피보험이익의 양도) 1) 선박, 해양구조물, 의장자나 선주의 여타 이익 혹은 책임이 내상인 보험에서, 선박이 양도되거나 혹은 해운관리의 주체가 변경되면, 보험자가 그 존속을 서면에 의해 명시적으로 승낙하지 아니하는 한, 보험계약은 실효된다. 2) 전 항의 규정은 보험계약자나 피보험자에게 파산이 선고된 경우에도 적용된다. 3) 화물에 대한 보험의 경우, 그 화물의 소유권이 이전된다 하더라도 이를 보험자에게 통지할 필요가 없고, 새로이 소유권을 취득한 사람이 보험계약상 피보험자의 지위를 승계한다.

Sección **5**.ª De la indemnización

459. (Obligación de indemnizar) **1**. En caso de siniestro cubierto por el contrato de seguro, el asegurador está obligado a indemnizar al asegurado en las condiciones estipuladas en la póliza, salvo en el supuesto de que el siniestro haya sido causado por mala fe del asegurado. **2**. Corresponderá al asegurado la prueba de la existencia y del alcance del daño.

460. (Cuantía de la indemnización) **1**. La indemnización del asegurador comprenderá, salvo pacto en contrario, el valor de los daños materiales que sufra el objeto asegurado hasta el límite de la suma asegurada y las siguientes coberturas complementarlas:

a) El importe de la contribución a la avería gruesa a cargo del interés asegurado.

b) La parte que corresponda a tal interés en una remuneración por salvamento.

c) Los gastos razonables efectuados por el asegurado y sus dependientes para aminorar el daño.

2. En la indemnización de las coberturas complementarias enumeradas en el número anterior, el asegurador podrá aplicar también, en su caso, la regla proporcional. Las partes, de común acuerdo, podrán excluir en la póliza o con posterioridad a la celebración del contrato, la aplicación de la regla proporcional.

461. (Exclusión del reemplazo) El asegurador no podrá ser obligado a reemplazar o reparar los objetos asegurados.

462. Daños y perjuicios excluidos. Salvo pacto en contrario, quedan excluidos de la indemnización:

a) Los perjuicios derivados del siniestro, tales como retrasos, demoras, paralizaciones, pérdidas de mercado, diferencias de cambio, lucro cesante y, en general, cualquier daño indirecto, salvo los expresamente incluidos en esta Ley.

b) Los daños y perjuicios ocasionados por el objeto asegurado a personas, salvo que la responsabilidad consiguiente sea objeto del seguro.

463. (Acciones de avería y de abandono) **1**. La liquidación del siniestro se realizará por la acción de avería o por la acción de abandono. **2**. La elección de uno u otro procedimiento corresponde al asegurado. Esto no obstante, el derecho del asegurado al abandono o dejación sólo existirá en los casos establecidos en los artículos 479 y 491.

464. (Declaración de abandono) **1**. La declaración de abandono deberá notificarse por escrito al asegurador. El asegurado manifestarála existencia de cualquier otro seguro o de derechos reales constituidos sobre las cosas objeto del abandono. **2**. La omisión de las circunstancias enunciadas en el apartado anterior facultan al asegurador a suspender el pago de la indemnización hasta que le sean comunicadas por el asegurado.

465. (Aceptación expresa o presunta del abandono) **1**. El abandono no podrá ser parcial ni condicionado y comprenderá la totalidad de las cosas objeto del interés asegurado. **2**. Se entenderáaceptado el abandono si el asegurador no niega su validez en el plazo de un mes contado desde la recepción de la declaración.

제5관 보상

제459조 (보상의무) 1) 보험계약으로 부보한 위험이 발생한 경우, 보험자는 보험증권에 정한 조건대로 피보험자에게 보상을 하여야 한다. 다만 보험사고가 피보험자의 악의에 의하여 발생한 경우에는 그러하지 아니하자. 2) 피보험자는 손해의 발생과 범위를 입증하여야 한다.

제460조 (보상금액) 1) 당사자가 반대의 약정을 하지 아니하는 한, 보험자가 보상할 손해는, 보험금액의 범위 내에서, 보험의 목적이 입은 물질적인 손해를 평가한 금액이며, 아래 부보가 이를 보충한다.

a) 피보험자가 가진 이익에 부과된 공동해손 분담금.
b) 해난구조료 중 피보험자의 이익에 해당하는 부분.
c) 손해를 감소시키기 위하여 피보험자 혹은 그 보조인이 지출한 상당한 비용.

2) 전 항에서 본 보충 부보에 기해 보상을 함에 있어서도, 해당하는 경우 비례보상의 원칙이 적용된다. 다만 당사자는 보험증권에서 혹은 보험계약을 체결하고 난 다음 비례보상의 원칙을 적용하지 아니하기로 합의할 수 있다.

제461조 (대체의 배제) 보험자는 보험의 목적물을 대체하거나 수리할 의무는 없다.

제462조 (제외되는 손실과 손해) 반대의 약정이 없는 한, 다음의 손해는 보상에서 제외된다

a) 지체, 지연, 마비, 시장 상실, 환율 변경, 수익 중단 등으로 인한 손해는 비록 사고로 인해 발생했다 하더라도 보상하지 아니하고, 일반원칙으로서 간접적으로 발생한 손해는 보상하지 아니한다. 단 본법에 의하여 명시적으로 포함된 경우를 제외한다.
b) 보험의 목적에 의하여 사람에게 유발된 손실 혹은 손해. 단 이러한 책임이 별도로 부보된 경우에는 예외로 한다.

제463조 (손해사정과 위부행위) 1) 보험사고가 발생하고 난 다음 정산은 손해사정을 청구할 수도 있고 목적물을 포기하고 위부할 수도 있다. 2) 피보험자는 이 둘 중에서 하나를 선택할 수 있다. 그러나 피보험자가 포기와 위부를 하려면 오로지 제479조 및 제491조의 규정에 의거 그 권리가 있어야 한다.

제464조 (위부의 통지) 1) 위부의 통지는 보험자에 대하여 서면으로 하여야 한다. 피보험자는 위부를 하는 보험의 목적에 설정된 다른 물권 및 다른 보험의 존재를 고지하여야 한다. 2) 전 항에서 말하는 통지에서 위부 상황이 결여된 경우, 피보험자가 그 상황을 통지할 때까지 보험자는 보험금의 지급을 중지할 수 있다.

제465조 (위부의 명시적 혹은 묵시적인 인정) 1) 위부는 부분적이거나 조건부로 할 수 없고, 반드시 부보된 이익을 가진 보험의 목적 전부를 위부하여야 한다. 2) 보험자가 위부통지를 받고 1개월 이내에 그 효력을 부인하지 아니하면 위부를 승인한 것으로 본다.

466. (Efectos del abandono) **1.** El abandono aceptado por el asegurador o, en su defecto, declarado judicialmente válido, transmite al asegurador la propiedad de las cosas aseguradas. Esta transmisión se retrotrae al momento en que el asegurador recibió la declaración de abandono. Sin embargo, podrá pactarse válidamente en la póliza el derecho del asegurador a renunciar a la transmisión de la propiedad de las cosas aseguradas o sus restos. **2.** La aceptación del abandono por el asegurador o, en su caso, la declaración judicial de la validez del abandono, obligan al asegurador al pago del importe total de la suma asegurada.

467. (Liquidación del siniestro y pago de la indemnización) **1.** El asegurador deberá practicar la liquidación del siniestro en el plazo fijado en la póliza que no podrá ser superior a un mes contado desde:

a) La aceptación expresa o presunta del abandono o de la declaración judicial de su validez.

b) La aceptación del siniestro por el asegurador en los casos de liquidación por la acción de avería. El asegurador, en el plazo de un mes contado desde que el asegurado aportó la prueba del daño y de sus causas, deberá aceptar el siniestro o manifestar que lo rechaza, a no ser que el procedimiento pericial haga necesario un plazo más amplio para la averiguación de las causas.

2. Practicada la liquidación del siniestro el asegurador hará efectiva la indemnización en el plazo de 15 días desde que el asegurado haya manifestado su conformidad con esa liquidación. La demora en el pago obligaráal asegurador al abono de los intereses legales calculados sobre el importe de la indemnización a partir del momento fijado, según los casos, en las letras a) y b) del número 1, de este artículo. **3.** En el caso de divergencia entre el asegurador y el asegurado sobre la cuantía de la indemnización, el asegurado tendrá derecho a la entrega inmediata de la cantidad fijada por el asegurador, sin que la percepción de esa cantidad impida al asegurado la reclamación judicial de la suma superior que, a su juicio, debería alcanzar la indemnización. **4.** Asegurador y asegurado podrán pactar, antes o después del siniestro, que la liquidación de éste se efectúe por un liquidador de averías nombrado de mutuo acuerdo. La liquidación así practicada serávinculante para ambas partes, salvo que alguna de ellas la impugne judicialmente en el plazo de treinta días desde su notificación.

Sección **6.ª** De la prescripción

468. (Prescripción) Los derechos derivados del contrato de seguro prescriben en el plazo de dos años, a partir del momento en que pudieron ejercitarse.

CAPÍTULO III DE LAS DISPOSICIONES ESPECIALES DE ALGUNAS CLASES DE SEGUROS

Sección **1.ª** Del seguro de buques

469. (Seguro por tiempo o por viaje) El seguro de buques puede contratarse ya sea para un viaje, ya sea para varios sucesivos, o bien para un tiempo determinado.

제466조 (위부의 효력) **1)** 위부가 보험자에 의하여 승인되거나 사법절차에 의해 적법하다고 선언되면, 보험의 목적에 대한 권리가 보험자에게 이전된다. 이 이전은 보험자가 위부통지를 받은 때로 소급하여 효력이 생긴다. 그러나 보험의 목적이나 그 잔존물에 관해 권리가 이전되는 것을 보험자가 포기할 수 있다고 당사자가 적법하게 약정할 수 있다. **2)** 보험자가 위부를 승인하거나 사법절차로 그 적법성이 선언되면, 보험자는 보험금액 전부를 지급하여야 한다.

제467조 (사고의 정산과 보험금의 지급) **1)** 보험자는 보험증권에 기재된 정산기간 이내에 보험사고에 관한 정산을 실시하여야 한다. 이 기간은 다음 각호의 날로부터 기산하여 1개월을 초과할 수 없다.

a) 보험자의 명시적 혹은 묵시적 위부 승인 혹은 사법적 절차를 통한 그 유효성의 선언.

b) 손해사정에 의한 정산절차에서 보험자의 사고 승인. 피보험자가 사고발생과 그 손해에 관한 입증서류를 제출한 날로부터 1개월 이내에 보험자는 사고의 승인 혹은 사고의 부인을 결정하여야 한다. 그러나 사고의 원인을 확인하기 위하여 더욱 장기에 걸친 검증절차가 필요한 경우에는 그러하지 아니하다.

2) 보험사고에 대한 정산이 완료되면, 피보험자가 이에 동의하는 의사를 표시한 날로부터 15일 이내에 보험금을 지급하여야 한다. 이를 지체하면 보험금 총액에 대해 본조 제1항 a)호 및 b)호에 따라 정한 날로부터 법정이자를 지급하여야 한다. **3)** 보상할 금액에 관해 보험자와 피보험자 사이에 이견이 있는 경우, 피보험자는 보험자가 인정하는 금액을 즉시 지급할 것을 요구할 권리가 있고, 나아가 이 금액을 수령한 후에라도 피보험자는 자기의 의견에 의하면 청구할 보험금이 더 많다고 주장하며 소송을 통해 나머지를 청구할 있다. **4)** 보험자와 피보험자는 사고 전 혹은 후에 선정한 정산인에게 정산을 위임하기로 약정할 수 있다. 이러한 절차에 의하여 이루어진 정산은, 어느 당사자가 그 통지를 받은 날로부터 30일 이내에 법적으로 다투지 아니하는 한, 당사자에게 구속력이 있다.

제6관 시효

제468조 (시효) 보험계약에 기한 채권은 그 권리를 행사할 수 있는 때로부터 1년이 경과하면 시효로 인하여 소멸한다.

제3절 개별 보험에 적용될 특별 규정

제1관 선박보험

제469조 (항해보험과 기간보험) 선박에 대한 보험은 어느 한 항해 혹은 계속적인 여러 항해를 대상으로 부보할 수도 있고, 또 특정한 기간을 단위로 부보할 수도 있다.

470. (Comienzo y fin de la cobertura en el seguro por viaje) **1.** Si el seguro se contrata para uno o varios viajes, la responsabilidad del asegurador comienza, salvo pacto en contrario, en el momento de recibir la carga a bordo y termina al concluir la descarga, y en todo caso a los 15 días desde su llegada a puerto de destino. **2.** Si el viaje se realiza en lastre, la responsabilidad del asegurador comienza al levar anclas o desamarrar en el puerto de salida y termina cuando el buque fondea o amarra en el puerto de destino.

471. (Comienzo y fin de la cobertura en el seguro por tiempo) **1.** Si el seguro se contrata por tiempo, la responsabilidad del asegurador comienza, salvo pacto en contrario, a las cero horas del día siguiente al de la celebración del contrato y termina a las veinticuatro horas del último día. **2.** A los efectos previstos en el apartado anterior se tendrá en cuenta el horario vigente en el lugar donde se celebró el contrato.

472. (Prórroga) **1.** Si al término del plazo pactado el buque se encuentra en el mar, en peligro, o en puerto de refugio natural o escala, el seguro queda prorrogado hasta el momento en que llegue al puerto de destino, abonando el asegurado la proporción de la prima correspondiente al tiempo de prórroga. **2.** La póliza podráestablecer que para que opere la prórroga prevista en el apartado anterior, será necesaria la notificación del asegurado al asegurador de las circunstancias en él previstas.

473. (Responsabilidad por abordajes). **1.** El seguro de buques cubre la responsabilidad civil del armador por los daños y perjuicios causados a otro buque, embarcación o aparato, y a sus cargamentos en caso de abordaje. Esta cobertura es complementaria de la de los propios daños del buque. **2.** La póliza podrá extender la cobertura del asegurador a la responsabilidad civil del armador por los daños y perjuicios producidos por choque con construcciones o instalaciones fijas o flotantes.

474. (Navegabilidad del buque) El asegurado deberámantener la navegabilidad del buque, embarcación o aparato flotante asegurado durante toda la duración de la cobertura.

475. (Vicios ocultos) El asegurador responde, salvo pacto en contrario, de los daños que sufra el buque asegurado como consecuencia de un vicio oculto del mismo. Se entiende por vicio oculto aquél que no pueda descubrirse empleando los medios razonablemente exigibles a un armador.

476. (Subrogación contra los miembros de la dotación) El asegurador no podrá ejercer los derechos en que se subrogue, en caso de siniestro, contra los miembros de la dotación del buque asegurado, salvo que éstos hubiesen causado el siniestro dolosamente.

477. (Reconstitución automática del capital asegurado) La responsabilidad del asegurador alcanza a la totalidad de la suma asegurada en cada siniestro que se produzca durante la vigencia del contrato, sin perjuicio del derecho del asegurador a exigir después de cada siniestro el complemento de prima que haya sido pactado.

478. (Nuevo a viejo) En la indemnización de daños del buque no se practicarán por el

제470조 (항해보험의 부보 개시와 종료) **1)** 선박이 한 항해 혹은 여러 항해를 대상으로 보험에 든 경우, 당사자가 반대의 약정을 하지 아니하는 한, 선상에서 화물을 수령하는 시점부터 양륙을 종료하는 시점까지 부보가 된다. 그러나 여하한 경우에도 목적항에 도착하고 15일이 경과하면 부보되지 아니한다. **2)** 만일 화물 없이 항해를 하는 경우, 출발항에서 출발을 위해 닻을 걷거나 계선을 푸는 순간부터 목적항에서 정박을 하거나 계선을 할 때까지 보험자의 부보가 존속한다.

제471조 (기간보험에서 부보 개시와 종료) **1)** 기간을 기준으로 부보를 한 경우, 반대의 약정이 없는 한, 보험자의 책임은 보험계약을 체결한 날의 익일 0시부터 시작되며 마지막 날 24시에 종료된다. **2)** 전 항의 목적을 위한 시간의 계산은 계약지에서 시행하는 시간을 기준으로 한다.

제472조 (연장) **1)** 약정한 기간이 종료될 때에 선박이 해상에서 위험에 처하여 있거나 혹은 자연적인 대비항이나 중간 기착의 대피항에 있는 경우, 보험은 그 선박이 목적항에 도착할 때까지 연장되며, 다만 연장된 기간에 해당하는 비례보험료를 지급하여야 한다. **2)** 전 항에서 규정한 연장의 효력이 있으려면, 위에서 말하는 상황을 보험자에게 통지하여야 한다고 보험증권에서 약정할 수 있다.

제474조 (충돌의 책임) **1)** 선박보험은 선박충돌이 발생한 경우 다른 선박, 소형선 및 기구와 그 위에 있던 화물에 발생한 손실과 손해에 대한 의장자의 책임도 부보한다. 이러한 부보는 선박에 관해 자기가 입은 손해의 부보에 대한 추가적 부보에 해당한다. **2)** 보험증권에 의해 당사자가 합의하면, 고정 혹은 유동의 시설이나 설비와 충돌로 발생한 손실과 손해로 인한 의장자의 민사책임도 보험자가 부담할 수 있다.

제474조 (선박의 감항능력) 피보험자는 부보기간 동안 항상 선박, 소형선 및 유동기구가 감항능력을 유지하도록 할 의무가 있다.

제475조 (숨은 하자) 보험자는, 반대의 약정이 없는 한, 선박에 있는 숨은 하자의 결과로 선박이 입은 손해를 보상하여야 한다. 여기에서 말하는 숨은 하자란 의장자가 통상 요구되는 방법을 다하여도 발견할 수 없는 하자를 말한다.

제476조 (승무원에 대한 구상) 보험사고가 발생한 경우에 보험자는 부보한 선박의 승무원에 내하여는 대위권에 기한 권리를 행사할 수 없다. 다만 승무원이 악의로 보험사고를 유발한 경우에는 그러하지 아니하다.

제477조 (보험금액의 자동 재건) 보험자의 책임은 보험기간 중에 사고가 발생할 때마다 매번 보험금액 총액에 이른다. 그러나 보험자는 당사자 사이에 약정이 있으면, 그에 기해 매번 사고가 발생한 연후에 추가 보험료를 청구할 수 있다.

제478조 (신구가액) 선박에 대한 손상을 원인으로 보상을 함에 있어 오래된 것이 새로운

asegurador deducciones de nuevo a viejo.

479. (Casos de abandono) El asegurado podrá ejercer el derecho al abandono en los siguientes casos:

a) Pérdida total del buque.

b) Inhabilitación definitiva para navegar o imposibilidad de reparar el buque.

c) Cuando el importe de las reparaciones alcance el valor asegurado de la póliza. A efectos de este cálculo, se sumaráal importe de las reparaciones las contribuciones a cargo del buque en la avería gruesa o en el salvamento.

d) La pérdida del buque por falta de noticias en el plazo de noventa días.La pérdida se entenderáverificada el último día del plazo citado, que se contará a partir del día en que se recibieron las últimas noticias.

480. (Plazo de abandono) **1**. La declaración de abandono deberápresentarse al asegurador dentro del plazo de noventa días contados desde la fecha del siniestro. En el caso de la letra d) del anterior, el plazo se contará una vez transcurridos los otros noventa días en él señalados. **2**. Pasados los plazos indicados en el número anterior, el asegurado sólo podrá reclamar la indemnización mediante la acción de avería.

481. (Indivisibilidad de la prima y extornos) **1**. En el seguro por viaje, el asegurador adquiere la prima desde el inicio del viaje. En el seguro por tiempo, el asegurador adquiere la prima desde que comienza a correr el plazo fijado. **2**. En cualquier caso, todo extorno de la prima se entiende subordinado a que el buque no haya sido abandonado al asegurador, conforme a lo previsto en el 479, o no se haya producido una pérdida total cubierta por el contrato.

482. (Subsidiariedad) Las reglas de esta Sección se aplicarán al seguro del flete y a otros intereses del armador o naviero en cuanto sean compatibles con su propia naturaleza y lo consientan las cláusulas acordadas por las partes.

Sección **2.ª** Del seguro de mercancías

483. (Valoración del interés) Con sujeción a lo pactado por las partes, el valor asegurable de las mercancías se fijará teniendo en cuenta su valor en origen incrementado con el de los gastos de su transporte y aduana. Podrá incrementarse dicho valor con el importe del beneficio esperado, siempre que no supere el diez por ciento del valor en origen. Para asegurar un margen de beneficio superior será necesario declararlo así expresamente en la póliza o certificado.

484. (Momento inicial y final de la cobertura) La cobertura de las mercancías se inicia en el momento de dejar tierra para su embarque, y finaliza cuando estén en tierra en el puerto de destino.

485. (Cláusula de almacén a almacén) Cuando el contrato de seguro contenga la cláusula de "almacén a almacén" o similar la cobertura se extiende desde el momento en que las mercancías abandonan el almacén de origen en el lugar fijado en la póliza hasta que llegan al

것으로 교체되었다는 이유로 보험자가 지급할 금액의 감액을 요구할 수 없다.

제479조 (위부의 경우) 피보험자는 다음의 경우에 위부권을 행사할 수 있다.

a) 선박이 완전히 멸실한 때.
b) 선박이 확정적으로 항해가 불가능하거나 혹은 수리가 불가능하게 된 때.
c) 수리비 총액이 보험증권상 보험가액에 이른 때. 이 금액을 계산함에 있어 공동해손분담금과 해난구조료를 수리비에 추가하여야 한다.
d) 90일 동안 선박에 대한 소식이 없어 선박이 멸실된 것으로 보이는 때. 이 경우 이 기간이 경과하는 마지막 날에 멸실된 것으로 보고 이 기간은 최후로 선박으로부터 소식을 들은 날로부터 기산한다.

제480조 (위부의 기간) **1)** 위부통지는 사고가 발생한 날로부터 90일 이내에 보험자에 하여야 한다. 전 조 d) 호의 경우, 이 기간은 거기에서 말하는 90일이 경과한 다음부터 기산한다. **2)** 전 항에서 말하는 기간이 경과하면 피보험자는 오로지 손해사정의 방법으로 보상을 청구하여야 한다.

제481조 (보험료와 그 환불금의 불가분성) **1)** 항해보험의 경우, 보험자는 항해를 개시하는 시점에 보험료청구권을 획득한다. 기간보험의 경우 그 약정한 기간이 개시되면 보험자는 보험료청구권을 취득한다. **2)** 보험료의 반환은 여하한 경우에도 제479조에서 정한 바에 따라 위부를 하지 아니하고 또 부보하는 전부 멸실이 발생하지도 아니한 것을 전제로 한다.

제482조 (부수성) 본항의 규정은 의장자나 선주가 갖는 운임 기타 이익의 보험에도 적용된다. 다만 그 성질에 비추어 상충되지 아니하고 또 당사자가 합의한 조항이 이를 수용하는 경우에 한한다.

제2관 화물(적하)보험

제483조 (이익의 평가) 당사자가 다른 약정을 하지 아니하는 한, 화물의 보험가액은 출발지의 가격에 운송비와 관세를 추가하여 정하여야 한다. 기대되는 이익의 총액에 기해 증액을 하는 경우, 출발지의 가격의 10%를 초과할 수 없다. 이 비율을 넘어서 기대이익을 부보하려면, 보험증권 혹은 가입증서에 그처럼 명시하여야 한다.

제484조 (부보의 개시와 종료) 화물의 부보는 선적을 위해 육지를 떠나는 순간에 시작하여 목적항에서 양륙하여 육지에 놓이는 때에 종료된다.

제485조 (창고에서 창고까지 조항) 보험계약에 "창고에서 창고까지" 혹은 이와 유사한 조항이 있는 경우, 보험증권에서 지정한 구역 내에 있는 출발 창고를 출발할 때부터 보험증권에서 특정한 지역에 있는 목적 창고에 도착할 때까지 부보가 계속된다.

de destino en el lugar determinado en la póliza.

486. (Mercancías en viaje) Si el seguro se contrata sobre mercancías en viaje, la cobertura comienza, salvo pacto en contrario, a las cero horas del día de la conclusión del contrato.

487. (Fases no marítimas del transporte) Las reglas del seguro marítimo de mercancías se aplicarán a las fases del transporte realizado por otros modos, siempre que sean accesorias del viaje marítimo.

488. (Póliza flotante) **1.** En el seguro contratado mediante póliza flotante se presume, salvo pacto en contrario, la obligación del asegurado de aplicar a la misma todos los embarques definidos en la póliza que realice durante su plazo de vigencia, así como la cobertura automática de tales expediciones por el asegurador. **2.** La póliza deberáexpresar el capital máximo que el asegurador acepta garantizar para cada expedición.

489. (Deber de aviso en la póliza flotante) **1.** La póliza flotante expresaráel plazo de que dispone el asegurado para comunicar al asegurador una expedición en curso, entendiéndose que dicho plazo, salvo pacto en contrario, no será inferior a cuarenta y ocho horas a contar desde el momento en que el asegurado tuvo noticia de la expedición. **2.** El incumplimiento de este deber de aviso libera al asegurador de su obligación de cubrir la expedición concreta de que se trate, sin perjuicio de su derecho a reclamar la prima o primas correspondientes a ella. Además el asegurador podrá resolver el contrato aunque tal resolución no tendráefecto con respecto a las expediciones notificadas anteriores a la declaración de la resolución.

490. (Extensión de la cobertura durante el viaje) **1.** Las mercancías aseguradas estarán cubiertas por el contrato durante todo el viaje, incluyendo transbordos, operaciones de carga y descarga en puertos de tránsito o arribada y estancia en muelle o almacén en los mismos, sin perjuicio del deber del asegurado de comunicar tales circunstancias al asegurador desde el momento en que las conociese y del pago de la sobreprima que en cada caso pudiera corresponder. **2.** Quedarán también cubiertos los cambios de viaje o ruta ajenos a la voluntad del asegurado, manteniéndose el deber de comunicación y el de pagos de sobreprima previstos en el apartado anterior.

491. (Casos de abandono) Podrá el asegurado abandonar las mercancías aseguradas en los siguientes casos:

a) Pérdida total de las mercancías.

b) Averías cuyo importe, mas el costo de reacondicionamiento y reexpedición a destino, alcance el valor de las mercancías establecido en la póliza. A efectos de este cálculo se sumará al importe de las reparaciones las contribuciones a cargo de la mercancía en la avería gruesa o en el salvamento.

c) Pérdida del buque porteador de acuerdo con el apartado c) del 481.

d) Pérdida o innavegabilidad sobrevenida al buque durante el viaje, si las mercancías no han podido ser reexpedidas a destino en el plazo de noventa días o en el que fije la póliza, contado desde la pérdida o la innavegabilidad.

제486조 (운송 중인 화물) 운송 중인 화물을 목적으로 하여 보험계약을 체결한 경우, 반대의 약정이 없는 한, 부보는 계약을 체결한 날 0시부터 개시된다.

제487조 (해상운송이 아닌 구간) 화물에 대한 해상보험의 규정은, 다른 운송수단으로 실현된 운송구간에 대하여도, 그 운송이 해상운송에 부수하여 이루어지면 마찬가지로 적용된다.

제488조 (유동보험) **1)** 유동증권을 통해 보험계약이 체결된 경우, 반대의 약정이 없는 한, 피보험자는 보험기간에 선적할 증권에 특정된 화물 전부를 유동증권에 적용할 의무가 있고, 따라서 그러한 화물이 모두 자동적으로 부보가 된다. **2)** 보험증권에는 각 항해에 대해 보험자가 보상하기로 한 최고 부보액을 기재하여야 한다.

제489조 (유동보험에서 통지의무) **1)** 유동보험증권에는 피보험자가 보험자에게 진행 중인 항해를 통지할 기간을 기재하여야 하며, 이 기간은, 반대의 약정이 있지 아니하는 한, 피보험자가 그 항해를 안 때로부터 48시간보다 더욱 많은 시간이어야 한다. **2)** 이러한 통지의무를 이행하지 아니하면 보험자는 그 항해에 관해 보상의무가 없고, 그럼에도 불구하고 보험자는 그 항해에 대한 보험료를 청구할 수 있다. 그 이외에 보험자는 그 보험계약을 해지할 수 있다. 그러나 이러한 해지를 한다고 하더라도 해지를 통지하기 이전에 이미 항해통지를 한 항해에 대한 보험자의 보상의무는 그로 인하여 영향을 받지 아니한다.

제490조 (항해 중 부보의 연장) **1)** 보험의 목적인 화물은 항해하는 전 기간 중에 부보가 된다. 환승 혹은 임시기항 항구에서의 혹은 항구의 부두 혹은 창고에서의, 환적작업, 선적작업 및 양하작업도 모두 부보가 된다. 그러나 이와 상관없이 피보험자는 그러한 상황을 알게 된 순간에 이를 보험자에 통지하여야 하고, 각 경우에 해당하는 추가 보험료도 지급하여야 한다. **2)** 피보험자의 의사에 의한 것이 아닌 한, 선박이 항해의 변경 및 항로의 변경을 한다 하더라도, 그 화물은 부보가 된다. 이 경우에도 피보험자는 통지의무가 있고, 전 항에서 말하는 추가 보험료도 지급하여야 한다.

제491조 (위부할 수 있는 경우) 다음과 같은 경우에 피보험자는 부보된 화물을 위부할 수 있다.

a) 화물이 완전 멸실한 경우.

b) 최종 손해에 재정비비용 및 목적지까지 재발송비용을 합한 금액이 보험증권에 기재된 보험가액에 달하는 경우. 이의 계산을 위해, 화물이 부담할 공동해손이나 해난구조에 의해 부담할 금액은 이를 수리비용에 추가하여야 한다.

c) 제481조 c)항에 의거 운송선박이 멸실한 경우.

d) 항해 중 선박이 멸실되거나 혹은 항해불능이 된 경우. 다만 멸실 혹은 항해불능이 된 때부터 계산하여 90일 혹은 보험증권에서 정한 기간 이내에 목적지로 재발송이 이루어지지 아니한 때에 한한다.

492. (Plazo de abandono) La declaración de abandono se realizará por el asegurado dentro de los sesenta días siguientes al de la producción de las circunstancias que para cada caso establece el anterior. Transcurrido dicho plazo, el asegurado sólo podráreclamar la indemnización mediante la acción de avería.

Sección **3.**ª Del seguro de responsabilidad

493. (Ámbito de las normas) Las normas reguladoras de los seguros de responsabilidad se aplicarán no solamente a los de esta clase, sino también a las coberturas del riesgo de nacimiento de determinadas obligaciones de indemnizar a terceros incluidas en seguros marítimos de otra clase.

494. (Obligación del asegurador y acción directa) La obligación del asegurador de indemnizar en esta clase de seguros, incluidos los seguros de protección e indemnización, existe desde que surge la responsabilidad de su asegurado ante el tercero perjudicado. Este último tendrá acción directa contra el asegurador para exigirle el cumplimiento de su obligación. Será inválido cualquier pacto contractual que altere lo dispuesto en este artículo.

495. (Límite de la cobertura) El asegurador responde como máximo, salvo pacto expreso en contrario, hasta el límite de la suma asegurada por cada uno de los hechos que originen su responsabilidad ocurridos durante la vigencia del contrato.

496. (Limitaciones de responsabilidad indemnizatoria) El asegurador podráoponer a la acción del perjudicado las mismas excepciones que corresponderían a su asegurado, y especialmente las limitaciones cuantitativas de responsabilidad de que éste último gozase de acuerdo con la ley aplicable o el contrato del que derivase la responsabilidad.

497. (Seguro obligatorio) Los seguros obligatorios de responsabilidad exigidos por esta Ley o reglamentariamente se regularán, en primer lugar, por sus normas particulares y, en su defecto, por lo previsto en esta Sección.

TÍTULO IX
ESPECIALIDADES PROCESALES

CAPÍTULO I DEL EMBARGO PREVENTIVO DE BUQUES

498. (Naturaleza y regulación de la medida) **1.** La medida cautelar de embargo preventivo de buques se regulará por lo dispuesto en esta Ley y, supletoriamente, por lo establecido en la Ley 1/2000, de 7 de enero, de Enjuiciamiento Civil. Dicha medida conllevará necesariamente la inmovilización del buque en el puerto donde se encuentre. **2.** En ningún caso podrá solicitarse el embargo preventivo para asegurar la ejecución de una sentencia ya recaída o de un laudo

제492조 (위부의 기간) 전 조에서 말하는 각 경우의 상황이 발생한 다음 60일 이내에 피보험자는 위부통지를 하여야 한다. 이 기간이 경과하면 피보험자는 오로지 손해사정의 방법에 의하여 보상청구를 하여야 한다.

제3관 책임보험

제493조 (규정의 적용범위) 책임보험에 적용될 규정은 보험의 종류로서의 책임보험에 대하여만 적용되지 아니하고, 다른 종류의 해상보험에 포함되어 피보험자가 제3자에 대해 보상의무를 지게 되어 발생하는 손해를 부보하는 경우에도 적용된다.

제494조 (보험자의 의무와 직접청구) 상호보험을 포함하여 이러한 종류의 보험에 있어서는, 피해를 당한 제3자가 피보험자에 대해 권리를 가지는 순간부터 보험자는 피보험자에 대해 보상의무를 진다고 본다. 보험자가 피보험자에게 그 보상의무를 이행하는 수단으로 제3자는 보험자에 대해 자기에게 직접 이행할 것을 청구할 수 있다. 본조의 규정을 변경하는 당사자의 합의는 무엇이든 무효로 한다.

제495조 (부보의 범위) 반대의 특약이 없는 한, 보험자는 보험기간 중에 발생한 책임을 유발하는 각각 행위마다 부보한도에 이르기까지 보상할 책임이 있다.

제496조 (보상할 책임의 제한) 보험자는 피해자의 청구에 대하여 그의 피보험자가 주장할 수 있는 면책사유를 주장할 수 있고, 특히 피보험자가 법률의 규정 혹은 그 책임의 발생 근거인 계약에 의해 주장할 수 있는 책임한도를 주장할 수 있다.

제497조 (강제보험) 본법 혹은 명령에 기해 요구되는 강제책임보험은 먼저 그 특별법령에 의하여 규율되고, 거기에 규정이 없으면 본관의 규정이 적용된다.

제9장
절차에 관한 특칙

제1절 선박의 가압류

제498조 (조치의 성격과 규정) 1) 선박의 가압류를 통한 보전처분은 이 법의 규정에 의하여 규율하고, 2000년 1월 7일 법률 1호 민사소송법을 보충적으로 적용한다. 이 조치는 필연적으로 대상인 선박이 현재하는 항구에의 정박명령을 수반한다. 2) 어떠한 경우에도 이미 확정된 판결 혹은 선고된 중재 판정의 집행을 확보하기 위하여 가압류를 신청하지 못한다.

arbitral ya dictado

499. (Competencia) Será competente para decretar el embargo preventivo de un buque, el tribunal que tenga competencia objetiva para conocer de la pretensión principal o el del puerto o lugar en que se encuentre el buque o aquél al que se espera que el buque arribe, a elección del actor que solicita la adopción de la medida cautelar.

500. (Embargo por créditos marítimos) **1**. Procederáel embargo preventivo de un buque o embarcación únicamente en el caso de que se alegue alguno de los créditos marítimos que provengan de una o varias de las siguientes causas:

a) Pérdidas o daños causados por la utilización o navegación del buque.

b) Muerte o lesiones corporales sobrevenidas, en tierra o en el agua, en relación directa con la utilización o navegación del buque.

c) Operaciones de salvamento, sean o node carácter contractual, incluida, si corresponde, la remuneración especial relativa a las operaciones de salvamento respecto de un buque que, por sí mismo o por su carga, amenace causar daños al medio ambiente.

d) Daño o amenaza de daño causados por el buque al medio ambiente, el litoral o intereses conexos; los gastos derivados de las medidas adoptadas para prevenir, minimizar o eliminar ese daño; la indemnización por dicho daño; los costes de las medidas razonables de restauración del medio ambiente efectivamente adoptadas o que vayan a adoptarse; las pérdidas en que hayan incurrido o puedan incurrir terceros en relación con dichos daños así como todo daño, costos o pérdidas de carácter similar a los indicados en este apartado.

e) Los gastos y desembolsos relativos a la puesta a flote, la remoción, la recuperación, la destrucción o la eliminación de la peligrosidad que presente un buque hundido, naufragado, embarrancado o abandonado, incluido todo aquello que esté o haya estado a bordo de ese buque, y los costos y desembolsos relacionados con la conservación de un buque abandonado y el mantenimiento de su tripulación.

f) Todo contrato relativo a la utilización del buque, incluido su arrendamiento formalizado en póliza o de otro modo.

g) Todo contrato relativo al transporte de mercancías o de pasajeros en el buque formalizado en póliza de fletamento o de otro modo.

h) Las pérdidas o los daños causados a las mercancías, incluidos los equipajes transportados a bordo del buque.

i) La avería gruesa.

j) El remolque.

k) El practicaje.

l) Las mercancías, materiales, provisiones, combustibles, equipo, incluidos los contenedores, suministrados o los servicios prestados al buque para su utilización y navegación, gestión, conservación o mantenimiento.

m) La construcción, reconstrucción, reparación, transformación o equipamiento del buque.

n) Las tasas y tarifas portuarias por entrada, estancia y demás servicios, así como por el uso de vías navegables. ñ) Los sueldos y otras cantidades debidos al capitán y demás miembros de la dotación del buque derivados de su contrato de embarque, incluidos los gastos de repatriación y las cuotas de la seguridad social pagaderas en su nombre.

제499조 (관할권) 주된 채무를 심리할 권한이 있는 법원, 선박이 있는 항구 혹은 장소를 관할하는 법원 및 선박이 도착할 것이라고 예상되는 항구 혹은 장소를 관할하는 법원이 이 보전처분의 채택을 신청하는 사람의 선택에 따라, 선박의 가압류명령을 발할 권한이 있다.

제500조 (해사채권에 기한 가압류) **1)** 다음과 같은 사유로 발생한 해사채권을 주장하는 경우에 한하여 선박 혹은 소형선을 가압류할 수 있다.

a) 선박의 항행이나 이용으로 인해 발생된 멸실 혹은 훼손.

b) 선박의 항행이나 이용과 직접 관련하여 육지 혹은 수상에서 발생한 사람의 사망 혹은 신체의 상해.

c) 구조 활동. 계약상 권리이든 아니든 상관이 없고, 선박 혹은 화물에 의해 환경에 손해를 가할 위협 때문에 해난구조활동에 대해 인정되는 특별상여금도 여기에 포함된다.

d) 선박에 의해 발생하는 환경, 해안 혹은 이와 관련 이익에 대한 손해나 손해의 위협 ; 이러한 손해를 방지, 축소 및 제거하기 위해 취한 조치로 인한 비용 ; 이러한 손해에 대한 보상 ; 환경의 회복을 위해 이미 효과적으로 취했거나 취해야할 상당한 조치로 인한 비용 ; 이러한 손해와 관련하여 제3자가 입었거나 입을 가능성이 있는 멸실. 그리고 여타 모든 손해, 비용 및 멸실로서 본호에서 말한 것과 유사한 것.

e) 침몰, 난파, 좌초 혹은 유기된 선박 혹은 그 선상에 있거나 있었던 화물이 위험한 요소를 내포하고 있는 때에 이를 부양, 인양, 회수, 파괴 혹은 제거하는 것과 관련된 비용과 보상 및 유기된 선박을 보존하고 그 승무원을 유지하는 것과 관련된 비용과 보상.

f) 선박의 이용과 관련된 모든 계약. 증서에 의해 형식을 갖추거나 기타 방식으로 체결한 선체용선을 포함한다.

g) 용선계약서 혹은 기타 방식으로 체결된 화물 및 여객의 운송에 관한 계약.

h) 화물에 발생한 멸실 혹은 훼손. 여기에는 선상에서 운송하는 수하물을 포함한다.

i) 공동해손.

j) 예인.

k) 도선.

l) 선박의 이용, 항행, 관리, 보존 및 유지를 위해 선박에 제공한 콘테이너를 포함한 화물, 자재, 식료품, 연료 및 장비 혹은 선박에 제공한 서비스.

m) 선박의 건조, 재건조, 수리, 전환 혹은 의장.

n) 입항, 체재 및 여타 서비스에 대한 사용료 및 수수료. 항로의 이용에 대한 항만당국의 사용료 및 수수료를 포함한다.

ñ) 승선계약에 기해 선장 기타 승무원에게 지급할 임금 기타 금액. 송환비용 및 이들의 명의로 지급할 사회보험료도 포함한다.

o) 선박이나 그 소유자를 위해 체당한 금액의 보상.

p) 선박과 관련된 선주나 의장자 혹은 이들의 계산으로 지급할 상호보험료를 포함한 보험료.

q) 선박과 관련된 선주나 의장자 혹은 이들의 계산으로 대리점에게 지급할 수수료, 수고료 및 은사금.

r) 선박의 소유권 혹은 점유권에 관한 분쟁.

s) 공유자 사이에서 선박의 이용 혹은 그 이용 수익과 관련된 분쟁.

t) 선박의 저당 기타 유사한 성질의 등록된 담보권.

u) 선박의 매매계약과 관련된 분쟁.

o) Los desembolsos efectuados por cuenta del buque o de sus propietarios.

p) Las primas de seguro, incluidas las derramas de seguro mutuo, pagaderas por el propietario del buque o el armador, o por su cuenta, en relación con el buque.

q) Las comisiones, corretajes u honorarios de agencias pagaderos por el propietario del buque o el armador, o por su cuenta, en relación con el buque.

r) Toda controversia relativa a la propiedad o a la posesión del buque.

s) Toda controversia entre los copropietarios del buque acerca de su utilización o del producto de su explotación.

t) La hipoteca o gravamen registrado de la misma naturaleza sobre el buque.

u) Toda controversia resultante de un contrato de compraventa del buque.

2. La alegación de alguno de los créditos anteriores constituirá apariencia suficiente de buen derecho, sin necesidad de su justificación documental.

501. (Embargo por otros créditos) **1**. No obstante lo dispuesto en el anterior, el embargo de buques españoles que se encuentren materialmente dentro de la jurisdicción española practicado a solicitud de personas que tengan su residencia habitual o su establecimiento principal en España, o de quien hubiere adquirido el crédito que se ventila por cesión o subrogación de ellas, podrá ser acordado tanto por créditos marítimos como por cualesquiera otros derechos o créditos contra el deudor al que pertenezca el buque o buques cuya traba se solicita. **2**. Los embargos a que se refiere el apartado anterior se regirán por las disposiciones de esta Ley, con la particularidad de que la inmovilización podrá ser sustituida, a juicio del órgano jurisdiccional competente, por la anotación en el Registro de Bienes Muebles de la medida y, en su caso, de la prohibición de enajenar. **3**. Lo dispuesto en el apartado primero se aplicará también a los buques que enarbolen pabellón de un Estado que no sea parte en el Convenio Internacional sobre Embargo Preventivo de Buques, hecho en Ginebra el 12 de marzo de 1999.

502. (Embargo preventivo y sometimiento a jurisdicción extranjera) Procederátambién el embargo preventivo de un buque a los efectos de obtener una garantía aunque, en virtud de la existencia en el contrato u otro documento de una cláusula compromisoria o de una cláusula de jurisdicción, el crédito marítimo por el que se solicita el embargo deba someterse al conocimiento de una jurisdicción extranjera o de un tribunal arbitral.

503. (Buques embargables) Todo buque o embarcación respecto al cual se alegue un crédito marítimo podrá ser embargado siempre que:

a) El deudor fuera propietario del buque en el momento en que nació el crédito marítimo y siga siéndolo al practicarse el embargo.

b) El deudor fuera el armador del buque en el momento en que nació el crédito marítimo y sea armador o propietario del buque al practicarse el embargo.

c) El crédito proceda de una hipoteca o gravamen registrado de la misma naturaleza sobre el buque.

d) El crédito se refiera a la propiedad o la posesión del buque.

e) El crédito sea contra el propietario, armador o su gestor y esté garantizado por alguno de los privilegios marítimos enumerados en el 4 del Convenio internacional sobre los privilegios marítimos y la hipoteca naval.

2) 위 채권 중 어느 하나를 주장하는 것만으로 정당한 권리에 필요한 외관을 갖추었다고 보며, 이를 서면으로 증명할 필요는 없다.

제501조 (다른 채권에 기한 가압류) 1) 전 조의 규정에도 불구하고, 선박이 스페인 선박이고 실제로 스페인 관할 지역에 있으며, 신청인이 스페인에 주소나 주된 사무소를 가지고 있거나, 신청인이 스페인에 주소나 주된 사무소를 가지고 있지 아니하더라도 이러한 사람으로부터 양도나 대위를 통하여 권리를 취득한 사람인 경우, 그 채권이 해사채권인 경우는 물론 어떤 다른 종류의 채권이나 권리라 하더라도 상관없이 보전처분을 구하는 선박의 귀속자를 상대로 가압류가 허용된다. 2) 전 항에서 말하는 가압류는 본법의 규정에 의하여 규율되며, 다만 해당 사법기관의 판단에 따라, 이동을 금하는 조치 대신에 동산등기부에 가압류등기를 할 수 있고, 필요한 경우 양도금지의 조치를 취할 수 있다. 3) 제1항의 규정은, 1999년 3월 12일 제네바에서 체결된 선박의 가압류에 관한 국제조약에 가입한 국가가 아닌 나라 국적인 경우에도 적용된다.

제502조 (가압류와 외국관할권에 복속) 계약 기타 서면에 포함된 재판권조항 기타 특약조항에 기해, 어느 해사채권이 외국의 법원 혹은 중재기관의 관할에 놓여진 경우에도, 그 채권자가 그 이행에 관한 담보를 획득하기 위해 신청하면 선박의 가압류절차에 들어갈 수 있다.

제503조 (가압류할 수 있는 선박) 해사채권과 관련이 있다고 주장되는 모든 선박 및 소형선이 가압류의 대상이 되나 다만 다음 각호 중 하나의 조건을 갖추어야 한다.

a) 해사채권이 발생할 때에 채무자가 그 선박의 소유자이었고 가압류를 할 당시에도 소유자인 경우.
b) 해사채권이 발생할 때에 채무자가 그 선박의 의장자이었고 가압류를 할 당시에도 의장자 혹은 소유자인 경우.
c) 그 선박에 관해 저당권 기타 유사한 성격의 등록된 담보물권에 기한 채권.
d) 그 선박의 소유권 혹은 점유권에 기한 청구인 경우.
e) 채권이 그 선박의 소유자, 의장자, 관리인에 대한 것이고, 선박우선특권과 저당권에 관한 국제조약 제4조에 의거 그 선박에 대한 선박우선특권에 의하여 담보된 경우.

504. (Embargo de buques hermanos) Procederá también el embargo de cualquier otro buque o buques que, al practicarse el embargo, fueren propiedad de la persona que esté obligada en virtud del crédito marítimo siempre que en el momento en que nació el crédito, aquélla fuera propietario, armador, fletador por tiempo o fletador por viaje del buque respecto al cual nació el crédito marítimo.De esta regla quedan exceptuados los créditos relativos a la propiedad o la posesión del buque.

505. (Restricción del embargo) No obstante lo dispuesto en los artículos anteriores, el embargo de un buque que no sea propiedad del deudor sólo se practicará si sobre ese buque se puede ejecutar una sentencia dictada en relación con el crédito alegado.

506. (Tramitación procesal de la medida de embargo) Se presumiráen todo caso que en el embargo de buques concurren el peligro por mora procesal y la urgencia de que tratan los artículos 728, 730.2 y 733.2 de la Ley de Enjuiciamiento Civil.

507. (Ejecución del embargo) **1**. Acordado el embargo, el tribunal dará traslado de la resolución por el medio más rápido al capitán marítimo del puerto en que se encuentre el buque o al que se espera que arribe, quien adoptarálas medidas necesarias para la detención y prohibición de salida del buque. A tal fin, dicha autoridad marítima podrá retirar y retener la documentación del buque, así como recabar la colaboración de la Autoridad Portuaria, de los Cuerpos y Fuerzas de Seguridad y de las entidades públicas dedicadas a la vigilancia de costas, quienes vendrán obligados a prestar la colaboración requerida con arreglo a sus respectivas atribuciones. **2**. Lo dispuesto en este Capítulo no afecta a los derechos o facultades que, con arreglo a la legislación administrativa y a los convenios internacionales aplicables, correspondan a las Administraciones públicas y portuarias para retener un buque o impedir de otro modo que se haga a la mar dentro de su jurisdicción.

508. (Notificación del embargo) Una vez acordado y verificado el embargo, y garantizada la traba, se notificará al capitán o al consignatario del buque, con entrega de copia de la demanda formulada y del auto acordándolo.

509. (Levantamiento del embargo efectuado en el extranjero) **1**. Si un embargo practicado en la jurisdicción de otro Estado fuera levantado por haberse prestado garantía ante los tribunales de dicho Estado y también se hubiera prestado garantía ante los tribunales españoles, la parte correspondiente a esta última se mandará cancelar en la medida en que la cuantía total de la garantía prestada en ambos Estados exceda del valor del crédito que motivó el embargo o del valor del buque, si éste fuera menor. **2**. No procederá la cancelación de la garantía a que se refiere el apartado anterior si la prestada en el extranjero no se encuentra efectivamente a disposición del acreedor y es libremente transferible.

510. (Reembargo) Un buque no podrá ser reembargado por el mismo crédito marítimo cuando ya hubiese sido embargado y se hubiese levantado el embargo o se hubiere prestado garantía ante los tribunales españoles o ante un tribunal extranjero, a menos que:

a) La garantía ya obtenida para responder del crédito no sea de la clase adecuada o de cuantía suficiente, siempre que la cuantía total de la garantía no exceda del valor del buque.

제504조 (자매선박의 가압류) 가압류를 할 당시에 해사채권에 의해 채무자가 되는 사람의 소유에 속하는 다른 선박에 대하여도 가압류를 신청할 수 있다. 다만 그 해사채권이 발생할 당시에 그 채무자가 그 채권을 발생시킨 원인이 되는 선박의 소유자, 의장자, 정기용선자 혹은 항해용선자이었던 경우에 한한다. 선박의 소유권 혹은 점유권과 관련된 권리는 이러한 규칙의 예외로 한다.

제505조 (가압류의 제한) 위에서 규정한 것에도 불구하고, 채무자의 소유가 아닌 선박에 대한 가압류는, 주장하는 해사채권에 기해 내려진 판결을 가지고 그 선박에 대해 본 집행을 할 수 있는 때에만 허용된다.

제506조 (가압류조치의 취급절차) 선박의 가압류에는 항상 민사소송법 제728조, 제730조 2항 및 제733조 2항의 규정에서 말하는 절차상 지연위험과 그 긴급성이 있다고 본다.

제507조 (가압류의 집행) 1) 가압류명령이 내려지면 법원은 가장 신속한 방법으로 그 결정을 그 선박이 있거나 도착할 것이 예상되는 항구 항만감독관에게 송부하여야 하고, 항만감독관은 그 선박의 출항을 금지하고 유치에 필요한 조치를 취하여야 한다. 이를 위해 그 해운기관은 선박의 서류를 수거하여 보관하고, 또 항만당국, 보안기관 및 해안 감시기관에 협조를 요청하고, 그러면 이들은 그 권한에 따라 이에 조력할 의무가 있다. 2) 본절의 규정은, 해당 행정법령 및 국제조약에 의거, 행정기관 혹은 항만당국이 그 권한의 범위 내에서 선박을 억류하고 기타 다른 방법으로 출항을 금지하는 권리나 권한에 대하여는 영향이 없다.

제508조 (가압류 통지) 가압류결정이 내려지고 집행되어 유치가 확인되면, 선장 혹은 선박대리인에게 통지를 하고, 제기한 신청서 및 주어진 결정의 사본도 교부하여야 한다.

제509조 (외국에서 내려진 가압류의 해제) 1) 외국에서 행해진 가압류가 그 나라에서 제공된 담보에 의해 해제되고, 그에 이어서 스페인 법원에서 다시 담보가 제공된 경우, 양 국가에서 제공된 담보 금액이 가압류의 원인이 된 채권의 가액보다 많은 때 혹은 선박의 가액이 채권의 가액보다 적은 경우 제공된 담보 금액이 선박의 가액보다 많은 때에는, 그 초과하는 범위 내에서 스페인 법원에 제공된 담보를 취소하여야 한다. 2) 외국에서 제공한 담보가 효과적으로 채권자의 처분하에 있고 이를 자유롭게 이전할 수 있는 것이 아닌 경우, 전항에서 말하는 담보는 이를 취소하지 아니한다.

제510조 (재가압류) 어느 선박이 이미 한번 가압류가 된 다음 그 가압류가 해제되었던 경우 및 스페인 혹은 외국 법원에 담보를 제공한 경우, 동일한 해사채권을 가지고 그 선박을 다시 가압류할 수 없다. 다만 다음과 같은 경우에는 그러하지 아니하다.

a) 수령한 담보가 채권을 만족시키기에 그 종류가 부적당하거나 금액이 불충분한 경우. 그러나 총 금액은 선박의 가액을 초과할 수 없다.

b) La persona que haya prestado la garantía no pueda, o no sea probable que pueda, cumplir total o parcialmente sus obligaciones.
c) Se haya levantado el embargo del buque o se haya cancelado la garantía prestada anteriormente a instancia o con el consentimiento del acreedor por motivos razonables, o sin que éste haya podido impedirlo, siempre que, en este caso, hubiere actuado con la diligencia razonable para impedir la liberación del buque o la cancelación de la garantía.

511. (Pluralidad de embargos) Cualesquiera otros buques pertenecientes al deudor del crédito que, de conformidad con lo dispuesto en el **504** resultaran embargables, no podrán ser embargados a menos que la garantía ya obtenida para responder del crédito no sea de la clase adecuada o de la cuantía suficiente o se den las circunstancias previstas en los apartados b) o c) del anterior.

512. (Jurisdicción sobre el fondo del litigio) **1.** Los tribunales españoles serán competentes para resolver sobre el fondo de los litigios que hayan dado lugar al embargo, a no ser que las partes acuerden o hayan acordado válidamente someter el litigio a una jurisdicción extranjera que se declare competente o a un arbitraje. **2.** En aquellos casos en que, de acuerdo con lo dispuesto en el apartado anterior, los tribunales españoles no resulten competentes para conocer sobre el fondo del asunto relativo a un buque embargado en España, el tribunal que practicó el embargo deberá de oficio o a instancia de parte, fijar un plazo no menor de 30 días ni mayor de 90 para que el titular del crédito marítimo acredite la interposición de la demanda ante el tribunal judicial o arbitral competente. Si no se presenta la demanda dentro del plazo fijado el Juez decretará, a instancia de parte, la liberación del buque embargado o la cancelación de la garantía prestada.

513. (Reconocimiento de resoluciones extranjeras) Si de conformidad con lo dispuesto en el anterior la demanda se interpone dentro del plazo fijado ante un tribunal judicial o arbitral competente, toda resolución definitiva dictada en ese procedimiento será reconocida y surtirá efecto con respecto al buque embargado o a la garantía prestada para impedir el embargo u obtener su liberación, siempre que la resolución cumpla con lo previsto en las normas aplicables sobre reconocimiento y ejecución de sentencias y laudos arbitrales extranjeros.

CAPÍTULO II DE LA VENTA FORZOSA DE BUQUES

514. (Regulación) En todo lo no previsto en esta Ley, la venta forzosa del buque se ajustaráa lo prevenido en la Ley de Enjuiciamiento Civil para la subasta de los bienes muebles sujetos a publicidad registral.

515. (Notificación de la venta forzosa) Antes de proceder a la venta forzosa del buque, la autoridad judicial o administrativa competente notificará dicha venta:
a) Al registrador titular del Registro de Bienes Muebles, asícomo a la autoridad competente encargada de la inscripción del buque en el Estado que lo hubiera autorizado a enarbolar temporalmente su pabellón, si fuere el caso.

b) 담보를 제공한 사람이 의무의 전부 혹은 일부를 이행하지 못하거나 못할 가능성이 있는 경우.
c) 이전에 선박에 대한 가압류가 해제되거나 혹은 담보가 취소된 것이 채권자가 정당한 이유가 있어 이를 신청하거나 동의하여 이루어진 경우 혹은 채권자가 가압류의 해제 혹은 담보의 취소를 방지하기 위해 상당한 주의의무를 다하였지만 이를 저지할 수 없었던 경우.

제511조 (가압류의 중복) 제504조의 규정에 의하여 채무자 소유의 다른 선박을 가압류할 수 있다 하더라도 그 채권을 이행하기 위하여 이미 제공한 담보가 안전한 종류가 아니거나 금액이 불충분한 경우와 전 조 b)호 및 c)호가 규정한 상황인 경우에 한하여 다시 가압류할 수 있다.

제512조 (소송본안에 관한 관할권) **1)** 가압류를 유발한 그 사안의 본안에 관하여 스페인 법원은 재판할 관할권을 갖는다. 다만 당사자가 적법하게 합의했거나 합의하여 제3국에 재판권을 부여하기로 정하고 그 제3국이 그 사안의 재판권을 인정하는 경우 및 중재에 회부하기로 약정한 경우에는 그러하지 아니하다. **2)** 전 항의 규정에 따라 스페인 법원이 스페인에서 가압류된 선박에 관한 사안의 본안에 대해 심리를 할 권한이 없는 경우, 가압류를 명한 법원은 직권으로 혹은 당사자의 신청에 의거, 해사채권자가 해당 법원 혹은 중재원에 청구서를 제출할 기간을 30일 내지 90일의 범위 내에서 정하여야 한다. 지정된 기간 내에 청구서를 제출하지 아니하면, 당사자의 신청에 의거, 판사는 선박에 대한 가압류의 해제나 제공된 담보의 취소를 명한다.

제513조 (외국 결정의 인정) 전 조의 규정에 따라 정해진 기간 이내에 법원 혹은 중재원에 청구가 제기되면, 그 절차에서 선고된 최종 결정은 가압류된 선박 및 가압류를 저지하고 그 해제를 구하기 위하여 제공한 담보에 관해 효력이 인정되고 효과를 발생한다. 그러나 그 결정이 외국 중재판정 혹은 판결의 승인과 집행에 관한 관련 규정에 의거 요건을 갖추어야 한다.

제2절 선박의 강제경매

제514조 (규제) 본법에서 규정하지 아니한 사항은, 등록되어 공시되는 동산의 경매에 관한 민사소송법의 규정에 의하여 규율한다.

제515조 (강제경매의 통지) 선박이 강제경매에 들어가기 이전에, 해당 사법기관 혹은 행정기관은 경매를 다음 사람에게 통지하여야 한다.
a) 동산등기부의 권리등록관. 그 선박에 대해 임시로 어느 국가의 국기를 게양할 수 있게 허용한 경우, 그 국가에서 선박의 등록에 관한 업무를 담당하는 해당기관에도 통지하여야 한다.

b) A la persona que tenga inscrita a su favor la propiedad del buque.

c) A todos los titulares de las hipotecas o gravámenes inscritos que no hayan sido constituidos al portador.

d) A todos los titulares de las hipotecas o gravámenes inscritos constituidos al portador y de los privilegios marítimos enumerados en el 4 del Convenio internacional sobre los privilegios marítimos y la hipoteca naval, siempre que el juez u órgano administrativo competente hubiera recibido notificación de sus respectivos créditos

516. (Plazo y contenido de la notificación) **1.** La notificación a que se refiere el anterior deberá efectuarse, al menos, con 30 días de antelación a la fecha prevista para la venta forzosa y expresará:

a) La fecha y el lugar de la venta forzosa, asícomo las circunstancias relativas a la venta forzosa o al proceso conducente a la misma que la autoridad judicial o administrativa que entienda del proceso estime suficientes para proteger los intereses de las personas que deban ser notificadas.

b) Si la fecha y el lugar de la venta forzosa no pudiera determinarse con certeza, se notificará la fecha aproximada y el lugar previsto para la venta forzosa, asícomo las circunstancias indicadas en el apartado anterior. No obstante, cuando estos datos lleguen a ser conocidos, se procederá a notificar la fecha y el lugar efectivos de la venta forzosa con una antelación mínima de siete días respecto a la fecha prevista para la venta.

2. La notificación se hará por escrito a las personas interesadas que se indican en el anterior, si fueren conocidas, a través de los medios establecidos en la Ley de Enjuiciamiento Civil, por correo certificado, por medios electrónicos o por cualquier otro medio idóneo que permita obtener constancia de su recepción, aún cuando la persona a notificar tenga su domicilio fuera de España. Asimismo, y en aquellos casos en que lo exijan los Tratados aplicables, la notificación se practicará por anuncios publicados en dos periódicos de ámbito nacional.

517. (Tercerías de mejor derecho) **1.** Los titulares de créditos marítimos privilegiados podrán comparecer y formular las correspondientes tercerías de mejor derecho en la forma y con los efectos prevenidos en los artículos 614 a 620 de la Ley de Enjuiciamiento Civil. **2.** Lo anteriormente establecido se aplicará también en cualquier procedimiento judicial de ejecución de hipoteca naval.

518. (Efectos de la venta forzosa) **1.** Como consecuencia de la venta forzosa del buque, todas las hipotecas y gravámenes inscritos, salvo aquellos en los que el comprador se hubiere subrogado con el consentimiento de los acreedores, así como todos los privilegios y otras cargas de cualquier género que pudieran recaer sobre el buque quedarán sin efecto y, en su caso, deberá ordenarse su cancelación. **2.** No será de aplicación lo dispuesto en los artículos 666, 668.3, 670 y 672 de la Ley de Enjuiciamiento Civil sobre avalúo y declaración de cargas y sobre cargas y gravámenes.

519. (Realización por persona o entidad especializada) Será de aplicación en la venta judicial de buques lo dispuesto en el 641 de la Ley de Enjuiciamiento Civil.

520. (Destino de la suma obtenida en la subasta o venta directa del buque) **1.** Con el

b) 자기 명의로 소유자로 등록되어 있는 사람.
c) 무기명식이 아닌 저당권 기타 등록된 담보물권의 권리자.
d) 무기명식으로 등록된 저당권 기타 담보물권의 권리자 및 해상우선특권 및 저당권에 관한 국제조약 제4조에 열거된 선박우선특권을 가진 자. 다만 판사 혹은 해당 행정관청이 권리자로부터 채권신고를 받은 경우에 한한다.

제516조 (통지의 기간과 내용) **1)** 전 조에서 말하는 통지는 경매일로부터 적어도 30일 이전에 통지하여야 하고 그 내용으로써

a) 강제경매의 날짜와 장소를 기재하고, 강제경매와 진행절차에 관한 상황을 기재하여야 하며, 기재된 상황은 절차를 주관하는 사법기관 혹은 행정기관이 판단할 때에 통지를 받은 사람이 자기의 권리를 보호하기 위해 충분히 알아야 할 사항은 모두 기재하여야 한다.
b) 강제경매의 날짜와 장소를 확정적으로 결정할 수 없는 경우에는, 경매를 위한 대략의 날짜와 예정된 장소를 전 항에서 말한 상황과 함께 통지하여야 한다. 그러나 추후에 이러한 사항이 확정적으로 알려지게 되면, 강제경매가 이루어지기로 확정된 날짜와 시간을 다시 통지하여야 하고, 이 통지는 적어도 예정된 경매기일의 7일 이전에 이루어져야 한다.

2) 전 조에서 말한 이해관계인 중 알려진 사람에게는 서면으로 통지하여야 한다. 그 방법은 민사소송법에서 정한 바에 의하며, 등록우편, 전자통신 기타 적당한 방법이면 되지만, 그 수신을 확인할 수 있는 것이어야 하고, 이는 통지를 수령할 사람이 외국에 있는 경우에도 적용된다. 마찬가지로 또 해당 국제조약이 이를 요구하고 있는 경우, 전국 규모의 2개 이상의 신문에 공고하는 방식으로도 통지를 하여야 한다.

제517조 (제3자의 우선권) **1)** 우선특권을 향유하는 해사채권을 가진 채권자는 민사소송법 제614조 내지 620조에서 정한 형식과 효력으로 제3자의 우선권을 행사할 수 있다. **2)** 전 항에 규정한 절차는 저당권을 실행하는 그 사법절차에도 적용된다.

제518조 (강제경매의 효력) **1)** 모든 저당권 기타 등록한 담보권은, 매수인이 채권자의 동의를 얻어 대위하여 취득한 것을 제외하고는, 선박에 대한 강제경매의 결과로 그 효력을 상실하며, 또 모든 우선특권 기타 선박에 대한 모든 종류의 부담은 소멸되고, 따라서 필요한 경우 법원은 이들의 말소를 명한다. **2)** 민사소송법 제666조, 제668조 3항 및 제672조에 규정된, 부담의 사정과 선언 및 부담과 담보에 관한 규정은 적용하지 아니한다.

제519조 (특별한 사람 혹은 단체에 의한 실시) 민사소송법 제641조의 규정은 선박 경매에도 적용된다.

제520조 (선박의 경매 혹은 직접 매각을 통하여 얻은 금액의 처리) **1)** 먼저 매각의 대금

producto de la venta se pagarán, en primer lugar, las costas procesales y los gastos originados por el embargo preventivo o por la ejecución y subsiguiente venta del buque. Tales costas y gastos incluyen, entre otros, los gastos de conservación del buque y la manutención de la dotación, así como los sueldos y otras cantidades y los gastos a que se refiere el **4.1.**ª del Convenio internacional sobre los privilegios marítimos y la hipoteca naval, devengados desde el momento del embargo preventivo o desde el inicio de la ejecución. **2.** El sobrante se repartirá de conformidad con lo dispuesto en el Capítulo VII del Título II. Satisfechos todos los créditos, el saldo, si lo hubiere, se entregará al propietario y será libremente transferible.

CAPÍTULO III DEL PROCEDIMIENTO PARA LIMITAR LA RESPONSABILIDAD POR CRÉDITOS MARÍTIMOS

521. (Competencia) **1.** Será competente para conocer de la constitución del fondo de limitación de responsabilidad, el Juez de lo mercantil que esté conociendo de cualquier reclamación limitable que haya sido presentada contra el titular del derecho a limitar. **2.** En el supuesto de que se pretenda invocar el derecho a limitar ante los órganos judiciales españoles frente a reclamaciones interpuestas ante órganos judiciales extranjeros se estará a lo previsto en la normativa de la Unión Europea y en los Tratados aplicables.

522. (Invocación y plazo de constitución. **1.** Toda persona que invoque en un procedimiento civil el derecho a limitar la responsabilidad que en él se le reclame deberá iniciar el trámite de constitución del fondo de limitación en el plazo máximo de diez días desde la invocación. **2.** A tal fin presentarála solicitud de constitución del fondo, en la forma que se determina en esta Ley, ante el mismo Juzgado que conoce de la reclamación, que la tramitará en pieza separada del pleito principal

523. (Invocación en otros procedimientos) **1.** Cuando la limitación se alegue en un procedimiento judicial penal, contencioso-administrativo o de lo social o en un procedimiento administrativo, la solicitud de constitución del fondo se presentará ante el Juzgado de lo mercantil del mismo lugar, acreditándolo mediante testimonio al Juzgado de lo Penal, de lo Contencioso-administrativo o de lo Social u órgano administrativo en el mismo plazo señalado en el anterior. En estos casos, las sentencias o resoluciones firmes dictadas en aquellos procedimientos no serán ejecutables sino contra el fondo regularmente constituido. **2.** El Juzgado de lo mercantil competente tramitaráen este caso la solicitud de acuerdo con lo dispuesto en esta Ley y, en lo no previsto, por los trámites del juicio verbal.

524. (Contenido de la solicitud) La solicitud de constitución del fondo de limitación se presentará por escrito firmado por el abogado y el procurador, en el que se harán constar los hechos relevantes referentes a la limitación que se invoca, acompañando los siguientes documentos:

a) Documento que acredite el ingreso en la cuenta del Juzgado del importe de la suma máxima de indemnización calculada de acuerdo con las normas previstas en el Capítulo III del Título VII de esta Ley, según la naturaleza de las reclamaciones formuladas,

으로 소송절차의 비용, 가압류의 비용 및 본 집행과 매각의 비용 등을 지급한다. 이 절차비용과 집행비용에는 선박의 보존비용 및 승무원의 유지비용은 물론 이들의 급료와 여타 부수적으로 지급할 금액을 포함되며, 나아가 선박우선특권과 저당권에 관한 국제조약 제4조 1항에서 말하는 비용도 포함되며, 선박이 가압류될 때 혹은 집행이 개시될 때부터 발생한다. **2)** 잔액이 있으면 이를 제2장 제7절의 규정에 의하여 이를 배분한다. 모든 채권을 변제하고 나머지가 있으면 소유자에게 지급하고 이를 위해 임의로 처리할 수 있다.

제3절 해사채권에 대한 책임제한절차

제521조 (관할권) **1)** 책임제한을 주장할 수 있는 권리자를 상대로 하는, 제한의 대상인 청구를 심리하는 상사판사는 제한기금의 구성에 대하여도 이를 취급할 권한이 있다. **2)** 외국 사법기관에 제기된 청구에 대응하여 스페인 사법기관에서 책임제한을 주장하려는 사안의 경우, 유럽 연합법 혹은 해당 조약의 규정에 의거하여야 한다.

제522조 (주장과 설정 기한) **1)** 지급을 요구받은 민사절차에서, 그 책임을 제한할 수 있는 권리를 주장하는 사람은 그 주장하는 날로부터 10일 이내에 제한기금의 설정 절차를 개시하여야 한다. **2)** 이를 위하여 본법에서 정한 방식에 따라 기금설정신청을 하여야 하고, 이 신청은 지급 청구를 담당하는 재판부와 동일한 재판부에 하여야 하며, 이 재판부는 이를 원래 사건과 분리하여 별도 건수로 취급하여야 한다.

제523조 (다른 절차에서의 주장) **1)** 책임제한이 형사절차, 분쟁행정소송절차, 사회쟁송절차 혹은 일반행정소송절차에서 주장된 경우, 기금의 설정은 동일 지역을 관할하는 상사부 법원에 신청하여야 하고, 전 조에서 지정한 기간 내에 선서된 진술서를 통하여 형사법원, 분쟁행정법원, 사회쟁송법원 혹은 일반행정법원에 고지하여야 한다. 이 경우에, 이러한 절차에서 선고된 확정 판결 혹은 결정은, 오로지 정상적으로 설정된 제한기금에 대하여서만 집행할 수 있다. **2)** 해당 상사부는 이 경우에 그 신청을 본법의 규정에 따라 처리하고, 규정이 없으면 구두 심리절차에 의거 처리한다.

제524조 (신청의 내용) 기금설정의 신청은 서면으로 하여야 하고, 변호사와 당사자의 절차대리인이 서명하여야 하며, 거기에 주장하는 책임제한에 관해 해당 사실을 기록하고 다음 서류를 첨부하여야 한다.

a) 본법 제7장 제3절에 규정한 바에 따라 계산한 보상한도액을 법원계좌에 납입한 것을 입증하는 서면. 한도액은 주장하는 채권의 성질에 따라 정하여야 하며, 여기에 사고일로부터 기금 설정일까지 법정이자를 추가한 금액이 납입할 금액이 된다. 납입은 스페인에서 활동이 허가된 금융기관이 법원 앞으로 발행한 충분한 금액의 보증서로 대체할

incrementado por sus intereses legales desde la fecha del accidente hasta la de constitución. El ingreso podrá sustituirse por una garantía suficiente a favor del Juzgado otorgada por una entidad financiera autorizada a operar en España.

b) Copia auténtica del certificado de arqueo.

c) Lista de tripulantes del buque en el momento del accidente.

d) En el caso de que la limitación se refiera a reclamaciones por muerte o lesiones de los pasajeros, certificado del número máximo de pasajeros que el buque está autorizado a transportar.

e) Copia auténtica del certificado de navegabilidad del buque.

f) Certificado de la autoridad monetaria sobre la conversión en euros del derecho especial de giro en el momento de constituirse el fondo.

g) Documento en que conste el cálculo del importe de la limitación. h) Lista de acreedores sujetos a limitación, con indicación de su domicilio, si se conoce, el título de su reclamación y su importe estimado.

525. (Admisión y subsanación) **1**. El juez dictará auto admitiendo la solicitud con tal de que se cumplan los requisitos anteriores, concediendo al solicitante, en caso contrario, un plazo de cinco días para subsanar las omisiones apreciadas. **2**. El juez podrá rechazar la solicitud si considera que la cuantía del fondo está mal calculada de acuerdo con los datos expuestos, señalando, en este caso el importe adecuado y otorgando asimismo un plazo de cinco días para su subsanación.

526. (Auto de admisión y de denegación) **1**. En el auto de admisión a trámite, el Juez declarará constituido el fondo de limitación sin perjuicio de las impugnaciones que posteriormente puedan presentarse. **2**. El testimonio de dicho auto será título bastante para obtener, en cualquier otro procedimiento judicial o administrativo derivado del mismo accidente, el levantamiento de cualesquiera embargos u otras medidas cautelares sobre el buque u otros bienes propiedad de la persona titular del derecho a limitar. La misma pérdida de acciones se producirá frente a otros deudores del mismo crédito. **3**. Tales procedimientos continuarán su trámite hasta la sentencia, pero su ejecución contra las personas beneficiadas por la limitación deberá forzosamente acumularse en el expediente sobre integración y reparto del fondo. **4**. El auto que deniegue la constitución del fondo será recurrible en apelación por el solicitante.

527. (Nombramiento de comisario-liquidador) **1**. En el auto señalado en el anterior, el Juzgado acordará el nombramiento de un comisario-liquidador. **2**. Los interesados podrán recusar al comisario-liquidador invocando las causas establecidas para los peritos en la Ley de Enjuiciamiento Civil. **3**. El perito designado deberá aceptar el cargo en el plazo de tres días mediante comparecencia ante el Juzgado. Tendrá derecho, en concepto de honorarios y gastos, a una retribución igual al uno por ciento del fondo finalmente distribuido entre los acreedores y podrá pedir una provisión de fondos para los gastos inmediatos, que deberá ser sufragada por el solicitante.

528. (Formación de piezas y reparto provisional) **1**. El comisario-liquidador formará tres piezas separadas. La primera se dedicará a la regulación del estado pasivo del fondo, la

수 있다.
b) 톤수증서의 공증사본.
c) 사고 당시 선원 명부.
d) 여객의 사상을 이유로 한 청구에서 책임제한을 주장하는 경우, 선박이 운송할 수 있도록 허가받은 최대 인원에 관한 증서.
e) 선박의 감항능력증명서의 공증사본.
f) 기금설정당시에 단위(SDR)와 유로 사이의 환율에 관한 금융당국의 확인서.
g) 책임한도액을 계산한 서면.
h) 제한의 대상인 채권자의 명단. 아는 범위 내에서 그 주소, 주장하는 채권 및 추산 총액도 기재하여야 한다.

제525조 (인정과 보정) **1)** 전시 조건이 갖추어져 신청이 이루어지면 판사는 신청을 확인하는 결정을 하고, 그러하지 못한 경우에는 5일간의 기간을 주고 빠진 것이 있는 부분의 보정을 신청인에게 명한다. **2)** 제시된 자료에 의한다 하더라도 기금의 금액이 잘못 계산된 경우, 판사는 신청서를 반환하고 합당한 금액을 고지하고 그 보정을 위하여 5일의 기간을 부여한다.

제526조 (기금설정 확인판정과 부인판정) **1)** 기금설정 확인판정을 통하여, 판사는 책임제한기금이 설정된 것을 선언한다. 그러나 그 이후에 이를 다투는 주장을 할 수 없는 것은 아니다. **2)** 이러한 확인판정이 있는 사실을 입증하면, 동일한 사고를 이유로 하는 것이라면, 사법절차에서든 혹은 행정절차에서든, 책임제한을 주장할 수 있는 사람은 그의 선박 기타 다른 재산에 대해 압류 기타 보전 조치의 해제를 청구할 수 있다. 동일한 채권에 다른 채무자가 있는 경우, 압류할 권리를 상실하는 효력은 다른 채무자에 대하여도 미친다. **3)** 이러한 본안을 다루는 절차들은 그 판결이 있기까지 계속 정상적으로 진행하여야 하고, 다만 책임제한의 이익을 향유하는 사람에 대한 판결의 집행은 이를 모두 기금으로 반드시 통합하여 금액을 분할하는 방법으로 행한다. **4)** 기금의 설정을 부인하는 판정에 대하여 신청인은 항고를 하여 재결을 요청할 수 있다.

제527조 (사정-관리인의 임명) **1)** 전 조의 판정에서 법원은 하나의 사정-관리인을 임명하여야 한다. **2)** 이해관계인은 사정-관리인에 대해 민사소송법에서 감정인의 기피를 위해 규정한 이유를 들어 기피를 신청할 수 있다. **3)** 사정-관리인의 지정을 받은 감정인은 3일 이내에 법원에 출두하여 그 직책을 수락하여야 한다. 사정-관리인은 사례 및 비용조로 최종적으로 채권자에 분배할 기금의 1%에 해당하는 보수를 청구할 수 있고, 비용으로 즉시 일부 기금의 제공을 요구할 수 있으며, 이때 신청인이 이를 제공하여야 한다.

제528조 (서류의 작성과 임시 분할) **1)** 사정-관리인은 3개의 분리된 문서철을 만들어야 한다. 첫 번째 문서는 기금의 소극적 재산 상황의 관리에 사용하고, 두 번째 문서에는 적극

segunda contendrátodo lo pertinente al estado activo y la tercera será la pieza de reparto. **2**. El comisario-liquidador podrá proponer al Juez, cuando lo estime conveniente, un reparto provisional de parte del fondo. Si el juez lo aprobare, el comisario-liquidador podrá efectuar pagos adelantados, dentro de los límites que en su caso se establezcan, que serán siempre a cuenta de lo que proceda conforme al reparto definitivo.

529. (Publicidad de la formación de los estados) **1**. Firme el auto que declara constituido el fondo, el comisario-liquidador notificará a todos los acreedores señalados en el escrito del solicitante, así como a cuantos aparezcan posteriormente, el inicio del procedimiento y su derecho a insinuar su crédito y a ser parte en el procedimiento. **2**. El auto se publicará en el Boletín Oficial del Registro Mercantil y, si el comisario-liquidador lo estima conveniente, en otros medios de comunicación. **3**. Las notificaciones y demás incidencias relativas a los acreedores, sus reclamaciones y títulos, su cuantía respectiva y su integración en la masa serán ordenadas en la pieza primera. **4**. A los acreedores se les otorgará un plazo de treinta días para que presenten sus títulos o justificantes del crédito. Este plazo será doble para los residentes en el extranjero. El comisario-liquidador podrá exigir la documentación que estime precisa a cada acreedor para la debida constancia de su crédito.

530. (Auto de formación del estado pasivo) **1**. El constituyente del fondo o los acreedores podrán presentar ante el comisario-liquidador las alegaciones conducentes a impugnar la procedencia o el importe de los créditos. Igualmente, podrán alegar la improcedencia de su inclusión en el estado pasivo. **2**. El comisario-liquidador presentará un informe al Juzgado con la lista de los créditos admitidos en el estado pasivo y su importe, provisional o definitivo, asícomo las impugnaciones o alegaciones recibidas y las razones que justifican su decisión. A la vista de este Informe, el Juzgado resolverá mediante auto la composición del estado pasivo. **3**. Este auto serárecurrible en reposición por los interesados, y contra la decisión podrá formularse recurso de apelación ante la Audiencia Provincial.

531. (Auto de formación del estado activo) **1**. En la pieza relativa al estado activo del fondo se recogerán las impugnaciones que, en su caso, los acreedores efectúen acerca de la procedencia del derecho a limitar la responsabilidad o de la cuantía y forma del fondo. De tales impugnaciones se dará traslado al solicitante para alegaciones, en el plazo de 20 días. **2**. Las impugnaciones deberán presentarse en el plazo máximo de tres meses una vez notificado el expediente a cada acreedor, no siendo admisibles con posterioridad. **3**. Transcurrido este último plazo, se hayan presentado o no impugnaciones, el comisario-liquidador elevaráal Juez su informe sobre la validez e importe del fondo de limitación, así como sobre las impugnaciones presentadas y las razones que justifican su opinión. **4**. Finalmente, el juez resolverápor auto acerca de la procedencia y cuantía del fondo, pudiendo presentarse los mismos recursos a que se refiere el anterior.

532. (Complemento del estado activo) Si en el auto a que se refiere el anterior se estableciera una cuantía del fondo diversa de la ya depositada o constituida, el solicitante deberá completar esta última en el plazo de diez días, incluso sidicho auto fuera recurrido. De no hacerlo, perderá el derecho a limitar su responsabilidad con los efectos previstos en el siguiente.

적 재산 상황에 관한 모든 것을 기재하고, 세 번째 문서에는 기금의 분배에 관한 것을 기록한다. 2) 사정-관리인은 적당하다고 판단하면 기금의 일부를 임시로 분할할 것을 판사에게 제안할 수 있다. 판사가 이를 승인하면, 사정-관리인은 정하여진 범위 내에서 사전 지급을 할 수 있고, 이 임시지급은 최종 확정 지급시에 항상 그 계산에 들어간다.

제529조 (재산상황에 관한 공시) 1) 기금이 설정되었다고 선언한 판정이 확정되면, 사정-관리인은 신청인이 서면으로 표시한 모든 채권자는 물론 이후에 나타난 채권자 전부에게 절차의 개시, 채권을 제시할 권리 및 절차에서 당사자가 될 권리를 통지하여야 한다. 2) 판정은 상사등기소 공보를 통해 공고하여야 하고, 사정-관리인이 적당하다고 생각하면 다른 매체를 통해 공고할 수도 있다. 3) 각종 통지, 각각의 채권자, 이들의 권리와 증서, 각각 청구 금액 및 그 집합 총액은 이를 첫 번째 문서철에 정리하고, 4) 각각의 채권자에 대하여 30일의 기간을 부여하고 그 기간 내에 채권에 관한 증서와 입증자료를 제출하도록 요구한다. 외국에 거주하는 채권자가 있으면 이 기간은 두 배로 연장된다. 사정-관리인은 각 채권자에게 채권의 확인을 위해 필요하다고 판단하는 서면의 제출을 요구할 수도 있다.

제530조 (소극적 재산상황표의 작성에 관한 판정) 1) 기금의 설정자 혹은 채권자는 사정-관리인에게 어느 채권의 출처와 금액을 다투기 위해 필요한 주장을 제기할 수 있다. 마찬가지로 소극적 재산상황에 포함시키는 것이 부당하다고 주장할 수도 있다. 2) 사정-관리인은 소극적 재산상황에 포함된 채권을 임시로 인정한 것인지 확정적으로 인정한 것인지 구분하고 채권액도 기재하여 정리한 보고서를 작성하여 법원에 제출하여야 한다. 그리고 접수한 다툼이나 주장과 그의 결정 이유도 보고서에 기재하여야 한다. 이 보고서에 기하여 법원은 소극적 재산상황의 구성을 결정으로 확정한다. 3) 이해관계인의 이의가 있으면 이 결정은 재검토가 가능하고, 이 결정에 대하여 지방의 고등법원에 항고할 수도 있다.

제531조 (적극적 재산상황표의 작성에 대한 판정) 1) 기금의 적극적인 재산상황에 관한 서류철에는 책임을 제한할 수 있는 권리의 존부, 그 금액 및 기금의 형식에 대해 채권자가 제기하는 이의를 기록하여야 한다. 이러한 이의는 신청인에게 전달되고 신청인은 20일 이내에 그의 주장을 펼 수 있다. 2) 이러한 이의는 절차가 각 채권자에게 통지되고 난 다음 3개월 이내에 제기되어야 하고 그 이후에는 이의의 제기가 허용되지 아니한다. 3) 이 마지막 기간이 경과하면, 이의가 제출되었든 아니든 사정-관리인은 제한기금의 유효성과 그 금액은 물론 제출된 이의 및 자신의 의견에 관한 보고서를 작성하여 판사에게 제출하여야 한다. 4) 마지막으로 판사는 그 기금의 적법성과 금액의 정확성을 결정으로 확정하며 이 결정은 전 조에서 말한 것과 마찬가지로 불복이 가능하다.

제532조 (적극적 재산상황표에 대한 보충) 전 조에서 말하는 결정에서 이미 보관 혹은 구성한 기금의 금액과 다른 기금의 금액이 제시된 경우, 신청인은 10일 이내에 이를 보충하여야 하고, 이는 그 결정에 대한 이의절차가 진행 중인 경우에도 마찬가지이다. 이러한 보충을 하지 아니하면 신청인은 책임을 제한할 권리를 잃고 다음 조문에서 보는 효력이 생긴다.

533. (Terminación por improcedencia de la limitación) Si por resolución firme se estableciera la improcedencia de la limitación de responsabilidad, el juez declarará terminado el trámite. No obstante, se retendrá, durante 60 días, el aval o cantidad depositada para asegurar las reclamaciones que se presentaran ante el juez competente y también como garantía de la ejecución de las que ya hubieren sido presentadas.

534. (Pieza y auto de reparto) **1.** Firmes los autos que aprueban los estados activo y pasivo del fondo, el comisario-liquidador elaborará una propuesta de reparto con arreglo a lo previsto en el Título VII de esta Ley. Esta propuesta será notificada a los acreedores, que podrán impugnarla en un plazo de 20 días. **2.** El Juzgado resolverá, a la vista del Informe definitivo del comisario-liquidador, mediante auto que será recurrible en reposición y apelación.

CAPÍTULO IV DEL PROCEDIMIENTO SOBRE EXTRAVÍO, SUSTRACCIÓN O DESTRUCCIÓN DEL CONOCIMIENTO DE EMBARQUE

535. (Juez competente) Para conocer del procedimiento regulado en este Capítulo será competente el Juzgado de lo mercantil del lugar de destino fijado en el conocimiento para la entrega de las mercancías al porteador.

536. (Acciones del tenedor desposeído) **1.** En los casos de extravío, sustracción o destrucción de un conocimiento de embarque, el tenedor desposeído del mismo podrá acudir ante el Juez para impedir que se entreguen las mercancías a tercera persona, para que el título sea amortizado y para que se reconozca su titularidad. **2.** El tenedor desposeído podrá realizar todos los actos tendentes a la conservación de su derecho. Podrá incluso recibir mercancías del porteador una vez llegadas al lugar de destino, siempre que preste la caución fijada por el Juez.

537. (Contenido de la denuncia) En la denuncia que el tenedor desposeído haga al Juez deberáindicar las menciones del conocimiento a que se refiere el 299 de esta Ley, así como las circunstancias en que vino a ser tenedor y las que acompañaron a la desposesión. Asimismo, deberá acompañar los elementos de prueba de que disponga y proponer aquellos otros que puedan servir para fundamentar la denuncia.

538. (Traslado de la denuncia y alegaciones) Admitida la denuncia, el Juez darátraslado de la misma al porteador, ordenándole que, si se presentara tercero alguno a reclamar las mercancías, proceda a su retención y ponga las circunstancias de la presentación en conocimiento del Juzgado. Igual traslado se daráal cargador y, en su caso, endosantes, cuando fueran personas distintas del tenedor y con domicilio conocido. Todos podrán formular ante el Juez, dentro de los diez días siguientes, las alegaciones que estimen oportunas.

539. (Publicación de la denuncia y sobreseimiento) El Juez, hechas las averiguaciones que estime oportunas sobre la veracidad de los hechos y sobre el derecho del denunciante dentro del plazo señalado en el anterior, ordenará inmediatamente que la denuncia se publique en el Boletín Oficial del Estado, fijando un plazo de un mes, desde la fecha de publicación,

제533조 (책임제한권의 부재로 인한 종결) 확정된 결정에 의하여 책임제한의 부적절함이 판명된 경우, 판사는 절차의 종결을 선언한다. 그러나 해당 판사에게 본안을 통해 청구할 지위를 강화하고 이미 제기된 청구의 집행을 위한 담보로서 60일간 보증서나 공탁한 금액을 보관하여야 한다.

제534조 (분배서철과 판정) **1)** 적극적 재산상황표와 소극적 재산상황표를 승인하는 결정이 확정되면 사정-관리인은 본법 제7장에 규정된 바에 따라 분배계획서를 작성하여야 한다. 이 계획서는 각 채권자에 통지되고 채권자는 20일 이내에 이의를 할 수 있다. **2)** 법원은 사정-관리인의 최종 보고서를 기초로 결정으로 분배계획서를 확정하며, 이 결정은 재심과 항고의 대상이 된다.

제4절 선하증권의 분실, 사취 혹은 파멸

제535조 (관할 판사) 본절에서 규율하고 있는 절차의 관할권은 소지인에게 화물을 인도하기 위해 선하증권에 지정된 목적지를 관할하는 상사부 법원에 있다.

제536조 (점유를 상실한 소지인의 권리) **1)** 선하증권이 분실, 사취 혹은 마멸된 경우, 그 증권의 점유를 상실한 소지인은 법원에 신청하여 화물이 제3자에 인도되는 것을 막고, 증권에 표창된 권리를 소멸시키고, 나아가 권리를 인정받을 수 있다. **2)** 점유를 잃은 소지인은 그 권리의 보존을 위한 모든 행위를 할 수 있다. 점유를 잃은 소지인은 화물이 목적지에 도착한 경우, 판사가 정하는 보증서를 제공하면 운송인으로부터 화물을 수령할 수 있다.

제537조 (실효신청의 내용) 점유를 상실한 소지인이 판사에게 하는 실효신청에는 본법 제299조에서 말하는 선하증권의 내용은 물론 선하증권을 취득하게 된 경위 및 선하증권의 점유를 상실하게 된 경위를 기술하여야 한다. 그리고 소지하고 있는 입증자료도 첨부하여야 하고 신청을 뒷받침 하는 다른 자료도 제시하여야 한다.

제538조 (실효신청 및 주장의 송부) 실효신청이 접수되면 이를 운송인에게 송부하고, 운송물의 인도를 주장하는 제3자가 나타나도 인도를 금하고, 법원에 청구를 한 경위를 알릴 것을 명하여야 한다. 소지인이 아닌 별도의 화주가 있으면 그 화주에게는 물론 선하증권의 배서인이 있고 그 주소를 알면 그에게도 이를 송부하여야 하며, 이들은 모두 10일 이내에 적당하다고 생각하는 주장을 할 수 있다.

제539조 (실효신청의 공시와 절차의 종료) 판사는 전 조에서 정한 기간 내에, 그 신청의 진정성과 신청인의 권리에 관해 필요한 사항을 확인한 다음, 즉시 국가의 관보에 실효신청을 공시할 것을 명하여야 하며, 공시에는 공시일로부터 1개월이라는 기한을 정하여 권리자가 나타나 이의를 할 수 있게 하여야 한다. 그러나 만일 확인을 하고 이해관계인의 주장을

para que el tenedor del título pueda comparecer y formular oposición. No obstante, si de las averiguaciones practicadas o de las alegaciones de los interesados resultase manifiestamente infundada la denuncia, podrá el Juez sobreseer el procedimiento sinpublicarla, dejando sin efecto lo ordenado al porteador u ordenando, en su caso, el levantamiento de la caución prestada.

540. (Amortización del conocimiento) Transcurrido un mes desde la publicación de la sentencia sin que nadie la contradiga o al desestimar la oposición, el Juez dictará sentencia en la que declarará la amortización del título. Declarada judicialmente la amortización del conocimiento, no tendrá éste ninguna eficacia y el denunciante cuyo derecho hubiere sido reconocido podrá, en su caso, retirar la caución prestada o exigir al porteador la entrega inmediata de las mercancías, previo pago de los gastos de depósito ocasionados.

541. (Irreivindicabilidad del conocimiento y acciones de daños y perjuicios) Lo establecido en este Capítulo se entenderá sin perjuicio de lo dispuesto en el apartado 4 del 300 de esta Ley.

청취한 결과, 신청이 명백히 근거가 없으면, 판사는 공시를 하지 아니하고 바로 절차의 종결을 명할 수 있고, 그러면서 운송인에게 명령한 것도 모두 무효로 하고, 필요한 경우 제공한 담보도 해제할 수 있다.

제540조 (선하증권의 실효) 결정이 공시되고 난 다음 아무도 이의를 하지 아니하고 1개월이 경과하거나 혹은 반대를 하였지만 이를 받아들이지 아니한 경우, 판사는 권리의 실효를 선언하는 판결을 한다. 사법적으로 선하증권의 실효가 선언되면, 증권은 모든 효력을 잃는다. 그리고 권리를 인정받은 신청인은 제공한 보증서를 반환받고 운송인에게 즉시 화물을 인도할 것을 청구할 수 있다. 그러나 먼저 보관으로 발생한 비용을 지급하여야 한다.

제541조 (선하증권 재발급의 불가능과 손실 및 손해의 청구) 본 장의 규정은 본법 제300조 4항의 규정에 아무런 영향이 없다.

스페인 해상법

초판발행 2008년 10월 20일
초판1쇄 2008년 10월 20일
옮긴이 채이식
펴낸곳 고려대학교출판부
www.kupress.com
kupress@korea.ac.kr
136-701서울특별시 성북구 안암동
02-3290-4230, 4232
Fax 923-6311
찍은곳 한국컴퓨터인쇄정보

ISBN 978-89-7641-671-1 93360

값 32,000원

* 잘못 만들어진 책은 바꿔드립니다.